Conrad u. a.
Taschenbuch der Werkzeugmaschinen

Herausgeber

Prof. Dipl.-Ing. Klaus-Jörg Conrad
Fachhochschule Hannover

Autoren und Mitarbeiter

Prof. Dr.-Ing. *Dieter Beuke*, Fachhochschule Hannover
Univ.-Prof. Dipl.-Ing. Dr. techn. *Friedrich Bleicher*, Technische Universität Wien
Prof. Dipl.-Ing. *Klaus-Jörg Conrad*, Fachhochschule Hannover
Dr.-Ing. *Klaus Felten*, Liebherr Verzahntechnik GmbH Kempten
Prof. Dr.-Ing. *Dieter Förster*, Fachhochschule Köln
Dr.-Ing. *Oliver Gerent*, A. Montforts Maschinenfabrik Mönchengladbach
Prof. Dr.-Ing. *Bernd Hager*, Fachhochschule Hannover
Dipl.-Ing. *Karlheinz Haßlach*, Hoffmann Räumwerkzeug- und Maschinenfabrik Pforzheim
Udo Hipp, Maschinenfabrik Berthold Hermle AG Gosheim
Dipl.-Ing. *Uwe Kästner*, Nagel Maschinen- und Werkzeugfabrik Nürtingen
Prof. Dr.-Ing. *Georg Koschnick*, Fachhochschule Oldenburg/Ostfriesland/Wilhelmshaven
Dipl-Ing. (FH) *Daniel Leiß*, Deckel Maho Geretsried GmbH
Dipl.-Ing. *Friedemann Lell*, Lasertec Pfronten GmbH
Dipl.-Ing. (FH) *Helmut Friedrich Link*, Index-Werke Esslingen
Prof. Dr.-Ing. habil. *Hans Lutze*, CED GmbH Chemnitz
Ao. Univ.-Prof. Dipl.-Ing. Dr. techn. *Kurt Matyas*, Technische Universität Wien
Ing. (grad.) *Wolfgang Müller*, Fachhochschule Köln
Dipl.-Ing. *Peter Oppelt*, Blohm Maschinenbau Hamburg
Ing. (grad) *Hermann Randecker*, TBT Tiefbohrtechnik Dettingen
Dipl.-Ing. *Heinz Ritz*, TBT Tiefbohrtechnik Jüchen
Dr.-Ing. *Gerd Rohde*, Weilheim/Teck
Dipl.-Ing. *Andreas Sauer*, Universität Duisburg
Dipl.-Ing. *Michael Schmelzer*, Waldrich Siegen Burbach
Prof. Dr.-Ing. *Joachim Schmid*, Fachhochschule Düsseldorf
Dr.-Ing. *Hans-Peter Schossig*, Deckel Maho Pfronten GmbH
Erich Schörghuber, Alzmetall Altenmarkt
Dr.-Ing. *Axel Schween*, Wohlenberg Werkzeugmaschinen GmbH Hannover
Dipl.-Ing. *Armin Stolzer*, Kasto Maschinenbau Achern
Dr.-Ing. *Ulrich Viebahn*, Maschinenfabrik Viebahn Gummersbach
Prof. Dr.-Ing. habil. *Rolf Wätzig*, SITEC Industrietechnologie Chemnitz
Dr.-Ing. *Uwe-Peter Weigmann*, Nagel Maschinen- und Werkzeugfabrik Nürtingen
Prof. Dr.-Ing. habil. *Gerd Witt*, Universität Duisburg

Taschenbuch der Werkzeugmaschinen

herausgegeben von
Prof. Dipl.-Ing. Klaus-Jörg Conrad

Mit 613 Bildern und 69 Tabellen

FACHBUCHVERLAG LEIPZIG
im Carl Hanser Verlag

Die Deutsche Bibliothek – CIP-Einheitsaufnahme

Ein Titeldatensatz für diese Publikation
ist bei Der Deutschen Bibliothek erhältlich

ISBN 3-446-21859-9

Fachbuchverlag Leipzig im Carl Hanser Verlag

http://www.fachbuch-leipzig.hanser.de
Projektleitung: Jochen Horn
Herstellung: Renate Roßbach
Umbruch: Werksatz Schmidt & Schulz, Gräfenhainichen
Umschlaggestaltung: Parzhuber & Partner GmbH, München
Druck und Bindung: Kösel, Kempten
Printed in Germany

Vorwort

Das *„Taschenbuch der Werkzeugmaschinen"* enthält eine praxisgerechte Darstellung der Werkzeugmaschinen und der Fachgebiete, die für deren Einsatz in der Produktion gebraucht werden.

Das wesentliche Ziel des Herausgebers und aller Autoren ist eine kurze und übersichtliche Darstellung der Themen mit Anwendungen für den Einsatz in der Fertigung.

Als Zielgruppen sollen damit Ingenieure und Techniker angesprochen werden, die in den Bereichen Konstruktion, Planung und Fertigung tätig sind. Insbesondere ist dieses Taschenbuch auch für Studenten aller Hochschularten geeignet, um den aktuellen Stand der Technik im Werkzeugmaschinenbau kurz und einprägsam zur Verfügung zu haben.

Obwohl nicht alle Werkzeugmaschinenarten und Besonderheiten behandelt wurden, enthält das Taschenbuch einen fundierten Überblick über *Einsatz* und *Leistungsfähigkeit moderner Werkzeugmaschinen.*

Die behandelten Gebiete sind nach bewährten Kriterien gegliedert. Nach den allgemeinen Kapiteln über Einsatz und Anwendung der Werkzeugmaschinen in der Fertigung folgen Abschnitte, die das notwendige Grundwissen über den Aufbau und die Baugruppen aller Maschinenarten vorstellen. Die *Einteilung der Werkzeugmaschinen* erfolgte nach den Fertigungsverfahren, für die diese Maschinen eingesetzt werden. Die Beschreibung des Fertigungsprozesses im Arbeitsraum der Werkzeugmaschine mit den erforderlichen technologischen Abläufen wurde bei allen Maschinenarten eingehalten. Die anschließende Erläuterung der Werkzeugmaschinen enthält jeweils *Fertigungsbeispiele* und *Erfahrungswerte*, um mögliche Einsatzfälle in der Praxis zu erkennen. Zum Abschluss werden einige Werkzeugmaschinentrends und Verfahren vorgestellt.

Das Fachgebiet Werkzeugmaschinen ist in besonderer Weise gefordert, im gesamten Bereich der Technik eine herausragende Rolle zu übernehmen. Die Entwicklung der Wirtschaft ist ohne Innovationen in diesem Bereich nicht denkbar. Neue Produkte erfordern oft neue Fertigungstechnologien und noch leistungsfähigere Werkzeugmaschinen, die selbst auch diesen Anspruch erfüllen müssen. Neue Erkenntnisse und die Entwicklung neuer leistungsfähiger Komponenten in der Steuerungs- und Antriebstechnik sowie in der Werkzeugtechnik sorgen für ständige Herausforderungen im Werkzeugmaschinenbau, mit dem Ergebnis neuer, qualitätsgerechter Maschinenkonzepte.

Der Herausgeber dankt allen Autoren und Mitarbeitern für ihren Einsatz, die Zeit und die Bereitstellung ihres Wissens, die sie durch die Übernahme von Beiträgen geleistet haben. Allen Unternehmen, die Bildmaterial und Unterlagen zur Verfügung gestellt haben, danke ich ebenfalls. Bedanken möchte ich mich auch bei den Verfassern der Fachliteratur über Werkzeugmaschinen und die behandelten Fachgebiete, von denen viele bewährte Darstellungen als Anregungen dienten. Ich bedanke mich bei meinen Mitarbeitern im Labor Fertigungsautomatisierung der Fachhochschule Hannover für Unterstützung, Anregungen und Hinweise. Besonderer Dank gilt Herrn *Jochen Horn* vom Fachbuchverlag Leipzig, der sich sehr engagiert für das Gelingen dieses Taschenbuches eingesetzt hat.

Anregungen, Hinweise und Stellungnahmen zur Verbesserung des Taschenbuches nehmen alle Autoren gern entgegen und werden diese für weitere Auflagen berücksichtigen.

Hannover, im März 2002 *Klaus-Jörg Conrad*

Inhaltsverzeichnis

Werkzeugmaschinen für umformende Fertigungsverfahren

Werkzeugmaschinen für die Herstellung von Verzahnungen

Werkzeugmaschinen – Trends und Verfahren

W
F
T

WERKZEUGMASCHINEN UND FERTIGUNGSTECHNIK

1 Einführung

Prof. Dipl.-Ing. Klaus-Jörg Conrad

Werkzeugmaschinen, Fertigungstechnik und die Fähigkeiten der Menschen sind die wichtigsten Voraussetzungen für die Herstellung von technischen Produkten in Unternehmen. Sie schaffen die Grundlagen für produktionsorientierte Strukturen in der Wirtschaft und damit eine wesentliche Größe für die wirtschaftliche Entwicklung eines Landes.

Die deutsche Werkzeugmaschinenindustrie hat seit 1995 in jedem Jahr Produktionssteigerungen erwirtschaftet, ist sehr innovationsfähig und entwickelt Werkzeugmaschinen für neue Technologien. Sie schafft damit eine wichtige Basis für die Fertigung von Produkten in Deutschland. Der Werkzeugmaschinenbau in Deutschland gehört nach Beschäftigtenzahl und Produktionswert zu den größten Produktionsbereichen des Maschinenbaus. [1] Die Leistungsfähigkeit der Werkzeugmaschinen hat entscheidenden Anteil an der wirtschaftlichen Herstellung von Produkten hoher Qualität in der industriellen Produktion.

Die **Produktionstechnik** besteht aus den Teilbereichen Energietechnik, Materialtechnik und Informationstechnik. Jeder Teilbereich lässt sich weiter unterteilen in die Phasen Erzeugen, Wandeln und Verteilen. [2]

Die Fertigungstechnik ist der Teil des Produktionsprozesses, der die nach bestimmten Verfahren hergestellten Rohteile zu Gebrauchsteilen verarbeitet. **Fertigungstechnik** erzeugt Produkte, die durch stoffliche und geometrische Merkmale gekennzeichnet sind. [3] Grundlagen der Fertigungstechnik bilden die Fertigungsverfahren und die Fertigungsmittel sowie die Fertigungsorganisation zur Planung und Optimierung der betrieblichen Abläufe. [4] Der **Fertigungsprozess** dient der Herstellung von Erzeugnissen durch Anwendung der Fertigungsverfahren auf Werkzeugmaschinen. Das Bild 1.1 enthält die Struktur der Begriffe.

Produktionstechnik		
Energietechnik	Materialtechnik	Informationstechnik

Fertigungstechnik		
Fertigungsverfahren	Fertigungsmittel	Fertigungsorganisation

Fertigungsprozess		
Planung	Werkzeugmaschinen	Fertigung

Bild 1.1: Begriffsstruktur

Der technische Fortschritt und die Anforderungen des Marktes schaffen die Möglichkeiten in ständig abnehmenden Zeitintervallen neue Produkte zu entwickeln. Für technische Produkte aus einem oder mehreren Teilen werden als Fertigungsmittel Werkzeugmaschinen gebraucht. Werkzeugmaschinen werden für Fertigungsverfahren eingesetzt, um mit Werkzeugen, Vorrichtungen sowie Mess- und Prüfmitteln Werkstücke nach Vorgaben in technischen Zeichnungen herzustellen. Als Ergebnis entstehen Teile, die die geforderte Qualität bei geringstem Aufwand erfüllen. Dabei steht die Wirtschaftlichkeit im Vordergrund.

1.1 Fertigungsverfahren

Fertigen ist das Herstellen von Werkstücken geometrisch bestimmter Gestalt. [5] Die dafür erforderlichen **Fertigungsverfahren** sind in DIN 8580 festgelegt. Eine Übersicht enthält Bild 1.2.

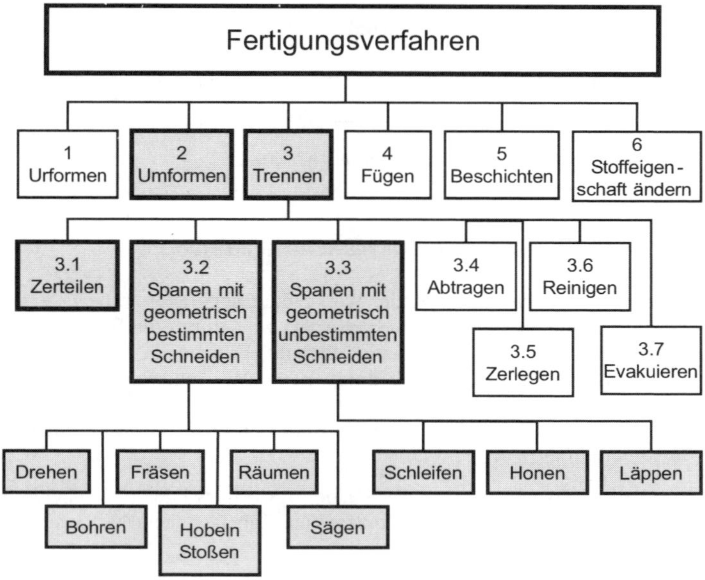

Bild 1.2: Einteilung der Fertigungsverfahren nach DIN [6]

In Bild 1.2 wurde auch gekennzeichnet, für welche Fertigungsverfahren Werkzeugmaschinen sehr verbreitet sind.

Die Werkzeugmaschinen sind Mittel zum Zweck in der Produktion und realisieren damit die Kernprozesse der Fertigung. Die sich daraus ergebenden Herausforderungen für die Entwickler und Anwender von Werkzeugmaschinen sind Anlass, sich ständig mit neuesten Techniken auseinander zu setzen.

Werkzeugmaschinen können auch als **technische Systeme** definiert werden, die aus Rohteilen durch Anwendung der Fertigungsverfahren Fertigteile herstellen. Wie bei allen technischen Systemen werden die drei Grundgrößen Energie, Material und Information im System gewandelt. [7] Vereinfacht lässt sich diese Systemdarstellung aus Bild 1.3 entnehmen.

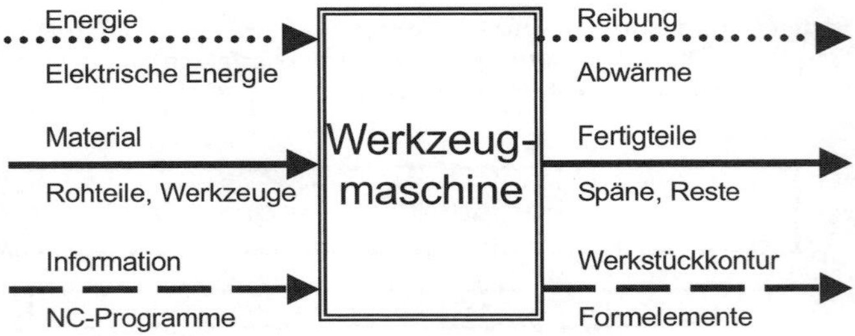

Bild 1.3: Werkzeugmaschinen als technisches System

1.2 Einflussgrößen auf Maschinenkonzepte

Bauformen und Ausführungen der Werkzeugmaschinen unterliegen einer ständigen Weiterentwicklung, die gefördert wird durch die Entwicklung modularer Steuerungs- und Antriebstechnik, Führungen, Messsysteme und Gestellausführungen sowie durch neue Werkzeugsysteme. [8] Die Einsatzmöglichkeiten der Werkzeugmaschinen in der Fertigung werden auch durch den konstruktiven Aufbau bestimmt, der alle wesentlichen Eigenschaften festlegt.

Das **Werkstückspektrum** und der Fertigungsprozess haben entscheidenden Einfluss auf die **Maschinenkonzeption**. Tabelle 1.1 enthält wichtige Einflussgrößen [4].

Das Zusammenwirken von Konstruktionssystematik, Erfahrungen, Informationstechnik, Innovationen und der Einsatz neuer Technologien im Produktentwicklungsprozess sowie die Zusammenarbeit mit Zulieferern führen zu dem bekannten hohen Entwicklungsstand der Werkzeugmaschinen.

Tabelle 1.1: Einflussgrößen auf Maschinenkonzepte

Werkstückspektrum	Fertigungsprozess	Maschinenkonzept
Größe Gewicht Form	Kinematik Bewegungszuordnung auf Werkstück oder Werkzeug	Anordnung, Lage, und Verfahrwege der Bewegungsachsen
Vielfalt der Werkstücke	Flexibilität Einsatz für unterschiedliche Bearbeitung	Einzweckmaschine Mehrzweckmaschine Komplettbearbeitung
Mengenleistung	Zeitspanvolumen Automatisierungsgrad Kräfte beim Spanen	Anzahl der Achsen Antriebsleistung Anzahl der Bearbeitungsstationen
Maß-, Form- und Lagetoleranzen	Fertigungsgenauigkeit Oberflächenqualität	Steifigkeit, Positioniergenauigkeit, Dynamisches Verhalten
Stückzahl Losgröße Seriengröße	Einzelproduktion Serienproduktion Produktionsmittelfertigung	Ausrüstung Betriebsmittel Optionen
Komplexe Geometrie Freiformflächen Flächenanordnung	Neue Technologie Neue Werkzeuge Neues Fertigungsverfahren	Arbeitsraumgestaltung Baugruppen, Software Ausrüstung

1.3 Bezeichnungen der Werkzeugmaschinen

Werkzeugmaschinen werden nach dem Fertigungsverfahren und dem Automatisierungsgrad bezeichnet. [9]

Einzelmaschinen, die nur ein Fertigungsverfahren ausführen enthalten dieses in der Bezeichnung, z. B. Bohrmaschinen, Fräsmaschinen, Drehmaschinen.

Die Bezeichnung richtet sich nach dem Hauptverfahren. Die Maschinen können entsprechend ausgerüstet auch andere Fertigungsverfahren ausführen. Beispiele sind Drehmaschinen mit Bohr- oder Fräsausrüstung. Intensive Nutzung mehrerer Fertigungsverfahren führt zu kombinierten Bezeichnungen, wie z. B. **Dreh-Fräs-Zentren**.

Konstruktive Besonderheiten im Aufbau der Werkzeugmaschinen, wie z. B. Lage oder Anzahl der Hauptspindeln oder der Aufbau des Gestells werden auch in der Bezeichnung erfasst; Doppelspindel-Drehmaschine, Mehrspindel-Drehautomat, Portalfräsmaschine, usw.

Einzweckmaschinen eignen sich nur für spezielle Bearbeitungsaufgaben, wie beispielsweise Tiefbohrmaschinen.

Komplettbearbeitungsmaschinen sind so aufgebaut, dass einbaufertige Teile durch den Einsatz mehrerer Fertigungsverfahren auf einer Maschine hergestellt werden.

Bearbeitungszentren haben als Ausrüstung stets einen automatischen Werkzeugwechsler und einen Werkzeugspeicher. Außerdem ist oft ein Palettensystem für den Werkstückwechsel vorhanden.

1.4 Anwenderkriterien für Auswahl und Einsatz von Werkzeugmaschinen

Die Auswahl einer Werkzeugmaschine ist von sehr vielen Einflussfaktoren abhängig. In erster Linie stehen die Fertigungsaufgaben für die eine Maschine eingesetzt werden soll. Sind diese bekannt, können anhand von Zeichnungen oder Musterwerkstücken der Leistungsumfang und die Ausrüstung der Werkzeugmaschine festgelegt werden.

Einzweckmaschinen zum Tiefbohren oder für die Herstellung von Verzahnungen werden nach anderen Kriterien ausgewählt als Maschinen für die Serienfertigung.

Eine weitere Überlegung gilt der Stückzahl 1, die natürlich auf fast allen Werkzeugmaschinen zu fertigen möglich, aber nicht wirtschaftlich ist. Unter Berücksichtigung des Aufwands für die NC-Programmierung, Werkzeugvermessung usw. sind insbesondere bei einfachen Werkstückkonturen konventionelle Standardmaschinen wirtschaftlicher einzusetzen.

Der Einsatz von Werkzeugmaschinen ist auch für die Produktkonstruktion wichtig. Konstrukteure haben schon immer die Gestaltungsrichtlinien fertigungsgerecht und montagegerecht beachtet. Mit steigenden Anforderungen an die Eigenschaften der Produkte, dem Einsatz von 3D-CAD/CAM-Systemen und komplexen Werkstücken mit Freiformflächen sind auch Werkzeugmaschinen einzusetzen, die solche Werkstücke wirtschaftlich herstellen.

Die **Automatisierung** der Werkzeugmaschinen und der Fertigung ist natürlich auch zu beachten. Automatisierung in der Fertigung muss einen wirtschaftlichen oder technischen Nutzen haben. Als Grundsatz hat sich bewährt: **„Automatisieren nur wo man automatisieren muss, nicht wo man automatisieren kann“**.

Auswahl und Einsatz von Werkzeugmaschinen sind von vielen Kriterien abhängig, die in der folgenden Tabelle 1.2 angegeben sind. Dazu gehört natürlich auch die Erfahrung der Planer, die Einbeziehung der Konstrukteure und die Beratung der Werkzeugmaschinenanbieter.

Konstrukteure sollten umfangreiche Kenntnisse über die Möglichkeiten moderner Werkzeugmaschinen haben, um werkzeugmaschinengerecht zu gestalten. Das wird in vielen Unternehmen dadurch umgesetzt, dass

Tabelle 1.2: Kriterien für die Auswahl von Werkzeugmaschinen

Kriterium	Eigenschaften
Werkstück	Abmessungen, Komplexität, Teileart, Werkstoff, Rohteilart, Stückzahl, Gewicht, Handhabung
Wirtschaftlichkeit	Maschine in Bezug auf das Werkstück, Kosten-Nutzen-Verhältnis, Amortisation
Fertigung (Art, Anzahl, Anordnung, Angaben)	Flächen, Konturen, Formelemente, Maß- und Toleranzangaben, Oberflächenangaben und -beschaffenheit
Bearbeitung (Art, Anzahl, Reihenfolge)	Einzel, Mehrere, Komplett, Dynamik, Spezial, Trocken
Arbeitsraum (Art, Anzahl)	Abmessungen, Spannmöglichkeiten, Beschickung, Arbeitsspindelanordnung, Werkzeugwechsel, Verstellbereiche, Vorrichtungseinsatz
Werkzeuge (Art, Anzahl, System)	Aufnahme-Schnittstelle, Wechsel, Speicher, Handhabung, Span-zu-Span-Zeit
Maschine	Flexibilität, Produktivität, Genauigkeit Verfügbarkeit, Ergonomie, Design
CNC-Steuerung (Art, Typ, Ausbau, Hersteller)	Bahnsteuerung, Ergonomie, Bedienung, Programmierung, Anzahl der Achsen, Netzservice
Hauptantrieb (Bauart, Daten, Bereiche)	Drehmoment, Drehzahlen, P-, M-, n-Verhalten, Motorspindel, Getriebestufen
Vorschubantriebe (Bauart, Daten, Bereiche)	Vorschubbereiche, Eilgangwerte, Positioniergenauigkeit, digitale Antriebe, rotatorische Antriebe, Linearantriebe
Optionen	Ausrüstungskomponenten, Nachrüstung, Anpassung
Inbetriebnahme	Aufstellung, Anschluss, Einweisung, Zeiten
Instandhaltung	Verfügbarkeit, Servicedienst, Wartungsarbeiten

bei Neuentwicklungen regelmäßig Beratungsgespräche mit Planung und Arbeitsvorbereitung oder Zulieferern stattfinden. [7]

Werkzeugmaschinengerecht Gestalten bedeutet, Kenntnisse der Fertigungsverfahren und über Werkzeugmaschinen beim Konstruieren so anzuwenden, dass mit vorhandenen Werkzeugmaschinen qualitätsgerechte Produkte wirtschaftlich hergestellt werden können.

Dies bedeutet einen ständigen Lernprozess, da die Entwicklung der Werkzeugmaschinen ständig neue Fertigungsmöglichkeiten schafft. Die folgenden Abschnitte bieten genügend aktuellen Stoff für eine Einarbeitung.

Die Herstellung von Werkstücken umfasst nicht nur die reine Fertigung, sondern auch die Fertigungsvorbereitung, die Beschaffung von Material und Werkzeugen, die NC-Programmierung, die Handhabung von Werkzeugen und Werkstücken, den Betriebsmitteleinsatz, das Rüsten und Einrichten, das Messen sowie Transport und Zwischenablage. Deshalb ist die Bezeichnung Fertigungsprozess treffender. Der **Fertigungsprozess** ist ein Geschäftsprozess, der allen Mitarbeitern in diesem Bereich bekannt ist. Die Prozessorientierung ist in den Unternehmen als eine wirkungsvolle Strategie erkannt worden, sie wird deshalb im folgenden Abschnitt vorgestellt.

Quellen und weiterführende Literatur

[1] VDW (Hrsg.): Die Deutsche Werkzeugmaschinenindustrie im Jahr 2000, Frankfurt: VDW, 2000

[2] *Spur, G.:* Die Genauigkeit von Maschinen. München Wien: Carl Hanser Verlag, 1996

[3] *Tönshoff, H. K.:* Dubbel, Taschenbuch für den Maschinenbau: Übersicht über die Fertigungsverfahren. 20. Auflage. Berlin: Springer Verlag, 2000

[4] *Milberg, J.:* Werkzeugmaschinen Grundlagen. 2. Auflage. Berlin: Springer Verlag, 1995

[5] *Tönshoff, H. K.:* Werkzeugmaschinen Grundlagen. Berlin: Springer Verlag, 1995

[6] DIN 8580: Fertigungsverfahren, Übersicht. Deutsches Institut für Normung, 1983

[7] *Conrad, K.-J.:* Grundlagen der Konstruktionslehre. München Wien: Carl Hanser Verlag, 1998

[8] *Beuke, D.; Conrad, K.-J.:* CNC-Technik und Qualitätsprüfung. München Wien: Carl Hanser Verlag, 1999

[9] *Weck, M.:* Werkzeugmaschinen, Band 1: Maschinenarten, Bauformen und Anwendungsbereiche. 5. Auflage. Berlin: VDI-Verlag, 1998

2 Prozessorientierung

Prof. Dipl.-Ing. Klaus-Jörg Conrad

Werkzeugmaschinen sind eine wesentliche Voraussetzung, um Fertigungs- und Produktionsprozesse zu realisieren. In den meisten Unternehmen sind Qualitätsmanagement-Systeme vorhandenen, die verstärkt auf die neue DIN EN ISO 9000:2000 umgestellt werden. Damit verbunden ist die prozessorientierte Unternehmensorganisation als Grundlage des Prozessmanagements. Die Werkzeugmaschine muss also verstärkt die Anforderungen erfüllen, die sich für den Maschinenhersteller und für den Werkzeugmaschinenanwender aus der Einbindung in die Prozesse der Unternehmen ergeben.

Das Management der Prozesse eines Unternehmens für die Herstellung von Produkten und Dienstleistungen erfordert ein Umdenken und Umstrukturieren der vorhandenen funktionsorientierten in eine prozessorientierte Organisation.

2.1 Organisation

Die Organisation von Unternehmen wird firmenspezifisch entwickelt durch die Umsetzung folgender Begriffe:

Organisation nennt man die Strukturierung von Systemen zur Erfüllung von Daueraufgaben. Übertragen auf Produktionsunternehmen wird deren innere Organisation in Aufbauorganisation und Ablauforganisation gegliedert.

Aufbauorganisation

In der Aufbauorganisation ist festgelegt,

welche Aufgaben (WAS?) von
welchen Personen (WER?) in
welchem Beziehungszusammenhang bewältigt wird.

Die **Aufbauorganisation** umfasst die hierarchische Gliederung des Unternehmens in Organisationseinheiten mit Aufgabenaufteilung, Weisungs- und Informationsbeziehungen sowie die Zuordnung von Aufgaben auf Personen. Kernfrage: „Wer macht was?“

Ablauforganisation

Die Ablauforganisation klärt,

auf welche Art und Weise (WIE? und WANN?)
die Aufgaben erfüllt werden.

Die **Ablauforganisation** regelt den grundsätzlichen Ablauf der einzelnen Arbeitsschritte für eine durchgängige Bearbeitung in den unterschiedlichen Bereichen einer Organisationseinheit.
Kernfrage: „Was ist wann in welcher Reihenfolge zu tun?"

2.2 Prozessorientierte Organisation

Die Prozessorganisation orientiert sich an effizienten Abläufen von Prozessen im Betrieb.

Prozessorganisation oder prozessorientierte Organisationsgestaltung nennt man die dauerhafte Strukturierung und die laufende Optimierung von Geschäftsprozessen im Hinblick auf die Prozessziele.
Kernfrage: „Was soll wann und warum erreicht werden?"

Da **Prozesse** heute für immer mehr Menschen wichtig sind, wird prozessorientiertes Denken und Arbeiten in vielen Bereichen gefordert. Die dafür erforderlichen Begriffe enthält die Tabelle 2.1. Zusätzliche Erläuterungen und Beispiele auf den folgenden Seiten sorgen für die notwendigen Kenntnisse zum Verstehen und Anwenden.

Die prozessorientierte Organisation hat die Zielgrößen **Zeit**, **Kosten** und **Qualität**, die zu optimieren sind. Diese Ziele sind gegenläufig, so dass das Maximum einer Größe allein dazu führt, dass die beiden anderen sich verschlechtern. Ein Gesamtoptimum ist mit einem prozessorientierten Ansatz zu ermitteln, damit alle Zielgrößen und Wechselwirkungen entsprechend bewertet werden. Bild 2.1 zeigt die Struktur.

Für die Geschäftsprozesse Auftragsabwicklung und Produktentwicklung sind stets alle drei Größen so zu gestalten, dass ein optimaler Wertschöpfungsprozess geschaffen wird. [2]

Prozesse dienen der Klärung, was wann und warum erreicht werden soll.

Prozeduren (Verfahren, Ablauf) belegen, wer wo und wie etwas tut, wobei das Warum keine sehr große Bedeutung hat.

Tabelle 2.1: Begriffsbestimmungen für Prozesse

Begriff	Definition	Beispiel
Tätigkeit	Tätigkeiten sind einzelne Arbeitsschritte oder Teil einer Aktivität.	Menge erfassen Auftrag auf Vollständigkeit prüfen
Aktivität	Aktivitäten umfassen die Bearbeitung eines Vorgangs, der mit einem Arbeitsergebnis abgeschlossen wird und in der Regel mehrere Einzeltätigkeiten erfordert.	Maschine rüsten Werkstück messen
Prozess	Prozesse legen fest, welche Aktivitäten in welcher Reihenfolge stattfinden, um bestimmte Eingaben in etwas Wertvolleres als Ergebnisse zu verwandeln.	Produktentwicklungsprozess Auftragsabwicklungsprozess Beschaffungsprozess Fertigungsprozess Montageprozess
Prozess-management	Prozessmanagement umfasst planerische, organisatorische und kontrollierende Maßnahmen zur zielorientierten Steuerung der Wertschöpfungskette eines Unternehmens hinsichtlich Qualität, Zeit, Kosten und Kundenzufriedenheit. [1]	Management der Prozesse des Unternehmens: Auftragsabwicklung Produktion

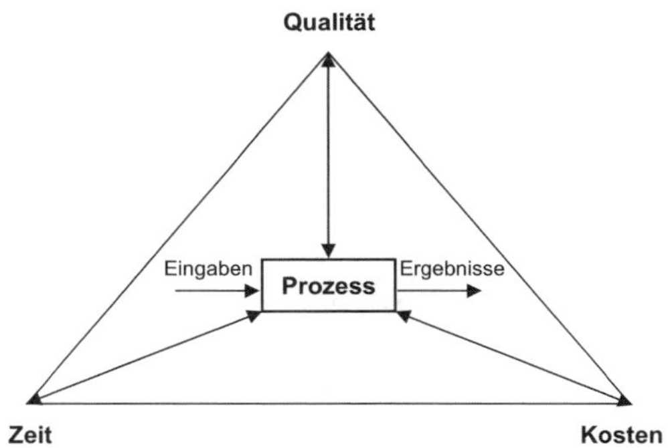

Bild 2.1: Zielgrößen prozessorientierter Organisation

Prozesse werden nach einheitlichen Prinzipien gestaltet und dokumentiert, unter Berücksichtigung der Forderungen nach

- **Effektivität** = die richtigen Dinge tun,
- **Effizienz** = die Dinge richtig tun,
- **Wirtschaftlichkeit** = es zu marktfähigen Bedingungen tun,
- **Ordnungsmäßigkeit** = es rechtlich beanstandungsfrei zu tun.

Prozesse haben bestimmte Merkmale, die in der folgenden Abbildung dargestellt sind:

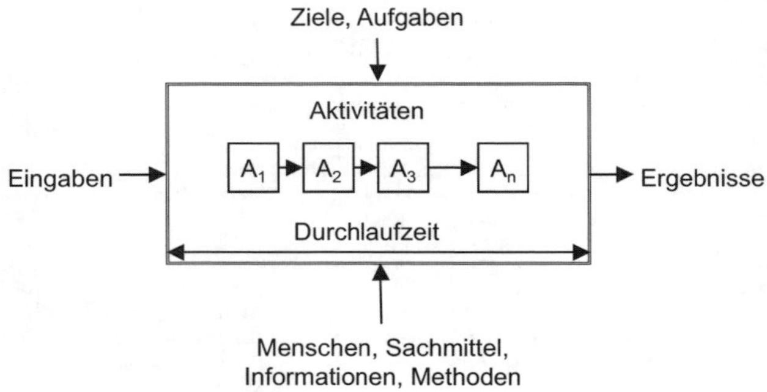

Bild 2.2: Merkmale eines Prozesses [3]

Als **Eingaben** werden Informationen und Materialien in den Prozess gegeben, die dann eine Kette von Tätigkeiten innerhalb des Prozesses auslösen.

Beispiele für Eingaben in den Prozess:

- Zeichnungen
- Rohteile
- Halbzeuge
- Informationen
- Telefonanrufe
- EDV-Daten

Als **Ergebnisse** werden in gleicher Weise Informationen oder Materialien aus dem Prozess herausgegeben, wie NC-Programme, Fertigteile usw.

Prozesse bestehen aus Teilprozessen, Aktivitäten und Tätigkeiten, die als Systematik in dem folgenden Bild 2.3 zur Klärung der Zusammenhänge dargestellt sind.

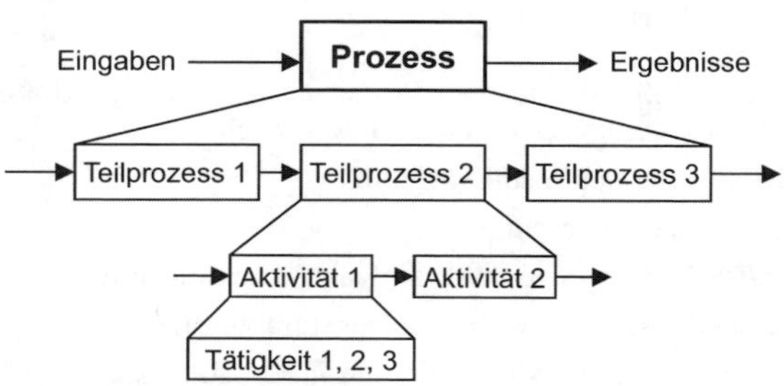

Bild 2.3: Systematik der Prozessanalyse

Die Zerlegung von Prozessen in Teilprozesse ist bei fast allen Prozessen sinnvoll und erfolgt in Form von Prozessketten, wenn die Ergebnisse als Eingaben des jeweils folgenden Teilprozesses vorhanden sind.

Unter **Prozessketten** versteht man nach Regeln definierte, verlaufsorientierte Abfolgen von Prozessen. Die einzelnen Prozesse können dabei nacheinander oder parallel durchgeführt werden.

Prozessketten sollten möglichst einfach und übersichtlich dargestellt werden mit den wesentlichen Größen. Für genauere Abläufe haben sich zusätzliche Flussdiagramme bewährt.

2.3 Prozessmanagement

Produktionsunternehmen erhalten Kundenaufträge vom Markt, sorgen für eine kundenorientierte Abwicklung der Prozesse im Unternehmen und liefern die Aufträge an die Kunden. Die dafür erforderlichen Prozesse können zwei Bereichen zugeordnet werden, den Kernprozessen und den Unterstützungsprozessen, wie in Bild 2.4 dargestellt.

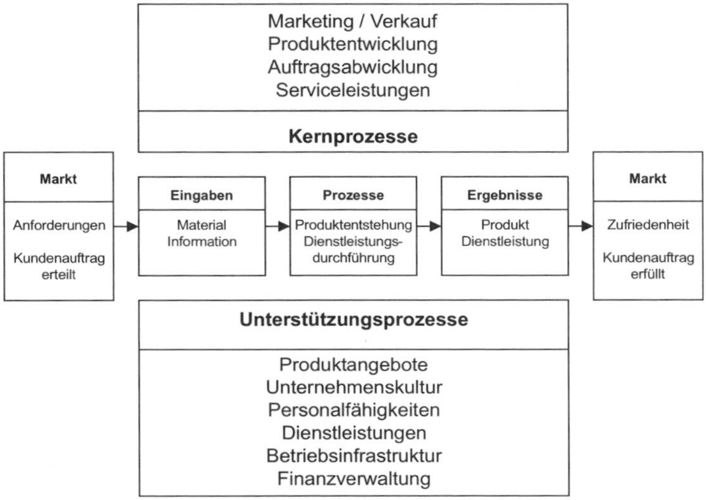

Bild 2.4: Prozesse in Produktionsunternehmen

Kernprozesse sind **Wertschöpfungsprozesse** mit den Eigenschaften:

- Strategische Bedeutung für das Unternehmen
- orientieren sich an der Kundenzufriedenheit
- sorgen für Ergebnisse wie mit dem Kunden vereinbart
- schaffen nachhaltigen Wettbewerbsvorteil und müssen innerhalb des Unternehmens ausgeführt werden

Unterstützungsprozesse entlasten Kernprozesse

- Erfüllen unterstützende Aufgaben zum reibungslosen Ablauf der Kernprozesse
- leisten keinen Beitrag zum unmittelbaren Kundennutzen

Durch die Einführung von **Prozessmanagement** werden die Prozesse systematisch auf den Kunden ausgerichtet. Die Kundenanforderungen werden ermittelt und intern weitergegeben von Teilprozess zu Teilprozess. Dadurch werden die Strukturen des gesamten Unternehmens analysiert und übersichtlich dargestellt. Es zeigt sich, welche Teilprozesse verbessert werden und welche ganz entfallen können. Ziel des Prozessmanagements ist es nicht nur, die Wertschöpfung zu verbessern, sondern die Einstellung und Denkweisen aller im Unternehmen tätigen Mitarbeiter nachhaltig zu verändern. Prozessmanagement sorgt dafür, dass die Menschen besser arbeiten können. Der Erfolg des Prozessmanagements erfordert die Leistung und die Fähigkeiten der Mitarbeiter, Systeme und Strukturen zu erhöhen und die Prozesse zu verbessern.

Prozessketten werden von Werkzeugmaschinenherstellern entwickelt, um den Maschinenanwendern Lösungen anzubieten für die schnelle und kostengünstige Produktion qualitativ hochwertiger Werkstücke. [4]

Die Prozesskette Blech bezeichnet z. B. den Herstellungsprozess eines Blechteils von der Konstruktion bis zum fertigen Teil. Werkzeugmaschinen allein sind dafür nicht die Lösung, sondern die Prozesskette.

Die Prozesskette Blech in Bild 2.5 enthält die drei Bereiche Konstruktion, Arbeitsvorbereitung und Fertigung. Nur wenn die Anforderungen genau erfüllt werden, ist die Funktion einer Prozesskette gewährleistet.

Das verbindende Element ist eine einheitliche Datenbasis. [4]

Im Bild 2.6 ist eine Prozesskette für die Fertigung von Werkstücken mit allen Fertigungsstufen einer Prozesskette der konventionellen Fertigung in vereinfachter Form gegenübergestellt.

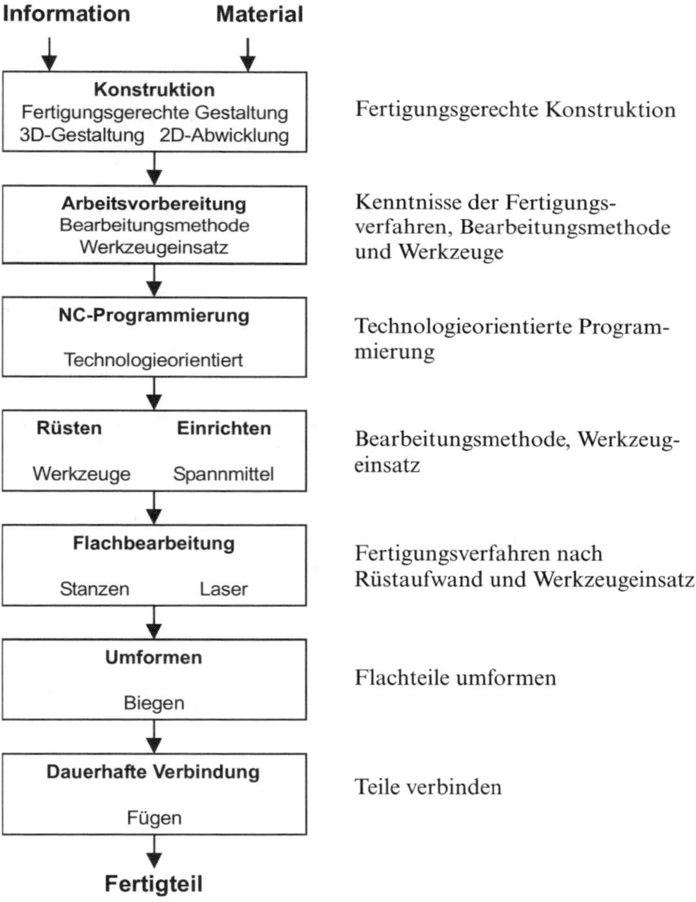

Bild 2.5: Prozesskette Blech

Das Aufstellen von Prozessketten ist in den Unternehmen schon durch den prozessorientierten Aufbau der DIN EN ISO 9000:2000 bekannt. Werkzeugmaschinenhersteller unterstützen die Maschinenanwender indem für die Fertigungsprozesse durch die Ausrüstung der Werkzeugmaschinen, durch Komplettbearbeitungsmaschinen oder durch Beratung bei der Einrichtung neuer Produktionsbereiche gemeinsam die Prozessketten erarbeitet werden.

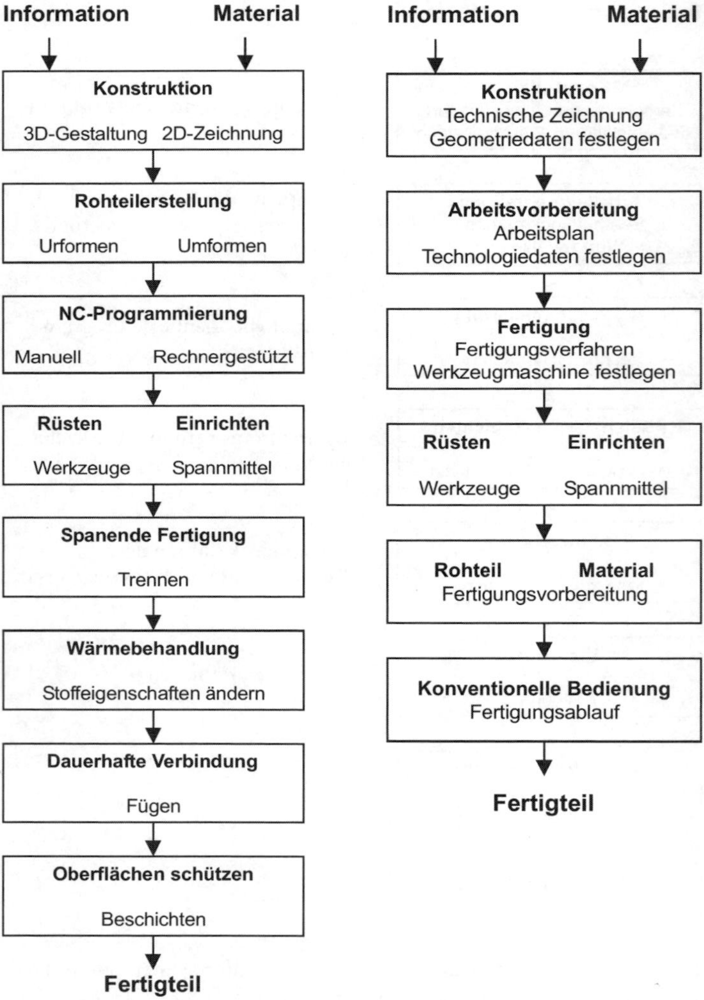

Bild 2.6: Prozessketten Fertigung – konventionelle Fertigung

2.4 Ablaufdiagramme

Ablaufdiagramme werden sowohl zur Problemerkennung als auch zur Ursachenforschung im Problemlösungsprozess eingesetzt. Nach erfolgter Prozessverbesserung bzw. -optimierung können Ablaufdiagramme auch zur Standardisierung der Prozesse beitragen.

Anwendungen:

- Vorstellen eines Prozesses
- Untersuchungen des Prozesses
- Bestimmung eines allgemeinen Schemas zur Inangriffnahme des Problems
- Erkennen voneinander abhängiger Aktivitäten
- Hervorheben des Zusammenhanges zwischen Arbeit und Prozess

Aufstellen von Ablaufdiagrammen:

1. Start und Ende des Prozesses definieren
2. Wesentliche Tätigkeiten im Prozess auflisten
3. Tätigkeiten in der Reihenfolge ihres Vorkommens auflisten
4. Abfolge der Tätigkeiten in Form eines Prozess-Flussdiagramms aufstellen

Ablaufdiagramme oder Flussdiagramme werden mit Ablaufsymbolen nach DIN 66001 dargestellt.

Die Prozesse sind unternehmensspezifisch, werden vollständig erfasst und eingeteilt in Kern- und Unterstützungsprozesse. Anschließend erfolgt die Aufteilung in Teilprozesse, Aktivitäten und Tätigkeiten.

Der Beschaffungsprozess besteht z. B. aus den Teilprozessen:

- Angebote einholen
- Angebote vergleichen
- Bestellung aufgeben
- Waren annehmen
- Waren weiterleiten

Das dazugehörige Flussdiagramm in Bild 2.7 zeigt die Abläufe.

Die Prozessteams in den Unternehmen übernehmen die Prozessbeschreibung und die Aufstellung der Ablaufdiagramme. Durch die Beteiligung der Mitarbeiter, die die Prozesse kennen ist sichergestellt, dass praxisgerechte Prozesse „buttom up“ entwickelt werden.

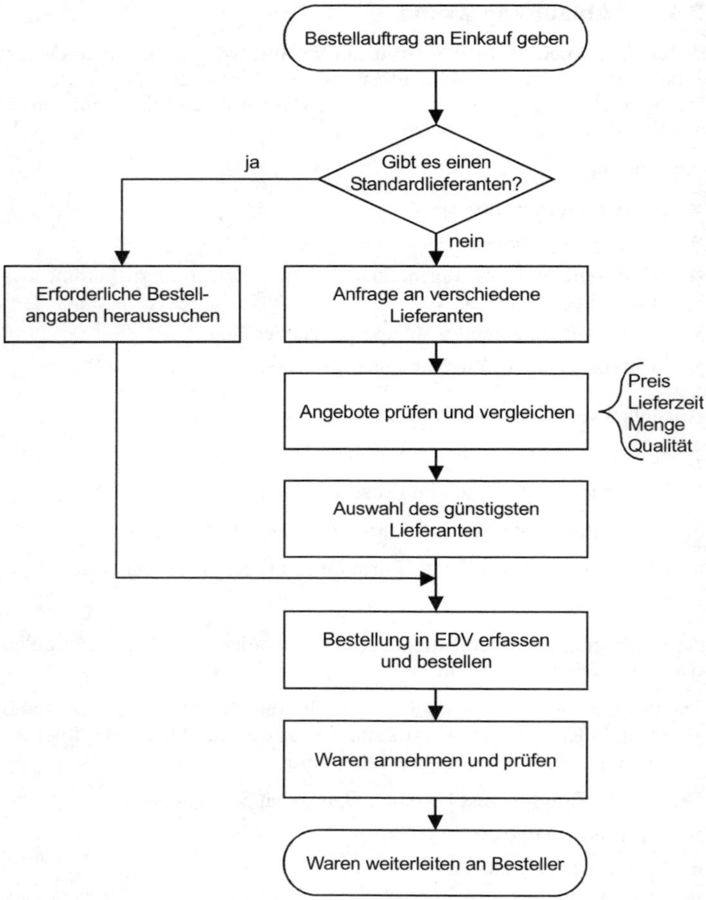

Bild 2.7: Ablaufdiagramm für die Beschaffung

2.5 Wissensorientierung

Wissensorientierung bedeutet, sich des eigenen Wissens bewusst zu werden und es im Wettbewerb erfolgreich einzusetzen.

Wissen ist die Summe aller Kenntnisse, Erfahrungen und Fähigkeiten, die als Informationen zum Zeitpunkt einer Entscheidung vorrätig und für den Entscheider nutzbar sind. Theoretische Erkenntnisse gehören ebenso dazu wie praktische Alltagsregeln, Erlerntes, Eindrücke und Erfahrungen. [5]

Wissensebenen in der Produktion enthält Bild 2.8.

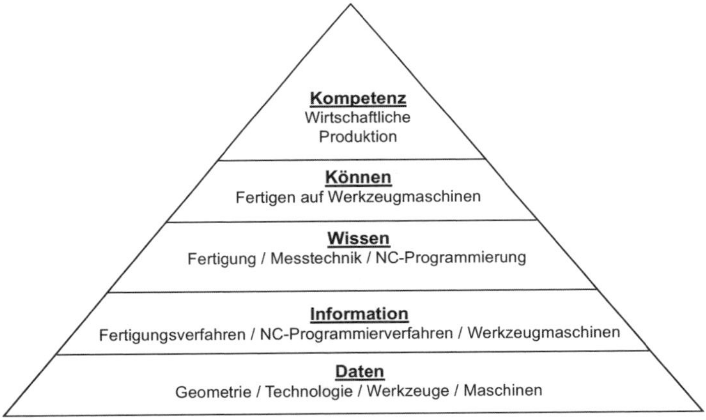

Bild 2.8: Wissensebenen in der Produktion

Wissensmanagement ist die Summe aller koordinierten und aufeinander abgestimmten Anstrengungen, um Erfahrungen, Know-how und Fähigkeiten zu entwickeln und sie als Information gezielt zur richtigen Zeit am richtigen Ort vorrätig und nutzbar zu halten. [5]

Prozessmanagement und Wissensmanagement sind Strategiekonzepte, die in den Unternehmen zunehmend umgesetzt werden. Beide Konzepte ergänzen das Qualitätsmanagement, um folgende Ziele zu erreichen:

- erstklassige Produkte
- schlanke, effiziente Produktion
- Kundenorientierung
- ständige Verbesserung aller Prozesse

Diese Ziele gelten für alle Produktionsunternehmen.

Quellen und weiterführende Literatur

[1] *Gaitanides, M.; Scholz, R.; Vrohlings, A.; Raster, M.:* Prozessmanagement. München Wien: Carl Hanser Verlag, 1994

[2] *Eversheim, W.* (Hrsg.): Prozessorientierte Unternehmensorganisation. 2. Aufl., Berlin: Springer Verlag, 1996

[3] *Vahs, D.:* Organisation. Stuttgart: Schäffer Poeschel Verlag, 1997

[4] *Trumpf GmbH + Co.* (Hrsg.): Faszination Blech. Ditzingen, 1996

[5] *Bayer, H.:* Mit Wissensmanagement schneller und besser werden. README TQU 42 (2001) S. 12

Binner, H. F.: Organisations- und Unternehmensmanagement. München Wien: Carl Hanser Verlag, 1996

Binner, H. F.: Prozessorientierte TQM-Umsetzung. München Wien: Carl Hanser Verlag, 2000

Schönheit, M.: Wirtschaftliche Prozessgestaltung. Berlin: Springer Verlag, 1997

3 Technische Kapazität

Dr.-Ing. Ulrich Viebahn

Kapazität ist das Verhältnis von einer Menge zu einem Zeitraum. Fertigungskapazität besteht aus der Kapazität von menschlicher Arbeit (die stark schwanken kann) und der Kapazität von Betriebsmitteln (die konstant ist). Je nach Technik hängen die beiden voneinander ab:

1. der Mensch muss sich nach dem Betriebsmittel richten: z. B. Beladung automatischer Einrichtungen. In diesem Fall ist die Kapazität des Betriebsmittels maßgebend. **(Engpass Maschine)**
2. das Betriebsmittel hängt vom Menschen ab: z. B. Nähmaschine. Der Mensch bestimmt die Kapazität. **(Engpass Mensch)**
3. Mensch und Maschine beeinflussen sich gegenseitig: z. B. Bedienung NC-gesteuerter Maschinen. Teils wartet der Mitarbeiter darauf, dass die Maschine ihren Zyklus beendet, teils wartet die Maschine darauf, dass der Mitarbeiter das fertige Teil entnimmt, ein neues einspannt, die Abdeckung schließt und auf den Knopf drückt.

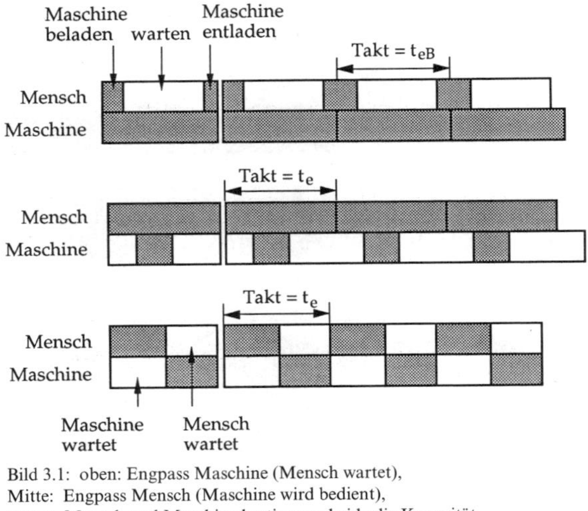

Bild 3.1: oben: Engpass Maschine (Mensch wartet),
Mitte: Engpass Mensch (Maschine wird bedient),
unten: Mensch und Maschine bestimmen beide die Kapazität

Die **Kapazität** eines Menschen oder eines Betriebsmittels wird durch die Zeitdauer angegeben, die der Mensch oder das Betriebsmittel normalerweise braucht, um ein Teil (oder 1 m oder 1 kg usw.) zu bearbeiten oder herzustellen: die **Zeit pro Einheit** t_e (für den Menschen) und t_{eB} (für das Betriebsmittel). Die Zeit pro Einheit t_e setzt sich aus bestimmten Zeitarten zusammen:

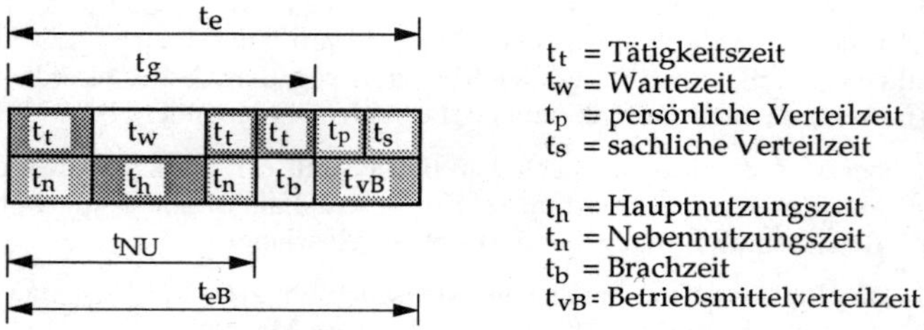

Bild 3.2: Zeitarten für den Menschen und das Betriebsmittel

Wenn ein Mensch ein Betriebsmittel bedient, ist $t_e = t_{eB}$. Manchmal ist die **Wartezeit** t_W größer als die **Tätigkeitszeit** t_t, so dass es naheliegt, einen Menschen zwei beieinanderstehende Maschinen bedienen zu lassen (2-Maschinen-Bedienung). Dann wäre $t_e = t_{eB} : 2$. Kleine Störungen führen dazu, dass beide Maschinen gleichzeitig auf Bedienung warten, sich also gegenseitig behindern. Deshalb werden bei **Mehrmaschinenbedienung** die t_e und t_{eB} um 10 … 20 % erhöht.

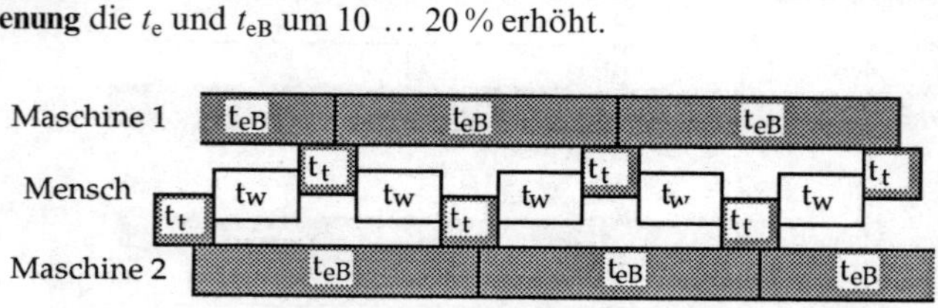

Bild 3.3: 2-Maschinen-Bedienung (vereinfacht: ohne Verteilzeiten und Brachzeiten)

3.1 Kapazität von Betriebsmitteln

Ein Betriebsmittel kann im Jahr etwa 250 Tage arbeiten (365 Tage – 104 Samstage und Sonntage – ca. 11 **gesetzliche Feiertage**) und an jedem Tag ein, zwei oder drei Schichten. Normalerweise sind die **Schichten** 8 h = 480 min lang.

Von der regulären **Schichtzeit** (hier = Betriebsmittelzeit T_{BM}) kann eine gewisse Zeit nicht zu Fertigung von Teilen genutzt werden, weil Teile fehlen, weil Betriebsmittel gestört sind, weil Betriebsmittel gewartet werden, wegen tariflicher Kurzpausen, weil Teile nachgearbeitet werden müssen usw. Diese Zeit ist länger als man vermutet: größenordnungsmäßig 45 … 90 min. Die verbleibende maximale **Belegungszeit t_{bB}** kann man zur Fertigung von Teilen benutzen. Der maximale **Belegungsgrad = $t_{bB} : T_{BM}$** hängt von den Umständen ab und ist eine Erfahrungsgröße.

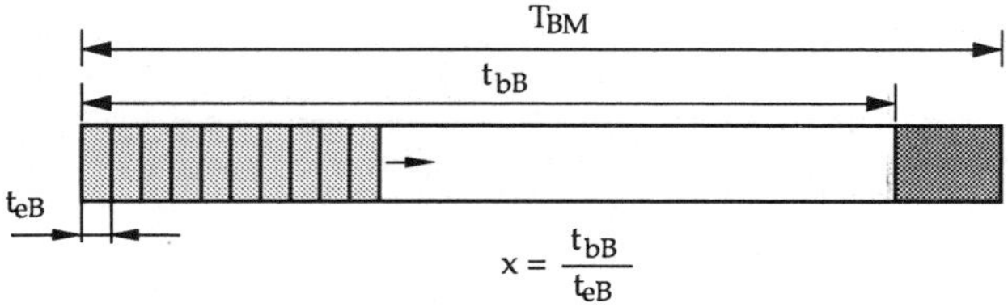

Bild 3.4: Kapazität eines Betriebsmittels: Wie oft passt t_{eB} in die maximale Belegungszeit t_{bB}?

Wenn man die maximale Belegungszeit t_{bB} durch t_{eB} teilt, erhält man die mögliche Stückzahl oder Menge.

Es gibt Erzeugnisse, die in kleinen Losen von 10 oder 100 Stück gefertigt werden. Zwischen den Losen müssen jedes Mal die Maschinen umgerüstet werden. Dann berechnet man für jedes **Los** die Belegungszeit $t_{bB} = t_{rB} + t_{eB} \cdot x$ und belegt die Betriebsmittel Los für Los.

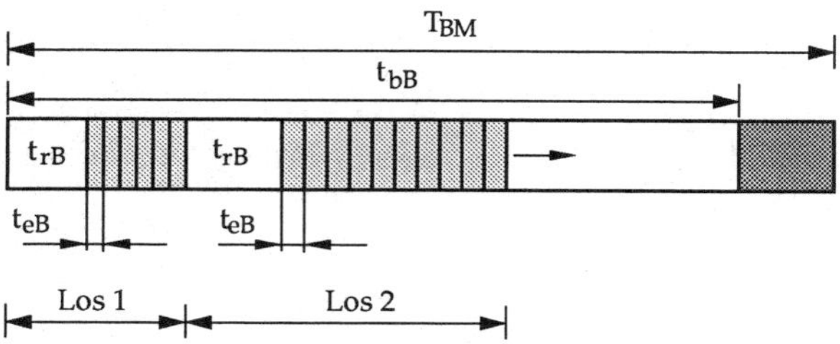

Bild 3.5: Kapazität eines Betriebsmittels bei kleinen Losgrößen: Wie viele Lose passen in die max. Belegungszeit t_{bB}?

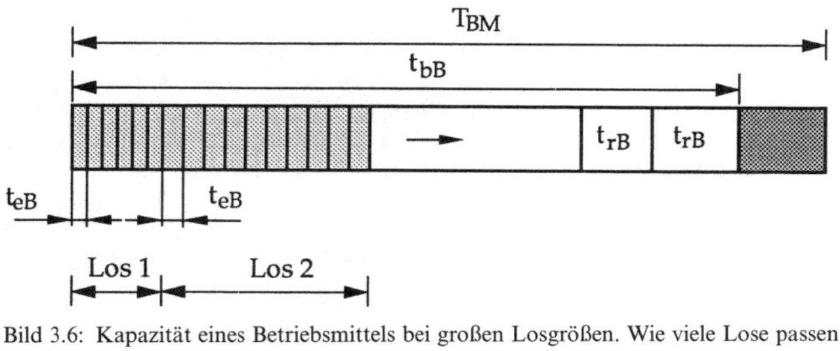

Bild 3.6: Kapazität eines Betriebsmittels bei großen Losgrößen. Wie viele Lose passen in die max. Belegungszeit t_{bB} – Rüstzeiten?

3.2 Kapazität von Menschen

Ein Mensch hat keine konstante **Kapazität**. Bei Menschen muss man unterscheiden zwischen der schwankenden **tatsächlich gebrauchten Zeit t_e'** und der mit standardisierten Verfahren ermittelten **Vorgabezeit t_e**. Die t_e beruht auf einer Vorstellung von normalen Bedingungen, normalen Mitarbeitern, normalen Teilen, sie ist also ein mehrfach gemittelter und vorsichtiger Normalwert, innerhalb dessen ein bestimmter Arbeitsumfang geleistet werden kann. In Einzelfällen und über kurze Zeit kann ein Mensch auch einmal wesentlich (20 %) mehr leisten.

Die **Vorgabezeit** setzt sich aus mehreren Zeitarten zusammen:

1. **Wartezeit:** Es kann vorkommen, dass der Mitarbeiter auf das Ende eines von ihm nicht beeinflussbaren Ablaufes warten muss.
2. **Persönliche Verteilzeit:** Der Mitarbeiter muss in jeder Schicht Zeit bekommen (etwa 5 %), persönliche Bedürfnisse befriedigen zu können. Weil diese Zeit auf eine t_e verteilt wird, heißt sie Verteilzeit, wie
3. **Sachliche Verteilzeit:** Nach einer bestimmten Anzahl von Teilen, aber nicht bei jedem Teil, müssen Bohrer gewechselt, Späne entfernt, Maße geprüft, kleine Störungen behoben, Informationen besorgt, usw. werden. Diese Zeit (etwa 6–12 % einer Schicht) wird auf die t_e, also jedes Teil, umgelegt.

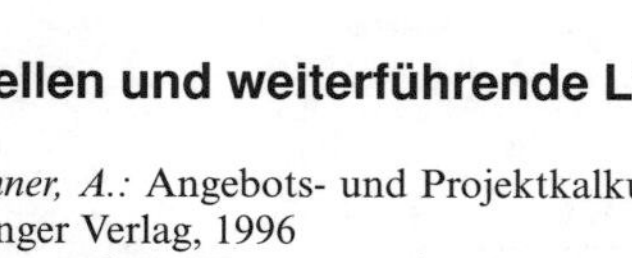

t_t = Tätigkeitszeit
t_w = Wartezeit
t_g = Grundzeit
t_p = persönliche Verteilzeit
t_s = sachliche Verteilzeit

Bild 3.7: Aufbau der Vorgabezeit

Quellen und weiterführende Literatur

Bronner, A.: Angebots- und Projektkalkulation. Leitfaden für Praktiker. Berlin: Springer Verlag, 1996

Ehrlenspiel, K.: Kostengünstiges Konstruieren. Berlin: Springer Verlag, 1985

Viebahn, U.: Kaufmännisches Basiswissen für Ingenieure. München Wien: Carl Hanser Verlag, 1997

Voß, E.: Industriebetriebslehre für Ingenieure. 6. Auflage. München Wien: Carl Hanser Verlag, 1991

Warnecke, H.-J.; et al.: Kostenrechnung für Ingenieure. 5. Auflage. München Wien: Carl Hanser Verlag, 1996

Wenzel, R.; Metze, G.; Nieß, P.; Fischer, G.: Industriebetriebslehre. München Wien: Carl Hanser Verlag, 2001

4 Kostengrundlagen der Werkzeugmaschinen

Dr.-Ing. Ulrich Viebahn

Unternehmen stellen aus den 3 **Produktionsfaktoren** Material, Mitarbeiter und Betriebsmittel eine Leistung her. Welche Kombination von Produktionsfaktoren optimal ist, ist je nach Land, Branche und Wirtschaftslage verschieden. Der Aufwand für jeden Produktionsfaktor und der gesamte Aufwand lassen sich nicht direkt vergleichen, sondern nur indirekt, indem man den Aufwand in Geld ausdrückt. Kostenrechnung beginnt also immer mit der Abbildung von Material, Mitarbeiter und Betriebsmittel auf der gemeinsamen Ebene der Kosten. Damit können auch sehr verschiedene Fertigungsmethoden verglichen werden.

4.1 Life Cycle Cost

Die Beschaffer von Investitionsgütern haben schon lange erkannt, dass die Anschaffungskosten eines Gutes oft nur einen Bruchteil aller von ihm verursachten Kosten darstellen. Sie betrachten deshalb die **Life Cycle Cost**: Das sind alle Kosten, die ein Erzeugnis von seiner Geburt im Konstruktionsbüro bis zu seiner Verschrottung verursacht. Ein Vergleich von verschiedenen Technologien, bei dem man nicht die Life Cycle Cost berücksichtigt, ist unvollständig. Jeder wird in der folgenden Liste Kostenarten wiedererkennen, die gewichtiger als die reinen Herstellkosten sein können.

1. Von der Idee bis zur Konstruktion: Marktforschung, Vorentwicklung, Entwicklung, Patentierung, Konstruktion, Mustererprobung, Bemusterung, Dokumentation, Wirtschaftlichkeitsrechnung.
2. Von der Konstruktion bis zum Verkauf: Einkaufsplanung, Fertigungsplanung, Fertigungsanlauf, Einkauf, Fertigung, Qualitätssicherung, Lagerung, Verwaltung, Vertriebsorganisation, Verkaufsmuster, Werbung, Lobbying, Service-Unterlagen, Ersatzteil, Organisation, Garantie-Rückstellungen, Gebrauchsanweisungen, Verpackung, Lizenzgebühren, Erzeugnispflege, Gewinn, Steuern, Subventionen.
3. Vom Verkauf bis zur Verschrottung: Planung, Transport, Zoll, Steuern, Fundamente, Fläche, Lagerung, Energieversorgung, Aufstellung, Sicherheitsvorkehrungen, Umweltschutzmaßnahmen, Probebetrieb, Schulung, Finanzierung, Lohnkosten, Energiekosten, Verbrauchsstoffe, Entsorgung Verbrauchsstoffe, Abfall (Späne), Werkzeugverschleiß, Reinigung, Versicherung, Steuern, Wartung, Reparaturen/Verschleißteile, Modernisierung, Abbau, Abtransport, Verschrottung/Verkauf, Endlagerung.

4.2 Gliederung der Kostenarten

Materialkosten – Arbeitskosten – Betriebsmittelkosten

Für einen gültigen Kostenvergleich ist es sehr wichtig, keine Kostenbestandteile zu vergessen. Dabei hilft einem eine systematische Gliederung der Kostenarten. Eine sehr sinnfällige Einteilung ist die nach Produktionsfaktoren: Man verfolgt das „Leben" oder auch nur den Herstellungsprozess eines Produktes und fragt: Was kostet 1. das Material, 2. die menschliche Arbeit und 3. die Betriebsmittel, die man für die Herstellung braucht.

Einzelkosten – Gemeinkosten

Eine andere Gliederung zwingt einen, zu überlegen, ob man den Zusammenhang zwischen dem Verbrauch eines Produktionsfaktors und seinen Kosten wirklich kennt. Folgende Kostenbestandteile lassen sich in der Regel eindeutig zuordnen und bestimmen:

- die Materialkosten (aus der Stückliste)
- die direkten Lohnkosten (aus dem Arbeitsplan)
- bestimmte Lohnnebenkosten (Sozialversicherungsbeiträge)
- erzeugnisspezifische Werkzeugkosten (Gussformen, Lehren, Formbohrer, usw.)
- Verpackung, Fracht, Rabatte

Diese Kostenbestandteile sind Einzelkosten. Alle anderen Kostenbestandteile, die man nicht zuordnen kann oder bei denen sich die Zuordnung nicht lohnt, sind Gemeinkosten. Wegen der damit verbundenen Willkür sollte man nicht versuchen, im strengen Sinne nicht zurechenbare Gemeinkosten doch noch über Schlüssel zu verteilen.

Die Einzelkosten sind pro Erzeugnis konstant, nehmen also mit der Menge zu. Aber auch bei den Gemeinkosten gibt es Anteile, die mit der produzierten Menge wachsen, wie:

- **Instandhaltung** (nur wenn das Betriebsmittel verschleißt)
- **Energieverbrauch** der Fertigung
- **Werkzeugverschleiß**
- **Hilfsstoffe** (die nicht in der Stückliste stehen: Lack, Fett, Klebstoffe)
- **Ausschuss, Nacharbeit, Mehrlohn**

Damit bietet sich eine weitere Kostenartengliederung an:

Variable Kosten – fixe Kosten

Man unterscheidet, welche Kosten mit der produzierten Menge steigen (variable Kosten) und welche unabhängig von der Menge konstant sind (fixe Kosten). Die meisten Vorhaben in der Wirtschaft erfordern es, am Anfang mit einer Investition die Voraussetzungen für einen Wertschöpfungsprozess zu schaffen. Es wird Geld ausgegeben, ohne dass ein Produkt entsteht: fixe Kosten. Wenn dann die Voraussetzungen geschaffen sind, müssen nur noch die mengenabhängigen Kosten (z. B. pro Stück) aufgebracht werden.

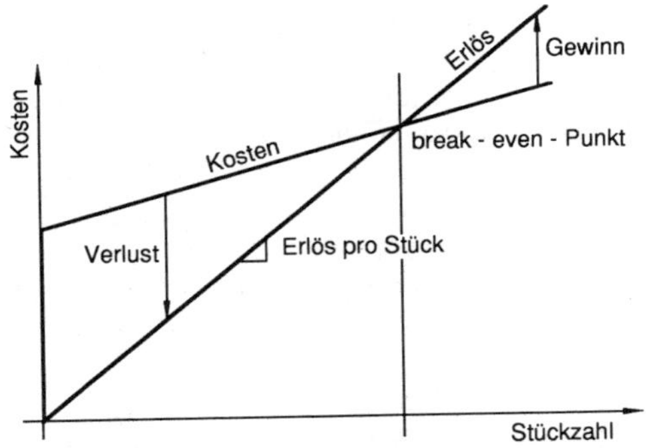

Bild 4.1: Break-even-Diagramm: Schere zwischen Erlösen und Kosten: Erst ab einer bestimmten Stückzahl macht man Gewinn

4.3 Break-even-Diagramm

Da die Produkte meistens *pro Stück* (sozusagen ohne „fixen" Preisanteil) verkauft werden, öffnet sich eine Schere zwischen Erlösen und Kosten. Der Schnittpunkt von **Erlösen** und **Kosten** heißt **Break-even-Punkt**. Unterhalb der entsprechenden Menge decken die Erlöse nicht die Kosten, oberhalb erzielt man einen Gewinn. Die ganze Darstellung heißt **Break-even-Diagramm**; es hat den Vorteil, alle nur denkbaren Produktionsprozesse und Situationen wirklichkeitsnah darstellen zu können. Es lassen sich klare Entscheidungskriterien grafisch ableiten. Selbst komplexe Fertigungsalternativen lassen sich übersichtlich darstellen.

Ein großes Handicap jedes Wirtschaftsprozesses ist, dass man in der Planungsphase der Produktion noch nicht die wirklich absetzbare Menge kennt. Denkt man nun in Preisen, Kosten und Gewinn pro Mengeneinheit, dann stimmen diese Werte nur, wenn die zunächst vorausgeschätzte Menge hinterher auch verkauft werden kann. Wird weniger verkauft, unterschätzt man den Verlust, wird mehr verkauft, unterschätzt man den Gewinn. Um diese Fehlerquellen zu vermeiden, trennt man immer fixe und variable Kosten.

4.4 Bestimmung der einzelnen Kostenarten

Berechnen kann man Kosten nur im Nachhinein, auf der Basis tatsächlicher Werte. Plant man im Voraus, so kann man nur schätzen. Kosten sollte man *als Summe in einem geläufigen Zeitraum* schätzen: Mieten pro Monat, Instandhaltungskosten pro Jahr, Heizölverbrauch pro Jahr, Reinigung pro Woche. Wenn es variable Kosten sind, dividiert man sie danach auf die gewünschte Mengeneinheit (Stück, kg, Tonne, Meter) herunter. Fixe Kosten werden entweder absolut (auf die Dauer des Projektes bezogen) betrachtet oder auf ein Jahr bezogen, damit man sich die Kosten besser vorstellen kann.

Materialkosten. Sie lassen sich am einfachsten bestimmen, indem man die Preise für Rohstoffe, Halbzeuge, Kaufteile, bezogene Leistungen usw. aus einer laufenden Produktion beim eigenen Einkauf erfragt. Bei neuen Materialien und neuen Lieferanten ist es schwieriger, realistische Preise per Anfrage zu erfahren, weil die Preise sich erst nach einer Periode tatsächlicher Lieferung auf ihr wahres Niveau einpendeln.

Arbeitskosten. Sie bestehen aus den Lohnkosten und den Lohnnebenkosten. Streng genommen sind Lohnkosten der Bruttolohn für geleistete Arbeit und Lohnnebenkosten alle anderen Lohnbestandteile: 1. Löhne für Tage, an denen nicht gearbeitet wurde, 2. Sonderzahlungen und 3. Versicherungsbeiträge für Rentenversicherung, evtl. betriebliche Altersversorgung, Arbeitslosenversicherung, Pflegeversicherung, Berufsgenossenschaft.

Ab 1. 5. 2001 gelten in der Metallindustrie Nordrhein-Westfalens folgende monatlichen **Tariflöhne** für Mitarbeiter, die älter als 21 Jahre sind [EUR]:

Tariflohngruppe								
2	3	4	5	6	7	8	9	10
1444	1461	1495	1563	1631	1699	1835	2005	2260

Der Tariflohn erhöht sich im Mittel einer Belegschaft um eine **Leistungszulage** von 16 %. Dazu kommen möglicherweise Akkord- und Schichtzulagen. **Bruttolohn** ist Tariflohn plus Zulagen.

Lohngruppen. Jeder Arbeitsplatz stellt an den Mitarbeiter bestimmte Anforderungen hinsichtlich 1. seines Könnens, 2. seiner Verantwortung,

3. seiner Belastung und 4. seiner Belästigung durch die Arbeitsumgebung. Daraus ergibt sich die **Arbeitswertgruppe** des Arbeitsplatzes, aus der sich dann die **Lohngruppe** des Mitarbeiters ableitet. Lohngruppenstufung in NRW: LG 2 bis 5 entsprechen „normalen“ Arbeiten, die mit nach einer gewissen Anlernzeit geleistet werden können, LG 6 und 7 entsprechen Vorarbeiter/Einstellertätigkeiten, und bei LG 8 und höher sind **Facharbeiter** angesiedelt. Jedes Tarifgebiet hat andere Stufungen.

Löhne sind ein wichtiger und im konkreten Fall recht genau zu bestimmender Kalkulationsbestandteil. Da die **Lohnnebenkosten** beträchtlich sind und eng mit den Löhnen zusammenhängen, bildet man aus beiden einen Faktor, mit dem man aus den Löhnen die gesamten Arbeitskosten hochrechnet.

Diesen Faktor erhält man, wenn man die Lohnnebenkosten eines Jahres auf den Lohn der Tage bezieht, an denen der Arbeiter gearbeitet hat. Den Faktor kann man wegen seiner schwankenden Einflussgrößen (z. B. Krankenstand) nicht pauschal angeben. Man muss ihn für den jeweiligen Betrieb selbst ausrechnen/abschätzen.

Anwesenheitszeit. An wie vielen Tagen im Jahr wird gearbeitet? Zieht man von den 365 Tagen 104 Samstage und Sonntage ab und die etwa elf gesetzlichen Feiertage, erhält man 250 Tage, an denen ein normales Unternehmen arbeiten kann. Die Mitarbeiter haben in der Regel 30 **Urlaub**stage und fehlen etwa 10–30 Tage wegen **Krankheit**. Die Zahl der Fehltage wegen Krankheit ist je nach Branche, Beschäftigungsverhältnis, Geschlecht, Alter, Bundesland und Konjunkturlage signifikant verschieden.

Lohnnebenkosten. Ein Arbeiter erhält Sonderzahlungen: jährlich z. B. 50 % **Urlaubsgeld**, 55 % **Weihnachtsgeld**, monatlich 26 EUR vermögenswirksame Leistungen (zur Vereinfachung proportionalisiert); das sind (z. B. für Lohngruppe 5) 10,2 % des Bruttolohnes.

Zum Bruttolohn kommen die Arbeitgeberanteile der Versicherungsbeiträge: z. Z. 9,55 % **Rentenversicherung**, 3,25 % **Arbeitslosenversicherung**, 0,85 % **Pflegeversicherung**, ca. 6,7 % **Krankenversicherung** und etwa 500 EUR **Berufsgenossenschaftsbeitrag** pro Jahr und Mitarbeiter – insgesamt 22,65 %. Die jährlichen Sonderzahlungen und Versicherungsanteile des Arbeitgebers betragen dann (1,102 · 1,2265 = 1,352) 35,2 % des Bruttolohnes.

Von den 261 Tagen, für die der Mitarbeiter Lohn und Sonderzahlungen erhält und für die die Sozialbeiträge gezahlt werden, arbeitet er aber 11 Feiertage, 30 Urlaubstage und durchschnittlich 22 Krankheitstage nicht. Der Lohn dieser 63 Tage gehört ebenfalls zu den Nebenkosten.

Bezieht man alle Nebenkosten auf den Lohn der verbleibenden 198 Arbeitstage, erhält man durchschnittlich für die Lohnnebenkosten:

$$(261 \cdot 0{,}352 + 11 + 30 + 22) : 198 \approx 78\,\%$$

Arbeitskosten pro Jahr. (Für Investitionsüberlegungen) Ausgehend von einem tariflichen Grundlohn (LG 5) von 10,27 EUR/h und einer durchschnittlichen Leistungszulage von 16% ergibt sich ein Bruttolohn von = 11,91 EUR/h. Bei einer täglichen Arbeitszeit von 7 h (35-Stunden/ Woche) sind das 83,36 EUR pro Tag. Dazu kommen durchschnittlich 78% Lohnnebenkosten, also 83,36 · 0,78 = 65,02 EUR, zusammen 148,38 EUR/Mitarbeiter und gearbeiteten Tag. Im Jahr etwa 198 · 148,38 ≈ 29380 EUR.

Man hätte es auch anders ausrechnen können: Auf den Bruttolohn kommen Sonderzahlungen und Versicherungsbeiträge von 35,3 % : 4,20 EUR, zusammen 16,11 EUR; pro Tag 112,78 EUR; bezahlt werden alle Montage bis Freitage eines Jahres (261 Tage), also ca. 29 430 EUR (die Differenz ist rundungsbedingt).

Im 2-Schicht-Betrieb kommen zum Bruttolohn (über die Schichten gemittelt) 12,5 % hinzu und im 3-Schicht-Betrieb 15 %.

Arbeitskosten pro Minute. (Für die kurzfristige Disposition) Da der Lohnaufbau von Betrieb zu Betrieb schwankt, macht man sich eine kleine Tabelle mit den Arbeitskosten für die verschiedenen Lohngruppen und Arbeitsregime:

Lohngruppe		3	4	5	7	9
Tariflohn [EUR/h] ab 1. 5. 2001		9,6	9,82	10,27	11,16	13,17
Leistungszulage [%]		16	16	16	16	16
		Arbeitskosten inkl. 78 % LNK [EUR/min]				
Lohn + LNK		0,3304	0,3379	0,3534	0,3841	0,4532
Lohn + LNK + 12,5 %	2-Schicht	0,3717	0,3802	0,3976	0,4321	0,5099
Lohn + LNK + 15 %	3-Schicht	0,3799	0,3886	0,4064	0,4417	0,5212
Lohn + LNK + 20 %	Überzeit	0,3964	0,4055	0,4241	0,4609	0,5439

Betriebsmittelkosten. Betriebsmittel haben eine ganz andere Kostenstruktur als menschliche Arbeit. Die fixen Kosten am Anfang des Beschäftigungsverhältnisses eines Mitarbeiters sind gering, die (mengenabhängigen) variablen Kosten sind groß, und die fixen Kosten bei einer Auflösung des Beschäftigungsverhältnisses können groß sein. Bei einem Betriebsmittel sind die fixen Kosten (die Anschaffungskosten) groß, die (mengenabhängigen) variablen Betriebskosten gering und die Entsorgungskosten am Ende ebenfalls.

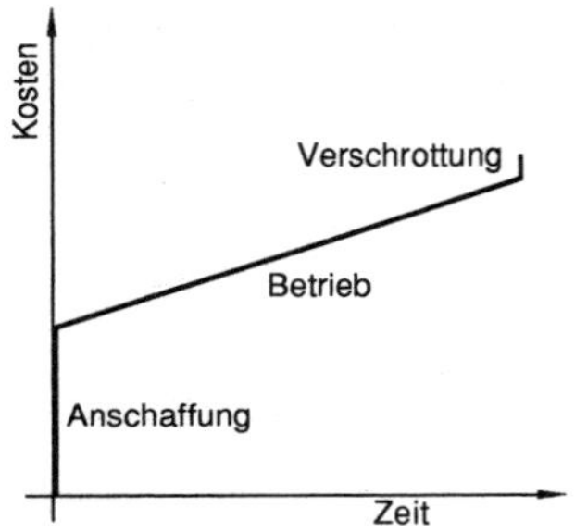

Bild 4.2: Kostenfunktion von Betriebsmitteln

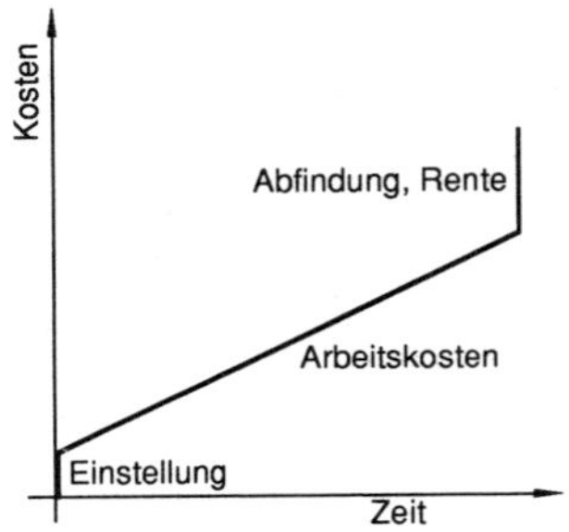

Bild 4.3: Kostenfunktion eines Menschen

Wer von Kosten spricht, sollte sich kurz an die Leistungen erinnern: Menschliche Arbeit ist in vieler Hinsicht zu Spitzenleistungen fähig, kann aber von Person zu Person und zeitlich sehr schwanken. Ein beherrschtes Betriebsmittel liefert – soweit man es mit dem Menschen vergleichen möchte – nicht die Spitzenleistungen, dafür aber zuverlässig gleiche konstante Qualität.

Bis ein Betriebsmittel an seinem Platz betriebsbereit ist, müssen eine Reihe von Voraussetzungen geschaffen werden, die Kosten verursachen:

- Planung, Bestellung, Besichtigung
- Fracht, Zoll
- Wanddurchbrüche, Fundament, Umzüge, Aufstellung, Montage
- Anschlüsse Stoffe: Granulat, Abfall, Späne, Dämpfe usw.
- Anschlüsse Energie: Strom, Druckluft, Hydraulik, Wasser, Dampf
- Anschlüsse Information: Computer-Anbindung
- Schutzvorrichtungen: Lärm, Hochspannung, Klima, Abgase usw.
- Einweisung, Schulung
- Inbetriebnahme, Abnahme, Probebetrieb
- Erstausstattung mit Werkzeugen und Vorrichtungen
- bei NC-Maschinen: Programmierung

Bei der Aufstellung eines Betriebsmittels sollte man auch gleich an seinen Abbau, den Abtransport, die Verschrottung denken. Nicht immer kann man das Betriebsmittel am Ende gebraucht verkaufen.

Alle diese Kosten kann man einzeln abschätzen. Man kann auf die Anschaffungskosten auch etwa 10 bis 20 % aufschlagen. Zu diesen einmaligen fixen Kosten kommen fixe (mengenunabhängige) Folgekosten für Raum, Instandhaltung und entgangene Zinsen. Die von der gefertigten Menge abhängigen variablen Kosten entstehen für Energie, Werkzeugverschleiß und Hilfsstoffe. Eine gute Gedächtnisstütze zur Berechnung der Betriebsmittelkosten ist

AZREIW:

- Abschreibungen,
- Zinsen,
- Raum,
- Energie,
- Instandhaltung,
- Werkzeuge.

In manchen Fällen (Programmierumlage für NC-Maschinen o. Ä.) ist eine weitere Kategorie „sonstige Kosten“ nützlich.

Abschreibungen. Ein Betriebsmittel wird für ein paar Jahre benutzt und danach durch ein neues ersetzt, weil es veraltet und verschlissen ist und nach seiner Nutzung nur noch einen geringen Wiederverkaufswert hat. Verteilt man den Wertverlust über die Nutzungsdauer, erhält man den jährlichen Betrag, den das Betriebsmittel an Wert verliert und der vom Anlagevermögen abgeschrieben werden darf. Dabei muss man gegenüber dem Finanzamt den Anschaffungswert über eine vorgeschriebene Nutzungsdauer abschreiben (bilanzielle Abschreibung).

Innerbetrieblich – also zur Berechnung der Betriebsmittelkosten – darf man den Wiederbeschaffungswert über einen vernünftig gewählten Zeitraum verteilen **(kalkulatorische Abschreibung)**. Für sog. „Universalmaschinen“, die nicht an ein bestimmtes Erzeugnis gebunden sind und deren Technologie nicht so rasch veraltet, nimmt man eine Nutzungsdauer von zehn Jahren an. Für „Spezialmaschinen“, die entweder nur für ein bestimmtes Erzeugnis gedacht sind und die in ein paar Jahren wirtschaftlich veraltet sind, fünf Jahre.

Zinsen. Zinsen müssen für ein selbstfinanziertes Betriebsmittel nicht bezahlt werden. Wenn man aber berücksichtigen möchte, dass man wegen der Investition das Geld nicht mehr auf der Bank hat, dann kann man die entgangenen Zinsen als Kosten deklarieren – als kalkulatorische Zinsen.

Wenn man ein Betriebsmittel mit einem Kredit gekauft hat, muss man die jährlichen Kreditzinsen zu den Kosten rechnen. Der Kredit für ein Betriebsmittel muss in der Regel innerhalb seiner Nutzungsdauer in jährlichen Beträgen getilgt werden. Zu Beginn schuldet man der Bank den gesamten Kredit, am Ende schuldet man ihr nichts mehr – im Mittel schuldet man der Bank die halbe Kreditsumme.

Die durchschnittliche jährliche Belastung mit Kreditzinsen (wirklich oder kalkulatorisch) errechnet man deshalb mit der halben Kreditsumme bzw. dem halben Anschaffungswert.

Raumkosten. Der Raum, in dem Betriebsmittel betrieben werden, kostet Geld: Für den Kauf des Grundstückes, die Erschließung, für den Kauf/ Bau des Gebäudes, für die Beheizung, Beleuchtung, Belüftung, Reinigung, Instandhaltung und Verwaltung. Am schnellsten erhält man Raumkosten, wenn man **Mieten** für vergleichbaren Gewerberaum erfragt. Es gibt große Unterschiede je nach Stadt und Land, Region und Verkehrsanbindung (Grundstückspreise!).

Wenn man keine Vergleiche ziehen kann, schätzt man die Kosten für den Bau, seine Ausrüstung, die Wege usw. und berechnet mit den Abschreibungsdauern aus den amtlichen AfA-Tabellen (Wirtschaftsgebäude 25 Jahre, Heizungsanlagen 10–15 Jahre, Kräne 15 Jahre, Klimaanlagen 8 Jahre usw.) die jährlichen Abschreibungsbeträge. Dazu kommen kalkulatorische Zinsen für das Grundstück und die laufenden Kosten.

Vernünftige Werte für Fertigungsfläche (einschließlich Beheizung, Beleuchtung usw.) scheinen im Bereich von 50 … 150 EUR/m^2 und Jahr zu liegen. Bürofläche ist unter sonst gleichen Voraussetzungen etwas billiger, schwankt aber außerordentlich: Auf dem Lande gibt es günstigen leerstehenden Raum, in Ballungszentren bezahlt man 300 EUR/m^2 und mehr.

Zum Flächenbedarf eines Betriebsmittels gehören auch die Flächen, auf der die Teile unmittelbar vor und nach der Bearbeitung gelagert werden, der Bewegungsraum für den Bediener und ein Anteil an den angrenzenden Gängen.

Energiekosten. Damit ist nur die Energie gemeint, die ein Betriebsmittel während seines Betriebes benötigt. Strom: Der Arbeitspreis liegt in vielen Fällen unter 0,07 EUR/kWh. Auch wenn die Stromkosten recht unbedeutend ausfallen, sollte man sie wegen ihrer Herkunft aus nicht erneuerbaren Ressourcen immer mit einbeziehen. Es ist auch kein Fehler, wenn man mit 0,12 EUR/kWh rechnet. Anstatt den genauen Energieverbrauch pro gefertigtes Teil zu messen, multipliziert man die Angabe auf dem Leistungsschild der Maschine mit einer geschätzten „Einschaltdauer" (20 bis 50 % ED) und der Betriebsmittelzeit. Bei richtig schwerer Zerspanung kann man den erforderlichen Leistungsbedarf aus den Zerspanungsdaten ausrechnen.

Druckluft kostet 0,01 … 0,02 EUR/Nm^3.

Instandhaltungskosten. Dazu gehört alles, um das Betriebsmittel für seine geplante Nutzungsdauer in betriebsbereitem Zustand zu erhalten: Die Kosten für die regelmäßige Überprüfung, für das Auswechseln von Verschleißteilen und auch für Reparaturen nach Überlastung und Bedienungsfehlern. Das setzt in der Regel einen eigenen Werkzeugbau voraus – hohe fixe Kosten. Häufig werden für die jährlichen Instandhaltungskosten 5 % vom Anschaffungswert angesetzt. Das ist für eine CNC-Maschine von 300 000 EUR zuviel, aber für eine Vorrichtung von 5 000 EUR möglicherweise zu wenig. Am besten stellt man sich vor: Was muss an einer Maschine regelmäßig gemacht werden? Wie lange dauert das? Machen das eigene Mechaniker, oder müssen welche vom Hersteller anreisen? Die zugehörigen Kosten sind schnell geschätzt.

Instandhaltung kann man als fix oder variabel ansehen. Reparaturen nach Katastrophen gehören nicht in die Instandhaltungskosten, sondern müssen aus dem Deckungsbeitrag bezahlt werden.

Werkzeugkosten. Wenn Hilfsstoffe nicht anteilig in der Stückliste, also bei den Materialkosten auftauchen, kann man sie im Rahmen des AZREIW zusammen mit den Werkzeugen im engeren Sinne (Wendeplatten, Bohrer, Fräser, Erodierdraht) berücksichtigen, da sie wie Werkzeug bei der Bearbeitung oder beim Betrieb verbraucht werden: Fett, Schweißdraht, Lack, Pulver, Klebstoff, Lot, Gase, Wasser, Schneidflüssigkeit usw.

Die Grundlage für den Werkzeugverschleiß sind Standzeiten. Die meisten Werkzeuge sind aber nicht während der gesamten Zeit, die die Maschine für ein Teil benötigt (t_{eB}), sondern nur während der Hauptnutzungszeit (t_h) im Eingriff. Um später die Werkzeugkosten pro gefertigtes Teil zu erhalten, muss man Standzeiten auf dem Niveau von t_h in Wendeplattenwechselabstände umrechnen/schätzen.

Werkzeugkosten bei der Zerspanung (Schruppen): Bei einer t_h von 0,25 min und einer Standzeit von 15 min pro Schneide kann man mit einer Wendeplatte (z. B. drei Schneiden) $3 \cdot 15 : 0{,}25 = 180$ Teile fertigen. Eine Wendeplatte kostet 4 EUR, und damit betragen die Werkzeugkosten $4 : 180 \approx 0{,}022$ EUR pro Stück. Man benötigt aber die Werkzeugkosten pro Zeit: Die t_{eB} beträgt 0,45 min; bei 180 Teilen muss alle $0{,}45 \cdot 180 = 81$ min die Wendeplatte gewechselt werden. Damit betragen die Werkzeugkosten $4 : 81 \approx 0{,}049$ EUR pro Minute Fertigungszeit. Schlichten: Bei gleicher Schnittgeschwindigkeit sinkt der Werkzeugverschleiß pro Zeit auf die Hälfte oder ein Drittel.

Werkzeugkosten von Pressen: Diese Werkzeuge kosten größenordnungsmäßig soviel wie die zugehörige Presse und werden während ihrer mehrjährigen Lebensdauer immer wieder aufgearbeitet. In diesem Fall muss man innerhalb der Werkzeugkosten wieder in AZREIW unterteilen: Die Werkzeuge werden über mehrere Jahre abgeschrieben, es entgehen einem Zinsen, man benötigt Lagerraum und Instandhaltung.

4.5 Ablauf einer Kostenrechnung

Ob man nur einen Prozess analysieren oder zwei Prozesse miteinander vergleichen möchte: Man sollte immer den folgenden Ablauf einhalten:

1. Aufgabenstellung klären. Schon allein aus technischen Gründen muss man die Aufgabenstellung möglichst genau kennen und festhalten: Als Skizze mit Symbolen und Zahlenwerten. Je besser man sich etwas vorstellen kann, desto weniger leicht wird man kritische Dinge übersehen. In der Skizze sollte viel Platz sein, so dass man Einfälle, Zwischenrechnungen, Bedenken, Randbedingungen, Leistungsdaten usw. nachträglich einfügen kann. Anforderungen und Randbedingungen müssen auf ihre Zuverlässigkeit überprüft werden.

2. Technische Alternativen darstellen. Die Alternativen müssen die Aufgabenstellung wirklich lösen, die Zustimmung des Bedieners finden und jede für sich ein Optimum darstellen. Unverlangte Funktionen und Eigenschaften dürfen nicht in den Vergleich einbezogen werden. Um nichts zu vergessen und sich das Geplante möglichst plastisch vorstellen zu können, sollte man wieder Skizzen machen und die technischen Daten der Alternativen (Zeit pro Einheit [t_e], die Rüstzeit [t_r], Energieverbrauch, Flächenbedarf, Erfordernis eines Bedieners, Abfall/Verschnitt, Werkzeugerstausstattung, Werkzeugverschleiß usw.) in einer Tabelle sammeln.

3. Vergleichszeitraum wählen. Der Vergleichszeitraum ist so groß zu wählen, dass man nichts vergisst, und so klein, dass man sich die Zahlenwerte noch plastisch vorstellen kann. Durch die Betrachtung eines Zeitraumes werden Schwankungen von Kosten, Stückzahlen und Umsätzen, wie sie viele Wirtschaftszweige kennen, ausgeglichen. Je kleiner die Schwankungsperiode ist, desto kleiner kann auch der Vergleichszeitraum sein.

4. Kosten zusammentragen. Wenn man an Life Cycle Cost denkt, kann man keine Kosten vergessen. Bei Überschlagsrechnungen hält man sich an die drei Produktionsfaktoren: Materialkosten, Arbeitskosten und Betriebsmittelkosten, die man dann weiter unterteilen kann. Vorsicht bei Kosteninformationen, die keine Urdaten sind, die Faktoren und Zuschläge enthalten oder die schon mengenbezogen sind: Entweder lässt man sich ihre Entstehungsgeschichte erklären oder man prüft sie mit Grenz-Annahmen auf Plausibilität. Ist abzusehen, dass man immer wieder z. B. Fertigungstechnologien vergleichen muss, sollte man eine Kostengliederung in Form einer Tabellenkalkulation im Computer haben.

5. Kosten in variabel und fix unterteilen. Manchmal muss man eine vorhandene Situation analysieren, von der nur die Gesamtkosten bekannt sind. Dann fährt man die Stückzahl in Gedanken auf null zurück und fragt: Welche Kosten bleiben mir erhalten? Das ist dann der fixe Kostenanteil. Man kann auch andersherum fragen: Welche Kosten fallen weg? Das sind dann die variablen Kosten.Wenn die Mengenabhängigkeit einer Kostenart – wie z. B. bei Instandhaltungskosten – nicht eindeutig ist, kann man nach Gefühl einen Teil den variablen und den anderen Teil den fixen Kosten zuschlagen.

6. Kosten als Funktion der Zeit und der Menge aufzeichnen. Aus diesen Tabellenwerten macht man ein Break-even-Diagramm und unterteilt die Ordinate in die einzelnen Kostenarten, um deren jeweiligen Einfluss auf das untersuchte Problem deutlich zu machen. So kann man aus dem folgenden Diagramm entnehmen: 1. die Kosten des Prozesses werden dominiert von den Materialkosten und den Arbeitskosten, 2. die Werkzeugkosten sind fast so hoch wie die umgelegten Anschaffungskosten der Maschine, 3. der Energiekostenanteil ist gering, obwohl der betrachtete Prozess zunächst einmal energieaufwendig wirkt, 4. der Anteil variabler Kosten ist hoch – günstig für eine schwankende Nachfrage, weil die Schere zwischen Erlös und Kosten klein ist.

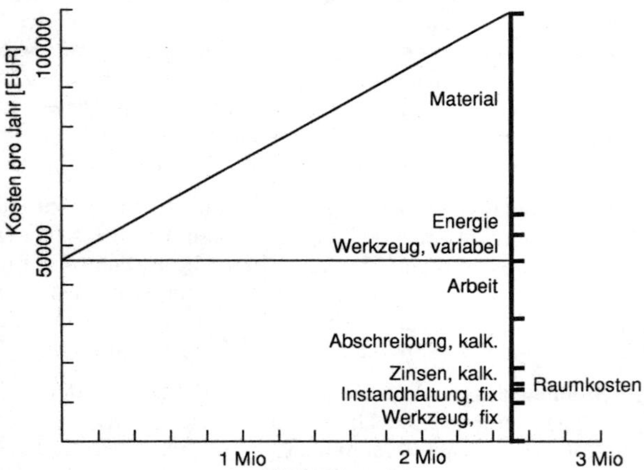

Bild 4.4: Fixe und variable Kosten für das Pressen von Duroplast-Teilen

4.6 Standardsituationen

Die Entscheidungssituationen, für die Kostenvergleiche angestellt werden, sind immer dieselben: Welche Maschine kaufen, welche Technologie, Eigenfertigung oder Fremdbezug, lohnt sich die Reparatur, in wie viel Schichten fertigen, usw.

Kapazitätserweiterung. Der Anlass, eine neue Fertigungseinrichtung kaufen zu müssen, ist der Anlauf eines neuen Erzeugnisses oder die Kapazitätserweiterung für ein laufendes Erzeugnis. Welches Kriterium entscheidet zwischen den angebotenen technischen Alternativen? Da die Fertigungseinrichtungen den Erlös nicht beeinflussen, kommt es nur darauf an, eine bestimmte zusätzliche Menge mit den geringsten zusätzlichen Kosten herzustellen. Man darf (muss) freie Restkapazitäten von vorhandenen Maschinen nutzen. Und für die Nutzung dieser ohnehin vorhandenen Maschinen dürfen keine fixen Kosten angesetzt werden.

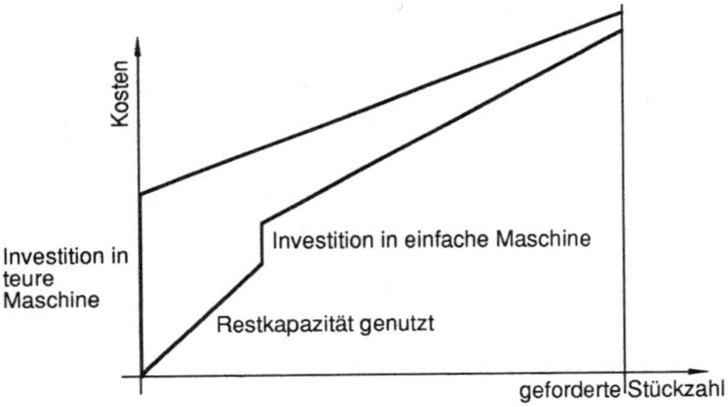

Bild 4.5: Die Nutzung von vorhandenen Kapazitäten benachteiligt Neuinvestitionen

Weil es nur auf die zusätzlichen Kosten ankommt, ist die Ausnutzung vorhandener Ressourcen kostenlos. Man muss sich nicht auf vorhandene Betriebsmittel beschränken: Lösungen, die bereits vorhandene Werkzeuge, Gussmodelle, Bauteile, Restmaterial einbeziehen, haben einen Wirtschaftlichkeitsvorsprung. Genauso kann es günstiger sein, auf eine optimierte Neukonstruktion zu verzichten und auf eine vorhandene Konstruktion zurückzugreifen.

So wie man vorhandene Restkapazität geschenkt bekommt, ist ungenutzte Restkapazität einer noch zu kaufenden Maschine verschenkt.

Verschenkte Kapazität ist ein Hinweis darauf, dass man eine etwas zu teure Investition ins Auge gefasst hat. Wenn man für die nächsten Jahre nicht noch weitere Mengensteigerungen erwartet, sollte man sich eine etwas kleinere Lösung überlegen. Ungenutzte Restkapazität ist ein unvermeidliches Handicap, mit dem eine Fertigungseinrichtung gegen andere Alternativen antritt.

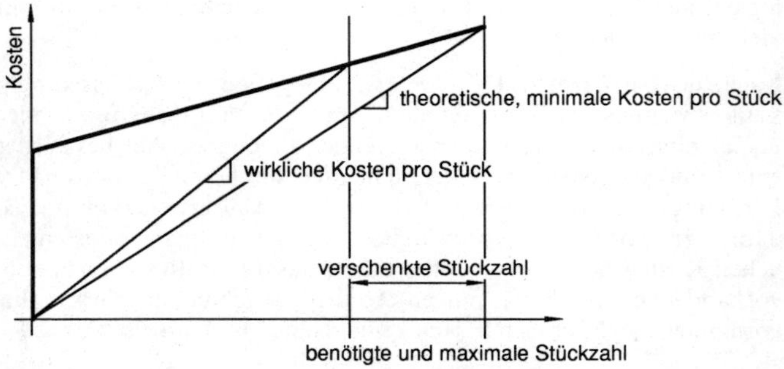

Bild 4.6: Man darf nur die wirklich genutzte Kapazität zur Berechnung der Kosten heranziehen.

Rationalisierung. Die beste **Ratio** ist eine Senkung von variablen Kosten wie Einkaufspreisen und Löhnen. Meistens jedoch muss man zunächst einmal investieren (fixe Kosten), um danach die variablen Kosten senken zu können. Die neue Kostengerade wird die alte Kostengerade (ohne Ratio) nach einem bestimmten Zeitraum schneiden: Das ist die Amortisationszeit. Bis dahin hat man noch gar nichts gespart, erst danach gibt man weniger aus.

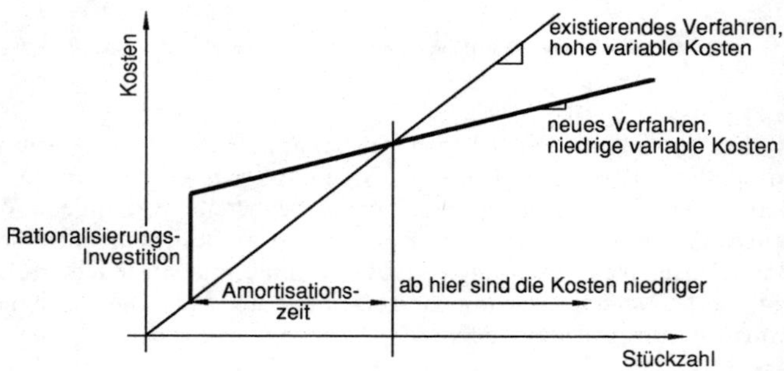

Bild 4.7: Ratio – die Unterschiede in den variablen Kosten müssen schon sehr deutlich sein, um kurze Amortisationszeiten zu erhalten.

Wirtschaftliche Lebensdauer. Solange keine deutlichen technischen Verbesserungen angeboten werden, muss man ein Betriebsmittel so lange wie möglich nutzen. Die Kosten pro Betriebsmittelzeit werden nämlich mit steigender **Nutzungsdauer** immer geringer, auch wenn der Instandhaltungsaufwand oder die Bearbeitungszeiten zu steigen beginnen.

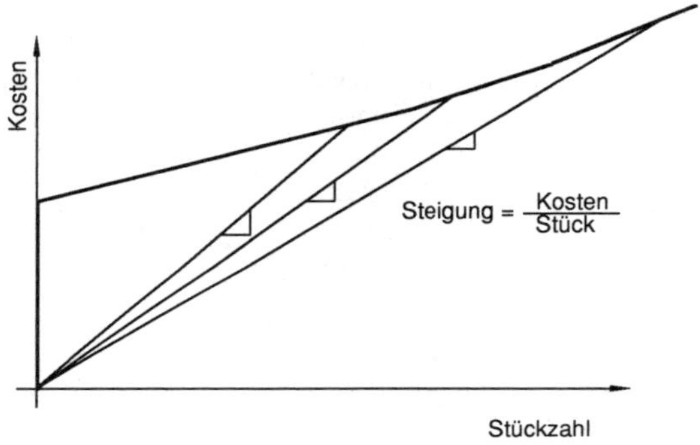

Bild 4.8: Je länger man ein Betriebsmittel nutzt, desto geringer werden die Kosten pro Stück (ablesbar an der Steigung)

Es gibt natürlich eine Grenze: Ist die Kostenfunktion so gekrümmt, dass man an sie eine Tangente legen kann, beginnt am Berührpunkt die Zeit, wo die Kosten pro Mengeneinheit wieder steigen. Es ist dann wirtschaftlicher, die Maschine durch eine gleichartige neue zu ersetzen.

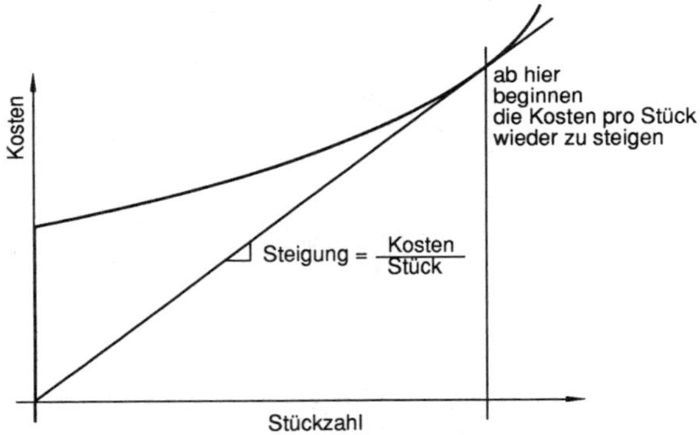

Bild 4.9: Wenn ein Betriebsmittel nicht mehr voll belastet werden kann oder immer häufiger repariert werden muss, steigen die variablen Kosten.

Generalüberholung. Bei sich rapide verschlechterndem Maschinenzustand kann man überlegen, ob sich eine große Reparatur lohnt. Sie liegt – fachmännisch ausgeführt – bei 30 … 50 % des **Wiederbeschaffungswertes**. Danach hat die Maschine wieder ihre ursprüngliche Leistungsfähigkeit, also auch ihre variablen Kosten. Man muss sie so lange weiter nutzen, bis man die ursprünglichen (Voll-)Kosten pro Stück wieder erreicht hat.

Wiederverkaufswert. Wenn die alte Maschine erstens nicht zu speziell ist, zweitens noch funktioniert und wenn drittens der Hersteller noch existiert, hat sie noch einen beachtlichen Wiederverkaufswert. Der Marktwert einer gebrauchten Maschine nimmt ähnlich dem eines Gebrauchtwagens ab: geometrisch.

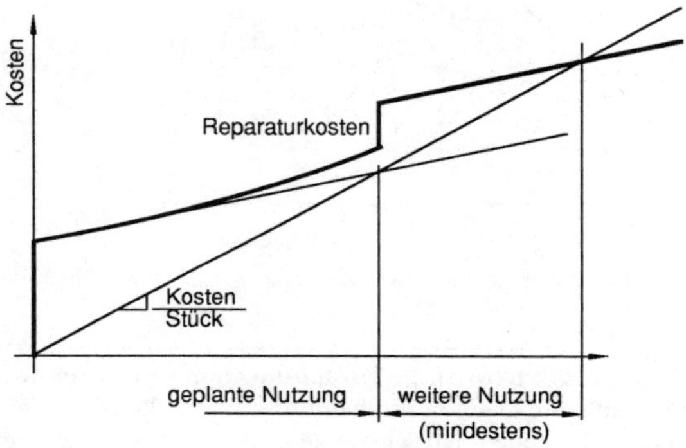

Bild 4.10: Damit sich eine Reparatur lohnt, muss die Maschine noch mindestens so lange betrieben werden, dass sie die ursprünglich angesetzten Kosten pro Stück wieder erreicht.

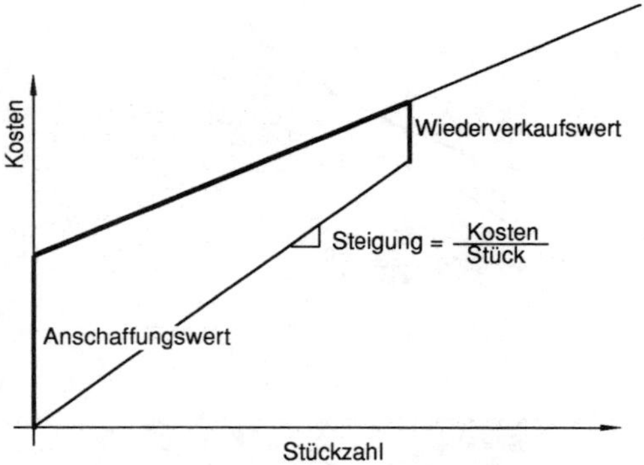

Bild 4.11: Wiederverkaufswert im Break-even-Diagramm

Technischer Fortschritt. Wenn eine Maschine 5 oder 10 Jahre alt ist, stellt sich die Frage, ob man nicht eine neue kaufen sollte, die möglicherweise viele Vorteile hat: kürzere Taktzeiten, weniger Nachbearbeitung, weniger Ausschuss, höhere Verfügbarkeit, weniger Wartung, weniger Platzbedarf, geringerer Energiebedarf, größere Rüstfreundlichkeit usw. Bei den Proportionen des Break-Even-Diagrammes ahnt man, dass der Amortisationszeitpunkt schnell in weite Ferne rückt, wenn die neue Maschine nicht sehr viel „besser“ als die alte ist. Das ist typisch für Ersatzbeschaffungen: Eine neue Maschine hat es gegenüber einer bereits vorhandenen immer schwer, da bei der vorhandenen Maschine die fixen Kosten praktisch null sind. Günstiger werden die Bedingungen für die neue Maschine, wenn der alten entweder eine größere Reparatur ins Haus steht oder sie noch zu einem nennenswerten Preis verkauft werden kann.

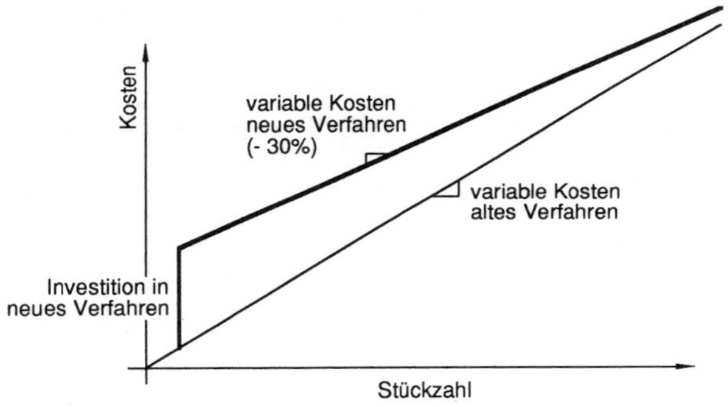

Bild 4.12: Auch bei deutlich kostengünstigeren Verfahren ist es schwierig, die Investition zu amortisieren.

Störungen. Wenn eine Maschine weniger produziert als geplant, sei es durch Störungen oder durch Ausschuss, durch Fehlbedienung, durch Rüsten usw., dann sind die Kosten gleich (in manchen Fällen auch geringfügig niedriger, weil kein Material verbraucht wird), aber die Stück-

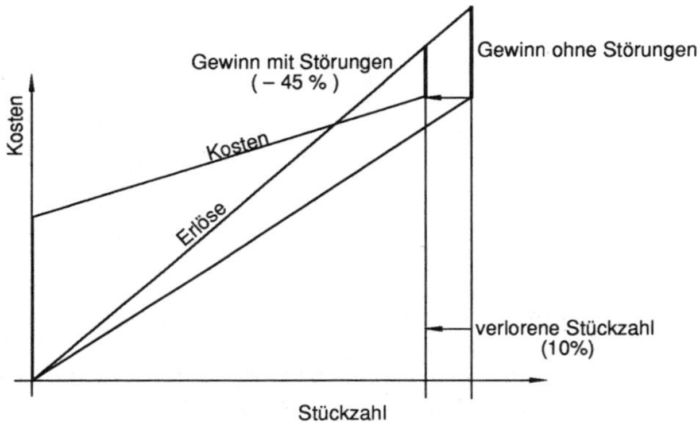

Bild 4.13: Auf den entgangenen Gewinn kommt es an bei der Beurteilung eines Betriebsmittels.

zahl niedriger. Entsprechend höher sind dann die Kosten, aber das ist nicht das Entscheidende: Es entgeht einem der Gewinn der nicht produzierten Teile, wenn man die fehlende Stückzahl nicht mehr nachholen kann.

Verfahrensvergleich. Welche Technologie wählen? Wenn man den Kauf einer neuen Maschine bedenkt, beschränkt man sich ganz bewusst auf ein konkretes Erzeugnis und den Zeitraum, in dem es gefertigt werden soll. Die Maschine muss nichts anderes können und sich in dem Fertigungszeitraum des Erzeugnisses bezahlt gemacht haben.

Etwas seltener sind die Fälle, in denen man über den Einstieg oder den Wechsel in eine neue Technik entscheiden muss: wenn ein Unternehmen wächst oder wenn es von Fremdbezug auf Eigenfertigung umsteigen möchte. Diese weit reichende Entscheidung richtet sich nicht mehr nach einem konkreten Erzeugnis, einem kurzen Amortisationszeitraum und schon gar nicht nach Restkapazitäten, sondern sucht nach dem prinzipiell wirtschaftlichsten Produktionsverfahren für ein Spektrum von Erzeugnissen.

Prinzipiell wirtschaftlich heißt, dass man die Wirtschaftlichkeit nicht mehr in jedem Einzelfall klären muss: Zerspanen, Gießen und Schmieden haben ihre typischen Domänen ebenso wie Pneumatik und Hydraulik, wie kontinuierliche und absatzweise Prozesse in der Chemie, wie integrierte und diskrete Bauweise in der Elektronik usw.

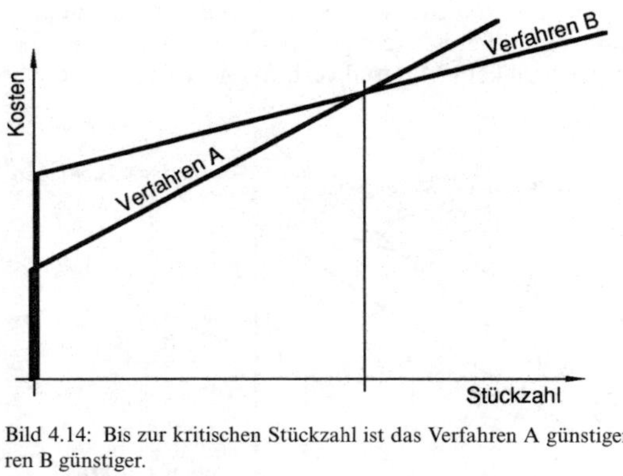

Bild 4.14: Bis zur kritischen Stückzahl ist das Verfahren A günstiger, darüber ist Verfahren B günstiger.

Verfahrensentscheidungen müssen für einen Zeitraum von fünf bis zehn Jahren richtig bleiben, unabhängig von einer Erzeugnisvariante. Weil mit dem ausgewählten Produktionsverfahren ein großes Erzeugnisspektrum gefertigt wird, geht man davon aus, dass das zugehörige Betriebsmittel immer ausgelastet sein wird. Deshalb vergleicht man die Varianten mit ihrer jeweiligen Vollauslastung. Reicht die Kapazität der Vollauslastung nicht aus, stellt man die wirtschaftlichste Variante eben so oft hin, bis die erforderliche Kapazität erreicht ist.

Eine große Gefahr bei dem Verfahrensvergleich liegt darin, dass man vergisst, dass die berechneten Kosten nur für Vollauslastung gelten. Man vergleicht die Kosten auf der Basis verschiedener Mengen. Der (Produktions-)Verfahrensvergleich ist nur ein Idealfall des Kostenvergleichs vor der Beschaffung eines Betriebsmittels, weil er keine verschenkten Restkapazitäten kennt. Bevor man sich tatsächlich für ein Verfahren entscheidet, sollte man die Kosten für die tatsächlich zu erwartenden Mengen ausrechnen.

Quellen und weiterführende Literatur

Bronner, A.: Angebots- und Projektkalkulation. Leitfaden für Praktiker. Berlin: Springer Verlag, 1996

Ehrlenspiel, K.: Kostengünstiges Konstruieren. Berlin: Springer Verlag, 1985

Viebahn, U.: Kaufmännisches Basiswissen für Ingenieure. München Wien: Carl Hanser Verlag, 1997

Voß, E.: Industriebetriebslehre für Ingenieure. 6. Auflage. München Wien: Carl Hanser Verlag, 1991

Warnecke, H.-J.; et al.: Kostenrechnung für Ingenieure. 5. Auflage. München Wien: Carl Hanser Verlag, 1996

Wenzel, R.; Metze, G.; Nieß, P.; Fischer, G.: Industriebetriebslehre. München Wien: Carl Hanser Verlag, 2001

5 Fertigungsautomatisierung

Prof. Dr.-Ing. habil. Rolf Wätzig

Unter **Fertigungsautomatisierung** versteht man alle Maßnahmen zum völlig oder teilweise selbsttätigen Ablauf von Fertigungsprozessen, die nach einem vorher erstellten Programm ohne Eingreifen des Menschen gesteuert werden. Die Automatisierung umfasst sowohl den materiellen Vorgang als auch seine Vorbereitung mit Rechnerunterstützung in allen technisch-organisatorischen Bereichen der Fabrik.

In der Fertigung werden Aufgaben mit **Arbeitssystemen** erfüllt. Durch Analyse der verschiedenen aufeinander abgestimmten Vorgänge ergeben sich die erforderlichen Teilsysteme der Fertigung. Diese Teilsysteme werden durch den Energie-, Material- und Informationsfluss gekoppelt, wie in Bild 5.1 vereinfacht dargestellt. Sie sind Ausgangsbasis für die Fertigungsautomatisierung.

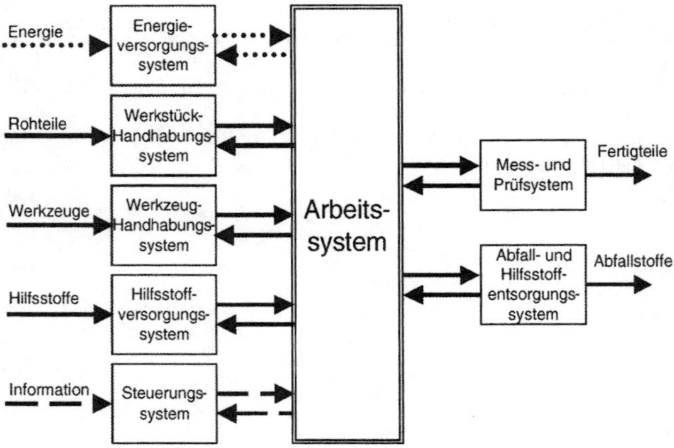

Bild 5.1: Funktionen der Fertigungsautomatisierung (nach [2])

Die Fertigungsautomatisierung erfolgt in verschiedenen Ausbaustufen, wobei das Verhältnis manueller Abläufe zu automatisierten Abläufen bei den dargestellten Funktionen unterschiedlich steigend ist. Erforderliche Produktivität und Flexibilität sind die bestimmenden Größen für die Wahl der Automatisierungslösung der Maschinenebene nach Material-, Energie- und Informationsfluss. **Produktivität** und **Flexibilität** für Serienfertigung oder Einzelfertigung wird durch den Einsatz entsprechender Anlagen von Mehrmaschinensystemen bis zu universellen Bearbeitungszentren berücksichtigt.

Die Entwicklung der Fertigungsautomatisierung von der Mechanisierung über die Einzel-Automatisierung ist durch die Entwicklungsstufen der Werkzeugmaschinen gut nachvollziehbar.

Bild 5.2 zeigt die Hauptelemente einer Fertigungsautomatisierung als Teilsysteme in einem Flussdiagramm. Dargestellt ist der Material- und Informationsfluss, das Mess- und Prüfsystem sowie die erforderliche Führung des Arbeitssystems durch Menschen.

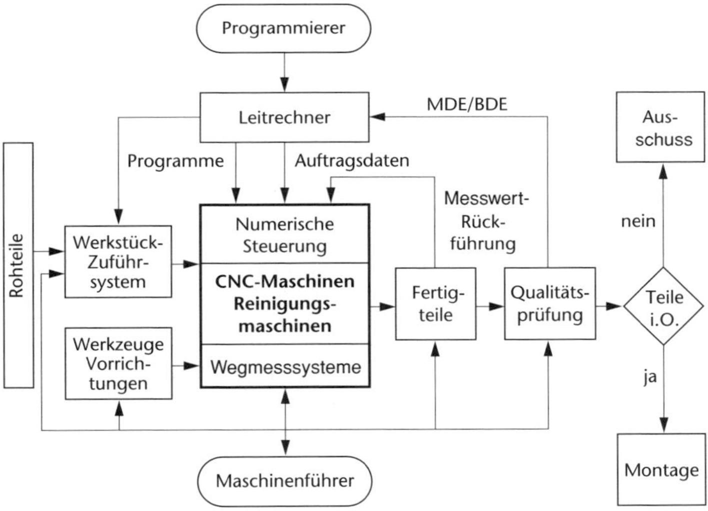

Bild 5.2: Hauptelemente einer hohen Fertigungsautomatisierung (nach [2])

Die Fertigungsautomatisierung nutzt mechanische, elektrische, fluidische und optische Mittel, d. h. Aktorik und Sensorik sowie die Informations- und Kommunikationstechnik (in Hard- und Software) auf allen Ebenen der Fabrik.

Quellen und weiterführende Literatur

[1] *Scharf, P.:* Strukturen flexibler Fertigungssysteme. Mainz: Krausskopf Verlag, 1976

[2] *Beuke, D.; Conrad, K.-J.:* CNC-Technik und Qualitätsprüfung. München: Carl Hanser Verlag, 1999

6 Fertigungsmesstechnik

Prof. Dr.-Ing. Dieter Beuke

Für die in der Phase der Produktion bzw. Fertigung notwendigen Maßnahmen zum Messen und Prüfen der Qualitätsmerkmale ist die Fertigungsmesstechnik der Oberbegriff folgender Bereiche:

- Geometrische Messtechnik (Länge, Winkel, Grob- und Feingestalt)
- Materialprüfung (Elastizität, Festigkeit, Härte, Verschleiß u. a.)
- Funktionsprüfung (Geräusch, Kraft, Moment, Drehzahl, u. a.)
- statistische Prozesssteuerung (SPC)
- Fähigkeitsuntersuchungen
- Prüfmittelüberwachung (PMÜ)

Fertigungsmesstechnik umfasst geometrische Messtechnik, Materialprüfung, Funktionsprüfung, statistische Prozesssteuerung, Fähigkeitsuntersuchungen und Prüfmittelüberwachung.

Die Qualitätsprüfungen und Untersuchungen, d. h. die reinen Messtätigkeiten in Verbindung mit der Mess- und Prüfdatenanalyse, bilden die Grundlage einer **Qualitätsdatenbasis**. Bei optimaler Einbindung in das Qualitätsmanagement liefert die Fertigungsmesstechnik Informationen für alle Stationen die das Produkt beim industriellen Entstehungsprozess bis zur Fertigstellung durchläuft (Bild 6.1).

6.1 Allgemeine Grundlagen der Messtechnik

Die Metrologie ist ein Teilgebiet der Physik und bildet die wissenschaftliche Grundlage des Messens, der Maßsysteme und deren Einheiten. Die Messtechnik als Teilbereich der Metrologie umfasst die Gesamtheit aller Verfahren und Geräte zur empirischen Bestimmung zahlenmäßig erfassbarer Größen in Wissenschaft und Technik.

6.1.1 Messtechnische Grundbegriffe

DIN 1319 Teil 1, 2 und 3 definiert die Grundbegriffe der Messtechnik. Einige der im Text genannten Begriffe sind in Anlehnung daran übernommen.

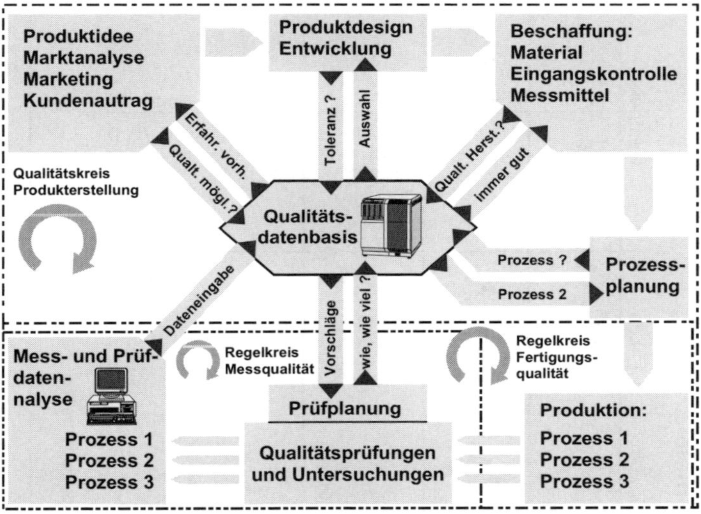

Bild 6.1: Integration der Fertigungsmesstechnik in den Produktionsprozess

Messen ist ein experimenteller Vorgang, durch den ein spezieller Wert einer physikalischen Größe als Bruchteil oder Vielfaches einer Bezugsgröße (Einheit) ermittelt wird.

Zum Messen und zum Ausführen dieser Tätigkeiten müssen nach *Profos* folgende zwei **Fundamentalvoraussetzungen** erfüllt sein:

1. Die zu messende Größe muss eindeutig definiert sein.
2. Das Messnormal muss durch eine Konvention festgelegt sein.

Der **Messwert** und das **Messergebnis** sind davon abhängig, an welchem **Messort** des **Messobjekt**s die **Messgröße** aufgenommen wird. Diese Grundbegriffe sind in Bild 6.2 erläutert.

6.1.2 Struktur der Messeinrichtung

Für komplexe Messaufgaben, die im Zuge der Automatisierung, der Steuerung und der Regelung ständig zunehmen, ist eine immer größere gerätetechnische Ausstattung erforderlich. Die Messeinrichtung besteht dann aus mehreren messtechnischen Baugruppen, Einzelgeräten und

Messgröße – ist die zu bestimmende physikalische Größe	Beispiele: Durchmesser	Länge	Temperatur	
Messobjekt ist der Träger der Messgröße	 Welle	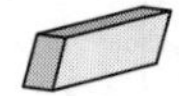 Endmaß	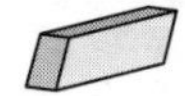 Material	Luft
Messort ist die Stelle, an der die Messgröße durch den Messwertaufnehmer aufgenommen wird	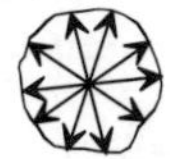	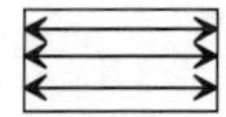	Innen Oberfläche	Fenster Messplatz
Messwert ist der spezielle, durch die Messung ermittelte Wert der Messgröße	$\varnothing_1$=8,1mm $\varnothing_2$=8,0mm ⋮ $\varnothing_5$=8,2mm	l_{1t}=5,012 mm l_{2t}=5,009 mm l_{3t}=5,010 mm	t_{MI} = 27,5°C t_{MO} = 26,8°C	t_F=22,7°C t_M=20,6°C
Messergebnis wird im Allgemeinen				
a) aus mehreren Messgrößen einer Einzelmessgröße oder	$\overline{\varnothing} = \frac{1}{5}\sum \varnothing_i$	$\overline{l}_t = \frac{1}{3}\sum l_{it}$		
b) aus Messwerten verschiedener Messgrößen mit Hilfe einer eindeutigen, vorgegebenen mathematischen Beziehung berechnet		$\Delta l = \overline{l}_t - l_0$	$t_M = \frac{t_{MI} + t_{MO}}{2}$	
	Wärmeausdehnungkoeffizient $\alpha = \frac{\Delta l}{l_0 \cdot (t_M - t_0)}$			

Bild 6.2: Grundbegriffe nach DIN 1319 mit Beispielen

Zusatzeinrichtungen, die zusammengefasst die Messeinrichtung darstellen. Die grundsätzlichen Aufgaben einer **Messeinrichtung** sind Aufnehmen der Messgröße, Weiterleiten des Messsignals, Bestimmen der Maßzahl und Ausgeben des Messwertes.

Entsprechend der Anwendung können die Funktionselemente einer Messeinrichtung, genannt Messglieder, in Reihen-, Parallel- oder in Kreisstruktur (Rückkopplung) angeordnet sein. Bild 6.3 zeigt Beispiele für **Messglieder** einer Messeinrichtung deren Reihenstruktur als Messkette („Kettenstruktur") bezeichnet wird.

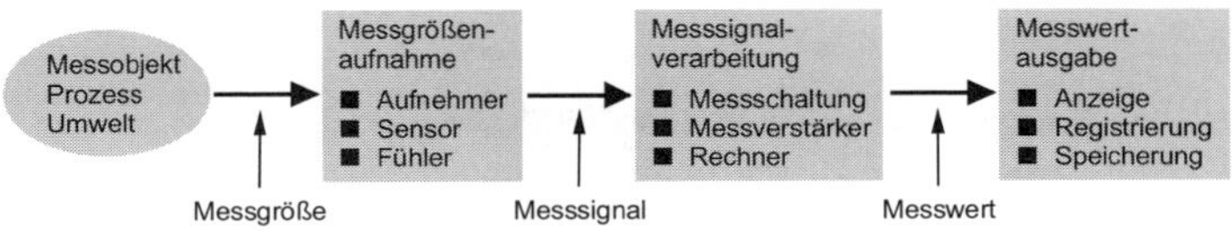

Bild 6.3: Funktionselemente einer Messeinrichtung als Messkette

Werden, z. B. beim Fertigungsprozess eines Werkstücks, zur Püfung von Qualitätsmerkmalen mehrere Messeinrichtungen eingesetzt, die im funktionalen oder räumlichen Zusammenhang stehen, so spricht man von einer **Messanlage** (Bild 6.4). Im weiteren Sinne ist jedes Glied einer Messeinrichtung ein Messgerät. Im einfachsten Falle gilt: Messeinrichtung = Messgerät.

Messanlage
Sie umfasst mehrere voneinander unabhängige Messeinrichtungen, die im räumlichen oder funktionalen Zusammenhang stehen.

Messeinrichtung
Sie besteht aus einem Messgerät oder mehreren zusammenwirkenden Messgeräten und Zusatzeinrichtungen, die ein Ganzes bilden. Die wesentliche Aufgabe ist die Aufnahme einer Messgröße oder eines Messsignals, die Weiterleitung und Umformung des Messsignals und die Ausgabe eines Messwertes.

Messgerät
Es liefert und verkörpert Messwerte, auch die Verknüpfung mehrerer unabhängiger Messwerte.

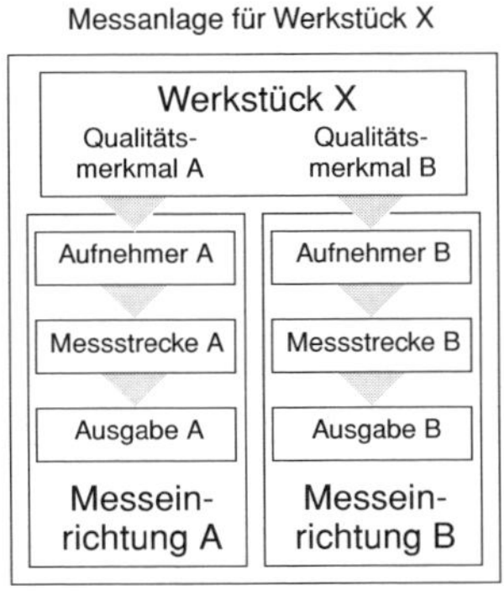

Bild 6.4: Definition für Messanlage, Messeinrichtung und Messgerät

Bei Messeinrichtungen sind häufig die Funktionselemente Vergleich und Messwertbildung miteinander verknüpft. Für jeden Messvorgang ist immer eine Vergleichsoperation notwendig, d. h. in der Struktur jeder Messeinrichtung müssen die Funktionselemente **Aufnehmer**, **Maßverkörperung** und **Vergleichselement** enthalten sein (Bild 6.5).

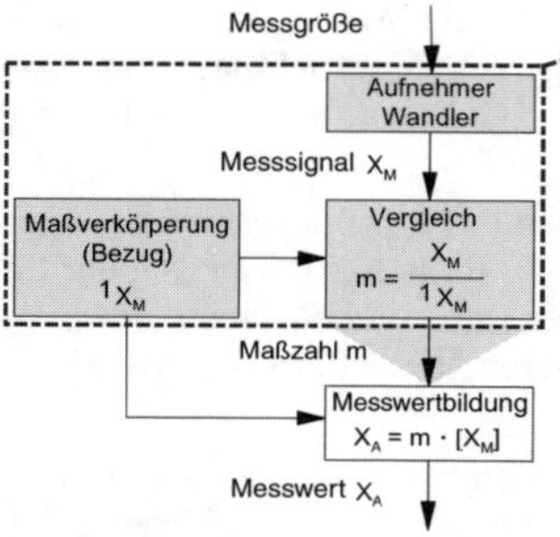

Die notwendigen Funktionselemente einer Messeinrichtung sind:

Aufnehmer:	Messgrößenerfassung
Maßverkörperung:	Bezug 1 X_M
Vergleichselement:	Vergleichsoperation

Fundamentgleichungen der Messtechnik

Maßzahl	$m = X_M/1\,X_M$	**(11.1)**
Messwert	$X_A = m \cdot [X_M]$	**(11.2)**

X_M = Messgröße der Dimension [XM]
$[X_M]$ = Einheit der Maßverkörperung
m = Maßzahl
X_A = Messwert

Bild 6.5: Strukturdarstellung der Messeinrichtung nach *Profos*

6.1.3 Einheiten und Einheitensystem

Damit Messwerte auch international vergleichbar sind, muss entsprechend der 2. Fundamentalvoraussetzung die Maßverkörperung auf international vereinbarte (Maß-)Einheiten bezogen sein. Auf der 11. Generalkonferenz für Maß und Gewicht wurde 1960 das **Internationale Einheitensystem** (Système International d'Unités) beschlossen. Es wird in allen Sprachen mit dem gleichen Kurzzeichen **„SI"** benannt und unterscheidet 7, in den Normen DIN 1301 T1 bis T3 festgelegte Basiseinheiten (Tabelle 6.1).

Tabelle 6.1: SI-Basiseinheiten und einige abgeleitete SI-Einheiten

Basiseinheiten			abgeleitete Einheiten			
Zeichen	Name	Einheit der	Zeichen	Definitien	Name	Messgröße
m	Meter	Länge	**N**	1 kg m/s²	Newton	Kraft
kg	Kilogramm	Masse	**J**	1 Nm	Joule	Arbeit/Energie
s	Sekunde	Zeit	**W**	1 J/s	Watt	Leistung
A	Ampere	Stromstärke	**V**	1 W/A	Volt	el. Spannung
K	Kelvin	Temperatur	**C**	1 A s	Coulomb	el. Ladung
mol	Mol	Stoffmenge	**Hz**	1 l/s	Hertz	Frequenz
cd	Candela	Lichtstärke	**Pa**	1 N/m²	Pascal	Druck

Die abgeleiteten SI-Einheiten (Tabelle 6.1) werden durch Multiplikation und Division der Basiseinheiten mit den gleichen Beziehungen gebildet, die auch für die physikalische Verknüpfung dieser Größen gelten. Als Zahlenfaktor wird dabei ausschließlich der numerische Wert 1 verwendet, wodurch ein zusammenhängendes (kohärentes) System der Einheiten vorliegt.

6.1.4 Messprinzipien, -methoden und -verfahren

Die Abgrenzung der Begriffe Messprinzip, Messmethode und Messverfahren ist fließend. Sie werden häufig nebeneinander mit ähnlicher Bedeutung benutzt. Dies gilt vor allem für Begriffe, die gleichermaßen in Verbindung mit „-methoden“ und „-verfahren“ angewendet werden.

Messprinzip: die charakteristische physikalische Erscheinung, die zum Messen benutzt wird.

Bei den meisten Messaufgaben ist ein direkter Vergleich zwischen Maßverkörperung und Messgröße nicht möglich. Die Messgröße muss umgewandelt werden. Entsprechend dem Träger der Messgröße (mechanisch, thermisch, elektrisch, optisch u. a.) dienen dazu eine Vielzahl unterschiedlicher physikalischer oder chemischer Effekte. Statt Messprinzip wird deshalb häufig auch der Begriff Messeffekt benutzt.

Messmethode: die charakteristische Methode, mit der ein direkter oder indirekter Vergleich des Messsignals mit der Maßverkörperung durchgeführt wird.

Die Einteilung der Messmethoden erfolgt nach unterschiedlichen Gesichtspunkten. Die folgende Gliederung bezieht sich auf die Methode, mit denen der Vergleich als Grundlage jeder Messung durchgeführt wird.

Danach kann man unterscheiden:

- Ausschlagmethode
- Kompensationsmethode
- Nachführmethode
- Zählmethode

Ausschlagmethode: Umwandeln der Messgröße in den Ausschlag eines Maßzeigers.

Die Energie für den Ausschlag des Maßanzeigers wird bei der Ausschlagmethode dem Messobjekt entzogen. Der dadurch auf das Messobjekt verursachte Einfluss wird als **Rückwirkung** bezeichnet, die einen **systema-**

tischen Fehler verursacht (Tabelle 6.2). Die Vergleichsoperation nach der Ausschlagmethode ist von zusätzlicher Energiezufuhr unabhängig.

Merkmale:

- Durch Rückwirkung entsteht systematischer Fehler.
- Nur Messobjekte mit Energieinhalt sind messbar.
- Messgeräte mit Ausschlagmethode haben eine „Kettenstruktur" der Messglieder. Es ist keine zusätzliche Energiezufuhr notwendig.

Tabelle 6.2: Beispielhafte Messgeräte nach der Ausschlagmethode

Messgerät	Messgröße	Struktur mit Zwischenabbildungsgrößen	Ausschlag	Bewegungs-energie	Systematischer Fehler
Termometer 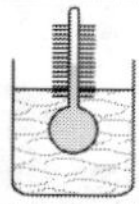	Temperatur	ϑ → Hg-Volumen → (Hg-Volumenänderung) ΔV → Kapillare → Δs	Weg	aus der Abkühlung des Messobjekts durch das Messgerät	Es wird die Mischtemperatur aus Hg-Volumen- und Messobjekttemperatur gemessen.
Manometer 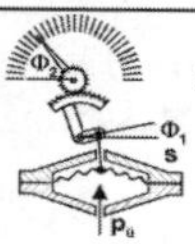	Überdruck	$p_ü$ → Membranfeder → (Weg) s → Hebel → (Winkel) Φ_1 → Getriebe → Φ_2	Winkel	aus Druckdifferenz an der Membranfeder	Durch die Verformung der Membranfeder wird das Volumen vergrößert, wodurch der zu messende Druck sinkt.

Kompensationsmethode: Der Wert der Messgröße entspricht dem Wert einer messbar einstellbaren Kompensationsgröße, die die Wirkung der Messgröße durch Entgegenschalten aufhebt.

Beim Messen mit der Kompensationsmethode wird der Wirkung der Messgröße eine gleichartige, messbar einstellbare Kompensationsgröße entgegengeschaltet. Der Abgleich zwischen Kompensationsgröße und dem Messwert ist erfolgt, wenn mit einem Nullinstrument kein Differenzsignal mehr gemessen wird. Messeinrichtungen, die nach der Kompensationsmethode arbeiten, benötigen zum Einstellen und Verändern der Kompensationsgröße Fremdenergie und sind, im Gegensatz zur Ausschlagmethode, durch eine „Kreisstruktur" charakterisiert (Bild 6.6).

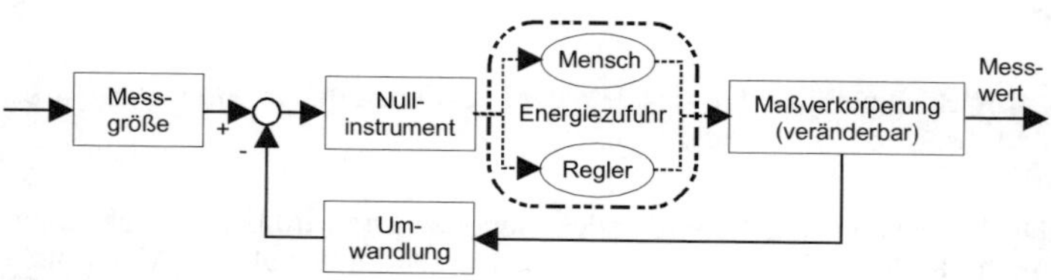

Bild 6.6: Kompensationsmethode mit typischer Kreisstruktur

Merkmale:

- Je genauer der Abgleich, desto größer der Zeitaufwand.
- Je differenzierter die Kompensation, desto genauer der Abgleich.
- Keine Rückwirkung beim Messen auf die Messgröße.
- Die Kompensationsgrößen müssen energietragend sein.
- Erzeugung der Kompensationsgröße erfordert Energiezufuhr.
- Typisches Merkmal ist eine „Kreisstruktur" der Messglieder.
- Großer Messbereich bei hoher Empfindlichkeit erreichbar.
- Relativ lange Einstellzeit und aufwendiger Aufbau.

Tabelle 6.3: Beispielhafte Messgeräte für die Kompensationsmethode

Messgerät	Messgröße	Struktur mit Zwischenabbildungsgrößen
Balkenwaage 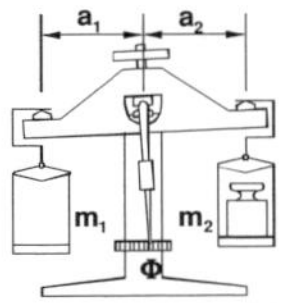	Masse	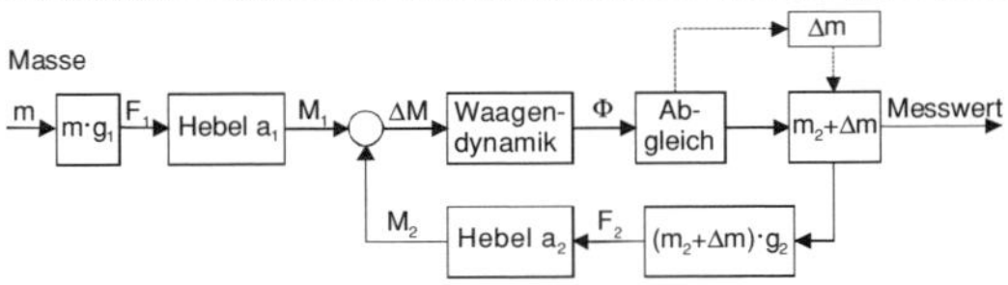
Kolbenmanometer 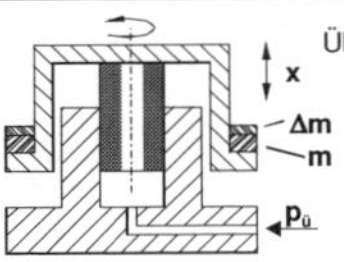	Überdruck	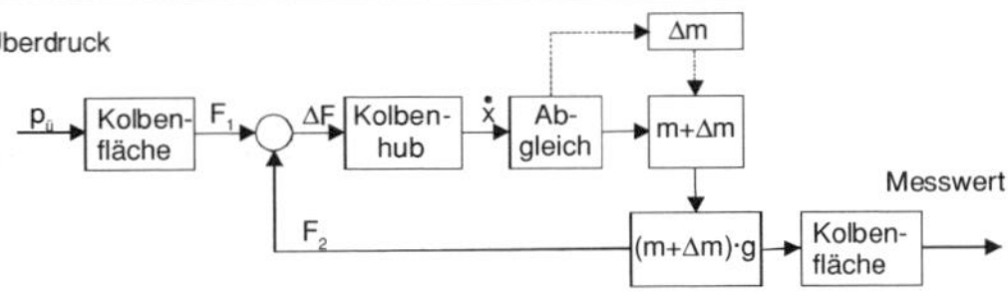

Nachführmethode: Der Messwert ist der Weg oder Winkel, den ein Tastindikator nachgeführt wird, um das Stellsignal aufzuheben, das aus der Weg- oder Winkeländerung zwischen der Tasteinrichtung und der Messgröße entsteht.

Zwischen Nachführ- und Kompensationsmethode besteht Ähnlichkeit, weil beide auf einer Folgeregelung beruhen. Bei der Nachführmethode wird jedoch keine energietragende Größe kompensiert.

Merkmale:

- Sie ist nur für Weg- oder Winkelmessgrößen anwendbar.
- Sie wird nur für spezielle Anwendungsfälle benutzt.

Beispiele:

- Handmesseinrichtung (Messschieber, Messschraube)
- Füllstandsmessungen
- Berührungslose Oberflächentaster

Zählmethode

Das Zählen ist das Ermitteln der Anzahl jeweils in bestimmter Hinsicht gleichartiger Elemente oder Ereignisse, die bei dem zu untersuchenden Messobjekt in Erscheinung treten. Gezählt wird entweder direkt (Einzelobjekte, Frequenz, radioaktiver Zerfall u. a.) oder die Messgröße muss erst im Verlauf der Messung in zählbare Größen umgewandelt werden.

Zählmethode: Der Messwert ist die Anzahl der bei der Veränderung der Messgröße gezählten Inkremente, in die die Messgröße durch Quantisierung aufgeteilt ist.

Merkmale:

- Sie ist die Basismethode des digitalen Messens.
- Manche Messgrößen sind direkt zählbar.
- Nicht direkt zählbare Messgrößen müssen in zählbare Größen umgewandelt werden.
- Ein Zählschritt in der letzten Stelle der Ziffernanzeige stellt die kleinste Quantisierungsstufe dar.

Die Umwandlung eines analogen in ein zählbares Messsignal erfolgt durch Impulsgeber. Das Zählen der Impulse kann auf den Ablauf eines bestimmten Vorgangs oder innerhalb einer vorgegebenen Zeit beschränkt sein.

Beispiele:

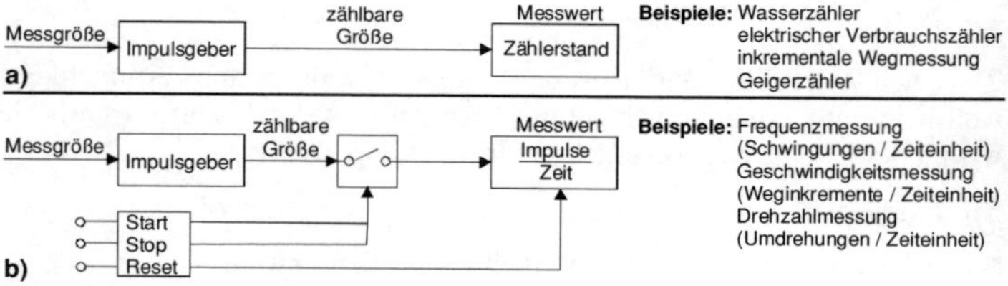

Zählmethode: a) für den Vorgang, b) für eine Zeiteinheit (Torschaltung)

Messverfahren

Je nach Anwendung der Messprinzipien und -methoden in einer Messeinrichtung ergeben sich unterschiedliche Funktionsweisen, die als Messverfahren zu verstehen sind.

Messverfahren: Die praktische Anwendung eines Messprinzips (und einer Messmethode) führt auf ein Messverfahren.

Häufig erfolgt die Benennung der Messverfahren in Verbindung mit der Messgröße z. B. Längen-, Temperatur- und Kraftmessverfahren. Die im Folgenden behandelten Unterscheidungsmerkmale sind unabhängig von Messgröße, Messprinzip und Messmethode.

Direkte und indirekte Messverfahren

Direkte Messverfahren sind dadurch gekennzeichnet, dass der gesuchte Messwert einer Messgröße durch unmittelbaren Vergleich mit einem Normal derselben Messgröße gewonnen wird.

Beispiele:

- Vergleich zu messender Masse mit geeichter Masse (Balkenwaage).
- Spannungsmessung durch Vergleich mit einem Spannungsnormal.
- Messen einer Länge mit Maßstab oder Messschieber.

Schema der direkten Messverfahren s. Bild 6.5.

Indirekte Messverfahren sind dadurch gekennzeichnet, dass der gesuchte Messwert auf andersartige physikalische Größen (Abbildungsgrößen) zurückgeführt und aus diesen unter Anwendung physikalischer Zusammenhänge ermittelt wird (Bild 6.7).

Merkmale:

- Die „andersartige physikalische Größe“ wird häufig auch als Abbildungsgröße X_B bezeichnet.
- Fast alle für die Technik wichtigen Messverfahren sind indirekt (Umwandeln mechanischer in elektrische Größen).

Beispiele:

- Temperaturmessung mit Flüssigkeitsthermometer
- Gewichtsmessung mit Federwaage
- Druckmessung mit einem Membranfedermanometer

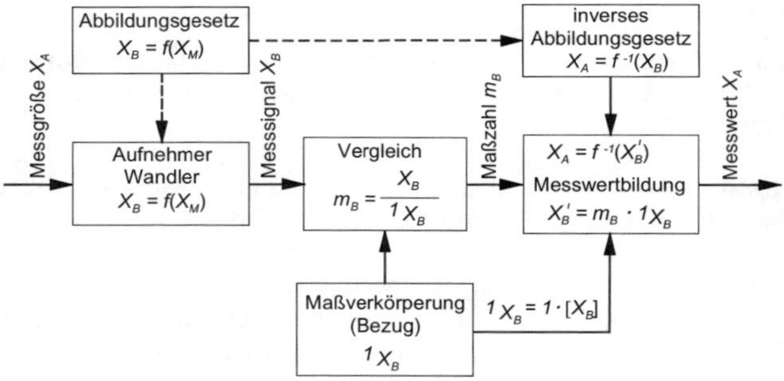

Bild 6.7: Blockschaltbild der indirekten Messung

Kontinuierliche und diskontinuierliche Messverfahren

Kontinuierliche Messverfahren: zeitlich zusammenhängendes Erfassen und Weiterverarbeiten der Messgröße bis zur Ausgabe.

Merkmale:

- Zu jedem Zeitpunkt ist die Messgröße als Messwert erfasst.
- Schnelle Reaktion auf Veränderungen der Messgröße.

Beispiele:

- Temperatur-, Druck- und Luftfeuchteaufzeichnung mit einem Schreiber (Messraum, Wetter)
- Geschwindigkeitmessung mit einem Zeigergerät

Diskontinuierliche Messverfahren: Der Signalfluss der Messgröße vom Erfassen und Weiterverarbeiten bis zur Ausgabe ist an mindestens einer Stelle der Messeinrichtung im Allg. periodisch unterbrochen.

Merkmale:

- In der Unterbrechungszeit tritt **Informationsverlust** auf.
- Der Wechsel von Mess- und Unterbrechungszeit wird auch als **Zeitquantisierung** und bei periodischem Wechsel als **Abtastung** oder auch **Sampling** bezeichnet.

Beispiele:

- Temperatur-, Druck- und Luftfeuchteaufzeichnung mit Messstellenumschalter und Punktschreiber.
- Umwandlung der Messwerte in Zahlen durch Zählwerke oder Analog/Digital-Wandler (A/D-Wandler).

Analoge und digitale Messverfahren

Analoge Messverfahren: Durch die Messeinrichtung wird der Messgröße eine Anzeigegröße zugeordnet, die meist im Idealfall eine eindeutige, punktweise Darstellung (Funktion) der Messgröße ist.

Ein analoges Signal steht zu jedem Zeitpunkt in direkter Zuordnung zur Messgröße, d. h. der Informationsgehalt des Signals innerhalb eines bestimmten Bereichs ist unendlich groß.

Merkmale:

- In der Messeinrichtung wird nicht die Maßzahl selbst, sondern eine analoge Größe verarbeitet.
- Jeder Zwischenwert der Mess- oder Abbildungsgröße ist möglich.
- Das Messsignal enthält die volle Information der Messgröße.

Beispiele:

- Temperaturmessung mit einem Flüssigkeitsthermometer.
- Druckmessung mit einem Quecksilbermanometer.
- Massebestimmung mit einer Federwaage.

Digitale Messverfahren: Die Messeinrichtung bildet aus der Messgröße eine Anzeigegröße, die eine mit fest vorgegebenen kleinsten Schritt quantisierte zahlenmäßige Darstellung der Messgröße ist.

Das digitale Signal enthält als Information die Maßzahl, d. h. die Signalverarbeitung erfolgt auf der Grundlage des Zählens. Das Signal ist quantisiert und kann sich nur in bestimmter endlicher Abstufung ändern.

Merkmale:

- In der Messeinrichtung werden die Ziffern der Maßzahl verarbeitet, zumindest aber ausgegeben.
- Man bezeichnet die Quantisierung auch als Amplitudenquantisierung und den kleinsten vorgegebenen Schritt als Quantisierungsschritt.
- Das Messsignal bzw. der Messwert enthält nicht mehr die volle Information der Messgröße.

Beispiele:

- Temperaturmessung mit einem Digitalthermometer
- Messschieber mit digitaler Anzeige.
- Massebestimmung mit einer digital anzeigenden Waage.

Sonderverfahren, Sondermethoden

Bei bestimmten Anwendungsfällen und bei Messungen hoher Genauigkeit werden Kompensations- und Ausschlagmethoden in abgewandelter Form angewendet.

Differenzmethode: Es wird nicht die Messgröße X_M (Abbildungsgröße X_B) selbst, sondern deren Abweichung $\Delta X = X_M - X_0$ gegenüber einer bekannten und konstanten Größe X_0 gemessen.

Die Vergleichsgröße muss entweder in die Messeinrichtung eingegeben werden oder sie ist dort vorhanden bzw. wird dort erzeugt.

Beispiele:

- Bei der Temperaturmessung mit einem Thermoelement wird die Differenz der Thermospannungen der „heißen" und der „kalten" Lötstelle für die Temperaturanzeige ausgewertet.
- Wägung an Analysenwaagen durch Auflegen von Wägestücken auf der Lastseite.

Vergleichsverfahren: In einer ersten Messung wird zunächst ein Objekt mit bekanntem Wert (selbständige Maßverkörperung) gemessen und anschließend die Messung mit dem Messobjekt wiederholt. Aus beiden Messwerten wird das Messergebnis berechnet.

Merkmale:

- Es wird relativ gemessen.
- Als selbständige Maßverkörperung dienen in der Fertigungsmesstechnik häufig Endmaße oder Meisterwerkstücke.

Beispiele:

- Mehrstellenmessung zur Durchmesserbestimmung.
- Pneumatische Längenmessung.
- Längenbestimmung eines Endmaßes durch Vergleich mit kalibriertem Endmaß.

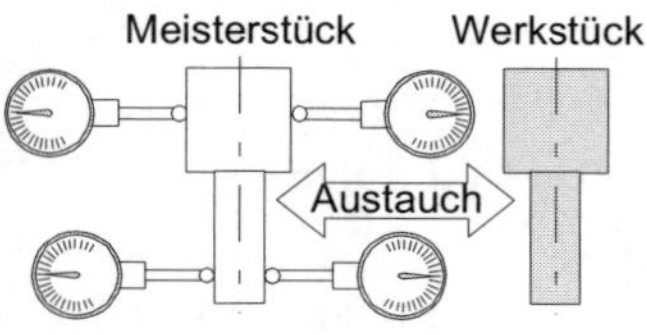

6.1.5 Messfehler

Die Differenz zwischen dem angezeigten Messwert X_A und dem wahren Wert der Messgröße X_M wird als **Messfehler** verstanden. Der wahre Wert würde durch ein fehlerfreies Messgerät angezeigt. Der Nachweis für ein fehlerfreies Messgerät kann aber nicht erbracht werden, weil der wahre Messwert grundsätzlich unbekannt ist.

6.1.5.1 Fehlerursachen

Vom Erfassen der Messgröße bis zu deren Ausgabe als Messwert wird ein Messprozess durchlaufen. Er ist unterschiedlichen Einflüssen ausgesetzt (Bild 6.8), durch die unvermeidliche Messfehler auftreten.

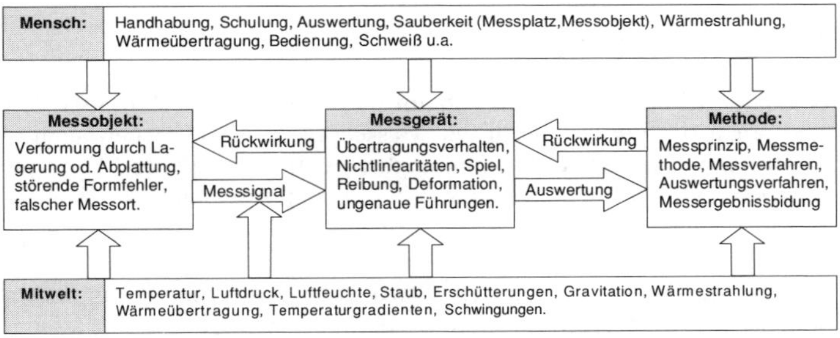

Bild 6.8: Haupteinflussgrößen und Einzeleinflüsse auf den Messprozess

Mensch und Mitwelt beeinflussen den Messprozess in allen Phasen, ausgehend vom Messobjekt bis zur Auswertung. Nicht nur aus Rationalisierungsgründen werden deshalb Präzisionsmessungen automatisiert und in klimatisierten, z. T. staubfreien Räumen durchgeführt.

Bei Messeinrichtungen mit eingebauter Maßverkörperung und Führungssystemen verursachen kleinste Verkippungen der geführten Bauelemente Messfehler. Bei Parallelversatz zwischen Mess- und Vergleichstrecke treten **Messfehler 1. Ordnung** auf, deren Größe proportional dem parallelen Abstand der Strecken ist. Bei fluchtender Anordnung von Mess- und Vergleichsstrecke entstehen **Messfehler 2. Ordnung**, die sich nur gering auf den Messwert auswirken (Tabelle 6.4). Ernst Abbe hat 1893 die Forderung formuliert, dass für präzise Messungen die Vergleichstrecke zur Messstrecke fluchtend angeordnet sein sollte (**Abbe'sches Prinzip** oder auch **Komparatorprinzip**).

Tabelle 6.4: Messfehler 1. und 2. Ordnung bei Innenantastung

Messfehler 1. Ordnung	Messfehler 2. Ordnung
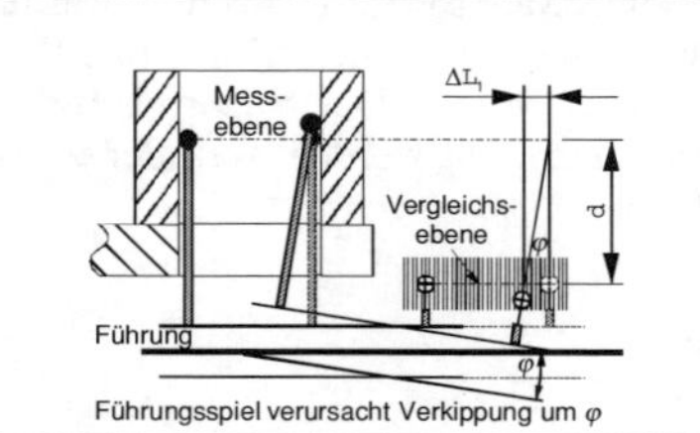	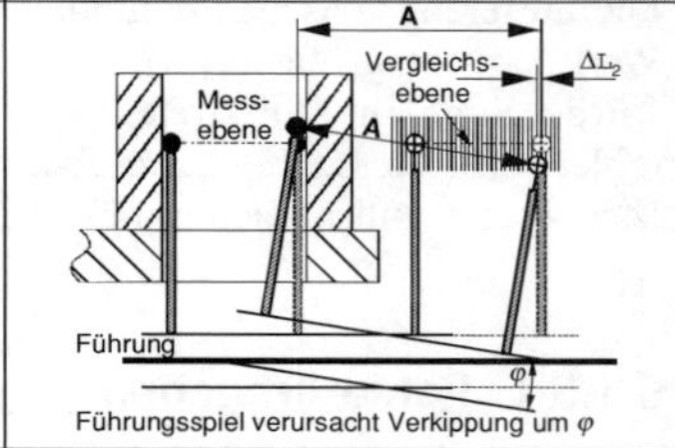
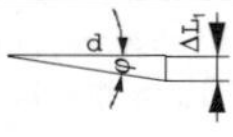 $\Delta L_1 = d \cdot \widehat{\varphi}$	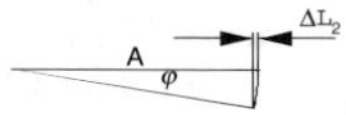 $\Delta L_2 = A \cdot \widehat{\varphi}^2 / 2$

6.1.5.2 Fehlergruppen

Messabweichungen beziehen sich auf den Messwert, sie charakterisieren aber auch die Eigenschaften der Messgeräte, d. h. sie dienen auch zur Beschreibung der Qualität (Genauigkeit) eines Messgerätes. Die Messabweichung setzt sich zusammen aus systematischen und zufälligen Anteilen.

Systematische Fehler: Sie stellen sich unter Beharrungsbedingungen bei gegebener Messgröße unter Wiederholbedingungen immer wieder ein. Sie haben einen bestimmten Betrag und ein bestimmtes Vorzeichen.

Ursachen:

- Rückwirkungen des Messgerätes auf die Messgröße
- Fehler in der Maßverkörperung
- Kennlinienfehler
- Eigenerwärmung, Abnutzung und Alterung des Messgerätes
- Abweichung von Messgeräte-Sollparametern

Da der wahre Wert einer Messung nicht bekannt ist und bei Wiederholmessungen die systematischen Fehler immer in gleicher Art auftreten sind sie nicht erkennbar. Aufschluss über systematische Fehler geben Messungen unter Vergleichsbedingungen, bei denen alle Einflussgrößen bis auf diejenige, deren systematischer Einfluss untersucht werden soll, konstant gehalten werden. Korrekturwerte eines Werkstattmessgerätes können z. B. durch einen Vergleich unter Laborbedingungen mit einem genaueren Messgerät bestimmt werden.

Die für die Prüfmittelüberwachung durchgeführten Kalibrierungen beruhen auf Messungen unter Vergleichsbedingungen.

Zufällige Fehler: Sie streuen nach Betrag und Vorzeichen (±) um den Erwartungswert und bleiben unter Beharrungsbedingungen nach Abzug des systematischen Fehlers übrig. Zufällige Fehler sind im Einzelnen nicht erfassbar und machen den Messwert grundsätzlich unsicher.

Ursache sind nicht beherrschbare Einflüsse z. B. durch:

- Lagerspiel
- Temperatur- und Druckschwankungen
- Reibung
- Störgrößen, wie z. B. elektrische oder magnetische Felder

Kenntnisse der Grundlagen der Statistik sind Voraussetzung zum Verständnis der mathematischen Verfahren, mit denen die zufälligen Fehler von Messungen berechnet werden.

Kennlinienfehler (statisch) sind systematische Fehler durch unerwünschte Abweichungen der Ist-Kennlinie gegenüber der idealen Sollkennlinie oder einer durch Messpunkte ermittelten Bezugskennlinie.

Mögliche Anteile sind Nullpunkts-, Steigungs-, Linearitäts- und Hysteresefehler. Wenn die Abweichungen der Istwerte gegenüber den Sollwerten konstant und messbar sind, können sie gespeichert (Rechner, Tabellen) und zur Korrektur der Messwerte herangezogen werden (Bild 6.9). Grundvoraussetzung für die Bestimmung der Korrekturwerte ist entweder

- die Existenz eines wesentlich genaueren Referenzmessverfahrens
- oder eine hochgenau kalibrierte externe Maßverkörperung zur Erzeugung definierter Eingangsgrößen.

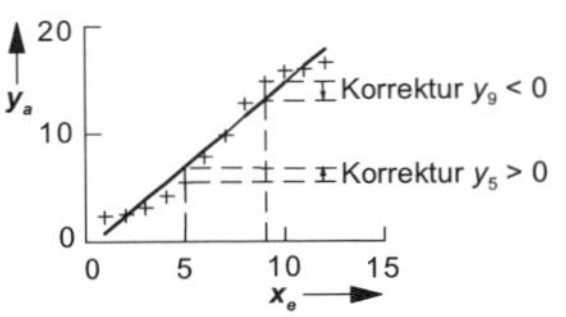

Berechnung der Korrekturwerte:
Die Kennliniengleichung der Sollkurve lautet:

$y = k \cdot x + b$ mit $k = 1{,}55$ und $b = -0{,}8$

Die Korrekturwerte Ky_i ergeben sich dann aus:

z. B. $$Ky_5 = (k \cdot x_5 + b) - 5{,}4 = 0{,}7$$
$$Ky_9 = (k \cdot x_9 + b) - 14{,}8 = -1{,}1$$

Bild 6.9: Ermittlung der Messwertkorrekturen für nichtlineare Istwerte

Zur Beurteilung der Güte der Messung ist es notwendig, den Fehler bzw. die Genauigkeit der Messeinrichtung zu kennen. Diese wird entweder durch absolute oder relative Fehler angegeben. In Bild 6.10 ist eine solche Angabe, die eine Aufteilung in Nullpunktsfehler y_{nu} und Steigungsfehler y_{st} enthält, am Beispiel erläutert.

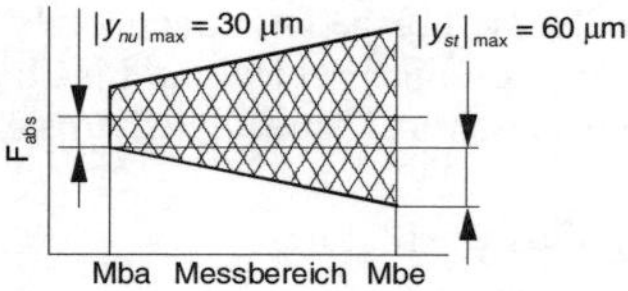

Beispiel: Für ein Längenmessgerät beträgt der zulässige **absolute Fehler** der Länge l

$$F_{zul,abs} = \pm(30 + \frac{0{,}2 \cdot l}{\text{mm}}) \cdot \mu\text{m}$$

bei einer Messlänge $l_{max} = 300$ mm beträgt der zulässige **relative Fehler** der Länge l

$$\varepsilon_{zul,rel} = \pm \frac{F_{zul,abs}}{300\ \text{mm}}$$

Bild 6.10: Festlegung zulässiger Fehlergrenzen bei Messgliedern

Dynamische Fehler resultieren aus dem Zeitverhalten eines Messsystems (zeitlicher Verlauf des Ausgangssignals $y_a(t)$ als Antwort auf den zeitlichen Verlauf des Eingangssignals $x_e(t)$).

Energiespeicherung und Umwandlung von potentieller in kinetische Energie und umgekehrt können nicht verzögerungsfrei erfolgen, d. h. Messsysteme sind mehr oder weniger „träge". Dieser Begriff kennzeichnet dabei das relativ langsame Zeitverhalten des Ausgangssignals gegenüber dem Eingangssignal.

Merkmale:

- Bei sprunghafter Änderung einer Messgröße interessiert die Zeit (**Einstellzeit**), nach der die Einschwingvorgänge abgeklungen sind.
- Bei zeitlich veränderlicher Messgröße interessiert, in welchem Maße das Ausgangssignal dieser Änderung folgen kann.

Fehler der Ergebnisbildung entstehen entweder direkt in der Messeinrichtung (in einem Ergebnisbildungsteil) oder bei anschließender Ergebnisbildung (Rechenverfahren, statistische Auswertung u. a.).

Ursachen:

- Ungenauigkeiten im Berechnungsverfahren.
- Ein zugrunde gelegtes Aufgabengesetz entspricht nicht exakt der Wirklichkeit (Repräsentativitätsfehler).
- Falsche Annahme der statistischen Verteilung der zufälligen Fehler.

6.1.5.3 Fehlerfortpflanzung

Wird ein Messergebnis mit einer Funktion $y = f(x_1, x_2, \ldots, x_n)$ berechnet, in der fehlerbehaftete Einzelmesswerte enthalten sind, so ist auch das errechnete Messergebnis fehlerbehaftet.

Mit den Gesetzen der **Fehlerfortpflanzung** lässt sich der resultierende Fehler für das aus den fehlerbehaftete Einzelmesswerten berechnete Messergebnis bestimmen.

Systematische Fehler sind grundsätzlich vor der Weiterverarbeitung des Messwertes zu korrigieren. Ist das nicht möglich, kann der systematische Gesamtfehler nach dem linearen Fehlerfortpflanzungsgesetz berechnet werden.

$$E = \sum_{j=1}^{n} \left(\frac{\partial y}{\partial x_j} \cdot E_j \right) \quad \text{bzw.} \quad \varepsilon = \frac{E}{y} = \frac{1}{y} \cdot \sum_{j=1}^{n} \left(\frac{\partial y}{\partial x_j} \cdot E_j \right)$$

E = absoluter systematischer Fehler des Gesamtergebnisses
x_j = in das Gesamtergebnis eingehende Einzelgrößen
E_j = systematischer Fehler der eingehenden Einzelgröße
ε = relativer systematischer Fehler des Gesamtergebnisses

Zufällige Messfehler können prinzipiell nicht korrigiert werden. Die Auswirkungen auf das Messergebnis werden durch das quadratische Fehlerfortpflanzungsgesetz bestimmt.

$$E = \sqrt{\sum_{j=1}^{n} \left(\frac{\partial y}{\partial x_j} \cdot E_j \right)^2}$$

E = zufälliger Fehler bzw. Standardabweichung des Gesamtergebnisses
E_j = zufälliger Fehler bzw. Standardabweichung der in das Gesamtergebnis eingehenden Einzelgröße

6.1.6 Statistische Auswertung

Wird eine Messung unter gleichen Bedingungen mit gleicher Messeinrichtung mehrfach wiederholt, so ergeben sich trotz exakt durchgeführter Korrektur der systematischen Fehler unterschiedliche Messwerte. Bei der Serienfertigung von Werkstücken treten trotz gleicher Maschineneinstellung und gleichbleibenden Bedingungen unterschiedliche Maße an den Werkstücken auf. Die Ursache sind in beiden Fällen zufällige Fehler. Kenntnisse über diese Fehler liefern statistische Methoden, mit denen es möglich ist Mess- und Fertigungsergebnisse auch in Bezug auf zukünftige Anwendungen in ihrer Zuverlässigkeit und Qualität zu beurteilen.

6.1.6.1 Stichprobenkenngrößen

Statistische Methoden befassen sich mit der Beobachtung und Auswertung gleichartiger Masseerscheinungen. Dazu gehören u. a. eine zufällige Entnahme von n Werkstücken aus der Serienfertigung (Stichprobe vom Umfang n) und n-fach wiederholte gleichartige Messungen. Die Erfahrung zeigt, dass die Messwerte um einen Mittelwert streuen. Je nach Anwendung von Messeinrichtungen und -verfahren treten unterschiedliche Streubreiten der Messwerte auf. Es ist offensichtlich, dass man zu einem Mittelwert aus Messwerten, die innerhalb geringerer Streubreite liegen, größeres Vertrauen hat. Deshalb ist ein Kennwert notwendig, der eine Aussage über die Streubreite liefert. Man unterscheidet deshalb Stichprobenkennwerte der Lage und der Breite der Messwertstreuung.

Die Mitte der Verteilung wird üblicherweise mit dem **arithmetischen Mittel** oder dem **Mittelwert** $\bar{x}$ über die n Einzelmesswerte gekennzeichnet. Der Mittelwert gilt dann als Messwert.

$$\bar{x} = \frac{1}{n} \cdot \sum_{i=1}^{n} x_{\mathrm{i}}$$

Der Mittelwert ist der Wert mit dem kleinsten Fehler nach dem Kriterium der Summe der Fehlerquadrate.

$$\mu = \lim_{n \to \infty} \bar{x}$$

Für große n ($n > 200$) strebt der Mittelwert $\bar{x}$ gegen den **Erwartungswert** $\boldsymbol{\mu}$ der Grundgesamtheit, dem wahrscheinlichsten Wert der Zufallsvariablen x.

Ein weiterer Kennwert der Lage ist der ***Median*** oder **Zentralwert** $\tilde{x}$. Bei der Größe nach geordneten Messwerten der Stichprobe ist der Median bei einer ungeraden Anzahl n der mittelste Wert, bei geradem n entspricht er dem Mittelwert der beiden in der Mitte liegenden Werte.

Ein Maß für die Streuung der Stichprobenwerte x_{i} um den Mittelwert $\bar{x}$ ist die **Standardabweichung** s; ihr Quadrat wird als **Varianz** s^2 bezeichnet.

Die ***Standardabweichung s*** ist die mittlere quadratische Abweichung zufälliger Werte von deren Mittelwert und stellt ein Maß für die Zuverlässigkeit und Güte der Messwerte einer Messreihe dar.

$$s = \sqrt{\frac{1}{n-1} \sum_{i=1}^{n} (x_i - \bar{x})^2}$$

Im Nenner steht statt n der Wert $n - 1$. Dadurch wird die Zahl der voneinander unabhängigen Abweichungen berücksichtigt.

$$s_{\bar{x}} = \frac{s}{\sqrt{n}}$$

Die auf den Mittelwert bezogene Standardabweichung $s_{\bar{x}}$ ist kleiner als die auf den Einzelwert bezogene Standardabweichung s.

$$\sigma = \lim_{n \to \infty} s$$

Für große n ($n > 200$) geht s gegen die **Standardabweichung** σ der Grundgesamtheit.

Ein weiterer Kennwert der Streuung ist die Spannweite R, engl. range, der Stichprobe aus der Differenz zwischen maximalem und minimalem Messwert $R = x_{max} - x_{min}$.

6.1.6.2 Normalverteilung

Sind die Messwerte nicht ein- oder zweiseitig eingeschränkt und gehorcht die Streuung der Messwerte ausschließlich dem Zufallsgesetz, kann die Messwerteverteilung durch die Dichtefunktion der **Gauß'schen Normalverteilung** beschrieben werden (Bild 6.11).

$$p(x \mid \mu, \sigma) = \frac{1}{\sigma \sqrt{2\pi}} e^{-\frac{(x-\mu)^2}{2\sigma^2}}$$

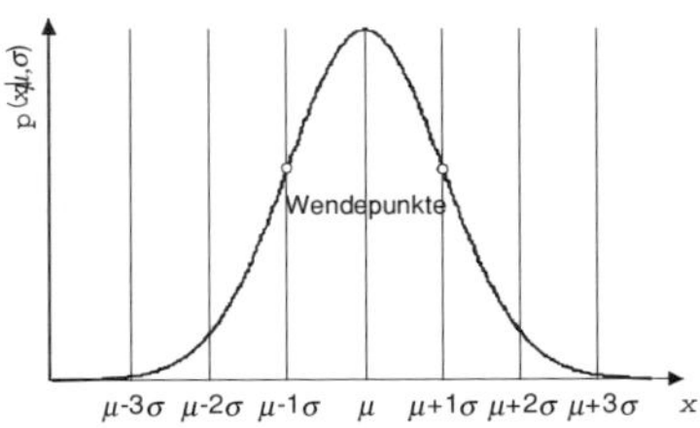

Bild 6.11: Wahrscheinlichkeitsdichtefunktion der Gauß'schen Normalverteilung

Die statistischen Aussagen der Gauß'schen Normalverteilung sind:

- Die Wahrscheinlichkeit, dass ein Wert höchstens gleich x_1 ist, entspricht dem Flächeninhalt unter der Glockenkurve von $-\infty$ bis x_1. Diese Funktion ist die **Verteilungsfunktion der Normalverteilung** und ihr Wert wird durch numerische Integration ermittelt.

$$P(x_1 \mid \mu, \sigma) = \int_{-\infty}^{x_1} p(x \mid \mu, \sigma) \cdot \mathrm{d}x$$

- Die Wahrscheinlichkeit, dass ein Messwert x zwischen einer unteren Grenze x_1 und einer oberen Grenze x_2 liegt, ist gleich dem Flächeninhalt unter der Glockenkurve von x_1 bis x_2.

$$P(x_1 | \mu, \sigma; x_2 | \mu, \sigma) = \int_{-\infty}^{x_2} p(x | \mu, \sigma) \cdot \mathrm{d}x - \int_{-\infty}^{x_1} p(x | \mu, \sigma) \cdot \mathrm{d}x$$

Die geometrische Deutung der **Wahrscheinlichkeitsdichtefunktion** liefert die folgenden Erkenntnisse, die in Bild 6.11 dargestellt sind.

- Maximumstelle: $x = \mu$;
  2 Wendepunkte bei $x = \mu \pm \sigma$
- Die Dichtefunktion der Normalverteilung wird durch die Parameter μ = (Lage der Kurve) und Standardabweichung σ = (Form der Kurve) charakterisiert.
- Die Fläche unter der Gauß'schen Normalverteilung ist auf 1 normiert (mit Hilfe des Faktors „$1/[\sigma \cdot \sqrt{(2\pi)}]$").
- Die Normalverteilung stellt in vielen Fällen der Praxis eine brauchbare Näherung der realen Messwertverteilung dar.

Die Wahrscheinlichkeit, dass ein Messwert zwischen zwei Grenzen liegt, wird durch Integration der Verteilungsfunktion ermittelt. Das Integral

$$P = \int_{-\infty}^{x_1} p(x) \cdot \mathrm{d}x$$

ist aber elementar nicht lösbar.

Deshalb müsste für die jeweiligen Werte μ und σ zwischen den Grenzen x_1 und x_2 numerisch integriert werden. Die Substitution:

$$u = \frac{x - \mu}{\sigma} \quad \text{ergibt für} \quad \begin{array}{ll} x = \mu & \text{den Wert} \quad u = 0 \\ x = \mu + c \cdot \sigma & \text{den Wert} \quad u = c \end{array}$$

Mit $\mu = 0$ und $\sigma = 1$ wird $x = u$. Die Dichtefunktion der Normalverteilung mit diesen Werten heißt ***standardisierte Normalverteilung***. Sie wird mit $g(u)$ bezeichnet und auch ***u-Verteilung*** genannt (Bild 6.12).

Die standardisierte Normalverteilung bietet den Vorteil, dass mit ihrer Hilfe in sehr einfacher Weise die Fläche unter der Glockenkurve zahlenmäßig für jede beliebige Normalverteilung ermittelt werden kann. Die Funktionswerte der Verteilungsfunktion $G(u)$ sind tallarisch erfasst.

$$G(u) = \int_{-\infty}^{u} g(u) \cdot \mathrm{d}u \quad \text{mit} \quad g(u) = \frac{1}{\sigma \sqrt{2\pi}} e^{\frac{1}{2} u^2}$$

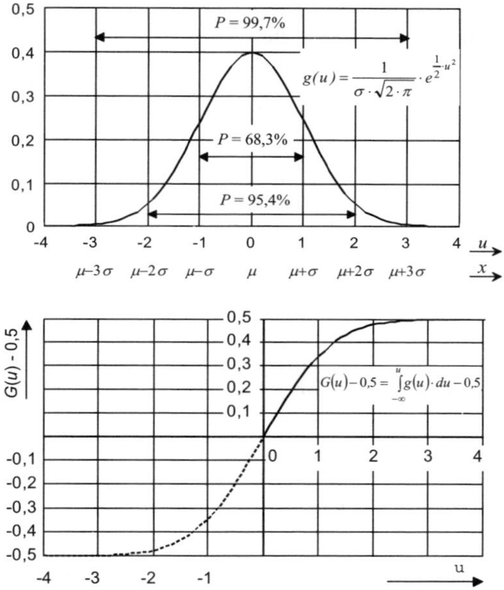

Bild 6.12: Standardisierte Verteilungsdichtefunktion $g(u)$ und Verteilungsfunktion $G(u) - 0{,}5$

6.1.6.3 Vertrauensintervalle

Mit Hilfe statistischer Methoden können zwei Grenzen $\pm V$ angegeben werden, zwischen denen der „wahre" Messwert mit vorgegebener Wahrscheinlichkeit zu erwarten ist (bei Gauß'scher Normalverteilung und Korrektur systematischer Fehler). Diese Grenzen liegen symmetrisch zum Erwartungswert und werden in der Form $\pm V = \mu \pm c \cdot \sigma$ angegeben.

Das Intervall zwischen den Vertrauensgrenzen $[\mu - c \cdot \sigma, \mu + c \cdot \sigma]$, nennt man den ***Vertrauensbereich*** des Messwerts, in dem die Messwerte mit der Wahrscheinlichkeit $P(\pm\, c \cdot \sigma)$ liegen.

$$P(\pm\, c \cdot \sigma) = \int_{\mu - c \cdot \sigma}^{\mu + c \cdot \sigma} p(x)\, \mathrm{d}x$$

Die Wahrscheinlichkeit $P(\pm\, c \cdot \sigma)$ nennt man **Vertrauensniveau** oder **statistische Sicherheit**.

Die Gaußverteilung mit den Parametern μ und σ stellt nur für große Stichprobenumfänge n ($n > 100$) eine gute Näherung für eine reale Messwertverteilung dar. Bei kleineren Stichprobenumfängen müssen die Vertrauensbereiche durch einen Sicherheitszuschlag, den **Vertrauensfaktor** t, verbreitet werden. Er ist eine Funktion des Vertrauensniveaus P und des Stichprobenumfangs n und kann durch Integration der Dichtefunktion der t-Verteilung berechnet oder aus einer Tabelle bestimmt werden.

$$t = f(P, n) \quad \text{geht } n \text{ gegen unendlich folgt} \quad c(P) = \lim_{n \to \infty} t(P, n)$$

Messwerte werden mit dem Hinweis auf die statistische Sicherheit P in folgender Form angegeben:

$$x_A = \bar{x} \pm \frac{t \cdot s}{\sqrt{n}} \quad \text{bzw.} \quad x_A = \bar{x} \pm \frac{c \cdot \sigma}{\sqrt{n}}$$

Typische Werte für die statistische Sicherheit sind:

- Physik $P = 68{,}3\,\%$
- DIN 1319 Teil 3 $P = 95\,\%$
- Fertigungsindustrie $P = 99{,}7\,\%$

6.2 Messen geometrischer und mechanischer Größen

Die Messobjekte der Fertigungsmesstechnik sind überwiegend Werkstücke, Werkzeuge, Vorrichtungen, Maschinen und Prüfmittel. Etwa 90 % der gemessenen Qualitätsmerkmale sind geometrischer Natur. Die Wandlung dieser nichtelektrischen Messgrößen in elektrische Signale ermöglicht die Vorteile der EDV zu nutzen und ist daher eine wesentliche Aufgabe der Fertigungsmesstechnik.

6.2.1 Längen und Winkelmessung

Bei der Längenmessung wird der Abstand zweier Grenzflächen gemessen, bezieht sich die Messgröße auf eine translatorische Verlagerung, so spricht man von Wegmessung oder Positionsbestimmung. Bei Durchführung dieser Messungen im rotatorischen Sinne sind es Winkelmessungen oder -positionierungen. Das Anfangsglied in der Struktur der Messsysteme ist der Messwertaufnehmer. Die wesentliche Funktion der Aufnehmer ist es, auf Messwerte und deren Änderungen zu reagieren, sie werden deshalb auch als **Sensoren** bezeichnet. Bei der Auswahl geeigneter Aufnehmer ist u. a. zu unterscheiden ob die Messung absolut an einem im Messgerät definierten Referenzwert oder relativ gegenüber einer Ausgangslage erfolgt.

6.2.1.1 Werkstattmessgeräte (mech. Aufnehmer)

Sie dienen in der Werkstatt zum manuellen Erfassen einzelner Maße, sind universell einsetzbar und relativ leicht zu handhaben (Tabelle 6.5). Der überwiegend mechanische Aufbau mit manueller Ablesung wird heute bei vielen Ausführungen durch elektronische Bauelemente ergänzt. Dadurch wird das Ablesen der Anzeige verbessert, die Handhabung erleichtert und evtl. eine Messdatenspeicherung ermöglicht.

Tabelle 6.5: Merkmale einiger handgeführter Werkstattmessgeräte

Messgerät	Ausführungsform	Maßerfassung	Ablesung
Messschieber	Universalmessschieber Höhenmessschieber Tiefenmessschieber	Berührendes Antasten (Messschenkel)	Teilung an Skala, Bruchteile mit Nonius oder digital
Messschraube	Bügelmessschraube Innenmessschraube Tiefenmessschraube	Berührendes Antasten (Messflächen)	Gewindesteigung an der Messhülse, Bruchteile am Trommelumfang
Messuhr	Tiefenmessuhren Dickenmessuhren	Berührendes Antasten mit mech. Übersetzung	Zeiger mit Skala Digitale Anzeige

6.2.1.2 Resistive Aufnehmer

Sie dienen zum Messen des Weges und zur Positionsbestimmung. Das Messprinzip beruht auf der Änderung des Ohm'schen Widerstands in Abhängigkeit der Länge elektrischer Leiter.

$$x = f(R) \Rightarrow x = \frac{R}{R_0} \cdot x_0$$

$$R = f(x) \Rightarrow R = \frac{R_0}{x_0} \cdot x$$

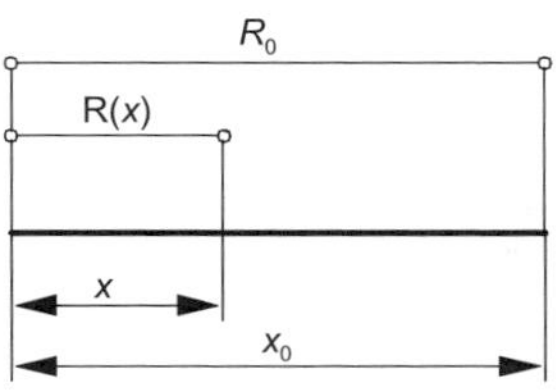

A = Querschnitt des Widerstandsdrahts
ϱ = spezifischer Widerstand
x_0 = Länge des Widerstandsdrahts

An einem Draht oder einer Wicklung wird der Messlänge entsprechend aus dem Spannungsabfall der Ohm'sche Widerstand berechnet. Erfolgt der Abgriff rotatorisch an einem Umlaufpotentiometer so dient dieses Messprinzip zur Winkelmessung.

6.2.1.3 Induktive und kapazitive Aufnehmer

Die Induktivität L einer Spule oder die Gegeninduktivität (Kopplung) zwischen zwei Spulen wird durch nichtelektrische Größen beeinflusst. Für eine einfache Längsspule gilt:

$$L = \mu_0 \cdot \mu_r \cdot w^2 \cdot \frac{A}{s}$$

w = Windungszahl
s = Weglänge der magnetischen Feldlinien
A = die von magnetischen Feldlinien durchsetzte Fläche
μ_r = relative Permeabilität des Materials

Durch Wechselwirkung induktiver Sensoren mit dem Messobjekt (Spulenlänge, Spulenquerschnitt, Einbringen unterschiedlicher Materialien in den Feldlinienkreis) tritt eine Veränderung der Induktivität auf, die meistens über den induktiven Widerstand erfasst wird. Aus der Vielfalt der Bauarten induktiver Aufnehmer sind in Tabelle 6.6 einige Beispiele der angewendeten Prinzipien gezeigt.

Tabelle 6.6: Prinzipien und Kennlinien induktiver Aufnehmer

Prinzipdarstellung	Prinzipbeschreibung	Kennlinie
Querankeraufnehmer 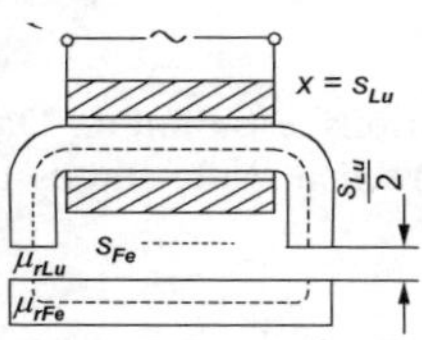	Als Queranker kann auch das Messobjekt dienen, d. h. es kann berührungslos gemessen werden. Unterschiedliches μ_r am Messobjekt beeinflusst die Messung. Nichtlineare Kennlinie	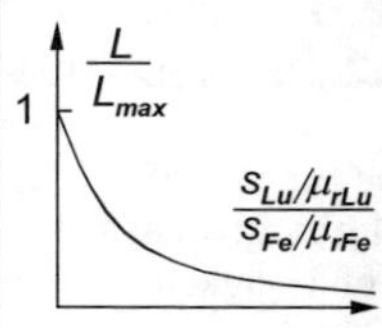
Tauchankeraufnehmer 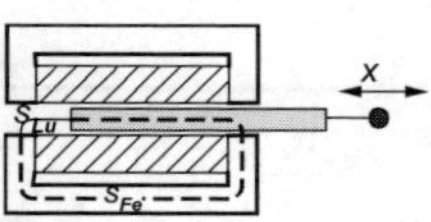	Die Induktivität ändert sich mit der Eintauchtiefe des ferromagnetischen Kerns. Symmetrische nichtlineare Kennlinie	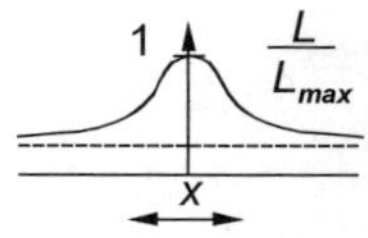
Differentialtauchankeraufnehmer 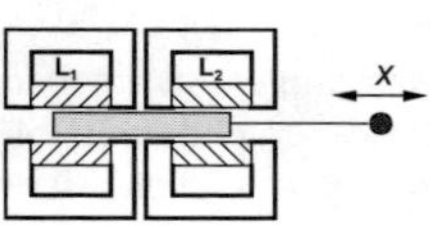	Die induktive Kopplung zweier Spulen wird durch Position des ferromagnetischen Kerns gesteuert. Mit phasenrichtiger Gleichrichtung ist eine Richtungserkennung möglich und es entsteht ein Bereich mit annähernd linearer Kennlinie	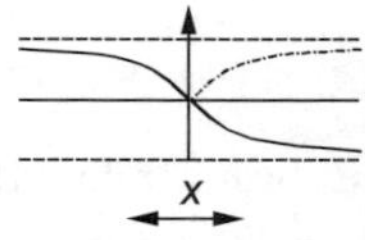

Ist der Abstand x zweier Flächen A klein gegenüber den Abmessungen der Flächen, dann berechnet sich die Kapazität eines Plattenkondensators gemäß der Beziehung:

$$C = \varepsilon_0 \cdot \varepsilon_r \cdot \frac{A}{x}$$

ε_0 = absolute Dielektrizitätskonstante
ε_r = relative Dielektrizitätskonstante

Die Kapazitätsmessung bei einer Änderung des Plattenabstandes x und bei einer Verschiebung der Plattenflächen gegeneinander (Veränderung der wirksamen Fläche A) entspricht einer Wegmessung. Sind die Plattenflächen rotatorisch gegeneinander verstellbar, so entspricht die Kapazitätsänderung einer Winkelmessung. Über das anteilige Verhältnis zweier verschiedener Dielektrika zwischen den Platten können Füllstandshöhen und Dicken gemessen werden. Die Kapazitätsänderungen sind bei der Messung über den Plattenabstand (kapazitive Abstandsfühler) nichtlinear. Eine Linearisierung erreicht man durch Anordnung der Messgröße als Kondensatorplatte zwischen den Platten des Kondensators (Differenzialkondensator). In Tabelle 6.7 sind diese Anordnungen dargestellt.

Tabelle 6.7: Messprinzipien kapazitiver Aufnehmer

Messgröße			
Länge	Länge	Dicke (Feuchte)	Füllstandshöhe
Abstandsfühler	Flächenaufnehmer	Messen über Dielektrikaverhältnis	
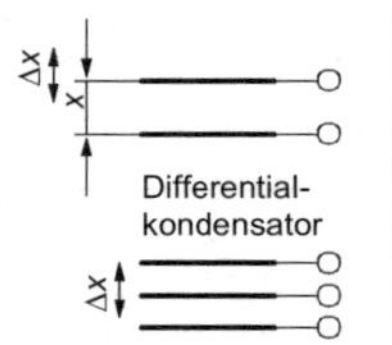	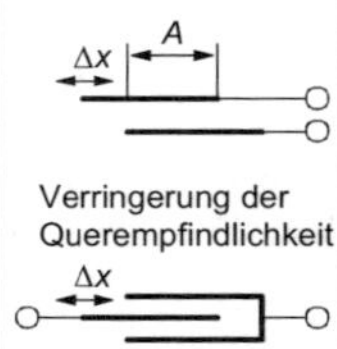	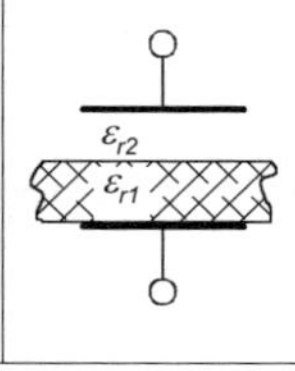	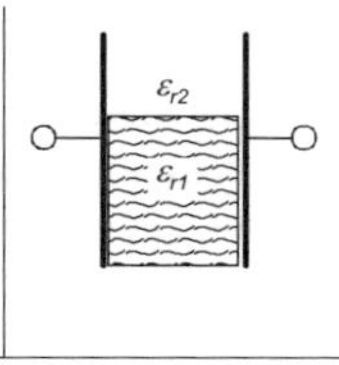

6.2.1.4 Pneumatische Aufnehmer

Diese Aufnehmer arbeiten nach dem Düse-Prallplatte-Prinzip. Ist die Ringfläche kleiner als der Düsenquerschnitt, dann ist der Volumenstrom proportional der Spalthöhe s. Somit kann nach dem Durchfluss-Geschwindigkeits-, Druck- und Differenzdruckverfahren die Spalthöhe gemessen werden. In Bild 6.13 ist die Funktionsweise dieser Verfahren dargestellt.

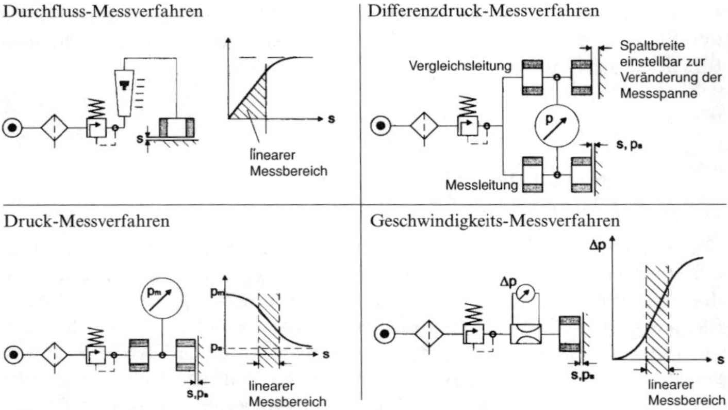

Bild 6.13: Pneumatische Messverfahren nach *T. Pfeifer*

Insgesamt haben die pneumatischen Messgeräte gegenüber den elektrischen an Bedeutung verloren. Sie bieten aber insbesondere bei der Bohrungsmessung noch Vorteile, dies gilt auch für das Messen kleiner Weg- oder Längenunterschiede in der Großserienfertigung. Bevorzugt werden die Durchfluss- und Druck-Messverfahren eingesetzt.

6.2.1.5 Inkrementale Aufnehmer

Bei inkrementalen Aufnehmern wird der Messweg durch die Maßverkörperung in eine Anzahl gleichartiger Teilstrecken (Inkremente) zerlegt. Eine Teilstrecke entspricht der Auflösung des Aufnehmers und wird bei der Messung als zählbarer Impuls umgewandelt. Die gemessene Strecke ist gleich der Summe der Teilstrecken. Die Auswertung, Speicherung und Weitergabe der digitalen Messwerte erfolgt fast ausschließlich mit Rechnern. Inkrementale Aufnehmer sind deshalb in der Fertigungsmesstechnik weitverbreitet. Aus den unterschiedlichen physikalischen Prinzipien zur Realisierung der inkrementalen Maßverkörperung resultieren (s. Kap. 17.1.3):

- Induktive inkrementale Messsysteme
- Magnetische inkrementale Messsysteme
- Kapazitive inkrementale Messsysteme
- Photoelektrische inkrementale Messsysteme

Die letztgenannten Messsysteme finden in vielen Bereichen der Messtechnik und der Positionierung Anwendung. Ihre prinzipielle Funktion ist in Bild 6.14 dargestellt. Beim Verschieben des Abtastkopfes aus Lichtquelle, Abtastplatte und Photosensor gegenüber der Maßverkörperung sieht der Photosensor näherungsweise einen sinusförmigen Wechsel zwischen hell und dunkel. Der Verstellweg errechnet sich zu:

$$\Delta x = g \cdot N$$

g = Gitterkonstante
N = Anzahl der durchlaufenen Intensitätsmaxima

Um Fehler durch Helligkeitsschwankungen in der Umgebung zu vermeiden und um eine Richtungserkennung zu ermöglichen, verwendet man eine Abtastplatte mit vier Abtastfeldern, die in der Phase um je $^1/_4$ der Gitterkonstante (90°) zueinander verschoben sind. Durch Differenzbildung jeweils zweier um π phasenverschobener Signale der vier Photosensoren (sin, $-$sin und cos, $-$cos) wird der Gleichanteil (Helligkeitsschwankungen) entfernt und aus der Phasenverschiebung der zwei um $\pi/2$ verschobenen Differenzsignale die Richtung erkannt. **Inkrementale Wegmesssysteme** messen relativ. Zur absoluten Positionsbestimmung muss der Zähler zu Beginn der Messung entweder über eine bekannte Position oder mittels Referenzmarken auf dem Maßstab initialisiert werden.

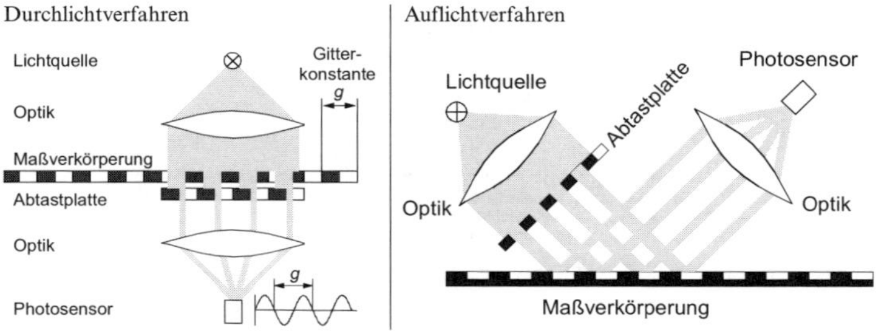

Bild 6.14: Photoelektrische inkrementale Aufnehmer

6.2.1.6 Codierte Weg- und Winkelaufnehmer

Jeder Messlänge bzw. jedem Messwinkel ist ein bestimmtes, auf der Maßverkörperung eindeutig codiertes digitales Signal zugeordnet. Durch gleichzeitiges Abtasten von Spuren mit unterschiedlichen Inkrementen kann der Messwert unmittelbar abgefragt werden (s. Kap. 17.2.3). Beim Abtasten werden unterschiedliche Verfahren angewendet, um Fehler in der inkrementalen Teilung zu unterdrücken (Tabelle 6.8).

Tabelle 6.8: Codierte Winkel- und Wegaufnehmer

Winkelcodierer	Lineare Abtastung	V-Abtastung
Fotosensoren, Abtastzone, Drehwinkel 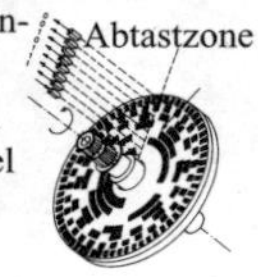	Abtastfehler (hell-dunkel)  Abtastzone	ohne Abtastfehler (hell-dunkel) 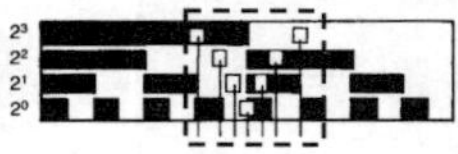 Abtastzone

6.2.1.7 Laserinterferometrische Längenmessung

Beim Messen mit einem **Laserinterferometer** (Bild 6.15) wird der monochromatische Laserstrahl durch einen Strahlteiler in einen in seiner Länge konstanten (Referenzstrahl 50 %) und in einen in seiner Länge veränderbaren Laserstrahl (Messstrahl 50 %) geteilt. Durch Referenz- und Messreflektor überlagern sich beide Strahlen am Strahlteiler zu Interferenzmustern. Eine Verschiebung des Messobjekts um $^1/_4$ der Lichtwellenlänge λ verändert die Intensität der Interferenzmuster von Maximum (hell) auf Minimum (dunkel). Durch eine $\lambda/4$-Platte tritt eine Phasendifferenz der Interferenzen um $\pi/4$ in den beiden Detektoren auf, die der Richtungsinformation dient.

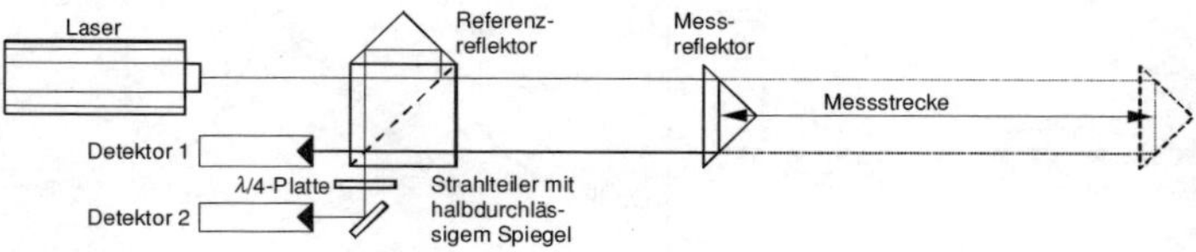

Bild 6.15: Darstellung des prinzipiellen Aufbaus eines Ein-Moden-Laserinterferometers

Die der inkrementalen Teilung entsprechende Lichtwellenlänge hängt vom Brechungsindex der Luft ab. Zur Messwertkorrektur muss er entweder aus den Größen Luftdruck, -temperatur und -feuchte berechnet oder direkt mit einem **Refraktometer** gemessen werden.

6.2.2 Messen mechanischer Größen

Unter den mechanische Größen sind die kinematischen (Bewegungsgrößen) und die dynamischen (Kräfte, Kraftwirkungen) Größen zusammengefasst. Die **kinematischen Größen** Geschwindigkeit, Beschleunigung und Drehzahl lassen sich auf die Messung eines Weges bzw. Winkels und der Zeit zurückführen. Das Messen **dynamischer Größen** beschränkt sich in der Fertigungsmesstechnik im Wesentlichen auf Kraft- und Druckmessungen.

6.2.2.1 Kraftmessung

Aus dem funktionalen Zusammenhang zwischen Krafteinwirkung und Verformung eines elastischen Körpers lässt sich die auf den so genannten Federkörper einwirkende Kraft über Wegaufnehmer (induktiv, kapazitiv, optisch u. a.) oder Dehnungsaufnehmer (Draht und Halbleiter DMS) ermitteln. Die Dehnungsaufnehmer werden meist direkt am Federkörper angebraucht. Überwiegend kommen dabei **Dehnmessstreifen (DMS)** als Folien-DMS oder Halbleiter-DMS zum Einsatz.

Für den elektrischen Widerstand R eines unbelasteten Leiters gilt:

$$R = \varrho \cdot \frac{4 \cdot l}{\pi \cdot D^2}$$

ϱ = spezifischer elektrischer Widerstand
D = Drahtdurchmesser
l = Drahtlänge

Aus dem totalen Differenzial berechnet sich der Einfluss der relativen Änderungen der einzelnen Einflussgrößen auf die relative Widerstandsänderung.

$$\frac{\Delta R}{R} = k \cdot \varepsilon = k \cdot \frac{\Delta l}{l} \quad \text{mit} \quad k = 1 + \frac{\Delta\varrho/\varrho}{\varepsilon} + 2 \cdot \mu$$

Der k-Faktor des DMS ist als Empfindlichkeit definiert.

Bei einem **Draht-DMS** kann die Änderung des spezifischen Widerstands vernachlässigt werden. Die Querkontraktionszahl μ liegt üblicherweise zwischen 0,3 und 0,5. Als Näherung gilt somit $\boldsymbol{k \approx 2}$.

Bei den **Halbleiter-DMS** (Silizium oder Germanium) tritt bei einer mechanischen Verformung neben der Formänderung insbesondere die Änderung des spezifischen Widerstandes ϱ in den Vordergrund. Sie wird auf Basis des piezoresistiven Effekts zum bestimmenden Faktor der Empfindlichkeit, so dass k-Faktoren von 180 und mehr erreicht werden.

Fast alle mechanischen Größen, die auf Dehnungen zurückzuführen sind, lassen sich mit DMS messen. Dazu werden konstruktiv angepasste Belastungskörper eingesetzt, an denen Zonen mit definierter Formänderung zum Kleben der DMS ausgebildet sind. Bei diesen Messungen werden die DMS überwiegend in Brückenschaltungen betrieben. Hierbei kommen Halbbrücken (2 DMS), bevorzugt jedoch Vollbrücken (4 DMS) zum Einsatz.

Mit der **DMS-Halbbrücke** lässt sich die Dehnung der DMS nach der Abgleich- und der Ausschlagmethode bestimmen. Bei der DMS-Vollbrücke sind alle vier Widerstände R_1 bis R_4 als DMS geschaltet und haben im unbelasteten Zustand den gleichen Widerstand R. Die Abgleichbedingung kann somit unter Belastung nicht mehr eingestellt werden, d. h. es wird nach der Ausschlagmethode gemessen.

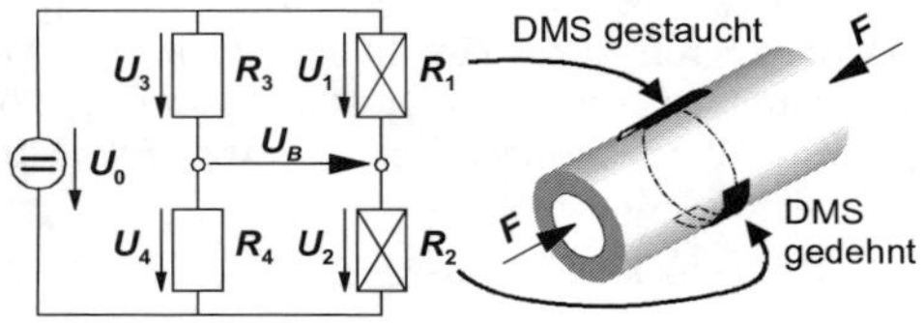

Bild 6.16: Grundschaltung einer DMS-Halbbrücke

bei $R_1 = R_2 = R_4 = R$; R_3 variabel

$$\varepsilon = \frac{R_3 - R_1}{2 \cdot k \cdot R} \quad \text{Abgleichmethode}$$

bei $R_1 = R_2 = R_3 = R_4 = R$

$$\varepsilon = \frac{2 \cdot U_B}{k \cdot U_0} \quad \text{Ausschlagmethode}$$

Die Empfindlichkeit der **DMS-Vollbrücke** ist doppelt so groß wie die der DMS-Halbbrücke bei einer Messung nach der Ausschlagmethode. Weiterhin ist die DMS-Vollbrücke vollständig temperaturunabhängig. Die in Bild 6.16 und Bild 6.17 angegebenen Bedingungen für die Widerstände gelten für den unbelasteten Zustand der DMS.

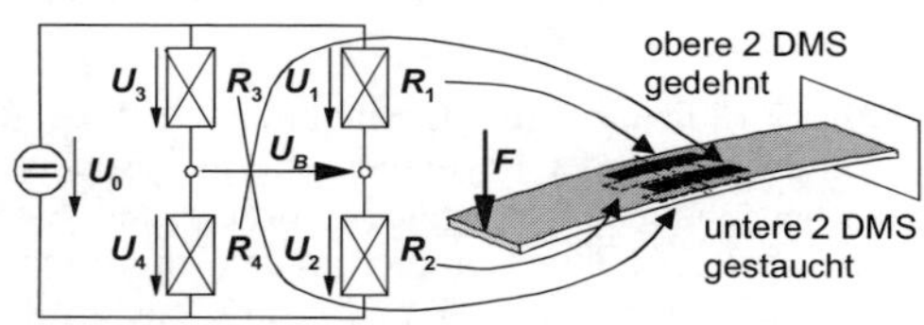

Bild 6.17: Grundschaltung einer DMS-Vollbrücke

$R_1 = R_2 = R_3 = R_4 = R$ somit Abgleich nicht möglich

$$\varepsilon = \frac{U_B}{k \cdot U_0} \quad \text{Ausschlagmethode}$$

WFT

6.2.2.2 Drehmomentenmessung mit DMS

Bei einer mit einem Drehmoment belasteten Welle verlagern sich die Querschnittsflächen zueinander. Die durch diese Verdrehung auftretenden Dehnungen, deren absolutes Maximum in den Winkellagen 45° bzw. 135° liegt, dienen zur Drehmomentenmessung. Die Widerstandsänderung der unter diesen Winkeln α aufgeklebten DMS (Bild 6.18) wird mittels einer Vollbrücke ausgewertet.

Bild 6.18: Drehmomentenmessung mit DMS an einer Hohlwelle

$$M_t = \frac{U_B}{U_0} \cdot k \cdot \frac{G \cdot (R_a - R_i)^4 \cdot \pi}{R_\alpha \cdot \sin(2 \cdot \alpha)}$$

M_t zu messendes Drehmoment
G Gleitmodul des Wellenmaterials
R R_a Außen- und R_i Innendurchmesser
U_B Brückenspannung der Vollbrücke
U_0 Versorgungsspannung der Vollbrücke
α Winkellage des DMS-Kreuzes

6.2.2.3 Druckmessung

Der Druck ist als Quotient einer Kraft F definiert, die auf einer Fläche A einwirkt. Wird diese Fläche speziell für mechanische Verformungen im elastischen Bereich ausgebildet (Membran), so verformt sie sich unter dem Einfluss der Kraft. Dieses Prinzip wird von vielen Druckmessgeräten genutzt, die davon ausgehen, die Verformung in eine Weg- oder Winkeländerung zu wandeln. Die Druckgröße entspricht dann einer Wegänderung, die entweder mechanisch durch Hebel und/oder Getriebe vergrößert (Manometer Tabelle 6.2) oder mittels kapazitiver, induktiver, DMS und anderer Aufnehmer in elektrische Signale umgewandelt wird.

Tabelle 6.9: Druckmessung über Auslenkung von Federelementen

Kapselfeder	Bourdon-Rohr	Induktive Messung	DMS-Membran
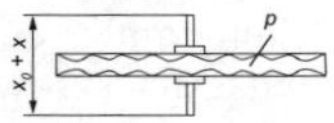	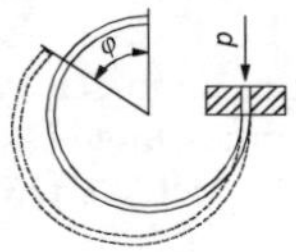	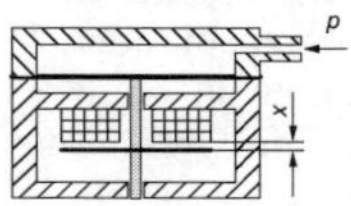	

Genaueste Druckmessungen sind mit dem Kolbenmanometer (Tabelle 6.3) zu erreichen. Es wird auch zum Kalibrieren der Druckmessgeräte eingesetzt.

6.2.2.4 Zeit und Drehzahlmessung

Die Zeiteinheit Sekunde ist durch die weltweit anerkannte Atomzeitskala „**U**niversal **T**ime **C**oordinated“ (UTC-Weltzeit) festgelegt. Durch Schaltsekunden wird die **UTC-Zeitskala** der durch den Stand der Sonne gegebenen Zeit angepasst.

Die analoge Zeitmessung über mechanische Schwinger ist fast überall durch die digitale Zeitmessung ersetzt. Das Prinzip der **digitalen Zeitmessung** (Bild 6.19) beruht auf der Zählung der von einer Referenzfrequenz f_{ref} während der zu messenden Zeit t_x einlaufenden Schwingungen (Impulse).

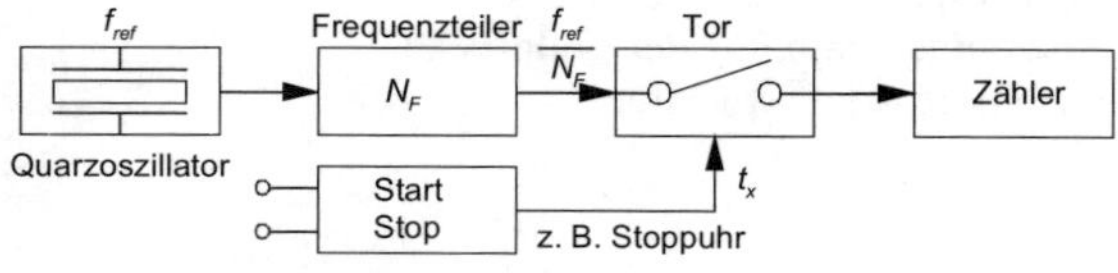

Bild 6.19: Messprinzip für digitale Zeitmessung

f_{ref} = Frequenz der Referenzschwingung
N_F = Teilungsverhältnis des Frequenzteilers
t_x = Messzeit

Mit der effektiven Schwingdauer

$$t_{\text{eff}} = \frac{N_F}{f_{\text{ref}}} \quad \text{gilt für die gemessene Zeit} \quad t_x = \frac{N_F}{f_{\text{ref}}} \cdot N = t_{\text{eff}} \cdot N$$

N ist die ganzzahlige Impulszahl der begrenzten Impulsfolge, die in den Zähler einläuft. Die Zeitauflösung hängt von der Höhe der Quarzfrequenz ab und ist z. B. bei $f_{ref} = 10$ MHz und $N_F = 1$ gleich $1/f_{ref} = 0{,}1$ µs. Zur Messung größerer Zeiten wird ein Frequenzteiler mit ganzzahligem Teilerfaktor N_F verwendet.

Die Drehzahl ist definiert durch den Quotienten aus einer Anzahl von Umdrehungen und der Dauer des Zeitintervalls, in dem diese stattfinden. Eine Möglichkeit der **Drehzahlmessung** besteht also darin, die Anzahl der Umdrehungen in bestimmten Zeitintervallen zu zählen. Nach diesem Prinzip der direkten Messung arbeiten verschiedene Drehzahlmesseinrichtungen. Entsprechend den inkrementalen Wegaufnehmern ist eine rotierende Scheibe in Umfangsrichtung in Zonen unterschiedlicher physikalischer Eigenschaften unterteilt. Mit den bereits genannten induktiven, kapazitiven, optischen oder auch magnetischen Aufnehmern wird eine Impulsfolge erzeugt und die Zahl der Impulse über entsprechende Schaltungen (Bild 6.21) in einer bestimmten Zeit in einem Zähler gezählt. In (Bild 6.20) sind einige prinzipielle Anordnungen von Impulsgebern dargestellt.

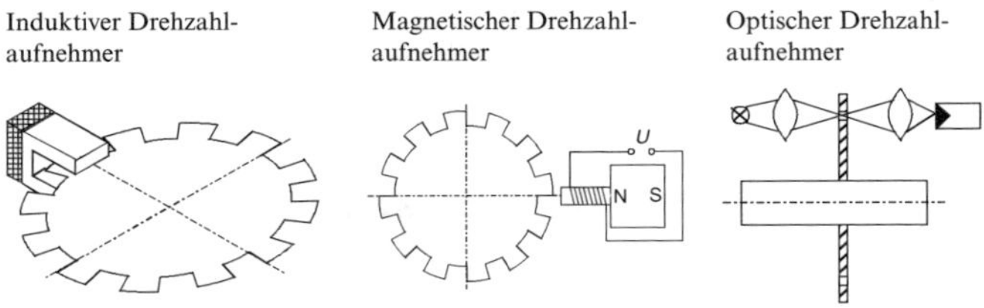

Bild 6.20: Anordnungsprinzipien für Impulsabgriffe zur Drehzahlmessung

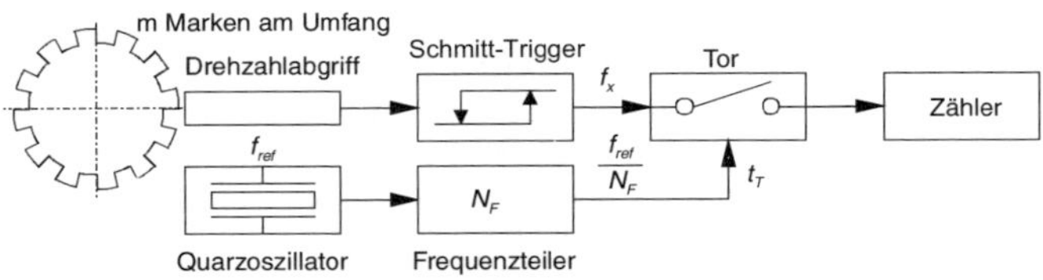

Bild 6.21: Drehzahlmessung über Impulsfolgen (schematische Anordnung)

Für den Zählerstand N folgt

$$N = \frac{m \cdot t_T}{60} \cdot n \, .$$

Drehzahl n und Zählerstand stimmen zahlenmäßig überein bei einem Faktor $m \cdot t_T/60 = 10^i$ mit $i = 0, 1, 2$ usw.

Zu den Geräten der indirekten Drehzahlmessung gehören z. B. die Bauarten der **Tachogeneratoren**. Beim Wirbelstromtachogenerator wird durch den Wirbelstrom ein der Drehzahl proportionales Drehmoment erzeugt, das gegenüber einem Rückstellmoment einen Zeigerausschlag verursacht, der somit der Drehzahl proportional ist. Feststehende Spulen und rotierende Magnete erzeugen beim Wechselspannungstachogenerator eine einphasige Wechselspannung, deren Amplitude der Drehzahl proportional ist.

6.3 Temperaturmessung

Die Temperaturmessung von festen Körpern, Flüssigkeiten oder Gasen dient einerseits zur Steuerung von z. B. thermodynamischen, Wärme- oder Verfahrenstechnischen Prozessen, andererseits wird sie zur Bestimmung von Korrekturfaktoren und zur Berechnung systematische Fehler benötigt. Maßangaben von Maßverkörperungen beziehen sich auf eine **Bezugstemperatur**, sie beträgt für Messmittel und Werkstücke 20 °C. Präzisionsmessungen sollten in temperaturgeregelten Messräumen bei 20 °C stattfinden.

6.3.1 Die Internationale Temperaturskala

Die Einheit der Temperatur ist die thermodynamische Temperatur T in K. In der industriellen Messtechnik und im täglichen Gebrauch wird eine Temperaturdifferenz, die Celsius-Temperatur, mit dem Formelzeichen t benutzt. Sie ist definiert durch $t = T - 273{,}15$ K. Das Kalibrieren von Temperaturmessgeräten erfordert reproduzierbare Temperaturwerte (Fixpunkte), die sich meistens auf die Gleichgewichtszustände zwischen den Phasen reiner Stoffe beziehen. Zurzeit gilt die **Internationale Temperaturskala** von 1990 (ITS-90). Sie erstreckt sich von 0,65 K bis zu den höchsten Temperaturen, die noch über das Planck'sche Strahlungsgesetz messbar sind, und stützt sich auf 17 Fixpunkte.

6.3.2 Widerstandsthermometer

Widerstandsthermometer nutzen die Tatsache, dass sich der elektrische Widerstand von festen elektrischen Leitern unter dem Einfluss der Temperatur ändert.

Die Temperaturabhängigkeit des elektrischen Widerstandes R **metallischer Widerstandsthermometer** ist durch die folgende Beziehung recht gut wiedergegeben:

$$R = R_0 \cdot [1 + A \cdot (T - T_0) + B \cdot (T - T_0)^2]$$

R_0 Widerstand bei T_0
T_0 Bezugstemperatur
A, B Materialparameter

Bevorzugte Widerstandsmaterialien sind Platin und Nickel. In DIN 43 760 sind deren Grundwerte und Abweichungen angegeben. In der Bezeichnung der Widerstände ist das Material und der Widerstand bei 0 °C angegeben, z. B. benennt die Bezeichnung PT 100 einen Platinwiderstand mit 100 Ω bei 0 °C.

Bei den **Halbleiter-Widerstandsthermometern** (Thermistoren) sind zwei Arten mit völlig unterschiedlichem Verhalten für die Anwendung von Interesse.

Die Kennlinie der Heißleiter (NTC-Thermistoren) ist nichtlinear. Bei steigender Temperatur sinkt der elektrische Widerstand und die Empfindlichkeit nimmt ab.

Die Kennlinie von Kaltleitern verläuft in einem großen Temperaturbereich nahezu linear bei geringer Temperaturempfindlichkeit. In einem Messbereich von 20 K steigt sie dann sehr steil an, dabei ändert sich der elektrische Widerstand um Zehnerpotenzen (PTC-Thermistoren).

6.3.3 Thermoelemente

Thermoelemente bestehen aus zwei punktuell miteinander verbundenen Drähten (geschweißt, gelötet u. a.) aus verschiedenen Materialien. Besteht zwischen den Verbindungsstellen unterschiedliches Temperaturniveau, so ist die auftretende **Thermospannung U_{th}** der Temperaturdifferenz in erster Näherung proportional.

$$U_{th} = k_{th} \cdot (T - T_V)$$

U_{th} Thermospannung
k_{th} Thermoempfindlichkeit
T Messtemperatur
T_V Vergleichstemperatur

Zur Messung der Temperatur T mit Thermoelementen muss die Vergleichstemperatur T_V im Thermokreis genau vorgegeben sein. Hierfür kann man z. B. ein Eis-Wasser-Gemisch ($T_V = 0$ °C) oder einen Thermostaten benutzen. Die Thermoempfindlichkeit eines Material A gegenüber dem Material B kann aus den Thermoempfindlichkeiten beider Materialien gegenüber Kupfer berechnet werden.

6.4 Statistische Fertigungsüberwachung

Störgrößen beeinflussen den Fertigungsprozess und führen zu Qualitätsschwankungen der Produktmerkmale. Zur Produktion gleichbleibender Qualität ist es erforderlich, den laufenden Fertigungsprozess mit Methoden zur Fehlervermeidung zu steuern. Dies kann mittels einer kontinuierlichen 100 %-Prüfung oder durch periodische **Stichprobenprüfung**, der so genannten **statistischen Prozesssteuerung (SPC)** erfolgen. Sie ist mittlerweile zu einem Instrument der Qualitätssteigerung geworden, auf das kein zukunftsorientiertes Unternehmen verzichten kann. Die SPC ist ein Qualitätswerkzeug, mit dem die laufende Serienproduktion überwacht und gesteuert werden kann. Als Hilfsmittel dienen **Qualitätsregelkarten (QRK)**, mit denen das Prozessverhalten visualisiert wird. Eine korrekte Anwendung von SPC bietet weiterhin die Möglichkeit, Prozesse hinsichtlich ihrer momentanen und zukünftigen Qualitätseigenschaften anhand von Qualitätsfähigkeitskennzahlen zu beurteilen.

6.4.1 Qualitätsregelkarten

Qualitätsregelkarten dienen dem Zweck, in möglichst einfacher Form anhand von Stichproben permanent zu prüfen, ob der Fertigungsprozess bezüglich der Lage und Streuung eines Qualitätsmerkmals beherrscht wird. Der Amerikaner W. A. Shewhart entwickelte bereits 1940 die Regelkartentechnik. Die folgenden Beschreibungen beziehen sich auf die nach ihm benannte Shewhart-QRK (klassische QRK), deren Aufbau auch heute noch gültig ist.

6.4.1.1 Aufbau der Qualitätsregelkarten

Auf der horizontalen Achse (Abszisse) sind entweder die Nummern der Stichproben oder der Zeitpunkt ihrer Entnahme aufgetragen. Bei der Skalierung der senkrechten Achse (Ordinate) ist zu unterscheiden, ob diskrete Merkmale (Zählwerte) oder kontinuierliche Merkmale (Messwerte) überprüft werden. Die Zielvorgabe für den Fertigungsprozess wird durch den Sollwert eines Qualitätsmerkmals bestimmt. In der QRK dient er im Allgemeinen als Orientierungshilfe und ist als Mittellinie (M) parallel zur Abszisse eingetragen. Der Ordinatenwert kann ein echter Sollwert (Mitte des Toleranzfeldes), ein bekannter Erfahrungswert aus früheren Untersuchungen oder ein aus einem Vorlauf gewonnener Schätzwert sein. Der Bereich zugelassener zufälliger Schwankungen der Mittelwerte der Stichproben wird durch eine obere (OEG) und eine untere **Eingriffsgrenze** (UEG) gekennzeichnet. Nicht zwingend notwendig sind eine obere (OWG) und eine untere **Warngrenze** (UWG), die enger zueinander liegen als die Eingriffsgrenzen.

Die Gültigkeit der Eingriffsgrenzen setzt voraus, dass die Streuung der Stichproben innerhalb eines vorgegeben Bereichs bleibt. Ist der Fertigungsprozess bezüglich der Streuung störanfällig, so ist auch deren Überwachung mit einer QRK notwendig.

Bei der Überwachung kontinuierlicher Daten, die im Weiteren behandelt wird, werden im Wesentlichen die Stichprobenkenngrößen eingesetzt. In der so genannten **Urwert-QRK** sind die einzelnen Messwerte der Stichproben (Stichprobenvektor) unter der jeweiligen Stichprobennummer eingetragen. Zur Überwachung der Fertigungslage stehen somit drei QRK und zur Überwachung der Streuung zwei QRK zur Auswahl.

Tabelle 6.10: Qualitätsregelkarten der Lage und der Streuung

Mittelwert	Median	Urwert
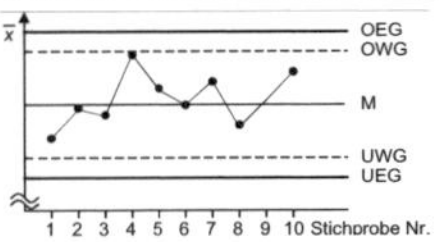	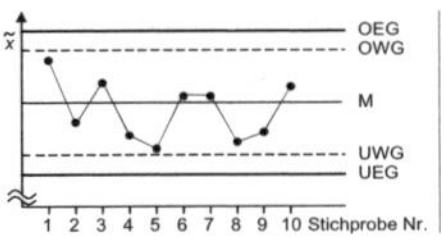	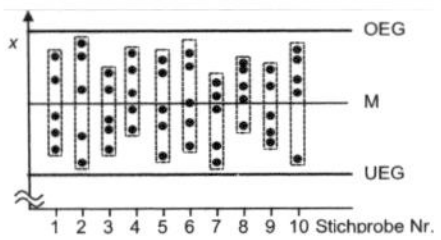
$\bar{x} = \frac{1}{n} \cdot \sum_{i=1}^{n} x_i$	$\tilde{x} = \begin{cases} x_{\langle k+1;n \rangle} \\ \frac{x_{\langle k;n \rangle} + x_{\langle k+1;n \rangle}}{2} \end{cases}$	$x = (x_1, x_2, \ldots\ldots, x_n)$

Standardabweichung *s*	Spannweite (Range) *R*
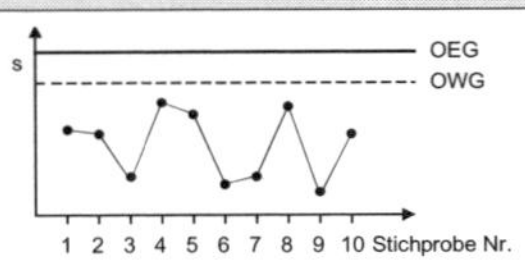	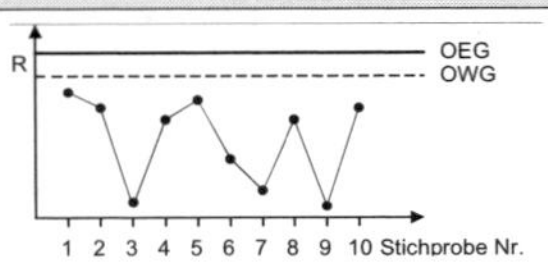
$s = \sqrt{\frac{1}{n-1} \sum_{i=1}^{n} (x_i - \bar{x})^2}$	$R_n = x_{\langle n;n \rangle} - x_{\langle 1;n \rangle}$

6.4.1.2 Festlegung der Grenzwerte

Eine Veränderung der Fertigungslage wird durch die $\bar{x}$-QRK mit der größten Wahrscheinlichkeit angezeigt. Weiterhin ist diese Karte nicht so sehr an der Voraussetzung normalverteilter Messwerte gebunden. Trotzdem ist es sinnvoll, dies für das interessierende Qualitätsmerkmal mit einem Anpassungstest (χ^2-Test oder Kolmogorov-Smirnov-Test) oder grafisch mit dem Gauß-Wahrscheinlichkeitsnetz zu überprüfen. Die Annahme der Normalverteilung trifft für die meisten messbaren Merkmale zu. Die weiteren Erläuterungen beziehen sich deshalb auf die $\bar{x}$-**QRK** und eine messende Prüfung (kontinuierliche Merkmale).

In der ersten Stufe der Arbeit mit der QRK sind Stichprobenumfang und Entnahmebedingungen festzulegen, wobei Prüfkosten und Kosten der unentdeckten Fehler gegeneinander abzuwägen sind. Danach ist bei der Festlegung der Eingriffsgrenzen zwischen Shewhart-Karten und Annahme-QRK zu unterschieden.

Unter dem Prinzip der ständigen Qualitätsverbesserung ist die Anwendung der Shewhart-Karte sinnvoll. Die Werte der Eingriffsgrenzen werden dabei aus den Daten eines störungsfreien Vorlaufs mit $k \geq 25$ Stichproben vom gleichem Umfang n ermittelt, der mindestens gleich dem später für die QRK vorgesehenen Umfang sein soll. Der zeitliche Abstand zwischen den Entnahmen der Stichproben kann im Vorlauf kleiner sein als beim späteren Führen der QRK. Für den Wert der Mittellinie M wird als Schätzwert der Mittelwert $\bar{\bar{x}}$ herangezogen, der aus allen Stichprobenmittelwerten des Vorlaufs berechnet wird.

$$\bar{\bar{x}} = \frac{1}{k} \cdot \sum_{j=1}^{k} \bar{x}_j$$

Als Schätzer für die Streuung dient der Mittelwert der Standardabweichungen der Stichproben des Vorlaufs.

$$\bar{s} = \frac{1}{k} \cdot \sum_{j=1}^{k} s_j$$

Das Verhältnis $a_n = \bar{s}/\hat{\sigma}$ ist vom Stichprobenumfang n des Vorlaufs abhängig und in Tabellen erfasst. Wird als Schätzer für die Prozesslage $\mu = \bar{x}$ und für die Prozessstreuung $\hat{\sigma} = \bar{s}/a_n$ verwendet, lauten die allgemeinen Formeln zur Bestimmung der Eingriffsgrenzen:

$$OEG = \mu + u \cdot \frac{\hat{\sigma}}{\sqrt{n}}; \quad UEG = \mu - u \cdot \frac{\hat{\sigma}}{\sqrt{n}}$$

Die Faktoren u sind entsprechend den symmetrischen Vertrauensgrenzen zu wählen. Üblicherweise wird zur Berechnung der Eingriffsgrenzen mit $u = 3$ ($P = 99{,}73$ %) bzw. $u = 2{,}575$ ($P = 99$ %) und zur Berechnung der Warngrenzen mit $u = 1{,}96$ ($P = 95$ %) gerechnet.

6.4.1.3 Beurteilungskriterien

Mit den nun bekannten Eingriffsgrenzen lässt sich anhand der ermittelten Stichprobe beurteilen, ob der Prozess stabil ist. Das Führen der

$\bar{x}$- und s-Karte ermöglicht die Trennung der auftretenden Prozessstreuung nach den beiden Streuungsarten:

- systematische Streuung
- zufällige Streuung

Systematische Einflussgrößen bewirken unter der Annahme normalverteilter Messwerte eine Abweichung des Stichprobenmittels $\bar{x}$ von der Mittenlage M ($\bar{x}$-Karte).

Stichprobenbefund innerhalb der Warngrenzen

- Prozess unter statistischer Kontrolle
- keine Aktionen erforderlich

Stichprobenbefund zwischen Warn- und Eingriffsgrenzen

- Verdacht auf Eintritt einer Störung
- Entscheidung anhand zusätzlicher Stichproben

Stichprobenbefund außerhalb der Eingriffsgrenzen

- Prozess nicht unter statistischer Kontrolle (nicht beherrscht)
- korrigierender Eingriff erforderlich
- 100 % Kontrolle der zuletzt gefertigten Produkte

Weitere Stabilitätsverletzungen sind durch den Run- und Trendtest zu beobachten.

- Runtest: 7 aufeinander folgende Stichprobenbefunde liegen ober- oder unterhalb der Mittenlinie.
- Trendtest: 7 aufeinander folgende Stichprobenbefunde liegen in auf- oder abfallender Reihenfolge

Zur Überwachung der zufälligen Streuung (s-Karte) helfen diese Regeln erst für einen Stichprobenumfang $n \geq 25$. Überzufällig auftretende Streuungen, d. h. Überschreiten der oberen Eingriffsgrenze, können in der Regel nicht durch einen unmittelbaren Eingriff in den Prozess abgestellt werden. Meistens ist dies nur durch langfristige Maßnahmen zu erreichen (Überholung der Maschine, einwandfreies Material u. Ä.).

6.4.1.4 Qualitätsregelkarten mit Gedächtnis

Die zuvor behandelte klassische QRK und die hier nicht behandelten Shewhart-QRK mit erweiterten Grenzen, zu denen auch die Annahmekarte mit vorgegebenen Grenzwerten zählt, benutzen zur Prozesssteuerung allein den Befund der laufenden Stichprobe. Seit über 30 Jahren gibt es allerdings neuere Karten auf Stichprobenbasis, bei denen zur Prozessüberwachung die Daten zurückliegender Stichproben mit einbezogen werden. Man unterscheidet QRK mit gleichbleibenden und mit abnehmenden Gedächtnis. Solche QRK reagieren meistens schon früher auf ein Abdriften der Fertigungslage. Zwei spezielle Karten mit Gedächtnis sind die Kusum- und die Awma-Karten. Sie sind aber im europäischen Raum noch wenig verbreitet und sollen hier nur genannt werden.

6.4.2 Prozessfähigkeitskennzahlen

Zeigt sich beim Führen der klassischen QRK, dass die Fertigungsergebnisse zufällig streuen und sich innerhalb der Eingriffsgrenzen bewegen, so ist der Fertigungsprozess stabil oder beherrscht. Vergleicht man den Prozess mit vorgegebenen Toleranzgrenzen, d. h. die Mittenlage M entspricht der Toleranzfeldmitte, zeigt sich eine weitere Prozesseigenschaft. Eine zu breite Streuung oder eine **Prozesslage**, die zu nah an den Toleranzgrenzen liegt, führt zu einem Ausschussanteil, der zu hoch ist. Der Prozess ist nicht fähig, hinsichtlich des Qualitätsmerkmals die Toleranzgrenzen einzuhalten. **Prozessfähigkeitsuntersuchungen** sind deshalb unerlässliche Maßnahmen vor der Aufnahme eines Fertigungsprozesses. Als Bewertungskriterien für die Prozessfähigkeit dienen die Werte der so genannten **Prozessfähigkeitsindizes** c_{p}-Index und c_{pk}-Index.

Der Fähigkeitsindex c_{p} beschreibt die **potentielle Fähigkeit eines Prozesses** ein gleichbleibendes Merkmal innerhalb der vorgegebenen Toleranzgrenzen zu erzeugen. Zur Bestimmung wird die Breite des Toleranzfeldes auf die Prozessstreubreite bezogen, wobei diese durch einen Bereich der 99,73 % ($\pm 3\sigma$) aller erzeugten Produkte abdeckt beschrieben wird.

$$c_{\mathrm{p}} = \frac{OTW - UTW}{6 \cdot \sigma}$$

OTW = oberer Toleranzwert
UTW = unterer Toleranzwert
σ = geschätzte Prozessstreuung

Mit dieser Definition ist c_{p} unabhängig von der Prozesslage.

Der c_{pk}-Index hingegen berücksichtigt neben der Prozessstreuung auch die Fertigungslage und beschreibt die **tatsächliche Fähigkeit** eines Prozesses ein gleichbleibendes Merkmal innerhalb der vorgegebenen Toleranzgrenzen zu erzeugen. Mit einem Hilfswert k wird der Abstand der Fertigungslage zur Toleranzmitte auf die halbe Toleranz bezogen.

$$c_{pk} = c_p \cdot (1 - k) \quad \text{mit} \quad k = \frac{|TM - \mu|}{T/2}$$

$$TM = \text{Toleranzmitte} \; \frac{OTW + UTW}{2}$$

T = Toleranz ($OTW - UTW$)

μ = Fertigungslage

Da k nicht negativ sein kann, gilt $c_{pk} \leq c_p$. Befindet sich die Fertigungslage genau auf der Toleranzmitte, so ist $k = 0$ und $c_{pk} = c_p$, der beste Wert für c_{pk} ist erreicht. Liegt die Fertigungslage auf einer der Toleranzgrenzen, folgt $k = 1$ und $c_{pk} = 0$. Ist c_{pk} deutlich kleiner als c_p, so muss die Fertigungslage besser zentriert werden.

Für die Beurteilung der Prozessfähigkeit gilt üblicherweise:

- $c_p \geq 1{,}33$ und $c_{pk} \geq 1{,}33$ der Prozess ist „fähig“
- $1 \leq c_{pk} < 1{,}33$ der Prozess ist „bedingt fähig“, da kleine Änderungen von μ oder σ unzulässige Toleranzüberschreitungen verursachen

6.5 Prüfmittelüberwachung

Die Prüfmittelüberwachung ist als Qualitätselement in das betriebliche QM-System integriert. Die Norm ISO 10012 (Forderungen an die Qualitätssicherung für Messmittel) dient als Leitfaden für die Prüfmittelüberwachung. Einwandfreies Messen und Prüfen der geforderten Merkmalsqualität ist nur mit sorgfältig kalibrierten, justierten und gewarteten Prüfmitteln gewährleistet. Die in Bild 6.8 genannten Einflüsse auf den Messprozess verursachen Messfehler, deren Auswirkungen auf das Messergebnis weitestgehend bekannt sein sollten. Aufgabe der **Prüfmittelüberwachung** ist es, die zeitlich sich ändernden Eigenschaften der Prüfmittel (prüfmittelbezogen) und des Prüfprozesses (prüfaufgabenbezogen) periodisch zu überprüfen und sicherzustellen.

6.5.1 Charakteristische Prüfmitteleigenschaften

Die in 6.1.5.2 genannten allgemeinen Ursachen für systematische und zufällige Fehler sind u. a. auch Ursachen, die speziell die folgenden charakteristischen Eigenschaften der Messgeräte bestimmen.

Genauigkeit ist die Abweichung zwischen dem Mittelwert wiederholter Messungen an dem gleichen Merkmal und dem bekannten (als wahr angenommenen) Wert des Merkmals.

Wiederholpräzision bezeichnet die Eigenschaft, wie präzise ein in einer Messreihe ermittelter Messwert wiederholt wird. Ein Maß dafür ist die Standardabweichung.

Vergleichspräzision wird ermittelt, wenn alle Einflussgrößen bis auf diejenige, deren Einfluss untersucht werden soll, konstant gehalten werden (Quantifizierung systematischer Fehler).

Stabilität kennzeichnet das Langzeitverhalten der statischen Kennlinie.

Linearität ist die Eigenschaft, dass sich bei steigenden Messwerten die Messabweichungen in erster Näherung durch eine lineare Funktion beschreiben lassen.

6.5.2 Kalibrierkette (Rückführung)

Zur Qualitätsprüfung dürfen nur qualifizierte Messverfahren eingesetzt werden, d.h. die Vorgaben aus Normen, Richtlinien, Herstellerangaben usw. sind einzuhalten und die Rückführung auf nationale oder internationale Normale ist zu gewährleisten. Die Darstellung der SI-Einheiten durch nationale Normale ist durch die gesetzliche Metrologie geregelt, für deren Durchführung in der BRD die Physikalisch-Technische Bundesanstalt (PTB) zuständig ist, die außerdem den Anschluss an die internationalen Normale gewährleistet. In den seltensten Fällen ist es notwendig, die Prüfmittel direkt mit den Normalen der PTB zu kalibrieren. Der Anschluss an diese Normale erfolgt über so genannte **Kalibrierketten**, in denen oftmals in mehreren Stufen eine Kalibrierung gegenüber jeweils wesentlich genaueren Bezugsnormalen durchgeführt wird. Hierbei ist zu beachten, dass Kalibriereinrichtung und Bezugsnormale mit Unsicherheiten behaftet sind. Die Kalibrierung eines Messschiebers mit Rückführung mittels Kalibrierkette kann z. B. wie in Bild 6.22 ablaufen:

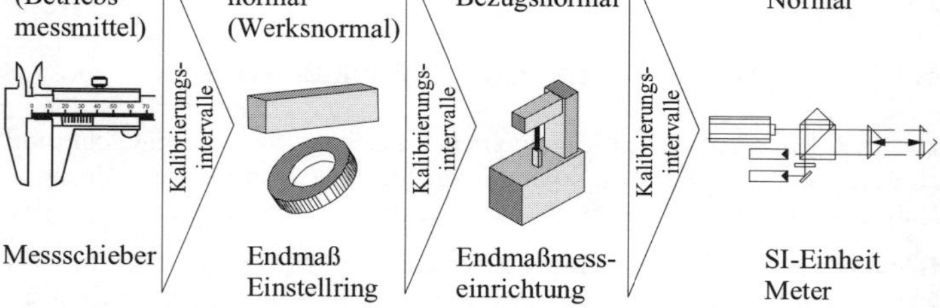

Bild 6.22: Rückführung eines Messschiebers

Zur Entlastung der PTB als letzte Instanz der Kalibrierkette ist der **Deutsche Kalibrierdienst (DKD)** gegründet worden. Darin bieten Industrie und andere Institutionen die Kalibrierung als Serviceleistung an. Aufgabe des DKD ist es, den Anschluss an die nationalen Normale sicherzustellen. Die Kalibrierdienststellen des DKD erhalten von der PTB ihre Zulassung und werden in einer PTB-Mitteilung veröffentlicht, aus der hervorgeht, für welche Messgrößen, Messbereiche, Messverfahren und Messunsicherheiten die Zulassung erfolgt ist.

6.5.3 Gerätespezifische Überwachung

Für die Überwachung der gerätebezogenen Eigenschaften von Prüfmitteln existieren einige Richtlinien. Die VDI/VDE Gesellschaft für Mess- und Automatisierungstechnik (GMA) und die Deutsche Gesellschaft für Qualität e. V. (DGQ) erarbeiteten gemeinsam für häufig eingesetzte Prüfmittel die Richtlinie VDI/VDE/DGQ 2618 „Prüfanweisung zur Prüfmittelüberwachung". Prüfanweisungen dienen als Empfehlung und stellen eine gemeinsame Grundlage für die Prüfmittelüberwachung zur Verfügung, die von den Anwendern zweckentsprechend variiert werden kann. Für Koordinatenmessgeräte existiert die Richtlinie DIN EN ISO 10360-2. Sie stellt Prüfanweisungen für die reproduzierbare Überwachung und für die Abnahme zur Verfügung. Prüfanweisungen sollten im Wesentlichen folgende Punkte enthalten:

- vorbereitende Arbeitsgänge für die Prüfmittelüberwachung
- die zu prüfenden Merkmale und deren zulässige Abweichungen
- die zur Überprüfung benutzten Messeinrichtungen und Prüfmittel
- Hinweise für Auswertung, Prüfentscheidung und Dokumentation

6.5.4 Prüfaufgabenbezogene Überwachung

Die zuvor behandelte prüfmittelbezogene Überwachung sollte sich nur auf die Geräteeigenschaften beziehen, d. h. die Störeinflüsse durch Messobjekt, Mitwelt, Mensch und Messmethode (Bild 6.8) müssen vermieden werden. Die Qualitätsprüfungen in der Praxis erfolgen jedoch überwiegend am Produkt. Der dazu jeweils eingesetzte Messprozess wird selbst bei sorgfältiger Planung und Durchführung durch die o. g. Störeinflüsse beeinträchtigt. Die prüfaufgabenbezogene Überwachung dient dazu, diese Störeinflüsse zu berücksichtigen und zu minimieren. Die Maßnahmen entsprechen der Vorgehensweise der SPC. Der Prüfvorgang wird als Prozess aufgefasst, für den analog zum Fertigungsprozess Fähigkeitsuntersuchungen durchgeführt werden. Auf die Durchführung und Berechnung der dafür benutzten Fähigkeitsindizes c_g und c_{gk} und weiterer Methoden (meist betriebsintern) zur prüfaufgabenbezogenen Überwachung kann in diesem Rahmen nicht eingegangen werden.

Quellen und weiterführende Literatur

Beuke, D.; Conrad, K.-J.: CNC-Technik und Qualitätsprüfung. München Wien: Carl Hanser Verlag, 1999

Dietrich, E; Schultze, A.: Statistische Verfahren zur Maschinen- und Prozessqualifikation. München Wien: Carl Hanser Verlag, 1996

Hoffmann, J. (Hrsg): Taschenbuch der Meßtechnik. München Wien: Fachbuchverlag Leipzig im Carl Hanser Verlag, 1998

Pfeifer, T.: Fertigungsmeßtechnik. München: R. Oldenbourg Verlag, 1998

Profos, P.: Kompendium der Grundlagen der Meßtechnik. Essen: Vulkan Verlag, 1988

Rinne, H.; Mittag, H.-J.: Statistische Methoden der Qualitätssicherung. München Wien: Carl Hanser Verlag, 1995

Timischl, W.: Qualitätssicherung, Statistische Methoden. München Wien: Carl Hanser Verlag, 1996

7 Industrielle Steuerungstechnik

Prof. Dr.-Ing. habil. Rolf Wätzig

DIN 19226 definiert die **Steuerung** als Vorgang in einem System, bei dem eine oder mehrere Eingangsgrößen bestimmte Ausgangsgrößen aufgrund der dem System eigentümlichen Gesetzmäßigkeiten beeinflussen.

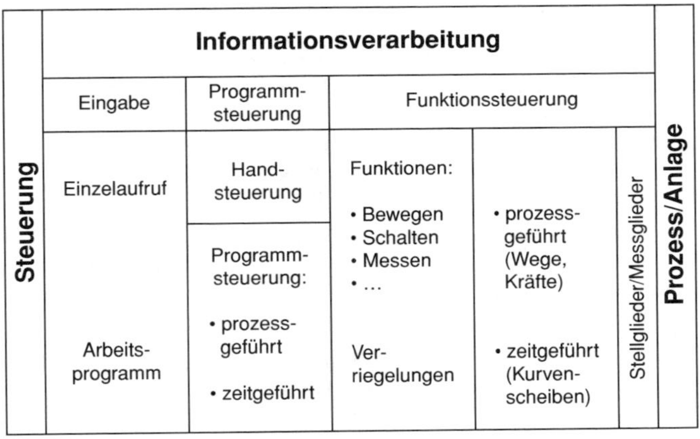

Bild 7.1: Struktur von Steuerungen (nach [1])

Der Begriff „Industrielle Steuerung" wird als Grundlage der Automatisierung im Maschinenbau auch für die mechatronische Geräteausstattung (Mechanik + Elektronik + Informatik) verwendet.

Industrielle Steuerungstechnik verbindet die Fachgebiete Werkzeugmaschinenbau, elektrische Antriebstechnik, elektronische Datenverarbeitung, Mess- und Regelungstechnik, Verfahrenstechnik und Logistik.

DIN 19237 definiert die Steuerungen nach **Informationsdarstellung** und **Signalverarbeitung** für bestimmte Fertigungsfunktionen.

Die **Informationsdarstellung** wird in analoge (Kurvensteuerung) und digitale (numerische Steuerung) unterschieden.

Steuerungen sind nach ihrer Struktur in **Programmsteuerungen** und **Funktionssteuerungen** einteilbar (Bild 7.1).

Handsteuerungen haben als Kennzeichen das Aufrufen der Maschinenfunktionen von Hand. **Programmsteuerungen** rufen die einzelnen Schritte eines gespeicherten Programms auf. Sie verarbeiten Programmanweisungen zu einzelnen Funktionsaufrufen und sorgen für den selbsttätigen Ablauf der Funktionen. **Zeitgeführte Steuerungen** werden eingesetzt, wenn der Steuerungszustand zeitlich festgelegt ist, z. B. durch eine Kurvenscheibe (Bild 7.1). **Prozessgeführte Steuerungen** sind alle anderen Programmsteuerungen. Kennzeichen sind Prozessgrößen, wie z. B. Weg oder Kraft, die erst nach dem Erreichen bestimmter Werte zum nächsten Programmschritt weiterschalten [1].

Funktionssteuerungen setzen die von Hand oder durch ein Programm aufgerufenen Funktionen einer Maschine um. Zur Funktionssteuerung gehören Aktoren und Sensoren. **Aktoren**, wie z. B. Stellzylinder oder Elektromotoren, sind Elemente, die im Prozess gewünschte Aktionen ausführen. **Sensoren** sind für die Erfassung und Aufbereitung der Prozesszustandsdaten zuständig. Sie liefern als Messglieder, z. B. Wegmesssysteme, die Rückmeldung über die gemessene Position des Schlittens mit dem Werkzeug an die CNC-Steuerung.

Funktionssteuerungen automatisieren die Fertigungsfunktionen nach Bild 7.1, sofern sie als Programmsteuerungen ausgeführt sind. Programmsteuerungen verarbeiten Programmanweisungen zu einzelnen Funktionsaufrufen und koordinieren die Abläufe automatisch.

Die per Programm definierten Funktionsschritte werden als Folge von Arbeitsschritten in der Steuerung (Hardware) als Programmanweisungen (Software) ausgeführt.

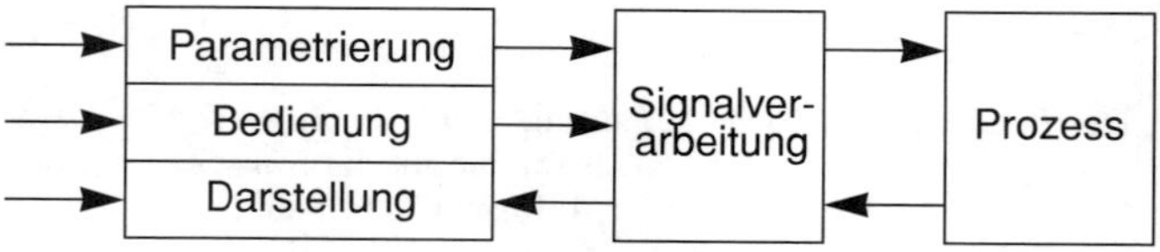

Bild 7.2: Funktionseinheiten einer Steuerungseinrichtung (nach [2])

Die **Funktionseinheiten** einer Steuerungseinrichtung lassen sich nach Bild 7.2 zuordnen. Das **Bedienfeld** wird unterteilt in Parametrierung, Bedienung und Darstellung. Die Parametrierung umfasst alle Elemente, die über Parameter, z. B. Sollwerte und Grenzwerte, der Steuerungseinrichtung vorgegeben werden können. Die Bedienung über die Eingriffskomponenten ist erforderlich, um die Führung des Prozesses zu steuern. Die Darstellung durch Anzeigen, z. B. Leuchten oder Bildschirmen, dient zur Visualisierung des Prozesses. Die **Signalverarbeitung** verarbeitet die

Ausgangssignale des Prozesses, der Parametrierung und der Bedienung. Die Ausgangssignale der Signalverarbeitung wirken auf den Prozess und die Darstellung [2].

Die **Signalverarbeitung** ist als Verknüpfungs- oder/und Ablaufsteuerung ausgebildet. Verknüpfungssteuerungen bestehen aus Verknüpfungs- (UND; ODER; NICHT), Zeit- und Speichergliedern zwischen Ein- und Ausgangssignalen. Ablaufsteuerungen weisen zeit- oder prozessabhängige Ablaufketten auf, die in einer Folge gesetzt sind. Das Weiterschalten erfolgt nur dann, wenn der vorhergehende Schritt ausgeführt wurde. Sicherheitsverriegelungen werden separat eingesteuert.

Steuerungen für die Fabrikautomatisierung werden in Hierarchieebenen aufgebaut. Folgende Hierarchieebenen existieren:

- Maschinen- und Gerätesteuerung,
- Gruppen- oder Zellensteuerung,
- Leitsteuerung und Fabriksteuerung.

Die Maschinen- und Gerätesteuerung im engeren Sinne hat Funktionen nach Bild 7.1 zu steuern. Zur **Maschinensteuerung** werden mechanische, elektrisch-elektronische und fluidische Mittel oder deren Kombinationen eingesetzt, wobei die elektronischen dominieren.

Mechanische Steuerung erfolgt mit Kurvenkörpern, Nocken oder durch Schablonen, in denen die Wegabläufe eingeprägt sind (Tabelle 7.1).

Tabelle 7.1: Vergleich mechanischer Steuerungen (nach [3])

Steuerungsart	Arbeitsaufgabe	Speicher für Weginformationen	Speicher für Schaltinformationen
Kurvensteuerung	Positionierung	Kurvenscheibe	Kurvenscheibe
Nockensteuerung	Positionierung	Nockenleiste	Schaltung
Nachformsteuerung	Strecken- oder Bahnsteuerung	Schablone oder Modell	Schablone oder Modell

Fluidische Steuerungen arbeiten pneumatisch oder hydraulisch, wobei die Informationsverarbeitung elektronisch erfolgt.

Programmierung von Steuerungen nennt man das Erstellen eines Programms nach bestimmten Methoden oder Verfahren. Steuerungsprogramme enthalten alle Anweisungen für die Signalverarbeitung der Steuerungseinrichtung, um die geforderte Steuerungsaufgabe zu erfüllen.

Bei den elektrisch-elektronischen und fluidischen Steuerungen unterscheidet man je nach Programmart verbindungsprogrammierte und speicherprogrammierbare Steuerungen. Die Signalverarbeitung kann binär (bitweise) oder digital (wortweise) erfolgen.

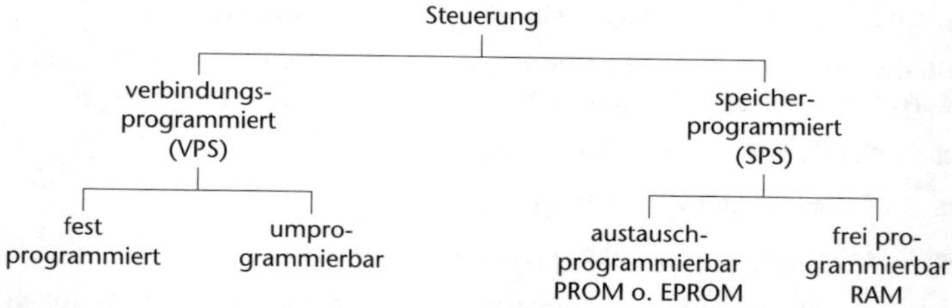

Bild 7.3: Arten der Programmsteuerung nach DIN 19237

Die Programmspeicher in Bild 7.3 bedeuten:

- ROM (Read Only Memory): Nur-Lese-Speicher, Festwertspeicher,
- PROM (Programmable ROM): programmierbarer Festwertspeicher,
- EPROM (Erasable Programmable ROM): lösch- und programmierbarer Festwertspeicher,
- RAM (Random Access Memory): Schreib-Lese-Speicher.

Die Steuerungstechnik hat durch die Entwicklung der Digitalelektronik wesentliche Fortschritte in der Fertigungsautomatisierung ermöglicht.

Quellen und weiterführende Literatur

[1] *Pritschow, G.:* Dubbel, Taschenbuch für den Maschinenbau – Steuerungen. 19. Auflage. Berlin: Springer Verlag, 1997

[2] *Konhäuser, W.:* Industrielle Steuerungstechnik. München Wien: Carl Hanser Verlag, 1998

[3] *Beuke, D.; Conrad, K.-J.:* CNC-Technik und Qualitätsprüfung. München Wien: Carl Hanser Verlag, 1999

8 Instandhaltung von Werkzeugmaschinen

Ao. Univ.-Prof. Dipl.-Ing. Dr. Kurt Matyas

8.1 Instandhaltung im Wandel

Die **Instandhaltung** wird wegen der steigenden Kompliziertheit von Werkzeugmaschinen einschließlich ihrer Automatisierung und Verkettung immer wichtiger. Heute genügt es für die Aufrechterhaltung einer hohen Anlagenverfügbarkeit nicht mehr, nach Ausfällen zu reparieren („Havariemethode“), sondern es sind planmäßige und vorbeugende Maßnahmen notwendig, um teure Ausfälle zu verhindern.

Der Stellenwert, den die Instandhaltung genießt, ist nicht in jedem Unternehmen gleich hoch. Je anlagenintensiver der Betrieb ist und je kontinuierlicher der Produktionsprozess abläuft, um so höher sind die Ausfallkosten und um so größer ist damit auch die Bedeutung der Instandhaltung. Seit den 30er Jahren lässt sich die Entwicklung der Instandhaltung über drei Generationen verfolgen.

Die erste Generation der Instandhaltung erstreckte sich bis in die Zeit des zweiten Weltkriegs. Die Mechanisierung war in jener Zeit noch nicht so weit fortgeschritten, dass Stillstandszeiten die gleiche Auswirkung gehabt hätten wie heute. Abgesehen von der routinemäßigen Reinigung, Inspektion und Abschmierung hatten vorbeugende Maßnahmen gegen Maschinenausfälle keinen hohen Stellenwert, da die Maschinen einfach aufgebaut und überdimensioniert waren.

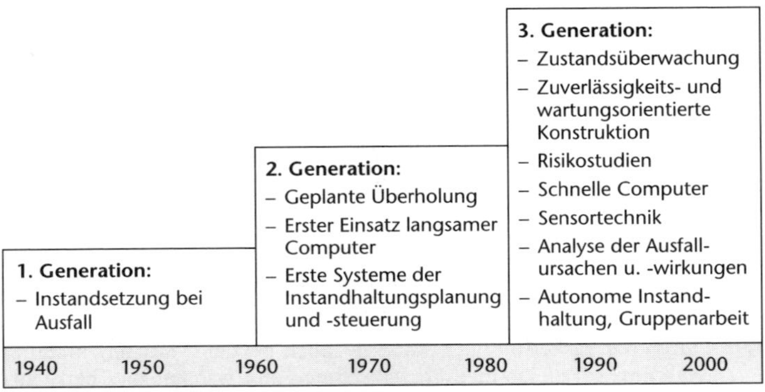

Bild 8.1: Entwicklung der Instandhaltungstechniken [13]

Der erhöhte Bedarf an Gütern und die zurückgehende Zahl der Industriearbeiter im Zweiten Weltkrieg führte zu einer zunehmenden Mechanisierung und Komplexität der Maschinen. Damit stieg auch die Bedeutung der Stillstandszeiten und das Konzept der vorbeugenden Instandhaltung (2. Generation) entstand.

Neue Erwartungen, neue Techniken und neue Forschungsergebnisse haben zur 3. Generation mit zahlreichen neuen Instandhaltungstechniken geführt. Beispiele dafür sind die zustandsorientierte Instandhaltung und TPM (Total Productive Maintenance).

In Bild 8.1 wird gezeigt, welche Entscheidungswerkzeuge und Instandhaltungstechniken während der drei Generationen der Instandhaltung zum Einsatz kamen und heute noch kommen.

Die technische Entwicklung hin zu immer komplexeren, verketteten Anlagen einerseits und die geänderten gesetzlichen Rahmenbedingungen wie Umweltauflagen und Arbeitssicherheit andererseits haben eine Reihe von Auswirkungen auf die heutige Instandhaltung.

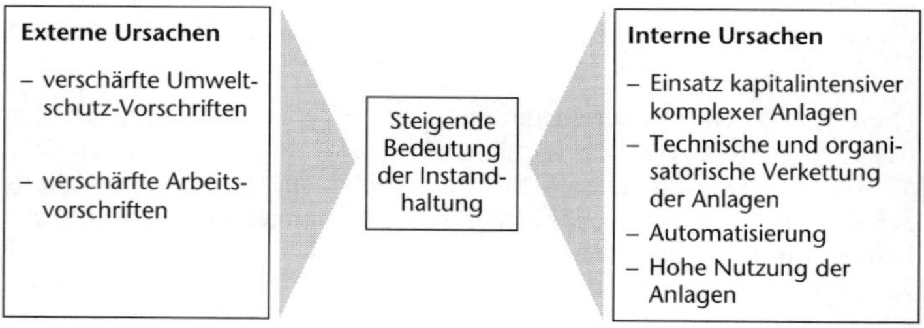

Bild 8.2: Steigende Bedeutung der Instandhaltung [10]

- Die Maschinen und Anlagen sind aufgrund der vielen Bauteile störanfälliger und müssen daher öfter instandgesetzt werden.
- Der Nutzungszeitraum der Anlagen wird immer höher (Mehrschichtbetrieb), die Stillstandszeiten außerhalb der Fertigungszeit, die für Instandhaltungsmaßnahmen zur Verfügung stehen, werden damit immer kürzer.
- Aufgrund der Komplexität der Anlagen dauern Fehlersuche und Instandsetzung unter Umständen länger und können außerdem nur von qualifiziertem Fachpersonal durchgeführt werden.
- Durch die Verkettung der Anlagen fallen bei einer Störung an einer Maschine oft gleich mehrere Maschinen aus, was zu einer beträchtlichen Steigerung der Ausfallkosten führt.

Die angeführten Fakten zeigen, dass die Bedeutung der Instandhaltung auch in Zukunft weiter zunehmen wird.

8.2 Aufgaben und Ziele der Instandhaltung

Die Hauptaufgabe der Instandhaltung liegt in der Gewährleistung einer hohen technischen Verfügbarkeit der Maschinen und Anlagen. Dies beinhaltet

- wenig Maschinenstillstände innerhalb der Fertigungszeit,
- kurze Instandsetzungszeiten an den Maschinen,
- geringe Auswirkungen von Maschinenstillständen auf den Fertigungsfluss.

Um eine hohe Verfügbarkeit der Produktionsanlagen sicherzustellen, bedarf es auch einer reibungslosen Ersatzteilversorgung. Dabei sollen unwirtschaftlich hohe Ersatzteilbestände vermieden und nur jene Bauteile als Ersatzteile gelagert werden, die zur Erhaltung der erforderlichen Maschinenverfügbarkeit notwendig sind.

Die moderne Instandhaltung kümmert sich nicht nur um Anlagenverfügbarkeit und Kosten, sondern betrifft alle Aspekte von Effektivität und Risiko der Geschäftstätigkeit, Sicherheit, Umweltschutz, Energieeffizienz, Produktqualität und Kundenservice.

Die Instandhaltung muss, ebenso wie alle anderen Unternehmensbereiche, zur Minimierung der betrieblichen Gesamtkosten beitragen. Konkret bedeutet das, dass zwischen den Kosten der vorbeugenden Instandhaltung und den Kosten von Maschinenausfällen mit Hilfe einer geeigneten Strategie ein Optimum gefunden werden soll, wobei auch jene Kostenfaktoren Berücksichtigung finden sollten, die nicht direkt quantifizierbar sind (Termintreue, Erhaltung der Produktqualität, Risikominderung ...).

Das Hauptziel der Instandhaltung ist neben der Zuverlässigkeits- und Sicherheitsmaximierung im Produktionsbetrieb überwiegend die Kostenminimierung bzw. Gewinnmaximierung. Unfreiwillige Stillstandszeiten der Anlagen müssen ebenso vermieden werden wie Unfälle mit Umwelt- oder gar Personenschäden. Die Instandhaltung muss als integraler Bestandteil der Produktion gesehen werden und somit auch im Sinne einer Kostenminimierung in das bestehende Logistiksystem eingebunden werden.

Die Unterziele der Instandhaltung lassen sich folgendermaßen einteilen:

Technisch-organisatorische Ziele	■ Verbesserung des technischen Zustandes der Betriebseinrichtungen ■ Reduzierung von Folgeschäden ■ Reduzierung von Maschinenausfällen ■ Reduzierung des Instandhaltungsumfangs ■ Vereinheitlichung der Aufbau- und Ablauforganisation ■ Verbesserung der Kommunikation mit anderen Betriebsteilen
Wirtschaftliche Ziele	■ Reduzierung der Personalkosten ■ Reduzierung der Materialkosten ■ Reduzierung von Ausfall- und Ausfallfolgekosten ■ Erhöhung der Maschinenverfügbarkeit ■ Werterhaltung der Betriebseinrichtungen
Sonstige Ziele	■ Erhöhung der Arbeitssicherheit ■ Verringerung der Personalfluktuation

8.3 Begriffe der Instandhaltung

Instandhaltung wird nach DIN 31051 definiert als

„Gesamtheit der Maßnahmen zur Bewahrung und Wiederherstellung des Sollzustandes, sowie zur Feststellung und Beurteilung des Istzustandes".

Demgemäß können ihre Aufgabenbereiche in

- **vorbeugende Instandhaltung** und
- **störungsbedingte Instandsetzung**

unterschieden werden, wobei sich die vorbeugende Instandhaltung in die drei Teilaufgaben

- **Inspektion**
  (Feststellung und Beurteilung des Ist-Zustandes)
- **Wartung**
  (Bewahrung des Sollzustandes, z. B. Reinigen, Schmieren) und
- **Geplante Instandsetzung** (z. B. Anlagenrevisionen)

gliedern lässt.

Weitere Definitionen nach DIN 31051:

Instandhaltung: Gesamtheit der Maßnahmen zur Bewahrung und Wiederherstellung des Sollzustandes, sowie zur Feststellung des Ist-Zustandes.
Inspektion: Maßnahmen zur Feststellung und Beurteilung des Ist-Zustandes von technischen Einrichtungen eines Systems.
Wartung: Maßnahmen zur Bewahrung des Sollzustandes von technischen Einrichtungen eines Systems.
Instandsetzung: Maßnahmen zur Wiederherstellung des Sollzustandes von technischen Einrichtungen eines Systems.
Schaden: Zustand nach Überschreiten eines bestimmten (festzulegenden) Grenzwertes, der eine unzulässige Beeinträchtigung der Funktionsfähigkeit bedingt.
Ausfall: Unbeabsichtigte Unterbrechung (Ausfallzeit, Häufigkeit) der Funktionsfähigkeit einer Betrachtungseinheit.
Störung: ist eine unbeabsichtigte Unterbrechung (oder auch bereits eine Beeinträchtigung) der Funktionserfüllung einer Betrachtungseinheit.

In der Literatur werden oft die Begriffe *Ausfall* und *Fehler* sowie *Schaden* und *Defekt* synonym verwendet.

Jede Anlage bzw. jeder Bauteil hat, wenn neu, noch den vollen Nutzungsvorrat (Leistung, Genauigkeit, …). Mit der Inbetriebnahme beginnt die Abnützung, d. h., der Nutzungsvorrat verringert sich, was sich z. B. in einer Drehzahlabweichung, Minderleistung oder Spielvergrößerung äußert (Bild 8.3). Die drei nachfolgend genauer beschriebenen Instandhaltungs-

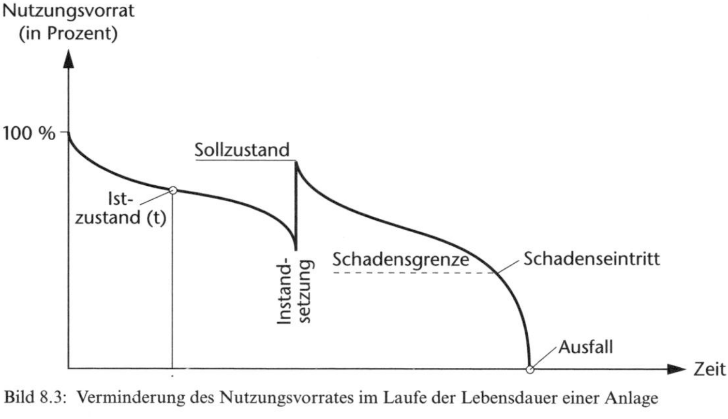

Bild 8.3: Verminderung des Nutzungsvorrates im Laufe der Lebensdauer einer Anlage

maßnahmen **Inspektion**, **Wartung** und **Instandsetzung** werden vom „Deutschen Komitee Instandhaltung“ (DKIN), welches seit 1977 Empfehlungen zu besonderen Instandhaltungsthemen herausgibt, in der Empfehlung Nr. 2 nach den Gesichtspunkten

- Betrachtungseinheit ist im Betriebszustand und
- Betrachtungseinheit befindet sich im Stillstand

strukturiert.

Vor der Durchführung der Instandhaltungsmaßnahmen sind Arbeitspläne zu erstellen, die entweder schon vom Anlagenhersteller vorgegeben sind, oder mit Hilfe von Richtlinien (DIN 31052), in denen Beispiele für Inspektions-, Wartungs- und Instandsetzungsanleitungen angegeben werden.

8.3.1 Inspektion

Bei der **Inspektion** sollte der Ist-Zustand stets unter konstanten Betriebs- und Umweltbedingungen festgestellt und unter Beibehaltung von Maßstäben und Toleranzen in denselben Dimensionen wie der Sollzustand angegeben werden, um einen direkten Soll/Ist-Vergleich zu ermöglichen. Folgende Teilmaßnahmen der Inspektion können unterschieden werden (siehe auch Bild 8.4):

- Feststellen des Ist-Zustandes von technischen Einrichtungen
- Beurteilen des Ist-Zustandes
- Auswerten der Ist-Zustandsinformationen (Vergleichen, Abweichungen ermitteln)
- Weitere Maßnahmen, die aufgrund des beurteilten Ist-Zustandes erforderlich werden, veranlassen

Für die Feststellung und Beurteilung des Ist-Zustandes ist ein „Messen“ und „Prüfen“ notwendig.

Die Anlagenüberwachung kann auch in

- technologische Prozessführung,
- Wirkungsgradüberwachung,
- Beanspruchungsüberwachung,
- Abnutzungsüberwachung und
- Schadensüberwachung

gegliedert werden. Die Durchführung der Inspektionen kann durch den Einsatz von **Diagnosesystemen** unterstützt werden, die entweder durch eine Online-Überwachung Inspektionsarbeiten unnötig machen oder die Inspektionstätigkeiten wesentlich vereinfachen.

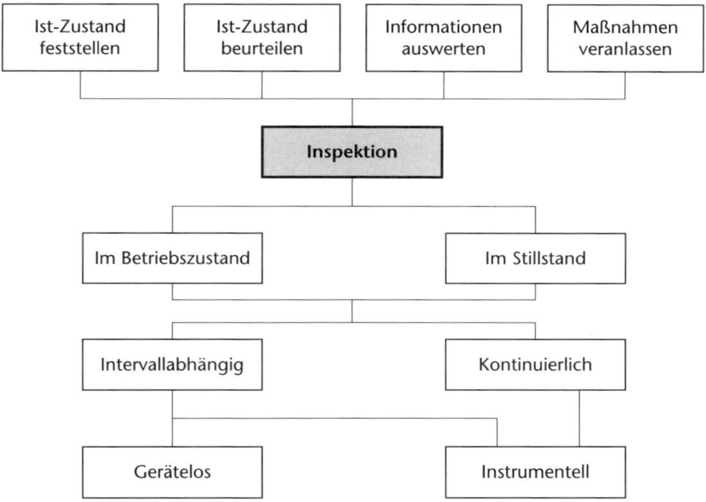

Bild 8.4: Teilmaßnahmen der Inspektion und verschiedene Arten der Durchführung (nach [15])

Computergesteuerte Werkzeugmaschinen, Bearbeitungszentren usw. haben oft schon ein eingebautes Fehlerdiagnosesystem. Die Funktionsweise eines solchen Überwachungs- und Diagnosesystems ist in Bild 8.5 dargestellt.

Bei Auftreten von Abweichungen können diese durch das Diagnosesystem angezeigt und somit sehr schnell behoben werden. Zusätzlich können durch ein Diagnosesystem Fehler erkannt werden, bevor sie den Fertigungsprozess stören. Hierdurch werden sowohl Wirtschaftlichkeit und Prozessfähigkeit als auch Sicherheit und Umweltverträglichkeit der Anlagen verbessert.

8.3.2 Wartung

Die Wartungsmaßnahmen dienen dazu, den Sollzustand technischer Einrichtungen zu erhalten und damit auch die Arbeitssicherheit zu gewährleisten. Sie führen letztendlich zur Verringerung der Abnutzungs-

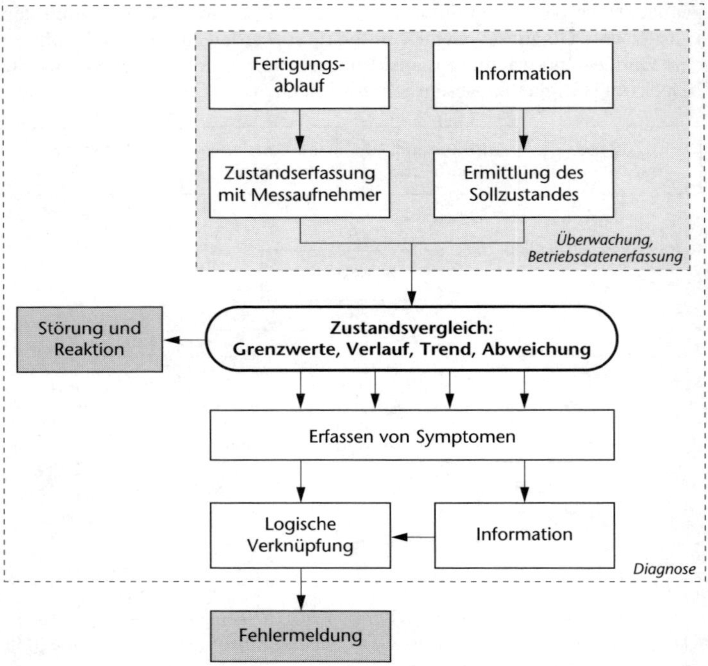

Bild 8.5: Maschinen- und Anlagenüberwachung, sowie Fehlerdiagnose im Fertigungsbereich (nach [3])

geschwindigkeit und zur Erhöhung der Lebensdauer. Bild 8.6 zeigt die wichtigsten Teilmaßnahmen der Wartung und die verschiedenen Arten der Durchführung.

Reinigen: Entfernen von Fremd- und Hilfsstoffen

Konservieren: Durchführung von Schutzmaßnahmen gegen Fremdeinflüsse mit dem Ziel des Haltbarmachens einer Betrachtungseinheit

Nachstellen: Beseitigung einer Abweichung mit Hilfe dafür vorgesehener Einrichtungen

Schmieren: Zuführen von Schmierstoffen zur Schmier- bzw. Reibstelle zur Erhaltung der Gleitfähigkeit

Ergänzen: Nach- und Auffüllen von Hilfsstoffen

Auswechseln: Ersetzen von Hilfsstoffen und Kleinteilen (kurzfristige, einfach durchführbare Tätigkeiten)

Bild 8.6: Teilmaßnahmen der Wartung (nach [15])

8.3.3 Instandsetzung

Die **Instandsetzung** wird in die beiden folgenden Teilmaßnahmen gegliedert:

- **Ausbessern** (Instandsetzung durch Bearbeiten)
- **Austauschen** (Instandsetzung durch Ersetzen)

Die Gliederung der Instandsetzungsmaßnahmen nach Zeitpunkt und Planbarkeit der Maßnahmen wird in Bild 8.7 dargestellt und im Folgenden erläutert.

Der Zeitpunkt der Instandsetzungsmaßnahmen kann entweder aufgrund des bei der Inspektion festgestellten Ist-Zustandes oder aufgrund messbarer Parameter wie Zeit, Betriebszeit, Stückzahl usw. geplant werden.

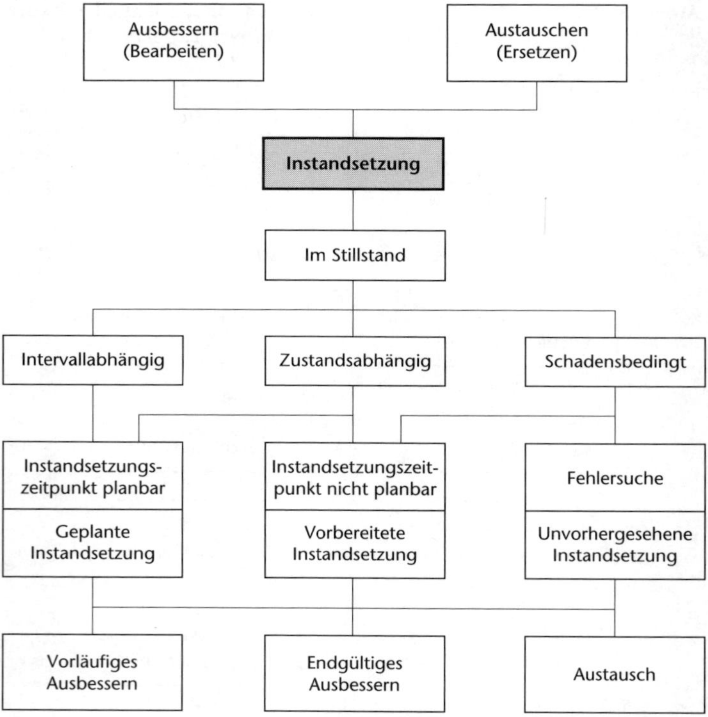

Bild 8.7: Teilmaßnahmen der Instandsetzung und verschiedene Arten der Durchführung

Geplante Instandsetzung

Die Instandsetzungsmaßnahmen werden nach Zeitpunkt, Art und Umfang vorausgeplant und durchgeführt, um die volle Betriebsfähigkeit zu erhalten oder wiederherzustellen, bevor ein Schaden zum Ausfall führt. Meist werden die Zeitpunkte aufgrund von Erfahrungen bestimmt oder bei zu erwartender Beeinträchtigung des Betriebszustandes durchgeführt.

Eintritt eines Schadens

Die Instandsetzungsmaßnahmen werden erst bei Eintritt des Schadens durchgeführt, sind aber in der Regel im Zuge der vorbereiteten Instandsetzung nach Art und Umfang vorgeplant.

Vorbereitete Instandsetzung

Die Maßnahmen zur Instandsetzung werden vorgeplant, der Zeitpunkt der Durchführung ist unbekannt.

Unvorhergesehene Instandsetzung

Weder der Eintrittszeitpunkt, noch die Art und der Umfang der Instandsetzungsmaßnahmen sind bekannt.

8.3.4 Ausfallrate

In der Praxis ist die Zeitspanne zwischen Einbau und Ausfall (= Laufzeit) nicht bekannt. Die Instandhaltungsplanung muss sich daher auf Laufzeitprognosen stützen. Wenn die Länge der Laufzeit überwiegend von der Beanspruchung durch die Produktion abhängig ist, wird sie in Betriebs- oder Nutzungszeit gemessen. Sollten die Abnützungsursachen auch in den Stillstandszeiten wirken, so wird die Laufzeit als Kalenderzeit gewählt. Die **Ausfallrate** gibt die zeitliche Entwicklung der Ausfallwahrscheinlichkeit unter der Bedingung, dass der Bauteil zum Zeitpunkt t funktionstüchtig geblieben ist, für das folgende Intervall (von t bis $t + 1$) an.

Von großer Bedeutung für Probleme der Instandhaltungsplanung ist der Verlauf der Ausfallrate. Man unterscheidet zwischen steigender, konstanter und fallender Ausfallrate.

Mit Hilfe des Verlaufs der Ausfallrate können die charakteristischen Phasen der Lebensdauer eines Bauteils beschrieben und durch die so genannte **„Badewannenkurve“** (Bild 8.8) dargestellt werden. Diese Kurve gilt fast

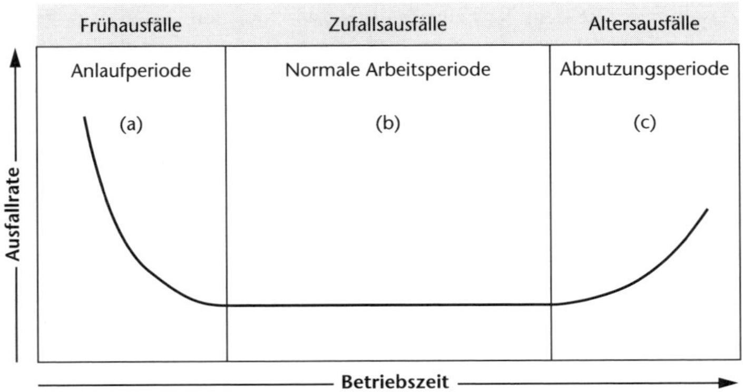

Bild 8.8: Badewannenkurve

für alle Anlagenteile, die einer direkten Abnützung unterliegen (speziell an jenen Stellen, die mit dem bearbeiteten Werkstück in Berührung kommen). Für komplexe Anlagen und solche Anlagenteile, die keiner direkten Abnützung unterliegen, können von diesem Verlauf abweichende Ausfallraten auftreten.

Während der Betriebszeit der Anlage durchläuft die betrachtete Einheit drei Phasen:

(a) Die Frühausfälle beruhen auf Fehlern in Konstruktion und Fertigung beim Hersteller, auf Fehlern beim Zusammenbau oder bei der Einstellung. Sie zeigen sich am Anfang und werden mit fortschreitender Betriebszeit seltener.

(b) Die Zufallsausfälle werden durch Zusammenwirken ungünstiger Umstände, deren Einzelursachen unbekannt sind, ausgelöst. Ihr Auftreten ist unabhängig vom Alter des Bauteils und kann nicht vorhergesehen werden.

(c) Die Altersausfälle sind durch Abnützungs- und Alterserscheinungen bedingt, die mit dem Alter des Bauteils zunehmen.

Aus dieser Unterscheidung wird verständlich, dass eine vorbeugende Instandsetzung nur in der Phase „Altersausfälle“ sinnvoll sein kann, da nur dann die Ausfallursache bekannt und durch Vorbeugungsmaßnahmen beeinflussbar ist. In den Phasen „Frühausfälle“ und „Zufallsausfälle“ kann durch vorbeugende Instandsetzungsmaßnahmen und damit höheren Instandsetzungskosten keine höhere Verfügbarkeit erreicht werden.

Altersausfälle: Vorbeugende Instandhaltung

Zusammen mit dem Kostenverhältnis zwischen den Arten von Maßnahmen ergeben sich folgende zwei Voraussetzungen für vorbeugende Instandsetzungsmaßnahmen:

1. Es muss sich um Altersausfälle handeln
2. Die Kosten bei einer vorbeugenden Instandsetzung einschließlich ihrer Folgekosten müssen kleiner sein als die bei einer Instandsetzung nach einem Ausfall einschließlich der zugehörigen Folgekosten.

Zufallsausfälle: Zustandsorientierte Instandhaltung

Das Auftreten von Zufallsausfällen kann nur dann durch zustandsorientierte Instandsetzung (eventuell mit Hilfe der Maschinendiagnose) verhindert werden, wenn die Zustandsverschlechterung durch Inspektion und Diagnose rechtzeitig erkannt wird und sich so langsam ausbreitet, dass noch Zeit für entsprechende Maßnahmen bleibt.

8.3.5 Ausfallursachen

Bild 8.9 zeigt die möglichen Ursachen für Anlagenausfälle.

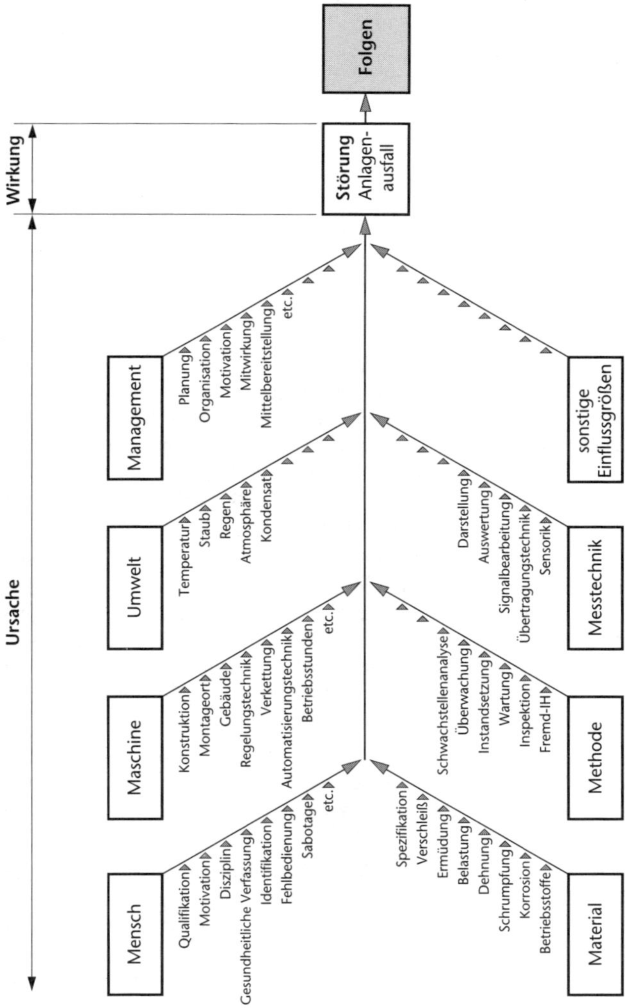

Bild 8.9: Ursachen für Ausfälle [7]

Anlagenausfälle verursachen nicht nur hohe Ausfallkosten, sondern auch Qualitätseinbußen, erhöhten Energieaufwand und weitere Folgen mit erheblicher Bedeutung, die in folgender Aufstellung aufgezählt werden. Das Feld „Folgen“ aus Bild 8.9 kann somit wie folgt dargestellt werden:

Folgen
■ Produktionsausfallkosten ■ Qualitätseinbußen ■ Erhöhter Energieaufwand ■ Umweltbelastung ■ Minderung der Anlagenlebensdauer ■ Imageverlust ■ Konventionalstrafe ■ Verlust von Marktanteilen ■ etc.

Die in Bild 8.9 dargestellten Ausfallursachen, wie Verschleiß (Abrieb am festen Partner), Erosion (Abrieb am flüssigen Partner), Korrosion (chemischer Angriff), Alterung (Änderung von Gefüge und mechanischen Eigenschaften) etc. bewirken Ausfälle bei mechanischen oder elektrischen Bauteilen, wobei oft nur schwer zwischen Ausfallarten und Ausfallursachen unterschieden werden kann.

Bei mechanischen Bauteilen können die Ausfallarten zum Beispiel eine Verlagerung in unzulässige Stellung, Bruch (Trennung fester Körper), Lockerung ursprünglich unbeweglich montierter Teile, Festsitz ursprünglich beweglich angeordneter Teile, Überspiel, Undichtheit von Umhüllungen für Flüssigkeiten, Gase und Schüttgüter, Verstopfung von Leitungen und Durchlässen durch Fremdkörper oder Verunreinigungen sein.

Bei elektrischen Bauteilen können die Ausfallarten Stromunterbrechung, Verbrennung, Isolationsdurchschlag, Kontaktschäden und Differenzen von Stromstärke, Spannung oder Widerstand gegenüber dem Sollzustand sein.

Die Fehlerarten bei den menschlichen Fehlern sind Bedienungsfehler (Überschreiten der konstruktiv vorgesehenen Beanspruchung durch Abweichung von der Bedienungsvorschrift), Wartungsfehler (Nicht rechtzeitiges oder unzureichendes Überwachen und Pflegen gemäß den für Normallast geltenden Anforderungen) oder Instandsetzungsfehler (werden durch unsachgemäß durchgeführte Instandsetzungsarbeiten und mangelhafte Kontrolle verursacht).

8.3.6 Instandhaltungskosten

Das Hauptziel der Instandhaltung ist im Produktionsbetrieb neben der Zuverlässigkeitsmaximierung überwiegend die Kostenminimierung. Zwischen den gegenläufigen Kosten von Instandhaltungsaktionen und Ausfällen muss ein Optimum gefunden werden. Dabei sind die Ausfallkosten überwiegend durch den bei Produktionsausfällen entgangenen Gewinn (Deckungsbeitrag) und nicht durch die Fixkosten der stillstehenden Maschinen gegeben.

Die Kosten der Instandhaltung können nahezu exakt erfasst werden. Bei zu wenigen Planmaßnahmen oder zu großen Instandhaltungsintervallen ergeben sich zwar geringe Kosten für die Planmaßnahmen, jedoch werden mehr Ausfälle eintreten und damit mehr Kosten zu deren Behebung anfallen.

Sieht man dagegen zu viele Planmaßnahmen (zu kleine Instandhaltungsintervalle) vor, so erhält man hohe Kosten der Planmaßnahmen, dafür werden aber Ausfälle und deren Kosten weitgehend vermieden (Bild 8.10).

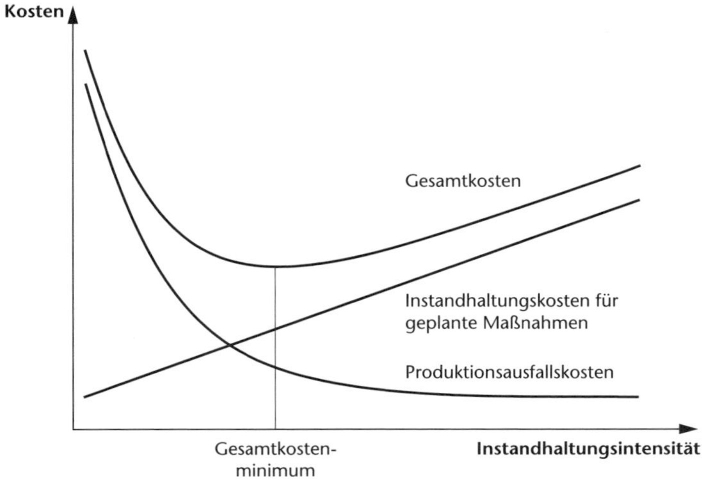

Bild 8.10: Kostenverläufe in Abhängigkeit von der Instandhaltungsintensität

Das optimale Intervall ist dann erreicht, wenn die gesamten Instandhaltungskosten (Summe aus den Kosten der Planaktionen und der Ausfälle) ein Minimum werden.

Betrachtet man die Instandhaltung aus betriebswirtschaftlicher Sicht, so wird ein Unternehmen zur Erhaltung seiner Wettbewerbsfähigkeit und Ertragskraft stets bemüht sein, seine Produkte mit einem günstigem Preis-/Leistungsverhältnis am Markt anzubieten. Zum Beispiel sind bei Investitions- und technischen Gebrauchsgütern nicht nur die Anschaffungskosten, sondern auch die Betriebskosten während der gesamten Nutzungszeit zu berücksichtigen (Bild 8.11). Instandhaltungskosten sind bekanntlich ein Teil der Betriebskosten.

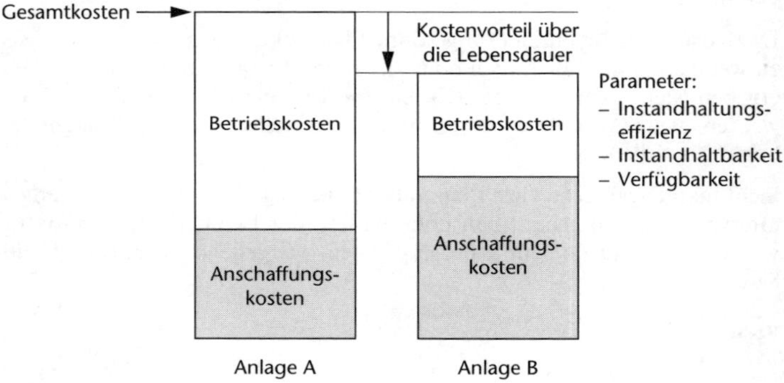

Bild 8.11: Vergleich der Gesamtkosten [4]

Das Unternehmen mit der Anlage B besitzt in dem in Bild 8.11 dargestellten Beispiel trotz höherer Anschaffungskosten der Anlage einen Wettbewerbsvorteil durch die niedrigeren Gesamtkosten gegenüber dem Unternehmen, das sich für Anlage A entschieden hat. Um einen Wettbewerbsvorteil zu erreichen, kommt es also auf die Höhe der Gesamtkosten an, unabhängig davon, wie sie sich zusammensetzen.

Die Praxis zeigt allerdings, dass bei der Entscheidung, welche Maschine oder Anlage gekauft werden soll, zukünftige Instandhaltungskosten meistens keine Rolle spielen. Die Wünsche und Vorschläge aus dem Produktionsbereich werden nur bedingt berücksichtigt, da es für die kaufmännische Leitung des Unternehmens in erster Linie um die Investitionskosten und nicht um die – für die Produktion – wesentlichen Parameter wie Prozessfähigkeit, Instandhaltbarkeit und Instandhaltungskosten geht.

Die Aufgabe des Instandhaltungsmanagements ist es, eine anforderungsgerechte bzw. angemessene Verfügbarkeit von Anlagen, Maschinen und Geräten mit minimalen Kosten sicherzustellen. Das in Bild 8.12 dargestellte Schema soll dabei helfen, die eigenen Instandhaltungskosten zu ermitteln.

Kosten der Instandhaltungsmaßnahmen

Kostenarten	Mengen und Zeiten	Zuschlagssätze	Verrechnungssätze					Einzelkosten	Gemeinkosten	Σ
			Einzelkosten			Gemeinkosten	Σ			
			Grundkosten	Nebenkosten	Σ					
Baustoffe										
Ersatzteile										
Reparaturmaterial										
Schmierstoffe										
Reinigungsmaterial										
Sonstiges										
Summe Materialkosten										
Meister										
Facharbeiter										
Hilfsarbeiter										
Schlosser										
Meister										
Facharbeiter										
Hilfsarbeiter										
Elektriker										
Sonstiges										
Summe Personalkosten										
Energiekosten										
Werkzeugkosten										
Maschinenkosten										
Transportkosten										
Konstruktionskosten										
Beratungskosten										
Materialankauf und Lagerung										
Arbeitsvorbereitungskosten										
Verwaltungskosten										
Sonstige Kosten										
Direkte Instandhaltungskosten										
Stillsetzungskosten										
Entg. Deckungsbeiträge										
Überstundenlöhne										
Fremdbezugskosten										
Sonstige Kosten										
Stillstandskosten										
Wiederingangsetzungskosten										
indirekte Instandhaltungskosten										
Instandhaltungskosten										

Bild 8.12: Kalkulationsschema für die Eigeninstandhaltungskosten

8.4 Instandhaltungsstrategien

Instandhaltungsstrategien sind Regeln, die angeben, zu welchen Zeitpunkten welche Aktionen an welchen Aggregaten bzw. Bauteilen vorgenommen werden sollen. Die Problematik der Ermittlung des optimalen Zeitpunktes für Inspektions-, Wartungs- und Instandsetzungsmaßnahmen hat zu vielen Strategien im Instandhaltungsbereich geführt, die eine Kostenminimierung und eine Verfügbarkeitsmaximierung der Anlagen anstreben.

Im Folgenden werden die gebräuchlichsten Strategien kurz beschrieben.

8.4.1 Die schadens- oder ausfallorientierte Instandhaltung

Bei dieser Methode werden die Maschinen ohne nennenswerten Aufwand für Inspektion und Wartung bis zum Schadensfall betrieben. Sie führt daher oft bis zur Zerstörung der Maschine, wodurch aber ein maximales Wartungsintervall ermöglicht wird. Der Maschinenausfall entzieht sich vollkommen dem Einfluss des Betreibers. Jeder Stillstand erfolgt unvermutet, womit operative Planungen in der Produktion schwierig oder sogar unmöglich werden. In Bild 8.13 ist das Verhältnis der Stillstandszeit zur tatsächlichen Instandsetzungszeit bei ungeplanten Maschinenstillständen dargestellt.

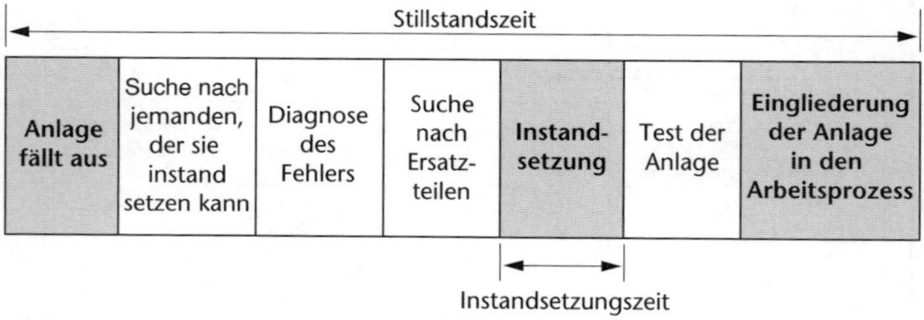

Bild 8.13: Anlagenstillstandszeit bei ungeplanten Maßnahmen [13]

Bei geplanten Maßnahmen (alle übrigen Instandhaltungsstrategien beruhen auf geplanten Instandhaltungsaktionen) sollte die Stillstandszeit wesentlich kürzer sein.

Das Konzept der schadens- bzw. ausfallsbedingten Instandsetzung ist in einem modernen Industriebetrieb nur in Ausnahmefällen sinnvoll, nämlich dann, wenn die betreffenden Maschinen entweder redundant vorhanden oder für den Produktionsprozess von untergeordneter Bedeutung sind.

Verbreitet ist die schadensorientierte Instandhaltung vor allem im privaten Bereich. Hierunter lassen sich Kleinmaschinen von geringem Wert einordnen, deren Ausfall nur geringfügige Bedeutung hat und deren Instandsetzung zu kostspielig wäre.

8.4.2 Präventivstrategie (Ersatzstrategie)

Anfällige Maschinenteile werden, wenn ihr Zustand nicht oder erst nach langwierigem Zerlegen bekannt wird, besonders wenn ihre Kosten niedrig sind, zu festgesetzten Zeitpunkten instand gesetzt bzw. ausgetauscht. Diese Strategie kommt zum Einsatz, wenn folgende Bedingungen erfüllt sind [6]:

- Bekanntes Ausfallverhalten des Anlagenteils.
- Steigende Ausfallrate (Phase der Altersausfälle).
- Die erwarteten Kosten einer Instandsetzung nach einem Ausfall einschließlich der anfallenden Folgekosten sind größer als jene einer präventiven Instandsetzung einschließlich ihrer Folgekosten.

8.4.3 Inspektionsstrategie (Zustandsorientierte Instandhaltung)

In Abhängigkeit vom Abnützungszustand werden die Teile vorbeugend instand gesetzt. Der Abnützungszustand kann entweder durch Inspektion oder Maschinendiagnose (Condition Monitoring) ermittelt werden.

Die zustandsorientierte Instandhaltung gewinnt durch die große Leistungsfähigkeit und den niedrigen Preis heutiger Computersysteme einerseits und der Entwicklung der Sensortechnik andererseits immer mehr an Bedeutung.

8.4.4 Periodische Strategie

Der Ablauf der Maßnahmen wird durch eine sich laufend wiederholende Periode (meist Laufzeit, kann aber auch Kalenderzeit sein, z. B. wenn Alterung eine Ausfallursache ist) bestimmt.

Strategie mit konstantem Wartungsabstand

Das Intervall wird vom letzten Stillstand aus gerechnet, unabhängig davon, ob dieser durch eine vorbeugende Maßnahme oder durch Zufallsausfall erzwungen wurde.

Strategie mit Berücksichtigung kurz vorher ausgefallener Teile

Es werden solche Teile bei den Planaktionen nicht berücksichtigt, die kurz vorher (definierter Teil des Intervalls) nach einem Zufallsausfall instand gesetzt wurden.

Optional periodische Strategie

Durch in gewissen Grenzen variable Intervalle werden die Instandhaltungsaktionen verstärkt in die Stillstandszeiten der Anlage (Urlaub, Wochenenden, Serienumstellungen, 3. Schicht) gelegt.

Einstufige Strategie

Es wird für jeden Bauteil nur zwischen den Zuständen „funktionsfähig" und „ausgefallen" unterschieden.

Mehrstufige Strategie

Mehrere Verschlechterungsgrade mit verschiedenen notwendigen Maßnahmen werden definiert.

8.4.5 Auswahl der richtigen Strategie

Vorgangsweise

Eine flexible Instandhaltungsplanung wird erst durch den Einsatz moderner Computerprogramme möglich, bei denen die Instandhaltungsstrategien ständig den veränderten Fertigungs- oder Abnutzungsbedingungen angepasst werden können.

Für die Planung und Steuerung des Instandhaltungsprozesses wird als bestimmende Größe die Betriebszeit zwischen zwei Instandhaltungsmaßnahmen betrachtet.

Während bei Anwendung der Ausfallmethode diese Zeit alle Zielgrößen mitbestimmt, aber nicht von der Instandhaltung beeinflusst wird, ist es eine wesentliche Aufgabe der Instandhaltungsplanung bei Anwendung einer vorbeugenden Instandhaltungsmethode, den optimalen Zeitabstand zwischen zwei vorbeugenden Maßnahmen zu bestimmen.

Bei der Präventivmethode muss die optimale Betriebszeit zwischen zwei vorbeugenden Instandsetzungen gefunden werden. Hingegen ist für die Inspektionsmethode die optimale Betriebszeit zwischen zwei Überprüfungen sowie den vorbeugenden Maßnahmen in Auswertung der Überprüfungen gesucht.

Zwei Maßnahmen haben entscheidenden Einfluss auf die Höhe der Gesamt-Instandhaltungsaufwendungen:

- Anpassen des Instandhaltungsintervalls an den Nutzungsvorrat
- Nutzung von Stillstandszeiten für Instandhaltungstätigkeiten

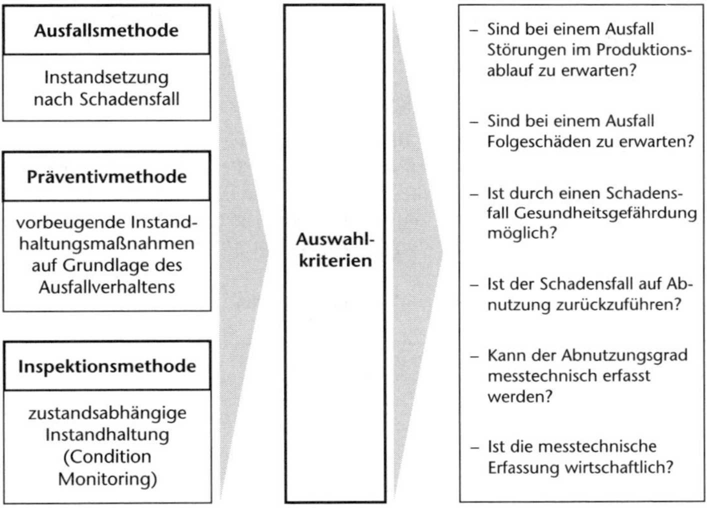

Bild 8.14: Auswahlkriterien für Instandhaltungsstrategien

Bestimmung des optimalen Instandhaltungsintervalls

Die wichtigste Unbekannte bei der Suche nach einer optimalen Instandhaltungsstrategie ist das Zeitintervall von Planaktion zu Planaktion. Die Planung von Maßnahmen zur Vorbeugung von Schäden und Ausfällen ist aufgrund folgender vier unangenehmer Eigenschaften von Schäden äußerst komplex [5]:

- Unterschiedliche mittlere Zeit zwischen zwei Schäden
- Unterschiedliche Streuung der Nutzungsdauer
- Schlechte Schadensdokumentation
- Unzureichende statistische Schadenserfahrungen

Aufgrund der beschriebenen Eigenschaften der Schäden ist ersichtlich, dass eine periodische Instandsetzung fast immer unwirtschaftlich ist, weil sie viel häufiger als eine zustandsorientierte ausgeführt werden müsste und dadurch auch teurer wäre. Außerdem besteht immer das Risiko, dass bei vorbeugenden Eingriffen andere – bisher funktionsfähige – Teile beschädigt werden. Ausnahmen, wo periodische Instandsetzung wirtschaftlich sein könnte, sind

- der periodische Wechsel von Flüssigkeitsvorräten,

- das Reinigen und Erneuern von Filtern, an denen keine Zustandskontrollen möglich sind und
- der Austausch von Komponenten, deren Instandsetzungskosten im Verhältnis zu den Ausfallkosten sehr niedrig sind [5].

Ein wichtiger Aspekt bei der Bestimmung des richtigen Zeitpunktes für die Instandhaltungstätigkeiten ist die laufende Produktion. In der Regel werden Instandhaltungstätigkeiten möglichst in den Stillstandszeiten der Produktion durchgeführt, damit die entgangenen Deckungsbeiträge durch stillstehende Maschinen gering gehalten werden.

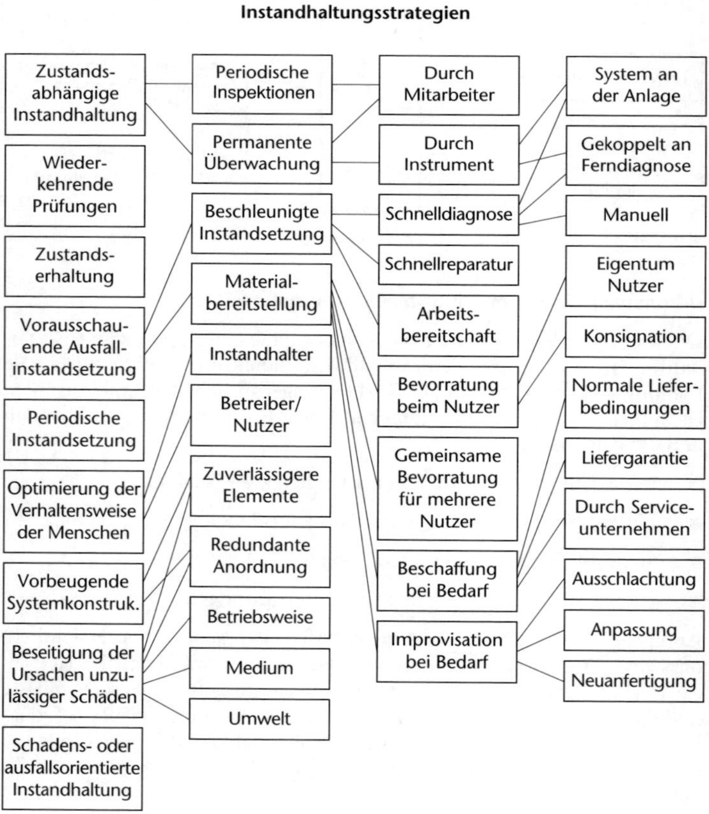

Bild 8.15: Taktiken der vorbeugenden Instandhaltung (Grothus)

Der für den Fertigungsablauf günstigste Instandhaltungszeitpunkt oder -zyklus kann nur durch eine gemeinsame Planung von Produktions- und Instandhaltungsaktivitäten ermittelt werden. Diese notwendige Verflechtung ist nur durch die Anbindung der Instandhaltungssoftware an das PPS-System mit einer entsprechenden Betriebsdatenerfassung zu erreichen.

8.4.6 Instandhaltungsstrategien auf einen Blick

Dr. Horst Grothus, Instandhaltungsexperte aus Dorsten, hat ein erweitertes Schema für Instandhaltungsstrategien entwickelt. Er gliedert die Instandhaltungsstrategien in 31 Taktiken der vorbeugenden Instandhaltung, indem er auch die Verhaltensweise der Menschen, die Systemkonstruktion, die Ersatzteilversorgung und die Methoden der Umsetzung mitberücksichtigt (Bild 8.15).

8.5 Die zustandsorientierte Instandhaltung (Condition Monitoring)

Um das Niveau von Instandhaltungskosten und Anlagenausfallkosten möglichst gering zu halten, ist es notwendig, das vorbeugende Instandhaltungsintervall an den tatsächlichen Nutzungsvorrat der Teile anzupassen. Ein Weg zu den Minimalkosten wäre der Austausch des entsprechenden Teils „5 Minuten" vor dem Schadenseintritt, da ein vorzeitiger Austausch den noch vorhandenen Nutzungsvorrat ungenützt lässt, wogegen ein Austausch nach Ausfall, den Nutzungsvorrat zwar optimal ausnützt, aber ein sprunghaftes Ansteigen der Abnutzung anderer Bauteile zur Folge haben kann.

Zeitgesteuerte periodische Wartung
■ Austausch zu früh oder zu spät

Feuerwehrstrategie
■ Austausch immer zu spät

Zustandsüberwachung
■ Austausch nur, wenn erforderlich Vorteil: Ausnutzung der Lebensdauer!

Bei der **zustandsorientierten Instandhaltung** orientieren sich die Wartungs- und Instandhaltungsmaßnahmen möglichst genau am konkreten Abnutzungsgrad des Instandhaltungsobjektes. Dieser kann durch **Anlagenüberwachung** und **Anlagendiagnose** ermittelt werden. Die Zustandsüberwachung ist in der Industrie mittlerweile unter dem Titel **„Condition Monitoring"** bekannt geworden.

Durch Schadensfrüherkennung kann die Sicherheit der Anlage zu jedem Zeitpunkt gewährleistet werden und gleichzeitig können die Kosten für den Betrieb möglichst gering gehalten werden. Bei frühzeitiger Erkennung von Anomalien im Betrieb können die Kosten für folgende Bereiche gesenkt werden:

- **Betriebskosten** (durch Überwachung der Wirkungsgradänderung und durch die Kontrolle der Maschinenleistung)
- **Anlagenkosten** (Gewährleistung der Verfügbarkeit)
- **Instandsetzungskosten** (Vermeidung eines Ausfalls)
- **Ausfallkosten** (Minimierung der Instandsetzungs- und Wartungszeiten)

Zustandsüberwachung durch den Menschen

Die einfachste Art der Zustandsüberwachung ist die akustische Kontrolle durch den Menschen. Das menschliche Ohr ist eines der am besten entwickelten Sinnesorgane. Daher sind geschulte Menschen in der Lage, geringste Änderungen mit ihrem Gehörsinn wahrzunehmen. Mit der Fähigkeit, Geräuschmuster wiederzuerkennen, ist es möglich, Abweichungen im Klang eines Maschinengeräusches vom typischen Normalklang zu unterscheiden. Der Vorteil bei der subjektiven Messmethode besteht darin, dass man in der Lage ist, relativ schnell und ohne große Messapparaturen Zustände von Maschinen bzw. deren Teile zu überwachen.

Dies garantiert keine 100 %ige Überwachung sowie auch nicht die Feststellung der Ursache bei einer Abweichung vom Normalmuster. Abhilfe schafft hier nur ein objektiv messendes System, dessen Bewertungskriterien physikalisch konstant bleiben.

Condition Monitoring mit Sensoren

Die Auswertung akustischer Signale kann also zur Beurteilung und Überwachung von Prozessen bzw. Maschinen herangezogen werden, wobei sich die Form der technischen Schadensfrüherkennung nicht nur auf akustische Messgrößen erstreckt, sondern es können auch entweder einzelne und/oder kombinierte

- mechanische,
- thermische und
- elektrische

Größen miteinbezogen werden. Gerade bei hochautomatisierten und verketteten Fertigungseinrichtungen mit hohem Komplexitätsgrad und hoher Ausfallwahrscheinlichkeit des Gesamtsystems lässt sich die Zuverlässigkeit und Verfügbarkeit durch entsprechende Überwachungseinrichtungen erhöhen, die den Zustand der Bauelemente sowie des gesamten Systems permanent auf Abweichungen von ihren Sollparametern überprüfen.

Ferndiagnose von Werkzeugmaschinen

Eine Lösung, um Anlagen im Störungsfall noch schneller und sicherer zu diagnostizieren und instand zu setzen ist die Echtzeit-Übertragung von Maschinendaten via Modem und Internet.

Der Maschinenhersteller oder ein entsprechender Dienstleister unterstützen die Maschinendiagnose bzw. -instandhaltung aus der Ferne. Durch entsprechende Kommunikationsnetze (Internet) können Diagnosedaten oder Steuerungsdaten zeitgleich beim Maschinenhersteller kontrolliert, analysiert und interpretiert werden.

Anbieter dieser Serviceleistungen rechnen damit, dass durch Ferndiagnose mit Zugriff auf die Steuerung, der vom Maschinenbetreiber freigeschaltet werden muss, bei 60 % der Serviceeinsätze auf die Anreise des Kundendienstmitarbeiters verzichtet werden kann [76]

Das hat zwei Vorteile:

- Kostenreduzierung
- Reduzierung der Stillstandszeiten

Auch wenn Instandhaltungstätigkeiten vor Ort notwendig sind, ist der Kundendienstmitarbeiter viel schneller über die genaue Problematik informiert und ist entsprechend vorbereitet, was die Zeiten für die Störungsbehebung weiter reduziert. Außerdem kann er bei komplexen Problemstellungen Online-Support von entsprechenden Spezialisten des Herstellers erhalten.

8.6 Outsourcing von Instandhaltungstätigkeiten

Unter **Outsourcing** (Outside Resource Using) versteht man die Nutzung externer Ressourcen für die Durchführung von betrieblichen Leistungen.

Die Frage stellt sich meist nicht in Form sich gegenseitig ausschließender Alternativen, sondern eher im Hinblick auf ein optimal abgestimmtes Nebeneinander von selbst realisierbaren Instandhaltungsmaßnahmen und der Nutzung von entsprechenden Serviceleistungen der Anlagenhersteller (Serviceverträge) sowie spezialisierter Fremdinstandhaltungsunternehmen.

Vorteile der Eigeninstandhaltung

Betriebseigenes Personal ist z. B. kurzfristig verfügbar, besitzt betriebsspezifische Erfahrungen und genaue Kenntnisse der eingesetzten Anlagen. Außerdem fallen nur geringe Kosten des An- und Abtranports von Instandhaltungspersonal, -material und -geräten an.

Vorteile der Fremdinstandhaltung

liegen u. a. in der hohen Qualität und Sicherheit von Instandhaltungsleistungen (durch hohe Qualifikation und Spezialisierung des Fremdpersonals auch in Sicherheitsfragen), in der gleichmäßigeren Auslastung eigener Kapazitäten und in der Reduzierung von kostenintensiver Aus- und Weiterbildung.

Eigen- oder Fremdinstandhaltung?

Bei der Entscheidung, ob Eigen- oder Fremdinstandhaltung durchgeführt werden soll, sind neben den angeführten Vorteilen der Eigen- und Fremdinstandhaltung, die mit den aktuellen Bedürfnissen verglichen werden können (Checklisten), das erforderliche und vorhandene Instandhaltungs-Know-how, der personelle und technologische Kapazitätsbedarf, das anlagenbezogene Leistungsspektrum, die Zuverlässigkeit und die Flexibilität der verschiedenen Möglichkeiten relevant.

Wenn diese Punkte abgeklärt sind, müssen die erforderlichen Wirtschaftlichkeitsvergleiche zwischen den möglichen Varianten durchgeführt werden, um zu einer Entscheidung zu kommen.

8.7 EDV-Einsatz in der Instandhaltung

Ein Softwaresystem im Bereich Instandhaltung hat verschiedene Aufgaben zu erfüllen [2] und soll folgende Verbesserungen bringen:

Verbesserungen durch EDV-Einsatz in der Instandhaltung

- Minimierung störungsbedingter Anlagenstillstände durch eine verbesserte Planung.
- Beschleunigung der Instandhaltungs-Auftragsdisposition mit Hilfe von Standard-Arbeitsplänen und Standard-Materialstücklisten.
- Verbesserung der Schwachstellenanalyse durch präzisere Auftragsrückmeldungen und BDE-Informationen.
- Ermöglichung eines effizienten Instandhaltungs-Controllings und Instandhaltungs-Managements durch bessere Informationen über Anlagen und Werkstätten.

Verbesserungen, wie in dieser Auswahl beschrieben, können aber nur erzielt werden, wenn das Unternehmen vor einer eventuellen Software-Einführung mit Hilfe einer umfangreichen Ist-Analyse „durchleuchtet" wird. Folgende Checkliste sollte durchgegangen werden, bevor mit einer EDV-Einführung begonnen werden kann [6]:

Checkliste: Ist-Analyse vor einer EDV-Einführung

- Wie laufen die vorhandenen Verfahren ab, die in einem EDV-System abgebildet werden sollen?
- Welche Stärken und Schwächen haben die vorhandenen Abläufe?
- Welche Verbesserungen werden von Führungskräften und Sachbearbeitern gewünscht?

Vorhandene Probleme in der Aufbau- und Ablauforganisation des Unternehmens können dadurch rechtzeitig erkannt und unabhängig von der Einführung eines Instandhaltungs-Softwaresystems behoben werden.

Ein Aufdecken vorhandener Probleme vor der Einführung eines EDV-Systems ist unumgänglich, da sich organisatorische Schwächen durch eine EDV-Einführung nicht, wie oft fälschlicherweise angenommen wird, von selbst lösen, sondern erst dann schonungslos ans Tageslicht treten oder sogar einen computergesteuerten Ablauf unmöglich machen.

Es existiert schon ein umfangreicher Markt an Standard-Softwarepaketen für die Instandhaltung. Sie werden im Allgemeinen als **IPS**-(Instandhaltungsplanungs- und -steuerungs-)Systeme bezeichnet, obwohl die Funktionen meist über die reine Planung und Steuerung von Wartungs-, Inspektions- und Instandsetzungsarbeiten hinausgehen.

Funktionen eines IPS-Systems

Budgetplanung und -kontrolle
Moderne Systeme bieten die Möglichkeit der Erfassung, Steuerung und Budgetierung von internen Instandhaltungsaktivitäten und der Möglichkeit, Leistungen von externen Serviceunternehmen zu integrieren und dokumentieren.

Arbeitsplanung
Ermittlung der Arbeitsschritte und -mittel, Personalverwaltung

Auftragssteuerung
Grob- und Feinterminplanung und Verfolgung, Auftragsplanung und Auftragssteuerung, Möglichkeit der automatischen Planung der Wartung und Inspektion

Ersatzteilbewirtschaftung
Bestandsoptimierung im Ersatzteillager, Anbindung an ein Materialbewirtschaftungssystem sowie Schnittstellen zu anderen Systemen, Beschaffung, Entnahme und Information

Auftragsabwicklung
Auftragsfreigabe, Auftrags- und Terminverfolgung, Maßnahmenplanung

Rückmeldungen
Leistungsfähige Systeme zur Auswertung und Analyse der erfassten Aufträge sind die Grundlage für die Ermittlung und Einführung von Instandhaltungsstrategien

Schwachstellenanalyse
Schadensüberwachung, Anlagenkontrolle und Anlagendokumentation, Verwaltung von Ausfallsmeldungen, Schadensbild-/Ursachenanalyse, Auswertungen von Schadensstatistiken und technische Analyse der Schäden sowie Schlussfolgerungen daraus

Datenverwaltung
Verwaltung von Stammdaten und Bewegungsdaten

8.8 Total Productive Maintenance (TPM)

8.8.1 Die schlanke Produktion

Die Ziele der schlanken Produktion sind die Vermeidung von Verschwendung in allen Produktionsbereichen, bei der Produktentwicklung und auch in der Zulieferkette. Die Einführung der schlanken Produktion bewirkt geringere Bestände, eine Reduktion des Fabrikpersonals, der Fabrikfläche, des Lagerstandes und der Zeit für die Produktentwicklung bei gleichzeitiger Steigerung der Produktvielfalt und einer Reduzierung der Fehlerzahlen. Die Integration sämtlicher Unternehmensbereiche von der Management- bis zur operativen Ebene wie auch die Miteinbeziehung der Unternehmensumwelt bilden einen zentralen Punkt dieser Idee.

Für die Wertsteigerung eines Produktes ist ein Minimum an Aufwand für Betriebsmittel, Material, Teile, Platz und Arbeitszeit notwendig. Jeder Aufwand, der über dieses Minimum hinausgeht, wird als Verschwendung bezeichnet (Bild 8.16).

Maschinen, die aufgrund von Ausfällen stillstehen, sind ein Paradebeispiel für Verschwendung. Die Eliminierung sämtlicher Maschinenstörungen und -ausfälle ist für die Vermeidung von Verschwendung und das Funktionieren einer schlanken Produktion äußerst wichtig.

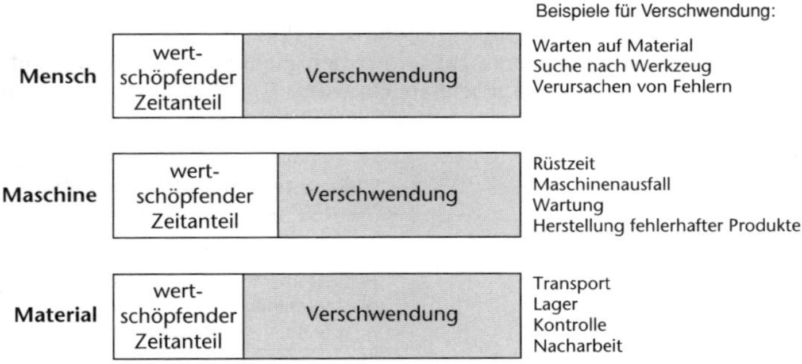

Bild 8.16: Verschwendung bei Mensch, Maschine und Material [14]

8.8.2 Der Begriff TPM

TPM kann als „Produktivitätsorientierte Instandhaltung, die unter aktiver Teilnahme aller Mitarbeiter die Effizienz der Anlagen kontinuierlich verbessert“ oder, kurz als „Produktive, autonome Instandhaltung“ bezeichnet werden [9]. Das TPM-Konzept wurde entwickelt, um die Vision einer hundertprozentige Verfügbarkeit der Maschinen zu erreichen. Im Gegensatz zur klassischen Instandhaltung, die als Hilfsbetrieb oder als Servicefunktion der Produktion verstanden wird, verfolgt TPM eine viel weitergehende Zielsetzung, da alle Mitarbeiter in den Verbesserungsprozess miteinbezogen werden.

Das Ziel von TPM ist die Maximierung der Anlageneffizienz, die durch die Etablierung eines durchgehenden Systems der produktiven Instandhaltung über die gesamte Lebensdauer der Anlage erreicht werden soll.

Verschiedene Unternehmensbereiche wie Ingenieurwesen, Anlagenbetreiber oder Instandhaltung sind an den TPM-Aktivitäten beteiligt, wobei jeder Beschäftigte vom Top-Manager bis zum Mitarbeiter im Werk miteingeschlossen ist.

Autonome Instandhaltung

Der größte Unterschied von TPM zu anderen Instandhaltungsphilosophien ist die autonome Instandhaltung durch Maschinenarbeiter in Form von Kleingruppenaktivitäten. In der klassischen vorbeugenden Instandhaltung ist die Instandhaltungsabteilung für die Durchführung der Instandhaltung verantwortlich, wogegen bei TPM die Mitarbeiter zielgerichtet in Problemlösungsprozesse einbezogen werden.

Das heißt allerdings nicht, dass es bei TPM keine zentralen Instandhaltungsabteilungen bzw. zentralen Instandhaltungsaktivitäten mehr gibt. Lediglich die alte organisatorische Trennlinie zwischen Maschinenarbeiter und Instandhaltungsarbeiter existiert nicht mehr, sondern es entsteht ein gemeinsamer Aufgabenbereich, wie in Bild 8.17 gezeigt wird. In

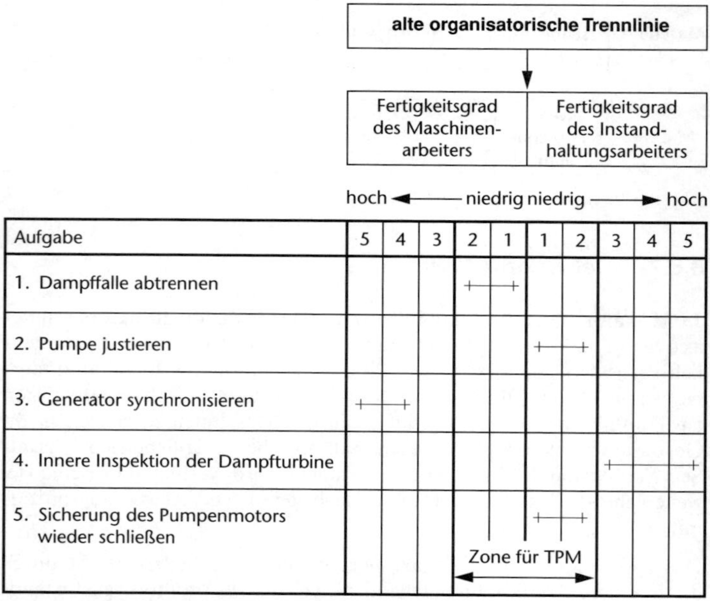

Bild 8.17: Transferdiagramm für TPM-Aufgaben [8]

diesem Beispiel wurden fünf Aufgaben identifiziert, die für die Arbeitsanforderungen sowohl an die Fertigung als auch an die Instandhaltung notwendig waren. Nach einer Analyse wurden die Aufgaben 1, 2 und 5 in den gemeinsamen Aufgabenbereich transferiert, wogegen die Aufgaben 3 und 4 zu hohe Fertigkeitsgrade voraussetzten und für die Übertragung nicht geeignet waren [8].

Routinearbeiten, wie Reinigen, Einstellen, Schmieren, Inbetriebnehmen, sowie Inspektionsaufgaben und einfache Instandsetzungen gehen in den Verantwortungsbereich des Maschinenarbeiters über. Nur durch eine Kooperation zwischen der Instandhaltungsabteilung und der autonomen Bedienerinstandhaltung kann der Weg in Richtung einer hundertprozentigen Anlagenverfügbarkeit erfolgreich beschritten werden.

8.8.3 Erhöhung der Gesamtanlageneffizienz

Um eine Maximierung des Outputs (Produktion, Qualität, Kosten, Lieferungen, Sicherheit, Gesundheit, Umwelt und Arbeitsmoral) und eine Minimierung des Inputs (Arbeitskraft, Maschinen und Material) zu erreichen, beschäftigt sich TPM mit der Beseitigung der sechs großen Verlustquellen, die extreme Hindernisse für die Anlagenverfügbarkeit bedeuten (Tabelle 8.1).

Tabelle 8.1: Die sechs großen Verluste mit den zugehörigen TPM-Kennzahlen [11]

Verlustzeiten	1. Anlagen-/Maschinenausfall durch Störung 2. Rüsten und Einstellen
Kennzahl: $\textit{Verfügbarkeitsrate} = \frac{\text{Anlagenhauptzeit} - \text{ungeplante Stillstände}}{\text{Anlagenhauptzeit}}$	
Geschwindigkeitsverluste	3. Leerlauf und geringfügige Unterbrechungen 4. Verringerte Bearbeitungsgeschwindigkeit
Kennzahl: $\textit{Leistungsindex} = \frac{\text{Ideale Bearbeitungszeit} \cdot \text{erstellte Anzahl}}{\text{Nutzungszeit}}$	
Fehler	5. Prozessfehler (verursachen Ausschuss, Nacharbeit) 6. Reduzierte Ausbringung durch Anlaufverluste
Kennzahl: $\textit{Qualitätsrate} = \frac{\text{Erstellte Anzahl} - \text{Defekte Anzahl}}{\text{Erstellte Anzahl}}$	

Gesamtanlageneffizienz =
Verfügbarkeitsrate · Leistungsindex · Qualitätsrate

Bei TPM werden im Gegensatz zu herkömmlichen Instandhaltungssystemen, wo leistungsfähige Kennzahlensysteme propagiert werden, nur drei Kennzahlen zwingend vorgegeben, mit deren Hilfe die Gesamtanlageneffizienz ausgerechnet werden kann. Es handelt sich dabei um Verfügbarkeits-, Leistungs- und Qualitätskennzahlen, die messen, wie sich die sechs großen Verluste auswirken.

8.8.4 Einführung von TPM

Ein effektiver Weg, die Motivation und den Einsatz der Mitarbeiter zu fördern, ist es, der Belegschaft konkrete Ziele zu vermitteln. Ziele müssen immer in Zahlen ausdrückbar sein. Die Sprache der Verbesserung ist die Sprache der Zahlen, zum Beispiel: „Mit dieser Verbesserung werden die Kosten um 5% reduziert“.

Die Nutzung von Mitarbeiterpotentialen zur kontinuierlichen Unternehmensoptimierung und -entwicklung ist ein Kernbereich der TPM-Philosophie.

Bild 8.18 zeigt sieben Schritte zu einer erfolgreichen TPM-Einführung. Gerade die ersten drei Schritte sind oft sehr mühsam zu erreichen, bringen aber schon einen messbaren Erfolg.

Die konkrete Realisierung der Schritte kann im Rahmen dieses Buches nicht behandelt und wird sehr ausführlich im *Taschenbuch Instandhaltungslogistik* [10] beschrieben.

8.8.5 Der Weg zur Weltklasse-Instandhaltung

Der Mensch steht im Mittelpunkt der TPM-Philosophie, wobei die Auswirkungen von TPM hauptsächlich auf das gestiegene Verantwortungsbewusstsein der Maschinenarbeiter für „ihre“ Anlage zurückzuführen ist. Die Instandhaltungsabteilung wird durch die Einführung von TPM nicht überflüssig. Dort, wo autonome Instandhaltung aufgrund der notwendigen hohen Qualifikation nicht möglich ist, oder wenn Maschinendiagnosesysteme für eine eindeutige Erkennung des Anlagenzustandes nicht mehr ausreichen, beginnt das Aufgabengebiet der Spezialisten aus der Instandhaltungsabteilung. Das gesamte Instandhaltungsmanagement unter Einbeziehung eventueller Wartungsverträge wird weiterhin von der Instandhaltungsabteilung durchgeführt.

Da alle Mitarbeiter in den Verbesserungsprozess einbezogen werden, führt die Verwirklichung von TPM langfristig zu einer Erhöhung der Anlageneffizienz, und das Ziel einer hundertprozentigen Verfügbarkeit der Anlagen ist keine Utopie mehr.

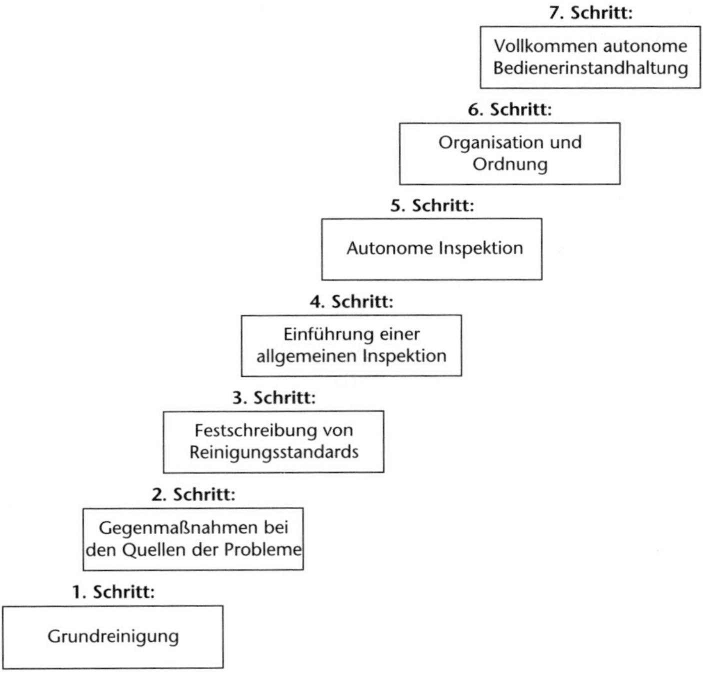

Bild 8.18: Sieben Schritte zur Einführung von TPM [12]

Quellen und weiterführende Literatur

[1] *Biedermann, H.:* Ersatzteillogistik. Düsseldorf: VDI Verlag, 1995

[2] *Bloß, C.:* Standardsoftware für die Instandhaltung in FB/IE, 42. 1993 2

[3] *Brandt, H.; Dietrich, E.:* Lagebericht Diagnose an Werkzeugmaschinen und Fertigungsüberwachung. Werkstatt und Betrieb 115 (1982)

[4] Fachtagung Instandhaltung '90: Instandhaltung, Investition in die Zukunft. 1990

[5] *Grothus, H.:* Wartung und Störungsvorbeugung, Weniger Schäden und Störungen durch gezielte Schwachstellenbekämpfung. Seminarunterlage ÖAF Wien, 1994

[6] *Grupp, B.:* EDV-Pflichtenheft zur Hard- und Softwareauswahl. Köln: Verlag TÜV Rheinland, 1991

[7] *Koschnitzky, K.; Bachthaler, M.; Pesy, W.:* Störungsmanagement in der Anlageninstandhaltung, Aufbau und Funktionsweise eines modularen, rechnergestützten Störungsmanagementsystems. FB/IE 45 (1996) 6

[8] *Maggard, B. N.:* TPM: Instandhaltung, die funktioniert. Landsberg: Verlag moderne Industrie 1995

[9] *Brunner, F.J.; Wagner, K.W.; Matyas, K.:* Taschenbuch Qualitätsmanagement. Produktive, autonome Instandhaltung. München Wien: Carl Hanser Verlag, 1999

[10] *Matyas, K.:* Taschenbuch Instandhaltungslogistik. München Wien: Carl Hanser Verlag, 1999

[11] *Matyas, K.:* Von der präventiven Instandhaltung zu TPM. Industrie Management (2/1999)

[12] *Nakajima, S.:* Management der Produktionseinrichtungen. Frankfurt, New York: Campus Verlag, 1995

[13] *Moubray, J.:* RCM, Die hohe Schule der Zuverlässigkeit von Produkten und Systemen. Landsberg: Verlag Moderne Industrie, 1996

[14] *Suzaki, K.:* Modernes Management im Produktionsbetrieb. München Wien: Carl Hanser Verlag, 1989

[15] *Warnecke, H.-J.:* Der Produktionsbetrieb Band 2: Produktion und Produktionssicherung. Berlin: Springer Verlag, 1993

WERKZEUGMASCHINEN – AUFBAU UND BAUGRUPPEN

9 Grundlagen

Prof. Dr.-Ing. Joachim Schmid

9.1 Definition und Klassifizierung der Werkzeugmaschinen

Die von *O. Kienzle* gegebene **Definition** des Begriffs „Werkzeugmaschine" ist bis heute in ihrer Prägnanz und Treffsicherheit unübertroffen geblieben:

> Eine Werkzeugmaschine ist eine Arbeitsmaschine, die ein Werkzeug an einem Werkstück unter gegenseitiger bestimmter Führung zur Wirkung bringt.

Diese Definition

- ist unabhängig von Technologie und Bauart der Maschine
- konkretisiert den Anwendungsbereich auf die Fertigung mechanischer Komponenten
- bietet eine klare Abgrenzung zu Fertigungsmitteln, die zwar zur Veränderung des Zustands eines Werkstücks einsetzbar sind, jedoch anderen Bereichen zugeordnet werden (z. B. Handhabungsgeräte, Härteanlagen, Maschinen zum ungerichteten Entgraten)
- weist auf die wesentlichen, qualitätsbestimmenden Funktionsgruppen des Gesamtsystems „Werkzeugmaschine" hin

Dennoch gibt es bei der Vielschichtigkeit der Fertigungstechnik und ihrer langen Entwicklungsgeschichte Grenzfälle und Ausnahmen, so dass diese Definition nicht absolut gesehen werden kann.

Die Werkzeugmaschinen unterteilt man üblicherweise nach:

- Arbeitsverfahren in Anlehnung an die **Klassifizierung** der Fertigungsverfahren nach DIN 8550 [1] (Bild 9.1)
- Einsatzbreite (Universalmaschinen, Mehrzweckmaschinen, Sondermaschinen)
- Anwendungsfeld (Maschinen für Einzelfertigung, Kleinserienfertigung, Massenfertigung)
- technologiebezogene Merkmale (z. B. weg-, kraft- und energiegebundene Umformmaschinen)
- Lage der Hauptspindel (horizontal, vertikal, Überkopf)

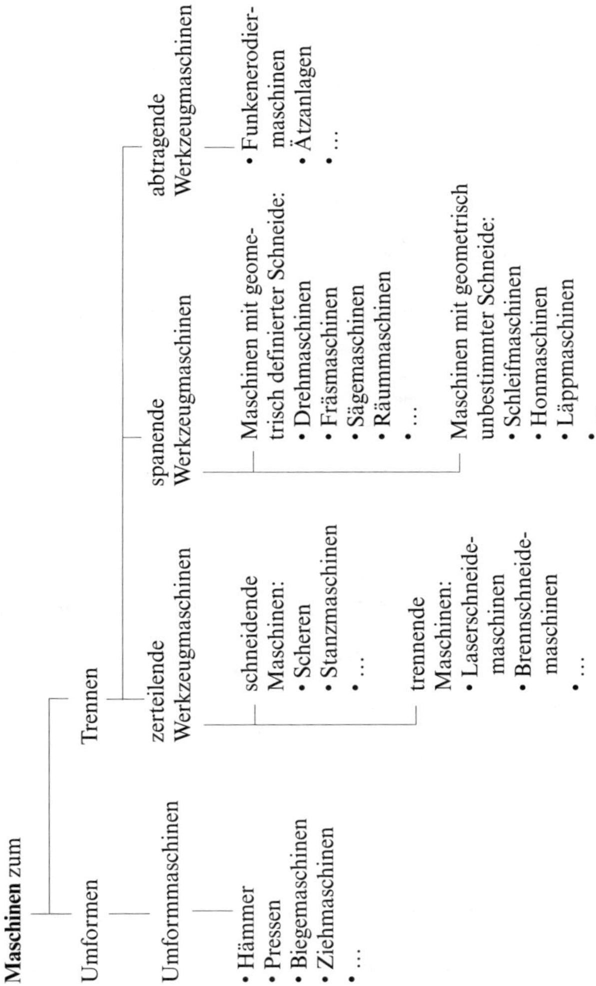

Bild 9.1: Klassifizierung von Werkzeugmaschinen nach den Fertigungsverfahren

W A B

- Bauart (z. B. Frontdrehmaschinen, Schrägbettdrehmaschinen usw.)
- Steuerungstechnik (manuell, konventionell, NC-gesteuert)
- Automatisierungsgrad (Bild 9.2)
- Einbindung in den Fertigungsprozess (Einzelmaschine, Mehrmaschinensystem, Transferstraße)

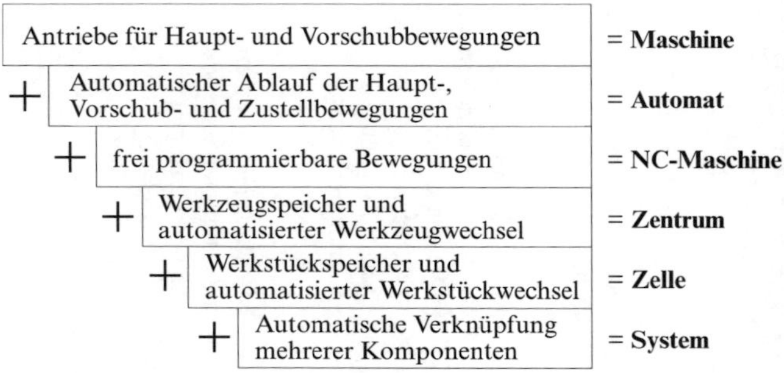

Bild 9.2: Klassifizierung der Werkzeugmaschinen nach dem Automatisierungsgrad (nach *Hirsch* [2])

Diese Einteilungen sind nicht immer untereinander konsistent und in sich widerspruchsfrei. So ist z. B. eine Kurbelpresse sowohl zum Umformen als auch zum Stanzen einsetzbar, während die Grenze zwischen den trennenden und den abtragenden Maschinen fließend ist und eine mit Zusatz eines Abrasivmediums arbeitende Wasserstrahlschneideanlage gar den spanenden Maschinen mit unbestimmter Schneide zugeordnet werden kann. Nicht zuletzt aus diesem Grunde ist der rein verfahrensorientierte Normentwurf einer Einteilung der Werkzeugmaschinen [3] wieder zurückgezogen worden.

9.2 Anforderungen

Die Aufgabe einer Werkzeugmaschine ist die Erzeugung eines gebrauchsfähigen (d. h. alle Spezifikationen einhaltenden) Werkstücks unter möglichst geringem Kostenaufwand. Demzufolge ist das letztlich entscheidende Kriterium bei der Beurteilung einer Maschine die Gesamtkosten pro gefertigtem verwendbarem Werkstück. Dies bedeutet, dass sich höhere Anschaffungskosten für Maschine oder Betriebsmittel durchaus rechtfertigen lassen, wenn sie durch höhere Produktivität, geringere Aufwendungen oder größere Prozesssicherheit letztlich zu geringeren Stückkosten führen. Neben den rein technischen Kriterien können aber auch die Wechselwirkungen mit anderen Produktionsfaktoren oder der Betriebsorganisation von entscheidender Bedeutung sein.

Die **Anforderungen**, die an eine Werkzeugmaschinen gestellt werden, lassen sich grob in die folgenden Gruppen untergliedern:

- Wirtschaftlichkeit (Mengenleistung, Verfügbarkeit, Anschaffungs- und Betriebskosten)
- Arbeitsergebnis (Genauigkeit, Prozesssicherheit, Werkstückbeeinträchtigung)
- Arbeitssicherheit
- Bedienbarkeit (Ergonomie, Dokumentation, Information)
- Flexibilität
- Integrationsfähigkeit
- Umweltverträglichkeit (Emissionen, Betriebsstoffe)

Auch hier sind die Grenzen fließend, insbesondere spielen wirtschaftliche Aspekte auch bei sehr vielen Merkmalen anderer Gruppen eine bedeutende Rolle. So ist z. B. die Prozesssicherheit sowohl unter dem Gesichtspunkt der Funktionserfüllung als auch dem der Wirtschaftlichkeit von Bedeutung.

9.3 Genauigkeitskennwerte

Die für die Auswahl einer Werkzeugmaschine zu spezifizierende Genauigkeit hat sich nach der Fertigungsaufgabe zu richten, wobei diese Genauigkeit über die gesamte Betriebsdauer gewährleistet sein muss. Ein Bauteil, das mit einer festgelegten Fertigungsgenauigkeit produziert werden soll, erfordert in grober Näherung eine Werkzeugmaschine, deren Arbeitsgenauigkeit um den Faktor 10 besser ist als die verlangte Fertigungsgenauigkeit.

Bei der Spezifikation von Genauigkeitsanforderungen sind vier Ebenen zu unterscheiden:

1. geometrische Genauigkeit des mechanischen Systems
2. stationäre Genauigkeit des Gesamtsystems
3. dynamische Genauigkeit der sich bewegenden Maschine
4. Genauigkeit des gefertigten Werkstücks

Die **geometrische Genauigkeit** wird durch die mechanischen Eigenschaften von Gestell, Führungen und Antriebselementen bestimmt. Man unterscheidet hierbei zwischen der **kinematischen Genauigkeit** (z. B.

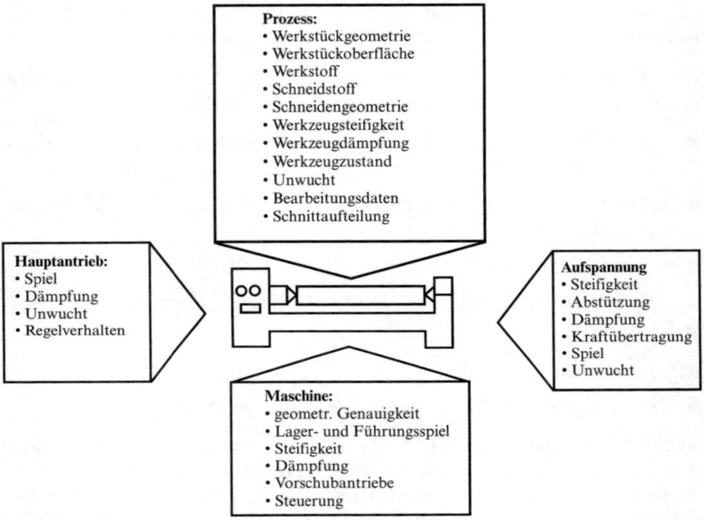

Bild 9.3: Einflüsse auf die Arbeitsgenauigkeit von Werkzeugmaschinen

Geradheit, Parallelität, Steigungs- und Teilungsfehler) – gemessen ohne Belastung – und der statischen Steifigkeit (Kap. 9.4.1). Sie lässt sich an der stehenden Maschine mit Hilfe werkstattüblicher Messmittel bestimmen. Die geometrische Abnahme von Maschinen ist bereits seit langem systematisiert und genormt [4].

Die **stationäre Gesamtgenauigkeit** bezieht auch die Einflüsse von Antrieben und Steuerung mit ein. Hierbei wird lediglich die erreichte Endposition nach Stillstand aller Achsen betrachtet. Die üblichen Kenngrößen sind in Bild 9.4 dargestellt. Die Messung erfolgt in der Regel mit optoelektronischen Messmitteln.

Bei der **dynamischen Genauigkeit** wird das Verhalten der Maschine in Bewegung betrachtet. Hierbei ist zu unterscheiden zwischen der dynamischen Steifigkeit (Kap. 9.4.2) einerseits und der **dynamischen Bahnabweichung** andererseits (Bild 9.5).

Die Messung des dynamischen Verhaltens erfordert sehr großen Aufwand. In der Praxis wird daher die dynamische Genauigkeit in der Regel indirekt durch die Bearbeitung von **Probewerkstücken** ermittelt. Ergänzend zur Prüfung mit Werkstücken aus der konkreten Fertigungsaufgabe wurden auch Prüfwerkstücke für die statistische Abnahme oder zur gezielten Untersuchung einzelner Fehlergrößen definiert [7–9].

Positioniergenauigkeit

Größte Abweichung der Ist-Position vom programmierten Sollwert bei unterschiedlichen Anfahrrichtungen und Geschwindigkeiten

Wiederholgenauigkeit

Größte Abweichung der Ist-Position vom programmierten Sollwert bei stets gleicher Anfahrrichtung und Geschwindigkeit

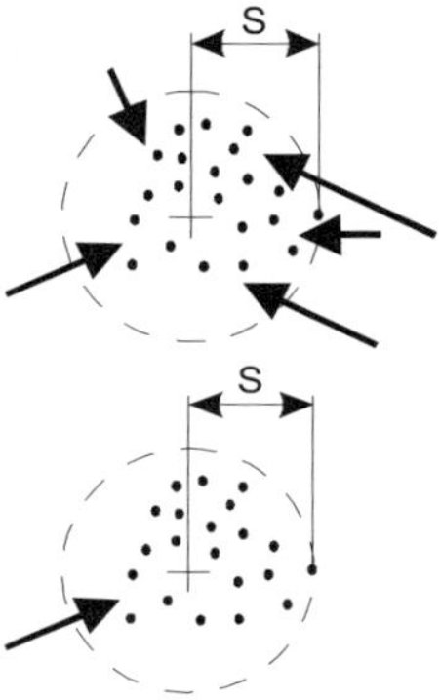

Bild 9.4: Definition der stationären Genauigkeitskennwerte

Bahngenauigkeit

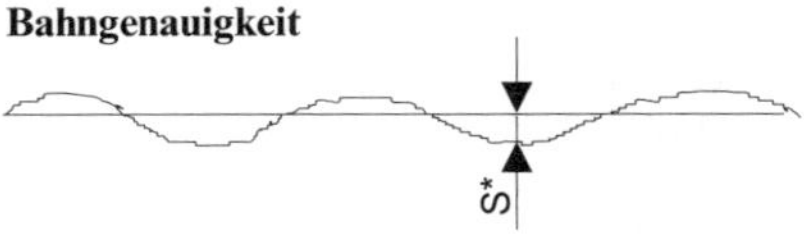

größte Abweichung der tatsächlichen von der programmierten Bahn

Bild 9.5: Definition der Bahngenauigkeit

9.4 Steifigkeit

9.4.1 Statische Steifigkeit

Die elementare Grundfunktion einer Werkzeugmaschine ist die Erzeugung einer ausreichend genauen Relativbewegung zwischen Werkzeug und Werkstück. Werkzeugmaschinen werden daher in der Regel nach der zulässigen Verformung ausgelegt, sie sind hinsichtlich der Festigkeit sehr oft überdimensioniert.

Die **statische Steifigkeit** $c = \mathrm{d}F/\mathrm{d}x$ beschreibt die auf einen Verformungsweg x bezogene aufzubringende Kraft F.
Der Kehrwert $N = \mathrm{d}x/\mathrm{d}F$ wird als **Nachgiebigkeit** bezeichnet.
Die **Torsionssteifigkeit** ist definiert als $c_t = \mathrm{d}M/\mathrm{d}\varphi$.

Die Gesamtsteifigkeit ist die Summe des Steifigkeitsverhaltens aller Bauteile im Kraftfluss. Hierbei ist nicht die absolute Verformung ausschlaggebend, sondern ihre Auswirkung auf das Arbeitsergebnis (Bild 9.6). Die richtige Auslegung des geometrischen Systems einer Werkzeugmaschine hängt also wesentlich auch von der richtigen Erfassung der Lastfälle und Belastungsrichtungen ab.

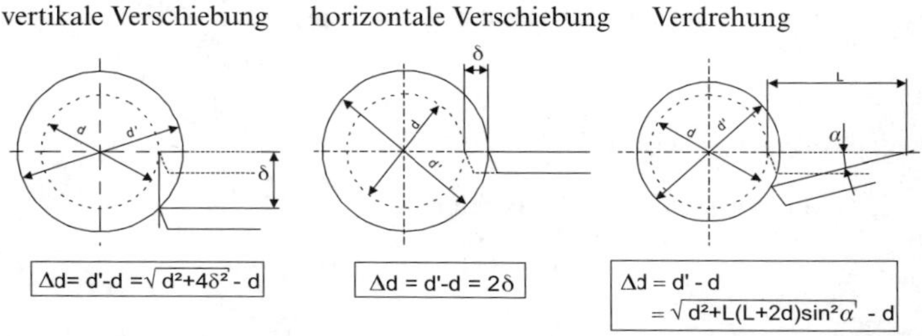

Bild 9.6: Unterschiedliche Auswirkungen von Verformungen auf das Arbeitsergebnis am Beispiel einer Drehmaschine

Derzeit werden Werkzeugmaschinen üblicherweise einheitlich auf eine statische Steifigkeit von 200 bis 250 N/μm ausgelegt. Lediglich bei Maschinen zur Feinbearbeitung geht man wegen der kleineren Schnittkräfte und der prozessbedingten Besonderheiten auf deutlich geringere Werte herunter. Die Einführung neuer Werkzeugtechnologien und Anwendungsgebiete (z. B. Hartdrehen) lässt nunmehr eine neue Generation von Hochleistungsmaschinen mit höherer Steifigkeit (bis 350 N/μm) entstehen.

Die Forderung nach hoher Steifigkeit steht in diametralem Gegensatz zu den Forderungen nach geringem Gewicht und kleinem Bauraum der Komponenten. Durch verbesserte Berechnungsmethoden, geeignete Werkstoffauswahl, Anwendung der Erkenntnisse der Formsteifigkeit sowie einer beanspruchungsgerechten Optimierung der Gesamtkonfiguration wie auch der Bauteilgestaltung sind hier jedoch deutliche Verbesserungen möglich.

Die Regeln zur steifigkeitsoptimalen Gestaltung (kurze Kraglängen, Massen möglichst weit entfernt von Biegeachse, geschlossene Querschnitte usw.) sind schon lange bekannt (z. B. [13]), Bild 9.7 zeigt ein Beispiel. Die versteifende Wirkung einer **Verrippung** wird oft überschätzt. Rippen müssen so angeordnet sein, dass sie im Kraftfluss liegen bzw. durch Aussteifung der Wandungen zur Formsteifigkeit beitragen. Besonders günstig, weil sowohl gegen Biegung als auch Torsion wirksam, sind diagonal zur Hauptverformungsachse angeordnete Rippen. Die noch immer anzutreffenden schmalen Stegrippen sind in der Regel weitgehend wirkungslos.

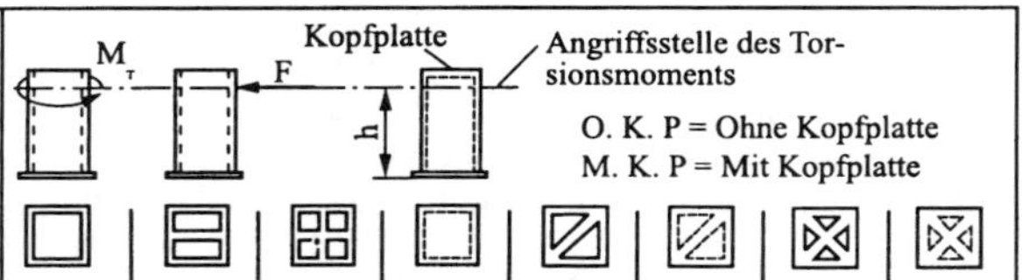

	O. K. P	O. K. P	O. K. P	M. K. P	O. K. P	M. K. P	O. K. P	M. K. P
Verhältnis der Torsionssteifigkeit	1 : 0,06	1 : 0,09	1 : 0,15	1 : 0,5	1 : 0,65	1 : 0,8	1 : 1,15	1 : 1,26
Torsionssteif. / Gewicht	0,06	0,07	0,10	0,5		0,6	0,7	0,8
Verhältnis der Biegesteifigkeit	1 :1	1 : 1,13	1 : 1,14	1 :1	1 : 1,21		1 : 1,32	
Biegesteif. / Gewicht	1	0,9	0,76	1	0,9		0,81	

Bild 9.7: Steifigkeiten bei unterschiedlicher Gestaltung [2]

Die große Bedeutung der Fügestellen für die statische und dynamische Steifigkeit liegt zwar auf der Hand (Bild 9.8), dennoch wird ihnen in der Praxis häufig zu wenig Aufmerksamkeit geschenkt. Eine geschickte, steife und kraftflussgerechte Gestaltung der Fügestellen bzw. tragenden Flächen trägt ganz erheblich zur Systemsteifigkeit bei. Rippen sind dort oft sinnvoller als im Bauteil selber.

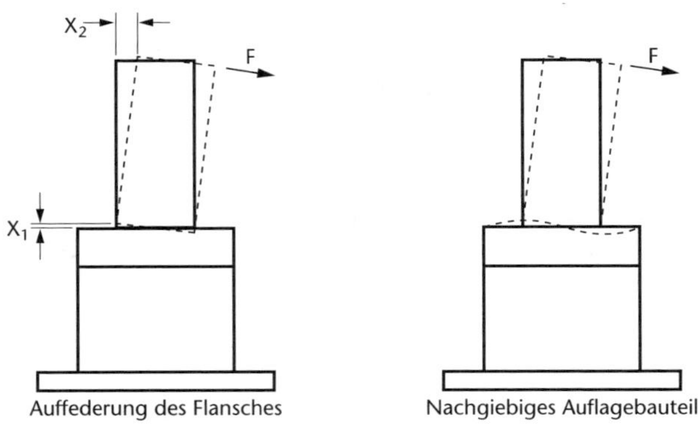

Bild 9.8: Übersetzungseffekt der Steifigkeit von Flansch bzw. Unterbau

Die optimale Auslegung und Gestaltung der tragenden Teile einer Maschine ist nicht allein mit der Intuition des erfahrenen Konstrukteurs, den klassischen Methoden und Modellen der technischen Mechanik sowie mit experimentellen, lokalen Verformungsmessungen möglich. Die Anwendung computergestützter Simulationen mit Finite-Elemente-Methoden und simultaner Vielpunktmessungen mit grafischer Darstellung (Modalanalyse) gehören heute zum Stand der Technik.

9.4.2 Dynamische Steifigkeit

Werkzeugmaschinen sind einer Vielzahl periodischer Kräfte ausgesetzt, die sie zu Schwingungen anregen können. Man unterscheidet

- fremderregte Schwingungen infolge zyklisch wechselnder äußerer Kräfte wie z. B. Prozesskräfte (Bild 9.9), Unwuchten, Überrollungen, Exzentrizitäten und Druckpulsationen
- selbsterregte Schwingungen aus Instabilitäten im Zerspanungsprozess („Rattern“)

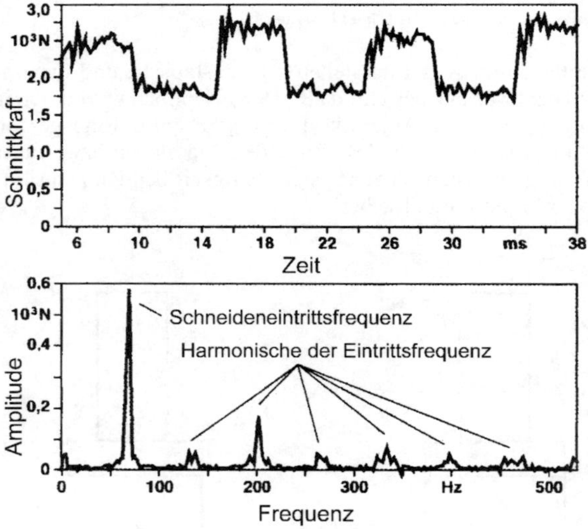

Bild 9.9: Beispiel für Verlauf und Amplitudenspektrum der Schnittkraft beim Fräsen *(Reinhart)*

Die angeregte Schwingung von Maschinenbauteilen wird üblicherweise mit dem Modell des Einmassenschwingers (Bild 9.10) dargestellt. Die Lösung der zugehörigen Differenzialgleichung

$$F(t) = m \cdot \ddot{x} + d \cdot \dot{x} + c \cdot x \tag{9.1}$$

ergibt bei sinusförmiger Anregung nach Einsetzen der Eigenfrequenz des ungedämpften Schwingers

$$\tilde{\omega}_e = \sqrt{c/m} \tag{9.2}$$

und der *Lehr*'schen Dämpfung

$$D = \frac{d}{2 \cdot m \cdot \tilde{\omega}_e} \tag{9.3}$$

die **dynamische Steifigkeit**:

$$k(\tilde{\omega}) = \mathrm{d}F/\mathrm{d}x = c \cdot (1 + i \cdot 2 \cdot D \cdot \tilde{\omega}/\tilde{\omega}_e - (\tilde{\omega}/\tilde{\omega}_e)^2) \tag{9.4}$$

Bei $\tilde{\omega} = 0$ liefert die Gleichung den Grenzfall der statischen Steifigkeit.

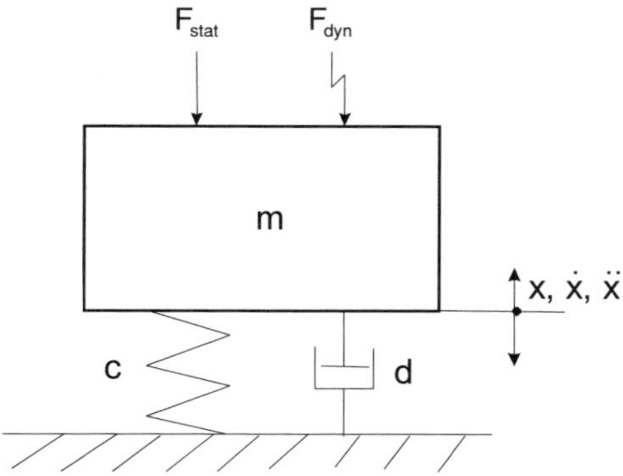

Bild 9.10: Einmassenschwinger

Die dynamische Steifigkeit ist genauso definiert wie die statische Steifigkeit, ist jedoch eine Funktion der Anregungsfrequenz:

$$k(f) = \mathrm{d}F/\mathrm{d}x$$
$$k_t(f) = \mathrm{d}M/\mathrm{d}\varphi$$

Ihr Kehrwert ist die **dynamische Nachgiebigkeit**:

$$N(f) = 1/k(f)$$

Zweckmäßigerweise wird zur Betrachtung dieser wegen der Phasenverschiebung zwischen Anregung und Auslenkung komplexen Gleichungen der **Nachgiebigkeits-Frequenzgang** bevorzugt. Bild 9.11 zeigt die hierfür gebräuchlichen Darstellungsarten.

Bei Frequenzen in der Nähe von Eigenfrequenzen werden die Ausschläge sehr groß **(Resonanz)**. Liegt die maximal vorkommende Anregungs-

Real- und Imaginärteilfunktion

$$|N(\omega)| = \sqrt{(\mathrm{Re}(N))^2 + (\mathrm{Im}(N))^2},$$

$$\varphi(\omega) = \arctan\left(\frac{\mathrm{Im}(N)}{\mathrm{Re}(N)}\right)$$

Betrags- und Phasenfrequenzgang

Ortskurve

$$|N(\omega)| = \sqrt{(\mathrm{Re}(N))^2 + (\mathrm{Im}(N))^2},$$

$$\varphi(\omega) = \arctan\left(\frac{\mathrm{Im}(N)}{\mathrm{Re}(N)}\right)$$

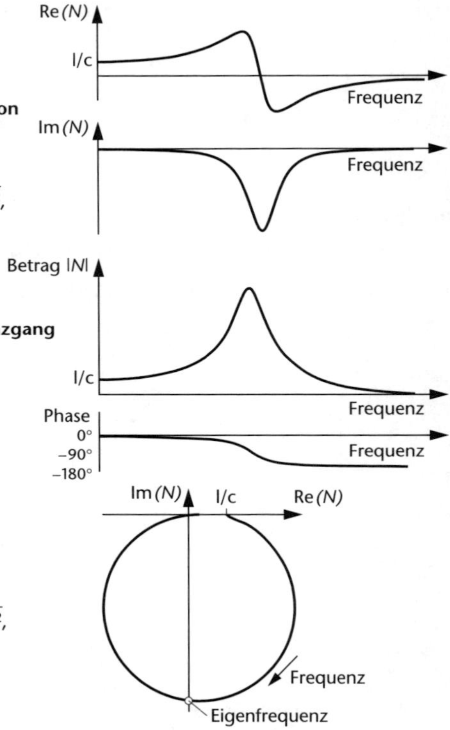

Bild 9.11: Darstellungsarten des Nachgiebigkeits-Frequenzgangs (nach [14])

frequenz unter der Eigenfrequenz der Maschine, spricht man von einer **unterkritischen Auslegung**, im gegenteiligen Fall von einer **überkritischen Auslegung**. Unterkritische Systeme verhalten sich bei geringen Arbeitsgeschwindigkeiten sehr ruhig und steif, verschlechtern ihr Verhalten jedoch bei zunehmender Geschwindigkeit immer mehr, bis sie an ihre dynamische Grenze kommen. Überkritische Maschinen werden hingegen mit zunehmender Geschwindigkeit immer ruhiger, sind jedoch bei niedrigen Frequenzen schlechter zu beherrschen und bei Einhaltung einer gegebenen statischen Steifigkeit sehr schwer (Bild 9.12).

Generelle Maßnahmen zur Verbesserung des Schwingungsverhaltens:

- Reduzierung der Schwingungsamplitude und damit der dynamischen Nachgiebigkeit durch höhere Dämpfung, höhere Steifigkeit oder verringerte Masse

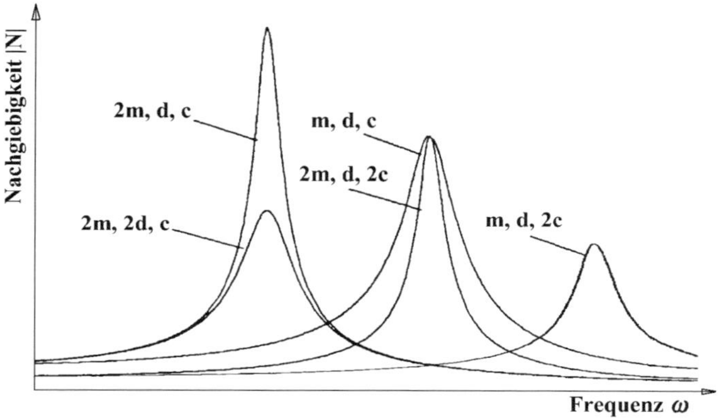

Bild 9.12: Nachgiebigkeitsfrequenzgang verschiedener Auslegungen

- Verringerung der Eigenfrequenz durch Zusatzmasse
- Verschiebung der Frequenz externer Anregungsquellen (z. B. Änderung der Werkzeugeingriffsfrequenz, zusätzliche Stützpunkte für Werkstücke, andere Drehzahl der Hydraulikpumpe)
- Verringerte Intensität externer Anregungsquellen (z. B. Auswuchten, verbesserte Werkstückabstützung, gedämpfte Werkzeuge, reduzierte Prozesskräfte)
- Eliminierung externer Anregungen (z. B. Drehzahlmodulation, arhythmische Arbeitsweise, Werkzeuge mit ungleichmäßiger Schneidenteilung)
- Ausnutzung von Richtungsabhängigkeiten und Nichtlinearitätseffekten (z. B. Optimierung und Variation der Vorschubrichtung)

Reale Maschinen bestehen aus mehreren, sich gegenseitig beeinflussenden schwingenden Systemen mit verschiedenen Eigenfrequenzen. Sie zeigen daher bei unterschiedlichen Anregungsfrequenzen auch ein sehr unterschiedliches dynamisches Verhalten. Eine typische Eigenschwingungsform ist in Bild 9.13 dargestellt.

Bereits durch Fertigungsausführung und Montage kann das dynamische Verhalten einer Maschine so stark beeinflusst werden, dass eine Baumusterabnahme keineswegs repräsentativ für die ganze Serie ist. Bei sehr hohen Anforderungen ist also eine Einzelabnahme unumgänglich. Zur Reduzierung des Aufwands hierfür sind formalisierte Prüfmethoden entwickelt worden [15].

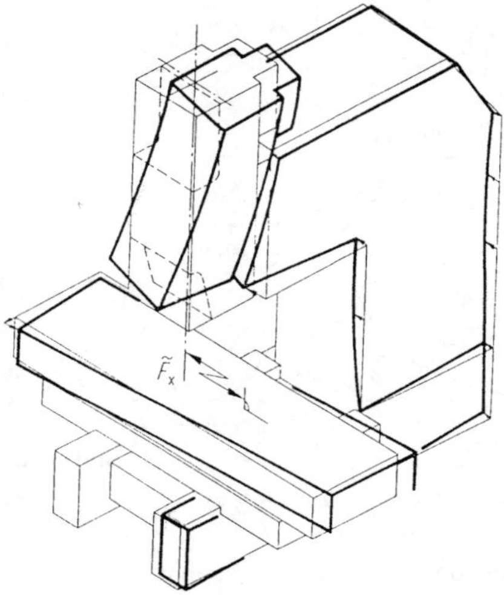

Bild 9.13: Eigenschwingungsform einer Bettfräsmaschine

9.5 Thermische Stabilität

Die durch Einwirkung innerer und äußerer Wärmequellen hervorgerufene Längenänderung der Bauteile wirkt sich direkt auf die Geometrie und damit das Arbeitsergebnis aus. Dies gilt insbesondere bei ungleichmäßiger Temperaturverteilung innerhalb einer Baugruppe infolge einseitiger **Wärmeeinwirkung** oder schlechten inneren Wärmeflusses (Bild 9.14).

Hauptwärmequellen sind:

a) innere Wärmequellen:
- Verluste der Antriebsmotoren
- Reibung in Lagerungen und Getrieben
- hydraulische Systeme
- Fertigungsprozess

b) äußere Wärmequellen:
- Späne
- Kühlschmiermittel
- Sonneneinstrahlung, Zugluft
- benachbarte Einrichtungen

Nahezu die gesamte der Maschine zugeführte Energie wird letztlich in Wärme umgewandelt, nur ein sehr geringer Teil bleibt in Verformungs-

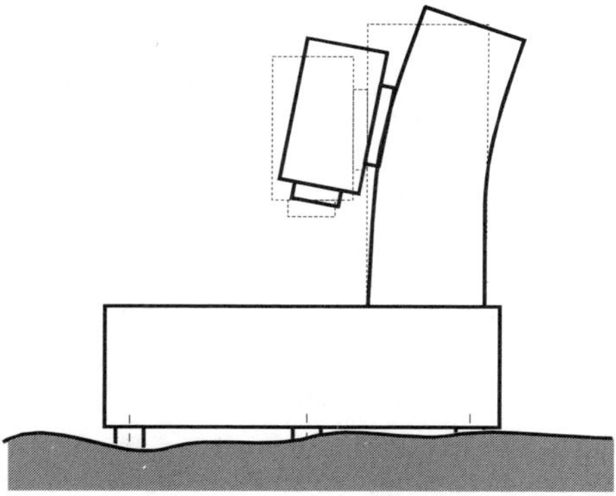

Bild 9.14: Geometrieänderung infolge einseitiger Wärmeeinwirkung

arbeit o. Ä. gebunden. Das Ausmaß der Wärmeentwicklung ist nicht konstant, sondern vom Betriebszustand der Maschine und von äußeren Einflüssen abhängig und ständig wechselnd. Temperatureinflüsse sind daher besonders schwierig zu beherrschen.
Als Maßnahmen gegen temperaturbedingte Maschinenfehler haben sich bewährt:

- Wärmequellen minimieren durch Wirkungsgradverbesserung
- Wärmequellen außerhalb geometrisch relevanter Baugruppen anordnen
- Wärmequellen direkt kühlen
- thermostabile Konstruktion: Wärmedehnung ohne Einfluss auf das Arbeitsergebnis (z. B. Festlager von Spindeln möglichst nahe am Zerspanort, gegenseitige Aufhebung von Wärmedehnungen)
- thermosymmetrische Konstruktion: gleichmäßiges Wachstum ohne Verzüge (z. B. geometrische Symmetrie, Querschnitte äquivalent zur lokalen Wärmebelastung)
- intensiver interner Temperaturausgleich (z. B. Durchflutung mit umgewälzten Flüssigkeiten)
- Wärmeisolierung an besonders belasteten Stellen
- schnelle Späneabfuhr
- Temperaturstabilisierung durch Kühl- oder Heizeinrichtungen
- steuerungstechnische Kompensation der direkt gemessenen oder aus Temperaturmessungen errechneten thermischen Verformungen
- temperaturgeschützte Aufstellung der Maschine, evtl. Klimatisierung

9.6 Prozesssicherheit

Die Anwendung von Methoden der statistischen Prozesssicherung erhöht die Genauigkeitsanforderungen beträchtlich. Ein Fertigungsprozess kann nur dann mit statistischen Methoden gesichert werden, wenn er stabil ist, d. h. keine zu große Streuung zeigt

- Die **Prozessfähigkeit** charakterisiert die langfristige (über mindestens 20 Betriebstage) Merkmalsstreuung, die durch sämtliche Einflussgrößen eines Fertigungsprozesses verursacht wird.
- Die **Maschinenfähigkeit** beschreibt die kurzfristige Streuung der Arbeitsergebnisse einer isolierten Maschine und damit ihre „Güte".

Die Aussagen von Fähigkeitsuntersuchungen sind nur für die konkret untersuchte Produktionsaufgabe gültig. Externe Einflussgrößen müssen für die Untersuchung konstant gehalten werden [10]. Der Übergang von der Maschinenfähigkeit zur Prozessfähigkeit ist fließend, denn eine vollständige Trennung der Maschine von ihrer Umwelt ist nicht möglich. Als Maß hierfür werden **Fähigkeitskennzahlen** verwendet [11, 12]:

Streuungsindex c_p (capability process) bzw. c_m (capability machine):

$$c = \frac{\textit{oberer Grenzwert} - \textit{unterer Grenzwert}}{\textit{Streuung}} = \frac{T_o - T_u}{6\sigma}$$

Niveauindex c_{pk} bzw. c_{mk}:

$$c_k = \frac{\textit{min. Abstand Mittelwert} - \textit{Grenzwert}}{\textit{halbe Streuung}} = \min\left(\frac{T_o - \mu}{3\sigma}; \frac{\mu - T}{3\sigma}\right)$$

Je größer c ist, desto größer ist die Länge des Toleranzbereichs im Verhältnis zur Prozessstreuung. Prozesse mit $c_p > 1{,}0$ gelten als stabil. Für „ideale" Prozesse wird i. A. $c_p > 1{,}33$ gefordert. Dies entspricht einer Toleranzausnutzung von weniger als 75 %. Inzwischen wird nicht selten bereits $c_p > 1{,}67$ gefordert, was eine Toleranzausnutzung von nur noch 50 % gestattet. Die zurzeit geforderten Werte für die Maschinenfähigkeit c_m liegen zwischen 1,33 und 2,0. Je größer der c_k-Wert ist, desto günstiger wirkt sich das auf den Prozess aus.

9.7 Sonstige Anforderungen

Der Auswirkung einer Maschine auf ihre Umgebung durch Vibrationen, elektrische Felder, Wärme-, Lärm- und Aerosolemissionen wird wegen möglicher Beeinträchtigungen des Produktionsprozesses, strengeren

Anforderungen an den Arbeitsschutz, aber auch der rapide steigenden Kosten für die Entsorgung von Hilfsstoffen künftig bedeutend mehr Aufmerksamkeit als in der Vergangenheit gewidmet werden müssen.

Durch Ausrüstung mit Zusatzeinrichtungen für eine Erledigung möglichst vieler Arbeitsinhalte (und damit ggf. auch verschiedener Bearbeitungstechnologien) in einer Maschine mit dem Ziel einer **Komplettbearbeitung** können Durchlaufzeit und Organisationsaufwand drastisch gesenkt werden.

Bei Maschinen für die Hochgeschwindigkeitszerspanung (HSC) ist nicht nur auf die Hauptspindeldrehzahl zu achten, sondern auch auf besonders dynamische Vorschubantriebe, ein Maschinenkonzept für Späneabfuhr ohne Spülung, sowie eine Bahnsteuerung mit kurzen Blockwechselzeiten und Look-Ahead-Funktion.

9.8 Aufbau von Werkzeugmaschinen

Eine Werkzeugmaschine ist ein System, dessen Teilelemente in komplexer Wechselwirkung zueinander und mit der Umgebung stehen. Die Eigenschaften und das Verhalten der Maschine als Ganzes sind mehr als die Summe der Eigenschaften der einzelnen Komponenten!

In funktioneller Übereinstimmung mit der in Kapitel 9.1 genannten Definition lassen sich bei Werkzeugmaschinen die folgenden Hauptkomponenten unterscheiden:

- geometrisches Grundsystem:
  - Gestell
  - Führungen und Lagerungen
- Antriebe:
  - Hauptantrieb
  - Vorschubantriebe
  - Stell- und Hilfsantriebe
- Werkzeugsystem:
  - Werkzeug
  - ggf. Werkzeugaufnahme
  - Werkzeugschnittstelle
- Werkstücksystem:
  - Werkstück
  - Spannmittel
  - Spannmittelschnittstelle

- Bedienelemente und Steuerung
- Peripherieeinrichtungen (z. B. Verkleidung, Sicherheitsmaßnahmen, Hydraulik, Kühlmittelanlage)
- Beladehilfen, Automatisierungseinrichtungen
- Zusatzeinrichtungen (z. B. zur Werkzeug- oder Werkstückvermessung oder zur Instandhaltung)

Quellen und weiterführende Literatur

[1] DIN 8580: Fertigungsverfahren – Begriffe, Einteilung
[2] *Hirsch, A.:* Werkzeugmaschinen. Braunschweig, Wiesbaden: Vieweg, 2000
[3] DIN 69651 (zurückgezogener Entwurf), Teil 1 bis 6: Werkzeugmaschinen für die Metallbearbeitung
[4] DIN 8601 ff.: Abnahmebedingungen für Werkzeugmaschinen
[5] VDI/AWF-Richtlinie 2870: Beurteilung von numerisch gesteuerten Arbeitsmaschinen; Genauigkeit; Bestellvereinbarung und Nachweis
[6] VDI-Richtlinie 3427: Numerisch gesteuerte Arbeitsmaschinen, Dynamisches Verhalten von numerischen Bahnsteuerungen an Werkzeugmaschinen
[7] VDI-DGQ-Richtlinie 3441 ff.: Statistische Prüfung der Arbeits- und Positionsgenauigkeit von Werkzeugmaschinen; Grundlagen
[8] VDI-Richtlinie 2851: Beurteilung von Fräsmaschinen und Bearbeitungszentren durch Einfachprüfwerkstücke
[9] NCG-Empfehlung 2004: Abnahmerichtlinien/-Werkstücke für Hochgeschwindigkeitsbearbeitung (HSC). Ulm: NC-Gesellschaft, 2000
[10] *Görler, E.; Trumpold, H.:* Begriffe und Kennwerte der Prozeß- und Maschinenfähigkeit richtig anwenden. Qualität und Zuverlässigkeit Nr. 35 (1990), H. 7
[11] VDMA-Einheitsblatt 8669: Fähigkeitsuntersuchung zur Abnahme spanender Werkzeugmaschinen. Berlin: Beuth Verlag, 1995
[12] *Rinne, H.; Mittag, H.-J.:* Statistische Methoden der Qualitätssicherung. 2. Auflage. München Wien: Carl Hanser, 1991
[13] *Loewenfeld, K.:* Gestaltsteife von Baukörpern für Werkzeugmaschinen. Diss. TU München, 1957
[14] *Milberg, J.:* Werkzeugmaschinen – Grundlagen. 2. Auflage. Berlin: Springer Verlag, 1995
[15] *Weck, M.; Teipel, K.:* Dynamisches Verhalten spanender Werkzeugmaschinen. Berlin: Springer Verlag, 1977

Masing, W. (Hrsg.): Handbuch Qualitätsmanagement. 3. Auflage. München Wien: Carl Hanser Verlag, 1994
Schlesinger, G: Prüfbuch für Werkzeugmaschinen. Middelburg: G. W. den Boer, 1972
Schneider, H.: Auswuchttechnik. 5. Auflage. Berlin: Springer Verlag, 2000
Spur, G.: Die Genauigkeit von Maschinen. Eine Konstruktionslehre. München Wien: Carl Hanser Verlag, 1996

10 Gestell

Prof. Dr.-Ing. Joachim Schmid

W A B

10.1 Gestellkonzepte

Das Gestell trägt und verbindet die einzelnen Komponenten einer Werkzeugmaschine. Damit hat es unmittelbaren Einfluss auf das statische, dynamische und thermische Verhalten, aber auch auf Herstellkosten, Bedien- und Wartbarkeit. Entsprechend vielfältig sind die Anforderungen:

- genaue und reproduzierbare Lage der Bewegungsachsen
- hohe statische und dynamische Steifigkeit
- geringe thermische Verformung
- gute Abfuhr von Spänen und anderen Produktionsabfällen
- gute Zugänglichkeit zu Werkzeugen, Werkstücken und Betätigungselementen unter Berücksichtigung eventueller Automatisierung
- geringes Gesamtgewicht
- kleine bewegte Massen
- keine gefährlichen Ecken und Kanten
- einfaches Aufstellen
- fertigungs- und montagegerecht
- geringe Werkstoffkosten
- Zugänglichkeit aller Komponenten für Wartung und Instandhaltung ermöglichen
- alterungsbeständig

Wegen der hohen Anforderungen an die Festigkeit und Steifigkeit hat das Gestell den deutlich größten Anteil am Gesamtgewicht. Die Gestaltung des Gestells bestimmt nicht nur die Eigenschaften, sondern auch die Einsatzmöglichkeiten einer Maschine. Je nach Fertigungsaufgabe haben sich typische Gestellbauformen herausgebildet (Bild 10.1). Geschlossene Konzepte mit symmetrischem Kraftfluss sind beanspruchungsgerechter, jedoch in der Regel auch teurer und behindern nicht selten die Zugänglichkeit zum Arbeitsraum. Bei offenen, asymmetrischen Gestellen ist die Werkstoffausnutzung wegen des hohen Biege- und Torsionsanteils der Beanspruchung deutlich schlechter. Die **Konsolbauweise** eignet sich besonders für kleine Werkstücke, die **Säulenbauweise** für geringe Prozesskräfte. **Ständer-** oder **Portalbauweise** finden sich vor allem bei Maschinen für große Werkstücke oder Prozesskräfte.

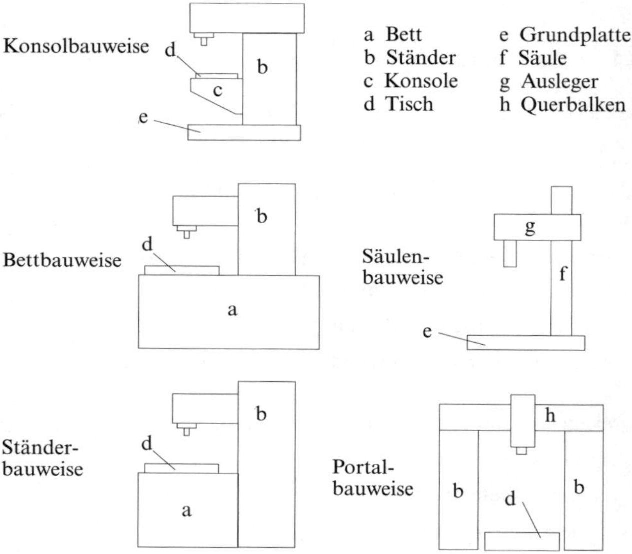

Bild 10.1: Grundtypen und Hauptelemente von Werkzeugmaschinengestellen

Automatische Drehmaschinen werden häufig in **Schrägbettbauweise** ausgeführt (Bild 10.2). Diese zeichnet sich durch kleinere Aufstellfläche, günstigeren Späneabfluss und besonders hohe Torsionssteifigkeit aus.

Das **Bett** wird bei kleinen bis mittleren Maschinen sinnvollerweise als eigensteifes, selbsttragendes Element ausgeführt, an dem die Nebenaggregate angeflanscht sind. Oft ist hierbei auch der untere Abschluss der Maschinenverkleidung integriert. Der Extremfall dieser Lösung ist die „Hakenmaschine", die ohne jede Demontage komplett zum Transport verladen werden kann. Bei Großmaschinen kommt hingegen bevorzugt eine Sektionsbauweise zur Anwendung, bei der das Bett am Aufstellort aus einzelnen Abschnitten zusammenmontiert wird, oder es wird sogar ganz auf ein durchgehendes Bett verzichtet, und die Gestellbauteile werden einzeln auf einem bauseitigen Fundament aufgestellt.

Im Bestreben nach leichteren Bauformen besonders für die Hochgeschwindigkeitsbearbeitung sind in den vergangenen Jahren Gelenkstab-Kinematiken wie z. B. das Hexapod-Konzept (Bild 10.3) erschienen.

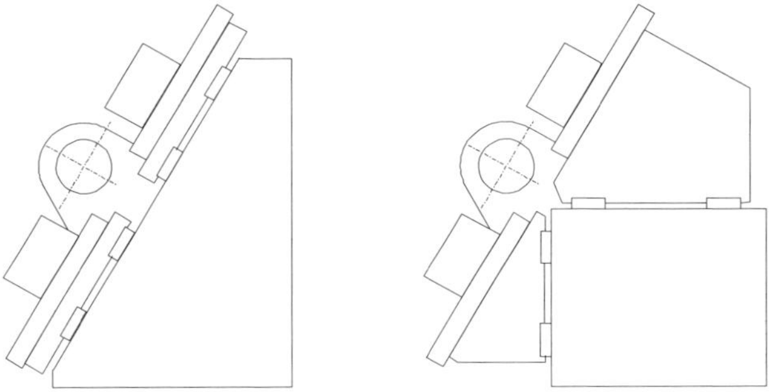

Bild 10.2: Echte und unechte Schrägbettbauweise

Hier wird die klassische, sequenzielle Anordnung eigensteifer Gestellelemente durch ein räumliches System von parallel wirkenden Gelenkstäben ersetzt. Vorteilhaft hierbei sind insbesondere:

- hohe statische Steifigkeit durch reine Zug-/Druck-Belastung der Gelenkstäbe
- geringe Herstellkosten durch hohen Anteil identischer Baugruppen und Entfall eines Bettes
- minimale bewegte Massen

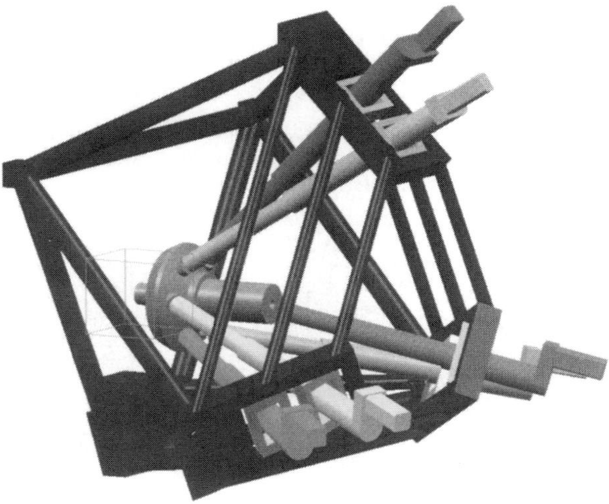

Bild 10.3: Prinzip einer Hexapod-Fräsmaschine (WZL, Aachen)

Dem stehen aber auch beträchtliche Nachteile gegenüber:

- hochgradig nichtlineares statisches und kinematisches System mit Abhängigkeiten aller Bewegungsachsen
- sehr aufwändige Steuerung
- unbefriedigende dynamische Steifigkeit der langen Gelenkstäbe
- starke Auswirkung von Spielen und kinematischen Fehlern
- Arbeitsraum sehr klein im Verhältnis zum Gesamtbauraum
- stark begrenzte Kippwinkel, vor allem an den Rändern des Arbeitsraums
- geometrische Abnahme und Kalibrierung mit üblichen Messmitteln nicht möglich

Daher haben sich hybride Konzepte mit einer Kombination aus wenigen Gelenkstäben, passiver Zusatzführung und einem Schwenktisch oder Winkelfräskopf als sinnvoller erwiesen.

10.2 Werkstoffe

Der ideale Gestellwerkstoff vereinigt hohe Festigkeit und Elastizitätsmodul, geringe Wärmeleitfähigkeit, hohe spezifische Wärmekapazität, geringe Masse und gutes Dämpfungsverhalten mit freizügiger Formgebung, einfacher Bearbeitung, glatter Oberfläche, großer Langzeitbeständigkeit und geringem Preis. Die Eigenschaften der üblichen Werkstoffe sind in den Tabellen 10.1 und 10.2 zusammengefasst.

Wegen der kleiner werdenden Stückzahlen, den gestiegenen Steifigkeitsanforderungen (Stahl bei gleicher Masse doppelt so steif) und den verbesserten Schweißverfahren steht der früher dominierende Grauguss

Tabelle 10.1: Daten von Gestellwerkstoffen [1], [2]

Werkstoff	**E-Modul [N/mm²]**	**Dichte [kg/dm³]**	**Wärmedehnung [1/K]**	**Wärmekapazität [J/kg]**	**Wärmeleitf. [W/mK]**	**Zugfestigkeit [N/mm²]**	**Dämpfung**
GGL	85 000	72,0	$9{,}0 \cdot 10^{-6}$	0,46	54	100 … 300	0,0045
GGG	175 000	74,0	$9{,}5 \cdot 10^{-6}$	0,63	29	400 … 700	0,0037
Stahl	210 000	78,5	$11{,}1 \cdot 10^{-6}$	0,45	15 … 50	400 … 1 250	0,0025
Beton	30 000	24,0	$15 \cdot 10^{-6}$			4	0,028
Polymerbeton	40 000	23,0	… $20 \cdot 10^{-6}$	1,0	1,5	10 … 15	0,020

Tabelle 10.2: Gebräuchliche Gestellwerkstoffe

Werkstoff	Vorteile	Nachteile
Grauguss	■ freizügig gestaltbar ■ gute Dämpfung ■ preisgünstig ■ korrosionsbeständig ■ gut zerspanbar	■ geringe Steifigkeit ■ geringe Festigkeit ■ geringe Verschleißbeständigkeit ■ lange Beschaffungszeit ■ Modellkosten
Stahlguss	■ freizügig gestaltbar ■ hohe Steifigkeit	■ sehr geringe Dämpfung ■ lange Beschaffungszeit ■ Modellkosten
Stahl, geschweißt	■ hohe Steifigkeit ■ hohe Festigkeit ■ schnell verfügbar ■ einfach änderbar ■ kein Modell erforderlich	■ eingeschränkte Gestaltung ■ geringe Dämpfung ■ Schweißverzug ■ Dauerbruchgefahr
Polymer-beton	■ sehr gute Dämpfung ■ große Wärmeträgheit ■ gut gestaltbar	■ sehr geringe Steifigkeit ■ geringe Festigkeit ■ unsicheres Langzeitverhalten ■ schwierige Verarbeitung ■ nicht änderbar ■ schwierige Entsorgung

heute in starker Konkurrenz zu Stahlschweißkonstruktionen. Deren geringere Werkstoffdämpfung wird z. T. durch höhere Dämpfung in den Schweißnähten kompensiert, mitunter sind jedoch Zusatzmaßnahmen erforderlich. Stahlguss wird wegen der hohen Kosten und sehr schlechten Dämpfung nur in Ausnahmefällen eingesetzt.

Von der früher weit verbreiteten Füllung von Gestellhohlräumen mit Kernsand oder Spänen zur Verbesserung des Dämpfungsverhaltens ist man inzwischen wegen der damit verbundenen Massenvergrößerung und der auf lange Frist eintretenden Verhärtung weitgehend abgekommen.

Hinsichtlich der dynamischen und thermischen Eigenschaften ist **Polymerbeton** der fast ideale Werkstoff, jedoch besitzt er nur eine sehr geringe Steifigkeit und Festigkeit sowie ein mangelhaftes Gleit- und Verschleißverhalten. Außerdem sieht er unschön aus und wirft beträchtliche Probleme bei der Verarbeitung auf, da er nicht zerspanbar ist. Alle Führungs- und Verbindungselemente müssen extern vorgefertigt und dann eingegossen oder eingeklebt werden. Nachträgliche Änderungen sind fast unmöglich. Eine Wiederverwertung ist praktisch unmöglich, was die Entsorgung problematisch macht. Aus diesen Gründen ist die Anwendung dieses Werkstoffs weitgehend auf Betten dynamisch besonders stark belasteter Maschinen mit hohen Genauigkeitsanforderungen beschränkt geblieben.

Quellen und weiterführende Literatur

[1] *Hirsch, A.:* Werkzeugmaschinen. Braunschweig Wiesbaden: Vieweg Verlag, 2000

[2] *Tschätsch, H.:* Werkzeugmaschinen der spanenden und spanlosen Formgebung. 7. Auflage. München Wien: Carl Hanser Verlag, 2000

Wiele, H.; et al.: Verbesserung des thermischen und dynamischen Verhaltens von Werkzeugmaschinenbauteilen durch Verbundkonstruktion aus Metall und Mineralguß. dima (1995) 5 und 6, S. 55f.

11 Führungen

Prof. Dr.-Ing. Joachim Schmid

11.1 Anforderungen

W
A
B

Die Führungen haben die Linearbewegungen der Maschine zu ermöglichen und gleichzeitig die Bearbeitungs-, Gewichts- und Beschleunigungskräfte aufzunehmen. Ihre Ausführung und Anordnung bestimmen wesentlich Genauigkeit, Dauerhaftigkeit und Wartungsaufwand. Als Eigenschaften der Führungssysteme sind hauptsächlich gefordert:

- hohe Führungsgenauigkeit über die gesamte Betriebsdauer
- hohe statische und dynamische Steifigkeit
- thermische Stabilität
- kein mechanisches und thermisches Klemmen
- geringe Haft- und Gleitreibung und Verschleiß
- günstige Herstell- und Betriebskosten

Führungen lassen sich klassifizieren nach:

a) Wirkprinzip

b) Geometrie der Führungselemente

11.2 Wirkprinzipien von Führungen

11.2.1 Hydrodynamische Gleitführungen

Das Prinzip ist dasselbe wie bei rotierenden Gleitlagern: Bei einer Relativbewegung zwischen Schlitten und Führungsbahn wird das Schmiermedium teilweise mitgenommen. Mit zunehmender Geschwindigkeit baut sich ein Druck in dem Schmiermedium auf, es entsteht ein Schmierspalt, der die beiden Gleitpartner trennt. In Abhängigkeit von der Gleitgeschwindigkeit existieren daher verschiedene Reibungszustände, die die charakteristische Form der **Stribeck-Kurve** hervorrufen (Bild 11.1):

- keine Relativbewegung: Haftreibung
- geringe Gleitgeschwindigkeit: Festkörperreibung, kein Schmierfilm
- zunehmende Gleitgeschwindigkeit: Mischreibung
- ausreichende Gleitgeschwindigkeit: Flüssigkeitsreibung (Elasto-Hydrodynamik = EHD)

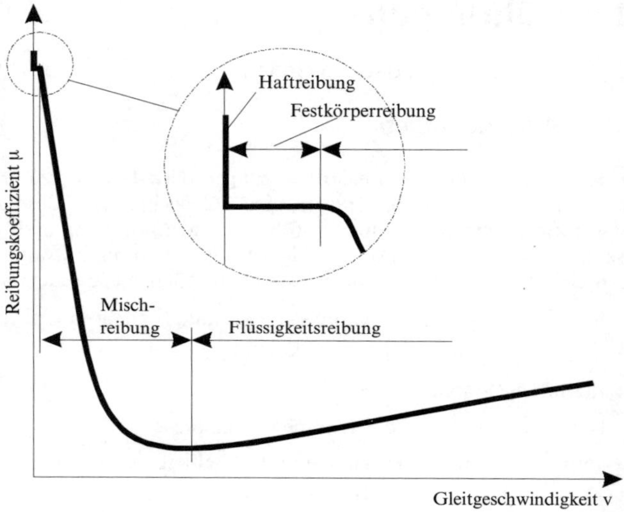

Bild 11.1: Stribeck-Diagramm (prinzipieller Verlauf bei Eisen)

Längsführungen arbeiten gegenüber Lagern bei deutlich niedrigeren Geschwindigkeiten bis herunter zum Stillstand, und es liegt in der Regel Intermittierbetrieb vor, zumal die Verfahrwege beschränkt sind. Daher wird die EHD-Zone praktisch nie erreicht.

Vorteile von Gleitführungen:

- geringe Herstellkosten
- hohe Genauigkeit und Laufruhe möglich
- hohe Steifigkeit
- unempfindlich gegen Stöße
- sehr gute Dämpfungseigenschaften

Nachteile:

- starke Streuung der Reibwerte bei verschiedenen Betriebszuständen
- Stick-Slip-Gefahr
- geringe spezifische Belastbarkeit (große Flächen erforderlich)
- verschleißbehaftet
- bei Überlastung oder Mangelschmierung Versagen (starker Verschleiß, Fressen) mit sehr aufwändiger Instandsetzung
- ständiger Verbrauch an Schmiermedium

Stick-Slip (Ruckgleiten) ist eine zyklische, ungleichförmige Bewegung des Schlittens, wobei das System ständig zwischen Stillstand unter Haftreibung (Aufbau einer elastischen Verspannung in Bewegungsrichtung) und Losreißen des Schlittens mit plötzlichem Abbau der Verspannung pendelt. Er tritt auf, wenn

$$d + b < 0 \tag{11.1}$$

also geschwindigkeitsabhängig in den Bereichen der Stribeck-Kurve mit negativer Steigung b, wenn die Dämpfung d nicht ausreicht [1] (vgl. Gl. 9.1, Kap. 9.4.1). Vermeidung durch:

- hohe Steifigkeit des Vorschubantriebs
- kleine bewegte Massen
- erhöhte Dämpfung in Antrieb und Führung
- Reibungsbeiwert klein halten
- negative Steigung der Stribeck-Kurve vermindern oder vermeiden

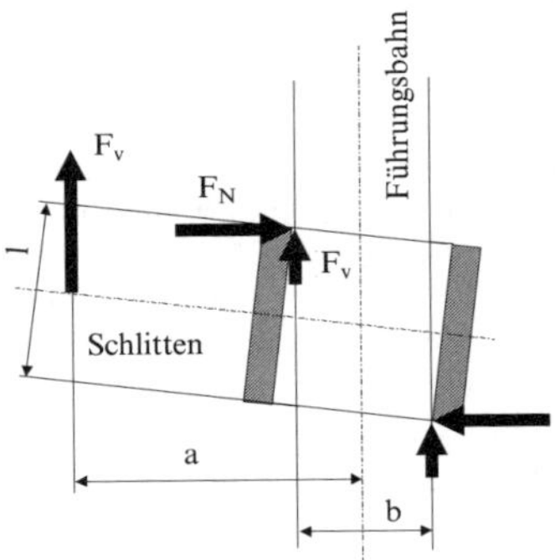

Bild 11.2: Schubladeneffekt

Ähnliche Auswirkungen, jedoch andere Ursachen hat der **Schubladeneffekt**, ein mechanisches Klemmen des Schlittens infolge Verkantens. Ausgelöst wird er durch ein auf den Schlitten wirkendes Drehmoment infolge Versatzes zwischen inneren und äußeren Kräften (Bild 11.2). Klemmen tritt dann ein, wenn

$$\mu \geq \frac{l}{2a} \tag{11.2}$$

wird. Der aus Führungsspiel und Verformungen resultierende Verkantungswinkel hat bei den für Werkzeugmaschinen üblichen Größenordnungen noch keinen Einfluss.

Kriterien bei der Werkstoffauswahl sind neben der Belastbarkeit auch Verschleißverhalten, Notlaufeigenschaften bei Schmierungsausfall und Instandsetzbarkeit. Die in Tabelle 11.1 angegebenen Erfahrungswerte für die mögliche dynamische Flächenbelastung sollten bei Genauigkeitsmaschinen deutlich (Faktor 10 und mehr) unterschritten bleiben.

Tabelle 11.1: Kennwerte typischer Werkstoffpaarungen für Gleitführungen

Werkstoffpaarung	p_{max} **[N/mm²]**	**Reibungszahl**	**Stick-Slip**	**Verschleiß* [µm/km]**
GG/GG	0,5	bis 0,25	ja	0,04
St/GG	1,2	bis 0,2	ja	0,035
St gehärtet/GG	1,5	bis 0,2	ja	0,05
GG/Epoxidharz	0,5 … 1,0	0,06	nein	0,07 ... 0,13
GG/PTFE+Bz	1,0	0,03	nein	0,10 ... 0,30

* gesamt, bei p = 0,4 N/mm², v = 0,4 m/min, s = 60 km, nach [2] bzw. [3]

Metallische Gleitpaarungen sind – vor allem als reine Graugussführungen – steif, robust und konstruktiv einfach, jedoch anfällig gegen Fressen und Stick-Slip. Die Herstellung ist wegen des erforderlichen großflächigen, genauen Schabens bzw. Schleifens aufwändig. Gehärtete Führungsbahnen verringern die Fressneigung, vergrößern aber den **Gleitverschleiß** am Gegenstück. Das Reibungsverhalten lässt sich durch hochviskose und additivierte Schmierstoffe, zusätzliche Schmierpulse unmittelbar vor Beginn der Bewegung und bei niedrigen Geschwindigkeiten, sowie Schmierstoffdepots in der Kontaktfläche (durch Taschen, Schabmuster oder Riefen quer zur Bewegungsrichtung) deutlich verbessern [4]. Keramische oder metallische Hartstoffschichten zur Verbesserung des Verschleißverhaltens und Vereinfachung der Schmierung haben sich bisher wegen der sehr aufwändigen Herstellung und der Empfindlichkeit gegen Stoßbelastung nicht durchgesetzt.

Abformbare Kunststoffe auf Kunstharzbasis ermöglichen eine relativ freizügige Gestaltung und eine sehr einfache, kostengünstige und genaue Herstellung der Führung. Sie haben günstiges Gleitverhalten, hervorragende Dämpfung und sind einfach instandsetzbar. Ihre Empfindlichkeit gegen Abrasion und Temperatureinwirkung ist jedoch hoch. Unter ungünstigen Bedingungen kann auch eine Dickenzunahme durch aufplattierte Verunreinigungen oder chemische Reaktionen mit Hilfsstoffen auftreten. Wichtig ist eine sachgemäße Verarbeitung. Bild 11.3 zeigt die Herstellung eines solchen Belags: Beim Spachtelverfahren werden die mit 2 … 3 mm Aufmaß grob vorgefrästen Führungsflächen *b* im Schlitten *a* mit Gleitbelag verspachtelt und anschließend der Schlitten auf die Gegenführung aufgesetzt und exakt ausgerichtet (*c*). Überschüssiges Belagmaterial quillt an den Enden heraus. Beim Einspritzverfahren wird der

Schlitten ohne Belag aufgesetzt, ausgerichtet und dann der Gleitbelag durch vorbereitete Kanäle in den Hohlraum d eingespritzt. Schmiernuten lassen sich bei beiden Verfahren durch Einlegen von Nutmodellen oder durch nachträgliches Ausarbeiten erzeugen.

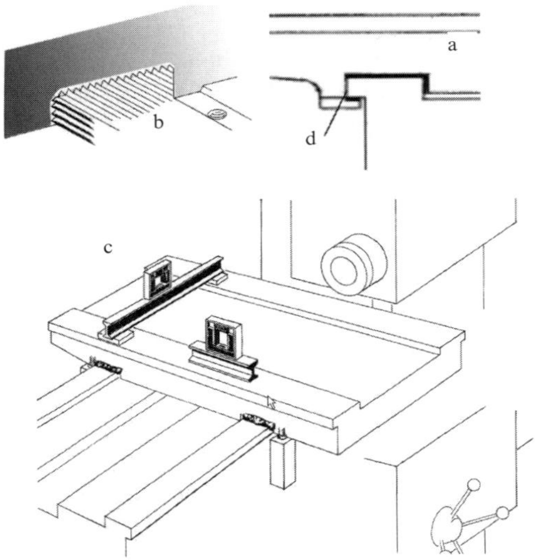

Bild 11.3: Herstellung eines abgeformten Gleitbelags [3]

Aufklebbare Gleitbeläge auf PTFE-Basis zeichnen sich durch die besten Gleiteigenschaften und leichte Instandsetzbarkeit aus, der Werkstoff schließt abrasive Verunreinigungen unschädlich in sich ein und ist thermisch und chemisch sehr beständig. Unter Umständen kann auf eine gesonderte Schmierung verzichtet werden. Ungünstig sind geringe Steifigkeit, Belastbarkeit und Verschleißfestigkeit sowie Empfindlichkeit gegen Kantenträger.

11.2.2 Hydro- und aerostatische Gleitführungen

Bei diesen Führungen wird der Druck im Schmierspalt durch ein externes Versorgungssystem erzeugt und so unabhängig von der Gleitgeschwindigkeit erhalten. Hierzu befinden sich in der kürzeren der beiden Führungsflächen taschenförmige Vertiefungen, in die das Trennmedium (Schmieröl, Luft) gedrückt wird. Die Tragkraft pro Tasche ergibt sich aus Fläche und Innendruck derselben:

$$F_T = A_T \cdot p_T \tag{11.3}$$

Die Taschendrücke liegen zwischen 5 und 50 bar.

Vorteile:

- hohe Tragfähigkeit (bis 10 N/mm²) und hohe Dämpfung in Tragrichtung (nur bei hydrostatischen Führungen)
- sehr geringe Reibung ($\mu = 0{,}001$), kein Anlaufwiderstand
- Laufverhalten geschwindigkeitsunabhängig
- verschleißfrei
- kein Stick-Slip
- kleiner Bauraum

Nachteile:

- geringe Dämpfung in Verfahrrichtung
- aufwändig und teuer
- ständiger Energie- und Ölverbrauch
- aerostatische Führungen laut und durch Kondenswasser korrosionsgefährdet

Fördermenge Q und Viskosität η des Schmiermediums, Taschendruck p_T, Spaltweite h sowie mittlerer Umfang b und Breite l des um die Tasche verbleibenden Stegs stehen nach dem *Hagen-Poiseuille*'schen Gesetz in Relation zueinander, so dass sich das System selbst regelt:

$$Q = \frac{p_T \cdot h^3 \cdot b}{12 \cdot \eta \cdot l} \tag{11.4}$$

Um asymmetrische Belastungen aufzunehmen, muss ein gegenseitiger Druckausgleich zwischen den Taschen verhindert werden. Dies kann durch eine eigene Pumpe für jede Tasche erfolgen (Bild 11.4, Fall a), oder wesentlich einfacher durch eine Drossel vor jeder Tasche (Fall b). Bei beiden Lösungen ist die resultierende Spaltweite belastungsabhängig. Höchste Lagersteifigkeiten sind durch Membrandrosseln erreichbar, die den Durchfluss in Abhängigkeit vom Taschendruck selbsttätig regeln (Fall c). Diese Lösung ist jedoch teuer und schwierig in der Einstellung. Detaillierte Angaben zur Auslegung und Ausführung gibt [5].

Bei Ausfall der Druckversorgung oder Überlastung setzt der Schlitten auf der Gegenführung auf, was während einer Bewegung schwere Schäden hervorrufen kann. Daher ist ein zusätzliches Nottragsystem erforderlich.

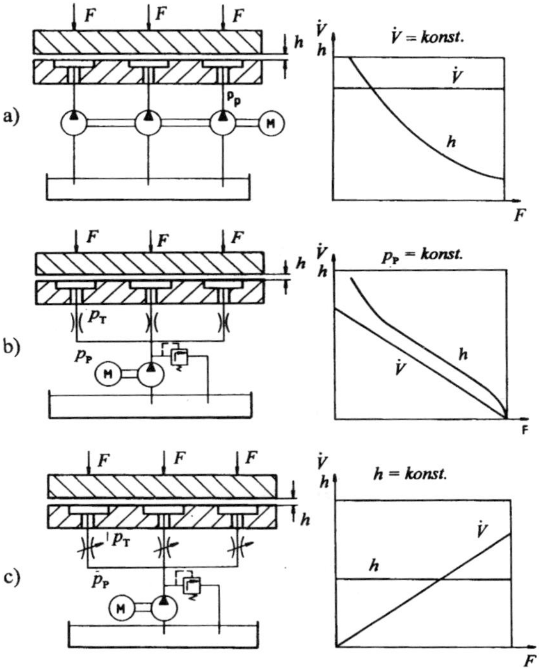

Bild 11.4: Systeme hydrostatischer Führungen (nach [5])

11.2.3 Wälzführungen

Bei Wälzführungen gleiten die Führungsflächen nicht aufeinander, sondern sind durch Wälzelemente (Kugeln, Rollen) voneinander getrennt. Wegen der kleinen Kontaktfläche und des geringen Volumens der Wälzelemente federn diese unter Last stark ein; eine ausreichende Steifigkeit der Führung ist nur durch eine beträchtliche Vorspannung (ca. 10 % der statischen Tragzahl) erreichbar.

Vorteile:

- leichter, ruckfreier Lauf (Reibungszahl $\mu < 0{,}005$)
- sehr geringer Verschleiß

- kleiner Flächenbedarf
- Verwendung kostengünstiger, standardisierter Elemente möglich
- geringer Wartungsaufwand (kein Nachstellen erforderlich)
- geringer Schmiermittelbedarf
- Auslegung für Fett-Dauerschmierung ohne externe Schmiermittelzuführung möglich

Nachteile:

- geringe Dämpfung
- große Bauhöhe
- nur Verwendung gehärteter und geschliffener Führungsbahnen möglich
- schwierige Einstellung der Vorspannung
- begrenzte Lebensdauer, Ausfallverhalten zufallsbehaftet
- verschmutzungsanfällig

Die Bauarten von Wälzführungen lassen sich unterscheiden nach:

- ohne oder mit Wälzkörperrückführung
- Aufbau aus Einzelelementen oder kompakt
- Form und Anordnung der Wälzkörper

Führungen ohne **Wälzkörperrückführung** laufen besonders ruhig und leicht, jedoch wird der Verschiebeweg von der Kombination der Längen von Wälzkörperkette und Führungsschienen bestimmt, und die Abstützung reicht nicht über die ganze Länge des Schlittens, wobei deren Lage stellungsabhängig wechselt (Bild 11.5).

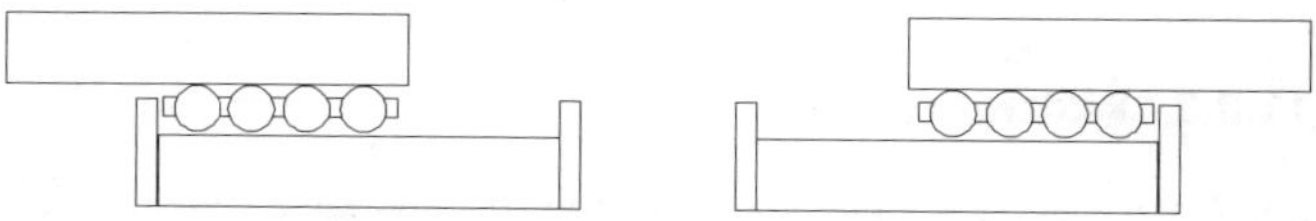

Bild 11.5: Wälzführung ohne Wälzkörperrückführung

Bei den Systemen mit Wälzkörperrückführung sind die früher üblichen Bauarten aus Einzelelementen (z. B. **Rollenschuhen**, Bild 11.6) weitgehend durch die kleiner bauenden sowie bedeutend einfacher zu fertigenden, zu montierenden und abzudichtenden Kompaktsysteme aus mehrreihigen **Umlaufeinheiten** und Profilschiene abgelöst worden (Bild 11.7). Diese Systeme haben sich als Standardlösung für Führungen durchgesetzt. Die sehr preiswerten Kugelbüchsen kommen wegen ihrer geringen Steifigkeit (vor allem der schlechten Abstützung der Führungswelle) nicht für Hauptachsen in Betracht.

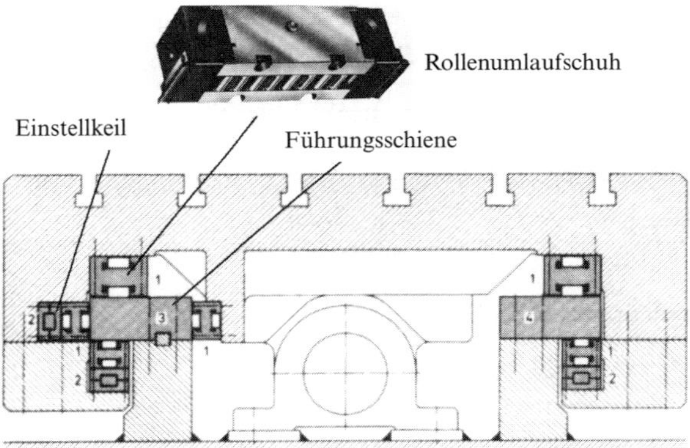

Bild 11.6: Tischführung aus Einzelelementen (INA Industriewerk Schaeffler, Herzogenaurach)

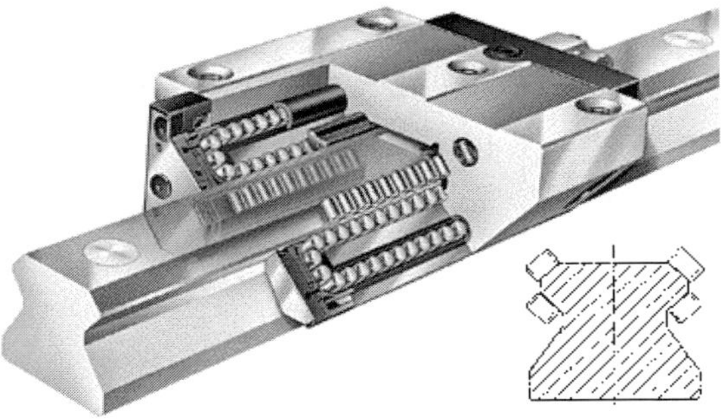

Bild 11.7: Profilschienen-Kompaktführung (INA Industriewerk Schaeffler, Herzogenaurach)

Kugelförmige Wälzelemente haben nur Punktberührung, rollenförmige Elemente hingegen Linienberührung und damit größere Tragfähigkeit und Steifigkeit; letztere sind jedoch erheblich teurer in der Herstellung. Durch Laufbahnen mit spitzbogenförmigem Querschnitt (sog. Gotik-Profil) vergrößert sich auch bei Kugeln die Anschmiegung und damit die Steifigkeit, dies allerdings um den Preis größerer Reibung und höherer Kosten. Mit Anzahl und Größe der Wälzelemente sowie besser in Kraftrichtung liegendem Druckwinkel nehmen Steifigkeit und Tragzahl ebenfalls zu.

Eine Erhöhung der Vorspannung hat keine Auswirkung auf die Dämpfung. Bei hohen Anforderungen an die Dämpfungseigenschaften werden kombinierte Systeme aus Wälz- und Gleitführungen (z. B. gleitender Untergriff) oder zusätzliche Dämpfungselemente eingesetzt.

11.3 Geometrie der Führungselemente

Grundsätzlich stehen an Führungselementen zur Verfügung (Bild 11.8):

Flachführungen:

- einfach zu bearbeiten
- geeignet für hohe Kräfte
- kleiner Bauraum
- viele Führungsflächen und Passungen

Prismenführungen:

- kleiner Bauraum
- mit nur vier Führungsflächen allseitige Kraftaufnahme möglich
- Dachprismenführung günstig gegen Verschmutzung
- reine Prismensysteme statisch überbestimmt
- Fertigung aufwändiger
- höhere Reibung als bei Flachführung

Rundführungen:

- fertigungstechnisch günstig, da Bearbeitung durch Bohren, Drehen und Rundschleifen möglich
- für allseitigen Kraftangriff geeignet
- bei mehreren Führungssäulen statisch überbestimmt
- bei nur einer Führungssäule können zwei Freiheitsgrade realisiert werden
- Nachstellbarkeit sehr aufwändig

Die Bearbeitung und Instandsetzung von Prismenführungen ist wegen der höheren Anforderungen an die Genauigkeit, des schwierigeren Nachmessens und der gegenseitigen Beeinflussung von je zwei Führungsflächen und Koordinatenrichtungen wesentlich aufwändiger als bei

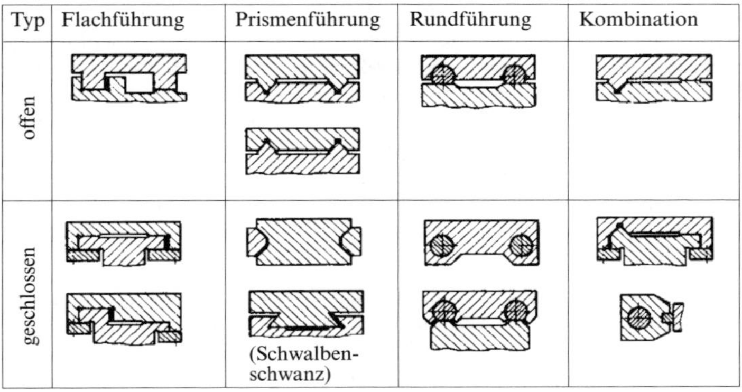

Bild 11.8: Systematik der Führungen

Flachführungen. Dies wird zu einem gewissen Grad durch die geringere Zahl der erforderlichen Führungsflächen und Nachstellelemente sowie die kompaktere Bauweise kompensiert.

Bei Prismen- oder Rundführungen ergibt die Kombination mit einer Flachführung eine statisch bestimmte Anordnung. Alle anderen Kombinationen sind statisch überbestimmt, dadurch kann es zu unbestimmten Tragzuständen, Zwängungen und Verlagerungen in Tragrichtung infolge Herstellungsfehlern, Verschleiß und thermischer Ausdehnung kommen (Bild 11.9).

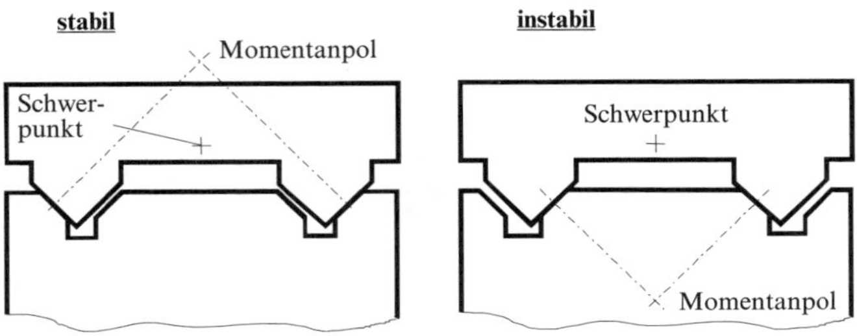

Bild 11.9: Statisch überbestimmte Prismenführung

Man unterscheidet offene und geschlossene Führungssysteme (Bild 11.8). Offene Systeme haben keinen Untergriff, sondern nutzen die Schwerkraft des Schlittens zum Schließen des Kraftflusses. Sie sind daher kostengünstig und in vertikaler Richtung selbsttätig spielfrei nachstellend, jedoch schwer und wenig geeignet für Kippbeanspruchungen. Bei geschlossenen Führungsanordnungen müssen Maßnahmen zur Einstellung von Spiel bzw. Vorspannung vorgesehen werden (Stellschrauben, -keil, Passplatte, -fläche, Fertigen auf Passmaß), was sie teurer macht. Kompaktführungssysteme mit Wälzkörpern sind mit herstellerseitig aufeinander abgestimmten Laufwagen und Führungsschienen erhältlich, so dass keine zusätzlichen Einstellelemente benötigt werden. Im Schadensfall muss dann aber genau passender Ersatz beschafft oder die komplette Führung ausgetauscht werden.

Das **Führungsverhältnis** *l/b* (Bild 11.2) spielt für die geometrische Genauigkeit der Maschine eine erhebliche Rolle, weil es bei gegebenem Führungsspiel bzw. Führungssteifigkeit Winkelfehler und Längsversatz bestimmt. Es sollte tunlichst nicht unter 2 liegen. Werden mehrere Führungen parallel eingebaut, so ist hierbei erfahrungsgemäß wegen der unbestimmten Seitenanlage nicht die Breite einer einzelnen Führung anzusetzen, sondern die Gesamtbreite.

Quellen und weiterführende Literatur

[1] *Milberg, J.:* Werkzeugmaschinen Grundlagen. 2. Auflage. Berlin: Springer Verlag, 1995

[2] *Domrös, D.:* Über das Verschleiß- und Reibungsverhalten von Werkzeugmaschinen-Gleitführungen. Diss. Aachen: RWTH, 1966

[3] Fa. SKC Gleittechnik GmbH Rödental: SKC-Gleitbeläge. 1998

[4] *Rinker, U.:* Fortschritt-Berichte VDI Reihe 1. Nr. 140: Tribologische Eigenschaften von Werkzeugmaschinen-Gleitführungen. Einfluß der durch unterschiedliche Fertigungsverfahren erzeugten Oberflächenstrukturen. Düsseldorf: VDI-Verlag, 1986

[5] *Perovic, B.:* Werkzeugmaschinen und Vorrichtungen. Berechnung und Konstruktion. München Wien: Carl Hanser Verlag, 1999

Tönshoff, H. K.: Werkzeugmaschinen. Grundlagen. Berlin: Springer Verlag, 1995

Hirsch, A.: Werkzeugmaschinen. Braunschweig Wiesbaden: Vieweg Verlag, 2000

12 Hauptantrieb

Prof. Dr.-Ing. Dieter Förster und
Ing. (grad.) Wolfgang Müller

W A B

Hauptantriebe erzeugen die Schnittbewegung und stellen Schnittleistung sowie Schnittmoment für die Bearbeitung bereit. Ein großer Teil der Werkzeugmaschinen realisiert eine rotatorische Schnittbewegung. Dazu zählen u. a. Dreh-, Bohr-, Fräs- und Schleifmaschinen.

Der Hauptantrieb umfasst alle Komponenten vom Antriebsmotor bis zur Hauptspindel (Bild 12.1) bzw. bei Werkzeugmaschinen mit geradliniger Schnittbewegung bis zum Schlitten (Hobelmaschinen) oder zu der Werkzeugaufnahmekomponente (Stoß- und Räummaschinen)

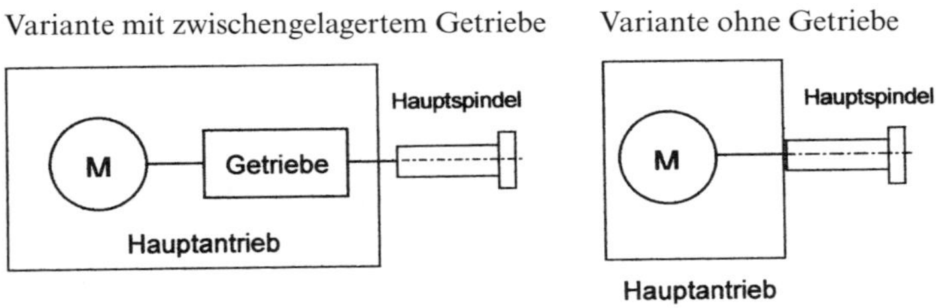

Bild 12.1: Komponenten von Hauptantrieben

Der Energie- bzw. Leistungsfluss von der Einspeisung bis zur Umsetzung an der Wirkstelle ist durch Verluste (Reibung) geprägt. Im vorgelagerten Motor entstehen elektrische, im nachfolgenden Übertragungsteil mechanische Verluste (Bild 12.2).

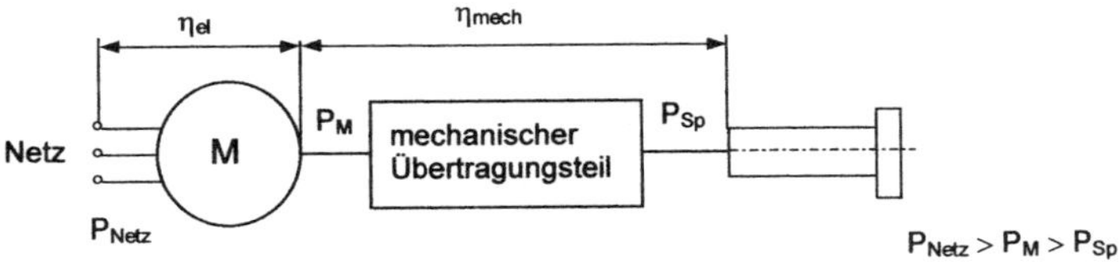

P_{Netz} aufgenommene elektrische Leistung
P_M Motorleistung
P_{SP} Spindelleistung

Bild 12.2: Leistungsfluss in Hauptantrieben mit elektrischem Antriebsmotor

Die Leistungsverluste werden durch den Wirkungsgrad erfasst:

$$\eta_{el} = \frac{P_M}{P_{Netz}} \qquad \eta_{mech} = \frac{P_{Sp}}{P_M}$$

Bei hydraulischen und pneumatischen Antrieben ergeben sich analoge Beziehungen.

Die Gesamtverluste bestimmen sich durch die Beziehung:

$$\eta_{ges} = \eta_{el} \cdot \eta_{mech} \qquad P_{Sp} = P_{Netz} \cdot \eta_{ges}$$

Leistung und Moment stehen über die Drehzahl in folgendem Zusammenhang:

$$M = 9550 \frac{P}{n}$$

Diese Größengleichung ist an folgende Maßeinheiten gebunden:

M in Nm, n in min^{-1}, P in kW

Die Dominanz elektrisch-mechanischer Hauptantriebe ist ein Ergebnis des Entwicklungs- und Kostenniveaus bei den Antriebsmotoren einschließlich deren Versorgungs- und Steuerungs- bzw. Reglermodulen.

12.1 Hauptantriebe mit gestufter Drehzahlstellung

Hauptantriebe für rotatorische Schnittbewegung

Diese Antriebe besitzen als Antriebsmotor einen Normmotor mit einer konstanten oder zwei bis vier unterschiedlichen Drehzahlen (polumschaltbare Motoren). Zur Vervielfachung der Drehzahlen werden Schaltgetriebe eingegliedert (Bild 12.3)

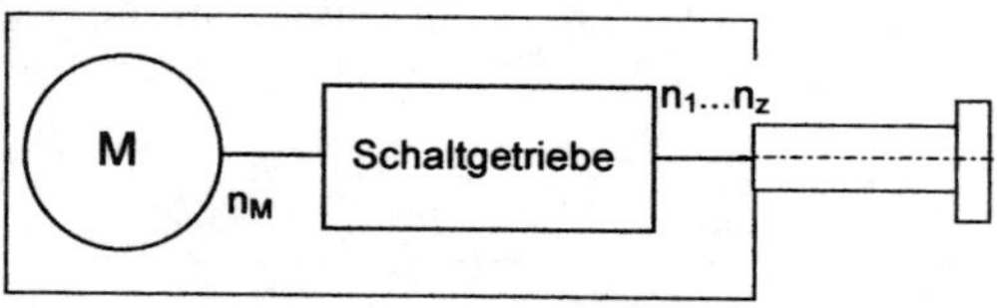

Bild 12.3: Hauptantrieb mit Schaltgetriebe

Der Drehzahlbereich B_n wird durch den Quotienten von maximaler n_z und kleinster n_1 Abtriebsdrehzahl bestimmt.

$$B_n = \frac{n_z}{n_1} \geq 1$$

Der Index z kennzeichnet die Stufenzahl. Die Abtriebsdrehzahlen sind in verschiedenen geometrischen Reihen nach DIN 804 genormt. Je nach gewähltem Stufensprung φ ergeben sich die in der Tabelle 12.1 aufgeführten Reihen.

Tabelle 12.1 Drehzahlreihen nach DIN 804

Reihe	Stufensprung φ
R 20	1,12
R 20/2	1,25
R 20/3	1,4
R 20/4	1,6
R 20/6	2,0

Für die Entwicklung des Getriebes werden **Drehzahlbild** und **Getriebeplan** genutzt. Das Drehzahlbild (Germarplan) enthält parallele waagerechte Linien im gleichen Abstand zueinander. Sie entsprechen den einzelnen Wellen im Getriebeverlauf. Die vertikalen Linien (senkrecht oder schräg verlaufend) entsprechen den möglichen Übersetzungswerten, die sich ausgehend von einer Drehzahl durch die verschiedenen Schaltmöglichkeiten ergeben. Damit entsteht ein charakteristisches Gitternetz.

Die logarithmische Darstellung der Drehzahlen führt zu einer im gleichen Abstand aufgetragenen Folge der Normdrehzahlen entsprechend Bild 12.4 auf der horizontalen Linie.

Leitern, deren Verlauf nach links unten, d. h. zu kleineren Drehzahlen gerichtet ist, entsprechen einer Übersetzung ins Langsame. Nach rechts unten verlaufende Leitern ergeben eine Übersetzung ins Schnelle. Senkrecht verlaufende Leitern kennzeichnen eine Übersetzung 1:1.

Die Übersetzungen werden an den Leitern als Potenzen des Stufensprunges angegeben. Bild 12.4 veranschaulicht ein Beispiel für das Drehzahlbild.

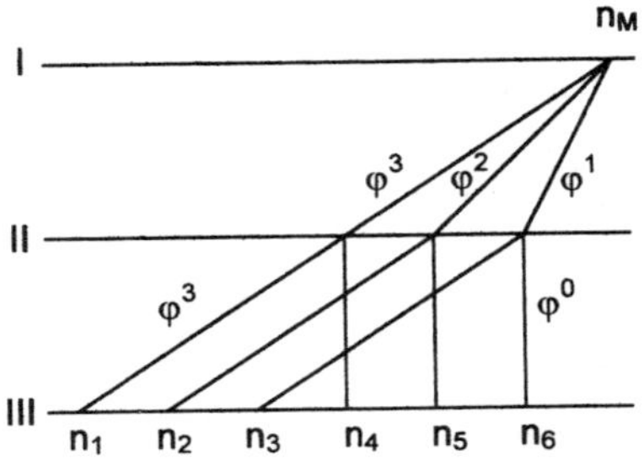

Bild 12.4: Drehzahlbild eines Dreiwellenschaltgetriebes

Der Getriebeplan entspricht einer stilisierten Darstellung des Getriebes. Dafür werden symbolische Einzelelemente genutzt (Bild 12.5). Zweckmäßigerweise werden die einzelnen Zahnräder fortlaufend mit Buchstaben oder Ziffern belegt. So lassen sich die Entwurfsdaten über das Drehzahlbild und den Getriebeplan zuordnen.

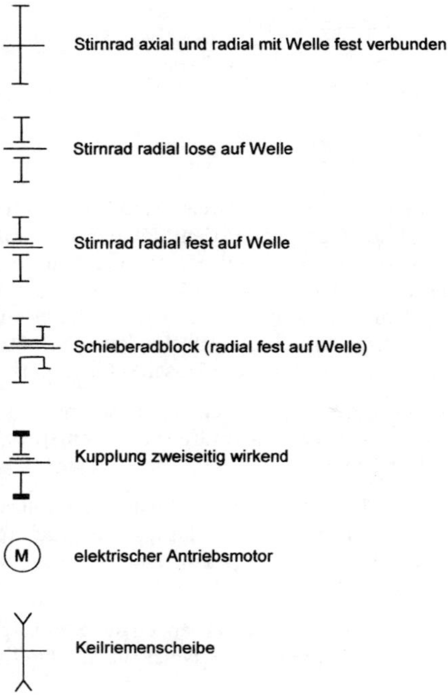

Bild 12.5: Symbole des Getriebeplanes

Ein Getriebeplan entsprechend des Drehzahlbildes 12.4 ist nachfolgend dargestellt (Bild 12.6).

Für Zahnradschaltgetriebe gelten folgende Grenzen der Übersetzungswerte i:

$$0{,}5 \leq i_{zul} \leq 2{,}8 \ \ (4)$$

Der Klammerwert gilt für Ausnahmefälle.

Mit zunehmender Stufenzahl wirken die Grenzen der Übersetzungen sehr restriktiv. Die Vorgelegebauart ermöglicht durch eine zweistufige

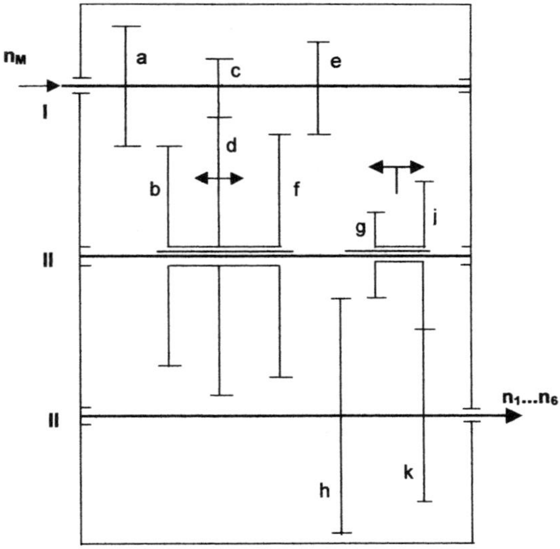

Bild 12.6: Getriebeplan eines Dreiwellenschaltgetriebes

Übersetzung ins Langsame eine häufig genutzte Ausweichmöglichkeit (Bild 12.7). Der Momenten- bzw. Leistungsfluss verläuft über eine vorgelagerte Welle und kehrt dann zum Abtriebsteil zurück.

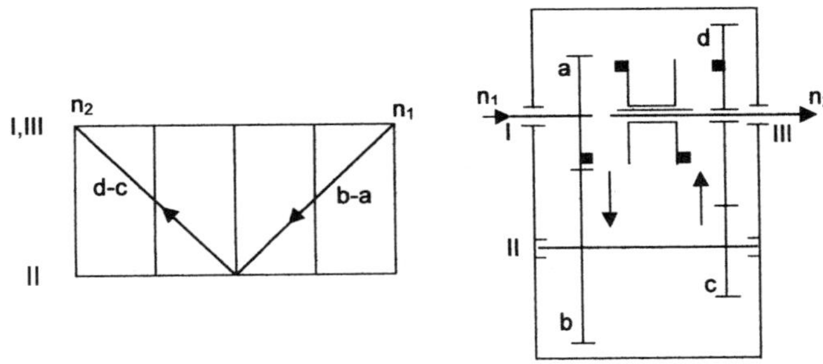

Bild 12.7: Drehzahlbild und Getriebeplan für eine Vorgelegebauart

Neben den Schaltgetrieben, bei denen Zahnradblöcke für die verschiedenen Übersetzungen verschoben werden, gibt es eine Reihe weiterer Getriebevarianten. Zu diesen zählen das Kupplungsgetriebe (Bild 12.8) und das Umsteckrädergetriebe (Bild 12.9).

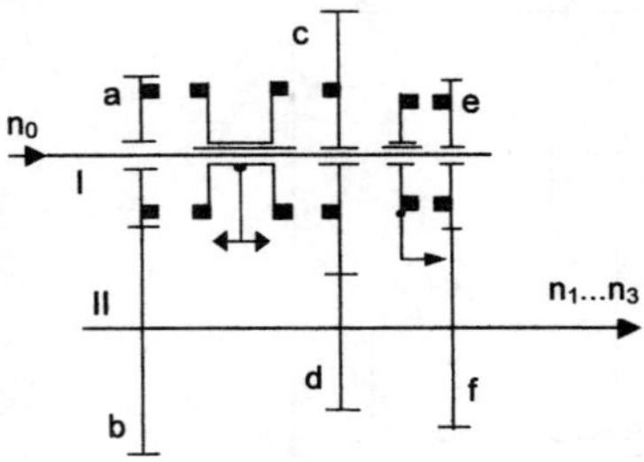

Bild 12.8: Kupplungsgetriebeplan

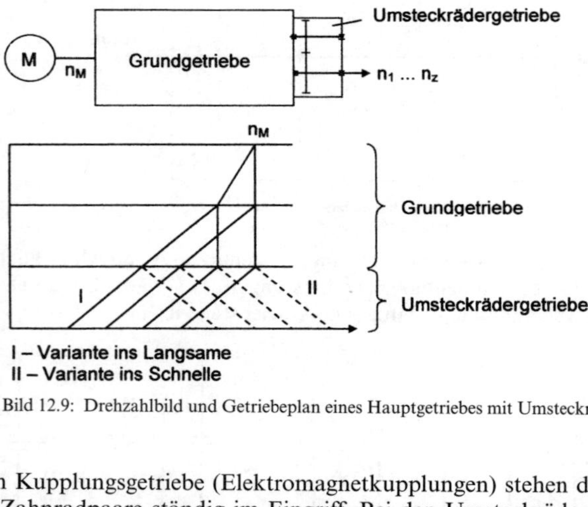

I – Variante ins Langsame
II – Variante ins Schnelle

Bild 12.9: Drehzahlbild und Getriebeplan eines Hauptgetriebes mit Umsteckrädern

Beim Kupplungsgetriebe (Elektromagnetkupplungen) stehen die einzelnen Zahnradpaare ständig im Eingriff. Bei den Umsteckrädergetrieben werden einzelne Zahnräder gewechselt, so dass mit einer kleinen Schaltstufenzahl eine Verschiebung der Drehzahlen erreicht wird.

Das axiale Verschieben der Zahnradblöcke auf Keilwellen (DIN 5472) oder mittels Passfederverbindung wird über ein handbetätigtes Gestänge oder pneumatische bzw. hydraulisch betätigte Linearzylinder vorgenommen. Die Zahnradblöcke werden dabei von einer Schaltgabel umfasst (Bild 12.10).

Drehmomenten- und Leistungsverlauf über der Drehzahl werden durch geschlossene Kurvenverläufe dargestellt. Dabei nutzt man zur einfacheren Darstellung eine logarithmische Achseinteilung (Bild 12.11).

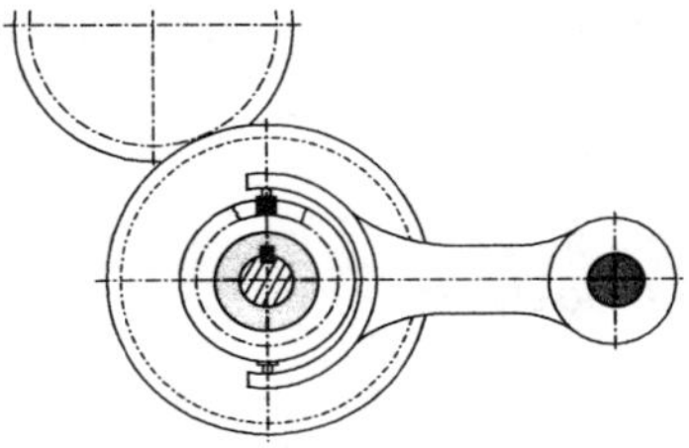

Bild 12.10: Zahnradschaltblock mit Schaltgabel

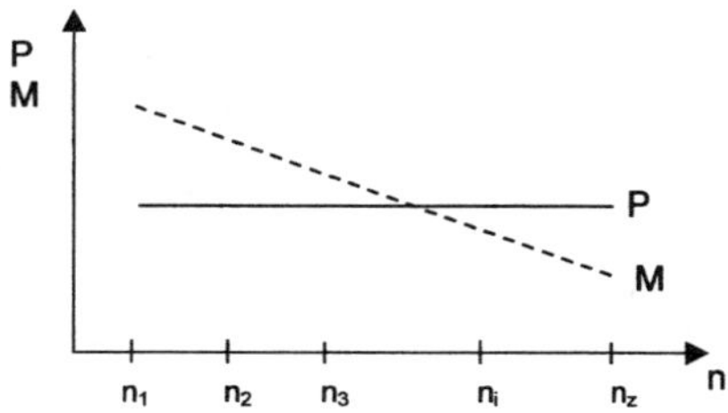

Bild 12.11: Drehmomenten-Leistungs-Verlauf mit logarithmischer Achseinteilung des Diagramms

Zur Begrenzung des Maximalmomentes, das sich auf die Bauteilabmessungen auswirkt, wird ab der Grenz- oder Bezugsdrehzahl n_B das Moment zu kleineren Drehzahlwerten hin konstant gehalten. Dieses Grenz- oder Bezugsmoment M_B ergibt sich nach der Beziehung

$$M_B = 9550 \cdot \frac{P}{n_B}$$

n_B liegt häufig am unteren Ende des ersten Drittel oder am Anfang des zweiten Drittel des Drehzahlbereiches. Bild 12.12 zeigt den Drehmomen-

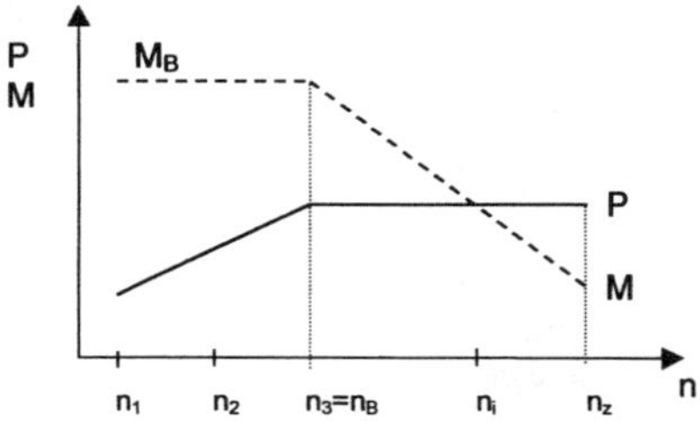

Bild 12.12: Drehmomenten-Leistungs-Verlauf mit Begrenzung des Momentes (logarithmische Achsenteilung)

ten-Leistungs-Verlauf für diese Auslegungsvariante, bei der für $n < n_B$ die Leistung linear abfällt.

12.2 Hauptantriebe mit stufenloser Drehzahlregelung

Als Antriebsmotoren kommen überwiegend frequenzgeregelte Asynchronmotoren mit Käfigläufer zum Einsatz. Vorzüge ergeben sich durch Wartungsfreiheit, Robustheit aber auch einen großen Stellbereich der Drehzahlen.

Die Drehzahlstellung bei der Asynchronmaschine (Induktionsmotor) wird durch Frequenzänderung für das Erregerfeld (Drehfeld) mit gleichzeitiger Anpassung der Spannung realisiert. Die Stromrichter (Frequenzumrichter) stellen aus dem Drehstromnetz konstanter Frequenz und Spannungsamplitude die frequenzvariable und amplitudenveränderliche Versorgungsspannung bereit (Bild 12.13).

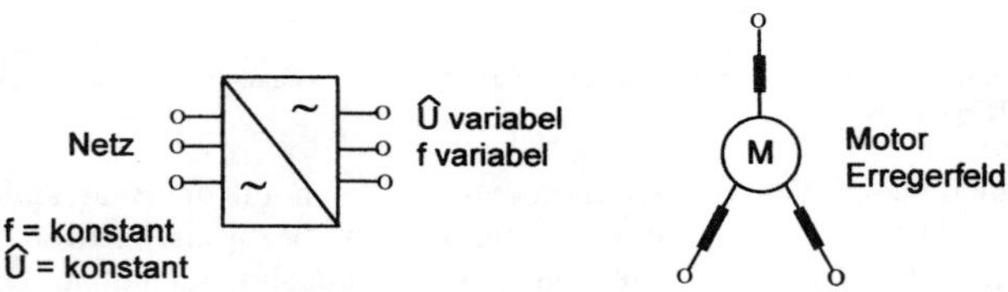

Bild 12.13: Prinzip der Drehzahlstellung

Zur Charakterisierung der einsatzbezogenen Kriterien der Motoren dienen Kennlinien der Leistungs- und Drehmomentenverläufe über der Drehzahl. (Bild 12.14)

In Anlehnung der Stellmöglichkeiten beim Gleichstrommotor – Anker- und Feldstellung – sind auch bei der Asynchronmaschine diese Bezeichnungen für die beiden Bereiche beibehalten worden.

Begrenzungen für die Maximaldrehzahl n_{max} ergeben sich aus dem Kippmoment.

Die Anpassung der Motorcharakteristik wird durch mechanische Getriebe vorgenommen. Energiewandlung und -fluss sind durch die Reihenschaltung der Wirkungsglieder festgelegt (Bild 12.15).

Asynchronmotor (Drehstrommotor)

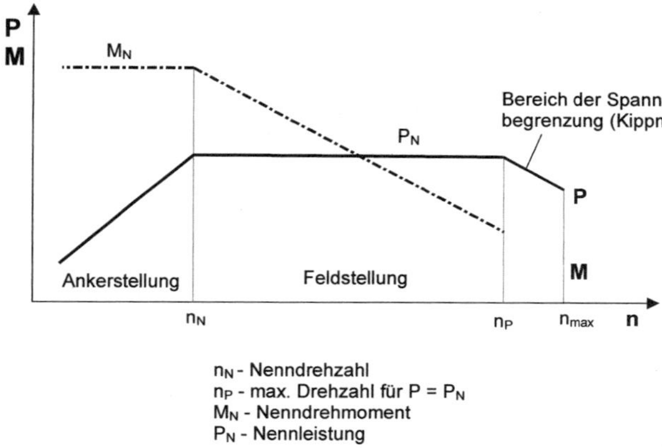

Bild 12.14: Leistungs-Drehmomenten-Kennlinie des frequenzgeregelten Drehstrommotors (logarithmische Darstellung)

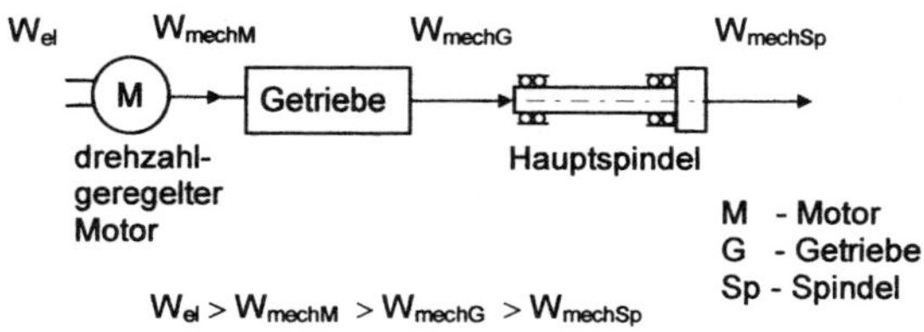

Bild 12.15: Energieflussmodell

Mechanische Getriebe

Die Verschiebung und Aufweitung der Leistungs-Drehmomenten-Kennlinie des Motors erfolgt über Getriebe.

Anpassgetriebe

In einfachster Form werden die Motorkennlinien (M, P) an die der Werkzeugmaschine angepasst. Dabei sind keine Schaltstufen erforderlich (Bild 12.16). Der Gesamt- oder ein eingegrenzter (schaltungstechnisch) Bereich (n_{M1} … n_{M2}) der Kennliniencharakteristik des Motors wird auf die Spindel durch eine Konstantübersetzung übertragen. Dies sind Zahnradstufen oder auch Riementriebe (Keil- oder Zahnriemen, seltener

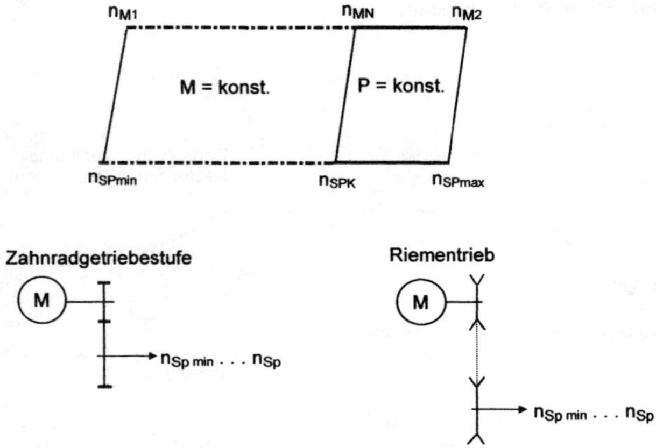

Bild 12.16. Variante mit Anpassgetriebe

Flachriemen). Die Übersetzung *i* entscheidet darüber, ob die Anpassung zu kleineren, gleichen oder größeren Drehzahlen erfolgt. In diesem Sinne wird auch die Drehmomentenwandlung ($M_{Sp}=M_M \cdot i$) vorgenommen.

Nach Bild 12.17 ist der Fall $i > 1$ dargestellt. Die Knickdrehzahl wird zu niedrigeren Werten ($n_{kSp} < n_{nM}$) und somit der Bereiche konstanter Leistung zu kleineren Drehzahlen verschoben.

Damit erhöht sich auch das maximale Moment am Getriebeausgang (Spindel), nach dem die Bauteile zu dimensionieren sind.

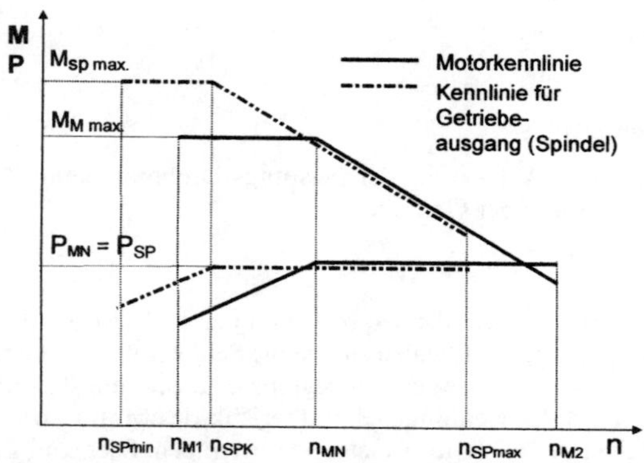

Bild 12.17: Leistungs-Drehmomenten-Kennlinie (logarithmische Darstellung)

W A B

Anwendung:

- $n_K < n_N$ mit Erhöhung des nutzbaren Momentes für die Bearbeitung und Verschiebung des Bereiches konstanter Leistung zu kleineren Drehzahlen
- mittlerer Drehzahlbereich mit noch akzeptablen Maximaldrehzahlen n_{Spmax}.

Bereichsgetriebe

Weiterreichende Anpassungen der Motorcharakteristik an die Werkzeugmaschine werden durch Bereichsgetriebe realisiert. In der Praxis haben 2- und 3-stufige Schaltgetriebe Bedeutung erlangt, wobei die Tendenz eindeutig zur ersten Art vorliegt. Am Beispiel der 2-stufigen Ausführung können folgende konstruktive Varianten unterschieden werden:

Variante mit 2-stufigem Schaltgetriebe (Bild 12.18)

Der Kennlinienverlauf zeigt, dass neben der für diese Getriebe typischen „Aufweitung" der (genutzten) Motorkennlinie der Bereich konstanter Leistung vergrößert wird. Allerdings sind durch die Einschränkung der maximalen Übersetzungsverhältnisse $i_{max} \leq 2{,}8$ (4) diesen Zielstellungen Grenzen gesetzt.

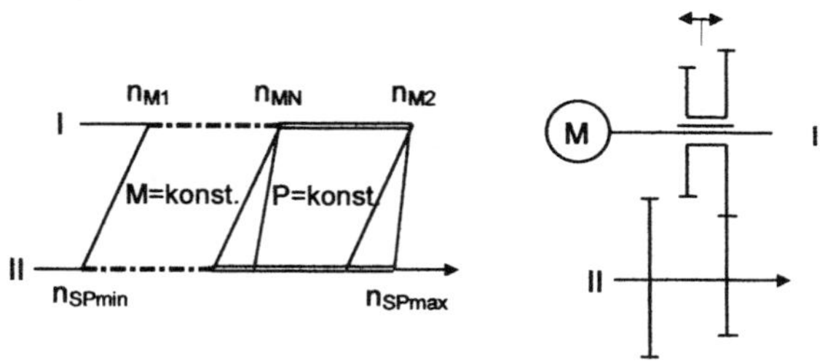

Bild 12.18: Variante mit 2-stufigem Schaltgetriebe

Anwendung:
- $n_K > n_N$ oder $n_K \leq n_N$, wobei $n_K < n_N$ vorwiegend auftritt
- mittlerer Drehzahlbereich mit vergrößertem Bereich konstanter Leistung

Variante mit Vorgelege

Durch Vorgelegebauweise (Bild 12.19) mit interner 2-stufigen Übersetzung können die Gesamtübersetzungen wesentlich erhöht werden $i_{vorgel.}$ bis $(i_{zul})^2$.

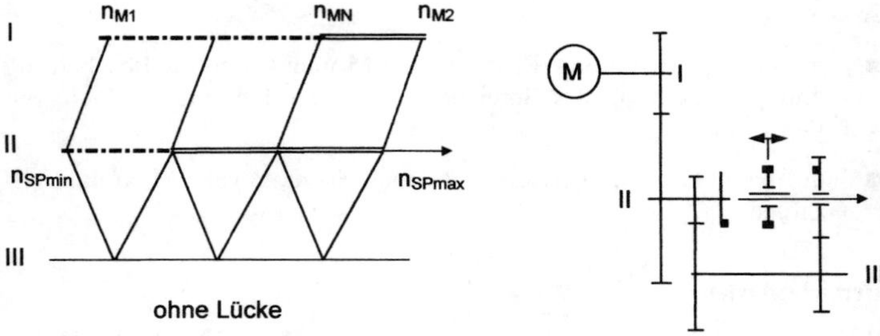

Bild 12.19: Variante mit Vorgelege

In den Kennlinien sind Verläufe ohne und mit Lücke möglich.

Lücken ergeben sich durch zwischenliegende Intervalle mit abfallenden Leistungscharakteristiken aus dem Motorverhalten.

Anwendung:
- $n_K < n_N$
- erhöhte Drehzahlbereiche mit wesentlich vergrößertem Anteil konstanter Leistung

Variante mit Zwischenwellengetriebe

Anstelle der „klassischen" Vorgelegebauart (Bild 12.19) werden im mechanischen Eintriebsstrang die Schaltmöglichkeiten über Zwischenwellen aufgebaut.

Die Ausführungen sind sowohl mit (Bild 12.20) als auch ohne gebundenem Rad (Bild 12.21) möglich. Durch die Zwischenwelle ergeben sich wie bei der Vorgelegebauart günstige Möglichkeiten für große Übersetzungen.

Die Kennlinien und auch die Anwendungen entsprechen denen der Vorgelegevariante.

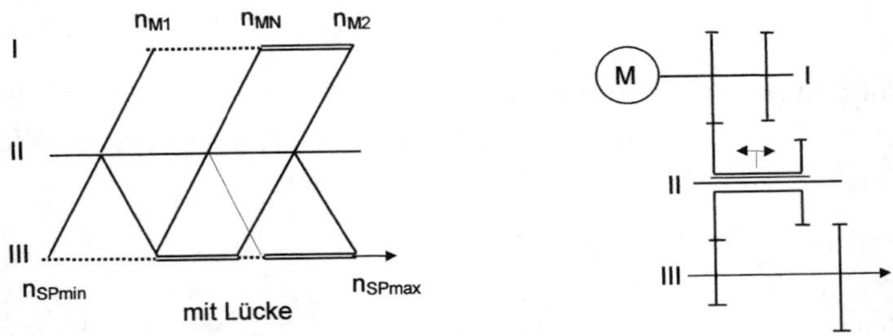

Bild 12.20: Zwischenwellengetriebe mit gebundenem Rad

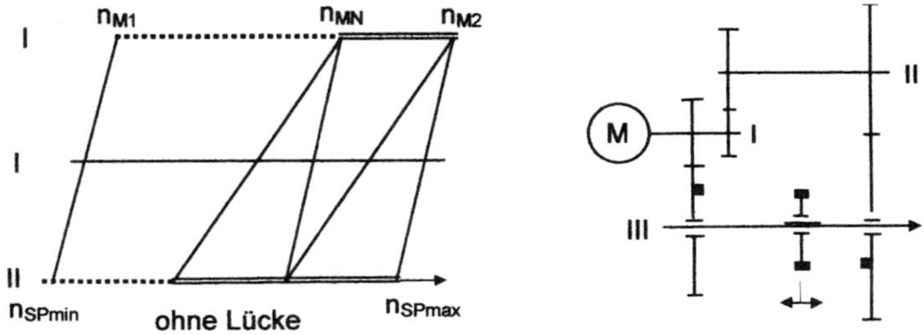

Bild 12.21: Zwischenwellengetriebe ohne gebundenem Rad

12.3 Hauptantriebe mit translatorischer Schnittbewegung

Gliederung dieser Anteile:

Antriebe mit direkter Erzeugung der Linearbewegung

Hierzu zählen:

a) Hydraulische Linearantriebe

b) Pneumatische Linearantriebe

c) Elektrische Linearantriebe

Antriebe mit Umwandlung der rotatorischen in translatorische Bewegung

Hierzu zählen:

a) Antriebe ohne Umschaltung der Bewegung: Kurbeltriebe

b) Antriebe mit Reversierbewegung:

- Ritzel – Zahnstange
- Schnecke – Zahnstange
- Gewindespindel – Mutter

Hydraulische Linearantriebe (Prinzip nach Bild 12.22 mit zweiseitig beaufschlagtem Hydraulikkolben) können:

a) für kurze bis mittlere Wege ausgeführt werden

b) große Beschleunigungen und Verzögerungen erzeugen

c) hohe Schnittkräfte aufbringen

d) schnelle und ruckarme Umsteuerung der Linearbewegung realisieren

e) Lineargeschwindigkeit schnell und in weiten Grenzen ändern sowie deren Konstanthaltung einfach sichern

f) dynamische Antriebsstörungen vermindern.

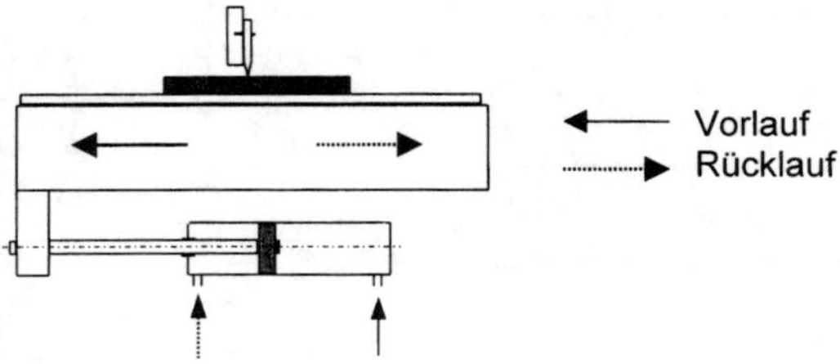

Bild 12.22: Prinzip des hydraulischen Linearantriebes (Beispiel für Hobelmaschine)

Sie finden u. a. bei Hobel- und Stoßmaschinen sowie Räum- und Nutenziehmaschinen Einsatz.

Pneumatische Linearantriebe basieren auf dem gleichen Wirkungsprinzip wie hydraulische.

Sie haben aufgrund der geringen Laststeife und der aufwändigeren Druckversorgung bei Werkzeugmaschinenhauptantrieben keine Bedeutung erlangt.

Elektrische Linearantriebe basieren auf dem Prinzip des elektrischen Linearmotors. Praktische Einsatzmöglichkeiten werden entwicklungsseitig erschlossen.

Bei der rotatorischen Erzeugungsbewegung (Elektromotor) in die translatorische Antriebsbewegung **ohne** Umschaltung werden Kurbelmechanismen eingesetzt. Im Bild 12.23 ist ein kinematisches Prinzip dargestellt.

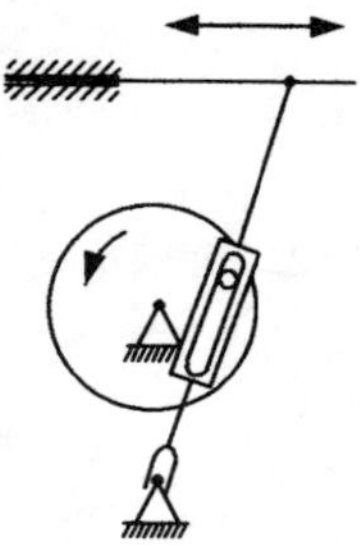

Bild 12.23: Antriebsprinzip für Linearbewegungen mit Kurbelumlaufmechanismus (Kurbelschleife)

Die kinematischen Antriebsbedingungen führen zu einem charakteristischen Geschwindigkeitsverlauf, der durch wechselnde Geschwindigkeiten gekennzeichnet ist. (Bild 12.24)

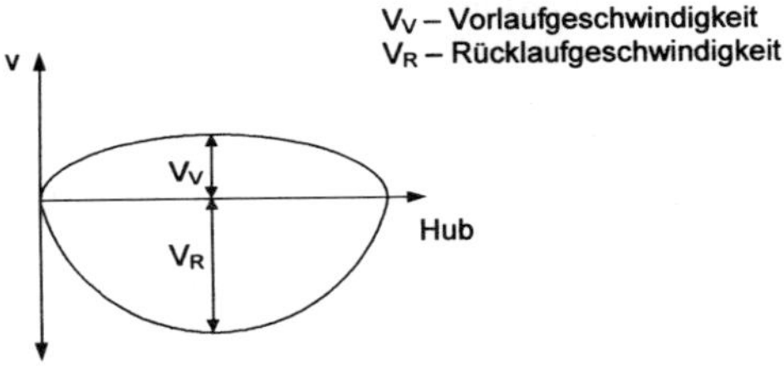

Bild 12.24: Charakteristischer Geschwindigkeitsverlauf für einen Kurbelschleifenantrieb

Für größere Wege (Hübe) werden die Antriebe mit Umwandlung der rotatorischen in translatorische Bewegung (z. B. bei Hobelmaschinen) mit Reversiervorgängen realisiert. Nach der Vorlauf- oder Schnittbewegung muss die Antriebsbewegung zum Stillstand gebracht und danach für den Rücklauf in der umgekehrten Bewegungsrichtung wieder beschleunigt werden. Von den vorn angegebenen Möglichkeiten werden aufgrund der günstigen Spielausschaltung die Systeme Kugelrollspindel und Mutter (Wälzschraubtrieb) sowie Schnecke – Zahnstange bevorzugt.

Quellen und weiterführende Literatur

Tschätsch, H.: Werkzeugmaschinen der spanenden und spanlosen Formgebung. 7. Auflage. München Wien: Carl Hanser Verlag, 2000

Weck, M.: Werkzeugmaschinen. Band 2: Konstruktion und Berechnung. Berlin: VDI Springer Verlag 1997

Hirsch, A.: Werkzeugmaschinen-Grundlagen. Wiesbaden: Vieweg Verlag 2000

Milberg, J.: Werkzeugmaschinen-Grundlagen. 2.Auflage. Berlin: Springer Verlag, 1995

Witte, H.: Werkzeugmaschinen. Würzburg: Vogel Verlag, 1994

Perovic, B.: Werkzeugmaschinen und Vorrichtungen. München Wien: Carl Hanser Verlag, 1999

13 Vorschubantriebe

Prof. Dr.-Ing. Dieter Förster und
Ing. (grad.) Wolfgang Müller

Vorschubantriebe erzeugen die Vorschubbewegung. Diese können vom Werkstück oder vom Werkzeug ausgeführt werden. Es überwiegen lineare Vorschubbewegungen. Der Einzelantrieb, bei dem jede Vorschubachse einen eigenen Antrieb besitzt, bestimmt den Stand der Technik.

Der klassische Achsenaufbau einer Werkzeugmaschine realisiert die kartesischen Koordinatenverschiebungen in x-, y- und z-Richtung (Bild 13.1). Zusätzliche Achsen, u. a. für Schwenk-, Teil- und Drehbewegungen, erweitern die Einsatzflexibilität der Maschinen.

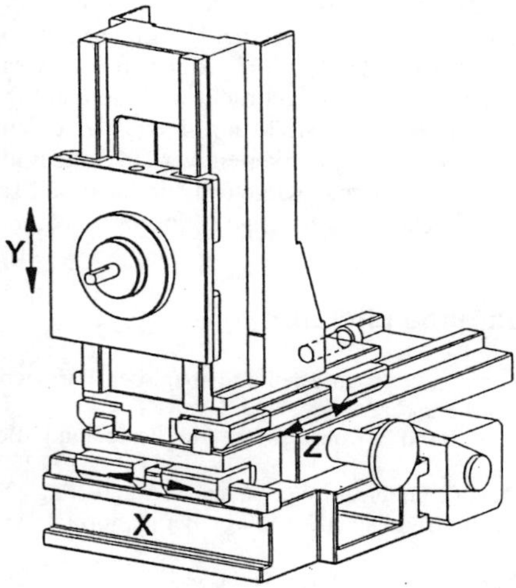

Bild 13.1: Kartesische Achsen an einer Werkzeugmaschine

Bei den Werkzeugmaschinen mit Gelenkstabkinematiken ist diese koordinatenbezogene Achsenstruktur nicht mehr gegeben. Bild 13.2 zeigt dies am Beispiel einer Hexapod-Werkzeugmaschine, bei der durch Längenänderung der Streben die Positionierung der Hauptspindel im Arbeitsraum erfolgt.

Die einzelnen Vorschubbewegungen können unabhängig oder koordiniert voneinander ablaufen. Für letzteren Fall ist der kinematische

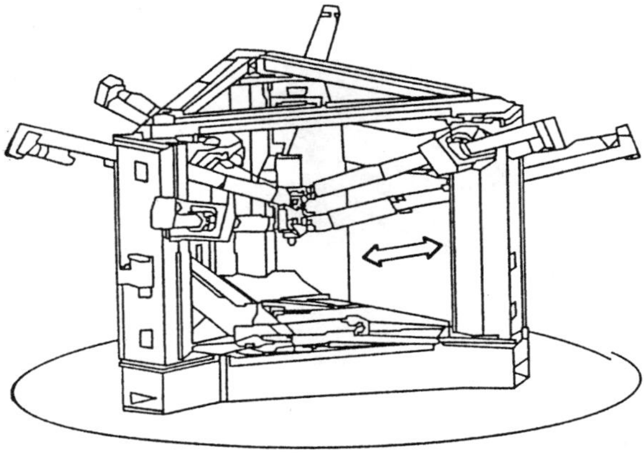

Bild 13.2: Hexapod-Struktur einer Werkzeugmaschine

Zwanglauf über getriebetechnische Verbindung (z. B. Verzahnmaschinen) bekannt; weitestgehend jedoch über die Bahnsteuerung der CNC elektronisch realisierbar.

Einzelantriebe ermöglichen durch die elektronischen und regelungstechnischen Komponenten eine stufenlose Einstellung der Vorschubgeschwindigkeit v_f. Der Maximalwert, der in der Regel nur für Verstell- und Positioniervorgänge genutzt wird, wird als Eilgang oder Eilganggeschwindigkeit v_{Eil} bezeichnet. Werte von v_{Eil} im Bereich 10 bis 30 m/min sind üblich, bis über 100 m/min bereits verwirklicht.

13.1 Vorschubantriebe mit rotatorischen Servoantrieben

Die Wandlung in die Linearbewegung erfolgt durch

- Spindel – Mutter oder
- Ritzel (Schnecke) – Zahnstange.

Im Bereich der kleinen und mittleren Vorschubachsenlängen überwiegt der Einsatz von Kugelrollspindeln (Wälzschraubtrieb) – Bild 13.3 als Wandlerelement; bei größeren Verfahrlängen die Zahnstangenvariante.

Die Vorschubantriebe mit Kugelrollspindel können entsprechend Bild 13.4 in zwei Varianten ausgeführt werden.

- Variante a) mit direktem Eintrieb des Servomotors in die Spindel
- Variante b) mit Übersetzungs- bzw. Anpassgetriebe zur Spindel

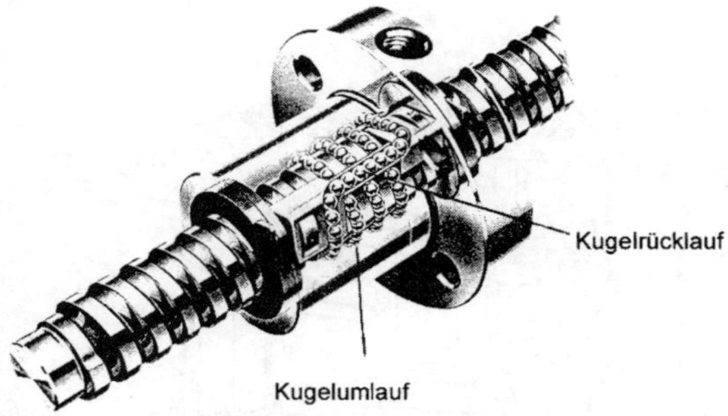

Bild 13.3: Kugelrollspindel als Wandlerelement von Rotations- in Linearbewegung (nach Fa. Star)

Der Übersetzungs- oder Anpasstrieb ist i. Allg. ein Zahnriementrieb. Da die Übersetzung mit $i_G > 1$ (d. h. ins Langsame) erfolgt, kann durch die Momentenwandlung ein kleiner Motor (momentenbezogen) eingesetzt werden. Gleichzeitig besteht die Möglichkeit, den Servomotor bauraummäßig günstig einzugliedern.

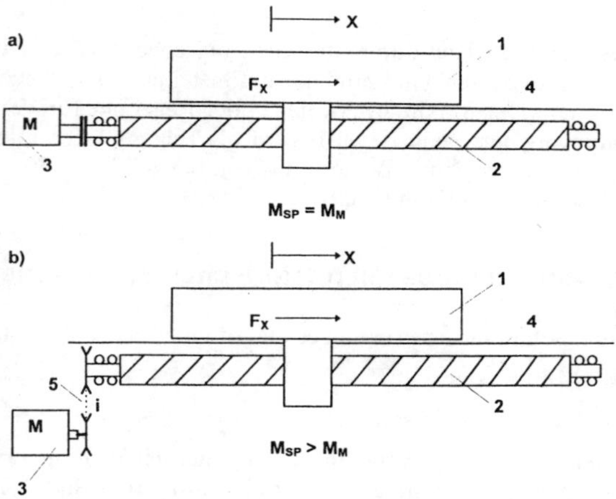

1- Tisch (Schlitten)
2- Spindel
3- Motor
4- Führung
5- Anpasstrieb

Bild 13.4: Varianten des Vorschubantriebes mit Kugelrollspindel als Wandlerelement

Zur Sicherung der erforderlichen Eilganggeschwindigkeit v_{Eil} ist die maximale Spindeldrehzahl erforderlich:

$$n_{\text{Sp}_{\max}} = \frac{v_{\text{Eil}}}{P_{\text{Sp}}}$$

P_{Sp} ist die Steigung des Spindeltriebes. Dieser maximale Drehzahlwert der Spindel $n_{\text{Sp}_{\max}}$ ist innerhalb des Regelbereiches der Motordrehzahl bereitzustellen. Für die Variante mit Anpassgetriebe (Übersetzung i_{G}) folgt:

$$n_{\text{M}_{\max}} = n_{\text{Sp}_{\max}} \cdot i_{\text{G}} = \frac{v_{\text{Eil}}}{P_{\text{Sp}}} \cdot i_{\text{G}}$$

Begrenzend wirken beim Kugelrolltrieb

- die Wärmeentwicklung durch die Wälzkörperbewegung in der Mutter
- die Biegeeigenfrequenz des Spindelkörpers

Alternativ kann auch der Antrieb über die Mutter bei ruhender Spindel erfolgen.

Bezüglich der relativ großen Drehzahlen n_{Spmax} werden zur Endenlagerung vorwiegend Schrägkugellager eingesetzt.

Die Endenlagerung kann

- einseitig (fest)
- zweiseitig (fest – lose)
- zweiseitig (fest – fest)

erfolgen (Bild 13.5)

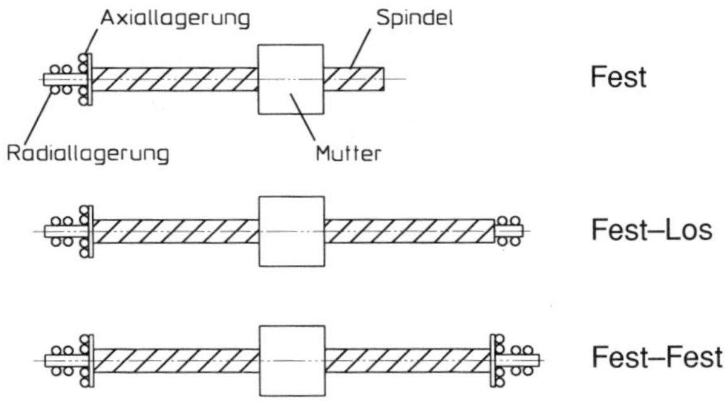

Bild 13.5: Prinzipien der Endenlagerung für Kugelrollspindeln

Die Ausführung der Endenlagerung beeinflusst die Axialsteife, die Erwärmung der Spindel und die Biegeeigenfrequenz.

Durch Vorspannung der Wälzkörper in der Mutter wird ebenfalls die Steife günstig beeinflusst; außerdem Spielfreiheit erreicht.

Das Vorschubantriebssystem kann nach Bild 13.6 in

- die Reglerkomponente
- die elektrische Antriebskomponente
- das mechanische Übertragungssystem

gegliedert werden.

Zu Letzteren gehören neben dem Anpassgetriebe und der Spindel mit Lagerung noch Kupplungen (Balg- oder Sicherheitskupplungen) und Führungselemente.

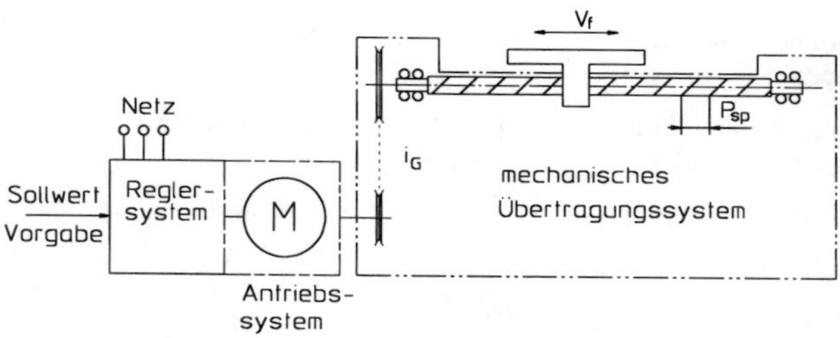

Bild 13.6: Struktur des Vorschubantriebssystems

Die mechanischen Übertragungselemente befinden sich im Kraftfluss zwischen der Bearbeitungsstelle im Arbeitsraum und dem Grundgestell. Steife S und Eigenfrequenz $\omega_{\mathrm{mech}\,0}$ dieses mechanischem Teilsystems bestimmen die statische Nachgiebigkeit und die dynamische Stabilität.

Das vereinfachte Modell der Längsschwingung nach Bild 13.7 führt zur Abschätzung der Resonanzfrequenz ω_{mech_0}.

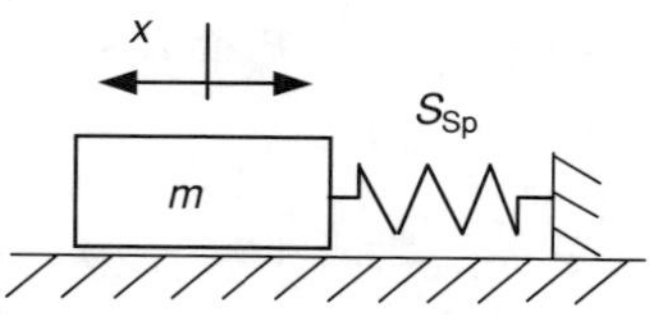

Bild 13.7: Mechanisches Ersatzmodell für die Längsschwingung

Vereinfachend lassen sich die Axialsteife S durch die axiale Spindelsteife S_{Sp} (Annähernd über glatten Vollzylinder) und die Masse m durch die bewegte Masse der Schlitten- oder Tischbaugruppe zuzüglich der maximalen Beladung durch Werkstück oder Werkzeug ersetzen:

$$S_{\text{Sp}} = \frac{E \cdot \mathrm{d}_{\text{Sp}}^2 \cdot \pi}{4 \cdot l_{\text{Sp}}}$$

$$m = m_{\text{T}} + m_{\text{Zu}}$$

Die Resonanzfrequenz des mechanischen Systems ergibt sich aus

$$\omega_{\text{mech}_0} = \sqrt{\frac{S_{\text{Sp}}}{m}} \geq 3 \cdot K_{\text{v}} \, .$$

Sie begrenzt innerhalb der Lageregelung den Verstärkungsfaktor K_{v} (Geschwindigkeitsverstärkung), der wesentlich die Reglerstabilität mitbestimmt und auch für die Bahnkonturgenauigkeit (Lageabweichung) Bedeutung hat.

Die K_{v}-Werte liegen im Allgemeinen im Bereich zwischen 1 und 5 (m/mm) · min.

Mechanische Resonanzfrequenz ω_{mech_0} und die Kennkreisfrequenz $\omega_{\text{L}0}$ des Lageregelkreises sollen, um eine gegenseitige Beeinflussung dieser dynamischen Systeme zu unterdrücken, folgende Relation erfüllen:

$$\omega_{\text{mech}_0} \geq 4 \cdot \omega_{\text{L}0}$$

Als Servomotoren werden überwiegend AC-Synchronmotoren verwendet. Durch eine schlanke Rotorbauform und den Einsatz besonderer Permanentmagnetmaterialien zeichnen sich diese durch ein kleines Eigenmassenträgheitsmoment J_{M} aus.

Die Motoren werden hinsichtlich ihrer Eignung für die geforderte Eilganggeschwindigkeit und nach ihren stationären Lastbedingungen ausgewählt.

Das stationäre Dauermoment ergibt sich nach folgender Beziehung:

$$M_{\text{erf}} = \frac{M_{\text{Sp}}}{\eta_{\text{Sp}} \cdot \eta_{\text{G}} \cdot i_{\text{G}}}$$

$$M_{\text{Sp}} = [(m_{\text{T}} + m_{\text{zu}}) \cdot g \cdot \mu_{\text{T}} + F_{\text{f}}] \cdot \frac{P_{\text{Sp}}}{2\pi}$$

F_{f} Vorschubkraft
i_{G} Übersetzungsverhältnis des Anpassgetriebes
M_{erf} erforderliches Antriebsmoment des Motors
M_{Sp} Spindelmoment

WAB

m_T	Tischmasse
m_{Zu}	Zulademasse
μ_T	Reibwert der Tischführung
η_G	Wirkungsgrad des Anpasstriebes
η_{Sp}	Spindelwirkungsgrad

Für die kurzzeitigen Beschleunigungen des Antriebes, insbesondere auf Eilganggeschwindigkeit v_{Eil}, wird die hohe Momentenüberlastbarkeit der Motoren genutzt. Die so genannte Hochlaufzeit des Antriebes aus dem Stillstand t_H wird durch die zulässige Überlastdauer begrenzt. Werte empfehlen die Motorhersteller; übliche Angaben liegen zwischen 200 und 400 ms.

13.2 Vorschubantriebe mit elektrischem Linearmotor

Sie können für hohe Beschleunigungen (mehrfache g-Werte) ausgelegt werden. Insbesondere für die HSC-Bearbeitung werden diese Motoren eingesetzt. In Einzelfällen sind bereits Eilganggeschwindigkeiten bis 120 m/min umgesetzt. Anstelle des Drehmomentes erzeugen diese Motoren die Verschiebekraft für die Vorschubbewegung direkt, so dass die Zwischenglieder zur Bewegungswandlung der rotatorischen in die lineare Bewegung (Spindel- Mutter- oder Ritzel-Zahnstangen-System) entfallen. Dies ergibt einen kurzen und stark massereduzierten Kraftfluss.

Der Linearmotor (Bild 13.8) stellt die radial aufgetrennte und linear aufgerollte Version des rotatorischen Motors dar. Ausführungen sind als Asynchronmotor, häufiger als Synchronmotor vorhanden.

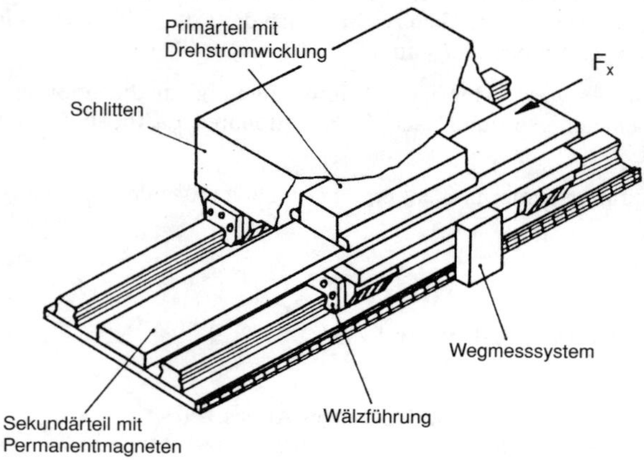

Bild 13.8: Prinzip des elektrischen Linearmotors

Das Primärteil enthält die Erregerwicklungen und ist kürzer ausgebildet. Es wird an der bewegten Baugruppe, zum Beispiel am Maschinentisch, angeordnet. Im ruhenden Teil, beispielsweise dem Bett, sind über die Verfahrweglänge die Permanentmagnete als Sekundärteil angeordnet.

Das Beschleunigungsvermögen wird im Gegensatz zu den konventionellen Antrieben in hohem Maße von der bewegten Masse der Vorschubeinheit bestimmt. Zur Umsetzung des Beschleunigungsvermögens des Linearmotors – beispielsweise in hohe Eilgänge oder Vorschubgeschwindigkeiten – sind deshalb maschinenseitig durch Leichtbaukonstruktionen entsprechende Voraussetzungen zu schaffen.

Die große Wärmeentwicklung im Primärteil erfordert eine intensive und dadurch auch kostspielige Kühlung, die in einem Umlaufsystem mit externem Wärmetauscher erfolgt. Im Motorspindelteil sind entsprechende Ableitungsplatten integriert; für die Zu- und Abführung des Kühlmediums sind Anschlüsse vorbereitet. (Bild 13.9)

Bild 13.9: Vorschubeinheit mit Linearmotor (Indramat)

Weitere konstruktive und beim Betreiben zu berücksichtigende Besonderheiten ergeben sich aus der Anziehungskraft der Permanentmagnete. Diese bringt deutliche Zusatzbelastungen für die Führungen mit sich. So ist das Verhältnis von Vorschubkraft und Anziehungskraft 1:4 bis 1:5. Zudem steigt der Aufwand für den Späne- und Staubschutz. Auf der anderen Seite ist die Reichweite des Magnetfeldes kurz, so dass im Abstand von wenigen Zentimetern keine Späne mehr angezogen werden. Auch bei der Montage des Motors wirken sich die Permanentkräfte erschwerend aus.

Linearmotoren können sehr große Vorschubkräfte erzeugen. Sie haben hervorragendes Beschleunigungsverhalten und führen auch zu genauen und schnellen Positioniervorgängen, wie sie bei Werkzeugmaschinen gefordert sind.

In der Tabelle 13.1 sind einige Gegenüberstellungen von Merkmalen beider Antriebsvarianten aufgeführt.

Tabelle 13.1: Vergleich von Merkmalen der Vorschubantriebsvarianten

Merkmale	Elektrisch-mechanische Variante mit Wälzschraubtrieb	Variante mit elektrischem Lineardirektantrieb
Auslegungsparameter	■ Nennmoment M_N $M_N \geq M_{erf}$ ■ Beschleunigungsmoment M_{max} ca. (2 … 3) M_N für $t \leq t_{Ein}$ t_{Ein} ca. 200 … 400 ms	■ Dauernennkraft F_N $F_N \geq F_{erf}$ ■ Maximalkraft F_{max} ■ Kraft-Geschwindigkeits-Verlauf
Mechanische und thermische Grenzen	■ Wälzschraubtrieb a) Knicksicherheit b) biegekritische Drehzahl c) Erwärmung im Mutterbereich (Lebensdauer) ■ mechanische Eigenfrequenz des Systems ω_{0M}	■ Erwärmung innerhalb der Maschinengestellstruktur ■ Permanente Belastung der Führung (Lebensdauer)

Quellen und weiterführende Literatur

Weck, M.: Werkzeugmaschinen Fertigungssysteme 3: Mechatronische Systeme, Vorschubantriebe, Prozessdiagnose. Berlin: VDI Springer Verlag, 2001

Milberg, J.: Werkzeugmaschinen Grundlagen. 2. Auflage. Berlin: Springer Verlag, 1995

Tschätsch, H.: Werkzeugmaschinen der spanenden und spanlosen Formgebung. 7. Auflage. München Wien: Carl Hanser Verlag, 2000

14 Hauptspindel

Prof. Dr.-Ing. Dieter Förster und
Ing. (grad.) Wolfgang Müller

Hauptspindeln spanender Werkzeugmaschinen realisieren die Schnittbewegung und stellen das Schnittmoment für die Bearbeitung bereit. Sie nehmen die bei der Zerspanung entstehenden Kräfte (Zerspanungskräfte) und Momente auf.

Hauptspindeln führen ausschließlich rotatorische Schnittbewegungen aus, deren quantitative Bewertung durch die Schnittgeschwindigkeit erfolgt. Qualitative Merkmale ergeben sich aus ihrer Reaktion auf statische, dynamische und thermische Belastungen.

14.1 Einteilung und Ausführungen

Eine Einteilung erfolgt nach

- werkzeugtragenden und
- werkstücktragenden Hauptspindeln.

Erstere Art ist u. a. für Bohr- und Fräsmaschinen typisch. Die werkstücktragenden Spindeln sind bei Drehmaschinen dominant.

Ein weiteres Klassifizierungsmerkmal bildet die Art der Lagerung.

Folgende Möglichkeiten ergeben sich hierfür:

- Wälzlagerung
- hydrostatische Gleitlagerung
- hydrodynamische Gleitlagerung
- aerostatische Lagerung
- Magnetlagerung

Über 95 % aller Hauptspindeln sind wälzgelagert.

Aus konstruktiver Sicht ergeben sich noch weitere Unterteilungsmerkmale.

Nach der Momenteneinleitung aus dem Hauptantrieb

- direkter
- indirekter Eintrieb (Bild 14.1)

Als zusätzliche Variante kann hier die Motorspindel eingegliedert werden.

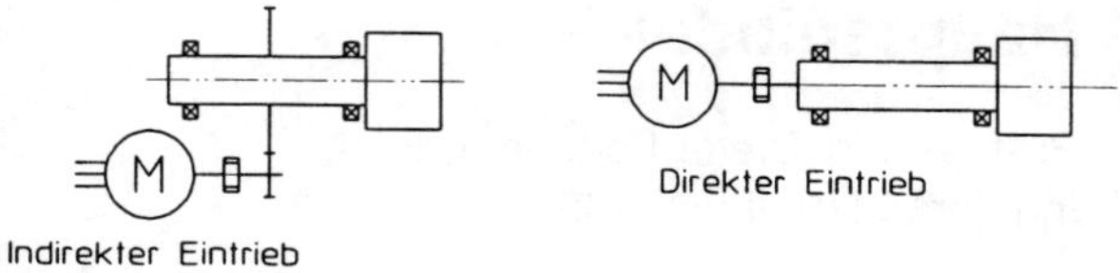

Bild 14.1: direkter und indirekter Eintrieb bei Hauptspindeln

Nach den Einbaubedingungen im Gestell der Werkzeugmaschine (Spindelkasten, Support)

- Eingliederung in die Gestellbaugruppen (a)
- Anflanschung an die Gestellbaugruppe (b)
- Pinolenausführung (c) (Bild 14.2)

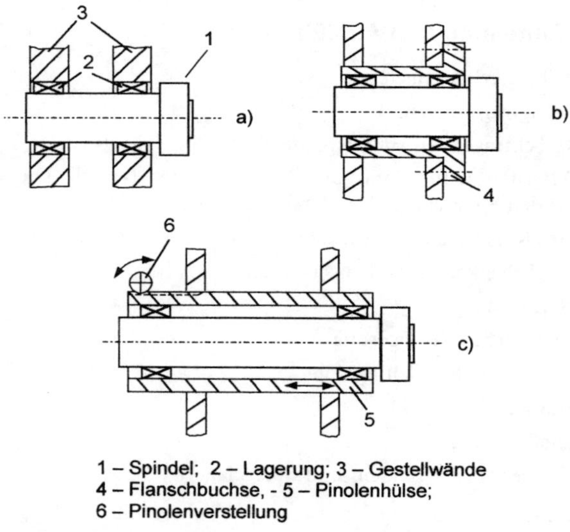

Bild 14.2: Möglichkeiten der konstruktiven Eingliederung der Hauptspindel in die Gestellbaugruppe der Werkzeugmaschine

Zur Aufnahme der Werkzeuge oder Werkzeugspanner und auch der Werkstückspanneinrichtungen existieren genormte Anschlüsse (Schnittstellen).

Beispiele für die werkstücktragenden Hauptspindeln bei Drehmaschinen sind u. a. Ausführungen nach DIN 55026, DIN 55027.

Beispiele für diese Ausführungen mit Kurzkegelzentrierung zeigt Bild 14.3.

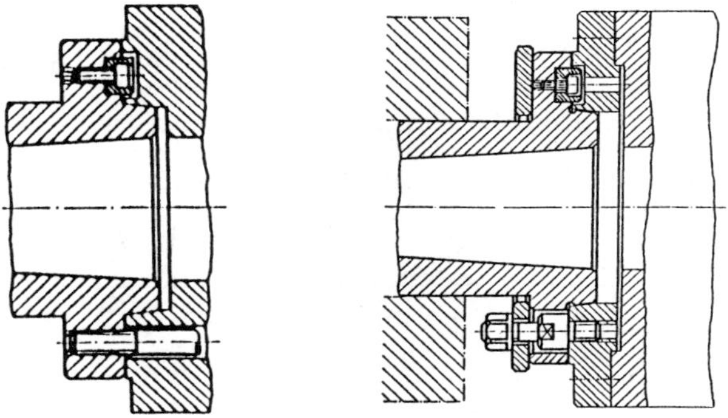

DIN 55026 DIN 55027

Bild 14.3: Schnittstellenausführung nach DIN 55026 und 55027 für Drehmaschinen mit innerer Kurzkegelzentrierung

Bei werkzeugtragenden Spindeln bilden die genormten Schnittstellen

- Morsekegel MK (DIN 228)
- Steilkegel SK (DIN 2080)
- Hohlschaftkegel HSK (DIN 69893)

die vorherrschenden Ausführungen.

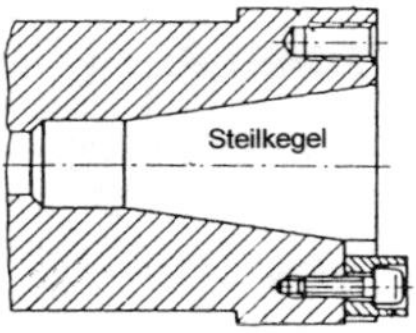

Bild 14.4: Beispiel Steilkegelschnittstelle für werkzeugtragende Hauptspindel (Fräsmaschinen)

Für das Spannen der Werkzeuge und Werkstücke kommen vorrangig einbaufertige Spannsysteme zum Einsatz. Bild 14.5 zeigt das Prinzip eines federbetätigten Einbauspanners am Beispiel eines Steilkegelschaftes. Die Einzugskraft wird über einen Zugbolzen, der am Schaftende des Steilkegels eingeschraubt ist, mittels Zangenelementen durch ein Tellerfederpaket aufgebracht. Damit ist die Spannkraft von hydraulischer oder elektrischer Energie unabhängig, auch bei deren Unterbrechung wirksam. Zum Lösen wird die Zugstange hydraulisch entlastet und zum Trennen der Kegelverbindung nach vorn geschoben.

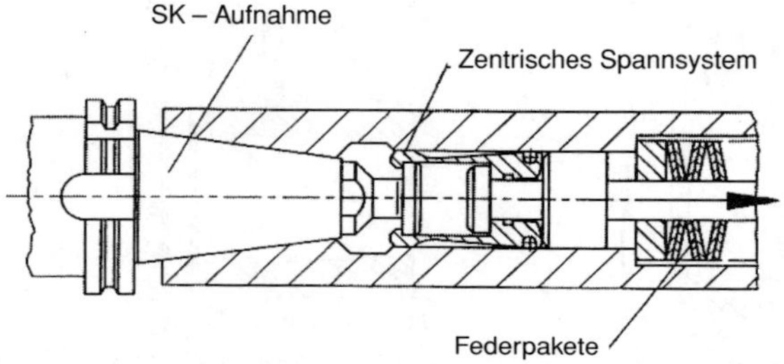

Bild 14.5: Zentrisches Spannsystem für Steilkegelschäfte

Die Spannsysteme eignen sich für die Automatisierung des Werkzeugwechsels, der bei CNC-Werkzeugmaschinen anzutreffen ist.

Dafür sind an denWerkzeugaufnahmen (-spannern) Griffelemente (z. B. nach DIN 69871) vorgesehen.

Zur Dimensionierung und Nachrechnung werden Spindeln in ihrer geometrischen Ausbildung entsprechend Bild 14.6 vereinfacht.

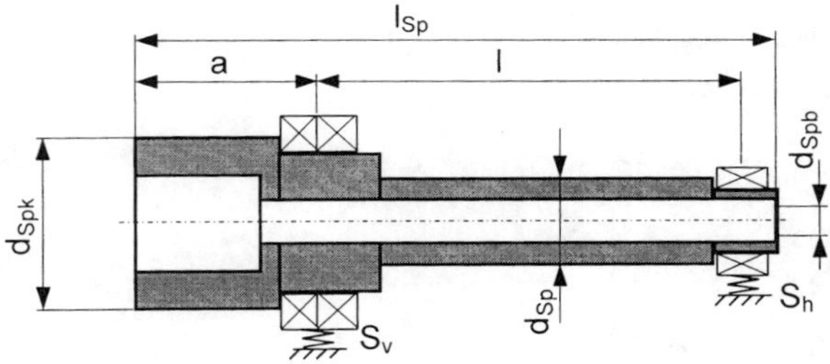

Bild 14.6: Geometriemodell der Spindel

d_{SP} – Spindelaußendurchmesser
d_{SP_k} – Spindelkopfdurchmesser
d_{SP_b} – Spindelbohrungsdurchmesser
l – Lagerabstand
l_{Sp} – Spindellänge
a – Kragarmlänge
S – radiale Lagerfederraten

Die konstruktive Gestaltung erfordert außer der Festlegung der Schnittstellenausführung und deren Größe weitere Daten, die sich aus Dimensionierungsempfehlungen ableiten. Basis dieser bilden vereinfachende Annahmen, die oft durch Sicherheitsfaktoren angepasst werden.

WAB

Durchmesserangaben

Der Spindeldurchmesser d_{Sp} für den konstruktiven Entwurf wird unter Berücksichtigung einer reinen Torsionsbeanspruchung ermittelt:

$$d_{Sp} = 17{,}2 \cdot \sqrt[3]{\frac{M_t}{\tau_{tzul} \cdot (1 - \chi^4)}}$$

d_{Sp}	M_t	τ_{tzul}	χ
mm	Nm	N/mm²	–

τ_{tzul} zulässige Torsionsspannung

Das Durchmesserverhältnis χ wird unter Beachtung des Einbauraumes für den Werkzeugspanner abgeschätzt:

$$\chi = \frac{d_{Spb}}{d_{Sp}} < 1$$

Damit können die Lagerinnendurchmesser festgelegt werden.

Aus Steifegründen ist ein möglichst kurzer Kragarm a (Abstand zwischen Spindelstirn und der vorderen Lagerstelle) anzustreben, die genormten Spindelanschlüsse wirken hierbei restriktiv.

Lagerabstand *l*

Der Lagerabstand beeinflusst die statische und auch die dynamische Biegesteife. Nach dem Modell einer reinen Radialbelastung (Bild 14.7) und Vernachlässigung der Schubwirkung werden die Deformationen der Spindel aus der Durchbiegung f_{Sp} der Spindelachse und ihrer Neigung infolge Einfederung der Radiallager f_L superpositioniert. Daraus lässt sich der Lagerabstand l als Minimalwert (Optimum) der Gesamtverformung f ableiten.

S_v und S_h sind die radialen Steifewerte der vorderen **v** und hinteren **h** Lagerung. Sie werden den tabellarischen Angaben der Lagerhersteller entnommen. J_{Sp} ist das axiale Flächenträgheitsmoment entsprechend einer vereinfacht angenommenen Spindelausführung als glatter Hohlzylinder.

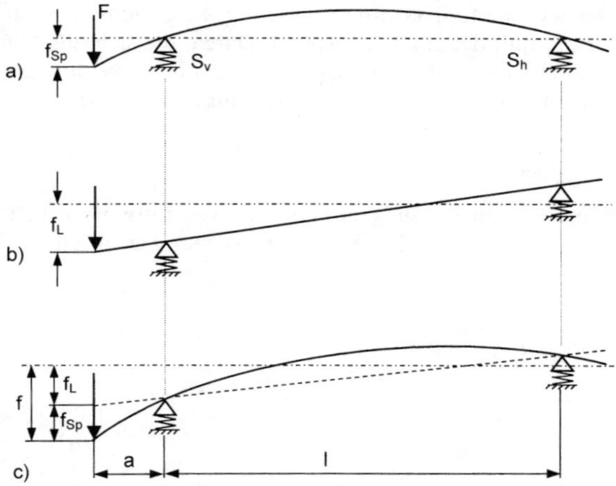

Bild 14.7: Statisches Spindelmodell für die Ableitung des optimalen Lagerabstandes

Der optimale Steifewert nach der analytischen Ableitung strebt einem flachen Maximum zu, deshalb kann die vereinfachte Angleichung der Geometrie vertreten werden.

$$l^3 - \frac{6EJ_{Sp}}{a \cdot S_v} \cdot l - \frac{6EJ_{Sp} \cdot (S_v + S_h)}{S_v \cdot S_h} = 0$$

14.2 Wälzgelagerte Hauptspindeln

Die Wälzlagerung besitzt bei Hauptspindeln aufgrund der technischen und ökonomischen Vorteile eine große Verbreitung. Über 95 % aller Ausführungen sind wälzgelagert. Wichtige zusätzliche Begründungen ergeben sich aus der Möglichkeit, ohne Medienzufuhr die Lagerung zu betreiben. In diesem Zusammenhang sei auf die Fettschmierung verwiesen, die oft als Lebensdauerbefettung ausgeführt wird. Auch das hohe Niveau der Lager selbst, das durch zusätzliche Sortimente für den speziellen Einsatz bei Hauptspindeln (so genannte Spindellager) ergänzt ist, sind ein gewichtiger Grund für die Verbreitung.

Bei der Lagerung unterscheidet man die Prinzipien

- Fest-Loslager-Prinzip (Bild 14.8)
- Angestellte Lagerung (Bild 14.9)

Die klassische Fest-Loslagerung gestaltet die vordere Lagerstelle als Festlager, die hintere als Loslager.

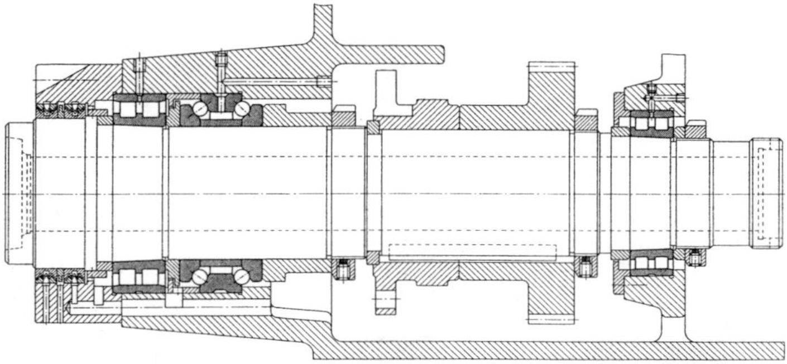

Bild 14.8: Fest-Loslager-Prinzip einer Bohrmaschinenhauptspindel (nach FAG Schweinfurt)

An der vorderen Lagerstelle werden zur Aufnahme der radialen (zweireihiges Zylinderrollenlager) und axialen Belastung (zweireihiges Axial-Schrägkugellager) getrennte Lagerarten eingesetzt. Damit lassen sich die axiale und radiale Steifigkeit gut aufeinander abstimmen und insgesamt eine günstige Laststeife erzielen.

Einbauraum und Drehzahlhöchstwert werden allerdings negativ beeinflusst. Die hintere Lagerung mittels eines ebenfalls zweireihigen Zylinderrollenlagers fungiert durch die fehlende Lagerbordausführung am Außenring als Loslager.

Bei der angestellten Lagerung werden bestimmte Lagerausführungen (Kegelrollen- und Schrägkugellager) beim Einbau gegeneinander angestellt. Befinden sich beide (wie im Bild 14.9) an der vorderen und hinteren Lagerstelle, ist eine Trennung in Fest- und Loslager nicht gegeben (Bild 14.9 und 14.10).

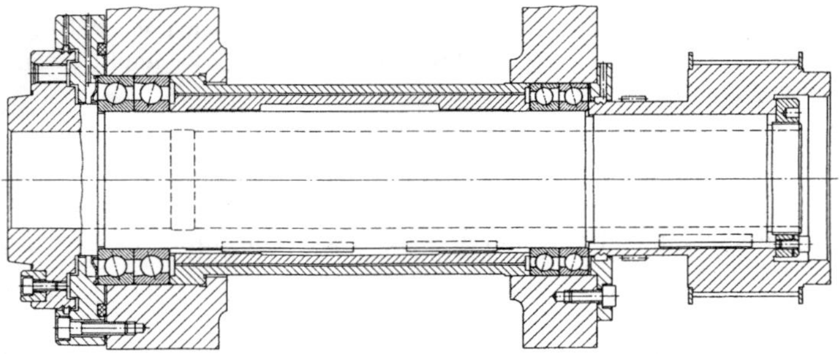

Bild 14.9: Angestellte Lagerung mit Spindellagern für eine Drehmaschinenhauptspindel (nach FAG Schweinfurt)

Die beiden Lager werden durch ihre axiale Verspannung bei der Montage angestellt. Jedes der beiden Lager kann axiale Betriebskräfte in jeweils unterschiedlicher Richtung aufnehmen.

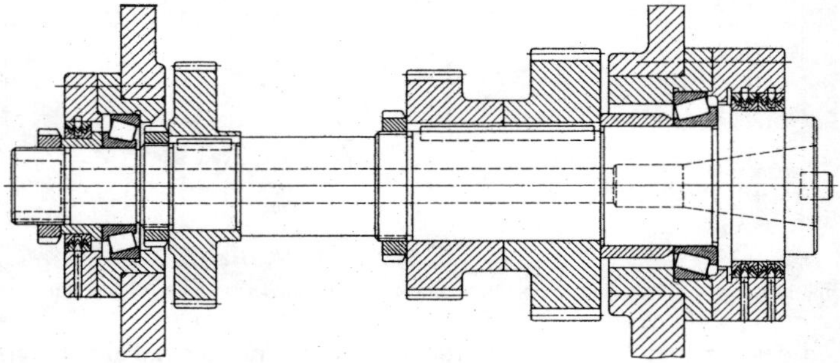

Bild 14.10: Angestellte Kegelrollenlagerung einer Fräsmaschinenhauptspindel (nach FAG Schweinfurt)

Aus dem Druckwinkelverlauf der Wälzkörper ergeben sich verschiedene Anordnungen.

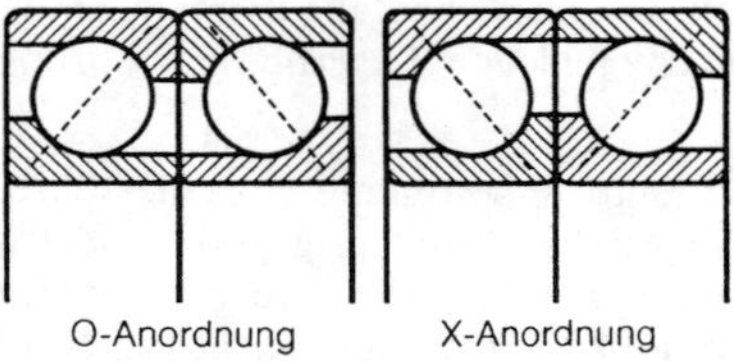

Bild 14.11: O- und X-Anordnung bei der angestellten Lagerung

Werden beide angestellten Lager in einer gemeinsamen Lagerstelle angeordnet, so ist auch die Funktionstrennung in Fest- und Loslager umsetzbar (Bild 14.12).

Mit dem Umsetzen immer höherer maximaler Spindeldrehzahlen gewinnen Spindellager deutlich an Gewicht.

Spindellager sind Schrägkugellager, die für die Anwendungen bei Spindellagerungen modifiziert und in ihren Ausführungsvarianten erweitert werden.

Wichtige Merkmale dieser Lager:

- sie weisen einen eingeschränkten Druckwinkelbereich auf (15 … 25°)
- sie sind in verschiedenen und höheren Genauigkeitsklassen verfügbar

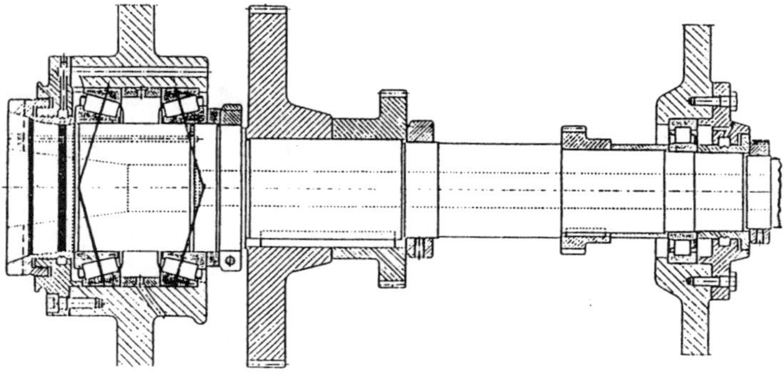

Bild 14.12: Vordere Lagerstelle einer Hauptspindel mit angestellter Kegelrollenlagerung in O-Anordnung

- haben wählbare Vorspannklassen
- können mehrfach (1- bis 4-fach) nebeneinander in einer Lagerstelle angeordnet werden
- erfordern höhere Genauigkeiten der Umbauteile

Daneben sind auch die üblichen Merkmale anderer Lagerarten zutreffend (z. B. Maßreihen, Abdichtung u. a.). Ausführungen mit verkleinertem Wälzkörperdurchmesser und verstärkten Laufbahnringen sowie zunehmend auch Hybridlager werden eingesetzt. Bei letzterer Art bestehen die Wälzkörper aus Siliziumnitridkeramik.

Die zweireihige Ausführung der Spindellager (Bild 14.13) mit geteiltem Innenring zur Vorspannungseinstellung sowie einteiligem Außenring vereint in sich zwei Einzellager in O-Anstellung. Damit kann die Lagerstelle auch als Loslager ausgebildet werden (Bild 14.14).

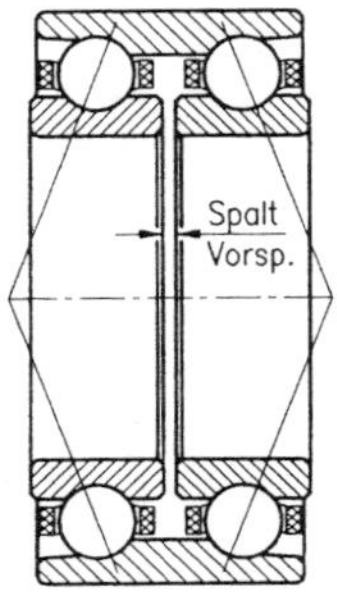

Bild 14.13: Zweireihige Ausführung von Spindellagern (nach UKF Berlin)

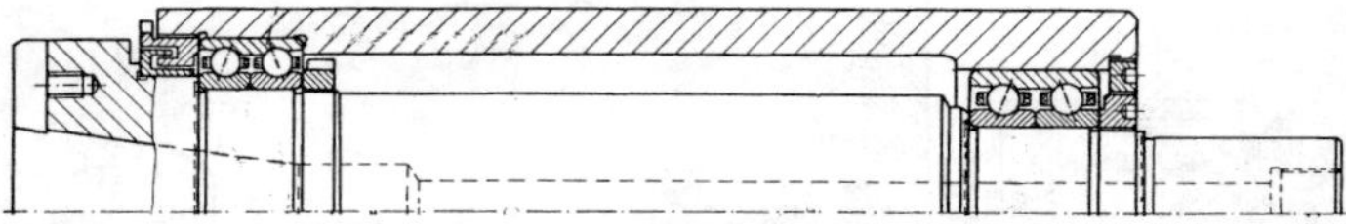

Bild 14.14: Gestaltung der hinteren Lagerstelle bei Einsatz eines zweireihigen Spindellagers als Loslager (nach UKF Berlin)

Ein Beispiel der Vielfachanordnung von Spindellagern in einer Lagerstelle zeigt Bild 14.15.

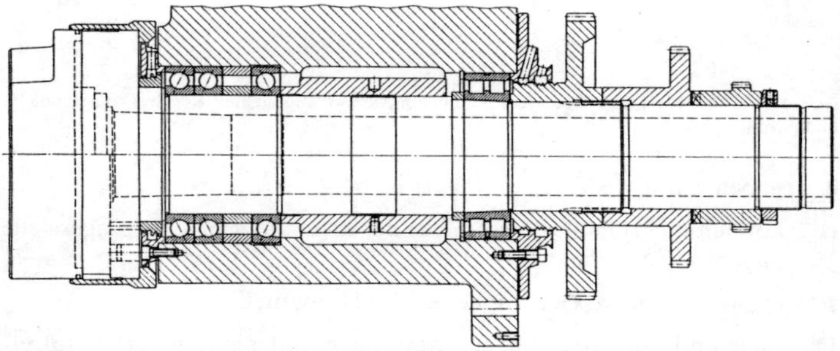

Bild 14.15: Drehmaschinenspindel mit Mehrfachanordnung von Spindellagern in der vorderen Lagerstelle (TO-Anstellung) und einem zweireihigen Zylinderrollenlager als Loslager in der hinteren Lagerstelle (nach FAG Schweinfurt)

Bei der Fettschmierung sind die Gestaltung der neben den Lagern angeordneten Fettdepots sowie die Abdichtung nach außen wichtige Elemente. Für die Abdichtung werden besonders berührungslose Spaltdichtungen in Labyrinthausführung (Bild 14.16) eingesetzt.

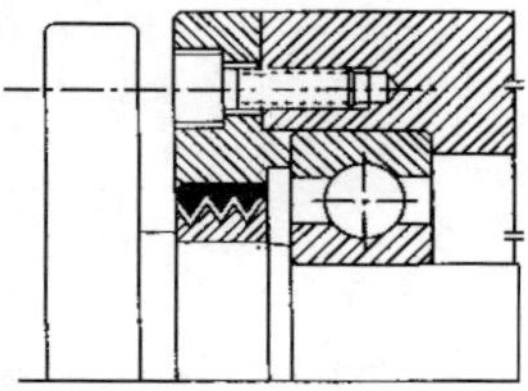

Bild 14.16: Labyrinthdichtung einer Lagerstelle (nach GMN Nürnberg)

Bei der Ölschmierung unterscheidet man

- Minimalmengenschmierung und
- Vollmengenschmierung.

Bei erster Art, als Öl-Luft- oder Öl-Nebelsysteme ausgeführt, handelt es sich um eine Verlustschmierung. Die Dosierung kleinster Schmierstoffmengen ist auf den Bedarf abgestimmt. Übermengen treten als Verlustschmierstoff aus.

Die Vollmengenschmierung arbeitet mit Einspritz- und Umlaufsystem. Das Öl wird im äußeren Rücklauf gekühlt (Wärmetauscher) und gefiltert. Die maximal zulässigen Drehzahlen einer Lagerung in Verbindung mit der Schmierart können mittels des Drehzahlkennwertes K_n abgeschätzt werden:

$$K_n = n_{max} \cdot d_m; \qquad d_m \text{ mittlerer Lagerdurchmesser}$$

Für Fettschmierung zutreffende Relationen:

$= 0{,}2 \cdot 10^6$ mm/min	Kegelrollenlager
$K_n = 0{,}5 \cdot 10^6$ mm/min	Lagerung mit Zylinderrollen- und Axialschrägkugellager
$= (0{,}8 \ldots 1{,}2) \cdot 10^6$ mm/min	Spindellager

Für Ölminimalmengenschmierung kann bei Spindellagern ein Drehzahlwert von $1{,}6 \cdot 10^6$ mm/min erreicht werden.

Bei Vollschmierung hat der Drehzahlwert geringere Bedeutung.

Eine besondere Ausführungsart wälzgelagerter Hauptspindeln stellt die Motorspindel dar. Motor und Spindel bilden eine Baugruppe (Bild 14.17)

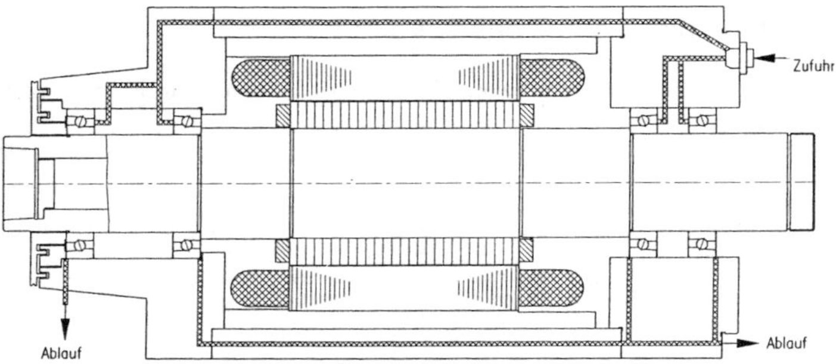

Bild 14.17: Motorspindel (nach UKF Berlin)

Der Rotor des Asynchronmotors (Induktionsmotor) befindet sich auf der Spindel; das Statorpaket im Spindelgehäuse.

Durch die Induktionswirkung und den Stromfluss entstehen beträchtliche Wärmeströme, die durch Umlaufkühlung aufgenommen und abgeführt werden müssen.

Motorspindeln reduzieren den Platzbedarf und den energetischen Wirkungsweg im Hauptantrieb. Sie können bei beträchtlichen Leistungswerten sehr hohe Drehzahlen bereitstellen.

Hauptspindeln können für die innere Zufuhr des Prozesskühlschmierstoffes (KS-Mittel) ausgelegt werden (Bild 14.18).

Dabei sind zwei Möglichkeiten umsetzbar:

A: Zufuhr des KS-Mittels zentral durch das Innere der Spindel (Anschluss z. B. DIN 69871 B)

B: Zufuhr in die Werkzeugaufnahme über einen Anschluss an der Spindelstirn

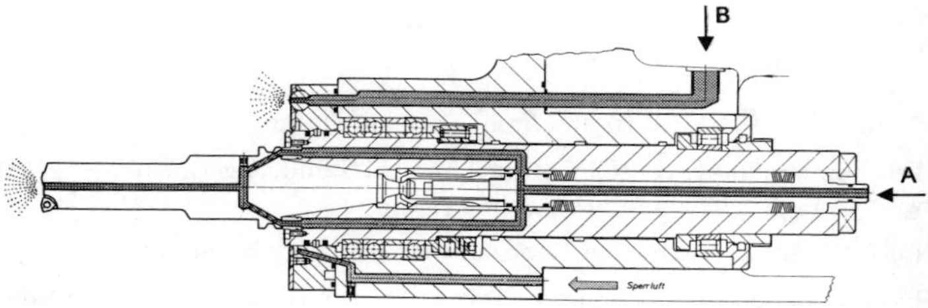

Bild 14.18: Zufuhr des KS-Mittels in das Werkzeuginnere über die Hauptspindel

Quellen und weiterführende Literatur

Weck, M.: Werkzeugmaschinen, Band 2: Konstruktion und Berechnung. Berlin: VDI Springer Verlag, 1997

Milberg, J.: Werkzeugmaschinen Grundlagen. 2. Auflage. Berlin: Springer Verlag, 1995

Brändlein, u.a.: Die Wälzlagerpraxis. Mainz: Vereinte Fachverlage, 1998

Tschätsch, H.: Werkzeugmaschinen der spanenden und spanlosen Formgebung. 7. Auflage. München Wien: Carl Hanser Verlag, 2000

Förster, D.; *Müller, W.:* Konstruktionspraxis. (1998) 12, S. 90–92; (1999) 6, S. 10–12; (2000) 8, S. 12–13

15 Schnittstellen für Werkzeuge und Spannmittel

Prof. Dr.-Ing. Joachim Schmid

W A B

15.1 Allgemeines

Die Werkzeug- und Spannmittelschnittstellen stellen die Verbindung zwischen Maschine, Werkzeugen und Werkstückspannmitteln her. Ihre Aufgaben sind:

- Werkzeug bzw. Spannmittel aufnehmen
- Schnittkräfte übertragen
- Massenkräfte übertragen
- Betätigungselemente übertragen
- Hilfsstoffe übertragen
- Auswechseln ermöglichen
- Rundlauf bzw. Position reproduzierbar gewährleisten
- ggf. Automatisierbarkeit

Die immer weiter gestiegenen Anforderungen, die Vielfalt der Maschinenbauarten und Verfahren, aber auch kommerzielle Interessen haben im Laufe der Jahre eine große Zahl unterschiedlichster Schnittstellen teilweise konkurrierender Systeme entstehen lassen. Eine ausführliche Darstellung der Werkzeug- und Spanntechnik wird in [1] gegeben.

15.2 Schnittstellen an Drehmaschinen

15.2.1 Schnittstellen für Werkzeuge

Ein Werkzeug für die Drehbearbeitung besteht aus Schneide bzw. Schneideinsatz, Werkzeugschaft als Schneidenträger, leicht auswechselbarem Werkzeughalter und fest an der Maschine angebautem, evtl. schwenkbarem Werkzeugträger (Bild 15.1).

Für die eigentliche Schneide haben sich auf den Werkzeugschaft geklemmte Wendeschneidplatten weitgehend durchgesetzt. Für die Verbindung zwischen Schneidenträger und Werkzeughalter existiert eine große Zahl verschiedener Systeme.

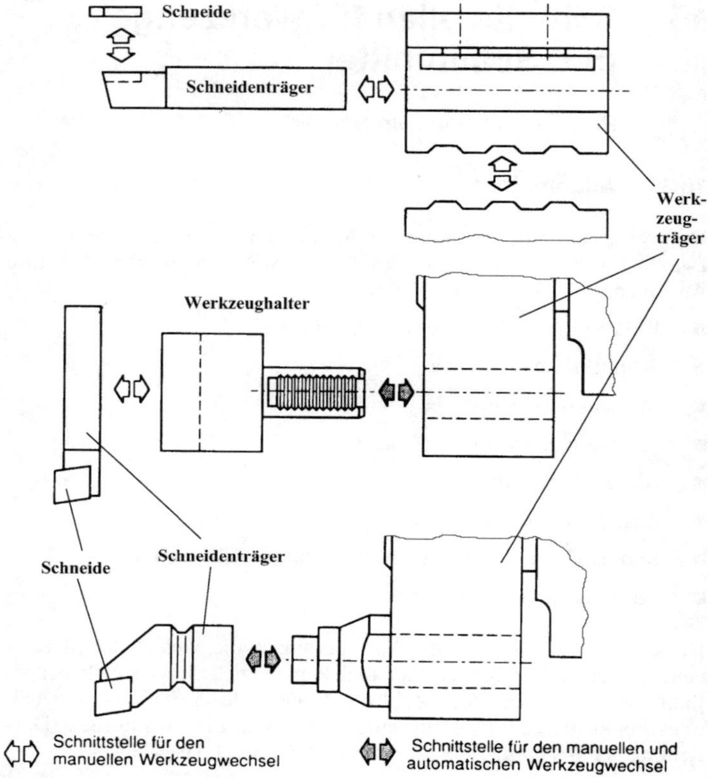

Bild 15.1: Werkzeugschnittstellen für Drehmaschinen (nach [2])

Starre Werkzeugträger mit manuell eingeklemmten Werkzeugen werden wegen des hohen Zeitaufwands für den Werkzeugwechsel und der fehlenden Reproduzierbarkeit kaum noch verwendet. In der Einzelfertigung finden handbetätigte **Schnellwechselkassetten** oder **Revolver** Verwendung. Bei größeren NC-Maschinen und solchen für die Serienfertigung werden wegen der robusten Bauart, der kurzen Wechselzeiten (je nach Ausführung und Bestückung 0,2 ... 2 s) sowie der bedeutend größeren Belastbarkeit und Wechsel-Wiederholgenauigkeit fast ausschließlich selbsttätige Scheibenrevolver mit 6 bis 12 Werkzeugplätzen verwendet. Größere Revolver besitzen oft sowohl radiale als auch axiale Werkzeugplätze (kombinierte Stern-/Scheibenrevolver).

In der Regel besitzen diese Revolver Aufnahmen für Werkzeuge mit **VDI-Zylinderschaft** nach DIN 69880 (Bild 15.2). Dieses System verbindet Robustheit und gute Wechselgenauigkeit vor allem in axialer Richtung mit einfacher Herstellbarkeit. Weniger verbreitet ist die Verwendung von Werkzeughaltern mit Prisma nach DIN 69881 oder dem aus der Fräsbearbeitung stammenden HSK-Schaft nach DIN 69893.

Bild 15.2: Werkzeughalter mit VDI-Zylinderschaft DIN 69880 (Mack Werkzeuge GmbH & Co., Sontheim/Brenz)

Zunehmend finden Revolver mit Aufnahmen für angetriebene Werkzeuge für Bohr- und Fräsoperationen Verwendung (Bild 15.3). Eine Normung der Ankopplung des Werkzeugantriebs ist bisher nicht gelungen; fast alle Revolver- und etliche Drehmaschinenhersteller verwenden eigene Ausführungen.

15.2.2 Schnittstellen für Werkstückspannmittel

Die Werkstückschnittstellen sind bei Drehmaschinen sehr hoch belastet, da hier nicht nur die Prozesskräfte übertragen werden müssen, sondern auch die beträchtlichen Massen- und dynamischen Kräfte der rotieren-

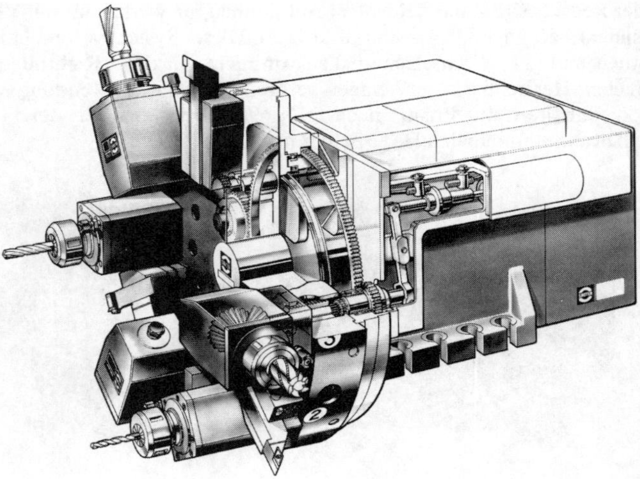

Bild 15.3: Werkzeug-Scheibenrevolver mit angetriebenen Werkzeugen (Sauter Feinmechanik GmbH; Metzingen)

den Spannmittel. Während es bei den Werkzeugaufnahmen vor allem auf Wiederholwechselgenauigkeit und Schwingungsverhalten ankommt, werden hier in erster Linie Steifigkeit, Rund- und Planlaufgenauigkeit gefordert. Die einfachste und kompakteste Lösung stellt der Planflansch mit zylindrischer Vorzentrierung nach DIN 6385 dar. Er ist jedoch wegen des erforderlichen Zentrierens nicht für häufigen Wechsel des Spannmittels geeignet und anfällig gegen Dejustierungen. Daher war lange Zeit der Planflansch mit kurzem Zentrierkegel die Standardlösung (Bild 15.4). Dieses System ist einfach handhabbar und sehr genau, jedoch

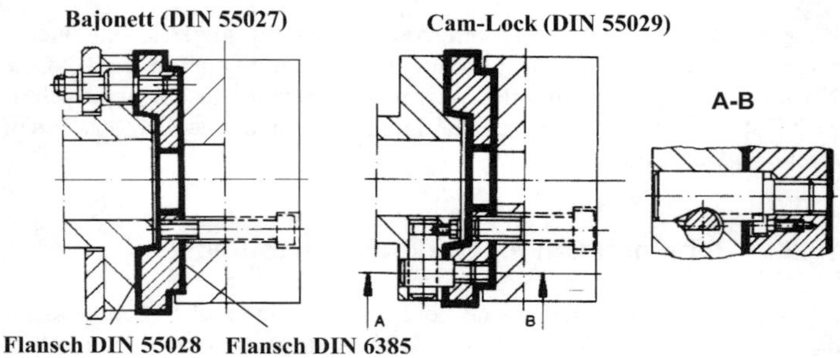

Bild 15.4: Spindelflansche für Drehmaschinen

statisch überbestimmt und bedarf zu seiner korrekten Funktion einer sehr maßgenauen Fertigung des Zentrierkegels. Die alte, inzwischen zurückgezogene Norm DIN 55021 sah einen nach Lehre gefertigten Kegel vor, was wegen Abweichungen der von den Herstellern verwendeten Kegellehren mitunter zu Austauschbarkeitsproblemen führte. In DIN 55028 wurde dann auch der Kegel maßlich genormt.

Zum rascheren Wechseln der Spannmittel wurden **Bajonettanschlüsse** (DIN 55027) und Schnellklemmungen mit Nocken entwickelt (**Cam-Lock**, DIN 55029) (Bild 15.4). Wegen der höheren Kosten und der Vergrößerung des Abstands von der Hauptspindel werden diese Systeme jedoch nur selten angewendet, generell geht die Tendenz eindeutig zur umrüstarmen Betriebsweise. Das Cam-Lock-System ist seit kurzem in der Normung nicht mehr für Neukonstruktionen vorgesehen.

Alle genannten Normen werden nun durch die weitgehend identische, international harmonisierte Norm ISO 702 abgelöst, die auch eine Variante mit zylindrischem Flansch einschließt.

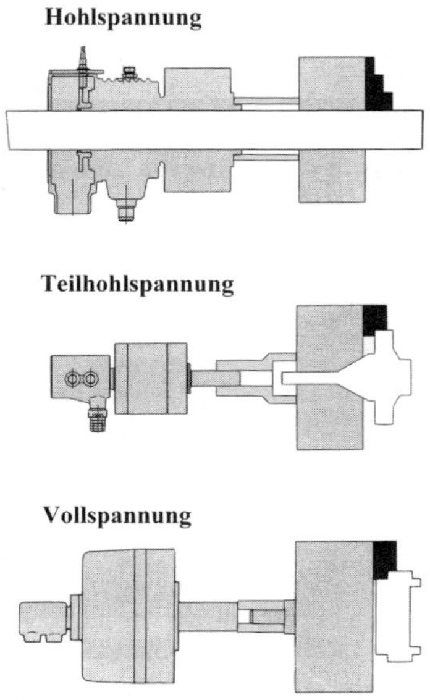

Bild 15.5: Kraftspannsysteme (nach Röhm GmbH, Sontheim/Brenz)

Für eine mechanische Betätigung (**Kraftspannfutter**) wird die Spindel mit einem Hydraulikzylinder versehen, der über eine Stange mit dem Spannmittel verbunden ist. Elektrische Spanneinrichtungen sind wegen ihres großen Bauraums und des schlechten Nachspannverhaltens selten. Die Anschlussmaße von Zylinder und Gestänge sind nicht genormt. Man unterscheidet Hohlspannzylinder mit Mittendurchlass für Stangenarbeiten und Vollspannzylinder, deren Vorteile geringere Kosten und Bauraum und größere Unfallsicherheit sind (Bild 15.5).

15.3 Schnittstellen an Bohr- und Fräsmaschinen

15.3.1 Schnittstellen für Werkzeuge

Die Systeme für rotierende Werkzeuge können grundsätzlich identisch gegliedert werden wie die für Drehmaschinen. Bei kleinen Durchmessern (bis etwa 30 mm) dominieren nach wie vor Massivwerkzeuge mit **Morsekegel** oder **Zylinderschaft** für Zangenspannung, beim Bohren auch Futterspannung. Im mittleren Durchmesserbereich beginnt dann die Konkurrenz der wendeplattenbestückten Werkzeuge, wobei ab 50 mm Durchmesser Dornaufsteckfräser bevorzugt werden. Massivwerkzeuge über 200 mm Durchmesser werden so gut wie nicht mehr neu beschafft.

Entsprechend der Verfahrensmerkmale steht die Forderung nach großer Rundlaufgenauigkeit, Biegesteifigkeit und zuverlässiger Drehmomentenübertragung im Vordergrund, so dass die Aufnahmekonzepte der Werkzeuge in der Hauptspindel auf dem Kegelprinzip basieren.

Morse- und metrische Kegel nach DIN 228 werden heute nur noch beim Bohren eingesetzt. Diese Schnittstelle ist selbsthaltend und einfach, baut jedoch sehr lang und ist nicht für größere Durchmesser oder automatischen Werkzeugwechsel geeignet.

Als Standardlösung galt lange Jahre der **ISO-Steilkegel** (SK) nach DIN 2080 bzw. DIN 69871 (Bild 15.6). Nachteilig sind die im Fehlen einer axialen Anlage begründete ungenügende radiale Steifigkeit und axiale Wechselwiederholgenauigkeit, die wegen der erforderlichen hohen Einzugskräfte und Verliersicherung aufwändige Spanneinrichtung (Bild 15.7) und die infolge Fliehkraftaufweitung von Kegel und Spanner schlechte Eignung für hohe Drehzahlen. Die Standardisierung ist insbesondere bei den Varianten für automatischen Werkzeugwechsel nicht voll gelungen.

Die Tendenz geht daher seit einiger Zeit zum kompakteren, leichteren, genaueren, wesentlich steiferen und für höchste Drehzahlen geeigneten Hohlschaft-Kurzkegel mit Plananlage (HSK) nach DIN 69893. Da dieses System selbsthaltend ist, kann auch die Spanneinrichtung einfacher werden (Bild 15.8).

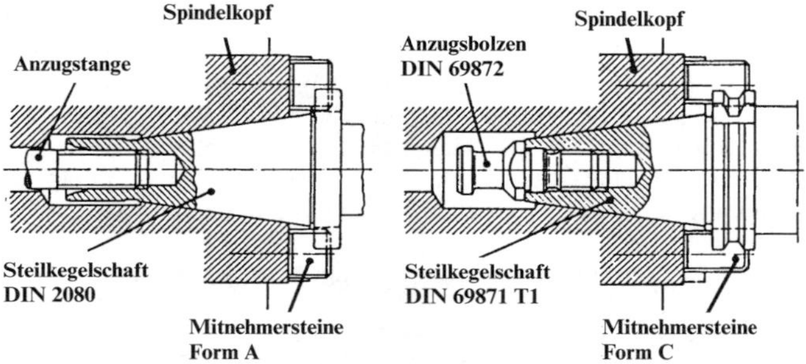

Bild 15.6: Spindelkopfausführungen für ISO-Steilkegelwerkzeuge (nach DIN 2079)

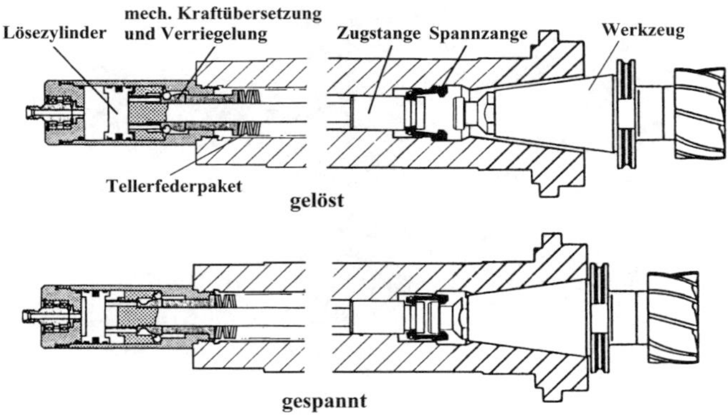

Bild 15.7: Werkzeugspanner für Steilkegelwerkzeuge (Ott-Jakob GmbH, Lengenwang)

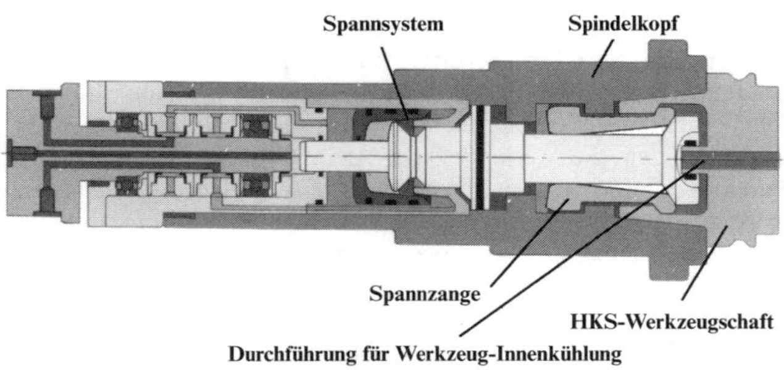

Bild 15.8: Spindelkopf für HSK-Werkzeuge mit hydr. Kompaktspanner System Cytec (Mapal KG, Aalen)

Kurzspindeln nach DIN 69002 werden hauptsächlich in ein- oder mehrspindligen Bearbeitungseinheiten für Rundtaktautomaten und Transferstraßen eingesetzt. Die kurzen Spindelköpfe brauchen wenig Platz und eignen sich zur Aufnahme von handelsüblichen Werkzeugen, vorzugsweise mit Plananlage. Ihre Hauptvorteile sind einfache, kostengünstige Bauweise, rasche Austauschbarkeit und einfache Ankopplung an den Hauptantrieb mittels elastischer Klauenkupplung (Bild 15.9).

Bild 15.9: Kurzspindel nach DIN 69002, montiert und zerlegt (Hellmerich Werkzeugmaschinen GesmbH, Spittal/Drau, Österreich)

15.3.2 Schnittstellen für Werkstückspannmittel

Die Vielgestaltigkeit der Werkstücke und ihrer Spannmittel beim Fräsen erschwert die Standardisierung von Schnittstellen hierfür erheblich. Daher besteht die Spannmittelschnittstelle bei Fräsmaschinen in der Regel lediglich aus einem ebenen Tisch mit T-Nuten oder Bohrungsraster, auf den die werkstückspezifischen Spannmittel aufgeschraubt oder aufgepratzt werden. Um hauptzeitparalleles Aufspannen bzw. Rüsten zu ermöglichen, werden Doppeltische oder automatisch wechselbare Paletten eingesetzt. Hierbei ist neben der genormten Palette nach DIN 55201 (Bild 15.10) auch eine große Zahl herstellerspezifischer Systeme in Gebrauch. Die neueste Entwicklung sind so genannte **Nullpunkt-Spannsysteme**, bei denen der Maschinentisch mit hydraulisch betätigten, kombinierten Schnellspannern und Indexierungen zum raschen manuellen Wechseln komplett vorgerüsteter Paletten versehen ist.

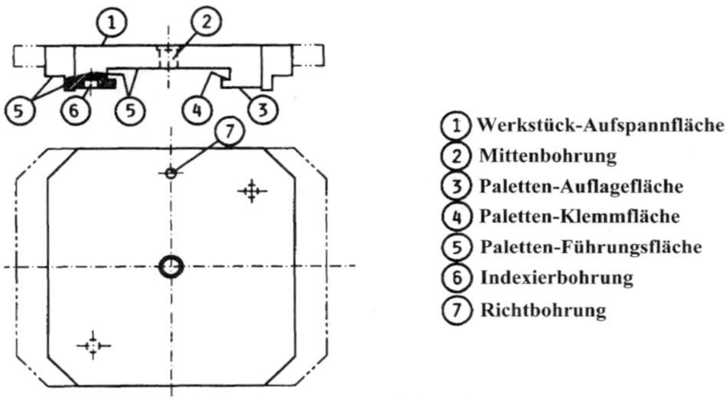

Bild 15.10: Wechselpalette für Werkzeugmaschinen nach DIN 55201

Quellen und weiterführende Literatur

[1] *Beuke, D.; Conrad, K.-J.:* CNC-Technik und Qualitätsprüfung. München Wien: Carl Hanser Verlag, 1999.

[2] Weck, M.: Werkzeugmaschinen Fertigungssysteme 1: Maschinenarten, Bauformen und Anwendungsbereiche. 5. Auflage. Berlin: VDI Springer Verlag, 2001

DIN 228: Morsekegel und Metrische Kegel. Deutsches Institut für Normung

DIN 2079: Werkzeugmaschinen; Spindelköpfe mit Steilkegel 7: 24. Deutsches Institut für Normung

DIN 2080: Steilkegelschäfte für Werkzeuge und Spannzeuge. Deutsches Institut für Normung

DIN 2201: Werkzeugmaschinen. Kegelschaftaufnahmen mit Mitnehmer für Morsekegel Größe 3 bis 6 und Metrische Kegel Größe 80 bis 200; Maße. Deutsches Institut für Normung

DIN 6353: Drehfutter, kraftbetätigt, ohne Durchlaß. Deutsches Institut für Normung

DIN 55026: Werkzeugmaschinen. Spindelköpfe mit Zentrierkegel und Flansch, Maße. Deutsches Institut für Normung

DIN 55027: Werkzeugmaschinen. Spindelköpfe mit Zentrierkegel, Flansch und Bajonettscheibenbefestigung, Zubehör, Maße. Deutsches Institut für Normung

DIN 55028: Werkzeugmaschinen. Aufnahmen für Spannzeuge, Anschlußmaße für Spindelköpfe nach DIN 55026 und DIN 55027. Deutsches Institut für Normung

DIN 55029: Werkzeugmaschinen. Spindelköpfe und Futterflansche mit Zentrierkegel, Camlock-Ausführung, Zubehör, Maße. Deutsches Institut für Normung

DIN 55201: Werkzeugmaschinen. Paletten für Werkzeugmaschinen. Deutsches Institut für Normung

DIN 69002: Werkzeugmaschinen. Kurzspindeln. Deutsches Institut für Normung

DIN 69871: Steilkegelschäfte für automatischen Werkzeugwechsel. Deutsches Institut für Normung
DIN 69880: Werkzeughalter mit Zylinderschaft. Deutsches Institut für Normung
DIN 69881: Werkzeughalter mit Prisma. Deutsches Institut für Normung
DIN 69893: Kegel-Hohlschäfte mit Plananlage. Deutsches Institut für Normung
ISO 702-1: Werkzeugmaschinen, Teil 1: Spindelköpfe und Drehfutter, Anschlussmaße. Kurzkegelverbindung. International Organisation of Standards
ISO 702-2: Werkzeugmaschinen, Teil 2: Spindelköpfe und Futterflansche; Maße für die Austauschbarkeit. Camlock-Ausführung. International Organisation of Standards
ISO 702-3: Werkzeugmaschinen, Teil 3: Spindelköpfe und Futterflansche, Maße für die Austauschbarkeit. Bajonettscheibenbefestigung. International Organisation of Standards
ISO/DIS 702-4 (Entwurf): Werkzeugmaschinen, Teil 4: Spindelköpfe und Drehfutter, Maße für die Austauschbarkeit. Zylindrische Verbindung. International Organisation of Standards

16 Spannmittel

Prof. Dr.-Ing. Joachim Schmid

WAB

16.1 Allgemeines

Die Aufgaben der Werkstückspannmittel sind:

- Werkstück aufnehmen
- Werkstückposition reproduzierbar gewährleisten
- Prozesskräfte übertragen
- Massenkräfte übertragen
- ggf. Automatisierbarkeit

Die Spannmittel bestimmen entscheidend Arbeitsqualität, Leistungsfähigkeit und Zuverlässigkeit der Maschine.

Die Vielfalt der Maschinenbauarten, Anwendungsfelder und Anforderungen hat eine große Vielfalt unterschiedlichster Spannmittel entstehen lassen. Nachfolgend können daher nur die gebräuchlichsten Lösungen für die wichtigsten Maschinentypen beispielhaft dargestellt werden. Es existiert nur wenig systematische Literatur zur Spanntechnik. Auf diesem Sektor wird sehr viel mit empirischem Wissen gearbeitet. Die Auswahl und Herstellung des optimalen Spannmittels für einen konkreten Bearbeitungsfall erfordert ein großes Maß an Erfahrung und Sachkunde.

16.2 Spannmittel an Drehmaschinen

16.2.1 Grundlagen

Die Spannmittel haben bei Drehmaschinen nicht nur die Prozesskräfte zu übertragen, sondern auch die beträchtlichen Massen- und dynamischen Kräfte der rotierenden Werkstücke. Im Gegensatz zu den Werkzeugaufnahmen, bei denen es vor allem auf die Wiederholwechselgenauigkeit ankommt, werden hier in erster Linie Steifigkeit, Rund- und Planlaufgenauigkeit gefordert.

Die Auswahl eines Spannmittels erfolgt nach folgenden Kriterien:

- Werkstückart (Bild 16.1)
- Durchmesser an der Spannstelle

- erforderlicher Spannhub
- Einspannsituation
- erforderliche Spannkraft
- Schnittgeschwindigkeit bzw. Drehzahl
- Rundlaufgenauigkeit
- Spannmarken erlaubt
- Automatisierbarkeit des Spannvorgangs

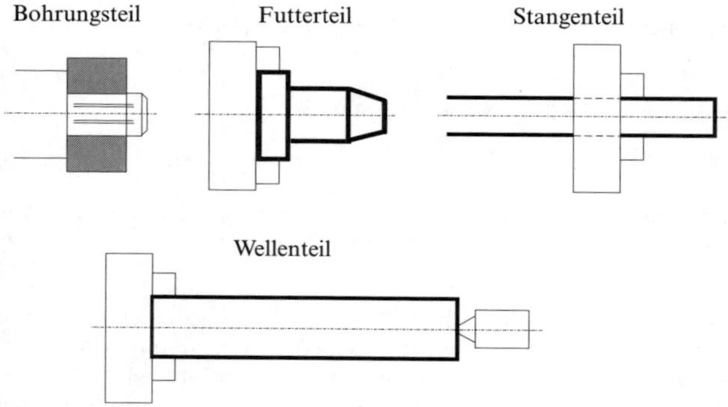

Bild 16.1: Grundtypen von Drehteilen

Die erforderliche Gesamtspannkraft im Stillstand berechnet sich wie folgt [1]:

$$F_{sp0,ges} = \left(\frac{2 \cdot M_c}{d_{sp} \cdot \mu_{sp}} \cdot S_Z \pm F_f\right) \cdot S_{sp} \tag{16.1}$$

$$= \left(\frac{d_c \cdot F_c}{d_{sp} \cdot \mu_{sp}} \cdot S_Z \pm F_f\right) \cdot S_{sp} \tag{16.2}$$

Hierbei sind:

M_c Drehmoment aus den Prozesskräften
F_c Hauptschnittkraft
d_c Durchmesser an der Bearbeitungsstelle
d_{sp} Durchmesser an der Spannstelle
F_f Spannkraftverlust aus Fliehkraft der Spannbacken und Bauteile des Futters (negatives Vorzeichen bei Innenspannung)
μ_{sp} Reibungsbeiwert an der Spannstelle
S_Z Spannsicherheitsbeiwert
S_{sp} allgemeiner Sicherheitsbeiwert

Massenkräfte aus Unwuchten usw. müssen gesondert berücksichtigt werden. Ist die Zerspanungskraft nicht bekannt, so kann für M_c das maximale Drehmoment der Hauptspindel bei der gewählten Bearbeitungsdrehzahl eingesetzt werden.

Das **Spannverhältnis** d_c/d_{sp} ist der Schlüssel für die Optimierung der Aufspannung. Es sollte durch geschickte Wahl der Einspannstelle möglichst groß gemacht werden.

Ähnliches gilt für das **Spannlängenverhältnis** l_c/l_{sp}, das vor allem bei fliegender Einspannung möglichst klein sein sollte. Ein Spannlängenverhältnis >6 ist unzulässig.

Für μ_{sp} an der Spannstelle kann bei glatten Backen zwischen 0,07 (feingeschlichtete Oberfläche) und 0,15 (rohe Oberfläche) angesetzt werden. Bei Backen mit Pflastersteinverzahnung erhöht sich der Wert um den Faktor 2, bei Backen mit Spitzverzahnung um den Faktor 3. Bei Werkstücken oder Backen aus Nichteisenmetallen können nur 90 % hiervon in Ansatz gebracht werden, bei Grauguss nur 80 %.

S_Z sollte mindestens 2 betragen, bei älteren Futtern 2,4; bei schlecht gewarteten Futtern nicht unter 3. Ist bei fliegender Einspannung ohne Axialanlage $l_c/l_{sp}>1$ oder bei anderen Spannfällen >3, muss S_Z verdoppelt werden. Bei gut beherrschten Spannsituationen können kleinere Beiwerte ausreichen.

Für S_{sp} reicht 1,5 aus.

F_f hängt von der Konstruktion des Spannmittels und der Masse der Spannbacken ab. Wegen des bei zunehmenden Spannkräften stark abnehmenden Übertragungswirkungsgrades in der Spannmechanik und der durch die Festigkeit des Werkstücks und der Spannbacken begrenzten Spannkraft im Stillstand sollte der Fliehkraftzuschlag nicht mehr als ca. 30 % betragen. Für höhere Drehzahlen werden die Spannmittel daher sinnvollerweise mit Gegengewichten zum Fliehkraftausgleich und mit Auswuchtgewichten versehen.

Genauigkeitsprüfungen für Spannzeuge sind in DIN 6386 [2] definiert.

Bei den Spannzeugen unterscheidet man:

- handbetätigte und Kraftspanneinrichtungen
- fliegende Spannung (Futterarbeit), abgestützte Spannung (Wellenarbeit), Spannung für Stangenarbeit
- Innen- und Außenspannung
- radiales, axiales und Niederzugspannen (kombiniert radial/axial)

- form- und kraftschlüssiges Spannen
- zentrisches und ausgleichendes Spannen

Die meisten radialen Spannmittel sind sowohl für Innen- als auch Außenspannung geeignet. Üblicherweise wird an drei Stellen gespannt. Zweibackenfutter kommen zum Spannen von Vierkantmaterial oder Formteilen zum Einsatz. Bei Spannmitteln mit vier und noch mehr Backen kann eine statisch bestimmte Spannsituation mit Anlage aller Spannpunkte nur bei Verwendung pendelnd gelagerter Backen oder einer ausgleichenden Backenbetätigung erreicht werden. Alternativ können exakt auf den Spanndurchmesser ausgedrehte Backen zum Einsatz kommen. Vorteilhaft ist bei einer höheren Zahl von Spannstellen, dass die durch die Krafteinleitung bedingte Verformung des Werkstücks (Bild 16.2) stark zurückgeht.

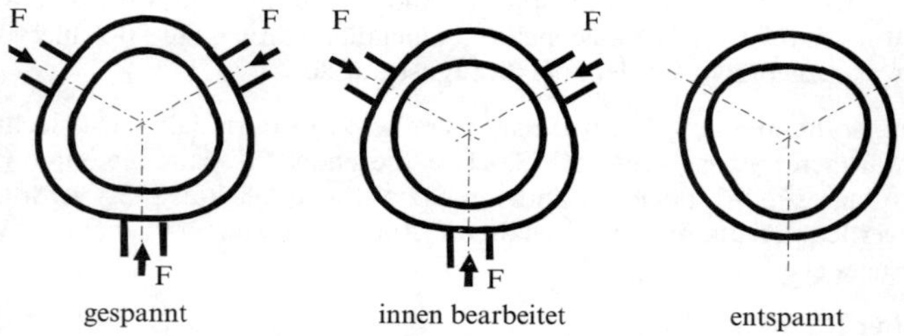

Bild 16.2: Rundheitsfehler infolge Verformung des Werkstücks beim Einspannen

16.2.2 Typische Spannzeuge

Planscheiben

Dies sind radiale Spannmittel einfacher Bauart mit einzeln handverstellbaren Spannbacken (üblicherweise 4 Stück). Es können Werkstücke aller Formen zentrisch oder auch außermittig gespannt werden. Planscheiben erfordern Erfahrung und Zeit beim Aufspannen. Sie finden hauptsächlich für sehr große Werkstückdurchmesser Verwendung oder wenn hohe Flexibilität gefordert ist und die Bearbeitungszeiten lang sind.

Spannfutter

Dies sind Spannmittel mit mehreren aus einem gemeinsamen Grundkörper einzeln herausragenden Spannbacken, die gemeinsam manuell **(Handspannfutter)** oder über eine externe Kraftquelle **(Kraftspannfutter)** betätigt werden. Bezüglich der Art der internen Kraftübertragung unterscheidet man **Planspiralfutter** (nur für geringe Anforderungen), **Keilstangenfutter**, **Keilhakenfutter**, **Schrägbolzenfutter** und **Hebelfutter** (für höchste Spannkräfte und Genauigkeiten). Sonderbauformen für Spezialfälle sind das axial spannende **Fingerfutter**, das **Schwenkfutter** für Mehrseitenbearbeitung, das **Exzenter- oder Kurbelwellenfutter** für exzentrische Spannung und das **Backenrückziehfutter** für eine Bearbeitung über die gesamte Werkstücklänge. Eine weitere Sonderform ist das **Vorderendfutter**, das einen integrierten pneumatischen oder hydraulischen Betätigungszylinder enthält. Es ist besonders für Stangenarbeiten und Maschinen ohne Kraftspanneinrichtung geeignet. Nachteilig sind die große Masse und die lange Auskragung.

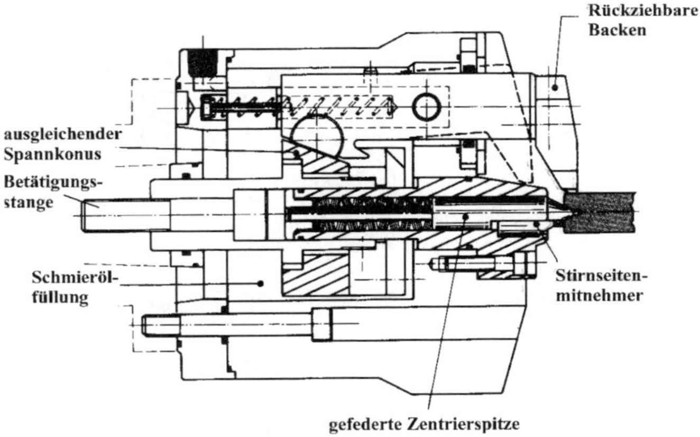

Bild 16.3: Ausgleichendes Dreibacken-Hebelfutter mit Stirnseitenmitnehmer und rückziehbaren Backen (Rotomors SpA, Turin)

Die Verbindung der Aufsatz- mit den Grundbacken erfolgt entweder versetzbar mit einer **Spitzverzahnung** oder eindeutig positioniert mittels **Kreuzversatz**. Systeme zum automatisierten Wechseln von Spannbacken haben sich wegen des damit verbundenen hohen Aufwands, der vergrößerten Spannbacken, der schwierigen Bedienung und der erhöhten Störanfälligkeit nicht in größerem Ausmaß durchsetzen können.

Spannzangenfutter

In dieser Gruppe werden die außen spannenden Spannmittel für zylindrische Werkstücke kleinen bis mittleren Durchmessers zusammengefasst, die das Werkstück an einer großen Fläche berühren und durch axiales

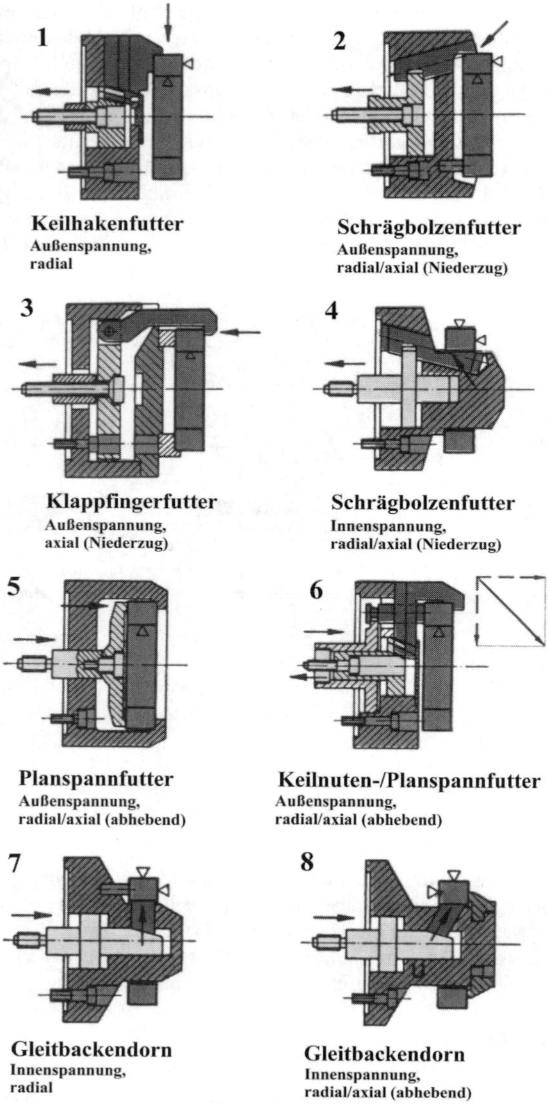

Bild 16.4: Beispiele für Spannmittel beim Drehen (nach [3])

Verschieben der Spannelemente in einer kegeligen Hülse betätigt werden. Es sind hohe Spannkräfte und sehr gute Rundlaufgenauigkeiten (bis 0,01 mm) erreichbar. Gebräuchliche Bauarten sind: **Spannzangen**, **Konusspannfutter**, **Lamellenspannfutter, Tellerfederspannfutter**, **Gleitbackenfutter**, **Druckhülsenspannfutter** und **Segmentspannfutter**. Letztgenannte haben sich als besonders genau und zuverlässig erwiesen. Hülsen- und Konusspannzangen sind preiswert, gestatten jedoch wegen der begrenzten elastischen Dauerfestigkeit des Werkstoffs nur kleine Spannhübe und sind anfällig gegen Dauerbrüche infolge Konstruktions-, Herstellungs- und Bedienfehlern. [4] beschreibt die Zangenspannsysteme ausführlich. **Hydraulische Dehnfutter** erlauben höchste Spannkräfte und -genauigkeiten, sind aber sehr teuer und empfindlich.

W
A
B

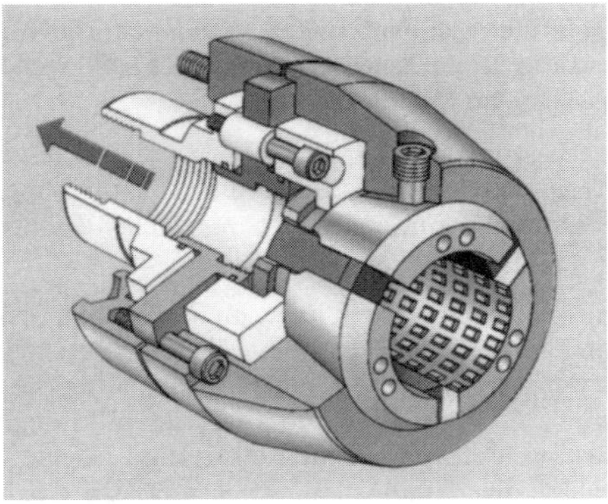

Bild 16.5: Segmentspannfutter (Hainbuch GmbH & Co, Marbach/N.)

Spanndorne

Dies sind Spannmittel zum Aufnehmen von Werkstücken in ihrer Bohrung. Es gibt glatte Spanndorne mit stirnseitiger Axialspannung oder radial expandierende Dorne nach Art der Spannzangen.

Stirnseitenmitnehmer

Hierbei handelt es sich um axiale, formschlüssige Spannmittel mit einer Zentrierspitze, bei denen sich sternförmig angeordnete Schneiden in die Stirnseite des Werkstücks graben. Sie sind preisgünstig, platzsparend, sehr flexibel und kommen bei Vorhandensein einer Kraftpinole im Reitstock ohne Betätigungseinrichtung aus. Nachteilig sind die Beschädigung des Werkstücks durch die Schneiden und das geringe übertragbare Drehmoment. Eine sehr detaillierte Darstellung gibt [5].

16.3 Spannmittel an Fräsmaschinen

Die Spannmittel für prismatische Teile lassen sich gliedern in:

- Einfache Spannpratzen zum direkten Aufspannen auf den Maschinentisch
- Standardschraubstöcke
- Aus Baukastensystemen werkstückspezifisch zusammengestellte Spannvorrichtungen mit Spannung durch Pratzen, Hebelspanner oder Schwenkspanner
- Sonderspannvorrichtungen

In allen Gruppen gibt es sowohl manuell als auch kraftbetätigte Spannmittel. Die manuelle Betätigung ist beim Fräsen wegen der größeren Zahl von Spannpunkten und des in der Regel manuell durchgeführten Werkstückwechsels häufiger als beim Drehen.

Man findet Einzelvorrichtungen, gruppenweise aneinander gereihte Spannplätze für die sequenzielle oder Simultanbearbeitung mehrerer Werkstücke, und mehrseitige Spanntürme zur sequenziellen Bearbeitung auf Rundtischen.

Die erforderliche Spannkraft beim Fräsen kann im Prinzip analog zu der beim Drehen berechnet werden, jedoch ohne Fliehkraftzuschlag. Die häufig unregelmäßige Anordnung der Spannstellen macht jedoch einen größeren Sicherheitsbeiwert ratsam. Durch Spannmittel mit integrierten Elementen zur Verstärkung der Spannkraft (selbsttätige Übersetzungsänderung nach Erreichen der Spannstellung) lassen sich Spannzeit, Platz- und Energiebedarf der Spannmittel verringern [6].

Beispiele ausgeführter Spannmittel für Fräsmaschinen enthalten die Bilder 16.6 und 16.7.

16.4 Spannmittel an Schleifmaschinen

Bei Schleifmaschinen kommen je nach Kinematik der Maschine die vom Drehen und Fräsen her bekannten Spannkonzepte zum Einsatz. Daneben wird gerne von Magnetspannplatten Gebrauch gemacht, die ein besonders sanftes Spannen ermöglichen.

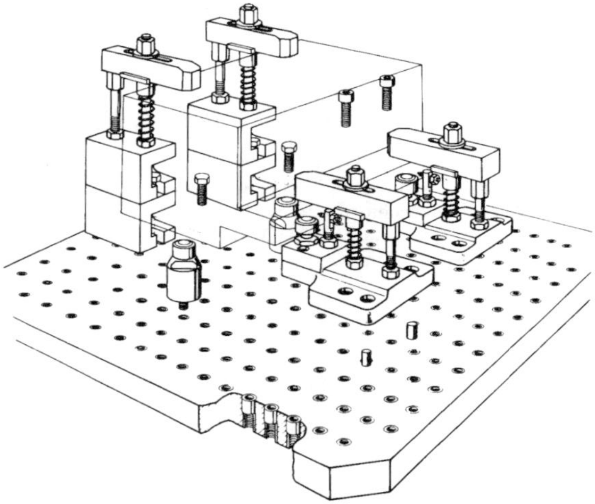

Bild 16.6: Spannvorrichtung aus Baukastensystem auf Lochrasterplatte (Niedecker GmbH, Frankfurt/M.)

Bild 16.7: Späneabflussgerechte Sonderspannvorrichtung als Wechselpalette (Ex-Cell-O GmbH, Eislingen/Fils)

Quellen und weiterführende Literatur

[1] VDI-Richtlinie 3106: Ermittlung der zulässigen Drehzahl von Drehfuttern (Backenfuttern).

[2] DIN 6386: Drehfutter; Technische Lieferbedingungen. Deutsches Institut für Normung

[3] *Leiseder, L. M.:* Die Bibliothek der Technik, Band 9: Werkstück-Spanntechnik. Drehbearbeitung. Landsberg: Verlag Moderne Industrie, 1988

[4] *Perovic, B.:* Werkzeugmaschinen und Vorrichtungen. Berechnung und Konstruktion. München Wien: Carl Hanser Verlag, 1999

[5] *Sadowy, M.; Welk, R. W.:* Einsatz von Stirnseitenmitnehmern. Werkstatt und Betrieb 105 (1972) 8, S. 591–597

[6] *Leiseder, L. M.:* Die Bibliothek der Technik, Band 29: Prismatische Spanntechnik. Landsberg: Verlag Moderne Industrie, 1989

DIN 6353: Drehfutter, kraftbetätigt, ohne Durchlaß. Deutsches Institut für Normung

Beuke, D.; Conrad, K.-J.: CNC-Technik und Qualitätsprüfung. München Wien: Carl Hanser Verlag, 1999

17 Positionsmesssysteme

Prof. Dr.-Ing. Dieter Beuke

WAB

Die Aufgabe der Positionsmesssysteme ist die Erfassung der Weg- und der Winkelregelgrößen $x(t)$ bzw. $\varphi(t)$, die als Rückführung in der Lagekreisregelung integriert sind (Vergleich Ist- mit Sollposition). Lediglich Steuerungen mit Schrittmotoren benötigen keine Wegmesssysteme und arbeiten ohne Rückführung. Die Fertigungsqualität der Werkzeugmaschine hängt u. a. in erheblichem Maße von deren Positionsgenauigkeit ab, die von der Arbeitsweise der eingesetzten Wegmesssysteme beeinflusst wird.

17.1 Messprinzipien und Messverfahren

Die Definition der im Folgenden verwendeten Begriffe der Messtechnik ist in VDI/VDE 2600 und in DIN 1319 festgelegt. In den Kapiteln 6.2.1 bis 6.2.4 sind sie ausführlich anhand ihrer wesentlichen Merkmale und mit Beispielen erläutert.

17.1.1 Übersicht angewendeter Messverfahren

Eine Zusammenfassung üblicher analoger und digitaler direkter Messverfahren zur Bestimmung der Istposition bei Werkzeugmaschinen zeigt Tabelle 17.1. Diese bisher bei Werkzeugmaschinen übliche Bezeichnung „Direkte Messsysteme" ist genau genommen nicht korrekt, weil diesem Begriff auch Messungen zugeordnet werden, bei denen die Wegstrecke zwar direkt abgegriffen, aber in eine andersartige physikalische Größe umgewandelt wird (z. B. elektrische Spannung, elektrische Zählimpulse).

Als „Indirekte Positionserfassung" werden bei Werkzeugmaschinen die Anordnungen bezeichnet, bei denen der Weg mittels Drehaufnehmern an der Antriebswelle oder antriebsfrei (z. B. Zahnstange-Ritzel) gemessen wird (Tabelle 17.2). Höhere Genauigkeiten erreichen die Messsysteme, die ohne Kopplung an den Antrieb arbeiten.

17.1.2 Funktionsstruktur der Wegmesssysteme

Die für Weg- und Winkelmessung angewendeten Messmethoden sind Ausschlag- Zähl- und Nachführmethode. Letztere wird nur für spezielle Anwendungsfälle eingesetzt. Bei den Messgeräten, die nach den erst-

Tabelle 17.1: Analoge und digitale Wegmesssysteme

Direkte Wegmesssysteme			
Analoge Messung	analog absolut	z. B. Resistive Aufnehmer 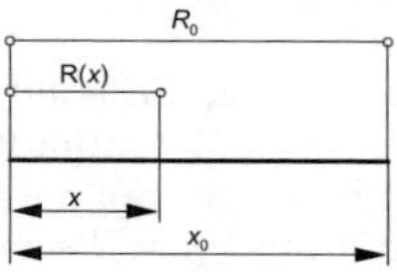	Die Messung ist analog absolut, wenn jeder Position ein bestimmter Spannungswert zugeordnet ist. $x = f(R) \Rightarrow x = \frac{R}{R_0} \cdot x_0$
	analog inkremental	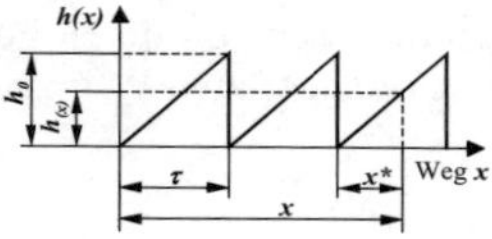	Die Position ergibt sich aus der Addition der Inkremente und der Absolutstrecke x^* $x = n(x) \cdot \tau + x^* \quad x^* = \frac{h(x)}{h_0} \cdot \tau$
Digitale Messung	digital absolut		Jeder Position des Verfahrensweges ist ein bestimmter Messwert mittels Binär oder BCD codierter Spuren eindeutig zugeordnet.
	digital inkremental		Die Messstrecke ist in gleiche Inkremente aufgeteilt, die als Zählimpulse dienen. Die Position ist nicht unmittelbar bekannt.

Tabelle 17.2: Indirekte Wegmessung

Indirekte Wegmesssysteme			
Analoge oder digitale Messung	Mit Antrieb gekoppelt	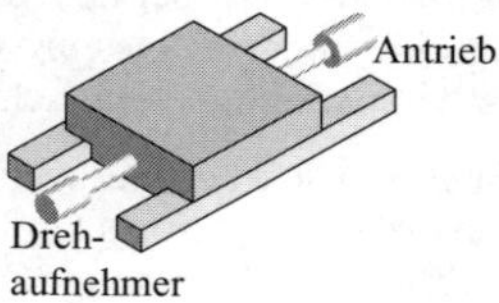	Die Drehbewegung der Antriebsspindel wird durch den Drehaufnehmer in einen Winkel umgewandelt. Je nach Bauart des Aufnehmers digitale oder analoge Messung.
	Unabhängig vom Antrieb	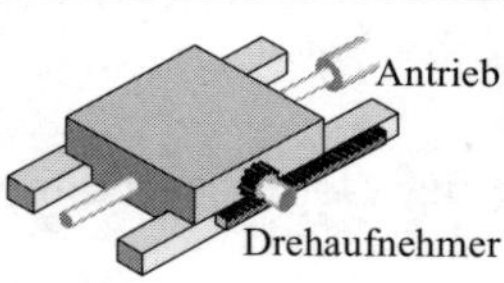	Umwandlung von Längs- in Drehbewegung über Zahnstange und Ritzel. Entsprechend der Bauart des Aufnehmers analoge oder digitale Messung.

genannten Methoden arbeiten, sind die Messglieder in einer Kettenstruktur angeordnet. Diese Struktur der Weg- und Winkelmessgeräte ist allgemein durch vier Funktionsglieder beschreibbar.

Da die CNC-Steuerung der Werkzeugmaschinen nur digitale Signale verarbeiten kann, ist bei analogen Messsignalen eine Digitalisierung erforderlich. Sie ist in Bild 17.1 nicht explizit erwähnt, weil sie im Prinzip innerhalb eines jeden Funktionsgliedes durchführbar ist.

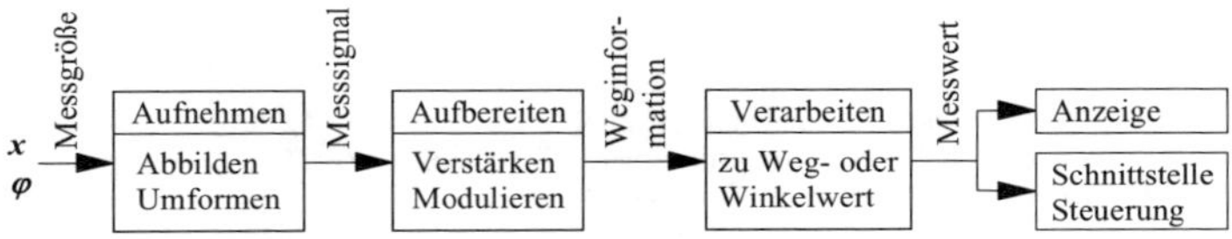

Bild 17.1: Allgemeine Funktionsstruktur von Weg- und Winkelmesssystemen

17.1.3 Messprinzipien

Messprinzip oder auch Messeffekt ist die charakteristische physikalische Gesetzmäßigkeit, die zum Messen benutzt wird. Im Werkzeugmaschinenbau haben sich die inkrementalen Messsysteme durchgesetzt, wobei deren inkrementale Maßverkörperungen durch Teilstücke unterschiedlicher physikalischer Eigenschaften realisiert sind.

Neben den in Tabelle 17.3 genannten Beispielen existieren zu jedem Messprinzip noch eine Vielzahl weiterer Ausführungsformen. Das Messverfahren der drei erstgenannten Messprinzipien entspricht der klassischen analog-inkrementalen Wegmessung. Das elektromagnetische Messprinzip (induktiv) ist durch die bekannten Messsysteme Induktosyn und Resolver bei älteren NC-Maschinen noch anzutreffen. Insbesondere Resolver, die sich als Drehgeber durch eine robuste und kompakte Bauweise sowie durch hohe Genauigkeit auszeichnen, werden jedoch als Drehzahlgeber an Servomotoren noch vorteilhaft eingesetzt.

Die Anordnung der Aufnehmer bewirkt, dass für die Weg- und Winkelinformationen in der Regel zwei um 90° phasenverschobene periodische analoge Signale vorliegen, deren Amplitude sich annähernd sinusförmig ändert. In den meisten Fällen ist die Periodenlänge als reine Zählgröße für den Weg zu groß, so dass die Amplitude innerhalb der Periode in ganzzahlige Vielfache durch Interpolation unterteilt wird. Hierfür werden je nach Signalart unterschiedliche Verfahren angewendet, mit denen üblicherweise Auflösungen von mindestens 1 µm erreicht werden. Das zweite periodische Signal dient der Richtungserkennung. Bei Änderung der Verfahrrichtung springt die Phasenverschiebung von + 90° auf – 90°.

Tabelle 17.3: Prinzipielle Erläuterung üblicher Messprinzipien

Prinzip	**prinzipielle Ausführbeispiele**	
Induktiv	Mäanderförmige Leiterwicklungen der Periode τ als Maßverkörperung. Auf dem Tastfeld zweier um 90° zueinander versetzten Mäanderwicklungen gleicher Periode.	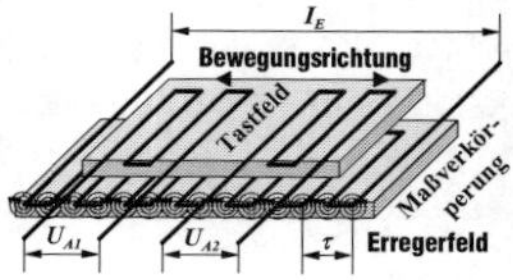
Magnetisch	Maßverkörperung durch periodische Einteilung in Nord- und Südpole. Abtastsystem mit 4 magnetoresistiven Sensoren (R) in Brückenschaltung	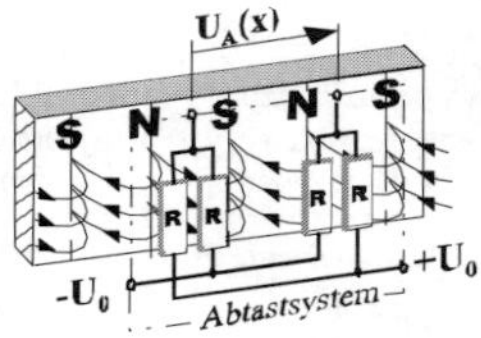
Kapazitiv	Maßverkörperung durch periodisch wiederkehrende Flächenelemente in Form einer Sinushalbwelle. Abtastsystem mit vier miteinander verschobenen Kondensatorelementen.	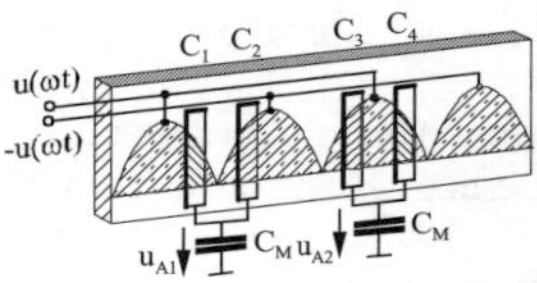
Optisch (fotoelektrisch)	Maßverkörperung durch optische Gitter mit gleichbreiten Zonen unterschiedlicher optischer Eigenschaften. Abtastsystem mit Optik, Abtastplatte und 4 jeweils um 90° versetzte Fotoelemente.	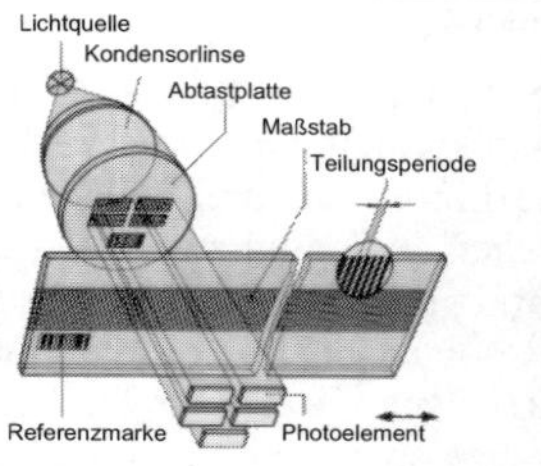

Das fotoelektrische Messprinzip wird am häufigsten für Werkzeugmaschinen eingesetzt. Dabei entstehen durch die in Bild 17.2 gezeigte Differenzbildung die zur Richtungserkennung benötigten zwei um 90° zueinander versetzten Signale. Die Auswertung der relativen Phasenlage der Differenzsignale D_1 und D_2 ergibt die Richtungsinformation der Relativbewegung. Die Differenzsignale werden mit verschiedenen Verfahren (Impulsvervielfachung) in Reckimpulse umgewandelt und auf digitale Zähler gegeben. Die Richtungsinformation bestimmt die Zählrichtung.

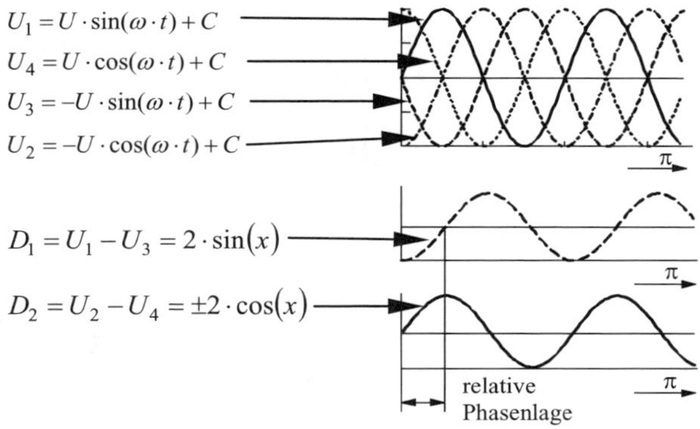

Bild 17.2: Auswertung der vier jeweils um $^1/_4$ der Gitterkonstanten (90°) zueinander versetzten Signale der Fotosensoren

Von Ultrapräzisionsmaschinen werden Auflösungen von wenigen Nanometern verlangt. Die dafür eingesetzten Wegmesssysteme sind entweder Laserinterferometer oder fotoelektrische Wegaufnehmer mit einem Phasengitter als Maßstab, die nach dem interferentiellen Messprinzip arbeiten.

17.2 Ausführungsformen

Wegmesssysteme werden bei der Entwicklung von Werkzeugmaschinen konstruktiv als Baugruppen vorgesehen und in der Montage an den vorgesehenen Stellen eingebaut und angeschlossen. In der Regel werden heute dafür fotoelektrische Messsysteme verwendet, deren Ausführungsformen beispielhaft erläutert werden. Eine Einteilung in inkrementale und absolute Messverfahren ist in Bild 17.3 gezeigt.

17.2.1 Längenmesssysteme

Bei den Längenmesssystemen der Fa. *Heidenhain*, die hier als Beispiele betrachtet werden sollen, dienen feine Strichgitter auf einem Glasmaßstab als Maßverkörperung. Die fotoelektrische Abtastung wird von Beugungserscheinungen beeinflusst, die bei kleinerer Gitterkonstante zunehmen. Daraus resultieren zwei Abtastprinzipien:

- abbildendes Messprinzip (Gitterkonstanten 100 µm bis 10 µm)
- interferentielles Messprinzip (Gitterkonstanten 8 µm oder 4 µm).

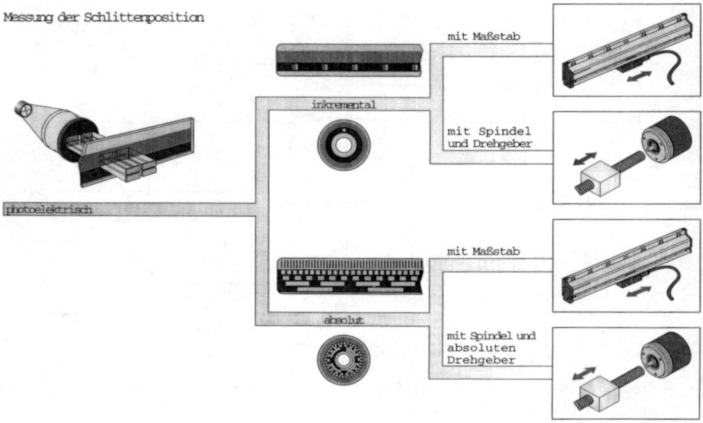

Bild 17.3: Systematische Ordnung der Positionsmesssysteme (nach Fa. *Heidenhain*)

Das abbildende Messprinzip bei einer 4-Feld-Abtastung in Bild 17.4 arbeitet nach dem **Durchlichtverfahren**. Ein paralleles Lichtbündel einer Halbleiterlichtquelle projiziert die vier Abtastfelder der Abtastplatte auf den Maßstab. Hinter dem Maßstab sind den Abtastfeldern vier Fotoelemente zugeordnet. Das Strichgitter der Abtastfelder ist gleich dem des Maßstabs und parallel dazu ausgerichtet. Bewegen sich die Strichgitter relativ zueinander, so kommen die Strichgitter der Maßverkörperung abwechselnd mit denen des Abtastgitters zur Deckung. Dadurch wird der durchfallende Lichtstrom annähernd sinusförmig moduliert. In den Fotoelementen wird die variierende Lichtintensität in einen entsprechenden elektrischen Strom umgewandelt.

Auf dem Inkrementalmaßstab angeordnete Referenzmarken sorgen dafür, den Zählwert an einer bestimmten Position des Maßstabs eindeutig

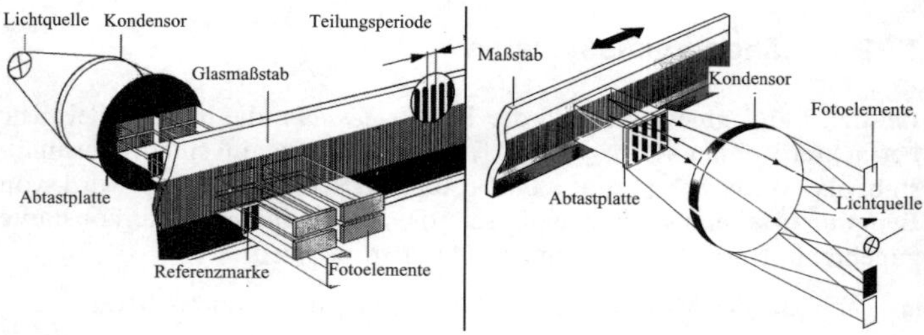

Bild 17.4: Fotoelektrische Längenmesssysteme

festzulegen. In einer Folgeelektronik kann dieser Position ein beliebiger Wert zugeordnet werden.

Das **Auflichtverfahren** wird bei den abbildenden Verfahren mit Maßstäben aus nicht transparenten Werkstoffen wie Stahl oder Zerodur eingesetzt. Das Reflexionsverfahren mit Quasi-Einfeld-Abtastung nach Bild 17.4 ist ein Auflichtverfahren, das als Maßverkörperung Stahlbänder mit Teilungen von 40 µm oder größer benutzt, die man für Messsysteme mit großen Messlängen von mehr als 3 m bevorzugt.

Längenmessung über die Spindel als Maßverkörperung wird insbesondere dann angewendet, wenn eine genügend genaue Spindel und eine spielfreie Einstellung der Spindellagerung und der Mutter mit optimaler Vorspannung gegeben sind. Die Vorteile liegen in den geringen Kosten und in der hohen Zuverlässigkeit, da Drehgeber sehr gut gegen Verschmutzung und gegen Flüssigkeiten abgedichtet werden können. Außerdem gibt es viele Varianten für alle Anwendungsfälle. Die Nachteile liegen in der geringen Genauigkeit und Reproduzierbarkeit, da naturgemäß eine Spindel größere Messabweichungen besitzt als ein Präzisionsmaßstab und die Länge der Spindel außerdem von der Temperatur abhängt.

Für die Winkelteilung der Spindelsteigung werden überwiegend inkrementale Drehgeber eingesetzt. Die fotoelektrische Abtastung erfolgt in analoger Ausführung zu den Linearmaßstäben auf Teilscheiben mit Kreisteilungen und 4-Feld-Abtastung im Durchlichtverfahren, wie ein Beispiel in Bild 17.5 zeigt.

Für eine Wegauflösung von 1 µm benötigt man bei 10 mm Spindelsteigung 10000 Messschritte pro Umdrehung. Durch eine Vierfachauswertung der Abtastsignale eines Drehgebers mit 2500 Strichen auf der Teilscheibe erreicht man ebenfalls einen Messschritt von 1 µm.

Bild 17.5: Aufbauschema eines Drehgebers ROD 400 (nach Fa. *Heidenhain*)

17.2.2 Winkelmesssysteme

Winkelmesssysteme gibt es in verschiedenen konstruktiven Ausführungen, die jeweils für die vielfältigen Anwendungen entwickelt wurden.

Einige häufig anzutreffende Systeme sollen hier in Anlehnung an *Ernst* zur Übersicht angegeben werden:

- Winkelmesssysteme mit Lagerung und Wellenkupplung
- Winkelmesssysteme mit Lagerung und Statorkupplung
- Winkelmesssysteme ohne Lagerung (Rundtische, Teleskope u. a.)

Für die Messungen werden unterschiedliche Messprinzipien eingesetzt. Die fotoelektrisch abgetastete Teilung auf einer Glasscheibe mit 18000 oder 36000 Strichen wird für klassische Winkelmessgeräte verwendet. Die Glasscheibe mit der Teilung ist auf einer spielfrei gelagerten Welle montiert und wird mit dem optischen System in einem Gehäuse staubdicht und wasserdicht angeordnet. Die Koppelung des Messsystems mit der Maschinenwelle erfolgt über eine Wellenkupplung oder ohne eine Kupplung direkt auf der Welle. Die Größe des Einbauraums kann ebenso Kriterium sein wie die geforderte Genauigkeit des Messsystems. Messschritte von 0,001° bis 0,0001° werden mit den angegebenen Strichzahlen erreicht.

17.2.3 Code-Messverfahren (absolute Messsysteme)

Absolute Messverfahren stellen im Gegensatz zu den inkrementalen Messverfahren unmittelbar nach dem Einschalten der Steuerung den Positionswert der Maschinenachse als Absolutwert zur Verfügung. Jeder Position des Verfahrweges ist ein bestimmter Messwert eindeutig zugeordnet. Dies erleichtert auch die Wiederinbetriebnahme nach einer Unterbrechung und ist insbesondere bei Robotern sehr wichtig.

Heute werden für absolute Messverfahren meist das photoelektrische Messprinzip in Verbindung mit einem Code-Maßstab eingesetzt. Als Code-Arten sind der Dual-Code und der Gray-Code bekannt. Das Prinzip besteht in der Abtastung von hellen und dunkeln Feldern durch eine Reihe von Fotodioden, wobei die Anordnung dieser Felder auf dem Maßstab von der Code-Art bestimmt wird. Aus den schematischen Darstellungen codierter Maßstäbe mit einer geringen Anzahl von Spuren lässt sich aus den Bildern 17.6 bis 17.8 das Funktionsprinzip erkennen.

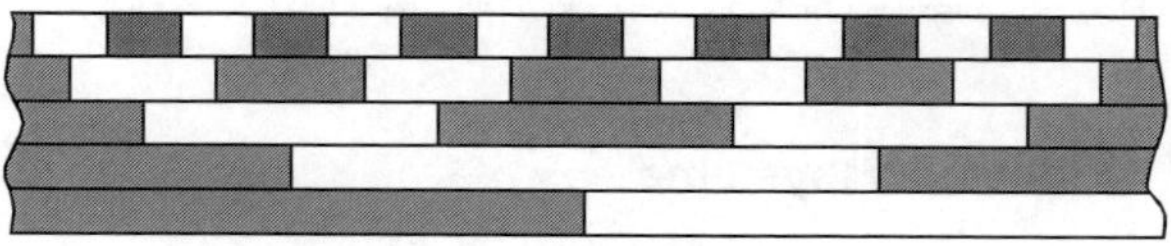

Bild 17.6: Cray-Code: Das ist der einfachste einschnittige Code, bei dem pro Messschritt immer nur ein Signal wechselt. Umwandlung in Dualsignal durch Logik-Schaltung.

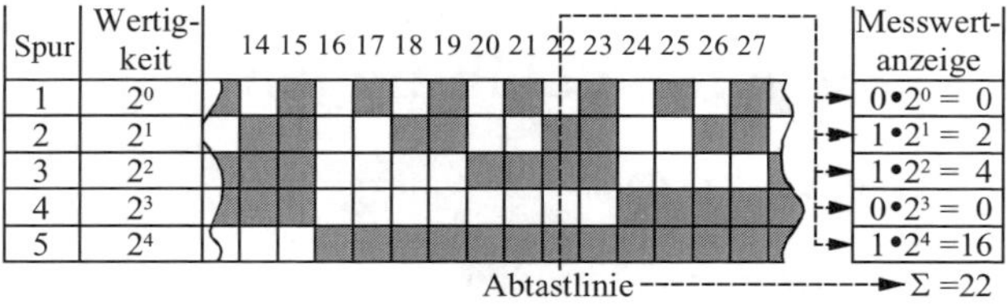

Bild 17.7: Dual-Code: Dabei wechseln mehrere Hell-Dunkel-Signale gleichzeitig. Bedingt durch Fluchtungsabweichungen der Signalflanken entstehen Fehlinterpretationen.

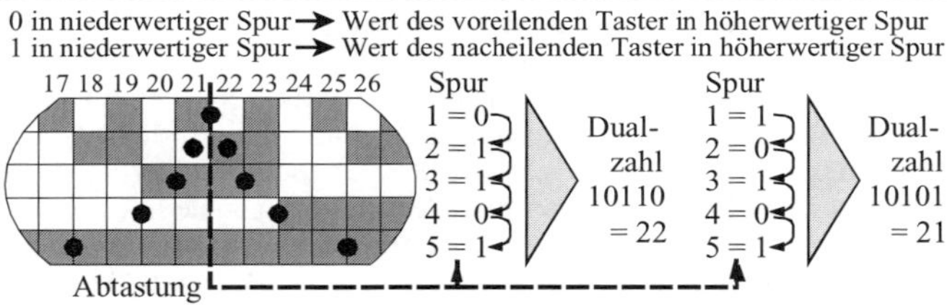

Bild 17.8: Dual-Code mit V-Abtastung: Mit der so genannten V-Abtastung eines dualcodierten Maßstabs wird die in Bild 17.7 genannte Fehlinterpretation vermieden.

Quellen und weiterführende Literatur

Beuke, D.; Conrad, K.-J.: CNC-Technik und Qualitätsprüfung. München Wien: Carl Hanser Verlag, 1999

Ernst, A.: Digitale Längen- und Winkelmeßtechnik. Positionsmeßsysteme für den Maschinen- und Gerätebau. 3. Auflage. Landsberg/Lech: Verlag Moderne Industrie, 1998

Milberg, J.: Werkzeugmaschinen Grundlagen. 2. Auflage. Berlin: Springer Verlag, 1995

Weck, M.: Werkzeugmaschinen Fertigungssysteme. Band 3.2: Automatisierung und Steuerungstechnik 2. 4. Auflage. Düsseldorf: VDI-Verlag, 1995

W
A
B

18 Steuerungstechnik und ihre Ausführungen

Prof. Dr.-Ing. habil. Rolf Wätzig

18.1 Steuerungshierarchien in der Fertigungsautomatisierung

In den Hierarchieebenen der Fertigungsautomatisierung werden unterschiedliche Steuerungsmittel genutzt, wobei sich die Maschinen- und Gerätesteuerung deutlich von der Steuerung übergeordneter Funktionen unterscheidet. In der Maschinenebene sind hardwaremäßig unterschiedliche Ausführungen installiert, während die übergeordneten Ebenen wie für die Zellen- und Leitsteuerung meist universelle Industrie-Personalcomputer (IPC) mit zweckgebundener spezifischer Steuer-Software verwenden. Zwischen den Ebenen sind Schnittstellen zu definieren, die meist über Bus-Systeme gekoppelt sind. Arbeitsplanung und Programmvorbereitung werden meist in separaten PCs bearbeitet (CAM-Systeme) (Bild 18.1).

Busse in der Steuerungstechnik sind Informationskanäle, über die angepasste Signale zwischen verschiedenen Steuerungen, Antriebs- und Mess-Systemen sowie zu übergeordneten PCs gesendet werden. Man unterscheidet Feldbusse für den Nahbereich (Sensorik/Aktorik) und Busse für die übergeordneten Ebenen. Ein verbreitetes Bus-System in beiden Ausführungen ist der genormte PROFI-BUS nach DIN.

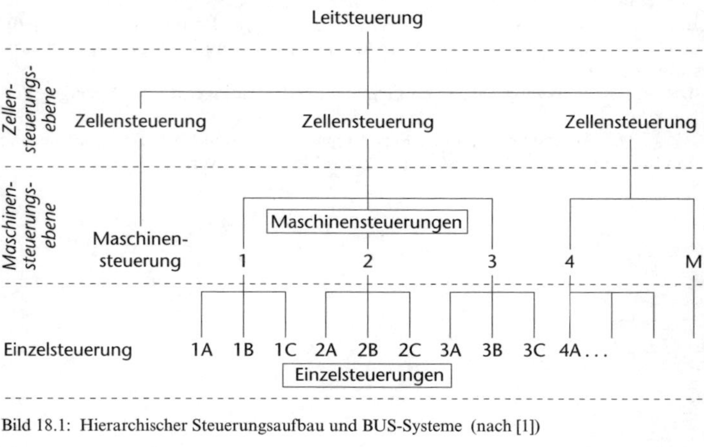

Bild 18.1: Hierarchischer Steuerungsaufbau und BUS-Systeme (nach [1])

Maschinensteuerungen werden mit mechanischen, fluidischen, elektrischen und elektronischen Mitteln ausgerüstet, wobei oft eine Kombination der Mittel in einer Maschine eingesetzt wird.

Mechanische Steuerungen sind als Kurven-, Nocken- oder Nachformsteuerungen mit mechanischem Speicher der Wege und Winkel sowie Schaltinformationen nach wie vor im Einsatz.

Kurvenkörper werden als ebene oder räumliche Form mechanisch mit den zu bewegenden Maschinenbaugruppen gekoppelt und von einem Elektromotor angetrieben.

Wegabhängige Nockensteuerungen liefern Schaltsignale in Abhängigkeit vom Verstellungsweg der jeweiligen Maschinenachse über kontaktlose Endschalter/Initiatoren an eine meist elektrische Steuerung der Achsantriebe.

Nachformsteuerungen arbeiten mit einem Modell als mehrdimensionaler Wegformspeicher, welches elektronisch abgetastet wird und einer nachfolgenden Wegregelung der Servoantriebe in den Achsen. Mechanische Speicher sind aufwändig in ihrer Herstellung und Änderung bei Wechsel der Arbeitsaufgabe.

Fluidische Steuerungen benutzen Druckluft- (pneumatisch) oder/und Drucköl- (hydraulische) Elemente zum Steuern und Antreiben, häufig auch in Kombination mit Elektronik. Sie sind meist für einfache Bewegungen im Einsatz, haben aber ihre Bedeutung nicht verloren.

Elektrische und elektronische Steuerungen benutzen elektrische Schalter oder elektronische Mess-Systeme zur Rückmeldung der Prozessgrößen, z. B. Wege und Handschalter/Tastaturen sowie rechentechnische Eingabemittel für die Bedienung.

Zur Anzeige dienen Meldeleuchten und Bildschirme.

In der Signalverarbeitung werden Kontaktbauelemente wie Relais und Schütze zunehmend verdrängt durch elektronische Informationsverarbeitung mit mikroelektronischen Elementen wie Mikroprozessoren (Rechenbausteine), Speicherbausteine verschiedener Art und Verbindungselektronik. Die schwachen Verarbeitungssignale werden durch leistungselektronische Elemente wie Transistor- und Thyristorschalter bzw. -regler verstärkt den Stellgliedern/Servomotoren zugeführt.

Das enorme Entwicklungstempo der Mikroelektronik, gemessen am Integrationsgrad/Chip nach dem Moore'schen Gesetz, bestimmte den Gebrauchswertezuwachs von Steuerungs- und Maschinentechnik in den letzten Jahren (Bid 18.2).

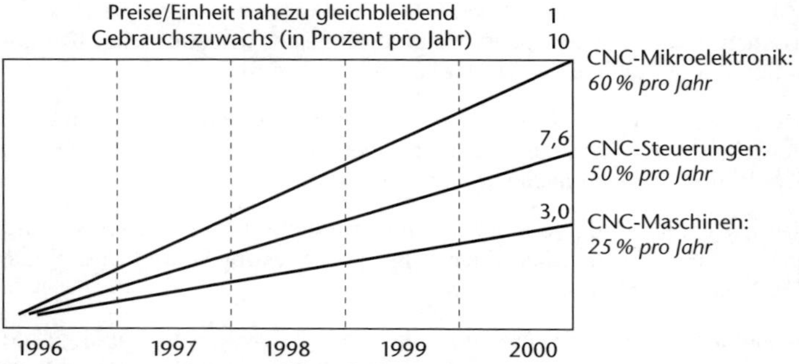

Bild 18.2: Gebrauchswertzuwachs in der Mikroelektronik (nach [4])

18.2 Speicherprogrammierbare Steuerungen

Programmierbare Steuerungen werden nach DIN 19237 in verbindungs- und speicherprogrammierbare (Bild 18.4) unterteilt. Kontaktelektrische Steuerungen sind verbindungsprogrammiert.

Speicherprogrammierbare Steuerungen (SPS) sind nach VDI 2880 Automatisierungsgeräte mit einer anwenderorientierter Programmiersprache zum Steuern von Anlagen. Sie werden auch als programmierbare Logikcontroller (PLC) bezeichnet.

Sie arbeiten mit einem **Steuerprogramm** (Software), welches in einem **Halbleiterspeicher** abgelegt wird. Die Struktur ist in Bild 18.3 dargestellt. Die Verknüpfungen der Ein- und Ausgänge werden als logische Operationen in speziellen Programmsprachen geschrieben. Die SPS besitzt ein

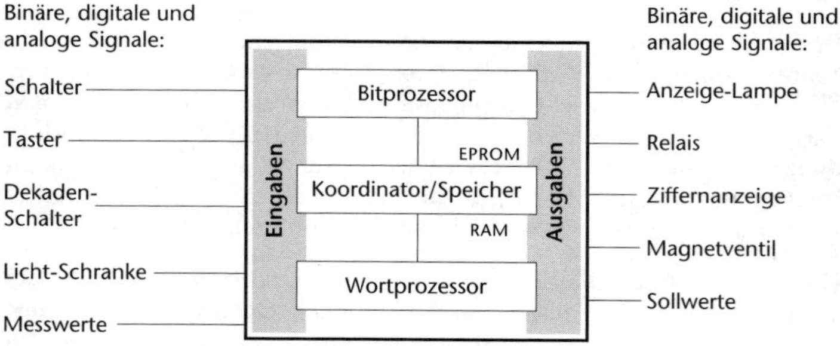

Bild 18.3: Struktur einer SPS mit Bit- und Wortprozessor (nach [4])

eigenes Betriebssystem in festen EPROM-Speichern und erhält ein Arbeitsprogramm (Anweisungen) in dynamischen RAM-Speichern.

Die Steuerungsbefehle werden aus dem Programmspeicher taktweise abgerufen und abgearbeitet. Für Einzelsignale gilt die bitweise, für Ziffern und analoge Werte gilt die wortweise Abarbeitung. Die Abarbeitung erfolgt in Mikrosekundentakten und erscheint damit dem Anwender als quasiparallel ohne wesentliche Verzögerung im Verhältnis zur Reaktion nachfolgender Ausgabeglieder wie Relais oder Anzeigen.

Zur Programmierung der SPS unterscheidet man folgende Programmierarten, die in der IEC 1131-3 genormt sind:

1. Kontaktplan (KOP) analog dem Stromlaufplan
2. Anweisungsliste (AWL) = mnemotechnische Darstellung
3. Funktionsplan (FBS) = Funktionsbausteinsprache
4. Ablaufsprache (AS) in Ablauf-Textform
5. Strukturierter Text (ST) in Bedingungs-Textform
6. Funktionsplan nach DIN 40719-6 und IEC 848.

Diese **Codierungsarten** (Bild 18.4) werden als verknüpfungsorientierte oder ablauforientierte Sprachen, als grafische oder textuelle Programmie-

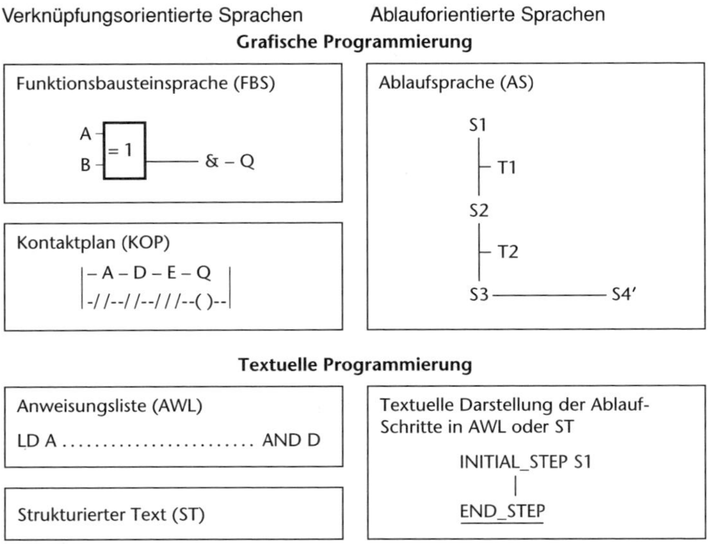

Bild 18.4: SPS-Programmsprachen nach IEC 1131-3 (vereinfacht)

rung bezeichnet und sind je nach Erfahrungen und Firmenspezifik im Einsatz. Zunehmend findet man die direkte grafische Programmierung, wie bei SIEMENS in der SPS S5 und S7 (Graph 7), die ebenfalls in IEC 1131-3 dargestellt ist.

Diese Sprache besteht aus Schritten und Weiterschaltbedingungen. Schritte sind Aktionen oder Zustände; Weiterschaltbedingungen T aktivieren den nächsten Schritt. Jeder Schritt wird von zwei Zeiten eingegrenzt: Mindestverweil- und Höchstzeit. Die Abarbeitungskette kann auch durch Rückgriffe verzweigt werden.

Die Ablösung kontaktelektrischer Relaissteuerungen durch SPS in der Informationsverknüpfung ist nahezu vollständig vollzogen, da die Vorteile bei Programmänderungen, bei der Projektierungszeit, bei Einzelanlagen und bei der Fertigungszeit von Serienanlagen mehr als 50 % gegenüber diesen verbindungsprogrammierten Steuerungen beträgt.

Die Elektroausrüstung wird durch rechnergestützte Lösungen wesentlich rationeller projektiert als früher.

Der minimierte Aufwand für die SPS-Hardware führt zu mehr dezentralen Anordnungen mit mehreren SPS, die über Bus-Systeme mit Ein- und Ausgabegliedern kabelarm verbunden sind. Diese Peripherie-Verbindungen werden über einen Bus-Master gesteuert. Die Signale werden als Telegramm-Paket mit einer Adresse versendet und erreichen die anzusprechend adressierten Ausgabeglieder. Die Übertragung erfolgt über Zweidrahtleitungen, Koaxialkabel oder Lichtwellenleiter je nach zeitlichem Erfordernis, aber immer innerhalb eines SPS-Taktes.

Ein besonderes Problem bei Maschinen und Anlagen mit elektronischen Steuerungen ohne galvanische Trennung der Schaltglieder sind die Sicherheitsanforderungen, z. B. für Pressen.

Zur Vermeidung von schweren Unfällen und Havarien werden fehlersichere Steuerungen eingesetzt. Fehlersicherheit kann hergestellt werden durch:

- Sonderausführung in der Hardware
- Redundanten Aufbau (mehrere unabhängige Kanäle)
- Synchronisation aus dem Prozessverlauf
- Vergleicherprinzipien

Eine besondere Ausführung kann Fehler erkennen und selbst korrigieren durch Mehrfachredundanzen.

Ausfall-Schwerpunkte sind erfahrungsgemäß Eingänge in die Steuerung, die im Maschinenbereich angeordnet sind. Das betrifft insbesondere

Endschalter (kontaktbehaftet) oder Initiatoren (kontaktlos), von denen Tausende im Einsatz sind.

Ausfälle der Elektroausrüstung beeinflussen die mittlere ausfallfreie Zeit (MTBF) durch ihre Häufigkeit wesentlich, benötigen aber meist nur kurze Reparaturzeiten, so dass die daraus resultierenden Ausfallzeiten meist wesentlich geringer sind als bei mechanischen Defekten.

18.3 Numerische Steuerungen

Eine numerisch gesteuerte Maschine oder Anlage ist charakterisiert durch die automatische maßzahlenmäßige (= numerische) Erfassung, Verarbeitung und Verstellung der Relativlagen, -bewegungen und -geschwindigkeiten von Werkzeug- und Werkstückträger zueinander sowie von erforderlichen Hilfsfunktionen.

Diese Aufgabe mit der Positionierung im Kern übernimmt die numerische Steuerung (engl. **Numerical control = NC**).

Da ausschließlich Mikrorechner zur Verarbeitung installiert werden, spricht man von **Computer numerical control = CNC**.

Die Bewegungssteuerung besteht aus den Komponenten nach Bild 18.5, indem ein Weg-Sollwert mit einem Weg-Istwert digital in einer Positionssteuerung verglichen wird und die Differenz ein Weg-Stellsignal zu einem Stellsystem an der Maschine bewirkt.

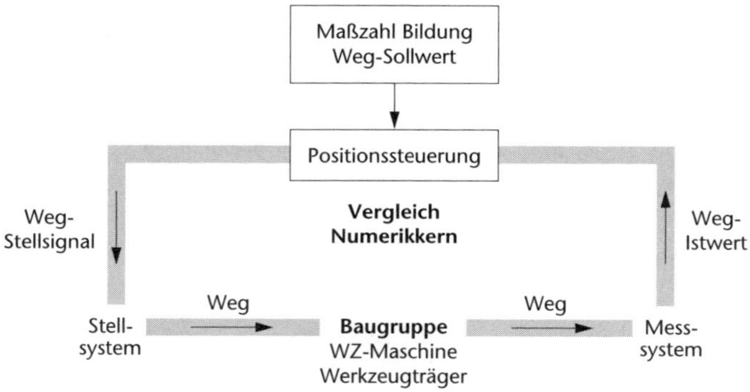

Bild 18.5: Funktion der Bewegungssteuerung (nach [3])

Diese Bewegungssteuerung hat außer Weg-Soll- und -Istwert weitere Wegwerte digital zu verarbeiten. Diese sind in der Grundgleichung der Numerik nach Bild 18.6 als Festwert, Korrekturwert und Vorabschalt-

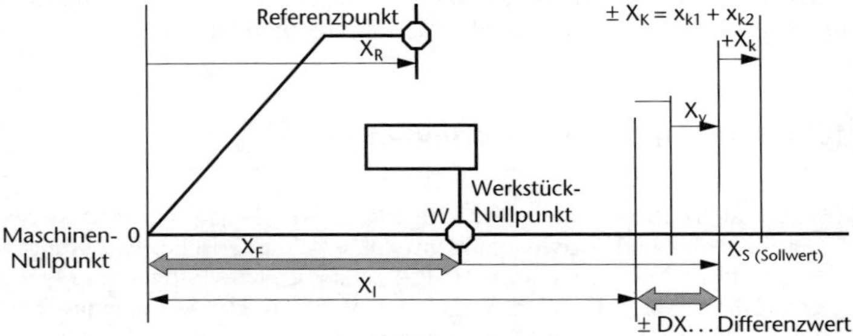

$(X_F = X_S \pm X_K - X_V) - X_I = \pm DX$ ⇒ **Koinzidenz = Nullabgleich**

(X_F... Festwert; X_S... Sollwert; X_K... Korrekturwert; X_V... Vorabschaltwert; X_I... Istwert)

Bild 18.6: Grundgleichung der NC-Technik (NC-Kern-Gleichung)

wert für eine Achse *X* berücksichtigt. Bild 18.7 zeigt die Wegkoordinaten an einer Drehmaschine. An den Maschinen sind meist mehrere Achsenbewegungen zu positionieren, die nach Bild 18.8 in **Koordinatensystemen**

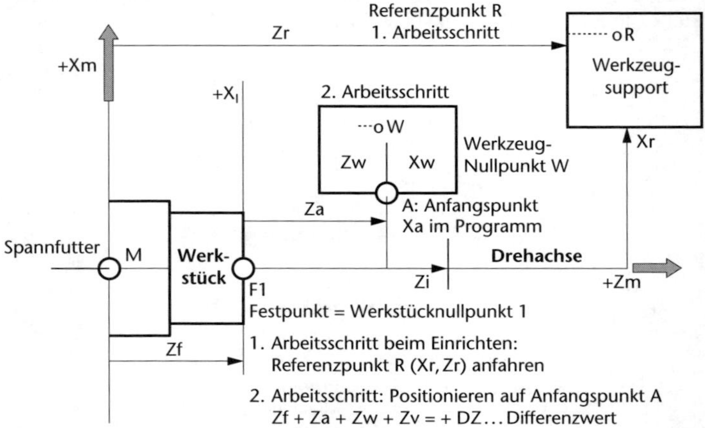

Bild 18.7: Wegkoordinaten an einer Drehmaschine (X-Achse: Werkzeugträger längs; Z-Achse: Drehachse quer)

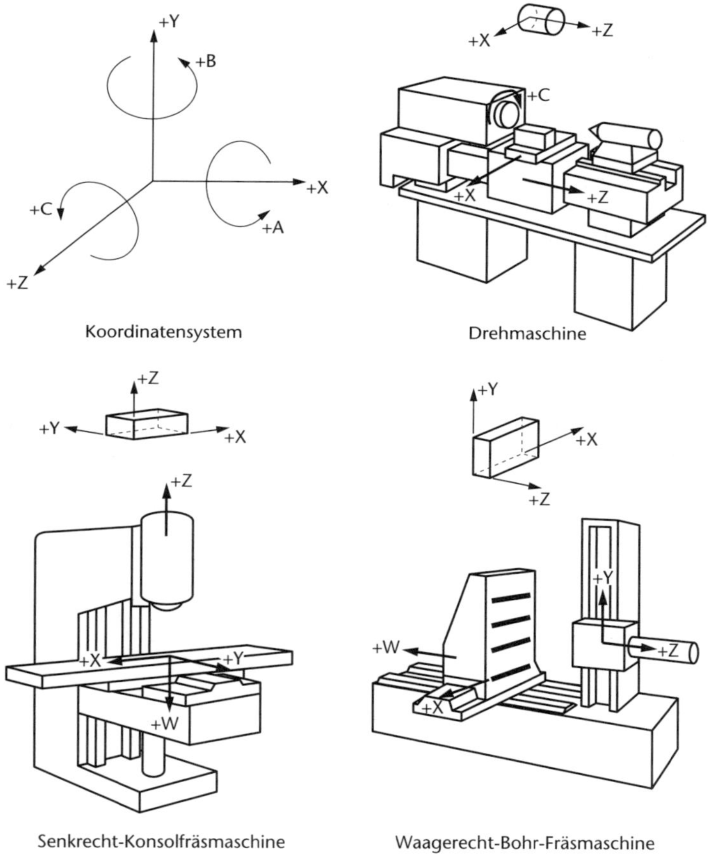

Bild 18.8: Koordinatensysteme nach DIN 66217

DIN 66217 für ausgewählte Maschinenenarten genormt sind. Für Vielachsmaschinen werden Indizes eingeführt.

Für Industrieroboter gilt Analoges.

Hauptbaugruppen der modernen CNC-Steuerung sind mit eigenen 32-bit-Mikrorechnern ausgestattet, besitzen eigene Softwaresysteme, z. T. als Echtzeitsysteme, und verkehren über BUSSE miteinander (Bild 18.9).

Die **Anzeigebedienfeldsteuerung** bedient die Schnittstelle Mensch/Maschine und ist nach ergonomischen Gesichtspunkten gestaltet. Die Eingabe der Weg-Sollwerte kann bei modernen CNC sowohl nach der NC-Codierung DIN 66025 bzw. ISO R6983 in Satz-Wort-Adressen-Ziffern-Schreibweise als auch in Form von Wegfunktionen (Makros) erfolgen. Als Adressen dienen u. a. die Achsbezeichnungen für lineare Achsen X; Y; Z und Drehachsen A; B; C. Eingabe- und Anzeigemittel sind aus der Rechentechnik übernommen, wurden aber den erhöhten Ansprüchen des Werkstattbetriebes angepasst. Die Eingabe der technologischen und Hilfsoperationen erfolgt ebenfalls nach diesem Prinzip mit weiteren Adressen. Es entsteht ein Bearbeitungsprogramm mit Sätzen für die Bewegungssteuerung/den NC-Kern.

Die **Funktion des NC-Kerns** beschränkt sich nur im einfachsten Fall einer Punkt-zu-Punkt-Steuerung auf die Zuordnung der Wegsollwerte zu den Achsen. Sie erfüllt zusätzlich Berechnungen im Zusammenhang mit der Verfahrgeschwindigkeit und mit Zwischenwerten zwischen den Eingabepunkten. Die Berechnung von Zwischenwerten – als **Interpolation** bezeichnet – erfolgt nach mathematischen Regelfunktionen wie Gerade und Kreis, aber auch nach einer Näherungsinterpolation auf Basis höherer Parabeln (NURBS-Funktionen). Eine wichtige Aufgabe ist die Synchronisation zwischen einzelnen Achsen, sofern ein funktioneller Zusammenhang erreicht werden soll. Man spricht dann von einer Bahnsteuerung, bei der Wegabschnitte zeitsynchron an die Servoverstärker/Servomotoren ausgegeben werden. Die Bewegungssteuerung sorgt auch für die Glättung der Vorschubgeschwindigkeiten, insbesondere an Ecken und Umkehrpunkten.

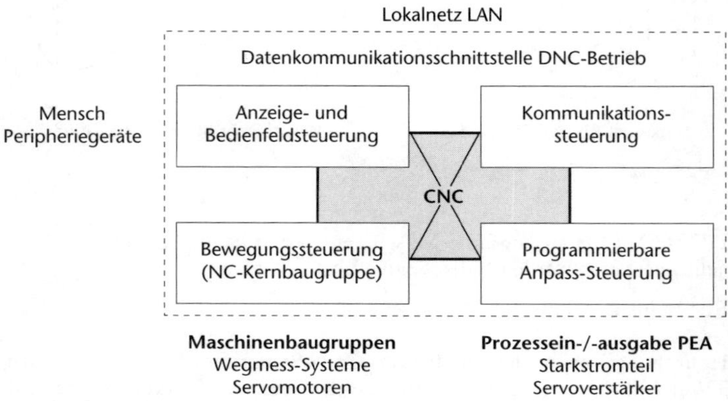

Bild 18.9: Hauptbaugruppen moderner CNC-Steuerungen

Die **Kommunikationssteuerung** dient der Vorbereitung und Speicherung der Programme und ihrer Verwaltung sowie der Verbindung zwischen den genannten Steuerungsbaugruppen.

Die **Programmierbare Anpassung (PMC)** besteht meist aus einer SPS und dient der Anpassung der Signale und ihrer Verteilung auf Stellglieder. In der Prozessein- und -ausgabe erfolgt eine Pegelanpassung und Verstärkung der Signale für den Starkstromteil und die Antriebe.

WAB

18.4 Der NC-Lageregelkreis (Servosysteme)

Der Kern der NC-Aufgabe wird meist durch Lageregelkreise gelöst. Lageregelkreise sind für jede Achse separat erforderlich.

Die Lageregler werden nach Bild 18.10 von Weg-Differenzwerten $\pm DX$ aus der Bewegungssteuerung als Sollwert *Xs* zeitbezogen und damit vorschubbestimmend beaufschlagt. Von einem Wegmess-Sensor empfangen sie Weg- bzw. Lageinformationen über eine Messelektronik sowie Istwerte über die Geschwindigkeit x' über einen Tachodynamo. Der Lageregler, als Mikrorechner ausgebildet, steuert den Leistungsverstärker mit seinen steuerbaren Si-Halbleiterschaltern im Sinne des Abbaus der Wegdifferenz *DX* durch einen Servomotor. Der Servomotor bewegt über Vorschubgetriebe oder direkt (Linearmotor) den Maschinentisch. Für Rundachsen gilt Entsprechendes.

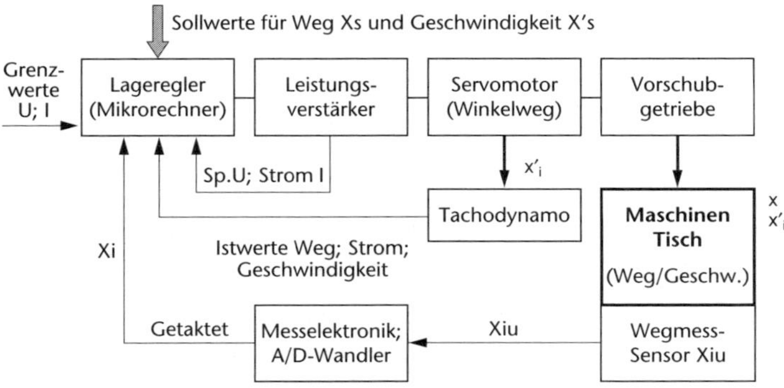

Bild 18.10: NC-Lageregelkreis für eine Achse *X*

Der Vorgang verläuft in einem dynamischen Betrieb ständig ab. Die Lageregelung bedarf der regelungstechnischen Optimierung und ist nur bis zu bestimmten Grenzwerten der Führungsgröße (Wegvorgabe) und der

Störgröße/Belastung (Strom *I*) stabil. Durch höherwertige Regelungen wurden diese Grenzen erheblich verbessert, sind aber je nach Strukturaufbau der Elemente sehr unterschiedlich. Wesentliche Bestimmungsgrößen sind die zu erreichende Genauigkeit der Positionen, die Taktfrequenzen der Sollwertvorgabe und Wegrückmeldung und die erforderlichen Vorschubgeschwindigkeiten.

Die **Lageregelung** erfordert im Allgemeinen einen Servomotor, der im Vierquadrantenbetrieb arbeiten kann. Bild 18.11 zeigt sein Bewegungsschaubild mit den Links-/Rechs-/Hochlauf- und Bremskurven.

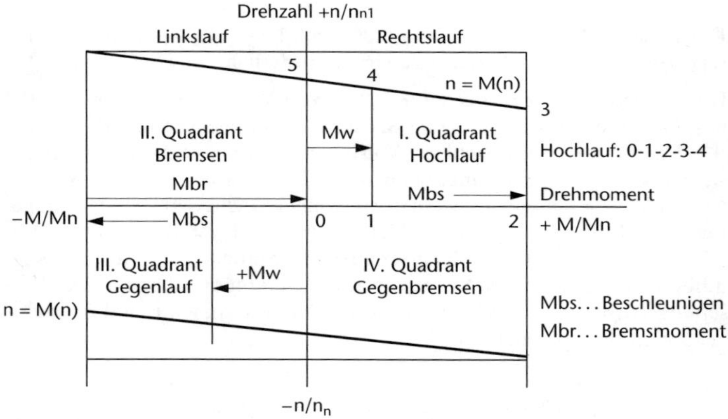

Bild 18.11: Vierquadrantenbetrieb eines Servomotors (rotatorisch)

Für die Weg-/Lagerückmeldung sind Wegmess-Systeme unterschiedlicher physikalischer Prinzipien im Einsatz. Bild 18.12 zeigt die übliche Gliederung nach der Signalbildung. Das Mess-System besteht aus der Maßverkörperung, dem Messgeber/-sensor und der Messelektronik, die letzlich ein lagereglerkompatibles elektrisches Signal abgibt, das der jeweiligen Ist-Lage (absolut) oder dem zurückgelegten Weg (inkremental) der relativ bewegten Baugruppe genau entspricht.

Die Lage-/Wegmessung der bewegten Baugruppe erfolgt entweder direkt mit einem Längenmess-System oder indirekt an einem Getriebeelement, z. B. an der Vorschubspindel durch einen Drehgeber. Die kleinste noch erfassbare Einheit liegt meist bei 1 μm bzw. ein Tausendstel Bogengrad bei Werkzeugmaschinen und wird für die Lageregelung meist noch elektronisch unterteilt. Die Auflösung muss entsprechend dem Verfahrweg in der Achse mehrere Zehnerpotenzen betragen. Sie ist nicht mit der

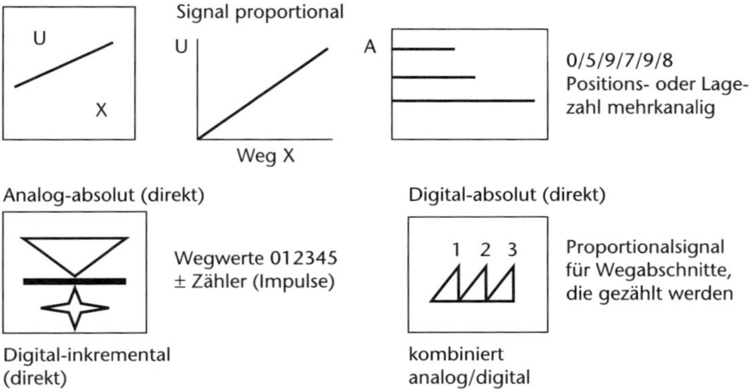

Bild 18.12: Signalformen der Lage-/Wegmessung

Genauigkeit zu verwechseln, in die weitere Abweichungen eingehen. Das Mess-System soll 3- bis 5-mal genauer sein als die geforderte Positioniergenauigkeit der Maschine.

Man unterscheidet inkrementale, absolute und kombinierte Weg-Lagemess-Systeme, auch als Positionsmess-Systeme bezeichnet, nach ihrer Signalform (Bild 18.13) für die Abstände zu einem Achsen-Nullpunkt oder für einen zurückgelegten Weg. **Inkrementale Systeme** liefern Wegimpulse (Inkremente), die in einem Zähler richtungsabhängig aufsummiert einen zurückgelegten Weg darstellen. Sie verlieren ihren Weg bei Abschalten der Steuerung. **Absolute Systeme** geben ständig Signale über den Abstand zum Achsen-Nullpunkt. **Kombinierte oder quasiabsolute Systeme** führen in einem integrierten Weginkrementspeicher ständig den Abstand zum Nullpunkt abschaltunabhängig mit.

Die häufigsten Messprinzipien sind

- fotoelektrisch abgetastete Maßstäbe (direkt) oder Scheiben (indirekt)
- induktive oder magnetisch wirkende Maßstäbe oder Geber

Fotoelektrische Abtastung erfolgt bei Durchlicht mit Glas- oder bei Auflicht mit Metallmaßstäben durch Fotodioden oder CCD-Elemente. Die induktive Abtastung nutzt die lageabhängige Phasen- oder Amplitudenlage der Spannungen in induktiv gekoppelten Wicklungen, die ebenfalls linear oder rotatorisch aufgebaut sein können.

Als Maßverkörperung dient entweder der lineare Maßstab oder ein Getriebeelement, z. B. eine Vorschubspindel, eine Zahnstange. Die Lageregelung schließt bei rotatorischem Servoantrieb aber stets die beteiligten mechanischen Elemente in das Stabilitätsverhalten ein. Bei Linearantrieben werden nur lineare Mess-Systeme angewendet, so dass höhere Kreisverstärkungen erreicht werden. Zur Prüfung und Abnahme der Positionsgenauigkeit und Arbeitsgenauigkeit bei NC-Maschinen s. VDI 3441-3445 und [4].

18.5 Elektroausrüstung und Schaltanlagen

Für Maschinensteuerungen gelten besondere Vorschriften zur Gestaltung unter Berücksichtigung der EU-Maschinen-Richtlinie.

Dabei sind die Antriebe und ihre Ansteuerung maßgebliche Gefahrenquellen, die einen besonderen Schutzgrad nach VDE/ISO erfordern. Hinsichtlich der Schutzgrade für Elektroausrüstungen und Schaltanlagen, zu denen Steuerungen gehören, sind die VDE-Vorschriften VDE 100 (IEC 365) und VDE 0113 (IEC 204) sowie VDE 0160 zu berücksichtigen. Die Schutzarten elektrischer Betriebsmittel nach DIN 40050 regeln den Schutz gegen Berührung und gegen das Eindringen von Fremdkörpern, Wasser und Staub in die Elektrogeräte, -anlagen und -motoren. Generell wird ein Schutzgrad IP 54 oder höher gefordert. Weiterhin sind die elektrischen Betriebsmittel mit genormten Bezeichnungen nach IEC113-2/DIN 40719-2 zu versehen. Für die Bedienelemente gelten farbliche und textlose Kennzeichnungspflicht nach IEC 73.

Es werden bestimmte Schaltungsunterlagen nach DIN 40719 zwingend vorgeschrieben (Bild 18.13), die umfangreicher sein können als die zur Maschine mitgelieferten Dokumente des mechanischen Aufbaus.

18.6 Steuerung automatisierter Fertigungsabschnitte

Automatisierte Fertigungsabschnitte und -anlagen (FAA) bestehen aus mehreren Maschinen und weisen steuerungstechnische Besonderheiten auf. Sie sind weit mehr als jede Einzelmaschine in die Fabrikorganisation eingebunden, die zunehmend rechnergestützt betrieben wird. Wenn auch die „Computer integrated manufacturing" (CIM) früherer Jahre zum mannlos automatisierten Betrieb selbst für die Automobilindustrie nicht realisiert wurde, sind viele technische Ansätze weiterentwickelt worden. Infolge der enorm verbesserten Leistungsverhältnisse der IuK-Technik auf PC-Basis, verbesserter Gebrauchswerte aller Elemente und der Algorithmen für die Fertigungsprozesse sind die Realisierungschancen gestiegen.

Folgende Funktionen werden den drei Ebenen nach Bild 18.1 zugeordnet:

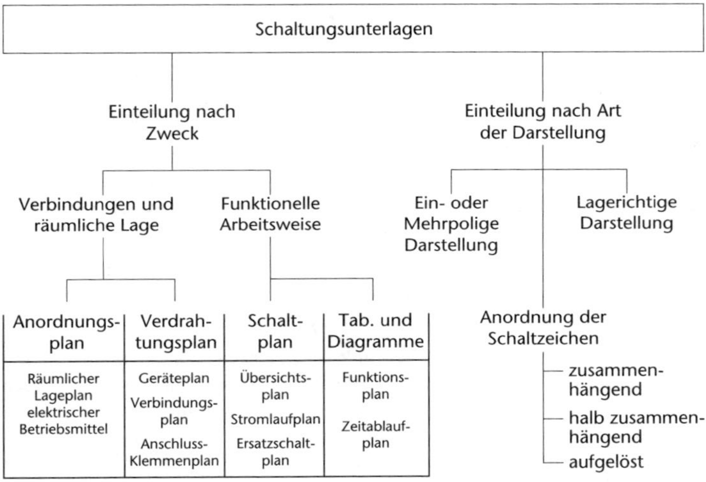

Bild 18.13: Schaltungsunterlagen für Steuerungen (nach [4])

- Die *Leitsteuerung* generiert die Steuerdaten für den Werkstück- und Werkzeugfluss, verwaltet die NC-Programme zentral, führt ein Modell des FAA und sorgt für die Aufbereitung der zu erfassenden Betriebsdaten sowie für ihre Archivierung und Dokumentation.
- Die *Zellensteuerung* verwaltet die Werkzeugdaten, verteilt die NC-Programme an die NC-Maschinen (DNC-Betrieb), erfasst die Betriebsdaten der Maschinen, synchronisiert die verschiedenen Gerätesteuerungen, erfasst und analysiert Qualitätsdaten.
- Die *Maschinensteuerungen* wirken in beschriebener Weise unmittelbar exekutiv und sichern auch den Einrichtebetrieb beim Anfahren des FAA.

Eine besondere Bedeutung kommt der NC-Programmverwaltung und -übermittlung, dem DNC-Betrieb, zu. In diesem Steuermodus erhalten die einzelnen NC-Maschinen ihre Steuerdaten aus dem Speicher der Zellensteuerung, wobei korrigierte Programme mit aktuellem Stand für nachfolgende Fertigungslose aktiviert werden. Die Verbindungsstrukturen zwischen den Ebenen sind so aufzubauen, dass die Kommunikation über Netzwerke mit standardisierten Netzprotokollen in abgestimmten Datenformaten erfolgen. Eine Integration mit vorgelagerten Konstruktions- und Arbeitsplanungsprozessen erfolgt rechnergestützt mit CAD/CAM.

18.7 Entwicklungstrends der Steuerungstechnik

Die Steuerungstechnik entwickelt sich in allen Ebenen der Automatisierung mit hoher Zuwachsrate der Gebrauchswerte der Maschinen hinsichtlich Flexibilität, Produktivität, Qualität, Zuverlässigkeit und Umweltfreundlichkeit der Fertigung.

Zunehmend werden die vor- und nachgelagerten Prozesse wie Ur- und Umformen, Reinigen, Wärmebehandeln, Fügen und Montieren sowie Verpacken automatisiert und steuerungsintegriert.

Eine Schlüsselfunktion hat die Miniaturisierung in Form der Mikrosysteme in Integration mit der Mikroelektronik, die Anwendung neuer Werkstoffe, die Leistungs- und die Optoelektronik.

Eine in der Wirkung der NC-Technik vergleichbare Steuerungskategorie ist die **Prozess-Steuerung der technologischen Werte**. Sie beschäftigt sich mit der automatischen Adaption der Fertigungsabläufe und der technologischen Werte an die tatsächlichen Verhältnisse. Die Fertigung ist charakterisiert durch unterschiedliche Gegebenheiten der Qualität der Werkstücke, Werkzeuge und jeweiligen Losgrößen. Während die NC-Technik vorgegebene Programme ohne Rücksicht auf den jeweiligen Prozesszustand geometrisch abarbeitet, werden von der Prozessregelung Istwerte der Prozess-Situation, z. B. Schwingungen, Kräfte, mechanische Spannungen, Schneidstofftemperaturen u. Ä., erfasst und die Stellgrößen wie Schnitttiefe, Haupt- und Vorschubgeschwindigkeit sowie der Werkzeugzustand danach gewählt. Die Algorithmen für die Prozessregelung unterscheiden sich wesentlich von denen der NC-Technik und sind häufig nicht determiniert, sondern auf Erfahrungswerten basierend. Deshalb spielt dafür die Verarbeitung mit Fuzzy-Reglern und künstlichen neuronalen Netzen eine wesentliche Rolle.

Der gegenwärtige Trend geht deshalb zur Erweiterung der NC-Steuerungen um diese Techniken, wobei mehrheitlich dafür Softwarelösungen auf Basis schneller Mikrorechner (z. T. mit 64 bit Wortbreite) eingesetzt werden. Dieser Trend entwickelt sich mit dem generellen Übergang der Steuerungstechnik von der speziellen zur PC-basierten Lösung mit hohen Taktfrequenzen über 1 GHz und großen Speichern in mehreren Gbyte.

Quellen und weiterführende Literatur

[1] *Pritschow, G.:* Dubbel, Taschenbuch für den Maschinenbau – Steuerungen. 19. Auflage. Berlin: Springer Verlag, 1997

[2] *Konhäuser, W.:* Industrielle Steuerungstechnik. München Wien: Carl Hanser Verlag, 1998

[3] *Wätzig, R.; Ziegert, Ch.:* Beiträge zur flexiblen Fertigung. Wissenschaftliche Schriftenreihe der TU Chemnitz, 1997

[4] *Weck, M.:* Werkzeugmaschinen Fertigungssysteme 4. Automatisierung von Maschinen und Anlagen. Berlin: Springer Verlag, 2001

19 NC-Programmierverfahren

Prof. Dr.-Ing. habil. Rolf Wätzig

19.1 Grundbegriffe

NC-Programmierung bedeutet die Erzeugung von NC-Steuerprogrammen für CNC-Maschinen zur Werkstückbearbeitung. Als *NC-Programmierverfahren* werden die unterschiedlichen Methoden, Verfahrensabläufe und Handhabungen für die NC-Programmerstellung bezeichnet.

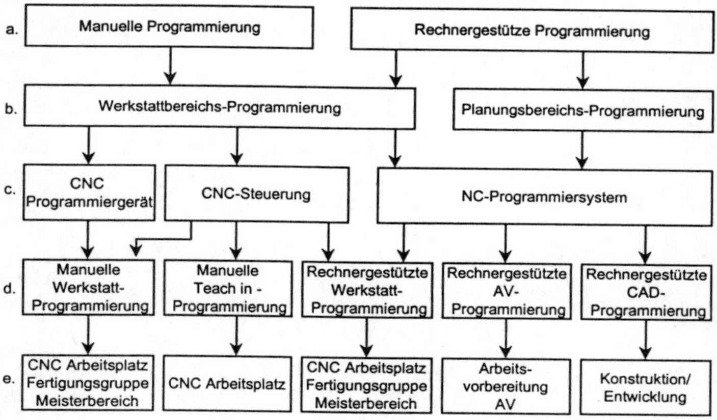

Bild 19.1: NC-Programmierung – Funktionen und Bereiche [1]

Die Programmiermethode (Bild 19.1 a.) beschreibt die unterschiedliche Nutzung der Rechnerstützung bei der NC-Programmerstellung.

Der Programmierbereich (Bild 19.1 b.) beschreibt die räumlich-zeitliche Durchführung der NC-Programmerstellung.

Programmiermittel (Bild 19.1 c.) können sowohl die CNC-Steuerungen selbst als auch spezielle Programmiergeräte und Rechnersysteme sein.

Die rechnergestützten Programmiersysteme (Bild 19.1 d.) werden auch als maschinelle Programmierung bezeichnet.

Die Wahl der Programmiermethode hängt ab von

- Stand der technologischen Vorbereitung im Unternehmen
- Kompliziertheitsgrad der zu bearbeitenden Werkstücke
- Niveau der eingesetzten CNC-Steuerungen.

19.2 Manuelle NC-Programmierung

Manuelle NC-Programmierung ist die Bestimmung und Eingabe der Geometrie- und Technologiedaten im Satz-Adressen-Ziffern-Format nach DIN 66025 ohne Rechnerhilfe in eine CNC-Steuerung.

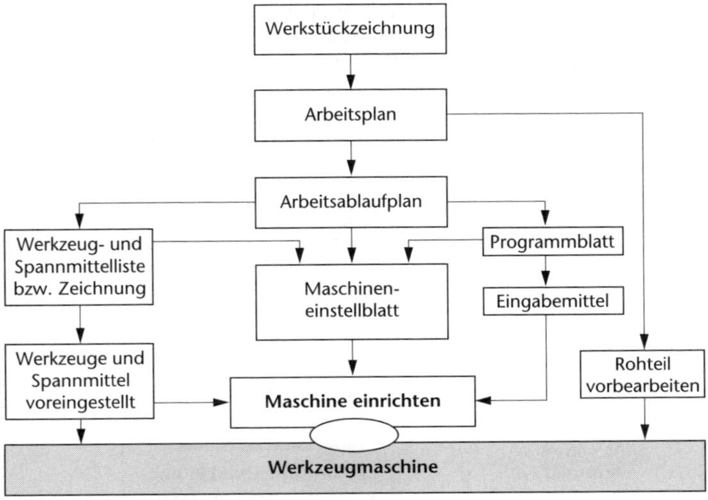

Bild 19.2: Vereinfachte Prozesskette (nach [2])

Für die manuelle Programmierung ist die Zeichnung die Grundlage für die geometrischen Befehle und der Arbeitsplan für die technologischen Werte. Die geometrischen Werte der Zeichnung sind in Abhängigkeit vom Niveau der CNC-Steuerung häufig unzureichend für die Programmierung und müssen auch mit steuerungsinternen Unterprogrammen ergänzt werden. Besondere Überlegungen erfordert die Festlegung der Reihenfolge der Schnitte, d. h. der Zerspanungsstrategie mit Vor- und Fertigbearbeitung. Die technologischen Werte werden häufig erst durch den Maschinenbediener festgelegt, der gleichzeitig programmiert, da er den Zustand der Werkzeuge, der Maschine, der Rohteile und die einzuhaltenden Toleranzen am besten kennt. Das NC-Steuerprogramm wird von Hand Satz für Satz eingegeben; meist zeitparallel zur arbeitenden Maschine (Bild 19.2).

19.3 Rechnergestützte NC-Programmierung

Rechnergestützte NC-Programmierung (Bild 19.3) kann im Werkstattbereich (Programmiermodul als Bestandteil der CNC) oder in der Arbeitsvorbereitung (AV-spezielle CAM-Programmiertechnik) erfolgen, wobei die Rechnerstützung verschiedenen Anteil haben kann. Erfolgt sie im Werkstattbereich, so spricht man von werkstattorientierter Programmierung (WOP), die mittlerweile für nahezu alle technologischen Verfahren mit umfangreichen Unterprogrammen und maschinenspezifischen Postprozessoren entwickelt wurde. Die NC-Programmierung in der AV wird bei einer großen Anzahl von NC-Maschinen in größeren Betrieben, bei

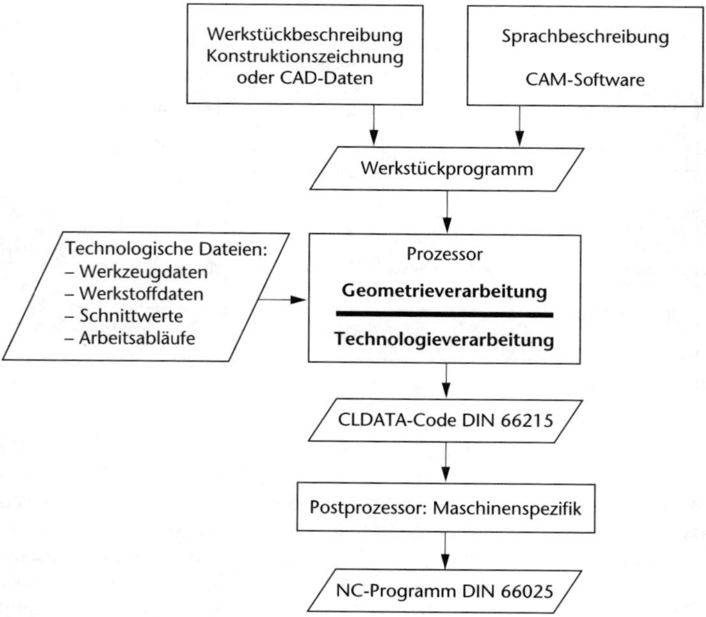

Bild 19.3: Rechnergestützte NC-Programmierung (nach [2])

Mittel- und Großserien und bei geometrisch komplexen Werkstücken eingesetzt. Sie setzt fertigungsspezifische Hochsprachen voraus (z. B. EXAPT). Große Bedeutung kommt der Schnittstelle für die Eingabe in die NC-Steuerung zu. Dominierten bisher Lochstreifeneingaben, so sind diese weitgehend durch elektronische Speichermittel der Rechentechnik wie Disketten oder durch DNC-Betrieb abgelöst worden.

19.4 Durchgängiges CAD/CAM/CAQ-Programmiersystem

Großbetriebe mit vielen CNC-Maschinen tendieren zur maschinellen Programmierung oder zu noch umfassenderen rechnerintegrierten Lösungen. Ein solches System hat den Vorteil der Minimierung personeller Einflüsse, aber auch der Defekte bei betriebsbedingten Störungen. Bild 19.4

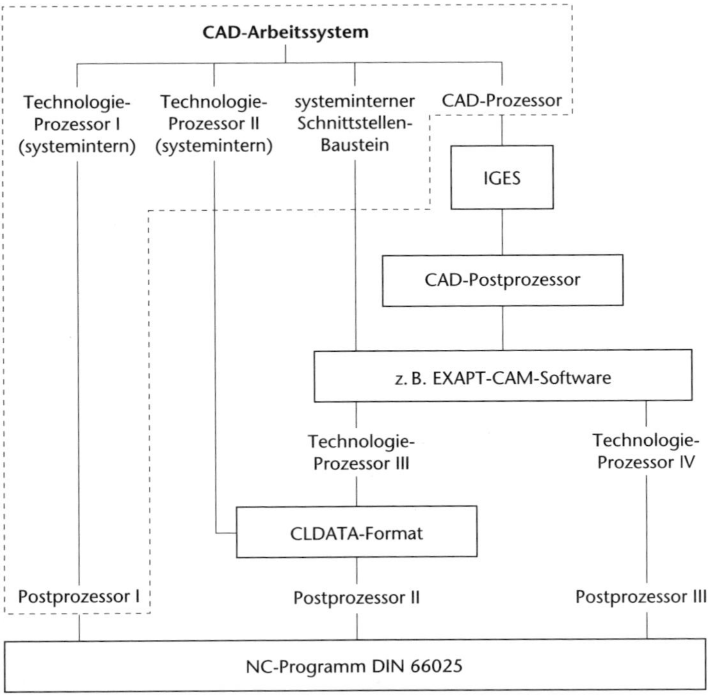

Bild 19.4: Durchgängige CAD-NC-Programmierung [nach 2]

zeigt eine durchgängige CA-Stützung von der Konstruktion bis zur qualitäts-gesicherten Fertigung. Diese Integration der Informationstechnologien wird heute häufig als **Produktdatenmanagment** (PDM) bezeichnet. Bild 19.4 zeigt die grobe Gliederung nach [2], wobei die Schnittstellen noch kritischer sind als bei 19.3., da alle CA-Teilsysteme sich in permanenter Entwicklung befinden und von unterschiedlichen Herstellern betrieben werden. Als **Schnittstellen** werden die Verbindungen, Regeln und Vereinbarungen bezeichnet, die zwischen kommunizierenden Systemen bestehen. Bezogen auf CAD/NC sind Formate IGES; VDAFS und STEP genormt, wobei nur STEP alle erforderlichen Daten übermitttelt.

STEP (Standard for the Exchange of Product Model Data) nach ISO 10303 zum Austausch aller geometrischen, technologischen und organisatorischen Produktmodelldaten enthält alle für das Produkt und seine Herstellung erforderlichen Informationen von der Entwicklung bis zur Entsorgung /1/. Diese umfassende Beschreibung ist bei den nur geometrisch orientierten Formaten IGES und VDAFS sowie dem nicht genormten Format DXF des Marktführers Autodesk nicht gegeben. Damit wird insbesondere auch die Einbeziehung der rechnergestützten Qualitätssicherung CAQ erreicht, durch die die Prüfmerkmale, -vorschriften und -pläne sowie deren messtechnische Überwachung am Werkstück entsprechend DIN- und VDI- Vorschriften geregelt sind.

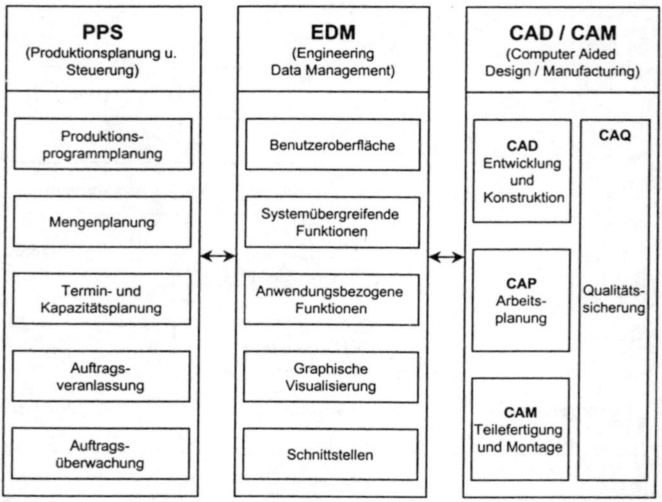

Bild 19.5: EDM als Integrationskonzept [1]

Zur Verwaltung dieses Produktdatenmodells bedient man sich der PDM- (Product Data Management) oder **EDM-Systeme** (Engineering Data Management). Diese Software soll korrespondieren können mit dem jeweiligen rechnergestützten Produktionsplanungs- und -steuerungssystem PPS des Unternehmens, in dem die Mengen, Termine und Kapazitäten geplant und die Abläufe verfolgt werden. Ausführlich beschrieben sind die Zusammenhänge in [1].

W
A
B

Quellen und weiterführende Literatur

[1] *Beuke, D.; Conrad, K.-J.:* CNC-Technik und Qualitätsprüfung. München Wien: Carl Hanser Verlag, 1999

[2] *Pritschow, G.:* Dubbel, Taschenbuch für den Maschinenbau – Steuerungen. 19. Auflage. Berlin: Springer Verlag, 1997

[3] *Benkler, H.:* Grundlagen der NC-Programmierungstechnik. München Wien: Carl Hanser Verlag, 1995

Kief, H. B.: NC/ CNC Handbuch '01/ 02. München Wien: Carl Hanser Verlag, 2001

WERKZEUGMASCHINEN FÜR UMFORMENDE FERTIGUNGSVERFAHREN

20 Umformmaschinen

Prof. Dr.-Ing. Bernd Hager

20.1 Umformende Fertigungsverfahren

Umformmaschinen sind Werkzeugmaschinen für die spanlose Formgebung, d. h. die Herstellung und Bearbeitung von Werkstücken und Bauteilen durch umformende Fertigungsverfahren.

Die unter dem Begriff „Umformtechnik" zusammengefassten Technologien zeigen trotz ihrer außerordentlichen Vielfalt folgende gemeinsame charakteristische Merkmale:

- Ausnutzung des plastischen Formänderungsvermögens von metallischen Werkstoffen
- Formgebung durch Änderung einer Vor- bzw. Zwischenform eines Werkstücks
- Beibehaltung des Werkstoffzusammenhaltes
- Spanlose Formänderung mit Beherrschung der Werkstückgeometrie

Umformende Fertigungsverfahren sind in der 2. Hauptgruppe (Umformen) der Fertigungsverfahren (DIN 8580) zusammengefasst [1].

In der industriellen Praxis haben als Einteilungskriterien Bedeutung:

- die Art der Ausgangsform (Rohteil, Halbzeug) → Blechumformung, Massivumformung
- die Temperatur des Rohteils → Kaltumformung, Warmumformung

Maßgeblich für den Umformvorgang selbst sind die aus der Krafteinleitung durch Werkzeuge resultierenden Spannungen im Werkstück, die eine **plastische Formänderung** in einem definierten Volumenbereich **(Umformzone)** bewirken.

Nach DIN 8582 [2] erfolgt daher die Einteilung der Umformverfahren nach der Art der Spannungen, die hauptsächlich (d. h. nicht allein) die plastische Formänderung hervorrufen bzw. aufrechterhalten. Dies sind: Zugspannungen, Druckspannungen, Zug- u. Druckspannungen, Biegespannungen und Schubspannungen (Bild 20.1).

Die Wirkungsweise dieser Spannungen beeinflusst die Konstruktion und Auslegung von Umformwerkzeugen, Baugruppen und damit auch die der Maschinen und Anlagen erheblich.

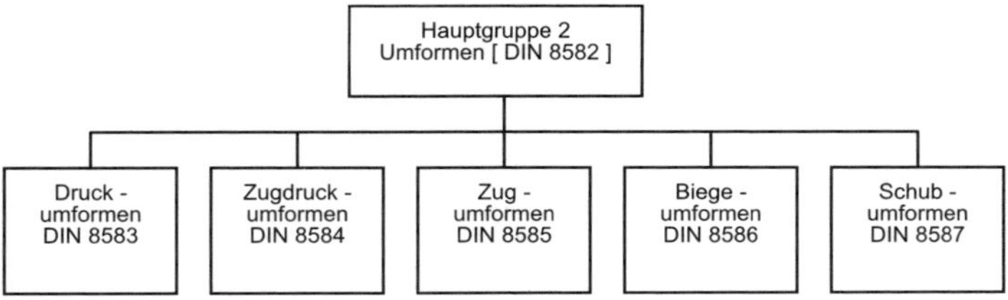

Bild 20.1: Einteilung der Umformverfahren

20.2 Aufgaben, Einteilung und Kenngrößen

Werkzeugmaschinen für die umformende Fertigung müssen entsprechend des außerordentlich breiten Spektrums der Umformverfahren in der Blechverarbeitung und der Kalt-/Warmmassivumformung die unterschiedlichsten Anforderungen erfüllen.

Grundsätzliche Aufgaben dieser Maschinen ergeben sich aus den charakteristischen Merkmalen der Umformtechnik. Hierzu gehören:

- Das Erzeugen und Aufbringen der für die Umformung erforderlichen Kräfte, Momente und Energien
- Das Führen der notwendigen Baugruppen, Werkzeuge und Werkzeugelemente vor, während und nach dem Umformvorgang
- Das „in Eingriff bringen“ der Werkzeuge mit dem Werkstück, so dass Kräfte direkt oder indirekt in die Umformzone eingeleitet werden

Die systematische Unterteilung der Umformmaschinen berücksichtigt folgende Aspekte:

- Kinematik der Baugruppen und Werkzeuge
- Art und Funktion des Antriebs
- Maschinenbauart
- Art der Umformaufgabe

Bild 20.2 zeigt die Einteilung der umformenden Werkzeugmaschinen nach Lange [3].

Die in den letzten Jahren rasant fortschreitenden Entwicklungen im Bereich der Steuerungstechnik von Produktionsmaschinen hat zu einer Reihe von Sondermaschinen geführt, die sich als „Hybride“ nicht unmittelbar in diese Gruppierungen einordnen lassen. Als Beispiel sei hier der Bereich der **Wirkmedienmaschinen** und die Gruppe der **Umformautomaten** zu nennen (vgl. zugehörige Kapitel).

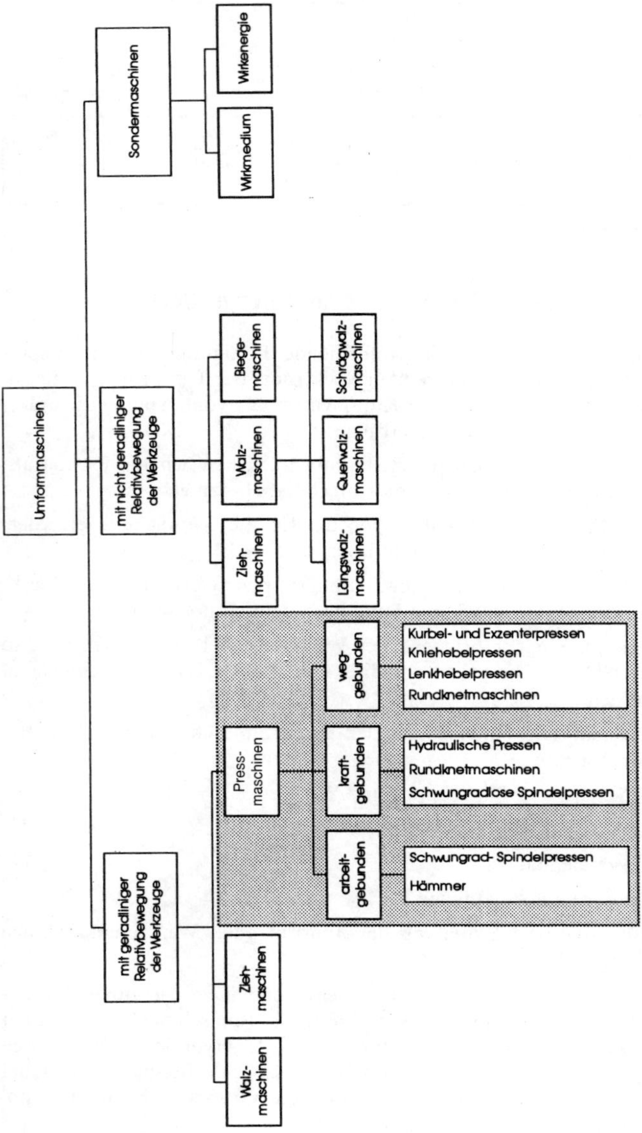

Bild 20.2: Einteilung der Umformmaschinen

Nach [3] unterliegt jeder **Umformprozess** zahlreichen verschiedenen Einflüssen, die voneinander abhängig sind. Bei dieser Systembetrachtung spielen die Umformmaschine und deren Peripherie (z. B. Zuführ- und Transporteinrichtungen) eine wichtige Rolle, da sie mit den anderen prozessbestimmenden Faktoren wie z. B. den Werkstoffeigenschaften des Werkstücks vor der Umformung in Wechselwirkung stehen. Somit ergeben sich in der Praxis für die Auswahl und den Einsatz der Maschinen und Anlagen entsprechend den umformtechnischen Erfordernissen eine Vielzahl von Kenngrößen. Eine Auswahl ist in der nachfolgenden Tabelle zusammengestellt.

Tabelle 20.1: Kenngrößen von Umformmaschinen (Pressmaschinen)

Hämmer	Arbeitsvermögen, Bärhub, Druckberührzeit
Spindelpressen	Nennkraft, Prellschlagkraft, Hubzahl, Tischgröße
Mechan. Pressen	Nennkraft, Stößelkraft, Nennkraftwinkel, Hub, Tischgröße, Auffederung, Stößelverkippung
Hydr. Pressen	Betriebsdruck, Nennkraft, Auswerferkraft, Führungsspiel

20.3 Pressmaschinen

Die Gruppe der **Pressmaschinen** hat technisch gesehen die größte Bedeutung in der Reihe der Umformmaschinen und ist in allen Bereichen der Massiv- und Blechumformung vertreten.

Besondere Merkmale der Pressmaschinen gegenüber anderen Maschinenarten sind:

- Geradlinige **Arbeitsbewegung** (vertikal, horizontal oder schräg)
- Aufbau aus Grundgestell (Pressenkörper), **Stößel** (bei Hämmern: **Bär**) als Werkzeugträger, Antrieb und Steuerungssystemen

Neben einer Vielzahl von definierten Kenngrößen wie z. B. der **Nennkraft**, der Hub- oder Schlagzahl im Einzel- und Dauerbetrieb sind Pressmaschinen durch „Steuergrößen“ charakterisiert, die den Beginn und das Ende eines Umformprozesses bestimmen. Sie dienen der Unterteilung in folgende Maschinengruppen:

- **Arbeitsgebundene** Pressmaschinen (Hämmer und Spindelpressen)
- **Weggebundene** Pressmaschinen (Kurbel- und Exzenterpressen, Kniehebelpressen, Gelenkpressen sowie Sondermaschinen)
- **Kraftgebundene** Pressmaschinen (Hydraulische/pneumatische Pressen)

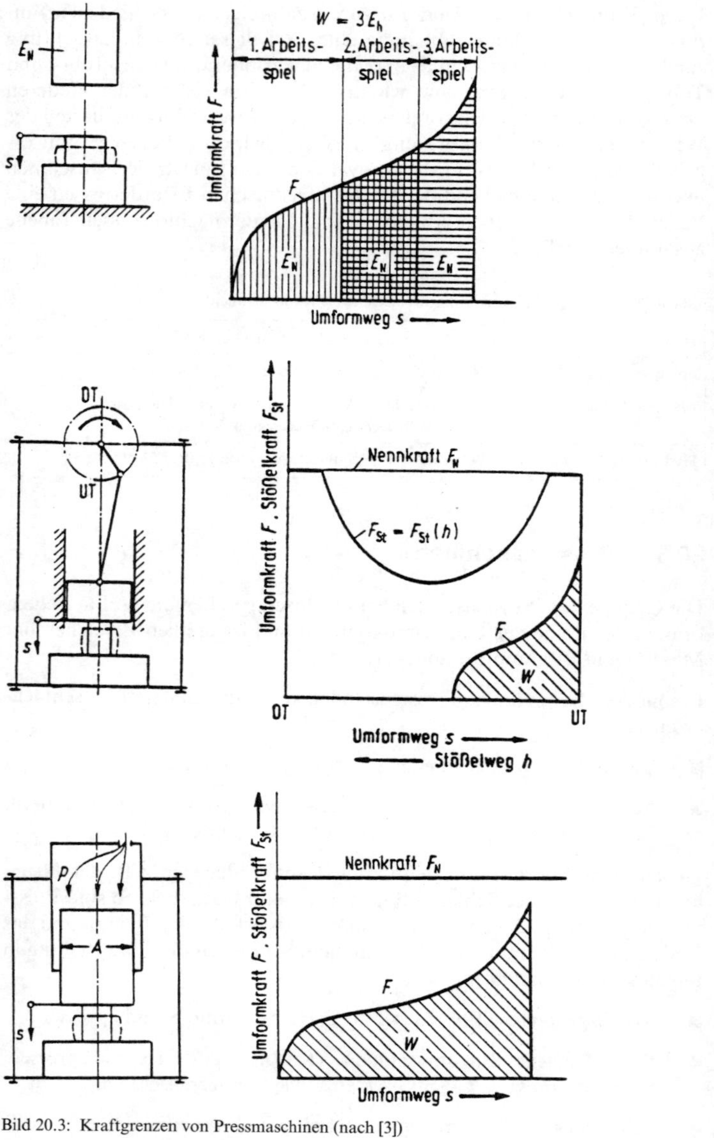

Bild 20.3: Kraftgrenzen von Pressmaschinen (nach [3])

Die Bedeutung dieser Größen soll anhand der folgenden Beispiele verdeutlicht werden:

1. Riemenfallhämmer stellen über das Gewicht und die **Fallhöhe** des Bärs ein definiertes **Arbeitsvermögen** zur Verfügung. Ist diese Energie durch die Umformung eines Werkstücks und Reibungs- sowie Wärmeverlusten aufgebraucht, so wird für die Fortsetzung des Umformprozesses ein erneuter **Schlag** aus geringerer Höhe erforderlich.
2. Bei Kurbelpressen wird (ähnlich wie in einem Verbrennungsmotor) der Weg des Stößels (Hub) durch die Kinematik des **Schubkurbeltriebs** vorgegeben. Je nach Pressenbauart ist der Umformprozess am unteren bzw. oberen **Umkehrpunkt** beendet bzw. die maximale Kraft erreicht.
3. Hydraulische Pressen liefern über den **Förderdruck** des Öles und die Querschnittsfläche des **Arbeitszylinders** eine bestimmte Kraft, die für den Umformvorgang an jeder Stößelposition zur Verfügung steht.

Bild 20.3 zeigt in einer Gegenüberstellung jeweils den Verlauf der **Umformkraft** über dem **Umformweg** sowie die **Stößelkraft** in Abhängigkeit vom **Stößelhub** für die genannten Maschinengruppen.

In den folgenden Kapiteln werden Maschinen und Anlagen für die umformenden Fertigungsverfahren systematisch aufgeführt und deren Aufbau und Funktionsweise erläutert. Es wird auf wichtige Kenngrößen und Auslegungskriterien eingegangen und anhand ausgewählter Beispiele der Einsatz für konkrete Fertigungsaufgaben beschrieben. Neue Fertigungs- und Anlagenkonzepte werden vorgestellt.

Für eine detaillierte Gegenüberstellung von Umformmaschinen und Werkzeugmaschinen der spanenden Fertigung, insbesondere mit ergänzenden Wirtschaftlichkeitsbetrachtungen, sei auf einschlägige Literatur im Quellenverzeichnis hingewiesen.

Quellen und weiterführende Literatur

[1] DIN 8580: Einteilung der Fertigungsverfahren. Deutsches Institut für Normung

[2] DIN 8582: Einteilung der Umformverfahren. Deutsches Institut für Normung

[3] *Lange, K. (Hrsg.):* Umformtechnik-Handbuch für Industrie und Wissenschaft, Band 1: Grundlagen. Berlin: Springer-Verlag 1986

Schuler GmbH (Hrsg.): Handbuch für Umformtechnik. Berlin: Springer-Verlag, 1996

21 Hämmer

Prof. Dr.-Ing. Bernd Hager

Hämmer sind Umformmaschinen, die ausschließlich in der Warmmassivumformung eingesetzt werden und sowohl für das Freiform- als auch das Gesenkschmieden von Bauteilen wie Zahnrädern, Hebeln, Kurbelwellen und Turbinenrohlingen Anwendung finden.

Die ersten Maschinen dieses Typs waren durch einfache Antriebsarten wie Riemen-, Ketten- oder einfachen Brettantrieb des sog. Bärs gekennzeichnet. Eine Weiterentwicklung dieser **Fallhämmer** stellten die Aufzugs- und **Oberdruckhämmer** dar, die ein deutlich höheres Arbeitsvermögen aufweisen. An der obersten Stufe der Entwicklungsreihe stehen heute die **Gegenschlaghämmer** mit elektrohydraulischem oder pneumatischem Antrieb.

21.1 Funktionsprinzip, Bauformen

Als arbeitsgebundene Pressmaschinen sind die Hämmer durch ihr **Arbeitsvermögen**, d. h. die Energieabgabe, charakterisiert, die zu einem großen Teil in **Umformarbeit** umgesetzt wird.

Das Funktionsprinzip beruht bauartunabhängig auf der Umwandlung von potentieller Energie in kinetische Energie.

Für die Berechnung der Energie gilt allgemein:

$$W = m \cdot g \cdot h \quad \text{bzw.} \quad W = \frac{1}{2} \cdot m \cdot v^2$$

Bei einfachen Fallhämmern ergibt sich somit das verfügbare Arbeitsvermögen aus der Masse m des Bärs und der über eine definierte Fallhöhe h wirkenden Erdbeschleunigung g.

Wegen der konstruktiv begrenzten Fallhöhe und des Bärgewichts ist eine Steigerung des Arbeitsvermögens nur möglich durch:

- Erhöhung der Bärgeschwindigkeit v durch **Beschleunigung der Arbeitsbewegung** mittels Dampf, Druckluft oder Öl → Oberdruckhämmer
- **Vergrößerung der Bärmasse** durch Einsatz zweier in gegensätzlicher Richtung schlagender Bären → Gegenschlaghämmer

Veränderungen dieser Art haben erhöhte Kräfte und Schwingungen zur Folge, die über das Maschinengestell und das Fundament in das Erdreich gelangen. Man unterscheidet daher zwischen

- **Schabottehämmern**: Kräfte werden von einem feststehenden Unterteil (Schabotte) und dem Fundament aufgenommen
- **Gegenschlaghämmern**: Kräfte heben sich aufgrund der Schlagwirkung der beiden gegeneinander bewegten Bäre teilweise auf oder werden vom Gestell (Maschinenständer) aufgenommen

Schabottehämmer zeichnen sich durch ein robustes Maschinengestell mit solidem Fundament aus. Zu dieser Bauart zählen sowohl die Fallhämmer mit unterschiedlichen Antriebsarten als auch die Oberdruckhämmer.

Bezüglich des Maschinengestells unterscheidet man zwischen der einfachen **Einständer**-Ausführung und der stabileren, durch höhere Führungsgenauigkeit gekennzeichneten **Doppelständer**-Bauart in einteiliger oder mehrteiliger Ausführung (Bild 21.1).

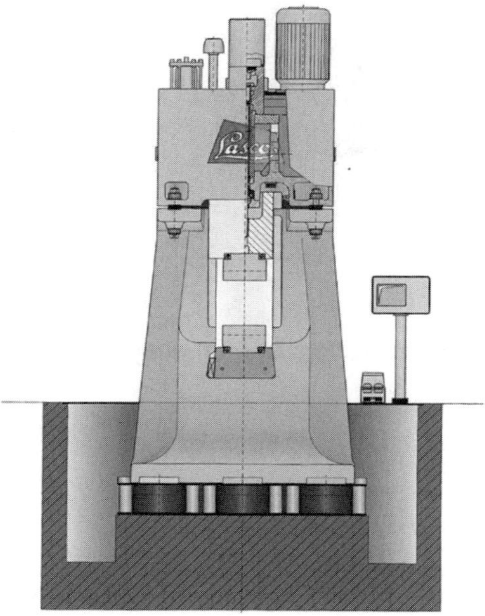

Bild 21.1: Schabottehammer (Lasco, Coburg)

Gegenschlaghämmer benötigen funktionsbedingt ein wesentlich geringeres Fundament. Die Arbeitsbewegung erfolgt hier durch Ober- und Unterbär, die heute überwiegend hydraulisch oder pneumatisch miteinander gekoppelt sind (Bild 21.2).

Bild 21.2: Gegenschlaghammer (Lasco, Coburg)

21.2 Maschinenkenngrößen, Berechnungsdaten

Die wichtigsten Kenngrößen von Hämmern sind:

- das Arbeitsvermögen (Schlagarbeit in kJ bzw. kNm)
- die Hubzahl (Schlagzahl in Schläge/min)
- die Bärmasse (Gewicht in kg)

Das Arbeitsvermögen wird hierbei nicht vollständig in Nutzenergie für den Umformprozess umgesetzt. Durch elastisches Zurückfedern des Bärs (Bärrücksprung) und **Auffederung** der Schabotte ergeben sich Verluste (Verlustarbeit). Das Verhältnis von eingesetzter Schlagenergie zur Nutzenergie wird als sog. **Schlagwirkungsgrad** η_s bezeichnet.

Dieser Kennwert ist nicht maschinen- sondern verfahrensabhängig und beträgt beim **Freiformschmieden** etwa 0,8 bis 0,9, beim **Gesenkschmieden** dagegen nur 0,3 bis 0,6 [1].

Die nachfolgende Tabelle zeigt eine Übersicht der typischen Maschinendaten unterschiedlicher Hammerausführungen.

Tabelle 21.1: Maschinenkenndaten von Hämmern

Maschinenart	**Arbeitsvermögen in kNm**	**Schlagzahl in min^{-1}**
Fallhammer	160	50
Oberdruckhammer	60 … 200	50 … 120
Gegenschlaghammer	400 … 2 500	30 … 80

WUF

Das Arbeitsvermögen eines Gegenschlaghammers wird durch die beschleunigten Bärmassen bestimmt. Bei vereinfachter Annahme gleichgroßer Bärmassen m und Hubwege H ergibt sich das Arbeitsvermögen aus dem mittleren Druck p_m und der Kolbenfläche A des angetriebenen Oberbären zu

$$W = \eta_m \cdot p_m \cdot A \cdot H$$

Der mechanische Wirkungsgrad η_m liegt hier im Bereich 0,7 bis 0,8.

21.3 Antriebsarten und Steuerung

Der Bärantrieb bei Hämmern wirkt sich nicht nur maßgeblich auf das maximal erreichbare Arbeitsvermögen aus, sondern bestimmt auch die Schlagfolge bzw. nutzbare Schlagzahl bei der Umformung.

Bild 21.3 zeigt den Aufbau eines Riemenfallhammers, der die genannten Nachteile durch Andrückrolle mit Schlupfantrieb und hydraulischem Rückhub vermeidet. Die elektronische Steuerung des Bärantriebs erlaubt eine hohe Schlagzahl mit definierter Schlagfolge [2] .

Im Bereich kleinerer und mittlerer Losgrößen sind heute überwiegend Kurzhubgesenkhämmer in Schabotteausführung mit elektrohydraulischem Bärantrieb im Einsatz. Moderne Präzisionsschmiedehämmer mit verändertem Maschinenkonzept zeichnen sich durch folgende Vorteile aus [3]:

- Geringere Gestellbelastung und reduzierter Verschleiß der Bärführung durch O-Gestellbauweise
- Geringere Belastung des Beschleunigungskolbens (Arbeitszylinder), da dieser nicht mit dem Bär verbunden ist
- Verbesserter Gesamtwirkungsgrad des Hammers durch Rückgewinnung der Bremsenergie beim pneumatischen Rückhub

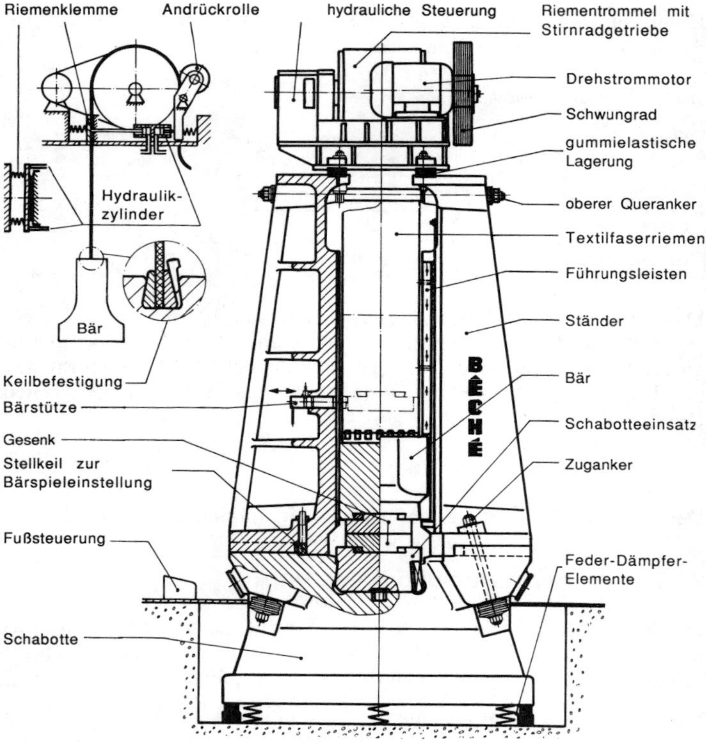

Bild 21.3: Riemenfallhammer (Bêchè & Grohs [2])

Die Automatisierungsfähigkeit von solchen Hämmern ist im Allgemeinen begrenzt.

Gegenschlaghämmer werden vorwiegend hydraulisch-pneumatisch angetrieben. Oberbär und Unterbär sind miteinander gekoppelt, so dass durch eine Beschleunigung des Oberbären vertikal nach unten gleichzeitig die Bewegung des Unterbären nach oben erfolgt. Während früher Stahlbandkupplungen für die synchrone Bärbewegung sorgten, wird die Ankopplung heute ölhydraulisch realisiert. Bei einer Störung im Hydraulikantrieb verbleiben die Bäre in ihrer Ausgangsposition, da der Unterbär bis max. 5 % schwerer als der Oberbär ist [1].

Die elektrohydraulische Steuerung des Arbeitsprogramms durch SPS erlaubt eine weitgehende Automatisierung der Schmiedeprozesse.

21.4 Fertigungsaufgaben

Schabottehämmer und Gegenschlaghämmer finden ausschließlich in der Schmiedeindustrie Anwendung. Gegenüber mechanischen und hydraulischen Schmiedepressen (vgl. zugehörige Kapitel) sind hier die im Verhältnis zum Arbeitsvermögen großen Umformkräfte vorteilhaft. Aufgrund der wesentlich kürzeren **Druckberührzeiten** können andererseits kleinere oder größere, feingliedrige Werkstücke (große Querschnittsänderungen in einem Werkstück) genauer gefertigt werden, da in diesen Fällen der Einfluss der Abkühlung durch Wärmeübergang auf das Ausfüllen der Werkzeuggravur besonders hoch ist.

Ein Großteil der Produkte, die auf Schmiedehämmern gefertigt werden, findet als Komponenten in der Fahrzeugindustrie Einsatz. Hierzu gehören z. B.

- Pleuel, Kurbel- und Nockenwellen, Kipphebel
- Getriebeteile, Schaltgabeln
- Antriebsflansche, Radnaben

Sie werden darüber hinaus auch zum Freiformschmieden großer schwerer Teile eingesetzt, wie z. B. Turbinenwellen, Pumpenflansche und Teile für den Schwermaschinenbau. Die Bearbeitung erfolgt dabei auf Hämmern in spezieller Brückenbauweise, die das Freiformen bzw. das Handling schwerster Werkstücke gestatten [1].

Bild 21.4 zeigt beispielhaft die Fertigung von Laufrollen in einer Schmiedeanlage, bestehend u. a. aus einem hydraulischen Gesenkschmiedehammer und jeweils einer vor – und zwei nachgeschalteten Pressen zum Vorformen und Entgraten.

Die Anlage ist durch folgende Daten gekennzeichnet:

Laufrollen mit ein oder zwei Spurkränzen
Masse: 20 … 65 kg
Taktzeit: 19 … 36 s

Gegenschlaghämmer eignen sich für das Gesenkschmieden großer Teile bis zu 10 t, also z. B. Lkw- bzw. Schiffsmotoren-Kurbelwellen oder Vorderachskörper von Nutzfahrzeugen [4].

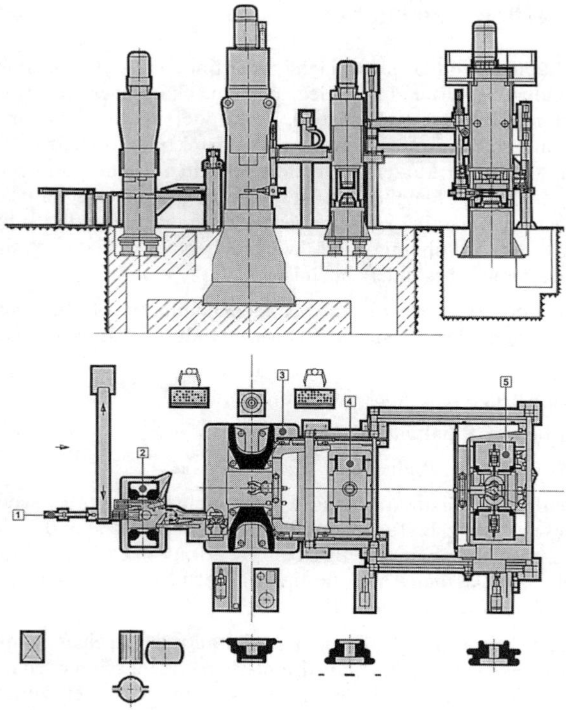

Bild 21.4: Anlage zur Herstellung von Laufrollen (Lasco, Coburg)

Quellen und weiterführende Literatur

[1] *Flimm, J.:* Spanlose Formgebung. 7., überarb. Auflage. München Wien: Carl Hanser Verlag, 1996

[2] *Weck, M.:* Werkzeugmaschinen. Band 1: Maschinenarten, Bauformen und Anwendungsbereiche. Düsseldorf: VDI-Verlag, 1988

[3] *Elsinghorst, D.:* Präzisionsschmiedehammer. Schmiede-Journal. (9/1997) S. 26–28

[4] *Adlof, W.:* Vorderachskörper für Nutzfahrzeuge. Schmiede-Journal (3/1998) S. 16–19

K. Lange (Hrsg.): Umformtechnik Band 1: Handbuch für Industrie und Wissenschaft. Grundlagen. Berlin: Springer-Verlag, 1986

Tschätsch, H.: Werkzeugmaschinen der spanenden und spanlosen Formgebung. 7. Auflage. München Wien: Carl Hanser Verlag, 2000

22 Schwungrad-Spindelpressen

Prof. Dr.-Ing. Bernd Hager

Schwungrad-Spindelpressen sind arbeitsgebundene Pressmaschinen, die bezogen auf die Bauart und spezifische Baugruppen im Gegensatz zu Hämmern den mechanischen und hydraulischen Pressen sehr ähnlich sind. An die Stelle des Bärs tritt ein **Stößel**, der über einen **Spindeltrieb** mit dem **Schwungrad** verbunden ist. Das Arbeitsvermögen wird somit durch die **Drehzahl** und die **Masse** des Schwungrades bestimmt.

WUF

22.1 Kenngrößen und Funktionsprinzip

Das Schwungrad stellt den **Energiespeicher** der Spindelpresse dar. Zu Beginn des Arbeitshubes wird es aus dem Stillstand heraus beschleunigt, der Stößel erfährt über die kraft- und formschlüssig verbundene **Gewindespindel** eine Abwärtsbewegung. Noch vor dem Beginn des Umformvorgangs wird das Schwungrad vom Antrieb getrennt, so dass die kinetische Energie – abgesehen von Reibungs- und Auffederungsverlusten – für den Umformprozess zur Verfügung steht.

Das Arbeitsvermögen einer Spindelpresse ergibt sich somit zu

$$W = \frac{1}{2} \cdot I_\mathrm{d} \cdot \omega^2$$

Hierbei ist ω die Winkelgeschwindigkeit und I_d das Massenträgheitsmoment des Schwungrads.

Da die gesamte Energie meist auf sehr kurzen Stößelwegen abgenommen wird, entstehen sehr hohe Umformkräfte.

Die Pressen-Nennkraft kann unter ungünstigen Umständen (z. B. falsche Werkstückzuführung oder Hubeinstellung) als so genannter **Prellschlag** mit verdoppelter Kraft in das Gestell bzw. auf den Antrieb zurückwirken. Spindelpressen müssen daher so ausgelegt werden, dass sie die doppelte Nennkraft ohne Probleme ertragen.

Zusammen mit den erforderlichen Geometriegrößen ergeben sich folgende Kenngrößen für Schwungradspindelpressen:

- Arbeitsvermögen
- Nennkraft
- Prellschlagkraft
- Spindeldurchmesser

Diese Kenngrößen sind abhängig von der jeweiligen Antriebsbauart der Pressen, die nachfolgend dargestellt werden. Neuere Entwicklungen wie die **Kupplungsspindelpresse** sollen hierbei gesondert betrachtet werden.

22.2 Antriebsbauarten von Spindelpressen

Spindelpressen werden im Allgemeinen als Zweiständerpressen entweder in Stahlschweißkonstruktion oder Gusskonstruktion gebaut. In mehrteiliger Ausführung werden die Pressenständerkomponenten durch vorgespannte **Zuganker** aus Stahl sicher zusammengehalten.

Charakteristisches Unterscheidungsmerkmal der Spindelpressen ist der Antrieb. Aus der **Kinematik** des Spindeltriebs ergeben sich grundsätzlich zwei verschiedene Möglichkeiten:

- Das Schwungrad bewegt sich mit der Spindel im Pressenkörper (Mutter) in vertikaler Richtung.
- Die Spindel ist mit dem Schwungrad **ortsfest** gelagert, d. h., bei rotierendem Schwungrad bewegt sich nur der Pressenstößel (Mutter) in vertikaler Richtung **(Vincent-Presse)**, Bild 22.1.

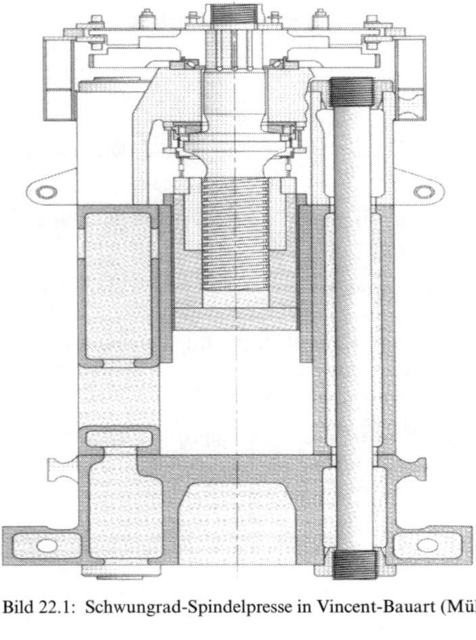

Bild 22.1: Schwungrad-Spindelpresse in Vincent-Bauart (Müller Weingarten)

Des Weiteren unterscheidet man nach der Art, das Schwungrad zu beschleunigen, folgende Antriebsmöglichkeiten:

- **Reibtrieb**: axial verschiebbare **Treibscheiben** bewirken durch Reibschluss mit dem Schwungrad den Arbeitshub und den Rückhub
- **Hydraulikantrieb**: Radial angeordnete **Axialkolbenmotoren** mit Ritzel versetzen das schrägverzahnte Schwungrad in Rotation
- **Direktantrieb**: die Komponenten eines **Elektromotors** sitzen direkt auf der Spindel (Rotor) und dem Pressenkörper (Stator). Der Reversierbetrieb (2 Drehrichtungen) ermöglicht einen verschleißfreien Antrieb des Schwungrads bei Arbeits- und Rückhub
- **Keilantrieb**: der Pressenstößel (Mutter) wird über einen breiten Keil abgestützt, die aus der Kinematik resultierende **Kraftübersetzung** beträgt bei einem Keilwinkel von ca. 30° etwa 1 : 1,7
- **Kupplungsspindelpresse**: über eine **Kupplungsscheibe** wird vom ständig umlaufenden Schwungrad die erforderliche Energie für den Arbeitshub entnommen, der Rückhub erfolgt hydraulisch (Bild 22.2)

1 Kupplung
High performance clutch
2 Schwungrad
Flywheel
3 Drucklager
Thrust bearing
4 Rückzugzylinder
Return cylinder
5 Schmieröl
Lubrication oil
6 Pressenkörper
Press frame
7 Spindel
Screw
8 Stößel
Ram
9 Stößel-Schonplatte
Ram bolster plate
10 Stößelausstoßer
Ram-side ejector
11 Tischplatte
Bed plate
12 Tischausstoßer
Bed-side ejector

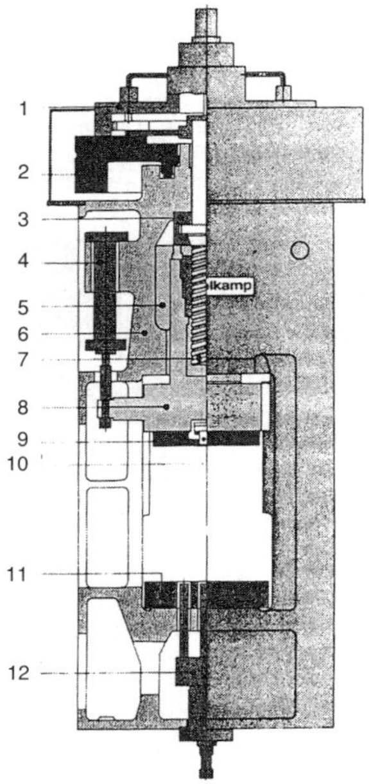

Bild 22.2: Kupplungsspindelpresse [1]

Die an erster Stelle genannten **Friktionsspindelpressen** werden heute wegen ihrer Nachteile (hoher Verschleiß, nicht exakte Steuerung) weitgehend durch **Spindelschlagpressen** mit Direktantrieb (exakte Steuerung des Arbeitsvermögens über Rotordrehzahl) und moderne Kupplungsspindelpressen abgelöst. Letztere Antriebsart bietet nicht nur Vorteile in Hinblick auf **Prellschlagsicherheit**, sondern gestattet die präzise Einstellung der gewünschten Presskraft über das **Kupplungsdrehmoment** [2].

22.3 Einsatzbeispiele

Schwungrad-Spindelpressen werden überwiegend in der Warmmassivumformung (Gesenkschmieden) eingesetzt und stehen dort aufgrund ihrer Vorteile (geringe Fundamentkosten, reduzierter Lärmpegel, kurze Druckberührzeiten) im Wettbewerb mit Hämmern und mechanischen Schmiedepressen.

Typische Aufgaben für diese Maschinen sind z. B.

- **Fertigschmieden** von Zahnrädern
- **Präzisionsschmieden** von Turbinenschaufeln
- **Gesenkschmieden** von Bauteilen, die ein hohes Arbeitsvermögen für die Umformung erfordern

Bild 22.3 zeigt verschiedene Fertigungsbeispiele.

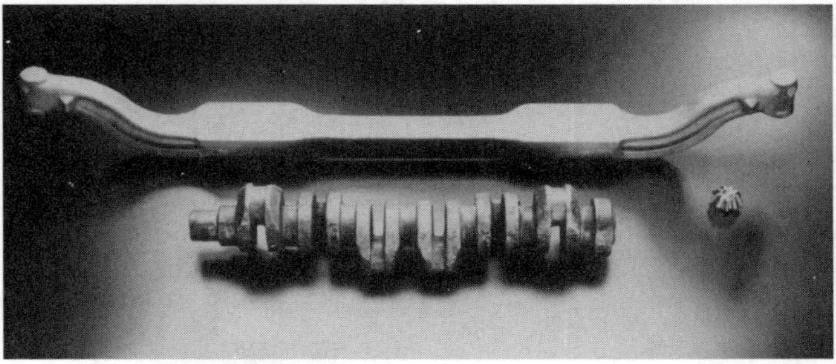

Bild 22.3: Bauteile, gefertigt auf Spindelpressen mit Direktantrieb (Lasco, Coburg)

In der **Kaltumformung** finden Spindelpressen wegen der hohen kurzzeitig wirkenden Presskräfte für Prägearbeiten wie z. B. das **Prägen** und **Ausformen** von Bestecken, Münzen/Medaillen oder Blechteilen Anwendung.

Quellen und weiterführende Literatur

[1] *Cherek, H.:* Tagungsband. Auswirkungen veränderter Rahmenbedingungen in der Schmiedeindustrie: Neuere Entwicklungen in der Massivumformung, Fellbach, Juni 1995. Oberursel: DGM Informationsgesellschaft, 1995

[2] *Weck, M.:* Werkzeugmaschinen. Band 1: Maschinenarten, Bauformen und Anwendungsbereiche. Düsseldorf: VDI-Verlag, 1988

Tschätsch, H.: Werkzeugmaschinen der spanenden und spanlosen Formgebung. 7. Auflage. München Wien: Carl Hanser Verlag, 2000

WUF

23 Mechanische Pressen

Prof. Dr.-Ing. Bernd Hager

Mechanische Pressen sind weggebundene Umformmaschinen, d. h., durch die Kinematik des Kurbel- oder Exzenterantriebs sind der Weg des Pressenstößels (Hub) und damit der Beginn und das Ende eines Umformprozesses festgelegt. Wie bei den Schmiedehämmern ist hierfür ein bestimmtes Arbeitsvermögen erforderlich, das in diesem Fall in einem **Schwungrad** gespeichert ist. Im Gegensatz zum Hammer wird diese Energie beim Arbeitshub nicht vollständig, sondern nur teilweise in Umformarbeit umgesetzt, um eine Überlastung des Antriebsmotors zu vermeiden [1].

Grundsätzlich sind folgende Zusammenhänge zu beachten:

- Über einen kurzen Weg kann eine hohe Presskraft wirken. Dies wird z. B. für Stanz- und Prägearbeiten genutzt.
- Eine relativ niedrige Presskraft wird über einen langen Weg zur Verfügung gestellt. Dies ist vorteilhaft für Umformverfahren wie **Fließpressen** und **Tiefziehen**.

Die wichtigsten Baugruppen mechanischer Pressen sind der Antrieb, das **Pressengestell** mit Pressenkörper, der **Pressenstößel** und der **Pressentisch** sowie diverse Zuführ-, Transport- und Entsorgungseinrichtungen.

Als charakteristische Kenngrößen zur Beschreibung bzw. Beurteilung dieser Maschinen dienen:

- Arbeitsvermögen (Einzelhub, Dauerhub)
- Nennpresskraft
- Hub, Hubzahl
- Tischgröße

Weiterhin sind für Auslegung und Berechnungen Geometriedaten des Antriebs (Kurbelradius, Kurbelwinkel, Exzentrizität etc.) von Bedeutung.

Die mechanischen Pressen werden nach der Bauart des Pressengestells und nach der Antriebsart unterschieden.

Zu den wichtigsten Gestellbauformen gehören die sog. **C-Gestelle** und die **O-Gestelle** (Bild 23.1). Die folgende Tabelle zeigt eine Gegenüberstellung mit den wesentlichen Merkmalen dieser Bauarten.

Eine neuere Entwicklung ist die so genannte **E-Gestell-Bauform**, die aufgrund einer konstruktiven Optimierung des C-Gestells erheblich verringerte Auffederung und Verkippung aufweist (Bild 23.2) [2].

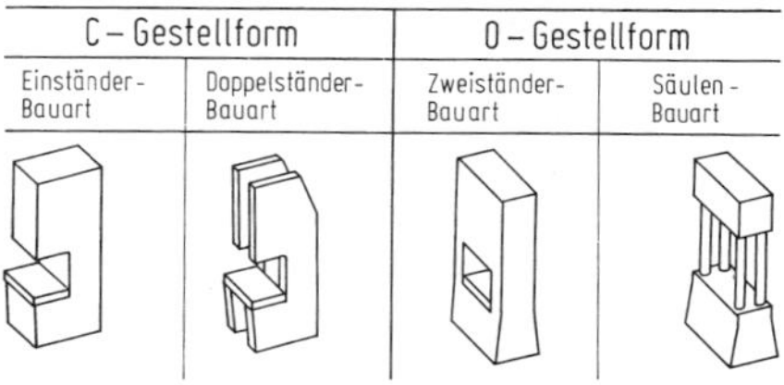

Bild 23.1: Gestellbauformen von Pressen [2]

Tabelle 23.1: Gestellbauformen mechanischer Pressen

Gestellbauart	Ausführung	Eigenschaften
C-Gestell	Einständer/Doppel-ständer	Einfach, gut zugänglich Aufbiegung unter Last
O-Gestell	Zweiständer	Kompakt, hohe Steifigkeit

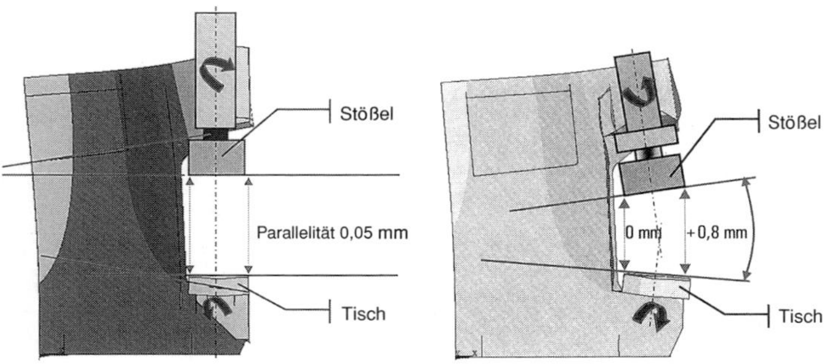

Bild 23.2: Vergleich der Auffederung bei C- und E-Gestellpressen [3]

Bei den Antriebsarten unterscheidet man:

- **Kurbel- und Exzenterpressen** (klassische Antriebsform)
- **Kniehebel- und Doppelkniehebelpressen**
- **Gelenkpressen** (modifizierte Kurbel-/Exzenterpressen mit Gelenk-antrieb)
- Sondermaschinen (z. B. Kaltstauchmaschinen, Rundknetmaschinen)

Nachfolgend werden die wichtigsten Vertreter dieser Gruppen vorgestellt und ihre Einsatzgebiete aufgezeigt.

23.1 Kurbel- und Exzenterpressen

Das Antriebssystem ist bei dieser Maschinenart durch die Geometrie der **Antriebswelle** (Kurbel- oder Exzenterwelle) und die Verbindung (**Pleuel**, Druckstange) zwischen Welle und Pressenstößel bestimmt. Aus der Kinematik ergeben sich folgende Gesetzmäßigkeiten:

- Die Nennpresskraft steht ab einem bestimmten Winkel α vor dem unteren Umkehrpunkt (UT) zur Verfügung. Im UT wäre sie theoretisch unendlich groß, wird aber konstruktiv bzw. durch das Arbeitsvermögen begrenzt
- Der Bewegungsablauf im Stößelweg-Zeit-Diagramm ist annähernd sinusförmig, d. h., die Stößelgeschwindigkeit geht nahe den Endlagen gegen Null
- Steuerungstechnisch kann die Zeit nach UT für den Werkstücktransport genutzt werden

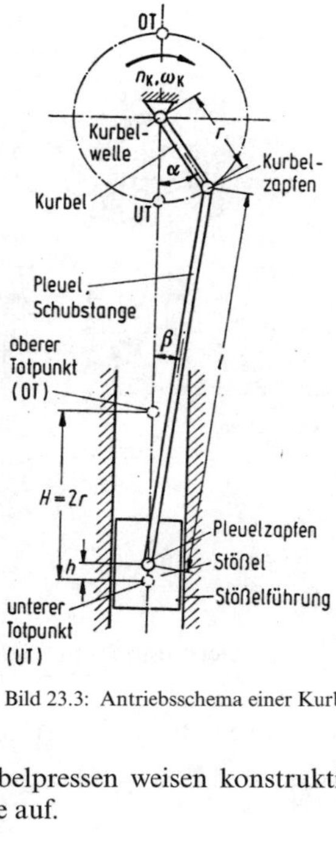

Bild 23.3: Antriebsschema einer Kurbelpresse [2]

Kurbelpressen weisen konstruktionsbedingt eine fest eingestellte Hubhöhe auf.

Dagegen besteht bei Exzenterpressen die Möglichkeit, neben definiertem Hub über eine **verstellbare Exzenterbuchse** die Hubhöhe variabel zu gestalten (Bild 23.4).

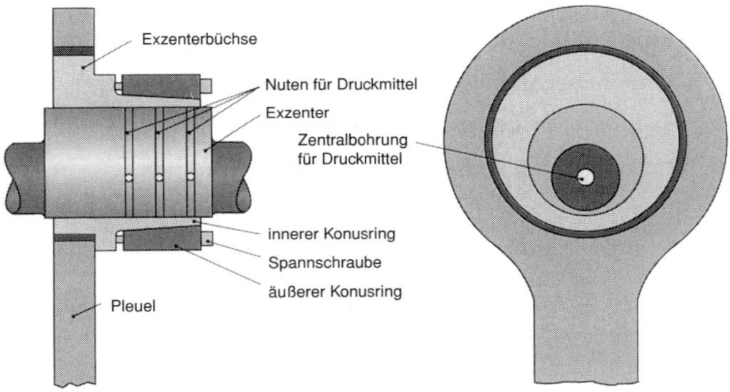

Bild 23.4: Hubverstellbarer Exzenterantrieb [1]

Bezüglich der **Antriebsbauart** unterscheidet man diese Pressen nach folgenden Gesichtspunkten:

- Relative Lage der Antriebswelle(n) zur Materialdurchlaufrichtung $\rightarrow$ **Längswellenantrieb, Querwellenantrieb**
- Anzahl der Pleuel pro Pressenstößel $\rightarrow$ **1-, 2- und 4-Punkt**-Anordnung
- Einbaulage des Antriebs (**Oberantrieb** im Kopfteil, **Unterantrieb** im Unterflurbereich)

Der Längswellenantrieb wird hauptsächlich in Verbindung mit 1- oder 2-Punktanordnung bei Mehrstufen- oder Exzenterpressen eingesetzt. Kurzbauende Querwellenantriebe findet man z. B. bei Stanz- und Schneidpressen sowie in Großraumpressen mit mehreren Pressenstößeln und meist 2 oder 4 Pleuel pro Stößel. Der wesentliche Vorteil eines 2-Punkt-Querwellenantriebs gegenüber der Längswellenbauform liegt darin, dass hier zwei Antriebswellen mit **gegensinniger** Drehrichtung **außermittige** Belastungen des Stößels gut kompensieren können.

23.2 Kniehebelpressen

Bei diesen Maschinen ist der Kurbel- oder Exzenterantrieb nicht direkt über das Pleuel mit dem Stößel verbunden, sondern bewegt ein sog. **Knie-**

gelenk. Das **Kniehebelsystem** besteht aus einer im **Kopfstück** drehbar gelagerten **Schwinge** und einer **Druckstange**, die den Pressenstößel mit dem Kniegelenk verbindet (Bild 23.5). Es ergeben sich folgende Unterschiede zu den o. g. Antriebsarten:

- Der Antrieb liegt nicht im unmittelbaren **Kraftfluss**, d. h., es wird eine steife Konstruktion der kraftübertragenden Komponenten realisiert.
- **Kraftübersetzung** zwischen Pleuelkraft zur Stößelkraft
- Reduzierte **Stößelgeschwindigkeit** vor UT
- Nennpresskraft wird erst 3 bis 4 mm vor UT erreicht

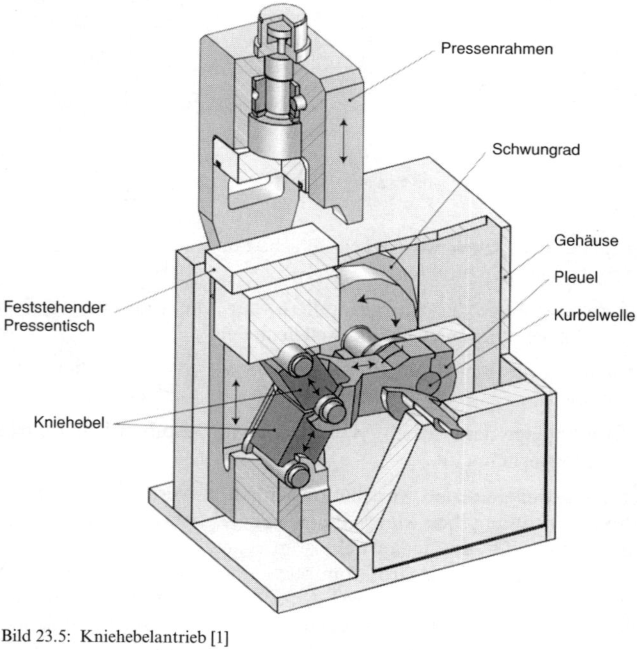

Bild 23.5: Kniehebelantrieb [1]

Durch das Einfügen weiterer Gelenke in das System lassen sich sog. **modifizierte** Kniehebelsysteme realisieren, die eine gezielte Veränderung der Stößelweg-Zeit-Charakteristik erlauben. So wird z. B. bei Doppelkniehebelpressen durch eine **Eilschließbewegung** mit anschließend „sanfter" Umformung und schnellem Rückhub eine deutliche Produktivitätssteigerung erzielt [1].

23.3 Gelenkantriebspressen

Mechanische Pressen mit **Gelenkantrieb** eignen sich für Umformaufgaben, die keine Erhöhung der Arbeitsgeschwindigkeit zulassen (z. B. Tiefziehen), aber einen optimierten **Kraft-Weg-Verlauf** erfordern. Erzielt wird dies durch zwischen Antrieb und Pleuel sitzende **Gelenkelemente**.

Man spricht z. B. bei 4-Punkt-Anordnung der Pleuel von einem **achtgliedrigen** Gelenkantrieb (Bild 23.6). Weitere Vorteile dieser Antriebsart gegenüber einer konventionellen Exzenterpresse sind die geringe Belastung des Getriebes sowie die abzubremsenden bzw. zu beschleunigenden Massen der Antriebsteile [1].

WUF

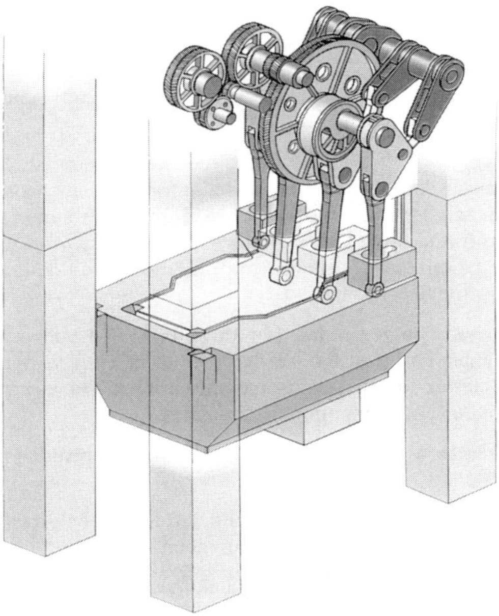

Bild 23.6: Pressenstößel mit 8-gliedrigem Gelenkantrieb [1]

23.4 Anwendungsgebiete mechanischer Pressen

Die nachstehende Tabelle zeigt in einer Übersicht typische Daten und Einsatzgebiete mechanischer Pressen.

Tabelle 23.2: Daten und Einsatzgebiete mechanischer Pressen

Bauart	Presskraftbereich	Einsatzgebiete
Kurbelpressen	3000 … 32000 kN	Tiefziehende Schneiden
Kurbelpressen	2000 … 10000 kN	Fließpressen
Exzenterpressen	160 … 4000 kN	Schneiden, Stanzen, Prägen
Exzenterpressen	2000 … 160000 kN	Schmieden
Gelenkpressen	8000 … 75000 kN	Ziehen, Prägen
Kniehebelpresse	2000 … 10000 kN	Prägen, Fließpressen
Transferpressen	8000 … 60000 kN	Ziehen, Stanzen, Prägen
GT-Saugerpressen	60000 … 95000 kN	Ziehen

Die angegebenen Werte sind Richtwerte und können von herstellerspezifischen Angaben abweichen.

Die aufgezeigte Typenvielfalt mechanischer Pressen deckt ein breites Anwendungsspektrum in der Massiv- und Blechumformung ab. So finden Kurbelpressen generell dort Anwendung, wo eine über dem Umformweg **nicht konstante Kraft** und Stößelgeschwindigkeit gefordert wird. Dies gilt z. B. für das Kaltfließpressen, Stauchen und in eingeschränktem Maße auch für Tiefziehprozesse.

Exzenterantriebe sind demgegenüber für **kurze Hubwege** und entsprechend **hohe Hubzahlen** geeignet. Sie werden sowohl in Universalpressen zum **Schneiden, Stanzen** und **Biegen** als auch in **Großteil-Transferpressen** zu Ziehvorgängen und Folgeoperationen eingesetzt.

In sog. **Stanzautomaten** werden mit Exzenterantrieben Hubzahlen bis zu 1 600 min^{-1} erreicht.

Hohe Kräfte auf kurzen Hubwegen prädestinieren Kniehebelpressen für Prägearbeiten (Münzprägen) und Stanzaufgaben. Eine Besonderheit sind **Horizontalpressen** mit Kniehebelantrieb zur Herstellung von Aluminiumhülsen (Tuben) durch Fließpressen (Bild 23.7).

Modifizierte Kniehebelantriebe kommen hauptsächlich in Schneid- bzw. **Feinschneidpressen** zum Einsatz (vgl. Kap. 31).

Die optimierte Bewegungscharakteristik des Stößels bei Gelenkantrieben wird vor allem in **doppeltwirkenden** Tiefziehpressen ausgenutzt. Hierbei werden die Forderungen nach unterschiedlichen Weg-Zeit-Verläufen des **Ziehstößels** und des **Niederhalters** ideal erfüllt. Der Einsatz von mehrgliedrigen Gelenkantrieben in GT-Pressen gestattet eine

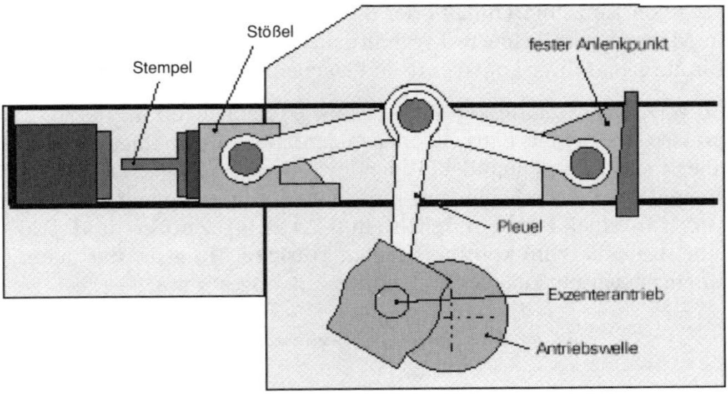

Bild 23.7: Kniehebelpresse in Horizontalbauart [1]

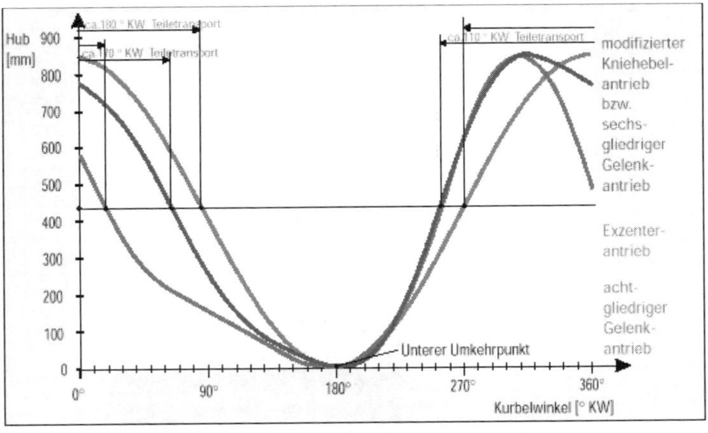

Bild 23.8: Stößelweg-Zeit-Verlauf für unterschiedliche Antriebsarten [1]

optimierte Abstimmung der Umformprozesse und der **Transportsysteme** (Bild 23.8).

23.5 Mechanische Pressenanlagen und Produktionssysteme

Moderne Fertigungskonzepte mit dem Ziel, Bauteile hoher Qualität mit hoher Mengenausbringung rationell zu fertigen, setzen auf die **Verket-**

tung von Einzelmaschinen oder die Integration einzelner Umformstufen in **Mehrstufenmaschinen**. Mechanische Pressen bzw. Antriebe sind hierfür aufgrund ihrer konstruktiven Gegebenheiten gut geeignet.

So verfügen mechanische **Einmaschinensysteme** wie z. B. die sog. **Stufenpressen** über einen Kurbel- oder Gelenkantrieb für **einen** Pressenstößel, aber mehrere aufeinander folgende **Stufenwerkzeuge**. Damit sind vom **Rohteil** über **Zwischenformen** bis zur **Endform** sechs und mehr **Umformstufen** in einer Presse möglich (Bild 23.9) [4]. Zuführ- und Transporteinrichtungen zum kontinuierlichen **Werkstücktransfer** sind häufig über **Kurvensteuerung** auf die Stößelkinematik abgestimmt.

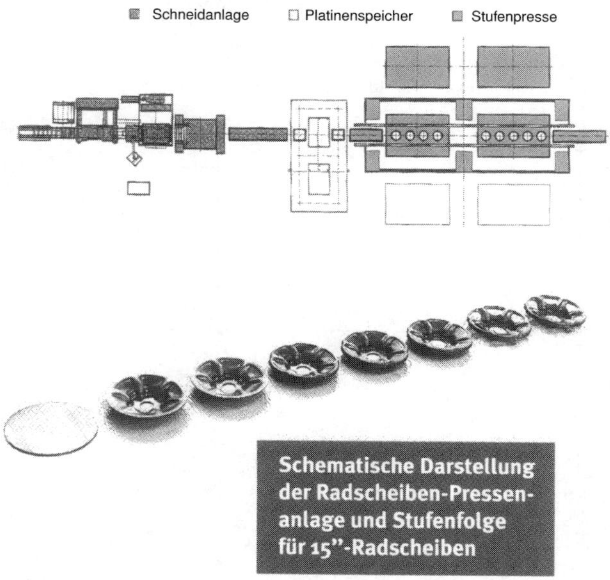

Bild 23.9: Mechanische Stufenpresse (Umformtechnik ERFURT)

Mechanische Stufenpressen werden unter anderem auch in der Kaltmassivumformung zur Herstellung von **Fließpressteilen** eingesetzt. Ein Beispiel ist die rationelle Fertigung von Ventilstößeln, Anlasserritzeln und Zahnrädern in **Near-netshape**-Qualität, d. h., die **Nacharbeit** wird auf ein Minimum (Schleifen) reduziert [4].

Eine weitere Möglichkeit der verketteten Fertigung stellt die Verkettung einzelner mechanischer Pressen zu sog. **Pressenstraßen** dar, wie sie vorwiegend in der Automobilindustrie bei der Karosserieteilfertigung Einsatz findet.

Großteil-Transferpressen besitzen in der Regel zwei bis drei Pressenstößel, denen bis zu 6 Werkzeugstufen zugeordnet sind. Sie werden daher auch als **Großteil-Stufenpressen** (GT-Pressen) bezeichnet. Je nach Funktion werden die Stößel über Gelenk- oder Exzenterantrieb positioniert. Die erste Umformstufe (Tiefziehen) erfolgt in der sog. **Kopfpresse**, hier erfüllt häufig ein 4-Punkt-Gelenkantrieb die Forderung nach optimierten Bewegungsabläufen. Der Teiletransfer zwischen den einzelnen Arbeitsgängen wird wie bei den **mechanisierten Pressenstraßen** durch **Greiferschienensysteme** gewährleistet. Die Nutzhubzahl derartiger Systeme liegt bei etwa 10 … 12 Hüben/min.

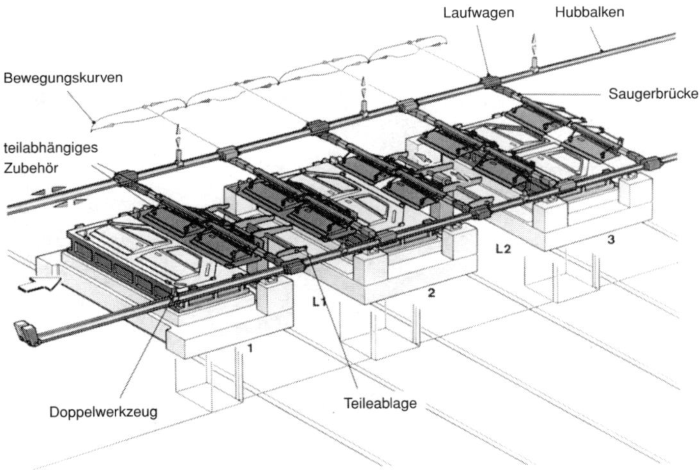

Bild 23.10: Transfersystem einer Großraum-Sauger-Presse [1]

Die neueste Entwicklung in diesem Bereich sind GT-Pressen mit **Saugertransfer** (Bild 23.10). Der interne Teiletransport mittels Vakuum-Saugerspinnen, die über **Linearantriebe** schnell und exakt positioniert werden können, ermöglicht die Fertigung besonders großer Bauteile oder **Doppelteile**, die wegen ihrer Labilität nicht mehr mit Greiferschienen transportiert werden könnten. Die Anlagenabmessungen und die Dimensionierung der Antriebs- und Steuerungselemente erreichen bei diesen **Großraumpressen** neue Größenordnungen [5].

23.6 Mehrstufenpressen

Die wirtschaftliche Herstellung von Massivumformteilen wie z. B. Schrauben, Bolzen, Muttern, Niete usw. in sehr großen Stückzahlen erfordert Maschinen mit hohen Hubzahlen und mehreren aufeinander folgenden Arbeitsstationen mit exakt abgestimmten Transport-Greifersystemen. Hierzu wurden **Mehrstufenpressen** mit zwei, drei, vier und mehr Umformstufen entwickelt, die sich durch einen hohen Automatisierungsgrad auszeichnen.

Der Hauptantrieb erfolgt über Kurbel- oder Exzenterwelle, wobei die Kräfte jeweils über **Pressenschlitten** auf die Werkzeugstufen übertragen werden. Mehrstufenpressen sind häufig in Horizontalbauweise ausgeführt, da so der kurvengesteuerte Transport der Werkstücke von Stufe zu Stufe wesentlich erleichtert wird [6].

Bild 23.11: Mehrstufenpresse in Horizontalbauart mit NC-Transfersystem (Schuler, Göppingen)

Bild 23.11 zeigt den prinzipiellen Aufbau einer **Mehrstufenpresse** zur Fertigung von fließgepressten Formteilen sowie Befestigungs- und Verbindungselementen vom Draht. Zur Herstellung komplexer Umformteile werden neben diesen **Hochleistungs-Kaltumformern** auch **Warmumformautomaten** als Mehrstufenpressen eingesetzt. Maschinen dieser Art sind häufig mit **Monoblock**-Grundkörper und besonders genauen Führungen ausgestattet, die eine hohe Steifigkeit der Maschine gewährleisten. Warmumformautomaten finden bevorzugt bei der wirtschaftlichen Produktion von Formteilen wie Gelenksterne, Flanschteile etc. ihren Einsatz (Bild 23.12).

Fertigungsbeispiel: Formteile bis 165 mm Durchmesser und 5 kg Gewicht, in 4 Stufen umgeformt, 4800 bis 10000 Teile/h

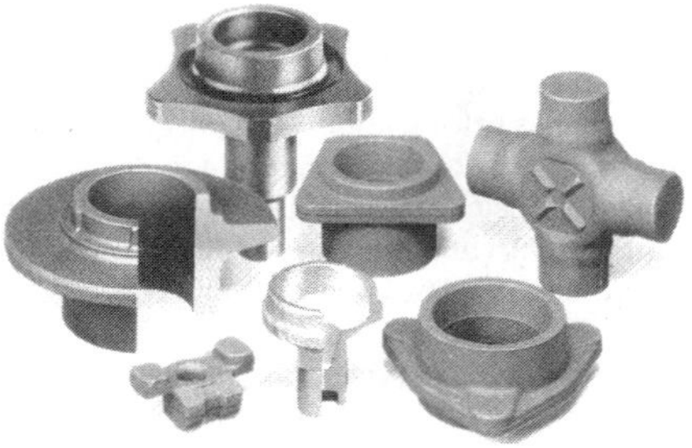

Bild 23.12: Herstellung von warmgepressten Teilen (Hatebur, Reinach)

WUF

Quellen und weiterführende Literatur

[1] Schuler GmbH (Hrsg.): Handbuch der Umformtechnik. Berlin: Springer-Verlag, 1996

[2] *Lange, K. (Hrsg.):* Umformtechnik-Handbuch für Industrie und Wissenschaft, Band 1: Grundlagen. Berlin: Springer-Verlag 1986

[3] *Stützel, P.:* E-Gestell-Presse ohne Winkelauffederung. Blech InForm (1/2001). München Carl Hanser Verlag, 2001

[4] *Darr, U.:* Produktivitätssteigerung bei der Räderherstellung. BLECH, ROHRE, PROFILE (9/1998)

[5] *Reihle, M.; Viehweger, B.:* Tagungsband. Neuere Entwicklungen in der Blechumformung, Fellbach Mai 1998: Erhöhung der Wirtschaftlichkeit der Fertigung von Karosserieteilen durch Entwicklung neuer Pressentechniken. Frankfurt: MAT-INFO Werkstoffinformationsgesellschaft, 1998

[6] *Weck, M.:* Werkzeugmaschinen. Band 1: Maschinenarten, Bauformen und Anwendungsbereiche. Düsseldorf: VDI-Verlag, 1988

24 Rundknetmaschinen

Prof. Dr.-Ing. Bernd Hager

Im Gegensatz zu Mehrstufenpressen mit überwiegend axial, d. h. in Längsrichtung der Werkstückachse erfolgenden Stauch- und Fließpressprozessen ist der Umformvorgang in **Rundknetmaschinen** durch radiales Stauchen des Werkstücks gekennzeichnet (Bild 24.1). Die Maschinen können je nach Anforderung im **Durchlaufverfahren** (mit Vorschub) oder im **Einstechverfahren** (ohne Vorschub) betrieben werden [1].

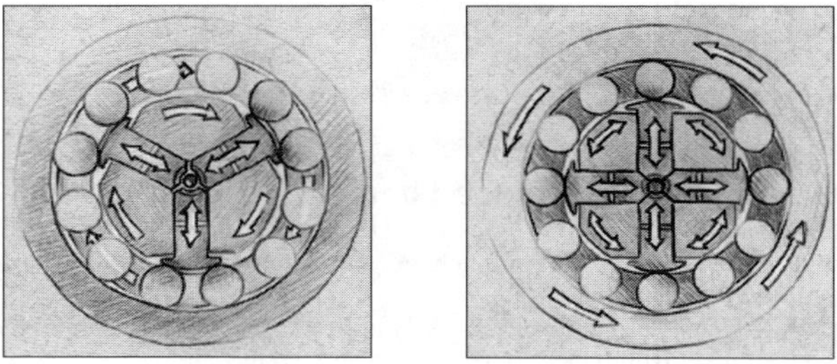

a) b)

Bild 24.1: Prinzip des Rundknetens, Innenläufer (a), Außenläufer (b)

Das Funktionsprinzip dieser überwiegend weggebundenen Umformmaschinen wird aus Bild 24.1 deutlich. Durch Rotation der **Knetwelle** werden die innenliegenden, radial angeordneten **Werkzeugsegmente** bzw. Druckstößel in eine kontinuierliche Relativbewegung zu einem mit **Druckrollen** bestückten **Rollenkäfig** versetzt. Dieser ist ähnlich wie bei einem Wälzlager durch einen Außenring abgestützt.

Durch das dachförmige Profil der Druckstößel ergibt sich bei Kontakt mit der Druckrolle eine drehzahlgesteuerte Abfolge von Öffnungs- und Schließbewegungen der Werkzeuge.

Man unterscheidet zwei grundlegende Maschinentypen:

- **Innenläufermaschine** mit stationärem Außenring
- **Außenläufermaschine** mit rotierendem Außenring und gleich- oder gegensinnig drehender Knetwelle

Die Außenläufermaschine weist gegenüber der erstgenannten Bauform **paarweise gegenüberliegende** Druckstößel auf und ist damit auch zur Herstellung torsionsempfindlicher Werkstücke geeignet. Des Weiteren ermöglicht diese Werkzeuganordnung die Umformung **unrunder Querschnitte** bei stillgesetzter Knetwelle [1].

Die innovative Technologie des Rundknetens kommt vor allem für Teile mit großem Länge-Durchmesser-Verhältnis zur Anwendung. Durch den Einsatz von Werkzeugdornen sind nicht nur massive Teile mit unterschiedlichen Querschnitten, sondern auch Hohlwellen und rohrförmige Bauteile mit unrunder Außengeometrie sowie Innenprofile in einem Arbeitsgang herstellbar. Bild 24.2 zeigt den Fertigungsablauf des Einstech-Rundknetens unter Verwendung eines speziellen Keilsystems.

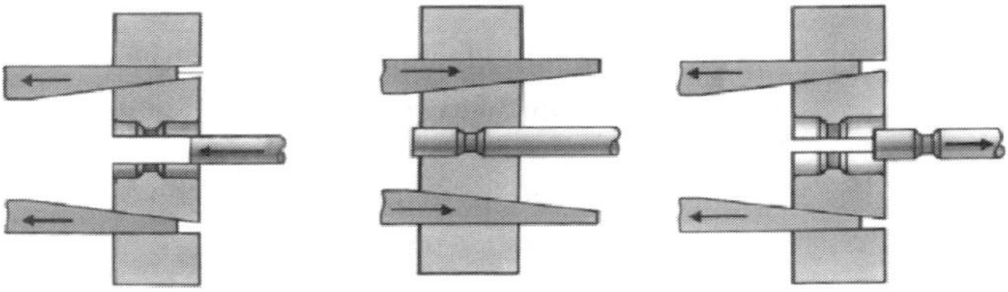

Bild 24.2: Einstech-Rundknetverfahren (Felss, Königsbach-Stein)

Bei Verwendung zusätzlicher Hydraulikeinheiten sind auch Außenverzahnungen und -profile mit engen Toleranzen machbar.

Rundknetmaschinen werden als halbautomatische (manuelle Bestückung) und vollautomatisierte (hydraulische Bestückung und Vorschub) Einzelmaschinen und verkettet zu Transferanlagen (mit 5 bis 6 Arbeitsgängen) gebaut.

Bild 24.3 zeigt verschiedene Anwendungsbeispiele.

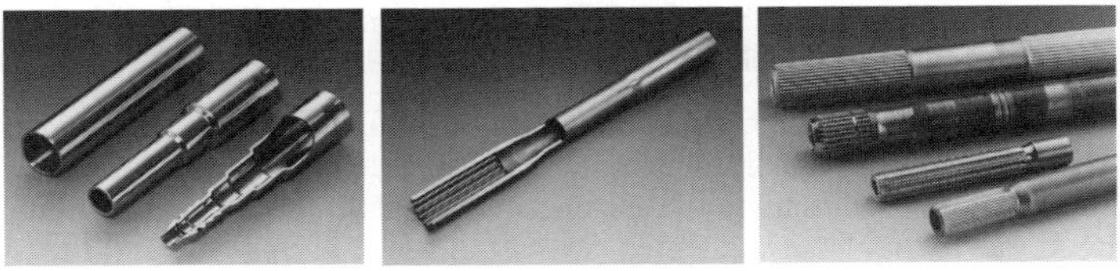

Bild 24.3: Werkstückbeispiele (Felss, Königsbach-Stein)

Quellen und weiterführende Literatur

[1] Fa. Felss, Königsbach-Stein: Firmeninformation.

Flimm J.: Spanlose Formgebung. 7., überarb. Auflage. München Wien: Carl Hanser Verlag, 1996

25 Hydraulische Pressen

Prof. Dr.-Ing. Bernd Hager

Hydraulische Pressen gehören zu den **kraftgebundenen** Pressmaschinen.

Im Gegensatz zu mechanischen Pressen und Spindelpressen ist im Allgemeinen kein Energiespeicher vorhanden, d. h., die gesamte Leistung der Maschine muss bei der Umformung zur Verfügung stehen. Hierzu sind geeignete **Hydraulikaggregate** installiert, die über **Antriebsmotor**, **Förderpumpen** und **Ventilsteuerung** das **Drucköl** zu den Arbeitszylindern führen. Man unterscheidet grundsätzlich zwei Antriebsarten:

- **Direktantrieb**: der Ölstrom wirkt direkt auf die Kolbenfläche des Arbeitszylinders
- **Druckspeicherantrieb**: die Pumpen fördern das Öl in einen Hochdruckspeicher, aus dem nach Bedarf über Steuerventile Drucköl entnommen wird

Für den hydraulischen Direktantrieb von Stößel und anderen Werkzeugelementen sind also Motor und Pumpen auf die maximale Leistung auszulegen, um die Pressennennkraft sicherzustellen. Eine Kraftbegrenzung ist über die Ventilsteuerung möglich.

Im Druckspeicherbetrieb ist dagegen in vielen Fällen eine geringere Pumpenleistung ausreichend, solange der Druckspeicher nach Entnahme wieder vollständig gefüllt werden kann. Ein weiterer Vorteil liegt hier in der gleichmäßigen Belastung des elektrischen Versorgungsnetzes (keine Spannungsspitzen wie beim Direktantrieb). Mit zunehmend kürzeren Taktzeiten, d. h. kleineren Intervallen zwischen den Entnahmephasen, ist diese Antriebsart, insbesondere bei großen Ölfördermengen, nicht mehr wirtschaftlich einsetzbar [1].

In hydraulischen Pressen findet daher der Direktantrieb Anwendung bei der Arbeits- und Rückzugsbewegung des Stößels bzw. zum Öffnen und Schließen der Maschine. Druckspeicher werden hier vorteilhaft zur Betätigung von Nebenelementen eingesetzt, wie z. B. **Spannen** und **Lösen** von Werkzeugen, **Parallelhaltung** des Stößels bei außermittiger Belastung, **Stößelverriegelung** für Wartungsarbeiten und ähnliche Funktionen.

Unabhängig von der Antriebsart beeinflusst das geförderte Drucköl die Kinematik der Funktionselemente der Presse in folgender Weise:

- Durch den auf den Hydraulikkolben-Querschnitt wirkenden Förderdruck entstehen **Kräfte**.

- Über das Fördervolumen des Drucköls ist die **Geschwindigkeit** der Funktionselemente einstellbar.
- Durch Zu- und Abfuhr des Öls lassen sich **Verfahrwege** steuern.
- Mit Änderung der Durchflussrichtung werden **Vor- und Rücklaufbewegungen** realisiert.

Hydraulische Pressen zeichnen sich generell durch folgende Eigenschaften im Vergleich zu anderen Antriebsformen aus:

- Der Weg-Zeitverlauf des Stößels ist frei steuerbar.
- praktisch unbegrenztes Arbeitsvermögen
- konstante Kraft über dem Stößelweg
- keine Überlastung des Antriebs möglich

Damit ergeben sich für diese Maschinenart universelle Einsatzmöglichkeiten, die jedoch durch Anforderungen der industriellen Praxis, wie z. B. hohe Hubzahlen eingeschränkt werden. Bevorzugte Anwendungsgebiete für hydraulische Pressen sind die Blechbearbeitung (Tiefziehen, Abstrecken, Stanzen) und die Warmmassivumformung (Schmieden, Strangpressen) sowie die Kaltumformung bei großen Arbeitswegen (Fließpressen). Nachfolgend werden Hydraulikpressen für das Ziehen, Fließpressen und Schmieden beschrieben. Ergänzend wird auf ihren Einsatz bei **IHU-Verfahren** eingegangen Hydraulische Schneid- und Stanzpressen werden in separaten Kapiteln behandelt.

WUF

25.1 Hydraulische Ziehpressen

Hydraulische Ziehpressen sind für das **Tief- und Streckziehen** von runden (**Ronden**) oder beliebig geformten Blechzuschnitten (**Platinen**) konzipiert. Je nach Teilegeometrie werden neben dem Ziehstößel weitere Funktionselemente wie z. B. **Blechhalterstößel**, **Ziehstempel** und **Auswerfer** separat durch Hydraulikantrieb angesteuert. Man unterscheidet danach die Pressenarten in

- einfachwirkende Maschinen
- doppeltwirkende Maschinen
- dreifachwirkende Maschinen

Das Pressengestell von hydraulischen Ziehpressen ist meist in O-Bauform ausgeführt und besteht aus dem **Kopfstück** (Antrieb), den **Seitenständern** (zwei oder vier) und dem **Pressentisch** mit Zusatzeinrichtungen (**Ziehkissen**). Die Einzelkomponenten werden häufig über vorgespannte Zuganker zusammengehalten.

Eine Hydraulik-Ziehpresse ist häufig als doppeltwirkende Maschine ausgeführt, d. h., der **Außenstößel** übernimmt die **Blechhaltefunktion**, der **Innenstößel** das **Ziehen** bzw. Ausformen des Teils. In diesem Fall sind **Ziehstößelkraft** und die erforderliche **Umformkraft** identisch (Bild 25.1).

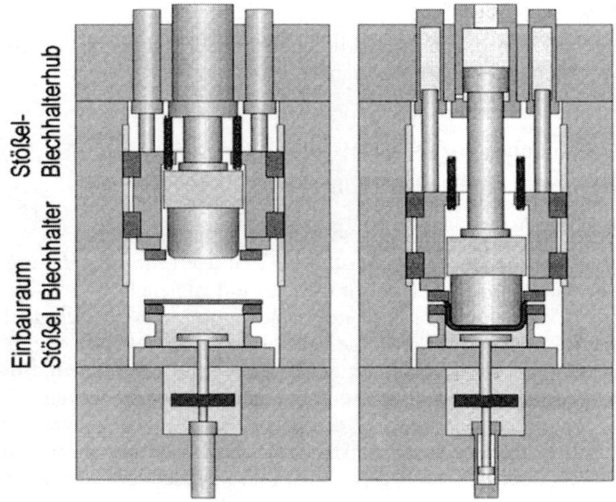

Bild 25.1: Doppeltwirkende hydraulische Ziehpresse [2]

Bei einer anderen Variante wird ein sog. Ziehkissen im Pressentisch als Blechhalter vom Ziehstößel verdrängt, der somit mit der Umformkraft und der Haltekraft beaufschlagt wird. Der formgebende Stempel ist dabei stationär auf den Pressentisch gespannt.

Wird das Ziehkissen zusätzlich hydraulisch angesteuert, kann es anstelle des Stempels zur Umformung von Teilen mit größerer Ziehtiefe eingesetzt werden (**Gegenzug** mit aktivem Tischkissen) [14].

Wegen der exakten Anpassung der Stößelkinematik an die Erfordernisse beim Tiefziehen finden hydraulische Ziehpressen sowohl als Einzelmaschinen in der Produktion von Großküchengeräten, Theken u. Ä. als auch als Kopfpressen in Pressenanlagen für die Karosserieteilfertigung breite Anwendung. Bild 25.2 zeigt ein entsprechendes Fertigungsbeispiel [3].

Anlage: Hydraulische Transferpresse mit 4 Arbeitsstationen, Gesamtpresskraft 11 000 kN, Taktzeit für Gastronomiebehälter mit 20 bis max. 200 mm Ziehtiefe: 8 Teile/min

Bild 25.2: Herstellung von Gastronomiebehältern (Schuler Hydrap, Plüderhausen)

Für die Herstellung **komplizierter Ziehteile** mit großen **Ziehtiefen** haben sich **dreifachwirkende** Ziehpressen bewährt. Hierbei ist für die prozesssichere Beherrschung die separate Ansteuerung weiterer Funktionselemente (zusätzlicher Ziehstößel, Auswerfer etc.) maßgebend.

25.2 Hydraulische Pressen für das Tiefziehen mit Wirkmedien

Die Umformung von Blechplatinen mit Hilfe von **Wirkmedien** beruht auf dem Prinzip des allseitig wirkenden **hydrostatischen Druckes** in Flüssigkeiten [4]. Gegenüber den üblichen Werkzeugen kann damit das **Gegenwerkzeug** durch einen **Druckraum** (Wasserkasten) ersetzt werden.

Für die Herstellung von Ziehteilen ergeben sich damit folgende Vorteile:

- Bauteile mit größerem **Ziehverhältnis** in **einem** Arbeitsgang möglich (Ziehverhältnis = Verhältnis der Platinenausgangsgröße zu den Innenabmessungen des Ziehteils)
- Hohe Oberflächenqualität, geringere Nacharbeit
- Keine Oberflächenschädigung beschichteter Bleche
- Verkürzte Rüstzeiten, da Ausrichten des Werkzeugs entfällt
- Hochflexible Formgebung

Für das wirkmedien-unterstützte Tiefziehen, auch als **hydromechanisches** Ziehen bezeichnet, sind **doppeltwirkende** hydraulische Pressen gut geeignet. Blechhalter- und Ziehstößeldruck können exakt auf den hydrostatisch wirkenden Gegendruck des Mediums abgestimmt werden. Bild 25.3 veranschaulicht die Abfolge beim **Hydromec-Verfahren**.

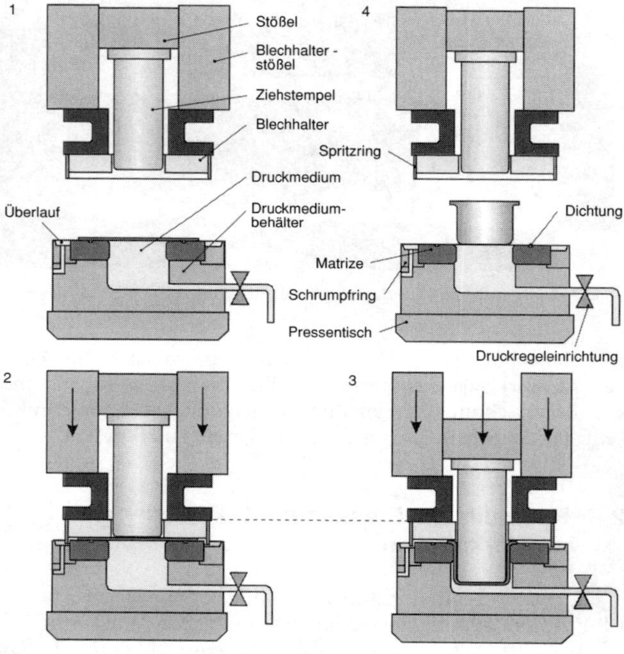

Bild 25.3: Prozessablauf beim Hydromec-Verfahren [1]

Ein führender Pressenhersteller hat dieses Verfahren zur patentierten **AHM-Technologie** weiterentwickelt. Mit aktivem hydromechanischem Ziehen ist es möglich, die genannten Vorteile bei der wirtschaftlichen Fertigung von großflächigen Karosserieteilen wie Motorhauben zu nutzen und darüber hinaus eine Gewichtsreduzierung der Bauteile zu realisieren. Bei diesem Verfahren wird die Platine mit Hilfe des Druckmediums vor der eigentlichen Umformung vorgereckt, um eine höhere Steifigkeit zu erzielen.

Bild 25.4 zeigt die Arbeitsschritte dieses innovativen Verfahrens.

Andere Verfahren wie z. B. das Flexform-Verfahren arbeiten mit einer zusätzlichen Elastomermembran, damit sind auch Teile mit Hinterschnitten herstellbar [5].

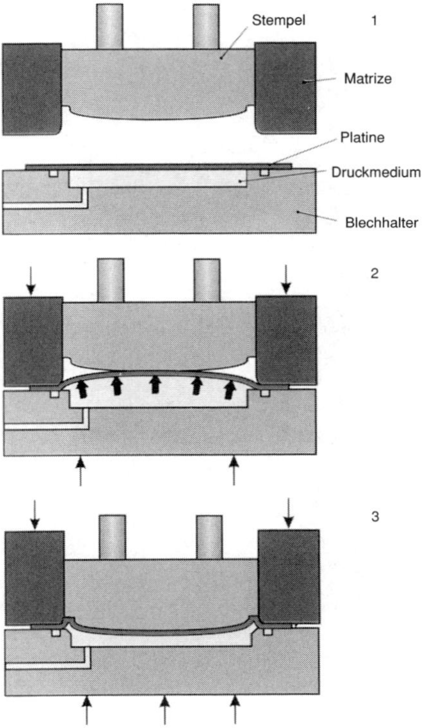

Bild 25.4: Aktives Hydromec-Verfahren [1]

WUF

25.3 Hydraulikpressen in der Massivumformung

Die spanlose Fertigung massiver bzw. hohler **Langteile** (z. B. Wellen, Schaftteile) erfordert neben hohen Umformkräften auch lange Hübe, d. h. eine meist konstante Kraft über große Stößelwege. Hierbei sind hydraulische Pressen trotz der längeren **Taktzeiten** mechanischen Pressen überlegen. Es kommen sowohl Pressen in horizontaler als auch in vertikaler Bauart zum Einsatz.

Mit Ausnahme von besonders schweren Teilen (5 kg), die warm umgeformt werden müssen, können **Kaltfließpressteile** auf ein- oder mehrstufigen Pressen dieser Art in großen Stückzahlen gefertigt werden. Bild 25.5 zeigt eine hydraulische Mehrstufenpresse mit Zusatzsystemen [1].

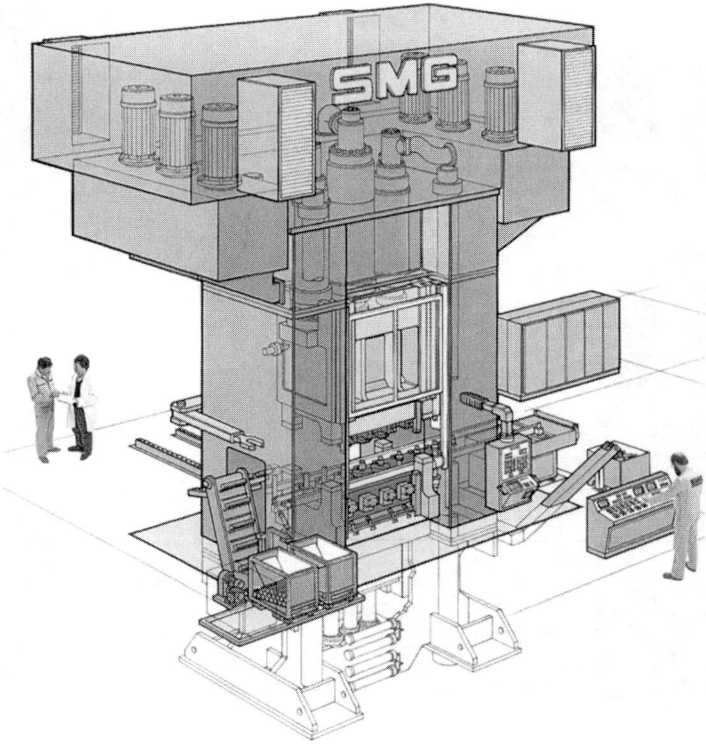

Bild 25.5: Hydraulische Mehrstufenpresse für die Kaltumformung [1]

In der Schmiedeindustrie sind hydraulische Pressen häufig in eine **Schmiedelinie** für die **vollautomatisierte Fertigung** integriert. Der Anwendungsbereich reicht vom Freiformschmieden bis hin zum Präzisionsschmieden komplexer Bauteile wie PKW-Querlenker.

Hydraulische Schmiedepressen werden aufgrund der längeren Druckwarmberührzeiten auch beim **Isothermschmieden** von hochfesten Ni-Basislegierungen, Ti-Legierungen und Al-Legierungen für Luft- und Raumfahrtanwendungen eingesetzt. Hier ist zur Vermeidung von zu schneller Abkühlung des Werkstücks eine **Vorwärmung der Werkzeuge** auf nahezu Werkstücktemperatur erforderlich [6].

25.4 Hydraulische Pressen und Anlagen für die Innen-Hochdruck-Umformung

Die Technologie des Innen-Hochdruck-Umformens (IHU) umfasst innovative Verfahren zur Umformung **vorgebogener Rohre**, **Profile** und **Platinen** mittels **Wirkmedium** im geöffneten oder geschlossenen Werkzeug. Tabelle 25.1 listet die grundsätzlichen Möglichkeiten auf.

Tabelle 25.1: Innenhochdruck-Umformverfahren

Verfahren	Ausgangsform	Anwendungsbeispiel
Kalibrieren	Rohr, Hohlprofil	Rohrleitung, Armaturen
Aufweitstauchen	Rohr (vorgebogen)	Abgassystem
Durchsetzen	Rohr, Profil	Fahrwerk, Träger
Aufweiten	Doppelplatine	Schalldämpfer, Profile

WUF

In technischer und wirtschaftlicher Hinsicht ergeben sich für das Innen-Hochdruck-Umformen folgende Vorteile:

- Komplexe Bauteilformen, die bislang aus mehreren Einzelteilen durch Fügeverfahren verbunden wurden, sind in einem Arbeitsgang herstellbar.
- Das Kaltumformen bewirkt nicht nur eine hohe Bauteilsteifigkeit, sondern sorgt auch für enge Maß- und Formtoleranzen.
- Die Festigkeitsanforderungen können mit reduzierter Ausgangsdicke erfüllt werden, dies führt zu gewichtsoptimierten Strukturbauteilen.
- Folgearbeitsschritte wie **Einschneiden**, **Durchstellen** oder **Stanzen** sind im gleichen Werkzeug möglich.

Die IHU-Fertigung ist durch hohe Drücke (ca. 1000 ... 4000 bar) gekennzeichnet, die wiederum hohe **Schließkräfte** der Werkzeuge erfordern [7]. Diese werden geregelt durch hydraulische Pressen mit speziell konzipierten Bau-und Werkzeugarten.

IHU-Pressen sind meist als **4-Säulen-Pressen** ausgeführt, damit der Einbauraum und die Werkzeuge optimal zugänglich sind. Die Druckversorgung erfolgt in der Regel über ein **Anlagensystem** mit folgenden Komponenten:

- Hochdruck-Hydraulikaggregat mit **Druckübersetzer**
- **Axial verfahrbare Horizontalzylinder**, die das Druckmedium einleiten und durch Nachfahren die Blechdicke regulieren

- Hydraulisch steuerbare **Gegenhalterstempel** zur Materialflussbegrenzung bei Rohrverzweigungen
- Geteilte Werkzeuge mit zusätzlichen Funktionselementen wie **Zentrierungen** und **Schiebeeinsätzen**

Bild 25.6 zeigt den Ablauf der Herstellung einer Rohrverzweigung (T-Stück) aus dem Abgassystem durch IHU. Die Steuerung aller beteiligten Komponenten erfolgt über einen Leitrechner. Entscheidend für den Umformprozess ist der relativ langsame **Druckaufbau** in Stufen und der **Kalibriervorgang** am Ende des Prozesses. Die Taktzeiten liegen hier bei etwa 10 s [1]. Zur Erhöhung der Produktivität werden auf solchen Anlagen gleichzeitig bis zu 10 T-Stücke in einer Prozessstufe umgeformt.

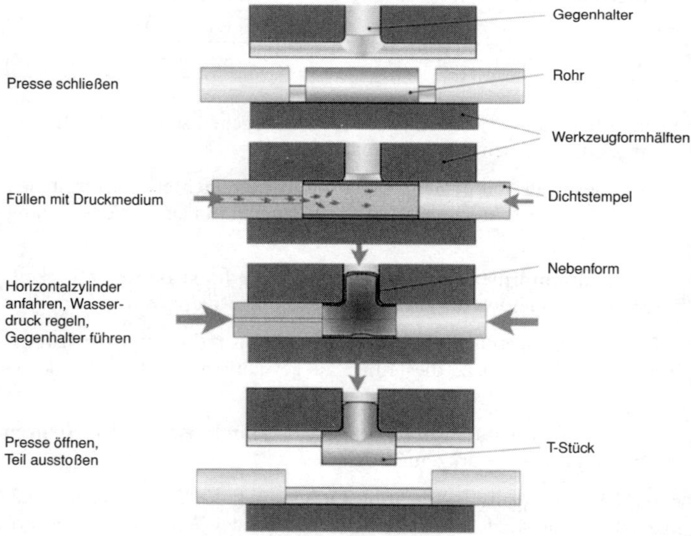

Bild 25.6: Innen-Hochdruck-Umformung für die T-Stück-Herstellung [1]

Komplexere Bauteilgeometrien und steigende Festigkeitsanforderungen führen zu immer höheren **Prozessdrücken** (6 000 … max. 8 000 bar). Hier setzen neue Maschinenkonzepte an, mit denen solche Bedingungen auch bei verlängerten Zykluszeiten beherrscht werden können. Eine vielversprechende Möglichkeit stellen hydraulische Pressen dar, die mit **mechanischen Stößelverriegelungen** ausgerüstet sind. Dabei wird der Pressenstößel nach dem Schließen der Werkzeughälften mechanisch blockiert, so dass die erforderliche **Zuhaltekraft** für die Umformung als

Gegenkraft zum Druckaufbau erzeugt wird [8]. Bild 25.7 zeigt ein vergleichbares Pressenkonzept [9].

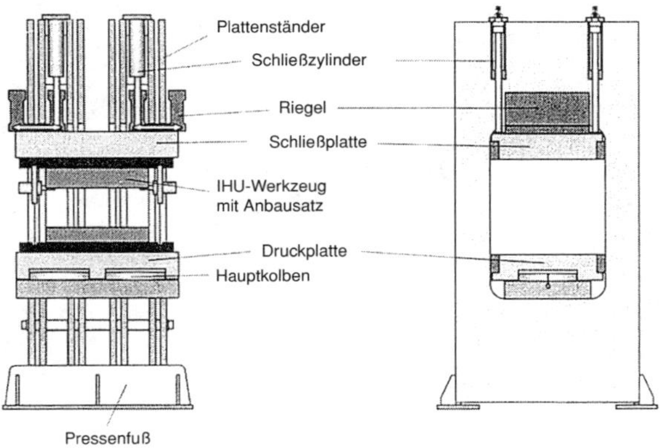

Bild 25.7: IHU-Pressenbaureihe mit Kurzhubprinzip (Schuler)

IHU-Serienbauteile wie z. B. Vorderradträgerrahmen werden in speziell konzipierten Anlagen gefertigt, die mehrere Arbeitsstationen (Biegestation, Vorformpresse, IHU-Presse sowie Nachbearbeitungs- und Reinigungsanlagen) umfassen [9].

Für das Innenhochdruckumformen hat sich ein breites Anwendungsfeld eröffnet. Typische IHU-Teile im Automobilbau sind z. B. Quer- und Längsträger, Dachrahmenprofile und Hinterachskomponenten. Bild 25.8 zeigt als aktuelles Beispiel für IHU-Bauteile A-Säule und Windlauf eines Cabrio-Fahrzeugs [10].

Neben Abgaskomponenten werden heute serienmäßig Fahrzeugprofile, Armaturen und Formelemente der Möbelindustrie durch IHU gefertigt.

25.5 Strang- und Rohrpressen

Die Herstellung von **Halbzeug** und **Profilen** als Endlosprodukt ist wirtschaftlich durch **Strangpressen** möglich. Bei diesem Verfahren der Warmumformung wird ein vorgewärmter **Block** in einem **Aufnehmer** mittels eines **Pressstempels** (Plunger) durch ein formgebendes Werkzeug gedrückt. Bedingt durch die langen Verformungswege und die meist hohen erforderlichen Umformkräfte sind hierzu hydraulische Pressen und Anlagen geeignet.

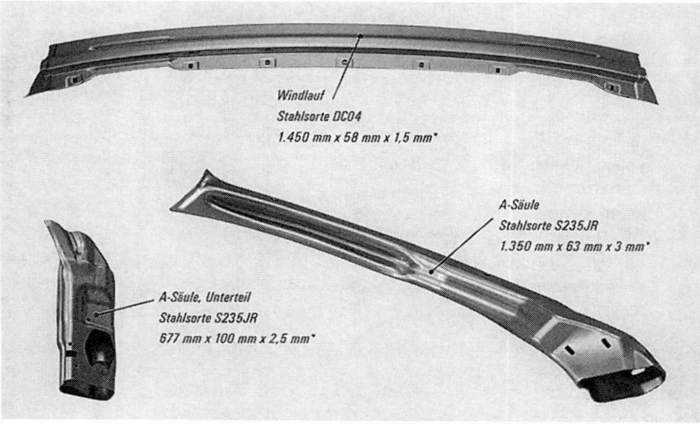

Bild 25.8: Innenhochdruck-umgeformte Fahrzeugkomponenten

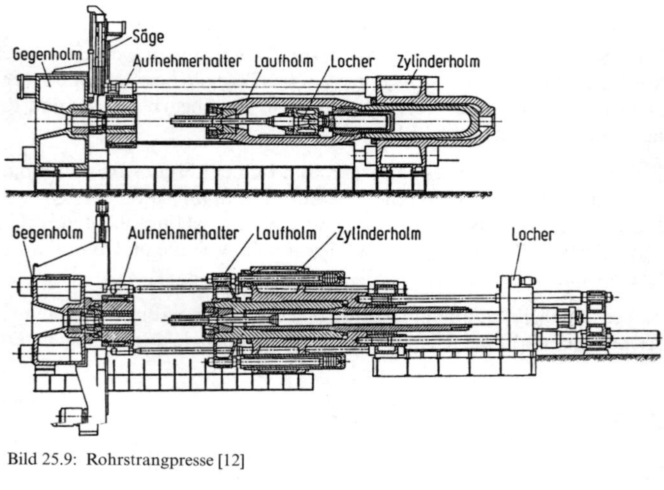

Bild 25.9: Rohrstrangpresse [12]

Zur Herstellung von vorwiegend Vollprofilen einfacher bis sehr komplexer Geometrie werden hydraulische Strangpressen in Horizontalbauweise eingesetzt. Sie sind für Blockdurchmesser von ca. 80 bis max. 700 mm und max. Presskräfte bis 125 000 kN ausgelegt [11]. Der einfache konstruktive Aufbau erlaubt eine rasche Beschickung.

Hohlprofile und Rohre werden hingegen auf **Rohrstrangpressen** gefertigt, die zusätzlich mit einem separat steuerbaren **Dorn** ausgerüstet sind.

In modernen Anlagen mit hoher Teileflexibilität wird die Fertigung von Voll-, Hohlprofilen und Rohren realisiert. Den Aufbau einer solchen Maschine verdeutlicht Bild 25.9.

Quellen und weiterführende Literatur

[1] Schuler GmbH (Hrsg.): Handbuch der Umformtechnik. Berlin: Springer-Verlag, 1996
[2] Fa. Schuler SMG, Waghäusel: Hydraulische Pressen. Seminarunterlagen
[3] Fa. Schuler Hydrap: Informationsbroschüre
[4] *Tschätsch, H.:* Handbuch Umformtechnik. Arbeitsverfahren, Maschinen, Werkzeuge. Darmstadt: Hoppenstedt Technik-Tabellen Verlag, 1990
[5] *Flimm, J.:* Spanlose Formgebung. 7., überarb. Auflage. München Wien: Carl Hanser Verlag, 1996
[6] *Lange, K. (Hrsg.):* Umformtechnik-Handbuch für Industrie und Wissenschaft, Band 1: Grundlagen. Berlin: Springer-Verlag 1986
[7] Fa. Schuler: Hydroforming News (1/1998)
[8] *Siegert, K.:* Neuere Entwicklungen in der Blechumformung, Fellbach Mai 2000: Forschung am Institut für Umformtechnik an der Universität Stuttgart auf dem Gebiet der Blechumformung. Frankfurt: MAT-INFO Werkstoffinformationsgesellschaft, 2000
[9] Fa. Schuler: Hydroforming News (3/1999)
[10] Fa. Schuler: InForm. (2/2000) S. 34–38
[11] *Tschätsch, H.:* Werkzeugmaschinen der spanenden und spanlosen Formgebung. 7. Auflage. München Wien: Carl Hanser Verlag, 2000
[12] *Lange, K. (Hrsg.):* Umformtechnik-Handbuch für Industrie und Wissenschaft, Band 2: Massivumformung, Berlin: Springer-Verlag, 1988

W
U
F

26 Zieh- und Drückmaschinen

Prof. Dr.-Ing. Bernd Hager

Als Ziehmaschinen wird eine Gruppe von umformenden Werkzeugmaschinen bezeichnet, die für Durchziehverfahren eingesetzt werden. **Durchziehen** ist nach DIN 8584 T1 [1] **Zugdruckumformen** eines Werkstücks, wobei die formgebende Werkzeugöffnung in Ziehrichtung verengt ist. Man unterscheidet weiter in Gleitzieh- und Walzziehverfahren zur Fertigung von Voll- oder Hohlkörpern (z. B. Draht, Stäbe, Näpfe und Rohre).

Demgegenüber ist **Drücken** das Zugdruckumformen eines Blechzuschnitts zu einem Hohlkörper mit einem umlaufenden, formbestimmenden Werkzeug (Drückfutter) und einem lokal einwirkenden formgebenden Gegenwerkzeug (Drückrolle) ohne beabsichtigte Veränderung der Blechdicke. Damit unterscheidet sich dieses Verfahren von der **Drückwalztechnologie**, die mit gezielter Blechdickenänderung arbeitet (vgl. Kapitel Walzmaschinen).

Alle genannten Verfahren sind der Kaltumformung zugeordnet und damit durch eine z. T. erhebliche **Kaltverfestigung** der Werkstücke während des Umformprozesses gekennzeichnet.

Technisch und wirtschaftlich gesehen hat das Ziehen von Drähten mit und ohne Profil die größte Bedeutung unter den Durchziehverfahren. Nachfolgend werden Aufbau, Funktion und Anwendungsbereiche von Maschinen und Anlagen zur Draht- und Profilherstellung beschrieben.

26.1 Drahtziehmaschinen

Drähte werden in speziellen Maschinen und Anlagen in mehreren Arbeitsstufen schrittweise im Durchmesser reduziert und auf den festgelegten Endquerschnitt gezogen. Die Vielzahl unterschiedlicher Bauformen von Ziehmaschinen zeigt grundsätzlich den folgenden Aufbau: Über **Ziehscheiben** oder **Ziehtrommeln** wird der Draht von einer Abhaspelvorrichtung durch ein bzw. mehrere **Ziehwerkzeuge** geführt und am Ende wieder aufgewickelt. Je nach Schmierung unterscheidet man in Trockenzug und Nasszug [2].

Bei sog. **Einfachzugmaschinen** durchläuft der Draht nur ein einziges Ziehwerkzeug (Ziehstein) und wird nach dem Austritt aus der **Ziehdüse** direkt auf eine rotierende Ziehtrommel aufgewickelt. Maschinen dieser Art finden hauptsächlich im Grob- und Mittelzugbereich Anwendung, d. h., es ist nach einem Durchlauf keine weitere Querschnittsabnahme erforderlich.

Eine Reduzierung des Drahtquerschnitts in Arbeitsteilstufen wird hingegen rationell auf **Mehrfachzugmaschinen** realisiert. Durch hintereinander angeordnete Zieheinheiten entfällt das Umsetzen vorgezogener Drahtbunde auf Ablaufhaspeln, die Querschnittsabnahme ist kontinuierlich.

Den Vorteilen solcher Anlagen stehen offensichtliche Nachteile gegenüber:

- Mit kleiner werdendem Querschnitt muss die Drehzahl der Ziehscheiben im Verhältnis zur Drahtverlängerung ansteigen.
- Der Draht muss durch seitliches Abgleiten von der Ziehscheibe mit definierter Geschwindigkeit der Ziehdüse zugeführt werden.

Aus diesen Gründen sind Ziehtrommeln prozessoptimiert konstruiert und mit regelbaren Antrieben versehen, so dass der Draht schlupffrei über die Ziehtrommeln geführt wird. Dies wirkt sich vor allem verschleißmindernd aus.

Gängige Drahtziehmaschinenarten sind:

- **Überkopfmaschinen**: Der Draht wird hier über einen sog. Differenzialfinger von der Ziehtrommel dem nächsten Ziehwerkzeug zugeführt.
- **Doppelscheibenmaschinen**: Der Draht wird mittels Umlenkrollen über zwei gegensinnig drehende Ziehscheiben geleitet, d. h., er kann torsionsfrei die nachfolgenden Ziehstufen durchlaufen.
- **Geradeausziehmaschinen**: Der Draht wird ohne Ansammlung, d. h. meist mit nur einer Windung pro Ziehscheibe, torsionsfrei zum Ziehwerkzeug geführt. Die Drahtspannung kann dabei von sog. Tänzerrollen geregelt werden. (Bild 26.1a)
- **Mehrdraht-Ziehmaschinen**: Ziehen von bis zu 20 Drähten gleichzeitig über 30 und mehr Ziehstufen

Während die beiden erstgenannten Anlagen hauptsächlich im Grob- und Mittelzugbereich Anwendung finden, dienen die Letzteren der Fertigung im Feinzugbereich. Sie zeichnen sich vor allem durch hohe Ziehgeschwindigkeiten und große Gesamt-Querschnittsabnahmen der Drähte aus.

Eine derartige Anlage für Feinstdrähte aus Kupfer und Kupferlegierungen zur Verwendung in der Uhrenindustrie sowie als Bonddrähte für Mikrochips weist beispielsweise folgende Daten auf:

Drahtausgangsdurchmesser 0,12 mm, Fertigdrahtdurchmesser 0,012 bis 0,05 mm, Ziehgeschwindigkeit 1200 m/min [3].

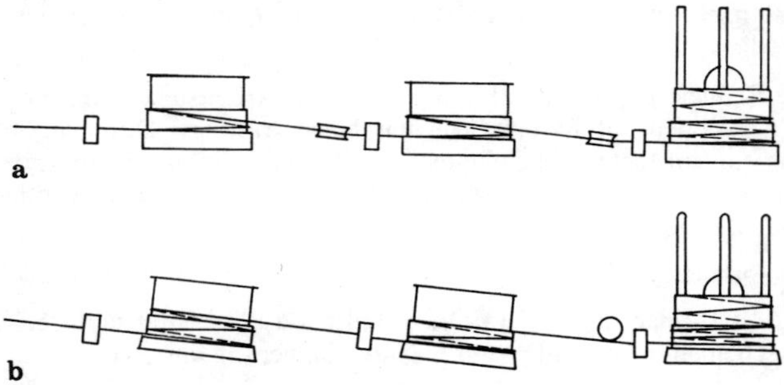

Bild 26.1: Geradeausziehmaschine mit Tänzerrollen (a) bzw. geneigten Ziehscheibenachsen (b) [2]

26.2 Walzziehmaschinen

Im Unterschied zu den o. g. Drahtziehmaschinen, die auf dem Prinzip des reinen Gleitziehens arbeiten, sind bei **Walzziehmaschinen** so genannte **Schleppwalzapparate** integriert (Bild 26.2). Diese Baugruppen besitzen in der Regel seitlich des Ziehgutes paarweise horizontal (1) und vertikal (2) angeordnete Walzen, die über keinen eigenen Antrieb verfügen. Sie werden vom durchgezogenen Draht mitgeschleppt und erzeugen – je nach Geometrie und Zustellung – das gewünschte Drahtprofil.

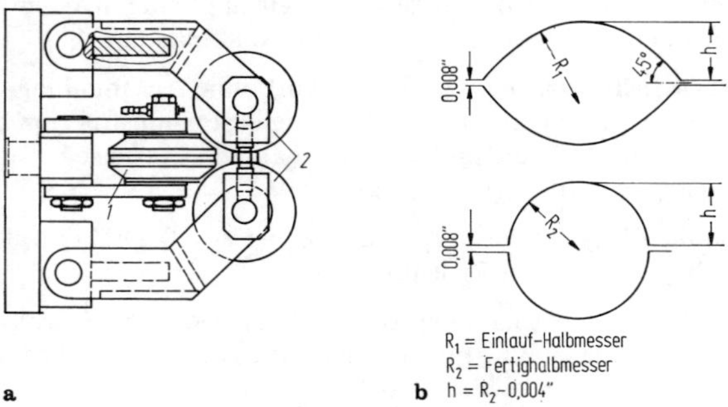

Bild 26.2: Schleppwalzapparate. a) Aufbau, b) Profilgeometrie [2]

Gegenüber dem Gleitziehen mittels Ziehsteinen ergeben sich folgende Vorteile:

- Geringere Reibung
- Gleichmäßigere Verfestigung über dem Querschnitt
- Höhere Querschnittsabnahme möglich

Daher werden z. B. Profildrähte häufig in **Ziehwalzanlagen** gefertigt, die durch eine zweckmäßige Anordnung der geeigneten Maschinengruppen wie z. B. Ziehmaschine – Walzziehmaschine – Ziehmaschine (Tandemanlage) eine rationelle Fertigungsfolge (Vorziehen – Profilwalzen – Fertigziehen) ermöglichen.

Aufgrund der reduzierten Reibung erlauben moderne Produktionsanlagen dieser Art Arbeitsgeschwindigkeiten bis zu 600 m/min.

Typische Produkte sind beispielsweise profilierte Kupferdrähte für Stadtbahnen, Fahrdrähte für Hochgeschwindigkeitszüge und Flachdrähte mit Rechteckprofil für Transformatoren.

26.3 Ziehbänke, Profilziehmaschinen

Zur Herstellung von Stäben, Stangen, Flachmaterial und Rohren aus Stahl oder NE-Metallen werden Ziehbänke oder auf diesem Prinzip beruhende vollautomatisierte Ziehmaschinen eingesetzt.

Hierbei wird das Ausgangsmaterial in einem Aufnehmer fixiert, durch pneumatisch betätigte **Ziehbacken** an einem Ende festgeklemmt und mittels eines **Ziehschlittens** hydraulisch durch ein formgebendes Werkzeug gezogen (Bild 26.3).

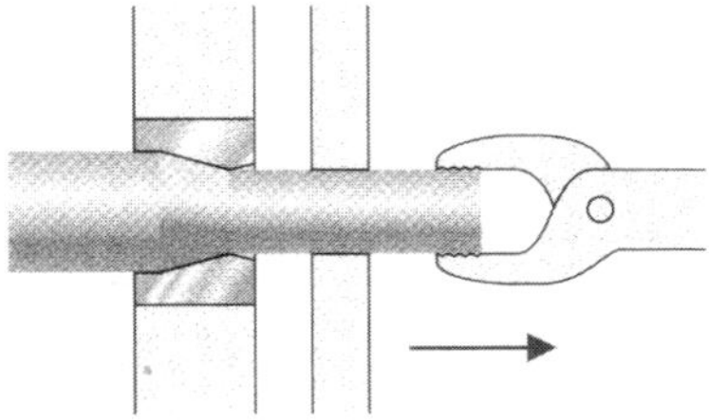

Bild 26.3: Ziehen eines Profilstrangs aus einer Cu-Legierung [4]

Moderne Ziehmaschinen arbeiten automatisch mit Einstoßer und mehr als einem Ziehschlitten, die abwechselnd zum Einsatz kommen. Nach dem Ziehen erfolgt häufig das Richten, Polieren und Trennen auf weiteren Aggregaten [5].

26.4 Drückmaschinen

Drückmaschinen gleichen im grundsätzlichen Aufbau Horizontal-Drehmaschinen: ein Antriebsmotor treibt eine Spindel mit Futter, das zur Drückformaufnahme dient. Die umzuformende Blechronde wird während des Arbeitsprozesses durch eine dem Futter gegenüberliegende Reitstockpinole fixiert. Die Formgebung erfolgt durch eine seitlich angesetzte **Drückrolle** über Kulissensteuerung. Bild 26.4 zeigt das Prinzip dieses Verfahrens [6] auf einer automatischen Drückmaschine.

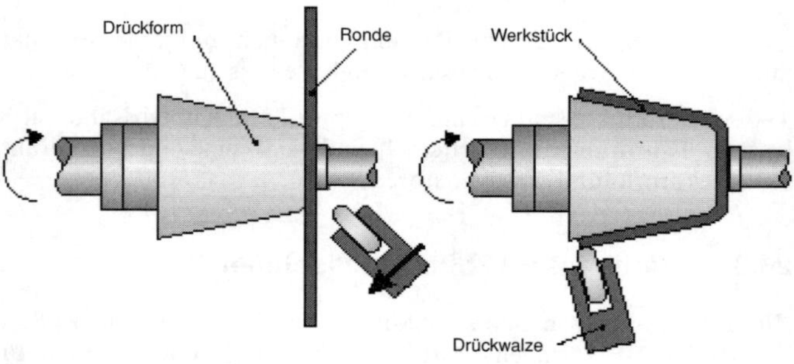

Bild 26.4: Drücken eines Hohlkörpers [6]

Die steigenden Anforderungen in Bezug auf Maß- und Wanddickentoleranzen der Bauteile haben die Entwicklung von vollautomatischen, CNC-gesteuerten **Drückzentren** begünstigt (Bild 26.5). Moderne Anlagen dieser Art sind mit **Revolverteller** für die Aufnahme unterschiedlicher Drückwerkzeuge ausgerüstet. Die Kraftübertragung erfolgt über hydraulisch gesteuerte Drückeinheiten, was sich u. a. auf die Oberflächenqualität der bearbeiteten Teile auswirkt. Auch die Bearbeitungs- und Einrichtzeiten werden dadurch erheblich verkürzt.

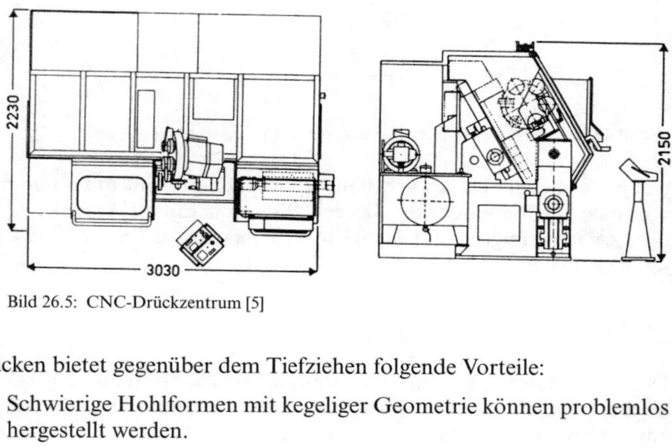

Bild 26.5: CNC-Drückzentrum [5]

Drücken bietet gegenüber dem Tiefziehen folgende Vorteile:

- Schwierige Hohlformen mit kegeliger Geometrie können problemlos hergestellt werden.

- Geringerer Aufwand an werkstückgebundenen Arbeitsmitteln
- Engere Wanddickentoleranzen, verbunden mit hoher Oberflächengüte

Das Produktspektrum umfasst konische und zylindrische Töpfe, Halbkugelschalen, Trichter, diverse Verschlusskappenformen und Reflektoren sowie komplizierte Blechgehäuseformen für den Maschinen- und Apparatebau und Sondergeometrien in der Luft- und Raumfahrttechnik.

Quellen und weiterführende Literatur

[1] DIN 8584: Zugdruckumformen. Deutsches Institut für Normung
[2] *Lange, K. (Hrsg.):* Umformtechnik-Handbuch für Industrie und Wissenschaft, Band 2: Massivumformung, Berlin: Springer-Verlag, 1988
[3] NN: Draht 43 (1992) 6, S. 567
[4] Deutsches Kupfer-Institut: Informationsbroschüre. Berlin.
[5] *Flimm, J.:* Spanlose Formgebung. 7., überarb. Auflage. München Wien: Carl Hanser Verlag, 1996
[6] Schuler GmbH (Hrsg.): Handbuch der Umformtechnik. Berlin: Springer-Verlag, 1996

27 Walzmaschinen

Prof. Dr.-Ing. Bernd Hager

Für die wirtschaftliche Fertigung von Endlosprodukten wie Bändern, Rohren, Profilen und Drähten werden Walzanlagen für die Fließgutfertigung eingesetzt. Walzmaschinen besonderer Bauart haben sich auch bei der Herstellung bzw. Bearbeitung von Stückgut bewährt.

Nach DIN 8583 sind Walztechnologien den Fertigungsverfahren der Gruppe **Druckumformen** zuzuordnen. Sie werden nach den Gesichtspunkten Kinematik, Werkzeuggeometrie und Werkstückgeometrie weiter unterteilt [1].

Walzen ist im Allgemeinen definiert als stetiges oder schrittweises Druckumformen mit einem oder mehreren sich drehenden Werkzeugen, den Walzen sowie produktspezifischen Zusatzwerkzeugen wie **Dorne** oder **Stangen** für das Walzen von Hohlkörpern. Die Krafteinleitung erfolgt in der Regel über angetriebene Walzen oder, wie z. B. beim Walzziehen, über nicht angetriebene, vom Walzgut geschleppte Walzen.

Die entsprechenden Maschinen müssen daher konstruktiv wegen sehr hoher Kräfte auf hohe Steifigkeit ausgelegt werden. Da Walzverfahren sowohl in der Kaltumformung als auch in der Warmumformung eine Rolle spielen, sind auch thermische Einflüsse auf Grundkörper und Antriebe der Maschinen zu berücksichtigen.

Nachfolgend werden die wichtigsten Bauformen von Walzmaschinen und Anlagen vorgestellt.

- **Längswalzanlagen:** Hierzu zählen ausschließlich Walzanlagen zu Herstellung von **Fließgut,** wie z. B. Bänder und Rohre, in der Blechverarbeitung sowie Profile und Drähte in der Massivumformung.
- **Querwalzanlagen:** Dies sind Maschinen zur Materialvorverteilung (z. B. beim Pleuelschmieden) oder zum **Maßkalibrieren** in der Stückgutfertigung.
- **Schrägwalzmaschinen:** Dies sind in erster Linie Maschinen, die, bedingt durch die Schrägstellung bzw. Verkippung der Walzen, eine **Vorschubkraft** auf das Werkstück ausüben.
- **Drückwalzmaschinen:** für die Fertigung komplexer Getriebeteile

Die wichtigsten Baugruppen sind der Antrieb, das Gestell/Gerüst und die Werkzeuge selbst. Steuersysteme dienen der gezielten Zustellung der Walzen und der Regelung des Vorschubs beim **Durchlaufverfahren**.

27.1 Flachwalzanlagen

Flachwalzmaschinen und -anlagen finden in der Serienproduktion von Flachprodukten, wie z. B. Warmband und Kaltband, breite Anwendung. Der allgemeine Aufbau dieser Maschinen umfasst den Walzenständer oder das Walzgerüst, die Träger der Walzwerkzeuge und den Antrieb sowie Auf- bzw. Abhaspelvorrichtungen für die Coils. Eine weitere Unterteilung erfolgt nach der Anzahl der Walzen in einem Walzgerüst.

Danach unterscheidet man (Bild 27.1):

- **Duogerüst**, 2 Walzen: Bei dieser grundlegenden Konstruktion stehen die angetriebenen **Arbeitswalzen** paarweise übereinander und bilden abhängig von der Zustellung im Umformprozess den sog. Walzspalt.
- **Quartogerüst**, 4 Walzen: **Stützwalzen** verhindern eine zu große Durchbiegung der Arbeitswalzen bei hohen Druckkräften. Wegen des geringeren Durchmessers ist damit die Übertragung hoher Walzkräfte auf das Walzgut möglich.

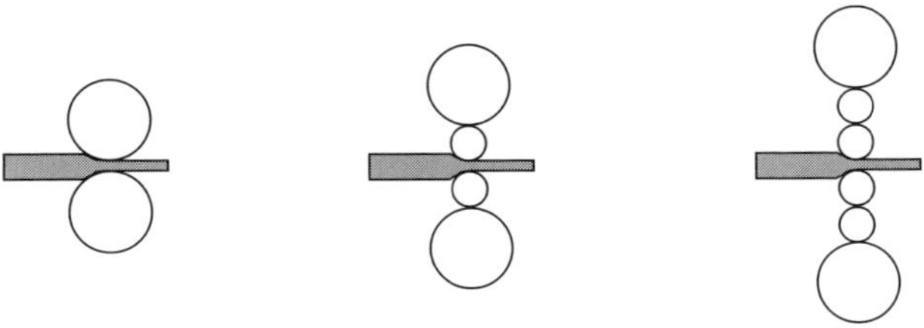

Duo-Walzgerüst Quarto-Walzgerüst Sexto-Walzgerüst

Bild 27.1: Walzgerüst-Bauarten

Eine weitere Steigerung der Druckkräfte wird mit einem **Sexto-Gerüst** durch zusätzliche Zwischenwalzen erzielt. Die Grenze des aktuellen Entwicklungsstandes stellt das **Zwanzigwalzen-Gerüst** (Sendzimir) dar, bei dem jede Arbeitswalze paarweise durch zwei Reihen von Zwischenwalzen und äußere Stützwalzen abgestützt wird.

Moderne Walzanlagen für die Fertigung von Kalt- und Warmband verfügen über einen zentralen Leitstand, von dem aus alle relevanten Prozessparameter überwacht werden.

Flachwalzanlagen werden z. B. zur rationellen Fertigung von Warmband und Kaltband eingesetzt. Die Anwendungen reichen dabei vom einfachen **Grobblech** aus Stahl bis zu hochwertigen engtolerierten Flacherzeugnissen wie z. B. Aluminium-Dünnband für Lithographieplatten.

Spezielle Anlagen werden bei der Fertigung von Metallfolien eingesetzt.

Bild 27.2 zeigt schematisch den Aufbau einer Walzanlage zur Herstellung von Aluminiumfolien (Foliendicke ca. 6 bis 60 µm).

Bild 27.2: Folien-Walzanlage (VAW, Bonn)

27.2 Drückwalzmaschinen

Die Technologie des **Drückwalzens** bietet die Möglichkeit, komplexe rotationssymmetrische Werkstücke mit Verzahnungsprofil in einer Aufspannung herzustellen. Ausgehend von Blechronden, Rohrabschnitten sowie gegossenen oder geschmiedeten Vorformen lassen sich mit diesem Druckumformverfahren mit vergleichsweise geringen Umformkräften nahezu einbaufertige Teile mit hoher Maßhaltigkeit und guter Oberflächenqualität fertigen. Beispiele sind Getriebeteile wie Lamellenträger und Getrieberäder, Kupplungsgehäuse und Fahrzeugfelgen.

Moderne vollautomatisierte Drückwalzmaschinen (Flow Forming Centrum) gleichen in ihrem Aufbau konventionellen Drehmaschinen. An die Stelle des spanenden Werkzeugs treten **Drückwalzen** in radialer Anordnung, die die rotierende Vorform auf das meist profilierte Werkzeugfutter (Walzdorn) aufwalzen. Dabei wird plastisches Fließen des Materials durch radiale Zustellung der Walzen und gleichzeitiger Längsbewegung des Werkzeugfutters erreicht. Bild 27.3 veranschaulicht diesen Prozess am Beispiel eines innenverzahnten Lamellenträgers. Drei um jeweils 120° versetzte Walzen sorgen dafür, dass die geschmiedete Vorform in einem Walzenüberlauf das Außenprofil des Werkzeugfutters als Innenprofil erhält [2].

Eine weitere wichtige Anwendung dieses Verfahrens ist die Herstellung drückgewalzter PKW-Räder aus Aluminiumlegierungen. Gegenüber der konventionellen Fertigung durch Schmieden oder Druckguss ergeben sich folgende Vorteile:

a

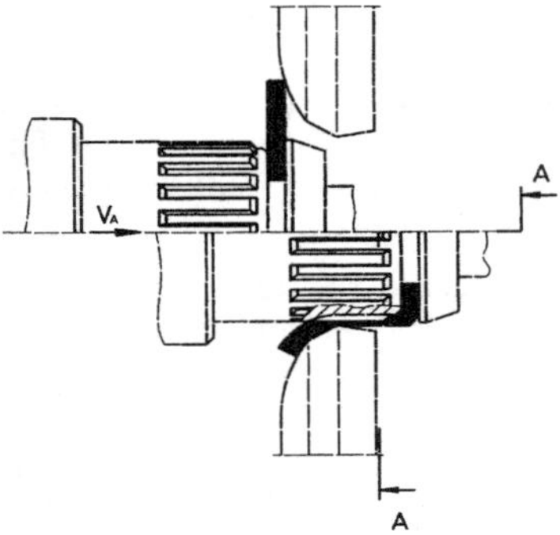

b

Bild 27.3: Drückwalzmaschine (Leico, Ahlen)
a) Maschinenraum, b) Drückwalzen eines innenverzahnten Getriebeteils

- geringerer Energieeinsatz gegenüber Schmiedearbeitsgängen, da keine zusätzliche Erwärmung vor dem Drückwalzen erforderlich
- Drückwalzen vor der Warmauslagerung verbessert die Maßhaltigkeit der Bauteile
- durch Reduzierung der Wanddicke ca. 20 bis 50% geringeres Gewicht (Leichtbau)
- deutlich verringerte spanende Nacharbeit

Bild 27.4 zeigt die Fertigungsfolge für ein komplexes Getriebeteil, gefertigt in einer Aufspannung, Taktzeit 56 s [2].

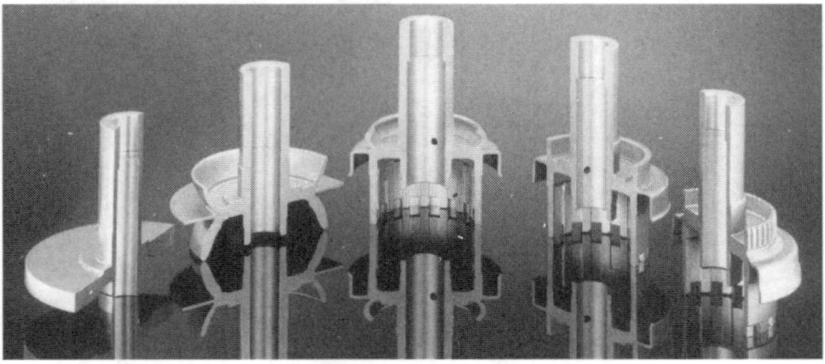

Bild 27.4: Stufenfolge für ein Drückwalzteil aus unlegiertem Stahl

Neu entwickelte Werkzeuge und die Kombination des Drückwalzens mit anderen Umformoperationen wie z. B. Stauchen und Spalten erweitern den Anwendungsbereich von Drückwalzmaschinen und -zentren beträchtlich.

27.3 Ringwalzmaschinen

Ringwalzmaschinen werden in der **Warmmassivumformung** zur Herstellung von Großlagerringen, z. B. für Drehkräne, eingesetzt. Man unterscheidet zwischen Radialwalzanlagen und Anlagen für die kombinierte Radial-Axial-Umformung.

Kern der letztgenannten Anlagen ist die Aufnahme für die geschmiedete Vorform auf einem **Zentrierdorn**. Durch gezielte Zustellung der **Radialwalzen** wird die gewünschte Wandstärke erreicht, gleichzeitig nimmt der Ringdurchmesser zu.

Um die Zentrierung auch mit fortdauerndem Walzprozess zu gewährleisten, sitzen Radialwalzen und Führungsdorne auf einem Schlitten, der während des Umformvorgangs entsprechend der kontinuierlichen Durchmesserzunahme radial nach außen verfährt. Die gleichzeitig wachsende Breite des gewalzten Ringes wird durch ein gegenüber dem **Radialschlitten** angeordnetes **Axialwalzenpaar** geregelt.

Nach Beendigung des Ringwalzens kann das Werkstück aus der Anlage mit Gabelstapler etc. entnommen werden (Bild 27.5).

Bild 27.5: Fertigung großer Flanschringe auf Ringwalzanlagen (SMS, Witten)

27.4 Querwalzanlagen

Das Quer- oder **Querkeilwalzen** dient vor allem der notwendigen **Materialvorverteilung** für nachfolgende Gratlos-Schmiedeprozesse. Aber auch für die Bearbeitung rotationssymmetrischer Langteile wie z. B. Kurbelwellen eröffnet diese Technologie neue Perspektiven.

Die robust ausgeführten Maschinen arbeiten vollautomatisch mit vergleichsweise geringen Antriebsleistungen. Das als geschmiedete Vorform zugeführte, vorgewärmte Rohteil wird mittels zweier geeignet profilierter, gleichsinnig rotierender **Rundwalzen** im Einstechverfahren quergewalzt. So kann z. B. bei der Fertigung präzisionsgeschmiedeter Pleuel durch eine optimierte Vorform die Standzeit der Schmiedewerkzeuge deutlich reduziert werden (Bild 27.6) [3].

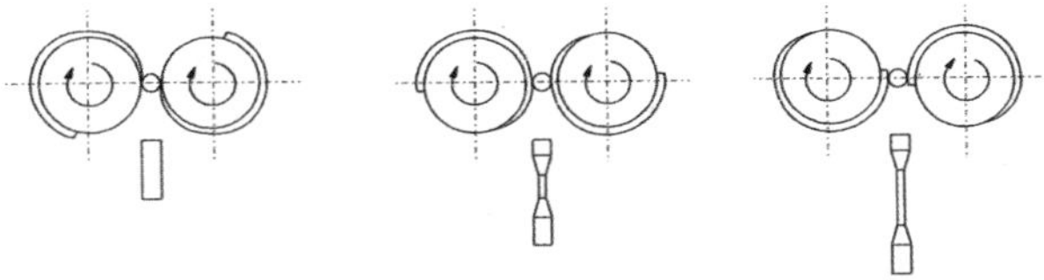

Bild 27.6: Einsatz von Querkeilwalzmaschinen bei der Pleuelfertigung

Eine andere Bauart ist die **Flachbacken-Querwalzmaschine.** Hier wird wie beim Gewindewalzen ein vorgegebenes Profil mit hoher Genauigkeit auf das Werkstück übertragen. Maschinen dieser Art finden daher für das **endkonturnahe** Fertigwalzen von Langteilen mit unterschiedlichen Querschnitten Anwendung.

27.5 Gewindewalzmaschinen

Eine wichtige Anwendung des Kaltwalzens in der Stückgutfertigung ist das **Gewindewalzen**. Das spanlose Einbringen von Gewindeprofilen bei Verbindungselementen wie Schrauben, Bolzen, Gewindestangen etc. bietet gegenüber den spanenden Verfahren folgende Vorteile:

- Materialersparnis (kein Spanabfall)
- Arbeiten im Einstech- und Durchlaufverfahren möglich
- Erhöhte Festigkeit der Gewindegänge durch Kaltverfestigung
- Hohe Oberflächengüte, widerstandsfähig gegen schwingende Beanspruchung

Die Anforderungen an Gewindewalzmaschinen sind dementsprechend hoch: Robuste Guss- oder Schweißkonstruktion des Grundgestells (Ständer), präzise Bewegung durch Schlitten mit nachstellbarer Werkzeugführung. Bei den Maschinen unterscheidet man nach Art der Walzwerkzeuge:

- Gewindewalzmaschinen mit **Flachbackenwerkzeugen**
- Gewindewalzmaschinen mit **Rundwerkzeugen**
- Gewindewalzmaschinen mit **Segmentwerkzeugen**

Die erstgenannte Maschinenart arbeitet im Einstechverfahren, d. h. es werden unterschiedliche Profilsteigungen durch **Flachbackenwerkzeuge** mit dem „Profilnegativ" in das axial feststehende, sich drehende Werkstück eingeprägt (Bild 27.7).

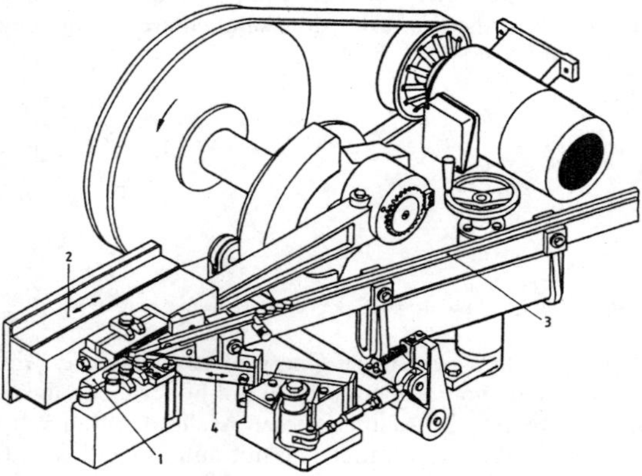

1 feststehende Walzbacke, 2 bewegliche Walzbacke, 3 Werkstückzuführschiene, 4 Werkstückeinschiebemesser (Hilgeland, Wuppertal)

Bild 27.7: Gewindewalzmaschine mit Flachbackenwerkzeugen [5]

Maschinen mit Rundwerkzeugen (Rollen) bieten die Möglichkeit, im Durchlaufverfahren zu arbeiten, da die Rotation der profilierten Walzen einen Vorschub des rotierenden Werkstücks erzeugt. Durch unterschiedliche Steigungen im Rollenprofil erhält man eine höhere Gewindesteigung im Werkstück.

Vorteilhaft gegenüber dem Einstechverfahren ist hier der höhere Materialdurchsatz (Stückzahlen). Es ergeben sich jedoch verfahrensbedingt höhere Kräfte und Momente, die konstruktiv bei der Auslegung des Maschinenständers zu berücksichtigen sind.

Die letztgenannte Maschinenart gestattet durch die Verwendung von Rund- und Segmentwerkzeugen das rationelle Gewindewalzen großer Stückzahlen.

27.6 Glatt- und Festwalzmaschinen

Glattwalzen und **Festwalzen** sind **Oberflächenwalzverfahren**, die nicht nur eine verbesserte Oberflächengüte, sondern auch eine erhöhte Randfestigkeit der bearbeiteten Bauteile zur Folge haben.

Der Aufbau von **Glattwalzmaschinen** ist ähnlich wie der einer konventionellen Schleifmaschine zur Bearbeitung im Durchlaufbetrieb. Durch die Schrägstellung der **Festwalzrollen** gegenüber den **Antriebswalzen** entsteht ein **Vorschub**, der das Werkstück durch die Walzen bewegt. Dabei werden vorbearbeitete (gedreht, geschliffen) Oberflächen geglättet, d. h., der Traganteil des Rauheitsprofils wird deutlich erhöht. Aufgrund der Kaltverfestigung durch plastisches Fließen des Metalls in einer oberflächennahen **Randzone** kommt es zu einem merklichen Härteanstieg in den überwalzten Bereichen (Bild 27.8).

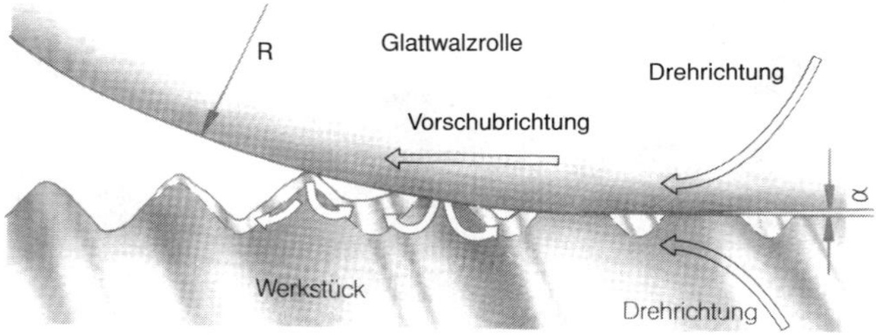

Bild 27.8: Verfahrensprinzip des Glattwalzens [4]

Maschinenseitig sorgt ein hydraulisch gesteuerter Stößel für die richtige Andrückkraft der Rollen. Das System ist wie bei vielen Werkzeugmaschinen der spanenden Fertigung mit einer Kühlschmierstoff-Versorgung verbunden. Beim Glattwalzen dient dies vorrangig zum Wegspülen von Abrieb oder anderen Verunreinigungen, die – in die Oberfläche eingewalzt – zur Schädigung der Oberfläche führen würden.

Die in Bild 27.8 dargestellte Bauart wird überwiegend zum Glattwalzen von Zylinderrohren eingesetzt.

Eine andere Variante sind speziell konstruierte Maschinen zur Innenbearbeitung von Zylinderrohren mit kombinierten Schäl- und Glattwalzwerkzeugen.

Gegenüber dem Glattwalzen werden beim Festwalzen **Druckeigenspannungen** in der Werkstückrandzone hervorgerufen, die sich besonders günstig auf die Schwingfestigkeit dynamisch beanspruchter Werkstücke auswirken [5].

Festwalzmaschinen sind somit ausschließlich für dynamisch hochbeanspruchte Bauteile wie Kurbel- und Nockenwellen oder Ventilkomponenten konzipiert. So werden beispielsweise auf Kurbelwellenfestwalzmaschinen Hauptlager und Pleuellager in einer Aufspannung bearbeitet.

Die zugehörigen Walzeinheiten verfügen jeweils über einen eigenen Antrieb, die Walzkraft wird hydraulisch aufgebracht [6].

Bild 27.9: Glattwalzwerkzeug (Ecoroll, Celle)

Quellen und weiterführende Literatur

[1] DIN 8583T: Einteilung der Walzverfahren. Deutsches Institut für Normung

[2] *Säuberlich, Th. Et al.:* Neuere Entwicklungen in der Massivumformung, Fellbach Mai 1999: Drückwalzen – ein innovatives Fertigungsverfahren für Getriebeteile und Räder. Frankfurt: MAT-INFO Werkstoffinformationsgesellschaft, 1999

[3] *Herbertz, R.:* Querkeilwalzen. Schmiede-Journal. (9/1997) S. 20–21.

[4] Fa. Hegenscheidt Erkelenz: Firmeninformation.

[5] *Weck, M.:* Werkzeugmaschinen. Band 1: Maschinenarten, Bauformen und Anwendungsbereiche. Düsseldorf: VDI-Verlag, 1988

[6] *Flimm, J.:* Spanlose Formgebung. 7., überarb. Auflage. München Wien: Carl Hanser Verlag, 1996

28 Biegemaschinen

Prof. Dr.-Ing. Bernd Hager

Die Bearbeitung von Blechtafeln (Platinen), Zuschnitten, Rohren oder Profilen durch Biegen erfordert durch die wachsende Komplexität der Biegeteile in zunehmendem Maße programmierbare CNC-gesteuerte Maschinen und Anlagen bzw. Bearbeitungszentren. Grundsätzlich wird – auch bei manuell oder automatisch gesteuerten Fertigungseinrichtungen – nach der Kinematik unterschieden in:

- Biegen mit **geradliniger** Werkzeugbewegung (z. B. Gesenkbiegen, Abkanten, Rollbiegen)
- Biegen mit **drehender** Werkzeugbewegung (z. B. Schwenkbiegen, Rundbiegen, Walzprofilieren)

Nachfolgend werden die wichtigsten Maschinen und Anlagen zum Biegen vorgestellt, Aufbau und Funktion beschrieben und Einsatzbeispiele aufgezeigt.

28.1 Gesenkbiegepressen

Der Antrieb von **Gesenkbiegepressen** erfolgt entweder mechanisch über Kurbel- oder Exzentertrieb oder elektrohydraulisch bzw. mechanisch-hydraulisch. Die beiden letztgenannten Antriebsarten haben den Vorteil, dass die benötigte Kraft und die Arbeitsgeschwindigkeit gut an die Umformaufgaben angepasst werden können.

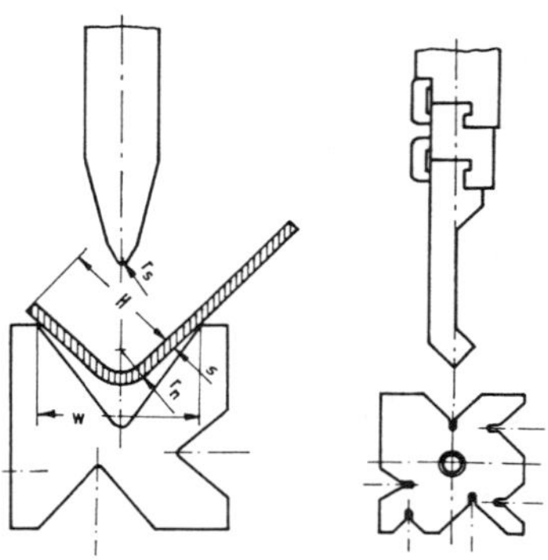

Bild 28.1: Gesenkbiegen mit Wechselgesenken nach [1]

Biegemaschinen dieser Art, auch als Abkant- oder Biegebänke bezeichnet, zeichnen sich durch eine geradlinige Hubbewegung des Stößels aus. In der Regel wird die Platine auf dem **Biegegesenk** durch Festanschläge positioniert und durch einfach umrüstbare **Biegestempel** in das formgebende Gesenk gedrückt. Für komplexe Biegegeometrien, die in mehreren Biegeoperationen gefertigt werden, können Wechselgesenke verwendet werden (Bild 28.1).

Moderne CNC-gesteuerte Abkantpressen verfügen über ein Hinteranschlagsystem mit mehreren NC-steuerbaren Achsen, das wegen der unabhängig voneinander verfahrbaren Anschlagfinger z. B. auch schräg zur Anschlagkante verlaufende Biegelinien gestattet (Bild 28.2) [2].

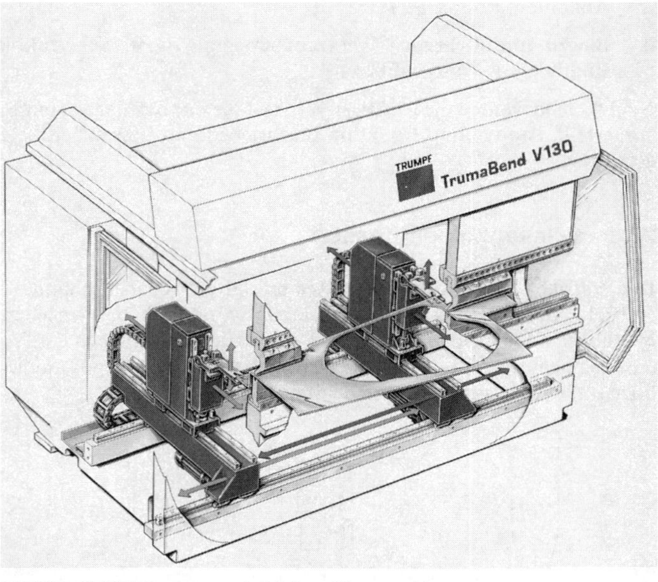

Bild 28.2: CNC-Abkantpresse mit 6-Achsen-Hinteranschlagsystem

Zur Grundausstattung dieser Maschinen gehören weiter:

- Kompensation der Tischdurchbiegung (Bombiereinrichtung)
- Stößelwegmesssystem mit Auffederungskompensation

Für großflächige labile Blechteile ist optional die Erweiterung mit so genannten **Biegehilfen** und zusätzlichen Auflagekonsolen möglich.

Die neueste Entwicklung auf diesem Gebiet sind Winkelmesssysteme, die unter Verwendung der Lasertechnologie zu einem optimierten Biegeergebnis führen.

28.2 Schwenkbiegemaschinen

Für die rationelle Fertigung von Biegeteilen mit empfindlichen Oberflächen (Aluminium, V2A und beschichtete Bleche) sowie großen Biegeradien haben sich **Schwenkbiegemaschinen** bewährt. Im Gegensatz zu den Abkantpressen erfolgt hier ein Biegen mit drehender Werkzeugbewegung, d. h. nahezu ohne Relativbewegung zwischen Werkzeug und Werkstück, so dass Kratzer u. Ä. vermieden werden.

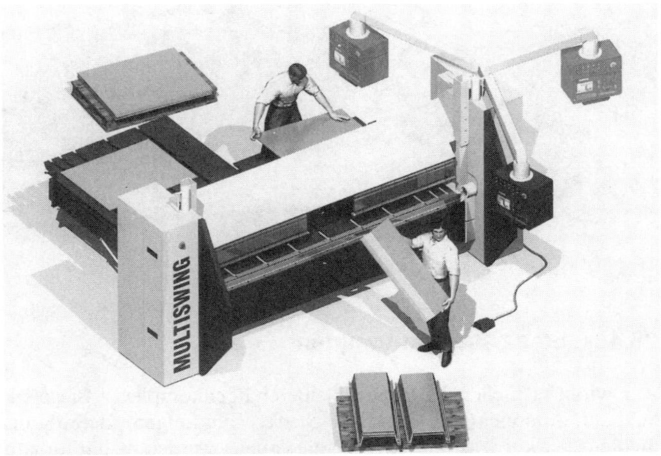

Bild 28.3: Schwenkbiegemaschine (EHT, Teningen)

Die Platine liegt während des Biegevorgangs eingespannt zwischen Ober- und Unterwange der Maschine. Durch eine Schwenkbewegung der **Biegewange** wird ein Drehmoment erzeugt, das die Biegung bewirkt.

Der **Biegeradius** wird durch die Geometrie einer auswechselbaren Biegeschiene sowie deren Abstand zur Druckschiene bestimmt.

Schwenkbiegemaschinen werden in unterschiedlicher Ausstattung von Handbetrieb bis hin zur vollprogrammierbaren CNC-Steuerung angeboten. Letztere verfügen wie Abkantpressen über CNC-gesteuerte Hinteranschläge in mehreren Achsen (Bild 28.3).

28.3 Blechbiegezentren

Die moderne Blechbearbeitung erfordert statt einzelner Maschinen modulare Gesamtkonzepte mit integrierten **Biegezentren**. Diese Anlagen entsprechen in ihrem Aufbau CNC-gesteuerten Universalbiegemaschinen mit großen Arbeitsflächen und Werkstücktransfervorrichtungen sowie Handlingssystemen (Greifer, Manipulator) mit hohem Automatisierungsgrad. Bild 28.4 zeigt eine solche Anlage zur flexiblen Herstellung komplexer Biegeteile [3].

Besondere Merkmale der Anlage: optische Platinenvermessung, automatischer Wechsel von bis zu 3 Werkzeugen gleichzeitig, 4-Achsen-CNC-Handling, Parallel-Bearbeitung von 2 Teilen

Bild 28.4: CNC-Blechbiegezentrum (EHT, Teningen)

28.4 Stanz-Biegeautomaten

Zur wirtschaftlichen Fertigung kleinerer hochkomplexer Biegeteile wie Schalterkomponenten, Kontakte, Steckverbindungen, Befestigungselemente, aber auch kompletter Baugruppen, werden vollautomatisierte Anlagen eingesetzt, die für Stanz-, Biege- und Montageaufgaben sowie Fügearbeiten mit hohen Taktgeschwindigkeiten (bis 350 Hübe/min) konzipiert sind [4].

Das Material wird meist vom Coil durch getakteten Einzug einer **Schneidstation** zugeführt, gestanzt und in mehreren Folgeoperationen in der nachfolgenden Biegestation bearbeitet. Dabei wird das Blech auf einem **Biegekern** mittels Schiebern fixiert und durch nacheinander einwirkende Radial-Biegestempel umgeformt. Bild 28.5 zeigt die Radialseite einer Variante dieser Anlagen für flexible Fertigung durch Kombination der Radialfertigung auf der Vorderseite mit der Linearfertigung auf der Rückseite der Maschine. Mit einer CNC-Prozesssteuerung über PC-Bussystem wird ein hoher Automationsgrad realisiert.

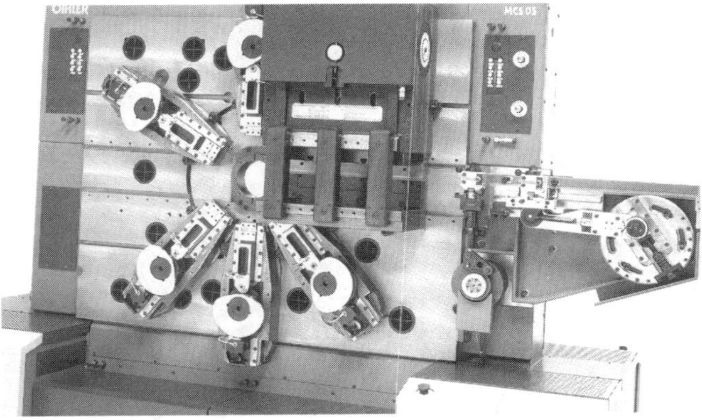

Bild 28.5: Hochleistungs-Automat für kombinierte Radial-Linear-Fertigung (Bihler, Halblech)

Maschinendaten: 8,5 kW Hauptantrieb mit stufenloser Drehzahlregelung, max. Hubzahl 500 min^{-1}, Zangeneinzug längs, integrierte Zweipunkt-Exzenterpresse mit 300 kN Nennkraft, CNC-Prozesssteuerung

Der modulare Aufbau solcher Maschinen ermöglicht eine kundenspezifische Ergänzung der Basismaschine mit Standard- und Sondermodulen wie z. B. Längs- und Quervorschüben, 2-Punkt-Exzenterpressen, Gewinde- und Schraubeinheiten sowie Messsystemen und Montageeinrichtungen. Auch die Verkettung mit anderen Produktionseinrichtungen ist gegeben.

Bild 28.6 zeigt verschiedene Fertigungsbeispiele.

28.5 Rundbiegemaschinen

Rundbiegemaschinen dienen zur Herstellung zylindrischer, längsnahtgeschweißter Rohre aus Blechtafeln. Die marktüblichen Bauformen reichen von kleineren, mechanisch verstellbaren Maschinen bis hin zu großen hydraulischen Anlagen mit CNC-Steuerung der Biegeprozesse.

Die **3-Walzen-Rundbiegemaschine** stellt die häufigste Bauart dieser Maschinengruppe dar. Charakteristisch ist die horizontale Anordnung der Walzen und das robuste Stahlplatten-Grundgestell.

Die Platine wird seitlich zugeführt und zwischen nicht-angetriebener **Oberwalze** und zwei meist asymmetrisch dazu angeordneten, vertikal verstellbaren Unterwalzen eingezogen. Durch manuelle oder automatische

Bild 28.6: Komplexe Stanz-Biegeteile [4]

Zustellung der **Unterwalzen** wird der gewünschte Biegeradius eingestellt. Zur Entnahme des Werkstücks lässt sich das obere Walzenlager ausklappen.

Bild 28.7: 4-Walzen-Konusbiegemaschine (Durst, Pfaffenhofen)

Bild 28.7 zeigt eine nach dem gleichen Prinzip arbeitende Sondermaschine in 4-Walzen-Ausführung zur Herstellung von trichterförmigen Werkstücken (Konus) [5].

28.6 Profil- und Rohrbiegemaschinen

Maschinen zur Herstellung von gebogenen Voll- und Hohlprofilen und Rohren arbeiten nach einem vergleichbaren Prinzip: Zwei oder drei **Walzrollen** in wahlweise vertikaler oder horizontaler Anordnung erzeugen segmentweise gekrümmte oder zu einem geschlossenen Ring gebogene Werkstücke. Bei der **3-Rollen-Bauart** erfolgt die Anstellung der äußeren Walzrollen zur mittleren hydraulisch. Bild 28.8 zeigt eine moderne CNC-gesteuerte **Dreirollen-Biegemaschine** mit integrierter Mess- und Korrektureinrichtung [6].

Bild 28.8: CNC-gesteuerte 3-Rollen-Profilbiegemaschine (Irle)

Für das Biegen von Rohren verschiedener Durchmesser haben sich Biegemaschinen mit einer feststehenden **Biegescheibe** (Biegekern) und einem positionierbaren **Biegefinger** bewährt. Zusätzlich können Dorne zur Abstützung als Rohrfüllung während des Biegevorgangs eingesetzt werden.

Im Zuge der wachsenden Bedeutung der Innen-Hochdruck-Umformung vorgebogener Rohre werden flexible Biegestationen in die IHU-Gesamtanlage integriert. Solche Biegezentren arbeiten CNC-gesteuert, die Rohrabschnitte werden häufig mit schwenkbaren Handhabungsgreifern eingelegt bzw. als Vorform entnommen.

Vollautomatische Biegezentren mit CNC-gesteuerten **Biegeköpfen** werden für die hochflexible Fertigung von Brems-, Kupplungs- und Kraftstoffleitungen eingesetzt. Bild 28.9 zeigt eine moderne Anlage, die auch für die Montage von Schlauch-Rohrleitungsverbindungen konzipiert ist [7].

Bild 28.9: Rohrleitungsbiegezentrum (Burger, Nesselwang)

28.7 Walzprofilieranlagen

Zur Fertigung (fast) geschlossener Endlos-Blechprofile mit komplexer Querschnittkontur finden **Walzprofilieranlagen** breite Anwendung. Obwohl die Formgebung durch mehrere hintereinander angeordnete Walzenpaare mit horizontaler und/oder vertikaler Lage der Walzenachse erfolgt, handelt es sich hier um Biegeumformen eines ebenen Blechs, das als Kaltband vom Coil zugeführt wird (Bild 28.10).

Die Abfolge der einzelnen Walzprofilierschritte kann vorab mit geeigneten Rechnerprogrammen als sog. „Blechblume“ simuliert und optimiert werden. Der gesamte Fertigungsprozess ist CNC-gesteuert und umfasst neben dem Profilieren auch das Trennen des Fertigprofils in die gewünschten Längen. Beispiele für typische Produkte sind Stahl- und Aluminiumprofile für den Fassaden- und Heizungsbau sowie Komponenten in der Lüftungstechnik [8].

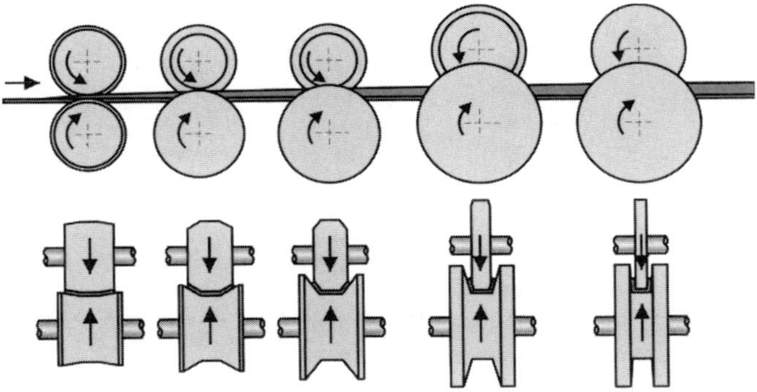

Bild 28.10: Prinzip des Walzenprofilierens [9]

Quellen und weiterführende Literatur

[1] *Flimm, J.:* Spanlose Formgebung. 7., überarb. Auflage. München Wien: Carl Hanser Verlag, 1996
[2] Trumpf GmbH & Co. (Hrsg.): Faszination Blech. Flexible Bearbeitung eines vielseitigen Werkstoffs. Wien: Dr. J. Raabe Verlag, 1996
[3] Fa. EHT Werkzeugmaschinen GmbH Teningen: Firmeninformation
[4] Fa. Bihler Halblech: Firmeninformation
[5] Fa. Durst Pfaffenhofen: Informationsbroschüre
[6] Fa. Irle: Informationsbroschüre
[7] Fa. Burger Nesselwang: Firmeninformation
[8] Fa. Welser: Firmeninformation
[9] Schuler GmbH (Hrsg.): Handbuch der Umformtechnik. Berlin: Springer-Verlag, 1996

K. Lange (Hrsg.): Umformtechnik Band 1: Handbuch für Industrie und Wissenschaft. Grundlagen. Berlin: Springer-Verlag, 1986
Tschätsch, H.: Werkzeugmaschinen der spanenden und spanlosen Formgebung. 7. Auflage. München Wien: Carl Hanser Verlag, 2000

WERKZEUGMASCHINEN FÜR ZERTEILENDE FERTIGUNGSVERFAHREN

WZF

29 Zerteilende Fertigungsverfahren

Prof. Dr.-Ing. Bernd Hager

Die Technologien der Untergruppe **Zerteilen** gehören nach DIN 8580 zur 3. Hauptgruppe der Fertigungsverfahren (Trennen). Sie sind als spanlose Verfahren sehr häufig mit umformenden Fertigungsverfahren in der Produktion verbunden. Dies wird durch folgende Beispiele verdeutlicht:

- Platinen für die Herstellung von Karosserieteilen wie z. B. Kotflügel und Türen werden aus Halbzeugen (Coil, Bänder) **ausgestanzt**.
- Nach dem Umformen durch Tief- oder Streckziehen erfolgt ein **Beschneiden** des Ziehteils, überschüssiges Material wird abgetrennt.
- **Lochen** ist ein häufig angewandter Arbeitsgang beim Kaltfließpressen, Gesenkschmieden und in der Blechverarbeitung.
- Bei der Herstellung von Schrauben werden zur Erzeugung bestimmter Kopfgeometrien **Abgratwerkzeuge** eingesetzt.
- Durch Innenhochdruck umgeformte Werkstücke können im geschlossenen Werkzeug gelocht bzw. mit Durchbrüchen versehen werden.

Die weitere Unterteilung der Zerteilverfahren erfolgt nach DIN 8588 (Bild 29.1) [1].

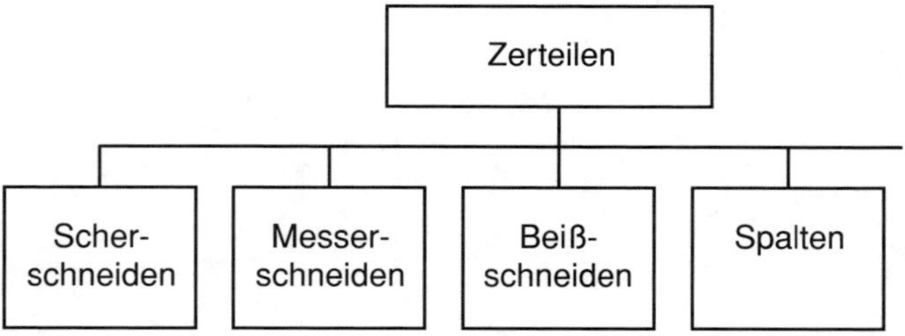

Bild 29.1: Einteilung der Zerteilverfahren nach DIN 8588 (Teilansicht)

In der industriellen Fertigung hat die Gruppe **Scherschneiden** die größte Bedeutung. Im Gegensatz zum **Messerschneiden** (eine Form des Keilschneidens) mit nur einer Schneide ist Scherschneiden das Zerteilen von Werkstücken mit zwei sich aneinander vorbei bewegenden Schneiden. Dies hat generell folgende Vorteile:

- Geringere Schneidkräfte
- Bessere Schnittflächenqualität
- Höhere Prozessgenauigkeit

Als **Stanzen** bezeichnet man Schneiden mit geschlossener Schnittkontur mit einer oder zwei Schneiden. Lochen wiederum ist Stanzen mit kreisförmiger Schnittkontur. Einen Überblick über diese und weitere Begriffsdefinitionen gibt Bild 29.2 [2].

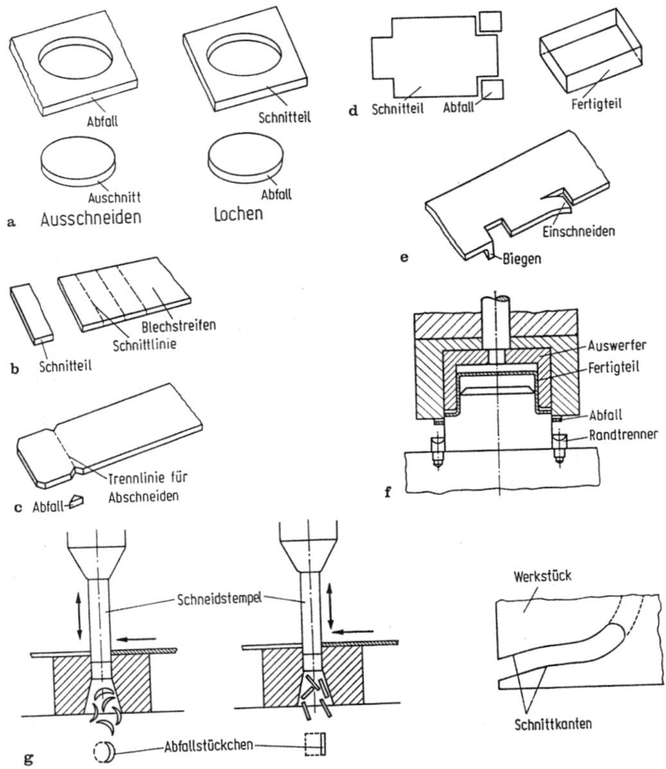

Bild 29.2: Verfahren der Schneid- und Stanztechnik [2]

Maschinen bzw. Anlagen zum Schneiden und Stanzen lassen sich in 3 Gruppen einteilen:

- Schermaschinen (Scheren, Längs- und Querteilanlagen)
- Schneid- und Stanzmaschinen
- Laserschneidanlagen

Nachfolgend werden Aufbau und Funktion der wichtigsten Vertreter dieser Maschinengruppen behandelt und Einsatzgebiete aufgezeigt.

Bezüglich grundsätzlicher Fragen zur Gruppe der Pressmaschinen für Schneid- und Stanzaufgaben sei auf die vorangegangenen Kapitel verwiesen.

Quellen und weiterführende Literatur

[1] DIN 8588: Einteilung der Zerteilverfahren. Deutsches Institut für Normung
[2] *Lange, K. (Hrsg.):* Umformtechnik-Handbuch für Industrie und Wissenschaft. Band 3: Blechumformung. Berlin: Springer-Verlag, 1986

30 Schermaschinen, Scheren

Prof. Dr.-Ing. Bernd Hager

Scheren und vergleichbare Anlagen sind Maschinen für den offenen Schneidvorgang, d. h. für ein vollständiges Trennen des Materials mit einer im Allgemeinen **nicht geschlossenen Schnittlinie**. Beispiele für solche Schneidprozesse sind:

- Abschneiden von Blechtafeln, Coils, Drähten und Profilen
- Abschneiden des überflüssigen Werkstoffs an den Rändern gepresster oder tiefgezogener Teile
- Zerteilen von Bändern längs zur Walzrichtung in Blechstreifen
- Mechanisches Ausschneiden gekrümmter Konturen oder von Ronden aus Blechtafeln

Der Anwendungsbereich der Schermaschinen erstreckt sich vom Werkstattbetrieb bis hin zu Produktionsanlagen in der Großserienfertigung. Einfache Scheren mit Handbetrieb gehören ebenso dazu wie komplexe, CNC-gesteuerte Anlagen mit zusätzlichen Transport- und Wendevorrichtungen. Scheren zum Abtrennen von Massivteilen wie z. B. Knüppelscheren werden in [1] behandelt.

30.1 Tafelscheren

Tafelscheren dienen zum Abschneiden von Blechstreifen definierter Breite aus Blechtafeln (**Formate**). Der Maschinengrundkörper ist meist als stabile Stahlschweißkonstruktion ausgeführt, um den **Schnittschlag** aufzufangen. Moderne Maschinen besitzen in der Regel Hydraulikantrieb, etwas ältere mechanischen Kurbelantrieb.

Voraussetzung für eine hohe Qualität der **Schnittflächen** (gratfrei, rechtwinklig) ist eine exakte Einstellung des **Schneidspalts** (Abstand der aneinander vorbeilaufenden Schneiden). Es gelten die folgenden Zusammenhänge:

- ein zu groß gewählter Schneidspalt hat unsaubere Schnittkanten zur Folge, die benötigte Schneidkraft steigt
- ein zu enger Schneidspalt erhöht die Kraft ebenfalls, verbessert aber die Schnittflächenqualität
- bei exakt eingestelltem Schneidspalt werden optimale Schnittergebnisse erzielt

Tafelscheren sind zusätzlich mit einem **Niederhalter** ausgerüstet, der das Blech beim Schneidvorgang festklemmt und somit unerwünschte Biegemomente vermeidet. Des Weiteren ist das **Obermesser** leicht schräg gestellt, um eine rechtwinklige Schnittfläche zu gewährleisten. Der gleiche Effekt kann durch eine Schwingbewegung des Obermessers erreicht werden (Schwingschnitt), wie in Bild 30.1 links dargestellt.

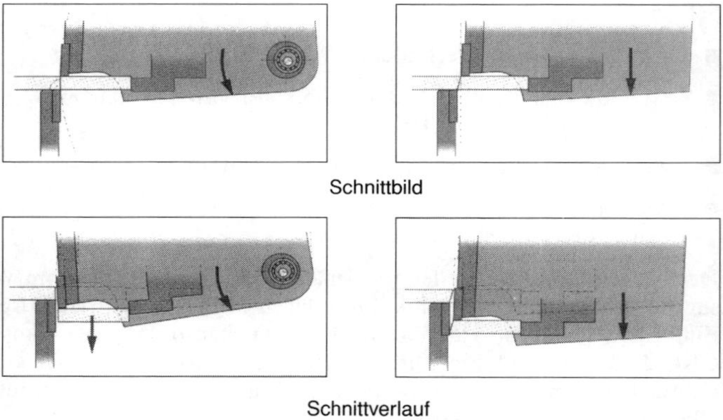

Bild 30.1: Relative Lage der Messerschneiden [2]

Moderne Maschinen dieser Art sind mit einer Steuerung ausgerüstet, die bei Vorgabe der Blechdicke und der Materialqualität eine automatische Einstellung von Schneidspalt und Schrägstellung gestattet.

Maximale Durchsatzleistungen in der Tafelblechverarbeitung werden durch vollautomatische Schneidanlagen erreicht, die mit einer Dreh- bzw. Wendevorrichtung ausgerüstet sind. Für Bleche bis zu 200 mm Stärke werden Schnittlängen bis 8 000 mm realisiert [3].

Nach einem vergleichbaren Prinzip arbeiten **Querteilanlagen**, die Bandmaterial vom Coil quer zur Walzrichtung in die gewünschten Formate bringen. Hierzu wird das abgewickelte Band einer **Richtmaschine** zugeführt und kontinuierlich an die **Querteilschere** weiterbefördert. Bei stationären geraden oder schwenkbaren Scheren ist als Puffer eine sog. **Schlaufengrube** erforderlich, um eine Unterbrechung der Bandabwicklung zu vermeiden (Bild 30.2). Läuft die Schere angepasst an die Bandgeschwindigkeit mit (fliegende Schere), kann die Schlaufengrube entfallen, so dass der Schneidprozess vorteilhaft unmittelbar nach dem Richten des Bandes erfolgt [4].

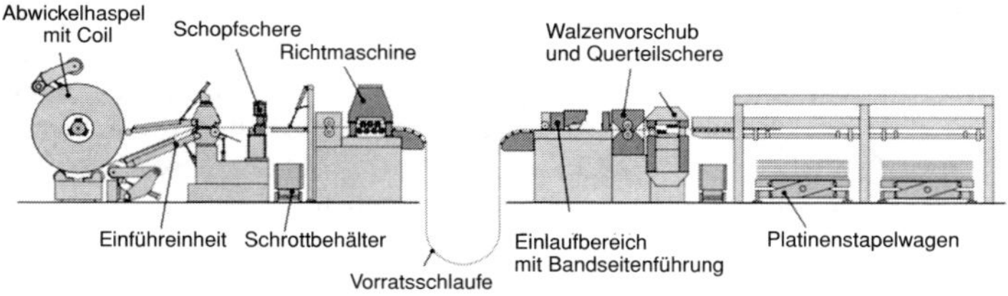

Bild 30.2: Querteilanlage [4]

Die höchste Ausbringung (ca. 150 Teile/min) wird mit Rotationsscheren erzielt. Dabei sind quer zur Bandvorschubrichtung zwei Messer angeordnet, die sich entgegengesetzt auf Kreisbahnen bewegen. Das Band läuft kontinuierlich zwischen den Messern hindurch, so dass es beim Aufeinandertreffen der Messer quer zur Durchlaufrichtung getrennt wird. Auch bei dieser Variante einer Querteilanlage ist ein Vorratspuffer nicht erforderlich [4].

WZF

30.2 Streifenscheren, Kreismesserscheren

Streifenscheren ermöglichen das Zerteilen von Standard-Bandbreiten längs zur Walzrichtung in Blechstreifen mit definierter Breite. Im Gegensatz zu Tafelscheren werden hierfür Kreismesser verwendet, die jeweils auf zwei ober- und unterhalb der Blechebene liegenden, durchgehenden Wellen angeordnet sind. Die gewünschte Streifenbreite lässt sich durch Distanzhülsen einstellen. Aufgrund der gegenläufigen Drehrichtung der Wellen ergibt sich (wie beim Walzen) der Bandvorschub (Bild 30.3).

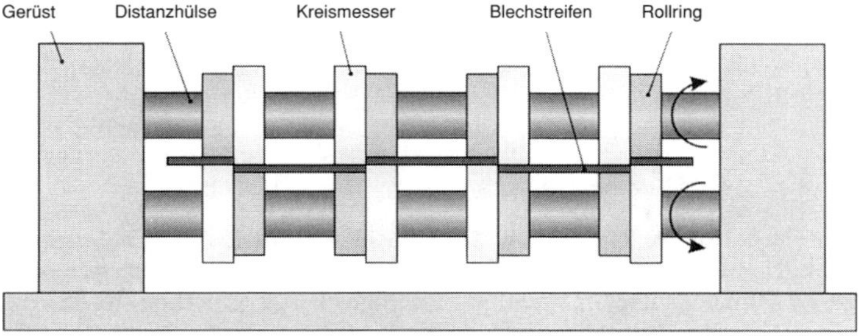

Bild 30.3: Streifenschere [4]

Kreismesserscheren werden häufig in Lohnbetrieben eingesetzt, die für ihr Teilespektrum bestimmte, vom Stahlhersteller nicht beziehbare Formatbreiten benötigen. In der Großserienproduktion übernehmen Spaltanlagen diese Aufgabe im kontinuierlichen Dauerbetrieb. Der Aufbau solcher **Längsteilanlagen** umfasst wie bei den Querteilanlagen Coil-Abwickelvorrichtung, Bandrichtanlage (ohne Puffer) und die Schneidstation. Zusätzlich ist hier ein Bremsgerüst erforderlich, um die geteilten Bänder unter Zugspannung aufwickeln zu können [4].

30.3 Kreisscheren, Kurvenscheren

Kreis- und **Kurvenscheren** sind spezielle Maschinen zum Scherschneiden mit gekrümmter oder kreisrunder Linienkontur (Bild 30.4). Paarweise oberhalb und unterhalb der Werkstückebene angeordnete, rotierende Rundmesser sind in einem definierten Winkel zueinander schräg gestellt (b). Da sie gekrümmten Umfangslinien folgen müssen, hängen Messergeometrie und Blechdicke *s* unmittelbar zusammen.

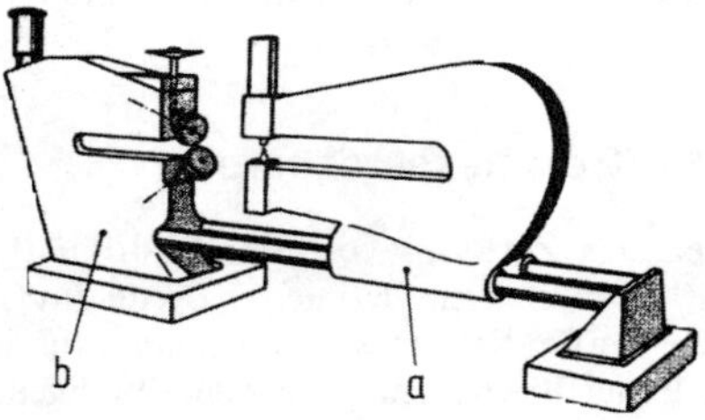

Bild 30.4: Kurvenschere. a) Zentrierbügel, b) Schere [5]

Es gilt: $D = 120$ s als optimaler Werkzeugdurchmesser. Eine Zentriervorrichtung (a) sorgt für die richtige Lage des Werkstücks während des Trennvorganges. Hauptanwendungen der Kreis- und Kurvenscheren sind das Beschneiden von Blechteilen und das Ausschneiden von Ronden oder Blechringen aus Platinen.

30.4 Winkelscheren

Für die rationelle Herstellung von Blechzuschnitten mit geschlossener Schnittkontur werden üblicherweise Schneid- oder Stanzpressen eingesetzt. Eine neuere Entwicklung im Bereich der Schermaschinen, die diese Aufgaben erfüllen, sind die Winkelscheren. Die spezielle Anordnung von zwei 90° zueinander versetzten Messersätzen ermöglicht rechteckige Zuschnitte mit einem Hub. Der hydraulische Antrieb mit zusätzlichem Niederhalter gewährleistet eine hohe Maß- und Winkelgenauigkeit [6].

Quellen und weiterführende Literatur

[1] *Tschätsch, H.:* Handbuch Umformtechnik. Arbeitsverfahren, Maschinen, Werkzeuge. Darmstadt: Hoppenstedt Technik-Tabellen Verlag, 1990
[2] *Stahl, W.:* Vergleichsweise gut abschneiden. Blech InForm. (1/2001) S. 37–39
[3] Fa. GWF Günzburger Werkzeugmaschinen Fabrik GmbH Günzburg: Informationsbroschüre
[4] Schuler GmbH (Hrsg.): Handbuch der Umformtechnik. Berlin: Springer-Verlag, 1996
[5] *Tschätsch, H.:* Werkzeugmaschinen der spanenden und spanlosen Formgebung. 7. Auflage. München Wien: Carl Hanser Verlag, 2000
[6] Fa. EHT Teningen: Informationsbroschüre

31 Schneid- und Stanzmaschinen

Prof. Dr.-Ing. Bernd Hager

Vorwiegend in der Blechbearbeitung sind Maschinen und Anlagen zur flexiblen Fertigung von Formteilen durch Schneiden und Stanzen unabdingbar. Grundsätzlich unterscheidet man hierbei folgende Bauformen:

- Mechanische **Schneidpressen**
- Hydraulische Schneidpressen
- **Stanzautomaten**, Schnellläuferpressen
- **CNC-Stanzmaschinen**

Mechanische Schneidpressen sind überwiegend mit Exzenter- oder Gelenkantrieb ausgerüstete Pressen mit breitem Anwendungsspektrum. Sie werden sowohl in Platinenschneidanlagen zur Herstellung von Formplatinen (z. B. Platine mit Durchbruch für PKW-Seitenteil) als auch zum Stanzen komplizierter Blechformteile in mehreren Stufen eingesetzt.

Hydraulische Schneidpressen finden zur Herstellung von Platinen ebenso Anwendung, sie werden aber auch zum Beschneiden von Ziehteilen und Ausschneiden von Innenkonturen eingesetzt.

Schnellläuferpressen, häufig auch als Schneid- und Stanzautomaten bezeichnet, sind Sonderpressen mit mechanischem Antrieb, die für höchste Hubzahlen konzipiert sind. In vielen Fällen werden auf solchen Maschinen Umformoperationen wie z. B. Prägen, Ziehen und Biegen mit durchgeführt, d. h., Blechteile werden komplett bearbeitet.

CNC-gesteuerte Stanzmaschinen bzw. **Stanz-Laser-Kombinationen** sind hingegen meist Teil eines Blechbearbeitungszentrums zur flexiblen Fertigung von Blechbauteilen.

Wichtige Vertreter der genannten Gruppen werden nachfolgend vorgestellt und in Aufbau, Funktion und Anwendung erläutert. Wegen der Bedeutung der Werkzeuge für die unterschiedlichen Verfahren sollen diese anhand kurzer Beispiele vorab dargestellt werden.

Für die Herstellung von Blechformteilen durch Schneiden und Stanzen gibt es mehrere unterschiedliche Möglichkeiten, die mit verschiedenen Bauformen der zugehörigen Werkzeuge verknüpft sind:

- **Komplett- oder Gesamtschnitt:** das Teil wird in **einem** Hub im **Komplettwerkzeug** mit den erforderlichen Außen- und Innenkonturen (Bohrungen, Durchbrüche) hergestellt

- **Folgeschnitt:** das Teil wird in einer Maschine in mehreren aufeinander folgenden Stufen mit **Folgewerkzeugen** hergestellt. Hierbei wird, gekoppelt mit dem Rückhub, ein Blechstreifen mit definiertem **Vorschub** schrittweise zur nächsten Schneidstation im Werkzeug transportiert und während des Schneidvorgangs fixiert. Das **Stanzteil** bleibt dabei im **Stanzgitter** des Blechstreifens und wird in der letzten Stufe abgetrennt (Bild 31.1).

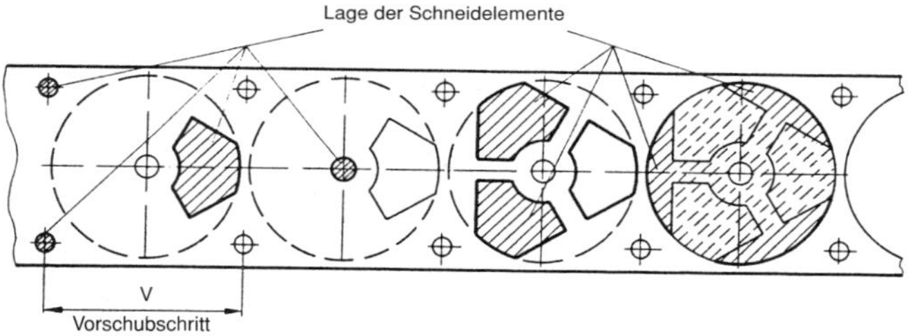

Bild 31.1: Folgeschnitt beim Stanzen eines Rotors [1]

Sind neben Stanz- und Schneidoperationen auch Umformprozesse in den Arbeitsablauf integriert, werden **Folgeverbundwerkzeuge** eingesetzt, die nach einem vergleichbaren Prinzip arbeiten.

31.1 Feinschneidpressen

Einen Sonderfall stellt die Technologie des **Feinschneidens** dar. Hierbei werden in einem Gesamtwerkzeug mit **einem** Hub Schneid-, Stanz- und Umformoperationen realisiert. Weitere besondere Merkmale dieser Technologie sind:

- **Niederhalter** mit umlaufender **Ringzacke**: Der Blechwerkstoff wird am Einlaufen in den **Schneidspalt** gehindert, und die Trennfestigkeit wird somit schneller erreicht. Die Schnittflächen sind dadurch ein- und abrissfrei.

- Es wird mit sehr engem Schneidspalt gearbeitet (Faktor 10 kleiner als beim konventionellen Schneiden), dadurch hohe Maßgenauigkeit der Teile.

Für das **Feinschneiden** werden ausschließlich Pressen mit mechanischem oder hydraulischem Hauptantrieb eingesetzt. Bild 31.2 zeigt das Pressenkonzept für eine Maschine mit Doppelkniehebelantrieb für den Stößel und separaten Hydrauliksystemen für Gegenhalter und Niederhalter.

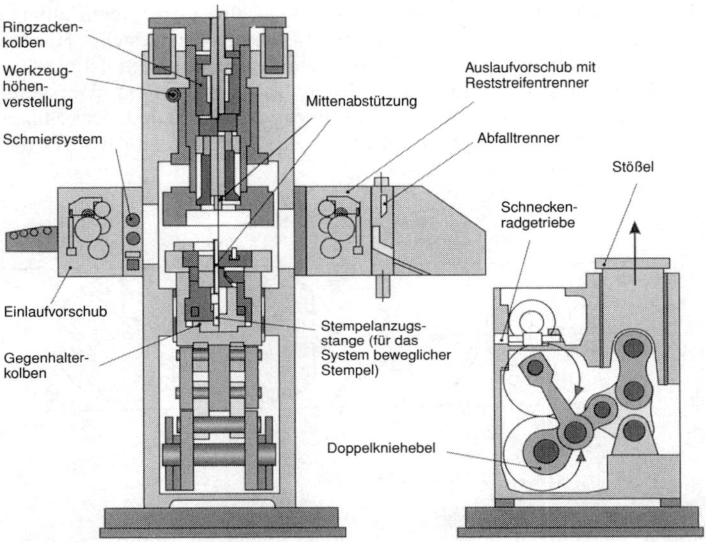

Bild 31.2: Mechanische Feinschneidpresse [2]

Die Vorteile mechanischer Feinschneidpressen sind u. a. der konstante Hub mit exakt festgelegten Umkehrpunkten und die hohe Mengenausbringung aufgrund relativ hoher Hubzahlen bis 140 Hüben/min [2].

Hydraulische Feinschneidpressen sind als dreifach wirkende Pressen häufig mit Druckspeicherantrieb ausgerüstet. Eine typische Bauform als Monoblock-Pressenkörper mit Stößel und integriertem Gegenhalterkolben im Pressenunterteil sowie Ringzackenkolben im Kopfstück ist in Bild 31.3 dargestellt. Der Stößel ist achtfach präzisionsgeführt und damit gegen Verkippung bei außermittigem Kraftangriff gesichert.

Vorteilhaft bei dieser Antriebsart ist neben der wegunabhängigen Kraftaufbringung die Möglichkeit, auch Umformoperationen wie Biegen, Prägen, Ziehen in Folgeverbund- oder Transferwerkzeugen zu integrieren. Wegen der hohen Kräfte ist eine Bearbeitung von Blechdicken bis zu 12 mm möglich [2].

Andere Anbieter solcher Maschinen favorisieren nicht den genannten Unterantrieb, sondern das Kopfstück als Sitz des Stößelantriebs. Die lange Präzisionsführung in Verbindung mit einer mechanischen Zwangsparallelführung des Stößels sind optimale Voraussetzungen für den Einsatz bei hoher außermittiger Belastung, z. B. durch Folgewerkzeuge [3].

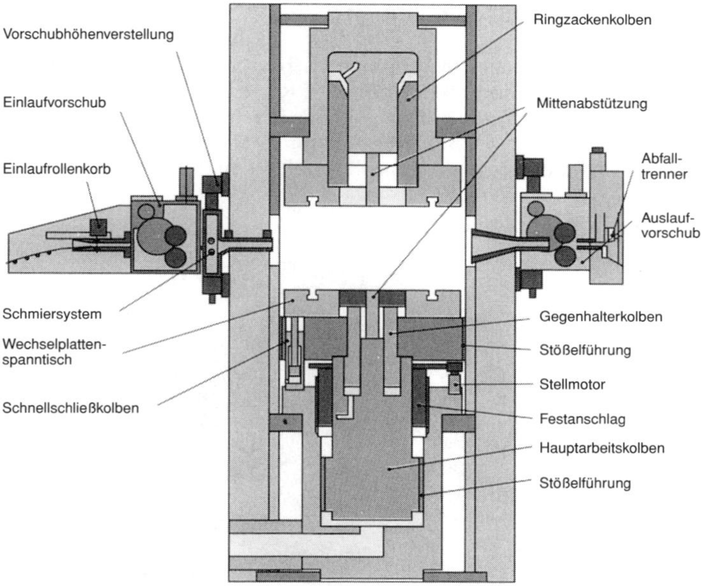

Bild 31.3: Hydraulische Feinschneidpresse [2]

Moderne Feinschneidpressen verfügen über CNC-Steuerung mit umfassenden Funktionen für Stößel, Gegenhalter, Niederhalter und Ausstoßer sowie den Bandvorschub und die Werkzeugverwaltung. Zusätzlich sind sie mit einer Drucküberwachung ausgerüstet, um Werkzeugbruch durch Stanzabfall im Werkzeugraum zu vermeiden [2].

Bild 31.4 zeigt verschiedene Feinschnittteile aus dem Automobilbereich.

Bild 31.4: Feinschnittteile [2]

31.2 CNC-Stanzmaschinen

Während die vorgenannten Verfahren zur Bearbeitung von Bändern dienen, die vom Coil abgewickelt häufig eine Richtstation durchlaufen, sind CNC-gesteuerte Stanzmaschinen für die Bearbeitung von Blechtafeln und Platinen konzipiert. Moderne Anlagen arbeiten mit hydraulisch angetriebenen Stanzköpfen und schnell verfahrbaren Positioniereinheiten.

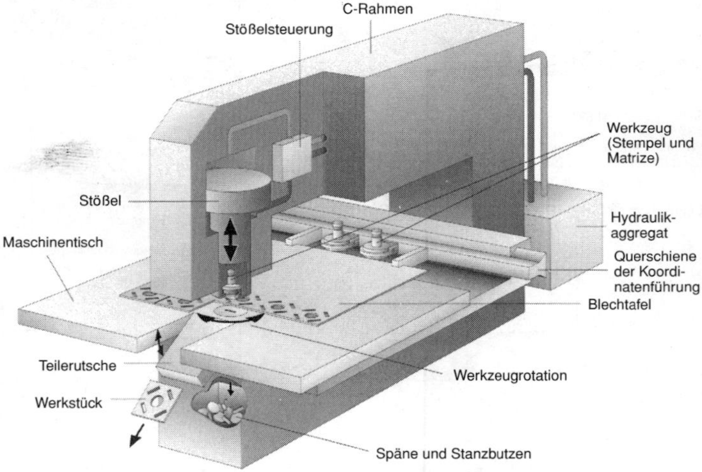

Bild 31.5: Aufbau einer CNC-Stanzmaschine (Trumpf, Ditzingen)

Bild 31.5 zeigt schematisch den Aufbau einer solchen Maschine. Die wesentlichen Baugruppen sind [4]:

- Der **Maschinenrahmen:** Er ist meist als C-Gestell ausgeführt. Dies ermöglicht eine gute Zugänglichkeit des Arbeitsraumes und gestattet das Drehen großformatiger Blechtafeln bei der Bearbeitung.
- Der Stößel mit Exzenter- oder Hydraulikantrieb: Die Steuerung des hydraulischen Stanzkopfes lässt eine Anpassung des Stößelwegs (Hub) an die Blechdicke zu. Dies resultiert in einer erhöhten Hubzahl bei deutlicher Geräuschminderung.
- Werkzeugaufnahme/**Werkzeugspeicher:** Hier kommen unterschiedliche Konzepte zur Anwendung. Bei einem **Linearmagazin** (s. Bild 31.5) sind die Werkzeugsätze entlang der Querschiene der Koordinatenführung montiert und können programmiert zum Einwechseln

in die Werkzeugaufnahme verfahren. Bei einer **Revolverstanzmaschine** sind sie hingegen am Umfang des Revolvertellers angeordnet, der sie durch eine definierte Drehung in Position bringt.

- Der Maschinentisch: Er dient der exakten Abstützung der Blechtafel während des Stanzens und dem kratzerlosen Weitertransport des bearbeiteten Blechs.

CNC-gesteuerte Stanzmaschinen dieser Art sind für die Komplettbearbeitung mit Sonderwerkzeugen ausgerüstet. Hierzu gehören z. B. sog. Multitool- oder Mehrfachwerkzeuge (mehrere Werkzeugstationen in einer Aufnahme) für die sehr flexible Stanzbearbeitung sowie Umformwerkzeuge zur Erzeugung von Sicken, Durchzügen oder Kiemen.

Modernste Stanzanlagen für die Dünnblechbearbeitung können bez. der Hubzahl eine echte Alternative zu Laserschneidanlagen darstellen.

Quellen und weiterführende Literatur

[1] *Flimm, J.:* Spanlose Formgebung. 7., überarb. Auflage. München Wien: Carl Hanser Verlag, 1996
[2] Schuler GmbH (Hrsg.): Handbuch der Umformtechnik. Berlin: Springer-Verlag, 1996
[3] Fa. H. Schoen GmbH Hattingen: Informationsbroschüre
[4] Trumpf GmbH & Co. (Hrsg.): Faszination Blech. Flexible Bearbeitung eines vielseitigen Werkstoffs. Wien: Dr. J. Raabe Verlag, 1996

32 Laserschneidanlagen

Prof. Dr.-Ing. Bernd Hager

32.1 Technologien

Mit der rasanten Weiterentwicklung der Lasertechnologien in der Materialbearbeitung haben sich heute **Laserschneidanlagen** als wirtschaftliche Alternativen zu Stanz- bzw. Nibbelmaschinen auf dem Markt etabliert.

An die Stelle unterschiedlicher Schneid- und Stanzwerkzeuge tritt ein exakt fokussierter, über 4 bis 6 Achsen gesteuerter Strahl aus Laserlicht, häufig ummantelt von einem sog. Schneidgas. Das Prinzip:

- Durch die hohe Energie des gebündelten Laserstrahls wird der Blechwerkstoff lokal aufgeschmolzen, er verbrennt oder verdampft und wird durch den Schneidgasstrahl aus der entstandenen Schnittfuge geblasen

Für die Trennverfahren kommen hauptsächlich CO_2-Gaslaser (Bild 32.1) zum Einsatz, der Festkörperlaser (Nd:YAG) gewinnt jedoch zunehmend in der 3D-Bearbeitung (Beschneiden von Ziehteilen, Rohrbearbeitung)

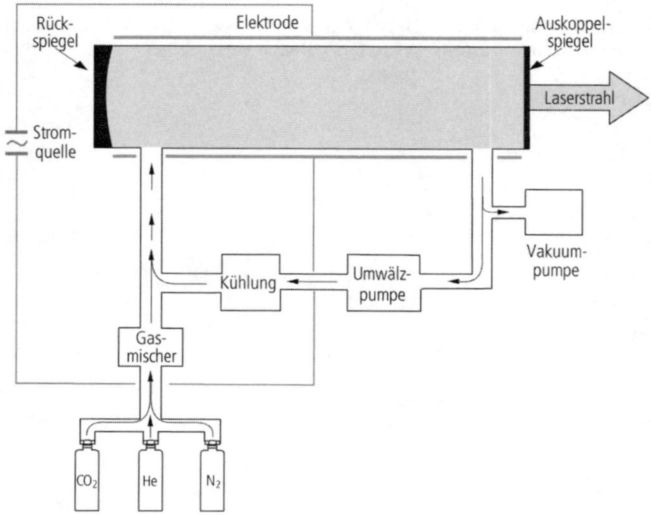

Bild 32.1: Aufbau eines CO_2-Lasers (Trumpf, Ditzingen)

an Bedeutung. Eine Gegenüberstellung unterschiedlicher Laserquellen und ihrer Besonderheiten zeigt Tabelle 32.1.

Tabelle 32.1: Technische Merkmale von Laserquellen (nach [1])

Laserart	**Mechanismus**	**Beispiel**
Gaslaser	Elektr. angeregte Gasentladung	CO_2-Laser
Festkörperlaser	Optisch angeregte Kristalle/Glas	Nd:YAG-Laser
Halbleiterlaser	Halbleiter	GaInP-Laser

Generell ergeben sich für das Laserschneiden folgende Vorteile gegenüber den konventionellen Stanzverfahren, aber auch dem Wasserstrahlschneiden oder Plasmaschneiden:

- Hohe Flexibilität bezüglich der Schnittkontur, der Werkzeugwechsel zum Erzeugen unterschiedlicher Teilegeometrien entfällt.
- Kräfte- und berührungsfreies Trennen, Niederhalter u. Ä. sind nicht erforderlich.
- Exaktes Schneiden mit hoher **Schneidgeschwindigkeit** und kleiner **Schnittfuge**
- Überzeugende Oberflächengüte an der Schnittfläche

Man unterscheidet hierbei zwei gängige Technologien:

- **Brennschneiden:** Wie beim autogenen Brennschneiden wird mit Sauerstoff als Schneidgas gearbeitet. Durch die höhere Energieausbeute sind Schneidprozesse mit höherer Geschwindigkeit und/oder bei größerer Blechdicke möglich.
- **Schmelzschneiden:** Als Schneidgase werden inerte Gase wie z. B. Stickstoff oder Argon eingesetzt. Dies hat oxidfreie und bis zu einer Blechdicke von etwa 3 mm gratfreie Schnittkanten zur Folge, dafür sind die Schnittgeschwindigkeiten geringer.

Für eine Anlage mit 2,6 kW Leistung gelten folgende Anhaltswerte:

Max. Blechdicke 20 mm für Baustahl, 10 mm für Edelstahl und 6 mm für Aluminiumlegierungen. Die maximal mögliche Schneidgeschwindigkeit beträgt etwa 10 mm/min für 2 mm-Blech und nimmt mit zunehmender Materialdicke stark ab [1].

Bild 32.2 zeigt den Schneidkopf bei der Laserbearbeitung einer Blechtafel.

Bild 32.2: Schneidkopf mit Blech (Trumpf, Ditzingen)

32.2 Maschinenkonzepte

Ähnlich den CNC-gesteuerten Stanz-/Nibbelanlagen sind **2D-Laseranlagen** für die flexible Bearbeitung von Blechtafeln oder Platinen konzipiert. Bild 32.3 zeigt den Aufbau einer Flachbett-Laseranlage mit beweglicher Fokussieroptik. Diese Bauform wird vorzugsweise für großformatige Bleche eingesetzt, da bei einer Anlage mit feststehendem Schneidkopf das exakte Positionieren der Blechtafeln ohne Beschädigung der Bleche mit entsprechendem Aufwand verbunden wäre. Die fliegende Optik ist dabei in 3 Achsen steuerbar.

3D-Laseranlagen sind für die Bearbeitung räumlicher Bauteile prädestiniert. Die Strahlführung muss in diesem Fall über mindestens 5 Achsen erfolgen, um den senkrechten Einfall des Laserstrahls auf die Werkstückoberfläche zu gewährleisten. Weitere Ausführungsvarianten von 3D-Anlagen zeichnen sich durch eine zusätzliche Achse für die Bewegung des Werkstücks aus. Bild 32.4 zeigt eine Laserschneidanlage zur vollautomatischen 3D-Bearbeitung von Rohren und Profilen.

Unverzichtbare Komponenten aller Laserschneidanlagen sind neben dem Schneidkopf und der Werkstückauflage:

- Das Absaugsystem: Die bei der Bearbeitung entstehenden Feinpartikel und Gase müssen abgesaugt und einer Filteranlage zugeführt werden.

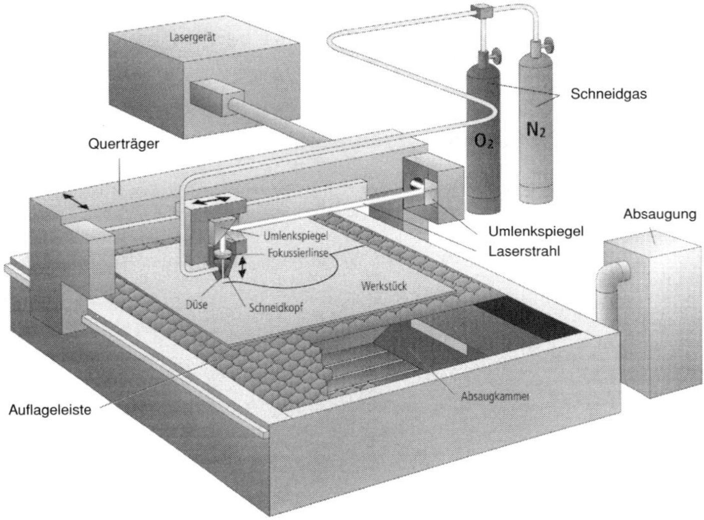

Bild 32.3: Flachbett-Lasermaschine (Trumpf, Ditzingen)

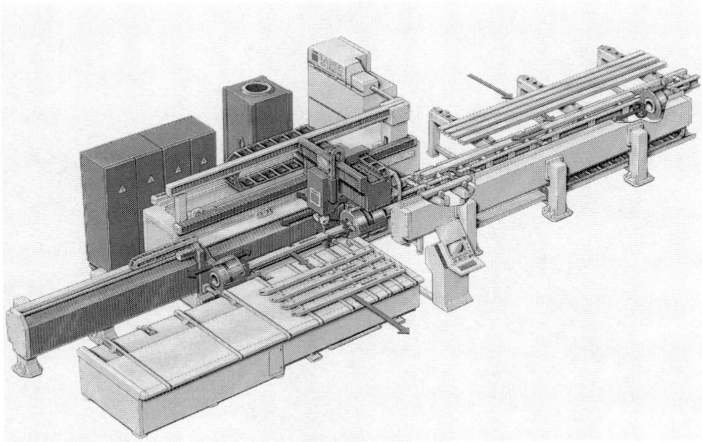

Bild 32.4: 3D-Laserschneidanlage (Trumpf, Ditzingen)

- Die Schutzkabine: Der Bediener muss vor Strahlung geschützt werden, die beispielsweise durch Streuung oder Reflexion auftreten kann.

Quellen und weiterführende Literatur

[1] Trumpf GmbH & Co. (Hrsg.): Faszination Blech. Flexible Bearbeitung eines vielseitigen Werkstoffs. Wien: Dr. J. Raabe Verlag, 1996

Förster, D.; Müller, W.: Laser in der Metallbearbeitung. München Wien: Carl Hanser Verlag, 2001

WERKZEUGMASCHINEN FÜR WERKZEUGE MIT GEOMETRISCH BESTIMMTEN SCHNEIDEN

33 Drehmaschinen

Prof. Dr.-Ing. Georg Koschnick

33.1 Gesichtspunkte zur Einteilung

Drehmaschinen können wie jede Art von Werkzeugmaschinen einerseits aus der Sicht der Anwendung, also entsprechend den Anforderungsprofilen, eingeteilt werden. Andererseits bietet die Struktur und Bauweise der Konstruktion Kriterien zur Unterscheidung.

In der Praxis haben beide Aspekte sowohl für Hersteller als auch für Anwender von Fall zu Fall Bedeutung: Hersteller, die sich als Spezialisten für bestimmte Bauformen, Elemente, Antriebe usw. verstehen, teilen ihre Produkte konstruktionssystematisch ein: z. B. Mehrspindel-Stangendrehautomaten. Orientieren sie sich am Markt, z. B. an Branchen, ordnen sie ihre Produkte entsprechend zu: z. B. Kurbelwellen-Drehmaschinen für die Automobilindustrie oder den Schiffsmaschinenbau.

Anwender mit Know-how und eigenen technologischen Fertigungskonzepten finden sich ebenfalls in konstruktionssystematisch gegliederten Angeboten am besten zurecht; in Phasen der Neuorientierung bezüglich der eigenen Produkte oder auch der Ausrichtung der Betriebsmittel kommt ihnen eine anwendungsorientierte Gliederung entgegen.

Im Handbuch der Fertigungstechnik wird eine Reihe grundsätzlich möglicher Einteilungsgesichtpunkte für Drehmaschinen aufgeführt [1]:

- Lage der Hauptachse: senkrechte Bauweise, waagerechte Bauweise
- Größe des Arbeitsraums: Bewegungsraum der Werkstücke, Spannmittel, Werkzeuge, Werkzeugträger und Sondereinrichtungen
- Automatisierungsgrad: handbediente Drehmaschinen, Programmgesteuerte Drehmaschinen, Bearbeitungszentren mit integriertem Materialfluss
- Steuerungsart: mechanisch, hydraulisch, elektrisch, elektrohydraulisch
- Art der Zuordnung von Vorschub- und Schnittbewegung: zu Werkzeug- oder Werkstückträger bzw. Kombinationen
- Größe des Werkstückspektrums: Universal-, Mehrzweck-, Einzweckdrehmaschinen
- Grobform der Werkstücke: Wellenform, Scheibenform, Sonderform (z. B. Kurbelwelle)

- Art der Werkstückaufnahme: Spitzen, Futter, Spannzange, Planscheibe
- Anzahl der Werkstückaufnahmen: Einspindeldrehmaschinen, Mehrspindeldrehmaschinen
- Werkzeugaufnahme: Einzel-, Mehrfachwerkzeugaufnahme, Werkzeugmagazin

Der **VDW** (Verein Deutscher Werkzeugmaschinenfabriken e. V.) und die Fachgemeinschaft Werkzeugmaschinen und Fertigungssysteme im **VDMA** (Verband Deutscher Maschinen- und Anlagenbau e. V.) geben seit Jahren ein Bezugsquellenverzeichnis heraus, das 2001 in der 23. Auflage erschienen ist [2]. Hier sind die Werkzeugmaschinen nach verschiedenen Kriterien zur Orientierung für Anwender gegliedert, die jeweils auch den Stand der Technik konstruktiv und technologisch berücksichtigen. Am internationalen Markt orientieren sich die Veranstalter von Werkzeugmaschinenausstellungen in ihren Katalogen, z. B. der EMO [3].

Man mag vermuten, dass auch in Regelwerken wie den DIN-Normen die verschiedenen Bauformen von Drehmaschinen definiert sind. Dies ist jedoch nur indirekt der Fall: über Prüf- und Abnahmeregeln, um ihre Arbeitsqualität und Zuverlässigkeit nach standardisierten Kriterien bestimmen zu können. Dabei steht aber die Funktion im Vordergrund, weniger die konstruktive Konzeption. Es gibt entsprechende Standards nur für einige häufige Bauformen, z. T. auch als ISO-Empfehlungen, weitere sind im Entwurfsstadium [4, 5, 6, 7].

WBS

- Einteilung nach den **Bearbeitungsverfahren Drehen**

Insbesondere zur Formulierung des Anforderungsprofils für Werkzeugmaschinen kann auch die Einteilung der entsprechenden Bearbeitungsverfahren nach verschiedenen Kriterien dienen, wie sie in DIN 8580ff. ausführlich definiert wurden. Die jeweiligen aktuellen Ausgaben sind hilfreiche Unterlagen. Nach DIN 8589, Teil 1, sind Kriterien für die Zuordnung der Drehverfahren die erzeugte Oberfläche, die Werkzeugform und die Kinematik des Zerspanvorgangs [8, 9, 10]. Einen Auszug hieraus gibt Tabelle 33.1 wieder.

33.2 Entwicklungstendenzen im Drehmaschinenbau

33.2.1 Randbedingungen und Einflüsse

Drehmaschinen lassen sich als Teil komplexer Betriebssysteme darstellen, deren Anforderungsprofil aus dem Teilespektrum und den Randbedingungen des Anwenders abzuleiten ist. Das Maschinensystem andererseits besteht aus Komponenten, die jeweils den Stand der Technik auf Teilgebieten widerspiegeln. Bild 33.1 zeigt Zusammenhänge im Konzept zur Drehbearbeitung auf.

Tabelle 33.1: Genormte Begriffe der Drehbearbeitungsverfahren

Nach DIN 8589-1: 3.2.1 **Drehbearbeitungsverfahren**			
Sollform der Flächen am Werkstück	**Haupt-begriff**	**Abgeleitete Drehverfahren**	
1. Ordnung		2. Ordnung	3. Ordnung
Drehen zur Erzeugung Ebener Flächen	Plan-	Quer-Plandrehen	
		Längs-Plandrehen	
		Quer-Abstechdrehen	
		Längs-Runddrehen	
Drehen zur Erzeugung Kreiszylindrischer Flächen	Rund-	Schäldrehen	
		Längs-Abstechdrehen	
		Quer-Runddrehen	
Drehen zur Erzeugung von Schraubflächen	Schraub-	Schraubdrehen	Gewindedrehen
			Gewindestrehlen
			Gewindeschneiden
Drehen zur Erzeugung von Wälzflächen	Wälz-	Wälzdrehen	
Drehen zur Erzeugung beliebiger, durch Formwerkzeug bestimmter rotationssymmetrischer Flächen	Form-	Längs-Formdrehen	Längs-Einstechdrehen
		Quer-Formdrehen	Quer-Einstechdrehen
			Form-Abstechdrehen
Drehen zur Erzeugung beliebiger, durch zweidimensionale Steuerung der Vorschubbewegung bestimmter rotationssymmetrischer Flächen	Nachform-	Nach-Formdrehen	
Drehen zur Erzeugung beliebiger, durch Steuerung der Schnittbewegung bestimmter nichtrotationssymmetrischer Flächen	Unrund-	Längs-Unrunddrehen	Längs-Unrundeinstechdrehen
			Unrund-Einstechdrehen
			Unrund-Nachformdrehen
		Quer-Unrunddrehen	Form-Unrunddrehen
			Einstech-Unrunddrehen

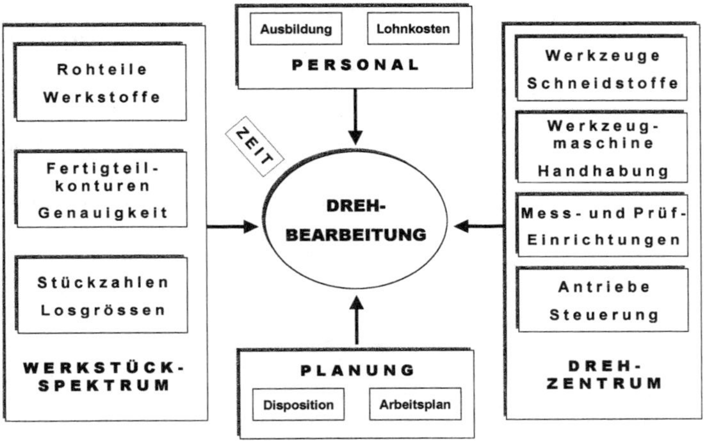

Bild 33.1: Komponenten der Konzepte zur Drehbearbeitung

WBS

Werkstoffe im Drehmaschinenbau

Seit Beginn der Industrialisierung sind Stahl und Eisen die wesentlichen Werkstoffe zum Bau von Werkzeugmaschinen: **Guss- und Schweißkonstruktionen** für Gestelle und bewegte Baugruppen stehen im Wettbewerb, ohne dass daraus ein Qualitätsmerkmal für das Gesamtsystem abgeleitet werden kann. Hinzugekommen ist **Beton** in armierter Form für fundamentähnliche Gestellteile sowie als Füllstoff in Gestellhohlkörpern.

Seltener, aber besonders unter dem Aspekt der Reduzierung der Massen bei hohen Geschwindigkeiten und Beschleunigungen werden Aluminiumwerkstoffe für einzelne Bauteile und Baugruppen eingesetzt. Entscheidend sind die Wirtschaftlichkeit und die Möglichkeiten des Herstellers im Einzelfall. Die Optimierung der Konstruktion nach dem Anforderungsprofil z. B. bezüglich statischer, dynamischer und thermischer Steifigkeit mit Hilfe der Finite-Element-Methode ist Standard.

Besondere Anforderungen werden an Werkstoffpaarungen bei Führungen und Lagerungen gestellt: Verschleißminimierung und hohe Genauigkeit der Lage, der Ebenheit und Linearität, des Rundlaufs und der Winkligkeit sowohl bei niedrigen als auch bei hohen Geschwindigkeiten, Werkstückgewichten, Schnittkräften und Temperaturen.

Je nach Einsatzgebiet und Baugröße werden für rotatorische Bewegungen vor allem Wälz-, gelegentlich Gleit- oder hydrostatische Lagerungen verwendet – Letztere vor allem bei größeren Maschinen, für lineare Bewegungsachsen bei kleineren und mittleren Baugrößen außerdem kunststoffbeschichtete Gleitführungen. Entscheidend für den Anwender ist, dass das komplexe Gesamtsystem dauerhaft zuverlässig arbeitet; und das heißt, dass der Hersteller die gewählten Lösungen konstruktiv und fertigungstechnisch beherrscht.

Schließlich müssen bei automatisierten Werkzeugwechselsystemen z. B. für **NC-Maschinen** die Werkstoffe der Werkzeughalter und -aufnahmen im Bereich der Schnittstellen verschleißfest sein und bei hoher Formgenauigkeit auf einer Seite eine gewisse Elastizität aufweisen, um durch Dehnspannungen eine lösbare steife Verbindung mit hoher Wiederholgenauigkeit zu gewährleisten – Beispiel: kegelige Aufnahme mit Plananschlag.

Zur Beurteilung insbesondere von numerisch gesteuerten Werkzeugmaschinen genügen nicht die Messungen der unbelasteten Maschine, sondern Bearbeitungsproben unter Einsatzbedingungen sind Bestandteil der Abnahmeprozedur nach DIN ISO Standard [11, 12].

Struktur

Für die Integration in Drehzellen zur **Komplettbearbeitung** von Werkstücken werden Drehmaschinen gelegentlich mit Einrichtungen zur Verkettung des Materialflusses, beispielsweise mit automatischen Be- und Entlade- bzw. Übergabevorrichtungen, ausgestattet. Ein weiterer Schritt der Integration ist der Ausbau der Drehmaschine zum sog. Drehzentrum durch unmittelbare konstruktive Einbindung von Baugruppen zur automatischen Handhabung von Werkstücken bzw. Werkzeugen, zur Qualitätssicherung durch Messeinrichtungen sowie zur Erweiterung der Fertigungsverfahren z. B. durch angetriebene Werkzeuge für Bohr- und Fräsoperationen, ohne dass das Werkstück umgespannt werden muss. Zum Teil werden diese Baugruppen auch von Spezialfirmen entwickelt und geliefert. Die modulare Bauweise erlaubt die flexible Realisierung von Strukturen der Drehzentren, die an das Teilespektrum im Einzelfall angepasst werden können.

33.2.2 Technologische Einflüsse

Schneidstoffe

Zwischen der Entwicklung der Schneidstoffe und der spanenden Werkzeugmaschinen besteht eine ständige wechselseitige Beeinflussung: beispielsweise ermöglichte das Aufkommen keramischer Schneiden höhere Schnittgeschwindigkeiten, hatte wegen der negativen Spanwinkel aber zugleich höhere Schnittkräfte zur Folge. Dies führte zur Entwicklung einer neuen Maschinengeneration mit stabileren Gestellen und Führungen und wesentlich höheren Antriebsleistungen. Für die volle Nutzung der inzwischen realisierten Hochgeschwindigkeits-Maschinenkonzepte ist andererseits z.T. eine Weiterentwicklung der Schneidengeometrie und Schneidenbeschichtungen notwendig.

Weitere Einflüsse bestimmen vor allem die erforderliche Zusatzausrüstung und zum Teil auch die Beanspruchung des Maschinensystems durch die Aggressivität der Betriebs-Hilfsstoffe gegenüber Oberflächen und Dichtungen:

Kühlschmierstoffe

Kühlschmierstoffe sind ein Kosten- und ein Umweltfaktor. Die baldmögliche Trennung von Spänen und Kühlschmierstoff nach dem Zerspanungsprozess ist oft Voraussetzung für eine wirtschaftliche Wiederaufbereitung bzw. Entsorgung. Durch antibakterielle Additive wird die Beständigkeit erhöht, dadurch kann jedoch zugleich die Aggressivität gegenüber Oberflächen- (Farbanstrichen) und Dichtungsmaterial erhöht werden; und nicht zuletzt können auch die an den Maschinen Arbeitenden durch Krankheitserreger (Hautschädigungen) gefährdet werden. Zur effektiveren Kühlung und besseren Späneabfuhr z. B. bei der Innenbearbeitung muss u. U. neben dem Normaldruck- ein Hochdrucksystem integriert werden. Gelegentlich wird auch ein zweiter Kühlschmierstoff, beispielsweise für Gewindeoperationen, eingesetzt.

- Minimalmengenschmierung
- Trockenbearbeitung
- Hartbearbeitung
- Hochgeschwindigkeitsbearbeitung

Dies sind Stichwörter, die bei jeder Neubeschaffung einer Drehmaschine diskutiert werden sollten. Hierzu befinden sich Abhandlungen an anderen Stellen dieses Taschenbuchs.

33.3 Formeln zur Technologie der Drehbearbeitung

33.3.1 Schnittwerte

Die Einstellgrößen bei der Drehbearbeitung sind:

v_c	in m/min	Schnittgeschwindigkeit
f	in mm	Vorschub
a	in mm	Spanungstiefe

Der wichtigste Einfluss der Schneidengeometrie ist der Spanwinkel γ, außerdem ist die Anordnung des Werkzeugs in Bezug zur Drehachse durch den Werkzeugeinstellwinkel $\varkappa$ zu berücksichtigen.

Zur Bestimmung der Einstell- und Belastungsgrößen der Drehmaschine sind z. T. Umrechnungen der genannten Einstellgrößen erforderlich:

$v_f = f \cdot n$	Vorschubgeschwindigkeit
$n = v_c / d \cdot \pi$	Spindeldrehzahl
d	Werkstückdurchmesser am Schneideneingriffspunkt
$h = f \cdot \sin \varkappa$	Spanungsdicke
$b = a / \sin \varkappa$	Spanungsbreite
$A = a \cdot f = b \cdot h$	Spanungsquerschnitt

33.3.2 Schnittkräfte

Die Grundgleichung für die Schnittkraftberechnung lautet:

$$F_c = b \cdot h \cdot k_c \cdot K_\gamma \cdot K_v \cdot K_{sch} \cdot K_{ver}$$

Dabei ist die spezifische Schnittkraft:

$$k_c = \frac{k_{c1.1}}{h^m} \quad \text{in N/mm}^2$$

$k_{c1.1}$ ist der Hauptwert der **spezifischen Schnittkraft** bei einem gedachten Spanungsquerschnitt von 1 mm Spanungsdicke und 1 mm Spanungsbreite; $1 - m$ ist der Anstiegswert der spezifischen Schnittkraft.

Die Werte sind entsprechenden Tafeln für die zu bearbeitenden Materialien zu entnehmen [13].

Korrekturfaktoren sind:

K_γ	Spanwinkelkorrektur
K_v	Schnittgeschwindigkeitskorrektur
K_{sch}	Schneidstoffkorrektur
K_{ver}	Verschleißkorrektur

Ob die Korrekturfaktoren – evtl. auch weitere – berücksichtigt werden sollten, hängt im konkreten Fall von der tatsächlichen Kenntnis der Einflussgrößen ab. Die Schnittkraftberechnung (in Richtung der Hauptschnittbewegung) gestattet praktisch nur eine „angenäherte“ Lösung.

Für die Auslegung von Drehmaschinen werden zudem auch die Kräfte F_f in Vorschub- und F_p in Zustellrichtung benötigt. Sie hängen wesentlich vom Werkzeugeinstellwinkel $\varkappa$ ab; als Näherungswerte können jeweils 1/3 bis 1/2 der Hauptschnittkraft F_c angesetzt werden.

33.3.3 Leistungen

Die Schnittleistung wird berechnet:

$$P_c = F_c \cdot v_c$$

Die erforderliche **Antriebsleistung** hängt vom Wirkungsgrad η der Maschine ab, der je nach Konstruktion des Antriebs und Zustand der Maschine zwischen 0,7 und 0,85 liegen kann. Bei speziellen HSC-Drehmaschinen z. B. mit direkt angetriebener Spindel (Spindelmotor) kann er über 0,9 liegen.

Damit ist nur die Hauptantriebsleistung, erforderlich zur Rotation des Werkstücks, also der Hauptspindel, erfasst. Vom selben Motor wird bei sog. konventionellen Maschinen auch die Vorschubleistung über Vorgelege und mechanische Getriebe aufgebracht, während bei numerisch gesteuerten Drehmaschinen jede Bewegungsrichtung einen eigenen Antrieb aufweist: (Haupt-)Schnittrichtung, Vorschubrichtung längs und Vorschubrichtung plan; die Antriebe werden dann über Regelkreise und die NC-Steuerung synchronisiert.

Die Vorschubleistung wird berechnet:

$$P_f = F_f \cdot v_f$$

Vergleicht man die erforderliche Vorschubleistung mit der Leistung der bei NC-Maschinen tatsächlich installierten Vorschubantriebe, so sind diese grundsätzlich überdimensioniert. Denn hier ist das Kriterium die dynamische Steifigkeit: Das Drehmoment muss so hoch sein, dass Schwankungen der Vorschubkraft die Vorschubgeschwindigkeit im gesamten Bereich des Arbeitsvorschubes nicht beeinflussen und andererseits die Beschleunigungphasen sehr kurz sind, um Konturabweichungen zu minimieren.

Berechnungsbeispiel:

Für die Drehbearbeitung von C35 bei einem Werkstückdurchmesser $d = 400$ mm seien folgende Schnittwerte vorgegeben:

Schnittgeschwindigkeit	$v_c = 300$ m/min;
Vorschub	$f = 0{,}63$ mm;
Schnitttiefe	$a = 4$ mm.

Daraus folgen

der Spanungsquerschnitt $A = 2{,}52\ \text{mm}^2$ und die Vorschubgeschwindigkeit

$$v_\text{f} = n \cdot f = \frac{v_\text{c}}{d \cdot \pi} \cdot f = \frac{300 \cdot 10^3}{300 \cdot \pi} \cdot 0{,}63\ \text{mm/min} = 150\ \text{mm/min}$$

Aus entsprechenden Tabellen [13, 14] ist zu entnehmen:

Hauptwert der spez. Schnittkraft $k_{\text{c}1.1} = 1\,860\ \text{N/mm}^2$;

Anstiegswert $1 - m = 0{,}8$;

spez. Schnittkraft $k_{\text{c}0{,}63} = 2040\ \text{N/mm}^2$;

und daraus folgt unter Vernachlässigung weiterer Einflussfaktoren:

Schnittkraft $F_\text{c} = 2\,040 \cdot 2{,}52\ \text{N} = 5\,140\ \text{N}$

Vorschubkraft $F_\text{f} = 2\,570\ \text{N}$ (geschätzt: $^1/_2 \cdot F_\text{c}$)

Schnittleistung $P_\text{c} = \dfrac{F_\text{c} \cdot v_\text{c}}{10^3 \cdot 60} = \dfrac{5\,140 \cdot 300}{10^3 \cdot 60}\ \text{kW} = 25{,}7\ \text{kW}$

Vorschubleistung $\text{P}_\text{f} = \dfrac{F_\text{f} \cdot v_\text{f}}{10^3 \cdot 10^3 \cdot 60} = \dfrac{2\,570 \cdot 150}{10^6 \cdot 60}\ \text{kW} = 0{,}0065\ \text{kW}$

Die theoretische Vorschubleistung beträgt rd. 1/4000 der Schnittleistung!

Weiterführende Literatur zur Drehtechnologie und insbesondere für Berechnungen siehe [14].

33.4 Einteilung der Drehmaschinen

Die folgenden Einteilungen werden von den genannten Institutionen zugleich als Basis für ihr jeweiliges Informationssystem verwendet. Sie bieten also zugleich Suchwörter für Internet-Recherchen [2, 3].

33.4.1 Übersicht nach VDMA + VDW

1. Plandrehmaschinen
2. Plandrehmaschinen mit Reitstock
3. Mechanikerdrehmaschinen, Nachdrehmaschinen, Uhrmacherdrehmaschinen
4. Feindrehmaschinen
5. Leit- und Zugspindeldrehmaschinen

6. Produktionsdrehmaschinen
7. Hochgeschwindigkeitsdrehmaschinen (HSC)
8. Universaldrehmaschinen bis 800 mm Umlauf-Ø über Bett
9. Universaldrehmaschinen über 800 mm Umlauf-Ø über Bett
10. Stangendrehautomaten mit Gegenspindel
11. Einspindel-Stangendrehautomaten
12. Einspindel-Futterdrehautomaten
13. Mehrspindel-Stangendrehautomaten
14. Mehrspindel-Futterdrehautomaten
15. Frontdrehautomaten
16. Mittenantriebsmaschinen
17. Endenbearbeitungsmaschinen
18. Abstechmaschinen
19. Senkrechtdrehmaschinen
20. Senkrechtdrehmaschinenn mit selbstladender Werkstückspindel
21. Senkrechtdrehmaschinen (Karussel) Einständer- und Zweiständerbauart
22. Außengewindedrehmaschinen
23. Wirbelmaschinen und Gewindewirbelmaschinen
24. Drehräummaschinen
25. Drehschälmaschinen
26. Sonstige Drehmaschinen
27. Spezial-Drehmaschinen
    - Achsschenkel-Drehmaschinen
    - Drehtransferstraßen
    - Eisenbahnradsatz-/Bremsscheiben-Drehmaschinen
    - Eisenbahnradsatzfelgen-Drehmaschinen
    - Flanschenabdrehmaschinen
    - Großkurbelwellen-Drehmaschinen
    - Großrohr-Endenbearbeitungsmaschinen
    - Kolben-Drehmaschinen
    - Kurbelwellen-Wirbelmaschinen
    - Muffendrehmaschinen
    - Rohrbearbeitungsmaschinen
    - Rohrbogen- und Rohrfittings-Bearbeitungsmaschinen
    - Rohrenden-Bearbeitungsmaschinen
    - Synchronring-Drehmaschinen
    - Turbinen- und Generatorläufer-Drehmaschinen
    - Unterflur-Radsatz-Drehmaschinen
    - Walzendrehmaschinen
28. Waagerechte Drehzentren
29. Senkrechte Drehzentren
30. Flexible Drehzellen und -systeme für die Komplettbearbeitung

33.4.2 Einteilung nach Ausstellungskatalog EMO

Die für die EMO (Europäische Werkzeugmaschinen-Ausstellung) verwendeten Begriffe sind im Katalog parallel auch in Englisch, Französisch und Italienisch aufgeführt.

1. Tischdrehmaschinen
2. Produktionsdrehmaschinen
3. Leit- und Zugspindeldrehmaschinen
4. Vielschnitt-Produktions-Drehmaschinen
5. Senkrecht-Drehmaschinen
6. Kopier-Drehmaschinen
7. Kurzwangen-Drehmaschinen (Nachdrehmaschinen)
8. Plan- und Spitzendrehmaschinen
9. Plandrehmaschinen
10. Abstechmaschinen
11. Uhrmacher-Drehmaschinen
12. Mechaniker-Drehmaschinen
13. Hinterdrehmaschinen
14. Ovaldrehmaschinen
15. Radsatz-Drehmaschinen
16. Radsatzreifen-Drehmaschinen
17. Achsen-Drehmaschinen
18. Achsschenkel-Dreh- und Glattwalzmaschinen
19. Kurbelwellen-Drehmaschinen
20. Nockenwellen-Drehmaschinen
21. Kolben-Drehmaschinen
22. Walzen-Drehmaschinen
23. Wellen-Dreh- und Schälmaschinen
24. Sonstige Drehmaschinen

Und weiter an gleicher Stelle unter „Drehautomaten“:

1. Einspindel-Universal-Drehautomaten
2. Einspindel-Futterautomaten
3. Einspindel-Stangenautomaten
4. Mehrspindel-Futterautomaten
5. Mehrspindel-Stangenautomaten
6. Drehautomaten mit umlaufendem Werkzeug
7. Senkrecht-Drehautomaten
8. Hochgeschwindigkeits-Drehautomaten
9. Drehautomaten mit zusätzlichen Bearbeitungsmöglichkeiten (Drehzentren)
10. Sonstige Drehmaschinen von besonderer Art

33.5 Beispiele ausgeführter Drehmaschinen

33.5.1 Plandrehmaschinen

Hauptmerkmal ist die Planscheibe zur Aufnahme der Werkstücke, die auf die horizontal ausgerichtete Hauptspindel gesetzt ist. Die Planscheibe ist mit Nuten o. Ä. versehen, so dass vier und mehr Spannbacken einzeln aufgesetzt werden können. Somit ist es möglich, auch nicht rotatorische Werkstücke exzentrisch zu spannen.

Das Bett mit der Schlittenführung ist gelegentlich in Planrichtung angeordnet (Querbett), wenn der Umlaufdurchmesser wesentlich größer als die Länge der Werkstücke ist. Dann entfällt der Reitstock.

Die Baugrößen liegen meist über 1000 mm Durchmesser und reichen bis etwa 6000 mm. Es sind durchweg Sondermaschinen, d. h. sie werden nach Kundenwunsch ausgelegt und ausgestattet.

In Sonderfällen sind die Baugruppen als Module mechanisch unabhängig voneinander positionierbar, wie das Beispiel einer Turbinendrehmaschine mit Reitstock im Bild 33.2 zeigt. Hier können Rotoren mit einem Durchmesser von 2000 bis 6500 mm und einer maximalen Masse von 300 t bearbeitet und ausgewuchtet werden. Dieses Konzept erlaubt auch den Einsatz für Reparaturen unmittelbar auf Baustellen z. B. im Kraftwerk.

WBS

Bild 33.2: Plandrehmaschine mit Reitstock und Auswuchtwuchteinrichtung in Modulbauweise zur Turbinendrehbearbeitung (GEORG, Kreuztal)

33.5.2 Mechanikerdrehmaschinen

Diese Gruppe umfasst eine Vielzahl kleiner bis mittlerer Drehmaschinen konventioneller Bauweise mit horizontaler Spindelanordnung. Sie sind kaum automatisiert und setzen handwerkliche Fähigkeiten voraus; ihr

Einsatzbereich ist die Einzelfertigung in Werkstatt, Reparatur-, Versuchs- und Modellbau. Der Arbeitsraum ist weitgehend offen und damit auch während der Werkstückbearbeitung zugänglich. Ein Späneschutz mit Sichtscheibe in Kopfrichtung ist allerdings selbstverständlich (Bild 33.3). Die max. Drehzahlen liegen i. A. nicht über 3 000 min^{-1}; die Spitzenhöhen reichen bis ca. 125 mm, Antriebsleistungen bis ca. 3,7 kW.

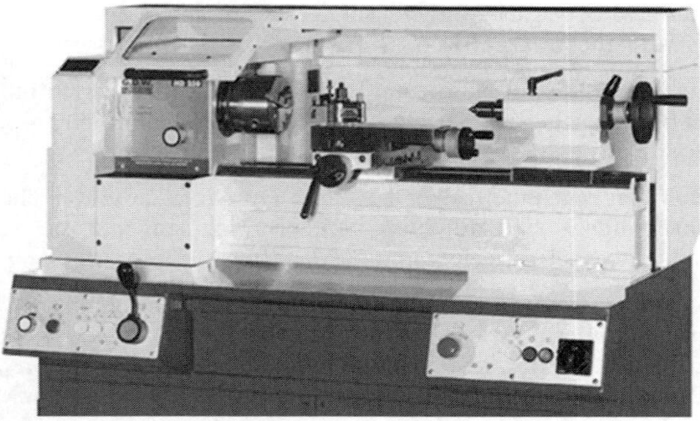

Bild 33.3: Kurbelbediente Mechaniker-Drehmaschine (G.D.W., Herzogenaurach)

33.5.3 Feindrehmaschinen

Der Begriff „Feindrehmaschinen" bezeichnet die Baugröße: Sie sind in der Feinmechanik angesiedelt, die max. Werkstückdurchmesser liegen etwa zwischen 10 und 50 mm. Meist sind sie hochautomatisiert mit mehreren Schlitten und variablen, z. T. angetriebenen Werkzeugen. Als *Kurzdrehautomaten* gleichen sie dem Konzept der „normalen" Drehmaschine mit Futter- oder Spannzangen-Werkstückaufnahme (Bild 33.4 und 33.5).

Bei *Langdrehautomaten* werden die Drehwerkzeuge nur in Querrichtung zur Drehachse bewegt, während die Längsbewegung von der Hauptspindel mit dem Werkstück ausgeführt wird, das i. A. von der Stange gefertigt wird (Bild 33.6). Die Spindeldrehzahlen reichen bis 12 000 min^{-1}, Antriebsleistungen liegen je nach Baugröße zwischen 2 und 10 kW. Heute sind sie ausschließlich numerisch gesteuert und meist mit Zusatzeinrichtungen zur Komplettbearbeitung aufrüstbar.

Ein neuer Bereich liegt in der Mikro-Drehbearbeitung: höchste Genauigkeit bei Oberflächengüten $R_a < 5$ nm. Das Beispiel einer Kleindrehmaschine zeigt Bild 33.7. Die Verfahrwege der Vorschubachsen mit Linearantrieb betragen 300 mm längs und 200 mm plan, die Positionsauflösung 10 nm mit einer Positioniergenauigkeit von 0,1 μm über 10 mm.

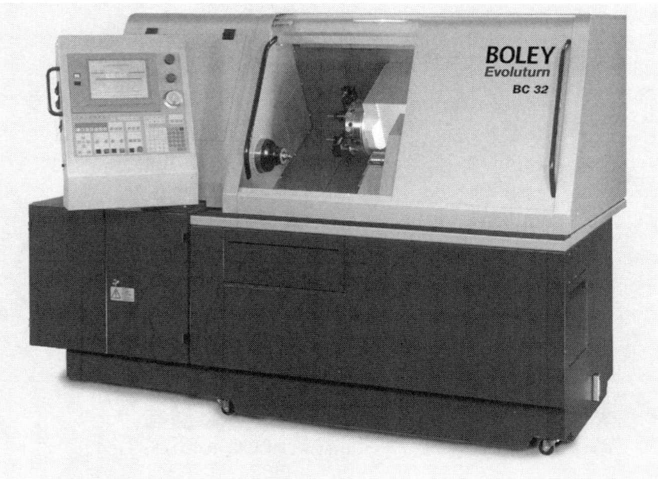

Bild 33.4: NC-Kurzdrehautomat mit Zusatzeinrichtungen zur Komplettbearbeitung (BOLEY, Esslingen)

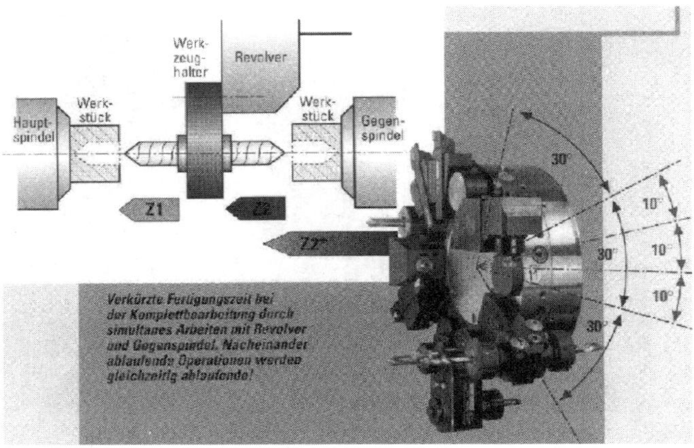

Bild 33.5: Kinematik und Werkzeugträger des Kurzdrehautomaten nach Bild 33.4

Die Verfahrgeschwindigkeiten reichen bis 200 mm/s, die Spindel-Drehzahl bis 6 000 min^{-1}; als Werkzeuge kommen z. B. Drehdiamanten zum Einsatz; über die CNC-Steuerung auf PC-Basis sind plane, sphärische und aspärische Geometrien herstellbar.

Bild 33.6: Langdrehautomat: Arbeitsraum (TRAUB, Reichenbach)

Bild 33.7: Kleindrehmaschine zur Mikrobearbeitung (KUGLER, Salem)

33.5.4 Leit- und Zugspindeldrehmaschinen

Leit- und Zugspindeldrehmaschinen gehören seit einem Jahrhundert zur Grundausstattung jeder Werkstatt, sie wurden als einfachere Universalmaschine für die Herstellung von Einzelteilen mit nicht zu anspruchsvoller Werkstückgeometrie ständig weiterentwickelt. Über die Zugspindel – einer Profilwelle – und über ein Verteilungsgetriebe am Längsschlitten werden Längs- und Querschlitten angetrieben. Das Ein- und Auskuppeln der Längs- und Querbewegung erfolgt über Handhebel, von Hand werden auch Drehzahlen und Vorschübe eingestellt und Werkzeuge gewechselt (Bild 33.8). Allerdings sind schon frühzeitig mechanische Hilfsmittel wie Anschläge zur werkstückabhängigen Begrenzung der Verfahrwege und zum entsprechenden selbstständigen Abschalten der Vorschubbewegungen entwickelt worden.

Bild 33.8: Arbeitsbereich einer Leit- und Zugspindel-Drehmaschine (G.D.W.)

Die Leitspindel dient zur Gewindeherstellung: Eine geteilte „Schlossmutter" im Getriebekasten am Längsschlitten umschließt hierfür die Leitspindel, gleichzeitig wird die Kupplung zur Zugspindel geöffnet. Moderne Maschinen sind zudem oft mit elektronischen Wegmesssystemen und Digitalanzeigen für die Schlitten- bzw. Werkzeugposition ausgestattet (Bild 33.9).

Bei Neuinvestitionen werden die „konventionellen" Leit- und Zugspindeldrehmaschinen zunehmend durch Universal-NC-Drehmaschinen

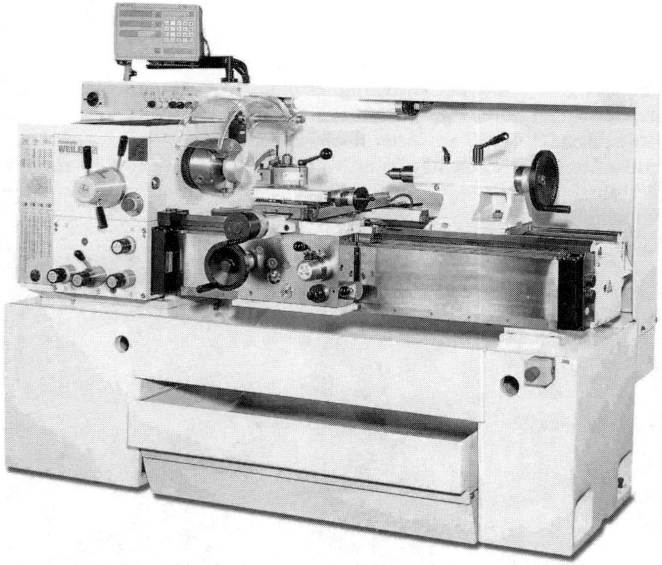

Bild 33.9: Moderne Leit- und Zugspindeldrehmaschine (Spindeln abgedeckt) mit Digital-Positionsanzeige (WEILER, Emskirchen)

mit einfachem Werkzeugsystem und Handeingabe der Programmdaten ersetzt, da sich die Preisspanne zwischen aufwendiger Mechanik (s. Bild 33.10) und vereinfachter Antriebs- und Steuerungstechnik ständig verringert hat, sich die Produktivität durch die NC-Technik jedoch wesentlich steigern lässt.

33.5.5 Produktionsdrehmaschinen

Unter dem Begriff Produktionsdrehmaschinen lassen sich praktisch alle Drehmaschinen mit höherem Automatisierungsgrad einordnen. Sie sind zunächst für größere Stückzahlen wirtschaftlich einsetzbar, als NC-Drehmaschinen und erweitert zu flexiblen Drehzentren ermöglichen sie jedoch auch die günstige Fertigung von Teilefamilien mit wechselnden Losgrößen.

Häufig werden von Herstellern im Rahmen von Baureihen und Baukastenkonzepten auf der gleichen Basis verschiedene Konzepte angeboten.

33.5.6 Universaldrehmaschinen

Der Begriff Universaldrehmaschine steht heute nicht mehr für eine bestimmte Drehmaschinenart, sondern weist auf den Anwendungsbereich hin. So gibt es sowohl mechanisch automatisierte Maschinen, z. B. Leit- und Zugspindeldrehmaschinen mit Zusatzeinrichtungen, als auch numerisch gesteuerte Universalmaschinen. Sie sind für ein breites Teilespektrum geeignet und mit Standard-Werkzeugsystemen (Revolver) ausgestattet. Bei NC-Maschinen überwiegt das Schrägbett, die Spindel ist immer horizontal angeordnet (Bild 33.10).

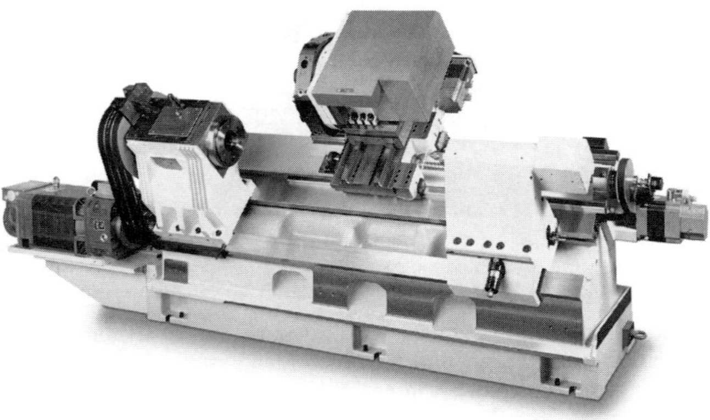

Bild 33.10: Numerisch gesteuerte Universaldrehmaschine: Schrägbett mit Spindelstock, Kreuzschlitten mit Werkzeugrevolver, Reitstock (ohne Abdeckungen und Späneschutz) (DMG GILDEMEISTER, Bielefeld)

33.5.7 Mehrspindel-Drehautomaten

Die Mehrspindligkeit in einer horizontal angeordneten Trommel ist das klassische Konzept zur Steigerung der Produktivität der Drehmaschine. Es werden mehrere Werkstücke gleichzeitig bearbeitet, die Werkstücke können in mehrere Stationen mit unterschiedlicher Werkzeugausstattung nacheinander geschaltet und dabei komplett bearbeitet werden. Als Vier-, Sechs- und Achtspindler werden sie mit umfangreichem Zubehör mechanisch über Kurven gesteuert.

Derartige Maschinen werden in der Großserienproduktion eingesetzt, da das Umrüsten relativ aufwendig ist. Inzwischen gibt es aber auch

Bild 33.11: Arbeitsraum einer 6-Spindel-Drehmaschine mit 5 NC-gesteuerten Kreuzschlitten, d. h. 10 NC-Achsen (SCHÜTTE, Köln)

Mehrspindel-Drehmaschinen, bei denen die Werkzeugbewegungen numerisch über Linear- und Kreuzschlitten gesteuert werden, die individuell angeordnet werden können (Bild 33.11).

Bis zu 40 CNC-Achsen sind bei diesem 6-Spindler integrierbar.

33.5.8 Frontdrehmaschinen

Frontdrehmaschinen wurden für scheibenförmige Werkstücke wie Bremsscheiben entwickelt, um die Zugänglichkeit für den Werkstückwechsel zu verbessern. Wegen des gegenüber dem Längshub größeren Planhubs wurde das Bett gedreht: Der Querschlitten wurde zum Hauptschlitten, auf dem der Längsschlitten aufgesetzt wurde. Dieses Konzept wurde in vielen Varianten u. a. für die Automobilindustrie ein- und zweispindlig realisiert.

Nicht zuletzt die NC-Technik, aber auch die Weiterentwicklung der Antriebstechnik führte zu neuen Lösungen für die Schlittenanordnungen. Bild 33.12 und 33.13 zeigen ein zweispindliges Konzept zur Komplettbearbeitung von vornehmlich scheibenförmigen Drehteilen, bei dem die Werkstückspindeln als Motorspindeln jeweils auf Kreuzschlitten ange-

Bild 33.12: Zweispindlige Frontdrehmaschine mit auf Kreuzschlitten angeordneten Motorspindeln, s. a. Bild 33.13 (WEISSER, St. Georgen)

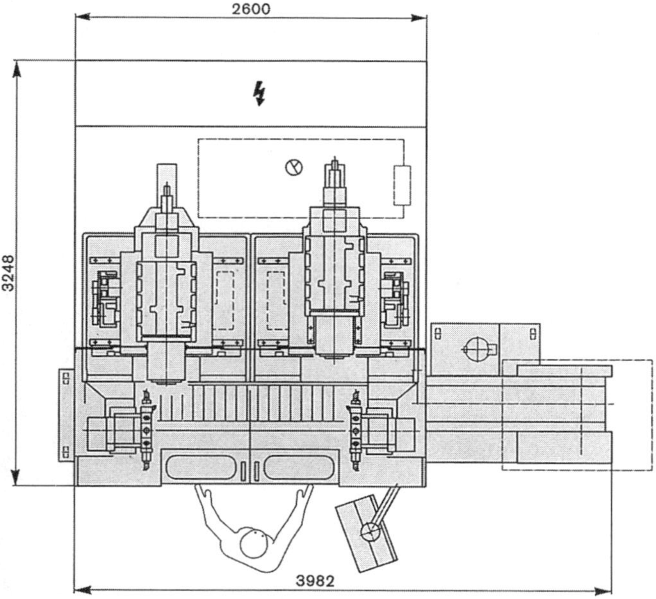

Bild 33.13: Schema der Aufsicht der in Bild 33.12 gezeigten Frontdrehmaschine mit automatischem Be- und Entladen und Umspannen
(WEISSER, St. Georgen)

ordnet sind, also auch die Vorschubbewegungen ausführen. Die Werkzeugträger sind dagegen stationär angeordnet.

33.5.9 Senkrechtdrehmaschinen

Die aufrechte Spindelanordnung bietet vor allem für das Be- und Entladen der Werkstücke günstige Bedingungen, die Zugänglichkeit zum Arbeitsraum und zu den Werkzeugen ist gut. Der Spänefall ist dagegen bei Frontdrehmaschinen günstiger (Bild 33.14). Wie bei Frontdrehmaschinen werden sie gelegentlich auch als Zweispindler gebaut, um Werkstücke in erster und zweiter Spannung komplett bearbeiten zu können. Der gleiche Effekt kann durch als Einzelmaschinen in gespiegelter Anordnung gebaute Drehmaschinen, die verkettet werden, erreicht werden.

Bild 33.14: CNC-Senkrechtdrehmaschine, mit angetriebenen Werkzeugen zum Dreh- und Bohrzentrum ausgebaut (HÜLLER HILLE, Diedesheim)

33.5.10 Senkrechtdrehmaschinen mit selbstentladender Werkstückspindel

Relativ neu ist das Konzept der vertikalen Spindelanordnung mit nach unten gerichtetem Spannfutter. Dieses „Pick-up"-Versionen können auf einem Förderband liegende scheibenförmige Werkstücke direkt aufnehmen. In Kombination mit einer ebenfalls vertikalen, jedoch nach oben gerichteten Spindel kann das Werkstück ohne Wenden von der ersten in die zweite Spindel übergeben werden, so dass eine rationelle Komplettbearbeitung möglich ist. Ein Beispiel zeigt Bild 33.15.

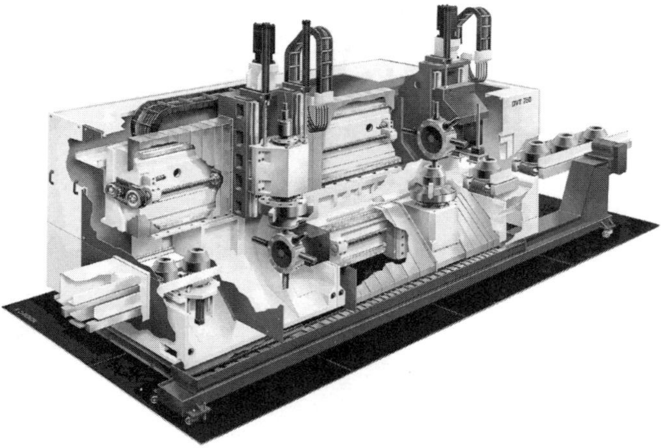

Bild 33.15: Pick-up-Vertikaldrehmaschine mit zwei entgegengesetzten Spindeln zur Komplettbearbeitung (HÜLLER HILLE HESSAP, Taunusstein)

33.5.11 Senkrechtdrehmaschinen (Karussell)

Karusselldrehmaschinen werden für große, oft ringförmige Werkstücke eingesetzt, für die Plandrehmaschinen zu klein oder wegen der Form oder Labilität der Werkstücke nicht geeignet sind. Durch die waagerechte Lage lassen sich die Teile gut ausrichten und mit geringen Kräften spannen. Bild 33.16 zeigt ein Beispiel, bei dem auch der Spanntisch verfahrbar ist, um die Länge des Auslegers mit dem Werkzeugsupport begrenzen zu können.

Alternativ kann statt eines längeren Auslegers zwischen zwei Ständern ein Querbalken angeordnet werden. Ein Beispiel einer derartigen Zweiständer-Senkrechtdrehmaschine zeigt Bild 33.17. Zur Steigerung der

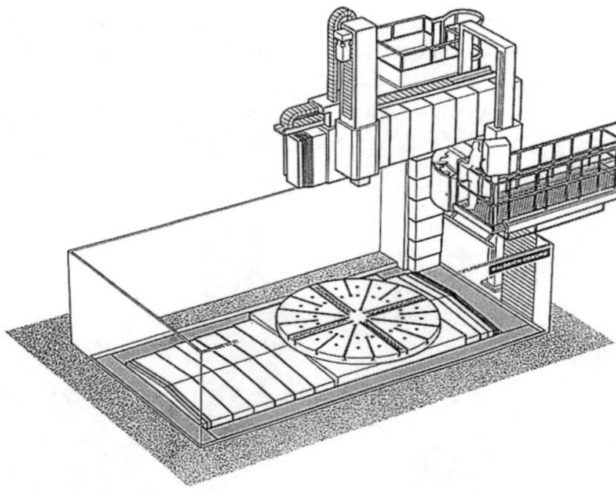

Bild 33.16: Einständer-Karusselldrehmaschine (WALDRICH COBURG, Coburg)

Bild 33.17: Zweiständer-Karusselldrehmaschine (WALDRICH COBURG, Coburg)

Produktivität ist sie außerdem mit zwei Kreuzschlitten (Supporte), das bedeutet zugleich mit 4 numerisch gesteuerten Achsen, ausgerüstet. Bei Bedarf können ein oder zwei weitere Kreuzschlitten an den Ständern angeordnet werden.

33.5.12 Drehräummaschinen

Mit *Drehräumen* wird das Bearbeitungsverfahren bezeichnet, bei dem sowohl das Werkstück als auch das Werkzeugsystem parallel zur Spindelachse rotieren. Bild 33.18 zeigt beispielsweise die Bearbeitung von Kurbelwellen für Kraftfahrzeuge.

Bild 33.18: Arbeitsraum einer Drehräummaschine zur Kurbelwellenbearbeitung (IWK BOEHRINGER, Göppingen)

33.5.13 Drehschälmaschinen

Auch das Drehschälen beschreibt den technologischen Ablauf, hier zum Bearbeiten von Stangen (Bild 33.19).

33.5.14 Sonstige Drehmaschinen

Es gibt eine Vielzahl von Bearbeitungsverfahren, die auf der Kinematik der Drehbearbeitung basieren bzw. eine Kombination mit dieser darstellen. Ein Beispiel ist das Drehfräsen (Bild 33.20).

Bild 33.19: Arbeitsposition einer Drehschälmaschine (SCHUMAG KIESERLING, Aachen)

Bild 33.20: Bearbeitung einer Kolbenstange auf einem Dreh-Fräs-Bearbeitungszentrum (NILES SIMMONS, Chemnitz)

33.5.15 Spezial-Drehmaschinen

Für bestimmte, meist größere Werkstücke sind Maschinen mit entsprechenden Spannmöglichkeiten und besonderer Anordnung der Werkzeuge erforderlich, um besondere Konturen oder sogar Werkstücke in

Einbaulage zu bearbeiten. Beispiele sind die Drehbearbeitung von Schiffskurbelwellen (Bild 33.21) und die Nachbearbeitung von Laufflächen der Räder von Schienenfahrzeugen, ohne dass Letztere ausgebaut werden müssen (Bild 33.22).

Bild 33.21: Kurbelwellendrehmaschine zum Bearbeiten von Schiffsmotorwellen (WALDRICH SIEGEN, Burbach)

33.5.16 Drehzentren und flexible Drehzellen zur Komplettbearbeitung

Die Komplettbearbeitung der Werkstücke in einem Drehzentrum oder auf mehreren zur Drehzelle integrierten Arbeitsstationen schließt den automatischen Materialfluss wie den Werkzeugwechsel wie Messsysteme zur Werkstückkontrolle und Werkzeugüberwachung ein. Derartige Dreh-Fertigungssysteme werden durchweg aus Komponenten aufgebaut, wie sie auch als Einzelmaschinen und Vorrichtungen angeboten werden. Meist treten die Drehmaschinenhersteller als Gesamtanbieter auf, die jeweilige Struktur des Systems wird jedoch am Teilespektrum des Anwenders ausgerichtet.

Bild 33.22: Unterflur-Radsatzdrehmaschine (HEGENSCHEID MFD, Erkelenz)

Quellen und weiterführende Literatur

[1] *Spur, G; Stöferle, Th.:* Handbuch der Fertigungstechnik, Band 3/1: Spanen. München Wien: Carl Hanser Verlag, 1979

[2] VDW und VDMA (Hrsg.): Werkzeugmaschinen und Fertigungssysteme aus Deutschland. Werkzeugmaschinen-Bezugsquellenverzeichnis. 23. Ausgabe. Frankfurt/M: 2001

[3] Generalkommissariat der 14. EMO (Hrsg.): EMO Hannover 2001 Ausstellungskatalog. Hannover: 2001

[4] VDI 2851-2 (1986-11): Numerisch gesteuerte Arbeitsmaschinen; Beurteilung von NC-Drehmaschinen durch Einfachwerkstücke

[5] VDI/DGQ 3441 (1977-03): Statistische Prüfung der Arbeits- und Positionsgenauigkeit von Werkzeugmaschinen; Grundlagen

[6] DIN EN 12415 (2001-03): Sicherheit von Werkzeugmaschinen – Kleine numerisch gesteuerte Drehmaschinen und Drehzentren

[7] DIN EN 12478 (2001-03): Sicherheit von Werkzeugmaschinen – Große numerisch gesteuerte Drehmaschinen und Drehzentren

[8] DIN 8580 (Entwurf): Fertigungsverfahren. Begriffe, Einteilung. Deutsches Institut für Normung, 1985-07

[9] DIN 8589T1: Fertigungsverfahren, Spanen, Drehen. Einordnung, Unterteilung, Begriffe. Deutsches Institut für Normung, 1982-08

[10] DIN Taschenbuch 220 (1986-02): Fertigungsverfahren 2, Trennen, Zerteilen, Spanen, Abtragen, Zerlegen, Reinigen

[11] DIN ISO 230-1: Werkzeugmaschinen. Prüfregeln für Werkzeugmaschinen, Teil 1: Geometrische Genauigkeit von Maschinen, die ohne Last oder unter Schlichtbedingungen arbeiten. Deutsches Institut für Normung, 1999-07

[12] DIN ISO 230-2: Werkzeugmaschinen. Prüfregeln für Werkzeugmaschinen, Teil 2: Bestimmung der Positionsunsicherheit und der Wiederholpräzision der Positionierung von numerisch gesteuerten Achsen. Deutsches Institut für Normung, 2000-05

[13] *König, W.; Essel, K; Witte, L.:* Spezifische Schnittkraftwerte für die Zerspanung metallischer Werkstoffe. Düsseldorf: Verlag Stahleisen, 1982

[14] *W. Degner; Lutze, H.-G.; Smejkal, E.:* Spanende Formung. Theorie, Berechnung, Richtwerte. 14. Auflage. München Wien: Carl Hanser Verlag, 2000

Beitz, W.; Grote, K.-H. (Hrsg.): Dubbel. Taschenbuch für den Maschinenbau. Berlin: Springer Verlag, 2000

Beitz, W.; Grote, K.-H. (Hrsg.): Dubbel interaktiv CD-ROM. Berlin: Springer Verlag, 1999

Tschätsch, H.: Werkzeugmaschinen der spanenden und spanlosen Formgebung. 7. Auflage. München Wien: Carl Hanser Verlag, 2000

Weck, M.: Werkzeugmaschinen. Fertigungssysteme, Band 1: Maschinenarten und Anwendungsbereiche. Berlin: VDI Springer, 1998

Beuke, D.; Conrad, K.-J.: CNC-Technik und Qualitätsprüfung. München Wien: Carl Hanser Verlag, 1999

Milberg, J.: Werkzeugmaschinen Grundlagen. 2. Auflage. Berlin: Springer Verlag, 1995

34 Drehmaschinen für die Komplettbearbeitung

Dr.-Ing. Oliver Gerent

Flexibilität, Wirtschaftlichkeit und Qualität sind Kriterien, an denen sich jede Fertigung messen lassen muss. Insbesondere vor dem Hintergrund kleiner und mittlerer Losgrößen, die zudem eine hohe Variantenvielfalt besitzen, also sich in ihrer geometrischen Gestalt nur geringfügig unterscheiden, gewinnt die Flexibilität einer Werkzeugmaschine zunehmend an Bedeutung. Die richtige Wahl einer Produktionsmaschine ist meist nicht eindeutig und bedarf einer detaillierten Betrachtung. Im folgenden Abschnitt werden Werkzeugmaschinen für die Komplettbearbeitung vorgestellt, deren Grundkonzept eine Drehmaschine ist. Die Schnittbewegung wird dabei hauptsächlich durch Rotation des Werkstücks erzeugt.

Bild 34.1: Doppelspindel-Drehmaschine (A. Monforts, Mönchengladbach)

34.1 Verfahrenseinordnung

Die Komplettbearbeitung hat keine exakte Definition und wird quasi über die am Werkstück durchzuführenden Arbeitsgänge bestimmt. Einfache Futterdrehteile lassen sich beispielsweise auf einer Doppelspindel-Drehmaschine (s. Bild 34.1) oder einer herkömmlichen CNC-Drehmaschine komplett fertig bearbeiten. Dagegen werden für komplexe Werkstücke, die zum Beispiel mit Bohrungen, Nuten, Flächen, Verzahnungen oder Gewinde versehen sind, Werkzeugmaschinen mit bis zu fünf interpolierenden Bearbeitungsachsen benötigt. In beiden Fällen wird von einer Komplettbearbeitung gesprochen.

Allgemein geht man bei der Komplettbearbeitung davon aus, dass das Rohteil nach dem Ur- oder Umformprozess aufgespannt und so weit bearbeitet wird, dass keine weiteren spanenden Arbeitsschritte folgen.

Die Komplettbearbeitung lässt sich wie folgt beschreiben:

Der Begriff Komplettbearbeitung steht für die Herstellung einbaufertiger Werkstücke. Alle notwendigen Arbeitsschritte werden auf einer einzigen Werkzeugmaschine durchgeführt. Je nach Komplexität der zu bearbeitenden Flächen, vereint eine solche Maschine die unterschiedlichsten Fertigungsverfahren, wie Drehen, Fräsen, Bohren oder Schleifen, in sich. Die Bearbeitung erfolgt meist in einer oder zwei Aufspannungen.

Eindeutige Entscheidungskriterien für oder gegen eine Komplettbearbeitung lassen sich nicht ohne weiteres treffen. Das zu bearbeitende Teilespektrum muss daher erfasst und sorgfältig analysiert werden, um die Fertigungsanlage dann einer Wirtschaftlichkeitsrechung zu unterziehen.

Die Vorteile einer Komplettbearbeitung sind unter anderem:

- Verbesserung der Qualität durch einmaliges Spannen,
- Vereinfachung der Fertigungsplanung und -steuerung,
- Steigerung der Bearbeitungsflexibilität,
- Reduktion der Handling-, Transport- und Liegezeiten,
- Verkürzung der Prozesskette und
- Verringerung des Wartungs- und Instandhaltungsaufwandes.

Den aufgeführten Vorteilen stehen auch Herausforderungen gegenüber. So erfordern komplexe Werkzeugmaschinen, wie die Dreh-Fräszentren, qualifiziertes Fachpersonal sowie eine gezielte und konsequente Nutzung der fertigungstechnologischen Möglichkeiten.

34.2 Fertigungsverfahren

Mit dem Aufkommen der CNC-Technik wurden einerseits aus einfachen Drehmaschinen leistungsfähige Dreh-Fräszentren und andererseits aus Bohr-/Fräsmaschinen flexible Bearbeitungszentren. Vor dem Hintergrund einer steigenden Integration diverser Funktionalitäten und unterschiedlicher Fertigungsverfahren verwischen die Grenzen bei der Fertigung rotatorischer und kubischer Werkstücke zunehmend.

Beim Drehen liegt die Ebene der Hauptvorschubbewegung (X-Z-Ebene) senkrecht zum Schnittgeschwindigkeitsvektor im Werkzeugeingriff des Drehmeißels. Die sukzessive Ergänzung numerisch gesteuerter Bewegungsachsen erlaubt in Verbindung mit angetriebenen Werkzeugen das Herstellen komplexer Werkstückgeometrien, die früher nur auf Fräsmaschinen möglich waren. Grundsätzlich lassen sich auf Drehmaschinen die Fertigungsverfahren: Drehen, Fräsen, Bohren und Gewinden durchführen. In Einzelfällen werden sogar Schleif- und Finish-Prozesse integriert, wobei die Verbesserung der Oberflächengüte im Vordergrund steht.

Die genormten Schnittstellen der Werkzeugaufnahmen (z. B. HSK oder Capto) ermöglichen den Einsatz herkömmlicher Werkzeuge, also teure Spezialwerkzeuge sind nicht notwendig.

34.3 Bauformen und Ausführungen

Die wichtigsten Maschinenkonzepte für die Komplettbearbeitung sind:

- Doppelspindel-Drehmaschinen,
- Mehrspindel-Drehmaschinen und
- Dreh-Fräszentren.

Bild 34.2: Arbeitsraum einer Doppelspindel-Drehmaschine (A. Monforts, Mönchengladbach)

Das Prinzip der **Doppelspindel-Drehmaschine** ist einfach: Durch den spiegelbildlichen Aufbau der Spindel, Antriebe und Werkzeugrevolver (s. Bild 34.2, links) lassen sich die Nebenzeiten deutlich reduzieren, wobei die Maschinengrundfläche nahezu gleich bleibt. Die Arbeitsräume der beiden Maschinenhälften werden voneinander durch ein hydraulisch betätigtes Schott getrennt, das nur bei der Übergabe des Werkstücks von

Spindel zu Spindel geöffnet wird (s. Bild 34.2, rechts) – ansonsten ist es geschlossen. Der eine Arbeitsraum lässt sich separat be- oder entladen, während in dem anderen noch zerspant wird. Das Werkstück wird also auf kürzestem Weg an die gegenüberliegende Drehspindel übergeben und der Ausstoß somit quasi verdoppelt. Prinzipiell lassen sich auf dieser Maschine nur Futterteile von zwei Seiten komplett fertig bearbeiten (s. Bild 34.3). Die monetären Einsparpotenziale sind signifikant, da durch die bessere Automationsfähigkeit und die verkürzten Transport- und Liegezeiten nur geringe Kosten je Werkstück entstehen.

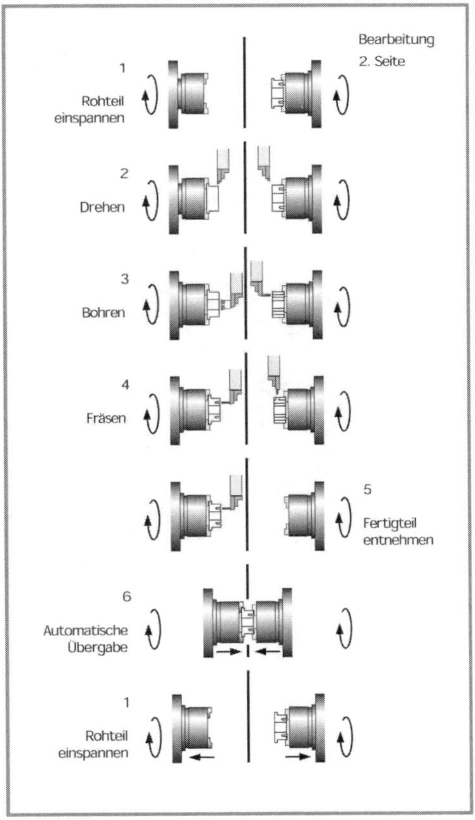

Bild 34.3: Arbeitsfolge bei einer Doppelspindel-Drehmaschine (A. Monforts, Mönchengladbach)

WBS

Doppelspindel-Drehmaschinen können auf jeder Seite mit bis zu vier interpolierenden Bearbeitungsachsen (*X*-, *Y*-, *Z*- und *C*-Achse) ausgerüstet sein, was der Flexibilität der Maschine zugute kommt. Die bearbeitbaren Bauteildurchmesser und die verwendeten Werkzeuge entsprechen denen herkömmlicher Einspindel-Drehmaschinen. Die Nebenzeiten, insbesondere zum Rüsten, sind im Vergleich zu den Mehrspindel-Drehmaschinen sehr gering. Die Bedienbarkeit der Steuerung ist einfach und erfolgt in wesentlichen Teilen analog zu den herkömmlichen CNC-Drehmaschinen.

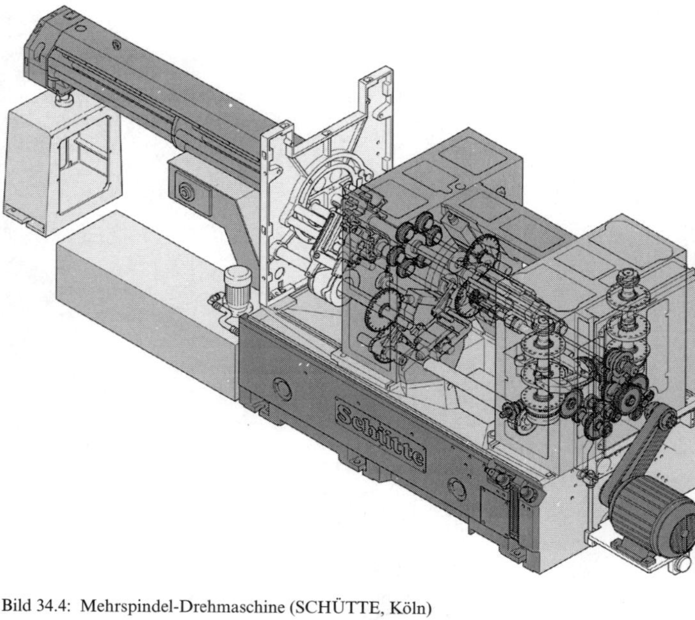

Bild 34.4: Mehrspindel-Drehmaschine (SCHÜTTE, Köln)

Die **Mehrspindel-Drehmaschinen** (s. Bild 34.4) können gleichzeitig je nach Arbeitsspindelanzahl 4, 6 oder 8 Werkstücke bearbeiten. Alle Spindeln sind in einer sogenannten Spindeltrommel gelagert und werden von einer Arbeitslage zur nächsten weitergetaktet. In diesen Maschinen sind eine Vielzahl von Werkzeugen und Zusatzeinrichtungen untergebracht, wodurch sich diverse Bearbeitungsschritte an den Werkstücken durchführen lassen. Die erforderlichen Werkzeuge arbeiten alle gleichzeitig in nur einem automatisch ablaufenden Arbeitszyklus, die am längsten dauernde Teileoperation bestimmt die Taktzeit. Nach jedem Arbeitstakt wird also ein Werkstück fertig und eines begonnen, was extrem kurze Taktzeiten ermöglicht. Der Arbeitsraum dieser Mehrspindler ist sehr beengt, weshalb die Größe der Werkstücke auf einen Außendurchmesser von etwa Ø 180 mm begrenzt ist. Die Werkstücke sind reine Futterteile und typischer Weise rotationssymmetrisch.

Bei den Mehrspindel-Drehmaschinen wird zwischen den kurven- und den CNC-gesteuerten unterschieden. Bedingt durch die Kurvensteuerung ist die Flexibilität der Maschine stark eingeschränkt, so dass der Einsatz einer solchen Maschinen nur bei sehr großen Stückzahlen wirtschaftlich ist. Die numerisch gesteuerten Maschinen ermöglichen selbst bei kleinen Losgrößen eine wirtschaftliche Fertigung sowie eine aus prozesstechnologischer Sicht optimierten Anpassung des Zerspanvorgangs. Mehr als bei allen anderen Produktionsmaschinen sind:

- die Werkstückgeometrie,
- der Werkstoff und
- die Werkzeugstandzeit

beim Mehrspindler von entscheidender Bedeutung. Die Komplexität der Maschine bedarf einer genauen Prozessauslegung, da zum Beispiel langspanende Werkstoffe oder ein häufiger Werkzeugwechsel problematisch sind.

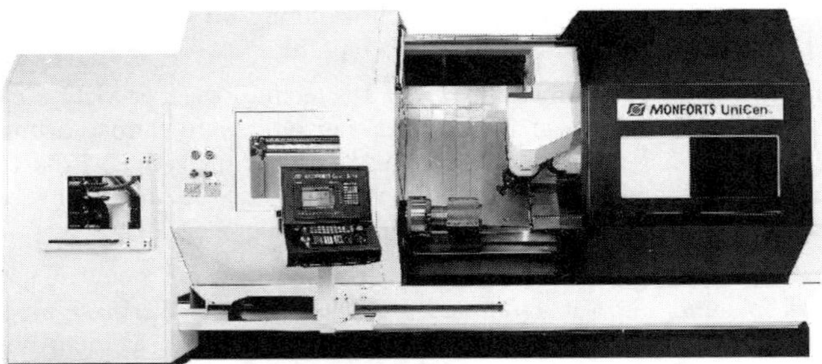

Bild 34.5: Dreh-Fräszentrum (A. Monforts, Mönchengladbach)

Die **Dreh-Fräszentren** stellen eine herausragende Innovation im Sinne der Komplettbearbeitung dar. Im Vergleich zu konventionellen Drehmaschinen nimmt eine Bohr-Frässpindel ein einzelnes Werkzeug auf, wobei für die Drehbearbeitung die Spindel definiert festgesetzt wird. Auf diese Weise können auf Basis einer Drehmaschine erstmals fünf Bearbeitungsachsen miteinander interpolieren. Je nach Bearbeitungsaufgabe lassen sich angetriebene oder stehende Werkzeuge aufnehmen. Zur Maschinenausstattung gehört ein Magazin, das alle notwendigen Werkzeuge bevorratet. Die Bohr-Frässpindel wird über ein Handhabungssystem, wie zum Beispiel einen Doppelarmgreifer, mit dem Werkzeugmagazin verknüpft.

34.4 Konstruktiver Aufbau

Der konstruktive Aufbau einer Drehmaschine für die Komplettbearbeitung lässt sich nicht verallgemeinern. Es wurde bereits gezeigt, dass sich die Maschinentypen stark unterscheiden. Die Dreh-Fräszentren stellen allerdings einen Entwicklungszweig dar, der sich durch eine Bearbeitung in 5-Achsen zunehmend dem Bereich der Fräsmaschinen annähert. Nachfolgend wird dieses innovative Maschinenkonzept daher näher beschrieben.

Das Schrägbett der Maschine nimmt die Säule der hydrostatischen Führung auf und wird mit einem Sockel aus Spezialbeton verankert. Der obere Schlitten (*Z*-Achse) trägt den Werkzeugkopf mit der Bohr-Frässpindel sowie die Bearbeitungsachsen *X*, *Y* und *B*. Auf der unteren Führungsbahn können je nach Bedarf Reitstock, Lünette, Gegenspindel oder Kreuzschlitten mit Werkzeugrevolver adaptiert werden. Am Spindelstock wird das Spannfutter verschraubt und stellt mit einer gesteuerten *C*-Achse den fünften Freiheitsgrad dar. Ein Werkzeugwechsler verbindet das Werkzeugmagazin mit der Bohr-Frässpindel, die jeweils nur ein einziges Werkzeug spannen kann. Kurze Wechselzeiten sind sehr wichtig, um die Nebenzeiten so gering wie möglich zu halten.

Eine hydrostatische Längsführung ist aus technologischer Sicht die beste Lösung, jedoch sind die Drehlängen bei einer Säulenausführung auf etwa 2000 mm beschränkt. Alternativ werden auch Dreh-Fräszentren mit Wälzführungen oder hydrodynamischen Flachführungen angeboten, die in Drehlängen bis 7000 mm erhältlich sind.

Wesentliche Merkmale der Dreh-Fräszentren sind der neuartige Werkzeugkopf und das für Drehmaschinen untypische Werkzeugmagazin. Der Werkzeugkopf trägt die Bohr-Frässpindel, die sich in einem Winkelbereich von 270 Grad (*B*-Achse) schwenken lässt. Je nach Konstruktion wird von einer indexierenden oder einer interpolierenden Ausführung gesprochen. Eine indexierende Bewegungsachse schwenkt die Bohr-Frässpindel in feste Winkelpositionen, d. h. während der Bearbeitung ist eine mit den anderen Bearbeitungsachsen gekoppelte Schwenkung nicht möglich. Dagegen kann bei einem interpolierenden Werkzeugkopf die rotierende Bearbeitungsachse (*B*-Achse) jederzeit beliebig schwenkend verfahren werden.

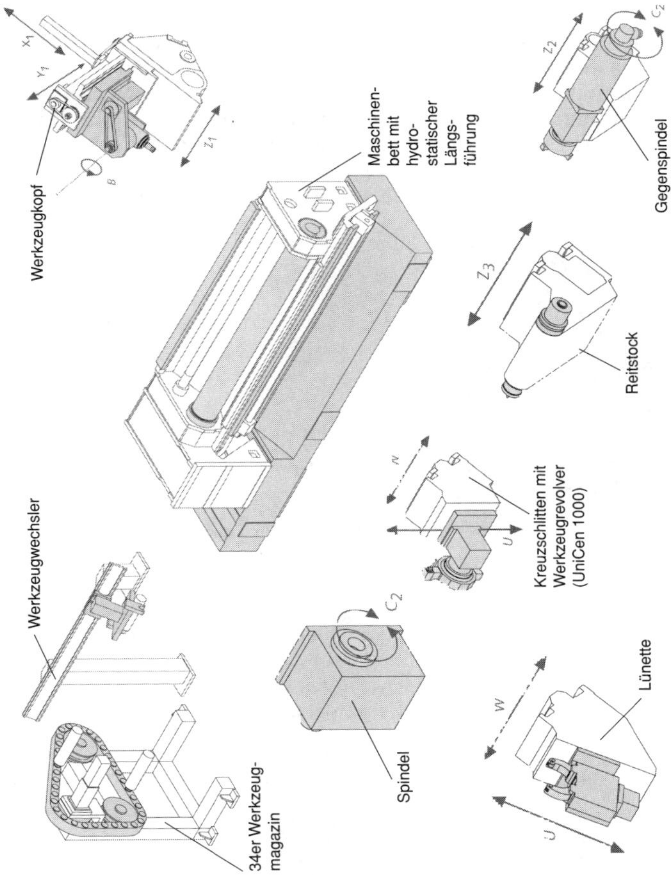

Bild 34.6: Komponenten eines Dreh-Fräszentrums (A. Monforts, Mönchengladbach)

34.5 Bauteile

Das bearbeitbare Bauteilspektrum für die Komplettbearbeitung lässt sich nicht eindeutig abgrenzen. Die Kriterien:

- Abmessung,
- Geometrie und
- Werkstoff

entscheiden vor dem Hintergrund einer Komplettbearbeitung über die zu verwendende Werkzeugmaschine (s. Kapitel 34.3). Ein typisches Bauteilspektrum von Mehrspindel-Drehmaschinen ist in Bild 34.7 dargestellt. Es werden hauptsächlich rotationssymmetrische Futterteile mit begrenzten Außendurchmessern und aus gut zerspanbaren Werkstoffen, wie Messing oder Automatenstahl, bearbeitet. In Ausnahmefällen lassen sich einfache Fräsnuten oder eine Rückseitenbearbeitung durchführen, was jedoch maschinenseitig einen erhöhten Konstruktionsaufwand nach sich zieht.

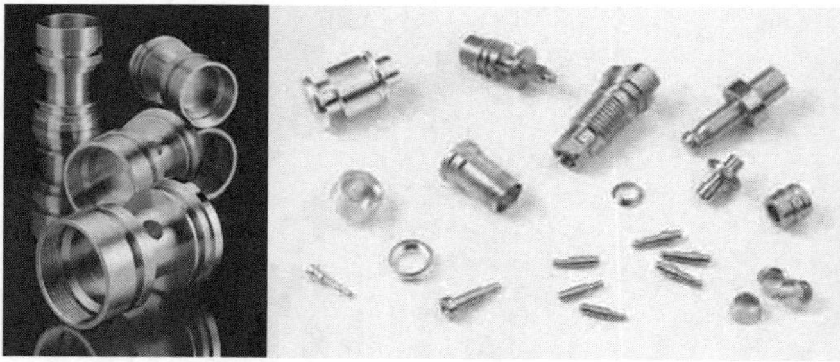

Bild 34.7: Werkstückspektrum von Mehrspindel-Drehmaschinen (SCHÜTTE, Köln)

Während der Einsatz von Mehrspindel-Drehmaschinen stark vom Werkstück geprägt wird, können Dreh-Fräszentren nahezu beliebig gestaltete Werkstücke bearbeiten. Je nach Maschinengröße lassen sich sogar Bauteile mit einem Durchmesser von größer 1000 mm, einer Länge von mehreren Metern und einem Gewicht von bis zu 5000 kg bearbeiten, der Bauteilgröße sind quasi keine Grenzen gesetzt.

Das typische Werkstück für ein Dreh-Fräszentrum besitzt sowohl rotationssymmetrische als auch flächige/kubische Geometrieelemente.

Bild 34.8: Werkstück auf Dreh-Fräszentrum (A. Monforts, Mönchengladbach)

Außermittige Bohrungen und Gewinde, Hinterschneidungen, Nuten und sogar Freiformflächen stellen kein Problem dar. Eine Einschränkung der bearbeitbaren Werkstoffe gibt es aus maschinentechnischer Sicht nicht.

Quellen und weiterführende Literatur

[1] N.N.: Drehteile mit Ein- oder Mehrspindler bearbeiten? mav. (2001) 1 und 2
[2] *E. Grundler:* Wirtschaftliche Komplettbearbeitung. Technische Rundschau. (2000) 9
[3] *Junklewitz, H.:* Wertanalyse am Beispiel hydrostatischer Führungen einer NC-Drehmaschine. Werkstatt & Betrieb. (1979) 4
[4] *D.H. Bruins:* Werkzeuge und Werkzeugmaschinen, Teil 2. München Wien: Carl Hanser Verlag, 1966

Perovic, B.: Werkzeugmaschinen und Vorrichtungen. München Wien: Carl Hanser Verlag, 1999
Tönshoff, H.K.: Werkzeugmaschinen. Grundlagen. Berlin: Springer Verlag, 1995
Weck, M.: Werkzeugmaschinen. 5 Bände. Berlin: Springer Verlag
Weck, M.: Werkzeugmaschinen-Atlas. Berlin: Springer Verlag, 1991

35 Drehmaschinen zum Präzisionshartdrehen

Dr.-Ing. Oliver Gerent

Das Präzisions- und Hochpräzisionshartdrehen lässt sich nicht ohne weiteres auf einer herkömmlichen Drehmaschine, wie sie beispielsweise zur Weichbearbeitung genutzt wird, durchführen. Es handelt sich hierbei vielmehr um einen Hochleistungsprozess, der erst durch ein umfangreiches technologisches Wissen erfolgreich genutzt werden kann. Vor diesem Hintergrund werden im nachfolgenden Abschnitt neben maschinenseitigen Aspekten auch die prozesstechnologischen Randbedingungen beleuchtet. Auf diese Weise sollen die Anforderungen an Drehmaschinen zum Präzisionshartdrehen vermittelt werden.

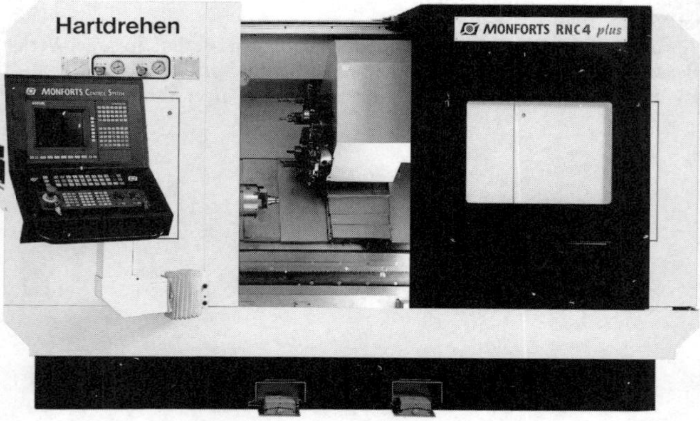

Bild 35.1: CNC-Drehmaschine zum Präzisionshartdrehen (A. Monforts, Mönchengladbach)

35.1 Verfahrenseinordnung

Der Begriff Hartbearbeitung hat sich als Synonym für die spanende Bearbeitung gehärteter Eisenwerkstoffe mit geometrisch bestimmter Schneide durchgesetzt. Je nach Fertigungsverfahren spricht man vom Hartdrehen, Hartfräsen oder Hartbohren. Eine exakte Verfahrensabgrenzung zur Weichbearbeitung gibt es nicht, jedoch gilt vereinbarungsgemäß die Zerspanung über 56 HRC zur Hartbearbeitung.

Prinzipiell lassen sich drei Einsatzbereiche beim Hartdrehen unterscheiden:

- Schrupphartdrehen,
- Präzisionshartdrehen und
- Hochpräzisionshartdrehen.

Eine exakte Abgrenzung dieser Verfahren lässt sich nicht durchführen, da die Übergänge fließend sind und vom jeweiligen Anwendungsfall abhängen.

Beim **Schrupphartdrehen** sind eine hohe Maschinensteifigkeit und Antriebsleistung der Werkstückspindel gefordert, da aufgrund der geforderten Zerspanleistungen die wirkenden Schnittkräfte besonders groß sind. Besonderes Kennzeichen der Schruppbearbeitung sind die großen und stark schwankenden Werkstückaufmaße, die einen signifikanten Einfluss auf den Zerspanprozess und den Werkzeugverschleiß haben. Die Oberflächengüte der Werkstücke steht bei diesem Verfahren eher im Hintergrund.

In Tabelle 35.1 sind übliche Einstellwerte für den Drehprozess bei der Grobzerspanung aufgeführt.

Tabelle 35.1: Parameter beim Schrupphartdrehen

Schnittgeschwindigkeit v_c	**Vorschub f**	**Schnitttiefe a_p**
m/min	mm	mm
50 … 150	0,1 … 0,3	0,5 … 3

Werden einsatzfertige Werkstücke mit hoher Oberflächengüte sowie Maß- und Formtoleranzen (bis ISO Toleranzklasse IT5) gefordert, so wird vom **Präzisionshartdrehen** gesprochen. Mit diesem Verfahren lassen sich Oberflächen mit Rauheitswerten von R_z = 2,5 … 4 µm und Durchmesserschwankungen bis zu 10 µm prozesssicher erreichen. Die verwendeten Maschinen basieren auf herkömmlichen CNC-Drehmaschinen und werden für diesen Einsatzzweck mit speziellen Komponenten aufgerüstet. Beispielsweise werden hochwertige Werkstückspindeln mit geringen Rundlauffehlern und spezielle, direktmessende Wegmesssysteme verwendet.

Für die Präzisionsbearbeitung sind die in Tabelle 35.2 dargelegten Prozessparameter praxisrelevant.

Tabelle 35.2: Parameter beim Präzisionshartdrehen

Schnittgeschwindigkeit v_c	**Vorschub f**	**Schnitttiefe a_p**
m/min	mm	mm
100 … 200	0,05 … 0,15	0,1 … 0,5

WBS

Das **Hochpräzisionshartdrehen** vereint die höchsten Anforderungen an die Gesamtbauteilqualität. Die Verfahrensziele sind die Einhaltung von Oberflächenrauheiten R_z bis 1 µm und Bauteilgenauigkeiten im ISO Toleranzbereich IT3 bis IT4. Diese Angaben entsprechen Schleifqualität, weshalb das Hartdrehen zunehmend in die angestammten Anwendungsfelder des Schleifens vordringt. Einsatzgebiete des Hochpräzisionshartdrehens sind insbesondere in der Automobil-, Wälzlager- und Hydraulikindustrie zu finden.

Die extremen Anforderungen an die Arbeitsergebnisse sind mit Schnittparametern gemäß Tabelle 35.3 realisierbar.

Tabelle 35.3: Parameter beim Hochpräzisionshartdrehen

Schnittgeschwindigkeit v_c	**Vorschub f**	**Schnitttiefe a_p**
m/min	mm	mm
150 … 220	0,01 … 0,1	0,02 … 0,3

35.1.1 Bauteile und Werkstoffe

Grundsätzlich lassen sich sämtliche Geometrieelemente an einem Bauteil, wie Zylinder, Konen, Radien, Fasen, konvexe und konkave Konturen, durch das Hartdrehen bearbeiten. Mit der Komplettbearbeitung wird die Herstellung einbaufertiger Werkstücke gefordert. Eventuelle Umspannvorgänge sollen auf ein Minimum reduziert werden. Vor diesem Hintergrund sind die Werkstücke bereits mit Bohrungen oder Nuten (z. B. Passfedernuten) versehen. Der Zerspanvorgang lässt sich daher in einen:

- kontinuierlichen und
- unterbrochenen

Schnitt unterscheiden.

Beim **kontinuierlichen Schnitt** wird die Schneide stetig belastet (s. Bild 35.2). Standzeitbestimmendes Kriterium ist hierbei der Freiflächen- und Kolkverschleiß am Werkzeug. Diese Verschleißformen treten durch die hohen mechanischen und thermischen Beanspruchungen während der Reibvorgänge in den Kontaktzonen zwischen Schneide und Werkstück bzw. zerspantem Werkstoff auf.

Dagegen unterliegt die Schneide beim **unterbrochenen Schnitt** einer starken thermischen und mechanischen Wechselbeanspruchung. Diese dynamische Belastung kann zum Werkzeugbruch führen und lässt sich durch Kamm- und Querriss an der Schneide nachweisen. Außerdem können Schnittunterbrechungen zu Ausbrüchen an der Schneidkante führen.

Bild 35.2: Präzisionshartdrehen im kontinuierlichen Schnitt mit PCBN und ohne Einsatz von Kühlschmierstoff (A. Monforts, Mönchengladbach)

Im Zusammenhang mit dem Hartdrehen wird am häufigsten die Bearbeitung von gehärteten Stählen genannt. Grundsätzlich lassen sich auch andere harte Werkstoffe, wie Hartguss, Hartmetalle und Aufschweißlegierungen, bearbeiten. Die Zerspanmechanismen unterscheiden sich, haben aber keinen signifikanten Einfluss auf die Konstruktion der Werkzeugmaschine.

WBS

Je nach Werkstoff und Produktionsfolge werden die Werkstücke mit den Verfahren

- Härten,
- Anlassen und Vergüten sowie
- Randschichthärten

auf Härtewerte bis 65 HRC wärmebehandelt. Typische Stahllegierungen, die beim Hartdrehen bearbeitet werden, sind beispielsweise der Wälzlagerstahl 100 Cr 6 oder der Schnellarbeitsstahl S 6-5-2, wie er für viele Schneidwerkzeuge benutzt wird.

35.1.2 Oberflächen- und Randzoneneigenschaften

Die Eigenschaften hartgedrehter Bauteile werden hauptsächlich durch

- die Oberflächenausbildung und
- die Randzonenbeeinflussung

beurteilt. Die Messung der **Oberflächenrauheit** erfolgt meist mit herkömmlichen Tastschnittgeräten und ist wichtigstes Beurteilungskriterium. Die geläufigsten Messgrößen sind hierbei: die gemittelte Rauhtiefe R_z und der Mittenrauhwert R_a.

Aufgrund der Verfahrenskinematik entstehen beim Längs- und Plandrehen entsprechend wendel- bzw. spiralförmige **Oberflächenstrukturen**. Diese Strukturen werden auch als Drall bezeichnet. Die Auswirkungen solcher hartgedrehten Funktionsflächen hinsichtlich ihrer Dichteigenschaften im montierten Zustand einer Baugruppe sind umstritten.

Beim Hartdrehen wird die Randzonenausbildung durch die Überlagerung thermischer und mechanischer Effekte wesentlich beeinflusst. Aufgrund der hohen Temperaturen und hohen Schnittkräfte kommt es unter anderem zu einer Veränderung des Werkstoffgefüges. Es treten **Druck- und Zugeigenspannungen** auf, die durch aufwendige Messverfahren nachgewiesen werden können. Grundsätzlich wirken sich Druckspannungen eher positiv auf die Dauerfestigkeit aus. Dagegen werden Zugspannungen eher eine negative Beeinflussung nachgesagt.

Eine der bekanntesten Gefügeveränderungen beim Hartdrehen ist die so genannte **‚weiße Schicht'** oder ‚Neuhärtungszone', die im geätzten Gefügeschliff unter dem Lichtmikroskop hell erscheint. Weiße Schichten weisen gegenüber dem Grundgefüge eine hohe Härte auf. Häufig befindet sich unterhalb dieser Schichten eine Anlasszone mit nur geringer Härte. Die weiße Schicht ist wenige Mikrometer dick und wird meist durch nachgeschaltete Fertigungsschritte entfernt. Sollte das Hartdrehen dagegen der letzte Bearbeitungsschritt sein, so ist dessen Auswirkung auf die Funktionseigenschaft des Bauteils zu prüfen.

35.2 Werkzeuge und Schneidstoffe

Für einen erfolgreichen Einsatz des Hartdrehens sind neben der Werkzeugmaschine und den Prozessparametern auch die verwendeten Werkzeuge mitverantwortlich. Die Entwicklung der Hartdrehtechnologie ist eng an die Entwicklung der Schneidstoffe gekoppelt. Der Hartdrehprozess stellt sehr hohe Ansprüche an die Warmhärte und die Diffusionsbeständigkeit des Schneidstoffes, da während des Zerspanvorganges sehr hohe Temperaturen und Schnittdrücke auftreten.

Für das Hartdrehen kommen im Wesentlichen drei Schneidstoffgruppen zum Einsatz:

- Hartmetalle,
- Mischkeramik und
- polykristallines kubisches Bornitrid (PCBN).

Hartmetalle sind Verbundwerkstoffe und werden pulvermetallurgisch hergestellt. Sie bestehen aus spröden, harten Karbiden, die in einer weichen metallischen Bindematrix eingebettet sind. Diese Schneidstoffe kombinieren hohe Härte und hohe Zähigkeit, was sie besonders für Anwendungen mit stark unterbrochenem Schnitt und geringem Schnittzeitanteil, wie Fräsen und Räumen, auszeichnet.

Im Vergleich zu Hartmetallen wurden bei den **Mischkeramiken** eine gute chemische Beständigkeit und hohe Warmhärte nachgewiesen. Sie besitzen zwar nur eine geringe Zähigkeit, daher werden sie hauptsächlich für den kontinuierlichen Schnitt mit geringen Spanungsdicken (max. 0,1 mm) empfohlen. Die Werkzeugkosten sind gegenüber dem PCBN um ein Vielfaches geringer.

Der für die Hartbearbeitung am häufigsten eingesetzte Schneidstoff ist das **polykristalline kubische Bornitrid**. Es wird synthetisch in einem Hochdruck-Hochtemperatur-Prozess bei Drücken von 50 bis 90 kbar und Temperaturen zwischen 1800 und 2200 °C hergestellt. Die sehr hohe Warmhärte und die ausgezeichnete thermische und chemische Stabilität auch weit über 1000 °C kennzeichnen die hervorragenden Eigenschaften dieses Schneidstoffes. Nachteilig wirken sich die geringe Zähigkeit und die hohen Werkzeugkosten aus.

WBS

In Tabelle 35.4 werden die wichtigsten physikalischen Eigenschaften der für das Hartdrehen relevanten Schneidstoffe gegenübergestellt.

Tabelle 35.4: Kennwerte verschiedener Schneidstoffe bei Raumtemperatur

Eigenschaften	Hartmetall	Mischkeramik	PCBN
Dichte (g/cm³)	6,0 … 15,0	3,7 … 4,3	3,12
Vickershärte HV 10/30	1200 … 1800	1730 … 1930	3500
Biegebruchfestigkeit (MPa)	1300 … 3200	620 … 900	500 … 800
Wärmeleitfähigkeit (W/K · m)	20 … 80	14,7 … 32	40 … 360

Das Spektrum der angebotenen PCBN-Sorten ist vielfältig. Die gezielte Variation der CBN-Korngröße sowie Art und Konzentration der Bindephase ermöglichen eine anwendungsorientierte Schneidstoffabstimmung. Hierbei werden unter anderem die Eigenschaften: Härte, Biegebruchfestigkeit, Wärmeleitfähigkeit und Thermoschockbeständigkeit verändert.

Für das Schrupphartdrehen, also hohe Zerspanleistungen, wird

- grobkörniges PCBN (d_k = 5 … 12 µm) mit
- CBN-Gehalt >80 %

eingesetzt. Dagegen findet

- feinkörniges PCBN (d_k = 0,5 … 3 µm) mit
- CBN-Gehalt <60 %

bei der Feinbearbeitung Anwendung. Für die Bearbeitung im unterbrochenen Schnitt wird ein besonderer Fokus auf eine zähe Bindephase gelegt, wobei

- sehr feinkörniges PCBN (d_k < 1,5 µm) mit
- CBN-Gehalt <60 %

im Einsatz ist.

35.3 Werkzeugmaschinen für das Hartdrehen

35.3.1 Konstruktive Anforderungen

Die konstruktive Gestaltung einer Drehmaschine für die Präzisionsbearbeitung sollte grundsätzlich die folgenden Kriterien berücksichtigen:

- hohe geometrische Genauigkeit,
- hohe statische und dynamische Steifigkeit,
- sehr gute thermische Stabilität und
- einen günstigen Spänefall.

Die hohe **geometrische Genauigkeit** wird deshalb gefordert, da beim Drehen die Ungenauigkeiten in den Führungen, ohne Einsatz zusätzlicher Kompensationsstrategien, unmittelbar am Werkstück messbar sind.

Eine hohe **statische Maschinensteifigkeit** ist notwendig, denn die Zerspankräfte sind im Verhältnis zum Längsschleifen vergleichsweise groß. Vor diesem Hintergrund kommt der zur Werkstückmittelachse gerichteten Passivkraft besondere Bedeutung zu, da derart orientierte Relativverlagerungen zwischen Schneide und Werkstück sich unmittelbar auf Form- und Maßfehler auswirken. Im Gegensatz zum Schleifen können prozesskraftbedingte Verlagerungen nicht durch einen Ausfunkvorgang abgebaut werden. Jegliche Änderungen der Passivkraft führen infolge der endlichen Systemsteifigkeit zu geometrischen Fehlern.

Der Effekt des regenerativen Ratterns ist direkt mit der **dynamischen Steifigkeit** der Drehmaschine verknüpft und kann nur in gewissen Grenzen durch die Gestalt des Werkzeuges kompensiert werden. Deshalb werden oft Prozessparameter gewählt, die nicht dem theoretischen Optimum entsprechen, wodurch Leistungsreserven ungenutzt bleiben.

Eine gute **thermische Stabilität** und detaillierte Kenntnisse des Wärmeganges der Maschine sind im produzierenden Umfeld nicht zu unterschätzende Faktoren. Durch die Wahl geeigneter Werkstoffe und den Aufbau der Maschinenstruktur können diese Effekte deutlich verringert werden.

Einfache **konstruktive Maßnahmen**, wie der freie Fall und Abtransport von heißen Spänen, kennzeichnen eine Hartdrehmaschine. Ein weiterer entscheidender Einfluss bei der Maschinenkonstruktion ist die gezielte Führung des Kraftflusses der durch die Zerspanung auftretenden Schnittkräfte. Kurze Hebelarme der angreifenden Kräfte sowie die Nutzung dämpfender Strukturelemente wie beispielsweise hydrostatische Führungen wirken sich positiv auf das Gesamtverhalten der Maschine aus.

35.3.2 Grundaufbau der Maschine

In Bild 35.3 wird ein Beispiel für den prinzipiellen Aufbau einer Drehmaschine zum Präzisionshartdrehen dargestellt. Der Maschinengrundkörper besteht aus einem Spezialbetonblock mit 3-Punkt-Auflage und bietet somit eine große Dämpfungsmasse für das Hartdrehen.

Der Untergrund muss lediglich tragfähig sein, denn mit diesem Konzept sind weder ein Fundament noch Nivellierarbeiten erforderlich. Auf dem Grundkörper ist das geschweißte Maschinenbett verankert, das mit entsprechend dimensionierten Knotenblechen die Rundsäule der hydrostatischen Führung aufnimmt. Der Längsschlitten wird nicht auf gehärteten Führungsleisten in Form von Flachführungen bewegt, sondern die Bohrung des Schlittens verfährt auf dieser runden, oberflächengehärteten Säule. Diese Säule besteht aus Vollmaterial und fungiert zusätzlich als weitere Dämpfungsmasse. Die Momente werden am großen Hebelarm von Rollenumlaufschuhen in Verbindung mit einer gehärteten Leiste aufgenommen.

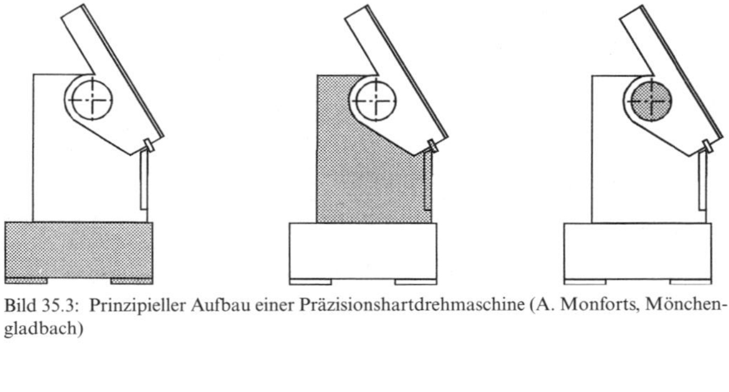

Bild 35.3: Prinzipieller Aufbau einer Präzisionshartdrehmaschine (A. Monforts, Mönchengladbach)

35.3.3 Führungen und Lagerungen

Zu den wichtigsten Komponenten einer Werkzeugmaschine gehören die im Kraftfluss befindlichen Führungen und Lagerungen. Sie bestimmen ganz entscheidend über das Betriebsverhalten der Maschine und somit letztendlich über die erzeugbare Bauteilqualität. Bei Drehmaschinen müssen die Bewegungen der Supporte geführt und die der Spindeln gelagert werden. Hierbei werden die Bewegungsarten

- Translation und
- Rotation

unterschieden.

Die drei wichtigsten Führungsarten lassen sich nach ihrem physikalischen Prinzip und/oder nach der Wahl des Trennmittels der relativ zueinander bewegten Flächen beschreiben. Es werden

- hydrodynamische,
- hydrostatische und
- wälzkörpergelagerte

Führungen und Lager unterschieden. Im nachfolgenden Abschnitt werden vornehmlich Prinzipien zur Führung linearer Bewegungen, also Translation, beschrieben. Die Erkenntnisse gelten grundsätzlich auch für rotierende Elemente.

35.3.3.1 Hydrodynamische Gleitführung

Die **hydrodynamische Gleitführung** ist eine Führungsart, die bei Drehmaschinen sehr häufig eingesetzt wird. Vorteile sind:

- die hohe Steifigkeit,
- die Dämpfung und
- niedrige Herstellkosten bei
- guter Genauigkeit.

Das flüssige Schmiermittel (Öl) wird ohne oder mit geringem Druck an die Kontaktstelle zwischen Schlitten und Führungsbahn zugeführt. Durch die Relativbewegung der Komponenten baut sich ein Schmierfilm auf, der die Kontaktflächen trennt. Der Aufbau des Schmierfilmes wird meist durch eine gezielte Oberflächenstrukturierung oder Spaltgeometrie unterstützt.

Ein entscheidender Nachteil der hydrodynamischen Gleitführungen ist ihre Abhängigkeit zwischen der Gleitgeschwindigkeit und dem Reibungskoeffizient μ, was mit der **Stribeck-Kurve** in Bild 35.4 dargestellt wird.

Drehmaschinen werden aufgrund der relativ niedrigen Vorschubgeschwindigkeiten vornehmlich im Mischreibungsgebiet betrieben. Die Führungsbahnen unterliegen somit einem kontinuierlichen Verschleiß und müssen daher nach einer bestimmten Einsatzdauer ausgetauscht werden.

Neben dem Verschleiß besteht zusätzlich die Gefahr ungleichmäßiger, ruckartiger Bewegungen infolge des so genannten Stick-Slip-Effektes. Dieser Effekt ist auf die negative Steigung der Stribeck-Kurve bei niedrigen Gleitgeschwindigkeiten zurückzuführen. Die ruckartigen Bewegungen sind durch abwechselndes Haften und Gleiten gekennzeichnet und führen zu einer unerwünschten Verschlechterung der Oberflächengüte.

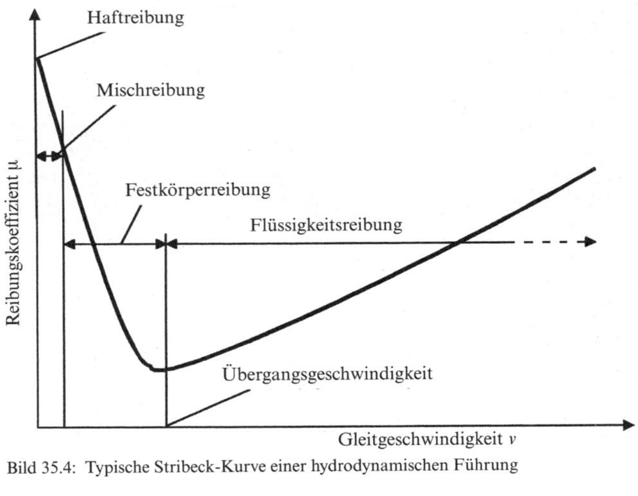

Bild 35.4: Typische Stribeck-Kurve einer hydrodynamischen Führung

35.3.3.2 Hydrostatische Gleitführung

Das Prinzip der **hydrostatischen Gleitführungen** basiert wie bei den hydrodynamischen Führungen auf der Trennung der Berührungsflächen durch einen tragenden Schmierfilm. Der Öldruck wird dabei nicht durch die relative Bewegung der Flächen erzeugt, sondern außerhalb des Schmierspaltes durch eine separate Pumpe. Überragende Vorteile der Hydrostatik sind:

- absolute Verschleißfreiheit und
- keinerlei Stick-Slip-Effekte.

Hauptgründe für den Verzicht auf hydrostatische Führungen und Lagerungen sind die höheren Kosten aufgrund eines aufwendigeren Maschinenkonzeptes und zusätzliche Aggregate.

In Bild 35.5 wird die hydrostatische Rundführung eines Längsschlittens gezeigt. Die Taschen der Rundführung sind in die Bohrungswand des Schlittens eingebracht. Sie sind in zwei Reihen zu je vier Taschen eingearbeitet, um Querkräfte und Momente aufnehmen zu können. Als Druckölversorgung dient eine Pumpe für insgesamt 8 Öltaschen mit jeweils vorgeschalteten Kapillaren als Vorwiderstand und einem Taschendruck von etwa 30 bar.

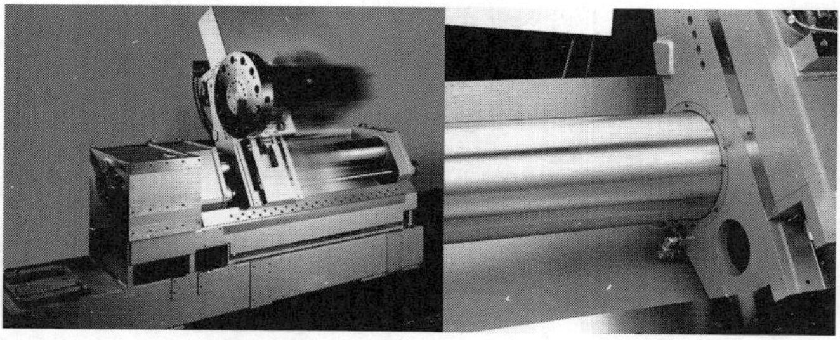

Bild 35.5: Hydrostatische Führung der *Z*-Achse einer Drehmaschine (A. Monforts, Mönchengladbach)

Aufgrund der gegenüberliegenden Druckkomponenten wird selbstständig zentriert und eine hohe Steifigkeit gegenüber Zerspankräften erreicht. Des Weiteren wird durch die Anordnung der Ölkammern auch eine absolute Kippsicherheit gewährleistet. Der Öldurchfluss ist gering und beträgt weniger als 1 l/min. Das System ist absolut dicht. Der Ölspalt zwischen Säule und Bohrung beträgt nur circa 15 µm. Die Spalttoleranz von 5 µm wird auf der gesamten Führungslänge eingehalten. Die engen Maß- und Formtoleranzen ergeben in Verbindung mit einer geringen Pumpenförderleistung eine Steifigkeit pro Taschenpaar von etwa 10000 N/µm. Das Bild 35.6 stellt den hydraulischen Schaltplan des Längsschlittens dar.

35.3.4 Weitere Besonderheiten

Ein gewichtskompensierter **Planschlitten** mit spielfreier Wälzführung und der Einsatz eines absoluten, linearen **Messsystems** (Glasmaßstab) mit einer hochgenauen Auflösung von mindestens 0,5 µm sind weitere wichtige Komponenten für eine erfolgreiche Präzisionshartbearbeitung. Des Weiteren unterstützen spezielle, wärmestabilisierende Maßnahmen im Maschinenbett sowie eine zusätzliche Werkzeugtemperaturkompensation eine reproduzierbare Prozesssicherheit.

Bei der **Hauptspindel** ist konsequent auf ein geringes Lagerspiel, unabhängig von der Drehzahl, zu achten. Eine querkraftfreie Lagerung der Hauptspindel und ein Rundlauffehler kleiner 1 µm sind weitere Komponenten, die die hohen Qualitätsanforderungen der Werkstücke unterstützen.

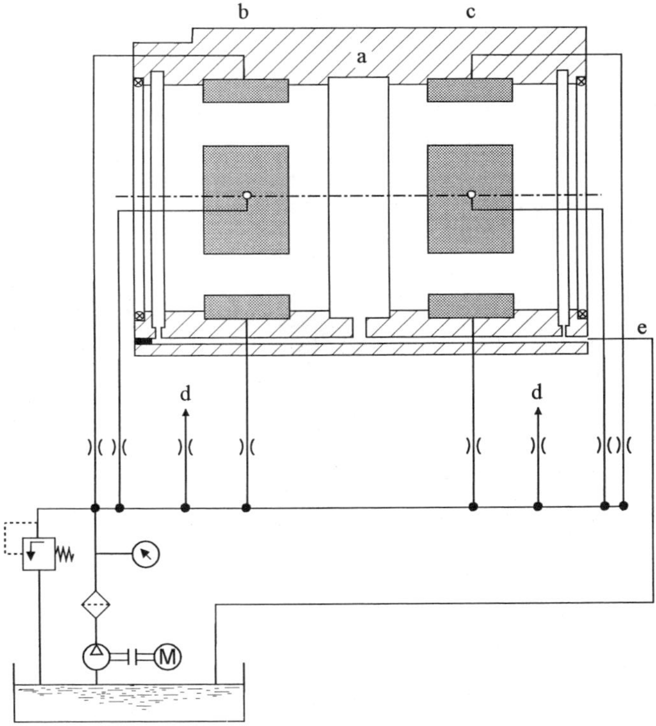

Bild 35.6: Hydraulikschaltplan für den Längsschlitten (A. Monforts, Mönchengladbach)

35.4 Spannvorrichtungen

Ein nicht zu unterschätzender Faktor sind die eingesetzten Spannmittel. Die Spannvorrichtungen müssen das Werkstück sicher halten und die wirkenden Schnittkräfte aufnehmen. Gleichzeitig dürfen sie aber nicht zu einer Verformung des Bauteiles führen, was bei herkömmlichen Dreibackenfuttern auftreten kann. Vor diesem Hintergrund ist der Einsatz von Membran- oder Magnetspannfuttern zur Einhaltung enger Maß- und Formtoleranzen oftmals gefordert.

Quellen und weiterführende Literatur

[1] *Weck, M.:* Werkzeugmaschinen Fertigungssysteme, Band 2: Konstruktion und Berechnung. Düsseldorf: VDI Verlag, 1991

[2] *Koch, K.-F.:* Technologie des Hochpräzisions-Hartdrehens. Aachen: Shaker Verlag, 1996

[3] *Jochmann, S.:* Untersuchungen zur Prozess- und Werkzeugauslegung beim Hochpräzisionshartdrehen. Aachen: Shaker Verlag, 2001

[4] *Jöckel, G.:* Hartdrehen auf Monforts CNC-Drehmaschinen. Vortrag. VDI Haus Düsseldorf. 10. Oktober 2000

[5] *Junklewitz, H.:* Wertanalyse am Beispiel hydrostatischer Führungen einer NC-Drehmaschine. Werkstatt & Betrieb. (1979) 4

Brandt, D.: Randzonenbeeinflussung beim Hartdrehen. Düsseldorf: VDI Verlag, 1996

Liermann, J.: Hartdrehen wälzbelasteter Bauteile. Aachen: Shaker Verlag, 1998

Schmidt, J.: Mechanische und thermische Wechselwirkungen beim Drehen gehärteter Stähle. Düsseldorf: VDI Verlag, 1999

Wobker, H.-G.: Hartbearbeitung. Düsseldorf: VDI Verlag, 1997

36 CNC-gesteuerte Mehrspindel-Drehautomaten

Dipl.-Ing. (FH) Helmut Friedrich Link

36.1 Definition von Mehrspindel-Drehautomaten

Ein Mehrspindel-Drehautomat kann eine Waagrecht- oder Senkrecht-Drehmaschine sein, die für die Serienproduktion von Teilen nach einem vorgegebenen Programm mit fester Folge der Arbeitsgänge gestaltet ist. Das kennzeichnende Merkmal dieser Maschinen ist – in Anlehnung an die Europäische Norm EN 13788 [1] – die **Spindeltrommel**, die meist 6 oder 8 parallel auf einem Teilkreis angeordnete Arbeitsspindeln besitzt.

36.2 Prinzipielle Arbeitsweisen von Mehrspindel-Drehautomaten

Die Arbeitsgänge werden simultan an allen Arbeitsspindeln durchgeführt. Anschließend wird die Spindeltrommel um eine Spindelteilung weitergeschaltet und ein neuer Bearbeitungszyklus beginnt. Nach jeder Trommelschaltung ist ein Werkstück fertig gestellt, das nun sämtliche Stationen während einer Trommelumdrehung durchlaufen hat (Rundtakt- oder Rundtransferprinzip). Ein Werkstück kann an den einzelnen Spindelpositionen – auch **Spindellagen** genannt – von einem oder mehreren Werkzeugen gleichzeitig bearbeitet werden. So ist es z. B. möglich, gleichzeitig die Bohrung und mit zwei weiteren unabhängigen Werkzeugen die Außenkontur zu zerspanen.

Die längste Zeit, die in einer der Spindellagen für die Bearbeitung benötigt wird, ergibt die Stückzeit.

Daher ist man bestrebt, alle Arbeitsgänge gleichmäßig auf die einzelnen Spindellagen und Werkzeugträger zu verteilen, so dass in allen Spindellagen möglichst gleiche, d. h. minimale Bearbeitungszeiten erreicht werden. Mehrspindel-Drehautomaten haben in aller Regel keine Werkzeugrevolver, da die Zahl der Werkzeugschlitten für die benötigten Werkzeuge ausreicht. D. h. jeder Schlitten trägt nur ein Werkzeug. Allenfalls werden auf einem Schlitten zwei nebeneinander liegende Werkzeuge angeordnet, die nacheinander zum Einsatz kommen, meist für die Innenbearbeitung. Als grober Anhaltspunkt gilt, dass die Produktionsleistung von **CNC-Mehrspindlern** 5 bis 6-mal höher ist als die von CNC-Einspindlern.

36.3 Typische Einsatzbereiche und die Verbreitung dieser Maschinen

Mehrspindel-Drehmaschinen werden für die Massenfertigung von Drehteilen hauptsächlich in der Fahrzeug- und Elektroindustrie und in der Fluidtechnik eingesetzt. Bei der Mehrzahl der Maschinen werden **Werkstoffstangen** aus Stahl oder Messing mit einer Länge von 3 bis 4 Meter verarbeitet.

Es existieren Maschinen von ca. 12 bis 67 mm Spindelkapazität. Die größte Häufigkeit der Maschinen liegt bei einem Spindeldurchlass von 32 mm.

Für Armaturenteile werden häufig Sechskantstangen verarbeitet. Auch vorgeformte Rohlinge, wie Guss-, Schmiede-, Fließpress- und Ziehteile werden über Magaziniereinrichtungen aller Art den Maschinen automatisch zugeführt. Bei solchen Teilen – besonders wenn sie größer sind – wird der Materialeinsatz bzw. die Zerspanarbeit deutlich reduziert.

Die klassischen Länder für den Bau und die Anwendung der Mehrspindler sind die USA und Russland. Man schätzt, dass in den USA heute noch ca. 30 000 Maschinen laufen – wohlgemerkt handelt es sich hier ausschließlich um mechanische, d. h. kurvengesteuerte Maschinen.

Bild 36.1: Mehrspindel-Drehautomat (INDEX Werke, Esslingen)

36.4 Der Übergang von kurvengesteuerten zu CNC-gesteuerten Maschinen

Bis in die 90er Jahre des letzten Jahrhunderts wurde von vielen Fertigungsfachleuten die Meinung vertreten, dem CNC-Mehrspindler würde nie ein nennenswerter Erfolg beschieden sein, da zu teuer, zu komplex und zu störanfällig. Auf der anderen Seite war abzusehen, dass die kurvengesteuerten Maschinen keine Zukunft mehr hatten. Denn man legte die Maßstäbe der längst eingeführten CNC-gesteuerten einspindligen Drehautomaten an, die in jeder Beziehung die Kurvenautomaten übertrafen. (Seit etwa dem Jahr 1980 wurden in den Industrieländern keine kurvengesteuerten Einspindler mehr entwickelt – auch aus Kostengründen. Bei den kleinen Langdrehautomaten kam der Übergang zur CNC-Technik etwas später.)

Anfänglich wurden die bestehenden mechanischen Maschinen mit CNC-Technik versehen, indem man die gesamte Maschinenkonzeption beließ und nur die Kurven durch geeignete Servoantriebe ersetzte. Die Wechselradgetriebe wurden durch regelbare Drehstrommotoren abgelöst. Damit wurde nur die Rüstzeit für die Drehzahlwahl der Hauptspindeln verbessert. Der fundamentale Nachteil, dass alle Arbeitsspindeln dieselbe Drehzahl und Drehrichtung aufweisen, blieb bestehen.

Man erkennt ohne weiteres eine Parallele zu den Drehbänken, bei denen man 25 Jahre früher quasi die Handräder durch Servoantriebe ersetzte, und fertig war die NC-Maschine.

Bei dem etwas überzeichneten Beispiel konnte man natürlich das Potenzial, das in der modernen CNC-Steuerungs- und Antriebstechnik steckt, bei weitem nicht ausschöpfen. Überzeugende Lösungen konnten nur erzielt werden, weil man Mehrspindler im Blick auf die CNC-Technik völlig neu konzipierte und konstruierte, d. h. „echte“ CNC-Maschinen kreierte. Die folgenden Ausführungen befassen sich ausschließlich mit solchen Maschinen.

36.5 Funktions- und Anwendungserweiterung aufgrund der CNC-Technik

Grundsätzlich besteht kein Unterschied mehr zwischen der Funktionalität eines einspindligen und eines modernen mehrspindligen CNC-Drehautomaten. Und dies gilt auch für die erzielbare Genauigkeit, die Durchmessertoleranzen im Bereich von 0,01 bis 0,02 mm ermöglicht. (Oft kann ein nachträglicher Schleifarbeitsgang entfallen.) Dafür waren hauptsächlich zwei Bedingungen zu erfüllen:

- Alle Arbeitsspindeln müssen unabhängig in der Drehzahl regelbar sein (**Motorspindeln**)
- Alle Werkzeuge müssen bahngesteuert sein

Darüber hinaus waren bei Bedarf noch weitere Achsbewegungen wie ***C*- und *Y*-Achse** vorzusehen. Sie erlauben in Verbindung mit rotierenden Werkzeugen eine Vielfalt von Bohr- und Fräsbearbeitungen. Diese Werkzeuge werden von separaten Elektro- oder Hydromotoren angetrieben. **Elektronische Getriebe**, z. B. zwischen Werkstück und Abwälzfräser bzw. Gewindefräser oder zwischen Arbeitsspindel und Gegenspindel, erweitern die Fertigungsmöglichkeiten erheblich. Diese neue Qualität der Mehrspindler hatte zur Folge, dass fast ausschließlich hochwertige Drehteile bearbeitet werden, die auf kurvengesteuerten Maschinen nicht herstellbar sind. Diese hochwertigen Teile zeichnen sich u. a. aus durch:

- komplexe Formen
- vielfältige Bearbeitungen mit rotierenden Werkzeugen, zusätzlich zur reinen Drehbearbeitung
- hohe Genauigkeit
- schwierig zu bearbeitende Werkstoffe

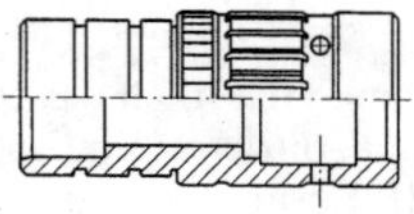

2a (95Mn 28k, 25 sec)

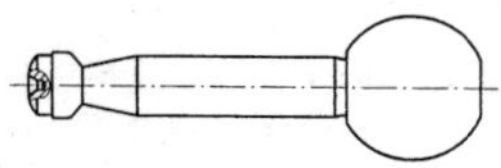

2b (41Cr MoV4, 14 sec)

M 1:2

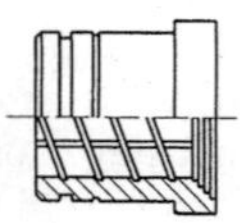

2c (Cu2N 40AL2, 2,2 sec)

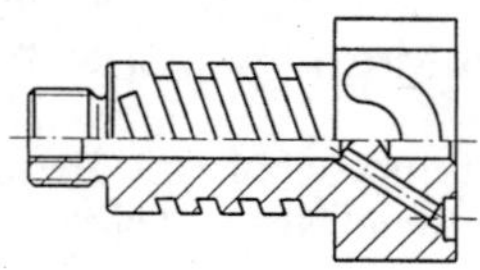

2d (95Mn 28k, 18 sec)

Bild 36.2: Bearbeitungsbeispiele (INDEX Werke, Esslingen)

Viele im Grunde einfache Arbeitsgänge, die früher mit Mehrspindlern nicht oder nur mit aufwendigen Zusatzeinrichtungen machbar waren, können jetzt ohne weiteres an jeder beliebigen Spindellage durchgeführt werden wie:

- Formdrehen innen und außen
- Gewinde strehlen
- Gewinde auf- und abschneiden
- Stillsetzen und indexieren der Spindel
- Entspänen von tiefen Bohrungen usw.

Bei Massendrehteilen wie sie auf CNC-Mehrspindlern produziert werden, besteht zunehmend die Forderung nach **Komplettbearbeitung**. Jeder nachträgliche Arbeitsgang erfordert zusätzliche automatisierte Maschinen.

Vorteile der Komplettbearbeitung:

- Keine zusätzlichen Spannmittel ggf. mit Teileorientierung
- Erhöhte Genauigkeit wegen fehlender Umspannvorgänge
- Kürzere Bearbeitungszeit, da Handhabungszeiten entfallen
- Gratfreiere Teile, da nach Bohr- und Fräsarbeiten die Grate durch erneutes Drehen entfernt werden können
- Kürzere Durchlaufzeiten

Für die Rückseitenbearbeitung der Teile dient eine **Gegen- oder Synchronspindel**, die z. B. das Werkstück vor dem Abstechen übernimmt und es dann der Rückseitenbearbeitung mit einem oder zwei Werkzeugen zuführt. Oft genügt es, z. B. die Planseite sauber zu drehen und die Bohrung zu entgraten. Eine umfangreichere Bearbeitung verbietet sich, da die Bearbeitungszeit in dieser Spindellage und damit die Stückzeit inakzeptabel ansteigen würde.

Für eine weitergehende Bearbeitung der Werkstückrückseite benötigt man eine Maschine mit **Gegenspindeltrommel**, d. h., der Trommel mit z. B. 6 Arbeitsspindeln steht eine weitere mit 3 oder 6 Gegenspindeln gegenüber. Die Gegenspindeln sind als verfahrbare Pinolen ausgebildet und können zur Übernahme des Werkstücks in der entsprechenden Spindellage herausfahren.

Ein in eine Gegenspindel übernommenes Teil erfährt während einer Umdrehung der Gegentrommel die Bearbeitung der Rückseite. Bei nicht zu umfangreicher Bearbeitung genügen auch 3 Gegenspindeln. Pro 60 ° Trommelschaltung der Haupttrommel macht die Gegentrommel eine Drehung von 120 °.

Natürlich beschränkt sich die Bearbeitung in den Gegenspindeln nicht mehr auf die Stirnseite der Werkstücke, die vor dem Abstechen von der Stange unzugänglich ist. Vielmehr ist es möglich, alle Arbeitsgänge des Werkstücks auf z. B. 9 oder 12 Spindeln gleichmäßig zu verteilen, um noch kürzere Stückzeiten zu bekommen.

Das Abführen der meist sehr genauen und empfindlichen Teile aus der Maschine ist nicht unproblematisch, da die Teile nicht aufeinanderfallen dürfen. Da bei CNC-Maschinen praktisch immer eine Synchron- oder Gegenspindel vorhanden ist, holt ein Greifer das fertige Werkstück aus der stillgesetzten Spindel und legt es auf ein Transportband, das es aus der Maschine herausführt.

Im Blick auf die Genauigkeit der Werkstücke bietet die CNC-Technik zusätzliche Möglichkeiten. Obwohl die Spindeltrommeln, dank einer Hirth-Verzahnung, äußerst wiederholgenau positionierbar sind, gibt es doch unvermeidbare Abweichungen der einzelnen Spindelachsen auf dem Teilkreis. Diese systematischen Lagefehler lassen sich bei der Inbetriebnahme einer Maschine kompensieren, indem man jedem Schlitten, der eine x-Achse darstellt, Korrekturspeicher zuordnet. Die jeweils anstehende Arbeitsspindel bewirkt eine individuelle Nullpunktverschiebung des Schlittens.

Unter schwierig zu bearbeitenden Werkstoffen versteht man vor allem solche mit Langspanigkeit. Dank der stufenlos drehzahlregelbaren Motorspindeln kann man sich an die optimalen Bedingungen herantasten. Oft gelingt es in einem schmalen Drehzahlbereich, die Späne zum Brechen zu bringen. Auch die Möglichkeit, eine konstante Schnittgeschwindigkeit zu programmieren, verbessert die Schnittdauer und die Oberflächenqualität.

Bei Werkstücken, die nur wenige Werkzeuge zur Bearbeitung benötigen, kann man die Maschinen auch als so genannte **Doppel-Dreispindler oder Doppel-Vierspindler** betreiben.

Zum Beispiel wird ein Werkstück in den Spindellagen 1, 2 und 3 gefertigt, und parallel dazu ein zweites Teil in den Spindellagen 4, 5 und 6. Pro Trommelschaltung erhält man hier zwei Teile.

Eine andere Reihenfolge ist bei 8-Spindlern gebräuchlich. In den Spindellagen 1, 3, 5 und 7 wird ein Teil bearbeitet, gleichzeitig ein weiteres in den Lagen 2, 4, 6 und 8. Die Spindeltrommel dreht jeweils um 90 °. Bei der

Verarbeitung von Halbzeug wird oft ein gefertigtes Teil mit einer Handhabungseinrichtung gewendet und der Maschine wieder zugeführt, zur Bearbeitung der Rückseite mit den vier anderen Spindeln.

Waren bei Kurvenmaschinen die Losgrößen wegen des enormen Rüstaufwands sehr hoch, so konnten sie bei CNC-Maschinen entscheidend nach unten gedrückt werden (< 1000 Stück). Wenn sich z. B. innerhalb einer Teilefamilie die Stangendurchmesser nicht ändern, genügen oft wenige Minuten, um das neue Steuerprogramm aufzurufen und um ein paar voreingestellte Werkzeuge zu tauschen. Wechselräder, Kurven, Nockenscheiben, Hebelübersetzungen und Festanschläge gibt es nicht mehr, und auch das Suchen der richtigen Stelle zum Festspannen der Werkzeuge entfällt.

36.6 Konzeption und Gestaltung moderner CNC-Mehrspindel-Drehautomaten

Wie bei vielen Werkzeugmaschinen üblich, drängt sich das Prinzip der **Modularität** gerade bei CNC-Mehrspindlern auf. Die vielen Spindeln, Trommeln und Schlitten sollten möglichst baugleich und gemäß der Fertigungsaufgabe konfigurierbar sein.

Bild 36.3: Frontdrehmaschine mit 12 Werkzeugträgern (INDEX Werke, Esslingen)

Bild 36.3 zeigt die einfachste Maschine als **Frontdrehautomat** mit 6 Arbeitsspindeln und 12 Werkzeugschlitten. Da alle Schlittenbaugruppen am Spindelkasten angeordnet sind, entfällt das zweite Gehäuse, an dem die Werkzeugschlitten für die Innenbearbeitung üblicherweise untergebracht sind, wie Bild 36.4 zeigt.

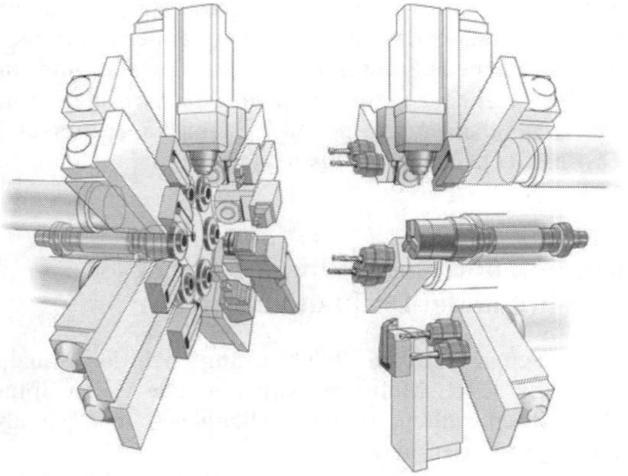

Bild 36.4: Maschine mit Gegenspindel und zusätzlichen Werkzeugträgern zur Innenbearbeitung (INDEX-Werke, Esslingen)

Die höchste Ausbaustufe stellt die Maschine mit Gegentrommel dar (Bild 36.5).

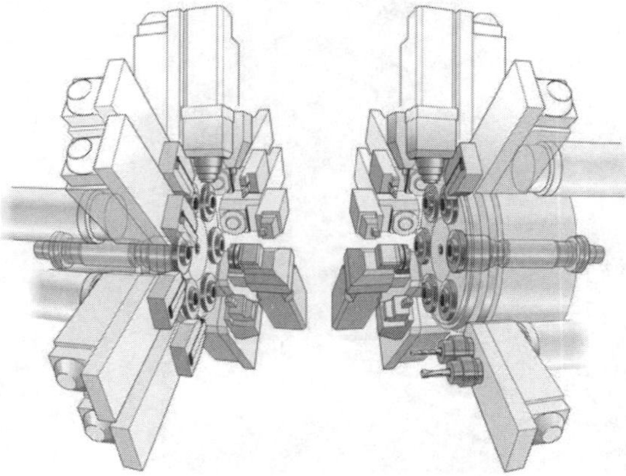

Bild 36.5: Maschine mit zusätzlicher Gegentrommel (INDEX-Werke, Esslingen)

36.7 Arbeitsspindeln und Spindeltrommel

Bild 36.6 ist der Schnitt durch eine Arbeitsspindel mit integriertem Motor. Es handelt sich hier um einen luftgekühlten Asynchronmotor, dessen unterschiedliche Statorbleche so geschichtet sind, dass großflächige Kühlrippen entstehen. (Bild 36.7) Die Kühlluft wird am Trommelumfang zugeführt und durchströmt alle Motoren in Richtung Trommelachse, von wo sie über ein Rohr nach außen geleitet wird.

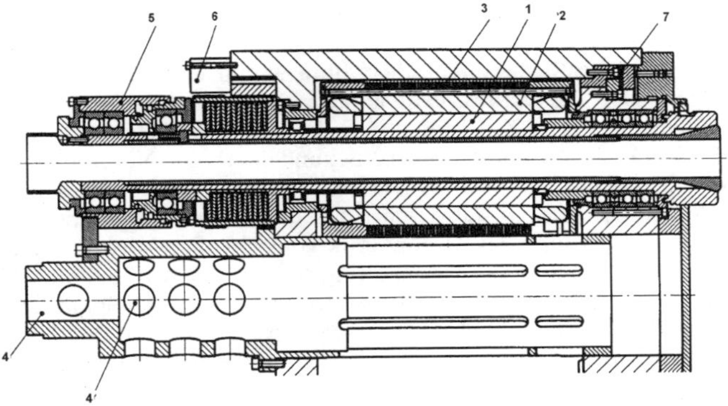

Bild 36.6: Aufbau einer Motorspindel
1 Rotor, 2 Stator, 3 Lufteintritt, 4 Luftaustritt, 5 Werkstoffspanneinrichtung, 6 Rotorlage-Messeinrichtung, 7 Hirth-Verzahnung für die Trommel (INDEX-Werke, Esslingen)

Diese Art der Motorkühlung ist sehr wirkungsvoll, da auch die Wickelköpfe des Stators und der Rotor unmittelbar gekühlt werden. Als Nebeneffekt erhält man einen Luftüberdruck in der Spindeltrommel, der verhindert, dass Schmutz und Feuchtigkeit von außen in die Spindellager eindringen. Die Lager sind auf Lebensdauer fettgeschmiert.

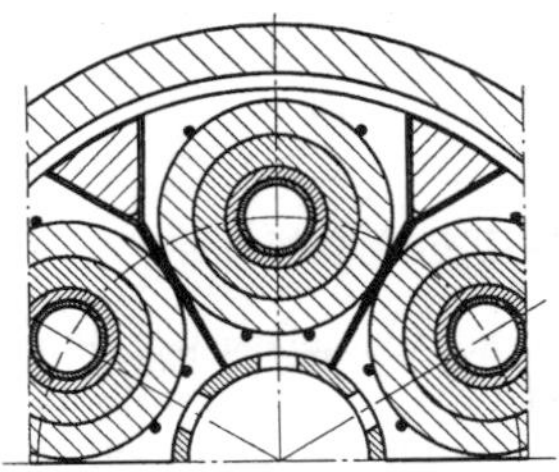

Bild 36.7: Querschnitt der Motorspindel (INDEX-Werke, Esslingen)

Am Ende der Spindeln befinden sich die Rotorlage-Messeinrichtung und die Werkstückspanneinrichtung. Damit die Spindelmotoren mit Lagemesseinrichtungen und die Spanneinrichtungen stets mit Kabeln bzw. Hydraulikleitungen verbunden sein können, dreht sich die Spindeltrommel vor und zurück, angetrieben von einem separaten Servomotor.

Nach z. B. fünf Schaltschritten vorwärts von je 60 ° wird der letzte Schritt zum Ausgangspunkt durch eine Trommeldrehung 300 ° rückwärts ausgeführt.

An geeigneter Stelle werden die Leitungen auf eine Trommel auf- bzw. abgewickelt. Die Rückwärtsdrehung kann sehr schnell sein. Die trotzdem anfallende längere Zeit verteilt sich aber auf 6 Werkstücke, so dass sich die Stückzeit nur um 0,1 bis 0,2 Sekunden erhöht. Neuerdings werden als Spindelmotoren auch Synchronmotoren verwendet, die einen Feldschwächungsbereich aufweisen. Ab einer bestimmten Eckdrehzahl bleibt die Leistung des Motors etwa konstant. Die Vorteile sind: keine Wärmeentwicklung im Rotor, geringere Rotormassen, dadurch höhere Beschleunigungswerte und höhere Leistungsdichte. Mit Spindelmotoren können viel höhere Drehzahlen erreicht werden als mit den bisherigen mechanischen Antrieben. Auch die Geräuschentwicklung ist entscheidend geringer.

Tabelle 36.1: Leistungsdaten von Motorspindeln

Leistungsdaten von Motorspindeln			
Max. Werkstoffdurchmeser *d* in mm	**32**	**42**	**52**
Max. Spindeldrehzahl n in min^{-1}	6 300	5 000	5000
Nenn-Motorleistung P in kW	4	8	19
Nenn-Drehmoment Md in Nm	15	32	90
Max. Motorleistung P_{max} in kW	12	14	29
Max. Drehmoment Md_{max} in Nm	47	72	135

36.8 Werkzeugschlitten mit Achsantrieben

Es sind **elektrohydraulische und elektrische Achsantriebe** gebräuchlich. Erstere wurden zuerst deshalb eingesetzt, weil die Baugröße der Antriebsverstärker für elektrische Servomotoren riesige Schaltschränke bei z. B. 30 und mehr Achsen bedingt hätte.

Bild 36.8 zeigt einen **Kreuzschlitten**, bestehend aus der *Z*-Achse in Form einer runden Säule, die durch den Spindelkasten hindurch geht, und der *X*-Achse in Form eines Schlittens, der stirnseitig auf der *Z*-Säule angeordnet ist. Elektrische Servomotoren sorgen für die Vorschubbewegungen. Den Querschlitten treibt der Motor am Ende der *Z*-Säule über einen spielfreien Winkelantrieb und die Kugelgewindespindel im Schlittenunterteil an. Die Mutter des Kugelgewindetriebs geht in einen glatten zylindrischen Teil über, der aus dem Schlittenunterteil austritt und mit dem Schlitten verbunden ist.

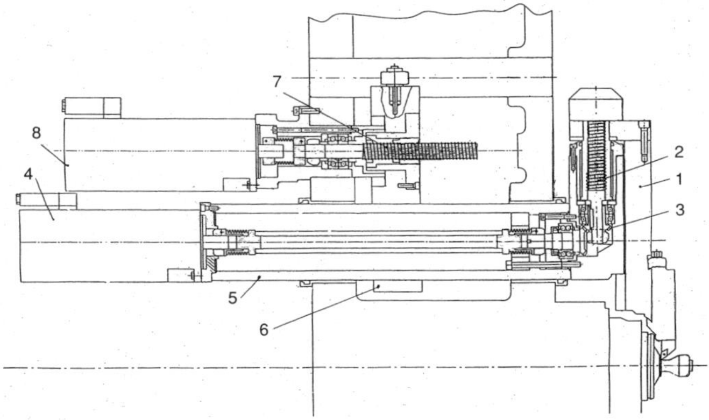

Bild 36.8: Kreuzschlitten 1 *X*-Schlitten, 2 Kugelgewindetrieb *X*, 3 Winkelgetriebe, 4 Servomotor *X*, 5 *Z*-Säule, 6 Stützarm, 7 Kugelgewindetrieb *Z*, 8 Servomotor *Z* (INDEX-Werke, Esslingen)

Im Bild 36.9 erkennt man die Funktionsweise eines **hydraulischen Linearverstärkers** mit elektrischem Pilotmotor. Im Schlittenunterteil befindet sich der Hydraulikzylinder mit der Ventilpatrone, die ein Vierkantenservoventil darstellt. (Die vier Steuerkanten sind individuell justierbar.)

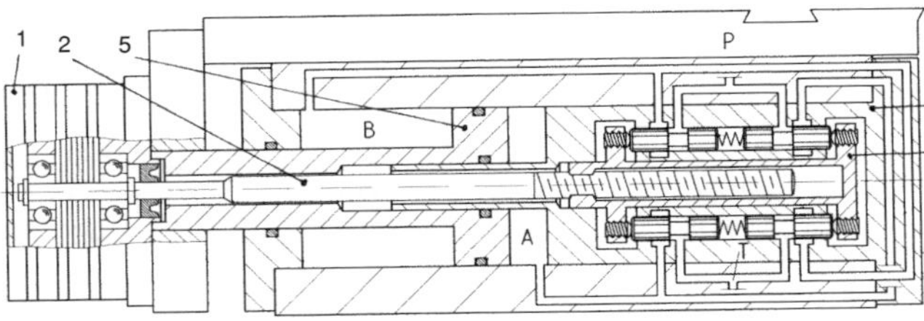

Bild 36.9: Querschlitten mit elektrohydraulischem Linearverstärker 1 Elektrischer Pilotmotor, 2 Spindel, 3 Mutter, 4 Ventilpatrone, 5 Kolben (Hartmann + Lämmle, Rutesheim)

Die Kolbenstange ist mit der Jochplatte des Werkzeugschlittens verbunden. An der Jochplatte sitzt der kleine Motor, dessen spielfrei gelagerte Welle in einer Bewegungsspindel endet. Die Spindelmutter ist mit dem Ventilteil verbunden. Jede Drehung des Motors öffnet das Ventil, und der einsetzende Ölstrom bewegt den Schlitten mit Motor so, dass die Ventilöffnung wieder aufgehoben wird (Prinzip der hydraulischen Kopiersteuerung). Der Lagegeber im Motor erlaubt ein kleinstes Weginkrement von einem Mikrometer.

Wie Bild 36.10 verdeutlicht, besitzt diese Maschine ein Zweikreishydrauliksystem, bestehend aus einem Hochdruck- und einem Niederdruckkreis.

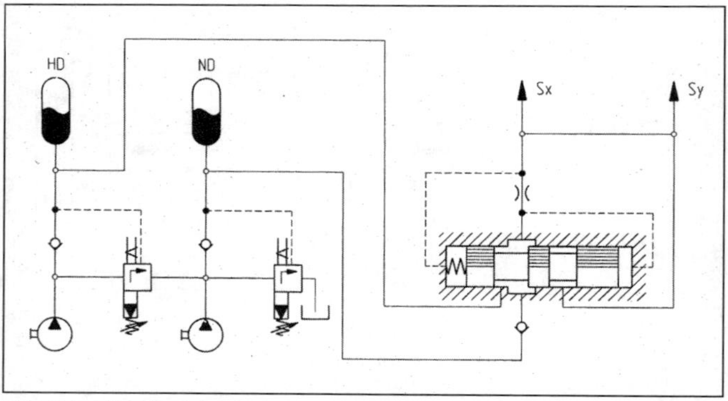

Bild 36.10: Hochdruck-Niederdruck Hydrauliksystem mit stromgesteuertem Umschaltventil (Hartmann + Lämmle, Rutesheim)

Es handelt sich bei beiden Kreisen um eine Zentralhydraulik mit Konstantpumpe und Speicherladebetrieb. Zu bemerken ist, dass die Hochdruckpumpe der Niederdruckpumpe zur Unterstützung parallel geschaltet wird, sobald der Hochdruckspeicher aufgeladen ist.

Die beiden Hydraulikantriebe eines Kreuzschlittens werden über ein Umschaltventil bedarfsgerecht mit dem Hoch- oder dem Niederdruck versorgt. Als Umschaltpunkt wird eine Werkzeuggeschwindigkeit von ca. 4 m/min gewählt. Diese Geschwindigkeit liegt oberhalb der höchsten Arbeitsvorschubgeschwindigkeit, die z. B. bei Gewindestrehlen auftritt. Bis zur Umschaltgeschwindigkeit stehen 10 MPa am Kreuzschlitten an, was für die Zerspanung erforderlich ist (entspricht ca. 15 000 N Vorschubkraft). Darüber schließt sich der Eilgang von 15 m/min an, der aus dem 4-MPa-Kreis gespeist wird. Da keine Zerspankräfte, sondern nur Strömungs- und Reibungskräfte auftreten, genügt der geringe Druck vollkommen. Im Mittel werden in der Praxis nur ca. 15 % der Vor- und Rückfahrwege aller Schlitten zum Zerspanen genutzt, d. h., der Löwenanteil des Ölverbrauchs stammt aus dem Niederdruckkreis. Dies bedeutet eine enorme Energieeinsparung, verbunden mit einer geringeren Ölerwärmung. Der Hydraulikölkühler kann wesentlich kleiner gewählt werden. Die eingesparten Energiekosten machen die Mehraufwendungen wett.

Da im Hochdrucksystem nur sehr geringe Ölgeschwindigkeiten vorliegen, gibt es keine Druckstöße mit Beeinflussung der Meißelschneiden, selbst wenn benachbarte Schlitten plötzlich Eilgänge fahren. Beide Systeme sind voneinander entkoppelt.

Die Wirkungsweise des **Umschaltventils** ist folgende:

Eine Messblende wird vom benötigten Ölstrom durchflossen. Übersteigt der Ölstrom den vorgegebenen Wert, sperrt das Differenzdruckventil den 10-MPa-Zufluss. Jetzt strömt nur noch Öl mit 4 MPa zum Kreuzschlitten. Um den Druckverlust an der Messblende bei maximalem Ölstrom gering zu halten, ist am Differenzdruckventil eine weitere Steuerkante angeordnet, die ein Bypass für die Messblende ist.

W
B
S

36.9 Schlittenführungen

Die runden Führungsbuchsen im Spindelkasten zur Lagerung der *Z*-Achsensäulen werden bei modernen Maschinen als Hydrostatikbuchsen ausgeführt. Vier Taschen in jeder Buchse werden so mit Drucköl versorgt, dass selbst unter Last die Säule stets berührungsfrei auf einem Ölfilm „schwimmt“.

Hydrostatikführungen sind trotz mäßiger Fertigungsgenauigkeit spielfrei bei hoher Steifigkeit, verschleiß- und praktisch reibungsfrei.

Gerade bei Mehrspindlern ist die hohe Dämpfungseigenschaft der Ölfilme unverzichtbar, da bekanntlich alle Arbeitsgänge gleichzeitig ablaufen. Das gleichzeitige Schruppen und Schlichten z. B. an benachbarten Spindeln könnte ohne die vorhandene Dämpfung leicht zur Schwingungsübertragung führen.

Bei den direkt im Arbeitsraum liegenden Querschlitten bevorzugt man bis heute aus Platzgründen und wegen der Schmutzunempfindlichkeit robuste Flachführungen. Reibungsarme Materialkombinationen und wirkungsvolle Schmierung sorgen für die nötige Leichtgängigkeit. Die runden Säulen der *Z*-Schlittenachsen (Bild 36.8) tragen einen Arm, dessen Ende an einer Abstützleiste anliegt und den Schlitten gegen Verdrehen sichert. An diesem Arm greift auch der Vorschubantrieb an.

Y-Achse

Sie steht senkrecht zur *X*- und *Z*-Achse und wird nur in Verbindung mit rotierenden Werkzeugen benötigt. Anstelle einer zusätzlichen Schlittenführung kann man die *Y*-Bewegung auch durch eine Kombination mit Drehbewegungen substituieren. Wie Bild 36.11 verdeutlicht, werden die Arbeitsspindel (*C*-Achse) und die Z-Schlittensäule synchron verdreht. Der Verdrehwinkel φ und eine kleine Korrekturbewegung Δx des *X*-Schlittens sind Funktionen des *Y*-Wegs, die leicht zu interpolieren sind.

$$\text{arc}\sin\varphi = \frac{y}{a} \qquad \Delta X = a - a\cdot\cos\varphi$$

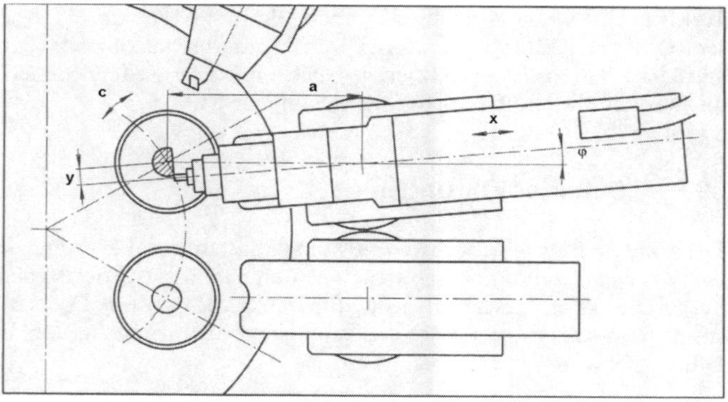

Bild 36.11: Prinzip der *Y*-Achse (INDEX-Werke, Esslingen)

Durch diese Konstruktion bleibt der Arbeitsraum unberührt. Man erhält eine sehr kostengünstige und robuste *Y*-Achse ohne zusätzlichen Schlitten.

36.10 Anordnung der Werkzeugschlitten

Wie in Bild 36.3 zu erkennen ist, sind pro Arbeitsspindel zwei Kreuzschlitten, d. h. zwei unabhängige Werkzeuge vorgesehen. Zu bemerken wäre, dass alle Kreuzschlitten baugleich sind. Nur dank dieser erhöhten Werkzeuganzahl ist es möglich, komplexe Werkstücke komplett fertig zu bearbeiten.

In dem dem **Spindelkasten** gegenüberliegenden sog. **Pinolengehäuse** gemäß Bild 36.5 sind die Kreuzschlitten hauptsächlich für die Innenbearbeitungswerkzeuge untergebracht. Auch diese Kreuzschlitten sind baugleich mit denen des Spindelkastens.

Je nach Fertigungsaufgabe können alle oder nur ein Teil der Kreuzschlitten montiert werden. Auch eine spätere Hochrüstung ist möglich.

36.11 Werkzeugsysteme

Bei kurvengesteuerten Mehrspindlern war es aufgrund der relativ kleinen Schlittenwege nötig, die Werkzeughalter auf den breiten bzw. langen Schlitten verschieben zu können. Bei einer CNC-Maschine gilt die zwingende Forderung, dass alle Werkzeughalter in einer definierten und wiederholgenauen Position an den Schlitten befestigt werden. Das Festspannen sollte mit möglichst nur einer Schraube geschehen. Die Schlitten müssen genügend Hub aufweisen, damit die Meißelschneiden jeden Punkt des Arbeitsbereichs erreichen können. Unter diesen Gegebenheiten können alle Werkzeuge voreingestellt und schnell gewechselt werden.

Als Schnittstelle zwischen Werkzeughalter und Querschlitten hat sich der Schwalbenschwanz nach VDI 3425 bewährt. Bei Bohrwerkzeugen dient eine zusätzliche Schnittstelle in runder Form für schnellen Wechsel. Es lassen sich u. a. Systemwerkzeuge wie HSK nach DIN 69893, ABS von Fa. Komet oder Capto von Sandvik-Caromant leicht adaptieren.

Da Späne die größte Störquelle bei Mehrspindel-Drehmaschinen sind, ist darauf zu achten, dass die Werkzeugschlitten und Werkzeuge möglichst glattflächig sind. Der Kühlschmierstoff wird daher innerhalb der Werkzeughalter über Bohrungen zu den Schneiden geleitet. Wegen der Späneproblematik wurden die *Z*-Schlitten in die Spindelgehäuse integriert. Die Meißelschneide sitzt auf der Stirnseite der Querschlitten und bildet quasi den äußersten Punkt der Einheit. Damit hat man erreicht, dass der Arbeitsraum weitgehend unverbaut ist, was dem freien Spänefall und der Zugänglichkeit beim Einrichten zugute kommt.

Bei CNC-Maschinen verzichtet man oft auf teure Formmeißel und erzeugt die Formen mit Wendeschneidplatten und der Bahnsteuerung. Neben einer besseren Oberflächenqualität reduzieren sich die Werkzeugkosten um ca. 30 %.

36.12 Stangenführungen und Stangenlademagazine

Im Blick auf die hohe Genauigkeit, mit der CNC-Mehrspindler zu produzieren in der Lage sind, kommt der Eignung der **Stangenführung** eine herausragende Bedeutung zu. Es ist geradezu fatal, wenn wegen der Stangenführung gelegentlich erhöhte Schwingungen auftreten, die zu Ausschussteilen führen. Fordern doch die großen Abnehmer der Drehteile von den Zulieferanten Ausschussquoten von wenigen Teilen pro Million. Die von kurvengesteuerten Maschinen bekannten Geräte sind oft unbefriedigend, besonders dann, wenn von den höheren Spindeldrehzahlen der Motorspindeln Gebrauch gemacht wird.

Beste Ergebnisse erreicht man, wenn die Werkstoffstange in einem engen, mit Öl gefüllten Kanal geführt wird. Das bedingt leider für jeden Stangendurchmesser passende Reduzierrohre in den Spindeln und für die Stangenführung. Für Stangen größeren Durchmessers und für Sechskantstangen haben sich wälzgelagerte Kunststoffbuchsen bestens bewährt, die in Abständen entlang der Stangen angeordnet sind. Zur Schwingungsdämpfung werden die Wälzlager in Elastomer-Dämpfungsringe eingebaut. (Bild 36.12)

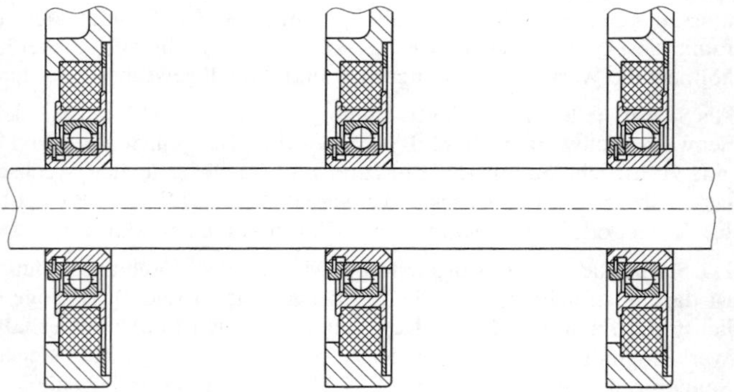

Bild 36.12: Werkstoffstange in kugelgelagerten Buchsen (INDEX-Werke, Esslingen)

Bei **Stangenlademagazinen** unterscheidet man zwei Typen.

- Hinterlader: Dieses Gerät schiebt die neuen Stangen von hinten in die Werkstoffführungsrohre ein, so wie es auch manuell gemacht wird. Die Baulänge der Maschine verlängert sich damit.
- Seitenlader: Die Führungskanäle können der Länge nach aufgeklappt werden, und die neue Werkstoffstange kann von der Seite in den Kanal gelangen.

Eine Stange wird nach jedem fertigen Teil vorgeschoben, was entweder von einer **Vorschubzange** innerhalb der Arbeitsspindel oder von einer **Nachschubstange** hinter dem Stangenende bewirkt wird (Eine Vorschubzange reduziert den Spindeldurchlass).

Am Schieberkopf einer Nachschubstange befindet sich eine federnde Klemmhülse, die über das Stangenende geschoben wird, damit später das Reststück der Stange nach hinten herausgezogen werden kann. Da die Klemmhülse einen größeren Durchmesser des Führungskanals verlangt und damit die Güte der Stangenführung verschlechtert, ist es empfehlenswert, die Werkstoffstangen am Ende zylindrisch anzudrehen. Stange und Hülse haben dann den gleichen Durchmesser. Bei CNC-Maschinen kann man auch die Stange bei stehender Spindel mit einem Greifer vom Arbeitsraum aus vorziehen.

36.13 Werkstückhandhabung

Hier gibt es eine große Vielfalt von Ausführungen, die häufig von den Anwendern selbst gebaut werden.

Am einfachsten ist es bei glatten stiftförmigen Teilen, diese von hinten durch die Arbeitsspindeln zuzuführen. Die fertigen Teile werden vom Arbeitsraum aus abgeführt.

Häufig werden auf die Werkstückform angepasste Magazinschienen verwendet, die durch Bunker und Schrägförderer oder Vibrationsgeräte gefüllt werden. Die Zuführung endet an der Arbeitsspindel, die mit Hilfe eines Einstoßers mit Rohteilen beladen wird.

WBS

Auch flexiblere, roboterähnliche Geräte lassen sich adaptieren.

Bild 36.13 zeigt eine universelle Zuführeinrichtung, bei der das Einschleusen der Teile vom Werkstückspeicher in den Arbeitsraum auf elegante Art gelöst ist. Ein erster Greifer nimmt ein Rohteil von einem Band

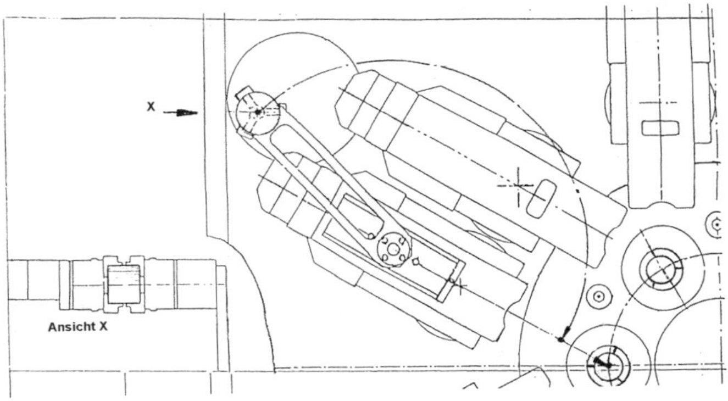

Bild 36.13: Universelle Zuführeinrichtung für Rohteile (INDEX-Werke, Esslingen)

und transportiert es durch einen Tunnel im Spindelkasten zum Arbeitsraum, wo es ein zweiter Greifer übernimmt und mit einer Schwenkbewegung in die Arbeitsspindel bringt.

36.14 Vertikale Drehmaschine

Zur Produktion von Teilen bis ca. 200 mm Durchmesser aus Rohteilen wurde die Maschine nach Bild 36.14 entwickelt. Entsprechend dem Trend wurden acht hängende Pick-up-Spindeln als *Z*-Achsen in einer oben liegenden Spindeltrommel untergebracht. Zwei Spindellagen dienen ausschließlich dem Be- und Entladen, in den übrigen Lagen sind *X*-Schlitten auf das Untergestell geschraubt.

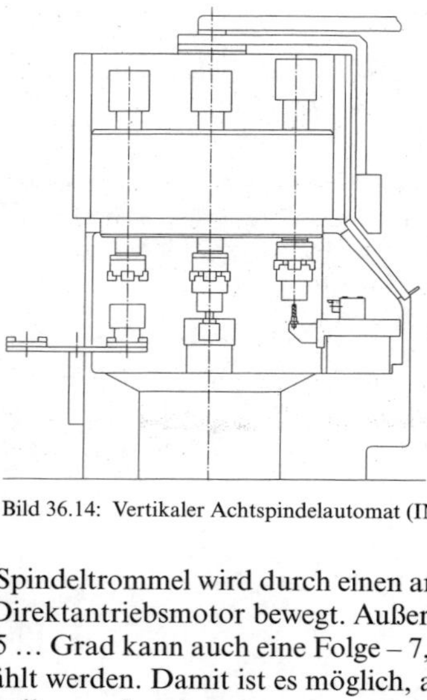

Bild 36.14: Vertikaler Achtspindelautomat (INDEX-Werke, Esslingen)

Die Spindeltrommel wird durch einen am Außendurchmesser angebrachten Direktantriebsmotor bewegt. Außer den Schaltpositionen 0 – 45 – 90 – 135 ... Grad kann auch eine Folge – 7,5 – 37,5 – 52,5 – 82,5 – 97,5 Grad gewählt werden. Damit ist es möglich, auf den Querschlitten zwei Werkzeugreihen nebeneinander unterzubringen, die durch eine 15-Grad-Trommelschaltung nacheinander von einer Spindel angefahren werden. Jede Werkzeugreihe bietet Platz für mindestens ein Außen- und ein Innenbearbeitungswerkzeug. Die 24 verfügbaren Werkzeugplätze reichen aus, um die Maschine auch als Doppelvierspindler zu betreiben. An der Beladestelle sorgt ein Ladekreuz, das jeweils 180 ° schwenkt, mit seinen 2 × 2 Werkstückaufnahmen für die gleichzeitige Zu- und Abfuhr der Teile an zwei Arbeitsspindeln. Das Ladekreuz lässt sich außerhalb der Maschine einfach von einem Roboter o. Ä. mit Teilen bestücken.

36.15 Spezifische Steuerungsprobleme bei CNC-Mehrspindlern

36.15.1 Vagabundierende Spindeln

Jede Arbeitsspindel wird von einer eigenen CNC-Teileinheit (Kanal) mit einem separaten Teileprogramm versorgt.

Ein spezifisches Steuerungsproblem an Mehrspindel-Drehmaschinen besteht darin, dass nach jeder Schaltung der Spindeltrommel die Spindeln mit den ortsfesten Schlittenachsen einen neuen Bearbeitungsverbund bilden; d. h., jede Spindel ist nun mit einem anderen Kanal verbunden. Dies darf keine Auswirkungen auf das Bearbeitungsprogramm haben, und auch der Bediener darf davon nichts merken.

Man spricht hier von vagabundierenden Spindeln, weil sie nicht, wie sonst üblich, einer CNC-Teileinheit fest zugeordnet sind.

Alle Spindeln der Maschine werden also bei der Trommelschaltung synchron und logisch an die folgenden Kanäle weitergereicht. Die Zeit der Trommelschaltung wird auch genutzt, um die Spindeln auf die Drehzahlen oder Winkelpositionen für die nachfolgenden Arbeitsgänge zu bringen.

36.15.2 Vagabundierende Achsen

Ein vergleichbares Problem besteht auch bei Achsen, die bei der Trommelschaltung einem anderen Kanal übergeben werden müssen. Es sind stets die mit einer Trommel verbundenen Achsen, wie z. B. die Z-Achsen einer vertikalen Maschine mit **Pick-up-Spindeln**, oder die Z-Achsen der Spindeln in einer Gegentrommel.

Verschärfend wirkt hier, dass vagabundierende und ortsfeste Achsen einen **interpolatorischen Verbund** darstellen und verantwortlich für die Werkstückkontur sind (Geometrieachsen). Bei jedem Partnerwechsel muss die exakte Position übergehen und im neuen Kanal verrechnet werden.

36.15.3 Rollierende Korrekturen

Selbstverständlich müssen bei jeder Trommelschaltung auch die Werkzeugkorrekturen mitberücksichtigt werden.

Wie bereits erwähnt, können systematische Fehler der Spindelachsen kompensiert werden. Diese sog. rollierenden Korrekturwerte müssen additiv mit den aktuellen Werkzeugkorrekturen verrechnet werden. Im Prinzip können solche Korrekturen außer für die *X*-Achsen bei Bedarf auch für alle anderen Achsen vorgesehen werden.

36.15.4 Steuerungsstrukturierung

Bei leistungsstarken CNC-Steuerungen hat sich die **Kanalstruktur** durchgesetzt. Jeder Kanal steuert unabhängig von den anderen einen Bearbeitungsprozess, der mehrere interpolatorisch miteinander verknüpfte Achsen bzw. Spindeln umfasst. Eine den Kanälen übergeordnete Ablaufsteuerung sorgt mit speziellen Programmbefehlen für die Synchronisation aller Abläufe wie Spindeltrommelschaltung und Weiterreichung der Spindeln und Achsen gemäß dem CNC-Teileprogramm; dies in Verbindung mit der Maschinenanpasssteuerung (SPS, PLC), die die physikalischen Aktionen steuert und überwacht.

Moderne Steuerungen wie z. B. die Siemens Sinumerik 840 D weisen bis zu 10 Kanäle (Einzelsteuerungen) auf und können max. 31 Achs- oder Spindelmotoren ansteuern und verwalten. Die Zahl der Achsen kann vervielfacht werden, wenn zwei oder gar drei dieser Steuerungen mit echtzeitfähigen Verbindungsbaugruppen (CNC-Link) verknüpft werden.

Der Bauraum dieser Steuerungen und der zugehörigen Leistungselektronik ist so minimal, dass sie sich auf dem Dach der Maschinen unterbringen lassen. Die Zugänglichkeit zur Maschine, die Verkabelung, der Transport der Maschine und der Platzbedarf sind optimal gelöst.

36.16 Arbeitsplanung und Programmierung

Es ist eine hohe Kunst, mit viel Erfahrung die Arbeitsgänge optimal auf die Spindellagen und Werkzeugschlitten zu verteilen. Zu beachten ist, dass keine Kollisionen von Werkzeugen und Haltern und keine technologischen Kollisionen auftreten. In manchen Fällen gibt es zeitbestimmende Arbeitsgänge, die sich leider nicht weiter unterteilen lassen, z. B. das Strehlen eines sehr großen Gewindes.

Eine problemorientierte Rechnerunterstützung kann die Planung erleichtern.

Ein **Werkzeugfolgeplan** (Bild 36.15) mit den vorgesehenen Werkzeughaltern und den Einstellmaßen der Meißelschneiden ist stets eine positive Hilfe. Anders als bei Kurvenmaschinen, lassen sich die Schnittwerte und die Werkzeugfolge beim Einfahren eines Teils ohne Aufwand optimieren.

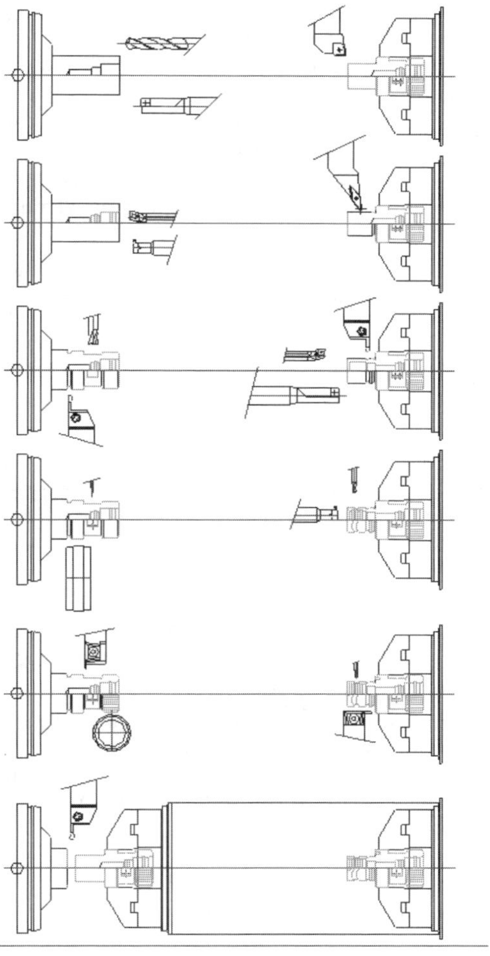

Bild 36.15: Werkzeugfolgeplan für das Werkstück nach Bild 36.2a (INDEX-Werke, Esslingen)

Die Programmierung gestaltet sich relativ einfach, da jede Spindellage als separate Maschine betrachtet und für sich programmiert wird. Irgendwelche Abhängigkeiten oder Einschränkungen der Spindeln untereinander existieren nicht.

Aber es ist auch möglich, Querbeziehungen zwischen den Kanälen herzustellen. So können durch Einfügen von Synchronisationsmarken zwischen mehrere Kanäle die Einzelprogramme erst weiterlaufen, wenn alle ihre Synchronisationsmarke erreicht haben.

Entsprechendes gilt auch für das Ende aller Bearbeitungen, als Voraussetzung für die Trommelschaltung. Die Bearbeitungsprogramme der CNC-Teilsysteme werden im NC-Code nach DIN 66025 erstellt. Zusammenfassend lässt sich feststellen, dass die Programmierung kaum anders ist als bei anderen Drehmaschinen.

Auch das Einrichten und Testen eines Werkstücks ist komfortabel, weil jedes Werkzeug und jede Spindel allein arbeiten kann. Somit können die Arbeitsgänge der Reihe nach gestartet und korrigiert werden.

36.17 Ausblick

CNC-Mehrspindel-Drehautomaten haben seit wenigen Jahren einen festen Platz bei der Drehteileproduktion erobert. Ihre Akzeptanz und Verbreitung weist eine steil ansteigende Tendenz auf. Auch aus wirtschaftlichen Gründen (Stückkostenreduzierung) wird ihr Einsatz zunehmend unentbehrlicher.

Sicher werden die kurvengesteuerten Maschinen noch viele Jahrzehnte ihre Arbeit wie bisher verrichten. Aber der Bau von Kurvenmaschinen wird wohl in wenigen Jahren stark zurückgehen, vielleicht sogar eingestellt werden.

Der maßgebliche Grund wird sein, dass es dann kostengünstiger ist, eine aus einfach montierbaren Modulen zusammengestellte CNC-Maschine zu bauen, als eine mechanisch sehr aufwendige Kurvenmaschine. Auch die weitere Entwicklung der CNC-Steuerungs- und Antriebstechnik weist in diese Richtung.

Quellen und weiterführende Literatur

[1] EN 13788: Werkzeugmaschinen Sicherheit. Mehrspindel-Drehautomaten. Europäische Norm

Herzog; Kleiner: Mehrspindler werden genauer und flexibler. Maschine und Werkzeug. (8/1991) 18

Roudé; Mühltal: Drehmaschinen mit Hohlwellen-Motoren. Werkstatt und Betrieb 126 (1993) 9 München Wien: Carl Hanser Verlag

Welcker; Kunze: Virtuelle Kurventechnik NC-Fertigung (05/1995)

Munch; Pleyer: Stückzeit für Textilspindeln halbiert. Werkstatt und Betrieb 129 (1996) 6 München Wien: Carl Hanser Verlag
Pleyer: Baukasten zum individuellen sechspindligen Drehen. Werkstatt und Betrieb 130 (1997) 9 München Wien: Carl Hanser Verlag
N. N.: Dritte Generation CNC-Sechsspindler. mav. (9/1997)
Pleyer: 12-Spindliges Multi-Talent. NC-Fertigung (4/1999)
Frederick; Mason: A new concept in production turning. Machine Shop Guide (5/2000)
N. N.: Drehteile mit Ein- oder Mehrspindler bearbeiten? mav (2001) 1 und 2

37 Flachbettdrehmaschinen

Prof. Dipl.-Ing. Klaus-Jörg Conrad
unter Mitarbeit von Dr.-Ing. Axel Schween

Flachbettdrehmaschinen mit horizontal angeordneten Bettbahnen und waagerechter Werkstückachse werden für Werkstücke mit mehr als 800 mm Umlaufdurchmesser eingesetzt. Diese Bauform führt zu hohen Steifigkeiten der Maschine, die für die hohen Werkstückgewichte und Bearbeitungskräfte erforderlich sind. Die Abmessungen der Werkstücke mit 2500 mm Durchmesser bei Längen von mehreren Metern können eine Masse von bis zu 80 t ergeben.

Diese Flachbettdrehmaschinen werden mit zwei oder vier Bettbahnen als **Spitzendrehmaschinen** hergestellt, haben für große Werkstücklängen einen Reitstock und Werkstückunterstützungen für die Aufnahme langer Werkstücke. Für große Durchmesser und geringe Längen sind Plandrehmaschinen einsetzbar.

CNC-Hochleistungs-Drehmaschinen für diesen Einsatzbereich werden als Baukastensystem mit flexibel einsetzbaren Standard-Modulen gebaut. Diese Modul-Bauweise gewährleistet die Anpassung der Maschinenausstattung an die Fertigungsaufgaben und ist für Werkzeugmaschinenhersteller und Werkzeugmaschinenanwender wirtschaftlich.

37.1 Bauformen und Ausführungen

Die Modul-Bauweise bietet sich an, um Maschinenkonzepte für ein großes Werkstückspektrum zu entwickeln. Dafür werden die Hauptbaugruppen einer Drehmaschine Spindelkasten, Hauptantrieb, Bett, Bettschlitten mit Bedientafel und Reitstock so konstruiert, dass die gewünschten Bauformen realisierbar sind.

Bauform 1 ist eine Spitzendrehmaschine in Normalausführung. Der Spindelkasten ist fest mit dem Bett verbunden, der Hauptantrieb steht auf dem Fundament. Schlitten und Reitstock sind auf dem Bett verfahrbar. Diese Bauform kann für normale Futter und Spitzenarbeiten eingesetzt werden und ist in Bild 37.1 schematisch dargestellt.

Bauform 2 ist eine Spitzendrehmaschine mit längs verfahrbarem Spindelkastenblock auf einer Grundplatte für veränderliche Kröpfungsweiten, wie Bild 37.2 zeigt. Als Werkstückspektrum sind Bauteile mit extrem unterschiedlichen Umlaufdurchmessern gut bearbeitbar.

Bauform 3 ist eine Spitzendrehmaschine mit seitlich verfahrbarem Bett und einem separaten Reitstockmodul auf einer Grundplatte. Diese Maschine nach Bild 37.3 eignet sich für extrem unterschiedliche Umlaufdurchmesser und für sperrige Werkstücke mit großem Durchmesser, aber relativ geringen Gewichten.

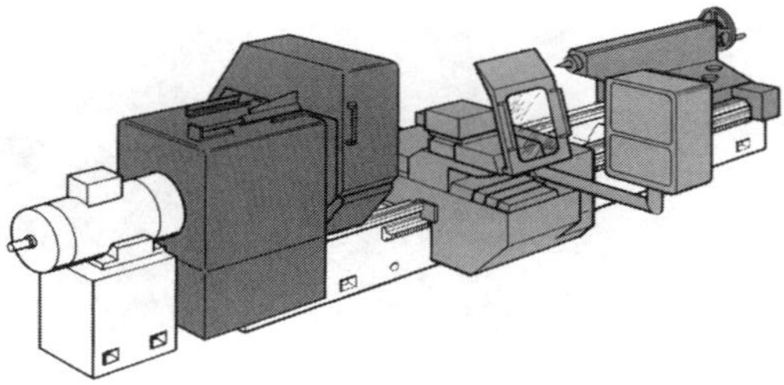

Bild 37.1: Spitzendrehmaschine Bauform 1 (WOHLENBERG Werkzeugmaschinen GmbH, Hannover)

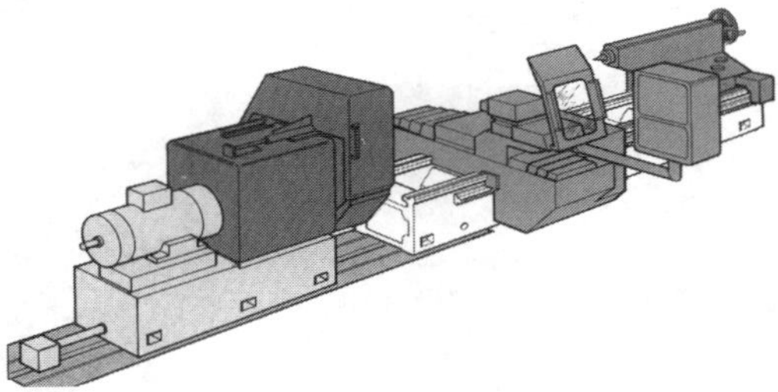

Bild 37.2: Spitzendrehmaschine Bauform 2 (WOHLENBERG Werkzeugmaschinen GmbH, Hannover)

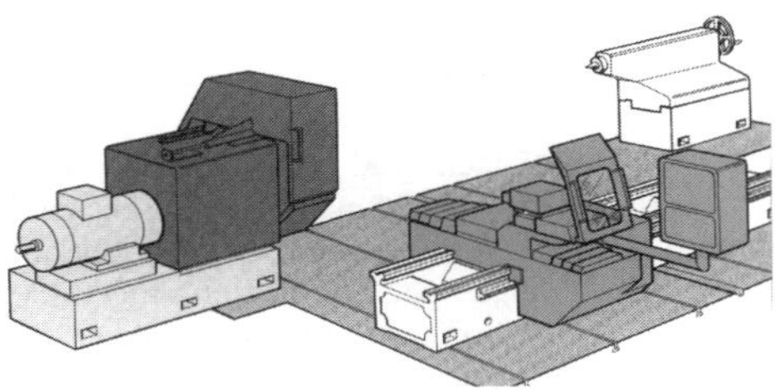

Bild 37.3: Spitzendrehmaschine Bauform 3 (WOHLENBERG Werkzeugmaschinen GmbH, Hannover)

Die im Bild 37.5 dargestellte Ausführung ist beispielhaft für die Bauform 1. Diese Drehmaschine wird eingesetzt für die Fertigung von Wellen und Druckzylindern. Sie ist mit einem Vierfachrevolver und einem Reitstock ausgerüstet.

Bild 37.4: CNC-Hochleistungsdrehmaschine PT1 mit Vollumhausung (WOHLENBERG Werkzeugmaschinen GmbH, Hannover)

Bild 37.5: CNC-Hochleistungsdrehmaschine PT1 (WOHLENBERG Werkzeugmaschinen GmbH, Hannover)

37.2 Ausstattung der Maschinen

Drehmaschinen für große Drehlängen und große Drehdurchmesser brauchen für den Fertigungsprozess im Arbeitsraum entsprechend ausgelegte Werkstückspannmittel und Werkzeugsysteme. Als Spannmittel werden vorrangig **Planscheiben** oder spezielle Futter eingesetzt. Für Werkstücke, die nicht nur zwischen Spitzen aufgenommen werden können, gibt es viele Bauarten von **Setzstöcken** (Lünetten), die, mit Rollen oder Gleitbacken ausgestattet, das Werkstück sicher führen und stützen, wie im Bild 37.6 dargestellt. Für die Bearbeitung von großen Innendurchmessern werden **Bohrstangenklemmlager** auf dem Bettschlitten befestigt, um mit Bohrstangen Bohrungskonturen herzustellen. **Werkzeugsysteme** werden nach den Bearbeitungsaufgaben festgelegt und mit verschiedenen Werkzeugrevolvern eingesetzt. **Kühlmittelanlagen** und **Späneentsorgung** gehören ebenfalls zur Ausstattung. Zum Schutz des Bedieners und gegen die Verschmutzung der Umgebung werden auch vollständig gekapselte Drehmaschinen eingesetzt, siehe Bild 37.4.

Bild 37.6: Werkzeugrevolver und oben offener Setzstock (WOHLENBERG Werkzeugmaschinen GmbH, Hannover)

37.3 Baugruppen der Flachbettdrehmaschinen

CNC-Hochleistungs-Drehmaschinen sind mit modernen CNC-Steuerungen und Drehstromantrieben ausgerüstet. Besondere Bedeutung hat die Anordnung der **Bedientafel**. Sie wird in der Regel schwenkbar und drehbar am Bettschlitten befestigt und ist damit in unmittelbarer Nähe zum Arbeitsprozess gut zugänglich für den Bediener.

Drehstromservoantriebe sorgen in Verbindung mit spielfreien Doppelritzelantrieben und senkrecht am Bett angeordneter Schrägzahnstange für eine Beherrschung der Vorschubkräfte in der Z-Achse. [1], [2]

Die X-Achse ist mit einer spielfreien Kugelrollspindel ausgestattet. Für alle Achsen sind lineare Messsysteme vorhanden.

Das **Maschinenbett** ist ein verwindungssteifes und schwingungsdämpfendes Gussbett, das je nach Ausführung als Zweibahnen- oder Vierbahnenbett vorhanden ist. Die Führungsbahnen sind wahlweise als gehärtete Prismenführungen oder mit durchgehärteten Stahlleisten als Flachführungen ausgeführt. Die Vierbahnenbetten haben eine zusätzliche Führungsleiste vorn am Bett, um den Bettschlitten abzustützen. Der wesentliche Vorteil der Vierbahnenbetten sind die getrennten Führungsbahnen für den Bettschlitten und für den Reitstock sowie die Werkstückunterstützungen. Diese Ausführung ermöglicht das Vorbeifahren des Bettschlittens, um alle Flächen des Werkstücks in einer Aufspannung zu bearbeiten (Bild 37.7).

Der **Spindelkasten** ist mit allen Bauteilen für die hohen Beanspruchungen der Maschinen ausgelegt. Ein dickwandiges und schwingungssteifes Gehäuse nimmt die extrem starr ausgelegte Hauptspindel auf, die in doppelreihigen Zylinderrollenlager gelagert ist und axial ebenfalls Rollenlager enthält. Der Drehstromhauptantrieb liefert das an der Hauptspindel erforderliche hohe Drehmoment über wenige Zahnradstufen.

Der **Reitstock** hat bei Flachbettdrehmaschinen hohe Belastungen aufzunehmen und muss gleichzeitig auf dem Bett motorisch verfahrbar sein. Für eine sichere Aufnahme des Werkstückgewichtanteils sind eine absolut zuverlässige Klemmung auf den Bettbahnen und eine Anzeige der Anpresskraft der mitlaufenden Reitstockspitze vorgesehen.

Bild 37.7: Vierbahnenbett mit Bettschlitten, Bohrstangenklemmlager und Reitstock, (WOHLENBERG Werkzeugmaschinen GmbH, Hannover)

37.4 Steuerung und Programmierung

Für die Steuerung dieser Maschinen sind moderne CNC-Steuerungen selbstverständlich. Zum Einsatz kommen Steuerungen führender Hersteller, wie z. B. Siemens 840 D.

Moderne Steuerungen haben einen modularen Aufbau und sind für unterschiedliche Werkzeugmaschinen einsetzbar. Die Steuerungsmodule richten sich nach den Fertigungsaufgaben und werden entsprechend zusammengestellt.

Ein Farb-Flachbildschim mit Softkeys unterstützt die Bedienerführung, da mit diesen Tasten Bildschirmeinblendungen geändert oder Funktionen festgelegt werden können, und die NC-Programmierung. Für die NC-Programmierung ist eine NC-Volltastatur vorhanden (Bild 37.8).

Die Betätigung der Maschinenfunktionen erfolgt über die Maschinensteuertafel, die durch den Werkzeugmaschinenhersteller um maschinenspezifische Bedienelemente ergänzt wird. Damit hat der Maschinenhersteller die Möglichkeit eigene Technologielösungen in die Steuerung der Maschine zu integrieren [1].

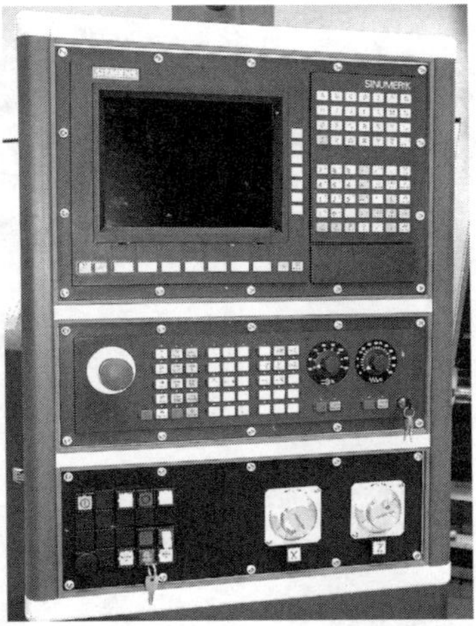

Bild 37.8: Bedienfeld mit CNC-Steuerung Siemens 840 D (WOHLENBERG Werkzeugmaschinen GmbH, Hannover)

37.5 Fertigungsbeispiele

Fertigungsbeispiele für die vorgestellten Flachbettmaschinen werden hier als Übersicht in Bild 37.9 vorgestellt, um einen ersten Eindruck von dem breiten Einsatzgebiet zu vermitteln. Die Werkstücke stammen aus verschiedenen Branchen und werden auf unterschiedlichen Maschinen gefertigt.

Durch die Modulbauweise der CNC-Hochleistungs-Drehmaschinen sind variable Arbeitsräume auch für extreme Abmessungen der Werkstücke gegeben. In Verbindung mit den Ausstattungskomponenten, wie Werkzeugsystemen, Setzstöcken und modernen CNC-Steuerungen, ist fast jede Bearbeitungsaufgabe wirtschaftlich lösbar.

Bild 37.9: Werkstückbeispiele und Bearbeitungsmöglichkeiten (WOHLENBERG Werkzeugmaschinen GmbH, Hannover)

37.6 Berechnungsgleichungen und Anhaltswerte

Grundlegende Gleichungen für die Drehbearbeitung sind im einleitenden Abschnitt der Drehmaschinen (Kapitel 33) enthalten. Hier sollen noch ergänzende Erfahrungswerte angegeben werden, die sich speziell für Flachbettdrehmaschinen bewährt haben. Auch hier muss beachtet werden, dass die Erfahrungen der Planer und der Maschinenbediener maßgeblich für den wirtschaftlichen Einsatz dieser Maschinen sind.

Tabelle 37.1: Anhaltswerte für Flachbettdrehmaschinen

Werkstückmasse	Eine Welle aus Stahl von 400 mm Durchmesser und 1000 mm Länge wiegt 1 t = 1000 kg.
Werkstückmasse (Faustformel für Stahlwellen)	$m = \frac{d^2 \cdot l}{16}$; Durchmesser *d* in *dm*, Länge *l* in m einsetzen ergibt Masse *m* in t.
Leistungbedarf zum Drehen von Stahl	1 kW ist erforderlich, um 1 mm² Spanquerschnitt mit 25 m/min Schnittgeschwindigkeit bei einer spezifischen Schnittkraft für Stahl mit k_c = 2 000 N/mm² zu zerspanen.
Drehmoment-bedarf zum Drehen von Stahl	10 000 Nm sind erforderlich, um 10 mm² Spanquerschnitt bei 1 000 mm Werkstückdurchmesser einer Welle aus Stahl mit k_c = 2 000 N/mm² zu zerspanen.
Spanmenge	25 kg Stahlspäne erhält man, wenn man 1 mm² Spanquerschnitt mit 50 m/min Schnittgeschwindigkeit 1 Stunde zerspant. Dafür ist eine Leistung von 2 kW erforderlich, also 1 kW für 12,5 kg Stahlspäne pro Stunde. 1 000 mm Spanlänge mit 1 mm² Spanquerschnitt ergeben 8 kg Stahlspäne.

W B S

Quellen und weiterführende Literatur

[1] *Beuke, D.; Conrad, K.-J.:* CNC-Technik und Qualitätsprüfung. München Wien: Carl Hanser Verlag, 1999

[2] *Groß, H.; Hamann, J.; Wiegärtner, G.:* Elektrische Vorschubantriebe in der Automatisierungstechnik. Erlangen: Publicis MCD Verlag, 2000

Milberg, J.: Werkzeugmaschinen Grundlagen. 2. Auflage. Berlin: Springer Verlag, 1995

Tönshoff, H. K.: Werkzeugmaschinen Grundlagen. Berlin: Springer Verlag, 1995

Hirsch, A.: Werkzeugmaschinen Grundlagen. Wiesbaden: Vieweg Verlag, 2000

38 Drehbearbeitungszentren für Großteile

Prof. Dipl.-Ing. Klaus-Jörg Conrad
unter Mitarbeit von Dr.-Ing. Axel Schween

38.1 Bauformen und Ausführungen

Die Komplettbearbeitung von rotationssymmetrischen Werkstücken mit großen Längen und Durchmessern reduziert die Durchlaufzeit und erhöht die Genauigkeit der Werkstücke durch weniger Aufspannungen. Daraus ergeben sich ähnliche Vorteile wie bei der Komplettbearbeitung kleiner Drehteile. CNC-Hochleistungs-Bearbeitungszentren mit einem modularen Bausteinsystem sind für die unterschiedlichsten Fertigungsaufgaben einsetzbar.

Vierbahnenbett-Drehmaschinen der WOHLENBERG Werkzeugmaschinen GmbH erfüllen alle Anforderungen an CNC-Bearbeitungszentren. Bild 38.1 zeigt als Basismaschine einer Baureihe eine Ausführung mit einem Umlaufdurchmesser über Bett von 1300 mm für Werkstückgewichte bis 8 t und Antriebsleistungen bis 80 kW.

Bild 38.1: CNC-Hochleistungsbearbeitungszentrum PC 1 (WOHLENBERG Werkzeugmaschinen GmbH, Hannover)

Für höhere Werkstückgewichte oder größere Abmessungen werden aus einem Baukasten entsprechende Baugruppen und Einheiten ausgewählt.

38.2 Ausstattung der Maschinen

Wichtige Ausstattungen der Bearbeitungszentren, wie Werkzeugwechselsysteme, und der Einsatz von Dreh-, Fräs-, Bohr- und Schleifbearbeitungseinheiten sind vorhanden. Für den Wechsel werden horizontale Werkzeugsystem-Paletten oder ein Multi-Tool-System mit vertikalen Werkzeugsystem-Paletten eingesetzt.

Dazu gehören moderne CNC-Steuerungen mit den erforderlichen NC-Achsen für die Komplettbearbeitung, wie die SIEMENS 840 D, und Bettschlitten mit Schnittstellen für den Austausch von Werkzeugsystemen sowie die dazugehörigen Wechseleinrichtungen. Bild 38.2 zeigt eine Ausführung mit einer Fräseinheit, einem Schleifgerät, einem Blockwerkzeughalter und die Bedientafel mit der CNC-Steuerung.

Bild 38.2: Horizontale Werkzeugsystem-Paletten mit Werkzeugen (WOHLENBERG Werkzeugmaschinen GmbH, Hannover)

Die Zusammenstellung der Maschinenkomponenten zu einem Fertigungssystem setzt entsprechende Bearbeitungsaufgaben voraus. Während die Drehbearbeitung ohne irgendwelche Einschränkungen wirtschaftlich erfolgt, ist die Wirtschaftlichkeit nur für ein Werkstückspektrum gegeben, das geringere Fräs- und Bohrleistungen erfordert, und wenn die Bearbeitungsdurchmesser nicht zu groß sind.

Die Werkzeugpaletten sind auf dem Bettende angeordnet vollautomatisch zu wechseln, wenn der Bettschlitten auf dem Vierbahnenbett in die Wechselposition gefahren ist. Daraus ergibt sich eine bedienerfreundliche Maschine, die übersichtlich ist für die Fertigungsaufgaben und leicht zu programmieren.

Alle von den Drehmaschinen bekannten Ausstattungen sind natürlich vorhanden, wie CNC-Steuerungen mit entsprechender Anzahl von NC-Achsen, Spannmittel, Setzstöcke usw.

38.3 Fertigungsbeispiele

Eine Hohlwelle auf einem Drehbearbeitungszentrum nach der Bearbeitung durch Drehen, Bohren und Gewindefräsen zeigt Bild 38.3. Das Werkstück wird auf der Spindelkastenseite in einer Planscheibe gespannt und zur Innenbearbeitung in einem Setzstock abgestützt. Dadurch ist eine gute Zugänglichkeit für alle Werkzeugsysteme gewährleistet.

Bild 38.3: Hohlwellenbearbeitung auf Drehbearbeitungszentrum PC 4 (WOHLENBERG Werkzeugmaschinen GmbH, Hannover)

Die Bearbeitung eines Ventilgehäuses in einem speziellen Schwenkfutter ist in dem Bild 38.4 dargestellt. Das Drehbearbeitungszentrum wird jeweils nach den Bearbeitungsaufgaben ausgestattet und ist vielseitig einsetzbar.

Bild 38.4: Ventilgehäuse auf Drehbearbeitungszentrum PC 4 (WOHLENBERG Werkzeugmaschinen GmbH, Hannover)

Quellen und weiterführende Literatur

Spur, G.: Die Genauigkeit von Maschinen. München Wien: Carl Hanser Verlag, 1996

Conrad, K.-J.: Grundlagen der Konstruktionslehre. München Wien: Carl Hanser Verlag 1998

Sandvik Coromant (Hrsg.): Handbuch der Zerspanung. Sandviken, 1995

39 Bohrmaschinen

Erich Schörghuber

39.1 Fertigungsverfahren mit Bohrwerkzeugen

Das Bohren, Senken und Reiben ist Spanen mit kreisförmiger Schnittbewegung, bei dem die Drehachse des Werkzeuges und die Achse der zu erzeugenden Innenfläche identisch sind (Idealfall). Die Vorschubbewegung verläuft dabei in Richtung dieser Achse.

Bohren ins Volle zählt zur Untergruppe „Bohren-Senken-Reiben", die nach DIN 8589, Teil 2, entsprechend aufgeteilt ist, es sind Fertigungsverfahren der Hauptgruppe „Trennen" und der Gruppe „Spanen mit geometrisch bestimmten Schneiden", DIN 8589, Teil 0.

Bohren in das volle Material zählt auf Grund seiner Kinematik zu den komplizierten Bearbeitungsvorgängen. Mit einem Anteil von ca. 35% nimmt es wesentlich Einfluss auf die Struktur der Herstellkosten innerhalb der spanenden Fertigung.

Senken dient dazu, vorhandene Löcher/Bohrungen zylindrisch oder kegelig zu erweitern, um vorspringende Teile wie Niet- und Schraubenköpfe sowie Muttern, Bolzen und dergleichen aufzunehmen.

Reiben ist erforderlich, um die oft nicht ausreichende Genauigkeit und Oberflächenrauheit gebohrter Löcher zu verbessern. Die im heutigen Austauschbau verlangten größeren Genauigkeiten und hohen Oberflächengüten werden durch Reiben erzielt.

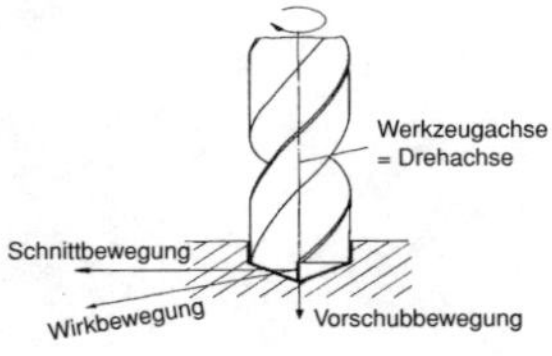

Bild 39.1: Bewegungen beim Bohren (ALZMETALL, Altenmarkt)

39.2 Bauformen und Ausführungen

Bohrmaschinen sind Werkzeugmaschinen für die Herstellung von kreisrunden Aussparungen in Werkstücken. Die Schnittbewegung und die Vorschubbewegung werden je nach Verfahren dem Werkzeug oder dem Werkstück zugeordnet.

Die Einteilung nach der Gestellbauform, der Lage der Arbeitsspindel und weiteren anwendungsorientierten Kriterien ergibt die Bauformen. Eine Auswahl enthält Bild 39.2.

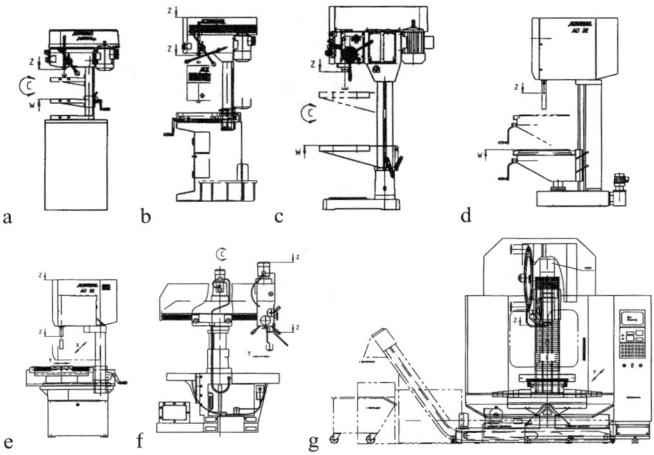

Bild 39.2: Schematische Übersicht der Bauformen: a Tischbohrmaschine, b Pultbohrmaschine, c Säulenbohrmaschine, d Ständerbohrmaschine, e Koordinatenbohrmaschine, f Radialbohrmaschine, (Schwenk- bzw. Auslegerbohrmaschine), g Bearbeitungszentrum (ALZMETALL, Altenmarkt)

Da die Standardbauformen weitgehend bekannt sind, sollen hier nur Ausführungen von Bearbeitungszentren für die Bohr- und Fräsbearbeitung von ALZMETALL vorgestellt werden.

Bearbeitungszentren gibt es in Bauformen, deren Aufbau bei den Fräsmaschinen dargestellt wird:

Vertikalausführung

Der Spindelstock ist ausgeführt mit einer vertikal angeordneten Bohr- und Frässpindel, die zur Aufnahme des Werkzeuges dient und die Vorschubbewegung senkrecht in der Z-Achse ausführt.

Kreuztischbauweise

Auf einem Koordinaten-Maschinentisch wird das zu bearbeitende Werkstück aufgespannt und in den Achsen X und Y unter der Bohr- und Frässpindel bewegt und positioniert. Die Bewegung des Werkzeuges erfolgt nur in der Z-Achse.

Bild 39.3 zeigt ein Bearbeitungszentrum in Kreuztischbauweise mit Verfahrwegen: X = 1200 mm, Y = 600 mm, Z = 800/1000 mm. Als Werkzeugspeicher ist ein Tellermagazin zur Aufnahme von 24 Werkzeugen vorgesehen mit Doppelgreifer für den Werkzeugwechsel. Ein bewegliches Bedienteil enthält die CNC-Steuerung.

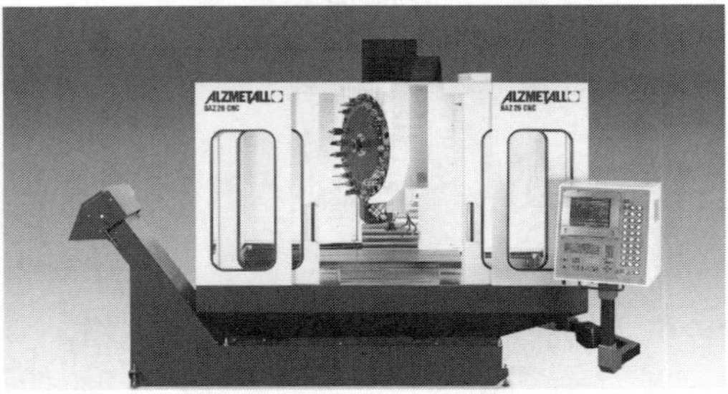

Bild 39.3: Bearbeitungszentrum BAZ 26 CNC (ALZMETALL, Altenmarkt)

Fahrständerbauweise

Auf einem starren Maschinentisch wird das Werkstück aufgespannt, und alle 3 Bewegungen werden in der X-, Y- und Z-Achse vom Werkzeug ausgeführt.

Der Arbeitsraum einer Maschine in Fahrständerbauweise nach Bild 39.4 enthält eine Trennwand für die Doppelplatzbearbeitung und dem damit verbundenen hauptzeitparallelen Werkstückwechsel. Als Werkzeugspeicher ist ein Kettenmagazin zur Aufnahme von 40 Werkzeugen vorhanden. Die linke Maschinentischseite ist mit einer NC-Dreh-Schwenkeinrichtung zur Bearbeitung von Sternmessern ausgerüstet.

Bild 39.4: Bearbeitungszentrum BAZ 35 CNC LB (ALZMETALL, Altenmarkt)

Gantry-Bauweise

Bei dieser Bauweise wird auf einem ortsfesten Maschinentisch das Werkstück aufgespannt, und alle 3 Bewegungen werden in der *X*-, *Y*- und *Z*-Achse vom Werkzeug ausgeführt.

In Bild 39.5 ist eine 3-Achsen-Maschine in Gantry-Bauweise dargestellt mit Achsverfahrwegen von $X = 800$ mm, $Y = 800$ mm und $Z = 600$ mm. Die Eilganggeschwindigkeit beträgt 60 m/min. Eine Hochfrequenz-Motorspindel liefert eine Antriebsleistung von 22 kW im Drehzahlbereich bis $n = 24\,000\ \text{min}^{-1}$.

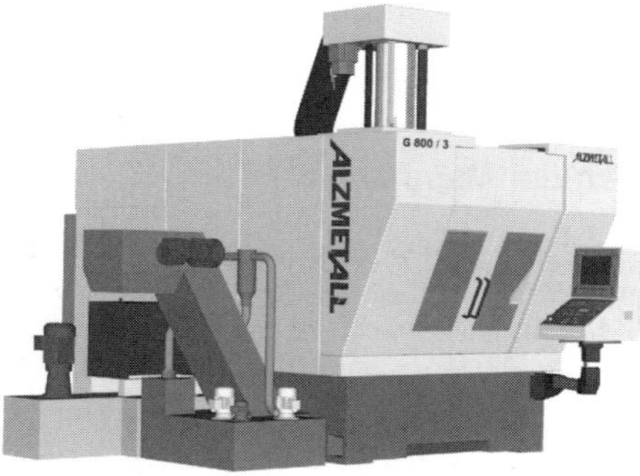

Bild 39.5: Bearbeitungszentrum G 800-3 (ALZMETALL, Altenmarkt)

Der Vorteil von Bearbeitungszentren in Vertikalausführung liegt darin, dass beim Bohren die aufzubringenden Vorschubkräfte senkrecht auf den Maschinentisch gerichtet sind und das Werkstück auf den Tisch gedrückt wird. Diese Kräfte müssen bei Horizontalmaschinen von der Werkstückspannvorrichtung und von den Achsantrieben aufgefangen werden.

Ein weiterer Vorteil liegt im geringen Platzbedarf – flächenmäßig gesehen – vor allem bei Maschinen mit großen *Z*-Achsen-Wegen. Hierbei sind natürlich die Raumhöhen zu beachten.

Der Vorteil bei Kreuztischmaschinen liegt in den möglichen großen *Z*-Achsenwegen, die mit geringem Kostenaufwand flexibel erweiterbar sind. Außerdem ist die Werkstück- und Vorrichtungsmasse mit einem Koordinatentisch kostengünstiger zu bewegen als die Masse von hohen Maschinenständern.

Der Vorteil bei Fahrständermaschinen liegt darin, dass das Werkstück ruhig liegt und bei der Doppelplatzkonzeption hauptzeitparallel der Werkstückwechsel vorgenommen werden kann. Das heißt, die teuren

Stillstandsnebenzeiten von den Maschinen beim Werkstückwechsel entfallen. Während auf einem Arbeitsplatz Werkstücke bearbeitet werden, kann zeitgleich im Bereich des zweiten Arbeitsplatzes bereits der Werkstückwechsel durchgeführt werden.

Der Vorteil bei der Gantry-Bauweise liegt darin, dass bei diesem Konzept mit einem Koordinatenfahrwerk in X- und Y- ein geschlossener Kraftfluss erzeugt wird. Die Gewährleistung hoher Genauigkeitsanforderungen bei gleichzeitig steigenden Zerspanleistungen setzt eine Maschine mit hoher statischer und dynamischer Steifigkeit voraus. Diese Gründe führen zum verstärkten Einsatz von Gantry-Bauweisen. Hinzu kommt noch, dass bei dieser Ausführung die Maschinen einen wesentlich geringeren Platzbedarf benötigen.

39.3 Ausstattungen der Maschinen

Bearbeitungszentren werden heute individuell – je nach Bearbeitungsaufgabe wie das Zentrieren, Bohren, Aufbohren, Reiben, Spindeln, Fasen, Fräsen, Gewinden und Messen, nach den zu bearbeitenden Werkstoffen wie: Guss, Stahl, Aluminium, Messing, Kunststoff, Holz und Magnesium – ausgestattet mit:

- Späneförderern: Ausführungen als Kratzband-, Scharnierband-, Magnetbandförderer
- Kühlmittelanlagen: mit Niederdruck- und Hochdruckpumpen bis 80 bar.
- Kühlmittelreinigungsanlagen: mit Hydrozyklon, Doppelschaltfilter, Spaltsiebfilter, Papierbandfilter, Zentrifugen, Magnetabscheider, Vakuum-Rotationsfilter
- Elektronischen Handrädern und 3D-Tastsystemen zum Ein- und Ausrichten von Werkstücken und Werkstückspannvorrichtungen
- NC-Rund- und Dreh-Schwenktischen in verschiedenen Größen zur 4- oder 5-Seiten- bzw. Rundumbearbeitung von Werkstücken
- Anlagen zum Absaugen und Abscheiden von Rauch, Emulsions- und Ölnebel, Dämpfen und Feinststäuben in Mechanik- oder Elektrostatausführung

Die in Bild 39.6 dargestellte Einrichtung dient zur 5-Seitenbearbeitung von 2 Motorengehäusen aus Aluminium für Holzbearbeitungsmaschinen. Der Messerkopf ist in der Hauptspindel eingespannt. Die Bearbeitungsaufgabe besteht aus dem Überfräsen der Gehäuseböden, dem Kernlochbohren und dem Gewinden.

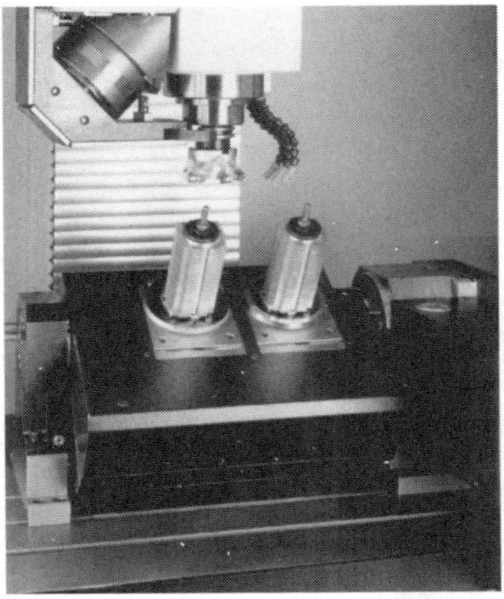

Bild 39.6: NC-2-Achs-Dreh-Schwenkeinrichtung (ALZMETALL, Altenmarkt)

Der NC-Rundtisch mit einem Reitstock als Gegenlager nach Bild 39.7 enthält ein 3-Backenfutter mit großem Durchlass für Werkstücke bis 250 mm Durchmesser. Das Bild zeigt die Bearbeitung von Bohr-Rohren für das Ölbohren. Die Bearbeitungsaufgabe umfasst das Bohren, Gewinden und Fräsen von Bajonettanschlüssen.

Bild 39.7: NC-Rundtisch als 4. Achse (ALZMETALL, Altenmarkt)

Die Werkstückaufnahme in Bild 39.8 erfolgt im 3-Backenfutter mit NC-Dreh-Schwenkeinrichtung. Als Werkzeug wird ein Hartmetall-Wendeplattenbohrer in der Hauptspindel eingesetzt.

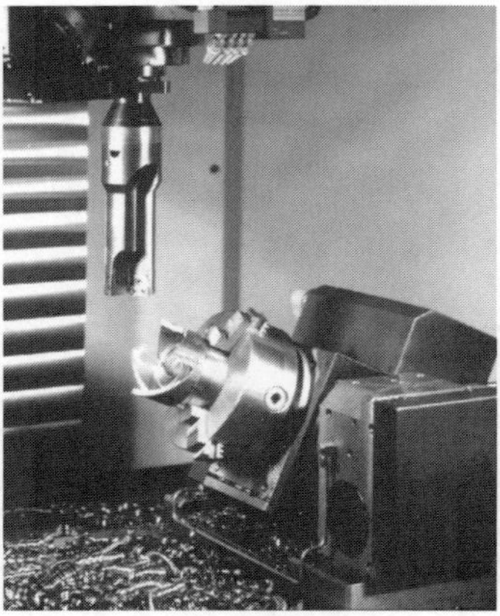

Bild 39.8: Bearbeitung von Bajonettverschlüssen (ALZMETALL, Altenmarkt)

39.4 Baugruppen, Antriebe, Achsen, Werkzeuge, Spannmittel

Die Leistungsfähigkeit einer Werkzeugmaschine wird ganz wesentlich durch ihr dynamisches Verhalten gekennzeichnet. Nur bei ausreichender dynamischer Steifigkeit kann auch bei hoher Zerspanungsleistung ein schwingungsarmer und störungsfreier Betrieb erreicht und gleichzeitig eine hohe Arbeitsgenauigkeit gewährleistet werden. Eine ganzheitliche Betrachtung und Vorausbestimmung des dynamischen Verhaltens der Maschine ist demnach von wesentlicher Bedeutung bei der Entwicklung.

Für ALZMETALL ist es selbstverständlich, sich solcher Entwicklungsmethoden zu bedienen, um dem gewählten Maschinenkonzept von Anfang an ein Optimum an statischen und dynamischen Fähigkeiten zu verleihen.

Bereits im Entwicklungsstadium wird mit Hilfe der Methode der Finiten Elemente die Maschinenstruktur von 3D-Volumenmodellen nachgebildet und damit das Schwingungsverhalten im Hinblick auf die dynamische Steifigkeit simuliert. Mehrkörper-Simulationen ermöglichen zusätzlich eine Bewertung und Optimierung des gesamten betriebsbedingten dynamischen Maschinenverhaltens. In diese Rechenmodelle fließen dabei nicht nur Geometrieinformationen ein, sondern auch Produkteigenschaften wie z. B. Materialparameter und Führungssteifigkeiten sowie die Lage- und Drehzahlregelkreise der Servoachsen.

Weitere wesentliche Vorteile zeichnen ALZMETALL-Zentren aus:

Maschinenaufbau:

Alle statischen und dynamischen Komponenten wie z. B. Maschinenbett, Ständer und Schlitten sind in bewährter verwindungssteifer Grauguss- bzw. Sphärogussausführung mit hohen Dämpfungseigenschaften konzipiert.

Bearbeitungseinheit:

Mit großen Z-Achsen-Verfahrwegen bis 1000 mm, auch für hohe Werkstücke geeignet.

Hauptantrieb:

Hochdynamische AC-Motore mit einstufigem Riemenantrieb, Antriebsleistung bis 38 kW, Drehmoment bis 280 Nm, Zerspanleistung bis 1000 cm^3/min in St 60, anwenderorientierte maximale Drehzahlen bis $n = 13000\ min^{-1}$ bzw.

Hochfrequenz-Motorspindeln mit Drehzahlen bis $n = 24000\ min^{-1}$ und Antriebsleistung bis 22 kW

WBS

Hauptspindel:

Die Hauptspindellagerung ist ausgeführt in Tandem-O-Anordnung. Für Drehzahlen über 9000 min^{-1} werden Hybrid-Spindellager eingesetzt.

Das integrierte Werkzeugspannsystem ist ausgelegt für innere Kühlmittelhochdruck- bzw. innere Minimalmengenschmierzuführung sowie zur Durchführung von Luft zum Ausblasen der Spindel-Werkzeugaufnahmen.

Die Einzugskraft am Werkzeugspanner ist ausgelegt für 12 bzw. 18 kN.

Werkzeugwechsler:

Als Werkzeugspeicher steht ein Tellermagazin zur Aufnahme von 24 Werkzeugen, ein Kettenmagazin zur Aufnahme von 33, 40 oder 66 Werkzeugen – je nach Maschinentyp – zur Verfügung. Die Werkzeuge werden bei Maschinen mit Doppelgreiferausstattung nach der flexiblen und bei Maschinen ohne Doppelgreifer nach der festen Platzcodierung verwaltet. Ein Doppelgreifersystem beim BAZ 15 CNC und BAZ 35 CNC garantiert Werkzeugwechselzeiten unter 2 s und Span-zu-Span-Zeiten unter 4 s.

Das Werkzeugwechselsystem in Bild 39.9 zeigt einTellermagazin zur Aufnahme von 24 Werkzeugen mit Doppelgreifer und Kühlmittelpositioniergerät. Die Bearbeitung erfolgt mit einem Messerkopf. Das Werkstück ist in einem 2-Backen-Spannstock gespannt.

Bild 39.9: Werkzeugwechselsystem (ALZMETALL, Altenmarkt)

Ein Kettenmagazin zur Aufnahme von 40 Werkzeugen mit Doppelgreifer zeigt Bild 39.10. In der Hauptspindel ist ein Igelfräser eingespannt.

Bild 39.10: Werkzeugwechselsystem (ALZMETALL, Altenmarkt)

Achsantriebe:

Alle Achsantriebe sind ausgerüstet mit hochdynamischen digitalen AC-Servomotoren (Fabrikat Siemens) und mit geschliffenen Kugelgewindeantrieben. Alle Mutternsysteme und Lagerungen sind am zentralen Schmiersystem angeschlossen.

Werkzeuge:

Zur Bearbeitung von Werkstücken kommen Werkzeuge zum Einsatz wie: Zentrierbohrer, Spiralbohrer, Aufbohrer, Reibahlen, Spindelwerkzeuge, Gewindebohrer, Gewindefräser, Fräser aller Art sowie Sonderwerkzeuge; Werkzeuge aus HSS, HSSCO, Hartmetall, PKD, CERMET beschichtet und unbeschichtet.

Werkstückspannung:

Die gebräuchlichsten Werkstückspannvorrichtungen sind heute ein 2-, 3- oder 4-Backenfutter, oder ein 2-Backen-Spannstock. Hinzu kommen noch viele Baukastensysteme, aber auch individuelle Sonderspanneinrichtungen.

CNC-Steuerungen:

Für die Bearbeitungszentren werden jeweils CNC-Bahnsteuerungen der neuesten Generation eingesetzt. Der Markt verlangt von den Werkzeugmaschinenherstellern, dass die Maschinen immer kompakter, schneller, präziser, universeller und kostengünstiger sein müssen, bei immer kürzeren Lieferzeiten. Das ist nur noch mit Standardmaschinen und NC-Steuerungen zu realisieren, die hierauf ausgerichtet sind. Das heißt, mit Standard-Steuerungen die sich aus wenigen Komponenten individuell zusammenstellen und sich problemlos um spezifisches Know-how der Maschinenhersteller ergänzen lassen, z. B. von den Unternehmen Heidenhain und Siemens.

Zur Zeit werden folgende aktuelle Bahnsteuerungen eingesetzt:

- Heidenhain: TNC 410, TNC 426 und iTNC 530
- Siemens: SINUMERIK 840D

Alle Steuerungen sind als digitale Systeme ausgeführt und für fast alle Anwendungen einsetzbar.

Diese Steuerungen überzeugen durch eine Fülle richtungsweisender technologischer Funktionen. Für die Technologien Bohren, Gewinden, Spindeln und Fräsen stehen für häufig wiederkehrende Bearbeitungsaufgaben Standardzyklen zur Verfügung, und auch anspruchsvolle Anwendungen wie das 5-Achs-Fräsen im Werkzeug- und Formenbau sind für die Steuerungen kein Problem.

Die Steuerungen sind so vielseitig und universell ausgelegt, dass sie sich der Organisation der jeweiligen Unternehmen anpassen lassen. Egal, ob Einzelteile oder Serien zu fertigen, ob einfache oder komplizierte Teile herzustellen sind, ob an der Maschine werkstattgerecht oder extern, – beispielsweise am CAD/CAM-System – entweder im Heidenhain-Klartext- oder im Siemens-Shop-Mill- oder im DIN/ISO-Format zu programmieren ist.

Das Programmieren mit Grafikunterstützung bietet zusätzliche Hilfe bei der Programmiereingabe und gibt Sicherheit bei der abschließenden Programmüberprüfung.

Das programmierte Werkstück kann auf verschiedene Arten dargestellt werden:

- in der Draufsicht mit unterschiedlichen Tiefenniveaus
- in drei Projektionen (wie in der Werkstückzeichnung)
- in der 3D-Darstellung

Details können auch vergrößert dargestellt werden.

39.5 Fertigungsbeispiele

Die Bearbeitung von Wendeplattenstählen aus Vergütungsstahl enthält Bild 39.11. Die Bearbeitungsaufgabe besteht aus einer 5-Seitenbearbeitung mit Bohren, Gewinden und Fräsen. Die Werkstückspannung erfolgt im 4-Backen-Futter. Als Werkzeug ist ein Schaftfräser mit Spannfutter in der Hauptspindel eingesetzt.

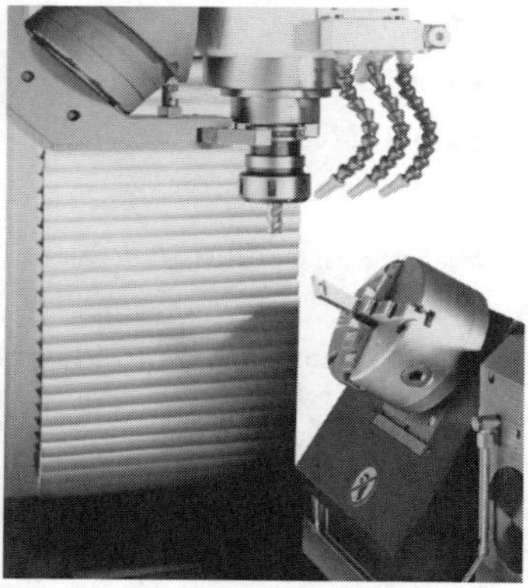

Bild 39.11: NC-Dreh-Schwenkeinrichtung (ALZMETALL, Altenmarkt)

Die Fertigung von Schwenkmontagen aus Vergütungsstahl nach Bild 39.12 erfolgt in einer Aufspannung in einem Kraftspannfutter mit einer

Bild 39.12: Bearbeitung von hochpräzisen Schwenkmontagen zur Aufnahme von Präzisions-Zielfernrohren (ALZMETALL, Altenmarkt)

NC-Dreh-Schwenkeinrichtung. Die Bearbeitungsaufgaben sind Bohren, Senken, Reiben, Gewinden, Fräsen, Schlitzen, Einstechen, Fasen, Entgraten und Sägen.

Quellen und weiterführende Literatur

DIN 8589T2: Fertigungsverfahren Spanen: Bohren, Senken, Reiben. Deutsches Institut für Normung

Tschätsch, H.: Werkzeugmaschinen der spanenden und spanlosen Formgebung. 7. Auflage. München Wien: Carl Hanser Verlag, 2000

Sandvik Coromant (Hrsg.): Handbuch der Zerspanung. Sandviken, 1995

40 Tiefbohrmaschinen

Dipl.-Ing. Heinz Ritz und
Ing. (grad.) Hermann Randecker

40.1 Tiefbohren

Bei dem Arbeitsgang Tiefbohren werden besonders tiefe Bohrungen hergestellt, also Bohrungen mit einem großen l/D-Verhältnis. Für diesen Einsatzbereich wurden verschiedene Tiefbohrverfahren angewendet. In den letzten Jahrzehnten wurden die einzelnen Verfahren weiterentwickelt, so dass heute auch Präzisionsbohrungen mit einem l/D-Verhältnis < 10 gebohrt werden, wenn hohe Anforderungen an Bohrungstoleranzen, Mittenverlauf und Oberflächengüte gestellt werden.

Unter dem Begriff **„Tiefbohren“** werden üblicherweise die Bohrverfahren verstanden, bei denen die l/D-Verhältnisse im Bereich 10 … 100, in Einzelfällen bis 250, liegen. Diese Definition wird jedoch heute den Tiefbohrverfahren nicht mehr gerecht, da diese sich darüber hinaus noch durch hohe Präzision und hohe Produktivität auszeichnen. Dies wiederum hat zur Folge, dass unter Umständen auch Bohrungen mit einem l/D-Verhältnis von < 10 wirtschaftlich hergestellt werden können.

Das Tiefbohren weist gegenüber anderen Bohrverfahren folgende Vorteile auf:

- Enge Durchmessertoleranzen, sehr gute Oberflächengüten und geringe Form- und Lageabweichungen.
- Durch das Erzielen einer Präzisisionsbohrung in einem Arbeitsgang können in vielen Fällen nachfolgende Operationen entfallen. Vielfach führt die erreichbare enge Bohrungstoleranz dazu, dass bei anschließenden Arbeitsgängen, wie z. B. Honen, mit sehr viel geringerem Aufmaß gearbeitet werden kann.
- Hohe Produktivität des Tiefbohrverfahrens.
- Alle Tiefbohrverfahren haben einen kontinuierlichen Spanablauf. Das Entspanen während des Bohrvorganges entfällt.

40.1.1 Erläuterung der Tiefbohrverfahren

In der heutigen Fertigung werden hauptsächlich drei Tiefbohrverfahren eingesetzt, und zwar:

Das **Einlippenbohrverfahren** (ELB) wird heute üblicherweise im Durchmesserbereich von 1 … 40 mm verwendet. Die Zufuhr des Kühlschmierstoffes (KSS) erfolgt durch eine oder mehrere Bohrungen innerhalb des Werkzeuges. Die Ableitung des KSS-Spänegemisches geschieht durch eine Längsnut (Sicke) am äußeren Werkzeugschaft, wie im Bild 40.1 gezeigt.

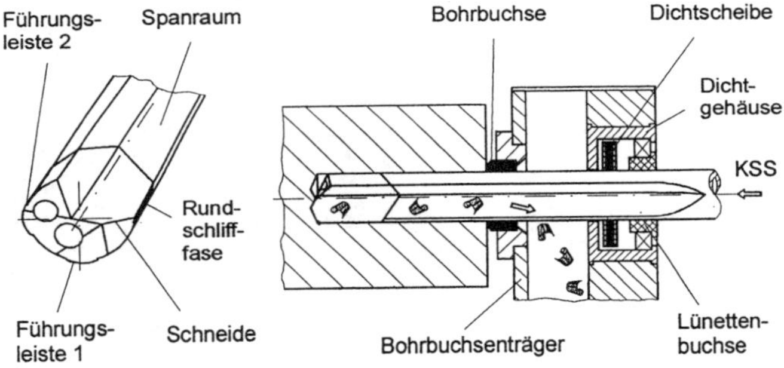

Bild 40.1: Das Einlippenbohrverfahren [3]

Das **BTA-Verfahren** wird im Durchmesserbereich 6 … 2000 mm eingesetzt. Die Zufuhr des KSS geschieht nach Bild 40.2 von außen unter Druck in einem Ringraum zwischen Bohrungswand und Bohrrohr, der Spanabfluss erfolgt durch das Spanmaul im Inneren des Bohrrohres.

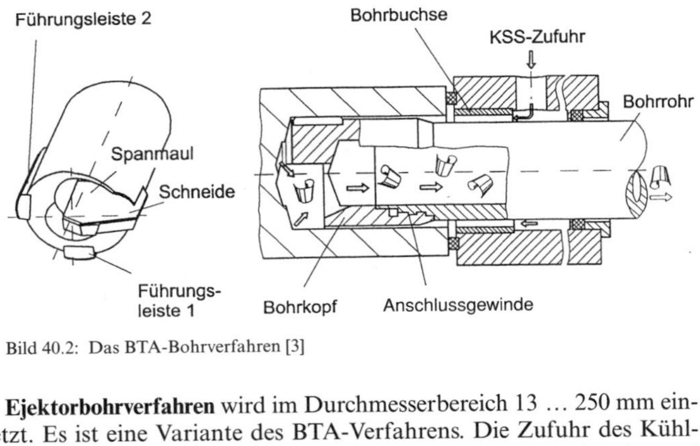

Bild 40.2: Das BTA-Bohrverfahren [3]

Das **Ejektorbohrverfahren** wird im Durchmesserbereich 13 … 250 mm eingesetzt. Es ist eine Variante des BTA-Verfahrens. Die Zufuhr des Kühlschmiermittels erfolgt durch einen Ringraum zwischen Bohrrohr und einem Innenrohr (Zweirohrverfahren), wie im Bild 40.3 zu sehen ist. Der KSS tritt am Bohrkopf seitlich aus, umspült diesen und fließt mit den Spänen im Innenrohr zurück. Ein Teil des KSS wird über eine Ringdüse in das Innenrohr eingeleitet. Durch den entstehenden Unterdruck am Spanmaul wird der Rückfluss des KSS-Spänegemisches unterstützt (Ejektor-Effekt). Im Gegensatz zum BTA-Verfahren entfällt die Abdichtung gegen Austreten von KSS.

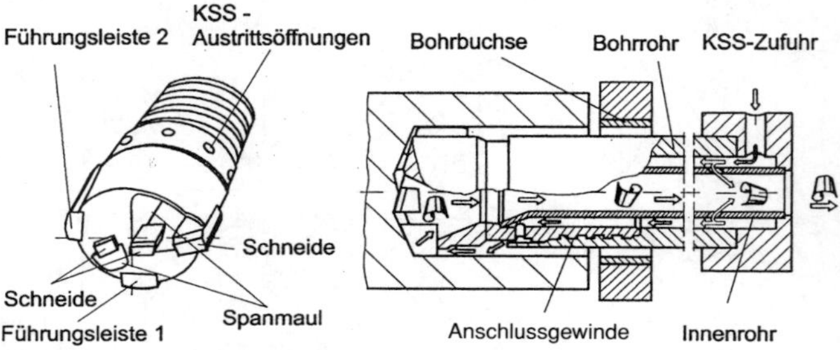

Bild 40.3: Das Ejektorbohrverfahren [3]

40.1.2 Besonderheiten der Tiefbohrverfahren

Wendelbohrer, Spitzbohrer, Kurzbohrer usw. haben Schneiden, die sich über den Durchmesser erstrecken. Da ein zweischneidiges Werkzeug durch die nicht erreichbare völlige Gleichheit der Anschliffform und durch unregelmäßigen Verschleiß der beiden Schneiden zum Verlaufen neigt, setzt man bei tieferen Bohrungen vorzugsweise Tiefbohrwerkzeuge ein.

Ein **Tiefbohrwerkzeug** unterscheidet sich von anderen Bohrwerkzeugen entscheidend dadurch, dass es beim ELB und im kleineren Durchmesserbereich beim BTA nur eine Schneide besitzt bzw. bei größeren Durchmessern eine asymmetrische Schneidenaufteilung hat, die sich maximal über den Radius der herzustellenden Bohrung erstreckt.

Bei den Tiefbohrwerkzeugen werden die Schnittkräfte über die am Umfang angeordneten **Führungsleisten** auf die Bohrungswand abgeleitet. Hierdurch tritt auch ein gewisser Glättungseffekt der Bohrungsoberfläche auf.

Schneide und Stützleisten sind aus Hartmetall, teilweise beschichtet.

Die Späne werden auch bei großen Bohrtiefen kontinuierlich aus der Bohrung entfernt. Eine Unterbrechung des Bohrvorganges ist nicht erforderlich.

Der mit hoher Geschwindigkeit fließende Kühlschmierstoff, in der Regel ein spezielles **Tiefbohröl**, hat die Aufgabe, den Spantransport zu übernehmen, die Stützleisten und die Schneide zu kühlen und zu schmieren.

Durch die außermittigen Schneiden benötigen alle Tiefbohrwerkzeuge eine Führung. Auf der Tiefbohrmaschine verwendet man normalerweise eine **Anbohrbuchse**. Es besteht auch die Möglichkeit, eine Pilotbohrung im Werkstück vorzusehen.

Die **Schneidenanordnung**, die Führungsleisten und die Kräfte eines Einlippenbohrers sind in Bild 40.4 dargestellt. Bild 40.5 zeigt einen BTA-Vollbohrkopf mit Schneidenanordnung, Führungsleisten, Kräften und dem Kühlschmierstofffluss.

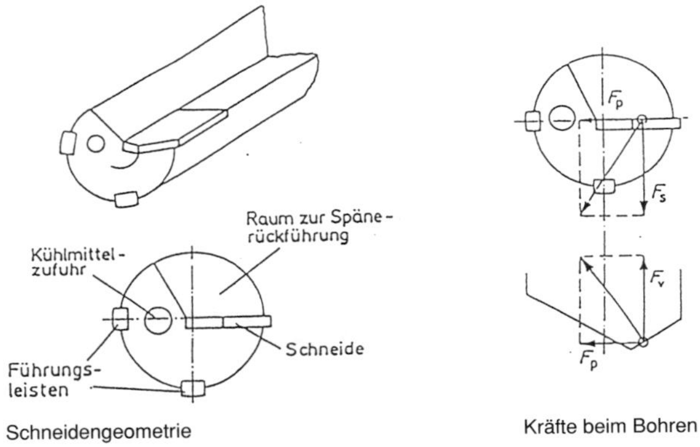

Bild 40.4: Schneidengeometrie am Einlippenbohrer [4]

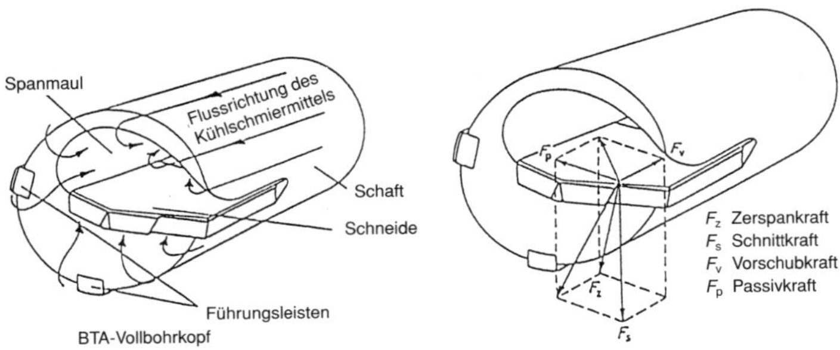

Bild 40.5: Schneidenaufteilung am einschneidigen BTA-Vollbohrkopf [4]

40.1.3 Tiefbohrwerkzeuge

Die Bilder 40.6 bis 40.11 zeigen einige Beispiele von Tiefbohrwerkzeugen. Einlippenbohrwerkzeuge zeigen die Bilder 40.6 und 40.7.

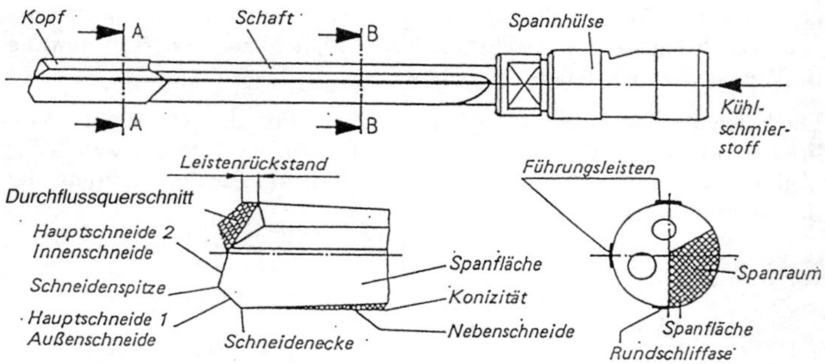

Bild 40.6: Aufbau eines Einlippentiefbohrwerkzeuges [1]

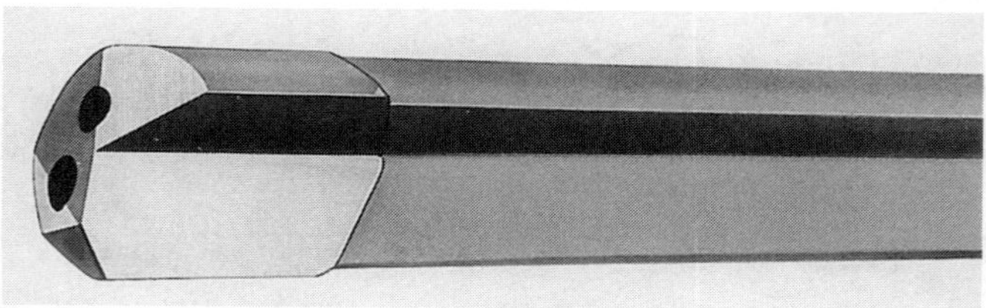

Bild 40.7: Einlippenbohrer (TBT Tiefbohrtechnik, Dettingen)

Beim BTA-Bohrverfahren werden **Vollbohrköpfe** von 6,3 mm bis etwa 300 mm ∅ eingesetzt. **Aufbohrwerkzeuge** werden üblicherweise im Durchmesserbereich von 20 mm bis 1 600 mm verwendet. Für gewisse Sonderfälle sind **Kernbohrköpfe** von 40 mm bis 630 mm im Einsatz.

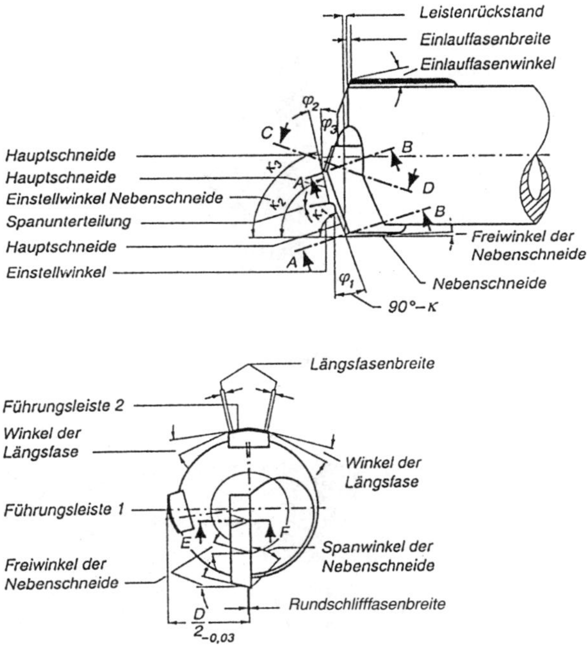

Bild 40.8: Aufbau eines einschneidigen BTA-Vollbohrkopfes [2]

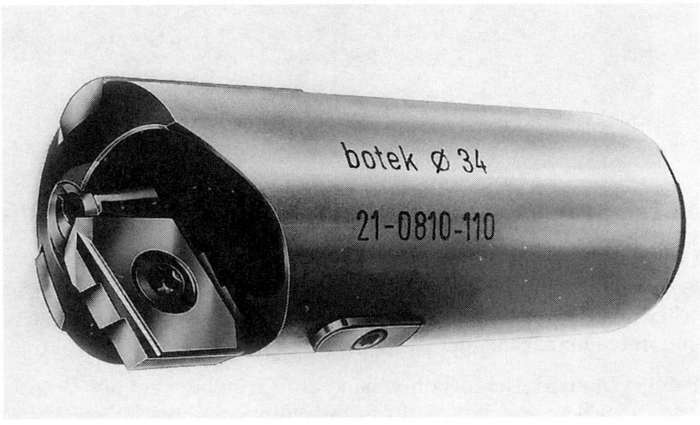

Bild 40.9: BTA-Vollbohrkopf (einschneidig), (Botek, Riederich)

Bild 40.10: BTA-Vollbohrkopf (mehrschneidig) (SANDVIK Coromant, Düsseldorf)

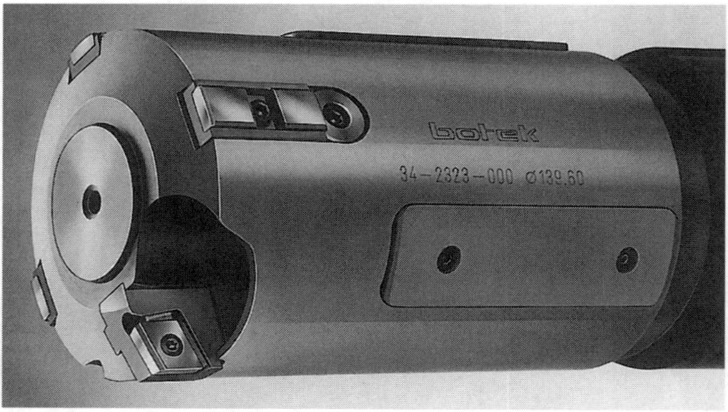

Bild 40.11: BTA-Aufbohrkopf (Botek, Riederich)

40.1.4 Arbeitswerte und Genauigkeiten beim Tiefbohren

Die Richtwerte im Bild 40.12 sowie in den Tabellen 40.1 und 40.2 sollen lediglich einen Überblick über die Möglichkeiten des Tiefbohrverfahrens geben. Auf Grund der vielen Einflüsse sind Schwankungen nach oben und unten immer möglich.

Beim BTA- und Ejektorbohren sind auf Grund des runden Bohrrohres, gegenüber dem gesickten Rohr beim Einlippenbohrer, höhere Vorschübe zu fahren. Die Tabelle 40.1 gibt einen Überblick über die Vorschübe pro

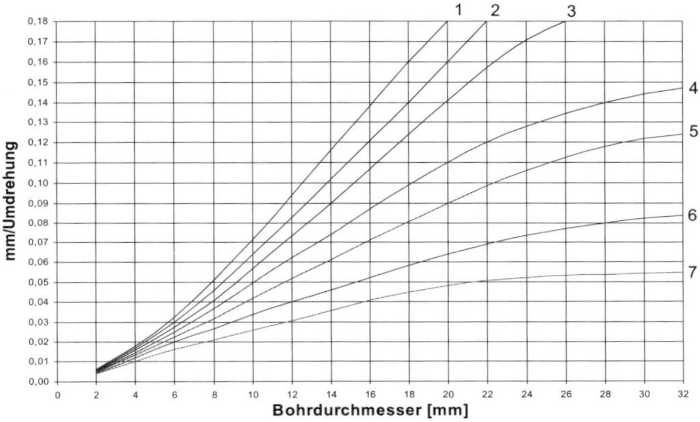

1 Gusseisen
2 Aluminium-Legierung (GK-Al Si)
3 GGG, GGL, GTS, GTW – B<2400 N/mm²
4 Bau- und Automatenstahl
5 Angelassener, gehärteter Stahl
6 Harter Stahl (Carbid)
7 Ferritischer und austenitischer Spezialstahl

Bild 40.12: Vorschubrichtwerte beim Einlippenbohren (TBT Tiefbohrtechnik, Dettingen)

WBS

Tabelle 40.1: Vorschub-Richtwerte beim BTA- und Ejektorbohren (TBT Tiefbohrtechnik, Dettingen)

Bohrdurchmesser (mm)	Vorschub (mm/Umdrehung)
12–20	0,06–0,11
20–32	0,10–0,16
32–50	0,14–0,20
50–80	0,18–0,25
80–112	0,22–0,30
112–	0,25–0,35

Umdrehung, die für die meisten Werkstückstoffe verwendet werden können. Lediglich bei austenitischen Edelstählen und einigen Buntmetallen ist mit etwas geringeren Vorschüben zu rechnen.

Die Schnittgeschwindigkeiten sind bei den Tiefbohrverfahren gleich anzusetzen. Die Tabelle 40.2 gibt einen Überblick über die gebräuchlichsten Schnittwerte und Werkstückstoffe.

Tabelle 40.2: Richtwerte für Schnittgeschwindigkeiten beim Tiefbohren (TBT Tiefbohrtechnik, Dettingen)

Werkstückstoff	Schnittgeschwindigkeit (m/min)
St 37-2	90–110
St 50-2	80–110
St 70-2	70–100
14 Ni Cr 14 G	70–100
42 Cr Mo 4 V	70–90
X 5 Ni Cr Ti 26 12	20–40
Nimonic 105	20–30
GGG 42, GTS	60–90
Al-Guss, Al	100–300

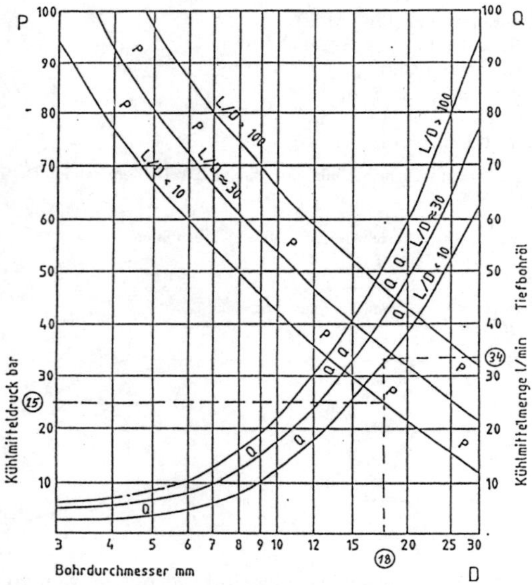

Bild 40.13: Tabelle zur Ermittlung der KSS-Menge und des KSS-Druckes beim Einlippenbohren (TBT Tiefbohrtechnik, Dettingen)

Neben den Einstellparametern Vorschub und Schnittgeschwindigkeit ist die Einstellung des richtigen Kühlschmierstoffdruckes (KSS) bzw. des Volumenstromes eine wichtige Voraussetzung für einen sicheren Bohrprozess. Das Diagramm Bild 40.13 zeigt die Abhängigkeit dieser beiden Werte voneinander, entsprechend dem Bohrdurchmesser.

Bei dem Beispiel im Diagramm Bild 40.13 wird für eine Bohrung von 18 mm ∅ und einem l/D-Verhältnis < 10 die **Kühlschmierstoffmenge** und der **Kühlschmierstoffdruck** gesucht. Die ermittelten Werte sind 34 l/min und 25 bar.

Die anschließend gezeigten Diagramme in den Bildern 40.14 und 40.15 dienen zur Ermittlung des KSS-Volumenstromes und des KSS-Druckes

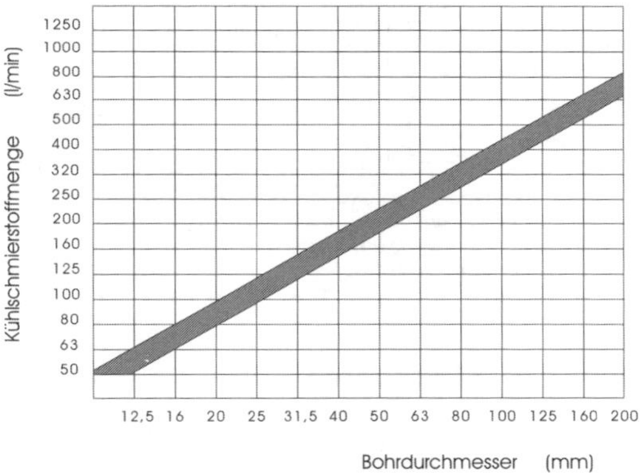

Bild 40.14: Ermittlung des KSS-Volumenstromes beim BTA-Bohren (Botek, Riederich)

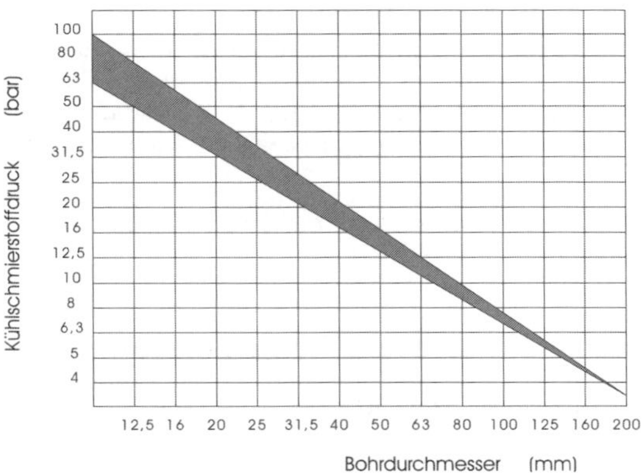

Bild 40.15: Ermittlung des KSS-Druckes beim BTA-Bohren (Botek, Riederich)

beim BTA-Bohren. Zugrunde gelegt wurde ein Tiefbohröl mit einer Viskosität von 10 bis 20 mm^2/s bei 40 °C.

Einen Überblick über die Bohrleistungen der verschiedenen Bohrverfahren und die erreichbaren Genauigkeiten enthält Tabelle 40.3.

Tabelle 40.3: Richtwerte für das Tiefbohren [3]

Bohrverfahren		Bohrungsdurchmesser	Bohrungstiefe *1)	Bohrungstoleranz *2)	Bohrungsrauhtiefe	Bohrungsmittenverlauf *3)	
		D in mm	l in mm		R_z in µm	bei 1 m Tiefe in mm	D in mm
Vollbohren	ELB	1,0 - 40	100 x D	IT 10 - IT 8	16 - 5 µm	0,5	20
	BTA	6,3 - 180	100 x D	IT 10 - IT 8	16 - 5 µm	0,25	40
	Ejektor	18,4 - 180	100 x D	IT 10 - IT 9	16 - 5 µm	0,25	40
Kernbohren	ELB	15 - 40	100 x D	IT 10 - IT 8	16 - 5 µm	0,25	80
	BTA	40 - 630	100 x D	IT 10 - IT 8	16 - 5 µm	0,1	80
Aufbohren	ELB	2,0 - 50	100 x D	IT 9 - IT 8	16 - 2 µm	0,1	120
	BTA	20 - 1500	100 x D	IT 9 - IT 8	16 - 2 µm	0,1	120
	Ejektor	18,4 - 250	100 x D	IT 10 - IT 8	16 - 5 µm	0,25	120

Bemerkungen:
*1) Es werden auch Bohrtiefen bis 200 x D erreicht, bei sehr großem D sind die Werte durch die Maschinengröße eingeschränkt.
*2) Bei einem Arbeitsgang erzielbare Werte
*3) Bei rotierendem Werkstück,
bei stehendem Werkstück sind die Werte zu verdoppeln

40.2 Maschinen zum Tiefbohren

Normalerweise werden Tiefbohrwerkzeuge auf speziell dafür ausgelegten Maschinen eingesetzt. Grundsätzlich ist eine Kühlschmierstoffanlage erforderlich, die den KSS mit (gegenüber anderen Bohrverfahren) überdurchschnittlich hohem Volumenstrom bei hohen Drücken bereitstellt.

Durch die Bereitstellung leistungsstarker Kühlschmierstoffanlagen und Zuführung des KSS durch die Spindel können heute Einlippenbohrer auch auf Bearbeitungszentren eingesetzt werden. Hier ist jedoch zusätzlich eine Pilotbohrung zur Führung des ELB im Werkstück vorzusehen und es sind außerdem Einschränkungen bezüglich des l/d-Verhältnisses hinzunehmen.

Das Ejektorbohren wird hauptsächlich auf konventionellen Werkzeugmaschinen eingesetzt.

40.2.1 Merkmale von Standard-Tiefbohrmaschinen

Standard-Tiefbohrmaschinen haben folgende Merkmale:

- Drehbewegung für Werkzeug und/oder Werkstück
- stufenlose Vorschub- und Drehzahleinstellung

- Kühlschmierstoffeinrichtung mit Hochdruckpumpen, Filterung und ggf. Kühlaggregat
- Der für den Bediener nicht einsehbare Bearbeitungsprozess erfordert eine tiefbohrgerechte Steuerung der Maschine. In diesem Zusammenhang ist es wichtig, die Prozessdaten auf dem Bildschirm anzuzeigen. Bei Überschreiten der einstellbaren Grenzwerte muss die Maschine sich automatisch abschalten. Folgende Daten sollten während des Bohrprozesses auf dem Bildschirm beobachtet werden können:
  - Kühlmitteldruck und/oder Durchflussmenge
  - Wirkleistung an der Bohrspindel
  - Vorschubkraft
  - Werkstückzähler zur Festlegung des Standweges

Da die Einstellparameter beim Tiefbohren gegenüber konventionellen Bearbeitungsverfahren teilweise unterschiedlich sind, ist eine tiefbohrgerechte Programmierung mit speziellen Unterprogrammen sehr wichtig. Einstellwerte sind unter anderem:

- Anbohrweg, Überkreuzbohrweg, Ausbohrweg mit entsprechenden Vorschüben und Drehzahlen
- Progressive Vorschub- und Drehzahlprogrammierung zur Optimierung der Schnittparameter entsprechend der Bohrtiefe
- Eingabe der Prozessdaten einschließlich entsprechender Grenzwerte

WBS

40.2.2 Tiefbohrmaschinen für das Einlippenbohren

Für dieses Verfahren haben sich einige grundsätzliche Bauformen entwickelt, von denen zwei nachstehend gezeigt werden.

Die **Standard-Tiefbohrmaschine** für überwiegend rotationssymmetrische Teile besteht werkzeugseitig aus einer Tiefbohreinheit mit Vorschub- und Hauptantrieb. Werkstückseitig ist eine Aufspannplatte mit Werkstückantrieb vorgesehen. Bild 40.16 zeigt den Aufbau.

Die in Bild 40.16 gezeigte Standard-Tiefbohrmaschine kann werkstückseitig mit entsprechenden Zusatzeinrichtungen oder Aufspanntischen zu einer universellen Maschine ausgebaut werden.

Auf der Werkzeugseite werden unterschiedliche **Tiefbohreinheiten** eingesetzt. Die eingesetzten Varianten unterscheiden sich in der Hauptsache durch:

- min/max Bohrdurchmesser
- maximale Bohrtiefe

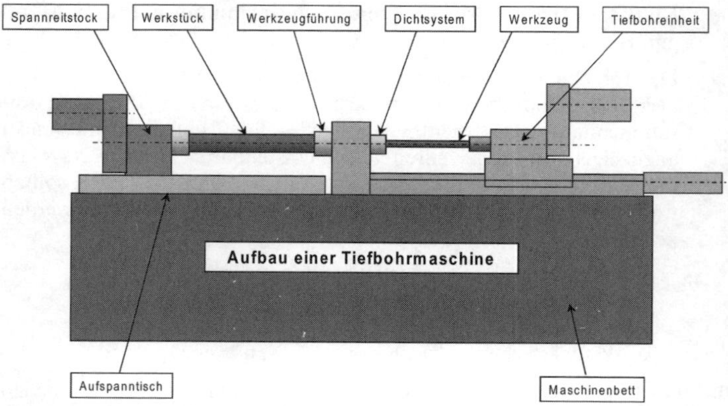

Bild 40.16: Aufbau einer Standard-Tiefbohrmaschine (TBT Tiefbohrtechnik, Dettingen)

- Anzahl der Tiefbohrspindeln
- Bohrverfahren (ELB, BTA, Ejektor)

Universal-Tiefbohrmaschinen werden durch einen modularen Baukasten nach den Werkstücken und den Bearbeitungsaufgaben mit entsprechenden Baugruppen ausgerüstet, wie in Bild 40.18 als Übersicht dargestellt.

Die Bearbeitungsbeispiele in den Bildern 40.17, 40.19 und 40.20 wurden ausgewählt, um die hohe erzielbare Genauigkeit beim Tiefbohren darzustellen. Die Schnittdaten beziehen sich auf Vollbohren ohne Ausspänen.

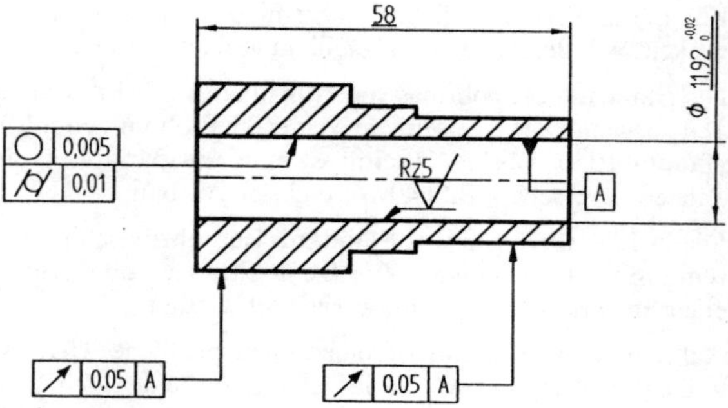

Werkstoff: 100 Cr 6
Schnittdaten: v_c = 80 m/min, n = 2300 1/min, v_f = 80 mm/min

Bild 40.17: Pumpenzylinder (TBT Tiefbohrtechnik, Dettingen)

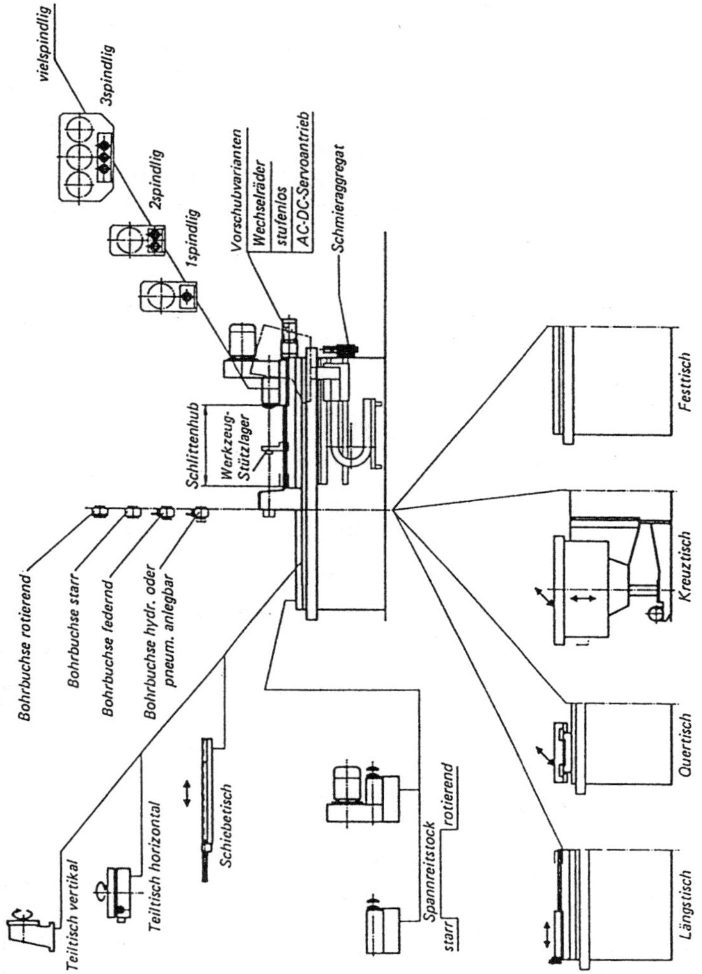

Bild 40.18: Aufbau einer Universal-Tiefbohrmaschine (TBT Tiefbohrtechnik, Dettingen)

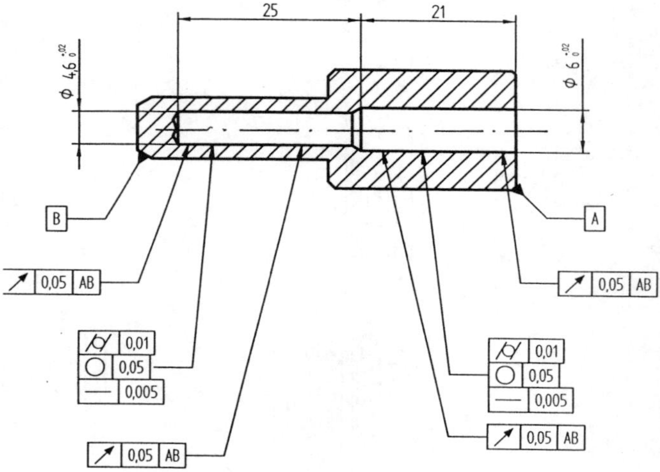

Werkstoff: 18 Cr Ni 8
Schnittdaten: v_c = 100 m/min, n = 5300 1/min, v_f = 90 mm/min
Zuerst wird die Bohrung mit ∅ 6 mm gebohrt und dann die von ∅ 4,6 mm

Bild 40.19: Einspritzdüse (TBT Tiefbohrtechnik, Dettingen)

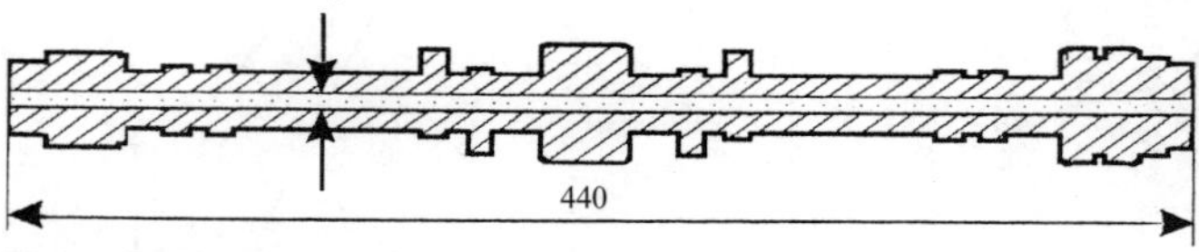

Werkstoff: GTS 65
Schnittdaten: v_c = 88 m/min, n = 4350 1/min, v_f = 80 mm/min, t_h = 5,5 min

Bild 40.20: Nockenwelle (TBT Tiefbohrtechnik, Dettingen)

40.2.3 Tiefbohrwerk – Tiefbohrzentrum

Neben den Standard-Tiefbohrmaschinen hat sich in den letzten Jahren zunehmend das **Tiefbohrzentrum** durchgesetzt. Diese Maschinenkonzeption ermöglicht das Einfahren von x- und y-Koordinaten und damit das Tiefbohren von kubischen Werkstücken, z. B. Hydraulikgehäusen, Heizplatten, Formplatten usw. Um eine wirtschaftliche Komplettbearbeitung dieser Teile zu ermöglichen, ist auch der Einsatz von konventionellen Werkzeugen, wie z. B. Spiralbohrer, Gewindebohrer, Fräser etc., möglich.

Wie auch bei konventionellen Bohrwerken gibt es diese Maschinenkonzeption in verschiedenen Ausführungen wie z. B. als Tischbohrwerk nach Bild 40.21, Plattenbohrwerk, Planer Type usw.

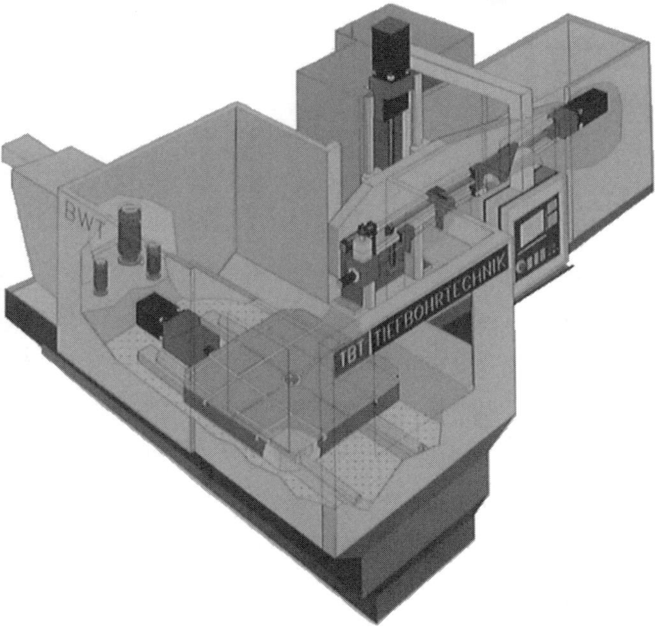

Bild 40.21: Tiefbohrzentrum (TBT Tiefbohrtechnik, Dettingen)

Die Maschinen haben eine für die Tiefbohrbearbeitung speziell konzipierte Bohrspindel und für die konventionelle Bearbeitung eine zweite, von der Bohrspindel angetriebene Spindel zur Verfügung.

Bild 40.22 enthält die Daten für das Tiefbohren. Neben den Bohrungen werden auf dem Tiefbohrzentrum auch die Ansenkungen gebohrt, Taschen gefräst, Gewinde geschnitten usw.

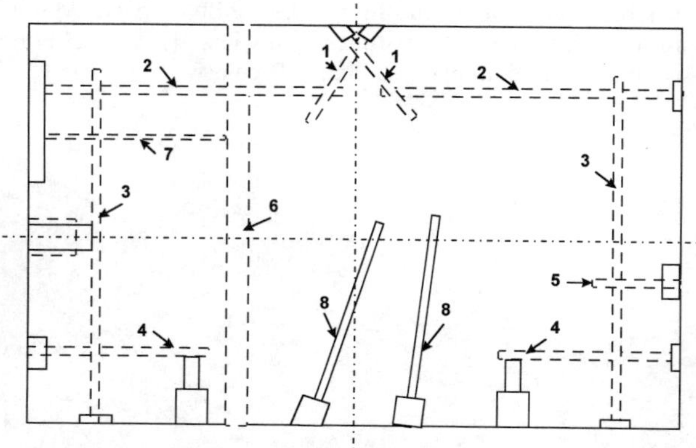

Werkstück	Spritzgussform							
Material	X 36 Cr Mo 17							
Lochnummer	1	2	3	4	5	6	7	8
Anzahl der Bohrungen	2	2	2	2	1	1	1	2
Bearbeitungs-verfahren	**Einlippen - Tiefbohren**							
Bohrdurch-messer	8	8	8	8	8	20	6	10
Bohrtiefe	87	280	435	18	75	480	185	255
v m/min	80	80	80	80	80	70	80	80
n 1/min	3200	3200	3200	3200	3200	1130	4300	2550
s mm/U	0,025	0,025	0,025	0,025	0,025	0,07	0,019	0,032
u mm/min	80	80	80	80	80	80	80	80
Gesamtzeit	**Tiefbohren ohne Werkzeugwechsel: 0,75 Stunden**							

Bild 40.22: Komplettbearbeitung einer Spritzgussform auf einem Tiefbohrzentrum (TBT Tiefbohrtechnik, Dettingen)

40.2.4 Tiefbohrmaschinen für das BTA-Bohren

Für das BTA-Bohren, insbesondere bei größeren Bohrdurchmessern, werden in der Hauptsache Langbett-Tiefbohrmaschinen eingesetzt.

Diese Maschinen haben einen feststehenden **Werkstückspindelkasten**. Der Führungsschlitten mit **Bohrölzuführapparat** (BOZA) und **Bohrbuchse** kann in Längsrichtung verstellt und der jeweiligen Werkstücklänge angepasst werden. Die für die Spanbildung erforderliche Rotationsbewegung erfolgt normalerweise durch das Werkstück und/oder das Werkzeug.

Der verfahrbare **Werkzeugspindelkasten**, oder bei stehendem Werkzeug der Bohrschlitten, erzeugt die Vorschubbewegung des Bohrers.

Im Bild 40.23 ist der Aufbau einer Maschine mit Werkstück- und Werkzeugspindelkasten gezeigt. Danach sind dann verschiedene Maschinenkonzeptionen abgebildet.

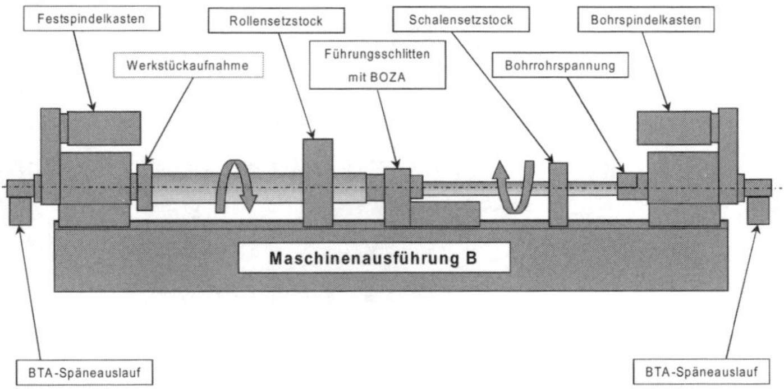

Bild 40.23: Langbett-Tiefbohrmaschine mit Fest- und Bohrspindelkasten (TBT Tiefbohrtechnik, Dettingen)

Die vorstehend gezeigte Konzeption wird immer dann eingesetzt, wenn z. B. mit dem Werkstück auf Grund seiner Form oder Größe die notwendige Schnittgeschwindigkeit nicht erreicht werden kann. Eine Rotation des Werkstückes ist immer wünschenswert, da dadurch der Verlauf des Tiefbohrwerkzeuges stark verringert wird.

Mit entsprechenden Zusatzeinrichtungen lassen sich auch periphere Bohrungen herstellen.

Das Werkzeug führt bei der Konzeption nach Bild 40.24 nur den Vorschub aus, nach Bild 40.25 sowohl die Rotations- als auch die Vorschubbewegung. Damit ist diese Maschine in der Lage, mit entsprechenden Vorrichtungen und Hilfsmitteln außermittige Bohrungen in kubische Werkstücke zu bohren.

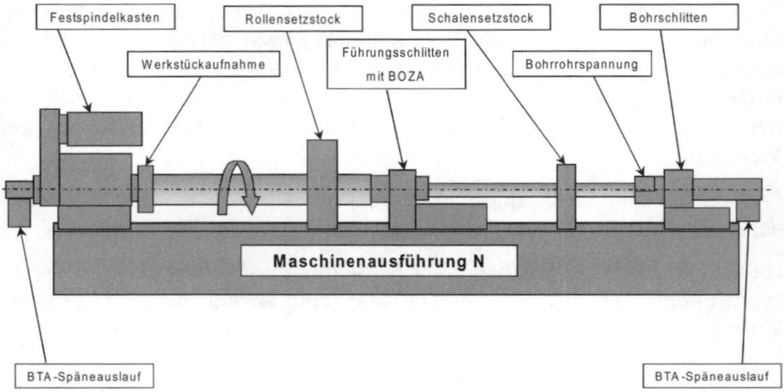

Bild 40.24: Langbett-Tiefbohrmaschine mit rotierendem Werkstück und nicht rotierendem Werkzeug (TBT Tiefbohrtechnik, Dettingen)

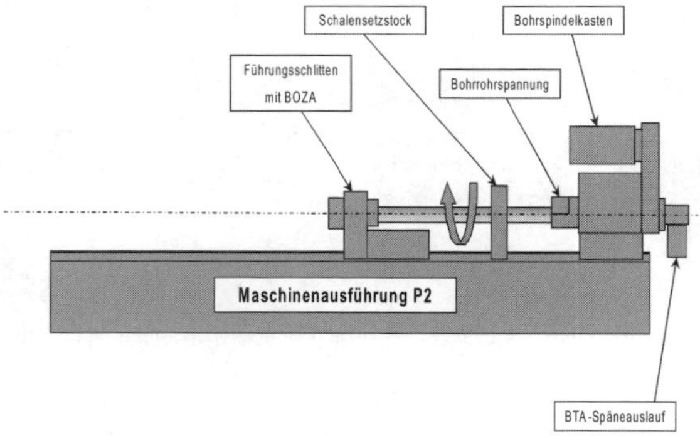

Bild 40.25: Langbett-Tiefbohrmaschine mit Bohrspindelkasten (TBT Tiefbohrtechnik, Dettingen)

Als Bearbeitungsbeispiel werden in dem Bild 40.26 die Daten für das Bohren eines Extruderzylinders angegeben. Bei diesem Einsatzfall rotieren Werkstück und Werkzeug. Es wird mit einem Vollbohrkopf in einem Arbeitsgang die Bohrung fertiggestellt.

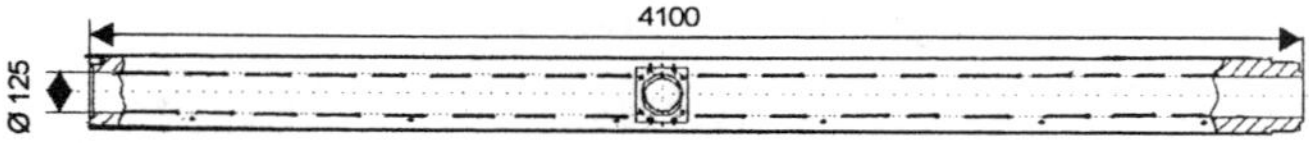

Werkstoff: 34 Cr Al Ni 7
Bohrdurchmesser: 125 mm, Bohrtiefe: 4100 mm

Bild 40.26: Bearbeitungsbeispiel – Bohren von Extruderzylinder – (TBT Tiefbohrtechnik, Dettingen)

Quellen und weiterführende Literatur

[1] VDI-Richtlinie 3208: Richtwerte für das Tiefbohren mit Einlippenbohrern. Berlin: Beuth Verlag, 1996
[2] VDI-Richtlinie 3209 Blatt 1: Tiefbohren mit äußerer Zuführung des Kühlschmierstoffes (BTA und andere Verfahren). Berlin: Beuth Verlag, 1999
[3] VDI-Richtlinie 3210 Entwurf: Tiefbohrverfahren. Berlin: Beuth Verlag, 2001
[4] *Cronjäger, L.:* Untersuchungen des Tiefbohrvorgangs. Industrieanzeiger 103 (1981) 30 und 31, S. 26–29

Weinert, K.; Löbbe, H.: Tiefbohrungen hoher Güte. WB 133 (2000) 6, S. 66–70

W
B
S

41 Tiefbohrmaschinen für große Bohrdurchmesser

Prof. Dipl.-Ing. Klaus-Jörg Conrad
unter Mitarbeit von Dr.-Ing. Axel Schween

Das Fertigungsverfahren Tiefbohren wurde in dem vorherigen Abschnitt bereits erläutert. Hier sollen die erforderlichen Ergänzungen folgen. Für die Herstellung von Bohrungen von 20 bis 1800 mm Durchmesser bei Bohrtiefen bis zu 20000 mm in Werkstücke mit Gewichten bis zu 200 t sollen wichtige Verfahren und Bedingungen anhand von ausgeführten CNC-Hochleistungs-**Tiefbohrmaschinen** vorgestellt werden.

Der Einsatzbereich dieser Fertigungstechnologie für Werkstücke mit großen Abmessungen ist oft die einzige Möglichkeit, konstruktive Ideen wirtschaftlich umzusetzen. Da die unterschiedlichen Fertigungsaufgaben effektiv gelöst werden müssen, sind variable Maschinenkonzepte erforderlich. Es gilt der Grundsatz: „Das Maschinenkonzept wird um das Werkstückspektrum herum entwickelt". Das gelingt nur in enger Zusammenarbeit von Anwender, Maschinen- und Werkzeughersteller.

Von den **Tiefbohrverfahren** wird das BTA- oder das **EJEKTOR**-Verfahren eingesetzt. **BTA** ist die Abkürzung von Boring-and-Trepanning Association und enthält den englischen Begriff „boring" für das „Aufbohren" vorhandener Bohrungen. Das „Kernbohren" wird mit „trepanning" beschrieben [1], [2]. Daraus ergeben sich die Methoden zum Tiefbohren, wie in Bild 41.1 dargestellt.

Vollbohren nennt man das Erzeugen einer Bohrung aus dem vollen Material in einem Arbeitsgang. Bohrbereich: 18 bis ca. 300 mm Schnittgeschwindigkeit: 60 bis 140 m/min	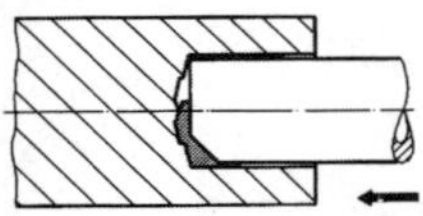
Kernbohren nennt man das Erzeugen eines Ringraumes zum Herstellen von großen Bohrungen ins Volle. Ringraumzerspanen erfordert geringere Antriebsleistung und weniger Fertigungszeit	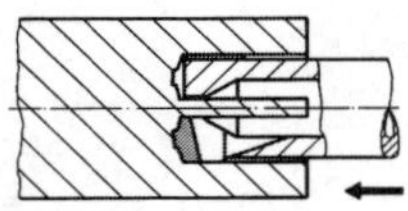
Aufbohren nennt man das Fertigbohren vorgegossener oder vorgebohrter Bohrungen. Bohrungsqualität bedeutend besser und größere Bohrungen herstellbar	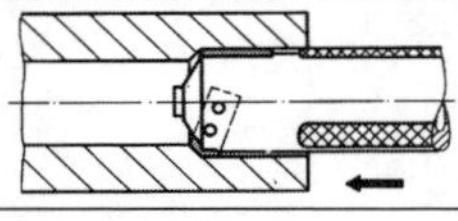

Bild 41.1: Methoden zum Tiefbohren (WOHLENBERG Werkzeugmaschinen GmbH, Hannover)

Das BTA-Verfahren wird auch als Einrohrsystem bezeichnet und unter **Single Tube System (STS)** von Werkzeuglieferanten angeboten. Das EJEKTOR-System ist dagegen ein Doppelrohrsystem. [3]

Neben diesen Methoden werden zur weiteren Verbesserung der Oberflächengüte und der Toleranzen das Ziehaufbohren sowie das Schälen und Rollen mit entsprechenden Spezialwerkzeugen eingesetzt, um z. B. Hydraulikzylinder-Bohrungen herzustellen.

Besondere Beachtung muss dem einwandfreien Tiefbohrverfahren geschenkt werden, da die Schneiden nicht sichtbar sind. Nur durch die Form der Späne, das Geräusch beim Bohren, einen geeigneten Kühlschmierstoff und durch die Erfahrung des Bedieners ist eine erfolgreiche Fertigung möglich. Große Bohrtiefen oder große Durchmesser erfordern z. B. eine Berechnung des Standwegs, da eine Unterbrechung des Bohrvorgangs vermieden werden sollte [6].

41.1 Bauformen und Ausführungen

Bauformen und Ausführungen dieser Tiefbohrmaschinen zeigt Bild 41.2.

WBS

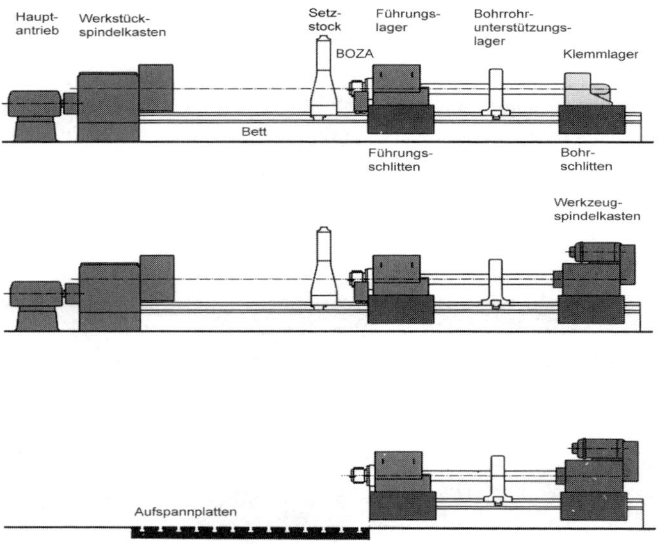

Bild 41.2: Bauformen der Tiefbohrmaschinen (WOHLENBERG Werkzeugmaschinen GmbH, Hannover)

Danach ergeben sich aus dem modularen Aufbau drei Grundtypen:

- **Normalmaschinen** mit Werkstückspindelkasten, Bohrschlitten mit Bohrrohrklemmlager für nicht umlaufendes Werkstück.
- **Universalmaschinen** mit Werkstückspindelkasten, Bohrschlitten mit Werkzeugspindelkasten für umlaufendes Werkstück und/oder Werkzeug.
- **Plattenmaschine** ohne Werkstückspindelkasten, Bohrschlitten mit Werkzeugspindelkasten für umlaufendes Werkzeug.

Die **Normalmaschine** nimmt das Werkstück im Spannmittel des Werkstückspindelkastens auf. Die Unterstützung des Werkstücks am anderen Werkstückende erfolgt je nach Länge und Gewicht durch ein oder mehrere Rollen-Setzstöcke oder Rollenstützlager. Das Bohrrohr mit aufgesetztem Bohrwerkzeug wird im Klemmlager des Bohrschlittens gespannt und im Führungslager exakt geführt. Es wird mit nicht umlaufendem Werkzeug gebohrt

Die **Universalmaschine** nimmt das Werkstück im Spannmittel des Werkstückspindelkastens und in Rollen-Setzstöcken oder Rollenstützlagern auf. Der Bohrschlitten ist mit einem Werkzeugspindelkasten ausgerüstet. Je nach Bohraufgabe kann bei umlaufendem Werkstück sowohl mit nicht umlaufendem Werkzeug als auch mit umlaufendem Werkzeug gearbeitet werden. Es ist auch möglich, eine gegenläufige Bearbeitung durchzuführen.

Die **Plattenmaschine** wird zum Bohren von schweren, unsymmetrischen oder sperrigen Werkstücken sowie von Bauteilen, die nicht umlaufen können eingesetzt. Diese Werkstücke werden auf einer Platte gespannt, die im Fundament verankert ist. Das Bohrwerkzeug wird von dem auf dem Bohrschlitten befindlichen Werkzeugspindelkasten angetrieben. Ein Werkstückspindelkasten ist nicht vorhanden.

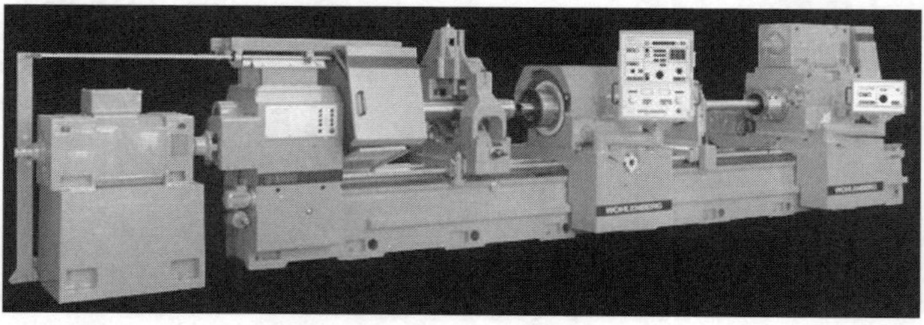

Bild 41.3: CNC-Hochleistungs-Tiefbohrmaschine PB2 (WOHLENBERG Werkzeugmaschinen GmbH, Hannover)

41.2 Ausstattung der Maschinen

Tiefbohrmaschinen für große Bohrtiefen und große Bohrdurchmesser benötigen für den Fertigungsprozess neben der entsprechend ausgelegten Kühlschmierstoffanlage und einer störungsfreien Einrichtung zur Späneabfuhr ein umfangreiches **Werkzeugpaket**. Dies besteht aus:

- Bohrköpfen für die Bohrdurchmesser
- Bohrrohren, die vorn den Bohrkopf aufnehmen
- Bohrölzuführapparat (BOZA) zur Kühlschmierstoffzufuhr
- Bohrrohr-Klemmlager zum verdrehfesten Spannen des Bohrrohres
- Bohrrohr-Unterstützungslager zur schwingungsfreien Unterstüzung
- Bohrrohr-Führungslager zur Führung des Bohrrohres

Zur Werkstückaufnahme werden die Wellen in Planscheiben gespannt und auf der anderen Seite auf Rollen-Setzstöcken und Rollen-Stützlager abgestützt, die für große Belastungen ausgelegt sind. Dadurch ist die Anbohrseite frei zugänglich für die Bohrwerkzeuge.

Für die Ausrüstung einer Tiefbohrmaschine sind außerdem die richtigen Bettlängen zu ermitteln, die sich aus der doppelten Bohrtiefe und den entsprechenden Verlustlängen für die Bohraufgaben ergeben.

Das folgende Bild 41.4 zeigt einige dieser Austattungskomponenten auf einer Tiefbohrmaschine in der Ausführung als Universalmaschine.

41.3 Baugruppen der Tiefbohrmaschinen

Die Abmessungen und die hohen Gewichte der Werkstücke sind ebenso wie die anspruchsvollen Bohraufgaben maßgeblich für die Auslegung der Tiefbohrmaschinen.

Die wichtigsten Baugruppen sind ein **Bett** mit breiten Flachführungen, die den **Werkstückspindelkasten** aufnehmen. Auf den Bettführungsbahnen werden die Schlitten geführt, alle Werkstückunterstützungen und die Werkzeugunterstützungen für die Bohrrohre sowie **Andrehsupporte** zum Drehen von An- und Auflageflächen. Moderne elektrische Drehstromantriebe für Werkstück und Werkzeug sind ebenso erforderlich wie Vorschubantriebe der **Bettschlitten** und **Bedienpulte** mit Steuerungen für den gesamten Fertigungsprozess.

Besondere Bedeutung hat die massive Kastenbettausführung mit hoher Steifigkeit und breiten gehärteten Flachführungen. An beiden Seiten sind

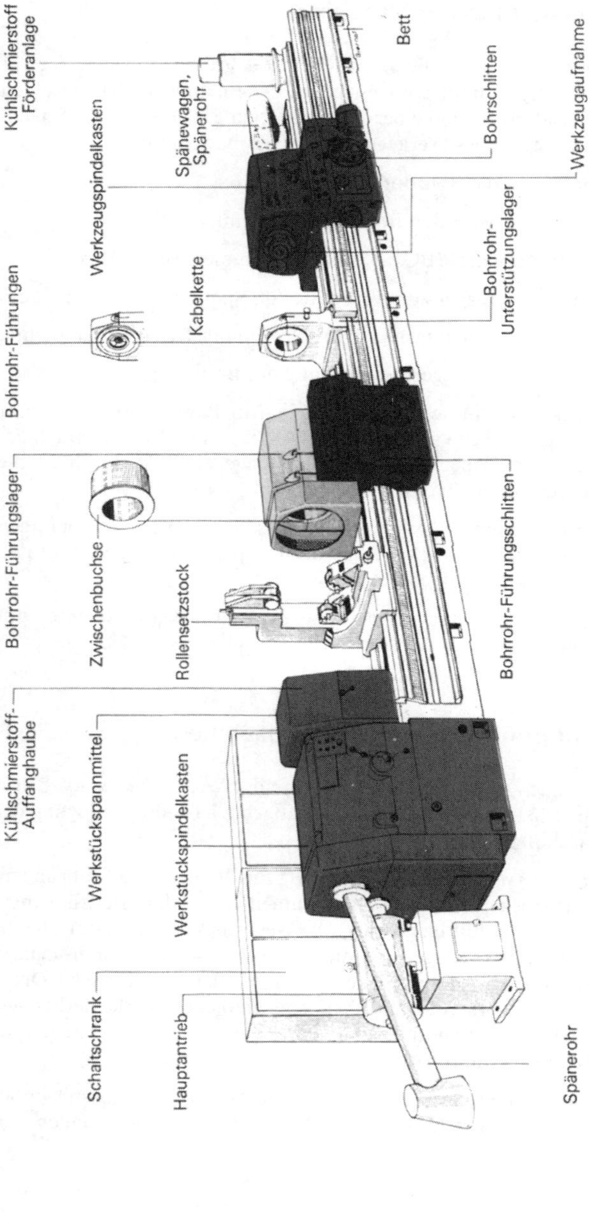

Bild 41.4: Tiefbohrmaschine mit Komponenten (WOHLENBERG Werkzeugmaschinen GmbH, Hannover)

schrägverzahnte senkrechte Zahnstangen montiert, in die breite Antriebsritzel eingreifen, um die großen Vorschubkräfte gleichmäßig zu übertragen. Die breiten Untergriffe halten die Schlitten sicher auf den Führungsbahnen.

Die Bettschlitten nehmen entweder den **Werkzeugspindelkasten**, das Bohrrohr-Klemmlager oder das Bohrrohr-Führungslager auf. Sie werden durch **Drehstromservomotoren** angetrieben und enthalten die Bedienpulte.

Bild 41.5: Bettschlitten mit Werkzeugspindelkasten

Bild 41.6: Bettschlitten mit Führungslager

(WOHLENBERG Werkzeugmaschinen GmbH, Hannover)

W B S

41.4 Steuerung und Programmierung

Moderne Hochleistungs-Tiefbohrmaschinen sind mit CNC-Steuerungen ausgestattet. Bild 41.7 zeigt zwei Beispiele der Bildschirmseiten.

Über eine Bedienerführung sind nur die technologischen und geometrischen Daten direkt in die im Bild 41.7 abgebildeten Masken einzugeben. Das zur Bearbeitung erforderliche NC-Programm wird durch die Steuerung automatisch generiert, so dass für die normale Bearbeitung keine zusätzlichen Programmierkenntnisse erforderlich sind.

Zusätzlich werden während der Bearbeitung die Istwerte der Maschinenauslastung sowie die Weginformationen angezeigt.

Bei anspruchsvollen Bearbeitungsaufgaben kann jedoch die gesamte Funktionalität der CNC-Steuerung vorteilhaft genutzt werden.

41.5 Fertigungsbeispiele

Tiefbohrmaschinen für die Herstellung großer Bohrdurchmesser werden für entsprechend große Werkstücke eingesetzt. Fertigungsbeispiele für

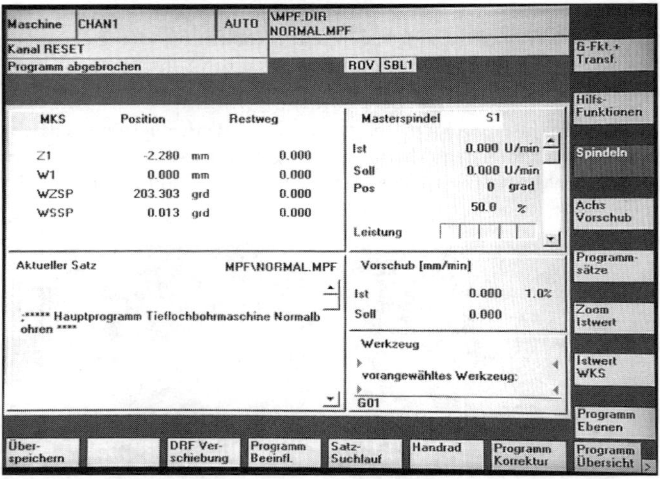

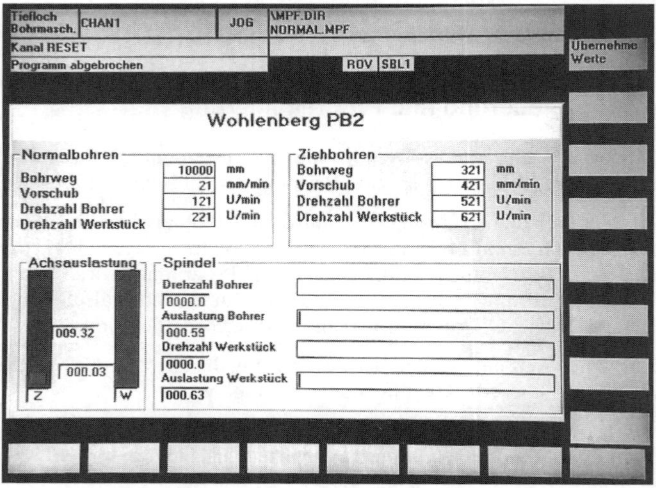

Bild 41.7: Bedienerführung einer CNC-Steuerung (Siemens 840 D), (WOHLENBERG Werkzeugmaschinen GmbH, Hannover)

Werkstücke mit Bohrdurchmessern im Bereich über 600 mm und mehreren Metern Bohrlänge sind heute nicht mehr so häufig, da durch den Fortschritt in der technischen Entwicklung andere konstruktive Lösungen geschaffen wurden, wie das Beispiel Schiffsantriebe belegt.

Als Beispiel lange bekannter Möglichkeiten soll das Bohren von Zylindermänteln für die Verstellhydraulik von Schleusentoren vorgestellt werden, die auf Wohlenberg-Tiefbohrmaschinen erfolgte. [4], [5]

Die Zylinder nach Bild 41.8 haben Nenndurchmesser von 635 bis 830 mm und Längen von 8125 bis 14220 mm. Sie werden aus drei Teilstücken zusammengeschweißt, die anschließend aufgebohrt werden. Die Schneidenbeanspruchung ist im Bereich der Schweißnaht besonders hoch. Tabelle 41.1 enthält die Technologiedaten.

Tabelle 41.1: Technologiedaten für Bohrbearbeitung in einer Aufspannung [5]

Bezeichnung	Zylindermantel für Verstellhydraulik von Schleusentoren nach Bild 41.8
Werkstoff	St 52.3, geschweißte Rohre
Werkzeuge Tiefbohren	BTA-Werkzeuge zum Vorbohren bis auf 2 mm unter Nenndurchmesser mit 25 bis 30 mm Schnitttiefe, Schnittgeschwindigkeit v = 90 m/min, Vorschub f = 0,9 mm/U BTA-Werkzeuge zum Schlichten (Innenschälen) in zwei Operationen bis das Fertigmaß bis auf 0,3 mm erreicht ist mit v = 90 mm/min und f = 4 mm/U.
Fertigbearbeitung	Durchmesser fertighonen auf H8 mit Oberflächengüte Ra = 0,5 µm

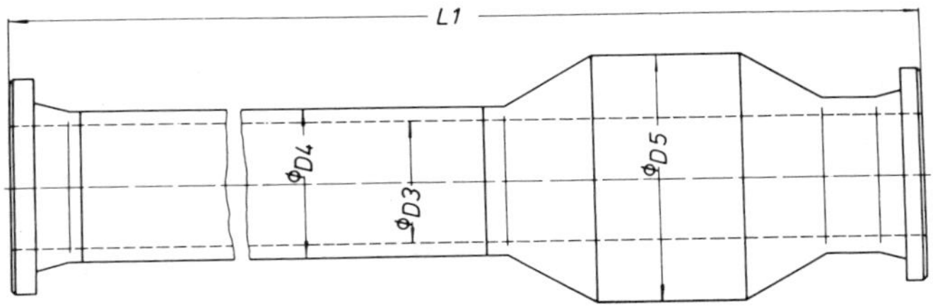

ØD3	635	675	715	740	775	805	830
ØD4	750	795	845	875	915	950	980
ØD5	1305	1350	1420	1450	1490	1525	1600
L1	8125	9140	10160	11175	12195	13210	14220

Bild 41.8: Zylindermantel für die Verstellhydraulik von Schleusentoren [5]

41.6 Berechnungsgleichungen und Anhaltswerte

Tiefbohrmaschinen und das Fertigungsverfahren Tiefbohren sind wie alle anspruchsvollen Fertigungsverfahren nur mit entsprechenden Erfahrungswerten wirtschaftlich.

Die folgende Tabelle 41.2 enthält einige Werte, die unter Beachtung des Bohrverfahrens, des Bohrsystems, des Bohrertyps und des Kühlschmierstoffs sowie der Maschinenausführung, des Werkstoffs und der Bohraufgabe eine erste Orientierung geben.

Berechnungsgleichungen für Vorschubkräfte und Antriebsleistung für das Fertigungsverfahren Bohren können auch entsprechend angepasst beim Tiefbohren angewendet werden.

Durch die Stützleisten entstehen jedoch Reibungskräfte, die ein Drehmoment verursachen. Der Leistungsbedarf dafür muss ebenso berücksichtigt werden wie der Wirkungsgrad der Tiefbohrmaschine. Näherungsgleichungen enthält [3].

Tabelle 41.2: Anhaltswerte für Tiefbohrverfahren

Bohrmittenverlauf	0,1 mm/m Bohrtiefe bei rotierendem Werkstück für Bohrtiefen bis 100 mal Bohrdurchmesser
Maßtoleranzen	IT 8 bis IT 10 für $L = 5*D$ bis $100*D$ [3]
Oberflächengüten	Ra 0,1–3 μm für $L = 5*D$ bis $100*D$ [3]
Standweg	Schnittlänge mit einer Schneide 15 bis 20 km. Eine Schneide muss beim Bohren von 1 m = 1000 mm Durchmesser und 6 m Länge bei 1 mm/U Vorschub einen Umlaufweg von 20 km zurücklegen. [5]
Bohrspindelkasten – Einsatz	Umfangsgeschwindigkeit am Außendurchmesser des rotierenden Werkstücks von 250 m/min nicht überschreiten
Werkstückmasse (Faustformel für Stahlwellen)	$m = \frac{d^2 \cdot l}{16}$; Durchmesser d in dm, Länge l in m einsetzen ergibt Masse m in t.
Leistungbedarf zum Bohren von Stahl	1 kW ist erforderlich, um 1 mm² Spanquerschnitt mit 25 m/min Schnittgeschwindigkeit bei einer spezifischen Schnittkraft für Stahl mit $k_c = 2000$ N/mm² zu zerspanen.

Quellen und weiterführende Literatur

[1] *Streicher, P.:* Tiefbohren der Metalle. Würzburg: Vogel Verlag, 1975

[2] *Cronjäger, L.:* Untersuchungen des Tiefbohrvorgangs. Industrieanzeiger 103 (1981) 30 und 31, S. 26–29

[3] Sandvik Coromant (Hrsg.): Handbuch der Zerspanung. Sandvik Coromant, 1996

[4] *Drakopoulos, M.:* Progressives Tiefbohren. 1. Tiefbohren von Zylinderrohren. tz für Metallbearbeitung 76 (1982) 3, S. 46–52

[5] *Drakopoulos, M.:* Progressives Tiefbohren. 2. Tiefbohren extrem großer Bohrungen. tz für Metallbearbeitung 77 (1983) 8, S. 28–33

[6] VDI-Berichte 301: Tiefbohren '77. Düsseldorf: VDI-Verlag GmbH, 1977

W
B
S

42 Fräsmaschinen

Prof. Dipl.-Ing. Klaus-Jörg Conrad

42.1 Einteilung der Fräsverfahren

Fräsen ist ein spanendes Fertigungsverfahren mit geometrisch bestimmten Schneiden. Die meist mehrzahnigen Werkzeuge führen eine kreisförmige Schnittbewegung aus. Die Vorschubbewegung ist senkrecht oder schräg zur Drehachse des Fräsers gerichtet. Dadurch können beliebig geformte Werkstückflächen bis auf wenige Ausnahmen erzeugt werden.

Fräsmaschinen müssen für die Besonderheiten des Verfahrens ausgelegt sein. Als Verfahrensmerkmale sind zu beachten:

- Eingriffsverhältnisse ändern sich stetig,
- unterbrochener Schnitt,
- nicht konstante Spanungsdicken,
- Schnittkraftschwankungen.

Für das System Werkstück-Werkzeug-Werkzeugmaschine ist deshalb ein gutes dynamisches Verhalten wichtig. [1]

Die Einteilung der **Fräsverfahren** nach DIN 8589 Teil 3 ist in Bild 42.1 dargestellt.

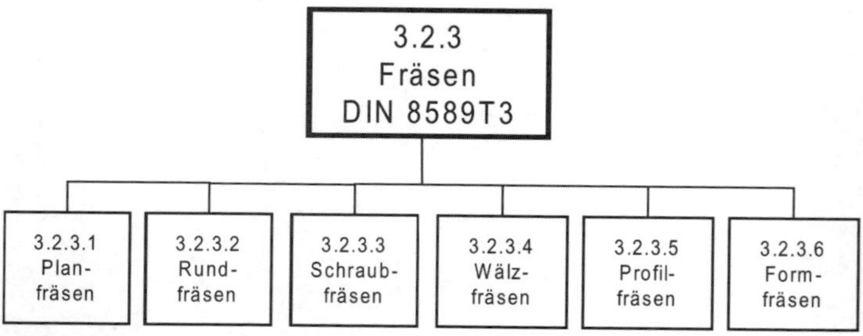

Bild 42.1: Einteilung der Fräsverfahren [2]

Das Bild enthält auch die Ordnungsnummern der Norm.

Die Bezeichnung der Fräsverfahren richtet sich nach den Merkmalen

- Art der erzeugten Werkstückfläche,
- Kinematik des Zerspanvorgangs,
- Werkzeugform.

Alle Verfahren sind ausführlich in der Literatur beschrieben [1]. Hier sollen nur die wichtigsten Merkmale in der Tabelle 42.1 als Übersicht vorgestellt werden.

Tabelle 42.1: Fräsverfahren nach DIN 8589

Fräsverfahren	**Vorschubbewegung**	**Erzeugte Fläche**	**Beispiele**
Planfräsen	Geradlinig	Ebene Fläche	Gehäusefläche
Rundfräsen	Kreisförmig	Zylinderfläche	Große Bohrung
Schraubfräsen	Wendelförmig	Schraubfläche	Gewinde
Wälzfräsen	Mit simultaner Wälzbewegung	Evolventenfläche	Zahnrad
Profilfräsen	gerade	Profilform	T-Nut
	kreisförmig	nach Werkzeugform	Ring-Nut
	gekrümmt in einer Ebene	nach Werkzeugform	Profil-Nut
Formfräsen	eben oder räumlich gesteuert	beliebig gekrümmte Formfläche	Kurvenscheiben Gesenkformen Umformwerkzeuge Freiformflächen

Das Fräsen ist ein sehr universelles Bearbeitungsverfahren. Werkstücke für Fräsmaschinen zeigen die verschiedenen Fertigungsbeispiele. Diese Werkstücke enthalten natürlich auch Formelemente, die durch Bohren, Senken, Reiben und Gewindebohren ebenfalls auf Fräsmaschinen hergestellt werden. Tabelle 42.2 enthält eine Übersicht der **Bohrverfahren** zum Herstellen von Bohrungen mit und ohne Senkungen, gestuften Bohrungen, Gewindebohrungen oder genauen Bohrungen. Sonderwerk-

Tabelle 42.2: Bohrverfahren nach DIN 8589

Fertigungsverfahren	**Fertigungsvarianten**		
Bohren	Bohren ins Volle	Aufbohren	Profilbohren
Senken	Planansenken	Planeinsenken	Profilsenken
Gewindebohren	Zylindrisch	Konisch	
Reiben	Rundreiben	Profilreiben	

zeuge für die Serienfertigung erzeugen in einem Arbeitsgang die Formelemente.

Entsprechend den umfangreich möglichen Fräsverfahren unterscheidet man je nach konstruktiven oder anwendungsbezogenen Merkmalen viele Fräswerkzeuge, wie z. B. Walzenfräser, Scheibenfräser, Messerkopf, Schaftfräser, Langlochfräser oder Gewindefräser.

Nach [1] können grundsätzlich vier verschiedene **Fräswerkzeugtypen** definiert werden, die in der Tabelle 42.3 mit typischen Anwendungen dargestellt sind.

Tabelle 42.3: Fräswerkzeuge und typische Anwendungen [1]

Fräsertyp	Wirkprofil	Wirkfläche	Beispiele
Umfangs-fräser (Walzen-fräser)	werkstück-ungebunden	Umfangsfläche (kreiszylindrisch)	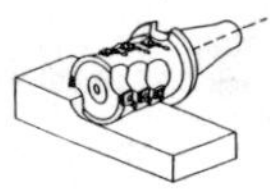 Walzenfräser
Stirn-fräser	werkstück-ungebunden	Seiten(-Stirn)- und Umfangsflächen	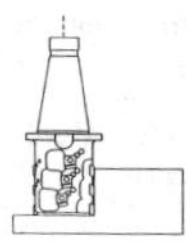 Walzenstirn-fräser 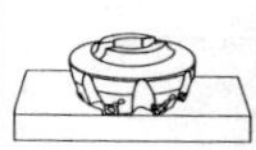 Messerkopf
Profil-fräser	werkstück-ungebunden	Profilfläche	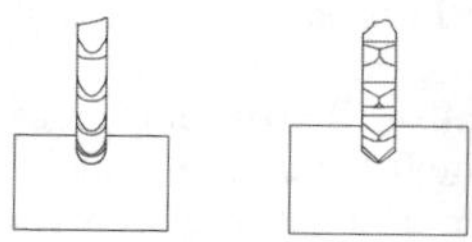 Profilfräser
Form-fräser	werkstück-ungebunden	Formfläche beliebig	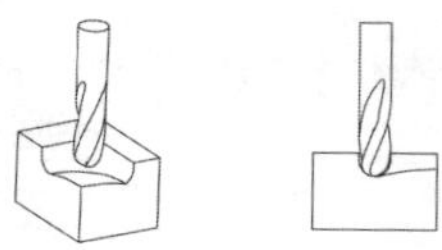 Formfräser

42.2 Bauformen und Ausführungen

Die **Bauformen der Fräsmaschinen** wurden nach den Anforderungen der spanenden Fertigungsverfahren Fräsen und Bohren für die verschiedenen Werkstückklassen entwickelt.

Eine Systematik der Fräsmaschinen orientiert sich an folgenden Kriterien [3]:

- Konstruktiver Aufbau des Gestells
- Lage der Arbeitsspindel (Werkzeugträger)
- Art und Anordnung des Tisches (Werkstückträger)
- Zuordnung der Bewegungsachsen
- Lage der Bewegungsachsen
- Kinematik
- Technologie

Fräsmaschinen haben mindestens drei lineare Bewegungsachsen, deren Lage den Maschinentyp kennzeichnet. Die Bewegungsachsen werden durch **Koordinatenbezeichnungen** nach DIN 66217 eindeutig festgelegt. Sie können dem **Werkzeugträger** (Arbeitsspindel) oder dem **Werkstückträger** (Tisch) zugeordnet werden. [6]

Bei den **Gestellbauformen** unterscheidet man Konsole, Bett und Portal, die in Ständer-, Tisch-, oder Gantry-Bauweise vorhanden sind. Kombinationen wie Kreuztisch-, Kreuzbett- oder Fahrständer-Bauweisen werden ebenso hergestellt, wie die oben liegende Gantry-Bauweise.

Es gibt also als Grundbauweisen Konsol-, Bett- oder Portal-Fräsmaschinen nach den Bildern 42.2, 42.3 und 42.4 sowie sehr viele Kombinationsmöglichkeiten.

Waagerecht- und **Senkrecht-Fräsmaschinen** enthalten die Lage der Arbeitsspindel in der Bezeichnung.

Die Werkstückabmessungen und das Werkstückgewicht bestimmen die Tischfläche und die Tischbewegungen. Große, schwere Werkstücke werden auf Maschinen bearbeitet, die die Vorschubbewegungen durch das Werkzeug ausführen lässt. Kleinere Werkstücke werden mit Vorschubbewegungen des Tisches bei fester Lage der Arbeitsspindel bearbeitet, wenn keine anderen Forderungen dagegen sprechen.

Insbesondere müssen Positioniergenauigkeiten und dynamische Forderungen beachtet werden, die auf modernen Maschinen dazu geführt haben, möglichst alle Bewegungsachsen in das Werkzeug zu legen.

Die für die verschiedenen Fräsverfahren erforderliche Kinematik und technologische Anforderungen beeinflussen ebenfalls die Bauweise.

Anwendungen werden z. B. bei den Verzahnmaschinen erläutert.

Konsolfräsmaschinen haben als Kennzeichen einen Werkstückträger (Konsole), der an einem Ständer oder Bett mit verschiedenen Bewegungsachsen verfahrbar ist, wie in Bild 42.2 vereinfacht dargestellt.

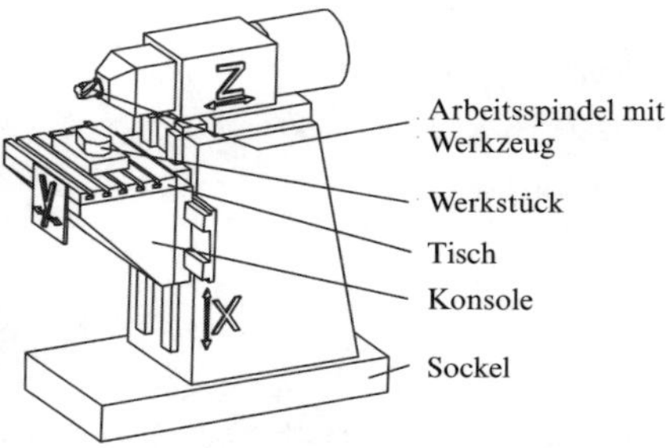

Bild 42.2: Grundbauform der Konsolfräsmaschinen

Bettfräsmaschinen haben als Kennzeichen ein Bett, auf dem der Werkstückträger (Tisch) mit verschiedenen Bewegungsachsen verfahrbar ist.

Bild 42.3 enthält eine schematische Darstellung.

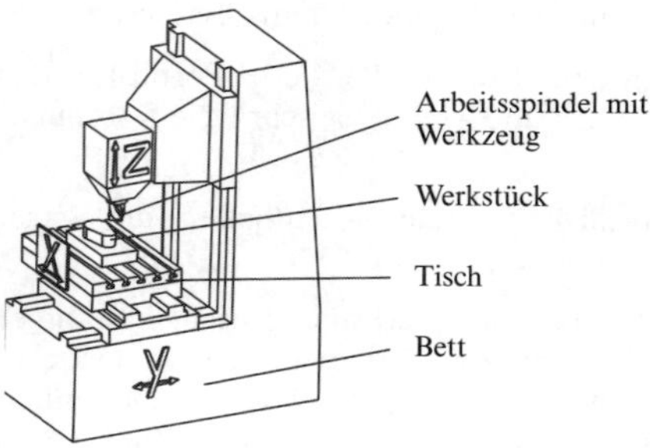

Bild 42.3: Grundbauform der Bettfräsmaschinen

Portalfräsmaschinen haben als Kennzeichen ein torähnliches Gestell (Portal), an dem der Werkzeugträger mit zwei oder drei Bewegungsachsen verfahrbar ist, wie in Bild 42.4 vereinfacht gezeigt.

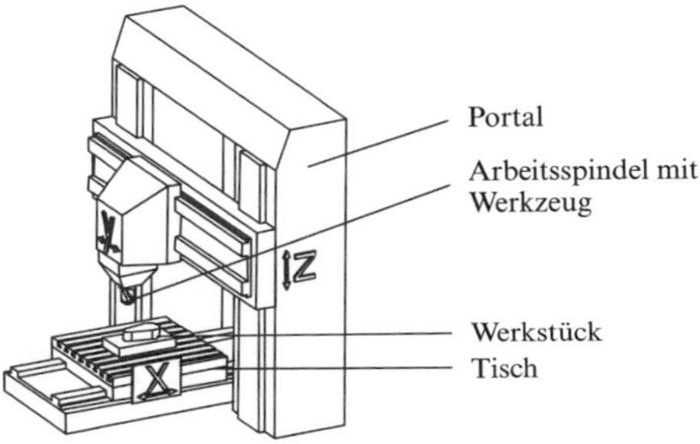

Bild 42.4: Grundbauform der Portalfräsmaschinen

Ständerfräsmaschinen haben als Kennzeichen einen starren oder beweglichen Ständer, an dem der Werkzeugträger beweglich angeordnet ist. Der Ständer kann mit dem Bett starr verbunden sein oder als Fahrständer ausgeführt werden.

Die Grundbauformen werden durch die Lage der Arbeitsspindel mit dem Werkzeug ergänzt, so dass sich die entsprechenden Waagerecht- bzw. Senkrechtausführungen ergeben.

Eine weitere Möglichkeit ergibt sich durch das Hervorheben der zwei Bewegungen des Werkstückträgers als **Kreuztischmaschine.**

Außerdem gibt es viele **Sonderfräsmaschinen**, deren Bezeichnung den Zweck oder die Werkstückart enthält, wie z. B. Gewindefräsmaschine oder Wälzfräsmaschine.

Bohr- und Fräsmaschinen, oder auch Bohr- und Fräswerke genannt, sind Ausführungen mit waagerechter Arbeitsspindel, die axial verschiebbar ist. Sie können, mit entsprechender Anzahl von Achsen und Zusatzausrüstungen ausgestattet, für die Bearbeitung großer, sperriger Werkstücke, wie z. B. Gehäuse, Behälter usw., eingesetzt werden.

Bearbeitungszentren nennt man CNC-gesteuerte Maschinen für mehrere Fertigungsverfahren aus dem Bereich Fräsen und Bohren, die als Ausstattung stets einen automatischen Werkzeugwechsel und einen Werkzeugspeicher enthalten. Wichtigste Eigenschaften sind Automatisierung und Flexibilität.

Für die Mehrseitenbearbeitung von Werkstücken sind Drehtische vorhanden. Zusätzlich können für den Werkstückwechsel Palettenwechselsysteme oder Einrichtungen für automatisches Messen und Prüfen vorhanden sein.

42.3 Berechnungsgleichungen

Für die spanende Bearbeitung der Werkstücke im Arbeitsraum der Werkzeugmaschinen sind Kräfte und Bewegungen erforderlich. Der Leistungsbedarf ist für den Antrieb wichtig und sorgt für die Bereitstellung der Kräfte bei der Spanabnahme. Die Kräfte müssen von Werkzeugen, Vorrichtungen und Maschinen sowie vom Werkstück aufgenommen werden, damit im Fertigungsprozess aus Rohteilen Fertigteile entstehen.

Die Kraft wirkt beim Spanvorgang zwischen Werkstück und Werkzeug. Für die Berechnung der Leistung beim Spanen sind die Komponenten Schnittkraft und Vorschubkraft maßgeblich. Für die Schnittkraft wurde von Kienzle und Victor ein Spankraftgesetz aufgestellt, das für die Drehbearbeitung ermittelt wurde. Die Schnittkraft ergibt sich danach aus dem Produkt von Spanungsquerschnitt und spezifischer Schnittkraft.

Für das Stirnfräsen und für das Umfangsfräsen sollen grundlegende Gleichungen mit den erforderlichen Begriffen und Einheiten angegeben werden. Die Tabellen 42.4 und 42.5 enthalten wichtige Gleichungen.

Tabelle 42.4: Berechnungsgleichungen Stirn- und Umfangsfräsen – Teil 1 [4, 5]

Stirnfräsen	
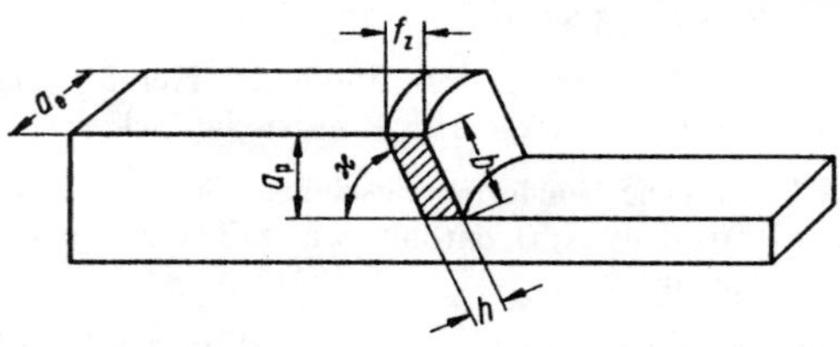	
Spanungsbreite $b = \frac{a_p}{\sin \varkappa}$	Schnitttiefe a_p Schnittbreite a_e
Umfangsfräsen	
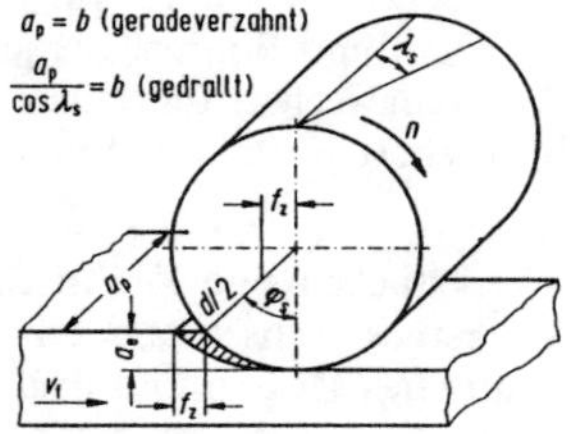	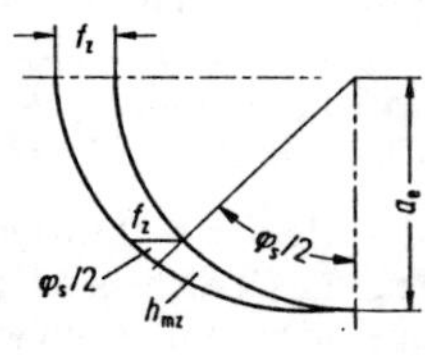

Tabelle 42.4: Berechnungsgleichungen Stirn- und Umfangsfräsen – Teil 2 [4, 5]

Gleichung	**Erläuterung**
Schnittgeschwindigkeit $v_c = D \cdot \pi \cdot n$	Durchmesser des Fräsers D
Vorschubgeschwindigkeit $v_f = f \cdot n$	Drehzahl n
Vorschub $f = f_z \cdot n$	Vorschub pro Zahn f_z
Schnittkraft pro Zahn $F_{cz} = b \cdot h_m \cdot k_c$	Spezifische Schnittkraft k_c
Spanungsbreite $b = \dfrac{a_p}{\cos \lambda_s}$	Schnittbreite a_p Drallwinkel λ_s
Mittlere Spanungsdicke $h_m = \dfrac{360° \cdot a_e \cdot f_z \cdot \sin \varkappa}{\pi \cdot \varphi_s \cdot D}$	Schnitttiefe a_e Einstellwinkel $\varkappa$ Schnittbogenwinkel φ_s
Einstellwinkel $\varkappa = 90° - \lambda_s$	Bei gedralltem Fräser
Schnittkraft $F_c = F_{cz} \cdot z_E$	Zähne im Eingriff z_E
Zähne im Eingriff $z_E = \dfrac{\varphi_s \cdot z}{360°}$	Zähnezahl des Fräsers z
Zeitspanvolumen $V = a_e \cdot a_p \cdot v_f$	
Schnittmoment $M_c = z_E \cdot F_{cz} \cdot \dfrac{D}{2} = F_c \dfrac{D}{2}$	
Schnittleistung $P_c = z_E \cdot F_{cz} \cdot v_c = F_c \cdot v_c$	Für die an der Arbeitsspindel verfügbare geringere Leistung Wirkungsgrad η beachten.
Schnittleistung $P_c = a_e \cdot a_p \cdot v_f \cdot k_c$	

Tabelle 42.5: Begriffsklärungen für Stirn- und Umfangfräsen [5]

Begriff mit Einheit	**Erklärung**
Schnittgeschwindigkeit (v_c = m/min)	Umfangsgeschwindigkeit des Fräsers
Vorschubgeschwindigkeit (v_f = mm/min)	Relative Geschwindigkeit zwischen Werkzeugachse und Werkstück, die man auch Tischvorschub nennt.
Vorschub pro Zahn (f_z = mm)	Entspricht dem linearen Weg, den der Fräser beim Eingriff eines Zahns zurücklegt.
Zeitspanvolumen V = mm³/min	Produkt aus Schnitttiefe, Schnittbreite und Werkzeugweg innerhalb der Zeiteinheit.
Spezifische Schnittkraft k_c = N/mm²	Kraft, die erforderlich ist, um einen Span mit einem Querschnitt von A = 1 mm² abzutrennen (F_c/A).

Quellen und weiterführende Literatur

[1] *Fritz, A. H.; Schulze, G.:* Fertigungstechnik. 5. Auflage. Berlin: Springer Verlag, 2001

[2] DIN 8589 Teil 3: Fertigungsverfahren Spanen-Fräsen. Deutsches Institut für Normung, 1982

[3] *Weck, M.:* Werkzeugmaschinen Band 1: Maschinenarten, Bauformen, Anwendungsbereiche. 3. Auflage. Düsseldorf: VDI-Verlag, 1988

[4] *Milberg, J.:* Werkzeugmaschinen Grundlagen. 2. Auflage. Berlin: Springer Verlag, 1995

[5] Sandvik Coromant (Hrsg.): Handbuch der Zerspanung. Sandvik Coromant, 1996

[6] *Beuke, D.; Conrad, K.-J.:* CNC-Technik und Qualitätsprüfung. München Wien: Carl Hanser Verlag, 1999

43 Universalfräsmaschinen

Prof. Dipl.-Ing. Klaus-Jörg Conrad
unter Mitarbeit von Dr.-Ing. Hans-Peter Schossig

Universalfräsmaschinen sind für sehr viele Werkstücke mit Fräs- und Bohrbearbeitung im Werkzeug- und Formenbau sowie in der Einzelproduktion einsetzbar.

Durch einen umfangreichen Baukasten der Zusatzeinrichtungen sind viele Werkstückbearbeitungen möglich. Es handelte sich bisher um konventionelle Maschinen, die auch komplexe Werkstücke in einer Aufspanung fertig bearbeiten konnten.

Die ständige Weiterentwicklung der Werkzeugmaschinen durch NC-Technik, Antriebstechnik und CNC-Steuerungen schaffte auch neue Gestellkonzepte, die als Monoblock-, Fahrständer- oder Portalmaschinen bekannt sind. Sie werden in den folgenden Abschnitten vorgestellt.

WBS

Bild 43.1: Komplettbearbeitung (DECKEL MAHO, Pfronten)

CNC-Steuerungen sind heute modular aufgebaut, haben eine homogene, PC-basierte Umgebung und sind „Software“-orientiert. Sie bieten die Möglichkeit, eine entsprechende Anzahl von NC-Achsen zur Bearbeitung von komplexen Konturen und Freiformflächen einzusetzen (Bild 43.1). Die Bedieneroberfläche führt den Bediener durch einen Dialog, grafische Menüs und Programmierzyklen.

Als Steuerungen werden heute firmenspezifische Entwicklungen wie die DECKEL MAHO MillPlus IT, oder Steuerungen von speziellen Steuerungsherstellern wie die Heidenhain iTNC 530 oder die SIEMENS 840 D eingesetzt. Mit Standardschnittstellen wie Ethernet sind sie alle vernetzungsfähig.

Wichtige **Baugruppen** wie Hauptantriebe, Vorschubantriebe, Führungen, Werkzeugaufnahmen in der Arbeitsspindel, Messsysteme und Lagerungen werden entsprechend dem Stand der Technik für bestimmte Baugrößen und Einsatzbereiche als Module entwickelt bzw. eingesetzt.

Elektrische Antriebe sind digital geregelte Drehstrommaschinen, die als Spindelmotoren für den **Hauptantrieb** direkt auf der Arbeitsspindel montiert werden. Sie haben einen großen Drehzahlbereich und eignen sich für hohe Schnittgeschwindigkeiten. Auch bei höheren Drehmomentanforderungen an der Arbeitsspindel werden Getriebestufen immer seltener eingesetzt.

Drehstrom-Servomotoren sind stufenlos regelbar für den gesamten Vorschub- und Eilgangbereich einsetzbar. Als mechanische Übertragungselemente werden spielfreie Kugelgewindespindeln für alle linearen NC-Achsen verwendet. Auch hier sind Trends zu Direktantrieben durch den Einsatz von Linearmotoren erkennbar.

Die **Spindelkopfausführungen** in der Arbeitsspindel gibt es für Steilkegel nach DIN 69871 sowie immer häufiger für die Hohlschaftkegel (HSK) nach DIN 69893. Mit ausgewuchteten Werkzeugen sind beide Arten auch für hohe Schnittgeschwindigkeiten einsetzbar.

Spielfreie, vorgespannte **Wälzführungen** und deren Anordnung an steifen Gestellen sorgen für hohe Genauigkeit der Bewegungsachsen.

Der **Arbeitsraum** ist der wichtigste Bereich einer Werkzeugmaschine. Er muss für die Aufnahme eines breiten Werkstückspektrums so ausgelegt werden, dass die Werkstückhandhabung, die Werkzeugwechsel, die Bearbeitungen, das Messen und die Zugänglichkeit für den Bediener gewährleistet sind. Durch einen gekapselten Arbeitsraum, der durch Einhandbedienung geöffnet werden kann, und durch eine ergonomische Anordnung der Steuerung werden die Fräsmaschinen immer bedienerfreundlicher.

Schwenkbare Fräsköpfe oder Fräsköpfe mit zwei zusätzlichen Achsen für das 5-Achsen-Fräsen sind für einige Fertigungsaufgaben erforderlich.

Die **Ausstattung** der Maschinen umfasst die im Arbeitsraum vorhandenen Elemente und Einrichtungen zur Durchführung der Fertigungsaufgaben. Die Ausstattung der Grundmaschine kann durch Optionen entsprechend den Anforderungen aus den Fertigungsaufgaben ergänzt werden. Dazu gehören verschiedene Arbeitstische, die drehbar, schwenkbar oder mit

NC-Achsen ausgerüstet eingesetzt werden können. Palettenwechselsysteme für die Werkstückzufuhr und NC-Teilapparate mit Reitstock für Mehrseitenbearbeitung in einer Aufspannung sind für eine Werkstückhandhabung einsetzbar.

43.1 Monoblockmaschinen

Monoblockmaschinen haben als Gestell einen Maschinengrundkörper, der als kompakter Gusskörper aus einem Block besteht, an dem die Führungen befestigt werden. Material und Gestaltung des Monoblocks sorgen für optimale Bedingungen für die Lastaufnahme über die Führungen, ermöglichen hohe dynamische Belastungen, ergeben eine geringe Maschinenaufstellfläche und sind ergonomisch günstig. Bild 43.2 zeigt den vereinfachten Grundaufbau dieser Maschine mit einer Achse im Werkstückträger dem Frästisch.

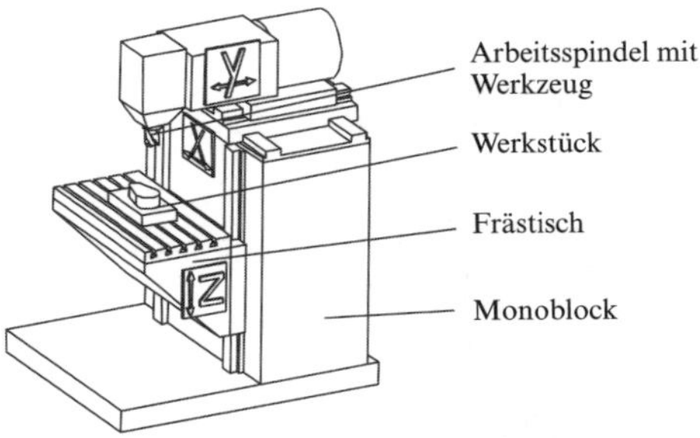

Bild 43.2: Grundmaschine in Monoblockbauweise

43.1.1 Bauweisen von Monoblockmaschinen

Universalfräsmaschinen in Monoblock-Bauweise werden nach DECKEL MAHO Pfronten (DMU) als Beispiel für moderne Ausführungen vorgestellt. Mit dem Maschinenspektrum der Baugrößen DMU 60T/DMU 80T/DMU 100T werden über 80 % der Fräs- und Bohrarbeiten in den Einsatzgebieten Werkzeugherstellung und Formenbau abgedeckt.

Der eigensteife **Monoblock** ist ein einteiliges Gussgestell als Grundkörper der Maschine für die Aufnahme der Führungen, Antriebe usw. Er bietet die Voraussetzung für den Einsatz digital geregelter Vorschub- und Hauptantriebe und ermöglicht nicht nur konstante Bedingungen für die

Zerspanung mit günstigem Spänefall, unabhängig von der Werkstückposition, sondern auch die Aufstellmöglichkeit der „Kranhaken"-Maschine ohne Fundament.

Die erzielbaren Arbeitsgenauigkeiten erfüllen die Anforderungen, die an eine Komplettbearbeitung gestellt werden.

Inzwischen werden, wie bei allen Maschinen für moderne Technologien, Motorspindeln mit einem sehr guten Leistungs-Volumenverhältnis als Hauptantrieb eingesetzt.

Automatisierungs-Einrichtungen wie ein vom Arbeitsraum getrenntes Werkzeugmagazin und Späneförderer gehören zum Standard.

Begünstigt durch die getriebelose Kompaktbauweise entstand eine patentierte schwenkbare Arbeitsspindel, die als 5. Achse eine Komplettbearbeitung ermöglicht. Bild 43.3 zeigt eine Maschine mit einem als NC-Achse verstellbaren Fräskopf.

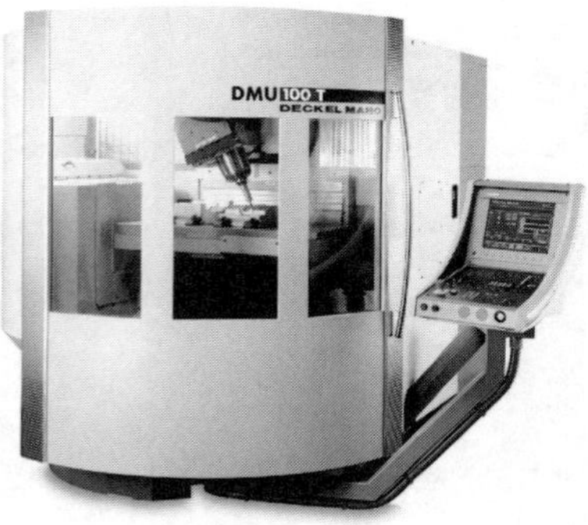

Bild 43.3: DMU 100T mit Fräskopf als NC-Achse (DECKEL MAHO, Pfronten)

43.1.2 Ausstattung der Maschinen

Bei der Ausstattung der Maschinen wird unterschieden in Grundmaschine und Optionen zur Erweiterung des Einsatzbereiches mit umfangreichen technischen Daten, die hier nicht alle genannt werden können.

Je nach Werkstückabmessungen und -gewicht sowie Fertigungsaufgaben sind verschiedene starre Tische mit entsprechenden Belastungsmöglichkeiten vorhanden. Die Verfahrwege von 560 mm bis 1 080 mm in der Längsachse ermöglichen die volle Ausnutzung des Arbeitsraums.

Die Werkzeugaufnahmen in der Arbeitsspindel werden mit Steilkegel nach SK 40 nach DIN 69871 oder als Hohlschaftkegel HSK-A63 nach DIN 69893 ausgeführt.

Ein Werkzeugwechsler in Pick-up-Ausführung mit Tellermagazin nimmt 20 Werkzeuge auf und ermöglicht eine Span-zu-Span-Zeit ab 7,5 s.

Der Arbeitsraum wird von den Maschinenaggregaten durch Stahlblechabdeckungen sauber abgetrennt.

Der Arbeitsraum ist sehr gut zugänglich und durch ergonomisch angeordnete Elemente wie z. B. der Einhandbedienung der Tür einer Vollschutzkabine komfortabel bedienbar.

43.1.3 Baugruppen

Als Hauptantriebe werden geregelte AC-Motoren mit entsprechenden Leistungen bis 28 kW und Drehmomenten bis 280 Nm eingesetzt, für große Drehzahlenbereiche bis 42000 1/min optionell.

Die Vorschubantriebe sind digitale bürstenlose AC-Motoren mit 15 m/min Vorschubgeschwindigkeit.

Die Monoblockbauweise zeigt nach Bild 43.4 die Baugruppen:

- Präzisions-Rollenumlaufführungen
- digitale Antriebstechnik
- Senkrechtführungen mit Tischschwerpunkt innerhalb der Führungen
- direkte Messsysteme in Verbindung mit kinematischer und elektronischer Temperaturkompensation für höchste Präzisionsanforderungen als Standard vorhanden
- schwenkbarer Universalfräskopf
- flüssigkeitsgekühlte Motorspindel
- Minimalschmierung der Rollenumlaufführungen und Kugelrollspindeln (nur ca. 2,5 kg Fett/Jahr) bei geringstmöglicher Verschmutzung des Kühlschmierstoffes und minimalem Maschinenverschleiß
- Es ergeben sich kurze Inbetriebnahmezeiten („Kranhakenmaschine“)

43.1.4 Optionen zur Grundmaschine

Für die verschiedenen Fertigungsaufgaben sind Hauptantriebe als Motorspindeln mit unterschiedlichen Drehzahlen und Leistungen sowie

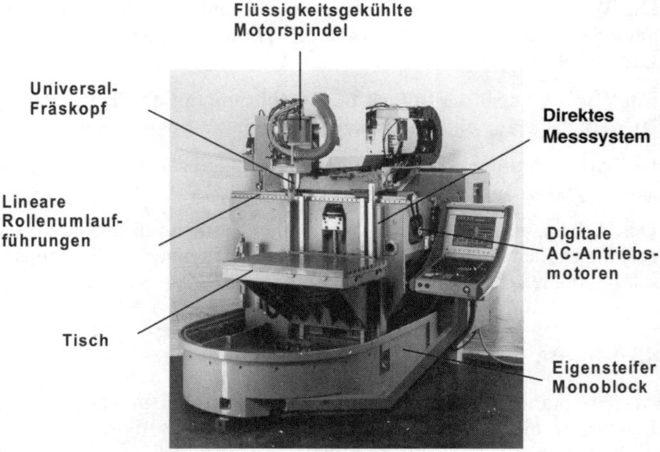

Bild 43.4: Baugruppen der Monoblockmaschnine DMU 60 T (DECKEL MAHO, Pfronten)

Hochfrequenzspindeln vorhanden. Hohlschaftkegel oder Steilkegel sind anwendungsgerecht wählbar.

Als Optionen für den Fräskopf können die Varianten gewählt werden:

- Einstellhilfe für manuellen Schwenkfräskopf mit direktem Messsystem
- Gesteuerter Schwenkfräskopf – B-Achse (siehe Bild 43.3)
  Ein Kühlaggregat für die Motorspindel ist hierzu notwendig, Wärmetauscher ist Standard.

Die Tische sind durch Aufsatz-Rundtische um Funktionen erweiterbar, die für die Mehrseitenbearbeitung in einer Aufspannung gebraucht werden. Eine Ausführung in Bild 43.5 zeigt einen integrierten NC-Rundtisch als 4. Achse, der in einem Starrtisch angeordnet ist.

Für die Automatisierung der Maschinen gibt es weitere Optionen:

- Bahnsteuerungen MillPlus IT oder Heidenhain iTNC 530 mit entsprechenden Funktionen für Bedienung, Fertigungsunterstützung, Datenübertragung (Ethernet) und Netzservice
- Messtaster Infrarot zur Aufnahme in die Arbeitsspindel zum Vermessen der Werkstücke

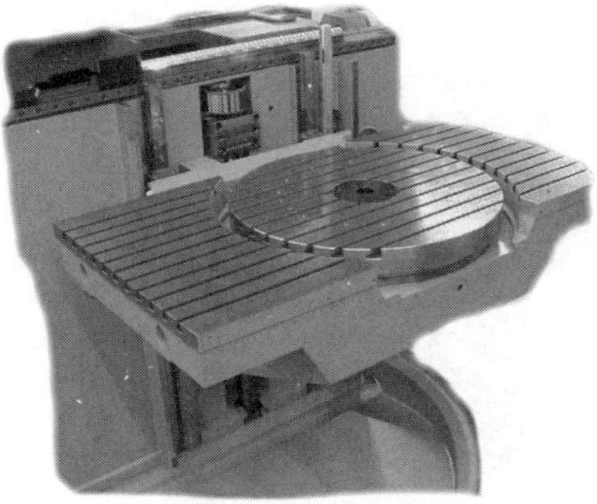

Bild 43.5: In starren Tisch integrierter Rundtisch (DECKEL MAHO, Pfronten)

- Werkzeugvermessung im Arbeitsraum bei laufender Spindel (durch mechanisches Antasten – Spindel läuft verkehrt herum) oder durch Laser
- Produktionspaket für innere Kühlmittelzufuhr mit Hochdruck
- Öl-/Emulsionsnebelabscheidanlage
- Externe Kühlmitteldüsen umschaltbar Wasser/Luft oder Minimalmengenschmierung
- Staubabsaugung für Kunststoff- oder Grafitbearbeitung

43.1.5 Fertigungsbeispiel

Ein bearbeitetes Werkstück, das durch Formfräsen auf einer Monoblock-5-Achsen-Fräsmaschine aus einem Block gefräst wurde, zeigt Bild 43.6; technologische Daten enthält Tabelle 43.1.

43.2 Fahrständer-Bettmaschinen

Bettfräsmaschinen und Fahrständerfräsmaschinen haben als Gestell ein eigensteifes Maschinenbett in T-förmiger Bauweise. Der Fahrständer ist eine kastenförmige Gussausführung hoher Stabilität. Er verfährt ebenso wie der Arbeitstisch auf den am Maschinenbett angeordneten Wälzführungen. Die Verteilung der Achsen ist aus dem Schema einer Grundmaschine nach Bild 43.7 erkennbar.

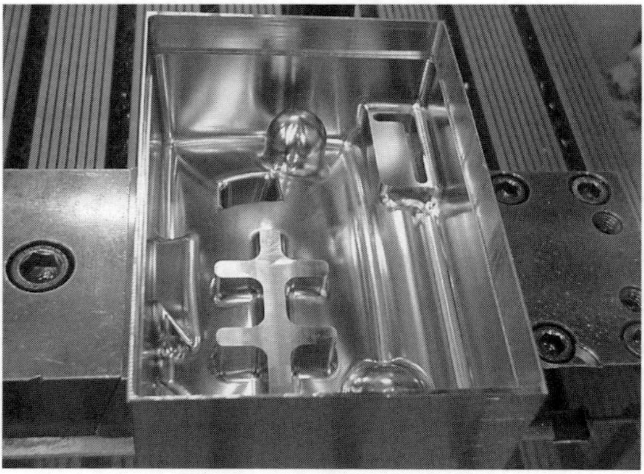

Bild 43.6: Formteil auf einer DMU 60 T (DECKEL MAHO, Pfronten)

Tabelle 43.1: Technologische Daten für das Formteil (DECKEL MAHO, Pfronten)

Werkstück	Rohteilabmessung: l = 190 mm, b = 131 mm, h = 80 mm
Bearbeitung	Formfräsen auf einer Monoblock-5-Achs-Fräsmaschine DMU 60T
Fräszeit	363 min
Werkzeuge	1 Aufspannung (Komplett-Bearbeitung) 5 Werkzeuge
Werkstoff/ Bemerkungen	Material: Stahl vergütet auf 1400 N/mm² mit ca. 43 HRC **Einsparungen:** Es wurde eine sehr gute Oberfläche erzielt, obwohl das sehr zähe Material schwer zu bearbeiten war.

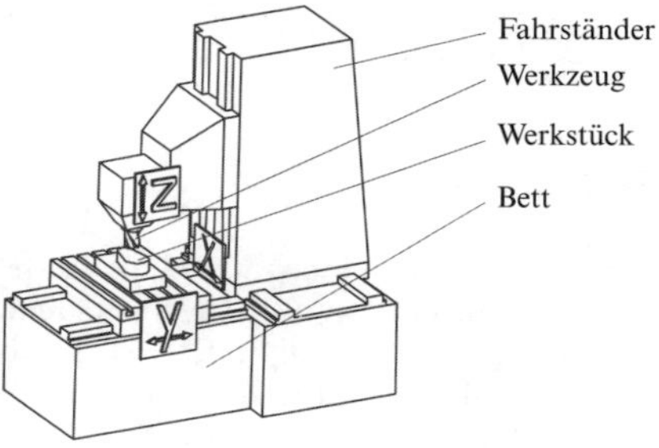

Bild 43.7: Grundmaschine in Fahrständer-Bett-Bauweise

43.2.1 Bauweisen von Fahrständer-Bett-Maschinen

Universalfräsmaschinen in Fahrständer-Bett-Bauweise werden nach DECKEL MAHO Pfronten vorgestellt. Die Baureihe dieser Maschinen besteht aus den Baugrößen DMU 60 P/DMU 80 P/DMU 125 P und einer DMU 125 T für das Vertikalfräsen. Diese Maschinen werden für die 5-Seiten- und auch für die 5-Achsen-Bearbeitung eingesetzt. Im Bild 43.8 ist eine Maschine zu sehen.

Auf dem eigensteifen Maschinenbett wird ein geschlossener Fahrständer mit einem Universalfräskopf verfahren, so dass zwei Bewegungsachsen dem Werkzeug zugeordnet sind. Das Werkstück auf dem Maschinentisch kann neben dem Verfahren der dritten Achse zusätzliche NC-Achsen durch dreh- oder schwenkbare Tischausführungen erhalten.

Durch die Modulbauweise sind die wichtigsten Baugruppen wie bei den bereits vorgestellten Monoblockmaschinen einsetzbar. Diese werden bei den folgenden Bauweisen nicht mehr beschrieben.

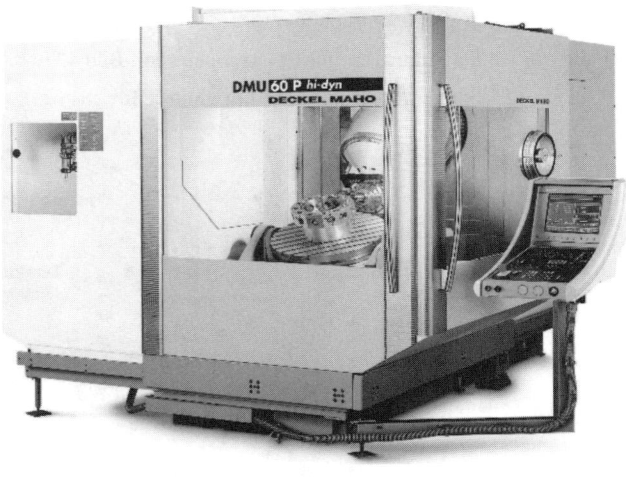

Bild 43.8: Fahrständer-Bett-Maschine DMU 60 P mit NC-Schwenkrundtisch (DECKEL MAHO, Pfronten)

43.2.2 Ausstattung der Maschinen

Die Durchführung der Fertigungsaufgaben wird durch die Ausstattung der Grundmaschine gewährleistet. Erfordert die Bearbeitung weitere Funktionen, so sind diese durch Optionen gegeben.

Die Grundmaschine hat einen schwenkbaren Universalfräskopf für vertikale und horizontale Bearbeitung mit einer Werkzeugaufnahme SK 40 oder SK 50 und einer Motorspindel.

Dazu gehören ein Werkzeugwechselsystem mit Doppelgreifer und Werkzeugmagazin sowie ein Produktionspaket für die Kühlschmierstoffversorgung mittels Hochdruck und ein Späneförderer.

Der Arbeitsraum liegt innerhalb einer Vollschutzkabine, die durch Abdeckungen und Schutztüren Bediener und Maschine während der Fertigung vor Späne und Kühlmittel schützen. Außerdem wurde auf eine gute Zugänglichkeit geachtet.

43.2.3 Baugruppen

Die Motorspindeln als geregelte AC-Hauptantriebe werden mit Leistungen bis 44 kW und Drehmomenten bis 290 Nm bei Drehzahlen bis 18 000 1/min eingesetzt. In den Linearachsen sind große Vorschubgeschwindigkeiten bis 15 000 mm/min und Eilgänge bis 50 m/min vorhanden.

Die Fahrständer-Bett-Bauweise mit Baugruppen zeigt Bild 43.9:

- Universalfräskopf für vertikale und horizontale Bearbeitung

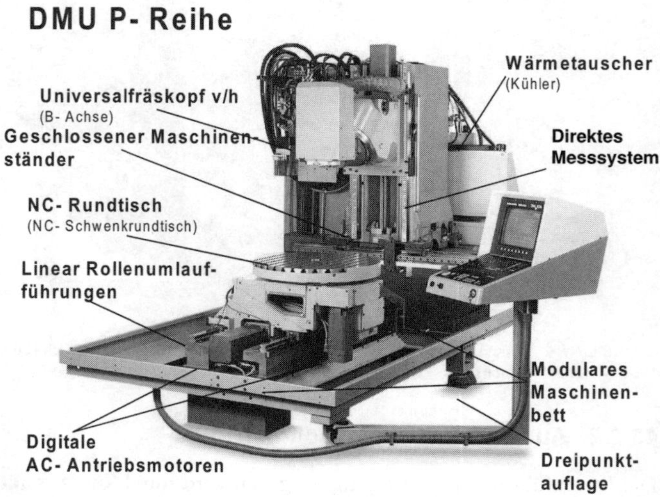

Bild 43.9: Baugruppen der Fahrständer-Bettmaschine DMU 125 P (DECKEL MAHO, Pfronten)

- geschlossener Maschinenständer
- eigensteifes Maschinenbett in modularer Ausführung
- lineare Rollenumlaufführungen
- digitale AC-Antriebsmotoren
- flüssigkeitsgekühlte Motorspindel
- direkte Messsysteme
- NC-Rundtisch als 4. Achse
- Bahnsteuerung Heidenhain iTNC 530, MillPlus IT oder Siemens 840 D

43.2.4 Optionen zur Grundmaschine

Optionen zur Grundmaschine sollen besondere Anforderungen der Bearbeitungsaufgaben erfüllen sowie die Haupt- und Nebenzeiten senken. Dafür gibt es Varianten des Fräskopfes mit der Hauptspindel, der Arbeitstische, der Werkzeugmagazine und der Automatisierungseinrichtungen. Weitere Einzelheiten sind bei den Monoblockmaschinen beschrieben.

- Arbeitsspindeln mit hohen Drehmomenten und Leistungen (SK 50) bis 44 kW
- Universalfräskopf, gesteuert als *B*-Achse mit gleicher Leistung
- Arbeitstische als NC-Rundtische oder NC-Schwenkrundtisch (*A*- und *C*-Achse) für die simultane 5-Achsen-Bearbeitung (Bild 43.10)

WBS

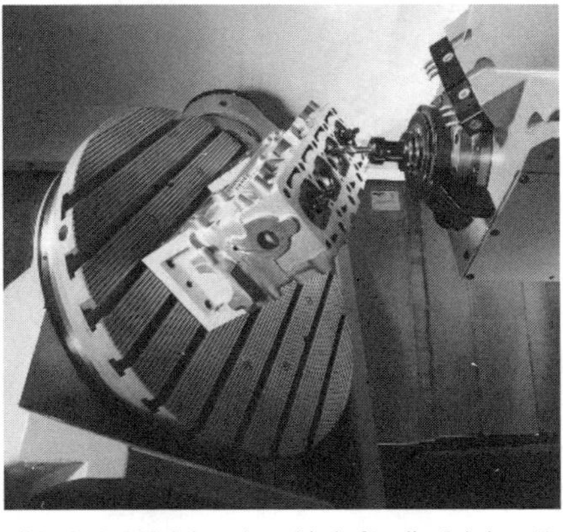

Bild 43.10: NC-Schwenkrundtisch für die 5-Achsen-Bearbeitung (DECKEL MAHO, Pfronten)

- Werkzeugmagazin-Erweiterung für 120 oder 180 Werkzeugplätze
- Automatisierungseinrichtungen zur Werkstück- bzw. Werkzeugvermessung
- verschiedene Kühlmittelsysteme

Wird die Grundmaschine durch einen Palettenwechsler ergänzt, dann ergibt sich eine neue Fahrständer-Bauweise, das Universal-Bearbeitungszentrum.

43.2.5 Universal-Bearbeitungszentren

Universal-Bearbeitungszentren bilden eine Fahrständer-Bauweise, die durch die Ergänzung der Universal-Grundmaschine mit dem Modul Palettenwechsler gekennzeichnet ist.

Der Palettenwechsler befindet sich vor dem speziellen NC-Tisch mit Palettenträger. Die Maschine hat eine nur seitlich zu öffnende Kabine. Die für Bearbeitungszentren üblichen Werkzeugwechsler und ein großes Werkzeugmagazin gehören zur Standardausrüstung.

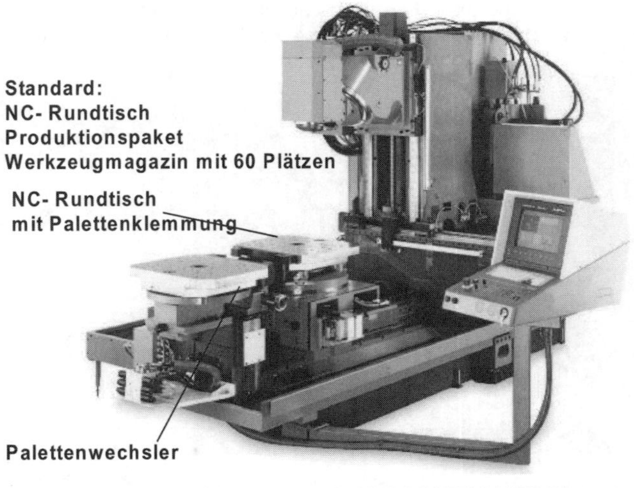

Bild 43.11: Universal-Bearbeitungszentrum DMC U (DECKEL MAHO, Pfronten)

Der automatische schwenkbare Universal-Fräskopf mit integrierter Motorspindel ist für die 5-Seiten- oder 5-Achsen-Bearbeitung (Option) geeignet. Damit sind alle Anforderungen an eine Komplettbearbeitung erfüllt.

Das Universal-Bearbeitungszentrum in Bild 43.11 ist ohne Kabine dargestellt, um den Aufbau und die Baugruppen zu zeigen.

43.2.6 Fertigungsbeispiel

Bild 43.12 enthält ein Beispiel für die Fahrständer-Bett-Maschinen DMU 60 oder 80 P mit Universalfräskopf als gesteuerte *B*-Achse für die simultane 5-Achsen-Bearbeitung mit 18 000 1/min und NC-Rundtisch.

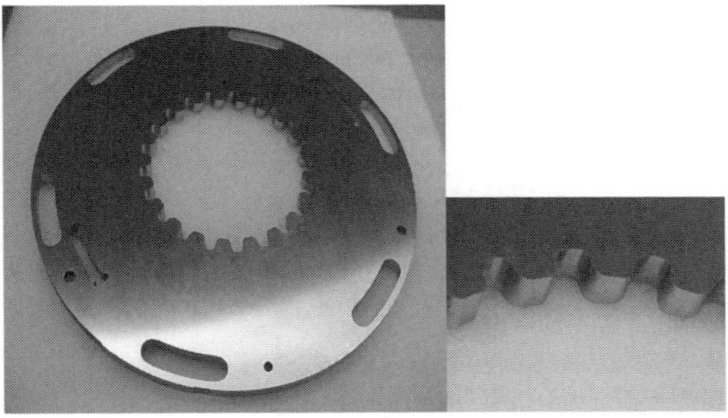

Bild 43.12: Zahnscheibe (DECKEL MAHO, Pfronten)

Tabelle 43.2: Fertigungsdaten Zahnscheibe gehärtet (DECKEL MAHO, Pfronten)

Werkstück	Rohteilabmessung: Durchmesser 220 mm; Länge 8 mm
Bearbeitung	Beim Fräsen auf einer Fahrständer-5-Achs-Bettfräsmaschine können mehrere Aufspannungen eingespart und sehr genau gefertigt werden (Wegfall von Finish-Bearbeitung)
Fräszeit	150 min (1 Aufspannung), früher Vorfräsen, Härten, Rest Drahterodieren (mit mehreren Technologien/Aufspannungen)
Werkzeuge	*B*-Achs-Kopf mit 18 000 U/min-Frässpindel erlaubt den Einsatz von Hightech-Werkzeugen Einsparung von Erodierwerkzeugen (Elektroden) 4 Werkzeuge
Werkstoff/ Bemerkungen	Material: Werkzeugstahl HRC 60 **Einsparungen:** Bisher mussten verschiedene Technologien und separate Vorrichtung angewendet werden. Hohe Oberflächengüte trotz gehärteten Materials, ermöglicht durch schwingungsfreie Fertigbearbeitung

43.3 Portalmaschinen

Das Maschinenkonzept ergibt sich aus der Portalbauweise mit in der *Y*-Achse verfahrbarem Werkstücktisch und der *X*- sowie der *Z*-Achse im Werkzeug. Damit ist diese Bauart geeignet für die Bearbeitung großer, sperriger Werkstücke. Die Arbeitsspindel ist vertikal angeordnet, wie im Bild 43.13 dargestellt, oder kann geschwenkt werden.

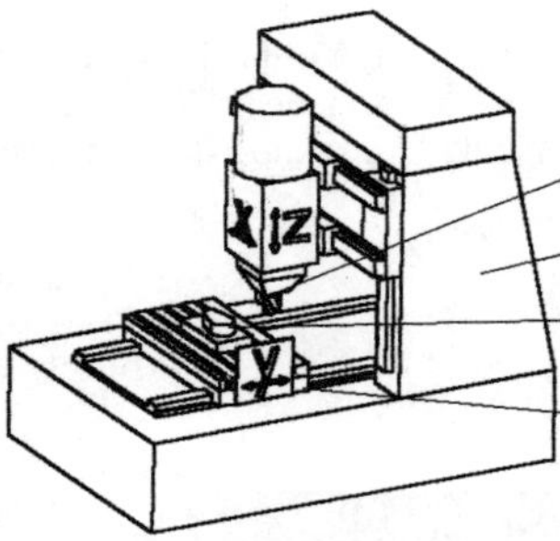

Bild 43.13: Grundmaschine in Portalbauweise

43.3.1 Bauweisen der Portalmaschinen

Universalfräsmaschinen in Portal-Bauweise werden nach Ausführungen von DECKEL MAHO Pfronten vorgestellt. Die Baureihe dieser Maschinen besteht aus den Baugrößen DMU 200 P/DMU 200 T und einer DMC 200 U. Sie sind für das 5-Seiten- bis 5-Achsenfräsen ausgerichtet haben einen um 2000 mm quer verfahrbaren Tisch. Der Arbeitsraum ist für die Bearbeitung von großen, sperrigen Werkstücken mit Gewichten von bis zu 6000 kg ausgelegt. Diese Maschinen werden auch für die 5-Seiten- und 5-Achsen-Bearbeitung mit NC-Rundtisch und Universalschwenkfräskopf eingesetzt. Bild 43.14 zeigt eine Maschine.

Das Portal enthält die Führungen für den vertikal verfahrbaren Querträger und ist mit dem eigensteifen Maschinenbett verbunden. Ein Palettenwechselsystem kann in einer separaten Maschinenbauweise integriert werden, damit entsteht ein Universal-Bearbeitungszentrum in Portalbauweise.

Durch die Modulbauweise sind wichtige Baugruppen und Ausstattungen der bereits vorgestellten Fahrständermaschinen einsetzbar. Diese werden hier nicht mehr beschrieben.

Bild 43.14: Portalmaschine DMU 200 P mit NC-Rundtisch (DECKEL MAHO, Pfronten)

43.3.2 Ausstattung der Maschinen

Die von drei Seiten zu öffnende Vollschutzkabine ermöglicht guten Zugang zum Arbeitsraum. Dort sind alle Baugruppen durch Abdeckungen geschützt. Zum räumlich getrennten Werkzeugwechsler mit Doppelgreifer gehören eine Werkzeugschleuse und ein Werkzeugmagazin mit mindestens 60 Werkzeugplätzen.

Die Werkstücke werden auf einem Starrtisch oder auf einem NC-Rundtisch aufgespannt. Sie können während der Bearbeitung von zwei Seiten beobachtet werden.

43.3.3 Baugruppen

Die Grundmaschine hat einen manuell schwenkbaren Vertikalfräskopf mit Werkzeugaufnahme SK 50 oder HSK 100, der als Motorspindel bei einem Drehzahlbereich von 20 … 10 000 1/min bis 44 kW zur Verfügung stellt.

Der vertikal verfahrbare Querträger kann mit einem automatischen Schwenkfräskopf ausgerüstet werden, um komplexere Bearbeitungen durchzuführen.

In Bild 43.15 ist eine Grundmaschine mit einem NC-Rundtisch und einem automatischen Schwenkfräskopf dargestellt. Hinter den Abdeckungen sind einige der bei allen Maschinen vorhandenen Baugruppen vorhanden:

- lineare Rollenumlaufführungen
- direkte Messsysteme
- digital geregelte AC-Vorschubantriebe

Wichtige Eigenschaften der eingesetzten Bahnsteuerungen Heidenhain iTNC 530 oder DECKEL MAHO MillPlus IT sind Bewegungen in allen Achsen:

- dynamisch, konturtreue
- Look-ahead-Funktion zur Vorausberechnung der Datensätze
- hoher Programmierkomfort (z. B. Kopfschwenk-Zyklen)
- grafische Bedienerführung
- Ethernet-Schnittstelle
- modernes Werkzeugmanagement
- Kompensation systematischer kinematisch und thermisch bedingter Maschinenfehler

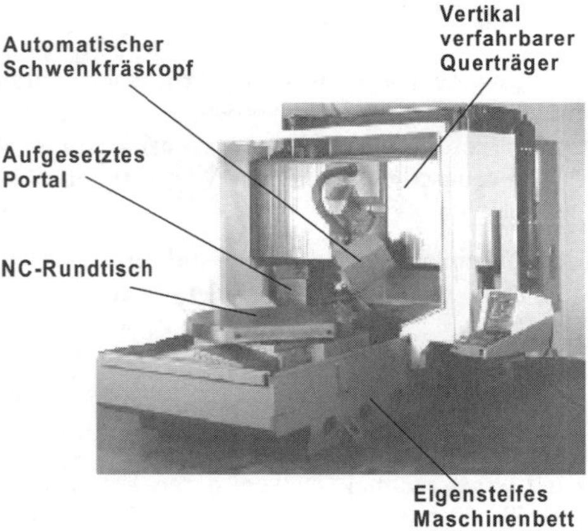

Bild 43.15: Baugruppen der Portalmaschine DMU 200 T (DECKEL MAHO, Pfronten)

43.3.4 Optionen zur Grundmaschine

Auch bei Optionen werden die bewährten Module und Bausteine aller Universalfräsmaschinen-Typen mit dem Ziel eingesetzt, für alle Bearbeitungsaufgaben die wirtschaftlichste Lösung zu erreichen.

Varianten sind bei den Hauptspindeln vorhanden:

- Universalfräskopf als gesteuerte *B*-Achse
- Universalfräskopf mit Getriebe für Drehmomente bis 475 Nm
- Motorspindeln mit Drehzahlen bis zu 18 000 1/min (SK 40 oder HSK 63)
- Automatisch einwechselbare Vorsatz-HF-Spindeln bis 42 000 1/min mit HSK-E 50 nach Bild 43.16

Für den Arbeitstisch ist ein NC-Teilapparat, für den NC-Rundtisch eine Spannhydraulik einsetzbar. Ein automatischer Palettenwechsler der speziellen Version Portal-Universal-Bearbeitungszentrum für die Werkstückgröße dieser Portalmaschinen nimmt Gewichte bis zu 3 000 kg auf. Es gibt Werkzeugmagazin-Erweiterungen und verschiedene Werkzeugaufnahmen (HSK oder CAT).

Die Prozessüberwachung wird unterstützt durch

- Werkzeugvermessung (mittels Taster oder Laser) bei laufender Spindel
- Werkstückvermessung (mittels Infrarot-Messtaster Zyklen)

Bild 43.16: Automatisch einwechselbare Vorsatz-HF-Spindel (DECKEL MAHO, Pfronten)

43.3.5 Fertigungsbeispiele

Bild 43.17 zeigt ein Beispiel für die Portalmaschinen DMU 200 P mit einem 5-Achsen-Fräskopf mit 44 kW zum Vorfräsen und 10 000 1/min zum „Abzeilen" auf einem mit 5 000 kg belastbaren NC-Rundtisch.

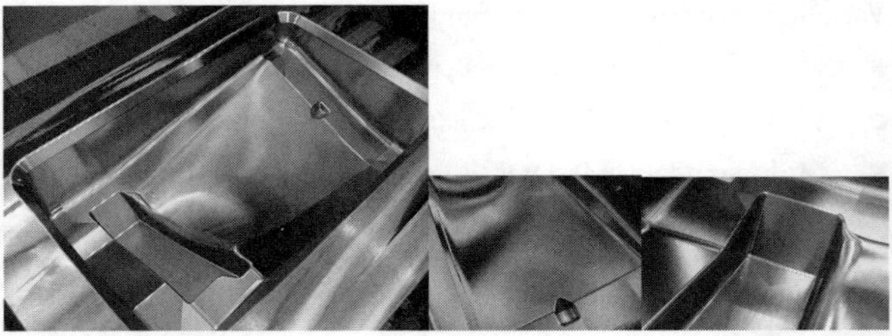

Bild 43.17: Schmiedegesenk einer Dampfturbinenschaufel (DECKEL MAHO, Pfronten)

Tabelle 43.3: Fertigungsdaten Schmiedegesenk einer Dampfturbinenschaufel (DECKEL MAHO, Pfronten)

Werkstück	Rohteilabmessung l = 850 mm, b = 630 mm, h = 520 mm; Rohteilmasse ca. 2 300 kg
Technologie	Fräsen auf einer 5-Achs-Portalfräsmaschine mit optimaler Werkzeuganstellung (Fräserneigung) komplett fertig
Fräszeit	28,5 h in einer Aufspannung
Werkzeuge	*B*-Achs-Kopf mit 10 000 1/min-Frässpindel und ca. 300 Nm erlaubt moderne Werkzeuge mit optimaler Anstellung Sehr gute Oberfläche 9 Werkzeuge
Werkstoff/ Bemerkungen	Material: Vergütungsstahl 1.2714 vorgeschmiedet (hohe Zähigkeit) **Einsparungen:** Komplettbearbeitung (Schruppen und Schlichten durch hohe Leistung/Drehmoment bzw. hohe Drehzahl) in einer Aufspannung führt zum Wegfall manueller Nacharbeit. Fräszeit früher ca. 50 h in 2 Aufspannungen plus mindestens 8 h manuelle Nacharbeit

Quellen und weiterführende Literatur

Weck, M.: Werkzeugmaschinen Fertigungssysteme 1. Maschinenarten und Anwendungsbereiche. 5. Auflage. Berlin: Springer Verlag, 1998

Weinert, K. (Hrsg.): Spanende Fertigung. 3. Auflage. Essen: Vulkan Verlag, 2001

Schossig, H.-P.: Alleskönner bei der Großteilbearbeitung. mav (9/2001) S. 65–66

44 Bearbeitungszentren

Prof. Dipl.-Ing. Klaus-Jörg Conrad
unter Mitarbeit von Dipl.-Ing. (FH) Daniel Leiß

Bearbeitungszentren für Fräs- und Bohrbearbeitung werden nach der Anordnung der Arbeitsspindel in horizontale Bearbeitungszentren (HBZ) und vertikale Bearbeitungszentren VBZ eingeteilt. Wesentliche Merkmale sind Werkzeugwechsler, Werkzeugspeicher und Werkstückwechselsysteme für die hauptzeitparallele Bestückung mit Werkstücken.

44.1 Horizontal-Bearbeitungszentrum

Horizontal-Bearbeitungszentren (HBZ) mit waagerecht angeordneter Arbeitsspindel unterscheiden sich in der Bauweise durch die Zuordnung der Achsen auf das Werkzeug oder auf das Werkstück und durch die Gestellbauweise. HBZ haben prinzipiell größere Werkzeugspeicher als Vertikal-Bearbeitungszentren (VBZ). Werkstückwechselsysteme sind bei den HBZ Standard. Im Großserieneinsatz reduzieren sich dadurch die Produktionsnebenzeiten. Bild 44.1 zeigt schematisch eine Bauform als Gantry-Maschine mit allen Achsen im Werkzeug. Das Werkstück befindet sich auf einem Tisch, der als 4. Bewegungsachse ausgelegt ist.

WBS

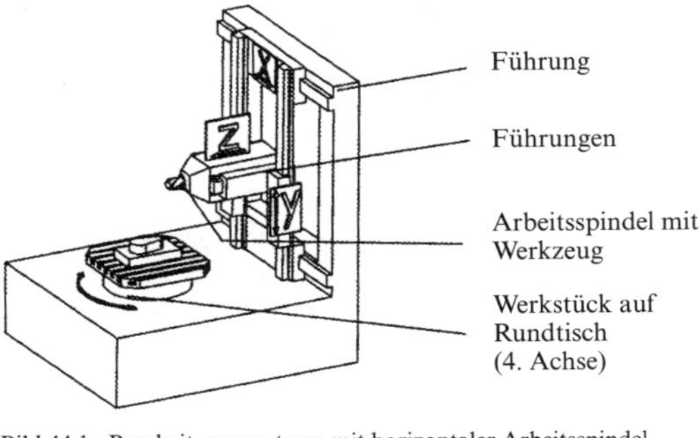

Bild 44.1: Bearbeitungszentrum mit horizontaler Arbeitsspindel

44.1.1 Bauweisen der Horizontal-Bearbeitungszentren

Die beiden gängigsten Ausführungen für HBZ der Gegenwart sind nach DECKEL MAHO Geretsried die **Fahrständer-Bauweise** und die modernere horizontale **Gantry-Bauweise (Box-in-Box-Konzept)**. Diese überzeugt durch:

- höhere Dynamik der Maschine durch Minimierung der zu verfahrenden Massen und bedeutet höhere Produktivität
- höhere Steifigkeit
- höhere Bearbeitungsgenauigkeit
- längere Lebensdauer

Die Grundkonstruktion der Fahrständermaschine sieht die Bewegung des gesamten Ständers bei einer Positionierung in der *X*-Achse vor. Dies bedeutet das Beschleunigen und Abbremsen einer enormen Masse und geht in letzter Konsequenz auf die Maschinendynamik und die Lebensdauer der betroffenen Komponenten. Bild 44.2 zeigt in einer Gegenüberstellung beide Bauweisen.

Bild 44.2: Fahrständer-Bauweise der DMC 80H hi-dyn (linkes Bild) und Gantry-Bauweise der DMC 63 H (rechtes Bild) (DECKEL MAHO Geretsried GmbH)

Im Gegensatz dazu steht der Grundrahmen beim Gantry-Konzept fest. Darauf verfährt ein kleiner Rahmen im *X*-Bereich. Innerhalb dieses Rahmens bewegt sich der Vertikalschlitten oder Spindelträger, der in *Y*-Richtung verfährt und gleichzeitig in sich die eigentliche Spindel trägt. Die Spindel ist so gelagert, dass die Bewegung in der *Z*-Achse realisiert wird.

44.1.2 Ausstattung der Maschinen

Die Ausstattung der Maschinen umfasst die im Arbeitsraum vorhandenen Elemente und Einrichtungen zur Durchführung der Fertigungsaufgaben.

Das Maschinenkonzept ist ausgelegt für:

- produktive Serienzerspanung
- Minimierung der Nebenzeiten durch
  - geringe Span-zu-Span-Zeit
  - hohe Achsbeschleunigungen und Verfahrgeschwindigkeiten
- hohe Produktivität und Flexibilität durch:
  - diverse Palettenwechselsysteme
  - Werkzeugmanagement
  - hohe Speicherkapazität des Werkzeugmagazins
  - 4. Achse (als NC- oder Schalttisch) zur optimalen Mehrseitenbearbeitung
- gleichbleibende Genauigkeit durch:
  - Temperaturkompensationssysteme
  - FEM-optimierte Maschinenkomponenten (z. B. steife Maschinenbettstrukturen)

Zu den Einsatzgebieten gehören Fertigungsaufgaben in der Mittel- und Großserienfertigung in den Branchen Flugzeugbau, Automobilindustrie, Pneumatik- und Medizintechnik und in deren Zulieferunternehmen.

Zur Standardausstattung gehören ein NC-Rundtisch mit formschlüssiger Palettenaufnahme und ein schneller Drehpalettenwechsler. Die Anzugskraft der Palette auf die Aufnahme ist sehr groß und wirkt auf jeden Aufnahmekonus, der pro Palette viermal vorhanden ist. Bild 44.3 zeigt eine Ausführung.

Bild 44.3: Palettenwechsler (DECKEL MAHO Geretsried GmbH)

44.1.3 Baugruppen

Die Ausführung als Horizontal-Bearbeitungszentrum erfüllt durch die Gantry-Bauweise mit stationärem Tisch die Anforderungen an Steifigkeit, Genauigkeit und Dynamik. Die Pinole für den *Z*-Verfahrweg ist in einem geschlossenen Vertikalschlitten angeordnet, der durch drei Linearführungen die Bearbeitungskräfte aufnimmt. Der Arbeitsraum ist durch die Eintrittsöffnung im Gestell gut zugänglich. Bild 44.4 zeigt eine konstruktive Ausführung dieser **Box-in-Box-Bauweise** mit den wichtigsten Baugruppen.

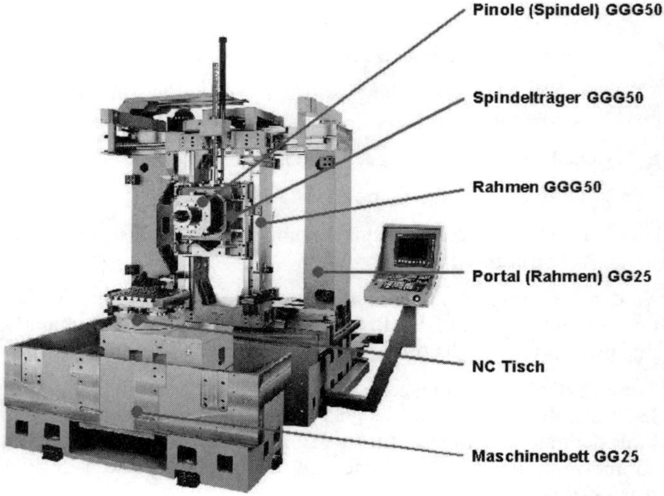

Bild 44.4: Baugruppen Horizontal-Bearbeitungszentrum DMC 63 H (DECKEL MAHO Geretsried GmbH)

44.1.4 Optionen zur Grundmaschine

Aufgrund des hauptsächlichen Einsatzes der HBZ in der Serienproduktion ist bei diesen Maschinen ein umfangreiches Optionenpaket erforderlich, das sich im Vergleich zu den VBZ in folgenden Teilsystemen der Maschine gravierend unterscheidet:

- Peripheriegeräte (Palettenwechselsysteme, Palettenspeicher)
- wirtschaftliche Werkzeugwechsel-Konzepte mit stufenweise ausbaubarer Anzahl an Werkzeugen (bis zu 180 Werkzeugen als Standardoption)

Bild 44.5 zeigt ein Palettenspeichersystem in Linearbauweise.

Bild 44.5: Palettenspeichersystem LS7 (DECKEL MAHO Geretsried GmbH)

44.1.5 Fertigungsbeispiel

Typischer Anwendungsbereich ist die Zylinderkopfbearbeitung in Bild 44.6.

Bild 44.6: Zylinderkopf auf DMC 80 H hi-dyn (DECKEL MAHO Geretsried GmbH)

Tabelle 44.1: Fertigungsdaten Zylinderkopf (DECKEL, MAHO Geretsried GmbH)

Werkstück	4 zyl. Diesel Zylinderkopf	Bemerkung:
Fräszeit und Bohrzeit	46 min pro Teil	2 Aufspannungen in mech. Vorrichtungen Nockenwellenbohrung (450 mm) auf Umschlag mit MAPAL Werkzeugen
Werkzeuge	50	
Werkstoff	GG 25	
Produktion	3000 Stück/Jahr	3-Schicht-Betrieb

44.2 Vertikal-Bearbeitungszentrum

Vertikal-Bearbeitungszentren (VBZ) haben als neues Konzept die oben liegende Gantry-Bauweise mit allen 3 Bewegungsachsen im Werkzeug. Die Führungen befinden sich auf stabilen Seitenständern. Der typische Antrieb auf beiden Seiten des Querträgers als Y-Achsenantrieb ist vorhanden. Das Werkstück wird auf einem Starrtisch aufgespannt. Als Grundkörper wird ein starres Bett in Kastenbauweise eingesetzt, auf dem die Ständer und der Tisch befestigt werden. Bild 44.7 enthält eine schematische Darstellung dieser Bauweise.

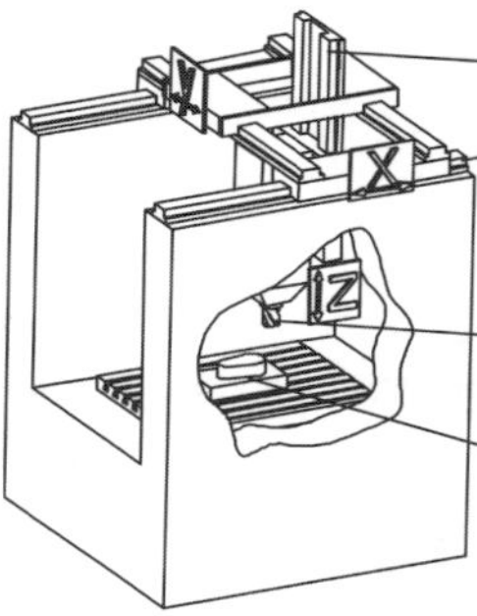

Bild 44.7: Bearbeitungszentrum mit vertikaler Arbeitsspindel

44.2.1 Bauweisen der Vertikal-Bearbeitungszentren

Bei den **Vertikal-Bearbeitungszentren** haben sich in der Vergangenheit die Baukonzepte Konsol-, Kreuztisch- und Portal-Bauweise bewährt.

Im Zuge der HSC-Frästechnologie und den daraus resultierenden höheren Beschleunigungen und Eilgängen hat sich in den letzten Jahren immer stärker die sog. **Gantry-Bauweise** im VBZ-Bereich durchgesetzt.

Diese überzeugt durch folgende Verbesserungen:

- Minimierung der zu verfahrenden Massen
- Effektivere Bearbeitung von großen Werkstücken (mit hoher Masse) durch feststehenden Maschinentisch und Bewegungen der Werkzeuge in den Maschinenachsen
- Optimale Abstimmung des Positionierprozesses, da alle zu verfahrenden Massen bekannt sind und dadurch eine optimale Abstimmung der Maschinenparameter möglich ist

Entwicklungstrends zeigen, dass zukünftig immer stärker die Anwendung von Linearantrieben im Werkzeugmaschinenbau Einzug halten wird.

Diese birgt beim Einsatz in Verbindung mit der Gantry-Bauweise noch folgende zusätzliche Vorteile im Vergleich zu den konventionellen Kugelrollspindeln:

- schnellere Verfahrgeschwindigkeiten und Eilgänge
- höhere Beschleunigungen
- bessere Genauigkeit
- geringere Reibung
- niedrigerer Komponentenverschleiß
- höhere Lebensdauer

Nachteile sind jedoch auch vorhanden:

- höherer Stromverbrauch
- höhere notwendige Anschlussleistung
- niedrigere Vorschubkraft

Linearantriebe haben gegenüber rotatorischen Vorschubantrieben ca. 2,5fach höhere Eilgänge, Beschleunigungen und Vorschubgeschwindigkeiten. Die Nennleistung nimmt um das 1,5fache zu, während die Vorschubkraft ca. 20 % abnimmt. Beim HSC-Fräsen wird mit höheren Vorschüben bei geringeren Spantiefen gearbeitet, so dass eine niedrigere Vorschubkraft nicht so wesentlich ist wie beim konventionellen Fräsen.

Bild 44.8: Vertikal-Bearbeitungszentrum DMC 85 V linear mit Drehtischeinrichtung (DECKEL MAHO Geretsried GmbH)

44.2.2 Ausstattung der Maschinen

Die Ausstattung der Maschinen umfasst die im Arbeitsraum vorhandenen Elemente und Einrichtungen zur Durchführung der Fertigungsaufgaben. Diese werden aus einem Baukasten entnommen und entsprechen den bereits bei den HBZ beschriebenen Ausstattungen.

Neben den allgemeinen vertikalen Anwendungsbereichen ist eines der Haupteinsatzgebiete der VBZ der Werkzeug- und Formenbau. Dieser Aspekt stellt weitere zusätzliche Anforderungen an das Gesamtsystem und im Speziellen an die CNC-Steuerung der VBZ:

- hohe Konturtreue der CNC-Steuerung
- hohe Datenübertragungsraten vom CAM-System zur CNC (z. B. durch Ethernet-Schnittstelle)
- kurze Blockzykluszeit zur schnellen Verarbeitung der Programmdatensätze
- Look-ahead-Funktion zur Vorausberechnung der Datensätze und automatische Anpassung der möglichen Vorschubgeschwindigkeit

Bild 44.9 zeigt einen Pick-up-Werkzeugwechsler als Beispiel für eine Ausstattungskomponente.

Bild 44.9: Werkzeugwechsler im Arbeitsraum (DECKEL MAHO Geretsried GmbH)

44.2.3 Baugruppen

Die Grundbaugruppen der VBZ sind identisch mit denen der bereits beschriebenen Maschinenarten für Fräs- und Bohrbearbeitung. Das folgende Bild 44.10 enthält eine Ausführung der DMC 85 V linear ohne Verkleidungen mit Kennzeichnung der wichtigsten Baugruppen. Der Querschlitten enthält aufgesetzte Linearantriebe.

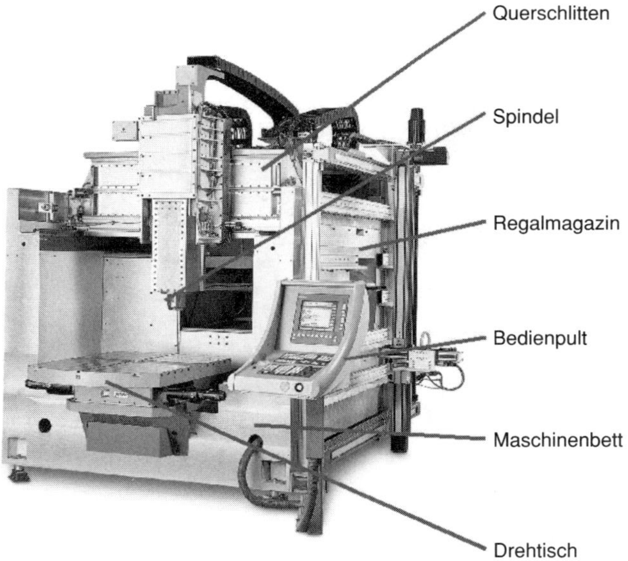

Bild 44.10: Baugruppen Vertikal-Bearbeitungszentrum DMC 85 V linear (DECKEL MAHO Geretsried GmbH)

44.2.4 Optionen zur Grundmaschine

Für Vertikal-Bearbeitungszentren werden, entsprechend den Anforderungen in den Einsatzbereichen, folgende Optionen angeboten:

- erhöhte Spindeldrehzahl (HSC-Frästechnologie)
- Drehtischeinrichtungen (Klein- und Mittelserienproduktion)
- Direkte Wegmesssysteme (Bearbeitungen mit erhöhter Genauigkeit, speziell im Werkzeug- und Formenbau)
- innere Kühlmittelzuführanlagen
- 4. Achsen (NC-Rundtische) für die 4-Seitenbearbeitung von kubischen Teilen

- Absauganlagen für die Elektrodenfertigung (Grafitbearbeitung) und die Produktion von Kunststoffteilen (z. B. Modellerzeugung)
- Blaslufteinrichtung an der Spindel (bei Trockenbearbeitung)

Diese Ausbaustufen sind der Grundstock im VBZ-Bereich. Ihr Einsatz ist abhängig vom Anwendungsbereich. Die universellen Einsatzmöglichkeiten dieser Maschinenbauart innerhalb der spanenden Fertigung sind damit gegeben.

Bild 44.11 zeigt zwei Tischausführungen im Vergleich.

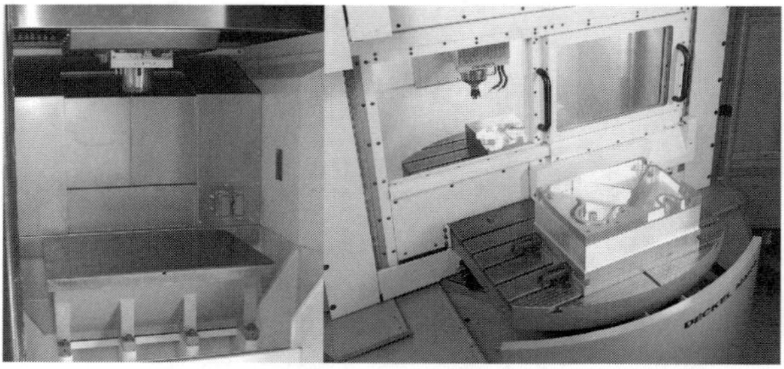

Bild 44.11: Einsatzspezifische Starrtisch- und Drehtischeinrichtung für DMC 65 V (DECKEL MAHO Geretsried GmbH)

44.2.5 Fertigungsbeispiel

Die Bearbeitung eines Integralteils ist in Bild 44.12 dargestellt. Die Fertigungsdaten enthält Tabelle 44.2.

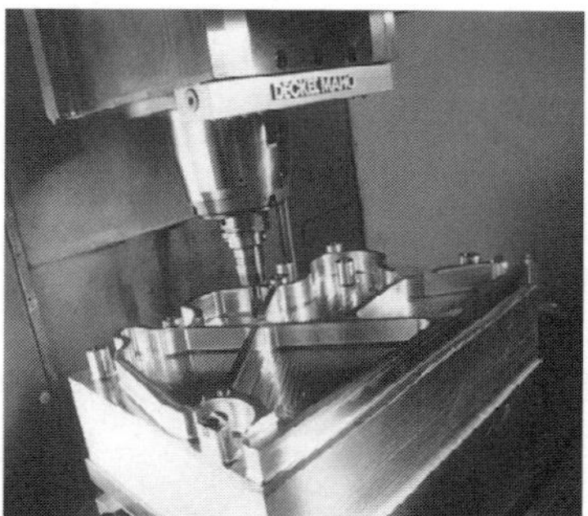

Bild 44.12: Integralteil auf DMC 85V linear (DECKEL MAHO Geretsried GmbH)

Tabelle 44.2: Fertigungsdaten Integralteil (DECKEL, MAHO Geretsried GmbH)

Werkstück	Integralteil
Bearbeitung	Fräsen (vertikal)
Fräszeit	20 min
Werkzeuge	6
Werkstoff	Al Si 9

Quellen und weiterführende Literatur

Weck, M.: Werkzeugmaschinen Fertigungssysteme 1: Maschinenarten und Anwendungsbereiche. 5. Auflage. Berlin: Springer Verlag, 1998

Weinert, K. (Hrsg.): Spanende Fertigung. 3. Auflage. Essen: Vulkan Verlag, 2001

Boetz, V.: Fertigungspraxis – CNC Bearbeitungszentren. Auswahl, Wirtschaftlichkeitn Sonderausrüstung. Gräfeling/München: Resch Verlag, 1989

Gronies, M.: Hochdynamisch in die Horizontale. WB 133 (2000) 1 und 2, S. 64–66

WBS

45 Portalfräsmaschinen

Prof. Dipl.-Ing. Klaus-Jörg Conrad
unter Mitarbeit von Dipl.-Ing. Michael Schmelzer

45.1 Bauformen und Ausführungen

Die Fräsbearbeitung von großen Werkstücken mit hohem Werkstückgewicht erfolgt auf Maschinen in **Portalbauweise**. Das Werkstück wird in der Tischbauweise auf einem Tisch mit einer Bewegungsachse verfahren. Die beiden anderen Bewegungsachsen verfahren das Werkzeug an einem Querbalken.

In der **Gantry-Bauweise** werden alle drei Bewegungsachsen dem verfahrbaren Maschinenportal zugeordnet und das Werkstück wird auf einem starren Tisch gespannt.

Der Einsatz von festen Ständern mit oben liegendem Querbalken und allen drei Bewegungsachsen im Werkzeug am Querbalken nennt man **oben liegende Gantry-Bauweise** oder **Brückengantry-Bauweise**. Das Werkstück wird auf einem starren Tisch gespannt. Bild 45.1 zeigt den schematischen Aufbau einer solchen Grundmaschine.

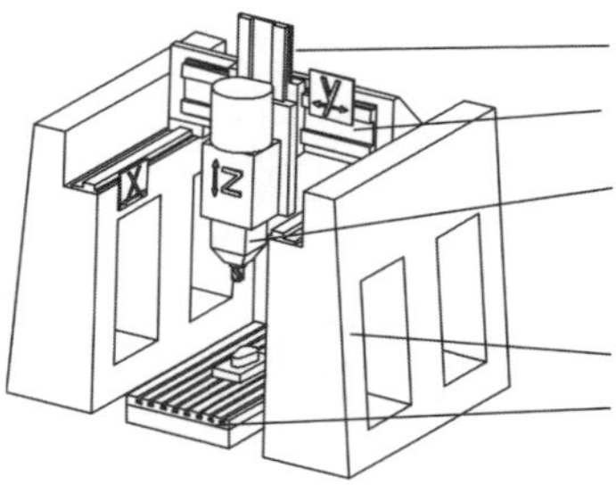

Bild 45.1: Portalmaschine in obenliegender Gantry-Bauweise

Dieser Maschinenaufbau wird heute für **Bearbeitungszentren** zur Vor- und Fertigbearbeitung von Werkstücken in einer Aufspannung eingesetzt. Dazu gehören die Hochgeschwindigkeitsbearbeitung und die entsprechenden Optionen für die komplette Fräs- und Bohrbearbeitung mit Werkzeugwechseleinrichtung.

Bild 45.2 zeigt ein Hochgeschwindigkeits-Bearbeitungszentrum dieser Bauart. Es wird für die Anwendungsgebiete Werkzeugbau, Formenbau und Modellbau eingesetzt. Auf dieser Maschine können Werkstücke in den Abmessungen Breite 2500 mm, Höhe 1700 mm und Länge je nach Ausführung von 3000 bis 6000 mm bearbeitet werden.

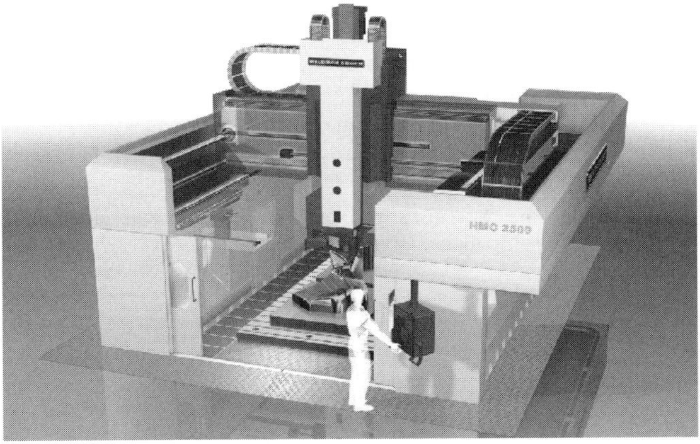

Bild 45.2: Hochgeschwindigkeits-Bearbeitungszentrum HMC 2500 (WALDRICH SIEGEN, Burbach)

45.2 Ausstattung der Maschinen

Bereits die Grundausstattung dieser Maschine umfasst sämtliche technologischen Voraussetzungen zur Durchführung der Fertigungsaufgaben. Die Ausstattung der Grundmaschine kann durch Optionen entsprechend den Anforderungen aus speziellen Fertigungsaufgaben ergänzt werden.

Das Maschinenkonzept dieses Hochgeschwindigkeits-Bearbeitungszentrums ist für die aktuellen Anforderungen des Marktes ausgelegt:

- Vor- und Fertigbearbeiten auf einer Maschine
- Bearbeiten in einer Aufspannung
- Verkürzung der Boden-zu-Boden-Zeit
- hohe Flexibilität und Produktivität
- hohe Beschleunigungs- und Geschwindigkeitswerte

Die dafür erforderliche Ausstattung der Maschine besteht aus einem automatischen Werkzeugwechsel- und Tool-Managementsystem, das an einem Seitenständer angeordnet ist.

Für die Vor- und Fertigbearbeitung sind aufgabenorientierte Spindeleinheiten vorgesehen. Durch automatisches Wechseln der kompletten Spindelköpfe können nicht nur horizontale und vertikale, sondern auch universelle und Hochfrequenz-Frässpindeln über eine Schnittstelle eingesetzt werden. Außerdem sind Köpfe mit zwei zusätzlichen Achsen für die 5-Achsen-Bearbeitung einsetzbar. Dafür sind Ablagestationen zur Aufnahme unterschiedlicher Spindeln am Kopfende der Maschine vor dem Seitenständer vorhanden.

Der gesamte Arbeitsraum ist für die Werkstückbeschickung gut zugänglich und kann verschlossen werden. Ein tragbares Bedien-Handgerät ermöglicht das Verfahren der Maschine vom Arbeitsraum aus.

Bild 1.3 zeigt die Ausführung einer Schnittstelle zum automatischen Wechseln unterschiedlicher Spindeleinheiten.

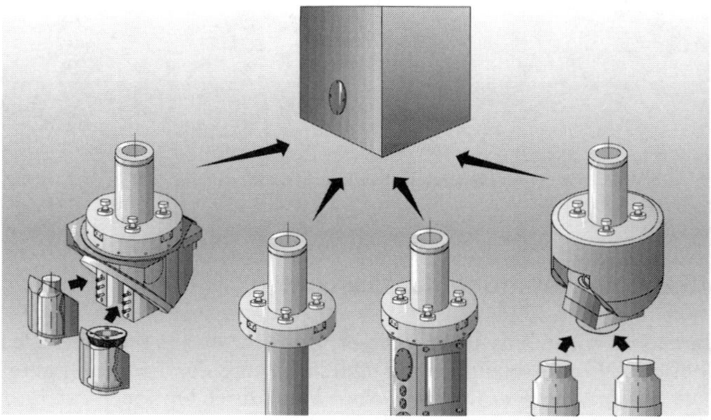

Bild 45.3: Schnittstelle zum Einsatz unterschiedlicher Spindeleinheiten (WALDRICH SIEGEN, Burbach)

Als weiteres Zubehör sind z. B. vorhanden:

- Werkzeugvermessung in der Maschine,
- Video-Überwachung des Arbeitsraums,
- Werkstücklagevermessung und -korrektur.

45.3 Baugruppen

Die Grundmaschine hat für die numerisch gesteuerte Bearbeitung prismatischer Werkstücke mit beliebigen Oberflächenformen sämtliche erforderlichen Baugruppen, von denen hier nur einige Besonderheiten genannt werden.

Die oben liegende Gantry-Bauweise besteht aus starren **Seitenständern** mit einem beweglichen Querbalken. Der **Querbalken** ist eine Schweißkonstruktion mit hoher Steifigkeit und geringem Gewicht. Die **Führungen** mit Rollenumlaufeinheiten auf gehärteten und geschliffenen Führungsschienen befinden sich auf den stabilen Ständern aus Grauguss in **Monoblockbauweise** mit guten Dämpfungseigenschaften. Fensterartige Durchbrüche in den Seitenständern werden auch für die Aufnahme des Werkzeugwechsel- und Werkzeugspeichersystems genutzt.

Die Vorschubachsen des Querbalkens sind als vorgespannte Kugelgewindeantriebe für die *X*-Achse auf beiden Seiten vorhanden. Für größere Verfahrwege werden Ritzel/Zahnstange als Vorschubantrieb eingesetzt. Als Antriebe sind frequenzgeregelte AC-Servomotoren vorhanden.

Bild 1.4 zeigt eine Vorschubachse mit Führungselementen.

Bild 45.4: Vorschubachse mit Führung für den Querbalken (WALDRICH SIEGEN, Burbach

45.4 Steuerungen und Programmierung

Zur vollständigen Ausnutzung aller Möglichkeiten des Bearbeitungszentrums gehören moderne CNC-Steuerungen, wie die SIEMENS-SINUMERIK 840 D oder die FIDIA M 20 von FIDIA. Die Steuerungen sind mit Modulen so ausgestattet, dass die für die Bearbeitungsaufgaben erforderlichen NC-Achsen, Schnittstellen, Interpolationsarten usw. vorhanden sind. Dazu gehört natürlich auch eine Online-Datenübertragung von 3D-CAD/CAM-Systemen für komplexe Werkstücke.

45.5 Fertigungsbeispiele

Das gesamte Werkstückspektrum erfordert, hohe Konturgenauigkeiten mit Toleranzen von ± 0,02 bis 0,03 mm zu fertigen. Außer den genannten Eigenschaften der Maschine werden durch Kühlsysteme die wärmekritischen Komponenten gekühlt und es ist eine Temperaturkompensation der Spindeln und Achsen vorhanden.

Die Leistungsfähigkeit dieser Maschine kann allen Anforderungen des Werkzeug- und Formenbaus angepasst werden.

Die folgenden beiden Bilder zeigen Bearbeitungsaufgaben und Werkstücke, die für das Bearbeitungszentrum beispielhaft sind. Bild 45.5 zeigt ein fertig bearbeitetes PKW-Seitenteil.

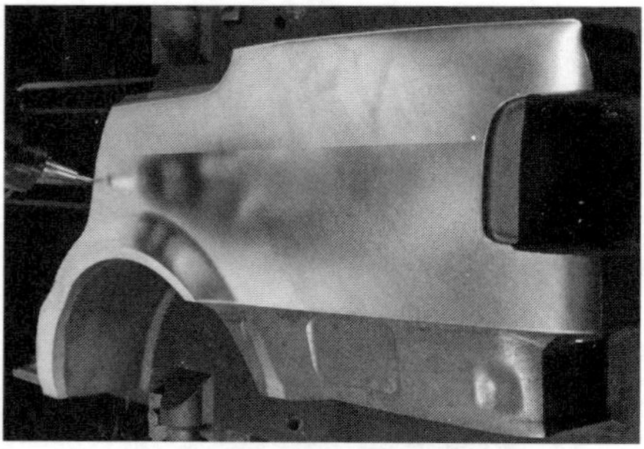

Bild 45.5: PKW-Seitenteil auf Bearbeitungszentrum HMC 2500 (WALDRICH SIEGEN, Burbach)

Bild 45.6 zeigt ein Werkstück mit vor- und fertig bearbeiteter Oberfläche. Die technologischen Daten enthält Tabelle 45.1.

Bild 45.6: Vor- und Fertigbearbeitung eines PKW-Himmels auf dem Bearbeitungszentrum HMC 2500 (WALDRICH SIEGEN, Burbach)

Tabelle 45.1: Fertigungsdaten PKW-Himmel (WALDRICH SIEGEN, Burbach)

Werkstück	PKW-Himmel (Spritzgießwerkzeug)
Bearbeitung	Komplett aus einem Block
Fräszeit	25–30 Stunden
Werkzeuge	Walter ∅ 63 mm R3 Ingersoll/Depo ∅ 32 mm R3 Ingersoll/Depo ∅ 32 mm R8 Kugeln bis ∅ 3 mm für Eckenbearbeitung
Werkstoff	Aluminium

Quellen und weiterführende Literatur

Weck, M.: Werkzeugmaschinen Fertigungssysteme 1: Maschinenarten und Anwendungsbereiche. 5. Auflage. Berlin: Springer Verlag, 1998

Weinert, K. (Hrsg.): Spanende Fertigung. 3. Auflage. Essen: Vulkan Verlag, 2001

46 HSC contra 5-Achsen-Simultanbearbeitung

Udo Hipp

46.1 Begriffsklärung

High Speed Cutting, **Hochgeschwindigkeitsbearbeitung**, **Schnellfräsen**, **Hartbearbeitung**, **5-Achsen-Fräsen** (Bild 46.1), allseitige Komplettbearbeitung in einer Aufspannung – dergleichen Schlagworte und noch mehr sind in den Prospekten der Hersteller von Werkzeugmaschinen genauso zu finden wie in den Fachartikeln der technischen Fachzeitschriften.

Da einerseits die Grenzen fließend, andererseits aber sich überschneidende Vorteile vorzufinden sind, taucht die Frage der grundsätzlichen Begriffsdefinition auf. Doch ob diese wirklich notwendig ist, bleibt letztendlich dahingestellt, denn die Kunden und Anwender wollen nur eines: **maximalen Nutzen zu möglichst geringen Kosten**.

Bild 46.1: 5-Achs-Simultanbearbeitung auf einer C 600 U (Hermle AG, Gosheim)

So gesehen ist es gleichgültig, ob eine Zerspanungslösung, die in jedem Fall aus dem perfekten Zusammenspiel von Werkzeugmaschine, Werkzeug, Werkstückspanntechnik, Kühlschmierstoff und den zerspanungstechnischen Parametern wie Spindeldrehzahlen und Vorschüben bzw. Schnittgeschwindigkeit entsteht, am Ende mit dem Begriff **HSC**, Schnellfräsen o. Ä. in Verbindung gebracht wird.

46.2 HSC-Einsatz

Berücksichtigt man die Investitionen in ein komplexes HSC-System, dann wird schnell klar, dass sich solche komplexen Anlagen nur für den HSC-Einsatz, die Bearbeitung entsprechender Werkstücke und Werkzeuge, rechnen.

Jedes Teil, das nicht zum **HSC-Spektrum** zu zählen ist und aus Auslastungs- oder auch aus Kapazitätsgründen trotzdem auf der HSC-Anlage gefertigt wird, kostet Geld und bringt keines! Anders: Bei jedem Teil, das „HSC-fähig" ist und trotzdem nicht auf der **HSC-Maschine** gefertigt wird, verzichtet der Anwender auf die unbestrittenen Vorteile des HSC und schmälert so seine Ertrags- und Gewinnmöglichkeiten.

Nicht zuletzt auf Grund der wachsenden Akzeptanz des HSC und vor allem der von **HSC-Nachrüstsätzen** (Spindeleinheiten und Kühlsysteme ...) für CNC-gesteuerte Fräsmaschinen und Bearbeitungszentren, sahen und sehen sich die Werkzeugmaschinen-Hersteller gezwungen, sich verstärkt mit dem Thema HSC-Alternativen zu befassen, damit die Anwender den neuen und verstärkten Marktanforderungen in jeder Hinsicht wirtschaftlich gerecht werden können.

W
B
S

46.3 HSC-Vorteile

Die **CNC-Bohr-/Fräsmaschinen** und -**Bearbeitungszentren** von heute und erst recht von morgen müssen sowohl Schrupp- als auch Schlicht- und Finish-Komplettbearbeitung in einer Aufspannung ermöglichen. Dies gilt vor allem für die im Formen- und Werkzeugbau anfallenden Bearbeitungen, z. B. an Segmenten und Monoblockgesenken.

Konsequent ausgelegte Frästechnik kann in vielen Fällen die Bearbeitung mittels Funkenerosion ersetzen oder diese zumindest sinnvoll ergänzen und hierbei die zeitaufwendigen Nacharbeiten drastisch reduzieren. Dasselbe gilt für das Finish an Segmenten und Baugruppen oder Komplettwerkzeugen, wo beispielsweise bei der Fräs-Hartbearbeitung sehr hohe Oberflächengüten erreicht werden und sich somit die Schleif- und Polierzeiten ganz erheblich verringern lassen. Dadurch wiederum ist eine Verkürzung der gesamten Durchlaufzeiten um mehr als 50 % machbar.

Weitere Vorteile (der in einem modernen Bearbeitungszentrum zu kombinierenden Techniken) ergeben sich aus den Tatsachen, dass

- die beim Zerspanen produzierte Wärme über die Späne abgeführt wird,
- die Werkstücke „kalt" bleiben und sich nicht verziehen,
- bei den Werkzeugen spürbare Standwegverbesserungen zu registrieren sind,

- je nach Bearbeitungsaufgabe teure Schneidstoffe durch unbeschichtete/beschichtete Hartmetallwerkzeuge ersetzt werden können,
- vielfach keine Kühlschmierstoffe notwendig sind und
- teilweise Trockenbearbeitung möglich ist.

46.4 Modifizierte Gantry-Bauweise

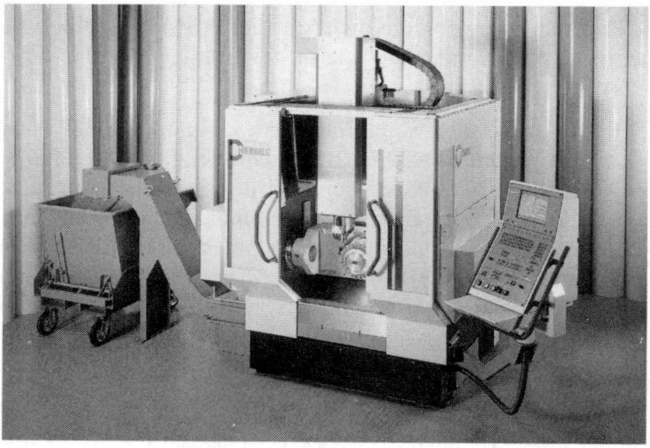

Bild 46.2: 5-Achs-Bearbeitung auf einer C 600 U (Hermle AG, Gosheim)

Die Entwicklung der Bearbeitungszentren-Baureihen C 600, C 800 und C 1200 stand ganz im Zeichen der Integration verschiedener Zerspanungstechnologien im Sinne der kombinierten 5-Achsen-Simultan-/Komplettbearbeitung (Bild 46.2) in einer einzigen Aufspannung. Als Ausgangsbasis für die Maschinen wählte man eine **modifizierte Gantry-Bauweise,** die für ihre Stabilität bekannt ist.

Beim Hermle-Konzept befinden sich die drei Hauptachsen *X*, *Y* und *Z* im Werkzeug (Bild 46.3), wodurch die bewegten Massen vergleichsweise klein gehalten sind und die Maschinendynamik unabhängig vom jeweiligen Werkstückgewicht ist. Die **Gantry-Bauweise** erlaubt relativ große Arbeitsbereiche bei kompakter Bauform. Überkopf-Anordnung der drei Hauptachsen mit den Linear-Wälzführungen und den Antriebseinheiten sowie der optimale Spänefall durch senkrechte Seitenwände ergeben eine sehr gute Unempfindlichkeit gegen Späne und Schmutz bezüglich konventioneller Nass- oder Trockenbearbeitung. Der für die Grundgestelle verwendete Werkstoff Mineralguss bietet optimale Voraussetzungen für diese Hochleistungs-Bearbeitungszentren.

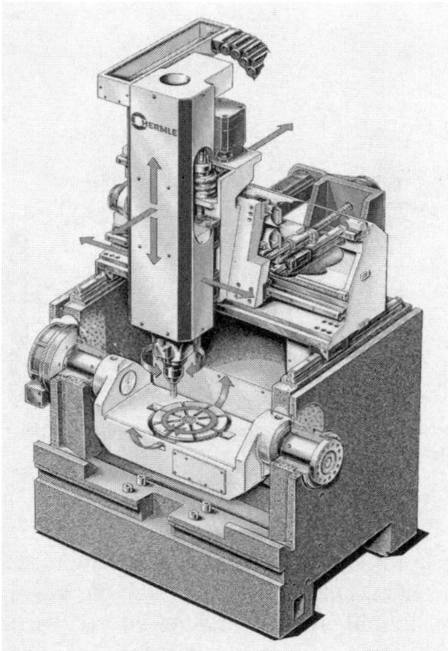

Bild 46.3: Grundprinzip der modifizierten Gantry-Bauweise (Hermle AG, Gosheim)

46.5 Mechanik und Antriebstechnik

Die Gantry-Auslegung mit dem masseoptimierten, torsionssteifen Oberschlitten, das optimale Führungsverhältnis des Querbalkens mit der 3-Punktauflage und dem **Mittenantrieb** (Bild 46.4) sowie die definierten, gleichbleibenden Massen in allen drei Hauptachsen erlauben eine hohe Maschinendynamik beim Verfahren und Positionieren und auch beim Werkzeugwechsel.

Bei den Frässpindeln kann der Anwender aus 4 Varianten zwischen Spindeldrehzahlen von 10000, 16000, 24000 ... 40000 min^{-1} auswählen.

Die Werkzeugspannung erfolgt wahlweise entweder über ein SK 40- oder ein HSK-A-63-System bei der 40000er-Spindel über ein HSK-E-40-Spannsystem.

Praxisgerecht ist die **Auffahrsicherung** zum Schutz der **Motorspindel** konzipiert: Im Falle einer Kollision wird die Frässpindel mitsamt der Lagerung axial um bis zu 8 mm gegen so genannte Stauchhülsen verschoben. Interessant und nutzergerecht ist auch der eventuelle Austausch der Motorspindeln für Wartungs- und Reparaturzwecke gelöst. Die Motorspindeln

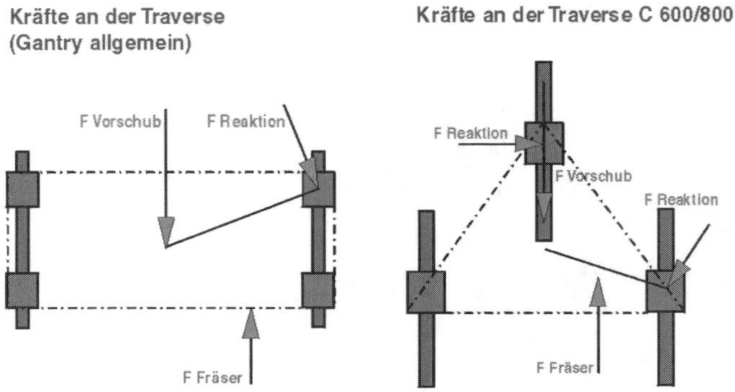

Bild 46.4: Kräftediagramme der herkömmlichen Gantry-Bauweise und nach der modifizierten Gantry-Bauweise (Hermle AG, Gosheim)

sind in Einschubtechnik als komplett wechselbare Einheiten gestaltet und lassen sich schnell auswechseln. Dadurch erhöht sich die Verfügbarkeit der Bearbeitungszentren, zumal auch die weiteren zu wartenden Komponenten sehr leicht zugänglich und servicefreundlich angeordnet wurden.

46.6 CNC-Steuerungen

Als weitere wesentliche Bausteine des Maschinenkonzepts sind die **CNC-Steuerungen** anzusehen. Dem Anwender stehen die beiden Hightech-Steuerungen Siemens S 840 D und Heidenhain iTNC 530 (Bild 46.5) zur Verfügung. Dabei handelt es sich um weltweit anerkannte CNC-Steuerungssysteme, die sowohl anspruchsvolle Fräsarbeiten im Werkzeug- und Formenbau als auch in der Produktion erlauben und darüber hinaus alle für die **Hochgeschwindigkeitsbearbeitung** relevanten Leistungsmerkmale aufweisen.

Programmiert wird nach DIN/ISO oder im Dialog. Es kann bei beiden zur gleichen Zeit vollumfänglich programmiert und gesteuert/gearbeitet werden, wobei die Programmierung mit Grafikunterstützung erfolgt und die Bearbeitungsfunktionen- sowie die Prozessschritte auf dem Bildschirm mit VGA-Auflösung für den Bediener visualisiert werden.

Für die kombinierte/integrierte 5-Achsen-Simultan-/Komplettbearbeitung gewährleisten beide Steuerungssysteme auch unter High-Speed-Bedingungen bei hohen Vorschüben die geforderte hohe Konturtreue.

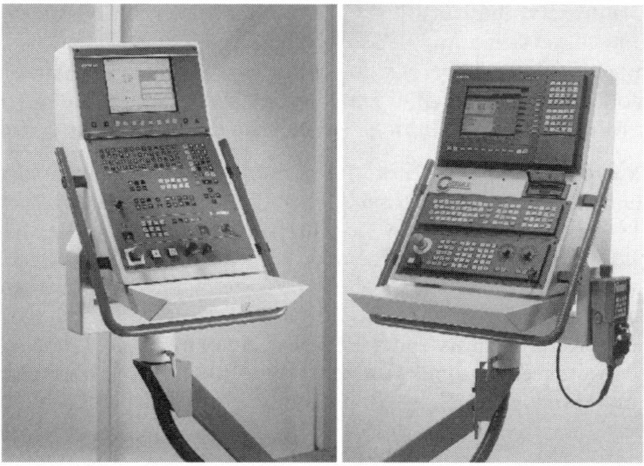

Bild 46.5: CNC-Steuerungen Heidenhain iTNC 530 und Siemens S 840 D

46.7 Programmierung und Software

Ein sehr wichtiges und oftmals unterschätztes Element bei der **5-Achsen-Simultanbearbeitung**, die in Summe die verschiedenen High-Speed-Bearbeitungstechnologien in sich vereint, stellt die Programmierung dar. Nur wenn die Prozesskette 5-Achsen-Simultanbearbeitung komplett geschlossen ist, nämlich von der Konstruktion und der NC-Programmierung bis zur Komplettbearbeitung, können die gewünschten Zeiteinsparungen erreicht und damit die Durchlaufzeiten auch tatsächlich verkürzt werden.

Dies erfordert jedoch NC-Programmiersysteme, die 2D- und 3D-Funktionen vereinigen und die **Mehrseitenbearbeitung** sowie die 5-Achsen-Simultanbearbeitung nachhaltig unterstützen. Die größte Herausforderung bei der 5-Achsen-Simultanbearbeitung ist die Gewähr für eine hohe Prozesssicherheit. Es muss nämlich bei der NC-Programmierung über das gesamte Werkstück eine Kollisionskontrolle, die sich wiederum auf die Werkstückoberfläche bezieht, durchgeführt werden – und dies eben nicht nur hinsichtlich des Werkzeugs, sondern auch des Werkzeughalters. Die Beschränkung auf nur eine Fläche des Werkstücks genügt nicht, da der Flächenübergang bezüglich der Anstellung des Werkzeugs bei der automatischen Kollisionskontrolle unbedingt einbezogen werden muss.

Wegen des noch eher begrenzten Marktangebots stellt sich die Programmierung von 5-Achsen-Werkzeugmaschinen für die Anwender als recht umständlich, prozessunsicher und vor allem auch zeitaufwendig dar. Aus diesem Grund setzt die Hermle AG in solchen Fällen das CAM-System Open Mind 5 Axis ein. Auf der Grundlage einer ganz neuen Entwicklungsstrategie entstand bei Open Mind ein neuartiges, patentiertes Rechenmodell, das mittels einer Leitkurve flächenübergreifend die Kollisionskontrolle und die dynamische Anstellung des Werkzeugs erreicht.

Die **Leitkurve** bestimmt dabei die Anstellung des Werkzeugs und somit die Stellung der Maschinenachsen. Über die Leitkurve und die daraus errechnete Anstellung wird die Kollisionsprüfung von Werkzeugschaft und Werkzeughalter gegen das Polyeder vorgenommen. Im Kollisionsfall erfolgt, abweichend vom vorgegebenen Anstellwinkel, die Berechnung eines alternativen Anstellwinkels. Sollte sich trotzdem eine Kollision abzeichnen, erhält der Anwender/Bediener eine entsprechende Meldung bzw. den Hinweis, ein anderes Werkzeug zu wählen. Nach dessen Bestimmung kann dann die weitere Berechnung der Werkzeugbahnen fortgesetzt werden.

Mit der neuen 5-Achsen-Programmiertechnologie ist die geforderte Prozesssicherheit gegeben, und diese bewegt sich bei der **5-Achsen-NC-Programmierung** jetzt auf dem gleichen Niveau wie bei der **3-Achsen-Bearbeitung**. Des Weiteren verkürzen sich die Programmierzeiten deutlich, weil über einen **Flächenverbund** hinweg die NC-Bahn berechnet wird und dabei die **Kollisionskontrolle** automatisch erfolgt. Zwischenschritte entfallen, auf externe Punkte zur Feststellung von Kollisionen kann verzichtet werden, das „Hin- und Herspringen“ zwischen CAM-System und Simulationswerkzeug entfällt ebenfalls und führt zu weiteren Zeit- und Kosteneinsparungen.

46.8 5-Achsen-Komplettbearbeitung

Die umständliche Bearbeitung von tiefen **Kavitäten** mit 3 Simultanachsen plus 2 angestellten Achsen lässt sich durch eine „echte“ 5-Achsen-Simultanbearbeitung ersetzen, wobei kontinuierliche Achsenbewegungen mit dynamischen Übergängen bei den Flächen zu hochwertigen Oberflächen führen – bei gleichzeitiger Schonung von Maschine und Werkzeugen. In der Praxis ist es möglich, mit einem 5-Achsen-Bearbeitungszentrum, und unter Beibehaltung der Formgenauigkeit des Werkstücks, die volle Bearbeitung tiefer Kavitäten – auch in Hartmetall – in einer Aufspannung durchzuführen.

Die Erfahrungen zeigen, dass die 5-Achsen-Simultanbearbeitung bzw. die kombinierte/integrierte Komplettbearbeitung in den verschiedensten Anwendungen enorme Zeit- und Kostenvorteile bringt. Selbst für anspruchsvolle Arbeiten können vorwiegend Standardfräser verwendet werden und der Einsatz von Sonderfräsern reduziert sich auf wirkliche

Sonderfälle. Ergänzend kommt hier hinzu, dass die Standardfräser über genügend Eigenstabilität verfügen und somit bestimmte Schnittdaten erlauben, während Werkzeuge mit längeren Auskragungen eine Reduzierung der Schnittdaten erforderlich machen. Letztendlich sollte die Anwendung von Mikrofräsern mit Durchmessern < 1 mm möglich sein, um auch kleinste Strukturen form- und konturengetreu abbilden zu können.

Darüber hinaus ergeben sich weitere Vorteile technischer Art, die ebenfalls starke Beachtung verdienen:

- Erodierte Oberflächen sind weniger verschleißfest, da sie thermisch angeweicht werden – Hartfräsen verdichtet die Oberflächen nochmals.
- Die Späne führen die Wärme ab – es können auch dünnwandige, formkritische Werkstücke verzugsfrei effizient bearbeitet werden.
- Die komplette 5-Achsen-Simultanbearbeitung in einer Aufspannung (und somit auf einer Maschine) macht verschiedene Arbeiten sowie die Maschinen und Werkzeuge dafür überflüssig.
- Die berüchtigten Übertragungs-Toleranzen durch den Wechsel von der einen zur nächsten Maschine treten nicht mehr auf.
- Die Konturtreue und die Maßhaltigkeit sowie die Qualität der Oberflächen werden reproduzierbar.

WBS

46.9 Fertigungsbeispiele

Die beiden folgenden Praxisbeispiele in den Bildern 46.6 und 46.7 belegen die Wirtschaftlichkeit der 5-Achsen-Simultan-/Komplettbearbeitung. Die beiden Formen wurden mit den angegeben Technologiedaten jeweils aus einem Block gefräst.

Bearbeitungsparameter am Beispiel Rohrbogen mit 54 HRC:

Bezeichnung	Rohrbogen
Fräszeit	1 h 30 min
Werkzeuge	
Schruppen	Kugelfräser Ø 4 mm
Vorschlichten	Kugelfräser Ø 3 mm
Schlichten	Kugelfräser Ø 3 mm
Werkstoff	1.2767 54 HRC

Bild 46.6: Rohrbogen, gefräst in 1 h 30 min (Hermle AG, Gosheim)

Berarbeitungsparameter am Beispiel Spritzgussform mit 54 HRC:

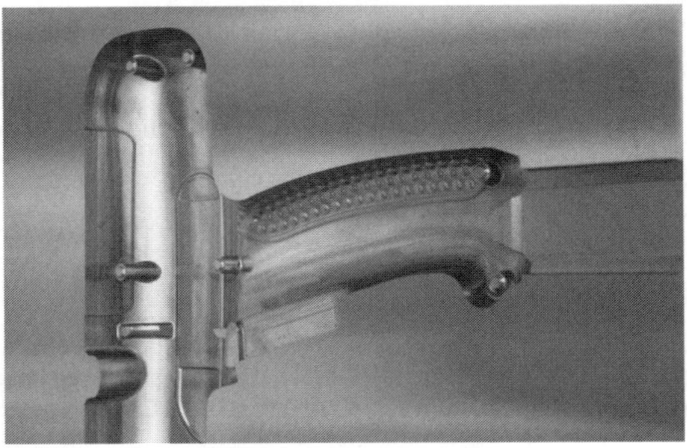

Bild 46.7: Spritzgussform gefräst in 16 h 10 min (Hermle AG, Gosheim)

Tabelle 46.1: Technologiedaten Spritzgussform (Hermle AG, Gosheim)

Bezeichnung	Spritzgussform	
Fräszeit	16 h 10 min	
Werkzeuge		
Schruppen	HSC 05 ∅ 12 mm	Pokolm
Vorschlichten 1	BEK-C ∅ 3mm	Hitachi
Vorschlichten 2	BEK-C ∅ 3mm	Hitachi
Schlichten 1	BEK-C ∅ 3mm	Hitachi
Schlichten 2	BEK-C ∅ 3mm	Hitachi
Schlichten 3	BEK-C ∅ 3 mm	Hitachi
Werkstoff	1.2767 54 HRC	

Quellen und weiterführende Literatur

Bernhard, F.-X.; Schwörer, T.: HSC contra 5-Achsen-Simultanbearbeitung Teil 1. VDI-Z Special Werkzeug- /Formenbau (11/2000) S. 56–60

Bernhard, F.-X.; Schwörer, T.: HSC contra 5-Achsen-Simultanbearbeitung Teil 2. VDI-Z 143 (2001) 1und 2, S. 60 f

Klocke, F.; Zinkmann, V.: Hochgeschwindigkeitbearbeitung ändert die Spanbildung. VDI-Z: Integrierte Produktion (3 und 4/1999) S. 30–34

47 Räummaschinen

Dipl.-Ing. Karlheinz Haßlach

47.1 Räumen

47.1.1 Allgemeines

Räumen gehört zur Hauptgruppe Trennen nach DIN 8580 und zählt zu den Fertigungsverfahren des Spanens mit geometrisch bestimmten Schneiden (DIN 8589). Der Werkstoff des zu bearbeitenden Werkstücks wird durch ein **Räumwerkzeug** abgetragen, dessen Schneidzähne hintereinander liegen und jeweils um eine Spanungsdicke gestaffelt sind. Der Vorschub liegt damit im Werkzeug selbst. Die Räummaschine führt nur eine Schnittbewegung aus. Diese ist translatorisch, entweder waagerecht oder senkrecht, in besonderen Fällen auch schraubenförmig.

Die Vorteile des Räumens liegen in der hohen

- **Zerspanleistung:** die Endform des Werkstücks kann mit einem Räumwerkzeug hergestellt werden,
- **Reproduzierbarkeit:** sehr enge Toleranzen können über längere Zeit ohne Nachstellen eingehalten werden.

WBS

Andere Fertigungsverfahren wie Bohren, Drehen, Fräsen, Stoßen, Reiben und Schleifen können daher ganz oder teilweise ersetzt werden.

Haupteinsatzgebiete sind wegen der hohen Werkzeugkosten die Serien- und Massenproduktion. Geräumt werden Innen- und Außenflächen beliebiger Form, die in Schnittrichtung eben sind und normalerweise keinen Bund haben, der die Schnittbewegung behindert.

47.1.2 Innenräumen

Beim **Innenräumen** entsteht das im Werkzeug vorbestimmte Profil durch eine geradlinige Relativbewegung des Werkzeugs gegenüber dem Werkstück oder umgekehrt (Bild 47.1). Beim Räumen von Innenprofilen mit Bund spricht man vom Sacklochräumen. Beim Drallräumen zur Herstellung schrägverzahnter Innenverzahnungen wird der geradlinigen Hauptschnittbewegung noch eine Drehbewegung des Werkzeugs oder Werkstücks überlagert.

Bei Werkstücken mit ausreichender Steifigkeit und gut zerspanbaren Werkstoffen können Oberflächengüten und Maßgenauigkeiten mit Toleranzen bis IT 8, mit erhöhtem Aufwand bis IT 7 eingehalten werden. Ein

Verlaufen des Räumwerkzeugs während des Räumvorgangs lässt sich kaum vermeiden, geringfügige Profilabweichungen sind nicht auszuschließen. Deshalb ist das Innenräumen immer möglichst früh in die Bearbeitungsfolge zu legen, damit das Verlaufen durch die nachfolgenden Verfahren ausgeglichen werden kann. Beispielsweise werden Getriebeteile, die eine hohe Rundlaufgenauigkeit erfordern, im geräumten Profil aufgenommen und fertig bearbeitet.

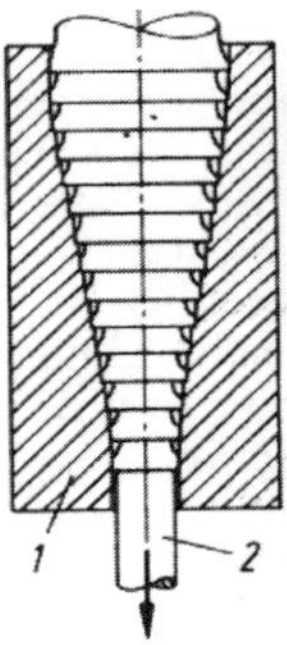

Bild 47.1: Schematische Darstellung Innenräumen: 1 Werkstück; 2 Räumwerkzeug; Werkstücke mit Innenprofilen: Gelenkring; Schiebemuffe; Zahnrad; Couronne (Hoffmann Räumwerkzeug- und Maschinenfabrik, Pforzheim)

47.1.3 Außenräumen

Beim **Außenräumen** entsteht das in den Werkzeugen vorbestimmte Profil überwiegend durch eine geradlinige Relativbewegung der Werkzeuge gegenüber den Werkstücken (Bild 47.2), da diese in geeigneten und meist aufwendigen Vorrichtungen zu fixieren sind. Außenräumwerkzeuge bestehen wegen ihrer komplizierten Form vorwiegend aus mehreren Teilstücken, die auf Räumwerkzeugaufnahmen geschraubt oder geklemmt werden. Beim Außenräumen werden auch geschlossene Außenflächen, z. B. Stirnverzahnungen, geräumt. Man spricht dann vom Tubus- oder Topfräumen.

Die erreichbaren Genauigkeiten liegen beim Außenräumen im Bereich der ISO-Qualitäten 7 bis 9. Allerdings sind sie im Vergleich zum Innenräumen von mehr Einflussfaktoren abhängig. Neben der Werkstückbeschaffenheit und den Fertigungstoleranzen bei der Werkzeugherstellung sind die Einbaugenauigkeit der Räumwerkzeuge in die Räumwerkzeugaufnahmen und die Möglichkeiten zum lage- und funktionsgerechten Spannen der Werkstücke zu berücksichtigen. Darüber hinaus beeinflusst das Gesamtsystem Maschine mit seiner statischen und dynamischen Steifigkeit das Ergebnis.

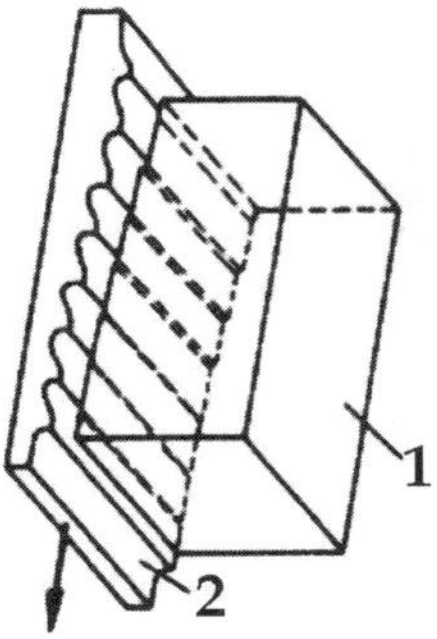

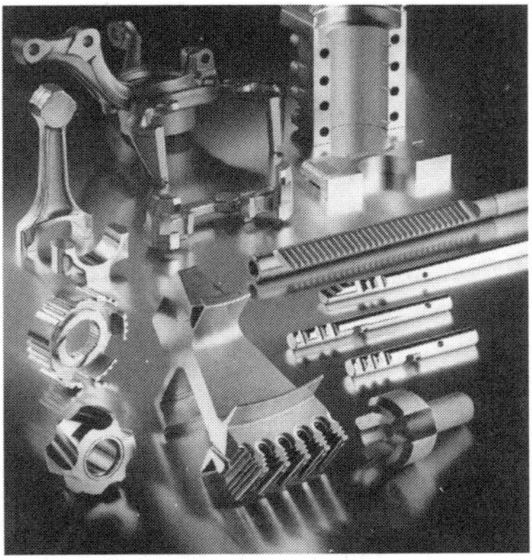

Bild 47.2: Schematische Darstellung Außenräumen: 1 Werkstück; 2 Räumwerkzeug; Werkstücke mit Außenprofilen: Kurbenwellenlagerdeckel; Lenkzahnstange; Kugelnabe; Pleuel; Schwenklager; Gelenkglocke; Schaltstange; Synchronkörper; Bremshalter; Ausschnitt Turbinenradscheibe (Hoffmann Räumwerkzeug- und Maschinenfabrik, Pforzheim)

WBS

47.2 Räumwerkzeuge

47.2.1 Allgemeines

Einfache Innen- und **Außenräumwerkzeuge** sind in der DIN 1415 schematisch dargestellt. Die Zahnung besteht meist aus Schrupp-, Schlicht- und Reserveteil, die sich vor allem in der Spanungsdicke unterscheiden. Übliche Spanungsdicken liegen beim Räumen von Stahlwerkstoffen bei 0,01 ... 0,15 mm (Schruppen) bzw. 0,003 ... 0,025 mm (Schlichten). Für Gusswerkstoffe liegen die Werte bei 0,02 ... 0,2 mm (Schruppen) und 0,01 ... 0,04 mm (Schlichten). **Innenräumwerkzeuge** haben außer der Zahnung noch einen Schaft und ein Endstück, an denen sie über Schaft- und Endstückhalter lösbar gespannt und geführt werden.

Die Schneidengeometrie beeinflusst das Räumergebnis entscheidend. Ihrer größenmäßigen Festlegung liegen sehr viele Erfahrungswerte zugrunde.

Die Werkzeugstandzeiten sind ebenfalls von vielen Einflussfaktoren abhängig. Bei gut zerspanbaren Werkstoffen, hochwertigen Maschinen und Vorrichtungen, einwandfreien Räumwerkzeugen, und geeigneten Kühlschmierstoffen sind Standwege von 80 m bis 250 m erreichbar. Die Festlegung eines Standwegendes beruht auf Erfahrungswerten, die sowohl niedrige Werkzeug- und Schärfkosten als auch die Einhaltung einer vorgegebenen Oberflächengüte und Maßgenauigkeit einschließen. Im Allgemeinen liegt das Standwegende bei einer Verschleißmarkenbreite von 0,2 … 0,4 mm. Der Werkzeugverschleiß hängt von folgenden Faktoren ab:

- *Werkstück* (Werkstoff, Gefüge, Festigkeit, Beschaffenheit der Oberflächenzone),
- *Werkzeug* (Schneidstoff, Härte, Zähigkeit, Schneidengeometrie, Schleifgüte, Räumweg),
- *Maschine* (Schnittgeschwindigkeit, Kühlung, Schwingungen).

Beim Räumen liegen die Schnittgeschwindigkeiten im Allgemeinen unter 30 m/min. In diesem Bereich erreichen die Schnitttemperaturen 200° … 600 °C. Daher werden für Räumwerkzeuge fast ausschließlich Schnellarbeitsstähle (HSS) verwendet. Durch beschichtete HSS oder Hartmetall kann die Leistung des Verfahrens gesteigert werden. Schnittgeschwindigkeiten bis zu 120 m/min wurden bereits realisiert. Allerdings erfordern hohe Schnittgeschwindigkeiten hohe Antriebsleistungen zum Beschleunigen und Verzögern von Räumwerkzeug und Räumschlitten, so dass die Anlagenkosten überproportional steigen. Zur Schmierung und Kühlung im Kontaktzonenbereich sowie zur Späneabfuhr werden vorwiegend Mineralöle als Kühlschmierstoffe verwendet. Entwicklungen in der Beschichtungstechnik mit der Möglichkeit, mehrlagige Hartstoffschichten mit schmierstoffhaltigen Weichstoffschichten zu kombinieren, können zur Reduzierung des Kühlschmiermittels beitragen und bei geeigneten Werkstoffeigenschaften der Werkstücke Trockenbearbeitung gewährleisten.

47.2.2 Berechnungsgleichungen und Anhaltswerte zur Räumwerkzeug-Auslegung

In einem ersten Schritt können für Räumwerkzeuge aus HSS folgende Spanungsdicken (Steigung von Zahn zu Zahn) zugrunde gelegt werden:

Tabelle 47.1: Spanungsdicke bei Innenräumen

Werkstoff	**Spanungsdicke *h* (mm)**				
	Flach-Räumwerkzeug		**Rund-Räumwerkzeug**		**Profil- und Naben Nut-Räumwerkzeug**
	Schruppen	**Schlichten**	**Schruppen**	**Schlichten**	
Stahl Stahlguss GGG	0,04 … 0,1	0,01 … 0,025	0,01 … 0,03	0,0025 … 0,005	0,02 … 0,08
GG und NE-Metalle	0,05 … 0,15	0,02 … 0,04	0,02 … 0,04	0,01 … 0,02	0,04 … 0,1
Kunststoff	0,06 … 0,25		0,02 … 0,06		0,04 … 0,12

Tabelle 47.2: Spanungsdicke bei Außenräumen

Werkstoff	Spanungsdicke *h* (mm) Tiefenstaffelung		
	Schruppen	Schlichten	Seitenstaffelung
Stahl Stahlguss GGG	0,06 … 0,15	0,01 … 0,025	0,08 … 0,25
GG und NE-Metalle	0,08 … 0,2	0,02 … 0,04	0,1 … 0,5
Kunststoff	0,1 … 0,3	0,02 … 0,06	0,1 … 0,5

Je nach Räumlänge (Zerspanungslänge) wird die Teilung wie folgt berechnet:

$$t = 2{,}5\,\sqrt{h \cdot l \cdot x}$$

h Spanungsdicke, *l* Räumlänge, *x* Spanumrechungsfaktor (siehe Tabelle 47.3)

Tabelle 47.3: Spanraumfaktor bei verschiedenen Werkstoffen und Räumbedingungen

Werkstoff	Spanraumfaktor *x* Innen-Räumwerkzeug		Außen-Räumwerkzeug	
	Flach-	Rund-	Tiefen-staffelung	Seiten-staffelung
Stahl Stahlguss GGG	5 … 8	8 … 16	4 … 10	1,8 … 6
GG und NE-Metalle	3 … 7	6 … 14	3 … 7	1 … 5

Sind Spanungsdicke und Teilung bekannt, kann die gesamte Verzahungslänge des Räumwerkzeugs festgelegt werden und somit die Hublänge der Räummaschine.

Die Schnittkraft F_c

$$F_c = b \cdot h \cdot k_c \cdot z_e \cdot 1{,}2$$

$$z_e = \frac{\text{Räumlänge}}{\text{Teilung}}$$

b Spanungsbreite; *h* Spanungsdicke; k_c spezifische Schnittkraft; z_e Zähne im Eingriff; 1,2 Stumpfungsfaktor

WBS

47.3 Bauformen und Ausführungen

Räummaschinen werden eingeteilt in

- Außen- und Innenräummaschinen (Art des Räumverfahrens),
- Senkrecht- und Waagerechträummaschinen (Lage der Hauptachse),
- Sondermaschinen (Kettenräummaschinen und Räumeinheiten z. B. in Transferstraßen bzw. komibinerte Räummaschinen).

Ihre Bezeichnung erfolgt darüber hinaus nach Zugkraft, Hublänge und Baugröße.

Vorteile der senkrechten Bauweise:

- geringer Flächenbedarf,
- keine Durchbiegung des Räumwerkzeugs durch Eigengewicht,
- bessere Kühlschmierwirkung,
- gute Einordnungsmöglichkeiten in Transferstraßen.

Vorteile der waagerechten Bauweise:

- niedrige Aufstellhöhe,
- größere Hublängen,
- einfachere Zuführung schwerer Werkstücke,
- kein Grubenfundament bzw. Bedienungspodest.

Die Haupt- und Anschlussmaße sind in folgenden Normen enthalten:

- DIN 55141: Senkrecht-Außenräummaschinen
- DIN 55142: Waagerecht-Außenräummaschinen
- DIN 55143: Senkrecht-Innenräummaschinen
- DIN 55144: Waagerecht-Innenräummaschinen
- DIN 55145: Kettenräummaschinen

Obwohl sich die Maschinenbauarten von Funktion und Gestaltung heute von diesen Normen unterscheiden, sind die Anschlussmaße und Grundabmessungen noch gleich. Dadurch können vorhandene Räumwerkzeuge in neu konzipierte Räummaschinen eingesetzt werden.

Beim Räumen treten relativ große Schnittkräfte auf, die von allen im Kraftfluss der Maschine liegenden Bauteilen und Bauteilverbindungen bei möglichst geringen Verformungen aufzunehmen sind. Die Hauptanforderungen sind

- hohe statische und dynamische Steifigkeit,
- starre Aufnahme der Werkstücke und Räumwerkzeuge,
- starre und verschleißarme Führungen der Räumschlitten,
- gute Späneabfuhr.

47.3.1 Innenräummaschinen

Nachdem in den vergangenen Jahren vorwiegend **Senkrecht-Innenräummaschinen** in 2-Zylinder-Bauweise eingesetzt wurden, hat sich die Hubtisch-Bauweise wegen ihrer besseren Flexibilität für viele Anwendungen am Markt durchgesetzt (Bild 47.3). Sie vereinigt die Vorteile der senkrechten und waagerechten Bauweise.

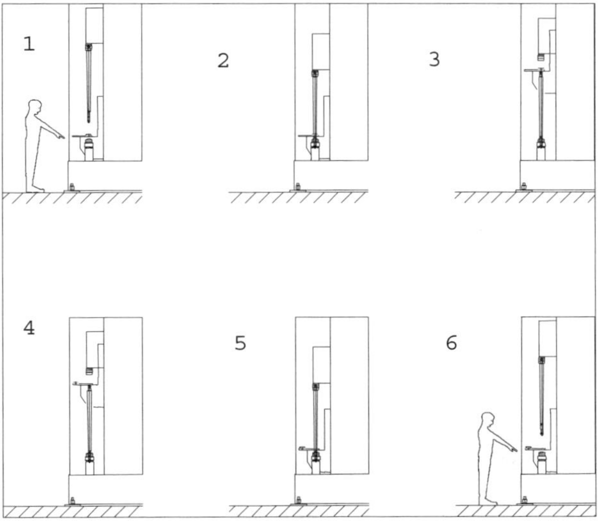

Bild 47.3: Arbeitsweise einer Hubtisch-Räummaschine: 1 beladen; 2 Räumwerkzeug absenken und spannen; 3 Werkstück fertig bearbeitet; 4 Werkstück automatisch in Rückhubposition bringen; 5 Räumwerkzeug lösen und abheben; 6 entladen
(Hoffmann Räumwerkzeug- und Maschinenfabrik, Pforzheim)

WBS

47.3.2 Außenräummaschinen

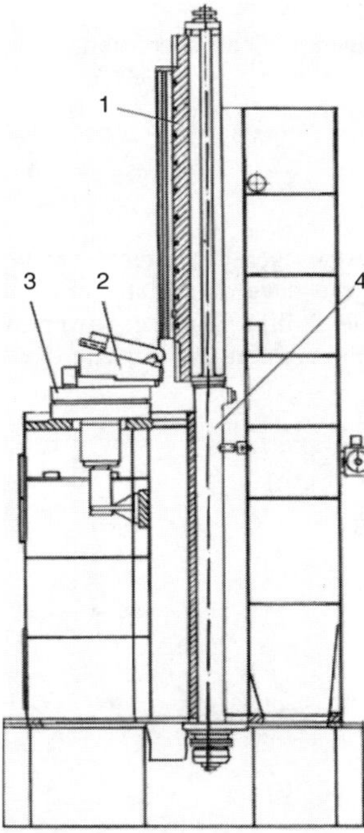

Bild 47.4: Aufbau einer Senkrecht-Außenräummaschine: 1 Werkzeugschlitten; 2 Werkstücktisch; 3 Drehtisch; 4 Hydraulikzylinder
(Hoffmann Räumwerkzeug- und Maschinenfabrik, Pforzheim)

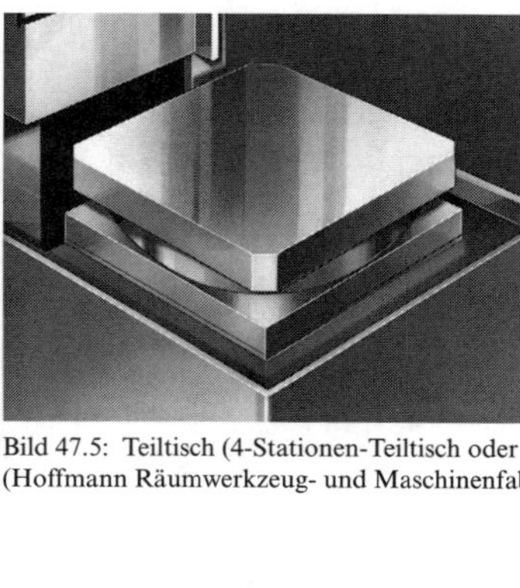

Bild 47.5: Teiltisch (4-Stationen-Teiltisch oder 90°-Teiltisch)
(Hoffmann Räumwerkzeug- und Maschinenfabrik Pforzheim)

Waagerecht-Außenräummaschinen eignen sich bei größeren Zerspanleistungen und damit verbundenen größeren Hublängen (Bild 47.6).

Bild 47.6: Waagerecht-Außenräummaschine (Hoffmann Räumwerkzeug- und Maschinenfabrik, Pforzheim)

WBS

47.4 Ausstattungen der Maschinen

Räummaschinen werden mit einem festen oder beweglichen Tisch ausgerüstet. Sie haben die Aufgabe, Werkstückaufnahmen und Spannvorrichtungen aufzunehmen und die Räumkräfte verformungsfrei in das Maschinengestell abzuleiten. Der bewegliche Tisch muss darüber hinaus die in den Werkstückaufnahmen gespannten Werkstücke der Räumposition automatisch zuführen (siehe Kapitel 47.4.2, Tabelle 47.4). Da Räummaschinen in der Regel keine fachlich besonders qualifizierten Bedienungsleute benötigen, und die Taktzeiten meist sehr kurz sind, sind Räummaschinen überwiegend mit Belade- und Automationseinrichtungen bis hin zur kompletten Verkettung mit Vor- und Folgemaschinen ausgestattet. Auch gehört die Automatisierung des Werkzeugwechsels zum Stand der Technik (Bild 47.8), wenn die Maschine bei manuellem Wechsel der Räumwerkzeuge für die Produktion längere Zeit nicht zur Verfügung steht. Schließlich ist es möglich, weitere Bearbeitungsaufgaben wie Bohren oder Fräsen zu integrieren.

47.4.1 Innenräummaschinen

Für das Innenräumen werden Spannvorrichtungen nur in Ausnahmefällen benötigt (z. B. beim Drallräumen, da die Schnittkraft ein Drehmoment erzeugt). Einfache Werkstückauflagen und Aufnahmedorne sind oft ausreichend (Bild 47.7). Das Werkstück wird über Stifte oder Zuführeinrichtungen in der Räumstelle vorausgerichtet und durch das Einführen des Räumwerkzeugs zentriert. Beim Räumvorgang wird das Werkstück gegen die Auflage gedrückt.

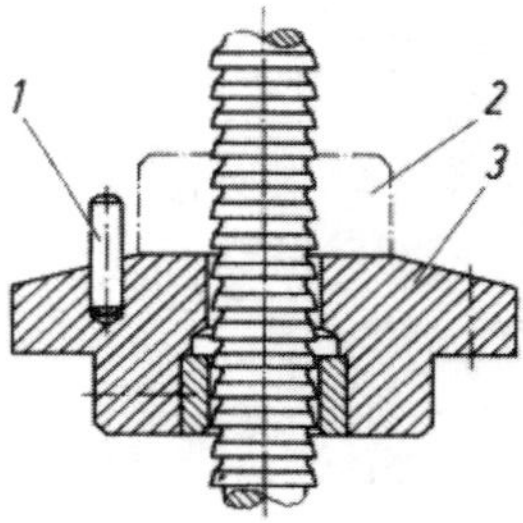

Bild 47.7: Werkstückauflage für das Innenräumen: 1 Zentrierstift; 2 Werkstück; 3 Werkstückauflage (Hoffmann Räumwerkzeug- und Maschinenfabrik, Pforzheim)

47.4.2 Außenräummaschinen

Tabelle 47.4: Die verschiedenen Arten von Tischen werden wie folgt definiert

Bild	Bezeichnung	Eigenschaften
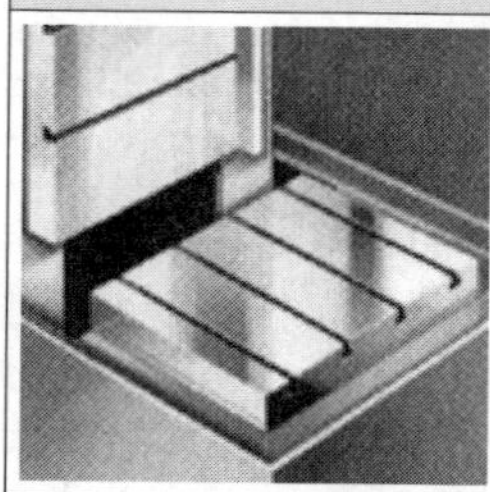	RASF: fester Tisch	hohe Steifigkeit in und senkrecht zur Räumrichtung, keine selbsttätige Werkstückabhebung außer in Verbindung mit Automatisierungseinrichtungen, größerer Überhub des Räumschlittens für Werkzeugwechsel
	RAST: Teiltisch (4-Stationen-Teiltisch oder 90°-Teiltisch)	hohe Steifigkeit in und senkrecht zur Räumrichtung, hohe Genauigkeit, große Spansicherheit, große Flexibilität, hoher Wiederverwendungswert; durch Abheben beim Teilen verschleißfreie Bewegung, kurze Nebenzeiten; größerer Überhub des Räumschlittens erforderlich, um beim Drehen des Teiltisches am Werkzeug vorbeizukommen (Bild 47.5)

Fortsetzung Tabelle 47.4

Bild	Bezeichnung	Eigenschaften
	RASK: Kipptisch	gute Steifigkeit in Räumrichtung, jedoch geringe Steifigkeit senkrecht zur Räumrichtung, späneempfindlich, geringe Flexibilität, daher ungünstigere Wiederverwendung, verschleißempfindlich, daher weniger genau, kurze Nebenzeiten, geringerer Überhub des Räumschlittens erforderlich
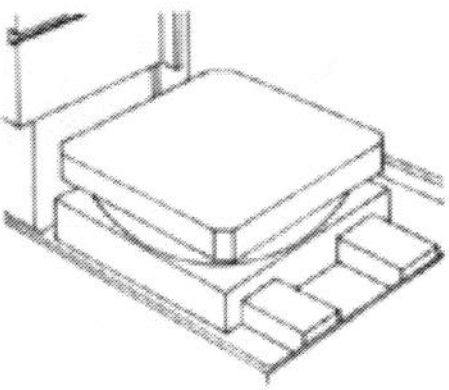	RASAT: an- und abfahrender Teiltisch	geringe Steifigkeit, vor allem senkrecht zur Räumrichtung, späneempfindlich, große Flexibilität, hoher Wiederverwendungswert, sehr aufwendige Konstruktion, Abhebeführungen verschleißbehaftet, daher weniger genau, kurze Nebenzeiten, geringerer Überhub des Räumschlittens erforderlich
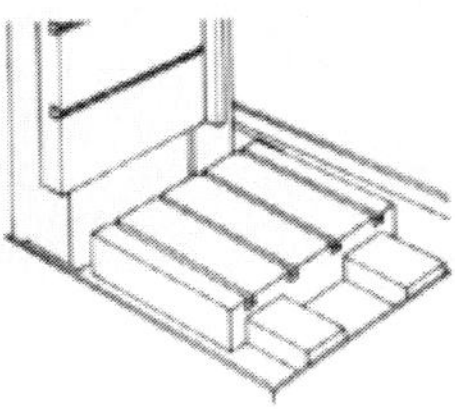	RASA: an- und abfahrender Tisch	geringe Steifigkeit, vor allem senkrecht zur Räumrichtung, späneempfindlich, geringe Flexibilität, daher ungünstiger bei Wiederverwendung, verschleißbehaftet, daher weniger genau, kurze Nebenzeiten, geringerer Überhub des Räumschlittens erforderlich
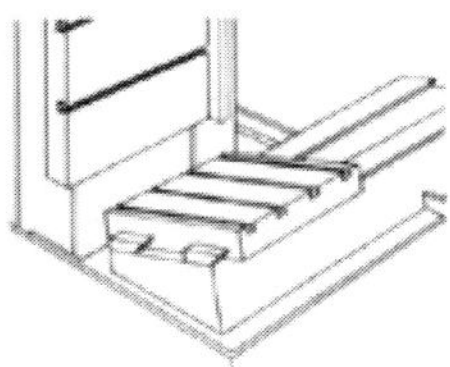	RASX Tisch in Sonderausführung, z. B. Querschiebetisch	hohe Steifigkeit in und senkrecht zur Räumrichtung, wenig späneempfindlich, geringere Flexibilität, daher ungünstig bei Wiederverwendung, verschleißarme Konstruktion, daher gute Genauigkeit, weniger kurze Nebenzeiten bei größeren Tischhüben, geringerer Überhub des Räumschlittens erforderlich

(Hoffmann Räumwerkzeug- und Maschinenfabrik, Pforzheim)

Bild 47.8: Automatischer Werkzeugwechsler einer Waagerecht- und Senkrecht-Außenräummaschine (Hoffmann Räumwerkzeug- und Maschinenfabrik, Pforzheim)

47.5 Antriebe und Zubehör

Hydraulische Antriebssysteme an Räummaschinen sind weit verbreitet, da sie eine kostengünstige Alternative darstellen, die hohen Antriebskräfte zu erzeugen. Sie bieten ein hohes Beschleunigungsvermögen aufgrund geringer Massenträgheit bei gleichzeitig geringem Leistungsgewicht und haben daher ein gutes Zeitverhalten. Nachteilig sind jedoch der schlechte Wirkungsgrad und Steifigkeitseinbußen aufgrund der Kompressibilität des Druckmediums.

Hydraulische Antriebssysteme werden vorwiegend für Räummaschinen in senkrechter Bauweise bis maximal 2500 mm Hublänge, und waagerechter Bauweise bei kurzen Hublängen, eingesetzt. Vorzugsweise arbeiten diese Systeme im Niederdruckbereich bei ca. 80 … 100 bar. Durch den Einsatz von Flügelzellenpumpen bei niedrigen Drehzahlen lassen sich niedrige Schalldruckpegel im Bereich von 75 … 78 dB(A) ohne aufwendige Sekundär-Schallschutzmaßnahmen erzielen.

Erfolgreich im Einsatz für das Innenräumen mit hohen Schnittgeschwindigkeiten sind auch Hochdruckhydrauliken mit einem Arbeitsdruck von ca. 150 bar. Der Einsatz geeigneter Servo-Proportional-Ventile erlaubt im Zusammenspiel mit der modernen Steuerungstechnik eine NC-gesteuerte Hauptschnittbewegung, z. B. beim Harträumen mit Schnittgeschwindigkeiten bis zu 60 m/min.

Bei Waagerecht-Außenräummaschinen, wo sich infolge der oft geforderten Zerspanleistung große Hublängen zwangsläufig ergeben, werden elektromechanische Antriebe als Zahnstange-Ritzel-Trieb verwendet. Aber auch Senkrecht-Außenräummaschinen wurden mit dieser Antriebsart ausgestattet, die den Forderungen nach erhöhter Antriebssteifigkeit, geringen Energiekosten (Leerlaufbetrieb, Rückspeisung) und niedrigen Schalldruckpegeln Rechnung trägt.

Die Fortschritte in den Bereichen Elektronik und Antriebstechnik verhalfen der elektromechanischen Lösung mit Zahnstange-Ritzel und Kugel- bzw. Rollengewindespindel auch zum Einsatz bei Innenräummaschinen.

Wegen der höheren Steifigkeit und der geringeren Schwingungsneigung ist bei kritischen Zerspanungen (dünnwandige Werkstücke, schwer zerspanbare Werkstoffe wie z. B. Turbinenbau) den elektromechanischen Antrieben der Vorzug zu geben. Auch beim Trockenräumen sollte weitgehend auf flüssige Medien verzichtet werden. NC-gesteuerte Hauptachsen können elektromechanisch kostengünstiger realisiert werden. Unter den Aspekten vermehrter Umweltschutzanforderungen werden elektromechanische Antriebe ebenfalls begünstigt.

47.6 Zubehör zur Räummaschine

Zur Grundausstattung einer Räummaschine gehören:

Die komplette elektrische Ausrüstung, die den Schaltschrank, die in einem Kabelkanal verlegten Verbindungsleitungen mit gesteckten Verbindungsstellen und das Bedienpult umfasst, der komplette Antrieb, der bei hydraulischen Maschinen das frei stehende Hydraulikaggregat einschließlich der Rohrleitungen zur Maschine bzw. der Hochdruckschläuche umfasst. Zusätzlich zur Grundausstattung benötigt man bei Innenräummaschinen noch die Schaft- und Endstückhalter mit ihren Betätigungs- und Befestigungselementen. Hinzu kommt noch das werkstückgebundene Zubehör, d. h. Werkstückspannvorrichtung, Andrückvorrichtung, Werkzeuge und Werkzeug-Aufnahmen, um die Maschine in einen betriebsfertigen Zustand zu versetzten. Als Sonderzubehör werden die Einrichtungen empfohlen, die nicht unbedingt zum Betrieb der Räummaschine erforderlich sind, aber die Arbeit an der Maschine erleichtern, wie z. B. Späneförderer, Hebezeugeinrichtungen und aktivisolierte Aufstellelemente.

47.7 Steuerungen und Programmierung

Zum Steuern der Maschinen werden SPS-Steuerungen der mittleren Leistungsklasse eingesetzt. Der Bearbeitungsablauf wird durch die Mechanik bzw. Automation fest vorgegeben, daher ist es nicht notwendig, vor Ort Programmierungen vorzunehmen.

Bei komplexen Räumaufgaben wie z. B. Bearbeiten von Turbinenscheiben (Bild 47.9) wird in der Regel eine CNC-Steuerung verwendet. Dabei ist es notwendig, durch Verändern des Ablaufs bzw. durch Ändern der Verfahrwege direkt vor Ort in die Programmierung einzugreifen.

Bild 47.9: Mechanische Senkrecht-Außenräummaschine mit 8-Achsen-NC-Steuerung zum Räumen von Turbinen- und Verdichterscheiben (Hoffmann Räumwerkzeug- und Maschinenfabrik, Pforzheim)

47.8 Bearbeitungsbeispiele

47.8.1 Räumen von Haltern an Scheibenbremsen

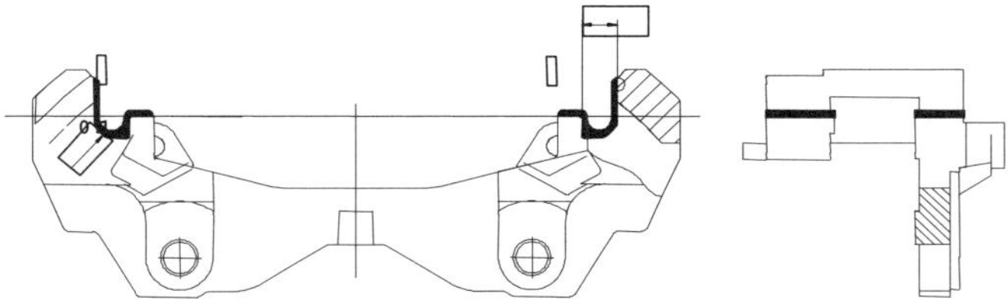

Bild 47.10: Bearbeitungsbeispiel 1 (Hoffmann Räumwerkzeug- und Maschinenfabrik, Pforzheim)

- Maschine:

Hydraulische Senkrecht-Außenräummaschine in Duplex-Bauweise Typ RASTD 16 × 2175 × 500 mit 4-Stationen-Teiltisch und hydraulisch betätigten Spannvorrichtungen mit 2 Spannstellen.

- Leistung:

Taktzeit: 24 s bei 25 m/min Räumgeschwindigkeit

Ausbringung: bei 2 Räumstellen 300 Teile/h bei 100 %

- Besonderheiten:

Die Lage und die Gussrohkontur der Werkstücke werden vor dem Räumen automatisch überprüft. Hochflexible Wechselteilkonzeption.

47.8.2 Räumen von Lenkzahnstangen

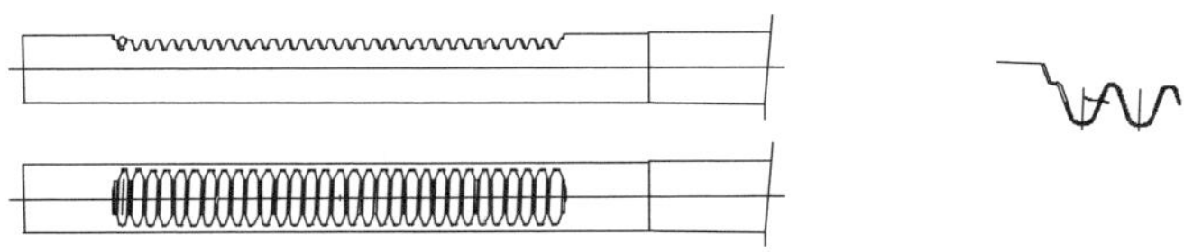

Bild 47.11: Bearbeitungsbeispiel 2 (Hoffmann Räumwerkzeug- und Maschinenfabrik, Pforzheim)

- Maschine:

Hydraulische Waagerecht-Außenräummaschine Typ RAWX 16 × 2500 × 500 mit NC-Schiebetisch und hydraulischer Spannvorrichtung.

■ Leistung:

Taktzeit = Stückzeit 23 s bei 25 m/min Räumgeschwindigkeit.
Ausbringung: 156 Teile/h bei 100 %

■ Besonderheiten:

Automatische Be- und Entladeeinrichtung mit NC-Portal sowie Werkstück Zu- und Abführbändern. Schnellklemm- und Ausrichteinrichtung für die Räumwerkzeugaufnahmen auf dem Räumschlitten. Die Maschine kann mit Wechselteilen zur Spannvorrichtung für eine Vielzahl unterschiedlicher Werkstücke umgerüstet werden. Separater Kühlschmiermittelbehälter mit Feinfilterung.

Quellen und weiterführende Literatur

DIN 8589T5: Fertigungsverfahren Spanen. Räumen: Einordnung, Unterteilung, Begriffe. Deutsches Institut für Normung

Krazer, M.: Räumtechnik heute. Der Betriebsleiter (9/1997) S. 50–52

Krazer, M.: Innovative Räumtechnik. ZWF 93 (1998) 11, S. 542–545

Hoffmann, K. (Hrsg.): Hoffmann Räumpraxis. Eigenverlag Kurt Hoffmann, Räumwerkzeug- und Maschinenfabrik, 1976

48 Sägemaschinen

Dipl.-Ing. Betriebswirt (VWA) Armin Stolzer

48.1 Fertigungsverfahren mit Sägemaschinen

Werkzeugmaschinen mit Sägewerkzeugen dienen dem Trennen von Materialien wie Stabstahl, Platten, Blechen o. Ä.

Das Sägen gehört

- als Prozess zum **Spanen** mit geometrisch bestimmten Schneiden mit mehrschneidigen Werkzeugen (DIN 8580/8589),
- in der Fertigungsorganisation zur so genannten **Vorfertigung**.

Im Bewusstsein der Anwender hat das Zuschneiden im Vergleich zu den übrigen Produktionsverfahren lange eine eher untergeordnete Rolle gespielt, da es meist nicht der Produktion, sondern dem Lagerbereich zugeordnet wurde. Diese Einschätzung hat sich mit dem Zwang zur durchgängigen Rationalisierung von Produktionsabläufen und mit der Werkzeug- und Maschinenentwicklung in allen drei Sägeverfahren, Bügel-, Kreis- und Bandsägen, grundlegend gewandelt.

48.1.1 Bügelsägen

Charakteristisch für das Bügelsäge-Verfahren ist die reversierende Bewegung des Sägebügels. Die Kinematik des „bogenförmig stoßenden Schnittes", eingeführt in den 50er Jahren, hat sich aufgrund der erheb-

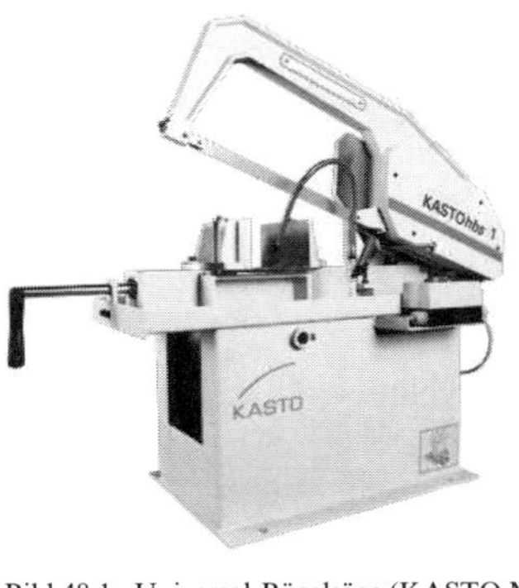

Bild 48.1: Universal-Bügelsäge (KASTO Maschinenbau, Achern)

lichen Leistungsvorteile gegenüber den geradlinig ziehenden Schnittbewegungen weltweit durchgesetzt. Bei der bogenförmigen Bewegung befindet sich zu jedem Zeitpunkt nur ein Teil des Sägeblatts im Eingriff. Zusätzlich wandert die Eingriffszone während des Sägehubes am Sägeblatt entlang. Dank einer hydraulischen Vorschubsteuerung lassen sich auch dünnwandige Materialien mit hoher Leistung zerspanen.

48.1.2 Kreissägen

Kreissägemaschinen werden in unterschiedlichen kinematischen Ausführungen für den Einsatz von HSS- und von mit Hartmetall bestückten Sägeblättern angeboten. Darüber hinaus können an einigen Kreissägemodellen Gehrungsschnitte gesägt werden. Da im Allgemeinen nur ein Drittel des Sägeblatt-Durchmessers als Arbeitsbereich genutzt werden kann, benötigt man für große Querschnitte überproportional große Werkzeuge. Heute finden Kreissägemaschinen hauptsächlich bei Material-Durchmessern unter 140 mm Verwendung, was einem Sägeblatt-Durchmesser von etwa 400 mm entspricht. Sie kommen als Universalsägen mit Gehrungsschnittmöglichkeit, als schnelle Massenschnitt-Säge oder mit hoher Automatisierung zum Einsatz.

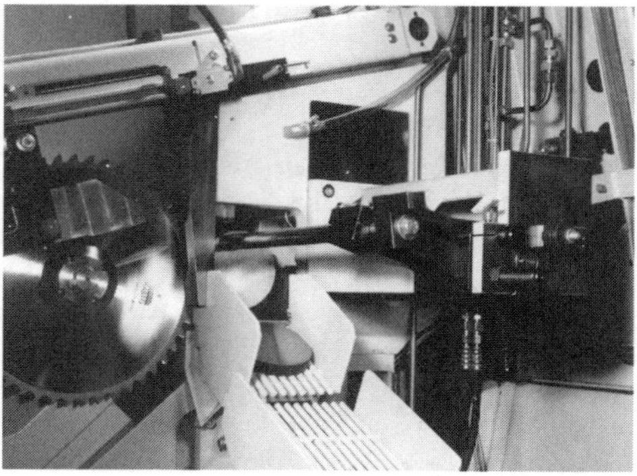

Bild 48.2: Massenschnitt-Kreissäge mit Hartmetall-Blatt (KASTO Maschinenbau, Achern)

Als Sägewerkzeuge stehen folgende Sägeblätter zur Verfügung:

- HSS-Vollstahl-Sägeblätter
- HSS-Segment-Sägeblätter
- Voll-Hartmetall-Sägeblätter

- Hartmetall bestückte Sägeblätter, teilweise in Dünnschnitt-Technologie zur Reduzierung der Schnittkanalbreite

Am universellsten lassen sich HSS-Sägeblätter mit Vor- und Nachschneider-Geometrie einsetzen, während HM-Sägeblätter eine präzisere Abstimmung von Sägewerkzeug, Materialqualität und Abmessung verlangen. Beispielsweise lassen sich nicht rostende Stähle oft nur schwierig bearbeiten.

48.1.3 Bandsägen

Für Produktionsbandsägemaschinen hoher Steifigkeit stehen heute leistungsfähige Bandsäge-Werkzeuge aus Bimetall oder mit Hartmetallbestückung zur Verfügung. Für einfachere Einsatzzwecke gibt es darüber hinaus eine große Anzahl leichter Bandsägemaschinen am Markt, die eine deutliche Konkurrenz zur Bügelsäge darstellen. Diese Art Maschinen wird vorzugsweise in der kostengünstigen Schwenkrahmen-Bauweise ausgeführt und den Leistungsanforderungen entsprechend mit schmalen Sägebändern (im Allgemeinen 27 oder 34 mm Bandhöhe) ausgestattet.

WBS

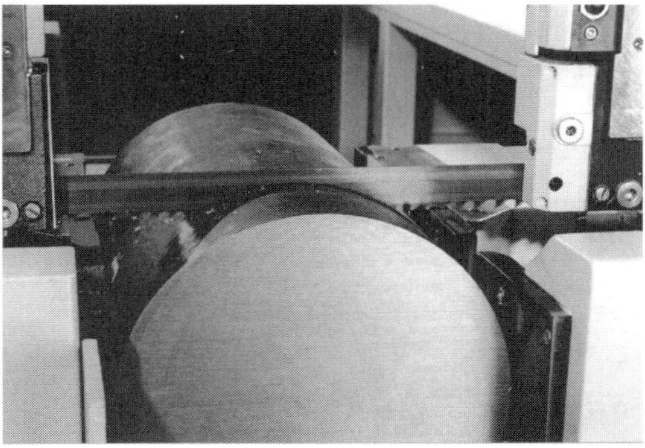

Bild 48.3: Produktions-Bandsägemaschine beim Hartmetall-Schnitt (KASTO Maschinenbau, Achern)

Für den schweren Produktionseinsatz bevorzugt man dagegen parallel verfahrende Säge-Einheiten und breite Sägebänder. Die größte Verbreitung finden Horizontal-Bandsägemaschinen in steifer Zweisäulen-Bauweise mit modernen Linearführungselementen. Nicht zuletzt brachte der Einsatz von Mineralguss im Sägeschlitten eine weitere Leistungsverbesserung bei Bandsägemaschinen bei Arbeitsbereichen bis ca. 1 300 mm Schnittlänge.

Bei Bandsäge-Werkzeugen werden überwiegend Bimetall-Sägebänder der Qualität M42 (Cobalt-Molybdän-legiert) eingesetzt.

Als besonders vorteilhaft – speziell im Einsatz an hochfestem Material und beim Bündelsägen – haben sich Bimetall-Sägebänder mit variabler Verzahnung erwiesen. Für die Schnittsteifigkeit beim Sägeprozess ist die Breite des Sägebandes von besonderer Bedeutung. Je größer der Arbeitsbereich der Bandsägemaschine und je höher die Leistungsanforderung, desto breiter sollte das verwendete Sägeband sein.

Ist ein Werkstoff für Hartmetall geeignet, lässt sich die Sägeleistung mit Hartmetall-Bändern auf hierfür ausgerüsteten Maschinen um das 2- bis 3fache steigern.

Tabelle 48.1: Leistungsvergleich Produktionsbandsägen (Richtwerte)

	herkömmliche Säge	**KASTOtec AC 5**
Sägeband	Bi-Metall	Hartmetall
Schnittleistung	ca. 55 cm^2/min	ca. 105 cm^2/min
Schnittzeit	ca. 13 min	ca. 7 min
Standfläche	ca. 5,5 m^2	ca. 17 m^2
Zahl der Abschnitte pro Band	78	242
Taktzeit	ca. 14,1 min	ca. 7,4 min
Gesamt-Sägezeit	ca. 57 Std.	ca. 30 Std.
Anzahl Bandwechsel	3	0
Zeit pro Bandwechsel	ca. 10 min	ca. 5 min
Gesamt-Auftragszeit	ca. 58,5 Std.	ca. 30 Std.
Zeitersparnis		ca. 28,5 Std.

Material: 42 CrMo 4V, 1.7225, 850 N/mm^2, Ø 300 mm, Abschnittlänge 6,5 mm

48.2 Abgrenzung der Sägeverfahren

Bei objektiver Gegenüberstellung der verschiedenen Sägeverfahren wird schnell deutlich, dass jede Technologie ihre charakteristischen Leistungsmerkmale hat, die fließend ineinander übergehen. Die Verfahrensentscheidung muss unter Berücksichtigung aller Aspekte des jeweiligen Einsatzfalles getroffen werden.

Eine grobe Vorentscheidung lässt sich anhand der Arbeitsbereiche der Sägeverfahren treffen: Größere Querschnitte sind heute klar dem Bandsägeverfahren zuzuordnen. Bei Querschnitten bis ca. 260 mm gelten die gleichen Entscheidungskriterien für alle drei Sägeverfahren.

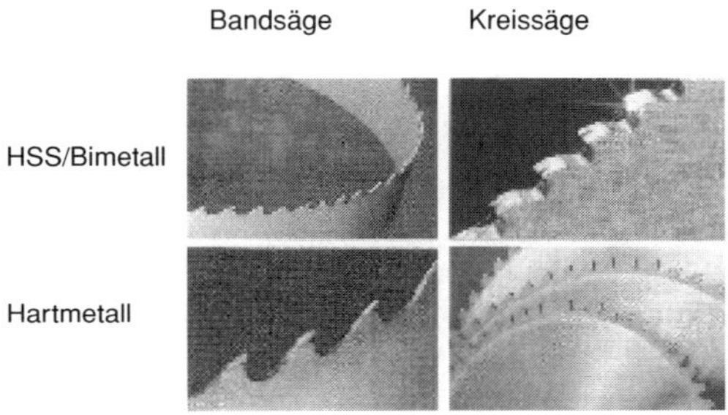

Bild 48.4: Säge-Werkzeuge in der Produktion (KASTO Maschinenbau, Achern)

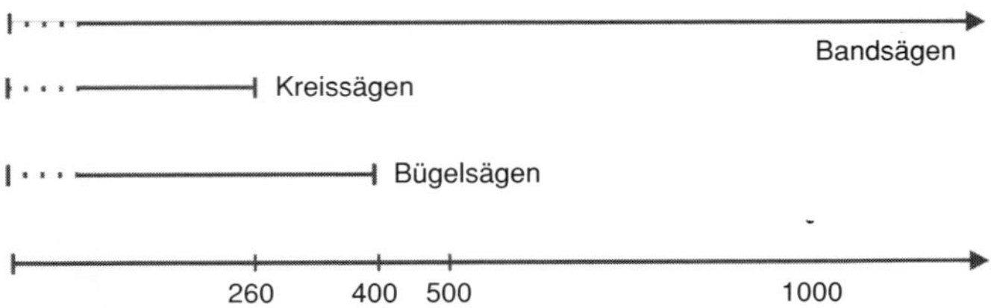

Bild 48.5: Typische Arbeitsbereiche der Sägeverfahren

Grundsätzlich ist die Bügelsägemaschine günstiger als die Bandsägemaschine und diese wiederum liegt unter den Investitionskosten für eine Kreissägemaschine. Es kommt jedoch ganz entscheidend auf die geforderten Leistungen und den gewünschten Automatisierungsgrad an. Zwangsläufig führt hierbei ein hoher Automatisierungsgrad bei Handling und Steuerung zu höheren Investitionskosten. Schließlich spielt aber die gesamte Wirtschaftlichkeit des Sägeprozesses die dominante Rolle. Dies gilt beispielsweise für die flexible Automation mit Programm-Magazinen oder auch im Ausbau als Sägezentrum, wo sowohl Kreis- als auch Bandsägemaschinen mit und ohne Hartmetall-Ausstattung eingesetzt werden. Hierbei wird der Kreissäge meist der Arbeitsbereich kleiner 140 mm zugewiesen, wohingegen die Bandsägemaschinen in Arbeitsbereichen bis 400 mm dem Verfahrensvorteil des Bandsägens entsprechend zum Einsatz kommen. Grundsätzlich steigt die Leistungsentfaltung der verschiedenen Verfahren nach der Reihenfolge:

- Bügelsäge
- Bandsäge-Bimetall
- Kreissäge-HSS

- Bandsäge-Hartmetall
- Kreissäge-Hartmetall

Bügel- und Bandsägewerkzeuge weisen als so genannte Einweg-Werkzeuge ein niedrigeres Preisniveau auf, während Kreissägeblätter erheblich höhere Investitionen erfordern und deshalb auch mehrfach nachgeschärft werden. Die Schnittgenauigkeiten der verschiedenen Sägeverfahren sind vergleichbar und liegen bei ca. +/– 0,1 mm pro 100 mm Schnittlänge. Kleine Kreissägeblätter erreichen aber auf Präzisionsmaschinen auch eine Genauigkeit bis +/– 0,02 mm.

Bügelsägen stellen aufgrund ihrer Robustheit und der einfachen Bedienungsweise die geringsten Anforderungen an die Qualifikation des Bedienungspersonals.

Bandsägemaschinen müssen sorgfältiger eingestellt werden, weil die Spanabnahme/Zahn unter 0,01 mm liegt. Bei Kreissägemaschinen bedarf es einer gewissen Erfahrung, um den Verschleißzustand des Sägeblatts und somit den richtigen Zeitpunkt für den Austausch respektive das Nachschärfen bestimmen zu können.

Tabelle 48.2: Bewertung der Sägeverfahren

Kriterium	**Bügelsägen**	**Bandsägen**	**Kreissägen**	
			Produktion	**Werkstatt**
Trennen großer Querschnitte	❍	+	–	–
Investitionskosten	+	❍(–)	–	+
Automatisierung	–	+	+	–
Schnittflächenleistung	–	❍(+)	+	❍
Energiebedarf	❍	+	–	❍
Materialverlust	❍	+	–(+)	❍
Schnittgenauigkeit/ Oberfläche	❍	❍	+	❍
Werkzeugkosten pro Schnittfläche	+	+	+/–	❍
Anspruch an Bedienpersonal	+	❍(–)	+/–	+

+ = günstig; ❍ = ausgewogen; – = weniger günstig

Die höchste Anforderung an die Bedienung wird beim Einsatz von Hartmetall-Sägewerkzeugen bei Band- und Kreissägen gestellt, da mit diesen Werkzeugen nicht nur ein exakter Vorschub pro Zahn eingestellt werden muss, sondern auch Werkzeug, Materialgüte und Materialabmessung genau aufeinander abzustimmen sind.

48.3 Bauformen und Ausführungen

Herzstück einer jeden Sägemaschine ist die **Sägeeinheit**, mit der die Sägewerkzeuge geführt und angetrieben werden. In allen Leistungsklassen kommt es hier auf eine möglichst steife Konstruktion an.

Bei **Kreissägemaschinen** wird hierfür eine kompakte Getriebeeinheit mit gehärteten und geschliffenen Zahnrädern eingesetzt, wobei die Sägeeinheit entweder im Schwenklager oder an einer Linearführung präzise und schwingungsarm geführt werden muss. Je nach Arbeitsaufgabe kann der Schnitt von unten, von der Seite, schräg von oben oder senkrecht von oben erfolgen.

Bei **Bandsägemaschinen** wird bei leichteren Aufgaben der Schwenkrahmen-Bauweise mit stabilem, breitem Schwenklager der Vorzug gegeben. Dagegen ist bei Hochleistungs-Produktionsbandsägemaschinen die lineare Schnittvorschub-Bewegung gängige Praxis. Bei kleineren Arbeitsbereichen sowie bei Langschnittmaschinen läuft das Sägeband vertikal ab, während sich in den anderen Bereichen ein horizontal ablaufendes Sägeband durchgesetzt hat.

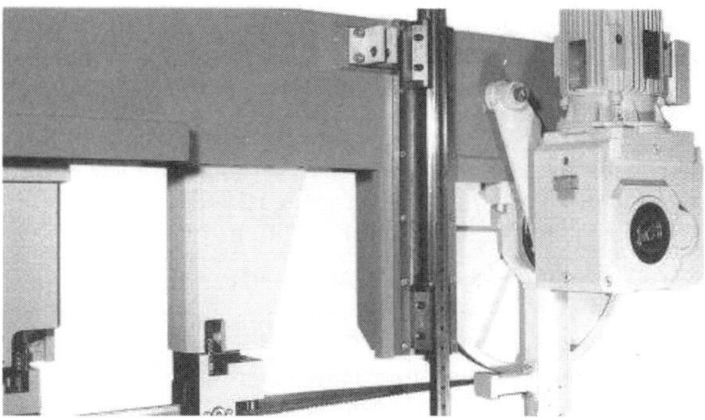

Bild 48.6: Robuste Ausführung der Sägeeinheit (KASTO Maschinenbau, Achern)

Der Schnittprozess erzeugt durch die geschränkten Bänder Vibrationen. Um diese Schwingungen aufzufangen, wird zur Herstellung der Sägeeinheit häufig der Maschinenbau-Werkstoff Mineralguss verwendet, der sich durch eine besonders gute Dämpfung auszeichnet.

Bei Planung und Bau von Bandsägemaschinen ist die optimierte Ausführung der Bandführungen sowie eine steife, stabile Auslegung der Bandführungsarme besonders wichtig. Für hohe Schnittleistungen und Bandspannungen sind eine schwere Lagerung der Laufräder und eine

WBS

großzügige Dimensionierung von Bandverdrehung und Laufraddurchmesser zu beachten.

Bei der Ausführungsform werden Sägemaschinen vielfach nach dem **Automatisierungsgrad** unterschieden und in drei Gruppen geteilt:

- Manuelle Säge: Der Bediener steuert den Schnitt.
- Halbautomatische Säge: Ein einzelner Schnitt wird automatisch ausgeführt, nach Schnittende schaltet die Maschine ab.
- Automatische Säge: Eine vorgegebene Anzahl von Schnitten wird bedienerlos durchgeführt.

Den niedrigsten Automatisierungsgrad haben die manuellen Sägemaschinen bzw. die Halbautomaten, die bedienergesteuert oder bedienerunabhängig einen einzelnen Sägeschnitt ausführen. Diese Maschinen sind für einfache Bearbeitungen, für Gehrungsschnitte oder für die Bearbeitungen von Großteilen mit Schnittzeiten von mehreren Stunden pro Schnitt sinnvoll. Hauptsächlich Bügel- und Bandsägemaschinen sowie universelle Gehrungskreissägemaschinen werden als Halbautomaten gebaut. Für das Gehrungssägen wird zunehmend auf einen großen Schwenkbereich (möglichst beidseitig) und die universelle Einstellbarkeit der Maschinen geachtet. Die Längeneinstellung sollte unabhängig vom Gehrungswinkel möglich sein. Zu diesem Zweck wird der Schnittpunkt zwischen Schnittlinie und Material-Anlagekante in den so genannten „idealen Drehpunkt" gelegt.

Einen höheren Automatisierungsgrad haben die so genannten Automaten, mit deren Vorschubeinrichtung es möglich ist, Geradschnitte in vorgegebener Stückzahl automatisch durchzuführen.

Je nach Aufgabenstellung kann der Automatisierungsgrad durch eine geeignete Zu- und Abfuhrperipherie weiter gesteigert werden. Mit der Materialzufuhr über Schräg- bzw. Universalmagazine oder durch eine vollautomatische Beschickung aus dem Sägezentrum lassen sich die mannlosen Maschinenlaufzeiten verlängern und so eine verbesserte Wirtschaftlichkeit erreichen.

Beim **Sägevorschub** kommt es auf eine feinfühlige, leicht einstellbare Sägevorschubsteuerung an. Bei Bandsägen erfolgt sie hydraulisch, bei Kreissägen dagegen kommen sowohl hydraulische als auch mit Kugelrollspindel ausgestattete Vorschubeinrichtungen zum Einsatz. Bei Bandsägen wird je nach Materialgüte und Werkstückform ein flexibles, der Schnittkraft anpassbares hydraulisches Vorschubsystem eingesetzt. Eine Änderung der Einstellwerte bewirkt wahlweise eine konstante Schnittkraft und Begrenzung der Vorschubgeschwindigkeit oder eine konstante Schnittgeschwindigkeit.

Für die **mechanischen Bewegungen der Sägemaschine**, seien dies der Sägevorschub, der Materialvorschub oder die Spannstock-Bewegungen, werden zunehmend moderne, aus dem Werkzeugmaschinenbau bekannte Linearführungen eingesetzt, die sich durch lange wartungsfreie Zeitintervalle auszeichnen. Für die Materialvorschub-Bewegungen werden oft Kugelrollspindel-Antriebe verwendet, mit denen sehr genau positioniert werden kann. Als Sägeantrieb und Materialvorschubantrieb werden zunehmend frequenzgeregelte Drehstrommotoren eingesetzt, die eine einfache Parametrierung und eine direkte Einstellung der Schnittgeschwindigkeit oder anderer Parameter direkt an der Sägemaschinensteuerung zulassen.

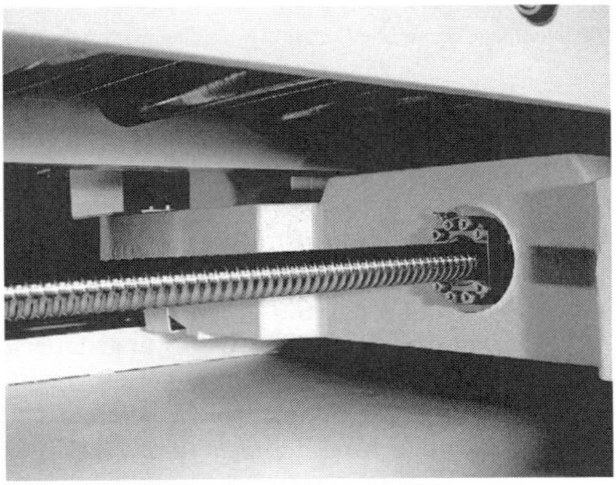

Bild 48.7: Moderne Maschinenbau-Elemente: Linearführung und Kugelrollspindel (KASTO Maschinenbau, Achern)

48.4 Steuerung und Technologie-Einstellung

Nicht nur auf der mechanischen Seite, sondern auch auf der Steuerungs-, Antriebs- und Technologieebene hat es deutliche Fortschritte gegeben. Klassische Schützsteuerungen werden mittlerweile durch moderne, leistungsfähige NC-Steuerungen abgelöst. Für einfache Automaten stehen heute serienmäßig Steuerungen mit LCD-Display, Funktionstasten, Handbedienfunktionen und Klartext-Diagnose zur Verfügung, die zudem Siemens-SPS-kompatibel programmiert werden. Mit diesen Steuerungen lassen sich eine große Anzahl an Auftragsdatensätzen (Längen-Stückzahl-Kombinationen) über eine Tastatur vorgeben und abrufen. Parallel dazu lässt sich die Sägevorschub-Technologie direkt über das zentrale Bediendisplay einstellen.

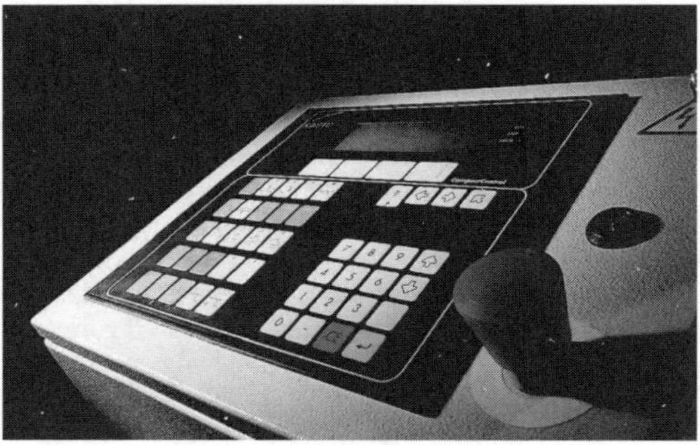

Bild 48.8: Moderne Sägemaschinen-Steuerung (KASTO Maschinenbau, Achern)

Außerdem gibt es Überwachungssysteme für Schnittverlauf, Mindestdrehzahl und Kühlmittelfluss. In Verbindung mit Zufuhrmagazinen und Abschnittsortier-Einrichtungen werden höherwertige, zumeist PC-gestützte Bildschirmsteuerungen mit Funktionstasten und umfangreichen Funktionalitäten eingesetzt. Windows-Betriebssystem, Schnittstelle zu übergeordneten Rechnersystemen sowie umfangreiche Visualisierungs- und Diagnosemöglichkeiten kennzeichnen Sägemaschinensteuerungen für hochautomatisierte Anwendungen. Einen wichtigen Teilbereich hierbei stellt die Technologiesteuerung dar, die es dem Bediener auf einfachem Wege ermöglicht, die gewünschten Schnitt- und Vorschubwerte einzustellen.

48.5 Anwendungsorientierte Ausstattung von Sägemaschinen

48.5.1 Universalsägen im Werkstatt-Einsatz

Für leichte bis mittlere Sägeaufgaben in Schlossereien, im Fahrzeug- und Maschinenbau, in der Instandhaltung, in Schulen usw. werden Metallsägemaschinen mit möglichst universellen Verwendungsmöglichkeiten und einfacher Bedienung eingesetzt. In diesem Bereich sind alle Sägeverfahren – Bügel-, Band- und Kreissägmaschinen – anzutreffen, und zwar sowohl in halbautomatischer als auch in automatischer Ausführung. Dabei sollen in der Regel alle anfallenden Sägeaufgaben (Gerad- und Gehrungsschnitte) an sämtlichen Werkstücken, Profilen u. Ä. mit einer Maschine abgearbeitet werden können.

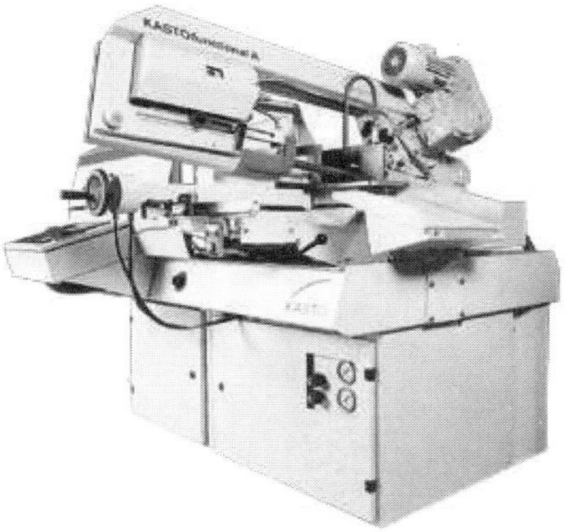

Bild 48.9: Gehrungs-Bandsägeautomat für den Werkstatt-Einsatz (KASTO Maschinenbau, Achern)

48.5.2 Trägersägen

Zum Sägen von Trägern eignen sich sowohl Band- als auch Kreissägemaschinen. Auf Grund der höheren Schnittleistungen werden in der Großträgerbearbeitung vorrangig Kreissägemaschinen verwendet. Bandsägemaschinen mit geringeren Schnittkräften und der Möglichkeit der Paketbildung kommen bei kleineren Abmessungen, bei Rechteckrohren, aber auch zunehmend in der Trägerbearbeitung zum Einsatz.

Bild 48.10: Gehrungsbandsäge zur Trägerbearbeitung (KASTO Maschinenbau, Achern)

Als Ergänzung zu den Sägemaschinen dienen bei der Trägerbearbeitung im Stahlbau häufig Bohrmaschinen oder Brennzentren.

48.5.3 Mengensägen in der Großserienfertigung

Bild 48.11: Paket-Schnitt in der Großserienfertigung (KASTO Maschinenbau, Achern)

In Schmiede- und Presswerken sowie bei Herstellern von Kfz-Teilen und ähnlichen Anwendungen werden leistungsfähige Sägeautomaten in der Produktion eingesetzt. Neben Bündelschnitt-Bandsägen werden vorrangig schnelle, leistungsfähige Kreissägemaschinen zum präzisen Sägen von Werkstücken aus Aluminium, Messing, Kupfer und Stahl eingesetzt. Wahlweise mit HSS- oder Einweg-Dünnschnitt-Hartmetallkreissägeblättern ausgestattet, erreichen diese Maschinen die geforderten hohen Zerspanungsleistungen im harten Mehrschichtbetrieb. Diese Maschinen werden je nach Profilform des Materials über ein Schräg- oder Flachmagazin

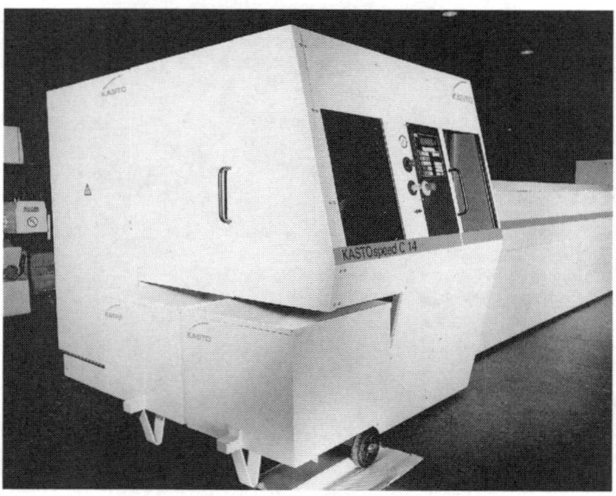

Bild 48.12: Moderne Massenschnitt-Kreissägemaschine (KASTO Maschinenbau, Achern)

oder per Bundlader mit Materialstäben versorgt. Abfuhrseitig lassen sich Mengensägen mit Einrichtungen zum Entgraten, Waschen, zur Endenbearbeitung oder 100%-Kontrolle kombinieren.

48.5.4 Auftragssägen in Industrie und Handel

Bei Hochleistungssägen in der industriellen Anwendung wird für auftragsbezogene Zuschnitte in kleineren und mittleren Stückzahlen auf schnelles Handling, gute Zugänglichkeit, einfache Bedienung und hohe Schnittleistungen Wert gelegt. Für längere mannlose Laufzeiten sind Doppelrollenbahnen und Magazine erhältlich, auf denen unterschiedliche Materialquerschnitte und Qualitäten aufgelegt und abgearbeitet werden können.

Ein vollautomatisches, mannloses Sägen aus dem Lagervorrat ermöglichen Sägezentren. Dabei sind ein Regalbediengerät für Einzelstangen-Handling und eine NC-Sägemaschine über eine Schnellwechselstation gekoppelt.

Bild 48.13: Sägezentrum mit zwei Hartmetall-Bandsägen im Stahlhandel (Stahlcontor, Zürich)

Auf der Abschnittseite sind Markieren, Sortieren in Behälter, Wenden und Stapeln von Scheiben und Platz sparendes Ablegen von Wellen heute Stand der Technik.

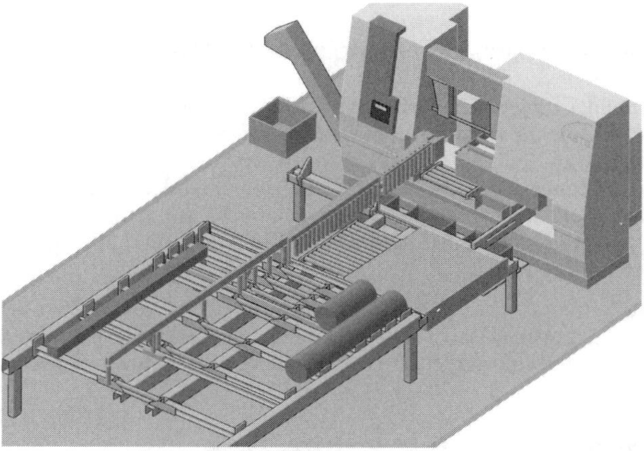

Bild 48.14: Produktions-Bandsägeautomat mit Sortier- und Palettier-Einrichtung (KASTO Maschinenbau, Achern)

48.5.5 Großbearbeitung

Für auf hohe Sägeleistungen ausgelegte Großbandsägemaschinen in schwerer Zwei-Säulen-Ausführung mit Arbeitsbereichen bis 2000 mm

Bild 48.15: Großbandsäge mit Durchfahr-Tisch bei einem japanischen Stahlhändler (Fujita, Japan)

stehen für das Material-Handling NC-gesteuerte Durchfahrtische und Reststück-Aufsäge-Einrichtungen zur Verfügung. Alle Zubehöre zielen auf das Vermeiden unproduktiver Stillstandszeiten durch das Auf- und Abrüsten der Maschine mit Material.

In der Großbearbeitung kommen auch Blockbandsägemaschinen zum Einsatz, bei denen im Langschnittverfahren Blöcke und Platten insbesondere für den Werkeug- und Formenbau zugeschnitten werden.

Bild 48.16: Blockbandsägeautomat mit verdrehbaren Bandführungen (KASTO Maschinenbau, Achern)

48.5.6 Lagertechnik im Sägenumfeld

Bild 48.17: Sägebereich in einem Industriebetrieb mit Vorratslager (Handtmann, Biberach)

Neben der reinen Optimierung der Sägetechnik sowie der maschinennahen Zu- und Abfuhrperipherie ist für die Gesamtwirtschaftlichkeit das rationelle Lagern der benötigten Rohmaterialien von entscheidender Bedeutung. Moderne, automatisierte Lagertechnik stellt dabei eine optimale Flächennutzung durch Einbeziehen der dritten Dimension sicher und reduziert zusätzlich den Aufwand für das Manipulieren der Stäbe.

Bild 48.18: Wabenlager zum Kommissionieren und Beschicken von Sägen im Stahlhandel (KASTO Maschinenbau, Achern)

Je nach Aufgabenstellung kommen für Handwerk, Industrie bzw. Werkstoffhandel unterschiedliche Langgut-Lagertypen zum Einsatz. Im fertigungsnahen Umfeld werden Turm-, Portal- oder Überfahr-Langgutlager eingesetzt. Im Stahl- und Werkstoffhandel werden darüber hinaus Stapeljochsysteme, Überfahrsysteme mit zusätzlichem Unterfahrwagen oder aber hochdynamische Waben-Regalanlagen nach dem Prinzip „Ware zum Mann“ eingesetzt. Hohe Raumnutzung, großer Durchsatz bei kleinen Losgrößen, zuverlässige, schnelle und papierlose Lager- und Auftragsverwaltung, schnelles und einfaches Kommissionieren ergeben eine deutlich bessere Wirtschaftlichkeit.

Quellen und weiterführende Literatur

DIN 8589T6: Fertigungsverfahren Spanen, Sägen: Einordnung Unterteilung, Begriffe. Deutsches Institut für Normung

Degner, W.; Lutze, H.; Smejkal, E.: Spanende Formung. 14. Auflage. München Wien: Carl Hanser Verlag, 2000

NN.: Ein Abschnitt ins Wägelchen, der andere auf die Palette. Industrieanzeiger. (2001) 17

Mey, M.: Report: Was leisten Bandsägen wirklich? Produktion (26/04/2001) 17

Schulz, W.: Durchdachtes Maschinenkonzept sorgt für halbierte Nebenzeiten. Industrieanzeiger (2001) 12

NN.: Wirtschaftliches Sägen im Massenschnitt. NC-Fertigung (2001) 2

Stolzer, A.: Sägen im dritten Millennium. Produktion (20/01/2001)

Stolzer, A.: Anforderungen an Sägemaschinen und Handling zu Beginn des nächsten Jahrtausends. Stahl (1999) 5

Stolzer, A.: Wirtschaftliches Zuschneiden und Kommissionieren. Technica (1996) 11

WERKZEUGMASCHINEN FÜR WERKZEUGE MIT GEOMETRISCH UNBESTIMMTEN SCHNEIDEN

W
U
S

49 Rundschleifmaschinen

Dr.-Ing. Gerd Rohde

49.1 Fertigungsverfahren Schleifen

Das Schleifen ist ein Trennen mit vielschneidigem Werkzeug. Die **Schneidenform** ist geometrisch unbestimmt. Anzahl, Lage und Form der Schneiden ändern sich. Die Spanwinkel sind meist negativ, d. h. bis zu –90°. Haupt- und Nebenschneiden lassen sich nicht unterscheiden. Das Werkzeug besitzt eine Vielzahl gebundener Schleifkörner. Sie trennen mit hoher Geschwindigkeit (bis zu 200 m/s) den Werkstückstoff ab.

Die Schneiden sind beim Schleifen nicht ständig im Eingriff und dringen im Verhältnis zur Größe eines mittleren Schneidkorns nur geringfügig in die Werkstückoberfläche ein. Dabei werden die Oberfläche, die Form und die Maßhaltigkeit verändert und verbessert. Der Energiebedarf zur Zerspanung einer Werkstückstoff-Volumeneinheit ist groß im Vergleich zu Zerspanverfahren mit geometrisch bestimmten Schneiden.

Bisher wurde Schleifen nur als Endbearbeitung zur Verbesserung der Werkstückqualität schon vorbearbeiteter Werkstücke eingesetzt. Durch Weiterentwicklung der Schleifverfahren und -maschinen können heute so große Werkstoffmengen kurzzeitig abgetragen werden, wie es sonst nur beim Hobeln, Fräsen oder Drehen der Fall ist, so dass nach dem Ur- bzw. Umformen des Werkstücks geschliffen werden kann. Flexible Steuerungen und angepasste Schleifwerkzeuge lassen Vor- und Fertigbearbeitungen auf einer einzigen Maschine bei ein- und mehrstufigen Abläufen des Schleifprozesses zu. Neue Abrichtverfahren, wie z. B. das kontinuierliche Abrichten zur Profilierung von Schleifscheiben, ermöglichen die Bearbeitung von komplizierten Formteilen in einem Arbeitsgang. Schwer zerspanbare Werkstückstoffe sind meistens nur noch durch Schleifen zu bearbeiten.

Das wichtigste Schleifergebnis ist die **Werkstückqualität**. Unter Werkstückqualität wird die Rauheit, die Maß- und Formgenauigkeit sowie die Beschaffenheit der Oberflächenrandzone verstanden. Häufig entstehende Fehler in der Oberflächenrandzone infolge hoher Schleiftemperaturen sind Brandflecken, Risse und Gefügeumwandlungen.

Außer der Werkstückqualität steht, wie bei allen Zerspanungsverfahren, die Wirtschaftlichkeit im Vordergrund. Maßgeblich für die Wirtschaftlichkeit sind die Fertigungszeit, die Werkzeugkosten und die Ausbringung. Die Werkzeugkosten werden durch den Verschleiß der Schleifscheibe beeinflusst.

49.1.1 Grundlagen

49.1.1.1 Kinematische Grundlagen

Beim Schleifen erfolgt durch das Zusammenwirken von Schnitt- und Vorschubbewegung eine Spanabnahme. Die Schnittbewegung wird von der Schleifscheibenumfangsgeschwindigkeit v_s bestimmt, so dass für die **Schnittgeschwindigkeit** v_c gesetzt werden kann (nach Bild 49.1)

$$v_c = v_s = d_s \pi n_s \quad \text{in m/s}$$

d_s Schleifscheibendurchmesser in m,
n_s Schleifscheibendrehzahl in 1/s

Die Vorschubbewegung kann schrittweise oder stetig erfolgen und wird bei den verschiedenen Schleifverfahren Werkstückgeschwindigkeit v_w, Tischgeschwindigkeit v_t oder Vorschubgeschwindigkeit v_f genannt.

Bei formelmäßigem Erfassen des Schleifvorgangs werden hauptsächlich das **Zeitspanvolumen** Q, der **Eingriffsquerschnitt** A_{kt}, die **Kontaktlänge** l_k und die **unverformte Spandicke** h_{ch} verwendet. Mit dem Zeitspanvolumen Q wird das je Zeiteinheit zerspante Werkstoffvolumen bezeichnet. Es ist das Produkt aus Eingriffsquerschnitt der Schleifscheibe, d. h. aus

$$A_{kt} = a_p a_e \quad \text{in mm}^2$$

a_p Eingriffsbreite in mm,
a_e Eingriffsdicke in mm

und der in Umfangsrichtung der Schleifscheibe wirkenden **Vorschubgeschwindigkeit** v_{ft}. Diese ist z. B. beim Außenrund-Einstechschleifen

$$v_{ft} = d_w \pi n_w \quad \text{in m/s}$$

d_w Werkstückdurchmesser in m,
n_w Werkstückdrehzahl in 1/s,

so dass sich das Zeitspanvolumen ergibt zu

$$Q = A_{kt} v_{ft} = a_p a_e v_{ft} \quad \text{in mm}^3\text{/s}$$

Wird das Zeitspanvolumen auf 1 mm des aktiven Schleifscheibenprofils $b_D = a_p$ bzw. der Schleifscheibenbreite b_s bezogen, ergibt sich das **bezogene Zeitspanvolumen** Q':

$$Q' = Q/b_D \quad \text{bzw.} \quad Q' = a_e v_{ft} \quad \text{in (mm}^3\text{/s)/mm.}$$

WUS

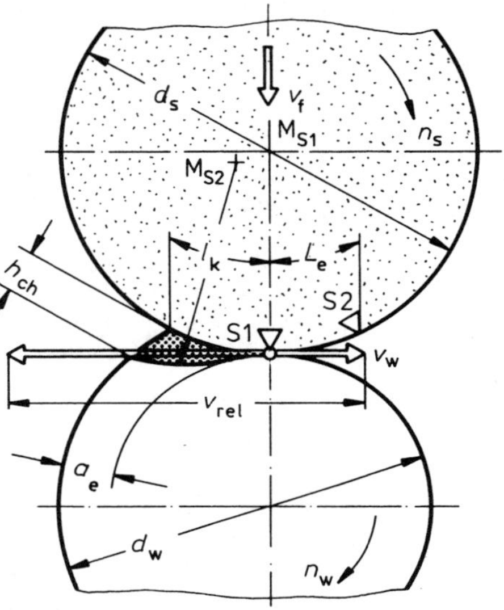

Bild 49.1: Kinematische Zusammenhänge beim Außenrund-Einstechschleifen

M_{s1} Mittelpunkt der Schleifscheibe in der Stellung 1, M_{s2} Mittelpunkt der Schleifscheibe in der Stellung 2, n_s Schleifscheibendrehzahl, n_w Werkstückdrehzahl, d_s Schleifscheibendurchmesser, d_w Werkstückdurchmesser, l_k Kontaktlänge, L_e effektiver Schneidenabstand, *S1* Schneide 1, *S2* Schneide 2, a_e Eingriffsdicke, v_w Werkstückumfangsgeschwindigkeit, v_s Schleifscheibenumfangsgeschwindigkeit, v_c Schnittgeschwindigkeit, v_{rel} Relativgeschwindigkeit, v_f Vorschubgeschwindigkeit, h_{ch} unverformte Spandicke

49.1.1.2 Schleifkraft und Verschleiß

Die Konstruktion von Maschinen in Bezug auf die Antriebsleistung und die Steifheit sowie das Zerspanungsergebnis hinsichtlich Form- und Maßgenauigkeit, Oberflächengüte und Gefüge in der Randzone werden von Schleifkraft und Verschleiß beeinflusst.

Die resultierenden Schleifkräfte – **Normal**- und **Tangentialkraft** F_n bzw. F_t – sind die Summe der Einzelkräfte der momentan im Eingriff befindlichen Schneiden. Sie entstehen durch Reib-, Verdrängungs- und Scherkräfte. Kleine Schneiden erzeugen eine verhältnismäßig kleine Schleifkraft. Mechanische und thermische Wechselbelastungen bewirken

Kornsplitterungen in den Korngrenzen und das Absplittern einzelner Kornteile. Bei mechanischer Überbelastung der Bindungsstege zwischen den Körnern können ganze Körner aus dem Kornverband ausbrechen.

49.2 Schleifwerkzeug

Der Werkzeugstoff eines Schleifwerkzeugs besteht aus Schleif- und Bindemittel.

Zum Schleifen muss das Schleifmittel eine ausreichende Härte und Schneidfähigkeit besitzen, um Späne aus dem Werkstück herauslösen zu können. Gleichzeitig sollte das Schleifkorn so spröde sein, dass es nach dem Abstumpfen splittert und neue scharfe Schneidenkanten bildet. Weiterhin wird vom Schleifkorn auch genügend thermische und chemische Widerstandsfähigkeit verlangt.

49.2.1 Schleifmittel und Bindung

Natürliche Kornwerkstoffe sind Quarz, Granat, Naturkorund und Naturdiamant. Zu den künstlichen Kornwerkstoffen gehören **Elektrokorund**, **Siliciumcarbid**, **Diamant**, **Bornitrid** und **Borcarbid**.

WUS

Elektrokorund ist geglühter Bauxit mit etwa 80% Al_2O_3, 8% SiO_2, 8% Fe_2O_3, 3,5% TiO_2 und Verunreinigungen. Nach zunehmender Reinheit unterscheidet man **Naturkorund** (braun), **Halbedelkorund** (rotbraun) und **Edelkorund** (weiß oder rosa).

Normal- und Halbedelkorund werden aufgrund höherer Zähigkeit zum Schruppschleifen von Stahl und Stahlguss sowie als Schleifmittel für Schleifpapier und -gewebe verwendet. **Edelkorund** ist spröder und eignet sich zum Feinschleifen von Werkstücken großer Genauigkeit.

Siliciumcarbid (SiC) wird aus Quarz und Kohle erschmolzen. SiC ist härter, scharfkantiger und splitterfreudiger als Korund und hat eine höhere Schneidfähigkeit. Siliciumcarbidscheiben werden für die Bearbeitung spröder kurzspanender Werkstoffe, wie z. B. Grau- und Hartguss, Hartmetalle, Glas, Gestein, Porzellan sowie Aluminium und seine Legierungen, eingesetzt.

Synthetisch hergestellter **Diamant** wird zum Schleifen und Trennen von Gesteinen, Keramikwerkstoffen, Glas und Kunststoffen verwendet.

Kubisch kristallines Bornitrid (CBN) ist nach Diamant das härteste Schleifmittel. CBN hat eine höhere thermische Stabilität als Diamant, da erst bei etwa 1 000 °C Oxidationserscheinungen auftreten. Außerdem hat CBN keine Affinität zu Legierungselementen von Stählen.

Die Bindungen haben den Zweck, die einzelnen Körner miteinander bei Scheiben oder mit der Unterlage bei Schleifbändern zu verbinden.

- **Anorganische Bindungen:**

Keramische Bindungen (V) bestehen aus Ton, Kaolin, Quarz, Feldspat und Fritten. Mehr als die Hälfte aller gefertigten Schleifscheiben sind keramisch spröde und stoßempfindlich.

Mineralische Bindungen sind Magnesitbindungen und Silicatbindungen und haben nur noch geringe Bedeutung in der Schleiftechnik.

Mit **metallischen Bindungen** kann man schwer zerspanbare Werkstoffe schleifen, z. B. Hartmetallstähle.

- **Organische Bindungen:**

Bei den **harzartigen Bindungen** (B) unterscheidet man naturharzhaltige Bindungen und Kunstharzbindungen. Die mit diesen Bindungen hergestellten Schleifscheiben haben eine große Zähigkeit und Zugfestigkeit und sind für Schrupp- und Trennschleifarbeiten mit Umfangsgeschwindigkeiten bis etwa 120 m/s einzusetzen.

49.2.2 Schleifwerkzeuge mit Korund- und Siliciumcarbid-Kornwerkstoffen

Hergestellt werden Schleifscheiben im Gieß- und Pressverfahren. Beide Verfahren kommen bei keramisch gebundenen Schleifkörpern zur Anwendung. (Bild 49.2)

Die Bezeichnung eines Schleifwerkzeugs aus gebunden Schleifmitteln enthält Angaben über Form und Abmessungen des Schleifkörpers sowie über Werkstoff und die größte zulässige Umfangsgeschwindigkeit.

Den Werkstoff beschreibt die **Schleifscheibenspezifikation** durch die fünf Komponenten Schleifmittel, Körnung, Härtegrad, Gefüge und Bindung. (Bild 49.3)

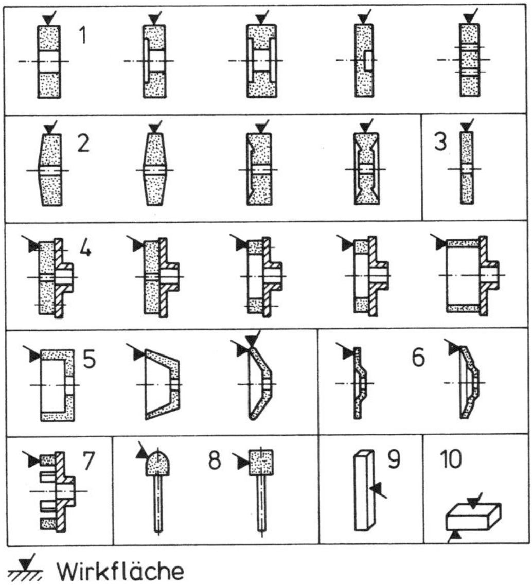

Bild 49.2: Schleifwerkzeuge aus gebundenem Schleifmittel

1 Gerade Schleifscheiben, 2 konische und verjüngte Schleifscheiben, 3 Trennschleifscheiben, 4 auf Tragscheiben befestigte Schleifkörner, 5 Topfschleifscheiben, Tellerschleifscheiben, 6 gekröpfte Schleifscheiben, 7 Schleifsegmente, 8 Schleifstifte, 9 Honsteine, 10 Abrichtsteine

WUS

Die Art des **Schleifmittels** wird durch die Bezeichnung A für Korund und C für Siliciumcarbid beschrieben. Die Kennzahl der **Körnung** des Schleifmittels ist ein Maß für die Korngröße. Die Zahl 6 gibt die gröbste und die Zahl 1200 die feinste Körnung an. Der **Härtegrad** wird mit Buchstaben von A für weiche bis Z für harte Schleifkörper symbolisiert. Das **Gefüge** ist gekennzeichnet durch die volumetrische Verteilung von Schleifkörnern, die Bindung und den Porenraum (Offenheit). Die Kennzahlen reichen von 0 bei geschlossenem Gefüge bis 14 bei sehr offenem Gefüge.

49.2.3 Werkzeugaufspannung

Richtlinien für das Einspannen bruchempfindlicher Schleifscheiben in **Spannvorrichtungen** sind in der Unfallverhütungsvorschrift erfasst. Mit der Spannvorrichtung wird die Schleifscheibe auf der Spindelnase der

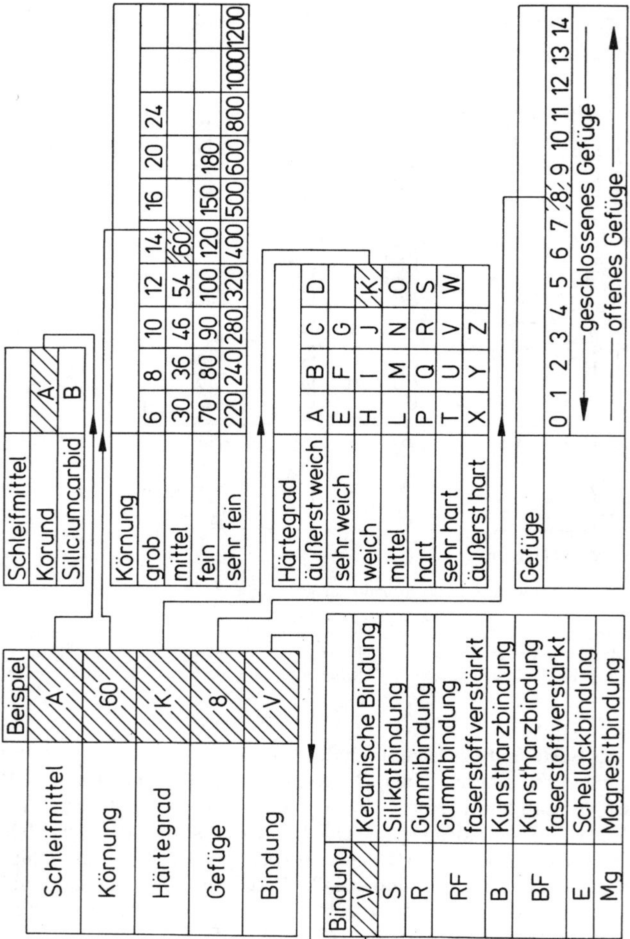

Bild 49.3: Spezifikationsbezeichnung für Schleifwerkzeuge nach DIN 69100 mit Korund oder Siliciumcarbid als Kornwerkstoff

Schleifmaschine befestigt (Bild 49.4). Gehalten wird die Schleifscheibe in der Spannvorrichtung zur Übertragung der Schleifkräfte kraftschlüssig zwischen Spannflanschen.

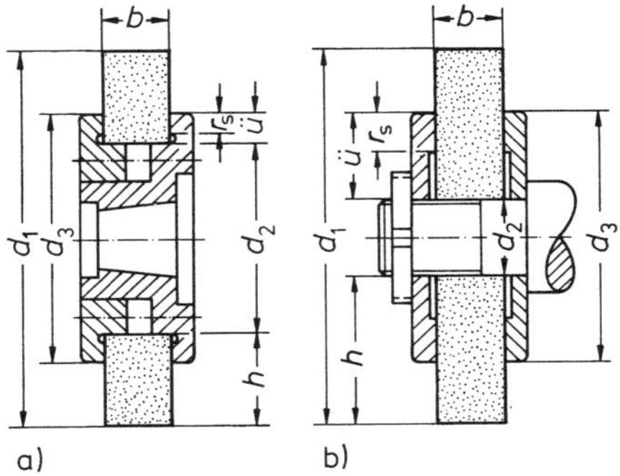

Bild 49.4: Schleifscheiben-Spannvorrichtungen

a) Schleifscheibenaufnahme
$d_2/d_1 > 0{,}2$; $ü = h/6$; $ü - 2\text{ mm} > r_s > ü - 3\text{ mm}$; $d_3 = d_2 + 2ü \geq (d_1 + 5\,d_2)/6$

b) Spannflansch
$d_2/d_1 \leq 0{,}2$; $ü = h/6$; $r_s = d_3/6$; $d_3 = d_1/3$

49.2.4 Abrichten des Schleifwerkzeugs

Vor dem Schleifprozess muss das Schleifwerkzeug abgerichtet werden. Hierbei werden dem Schleifwerkzeug die im Schleifprozess verloren gegangene Maß- und Formgenauigkeit sowie die Schärfe wiedergegeben.

WUS

Beim Abrichten werden Schleifmittelkörner teilweise oder ganz durch Spanen, Zerteilen, Rütteln, Abtragen oder Umformen aus der Bindung gelöst. Dabei kann eine dem Schleifprozess angepasste Schleifscheibentopographie der Schleifscheibe hergestellt werden. Abgerichtet wird hauptsächlich mit Diamantwerkzeugen, in wenigen Fällen mit Stahlwerkzeugen.

Zum **Abrichten auf Schleifmaschinen** sind die Diamant-Abrichtwerkzeuge nach den Bewegungsverhältnissen in **stehende** und **bewegte** Abrichtwerkzeuge eingeteilt.

Zu den stehenden Abrichtwerkzeugen gehören **Einkorndiamant, Abrichtplatte** und **Vielkornabrichter**. Bei diesen Werkzeugen ist das Abrichten vergleichbar mit dem Drehprozess. Das Werkzeug wird an der im Schleifprozess wirksam werdenden Schleifkörneroberfläche entlang bewegt.

Das sich hierbei auf der Schleifscheibe ausbildende Abrichtgewinde ist abhängig von dem Seitenvorschub f_{ad} und dem Profil des Abrichtwerkzeugs (Bild 49.5).

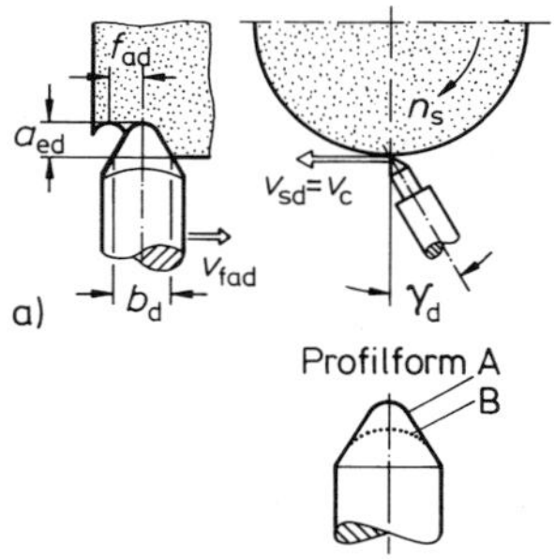

Bild 49.5: Abrichten mit Einzeldiamant (Abrichten mit stehendem Abrichtwerkzeug)

a_{ed} Eingriffsdicke beim Abrichten, b_d Wirkbreite, v_{fad} Abrichtvorschubgeschwindigkeit, v_{sd} Schleifscheiben-Umfangsgeschwindigkeit beim Abrichten, γ_d Anstellwinkel des Abrichtwerkzeugs

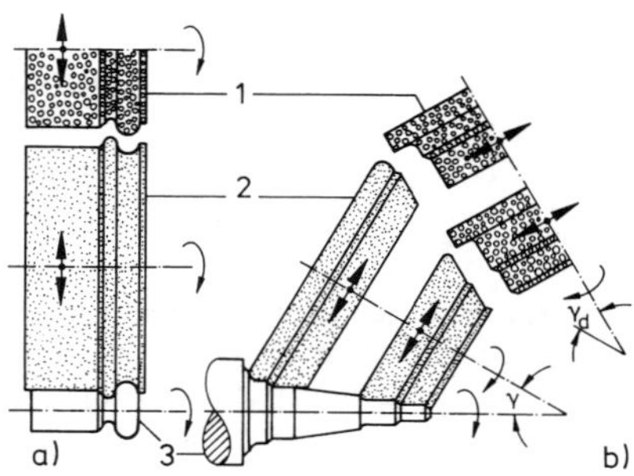

Bild 49.6: Abrichten mit Diamantabrichtrollen

1 Abrichtrolle; *2* Schleifscheibe; *3* Werkstück

a) Anordnung der Achsen von Abrichtrolle, Schleifscheibe und Werkstück beim Gerad-Einstechschleifen,

b) Anordnung der Achsen beim Schräg-Einstechschleifen

γ Winkel zwischen Werkstück und Schleifscheibe, γ_d Winkel zwischen Abrichtrolle und Schleifscheibe

Zum Erreichen der geometrischen Form und der Schneidfähigkeit ist in mehreren Überläufen abzurichten. Die Eingriffsdicke beim Abrichten a_{ed} soll etwa 0,03 mm/Hub betragen.

Diamantabrichtrollen sind an ihrer Oberfläche mit Diamanten ein- oder mehrschichtig belegt. Beim Abrichten wird die Abrichtrolle angetrieben. Je nach dem Geschwindigkeitsquotienten

$$q_\mathrm{d} = \frac{v_\mathrm{Rd}}{v_\mathrm{sd}}$$

v_Rd Geschwindigkeit der Abrichtrolle in m/s
v_sd Abrichtgeschwindigkeit der Schleifscheibe in m/s

der Drehrichtung zwischen Rolle und Schleifscheibe (Gegen- oder Gleichlauf), dem radialen Vorschub der Rolle f_rd, der Diamantkorngröße und -konzentration lässt sich das Abrichtergebnis in weiten Bereichen verändern: von etwa R_tso = 2 µm für Schlichtbearbeitungen (q = – 0,7) bis etwa 18 µm für Schruppbearbeitungen (q_d = 0,9).

Form- bzw. werkstückgebundene Diamantabrichtrollen werden in der Massenfertigung hauptsächlich zum Profilieren der Schleifscheibe eingesetzt, z. B. beim Profil-Gerad- und -Schräg-Einstechschleifen auf Rundschleifmaschinen sowie beim Flachschleifen.

Das Profilabrichten erfolgt im Einstich. Erzeugt wird das Profil in sehr kurzer Zeit über der gesamten Schleifkörperbreite. In der Kleinserienfertigung sind häufig wechselnde Profilformen herzustellen. Diese lassen sich mit **formungebundenen Diamantrollen** wirtschaftlich abrichten (Bild 49.6). Gesteuert werden die Formabrichtungen mit Kopiereinrichtungen oder mit Hilfe der NC-Technik.

49.3 Der Schleifprozess

Der Prozessverlauf wird hauptsächlich durch das Verhalten der Schleifscheibe bestimmt.

Der Schleifscheibenzustand ändert sich unter der Einwirkung mechanischer und thermischer Beanspruchung und beeinflusst die Werkstückqualität.

Erreicht die Werkstückqualität nach einer Schnittzeit eine vorgegebene Qualitätsgrenze, so ist ein Standzeitende der Schleifscheibe gegeben. Qualitätsgrenzen können vorgegebene Rauheiten, noch zulässige Profil- und Rundheitsabweichungen und Auftreten von Brandflecken oder Rattermarken an der Werkstückoberfläche sein. Zur Wiederherstellung der geometrischen Form und der Schneidfähigkeit wird die Schleifscheibe abgerichtet. Abrichtverfahren und -bedingungen legen den Ausgangszustand der Schleifscheibe fest.

49.3.1 Änderung des Schneidenraums im Schleifprozess

Die Schneidfähigkeit des Schneidenraums ändert sich beim Schleifen infolge von Verschleiß. Sie ändert sich um so schneller, je größer die auftretenden Belastungen an den einzelnen Schneiden der Körner im Schneidenraum werden. Dies erfolgt so lange, bis sich der Schneidenraum so vergröbert hat, dass ein Gleichgewichtszustand zwischen den Haltekräften der Körner in der Schleifscheibe und den Schleifkräften besteht. Die Schleifscheibe arbeitet im „Selbstschärfebereich". Die Schleifscheibe verschleißt stetig weiter bei nahezu konstanter Schleifkraft.

49.3.2 Schleifkraft und Schleifleistung

Komponenten der Schleifkraft sind die **Normal-** , die **Tangential-** und die **Vorschubkraft**. Bild 49.7 verdeutlicht die Zusammenhänge. Die Normalkraft F_n steht senkrecht auf der zu bearbeitenden Fläche und ist verantwortlich für die Verformungen von Maschine, Werkstück und Werkzeug. Die Tangentialkraft $F_t = F_e$ wirkt, bezogen auf das Werkstück, tangential zur Scheibenoberfläche in Richtung der Schnittbewegung und bestimmt die im Schleifprozess notwendige Schleifleistung. Die Vorschubkraft F_a bzw. F_f wirkt in Vorschubrichtung und ist verhältnismäßig klein. Werden die Komponenten der Schleifkraft auf die Breite des aktiven Scheibenprofils bezogen, so ergeben sich die bezogenen Schleifkräfte F'_n, F'_t und F'_f.

49.3.3 Schleiftemperatur und Kühlung

Schleifkräfte und -temperaturen in der Randzone des Werkstücks stehen in einem engen Zusammenhang.

Die beim Zerspanungsvorgang benötigte Schleifleistung P_c wird bis zu 80% in Wärme umgewandelt, die vorwiegend in das Werkstück übergeht. Somit wird deutlich, dass mit steigender Eingriffsdicke a_e und höherer Umfangsgeschwindigkeit der Schleifscheibe v_s die Temperatur zunimmt. Diese Temperaturen können bis zu Brandflecken auf der geschliffenen Fläche des Werkstücks und zu Gefügeänderungen führen.

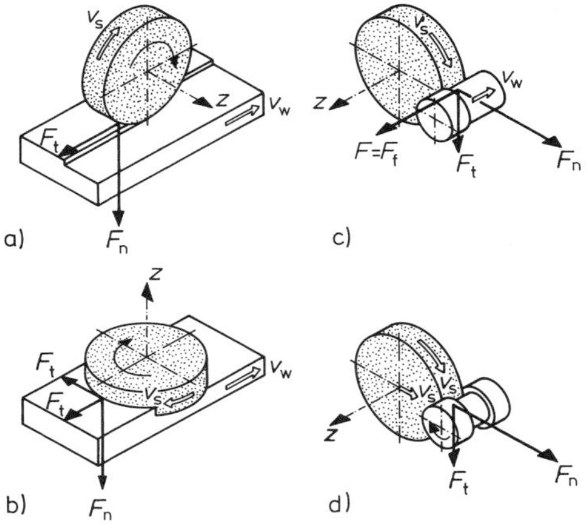

Bild 49.7: Schleifkräfte bei verschiedenen Schleifverfahren (auf das Werkstück bezogen).

a) Plan- und Umfangsschleifen; b) Plan-Seitenschleifen; c) Außenrund-Längsschleifen und d) Außenrund-Seitenschleifen.

Das **Kühlschmiermittel** (Öl-in-Wasser-Emulsion oder Öl) hat folgende Aufgaben:

- Verkleinerung der Reibung zwischen Schleifkorn und Werkstück
- Kühlung der Werkstückoberfläche
- Reinigung und Benetzung der Schleifscheibe
- Korrosionsschutz für Maschine und Werkstückstoff.

Eine abnehmende Reibung ergibt eine kleinere Schleifkraft und eine geringere Rauheit sowie eine niedrige Schleiftemperatur und geringen Verschleiß. Diese Verbesserungen sind besonders groß bei reiner Ölkühlung. Der Einsatzbereich von Öl ist begrenzt durch eine vorgeschriebene Vollkapselung der Schleifmaschine und eine Absaugung der Öldämpfe sowie durch entstehende Probleme bei der Werkstückreinigung.

Außer dem Kühlschmiermittel beeinflusst auch die Leistung des Zuführsystems das Schleifergebnis erheblich. Eine Durchflussmenge von z. B. 5 l/min bei 1 mm Schleifscheibenbreite und einem Zuführdruck von 20 bar ermöglicht eine größere Schleifleistung und eine geringere Rauheit.

Eine weitere Verbesserung des Schleifergebnisses wird durch Freispülen der Schleifscheibe beim Schleifen erreicht. Hierzu werden mehrere Reinigungsdüsen am Umfang der Schleifscheibe angebracht, die mit hohen Drücken bis zu 100 bar und kleinen Düsenspalten die Schleifscheibenporen ausspritzen.

49.3.4 Mehrstufiger Schleifprozess

Beim mehrstufigen Schleifen besteht die Aufgabe darin, das Schleifaufmaß eines Werkstücks in möglichst kurzer Zeit, d. h. kostengünstig abzutragen und eine geforderte Werkstückrauheit unter Einhaltung vorgegebener Maßtoleranzen zu erzeugen.

Dies ist zu erreichen, wenn der Schleifprozess in die Stufen Schruppen, Schlichten und Ausfunken unterteilt wird. Eine kurze Schleifzeit lässt sich nur durch ein erhöhtes Zeitspanvolumen Q bzw. eine größere Einstechgeschwindigkeit in der Schruppphase verwirklichen. Die Qualität wird in der Schlicht- und Ausfunkphase erreicht. In diesem Fall lässt sich der Rauheitswert um bis zu 40 % verbessern.

49.4 Schleifverfahren

Die Schleifverfahren sind nach Merkmalen der herzustellenden Flächenform unterteilt. (Bild 49.8) Durch Planschleifen werden z. B. ebene Flächen und durch Rundschleifen kreiszylindrische Flächen erzeugt. Weiterhin unterscheidet man

- Außen- und Innenbearbeitung
- Art des verwendeten Schleifwerkzeugs (Umfangs- und Seitenschleifen)
- Art der Vorschubbewegung (Längs- und Einstechbewegung).

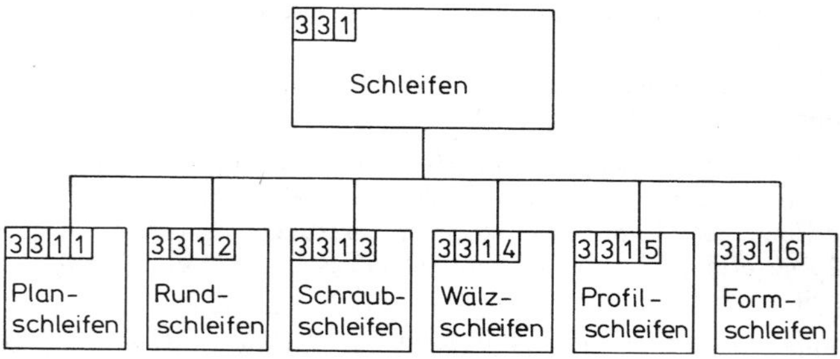

Bild 49.8: Einteilung der Schleifverfahren (nach DIN)

49.4.1 Außenrundschleifen

Beim **Außenrundschleifen** zwischen den Spitzen werden das Längsschleifen, das Längsschälschleifen, das Einstechschleifen und das Schrägeinstechschleifen unterschieden (Bild 49.9).

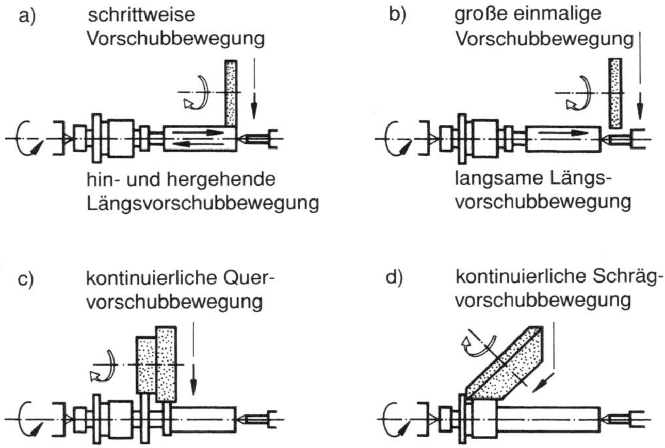

Bild 49.9: Außenrund-Schleifverfahren. a) Längsschleifen; b) Längs-Schälschleifen; c) Gerad-Einstechschleifen; d) Schräg-Einstechschleifen

Beim **Längsschleifen** ist außer der Rotationsbewegung die typische Bewegung eine Längsbewegung, die von der Schleifscheibe und dem Werkstück parallel zur Werkstückachse ausgeführt wird. Meistens bewegt sich der Tisch mit dem Werkstück. Bei Walzenschleifmaschinen bewegt sich der Schleifschlitten in Längsrichtung. Die Zustellung erfolgt entweder bei jeder Tischumkehr oder auf einer Seite nach jedem Doppelhub. Am Ende eines jeden Hubs sollte die Schleifscheibe um das 0,3-fache bis 0,5-fache der Scheibenbreite überlaufen. Durch mehrere Leerhübe (Ausfunken) lässt sich die Formgenauigkeit verbessern. Die durchschnittliche Zustellung beträgt beim Schruppen f_t = 20 µm/Hub bis 30 µm/Hub und der Seitenvorschub $f_a = b_s/2$.

Beim **Längsschälschleifen** stellt man die Schleifscheibe außerhalb des zu bearbeitenden Werkstücks um einen großen Betrag zu, so dass das gesamte Werkstückmaterial in einem Hub abgenommen wird. Die Längsvorschubgeschwindigkeit und die Werkstückgeschwindigkeit sind kleiner als beim Längsschleifen.

Beim **Einstechschleifen** bewegt sich die meistens profilierte Schleifscheibe radial in das Werkstück ohne Längsvorschub. Geschliffen werden kann gleichzeitig mit geraden oder abgesetzten Schleifscheiben oder mit einem Satz von Schleifscheiben (Satzschleifscheiben). Dies setzt starre Werkstücke oder gute Abstützungen der Werkstücke durch Lünetten voraus. Durch das hierbei mögliche große Zeitspanvolumen wird bei Werkstücken mit längeren Schleifstellen statt des Längsschleifens durch mehrere Einstechschleifoperationen das Material abgeschruppt und anschließend durch Längsschleifen die Oberflächengüte erzeugt. Die Zustellung erfolgt beim Einstechschleifen kontinuierlich und ist abhängig von der effektiven Schleifscheibenbreite, dem Werkstückstoff und den geforderten Oberflächenqualitäten.

Beim **Außenrund-Schrägeinstechschleifen** wird zwischen Profil- und Form-Schrägeinstechschleifen unterschieden. Die Werkstücke in Bild 49.10 werden durch Profil-Schrägeinstechschleifen bearbeitet. Die Schleifmaschine hat eine fest einstellbare Vorschubbewegungsachse, und die Schleifscheibe bewegt sich mit der Vorschubgeschwindigkeit v_{ft} in das Werkstück. Die Schleifscheibe trägt das Gegenprofil des Werkstücks. Abgerichtet wird die Profilform durch Profilabrichtrollen, Einzeldiamant, Abrichtfliese oder Formabrichtrollen. Damit an der Planfläche des Werkstücks nicht zuviel Material abgetragen wird, ist das Werkstück in Längsrichtung zu positionieren. Dies erfolgt mit Hilfe von Messsteuerungen.

Das **Form-Schrägeinstechschleifen** gemäß Bild 49.10c) wird bei größeren Schleiflängen eingesetzt. Dabei ist der Durchmesser fertig zu bearbeiten, bevor die Schleifscheibe die Planfläche schleift. Der Einstechwinkel ist

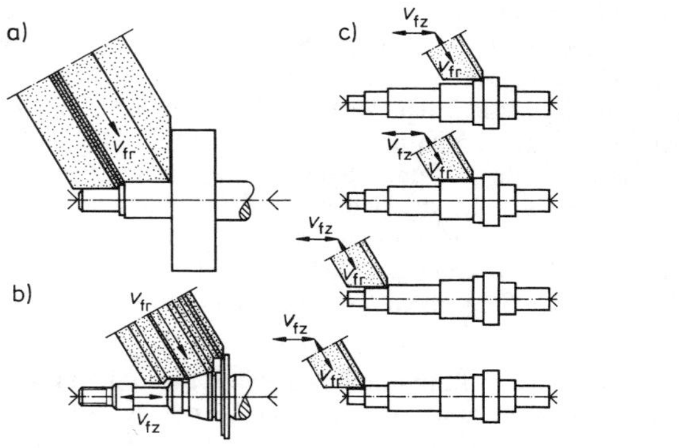

Bild 49.10: Bearbeitungsbeispiele für das Schrägeinstechschleifen

a) und b) Profil-Schrägeinstechschleifen; c) Form-Schrägeinstechschleifen fest eingestellt. In einem anderen Fall ergibt sich der Einstechwinkel γ durch zwei unabhängig ansteuerbare Zustellbewegungen in v_{fz}- und f_{ry}-Richtung. Dies bietet den Vorteil, dass der Schleifprozess den Bedingungen der Plan- und Zylinderflächen angepasst werden kann.

49.4.2 Innenrundschleifen

Beim **Innenrundschleifen** werden hauptsächlich zylindrische und kegelige Bohrungen bearbeitet. Hierzu sind außer der Schnittbewegung der Schleifscheibe die Werkstück-, Einstech- und Längsvorschubbewegung notwendig. Die Vorschubbewegung des Werkstücks ergibt sich entweder aus der Drehbewegung des Werkstücks oder aus der Planetenbewegung der Schleifspindel. Die Längsvorschubbewegung erfolgt durch die Schleifscheibe. Die Einstechbewegung bzw. die Zustellung wird abhängig von der Maschinenart von der Schleifscheibe oder dem Werkstück ausgeführt. Durch die große Kontaktlänge der Schleifscheibe mit dem Werkstück und der kleinen Spindelnachgiebigkeit müssen die Einstellgrößen für eine Bearbeitungsaufgabe sorgfältig festgelegt werden.

Bild 49.11 zeigt die Draufsicht einer Innenrundschleifmaschine. Bei der Wahl des Schleifscheibendurchmessers sollte das Verhältnis $d_s/d_w = 0{,}85$ nicht überschritten werden. Bevorzugte Werte liegen für größere Werkstücke im Bereich $0{,}65 < d_s/d_w < 0{,}75$, die übliche Schnittgeschwindigkeit beträgt $v_c = 30 \ldots 45$ m/s. Bei einer größeren Schnittgeschwindigkeit treten thermische Probleme in der Schleifspindel auf. Die Längsvorschubgeschwindigkeiten beim Schruppen sind zwischen 3,5 m/min und

WUS

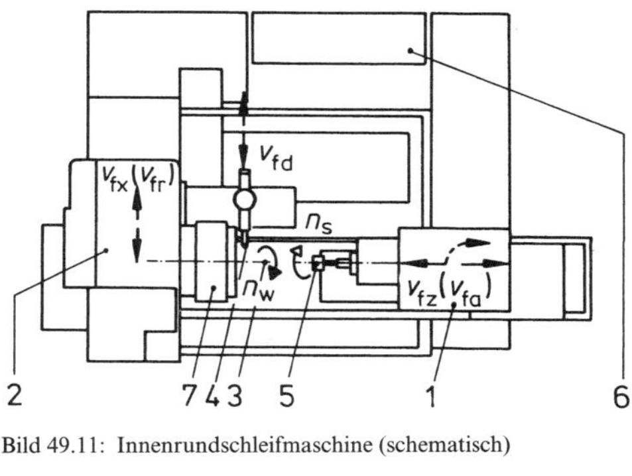

Bild 49.11: Innenrundschleifmaschine (schematisch)

1 Schlitten mit Schleifscheibe und axialer Vorschubbewegung, 2 Schlitten mit Werkstückspindelstock und Werkstückdrehbewegung, 3 Werkstückachse, 4 Abrichteinrichtung für Einzeldiamant, 5 Schleifscheibe, 6 Hydraulikeinheit, 7 Spannfutter

6 m/min und beim Schlichten zwischen 0,25 m/min und 3 m/min zu wählen. Die Zustellung nach jedem Doppelhub soll beim Schruppen f_t = 0,03 mm und beim Schlichten f_t = 0,005 mm nicht überschreiten.

Der Tischhub ist so einzuteilen, dass ein Überlauf von etwa einem Drittel der Schleifscheibe möglich wird. Einen möglichen Innenrundschleifzyklus zeigt Bild 49.12.

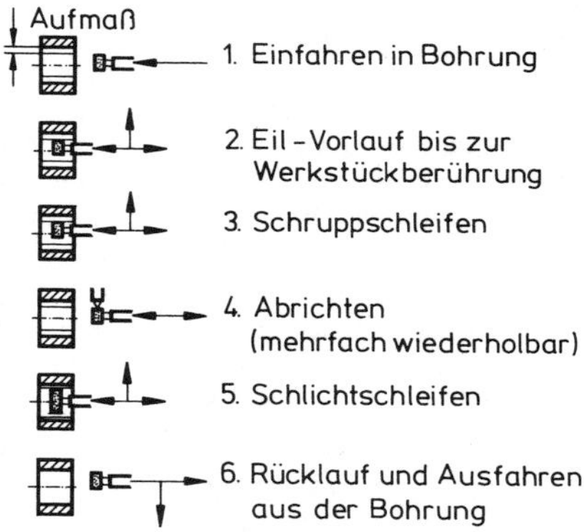

Bild 49.12: Innenschleifzyklus

Beim Innenrundschleifen ist besonders in den Bohrungen für ausreichende Kühlung zu sorgen, da bei einem größeren Zeitspanvolumen leicht Brandflecke und Risse auftreten. Rattermarken treten allgemein durch fremd- oder selbsterregte Schwingungen auf. Um fremderregte Schwingungen bei den mit großen Drehzahlen laufenden Innenschleifspindeln zu vermeiden, müssen diese gut ausgewuchtet werden. Selbsterregte Schwingungen sind durch steifere Maschinen, Dämpfungsmassen, Drehzahländerung oder Schleifscheiben größerer Körnung zu vermindern.

Als Qualitätskriterium einer Bohrung ist der Kreis- und der Längsformfehler von Bedeutung. Kreisformfehler können durch sorgfältiges Spannen eingegrenzt werden. Längsformfehler sind hauptsächlich abhängig von der Größe der Schleifnormalkraft F_n. Bei großer Nachgiebigkeit des Spindel-Lager-Systems und des Spindeldorns werden die Schleifscheiben unterschiedlich stark durch die Normalkraft ausgelenkt, so dass eine kegelige Bohrung entsteht. Der Fehler lässt sich durch angepasste Abrichtbedingungen und Schleifscheibenspezifikationen sowie durch eine höhere Schnittgeschwindigkeit und ein kleineres Zeitspanungsvolumen verringern.

49.4.3 Spitzenloses Außen- und Innenrundschleifen

Das **spitzenlose Außen- und Innenrundschleifen** setzt man hauptsächlich in der Massenfertigung ein, da eine große Abtragsleistung und eine große Stückzahl erreicht werden. Der Schleifvorgang ist ohne großen Aufwand zu automatisieren. Beim **spitzenlosen Außenrundschleifen** liegt das Werkstück auf einer Auflageschiene, ohne dass es zwischen den Spitzen aufgenommen wird, wie Bild 49.13 verdeutlicht. Geführt wird es zwischen Schleifscheibe, Auflageschiene und Regelscheibe. Schleif- und Regelscheibe haben die gleiche Drehrichtung. Der Abstand von Regelscheibe und Schleifscheibe bestimmt den Werkstückdurchmesser. Die Regelscheibe besteht aus Kunstharz oder Hartgummi und ist beim Einstechschleifen zylindrisch oder beim Durchgangsschleifen als Rotationshyperboloid ausgeführt.

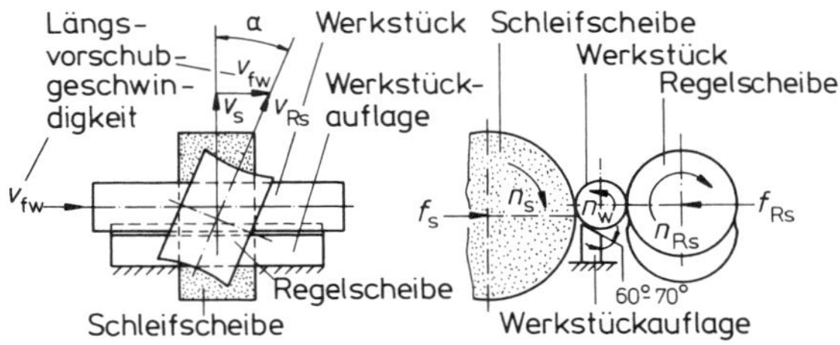

Bild 49.13: Spitzenloses Außenrundschleifen (schematisch)

Mit Vorteil lassen sich im Durchlauf glatte zylindrische Werkstücke und im Einstich zylindrische Werkstücke mit Ansätzen und Bunden sowie profilierte Werkstücke gemäß Bild 49.14 bearbeiten. Beim Durchlaufschleifen dreht sich das Werkstück und bewegt sich zusätzlich in Achsrichtung. Hierzu ist die Regelscheibe in einem bestimmten Winkel schräg

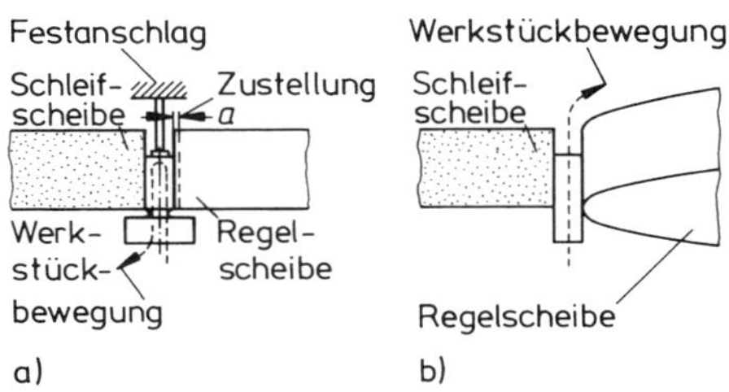

Bild 49.14: a) Einstechverfahren und b) Durchlaufverfahren des spitzenlosen Außenrundschleifens

gestellt, so dass eine Axialkraft eine Verschiebung des Werkstücks bewirkt. Die Drehzahl der Regelscheibe ist kleiner als die der Schleifscheibe und bremst das Werkstück, so dass eine Relativgeschwindigkeit zwischen Werkstück und Schleifscheibe zur Spanabnahme entsteht. Durch das Verstellen des Winkels α wird die Durchlaufgeschwindigkeit beeinflusst. Beim Einstechschleifen ist das Werkstück kürzer als die Schleifscheibenbreite. Bei diesem Verfahren führt die Regelscheibe außer der Drehbewegung noch eine Zustellbewegung aus.

Beim **spitzenlosen Innenrundschleifen** entsprechend Bild 49.15 arbeitet die Schleifscheibe *a* in der Bohrung des Werkstücks *c*. Ein großer Teil der Schleifkraft wird von der Regelscheibe *b* aufgenommen. Die Stützrolle *e* ersetzt die Auflageschiene. Die Rolle *d* übernimmt die Aufgabe, eine Anpresskraft zu den Teilen *b* und *e* zu erzeugen. Die axiale Vorschubbewegung lässt sich durch Neigen der Rollen um ihre horizontale Achse erreichen. Vorteile des spitzenlosen Rundschleifens sind bei dünnen langen Werkstücken zu sehen, die ohne Unterstützung von Lünetten in einem Durchgang ohne Durchbiegung fertig geschliffen werden können. Das Einspannen und Zentrieren der Werkstücke entfällt. Die Maschinen lassen sich leicht auf andere Durchmesser umrüsten.

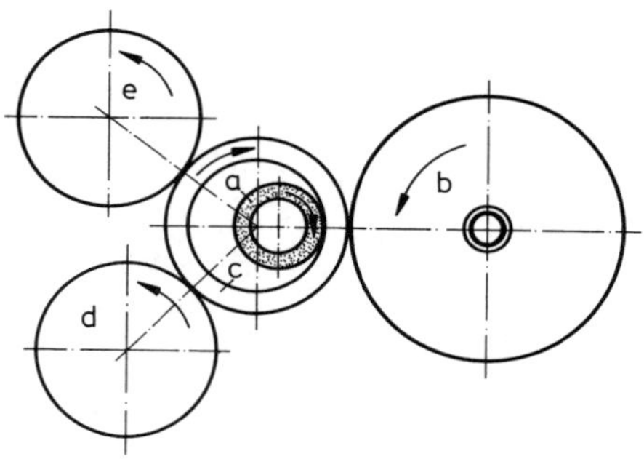

Bild 49.15: Spitzenloses Innenrundschleifen

a Schleifscheibe, *b* Regelscheibe, *c* Werkstück, *d* Druckrolle, *e* Stützrolle

49.5 Generelle Maschinenanforderungen an Rundschleifmaschinen

Anforderungen an Schleifmaschinen können in vier Punkte unterteilt werden und ergeben sich aus:

- der Geometrie der herzustellenden Werkstücke,
- der Ausbringung,

- der geforderten Genauigkeit der Werkstücke und
- der Bedienung der Maschine.

Diesen Anforderungen entsprechen Aufgaben im Aufbau der Maschine, wie Bewegungen auszuführen und Kräfte zu übertragen. Bewegungen werden unterschieden in Schnittbewegung, Zustellbewegung und Vorschubbewegung. Die Schnittbewegung wird beim Rundschleifen je nach Schleifverfahren vom Werkstück, vom Werkzeug oder durch Überlagerung beider Bewegungen erzeugt. Für Zustell- und Vorschubbewegung gibt es diese grundsätzlichen Möglichkeiten.

Für genaue Bewegungen von Werkstück und Werkzeug verwendet man Gerad- und Drehführungen. Diese Elemente müssen mit großer Genauigkeit Kräfte im geschlossenen System Gestell, Werkzeug und Werkstück übertragen.

Neben den Bewegungen haben die Stückzahl und die Losgröße wesentlichen Einfluss auf die Bauformen der Rundschleifmaschinen. Hieraus bestimmen sich bei der Konstruktion die Festlegungen für

- den Standort der Werkstücke,
- die Anordnung der Betriebsmittel,
- die Art der Betriebsmittel und
- die Art der Weiterbewegung der Werkstücke.

Daraus werden wiederum die Werkstückzu- und -abführung, Ausführung der Spanneinrichtungen, Schleifscheibenzahl, -arten und -anordnungen abgeleitet.

Eine systematische Konstruktion von Rundschleifmaschinen baut allgemein auf einem fertigungstechnischen Pflichtenheft auf. Eine kleine Checkliste zur Planung von Rundschleifmaschinen soll dies zeigen:

- Beschreiben der Bearbeitungsaufgabe,
- Ermitteln der Bearbeitungsverfahren,
- Kombinieren der Bearbeitungsverfahren,
- Wählen der Spannmittel,
- Ermitteln der Bearbeitungsreihenfolge,
- Ermitteln der Aufspannungen und Zuordnung der Maschinenelemente zu den einzelnen Aufspannungen.

Speziell sind im Pflichtenheft die Punkte der Tabelle 49.1 zu berücksichtigen.

Tabelle 49.1: Technische Daten für das Pflichtenheft

Außenrundschleifen	**Innenrundschleifen**
Werkstück-Schleifdurchmesser Werkstück-Einspannlänge Werkstück-Schleiflänge Werkstückgewicht Werkstückspindel, Drehzahl stufenlos regelbar Spitzenhöhe Drehzahl der Schleifspindel Schleifscheibendurchmesser Schleifscheibenbreite Schleifscheibenbohrung Schwenkbereich Werkstückspindelstock Schwenkbereich des Schleiftisches Innenkegel der Werkstückspindel Innenkegel der Reitstockpinole Tischbewegung, hydraulisch Werkstückspindel-Durchlass Spannzangen Schaftdurchmesser Zustellung schrittweise Zustellung kontinuierlich Eine Handradumdrehung Hydraulische Schnellverstellung Schleifmotor Werkstückspindelmotor Hydraulikpumpe Kühlmittelpumpe Leistungsbedarf Platzbedarf Gewicht netto	Werkstück-Einspannlänge Bohrungs-Schleifdurchmesser Bohrungs-Schleiflänge Werkstückgewicht

Weiter sind bei der Konstruktion neben den technischen Daten das Schleifen mit den Schleifscheibenwerkstoffen wie zum Beispiel Edelkorund, Siliziumkarbid oder CBN-Werkstoffen relevant. Zu berücksichtigen sind auch Formen des Hochgeschwindigkeits-Konturschleifens sowie die Rund- und Unrundbearbeitung in einer Aufspannung.

49.5.1 Baugruppen

Bei den Produktionsschleifmaschinen zum Außen- und Innenrundschleifen kommen Sondermaschinen für die einzelnen Technologien oder Kombinationen beider Verfahren zum Einsatz. So erlauben einschwenkbare Innenschleifspindeln, beim Außenrundschleifen Teile in der Innen- und Außenbearbeitung in einer Aufspannung komplett zu bearbeiten. Gewechselt werden kann die Technologie in wenigen Sekunden. Dadurch wird auch weiter eine Bearbeitung mit gerader und schräg gestellter Schleifscheibe, Einstech- und Längsschleifen, Bearbeitung von Kegel, Radien und Konturen in einer Aufspannung möglich.

Das kastenförmige innenverrippte **Graugussgestell** wird immer mehr durch ein Gestell aus speziellem Reaktionsharz-Beton ersetzt. Die Vorteile des Werkstoffes sind:

- höhere Dämpfung als Grauguss und höhere dynamische Stabilität,
- geringere Wärmeleitfähigkeit und größere Wärmekapazität,
- unempfindlich gegen kurzzeitige Temperaturschwankungen,
- hohe Tischbelastbarkeit,
- einfache Gestaltungsmöglichkeiten und
- Kosteneinsparung bei der Herstellung der Formen

Die steifen Grundkörper bewirken, dass Maschinen mit entsprechenden Dämpfungsgliedern ohne besonderes Fundament auf dem Hallenboden aufgestellt werden können. Neuere kleinere Rundschleifmaschinen werden in **2-Achsen-Kreuzschlittenbauweise** (*Z*- und *X*-Achse) gebaut (Bild 49.16). Alle Bewegungen kommen aus dem Werkzeug (der Schleifeinheit). Das Werkstück bleibt automatisationsgerecht immer an der gleichen Stelle. Wichtige Merkmale der Schleifeinheit sind die numerisch gesteuerten *Z*- und *X*-Achsen sowie eine 180°-*B*-Achse zum Außen-, Innen- und Konturschleifen in einer Aufspannung.

Die Führungsflächen sind geschliffen oder tragen geschraubte Führungsleisten. Vorschub und Zustellung erfolgen über vorgespannte Kugelgewindetriebe. Gefordert werden immer mehr Maschinen für Tiefschleifaufgaben mit hohen Abtragsleistungen mit großen Genauigkeiten in der Profil- und Innenbearbeitung. Hier sind die Maschinen mit hydrostatisch vorgespannten Umgriffführungen mit Rollenumlaufschuhen und Zentralschmierung für Längs- und Vertikalachsen im Einsatz.

Die **Schleifspindel** ist in hochgenauen Schrägkugellager geführt. Die fettgeschmierten Lager werden bei der Montage vorgespannt. Die Hauptlager am Kopf und am Ende bilden gemeinsam eine *O*-Anordnung. Andere wartungs- und verschleißfreie Konstruktionen sind mit hydrodynamischen Mehrflächengleitlager ausgeführt. Oft ist die Schleifspindel zur Aufnahme von Auswuchteinrichtung und Körperschallsensoren als Hohlspindel ausgebildet.

Auf dem **Schleiftisch** ist die Werkstückspindel im kastenförmigen Graugusskörper sehr steif mit Schrägkugellager gelagert. Der Schleifstückspindelstock kann bei unterschiedlichen Schleiflängen mit Luftunter-

a)

b)

Bild 49.16: Produktionsrundschleifmaschine (Schaudt, Stuttgart)

a) Maschinenaufbau; b) Arbeitsraum

stützung leicht verschoben werden. Weiter sind die Schleifstöcke mit manueller oder automatischer Zylinderfehlerkompensation ausgerüstet. Der **Reitstock** ist fest auf dem Tisch montiert und besitzt eine steife, gleitgelagerte Pinole mit hoher Dämpfung.

Der **Arbeitsraum** ist bei Produktionsmaschinen vollgekapselt und mit Sicherheitsscheiben ausgestattet. Zur manuellen Be- und Entladung sowie zum Einrichten sind die Maschinen frei zugänglich. Die **Filterung** des Kühlmittels erfolgt über Bandfilteranlagen.

49.5.2 Antriebe, Motoren, Steuerungen

Angetrieben wird die Schleifscheibe heute meist noch indirekt über einen Keilriemenantrieb mit einem Drehstrom-Asynchronmotor (AC). Alle numerischen Achsen und die Werkstückspindel haben AC-Antriebe. Die Drehzahlbereiche werden stufenlos über einen großen Bereich gesteuert, da immer mehr Hochgeschwindigkeits- und Hochleistungsschleifoperationen in neue Technologiekonzepte des Schleifens Eingang finden.

Die **CNC-Steuerungen** erfüllen alle üblichen Anforderungen wie Bedienerführung in allen Betriebsarten, Parallelprogrammierung, feste Schleifzyklenprogrammierung und Klartext-Fehlerdiagnose. Bis zu 36 Antriebsachsen lassen sich ohne größeren Aufwand steuern. Programmierbare Einspannlängen durch automatische Reitstockverschiebung sowie die automatische Spannung der Schleifscheibe ermöglichen ein kurzfristiges Umrüsten auf die verschiedenen Schleifaufgaben.

Das bahngesteuerte **Abrichten** erfolgt über Abrichtgeräte, die am Reitstock befestigt sind. Eine automatische Kompensation des Schleifscheibenabrichtbetrages, bezogen auf das Sollmaß, gehört meistens zur Standardausführung der Steuerung, ebenso die unterschiedlichsten Abricht- und Schleifzyklen. Abrichten mit Profilabrichtgeräten über Kopierlineal wird nur noch selten eingesetzt. Die Profilierung der Schleifscheiben mit unterschiedlichen Diamantabrichtrollen erfolgt in der Massenfertigung.

Inkrementale **Wegmesssysteme** ermöglichen eine direkte Wegmessung mit einer Auflösung von 1 µm mit Glasmaßstäben an den gesteuerten

Bild 49.17: Arbeitsraum zur Nockenwellenbearbeitung (Schaudt Mikrosa BWF, Berlin)

WUS

Achsen. Für messgesteuertes Schleifen kommen CNC-inprocess-Durchmesser- und Längenmesssysteme zum Einsatz.

Zum **Abstützen langer Werkstücke** werden **Setzstöcke** eingesetzt (Bild 49.17), die der Zustellung der Schleifscheibe synchron bis zum Fertigmaß folgen. Die Setzstockachse wird als lagegeregelte CNC-Achse programmiert.

49.5.3 Fertigungsbeispiele

49.5.3.1 Außenrundschleifen

Bild 49.18 zeigt verschiedene Schleifoperationen beim Schleifen von Düsennadeln für Einspritzsysteme. Das Schleifen erfolgt zwischen den Spitzen oder im Prisma mit Hebelladevorrichtung. Das automatische Laden ab den Magazinen erfolgt durch Stetigförderer oder Verkettungsanlagen. Der vollautomatische Schleifprozess ist mit Überwachung und Messsteuerung für alle Operationen ausgerüstet. Die hier eingesetzte Rundschleifmaschine lässt sich für verschiedene Operationen verketten. Das Speichersystem erlaubt ein Be- und Entladen der Nadelkörper während der Schleifzyklen. Zusätzlich werden die Nadelkörper vermessen und die Messwerte für die optimale Längenpaarung mit der Düsennadel beim Schleifvorgang abgespeichert.

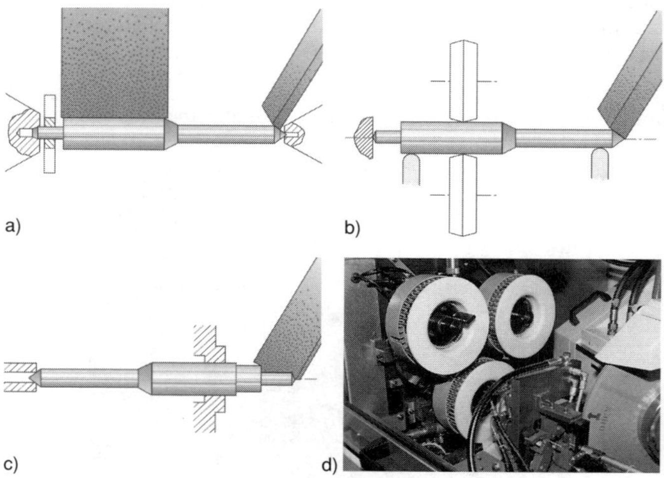

Bild 49.18: Schleifen einer Düsennadel (Studer, Thun/Schweiz)
a) Schleifen des Dichtkegels und Umfangsschleifen des Nadelkörpers zwischen Spitzen, b) Alternativ: Schleifen des Dichtekegels im Prisma, c) Längspaaren der Düsennadel zum Nadelkörper, d) Schleifen im Prisma mit automatischer Trommelladeeinrichtung, e) Produktions-Außenrundschleifmaschine

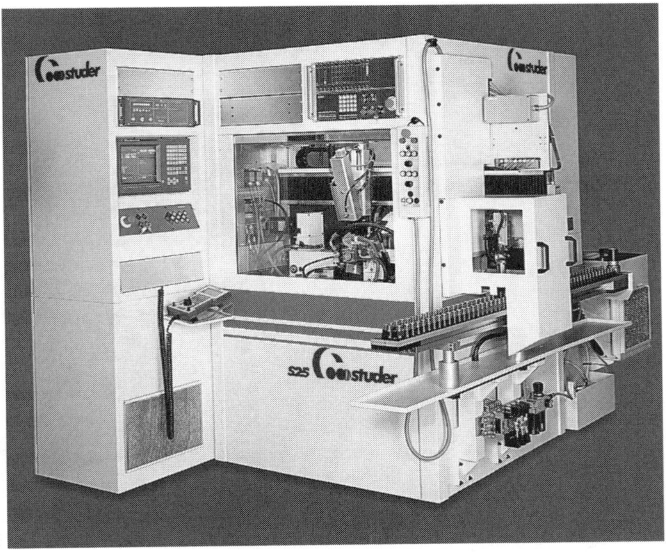

e)

Eine Hochgeschwindigkeits-Schälschleifmaschine (HSP = High-Speed-Peelgrinding) für die Bearbeitung beliebiger rotationssymmetrischer Teile ist im Bild 49.20 gezeigt. Die Maschine hat als universelles Werkzeug eine schmale CBN-Schleifscheibe, damit schnell auf neue Werkstücke umgerüstet werden kann. Diese Produktionsmaschine für die flexible Werkstückbearbeitung bietet als Vorteile:

- kurze Rüstzeiten
- hohe Dauergenauigkeit
- höchste Qualität
- hohe Wirtschaftlichkeit

49.5.3.2 Außen- und Innenrundschleifen in einer Aufspannung

Bild 49.19 zeigt die Fertigung eines Getrieberades. Die Fertigung des Getrieberades erfolgt in simultaner Komplettbearbeitung der Innen- und Außenkontur in einer Aufspannung. Hierbei werden Automatisierungslösungen und Handhabungstechnik in die vor- und nachgelagerten Bearbeitungen mit einbezogen.

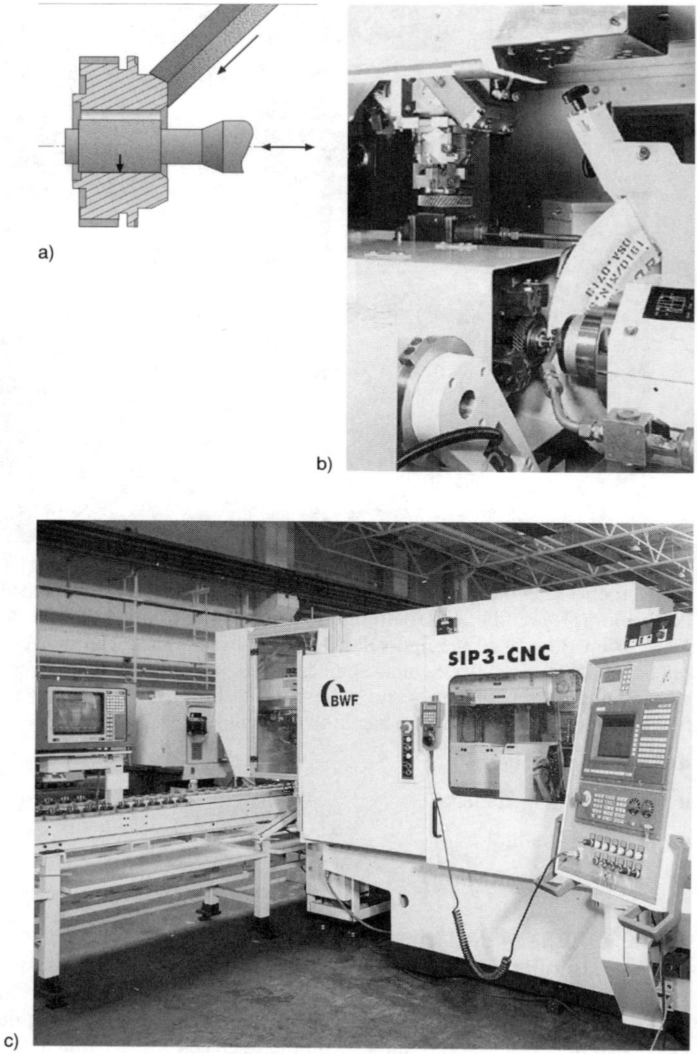

Bild 49.19: Schleifen eines Getrieberades (Schaudt Mikrosa BWF, Berlin)

a) Schleifscheibenanordnung, b) Gleichzeitiges Schleifen von Innen- und Außenkonturen (Arbeitsraum), c) Fertigungszelle

Bild 49.20: Hochgeschwindigkeits-Schälschleifmaschine mit geöffnetem Arbeitsraum (Schaudt Mikrosa BWF, Berlin)

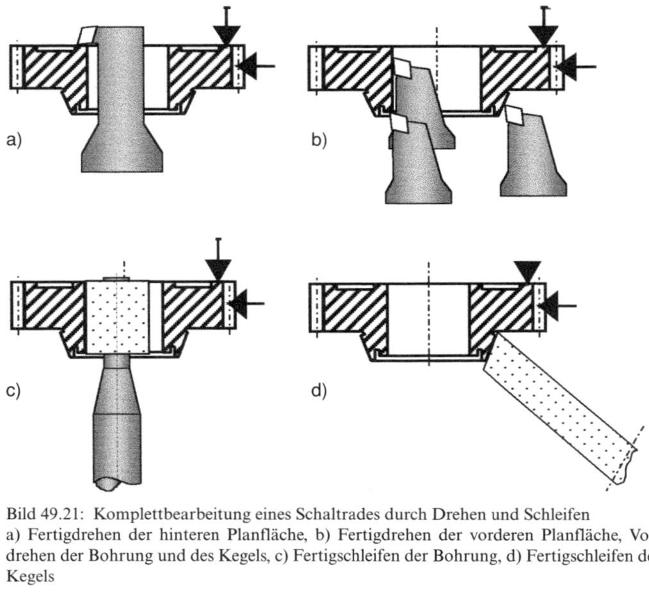

Bild 49.21: Komplettbearbeitung eines Schaltrades durch Drehen und Schleifen
a) Fertigdrehen der hinteren Planfläche, b) Fertigdrehen der vorderen Planfläche, Vordrehen der Bohrung und des Kegels, c) Fertigschleifen der Bohrung, d) Fertigschleifen des Kegels

WUS

49.5.3.3 Verfahrenskombinationen zur Komplettbearbeitung in einer Aufspannung

Die Komplettbearbeitung von Werkstücken in einer Aufspannung erfolgt immer mehr auch in Verfahrenskombinationen, z. B. Hart-Drehen und Schleifen, wie Bild 49.21 zeigt. Hier ist die Herstellung eines Getrieberades, dargestellt (ähnlich wie in Bild 49.19) aber unter den wirtschaftlichen Zielen:

- hohe Zerspannleistung und kurze Taktzeiten beim Drehen
- sowie hohe Genauigkeit beim Schleifen

Quellen und weiterführende Literatur

Fritz, H. A.; Schulze, G. (Hrsg.): Fertigungstechnik. Berlin: Springer Verlag, 2001
Weinert, K. (Hrsg.): Spanende Fertigung. 3. Auflage. Essen: Vulkan Verlag, 2001

50 Umfangsplan- und Profilschleifmaschinen

Dipl.-Ing. Peter Oppelt

50.1 Einteilung nach DIN 8589, Teil 1

Plan- und Profilschleifverfahren sind in DIN 8589, Teil 1, definiert.

Bild 50.1 enthält einen Auszug aus der Gliederung dieser Norm.

Das im allgemeinen Sprachgebrauch **„Flachschleifen“** genannte Verfahren findet man dort unter der Ordnungsnummer (ON) 3.3.1.1.1.1.1 als **„Längs-Umfangs-Planschleifen“**, das so genannte **„Stirnschleifen“** unter der ON 3.3.1.1.1.2.1 als **„Längs-Seiten-Planschleifen“**. Während mit diesen Verfahren ebene Flächen erzeugt werden, dient das so genannte **„Längs-Außen-Profilschleifen“** (ON 3.3.1.5.1.0.1) zum Erzeugen von beliebigen Profilformen. Gemeinsam ist diesen drei Verfahren, dass sie dieselbe Maschinenkinematik benötigen, so dass alle Verfahren auf vom Prinzip her gleichen Schleifmaschinen realisiert werden können. Diese Maschinen sind Gegenstand der folgenden Ausführungen. Das Plan-Seitenschleifen steht nicht im Mittelpunkt dieser Ausführungen, wird aber im Abschnitt 50.4.6 kurz erläutert.

Der prinzipielle Aufbau einer Längs-Umfangs-Planschleifmaschine, kurz auch Flachschleifmaschine genannt, ist im Bild 50.2 an einer einfachen Maschine ohne Arbeitsraumkapselung zu erkennen. Die drei Maschinenachsen sind *X* für den Tisch, *Y* für den Schleifkopf und *Z* für die die Fläche ausbildende Querbewegung.

50.2 Generelle Maschinenanforderungen

Das Schleifen wird heute nicht mehr nur als Verfahren für die Endbearbeitung zur Erzeugung hoher Maß- und Oberflächenqualitäten eingesetzt, sondern auch als Hochleistungs-Zerspanungsverfahren. Folglich treten zu den für eine Schleifmaschine selbstverständlichen Anforderungen nach hoher Genauigkeit auch zunehmend entsprechende Zerspanleistungsanforderungen.

Da das Schleifergebnis auch wesentlich durch den Zustand der Schleifscheibe beeinflusst wird, muss auch dem Abrichten und, soweit erforderlich, dem Konditionieren und Schärfen der Schleifscheibe große Bedeutung beigemessen werden. Dieses wird üblicherweise in der Schleifmaschine mit durchgeführt, so dass zu der eigentlichen Bearbeitung des Werkstückes noch die Bearbeitung des Werkzeuges hinzukommt.

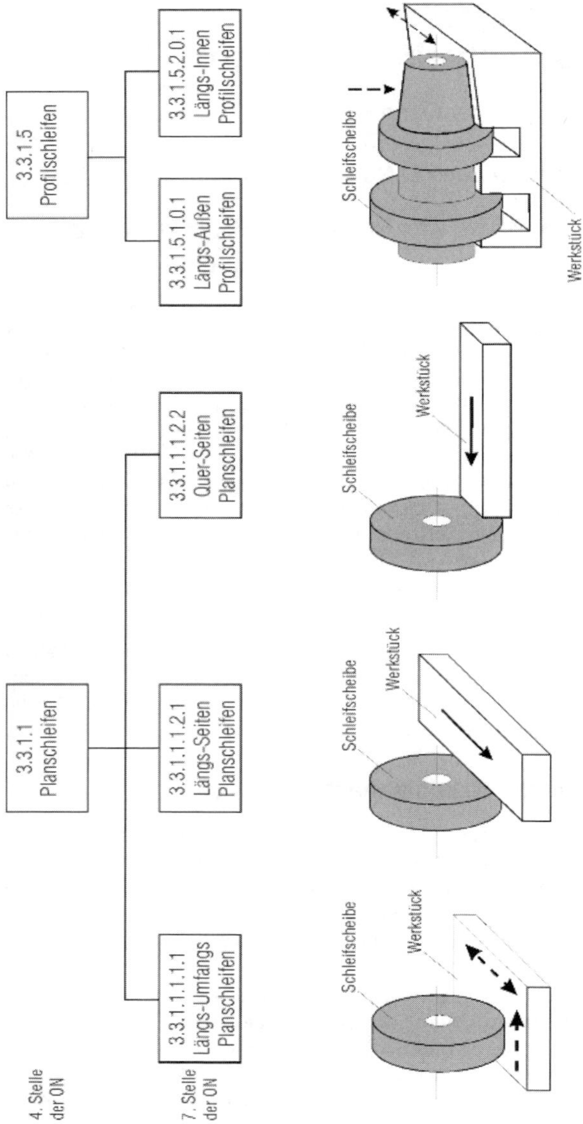

Bild 50.1: Definition Plan- und Profilschleifen nach DIN 8589 Teil 1

Bild 50.2: Planschleifmaschine (Blohm Maschinenbau, Hamburg)

Die Mindestanforderungen hinsichtlich Genauigkeit einer Planschleifmaschine sind in der DIN-Norm 8632 definiert. Weitere Vorschriften für den Bau und den Betrieb der Maschinen sind der EG-Maschinenrichtlinie [1] und den dazu gehörenden B- und C-Normen zu entnehmen.

50.2.1 Führungen

Die Führungen haben eine zentrale Bedeutung für die Planschleifmaschine. Einerseits sind sie für genaue Zustellbewegungen im µm-Bereich zuständig, andererseits für eine hohe Laufruhe zur Erzeugung guter Oberflächenqualität. Weiterhin werden sie beim Abrichten im Bahnbetrieb für die hochgenaue Profilerzeugung eingesetzt.

Der Geschwindigkeitsbereich der Achsen liegt zwischen nahezu Null für Zustellbewegungen und 30000 ... 40000 ... (60000) mm/min für Pendelschleifbewegungen.

Aufgrund dieses breiten Spektrums gibt es kein Führungsprinzip, das in allen Bereichen die Anforderungen in idealer Weise erfüllt. Durch gezielte Optimierungen bei den einzelnen verwendeten Lösungen werden tragbare Kompromisse realisiert, die in die am Markt verfügbaren Maschinenkonzepte eingeflossen sind.

Man trifft fast alle verfügbaren Führungen auch in Planschleifmaschinen an:

- Hydrodynamische Gleitführung
- Hydrostatische Gleitführung
- Wälzführung mit Wälzkörperkäfig
- Wälzführung mit Wälzkörperumlauf (Laufwagen)

50.2.2 Antriebe

Mit Ausnahme von manuellen Maschinen werden die Antriebe sehr stark von der verwendeten Steuerung definiert.

50.2.2.1 Achsantriebe

Bei manuellen Maschinen werden für die Zustellbewegung in einfachsten Fällen Schrittschaltwerke verwendet. Diese sind teilweise mit Eilgangmotoren gekoppelt. Diese Technik tritt aber immer mehr in den Hintergrund, da einfachste Steuerungen schon mit Schritt- oder Servomotoren arbeiten können.

Stand der Technik (in Verbindung mit digitalen Steuerungen) sind digitale AC-Servomotoren, die mit hoher Dynamik einen großen Geschwindigkeitsbereich abdecken.

Für Schleiftischantriebe werden in der einfachsten Form Hydraulikzylinder verwendet. Niedrige Achsgeschwindigkeiten lassen sich dabei aber nur mit hohem technischen Aufwand realisieren. Daher werden für universell einsetzbare Maschinen (zum Pendel- **und** Tiefschleifen) zunehmend elektromechanische Tischantriebe ausgewählt.

Am weitesten verbreitet ist die Kombination von Servomotor mit Kugelumlaufspindel, es werden aber auch Varianten mit langem Zahnriemen oder Zahnstange eingesetzt.

Die Verwendung von Linearmotoren steht noch in den Anfängen. Einzelne Lösungen sind aber bereits verfügbar.

50.2.2.2 Hauptantriebe

Wie bei jeder Schleifmaschine werden beim **Schleifspindelantrieb** besonders hohe Anforderungen an eine gute Laufruhe (Schwinggüte) gestellt. Dieses ist ein Faktor, der die Oberflächenqualität des geschliffenen Werkstückes im Hinblick auf Längswelligkeit stark beeinflusst.

Im einfachsten Fall werden ungeregelte Drehstrommotoren verwendet. Diese führen den Betreiber einer Maschine aber schnell an Grenzen, wenn Anpassungen in der Schnittgeschwindigkeit aus technologischen Gründen erforderlich sind.

Der geregelte Drehstromantrieb ist heute bei Neumaschinen am weitesten verbreitet. Eine hohe Schutzgüte ist relativ einfach zu erzielen, was für das Schleifen mit Kühlschmierstoff sehr wichtig ist. Aber auch geregelte Gleichstromantriebe werden heute noch eingebaut.

50.2.2.3 Messsysteme

Für Achsen, die eine gute **Wiederholgenauigkeit** benötigen, werden indirekt messende (z. B. an der Spindel) rotative Messsysteme (Drehgeber) eingesetzt. Die übliche Auflösung beträgt 0,001 mm. Diese können im ersten Ansatz alle Achsen einer Maschine sein. Bei höheren Anforderungen an die **absolute Positioniergenauigkeit** sind Linearmaßstäbe einzusetzen. Die Wiederholgenauigkeit ändert sich dadurch nur unwesentlich.

Die Genauigkeiten von Achsen an CNC-Maschinen werden nach der Richtlinie VDI/DGQ 3441 geprüft. Diese Richtlinie regelt das Messverfahren mit einem Laser-Interferometer sowie die Auswertung der

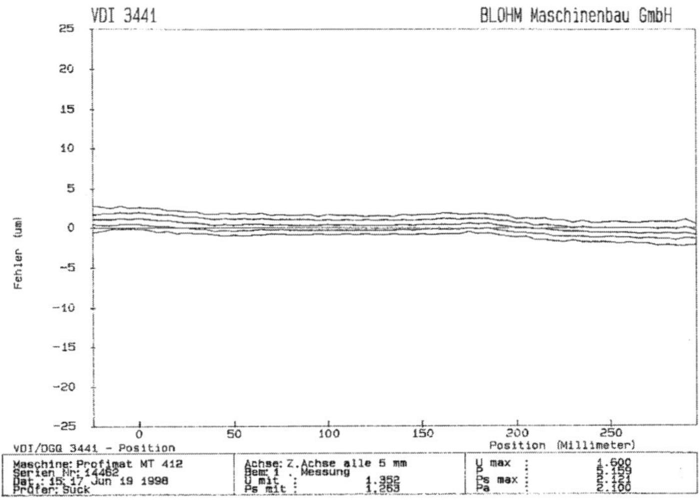

Bild 50.3: Protokoll einer Laservermessung nach VDI/DGQ 3441

Messung. Die komplette Wiedergabe dieser Richtlinie wäre hier zu umfangreich, daher nur zwei Kernaussagen: Die halbe „Positionsstreubreite“ (Ps/2) entspricht der Wiederholgenauigkeit einer Achse beim Anfahren einer Position aus derselben Richtung. Die „Positionsunsicherheit“ (P) beinhaltet alle gemessenen Fehler über die gesamte Achslänge und stellt den maximalen Abstand der extremsten Messpunkte dar. Dieser Wert kann durch eine Fehlerkompensation in der Steuerung verbessert werden.

In der Praxis liegt der Bezugspunkt für eine Plan- und Profilschleifmaschine immer am Abrichtwerkzeug. Daher ist zuerst die Wiederholgenauigkeit wichtig. Erst an zweiter Stelle wird zum Abrichten von genauen Profilen, zum Bahnschleifen und zum genauen Anfahren verschiedener Y-Positionen (Schleifkopf) eine absolute Achsgenauigkeit benötigt.

Bei 1 µm Auflösung liegen realistische Werte für die Wiederholgenauigkeit bei +/– 1 … 2 µm und für die Positionsunsicherheit P bei 5 … 30 µm, je nach Achse und Kompensation.

Je nach Steuerung sind auch Auflösungen von 0,1 µm realisierbar. Dieses bedeutet aber aufgrund der mechanischen Fehler nicht die Verbesserung der Werte auf $^1/_{10}$ der vorherigen. Eine Verbesserung um 50 … 60 % ist je nach Führung möglich. Insbesondere führt die höhere Auflösung zu einer besseren Interpolationsgenauigkeit, die sich zum Beispiel in der Rautiefe von bahnabgerichteten Profilen zeigen kann.

50.3 Spezielle Maschinenanforderungen

Entsprechend dem Einsatzbereich der Maschine sind weitere Anforderungsmerkmale wichtig. Ein nennenswerter Punkt ist unter anderem auch die Kühlschmierstoff-Versorgung der Schleifmaschine. Diese Einrichtungen und andere spezielle Zubehöre wie z. B. automatische Düsenverstellungen, Spanneinrichtungen oder Zusatzschleifspindeln stehen nicht im Mittelpunkt dieser Übersicht. Diese Einrichtungen sind bei einer aufgabenspezifischen Maschinen- und Zubehörauslegung durchaus wichtig, müssen aber auf den speziellen Einsatzfall hin optimiert bzw. dimensioniert werden.

Die Differenzierung im Folgenden bezieht sich im Wesentlichen auf die Flexibilität im Einsatz einer Schleifmaschine.

50.3.1 Einzelteil- und Kleinserienfertigung

In der Einzelteil- und Kleinserienfertigung werden universell einsetzbare und flexible Maschinen benötigt.

Im einfachsten Fall sind das manuell bediente Maschinen mit Handrädern für die Achsverstellungen. Eine weitere Ausbaustufe besteht in einer automatischen Schleifkopfzustellung z. B. über ein elektromechanisches Schrittschaltwerk. Dieses kann auch mit einem Eilgangmotor kombiniert werden. Diese Maschinen werden noch in Werkstätten angetroffen, um einfachste Planschleifarbeiten auszuführen.

Nach dem Stand der Technik werden aber immer mehr gesteuerte Maschinen auch für einfache Arbeiten eingesetzt, um dem Bediener mehr Komfort und eine bessere Ergonomie zu bieten. Diese einfachen Steuerungen (meist Streckensteuerungen) bieten feste Programmabläufe (Zyklen), die über Parameter an die jeweilige Aufgabe angepasst werden. Für manuelle Eingriffe können, überlagert zum Programmablauf, Handräder eingesetzt werden. Wiederholteile können automatisch abgearbeitet werden.

50.3.1.1 Technologie

Am weitesten verbreitet ist das **Pendelschleifverfahren** (Bild 50.4), bei dem mit kleinen Zustellbeträgen und hohen Vorschubgeschwindigkeiten gearbeitet wird. Die Zustellung pro Hub kann zwischen 1 µm und 0,05 mm liegen, die Vorschubgeschwindigkeit wird im Allgemeinen zwischen 5000 und 30000 mm/min eingesetzt.

Beim Pendelplanschleifen kann der Quervorschub intermittierend oder kontinuierlich erfolgen, beim Profileinstechschleifen gilt Gleiches für die Zustellung. Nur bei Werkstücken mit kurzen Schleiflängen wird man die kontinuierliche Verfahrensweise wählen, um Schaltzeiten zu vermeiden. Bei größeren Schleiflängen läuft der Schleifprozess bei intermittierender Verfahrensweise über dem Schleifweg mit größerer Konstanz ab.

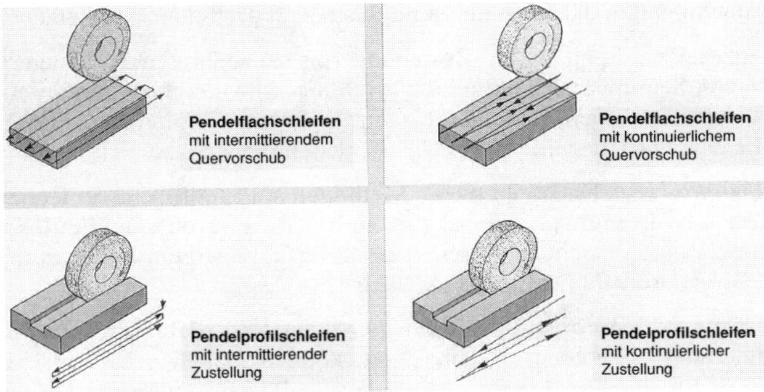

Bild 50.4: Abläufe beim Pendelschleifen

Bei gesteuerten Maschinen ist darüber hinaus eine Kombination von Pendel-Einstichschleifen (Pendelprofilschleifen) und Flächenschleifen, das so genannte ECO-Flachschleifen möglich (Bild 50.5). Bei entsprechendem Aufmaß sind damit Zeiteinsparungen von ca. 20% möglich, da beim Schruppschleifen fast immer die ganze Schleifscheibenbreite zum Einsatz kommt.

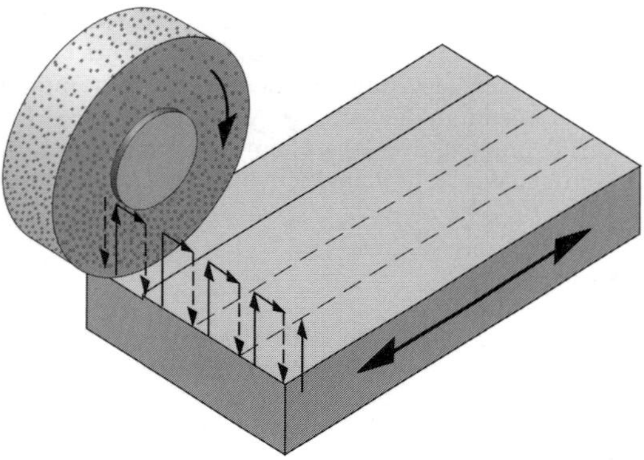

Bild 50.5: ECO-Flachschleifen

Dabei wird zuerst im Einstichschleifen mit voller Scheibenbreite und Querversetzen in der Z-Achse das größte Aufmaß abgetragen und anschließend im Flächenprogramm geschlichtet.

Eine weitere Verfahrensvariante stellt das **Tiefschleifen** dar, das auch zunehmend in der Einzelteil- und Kleinserienfertigung eingesetzt wird.

Hierbei wird mit hoher Zustellung (bis zu mehreren Millimetern) in einem Schnitt und langsamer Vorschubgeschwindigkeit gearbeitet. Die Vorschübe liegen zwischen 10 und 5000 mm/min, wobei im oberen Bereich der Übergang zum Pendelschleifen fließend ist.

Die Vor- und Nachteile dieser Methoden sind in Tabelle 50.1 erläutert (nach H. Brandin [2]), wobei aber zu beachten ist, dass die Einflüsse der aufgezeigten Nachteile durch gezielte Verfahrensoptimierung ganz oder teilweise aufgehoben werden können.

Da ein Schleifprozess im Allgemeinen mehrstufig (d. h. Schruppen – Abrichten – Schlichten) aufgebaut ist, können Pendel- und Tiefschleifen auch miteinander kombiniert werden, z. B. Schruppen im Tiefschleifverfahren und Schlichten im Pendelschleifverfahren.

Tabelle 50.1: Verfahrensvergleich Pendel-Tiefschleifen (nach [2])

	Pendelschleifen (a_e klein, V_f groß)	Tiefschleifen (a_e groß, V_f klein)
	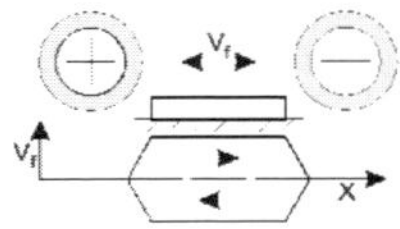	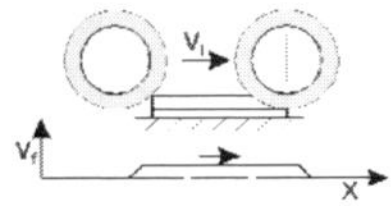
Rauhtiefe	größer ⊖	kleiner ⊕
mittl. Schleiftemperatur	kleiner ⊕	größer ⊖
Formabweichung (vertikal)	kleiner ⊕	größer ⊖
Profilabweichung	größer ⊖	kleiner ⊕
Schleifkräfte (F_t / F_n)	kleiner ⊕	größer ⊖
Kantenverschleiß (A_{sk})	größer ⊖	kleiner ⊕

50.3.1.2 Abrichtverfahren

Einen guten Überblick über die zur Verfügung stehenden **Abrichtverfahren** liefert die VDI-Richtlinie 3392 Blatt 1.

Für die Einzelteil- und Kleinserienfertigung werden im Wesentlichen werkstückungebundene Werkzeuge wie Einzeldiamanten, Fliesen (Platten) und Formrollen verwendet.

Der einfachste Fall ist das Abrichten einer geraden (zylindrischen) Schleifscheibe und die damit verbundene Kompensation des Abrichtbetrages zum Pendelschleifen. Abgerichtet wird üblicherweise durch stehende Diamantwerkzeuge mit Seitenvorschub vom Kopf oder Tisch aus. Die Zusammenhänge werden durch das Bild 50.6 dargestellt.

Die Schleifscheibe wird beim Schleifen durch den auftretenden Verschleiß kleiner. Dadurch bleibt das Werkstück dicker als das theoretisch abgetragene Aufmaß. Nach dem Abrichten besitzt die Schleifscheibe wieder einen exakten, der Steuerung bekannten Durchmesser. Um eine Kollision mit dem Werkstück beim nächsten Pendelschleifhub zu vermeiden, darf daher nicht der volle Abrichtbetrag nachgeführt werden.

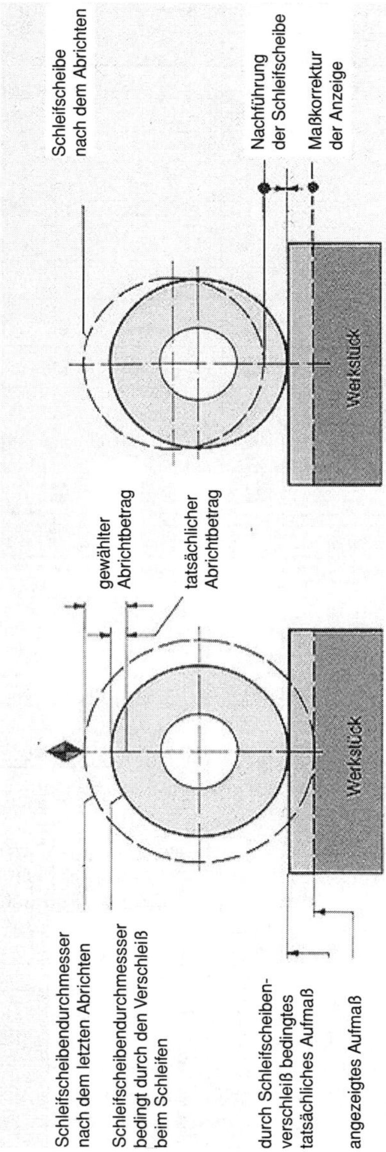

Bild 50.6: Abrichten mit automatischer Verrechnung des Abrichtbetrages und Kompensation

Die flexibelste Möglichkeit, Profile abzurichten, ist die des bahngesteuerten Abrichtens mit Universal-Diamantwerkzeugen. Diese können feststehend oder rotierend sein. Die höchste Genauigkeit erzielt man, wenn die Abrichtgeräte auf dem Maschinentisch angeordnet sind, was den weiteren Vorteil hat, dass keine zusätzlichen Achsen benötigt werden.

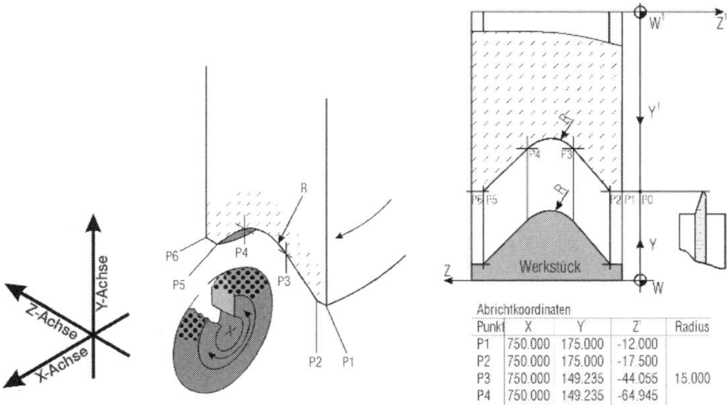

Abrichtkoordinaten

Punkt	X	Y	Z'	Radius
P1	750.000	175.000	-12.000	
P2	750.000	175.000	-17.500	
P3	750.000	149.235	-44.055	15.000
P4	750.000	149.235	-64.945	
P5	750.000	175.000	-12.000	
P6	750.000	175.000	-97.000	

Bild 50.7: Bahngesteuertes Abrichten

Im Bild 50.7, links, ist das Koordinatensystem der Maschinenachsen und daneben die Anordnung von Schleifscheibe und universellem Diamantabrichtrad **(Formrolle)** dargestellt.

WUS

Zum Abrichten wird nun die Formrollenspitze bahngesteuert entlang der Schleifscheibenkontur geführt, die hier mit den Punkten *P*1 bis *P*6 beschrieben ist. Dabei wird die Formrolle in der *Z*-Maschinenachse und die Schleifscheibe in der *Y*-Achse verfahren.

Programmiert wird dieser Ablauf mit den allgemeinen, in der NC-Technik üblichen Befehlen oder auf einem Programmierplatz (PC) mit einer entsprechend ausgelegten Software.

Diese **Abrichttechnik** und Maschinenkonzeption bietet eine Vielzahl von Vorteilen für den täglichen Fertigungseinsatz:

- Die Nutzung von stick-slip-freien Maschinenachsen für den Abrichtprozess ermöglicht eine hochgenaue, reproduzierbare Scheibenprofilierung und dadurch hohe Fertigungsqualität und Sicherheit.
- Die Nutzung der hohen Maschinensteifigkeit für den Abrichtprozess ermöglicht hohe Abrichtvorschübe und damit kurze Abrichtzeiten.

- Der Einsatz einer komfortablen CNC-Steuerung für den Schleif- und Abrichtprozess ermöglicht den vollautomatischen Programmablauf und reduziert damit die Nebenzeiten auf ein Minimum.
- Formrollen mit einem Durchmesser bis zu 150 mm haben im Vergleich zu Einzeldiamanten eine außerordentlich lange Lebensdauer und reduzieren damit den Rüstzeitanteil.

Dieses Verfahren lässt sich durch die Verwendung von zwei Abrichtwerkzeugen, Bild 50.8, noch universeller gestalten.

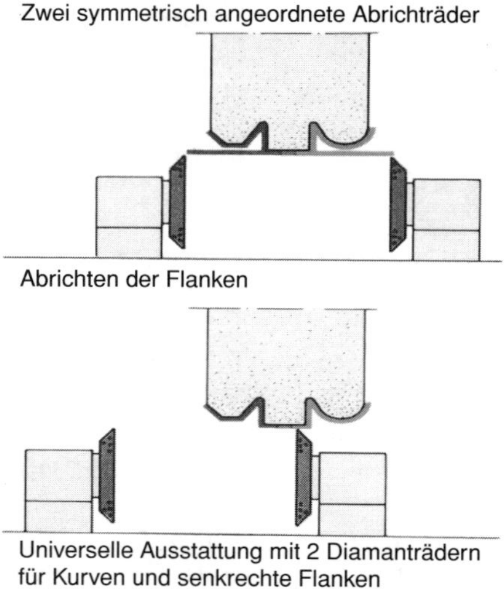

Bild 50.8: Abrichten mit zwei Abrichträdern (Formrollen)

Eine weitere Möglichkeit, die Universalität in Bezug auf die Profile, die ohne Kollision mit einem Werkzeug bearbeitet werden können, zu erhöhen, ist ein schwenkbares Abrichtwerkzeug. Hierzu wird für die Werkzeugbewegung eine hochgenaue Schwenkachse zusätzlich in der Maschine benötigt. Diese Geräte sind mit Einzeldiamanten (Bild 50.9) oder rotierenden Werkzeugen ausgerüstet.

Beim Aufbau auf dem Schleifkopf sind zusätzlich noch zwei Linearachsen erforderlich. Der technische Mehraufwand einer solchen Lösung ist wie beim Abrichten mit fest stehenden Geräten immer gegen den Mehraufwand einer längeren Tischachse zu vergleichen. Weiterhin ist

Bild 50.9: Abrichtgerät mit schwenkbarem Einzeldiamant (Blohm Maschinenbau, Hamburg)

auch zu berücksichtigen, dass die Genauigkeit beim Abrichten vom Schleifkopf aus durch den Wärmegang der Maschine negativ beeinflusst wird.

Generell ist bei dem Einsatz von werkstückungebundenen Abrichtwerkzeugen zu beachten, dass ein umfangreiches Werkstückspektrum nie mit nur einem Werkzeug bzw. Werkzeugsatz abgedeckt werden sollte, da die Anforderungen meist zu unterschiedlich sind.

- Kleine erforderliche Spitzenradien liefern eine schlechtere Rautiefe, erlauben nur kleine Abrichtvorschübe und haben eine schlechtere Standzeit. Man sollte sie also nur dort einsetzen, wo es unbedingt erforderlich ist.
- Stehende Werkzeuge liefern eine bessere Rautiefe als rotierende – haben aber eine wesentlich schlechtere Standzeit.
- An eine Werkstückfamilie angepasste Sonderwerkzeuge können wirtschaftlicher sein als ein komplizierter Ablauf mit Standardwerkzeugen.

Für eine CNC-Maschine ist es besonders wichtig, eine schnelle und reproduzierbar genaue Wechselmöglichkeit für die Abrichtwerkzeuge zu besitzen. Dieses ist beispielsweise bei dem Gerät in Bild 50.10 ausgeführt.

Bild 50.10: Abrichtgerät mit Schnellwechseldorn (Blohm Maschinenbau, Hamburg)

50.3.2 Mittel- und Großserienfertigung

Bei diesem Segment können durchaus auch Technologien aus der Einzelteilfertigung zum Einsatz kommen. Üblicherweise werden aber Verfahren eingesetzt, die hinsichtlich der Produktivität leistungsfähiger sind. Diese Verfahren benötigen allerdings meistens einen höheren Einfahr-, Optimierungs- und Werkzeugaufwand, der nur bei größeren Serien wirtschaftlich ist.

In der Großserienfertigung kommen auch Peripherieeinrichtungen zur Automatisierung von Be- und Entladevorgängen, Messvorgängen und Werkzeugwechsel zum Einsatz, die in Punkt 50.3.3 näher behandelt werden.

50.3.2.1 Technologie

Die gebräuchlichsten Schleifverfahren sind auch hier das Pendel- und Tiefschleifen. Dabei wird die Auswahl im Allgemeinen durch das gegebene Aufmaß der zu schleifenden Bauteile festgelegt. Das Pendelschleifen ist meist bei Aufmaßen um oder kleiner 0,3 mm schneller. Genauer betrachtet werden muss die Situation aber bei steilen Profilneigungswinkeln oder beim Nutenschleifen. Dabei und bei größeren Aufmaßen ist das Tiefschleifen meist günstiger.

Aufgrund einer Prozessoptimierung hin zu höchstmöglichen Zeitspanungsvolumina kommt der Kühlschmierung eine noch stärkere Bedeutung zu. Kühlmitteldrücke von 4 bis 70 bar finden Verwendung, so dass eine voll gekapselte Maschine mit Absaugung für Nebel und Dämpfe aus dem Arbeitsraum unbedingt erforderlich ist. Trockenschleifen kommt für Hochleistungsprozesse bisher nicht zum Einsatz.

In der Art und dem Einsatz der Abrichtwerkzeuge liegt ein weiterer wichtiger Unterschied zur Einzelteilbearbeitung.

50.3.2.2 Abrichtverfahren

Neben den oben schon genannten Abrichtfliesen und Formrollen lässt sich die Abrichtnebenzeit beim Profilabrichten hauptsächlich mit einer **Diamant-Profilrolle** verkürzen. Dieses Werkzeug ist allerdings profilgebunden und erfordert höhere Investitionskosten, die sich aber bei größeren Stückzahlen geschliffener Werkstücke schnell amortisieren.

Einen Sonderfall nimmt die **Stahl-Crushierrolle** ein, mit der Profile ohne Relativgeschwindigkeit in die Schleifscheibe eingerollt werden. Dieses Werkzeug wird bei sehr feinen oder tiefen Profilen eingesetzt, für die aufgrund der Diamantkorngröße oder Profilform keine Diamantwerkzeuge herstellbar sind.

WUS

Beide Abrichtwerkzeuge können in Geräten auf dem Maschinentisch aufgebaut werden (siehe Bild 50.10).

Gearbeitet wird üblicherweise im Eintauchverfahren über Rollenmitte. Über die Einstellgrößen: Eintauchgeschwindigkeit (in µm/Umdrehung der Schleifscheibe), Gleichlauf/Gegenlauf, Geschwindigkeitsverhältnis $v_{\mathrm{Rolle}}/v_{\mathrm{Scheibe}} = qd$ und Anzahl der Ausrollumdrehungen wird die Wirkrautiefe der Schleifscheibe beeinflusst [4, 5].

Bei älteren Maschinen ohne gesteuerte Schleifkopfbewegung wurde mit dem Tischvorschub über die Rolle gefahren. Bei diesem Verfahren kann die Wirkrautiefe aber nicht so definiert beeinflusst werden.

Mit Abrichtrollen kann auch vom Schleifkopf aus gearbeitet werden (Bild 50.11). Dazu benötigt man jedoch eine weitere Maschinenachse für die Rollenzustellung.

Verfahrenstechnisch kann zwischen zwei Schleifdurchgängen abgerichtet werden. Dadurch ergibt sich mit dem Gerät auf dem Schleifkopf eine

Bild 50.11: Rollen-Abrichtgerät auf dem Schleifkopf (Blohm Maschinenbau, Hamburg)

Zeiteinsparung im Vergleich zum Tischabrichter durch eingesparte Eilgänge. Oder es kann parallel zum Schleifprozess abgerichtet werden, im so genannten **„Kontinuierlichen Abrichten“** (engl.: continuous dressing „CD“). Aufgrund seiner Leistungsfähigkeit ist dieses Verfahren besonders für die Schruppzerspanung von schwer zerspanbaren Materialien geeignet.

Durch die Verwendung des kontinuierlichen Abrichtens während des Schleifens werden die Abrichtzeiten vollständig eliminiert und gleichzeitig wesentlich höhere Zeitspanvolumina erzielt.

Als kontinuierliches Abrichten wird die Technik des Profilierens und Schärfens einer Schleifscheibe mit einer Diamantrolle während des gesamten Schleifweges bezeichnet. Dieser Ablauf ist schematisch im Bild 50.12 dargestellt.

Um ein ebenes Werkstück zu erhalten, wird die Schleifscheibe gleichzeitig mit einer Geschwindigkeit relativ zum Werkstück zugestellt, die genau der Abricht-Zustellgeschwindigkeit entsprechen muss.

Der Abrichtbetrag wird also über die Zustellung der Schleifscheibe ständig ausgeglichen. Das kontinuierliche Abrichten ermöglicht damit das maßgerechte Schleifen von Werkstücken, unabhängig von der Tischgeschwindigkeit und der Werkstücklänge.

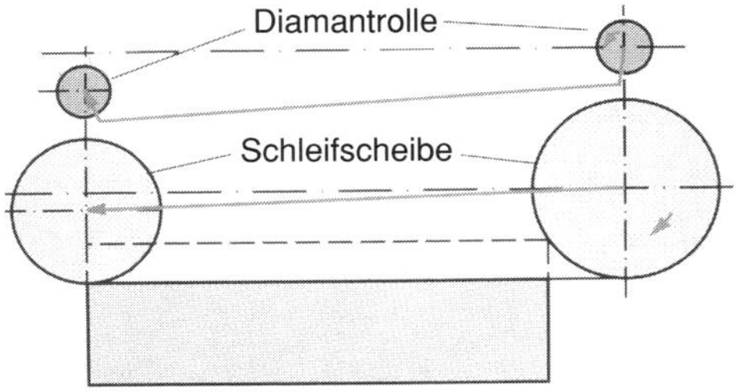

Bild 50.12: Prinzipdarstellung Kontinuierliches Abrichten

Grundvoraussetzung dafür ist, dass beide Zustellungen vollständig synchron und stetig laufen, d. h. µm Schritte, die an den Antrieben durch die Steuerung vorgegeben werden, müssen sowohl an der Scheibe als auch an der Rolle durchgeführt werden.

Mit einer derartigen Maschinen- und Abrichtkonzeption können bezogene Zeitspanvolumina von Q'_w = 50 mm³/mm s und darüber für die Produktion genutzt werden. Selbst Schnellarbeitsstähle lassen sich im Tiefschleifen bearbeiten und das ohne technologische Begrenzung der Schleiflänge.

Die Produktivität lässt sich mit einer derartigen Maschinenkonzeption um ein Mehrfaches erhöhen, und es kann eine Reduzierung der Fertigungskosten gegenüber konventionellen Verfahren von 50% und mehr erzielt werden.

Diese Zusammenhänge lassen sich anhand eines einfachen Beispieles verdeutlichen.

Die Verzahnung eines Werkstückes, Bild 50.13, aus einer hochwarmfesten Nickelbasislegierung wird herkömmlich mit einer Vorschubgeschwindigkeit von 100 mm/min tiefgeschliffen.

Es folgt ein Abrichtvorgang und ein Schlichthub im Rücklauf mit 150 mm/min. Es werden jeweils zwei Werkstücke gleichzeitig (Werkstücklänge 40 mm) mit einer Vorrichtung gespannt, wobei die gesamte Schleiflänge 140 mm beträgt. Der zweistufige Schleifzyklus, einschließlich Werkstückwechsel, dauert damit 3,1 min (Bild 50.13 linkes Diagramm). Dieses entspricht einer Mengenleistung von 39 Stück je Stunde.

Für einen Vergleich mit dieser herkömmlichen Schleifbearbeitung sollen zwei Beispiele für das Tiefschleifen mit kontinuierlichem Abrichten herangezogen werden.

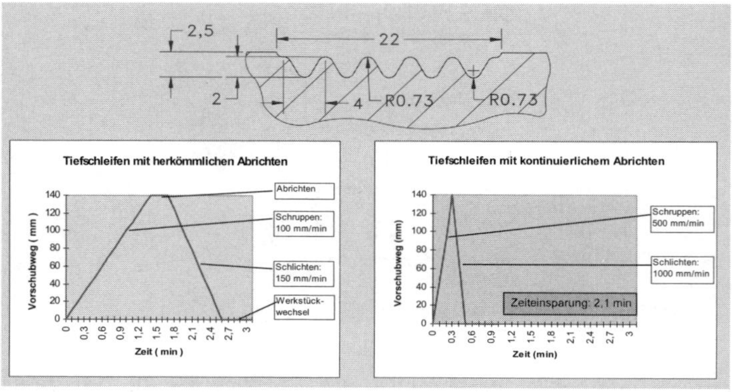

Bild 50.13: Beispiel Kontinuierliches Abrichten

Fall 1: Es wird, wie beim herkömmlichen Tiefschleifen, eine Vorrichtung mit zwei Werkstücken auf den Maschinentisch gespannt (Bild 50.13 rechtes Diagramm).

Fall 2: Es wird eine vergrößerte und verbesserte Vorrichtung für zehn Werkstücke auf den Maschinentisch gespannt.

Als ermittelte Einstellparameter werden für beide Betrachtungen folgende Werte zugrunde gelegt: Vorschubgeschwindigkeit des Tisches beim Schruppen = 500 mm/min. mit gleichzeitiger Abrichtzustellung je Scheibenumdrehung von 1,0 µm beim Schlichten im Rückhub = 1000 mm/min. mit einer Abrichtzustellung von nur 0,2 µm je Scheibenumdrehung.

Für den Fall 1 (Bild 50.13 rechtes Diagramm) beträgt die Zykluszeit für zwei Werkstücke 1,0 min, was einer Mengenleistung von 120 Stück/h entspricht. Der Anteil der Werkstückwechselzeit ist für diesen Fall wesentlich größer als die eigentliche Schleifzeit, d. h., die Nebenzeiten werden bestimmend für die Boden-zu-Boden-Zeit.

Bei Aufspannung von 10 Werkstücken (Fall 2) ergibt sich eine Gesamtzykluszeit von 2,65 min, was einer vergleichbaren Zykluszeit (zwei Werkstücke) von nur 0,53 min entspricht.

Die Mengenleistung beträgt 226 Stück je Stunde. Für das Wechseln der mit zehn Werkstücken bestückten Vorrichtung wurde dabei bereits ein zweifacher Zeitbedarf berücksichtigt.

Das kontinuierliche Abrichten ermöglicht damit für den Fall 1 eine Produktivitätssteigerung von ca. 300 %, für den Fall 2 sogar eine Steigerung um 580 % gegenüber dem bisherigen Verfahren.

Die Produktivitätssteigerung schlägt sich direkt in verringerten Fertigungskosten nieder (Bild 50.14).

Da die nach VDMA berechneten Platzkosten der eingesetzten Produktions-, Plan- und Profilschleifmaschine zum kontinuierlichen Abrichten nur geringfügig über denen einer Standardmaschine zum Tiefschleifen liegen, vermindern sich die Bearbeitungskosten nahezu mit gleichem Prozentsatz wie die Zykluszeiten.

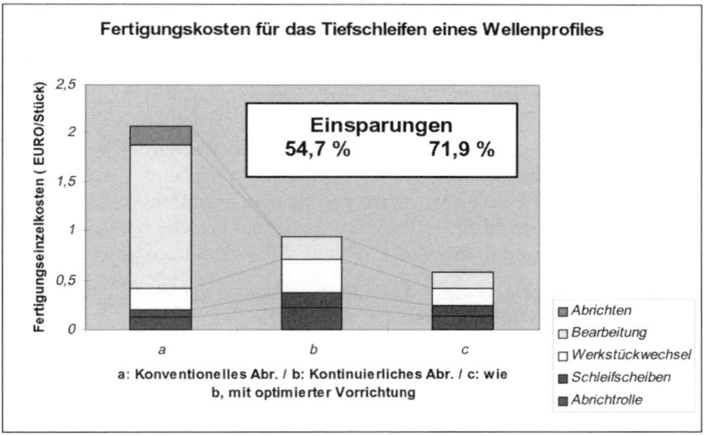

Bild 50.14: Kostenvergleich

Die Schleifmittel- und Rollenkosten je Werkstück betragen für den Fall 1 ungefähr das Doppelte der Ausgangskosten, während sie sich für den Fall 2 lediglich um etwa die Hälfte erhöhen.

Dieser Vorteil ergibt sich dadurch, dass die Schleifscheibe über zehn Werkstücken ständig im Eingriff bleibt. Der insbesondere bei kurzen Werkstücklängen und großen Aufmaßen vorhandene Einfluss des langen Einlaufweges kann auf diese Weise wesentlich vermindert werden.

Diese Möglichkeit ist beim herkömmlichen Tiefschleifen wegen des Scheibenverschleißes und des meist linearen Anstiegs der Schleifkräfte, die letztlich den Schleifweg begrenzen, nicht vorhanden. Die Zeiten und damit die Maschinenkosten für zwischenzeitliches Abrichten entfallen beim kontinuierlichen Abrichten vollständig.

Das Beispiel zeigt, dass selbst bei einer Verdoppelung der Werkzeugkosten für den Fall 1 noch eine Kosteneinsparung – allein durch Nutzung einer besonderen Abrichttechnik – von rund 55 % erzielt wird. Die für den Fall 2 aufgezeigte Alternative ermöglicht für dieses Beispiel sogar eine Kosteneinsparung von rund 72 %.

Das Bearbeitungsbeispiel verdeutlicht gleichzeitig, dass allgemein auch die Verkürzung der Werkstückwechselzeiten aufgrund der wesentlich verkürzten Zeiten eine besondere Bedeutung erfährt. Der Einsatz eines schnellen bzw. automatischen Werkstückwechsels sollte daher für diese Technologie in eine Wirtschaftlichkeitsuntersuchung mit einbezogen werden.

Es ist klar, dass die Umsetzung von hohen Zeitspanvolumina zu hohem Leistungsbedarf der Schleifmaschine führt. Je nach Prozessauslegung und Werkstückkontur kann der Leistungsbedarf beim CD-Schleifen 1 ... 4 kW je mm Schleifbreite betragen.

Da die Schleifmotorleistungen heute bei ca. 120 kW begrenzt sind, muss bei größeren Schleifbreiten der technologisch mögliche Vorschub begrenzt werden. Die Abrichtbeträge pro Scheibenumdrehung lassen sich aber nicht im selben Maße reduzieren, da die Schleifscheibe sonst zu fein abgerichtet wird und dadurch die Schleifkräfte wieder ansteigen.

Hier setzt eine Variante des CD-Schleifens, das so genannte IPD-Schleifen an (IPD = **In Process Dressing**), Bild 50.15.

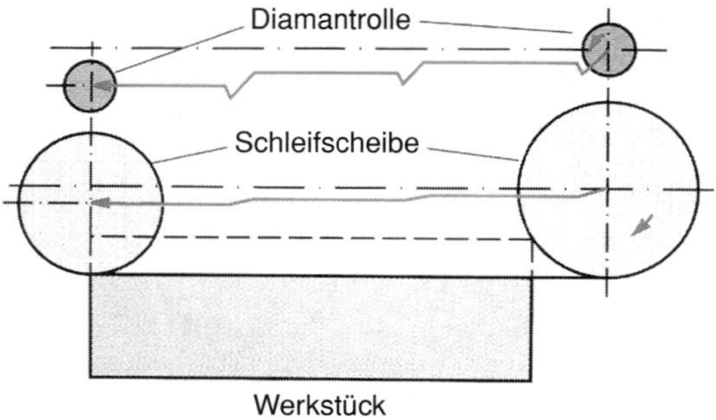

Bild 50.15: Prinzipdarstellung IPD-Schleifen

Dabei wird, ohne den Vorschub anzuhalten, in vorwählbarem Abstand der Abrichtvorgang mit Kompensation durchgeführt.

Die Abrichtparameter können dabei so frei gewählt werden, wie es für die Wirkrautiefe zum Schruppen erforderlich ist. Die dabei entstehenden Markierungen auf dem Werkstück liegen im Bereich von 0,01 mm und werden problemlos beim Schlichten egalisiert.

Bei den letztgenannten Verfahren (CD und IPD) sind Abrichtprozess und Schleifprozess eng miteinander verknüpft und beeinflussen sich auch gegenseitig. Folglich werden an die Optimierung hohe Anforderungen gestellt. Schon eine zu feine Diamantierung der Abrichtrolle kann den Prozess erheblich verschlechtern. Der Kühlschmierung von Rolle und Schleifscheibe ist auch große Aufmerksamkeit zu schenken. Ebenso ist eine hohe Steifigkeit der Werkstückaufspannung sehr wichtig, um Schwingungen im Prozess zu vermeiden.

Die Wichtigkeit der richtigen Verfahrensauswahl kann am Beispiel der Bearbeitung von Lenkzahnstangen erläutert werden. An diesen Zahnstangen aus härtbarem Automatenstahl (Bild 50.16) wird die Verzahnung in einem Schnitt mit 6,7 mm Zustellung in die weiche Rundstange eingeschliffen.

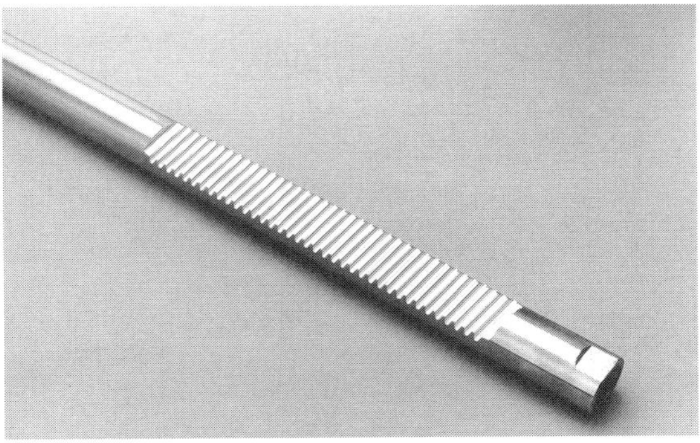

Bild 50.16: Lenkzahnstange

Die Profilbreite beträgt 195 mm, die Schleifscheibe wird mit einer Diamantrolle vom Schleifkopf aus abgerichtet.

In der hydraulisch betätigten Spannvorrichtung sind 8 Werkstücke gespannt. Die gesamte Bearbeitung incl. Werkstückhandhabung läuft vollautomatisch ab.

Im Gegenlauf wird mit 4-maligem Abrichten mit 200 mm/min Vorschubgeschwindigkeit geschruppt und im Rücklauf mit 1 000 mm/min geschlichtet, um die Markierungen vom Abrichten zu beseitigen. Das ergibt eine Ausbringung von 120 Werkstücken pro Stunde.

Interessant ist der Kostenvergleich zwischen CD und IPD.

Beim CD-Schleifen würde leistungsbedingt mit max. 230 mm/min Vorschubgeschwindigkeit geschliffen werden können. Aufgrund der erforderlichen Wirkrautiefe muss dabei mit 0,6 µm/Umdr. abgerichtet werden. Das ergibt eine mögliche Stückzahl von 600 Werkstücken pro Schleifscheibe.

Beim Einsatz von IPD können jedoch 5000 Werkstücke pro Schleifscheibe bearbeitet werden. Aufgrund des häufigeren Scheibenwechsels ist der Zeitvorteil bei CD schon ausgeglichen, d. h., die zeitabhängigen Kosten sind nahezu konstant.

Da eine Schleifscheibe aber etwa 1200,– EURO kostet, liegen die Werkzeugkosten pro Werkstück bei CD mit 2,00 EURO gegenüber 0,24 EURO bei IPD deutlich höher.

Bild 50.17: Anlage zum Schleifen von Lenkzahnstangen (Blohm Maschinenbau, Hamburg)

Die Zahnstangen werden in einer automatischen Schleifanlage mit Werkstückhandling (Bild 50.17) produziert, womit auf den nächsten Abschnitt übergeleitet werden kann.

50.3.3 Anlagen für Massenproduktion

Hierbei handelt es sich meist um eine oder mehrere Produktionsschleifmaschinen, die mit Peripherieeinrichtungen wie Werkstückhandhabung und -transport, Schleifscheibenwechsel, Messeinrichtungen und Rechnersystemen miteinander verkettet sind, um Werkstücke oder Werkstückfamilien automatisch zu bearbeiten.

Diese Anlagen werden werkstückspezifisch zusammengestellt. Die Variationsmöglichkeit ist außerordentlich groß, so dass hier nicht auf Einzelheiten eingegangen werden kann.

Generell ist auch hierbei dem Abrichten eine hohe Bedeutung beizumessen, da ein automatischer **Schleifscheibenwechsel** und ein automatischer Diamantrollenwechsel zum CD-Schleifen zu einer sehr komplexen Anlage führt. Dabei darf auch die Kühlmitteldüse nicht vergessen werden. Um diesen Aufwand in Grenzen zu halten, existieren Lösungen mit mehreren Abrichtrollen, die nacheinander zum Eingriff gebracht werden können (Bild 50.18).

Bild 50.18: Doppelabrichter mit schwenkbarem Rollenwechsel und -zustellung (Blohm Maschinenbau, Hamburg)

Bei CBN-Schleifscheiben bietet sich an, mit bahngesteuertem Abrichten verschiedene eingewechselte Schleifscheiben zu profilieren.

Bei galvanisch gebundenen Schleifscheiben ist lediglich noch das Düsenproblem zu lösen. Hier gibt es z. B. Ausführungen mit automatischem Düsenwechsel oder Düsenrevolver (Bild 50.19).

Ein Wechsler mit Doppelgreifer (3) kann die Schleifscheibe (1) von der Schleifspindel (4) übernehmen und gegen eine andere Schleifscheibe (2) austauschen. Im Greifer ist ein Lesekopf (5) für programmierbare Daten-

WUS

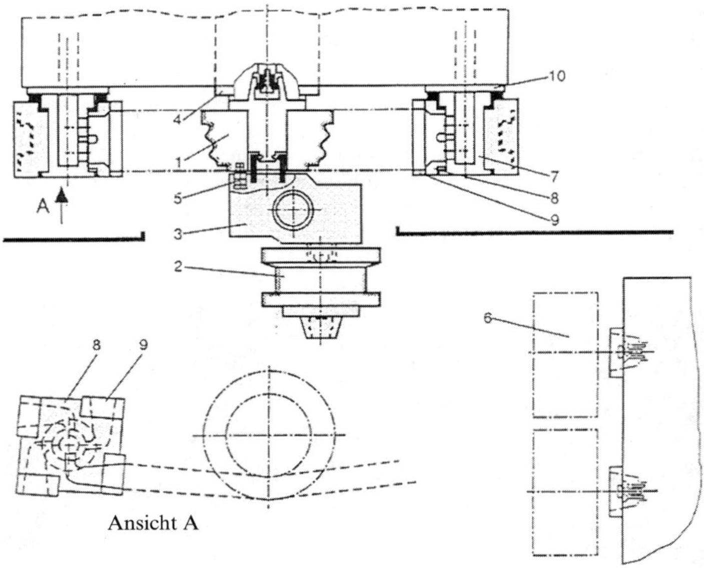

Automatischer Wechsel von Schleifscheiben und Kühlmitteldüsen

(1) CBN-Schleifscheibe auf der Schleifspindel
(2) CBN-Schleifscheibe im Scheibenwechsler
(3) Schleifscheibenwechsler mit Doppelgreifer
(4) Schleifspindel
(5) Schleifscheibenidentifizierung
(6) Schleifscheibenmagazin
(7) Kühlmittelverteiler
(8) Düsengrundkörper (drehbar)
(9) Profilierte Düseneinsätze
(10) Dreheinrichtung

Bild 50.19: Automatischer Schleifscheibenwechsel mit CNC-Düsenrevolver

träger integriert. Im Datenträger ist die Identnummer der Schleifscheibe gespeichert. Er kann auch zusätzliche Informationen für Offsets, zulässige Einstellwerte oder dergleichen bereithalten, die die Betriebssicherheit verbessern.

Das Schleifscheibenmagazin (6) verfügt über 10 Aufnahmeplätze und kann bei Bedarf erweitert werden. Es befindet sich außerhalb des verkleideten Arbeitsraumes. Der Wechsler verfährt zwischen Magazin und Schleifspindel in 2 Achsen. Die für unterschiedliche Schleifscheibenprofile benötigten Kühlmitteldüsen sind auf beiden Seiten der Schleifscheibe auf Sternrevolvern angebracht. Durch ein feststehendes Rohr (7) wird das Kühlmittel zugeführt. Um dieses Rohr ist ein Grundkörper (8) drehbar, der mehrere Profildüseneinsätze (9) trägt. Der Durchlass ist nur zu der jeweils auf die Schleifstelle gerichteten Düse freigegeben. Der Drehantrieb (10) ist axial angekuppelt und wird von der Maschinensteuerung bedient. Der gesamte Revolver ist austauschbar und seine Düseneinsätze können umgerüstet werden.

50.4 Maschinenkinematiken

Im Grundsatz handelt es sich immer um drei aufeinander senkrecht stehende Achsen. Zwei decken eine Fläche ab, die andere wird für die Schleifscheibenzustellung eingesetzt (siehe auch 50.1).

Aus den bisherigen Ausführungen erkennt man, dass noch weitere Achsen für Abrichter und/oder Werkstückschwenkbewegungen als Hilfsachsen in einer Maschine integriert sein können. Es sind bislang Maschinen mit bis zu 16 NC-Achsen bekannt.

Nachfolgend sollen die gängigsten Maschinenkinematiken vorgestellt werden, was aber keinen Anspruch auf Vollständigkeit erhebt. Für spezielle Produktionsaufgaben existieren darüber hinaus verschiedenste Sondermaschinen mit anderen Kinematiken.

WUS

50.4.1 Supportbauweise

In dem Schema (Bild 50.20) ist der Maschinentisch, der die zu schleifenden Werkstücke aufnimmt, mit seiner Führung (X-Achse) auf dem so genannten Support aufgebaut. Der Support übernimmt die Querbewegung (Z-Achse) zur Erzeugung der Fläche.

Der Schleifkopf wird in der fest stehenden Säule (Ständer) geführt.

Die Hilfsachse V wird für einen Abrichter auf dem Schleifkopf eingesetzt.

Mit diesem Konzept lässt sich ein Höchstmaß an Genauigkeit bei kleinen Tischgrößen erzeugen. Eine sinnvolle Abgrenzung für die maximalen Tischgrößen liegt bei $X = 1200$ mm und $Z = 400$ mm. Es gibt auch Ausnahmen davon, jedoch sind dann Nachteile in der Maschinenbedienung und -genauigkeit zu berücksichtigen.

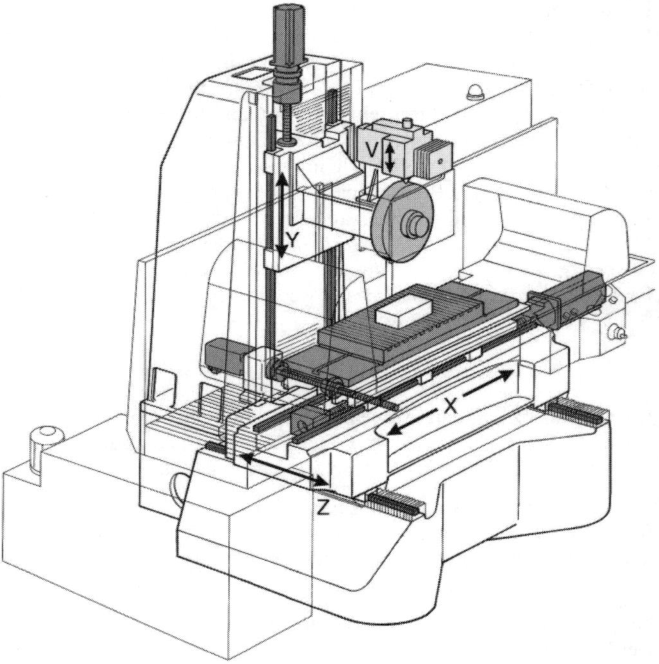

Bild 50.20: Supportmaschine (Blohm Maschinenbau, Hamburg)

Eine längere *Z*-Achse führt zu einer schlechten Ergonomie, da der Support auf den Bediener zufährt und der hintere Teil des Tisches schwer zugänglich ist.

Eine längere *X*-Achse führt zu einem längeren Support mit schlechteren Führungsverhältnissen an der *Z*-Achse.

Genereller Vorteil des dargestellten Supportkonzeptes liegt in einer unabhängig von der *Z*-Position konstanten Systemsteifigkeit, da sich keine Hebellängen innerhalb des Kraftflusses ändern.

Eine Variante des Konzeptes ist im Bild 50.21 dargestellt. Bei dieser Supportmaschine wird die senkrechte Bewegung durch eine in *Y*-Richtung verfahrbare Säule ausgeführt. Dabei taucht die Säule auf der Rückseite der Maschine in das Maschinenbett ein.

Hierbei wird der Schleifkopf mit der Säule fest verbunden, was an dieser Stelle zu Steifigkeitsvorteilen führt. Die Gesamtsteifigkeit ändert sich

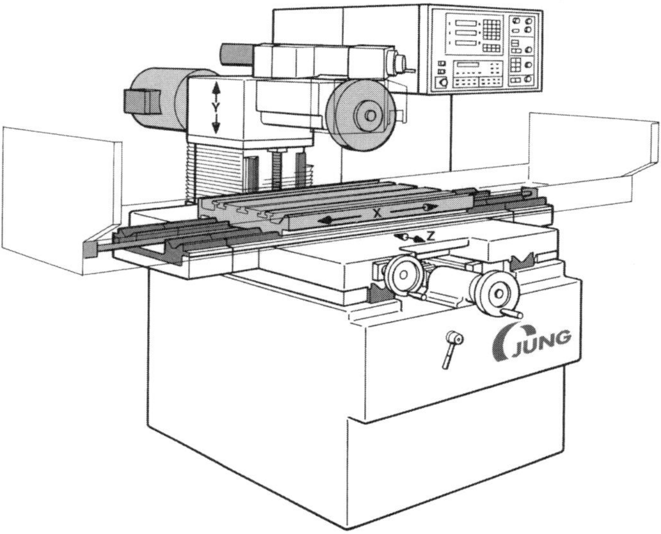

Bild 50.21: Supportmaschine mit „tauchender" Säule (Jung, Göppingen)

aber mit der *Y*-Position geringfügig durch die variable Hebellänge der Säule.

Beide Prinzipien werden gern bei kleinen Maschinen für den Werkzeugbau eingesetzt (siehe auch Bild 50.2) und werden häufig noch mit offenen Arbeitsräumen verwendet.

50.4.2 Fahrständerbauweise

Bei dem vorherigen Konzept lag nur die Zustellbewegung der Schleifscheibe auf der Werkzeugseite der Maschine. Die **Fahrständerbauweise** zeichnet sich dadurch aus, dass der Ständer zusätzlich noch eine oder zwei weitere Bewegungen ausführt. Dieses kann unterschiedliche Ziele verfolgen, worauf in den weiteren Kapiteln eingegangen wird.

50.4.2.1 Schulterführungsbauweise

Bei diesem Konzept (Bild 50.22) wird die Querbewegung (*Z*-Achse) mit der Säule ausgeführt. Die Tischführung ist direkt auf dem Maschinenbett aufgebaut.

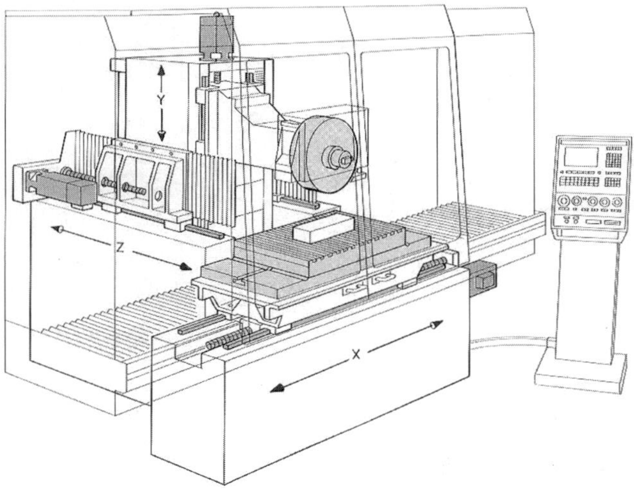

Bild 50.22: Maschine mit Schulterführung in der Z-Achse (Blohm Maschinenbau, Hamburg)

Das hat den Vorteil, dass der Bediener immer den selben Abstand zum Werkstück hat – auch bei unterschiedlicher Stellung der Z-Achse. Dieses ist aus ergonomischen Gründen besonders vorteilhaft bei Querwegen größer oder gleich 400 mm.

Der Z-Führung muss aber besondere Bedeutung zugemessen werden, da sie im Gegensatz zur Supportführung auch Momente der Zerspankraft aufnehmen muss. Aus diesem Grund wird sie bei dem Schulterführungskonzept so hoch angeordnet, dass sie sich auf der Höhe der gängigsten Position des Schleifkopfes befindet. Dadurch wird die Momentenbelastung minimiert. Bemerkenswert ist bei dieser Ausführung noch, dass das Maschinenbett bis zur Z-Führungsauflage aus Steifigkeitsgründen aus einem Stück besteht.

Der Arbeitsbereich ausgeführter Maschinen (Arbeitsbreite × Arbeitslänge) liegt zwischen 400 × 800 und 600 × 2000 mm.

Diese Maschinen werden inzwischen hauptsächlich mit geschlossener Arbeitsraumverkleidung ausgeführt (Bild 50.23). Damit sind auch bei größeren Kühlmitteldrücken und -mengen die Arbeitsplatzrichtlinen erfüllt.

Bild 50.23: Plan- und Profilschleifmaschine mit geschlossener Verkleidung (Blohm Maschinenbau, Hamburg)

50.4.2.2 Fahrständer mit Kreuzschlitten

Bei diesem Maschinenkonzept sind alle drei Hauptachsen auf der Werkzeugseite angeordnet (Bild 50.24).

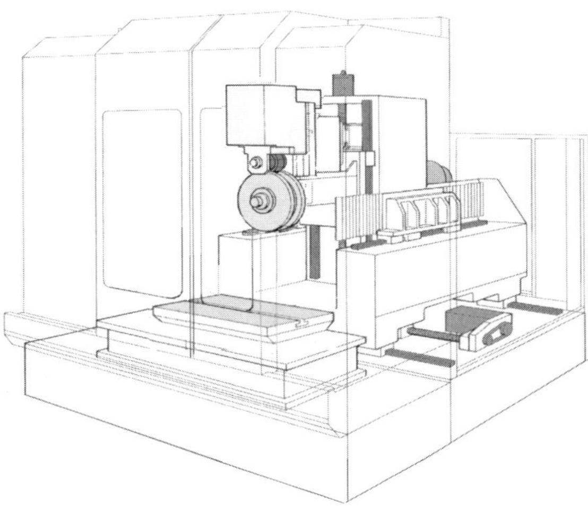

Bild 50.24: Fahrständermaschine mit Kreuzschlitten (Blohm Maschinenbau, Hamburg)

Mit diesem Konzept lassen sich, bezogen auf die X-Achse, sehr kompakte bzw. im Verhältnis zum Nutzweg relativ kurze Maschinen bauen. Als Führungslänge in X-Richtung wird nur die Schlittenbreite zuzüglich des Nutzweges und einer Länge für die Abdeckung benötigt. Der Bereich unter der Schleifscheibe kann werkstückspezifisch relativ frei gestaltet werden. Ggf. können dort weitere Hilfsachsen (Rundtische) für Werkstückbewegungen angeordnet werden. Die Zugänglichkeit zum Arbeitsraum ist sehr gut.

50.4.2.3 Fahrständer mit Kreuzschlitten und Rundtisch

Die Variante mit Kreuzschlitten und Rundtisch wird zur Lösung von Produktionsaufgaben mit großen Stückzahlen eingesetzt (Bild 50.25). Der Rundtisch führt zum Werkstückwechsel eine 180° Schwenkbewegung aus. Eine Trennwand zwischen Arbeits- und Bestückungsraum schützt den Bediener, der während der Hauptzeit neu beladen kann. Die Investition von zwei Vorrichtungen muss für die jeweilige Aufgabe allerdings gerechtfertigt sein.

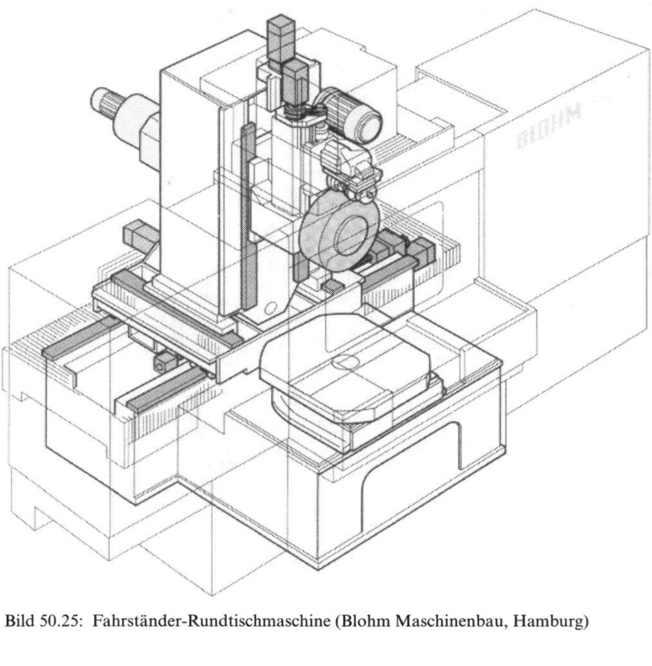

Bild 50.25: Fahrständer-Rundtischmaschine (Blohm Maschinenbau, Hamburg)

50.4.3 Auslegerbauweise

Im Gegensatz zur Fahrständerbauweise mit Schulterführung wird hier die Querbewegung nicht mit der ganzen Säule, sondern nur mit dem Schleifkopf ausgeführt (Bild 50.26).

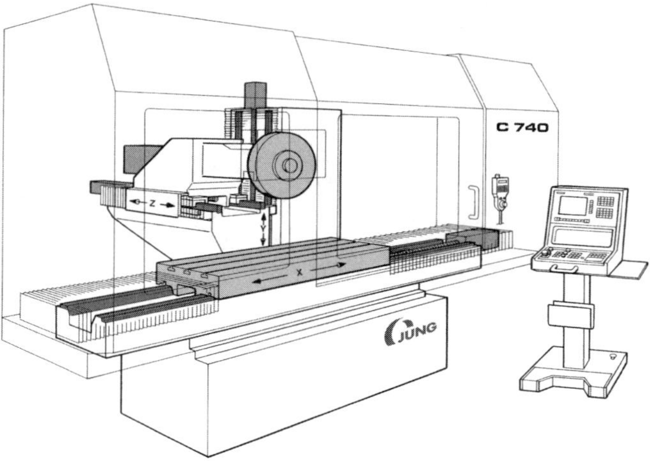

Bild 50.26: Plan- und Profilschleifmaschine in Auslegerbauweise (Jung, Göppingen)

Der Vorteil liegt darin, dass die bewegten Massen auf der Werkzeugseite kleiner sind. Dafür muss die Z-Führung in der Y-Richtung mit bewegt werden. Der Einsatz- und Größenbereich entspricht denen im Abschnitt 50.4.2.1.

50.4.4 Portalbauweise

Diese Bauweise wird vorzugsweise bei sehr großen Maschinen eingesetzt.

Der Grundaufbau der Maschinen besteht aus einem auf dem Bett verfahrbaren Maschinentisch (X-Achse). Darüber ist das so genannte Portal angeordnet, das mindestens einen an dem Portalbalken verfahrbaren Schleifkopf mit einer Zustellachse aufnimmt (Bild 50.27).

Bild 50.27: Portalschleifmaschine (Waldrich, Coburg)

Aufgrund des beidseitig des Tisches abgestützten Portals ist dieses Konzept besonders für große Schleifbreiten (bis zu mehreren Metern) geeignet. Die maximale Schleiflänge kann über 10 m betragen. Mehrere Schleifköpfe am Portal mit unterschiedlicher Spindelanordnung sind bei diesen Maschinen möglich und üblich.

Für solche Großmaschinen ist ein speziell abgestimmtes Fundament unabdingbar.

50.4.5 Rundtischmaschinen

Im Gegensatz zu der oben unter 50.4.2.3 beschriebenen Maschine mit Rundtisch wird auf diesen Maschinen die Drehbewegung des Rundtisches als Schleifvorschub eingesetzt. Somit entfällt hier die lineare X-Achse und wird durch eine rotatorische ersetzt (Bild 50.28).

Die Querbewegung ist als Fahrständer (siehe Bild 50.28) oder als Ausleger möglich. Ein Support unter dem Rundtisch wird im Allgemeinen nicht eingesetzt.

Die Anwendung dieser Maschinen liegt im Bereich von Kleinteilen oder Ringen, die einseitig zu bearbeiten sind.

Bei dieser Maschinenkinematik sind auch häufig Senkrechtschleifspindeln mit Topf-Schleifscheiben oder Segmenttöpfen im Einsatz, auf die im nächsten Abschnitt eingegangen wird.

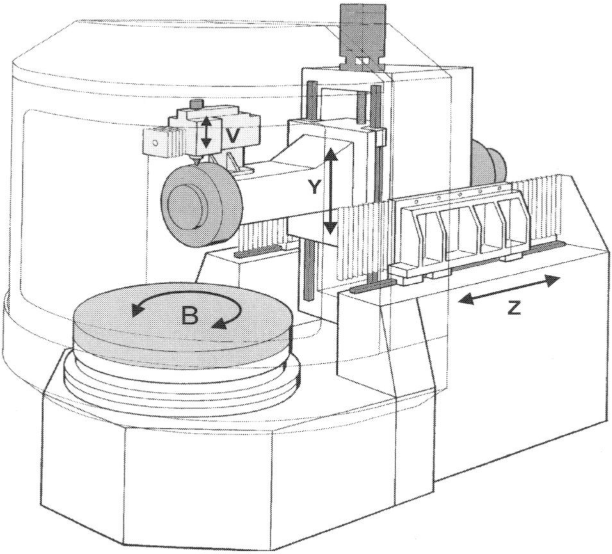

Bild 50.28: Rundtischschleifmaschine (Blohm Maschinenbau, Hamburg)

50.4.6 Maschinen zum Plan-Seitenschleifen

Wie aus Bild 50.1 ersichtlich, wird bei solchen Maschinen mit der Planfläche der Schleifscheibe gearbeitet (Stirnschleifen, Seitenschleifen, Topfschleifen). Dabei kann die Schleifspindelachse senkrecht oder waagerecht angeordnet sein. Beide Bauformen sind ausgeführt.

Die zu erzeugende Fläche wird durch die äußere Kante der Schleifscheibe hergestellt. Daher werden meist Schleiftöpfe (Topfschleifscheiben), teilweise auch in segmentierter Ausführung, eingesetzt.

Die Besonderheit dieser Kinematik liegt in einer hohen Schruppleistung bei der Grobzerspanung und einer sehr guten Oberflächenqualität bei einer entsprechend ausgelegten Feinbearbeitung (z. B. bei der Bearbeitung von Silizium Wafern).

Dieses wird besonders beim Feinschleifen mit Läppkinematik ausgenutzt. Dabei wird eine in der Planfläche mit Schleifsegmenten bestückte Scheibe anstelle einer Läppscheibe verwendet. Dabei sind allerdings auch die Flächen der Schleifsegmente im Eingriff, die jedoch für Kühlmittelzufuhr und Späneabfuhr unterbrochen sind.

Spezielle Formen von **Plan-Seitenschleifmaschinen** arbeiten mit kontinuierlichem Werkstücktransport an der Schleifscheibe vorbei. In dieser Ausführung werden auch Maschinen gebaut, die die Werkstücke von zwei Seiten gleichzeitig bearbeiten (Doppel-Plan-Seitenschleifen). Diese Maschinen werden z. B. beim beidseitigen Planschleifen von Pleueln für PKW-Motoren eingesetzt.

50.5 Steuerungstechnik

Die eingesetzte **Steuerungstechnik** ist stark von den Einsatzbedingungen der Maschine abhängig. Die Besonderheit bei einer Schleifmaschine, die sowohl das Werkstück als auch das Werkzeug zerspant, das darüber hinaus auch Verschleiß erleidet, muss von jeder Steuerung berücksichtigt werden (siehe auch Bild 50.5). Bei einer manuellen Maschine wird dieses durch die Erfahrungen des Bedieners gesteuert.

50.5.1 Manuelle Maschinen

Rein manuell gesteuerte Maschinen sind bei Neubeschaffungen nur noch sehr selten anzutreffen. Meist werden dabei zusätzlich zu den Handrädern automatische Zustelleinrichtungen über Klinkengetriebe o. Ä. mit einkuppelbaren Eilgangmotoren eingesetzt. Als Tischantrieb wird im Allgemeinen ein Hydraulikzylinder mit manueller Geschwindigkeitsvorwahl verwendet.

50.5.2 Einfache NC-Maschinen

Für manuelle und automatische Planschleifarbeiten wird heute gern eine einfache NC- oder CNC-Steuerung mit fest vorgegebenen Zyklen eingesetzt. Diese Steuerungen erlauben in Verbindung mit elektronischen Handrädern sowohl das Schleifen mit manueller Quer- und Zustellbewegung als auch das vollautomatische Schleifen mit festen Rahmenprogrammen. Dem Bediener werden Vorschlagsparameter angeboten, die auch geändert werden können, so dass mit minimaler Eingabetätigkeit gearbeitet werden kann (Bild 50.29).

Auch das Einrichten der Maschinen wird durch entsprechende Hilfen wie z. B. Übernahme von angefahrenen Positionen per Knopfdruck oder Pendelhubeinstellung über Tasten sehr vereinfacht.

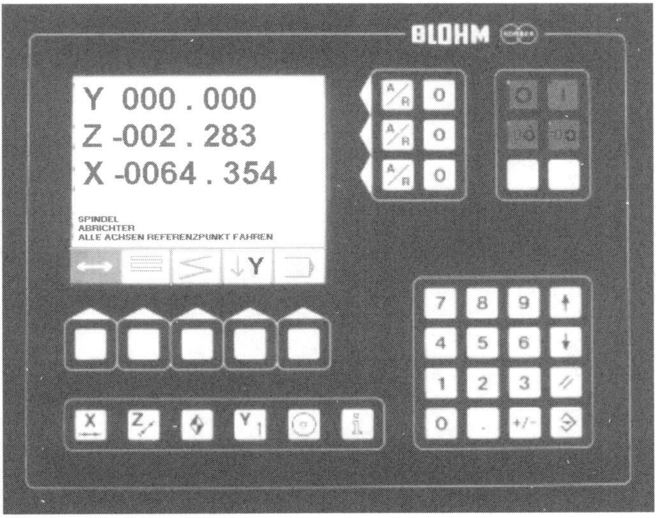

Bild 50.29: Einfache Steuerung – BLOHM Ergomatic (Blohm Maschinenbau, Hamburg)

50.5.3 CNC-bahngesteuerte Maschinen

Die in Deutschland am häufigsten zum Schleifen eingesetzte Bahnsteuerung ist die 810/840 D von Siemens. Die gängigste Version dieser Steuerung arbeitet in der Bedienoberfläche mit einem Windows-Betriebssystem. Dadurch ist die Bedienoberfläche je nach Ausstattung gut auf verschiedene Einsatzbedingungen anpassbar. Produkte von anderen Herstellern sind selbstverständlich auch verfügbar.

Die Maschinenhersteller bieten zu dieser Steuerung üblicherweise eine Vielzahl von Standardzyklen an, die parametriert sind. Zusätzlich zur Programmierung in der Arbeitsvorbereitung wird dadurch ermöglicht, dass sich der Bediener durch Setzen von Parametern und Verknüpfung von mehreren Zyklen Programme auf einfache Weise selbst erstellen kann. Zur einfachen Übersicht werden farbig hinterlegte **Bedienoberflächen** angeboten, die eine grafische Unterstützung für den Bediener liefern.

Die Bilder 50.30 und 50.31 zeigen an den Beispielen „Schleifscheibenverwaltung“ und „Radiusschleifen konvex CD“ die festzulegenden Parameter zur Erstellung eines NC-Bearbeitungsprogramms mittels grafischer Bedienoberfläche.

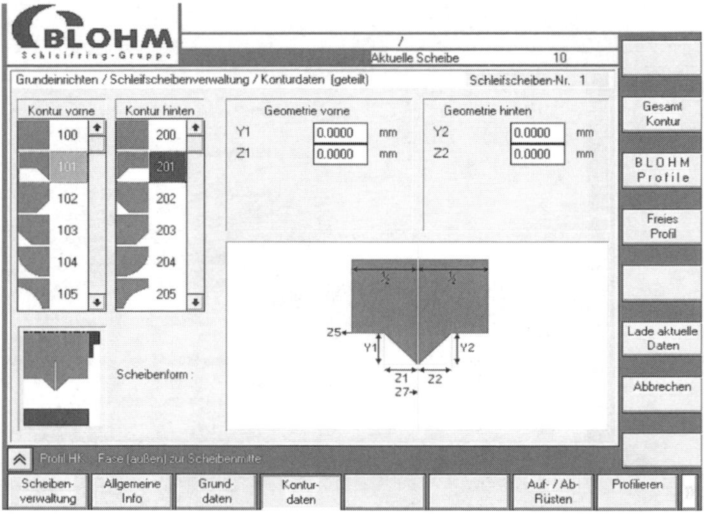

Bild 50.30: Schleifscheibenverwaltung (Blohm Maschinenbau, Hamburg)

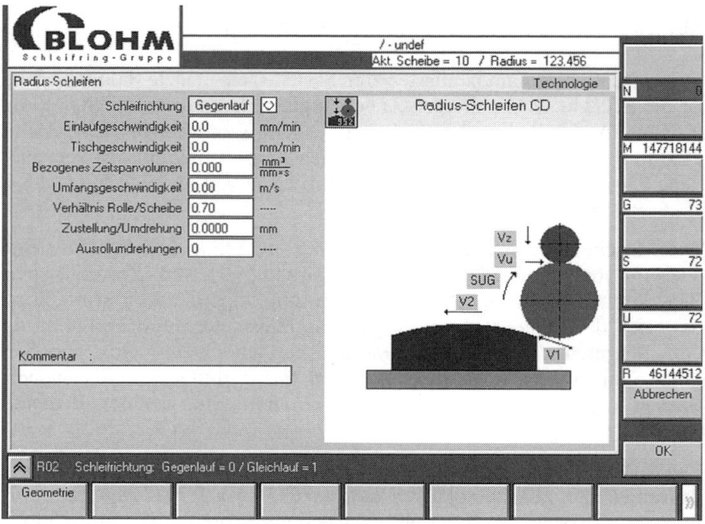

Bild 50.31: Zyklenbild „Radiusschleifen konvex CD" (Blohm Maschinenbau, Hamburg)

Weiterhin erleichtert die Bedienoberfläche das Einrichten der Maschine in der Form, dass z. B. per Handrad angefahrene Achspositionen per Knopfdruck ins Programm übernommen, einfache Profile aufgerufen und Abrichtwerkzeuge mittels Programm eingemessen werden können.

Die Weiterentwicklung auf dem Steuerungs- und Programmiersektor ist besonders innovativ und intensiv. Sie führt dazu, dass CNC-Steuerungen immer komfortabler und ohne spezielle CNC-Kenntnisse bedient werden können.

50.6 Anforderungen an den Einsatz von hochharten Schneidstoffen

Der Einsatz von hochharten Schneidstoffen, wie **CBN** (kubisch kristallines Bornitrit) und Diamant nimmt ständig zu. Dieses liegt an der Entwicklung von immer besseren Schleifscheiben für einen wirtschaftlicheren Einsatz und an immer schwerer zerspanbaren Werkstoffen.

Von der Härte her liegt CBN zwischen **Diamant** (dem härtesten Korn) und Siliziumkarbid. CBN ist jedoch dann einzusetzen, wenn nicht Kohlenstoff gesättigte Materialien bearbeitet werden sollen. Dabei würde sonst dem Diamant der Kohlenstoff, aus dem er besteht, entzogen werden, was zu hohem Verschleiß führt.

Die stärkere Verbreitung von insbesondere CBN hängt auch damit zusammen, dass speziell dafür ausgelegte Maschinen und Zubehöre entwickelt und erprobt worden sind. Dazu gehören außer einer entsprechend hohen Maschinensteifigkeit auch geeignete, leistungsstarke Hauptantriebe, die möglichst ohne Übersetzungsgetriebe hohe Schnittgeschwindigkeiten realisieren können. Probleme stellen hier die im Motoranker auftretenden Fliehkräfte dar, so dass heute Hochgeschwindigkeitsantriebe über 45 kW meist in wassergekühlter Ausführung kompakt gebaut werden.

Trotz teilweise gegenläufiger Tendenzen wird im Allgemeinen Schleiföl als der wirtschaftlichste Kühlschmierstoff verwendet. Das hat natürlich auch Konsequenzen für die Maschinenausrüstung. Insbesondere müssen der Maschinenbediener und auch die Maschine vor Verpuffungen und Bränden geschützt werden, da der Flammpunkt der meisten Öle zwischen 140 und 160 °C liegt.

Vorbeugend sind eine geschlossene Arbeitsraumverkleidung, eine gute Absaugung und eine ausreichende Kühlschmierstoffzufuhr vorzusehen. Darüber hinaus sind die Maschinen mit geeigneten Sicherheitseinrichtungen auszustatten, da es bereits schwere Unfälle gegeben hat.

Stand der Technik sind heute Druckentlastungsklappen zum Abbau von Druckspitzen bei einer Verpuffung. Diese sind mit einer Sensorik und Ansteuerung ausgerüstet, die nach einer Auslösung die Maschine definiert freifahren und abschalten können. Meistens entsteht als Folge einer Verpuffung ein Brand im Arbeitsraum der Maschine. Dieser lässt sich am schnellsten durch automatische Feuerlöscheinrichtungen bekämpfen. Es gibt erprobte Anlagen auf dem Markt, die mit geeigneten Flammsensoren und schnell öffnenden Ventilen auf den CO_2-Flaschen verhindern können, dass überhaupt ein Brandschaden entsteht.

50.6.1 CBN-Schleifscheiben mit galvanischer Bindung

Diese Werkzeuge werden heute als Hochleistungs-Werkzeug für die Schruppzerspanung (in Hochgeschwindigkeitsprozessen) oder in Hochpräzisions-Ausführung für die Schlichtzerspanung eingesetzt.

Die Schleifscheiben sind einschichtig mit galvanisch gebundenem Korn belegt. Sie sind daher nicht abrichtbar. Bei Verschleiß des Belages ist die Schleifscheibe zu wechseln und kann meist beim Hersteller neu belegt werden.

Bild 50.32: CBN-Schleifscheiben mit galvanischer Bindung (Blohm Maschinenbau, Hamburg)

Beim Hochleistungsschleifen werden meist Schnittgeschwindigkeiten oberhalb von 100 m/s angewendet. Dabei sind am WZL in Aachen schon Schnittgeschwindigkeiten von 500 m/s realisiert worden. In der Praxis werden jedoch nur maximale Geschwindigkeiten bis 150 m/s eingesetzt.

Darüber steht der Nutzen in keinem angemessenen Verhältnis zum Aufwand, der dafür zu betreiben wäre, und bleibt daher Sonderfällen vorbehalten.

Bei der Zerspanung von Stahl ist mit diesen Schleifscheiben unbedingt Öl als Kühlschmierstoff vorzusehen, da sonst ein um ein Vielfaches größerer Kornverschleiß eintritt.

50.6.2 CBN-Schleifscheiben mit keramischer Bindung

Diese CBN-Werkzeuge verzeichnen heute die größten Zuwachsraten. Aufgrund von Bindungen mit definiertem Porenraum und besserer Verschleißfestigkeit und Abrichtbarkeit ist der wirtschaftliche Einsatz leichter erreichbar. Abrichtstrategien wie „Touch dressing“ mit Kontakt- und Prozessüberwachung durch Körperschall erleichtern die Prozessoptimierung (Bild 50.33).

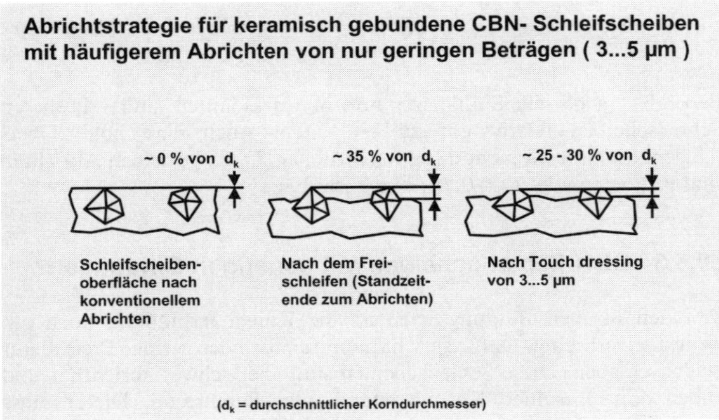

Bild 50.33: „Touch dressing“ (Ernst Winter & Sohn [3])

Dabei wird die Abrichtung häufiger ausgeführt, aber mit deutlich geringeren Beträgen von 3 ... 5 µm. Das führt zu einem konstanteren Prozessablauf.

Profile lassen sich sehr gut mit bahngesteuertem Abrichten in diese Schleifscheiben einbringen. Dabei ist aber zu berücksichtigen, dass unbedingt rotierende Abrichtwerkzeuge einzusetzen sind, um ein gutes Abrichtergebnis zu erhalten. Der Verschleiß von stehenden Werkzeugen wäre dabei zu hoch und das Schleifkorn wird zu stark geglättet.

Bild 50.34: Bahngesteuertes Abrichten einer CBN-Schleifscheibe (Blohm Maschinenbau, Hamburg)

Besonders gehärtete Stähle mit hohem Carbidanteil sind mit diesen Schleifscheiben relativ gut zu zerspanen. Auch eine hohe Oberflächengüte ist nicht mehr das große Problem. Dank gezieltem Abrichten sind Rautiefen von $Ra = 0{,}25$ µm realisierbar.

50.6.3 CBN-Schleifscheiben mit sonstigen Bindungen

Von den übrigen Bindungsarten ist die Kunstharzbindung noch am weitesten verbreitet. Dafür spricht hauptsächlich der geringe Preis dieser Schleifscheiben. Diese Schleifscheiben sind aber schwer abrichtbar und haben danach keinen Kornüberstand oder Porenraum. Dieser muss durch einen Konditioniervorgang anschließend erzeugt werden. Eine Profilierung ist bei diesen Schleifscheiben unüblich.

Darüber hinaus gibt es noch verschiedene Arten von Metallbindungen, die aber keine große Bedeutung haben.

50.6.4 Diamantschleifscheiben

Diese Schleifscheiben werden üblicherweise für harte Werkstoffe eingesetzt, die keine Stähle sind. Dazu gehören Hartmetalle und Keramikwerkstoffe.

Prinzipiell gibt es die gleichen Bindungen wie bei CBN. Besonders hervorzuheben sind dabei Sprödbronzebindungen, die durch Einrollen (Crushieren) profiliert werden können. Aber auch bei Diamant ist die keramische Bindung zunehmender verbreitet. Hierbei ist aber auf Grund der Tatsache, dass Diamant mit Diamant abgerichtet werden muss, bedingt durch höheren Verschleiß, der Abrichtprozess problematischer. Hier gibt es mittlerweile auch Entwicklungen, z. B. mit NC-gesteuertem Crushieren, um dieses zu verbessern.

Generell ist aber heute bei Diamant noch die Kunstharzbindung, bedingt durch den günstigen Preis, zum Planschleifen am weitesten verbreitet.

50.7 Anhaltswerte zum Leistungsbedarf

Der Leistungsbedarf der Hauptspindel ist von sehr vielen Faktoren abhängig:

- Schleifverfahren (Tiefschleifen oder Pendelschleifen)
- Abrichtverfahren (CD oder zwischen den Schleifzyklen)
- Abrichtparameter (Gleichlauf oder Gegenlauf)
- Eingesetzter Schneidstoff (Korund/SiC, CBN, Diamant)
- Schleifscheibenbindung (keramisch oder galvanisch)
- Schleifscheibenprofil (gerade oder z. B. Verzahnung oder Nut)
- Kühlschmierstoff (Emulsion/Lösung oder Öl)
- Kühlschmierstoffzufuhr und -druck (Freistrahldüse oder Schuhdüse)
- Schnittgeschwindigkeit (gebräuchlichste Bereiche: konventionell und Diamant: 20 ... 45 m/s, CBN: 30 ... 180 m/s)

Diese vielen Einflussfaktoren lassen sich nur schwer oder gar nicht in übersichtlichen mathematischen Zusammenhängen darstellen. Für die gebräuchlichsten Einsatzfälle werden in der nachfolgenden Tabelle Richtwerte zur Abschätzung angegeben. Um den Einfluss des Schleifscheibenprofils zu erfassen, wird mit der gestreckten Profilbreite gerechnet. Für den Kühlschmierstoff wird Emulsion bzw. Lösung zu Grunde gelegt (Öl benötigt je nach Druck mindestens 20 % mehr Leistung). Für die Kühlschmierstoffzufuhr ist eine Freistrahldüse berücksichtigt (eine Schuhdüse benötigt ebenfalls ca. 20 % mehr Leistung.

Die Leistungsangaben beziehen sich auf die tatsächlich benötigte Leistung. Das heißt, dass die Motorkennlinie (Drehzahl in Abhängigkeit der zur Verfügung stehenden Leistung) bekannt sein muss.

Tabelle 50.2: Richtwerte zur Ermittlung der benötigten Schleifantriebsleistung

Schleifmotorisierungsbedarf pro mm gestreckte Profilbreite (kW/mm)			
	Einsatzbedingungen		
Schleifverfahren	**leicht**	**mittel**	**schwer**
Pendelschleifen	0,1	0,2	0,35
Tiefschleifen, konventionell/Diamant	0,2	0,4	0,6
Tiefschleifen, CBN keramisch gebunden	0,2	0,5	1
Tiefschleifen, CBN Hochleistung/ -geschwindigkeit	1	2	4
Tiefschleifen, kontinuierliches Abrichten	1	2	4

Alle technologischen Spezialfälle können jedoch mit den oben angegebenen Richtwerten nicht abgedeckt werden. Beispielsweise lassen sich bei der Hochleistungszerspanung von 2 mm breiten Schlitzen mit CBN und Öl als Kühlschmierstoff durchaus 50 kW Leistung umsetzen.

50.8 Zusammenfassung

In den letzten 20 Jahren hat es einen starken Wandel beim Plan- und Profilschleifen gegeben. Die Einführung von leicht handhabbaren CNC-Maschinen mit Technologien, die zu reproduzierbaren Ergebnissen führen, gestalten den Prozess besser kalkulierbar.

Der ehemals handwerkliche Charakter dieser Schleifbearbeitung wird immer industrieller und vom Geschick und Gefühl einzelner Bediener unabhängiger.

Die verfügbaren Maschinenkonzepte erlauben eine gut auf den Einsatzfall abgestimmte Auswahl bei der Maschinenbeschaffung.

Quellen und weiterführende Literatur

[1] Normenausschuss Maschinenbau CEN: Sicherheitsnormen für Maschinen. Deutsches Institut für Normung

[2] *Brandin, H.:* Pendelschleifen und Tiefschleifen. Vergleichende Untersuchungen beim Schleifen von Rechteckprofilen. Dissertation TU Braunschweig, 1978

[3] *Holz; Sauren:* Schleifen mit Diamant und CBN. Werksveröffentlichung Fa. Ernst Winter & Sohn

[4] *Scheidemann, H.:* Einfluß der durch Abrichten mit zylindrischen und profilierten Diamantrollen erzeugten Schleifscheibenschneidfläche auf den Schleifvorgang. Dissertation TU Braunschweig, 1968

[5] *Schmitt, R.:* Abrichten von Schleifscheiben mit diamantbestückten Rollen. Dissertation TU Braunschweig, 1968

Minke, E.: Handbuch zur Abrichttechnik. Herausgeber: Riegger Diamantwerkzeuge GmbH, 1999
Oppelt, P.: Technologie des Plan- und Profilschleifens auf modernen CNC-Schleifmaschinen.
Vortragsveröffentlichung im Rahmen des VDI-Seminars: Grundlagen und Praxis des Schleifens. Düsseldorf: 2001

51 Honmaschinen

Dr.-Ing. Uwe-Peter Weigmann und
Dipl.-Ing. Uwe Kästner

51.1 Der Honprozess

51.1.1 Einleitung

Der Begriff „Honen“ ist aus dem Englischen abgeleitet; das Verb „to hone“ beschreibt ursprünglich das Abziehen bzw. das Wetzen eines Gegenstandes auf einem Stein. Dieser Vorgang, welcher wie das moderne Honverfahren in der Regel von einem flächenhaften Kontakt und im übertragenen Sinne von einer alternierenden Schnittbewegung bestimmt wird, geht auf die Ursprünge der mechanischen Bearbeitung von Werkzeugen aus Stein und Metall zurück.

Der erste Einsatz des Honens in der Massenproduktion erfolgte 1923 durch die Firma Ford, Detroit (USA). In den Jahren 1926–30 wurde das Verfahren auch in deutschen Automobilfirmen eingeführt. Gehonte Oberflächen besitzen gute tribologische Eigenschaften. Hohe Profiltraganteile und geringe Rautiefen in Verbindung mit den sich definiert kreuzenden Bearbeitungsspuren, welche Schmierstoff aufnehmen können, verbessern das Einlaufverhalten und erhöhen die Lebensdauer tribologisch beanspruchter Bauteile. Mit dem Verfahren Langhubhonen ist es möglich, Zylinderinnenflächen mit hoher Maß- und Formgenauigkeit sowie Oberflächengüte zu erzeugen. Bearbeitungsbeispiele sind unter anderem die Endbearbeitung von Zylinderlaufbahnen und Hauptlagern von Verbrennungsmotoren, Pleuellagern, Hydrauliksteuerbohrungen, Bremszylindern, ABS-Teilen und Kompressorenzylindern.

Das Kurzhubhonen wird zur Fein- und Feinstbearbeitung von Wälzkörpern und deren Laufbahnen, an Gleitlagerzapfen sowie Gleit- und Sitzstellen von Dichtringen und Manschetten eingesetzt. Bearbeitungsbeispiele sind unter anderem das Superfinishen von Lagersitzen und Dichtsitzen an Kurbel-, Nocken-, und Getriebewellen, von ebenen Dichtflächen an Einspritzpumpenteilen und von Kolbenbolzen, Lenkzahnstangen, sphärischen Flächen an hydraulischen Bauelementen sowie die Herstellung von glänzenden Oberflächen an Walzen.

51.1.2 Kinematik und Oberflächenentstehung

Nach DIN 8589, Teil 14, ist Honen das Spanen mit geometrisch unbestimmten Schneiden, wobei die vielschneidigen Werkzeuge eine aus zwei

Komponenten bestehende Schnittbewegung ausführen. Eine Komponente der Schnittbewegung ist hin- und hergehend, so dass die bearbeitete Oberfläche sich definiert überkreuzende Spuren aufweist. Die mit dem Honen bearbeitbaren Formelemente werden durch die Verfahrensvarianten Plan-, Rund-, Schraub-, Wälz-, Profil- und Formhonen bestimmt. Die Formelemente sind sowohl innen als auch außen bearbeitbar. Eine weitere Unterteilung erfolgt in Abhängigkeit von der Schnittbewegung in Langhubhonen und Kurzhubhonen. Während beim Kurzhubhonen, auch als Superfinish, Microfinish, Feinziehschleifen oder Schwingschleifen bezeichnet, eine Dreh- oder Hubbewegung von einer kurzhubigen Oszillationsbewegung überlagert wird, setzt sich beim Langhubhonen die Schnittbewegung aus einer Drehbewegung und einer langhubigen Hin- und Herbewegung zusammen. In Abhängigkeit von der Art des Werkzeuges ist eine weitere Unterteilung in Stein- und Bandhonen möglich.

Die Überlagerung von Hub- und Drehbewegung führt beim Langhubhonen zur Entstehung der für das Honen charakteristischen Kreuzspuren, welche sich unter dem Honwinkel a schneiden (Bild 51.1). Bei Oberflächen mit Rauheitswerten oberhalb von $R_a = 0{,}1\ \mu m$ ist diese Kreuzstruktur mit bloßem Auge erkennbar.

Die Schnittgeschwindigkeit v_c und der Hon- bzw. Überschneidungswinkel α berechnen sich aus der Umfangsgeschwindigkeit v_u und der Hubgeschwindigkeit v_h des Honwerkzeuges mit:

$$v_c = \sqrt{v_h^2 + v_u^2}$$

$$\alpha = 2 \cdot \arctan\left(\frac{v_h}{v_u}\right).$$

Die Umfangsgeschwindigkeit v_u ergibt sich aus dem Werkstückdurchmesser d_w und der Werkzeugdrehzahl n_h mit:

$$v_u = \pi \cdot d_w \cdot n_h\ .$$

Untersuchungen mit konventionellen Honleisten am Werkstoff Grauguss zeigen, dass der Honwinkel die Zerspanleistung beeinflusst. So konnte mit einer SiC-Honleiste der Körnung F120 ein lokales Maximum des Zeitspanungsvolumens im Bereich eines Honwinkels von 45° gefunden werden. MARTIN leitet theoretisch ein maximales Zeitspanungsvolumen bei einem Honwinkel von 90° ab [1]. Der gewählte Honwinkel beeinflusst das Ölhaltevermögen der Oberflächen und damit bei tribologischen Beanspruchungen direkt das Bauteilverhalten.

Die Lage der Hubumkehrpunkte, auch als Honleistenüberlauf bezeichnet, bestimmt maßgeblich die Zylindrizität der gehonten Oberfläche. Zur Erzielung zylindrischer Bohrungsformen sollten die Honleisten am

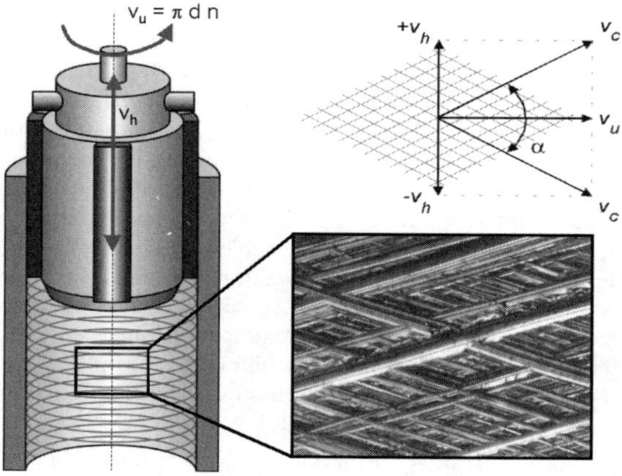

Bild 51.1: Kinematik und Oberflächenausbildung beim Langhub-Innen-Rundhonen (Nagel, Nürtingen)

oberen und unteren Hubumkehrpunkt zu einem Drittel aus dem Werkstück ausfahren [2].

Beim Einstech-Kurzhubhonen führt die Überlagerung der Drehbewegung mit der kurzhubigen Hubbewegung zur Ausbildung einer charakteristischen Sinusstruktur. Bild 51.2 zeigt die Kinematik und Oberflächenausbildung beim Kurzhubhonen.

H = Oszillationshub $$\operatorname{tg} \alpha_{\max} = \frac{v_{\text{os max}}}{v_{\text{u}}} = \frac{H \cdot \pi \cdot f}{v_{\text{u}}}$$

f = Oszillationsfrequenz $$v_{\text{res max}} = \sqrt{v_{\text{u}}^2 + v_{\text{os max}}^2}$$

α = Schleifbahnwinkel

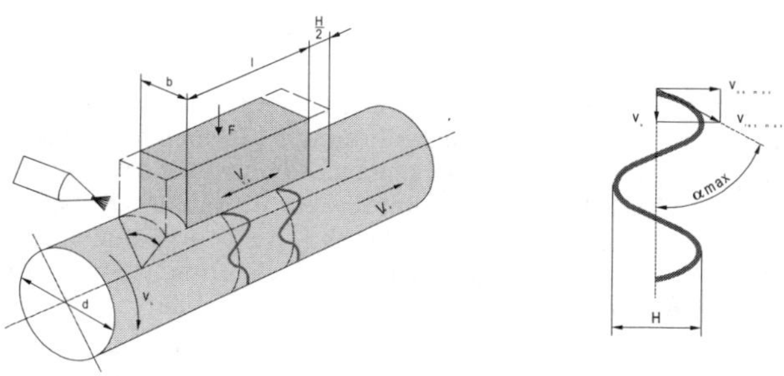

Bild 51.2: Kinematik und Oberflächenausbildung beim Kurzhub-Außen-Rundhonen (Nagel, Nürtingen)

51.2 Langhubhonen

51.2.1 Aufbau von Langhubhonmaschinen

51.2.1.1 Bauarten

Ausgehend von den Bauteilabmessungen wurden verschiedene Bauarten von Honmaschinen entwickelt. Eine wesentliche Unterteilung der Bauart erfolgt bei Honmaschinen anhand der Lage der Werkzeugspindel.

Waagerechte Honmaschinen

Bild 51.4 zeigt typische waagerechte Langhubhonmaschinen. Die Handhonmaschine wird im Werkstattbereich bis zu einem Durchmesser von etwa 60 mm eingesetzt. Vorteil der waagerechten Honspindel ist hier die gute Zugänglichkeit. Systeme mit einem zusätzlichen automatischen Hubantrieb des Werkstückes sind einfach zu bedienen; die Nutzung der Schwerkraft vereinfacht bei vielen Teilen die Auslegung der Werkstückaufnahme. Die vereinfachte Werkstückaufnahme wird auch bei waagerechten Produktionshonmaschinen zur Bearbeitung von Zahnrädern im Paket genutzt. Die Lagergassenbearbeitung von Zylinderblöcken erfolgt in vielen Fällen waagerecht, da die Teile zur Bearbeitung nicht zusätzlich senkrecht geschwenkt werden müssen. Waagerechte Rohrhonmaschinen kommen bei Werkstücken mit einer Länge von über 4 m zum Einsatz. Diese Maschinen können Teile von bis zu 12 m Länge und 1,5 m Durchmesser bearbeiten.

1

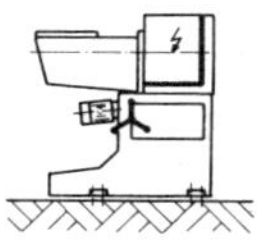

2

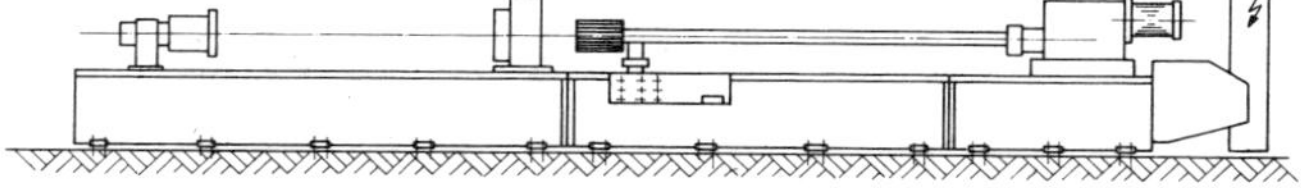

Bild 51.4: Waagerechte Honmaschinen (Nagel, Nürtingen)

1 Handhonmaschine, 2 waagerechte Rohrhonmaschine mit Spindelsupport

Senkrechte Honmaschinen

Senkrechte Honmaschinen (Bild 51.5) werden in C- oder Portalbauweise ausgeführt. Die Baugröße wird von den mit der Bauteilgröße verbundenen notwendigen Verfahrwegen der Maschinenachsen wesentlich bestimmt. Hubbalkengeräte sind für kleine Serien oder Einzelfertigung geeignet. Die Zustellung erfolgt in der Regel manuell. Senkrechte Produktionshonmaschinen können Durchmesser von 4–250 mm bearbeiten. Die Werkstücke können eine Länge von bis zu 1500 mm besitzen. Zur Reduzierung der Bearbeitungszeiten werden senkrechte Honmaschinen häufig in Taktstraßen mit mehreren Honspindeln eingesetzt. Bei der Bearbeitung von Zylinderlaufbahnen können die Spindeln verschiebbar angeordnet werden. Auf diese Weise kann eine Spindel bei stehendem Werkstück mehrere Bohrungen hintereinander bearbeiten.

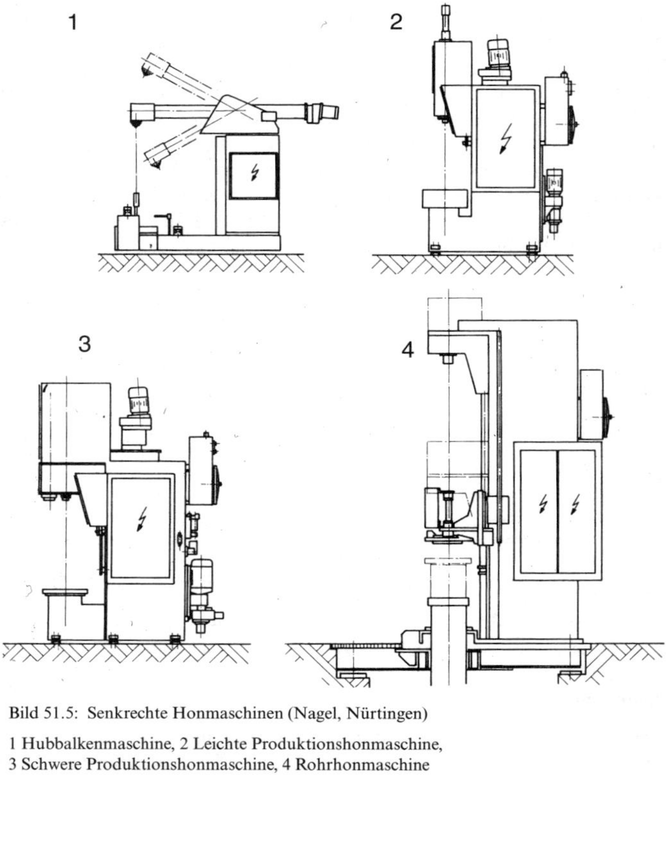

Bild 51.5: Senkrechte Honmaschinen (Nagel, Nürtingen)

1 Hubbalkenmaschine, 2 Leichte Produktionshonmaschine, 3 Schwere Produktionshonmaschine, 4 Rohrhonmaschine

51.2.1.2 Hubantrieb und Zustellsysteme

Der **Hubantrieb** erfolgt bei Honmaschinen in der Regel hydraulisch. Bei Bauteilen, in denen der Honwinkel des fertig bearbeiteten Bauteiles toleriert ist, ermöglicht der hydraulische Hubantrieb hohe Beschleunigungen in den Hubumsteuerpunkten. So genannte Bögen, Bereiche mit veränderlichem Honwinkel, die infolge der Hubumsteuerung entstehen, werden durch die hohen Beschleunigungen verkürzt. Maschinen, bei denen an die Dynamik des Hubes geringere Anforderungen gestellt werden, können auch mit elektrischen Hubantrieben ausgestattet sein.

Die **Zustellung** kann beim Honen kraftgesteuert oder weggesteuert erfolgen (Bild 51.6). Die kraftgesteuerte Zustellung erfolgt in der Regel mit einem hydraulischen System. Diese Zustellung wird in der Regel zur Fertighonbearbeitung eingesetzt, da infolge der konstanten Pressung die Oberflächenrauheit des bearbeiteten Werkstückes nur geringfügig schwankt. Bei der weggesteuerten Zustellung werden die Honleisten in vorgegebenen Teilzustellschritten zugestellt. Da die weggesteuerte Zustellung den Durchmesser des Honwerkzeuges starr vorgibt, kann mit diesem System eine höhere Formgenauigkeit erreicht werden.

51.2.2 Honwerkzeuge und Kühlschmiersysteme

Bild 51.6 zeigt den grundlegenden Aufbau eines Honwerkzeuges. Die Befestigung des Werkzeuges an der Honspindel erfolgt mittels eines

WUS

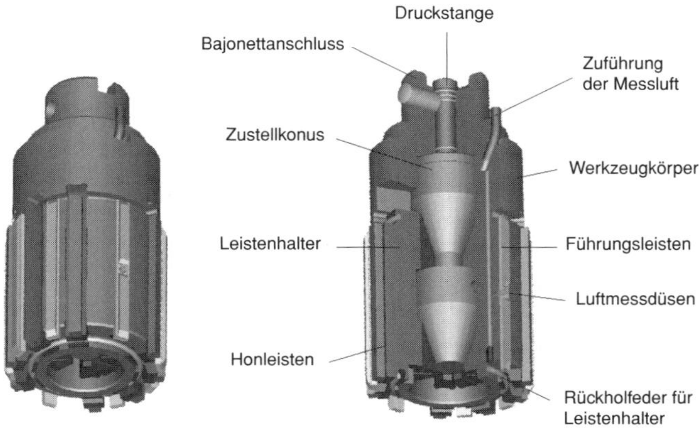

Bild 51.6: Honwerkzeug (Nagel, Nürtingen)

Bajonettanschlusses. Innerhalb der Honspindel befindet sich die Druckstange, mit welcher die hydraulische oder mechanische Zustellung auf den Zustellkonus der Leistenhalter wirkt. Die Leistenhalter, auf denen die Honleisten aufgelötet, geklebt oder geklemmt sind, werden mittels der Rückholfedern nach Beendigung des Honprozesses eingefahren. Zur sicheren Einführung des Werkzeuges in die Bohrung befinden sich am Umfang des Werkzeuges Führungsleisten.

Zur Bestimmung des aktuellen Durchmessers des Werkstückes während des Honvorganges sind Luftmessdüsen am Werkzeugumfang vorhanden. Der Abstand der Luftmessdüsen von der Bohrungswand bestimmt den Staudruck der Messluft. Das auf der Basis der Messluft ermittelte Durchmessersignal kann zum Abschalten des Honprozesses genutzt werden. Die erreichbaren Durchmessergenauigkeiten liegen bei diesem Messsystem bei wenigen Mikrometern. Erfolgt die **In-Prozess-Messwertaufnahme** des Durchmessers in verschiedenen Werkstückhöhen, so kann durch eine angepasste Steuerung während des Honens die Zylinderform des Teiles gemessen und bei Bedarf automatisch korrigiert werden.

Die Bestückung der Leistenträger erfolgt mit keramischen oder hochharten **Schneidstoffen**. Während bei einer typischen Bearbeitung von Grauguss mit keramischen Schneidstoffen Standzeiten unterhalb von 1000 Bohrungen erreicht werden, führt der Einsatz von Diamant- oder CBN-Schneidstoffen in der Regel zu Standzeiten oberhalb von 7000 Bohrungen. Zur Absicherung einer Selbstschärfung der Honleisten während des Honprozesses ist die Verbindung von Schneidstoff und Bindung an die jeweilige Bearbeitungsaufgabe anzupassen.

Zum Honen können wasserhaltige **Kühlschmierstoffe**, aber auch Honöle verwendet werden. Die Auswahl der Kühlschmierstoffe richtet sich in der Regel nach den gegebenen betrieblichen Rahmenbedingungen. Zu beachten ist jedoch, dass keramische Schneidstoffe nicht in Verbindung mit wasserhaltigen Kühlschmierstoffen eingesetzt werden können, da bei dieser Kombination keine ausreichende Selbstschärfung der Honleisten stattfindet. Aufgabe der erforderlichen Kühlschmierstofffilterung ist die Herauslösung der Partikel des abgetrennten Werkstoffes, der Verschleißpartikel der Schneidkörner sowie der Honleistenbindung.

51.2.3 Fertigungsaufgaben

51.2.3.1 Zylinderlaufbahnen

Die Bearbeitung von Grauguss-Zylinderlaufbahnen ist eine klassische Bearbeitungsaufgabe des Honverfahrens. Die mit dem Honen erzeugte Kreuzstruktur verbessert die Ölaufnahmefähigkeit der Zylinderlaufbahn

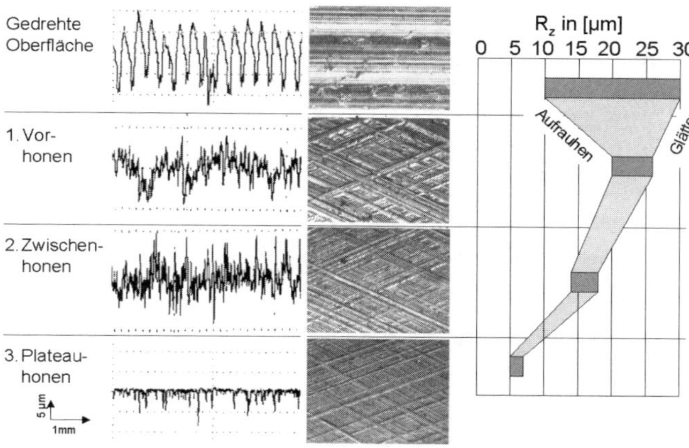

Bild 51.7: Typische Auslegung eines dreistufigen Honprozesses (Nagel, Nürtingen)

und verbessert somit im Motoren- oder Kompressorenbetrieb das tribologische Verhalten. Heute erfolgt die Bearbeitung in zwei oder drei Honstufen. Bild 51.7 zeigt die Veränderung der Rauheitskennwerte bei einer dreistufigen Plateauhonbearbeitung.

51.2.3.2 Dornhonen von Pleuelstangen

Beim **Dornhonen**, auch Precidor- oder Reibhonen genannt, wird ein auf den Enddurchmesser eingestelltes, drehendes Honwerkzeug in der Regel in einem Hub durch das Werkstück bewegt. Neben einer Werkzeugstandzeit von mehr als 100 000 Bohrungen liegt der Vorteil dieses Verfahrens in der erreichbaren Bearbeitungszeit von wenigen Sekunden.

Ein Beispiel für das Dornhonen ist die Bearbeitung des kleinen und großen Auges von Pleuelstangen. Bild 51.8 zeigt den Arbeitsbereich einer Serienhonmaschine. Die Bearbeitung erfolgt auf dieser Maschine mit einer Taktzeit von 6 s, wobei das Teil direkt nach dem Cracken, ohne vorheriges Feinbohren, gehont wird. Der Vorteil der Honbearbeitung dieses Bauteiles im Vergleich zum Feinbohren liegt neben der hohen Werkzeugstandzeit und Prozesssicherheit in der erzeugten Oberflächenstruktur. Bei gleicher Oberflächenrauheit R_a oder R_z werden beim Honen deutlich mehr Spitzen und Riefen in der Oberfläche erzeugt. Diese Struktur verhindert während des Motorenbetriebes ein Mitdrehen der Lagerschalen.

Bild 51.8: Dornhonen des großen und kleinen Auges von Pleuelstangen (Nagel, Nürtingen)

51.2.3.3 Zahnräder

Die Bearbeitung von Zahnrädern ist mit dem Normalhonen, aber auch mit dem Dornhonen möglich. Bild 51.9 zeigt eine Maschine zur Normalhonung von Getriebezahnrädern im Paket. Das Beladen und Entladen der Paketvorrichtung erfolgt vollautomatisch. Die kardanischen Aufnahmevorrichtungen befinden sich auf einem Palettenumlaufsystem. Durch ein einfaches Auswechseln der Paletten und Werkzeuge ist eine Umstellung auf andere Zahnradtypen möglich.

Die vor dem Honen gehärteten Zahnräder besitzen einen Formfehler von bis zu 20 µm. Aufgabe der ersten Honstufe ist die Verbesserung der Zylinderform, während in der zweiten und dritten Honstufe eine Oberflächenrauheit von $R_z < 1$ µm erzeugt wird.

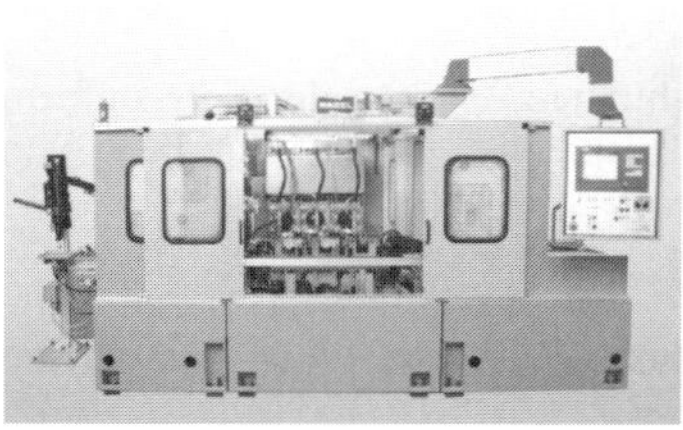

Anzahl der Spindeln: 3
Taktzeit: 45 s
Zeit je Teil: 5,6 s
Transport: Palettentransfer
Teileaufnahme: kardanisch

Bild 51.9: Maschine zum Honen von Zahnrädern im Paket (Nagel, Nürtingen)

51.3 Kurzhubhonen

Kurzhubhonen wird heute bei der Bearbeitung hoch belasteter Lauf-, Gleit- und Dichtflächen eingesetzt. Oberflächengüten mit hohem Traganteil und mit verbesserter Rundheit ergeben günstige Lauf- und Trageigenschaften sowie eine Verschleißminderung. Bei Wälzlagerteilen und Gleitlagerzapfen bewirkt die Rundheitsverbesserung durch Superfinishen einen ruhigeren Lauf und eine Geräuschverringerung.

Ebenheiten und Rauheiten von einigen Zehntelmikrometern dichten metallische Flächen bei Dieseleinspritzpumpen mit sehr hohen Betriebsdrücken ab.

Bei Gleit- und Sitzstellen von Dichtringen und Manschetten, zum Beispiel auf Kolbenstangen und Wellen, ergeben sich nach der Feinbearbeitung durch **Superfinishen** eine längere Standzeit und besonders bei großen Drücken eine bessere Abdichtung.

Die **Superfinish-Bearbeitung** erfolgt heute mit zwei völlig unterschiedlichen Verfahrenskinematiken:

- Superfinishen mit oszillierenden Superfinishwerkzeugen
- Superfinishen mit rotierenden Superfinish-Topfscheiben

Das Bearbeitungsergebnis des Superfinishens mit oszillierenden Superfinish-Werkzeugen wird heute besonders nach den folgenden Kriterien beurteilt:

- Rundheitskorrektur

die zwischen 30 bis über 80 % in Abhängigkeit von der Polygonform beträgt. Bei gutem Vorschliff ist beispielsweise eine Rundheit von 0,1 ... 0,2 µm erreichbar (Bild 51.10).

- Rautiefe

Es sind R_z-Werte von 0,1 bis 0,2 µm bzw. R_a-Werte von 0,01 ... 0,02 µm erreichbar (Bild 51.11).

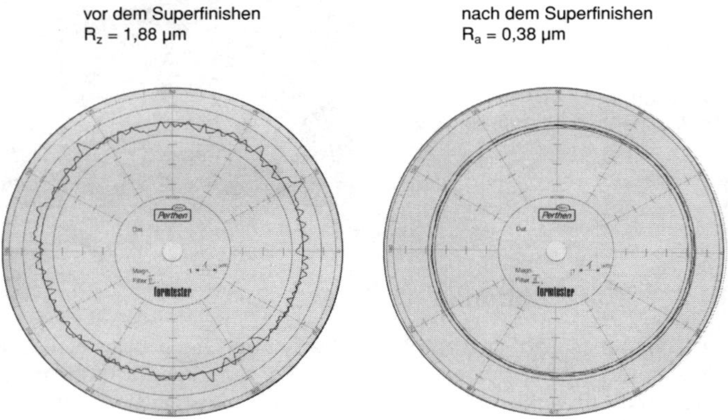

Bild 51.10: Rundheitsverbesserung durch Superfinishen (Nagel, Nürtingen)

- Materialtraganteil

bzw. Rauheitskenngrößen Kernrautiefe R_k sowie R_{vk} und R_{pk}.

In Abhängigkeit vom Werkstoff sind Materialtraganteile t_{pi} von über 95 % bei einer Schnitttiefe von 0,1 µm realisierbar.

- Geradheit der Mantellinie

die hauptsächlich von der Vorbearbeitung bestimmt wird. Es werden jedoch kurze Längswellen, zum Beispiel Vorschubspiralen, bis max. 2 mm weitgehend korrigiert.

In Abhängigkeit von der bearbeiteten Werkstückgeometrie werden zur Beurteilung des Superfinishprozesses mit rotierenden Superfinish-Topfscheiben zu den bereits genannten Kriterien nachfolgende Parameter herangezogen:

- Längentoleranz
- Planparallelität

- Rundlaufabweichung
- Ebenheit
- Flächenprofil

geschliffene Oberfläche

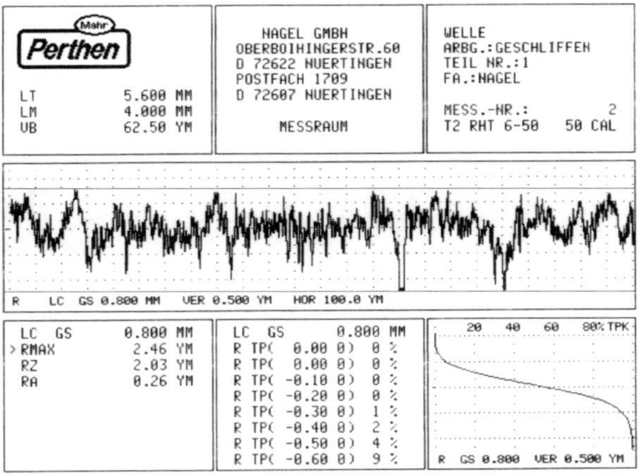

gefinishte Oberfläche

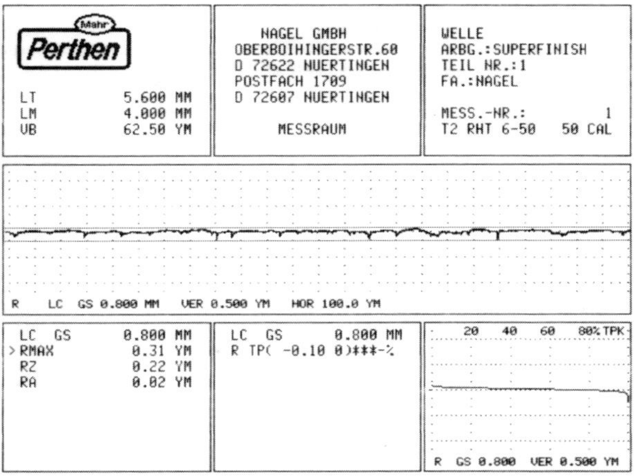

Bild 51.11: Rauheitsverbesserung durch Superfinishen (Nagel, Nürtingen)

WUS

51.3.1 Aufbau von Kurzhubhonmaschinen

Kennzeichnend für das Kurzhubhonen ist eine oszillierende und eine rotatorische Bewegung (s. a. Bild 51.2). Die Erzeugung der Oszillationsfrequenz erfolgt vorwiegend pneumatisch und elektromechanisch. Die pneumatischen Antriebe zeichnen sich gegenüber den elektromechanischen durch einen geringeren Wartungsaufwand und eine höhere Oszillationsfrequenz von 40 bis 50 Hz aus. Elektromechanische Antriebe werden vorwiegend bei Oszillationsfrequenzen bis zu 25 Hz bzw. bei geringen Oszillationsamplituden angewendet. Je nach zu bearbeitender äußerer bzw. innerer Mantelfläche kann es sich dabei um eine geradlinige (s. a. Bild 51.2) oder kreisbogenförmige Oszillationsbewegung (Bilder 51.12, 51.13) handeln.

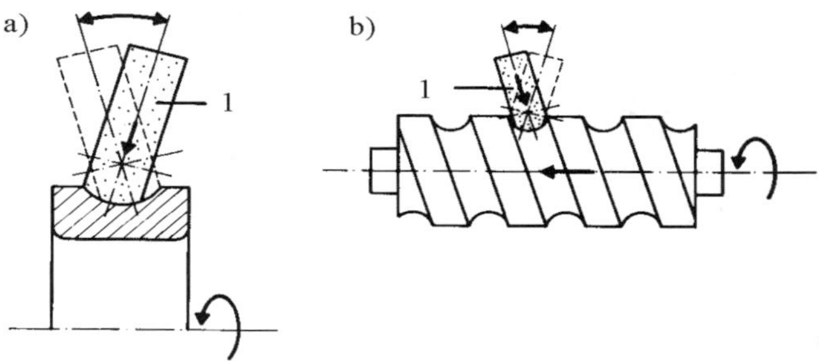

Bild 51.12: Superfinishen profilierter Außenflächen
Laufbahnen von Kugeln a) kreisbogenförmige Oszillationsbewegung des Superfinishsteines; b) kreisbogenförmige Oszillation des Superfinishsteines und Vorschub des Werkstücks

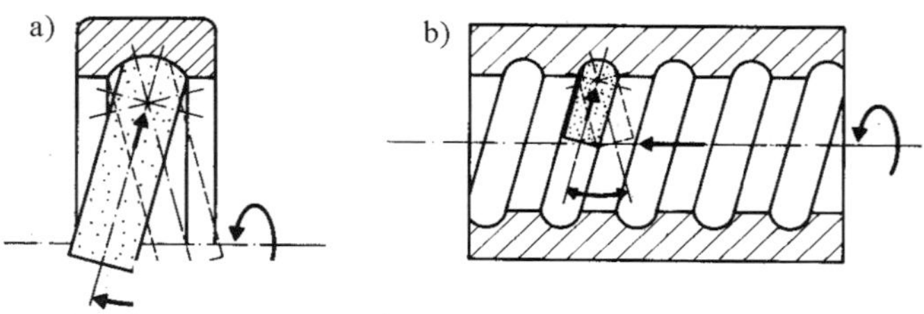

Bild 51.13: Superfinishen profilierter Innenflächen
Laufbahnen von Kugeln a) kreisbogenförmige Oszillationsbewegung des Superfinishsteines; b) kreisbogenförmige Oszillation des Superfinishsteines und Vorschub des Werkstücks

Bei den Maschinen unterscheidet man zwischen Geräten, die auf vorhandenen Werkzeugmaschinen, vorwiegend Spitzendrehmaschinen, eingesetzt werden und teil- oder vollautomatisierten Superfinish-Maschinen. Deren Aufbau richtet sich häufig nach der Verfahrenskinematik, den einzusetzen Werkzeugen (Stein oder Band) sowie der Werkstücktransportart. Man unterscheidet zwischen horizontal oder vertikal angeordneten Finishwerkzeugen.

Die Geräte werden zur Feinbearbeitung in der Einzelfertigung und bei kleineren Serien auf vorhandenen Werkzeugmaschinen, vorwiegend auf Drehmaschinen, eingesetzt (Bilder 51.14, 51.15).

Bild 51.14: Superfinishen einer Innenfläche (Bremstrommel – Bremsfläche) (Nagel, Nürtingen)

WUS

Dabei wird ein vorprofilierter, feinkörniger, oszillierender Superfinish-Stein auf das umlaufende Werkstück gedrückt. Das Anpressen und die Oszillation des Superfinish-Steins erfolgen mit Druckluft bzw. mechanisch und elektromechanisch. Der Abrieb wird mit Honöl weggespült. Durch Superfinishen werden z. B. die Vorschubspirale des Drehmeißels in der Bremsfläche beseitigt (Bild 51.14) bzw. die Oberflächenspezifikation von Dichtflächen für Kolbenstangen (Bild 51.15) erzeugt.

Die Zustellung der oszillierenden und rotierenden Kurzhubhonwerkzeuge erfolgt vorwiegend kraftschlüssig. Eine formschlüssige Zustellung wird heute nur für rotierende Topfscheiben zur Bearbeitung von Plan- und sphärischen Flächen eingesetzt.

51.3.2 Kühlschmiersystem

Die Superfinish-Bearbeitung erfordert eine ausreichende Spülung mit dünnflüssigem, gefiltertem Finish- bzw. Honöl, damit der Abrieb des

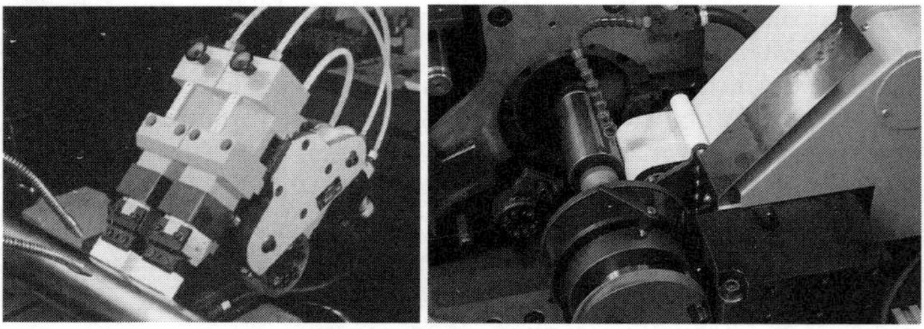

Bild 51.15: Superfinishen einer Außenfläche mit Stein oder Band (Nagel, Nürtingen)

sich selbst schärfenden Superfinish-Steins bzw. Finishbandes und der Materialabtrag am Werkstück sicher weggespült werden können. Die Drehrichtung des Werkstücks wird so gewählt, dass das Kühlschmiermittel direkt zwischen die Werkstückoberfläche und Werkzeug gelangt.

Tabelle 51.1: Kühlmitteleinsatz in Abhängigkeit des verwendeten Finishwerkzeuges

Schneidmittel	Finishöl	Emulsion
Keramisch gebundener Superfinishstein	++	–
Finishband	++	+
Finishtopfscheiben	++	+
Diamant- und CBN-Werkzeuge	++	+

Finish- bzw. Honöle und Emulsionen müssen während der Superfinish-Bearbeitung ständig gereinigt werden. Dazu stehen heute wirkungsvolle Magnetfilter, Papierbandfilter, Anschwemmfilter, auch in Kombination mit Magnetfiltern sowie Zentrifugen, zur Verfügung. Ihr Einsatz richtet sich nach dem Grad ihrer Filterwirkung und dem Investitionsindex.

51.3.3 Finishwerkzeuge

Die Feinbearbeitung von Werkstücken wird heute mit Superfinish-Steinen, -Topfscheiben und -Bändern sowie mit Diamant-/CBN-Schneidleisten und -bändern in Abhängigkeit von der Bearbeitungsaufgabe durchgeführt. Die Härte und Körnung von keramisch gebundenen Superfinish-Steinen und -Topfscheiben werden so gewählt, dass diese sich selbsttätig schärfen.

51.3.3.1 Oszillierende Finishwerkzeuge

Der Aufbau von keramisch gebundenen Superfinish-Steinen ähnelt einer Schleifscheibe. Als Kornarten kommen Edelkorund, Siliziumcarbid und Normalkorund zur Anwendung. Die Korngrößen werden in Mesh angegeben. In Abhängigkeit vom zu bearbeitenden Werkstoff und den verwendeten Korngrößen werden unterschiedliche Materialabträge und Oberflächenrauheiten erreicht (Bild 51.16).

Körnung nach Mesh	Korngröße in µm	erreichbarer Abtrag in µm	erreichbare Rauheit Rz in µm
320	19	20	0,50 - 1,0
400	17	18	0,40 - 1,0
600	9	14	0,20 - 0,50
800	7	12	0,15 - 0,40
1000	5	8	0,10 - 0,20
1200	3	2	0,08 - 0,15

Materialabtrag und erreichbare Oberflächenrauheit in Abhängigkeit von der Korngröße bei kraftschlüssiger Zustellung

Bild 51.16: Superfinish-Steine – Materialabtrag und erreichbare Rauheit (Nagel, Nürtingen)

Superfinish-Bänder bestehen aus einem Trägermaterial auf das die Schneidkörner gestreut und mit einem Bindemittel auf diesem gehalten werden. Bei der Bearbeitung von gehärteten Stählen und Gusswerkstoffen kommen vorwiegend Bänder auf Leinenköper mit unterschiedlichen Körnungen in Leimbindung bzw. Polyesterfilme mit gerichtetem Korn in Vollkunstharzbindung zum Einsatz. Für Körnungen bis 400 Mesh werden meistens Hautleimbindungen verwendet. Die schnittfreudigeren Kunstharzbindungen finden bis hin zu staubfeinen Körnungen Anwendung. Zur Feinstbearbeitung von Oberflächen werden Bänder mit Konglomeraten feinster Körnungen eingesetzt. Als Kornarten kommen Normalkorund, Edelkorund, Siliziumcarbid, Diamant und CBN zur Anwendung.

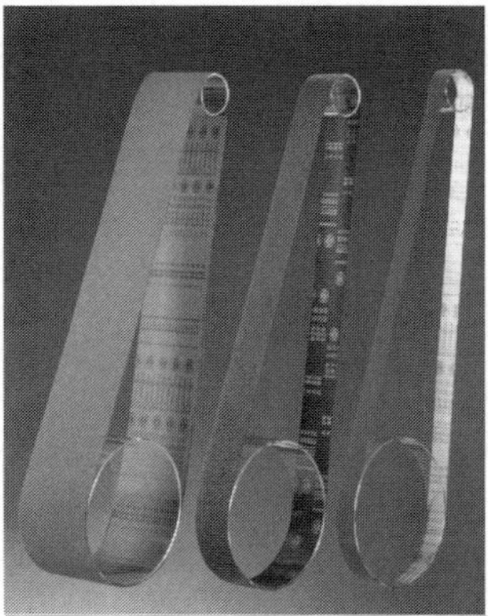

Material	Korngröße							
	60 µ	40 µ	30 µ	15 µ	9 µ	12 µ	9 µ	3 µ
Stahl	4,00-3,00 0,50-0,30	3,50-2,50 0,35-0,25	2,50-1,50 0,20-0,10	0,80-0,50 0,10-0,05	0,25-0,20 0,03-0,02	0,15-0,07 0,02-0,01	0,10-0,05 0,02-0,01	
Stahl, rostfrei	6,00-4,00 0,70-0,50	4,00-2,30 0,48-0,30	2,30-1,40 0,32-0,15	0,60-0,35 0,07-0,04			0,38-0,30 0,04-0,03	
Chrom		1,40-0,90 0,15-0,09	0,90-0,55 0,09-0,06	0,55-0,35 0,06-0,05	0,35-0,18 0,04-0,02	0,18-0,10 0,02-0,01	0,10-0,08 ≤ 0,01	0,05-0,02 0,005
Nickel			1,50-1,00 0,15-0,11	1,00-0,70 0,11-0,09	0,70-0,50 0,09-0,05	0,50-0,20 0,05-0,03	0,25-0,20 ≤ 0,03	0,20-0,10 ≤ 0,025
Kupfer			5,00-2,50 0,65-0,45	2,80-1,60 0,30-0,20	1,40-0,80 0,15-0,10		0,80-0,40 0,10-0,05	0,20-0,15 ≤ 0,02
Polyurethan				2,10-1,40 0,45-0,25	1,40-1,00 0,25-0,15	1,10-0,60 0,12-0,08	0,70-0,50 0,08-0,05	0,50-0,25 0,05-0,04

☐ Finishband mit Al_2O_3 ▒ Polier-/Läppband mit Al_2O_3

Bild 51.17: Superfinish-Bänder – erreichbare Rauheit [4, 5]

Das Superfinish-Band mit Schale bzw. Finishschuh ist im Vergleich zum Superfinish-Stein im Mikrobereich elastischer. So kann es in der Praxis erforderlich sein, dass beide Werkzeuge nacheinander zum Einsatz kommen.

51.3.3.2 Rotierende Finishwerkzeuge

Die Bearbeitung von Planflächen und vor allem von sphärischen Flächen erfolgt mit rotierenden, sich selbst schärfenden Finishtopfscheiben.

Verfahrensmerkmale der Planflächenbearbeitung sind ein paralleler Versatz von Werkzeug- und Werkstückachse, eine niedrige Schnittgeschwindigkeit und keine Gefügeveränderung in der Randzone durch thermische Beeinflussung der Oberfläche wie beim Schleifen und Feindrehen. Durch einen hohen Überdeckungsgrad ergibt sich eine sehr gute Korrektur der Ebenheit. Gleichfalls können Planparallelität und Planschlag verbessert werden. Werkstück und Topfscheibe rotieren gegenläufig (Bild 51.18).

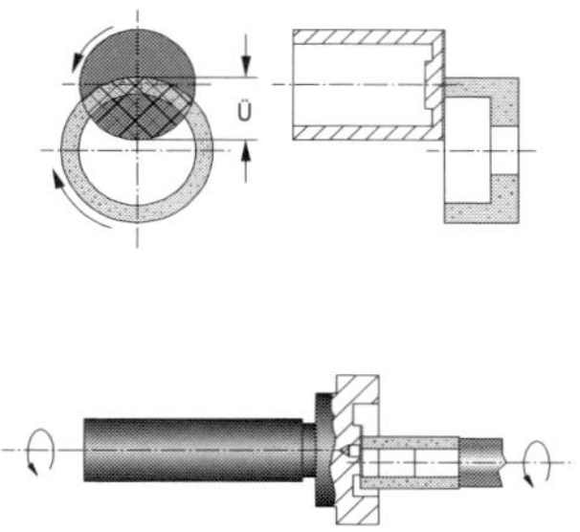

Bild 51.18: Planfinishbearbeitung

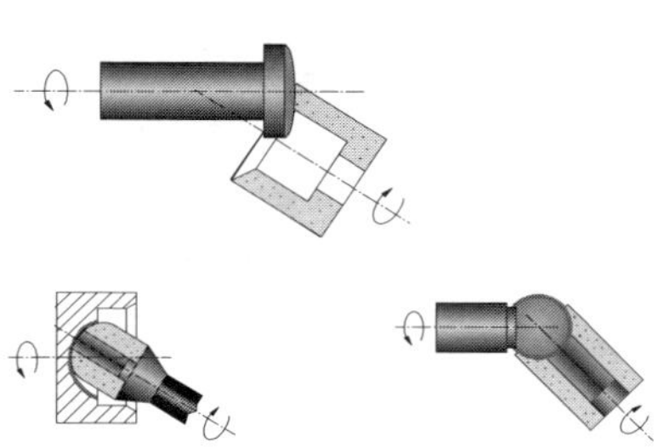

Bild 51.19: Finishbearbeitung sphärischer Flächen

Die hervorzuhebenden Merkmale für die Bearbeitung von Kugelflächen sind die sich schneidenden Achsen von Werkzeug- und Werkstück. Die Formkorrektur wird durch eine hohe Überdeckung erreicht. Eine Rundlaufverbesserung erfolgt nur bei starr eingespanntem Werkzeug. Auch hier rotiert die Finishtopfscheibe gegenläufig (Bild 51.19).

51.3.4 Fertigungsaufgaben

Spitzenlose Durchlaufbearbeitung von Kolbenbolzen mit Stein		
	Material : Härte: Rauheit: Rundheit: Durchmesser- toleranz: Werkstückvorschub- geschwindigkeit v_s:	Stahl 650 HV 10 R_z 0,5 µm 1,5 µm 0,003 mm 1,7 ... 3,0 m/min

Spitzenlose Durchlaufbearbeitung von Stoßdämpferachsen mit Stein		
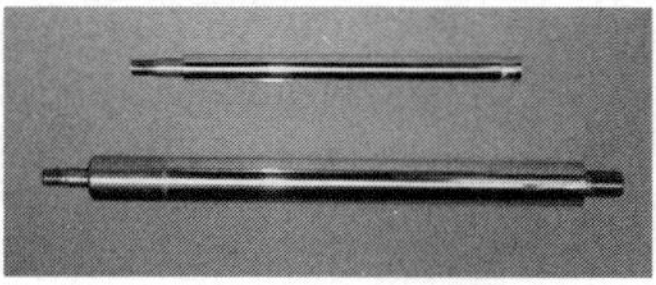	Material: Härte: Rauheit: Abtrag: v_s:	Stahl gehärtet oder verchromt 56 ... 60 HRC R_z 0,13 ... 0,24 µm 3 ... 4 µm im ∅ 5 ... 8 m/min
Einstechbearbeitung von Lenkzahnstangen mit Band		
	Material: Rauheit: Abtrag: Taktzeit:	Stahl induktiv gehärtet R_z 1,0 … 1,5 µm 2 … 5 µm im ∅ 23 s
Einstechbearbeitung von Getriebewellen mit Stein		
	Material: Härte: Rauheit: Rundheit: Abtrag: Taktzeit:	Stahl gehärtet 80,5 + 2,5 HRA R_z 0,9 µm 0,35 µm 4 ... 6 µm im ∅ 21 s
Einstechbearbeitung von Schalträdern mit Stein		
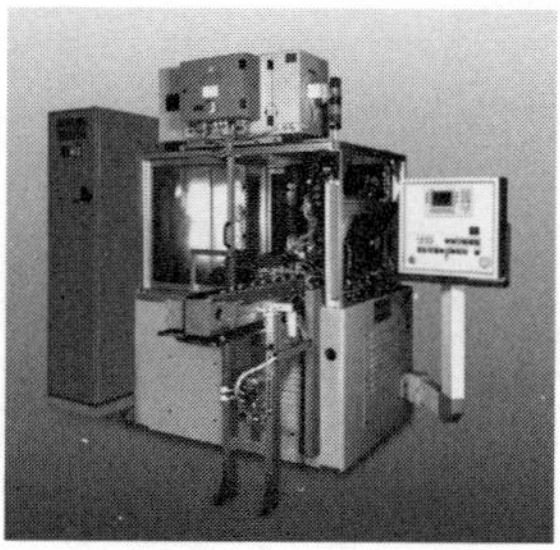	Material: Härte: Rauheit: Rundheit: Abtrag: Taktzeit:	Stahl gehärtet 60 ± 2 HRC R_z 1,5 µm 1,5 µm 5 ... 6 µm im ∅ 13 s

Einstechbearbeitung von Kurbelwellen mit Band		
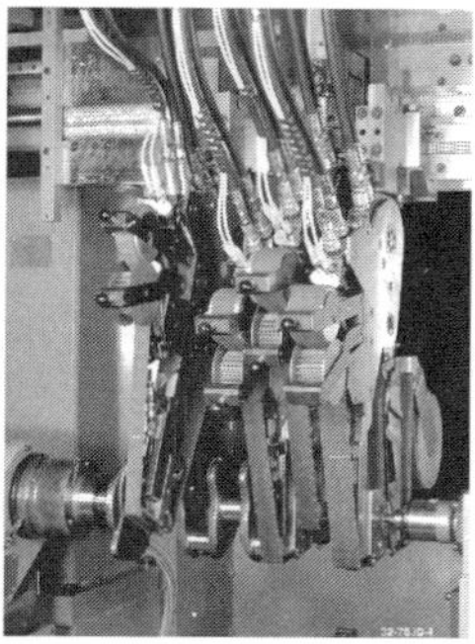	Material: Härte: Rauheit geschliffen: Rauheit gefinisht: Abtrag:	Stahl gehärtet ~ 50 HRC R_a 0,8 µm R_a 0,2 µm 2 ... 6 µm im ∅
Planfinishbearbeitung von Planetenrädern mit Topfscheibe		
	Material: Härte: Rauheit: Ebenheit: Abtrag: Taktzeit:	Stahl gehärtet 680 + 100 HV R_z 1,2 µm < 4,0 µm 0,1 ... 0,15 mm pro Seite 12,5 s
Vor- und Fertigfinishen der Kugel von Kugelköpfen mit Finishhülse		
	Material: Rauheit: Kugelform: Abtrag: Taktzeit:	Stahl nitriert R_a 0,05 µm 1,0 ... 1,5 µm 0,020 mm 7,5 s

Alle Tabellenbilder Nagel, Nürtingen

Quellen und weiterführende Literatur

[1] *Martin, K.:* Der Werkstoffabtrag beim Feinbearbeitungsverfahren Honen. Maschinenmarkt Würzburg 82 (1976) 60. S. 1074–1078.

[2] *Haasis, G.:* Untersuchungen über wirtschaftliches Honen. Dr.-Ing. Diss. Technische Hochschule Stuttgart, 1955

[3] *Derenthal, R.:* Form- und Maßkorrekturen beim spitzenlosen Kurzhubhonen, Dissertation. TH Aachen, Februar 1968

[4] Fa. Hermes: Firmenprospekt

[5] Fa. Nagel: Bandfinishgerät BF 10–100. Firmenprospekt

52 Wasserstrahlschneidanlagen

Prof. Dr.-Ing. habil. Hans Lutze

52.1 Grundlagen – Wirkmechanismen

Die technische Nutzung der strömungsmechanischen Energie des Wassers stellt eine der ältesten Formen angewandter Naturwissenschaften dar. In der Industrie und Technik besitzt die Anwendung konventioneller und thermischer Trennverfahren große Bedeutung. Durch den Einsatz des **Wasserstrahlschneidens** lassen sich Anwendungslücken der konventionellen Verfahren schließen.

In der Produktionstechnik werden **Hochdruckwasserstrahlen** zum Schneiden und Abtragen technisch genutzt. Es werden Anlagen eingesetzt, mit denen kontinuierliche Strahlen mit Drücken bis etwa 400 MPa und höher, bei Volumenströmen bis 10 l/min erzeugt werden können.

Anwendungsgebiete des reinen Wasserstrahls sind Kunststoffverarbeitung, Schneiden von Vliesstoffen und Textilien sowie Lebensmitteln u. a. Nach Zugabe von Feststoffen zum Wasserstrahl (Wasserabrasivstrahlschneiden) sind auch metallische Werkstoffe, Glas, Keramik, Gestein u. a. wirtschaftlich bearbeitbar. [2]

Vorausetzung zum Wasserstrahlschneiden ist die Erzeugung eines hohen Druckes. Dieser Druck (3500 … 4000 bar) wird in Druckübersetzerpumpen mit ölhydraulischem Antrieb erzeugt, der wiederum im Sekundärkreis durch einen Übersetzerkolben in einen hohen Wasserdruck umgewandelt wird.

Die **Fördermengen** solcher Druckübersetzer liegen zwischen 0,6 und 8 l/min. Hierfür werden Antriebsleistungen von 6 ... 90 kW benötigt. Um diesem mit hohem Druck beaufschlagten Wasser die notwendige kinetische Energie zu verleihen, wird das Wasser durch eine Edelsteindüse (i.d.R. Saphir) gepresst und auf eine Geschwindigkeit von ca. 850 m/s beschleunigt. Diese Geschwindigkeit entspricht, bezogen auf Luft (20 °C), in etwa der 2,5fachen Schallgeschwindigkeit.

Die Einordnung des Wasserstrahlschneidens in die Einteilung der Fertigungsverfahren nach DIN 8580 zeigt Bild 52.1 (vereinfacht dargestellt). [1]

Wirkmechanismen:

Die komplexen **Wirkzusammenhänge** des Wasserstrahlschneidens sind im Bild 52.2 beschrieben.

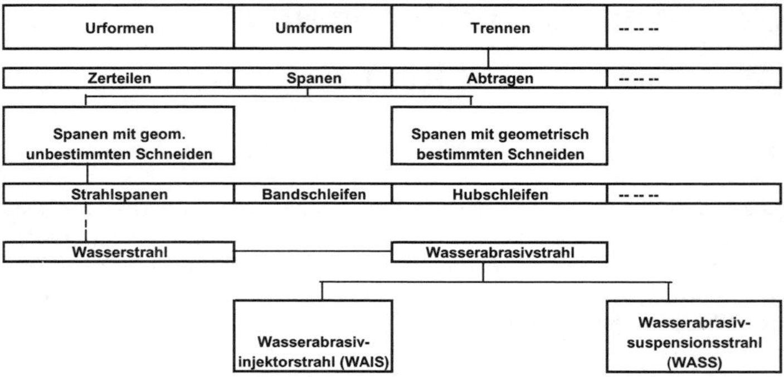

Bild 52.1: Einordnung des Wasserstrahlschneidens in die Fertigungsverfahren nach DIN 8580 [4]

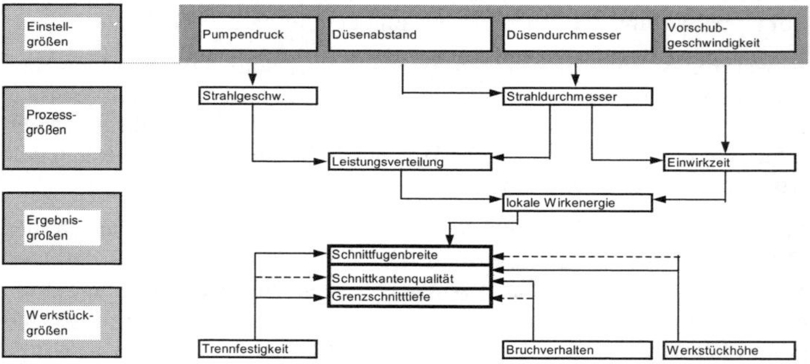

Bild 52.2: Wirkschema des Wasserstrahlschneidens [2]

Den allgemeinen Aufbau von **Wasserstrahlschneidanlagen** verdeutlicht Bild 52.3.

Häufig wird ein ausgeprägtes Maximum der Schneidwirkung bei einem bestimmten Abstand zwischen Düse und Werkstoff, insbesondere bei dünnen, duktilen Werkstoffen beobachtet.

Der Effekt des Mechanismus ist noch nicht hinreichend bekannt, vorwiegend wird er auf die mit zunehmender Lauflänge verstärkte Auflösung des Strahles in Einzeltröpfchen und die damit verbundene dynamische Werkstückbelastung zurückgeführt.

Die erzeugten Schnittflächen zeigen die auch von anderen Strahlverfahren her bekannten, entgegen der Vorschubrichtung geneigten Bearbei-

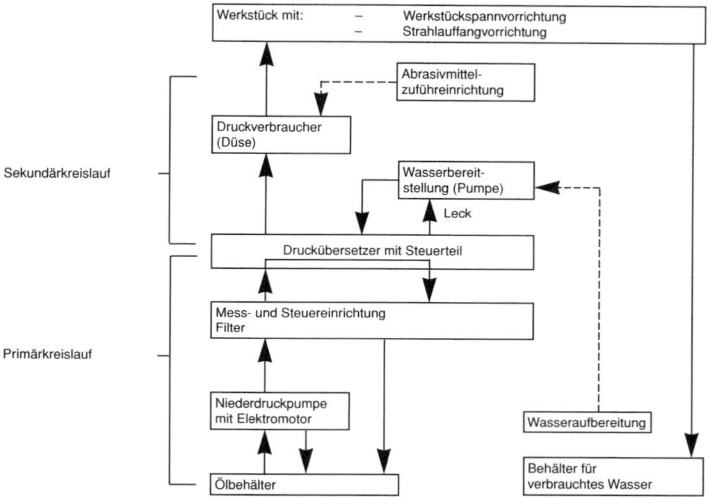

Bild 52.3: Allgemeiner Aufbau von Wasserstrahlschneidanlagen [1]

tungsriefen, deren Ausprägung in erster Linie vom Energieeinsatz pro Weglänge in Vorschubrichtung abhängt. Eine leichte Konizität der Schnittfuge mit einer Fugenverbreitung auf der Strahleintrittseite ist typisch. [2]

WUS

52.2 Verfahrensvarianten

52.2.1 Wasserstrahl

Zum Schneiden mit dem Hochdruckwasserstrahl ist eine Anlagenkonfigurationen erforderlich, die folgende drei Funktionsblöcke umfasst.

- Filterstation
- Hochdruckpumpe
- Schneidstation

Die Filterstation dient der Mikrofilterung und Entsalzung des Schneidwassers. Die Lebensdauer der Hochdruckkomponenten und der Wasserdüse wird unmittelbar von der Qualität des Schneidwassers beeinflusst.

Die Hochdruckpumpen für industrielles Wasserstrahlschneiden arbeiten überwiegend nach dem Prinzip des hydraulischen Druckübersetzers. Eine regelbare Hydraulikpumpe erzeugt einen Ölstrom mit konstantem

Druck, der mittels eines Umschaltventils wechselseitig auf die große Fläche des Übersetzerkolbens geleitet wird. Den Enddruck des Schneidwassers erzeugt die kleine Fläche des Kolbens umgekehrt zum Flächenverhältnis der Kolbenseiten. Ein nachgeschalteter Pulsationsdämpfer glättet die bei der Umsteuerung des Kolbens auftretenden Druckspitzen.

Die Schneidstation umfasst im Wesentlichen die Hochdruckwasserdüse und das System zur Strahl- bzw. Werkstückhandhabung. Die Umsetzung der als Druck gespeicherten Energie des Wassers in die kinetische Energie des Schneidstrahles findet in der Düse statt.

Es werden Düsen mit Nenndurchmesser zwischen 0,1 und 0,3 mm eingesetzt, um die hydraulische Energie der Pumpe zu begrenzen und schmale Schnittfugen zu realisieren. Als Düsenmaterial wird aus Gründen der Verschleißfestigkeit in der Regel ein feinstbearbeiteter synthetischer Saphir verwendet. [2]

Hochdruckpumpe, Rohrleitungssysteme und Düsen sind Standardbauelemente. Die Handhabungssysteme für die Werkstückführung und die Gestaltung der Relativbewegung zwischen Werkstück und Wasserstrahl sind auf die jeweiligen Anwendungsfälle zugeschnitten. [2]

In den Systemen sind Einrichtungen installiert (z. B. Wasserbecken), in der die Restenergie des Wasserstrahles aufgefangen wird bzw. Schneidwasser und Abtragprodukte zur Entsorgung weitergeleitet werden können. [2]

In Bild 52.4 sind die **Komponenten einer Wasserstrahlschneidanlage** schematisch dargestellt.

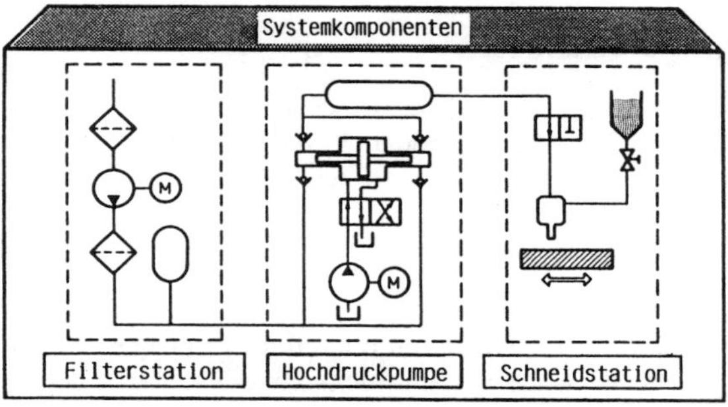

Bild 52.4: Komponenten einer Wasserstrahlschneidanlage nach [2]

Das folgende Bild 52.5 zeigt das Schema einer handelsüblichen **Wasserstrahldüse.**

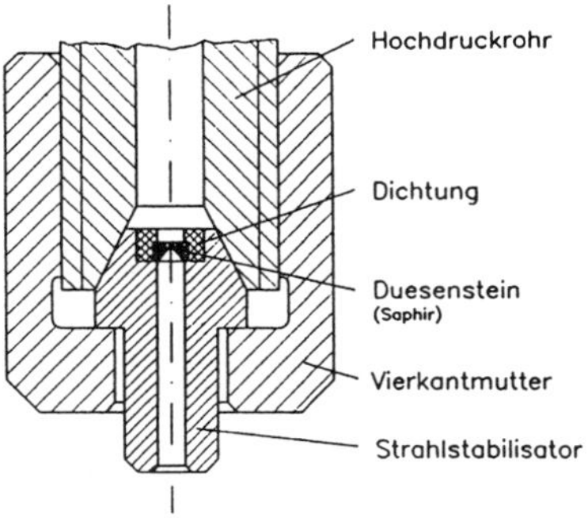

Bild 52.5: Aufbau einer üblichen Wasserstrahldüse [1]

In Tabelle 52.1 sind relevante Formeln zur **Berechnung der Prozessparameter** beim Schneiden mit Hochdruckwasserstrahl zusammengefasst.

Im Bild 52.6 sind die **Strömungsverhältnisse** im Anfangsbereich, Übergangsbereich (Kompaktstrahl) und im Hauptbereich eines Hochdruck-

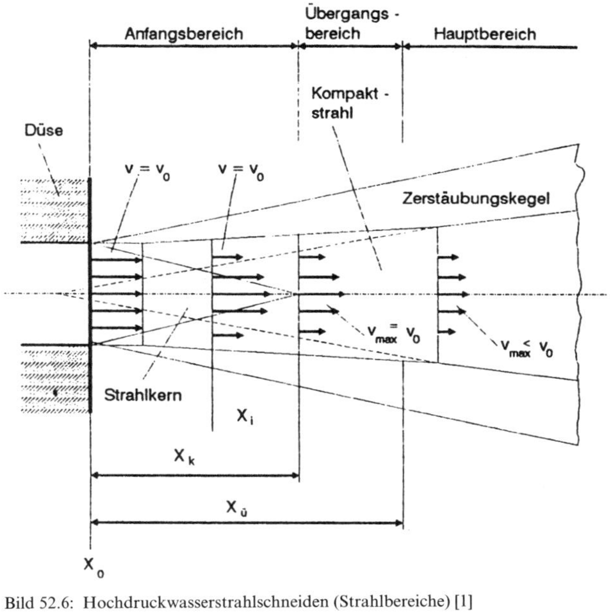

Bild 52.6: Hochdruckwasserstrahlschneiden (Strahlbereiche) [1]

Tabelle 52.1: Berechnung von Prozessparametern beim Wasserstrahlschneiden

	Formel	Formelzeichenerklärung
Austritts-geschwindigkeit des Wasser-strahls v_0	$v_0 = \sqrt{\frac{2 \cdot 10^5 (p_0 - p_1)}{\varrho}}$ Die Austrittsgeschwindigkeit des Strahles nimmt mit zunehmender Entfernung vom Austrittsquerschnitt der Düse ab. Es leitet sich für eine Entfernung x und für die dort herrschende Zentralgeschwindigkeit v_x folgende Beziehung ab: $v_x = v_0 \cdot f(x)$	p_0: Druck vor der Düse in bar (Sekundärdruck) p_1: statischer Druck am Strahlaustritt in bar ϱ: Dichte der Flüssigkeit in kg/m³ v_o: Austrittsgeschwindigkeit in m/s v_x: Zentralgeschwindigkeit in Entfernung x von der Düse in m/s (siehe auch Bild 52.6)
durch-schnittliche Strahlge-schwindigkeit v	$v = \frac{V}{Z \cdot A_0}$; $Z = \frac{V_G}{V_{th}}$ $A_0 = \frac{\pi \cdot d_D^2}{4}$	A_0: Querschnittsfläche Düse mm² d_D: Düsendurchmesser in mm $\dot{V}$: Volumenstrom Z: Durchflusszahl $\dot{V}_G$: gemessener Volumenstrom in m³/s $\dot{V}_{th}$: theor. Volumenstrom in m³/s
theoret. Strahl-geschwindig-keit v_{th}	$v_{th} = \sqrt{\frac{2 \cdot p \cdot 10^5}{\varrho}}$	v_{th}: theoret. Strahlgeschwindigkeit in m/s p: Druck in bar ϱ: Dichte der Flüssigkeit in kg/m³
Staudruck p_{Stau}	$p_{Stau} = p_0 - p_1 = \frac{\varrho_0 \cdot v_0^2}{2}$	p_1: stat. Druck am Strahlaustritt in bar p_0: Druck vor der Düse in bar
Stoßdruck	$p_{Stoß} = \varrho_0 c_0 v_0 \left(1 + \frac{\varrho_0 c_0}{\varrho_s c_s}\right)^{-1}$	c: Schallgeschwindigkiet 0: Index der Flüssigkeit s: Index des Werkstoffes
Schnittzeit	$t = \frac{s}{v_f}$	t: Schnittzeit in min s: Schnittweg in mm v_f: Vorschubgeschwindigkeit in mm/min
kinetische Energie	$E_{kin} = \left(\frac{1}{2} A_0 \cdot \varrho \cdot v^3\right) \cdot t$	E_{kin}: kin. Energie des Strahles in Ws t: Zeit in s

wasserstrahles gezeigt. Das Schneiden erfolgt im Anfangs- bzw. im Kompaktstrahlbereich.

52.2.2 Wasserabrasiv-Injektorstrahl (WAIS)

Das **Wasserabrasiv-Strahlschneiden** stellt eine Variante des Wasserstrahlschneidens dar. Dabei wird der durch den Freistrahl erzeugte Unterdruck einer so genannten Mischkammer dazu benutzt, ein Gemisch aus Luft und Schleifmittel anzusaugen. Der Freistrahl, der durch die Wasserdüse gebildet wird, überträgt dabei seine Energie an die Feststoffpartikel.

Als Beschleunigungsstrecke und zur erneuten Strahlformung dient ein Fokussierrohr. Nachteilig wirkt sich der Verschleiß dieses Bauteiles aus, der in starkem Maße von der Art und Menge des durchgesetzten Feststoffes abhängt. Handelsüblicher Fokussierrohr-Werkstoff ist Hartmetall, jedoch werden in jüngster Zeit auch solche aus keramischen Werkstoffen angeboten.

Als Strahlmittel kommen entsprechend den Erfordernissen hinsichtlich Schneidleistung und Schnittflächenqualität Materialien wie Quarzsand, Granatsand, Olivinsand, Silikatschlacke oder Korund u. a. zum Einsatz.

Im Allgemeinen werden beim Abrasiv-Wasserstrahlschneiden geringere Drücke bis etwa 300 MPa bei **Volumenströmen** von etwa ca. 5 l/min verwendet. Prinzipbedingt führt der Feststoffzusatz zu breiteren Schnittfugen als sie bei reinem Wasser als Schneidmedium erzielbar sind. Allerdings wird das Trennvermögen des Strahles derart gesteigert, dass die Bearbeitung von harten und hochfesten Materialien möglich wird, vgl. Tabelle 52.2.

In Bild 52.7 ist ein Mischkopf für das Abrasiv-Wasserstrahlschneiden gezeigt. Das Feld der frei wählbaren Parameter erweitert sich bei dieser Verfahrensvariante um die Stellgrößen Feststoffart und -körnung, Feststoffmassenstrom sowie Fokussierrohrdurchmesser und -länge. Ebenso wie beim Schneiden mit reinem Wasser sind die grundlegenden Mechanismen des Materialabtrages bis heute noch nicht restlos erforscht.

WUS

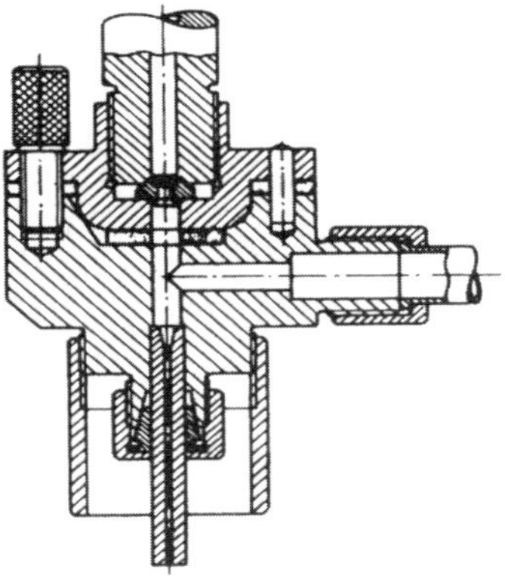

Bild 52.7: Mischkopf für das Abrasivstrahlschneiden mittels Injektorstrahls [2]

Tabelle 52.2: Typische Schnittgeschwindigkeiten im mm/min beim Wasserabrasiv-Injektorstrahlschneiden (WAIS) Beispiele [2] u. a.

Dicke / Material	6 mm	15 mm	19 mm	25 mm	50 mm
Titan	250	150	100	50	16
Aluminium	250	150	100	50	16
GFK	500	280	130	75	25
CFK	500	300	150	75	25
nicht rostender Stahl	200	90	60	40	15
Glas	2000	1000	700	500	150

52.2.3 Wasserabrasiv-Suspensionsstrahl (WASS)

Das Wasser wird mit einer Hochdruckpumpe über eine Schlauchleitung unter Hochdruck in eine Mischeinheit gefördert. Dort wird das Abrasivmittel dem Wasser zugemischt. Unter Hochdruck wird diese Wasserabrasiv-Suspension über eine Schlauchleitung zur Schneiddüse gefördert, in der die potenzielle Energie des Druckes in Geschwindigkeit umgewandelt wird.

Der aus der Düse austretende Wasserstrahl (Suspension) ist ebenfalls in der Lage, nahezu alle Materialien zu trennen. Die Schneiddüse kann dabei fernhantiert und über mehrere hundert Meter von der Schneidanlage manipuliert werden. Im Bild 52.8 ist das System des **Wasserabrasiv-Suspensionsstrahlschneidens** (WASS) schematisch dargestellt.

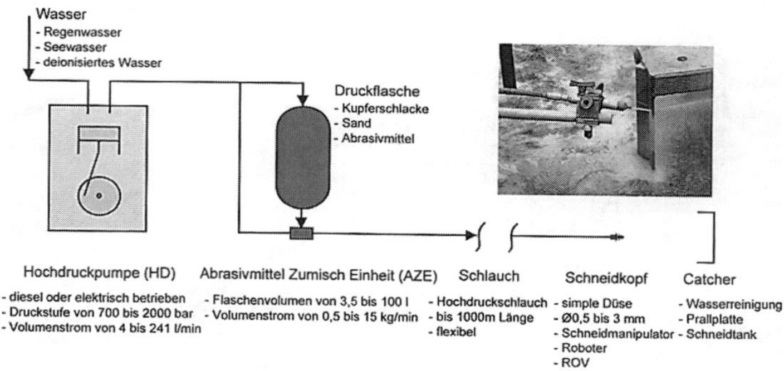

Bild 52.8: System des Wasserabrasiv-Suspensionsstrahlschneidens (WASS) [4]

Anwendungsvorteile [4]

- Schneiden an Luft
- Schneiden unter Wasser (max. Tiefe bislang 600 m)
- Werkstoffunabhängigkeit (Stahl, Glas, ...)
- Nur ein Schlauch zur Schneiddüse
- Hohe Schneidgeschwindigkeit bei hoher Genauigkeit
- Minimale Schnittfugenbreite (Materialaustrag)
- Minimaler Abrasivmittelverbrauch
- Kalter Prozess (keine Wärmeeinflusszonen oder Abbrand)
- Keine Aerosole (2-Phasen-Strahl)
- Keine Bauteilveränderung messbar

Im Folgenden ist ein Vergleich zwischen Suspensions- und Injektor-Strahl nach [4] dargelegt.

Tabelle 52.3: Vergleich zwischen Suspensions- und Injektor-Strahl (ANT, Lübeck)

Parameter	**Suspension-Strahl (WASS)**	**Injektor-Strahl (WAIS)**
Druck	2000 bar	4000 bar
Schnitttiefe (Stahl)	250 mm	120 mm
Schnittgeschwindigkeit	10 mm/min	5 mm/min
Wasservolumenstrom	20 l/min	4 l/min
Abrasivmittelvolumenstrom	1,5 kg/min	1,5 kg/min
Abrasivmittelverbrauch	150 kg/m	300 kg/m

Damit wird auf die höhere Produktivität des Wasserabrasiv-Suspensionsstrahls (WASS) hingewiesen.

Im folgenden Bild 52.9 wird im Prinzip das Schneiden mit Wasserabrasiv-Injektorstrahl (WAIS) dem Schneiden mit Wasserabrasiv-Suspensionsstrahl (WASS) gegenübergestellt.

Die realisierbare Schnitttiefe ist für beiden Prinzipe jeweils abhängig vom Druck, von der Vorschubgeschwindigkeit, vom Massestrom des Abrasivmittels und vom Arbeitsabstand zwischen Schneidkopf und Werkstück. Druck, Vorschubgeschwindigkeit und Arbeitsabstand sind auch die Haupteinflussgrößen auf die realisierbare Schnitttiefe beim Schneiden mit reinem Wasserstrahl.

Die Prinzipien für das Wasserabrasiv-Strahlschneiden nach Louis sind in Bild 52.9 gezeigt.

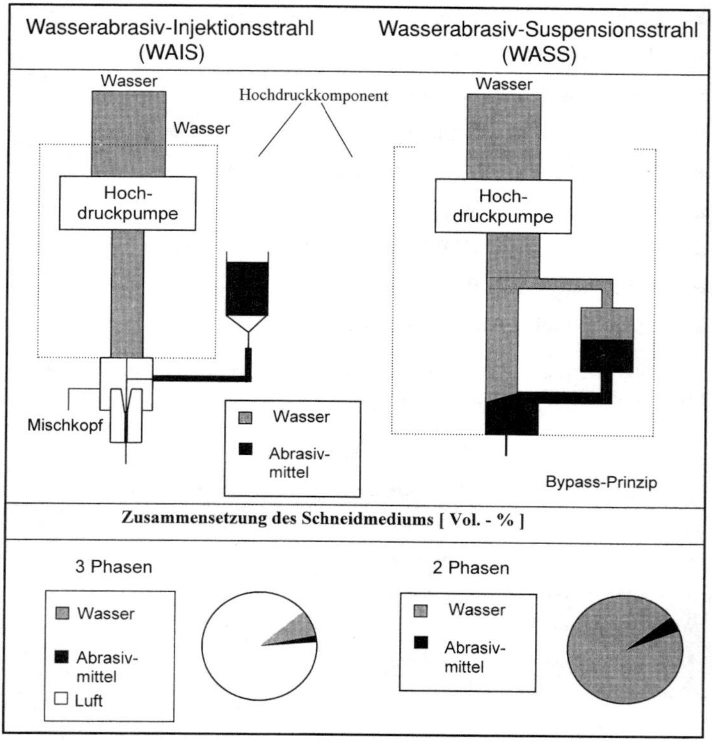

Bild 52.9: Gegenüberstellung von Wasserabrasiv-Injektorstrahl (WAIS) und Wasserabrasivsuspensionstrahl (WASS) nach Louis [11]

Diese Darstellung verdeutlicht, dass beim **Wasserabrasiv-Injektorstrahl** eine geringe Menge von Abrasivmittel und Wasser enthalten ist und der übergroße Teil des Strahles aus Luft besteht. Beim Wasserabrasiv-Suspensionsstrahl ist eine höhere Menge von Abrasivmittel bzw. geometrisch unbestimmte Schneiden in der Wasser-Schneidmittel-Suspension enthalten. Dies erhöht die Produktivität des Verfahrens. Ergebnisse von Forschungsarbeiten zum Einsatz des Wasserstrahlschneidens vorrangig in nicht begehbaren Rohren und Kanälen sind in [6] bis [14] beschrieben.

52.3 Anlagen und Komponenten

52.3.1 Wasserabrasiv-Injektorstrahlverfahren

Das Wasserabrasiv-Injektorstrahlverfahren (WAIS) kann relativ hohe Genauigkeiten realisieren (± 0,05 mm). Das Bild 52.10 zeigt einen **FLOW-Druckübersetzer**.

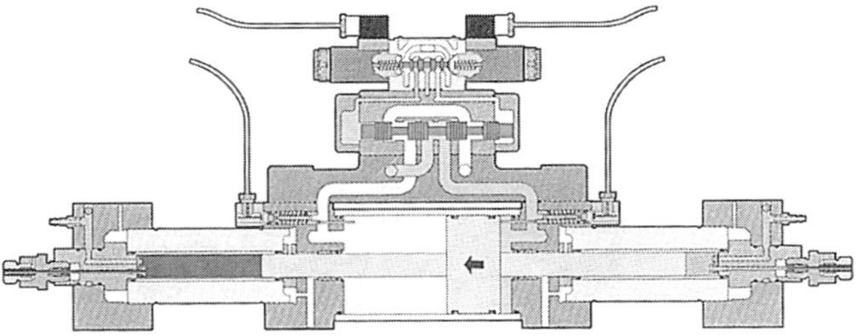

Bild 52.10: Funktionsprinzip eines Druckübersetzers (FLOW Europe, Darmstadt)

Eine typische Maschinenkonfiguration zeigt Bild 52.11

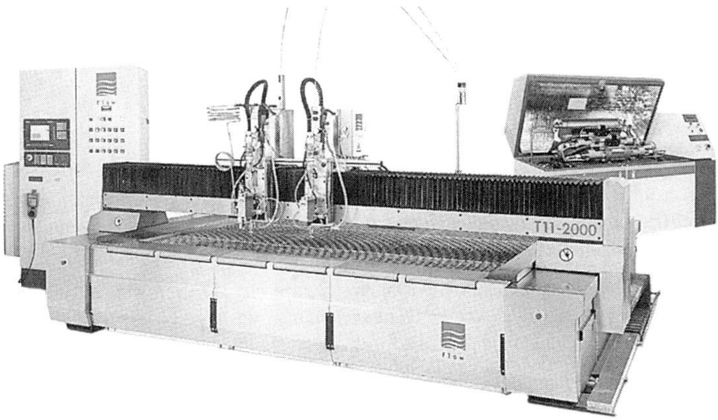

Bild 52.11: T11-2000 Modulares System für 2D- und 3D-Anwendungen (FLOW Europe, Darmstadt)

Zur industriellen Produktion von geometrisch definierten Teilen im 2D- und 3D-Bereich bietet dieses System optimale Vorraussetzungen. Der 3-Achs-Koordinatentisch wird in Größe und Ausstattung kundenindividuell ausgeführt. Je nach Anwendung kommen ein oder mehrere Schneidköpfe zum Einsatz. Ein selbstreinigender Tank als **Strahlfangbecken** gehört ebenso zu diesem System wie die komplette CNC-Steuerung mit vorgeschalteter Hard- und Software mit CAD/CAM-Programm.

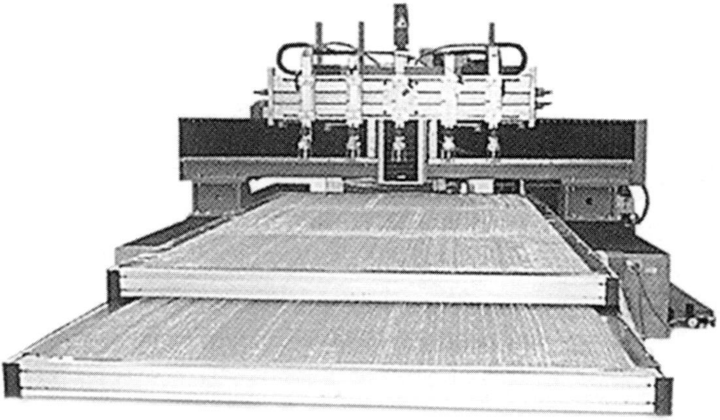

Bild 52.12: System T11-2000 mit bis zu 12 Schneidköpfen (FLOW Europe, Darmstadt)

Für höchste Produktivität beim Schneiden mit reinem Wasserstrahl (z. B. Dichtungen) sind spezielle Aufbauten mit bis zu 12 Schneidköpfen und automatischer Be- und Entladung Stand der Technik.

Weiterhin wurden modulare Anlagensysteme für 3D- Schnitte entwickelt (FLOW). Ein großes Anwendungsfeld für das Schneiden mit reinem Wasserstrahl ist u. a. die Automobilindustrie.

Das Wasserabrasiv-Injektorstrahlschneiden (WAIS) hat folgende, in Tabelle 52.4 genannte **Anwendungsgebiete.**

52.3.2 Wasserabrasiv-Suspensionsstrahlschneiden

Eine typische Anlagenkonfiguration für das Wasserabrasiv-Suspensionsstrahlschneiden zeigt das Bild 52.13, ein Beispiel Bild 52.14.

Tabelle 52.4: Anwendungsgebiete des Wasserabrasiv-Injektorstrahlschneidens (WAIS) [5]

Art	Beispiele
Lohnfertigung	Das Schneiden von Konturen in buchstäblich jedem Material und beliebiger Kontur, ob 2D oder 3D
Metallindustrie	Hervorragende Qualität in jedem Metall ohne thermische Beeinflussung. Meist ist eine Verwendung der Teile ohne jede Nachbearbeitung möglich.
Luft- und Raumfahrtindustrie	Kompositwerkstoffe (Kevlar™, GFK/CFK etc.) und hitzeempfindliche Materialien wie Aluminiumlegierung, Edelstahl und Titan.
Automobilindustrie	Konturschnitte für Armaturenbretter, Teppiche, Türverkleidung, Stoßstangen und Autohimmel.
Dichtungsindustrie	Alle Arten von Dichtungsmaterialien können schnell programmiert und einfach geschnitten werden.
Kunststoffe	Konturenschneiden in zwei und drei Dimensionen für eine große Vielfalt von Duroplasten, Thermoplasten und Verbundwerkstoffen.
Stein und Keramik	Einlegearbeiten, Treppen, Bordüren, Waschtische aus Marmor, Granit, Keramik und anderen Materialien.
Papier, Vliesstoff und Verpackungsmaterial	Kanten-, Quer- und Längsschneiden von Vliesstoffen, beschichtetem Papier, Schaumstoff und Wellpappe
Lebensmittel	Schneiden, Teilen und/oder Portionieren einer großen Auswahl von Lebensmitteln.

Bild 52.13: Einrichtung zum Wasserabrasiv-Suspensionstrahlverfahren (WASS) (ANT, Lübeck)

Bild 52.14: Wassersuspensions-Strahlschneiden (Beispiel)

In Tabelle 52.5 sind die Parameter dieser Anlage zusammengefasst: [5]

Tabelle 52.5:

Abrasivmittelzumischeinheit	
Max. Arbeitsdruck:	500 bar (7150 PSI)
Druckbehälter:	3,5 l brutto
Hochdruckventile:	handbetrieben
Gewicht:	80 kg leer
Maße:	600 mm × 380 mm × 720 mm
Betriebsparameter	
Düsendurchmesser:	0,45 ... 0,55 mm
Max. Arbeitsdruck:	500 bar (7150 PSI)
Max. Wasserdurchfluss:	5 l /min
Abrasivmittelkonzentration:	5 ... 15 Massen %
Schneidzeit mit einer Füllung:	ca. 15 min
Schneidleistung:	10 mm Stahl: 30 mm/min 30 mm Stahl: 12,5 mm/min

52.4. Anwendungsbeispiele und Einsatzgrenzen

Anwendungsbeispiele und Einsatzgrenzen des Schneidens mit Wasserstrahl und Wasserabrasivstrahl werden im Folgenden dargestellt nach [1], [2] u. a.

Sowohl das Schneiden mit reinem Wasserstrahl als auch das Wasserabrasiv-Strahlschneiden hat gegenüber den klassischen Verfahren eine Reihe von **Vorteilen** aufzuweisen.

Insbesondere sind dies:

- geringe mechanische Belastung des Werkstückes
- keine thermische Beeinflussung der Randzone
- keine Bildung von Schneidstaub, Schmelzprodukten oder Gasen
- direkte Schneidwirkung senkrecht zur Strahlachse
- geringer Werkzeugverschleiß
- schmale Schnittfugen

In verschiedenen Bereichen der Industrie führten diese Eigenschaften zur Substitution eingesetzter konventioneller Technologien durch die Wasserstrahl-Schneidtechnik.

Mit zunehmendem Einsatz von Verbund- und Nichtmetallwerkstoffen wird die Anwendung von neuen Strahltechnologien gefordert. Neben Laserschneidanlagen werden Wasserstrahlschneidanlagen mit jährlichen Umsatzwachstumsraten von 25 ... 30 % weltweit in der Industrie angewendet. Die Zahl der existenten Wasserstrahlschneidanlagen nimmt ständig zu. In Deutschland sind es zur Zeit über 600.

Sie arbeiten in vielen Bereichen der technischen Industrie, u. a. in der Luft- und Raumfahrtindustrie, der Zellstoff und Papierindustrie, im Maschinenbau, der kunststoff- und lederverarbeitenden Industrie sowie auf dem Gebiet der Chemie- und Ernährungsindustrie.

Beim Trennen sehr weicher oder auch federnder Werkstoffe, insbesondere von Schäumen, weicht der Werkstoff bei der mechanischen Bearbeitung aus. Ein weicher viskoelastischer Körper verhält sich beim Trennen mit Wasserstrahl „steif" und spröde. Die sich nur begrenzt auswirkende Schnittkraft ermöglicht es daher, in Verbindung mit der geringen Schnittfugenbreite, materialsparend Schnitte fast beliebig dicht oder auch sehr nahe am Rand des Materials zu legen.

Darüber hinaus kann der Schnitt an jeder beliebigen Stelle des Materials gestartet werden, ohne an einer Werkstückkante anfangen zu müssen. Die im Material verbleibende Restfeuchte ist im Allgemeinen nicht fühlbar und vernachlässigbar gering.

Die Abtragprodukte fallen bei der Bearbeitung nicht als Luftstaub an, sondern werden, an das Schneidwasser gebunden, mit diesem weggespült. Dieser Vorteil gewinnt dort an Bedeutung, wo die Gefahr einer Gesundheitsgefährdung durch Staubbildung gegeben ist. Dies ist insbesondere bei der Bearbeitung von Asbestprodukten, Steinwolle oder faserverstärkten Kunststoffen der Fall. Es lassen sich daher bei diesen Werkstoffen, die bei mechanischer Bearbeitung zusätzlich einen hohen Werkzeugverschleiß verursachen, außer der Möglichkeit, beliebige Konturen zu schneiden, vor allem auch erhöhte Forderungen an die Arbeitssicherheit leicht erfüllen.

Besonders im Bereich der Kunststoffbearbeitung hat sich der Wasserstrahl ein breites Anwendungsfeld erschlossen. Die Bearbeitungsaufgaben erstrecken sich hierbei auf das Besäumen, Entgraten sowie Einbringen von Durchbrüchen. Speziell dreidimensionale Teile aus dem Automobilbau, wie Armaturentafeln, Innenverkleidungen, Teppichböden und Stoßfänger, werden mit integrierten Wasserstrahl-Schneidsystemen bearbeitet. [2], [1] u. a.

Im Arbeitskreis Wasserstrahltechnologie (AWT), der an der Universität Hannover angesiedelt ist, werden weltweit alle Initiativen der Wasserstrahlbearbeitung aus Forschung und Industrie zusammengefasst. Dieser Arbeitskreis ist ein relevanter Konsultationspunkt für alle Fragen der Anwendung und der Arbeitssicherheit auf diesem Gebiet.

Quellen und weiterführende Literatur

[1] *Lutze, H.; Chi, T.:* Trennen mit Flüssigkeitsstrahl. TU Chemnitz, 1991

[2] *König, W.:* Fertigungsverfahren Band 3: Kapitel: Materialbearbeitung mit Hochgeschwindigkeitsstrahlen. Düsseldorf: VDI-Verlag, 1989

[3] *Lutze, H.; Hörger, K.:* Einsatz der Wasserstrahltechnologie in nicht begehbaren Rohren und Kanälen. VDRK-Info (3/1999)

[4] Fa. ANT Lübeck: Firmenunterlagen.

[5] Fa. Flow Europe GmbH Darmstadt: Firmenunterlagen.

[6] *Lutze, H.; Pilz, R.:* Bericht zum deutsch-japanischen Wasserstrahlseminar. Japan 1995. dima (3 und 4/1996)

[7] *Hörger, K.; Schubert, R.; Lutze, H.:* Drahtlose Überwachung des Reinigungsvorganges in Kanälen. unpublished results of research (1996)

[8] *Kobayashi, R.:* Correlation between the structure of Abrasive Jet and the Resultant Characteristics of Cutting Processing. Kobayashi, R.; Louis, H. (ed.): Proceedings of Japanese-German Joint Seminar of Precise Proceeding by Advanced Water Jet Technology. Shimzu and Sendai (1995)

[9] *Pilz, R.; Lutze, H.:* Water Jet and Abrasive Water Jet in Germany. Kobayashi, R.; Louis, H. (ed.): Proceedings of Japanese-German Joint Seminar of Precise Proceeding by Advanced Water Jet Technology. Shimzu and Sendai (1995)

[10] *Pilz, R.; Lutze, H.:* Influence of the Maching Parameters on the Cutting Performance. Precise Proceeding by Advanced Water Jet Technology. Shimzu and Sendai 1995. Kobayashi, R.; Louis, H. (ed.): Proceedings of Japanese-German Joint Seminar of Precise Proceeding by Advanced Water Jet Technology. Shimzu and Sendai (1995)

[11] *Louis, H.; Meier, G.:* Interaction Particle-Jet-Work Piece; Surface Generation ND Quality Improvement. Kobayashi, R.; Louis, H. (ed.): Proceedings of Japanese-German Joint Seminar of Precise Proceeding by Advanced Water Jet Technology. Shimzu and Sendai (1995)

[12] *Lutze, H.:* Fixed and Variable Costs of Water Jet and Abrasive Jet Cutting Compared with Altenative Methods. Kobayashi, R.; Louis, H. (ed.): Proceedings of Japanese-German Joint Seminar of Precise Proceeding by Advanced Water Jet Technology. Shimzu and Sendai (1995)

[13] *Louis, H.; Hörger, K.; Lutze, H.:* Anwendung der Wasserstrahlschneid- und abtragetechnik in nicht begehbaren Rohren und Kanälen. unpublished results of research (1997)

[14] *Lutze, H.:* Vortrag zum 12. Lindauer Seminar: Höchstdruckstrahlverfahren. Chemnitz: 4. und 5. März 1999

WERKZEUGMASCHINEN FÜR DIE HERSTELLUNG VON VERZAHNUNGEN

W
H
Z

53 Verzahnmaschinen

53 Verzahnmaschinen

Dr.-Ing. Klaus Felten

Für die Herstellung weicher und gehärteter Verzahnungen haben sich Spezialmaschinen etabliert, deren Aufbau, sinnvolle Anwendung und Einsatzzweck nachfolgend beschrieben werden. Hierzu werden die Maschinen in die folgenden Gruppen eingeteilt:

- Maschinen zur spanlosen Herstellung von Verzahnungen
- Maschinen zur Weichvorbearbeitung von Verzahnungen
- Maschinen zur Weichfeinbearbeitung von Verzahnungen
- Maschinen zur Hartfeinbearbeitung von Verzahnungen

Zu jeder Maschinengruppe werden – falls das Verständnis es erfordert – die notwendigen technologischen Grundlagen und Begriffe erläutert.

53.1 Einführung und Grundlagen

Die **spanlose** oder umformende **Herstellung von Verzahnungen** ist ein Formprozess, der in der Prozessfolge der Zahnradherstellung einer Weichvorbearbeitung entspricht.

Bei hohen Anforderungen an die zu erzeugende Werkstückqualität ist ein entsprechend aufwendiges Werkzeug erforderlich. Dies ist der Hauptgrund dafür, dass sich die spanlose Herstellung von Verzahnungen bisher nur in der Massenproduktion durchgesetzt hat.

Für eine spanlose Herstellung von Verzahnungen sprechen die gute Materialausnutzung sowie die Möglichkeit, zusätzliche Formelemente am Werkstück gleichzeitig mit der Verzahnung zu erzeugen und so möglicherweise nachfolgende Prozessschritte einzusparen.

Die **spanenden Verzahnverfahren** lassen sich in drei Gruppen einteilen, die das Erzeugungsprinzip der Zahngeometrie charakterisieren (siehe Bild 53.1):

- Diskontinuierliche Form- oder Profilverfahren
- Diskontinuierliche **Teilwälzverfahren**
- Kontinuierliche **Wälzverfahren**

Form- und Wälzverfahren erfordern nicht unbedingt eigene Maschinenkonzepte. So lassen Wälzfräs-, Wälzstoß- oder auch Verzahnungsschleifmaschinen ohne weiteres die Kombination obiger Prinzipien in einer Maschine zu, wenn das geeignete Werkzeug eingesetzt wird und die Maschinenparameter entsprechend gewählt sind. Andererseits gibt es bei Verzahnmaschinen eine Vielzahl spezialisierter Maschinenkonzepte, in denen, abhängig von der Geometrie, dem Material und den Qualitätsanforderungen des Werkstücks, unterschiedliche kinematische Konzepte realisiert werden. Die teilweise extremen qualitativen Anforderungen werden häufig mit Hilfe von **Achskopplungen** realisiert.

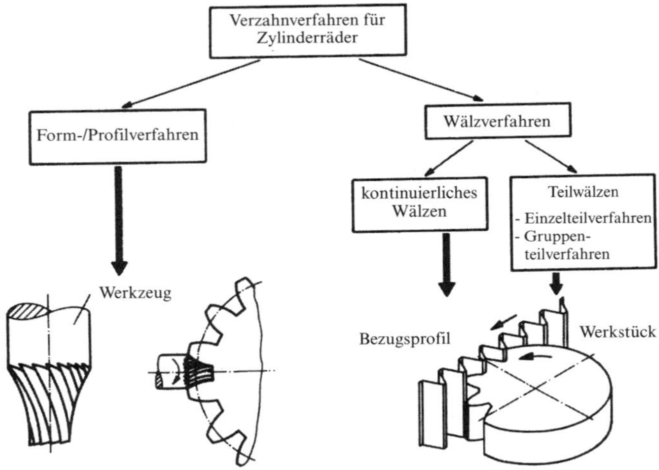

Bild 53.1: Verzahnverfahren für Zylinderräder [1]

53.1.1 Begriffe

Die nachfolgend in mehreren Kapiteln im Zusammenhang mit Bewegungen und Kräften verwendeten Begriffe radial, axial und tangential beziehen sich durchweg auf die Achslagen des zu bearbeitenden Werkstücks.

53.1.2 Verfahrensübersicht

Auf den Bildern 53.2 und 53.3 sind die heute angewandten Verfahren zur Herstellung von Zylinderrädern und Kegelrädern getrennt in Verfahrensgruppen zusammengefasst. Dabei handelt es sich sowohl um Verfahrensalternativen – im Wesentlichen horizontal nebeneinander – als auch um Verfahrensfolgen, die im Wesentlichen vertikal untereinander angeordnet sind.

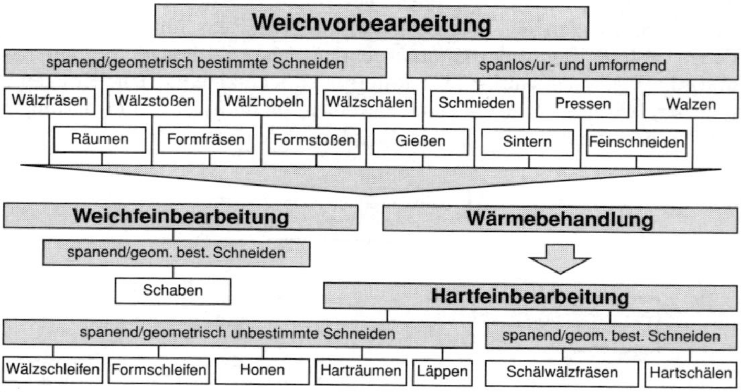

Bild 53.2: Verfahren der Zylinderrad-Herstellung

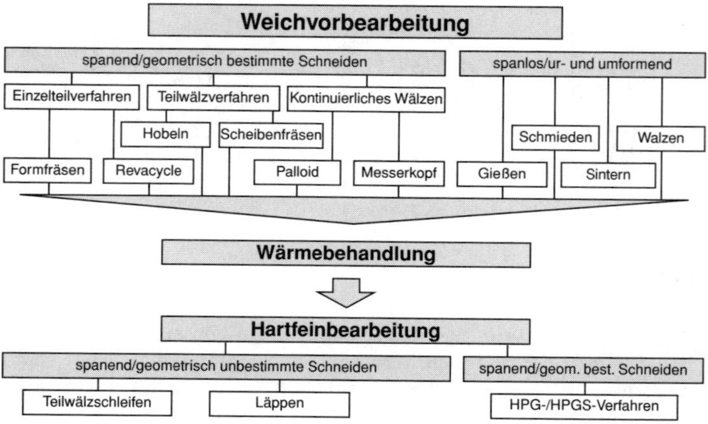

Bild 53.3: Verfahren der Kegelrad-Herstellung

Beide Darstellungen sollen der Übersicht und der Orientierung dienen. Die nachfolgenden Kapitel über Verzahnmaschinen folgen nicht der hier dargestellten Trennung von Zylinder- und Kegelradbearbeitung. Wie weiter oben dargestellt, werden unabhängig von der Werkstückgeometrie zuerst alle Maschinen für die Weichbearbeitung, dann alle Maschinen für die Hartbearbeitung beschrieben.

53.1.3 Antriebs- und Steuerungstechnik

Für das Verständnis moderner Verzahnmaschinen ist eine Betrachtung der technischen Entwicklung auf dem Sektor Antriebs- und Steuerungstechnik sehr hilfreich.

Die hohen Anforderungen an die Werkstückqualität bei stets drei oder mehr gleichzeitig ablaufenden Achsbewegungen hat die Konstrukteure von Verzahnmaschinen stets zu besonderen Lösungen gezwungen. So wurden von Anfang an synchrone Bewegungen mehrerer Achsen durch mechanische Getriebekopplungen realisiert, so dass ein Motor mit Hilfe von Getriebeverzweigungen mehrere Bewegungen gleichzeitig angetrieben hat. Änderungen des Übersetzungsverhältnisses – um beispielsweise ein Zahnrad mit anderer Zähnezahl zu erzeugen – löste man mit Hilfe von steckbaren Wechselrädern. Unter diesem Aspekt mechanischer **Achskopplungen** waren Verzahnmaschinen immer automatisierte Maschinen.

Der Einsatz von NC-Steuerungen begann an Verzahnmaschinen in den 70er-Jahren mit reinen Linearachsen. Zur Steuerung der notwendigerweise gekoppelten Wälzachsen von Wälzfräs- oder Wälzstoßmaschinen reichte die Qualität und Geschwindigkeit der Achsinterpolatoren solcher Steuerungen nicht aus. Es wurden deshalb – im Unterschied zu jeder anderen Technologie – Maschinen gebaut, die nach wie vor ihre Qualität aus mechanischen Getriebezügen bezogen und bei denen die numerische Steuerung lediglich Zustellbewegungen bediente. Käufliche NC-Steuerungen waren zu dieser Zeit nicht in der Lage, die qualitätsrelevanten Bewegungen von Verzahnmaschinen mit ausreichender Genauigkeit zu steuern.

Der Wunsch nach höherer Flexibilität von Verzahnmaschinen durch Entfall der Wechselräder führte Anfang der 80er-Jahre zu Eigenentwicklungen der Maschinenhersteller auf dem Steuerungssektor oder zu Kooperationen mit jeweils einem Steuerungshersteller. Es entstanden Konzepte, bei denen der mechanische Wälzgetriebezug eliminiert und durch einen speziellen elektronischen „Wälzmodul" ersetzt wurde. Dieser konnte entweder mit einer handelsüblichen Steuerung kombiniert oder in eine Sondersteuerung integriert werden. Erst dieser Schritt realisierte die eigentliche NC-Philosophie, nach der jede Bewegung von einem eigenen Achsmodul angetrieben wird. Für den Begriff „Wälzmodul" waren auch Begriffe wie „elektronisches Getriebe" oder „digitaler Zwanglauf zweier Achsen" gebräuchlich.

Erst seit Anfang der 90er-Jahre sind handelsübliche CNC-Steuerungen zusammen mit digitalen Antrieben in der Lage, die steuerungs- und antriebstechnischen Aufgaben von Verzahnmaschinen in der geforderten Qualität zu lösen. Nach wie vor ist jedoch eine spezielle Software erforderlich. Diese muss zum Beispiel gewährleisten, dass das Steuerungssystem so genannte „endlose Rundachsen" fehlerfrei verarbeiten kann. Dies bedeutet, dass ein numerisch gesteuerter Rundtisch immer in der gleichen Richtung weiterdrehen darf, ohne dass das Messsystem, das zu jeder NC-Achse gehört, „überläuft" oder dass bei jedem Werkstück neu referiert werden muss.

Verzahnmaschinen heutiger Bauart werden nur noch wechselradlos gebaut. Das Übersetzungsverhältnis der gekoppelten Achsen wird dabei programmiert oder bei abgeleiteten Bewegungen aus Werkstück- oder Werkzeugdaten bzw. aus Bearbeitungsparametern berechnet. An Maschinen mit komplexer Kinematik wie zum Beispiel Kombimaschinen, bei denen mehrere Verfahren in einer Maschine ablaufen, sind elektronische Getriebe im Einsatz, bei denen entweder mehr als zwei Achsen gekoppelt oder mehrere elektronische Getriebe in einer hierarchischen Stufung untereinander verknüpft sind („kaskadierte Getriebe").

53.2 Maschinen zur spanlosen Herstellung von Verzahnungen

Die spanlose Herstellung von Verzahnungen – seien sie aus Kunststoff oder aus metallischen Werkstoffen – findet häufig mit Hilfe von Maschinen statt, auf denen auch andere Werkstückformen erzeugt werden können. Die „Werkstückform Zahnrad" entsteht durch ein geeignetes Werkzeug, das dann zum Einsatz kommt. Typisches Beispiel für solche Anwendungen sind Druckgussmaschinen, mit denen auch Zahnräder hergestellt werden können. Diese Maschinen zählen nicht zum engeren Bereich der Verzahnmaschinen und werden deshalb in diesem Kapitel nicht behandelt. Ähnliches gilt für die Herstellung von Verzahnungen durch Gießen, für die pulvermetallurgischen Verfahren und auch für Verzahnungen, die mit Hilfe von Feinschneidmaschinen erzeugt werden. Außer solchen Universalmaschinen gibt es aber auch speziell für die umformende Herstellung von Verzahnungen konzipierte Maschinen, auf die nachfolgend näher eingegangen wird.

53.2.1 Präzisionsschmiedemaschinen

Präzisionsschmiedemaschinen zur Zahnradherstellung finden ihren Einsatz vorwiegend im Bereich geradverzahnter Zylinder- oder Kegelräder.

Das Präzisionsschmieden ist dem Pulverschmieden verwandt, verwendet aber keine gesinterten Rohlinge.

Es ist – wie andere Umformverfahren auch – kein typisches oder ausschließliches Verfahren der Zahnradherstellung. Das Verfahren ist immer dann interessant, wenn es möglich ist, in einem Schmiedevorgang mehrere Form- und Nebenformelemente gemeinsam zu erzeugen.

Ein Problem, das sich bei der umformenden Herstellung von Zahnrädern in besonderem Maße stellt, ist die vollständige Ausfüllung der stempelseitigen Zahnkanten, die als Stirnfläche bei vielen Zahnrädern auch Funktionsflächencharakter haben können. Sie müssen während des Umformvorgangs in einer Art Querfließprozess ausgefüllt werden. Dies gelingt nur bei Verwendung einer so genannten schwimmenden Matrize. Der Werkstofffluss ist dabei vergleichbar mit dem beim zweiseitigen Pressen auf doppelt wirkenden Maschinen. Die Matrize bewegt sich aufgrund der zwischen Werkstückstoff und Matrize auftretenden Reibung während des Umformvorgangs. Dadurch entstehen zwei Relativbewegungen innerhalb der Matrize, die vorzugsweise die oberen und unteren Zahnkanten füllen.

In der Regel werden heute in Automobilgetrieben schräg verzahnte Räder eingesetzt, weil diese gegenüber Geradverzahnungen bessere Laufeigenschaften haben und geringere Laufgeräusche erzeugen. Alle bekannten Versuche, mit Hilfe des Präzisionsschmiedens schräg verzahnte Räder herzustellen, haben bisher nicht zur Serienreife geführt. Die hohen Aufwendungen für die Schmiedewerkzeuge, die beim Ausstoßen schräg verzahnter Werkstücke eine präzise Verdrehbewegung ausführen müssen, lassen eine wirtschaftliche Nutzung des Präzisionsschmiedens für die Herstellung von Schrägverzahnungen nicht zu.

53.2.2 Pressen

Bei den für die Verzahnungsherstellung eingesetzten Pressen kommen mehrere unterschiedliche Pressverfahren zur Anwendung.

Zwei Verfahrensvarianten haben in der Zahnradherstellung etwas größere Bedeutung erlangt, das Kalt-Hohl-Vorwärts-Fließpressen und das Taumelpressen.

Der Begriff **Kalt-Hohl-Vorwärts-Fließpressen** beschreibt recht präzise den während des Pressvorganges ablaufenden Prozess der Metallumformung. Dabei drückt ein unverzahnter Stempel mit einem Innendorn einen unverformten Rohling durch eine am unteren Ende verzahnte Matrize. Qualitätsbestimmend sind die Schmierschicht, die das Gleitverhalten zwischen Rohling und Matrize verbessern soll, sowie die geometrischen Größen Matrizen-Schulteröffnungswinkel, die formgebende Werkzeuglänge und die Innendornausbildung. Das Verfahren wird zum Vorverzahnen großer Stückzahlen kleiner Stirnräder eingesetzt. Man erreicht dabei Qualitäten der Größenordnung DIN 9-10 bei Hauptzeiten von ungefähr einer Sekunde [2].

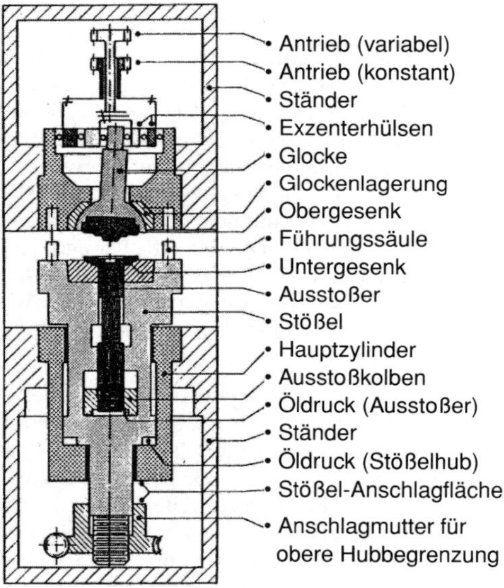

Bild 53.4: Prinzipieller Aufbau einer Taumelpresse [3]

Das so genannte **Taumelpressen** versucht, die verfahrensbedingten Nachteile der anderen Pressverfahren – hohe Presskräfte, Materialfluss quer zur Kraftrichtung – zu vermeiden.

Eine Taumelpresse arbeitet mit einer speziellen Kinematik, mit der die gerade bei der Zahnradherstellung durch Pressen nachteilige Reibung, die das radiale Fließen des Materials behindert, weitgehend vermieden wird.

Die prinzipielle Wirkungsweise einer Taumelpresse ist im Bild 53.4 dargestellt. Sie besteht wie andere Pressen aus einem Ober- und einem Untergesenk. Die zur Umformung des Rohlings nötige Presskraft wird hydraulisch im Unterteil der Maschine aufgebracht. Dadurch führt das Untergesenk eine nach oben gerichtete Linearbewegung aus und presst den Rohling gegen das taumelnde Obergesenk. Die Taumelbewegung wird im Pressenteil mechanisch erzeugt. Dazu treiben ein variabler und ein konstanter Antrieb unabhängig voneinander zwei ineinander liegende Exzenterhülsen an. Durch unterschiedliche kinematische Kopplung beider Antriebe im Oberteil der Maschine lassen sich unterschiedliche Drehgeschwindigkeiten und Drehrichtungen der Exzenterhülsen erzeugen. Eine Rotationsbewegung des Obergesenks um die eigene Achse findet dabei nicht statt. Die Produktionsleistung einer Taumelpresse liegt bei 4 bis 12 Teilen pro Minute.

Auch Taumelpressen ist kein Verfahren, das ausschließlich in der Zahnradherstellung eingesetzt wird. Am besten eignet es sich in der Verzahntechnik für die Herstellung von geradverzahnten Kegel- oder Tellerrädern. Vorwiegend wird dann die kreisförmige Taumelbewegung benützt. Die mit Taumelpressen erzielten Qualitäten reichen in der Regel nicht aus, um einbaufertige Räder zu erzeugen.

53.2.3 Kaltwalzmaschinen

Für die Herstellung von Verzahnungen in großen Stückzahlen haben sich mehrere Walz- oder Rollverfahren etabliert. Es handelt sich dabei durchweg um Kaltverformungsverfahren. Die jeweils eingesetzten Werkzeuge und die jeweilige Kinematik unterscheiden sich grundlegend. Im Einzelnen werden folgende Verfahren beschrieben:

- Kaltwalzen nach dem Grob-Verfahren
- Querwalzen mit außen verzahnten Rundwerkzeugen
- Querwalzen mit innen profilierten Rundwerkzeugen
- Querwalzen mit Flachbackenwerkzeugen (Rotoflo-Verfahren)

Bei allen Walzverfahren besitzt das unbearbeitete Rohteil einen kleineren Durchmesser als es dem Kopfkreis des verzahnten Werkstücks entspricht. Dies führt dazu, dass der geeignete Durchmesser des Rohteils vor der Bearbeitung theoretisch oder empirisch ermittelt werden muss. In Bild 53.5 ist dieser Sachverhalt dargestellt, sowohl für ein Formwerkzeug als auch für ein Werkzeug mit geraden Flanken, bei dem die gewünschte Profilform des Zahnes durch Auswälzen entsteht.

WHZ

53.2.3.1 Kaltwalzen nach dem Grob-Verfahren

In Bild 53.6 ist die Grundkinematik eines Kaltwalzverfahrens für die Herstellung geradverzahnter Räder dargestellt, das unter dem Namen Grob-Verfahren bekannt geworden ist und das in der Massenproduktion gut etabliert ist.

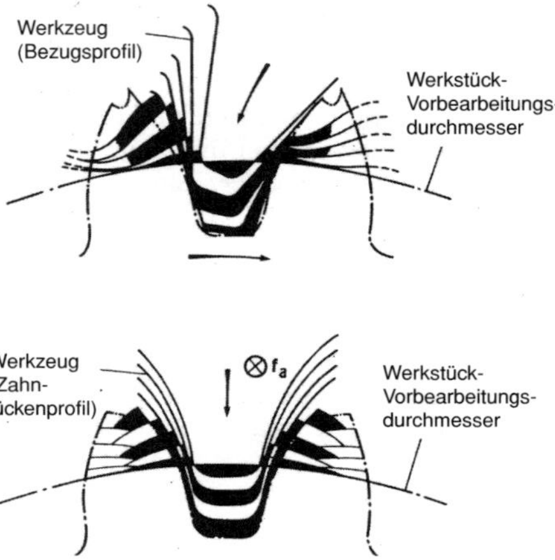

Bild 53.5: Kaltwalzen von Evolventenverzahnungen [2]

Mit der entsprechenden Walzmaschine lassen sich aus unverzahnten Rohteilen genaue Zahnräder, Vielkeilprofile oder andere verzahnte Teile walzen. Dabei wird das Material vom Zahngrund zum Zahnkopf hin verdrängt, eine Längung des Werkstücks findet normalerweise nicht statt.

Während des Walzvorganges dreht sich das Werkstück um die eigene Achse. Zwei gegenüberliegende, gegenläufig rotierende Walzköpfe bearbeiten gleichzeitig, symmetrisch und mit kurzer Einwirkzeit pro Vorgang den Rohling. Die Walzköpfe sind am Umfang mit planetenartig gelagerten Werkzeugen ausgerüstet. Werkstück und Walzköpfe sind drehzahlmäßig so miteinander gekoppelt, dass jeder Eingriff in eine neue Zahnlücke trifft. Gleichzeitig erfolgt eine Vorschubbewegung in Werkstücklängsrichtung. Das Verfahren kann sowohl im **Gleichlauf** als auch im **Gegenlauf** arbeiten.

Man unterscheidet je nach Kopplung von Werkzeug- und Werkstückbewegung das diskontinuierliche und das kontinuierliche Teilverfahren.

Beim diskontinuierlichen Teilverfahren steht das Werkstück im Gegensatz zum kontinuierlichen Teilverfahren während des Werkzeugeingriffs kurzzeitig still. Beim kontinuierlichen Teilverfahren müssen zur Kompensation der Relativbewegung zwischen Werkzeug und Werkstück die Walzspindelachsen geringfügig geschwenkt werden.

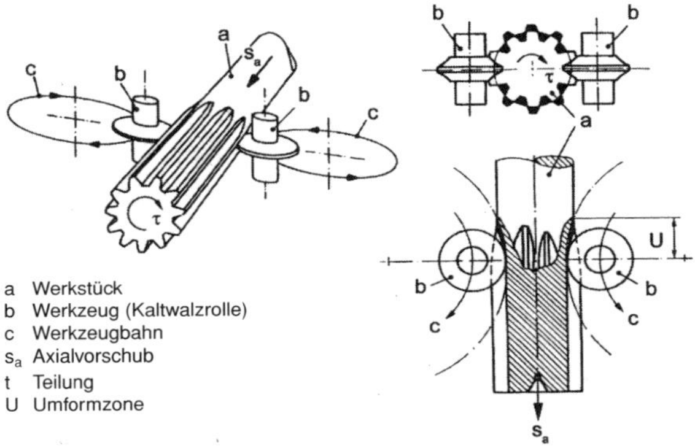

Bild 53.6: Kaltwalzen nach dem Grob-Verfahren [4]

Mit dem Grob-Verfahren lässt sich jede Profilform gleichmäßiger Teilung mit gerader oder ungerader Zähnezahl herstellen. Auch Abweichungen von der Evolventenform der Flanke bis hin zu kreisbogenförmigen oder Klinkenprofilen sind bei entsprechender Ausbildung des Walzrollenprofils möglich. Die hohen Anforderungen, die üblicherweise an Laufverzahnungen gestellt werden, lassen sich aber oft nur realisieren, wenn erforderliche Korrekturen, z. B. wegen einer Rückfederung der Zahnflanken, in die Flankenform der Profilrollen einbezogen werden. Die entsprechenden Korrekturbeträge werden häufig empirisch ermittelt.

53.2.3.2 Querwalzen mit außen verzahnten Rundbackenwerkzeugen

Für das Walzen von außenverzahnten Profilen aus vollem Material mit Rundwerkzeugen werden in der Regel Zweirollenmaschinen eingesetzt, die aus Gewinderollmaschinen entwickelt wurden. Das generierende Werkzeugprofil ist eine zylindrische Außenverzahnung, die sich beim Abrollen im Rohling abbildet. Die Rollwerkzeuge laufen mit synchronisierter, gleichsinniger Drehbewegung, die sich während des Walzprozesses auf das zwischen ihnen geführte Werkstück überträgt.

Abhängig vom **Zustellverfahren** unterscheidet man das Durchlauf- und das Einstechverfahren. Beim Durchlaufverfahren wird das Werkstück axial durch den Arbeitsbereich der Rollwerkzeuge transportiert. Die Werkzeuge haben dabei einen konstanten Achsabstand. In Längsrichtung besitzen die verzahnten Mantelflächen einen Einlaufkonus, einen

Kalibrierbereich und einen Auslaufkonus. Beim Einstechverfahren bleibt das Werkstück in axialer Richtung fixiert. Die Verzahnung entsteht durch Achsabstandsverringerung der zylindrischen Rollwerkzeuge. Bei dieser Variante ist die Verzahnungsbreite durch die Werkzeugbreite begrenzt.

Auf Zweirollenmaschinen können schräg- und geradverzahnte Profile bis zu Durchmessern von maximal 100 mm und Moduln bis zu 3,5 mm gewalzt werden [2].

53.2.3.3 Querwalzen mit innen profilierten Rundbackenwerkzeugen

Bei diesem Verfahren ist das Werkzeug als Innenverzahnung ausgeführt und geteilt. Ein Werkzeugsatz besteht aus zwei Ringsegmenten, die in bewegten Backen in der Maschine aufgenommen werden (siehe Bild 53.7).

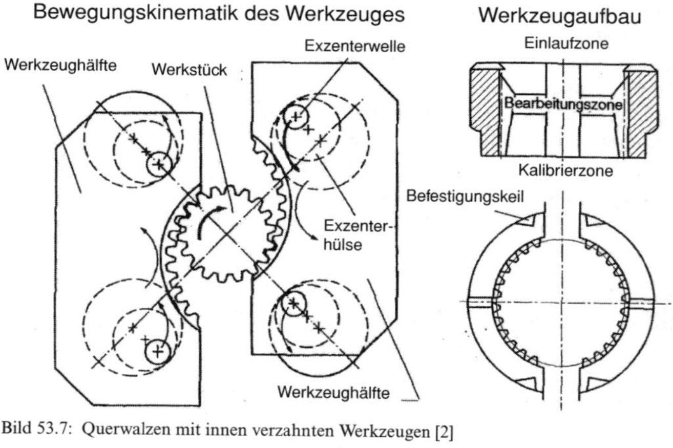

Bild 53.7: Querwalzen mit innen verzahnten Werkzeugen [2]

Die Bewegung der Backen wird über zwei Exzenterwellen gesteuert, so dass jeder Punkt der Werkzeuggeometrie einen Kreisbogen beschreibt. Die Mittelpunkte der Werkzeughälften bewegen sich mit einer Phasenverschiebung von 180° um den Werkstückmittelpunkt und beschreiben einen Kreis, dessen Durchmesser entsprechend der Werkstückgeometrie eingestellt wird.

Während der Formbewegung wälzen die Werkzeuge auf dem rotierenden, jedoch axial stillstehenden Werkstück ab. Dadurch entsteht eine Verzahnung entsprechend der Werkzeugbreite. Während einer anschließenden

Leerbewegung erfolgt ein Sprungvorschub des Werkstücks in axialer Richtung. Die Orientierung von Werkzeug und Werkstück bleibt dabei erhalten, um eine korrekte Drehwinkelstellung für den nächsten Umformvorgang sicherzustellen.

Wie Bild 53.7 ebenfalls zeigt, besitzt die verzahnte Arbeitsfläche des Werkzeugs einen kegeligen Einlaufbereich, einen zylindrischen Kalibrierbereich und eine kegelige Auslaufzone.

53.2.3.4 Querwalzen mit Flachbackenwerkzeugen (Rotoflo-Verfahren)

Beim Querwalzen mit Flachbackenwerkzeugen werden Werkzeuge verwendet, die praktisch der Bezugszahnstange entsprechen. Ein Werkzeugsatz besteht aus zwei geraden Walzbacken, die oberhalb und unterhalb des Werkstücks horizontal geführt sind und synchronisiert gegenläufig verfahren werden.

Das Prinzip einer Querwalzmaschine zeigt Bild 53.8. Man erkennt im linken Bildteil das unten liegende Flachbackenwerkzeug. Die verzahnte Funktionsfläche besteht in Längsrichtung aus einem abgeschrägten Einlaufbereich (Arbeitszone), dem Kalibrierbereich mit konstanter Zahnhöhe und einem abgeschrägten Auslaufbereich (Entlastungszone).

Das Werkstück wird zwischen Spitzen aufgenommen. Zu Beginn des Walzvorganges sind die Arbeitsbacken auseinander gefahren. Sie bewegen sich dann translatorisch in der jeweiligen Werkstücktangentialebene auf

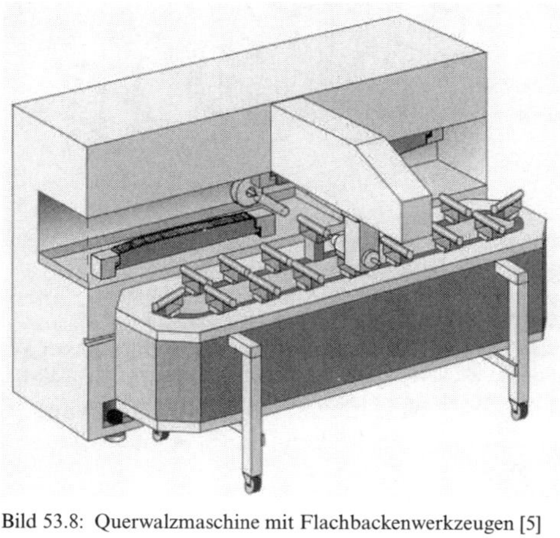

Bild 53.8: Querwalzmaschine mit Flachbackenwerkzeugen [5]

das Werkstück zu, erfassen es gleichzeitig und versetzen es durch Reibschluss in Rotation. Nach einem Arbeitshub ist der Umformprozess abgeschlossen.

Die auch unter dem Namen Rotoflo-Verfahren bekannte Umformmethode wird in der Massenfertigung eingesetzt zur Herstellung von Ölnuten, von evolventischen Zahnwellenprofilen, von Steck- oder Kerbverzahnungen sowie zur Gewindeherstellung.

53.3 Maschinen zur Weichvorbearbeitung

53.3.1 Abwälzmaschinen für Zylinderräder

In Bild 53.9 sind die gängigsten Wälzverfahren am gemeinsamen Bezugsprofil Zahnstange dargestellt. Zum besseren Verständnis muss man sich das nur links am Hobelkamm gezeichnete Werkstück ein zweites Mal im Eingriff mit dem Wälzfräser in der Mitte und ein drittes Mal im Eingriff mit dem Schneidrad rechts vorstellen.

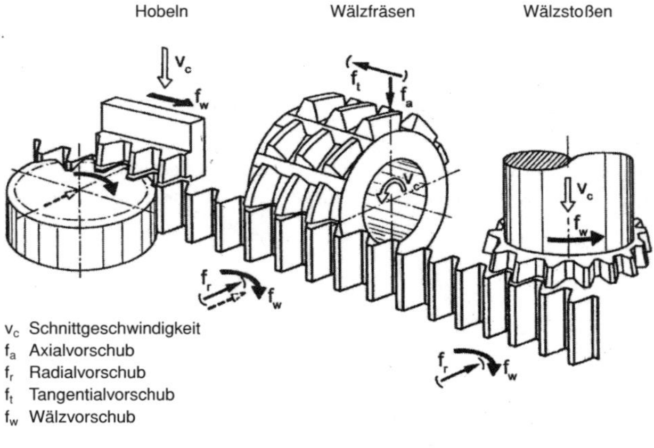

Bild 53.9: Abwälzverfahren für Zylinderräder [1]

Beim Wälzfräsen und Wälzstoßen handelt es sich wegen der in Wälzrichtung praktisch unbegrenzten Werkzeuglänge um kontinuierliche Wälzverfahren, mit denen Werkstücke ohne Unterbrechung vollständig ausgewälzt werden können. Beim Hobeln muss wegen der begrenzten Werkzeuglänge innerhalb eines Werkstücks immer wieder ein Teilvorgang durchgeführt werden.

Bei den Wälzverfahren entsteht die evolventische Zahnflankenform durch die Abwälzbewegung des Werkzeugs auf dem Wälzkreiszylinder des Werkrades in der Verzahnmaschine. Der theoretische Wälzvorschub des Zerspanvorganges besteht in der Maschine aus einer rotatorischen Wälzkomponente des Werkrades und einer meist vom Werkzeug ausgeführten translatorischen Wälzkomponente. Entsprechend der Abwälzbedingung und der hohen Anforderungen an die Genauigkeit müssen beide am Wälzvorgang beteiligten Maschinenachsen mechanisch oder elektronisch miteinander gekoppelt sein. Moderne Maschinen arbeiten ausschließlich mit elektronischer **Achskopplung**.

Bei Wälzverfahren entstehen beim Zerspanvorgang auf dem Zahnprofil einzelne Schnittflächen, deren Einhüllende die Evolvente ist (Bild 53.10). Die Hüllschnittkonturen berühren die theoretisch richtige Evolvente jeweils in einem Punkt, alle übrigen Punkte weichen von der idealen Evolvente ab. Betrachtet man zusätzlich die Ausbildung der Zahnlücke in Zahnrichtung, so zeigen sich – wie in Bild 53.10 dargestellt – zwischen dem Wälzfräsverfahren einerseits und den Verfahren Wälzstoßen oder Wälzhobeln andererseits deutliche Unterschiede. Sowohl Stoß- als auch Hobelbewegung arbeiten mit einer geradlinigen Schnittbewegung. Dies führt zu einer Spanabnahme, die im Wesentlichen in Zahnrichtung verläuft. Beim Wälzfräsen wird der rotierende Wälzfräser mit Hilfe des Axialschlittens in Zahnlängsrichtung bewegt. Wegen des rotierenden Werkstücks entstehen abhängig vom Axialvorschub Markierungen in Zahnrichtung, die zusammen mit den vorher beschriebenen Hüllschnitten des Evolventenprofils der wälzgefrästen Zahnflanke ein facettenartiges Aussehen verleihen. Wälzgefräste Späne sind also immer kurz,

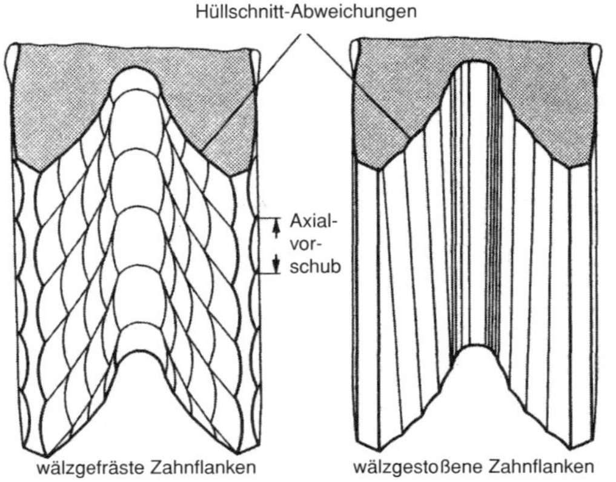

Bild 53.10: Hüllschnittbildung bei unterschiedlichen Verzahnverfahren [1]

WHZ

während Späne von Stoß- und Hobelmaschine über die gesamte Zahnradbreite abgenommen werden können. Abwälzwerkzeuge können grundsätzlich bei gleichem Modul für die Fertigung unterschiedlicher Zähnezahlen eingesetzt werden.

Die wichtigsten Verfahren der Zahnradweichbearbeitung sind Wälzfräsen und Wälzstoßen. Generell ist Wälzfräsen als wirtschaftlicher anzusehen. Wälzstoßen hat seine typischen Einsatzgebiete dort, wo – wie bei Innenverzahnungen – ein Wälzfräser nicht eingesetzt werden kann oder wo der axiale Freiraum am Werkstück das Wälzfräsen nicht zulässt. Schneckenräder sind nur durch Fräsen herstellbar.

53.3.1.1 Wälzfräsmaschinen

Das Wälzfräsverfahren ist das am häufigsten eingesetzte Verfahren für die Weichvorbearbeitung von Zahnrädern. Es ist für kleine Zahnräder ebenso einsetzbar wie für Werkstücke mit Durchmessern bis zu mehreren Metern. Die Anwendung beschränkt sich jedoch auf Außenverzahnungen mit genügend axialem Freiraum. Wälzfräsmaschinen werden auch für Formfräsarbeiten eingesetzt. Dies geschieht einfach dadurch, dass in die Werkzeugaufnahme Formfräswerkzeuge eingesetzt werden und über die Steuerung der Maschine entsprechende Abläufe ohne Abwälzbewegung programmiert werden.

Wälzfräsmaschinen sind kontinuierlich arbeitende Verzahnmaschinen. Die Fräserdrehung erzeugt dabei die Schnittbewegung und zusätzlich die translatorische Wälzkomponente durch tangentiales Verschrauben der Schneidflanken.

Bild 53.11 zeigt die Werkzeug-/Werkradanordnung während des Arbeitsprozesses. Zur Spanabnahme rotieren Wälzfräser und Werkrad mit hoher Genauigkeit in einem genau festgelegten Übersetzungsverhältnis. Die Zerspanung erfolgt mit geschwenktem Fräser. Der Fräserschwenkwinkel η ergibt sich aus Richtung und Betrag des Schrägungswinkels β_0 und des Fräsersteigungswinkels γ_0. Die Vorschubbewegung des Werkzeugs relativ zum Werkstück erfolgt in Zahnbreitenrichtung. Für eine gleichmäßige Fräserbelastung und zur Verschleißreduzierung kann das Werkzeug kontinuierlich oder in Zeitabständen tangential zum Werkstück verschoben werden (**„Shiften“**). Für einen bestimmten Wälzfräser sind Modul und Eingriffswinkel definiert. Mit demselben Fräser können allein durch Variation der Maschineneinstellungen Werkstücke mit unterschiedlichen Zähnezahlen, Profilverschiebungen und Schrägungswinkeln hergestellt werden.

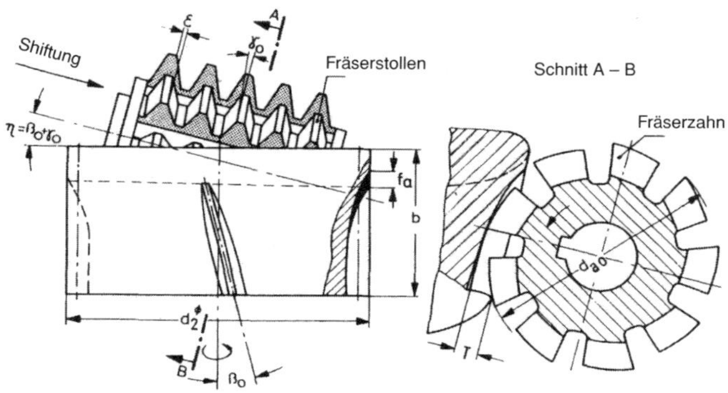

Rad
- d_2 Raddurchmesser
- z_2 Zähnezahl
- β_0 Schrägungswinkel
- b Radbreite

Fräser
- d_{a_0} Fräserdurchmesser
- z_0 Gangzahl
- γ_0 Steigungswinkel
- ε Axialteilung
- i Stollenzahl

Bearbeitung
- η Schwenkwinkel
  $\eta = \beta_0 \pm \gamma_0$
- f_a Axialvorschub
- T Tauchtiefe

Bild 53.11: Werkzeug-Werkrad-Anordnung beim Wälzfräsen [1]

Je nach Wälzfräsverfahren führt das Werkzeug translatorische Bewegungen in axialer und tangentialer Richtung aus, während zum Erreichen der Tauchtiefe das Werkrad oder das Werkzeug in Radialrichtung verfährt. Durch die Variation der Bewegungsfolge entstehen die unterschiedlichen Wälzfräsverfahren Axial-, Schräg-, Diagonal- und Radial-Axialwälzfräsen, auf die nachfolgend noch näher eingegangen wird. In der industriellen Fertigung überwiegt das Axialwälzfräsen.

Die Herstellung einer Geradverzahnung erfolgt unter folgenden Randbedingungen:

- Wälzfräser und Werkstück wälzen mit gekreuzten Achsen.
- Die Achse des Wälzfräsers ist um den Steigungswinkel γ_0 des Fräsers gegen die Werkstückstirnebene geschwenkt.
- Wälzfräser und Werkstück werden um die Zahntiefe h gegeneinander zugestellt.
- Wälzfräser und Werkstück drehen sich im Verhältnis Werkstückzähnezahl z_2 zu Fräsergangzahl z_0.
- Der Wälzfräser oder das Werkstück wird mit Vorschubgeschwindigkeit parallel zur Werkstückachse bewegt. Dabei erfolgt die Spanabnahme.

- Nach einer bestimmten Anzahl von Werkstückumläufen sind alle Zahnlücken auf der gesamten Werkstückbreite ausgeschnitten.

Bei modernen Wälzfräsmaschinen (Bild 53.12) erfolgt die Bewegung des Frässchlittens grundsätzlich parallel zur Werkstückachse, unabhängig davon, ob eine Gerad- oder Schrägverzahnung gefertigt werden soll. Bei Schrägverzahnungen wird die Achse des Wälzfräsers um den Fräsersteigungswinkel und um den Schrägungswinkel der zu fräsenden Verzahnung geschwenkt. Während des Zerspanvorgangs erhält das Werkstück eine vom Axialvorschub abgeleitete Zusatzdrehung durch ein Differentialgetriebe, das heute ebenfalls durchweg elektronisch realisiert wird.

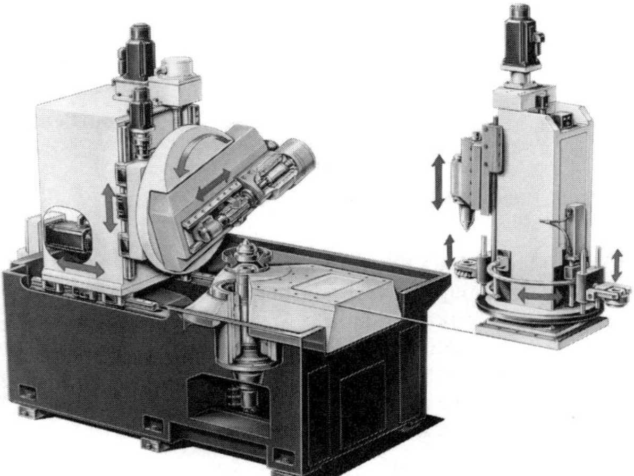

Bild 53.12: Wälzfräsmaschine mit Direktantrieben (Liebherr, Kempten)

Numerisch gesteuerte Wälzfräsmaschinen benötigen in der Grundausstattung zum Einsatz in der Massenproduktion mindestens fünf numerisch gesteuerte Achsen. Folgende Achsbewegungen sind davon betroffen:

- Wälzbewegung des Tisches bzw. des Werkstücks
- Wälzbewegung des Werkzeugs (Schnittbewegung)
- Axialbewegung des Werkzeugs
- Radialbewegung des Werkzeugs
- Tangentialbewegung des Werkzeugs (Shiften)

In der Regel sind die beiden Wälzbewegungen und die Axialbewegung durch elektronische Getriebe miteinander gekoppelt. Wird höhere Flexibilität gefordert, sollen also unterschiedliche Werkstücke gefräst werden, kommt als sechste CNC-Achse die Fräserkopfschwenkung hinzu.

Spielfreie Tischantriebe sind eine wichtige Grundvoraussetzung für die Herstellung von Verzahnungen mit hoher Qualität. Um die Spielfreiheit sicherzustellen, gehen die Hersteller von Wälzfräsmaschinen unterschiedliche Wege. So sind nebeneinander Duplexschneckenantriebe, Doppelschneckenantriebe (Bild 53.13), verspannte Zylinderradantriebe und Antriebe mit Hypoidrädern im Einsatz. Die Zukunft gehört aber sicher den Direktantrieben (siehe Bild 53.12), die darüber hinaus noch sehr hohe Drehzahlen erlauben und damit auch für andere Technologien wie z. B. Schleifmaschinen einsetzbar sind.

Bild 53.13: Doppelschneckenantrieb einer Wälzfräsmaschine (Gleason-Pfauter, Ludwigsburg

Abhängig von der Richtung des Axialvorschubs unterscheidet man beim Wälzfräsen wie beim normalen Fräsen das „**Gleichlauf**fräsen“ und das „**Gegenlauf**fräsen“. Bei Zweischnittbearbeitungen wird häufig im Gleichlauf geschruppt und im Gegenlauf geschlichtet, was Leerbewegungen des Frässchlittens einspart. Bei der Bearbeitung von Schrägverzahnungen durch Wälzfräsen unterscheidet man weiterhin das „gleich- und gegensinnige Wälzfräsen“. Gleichsinniges Wälzfräsen bedeutet, dass die Steigungen von Werkzeug und Werkrad gleichgerichtet sind. Davon ist der Fräserschwenkwinkel abhängig, der in der Maschine eingestellt werden muss.

WHZ

In Bild 53.14 sind die oben bereits erwähnten **Zustellverfahren** beim Wälzfräsen gegenübergestellt. In der Regel wird mit dem Begriff die Vorschubrichtung des Wälzfräsers relativ zur Werkstückachse angegeben. Man unterscheidet:

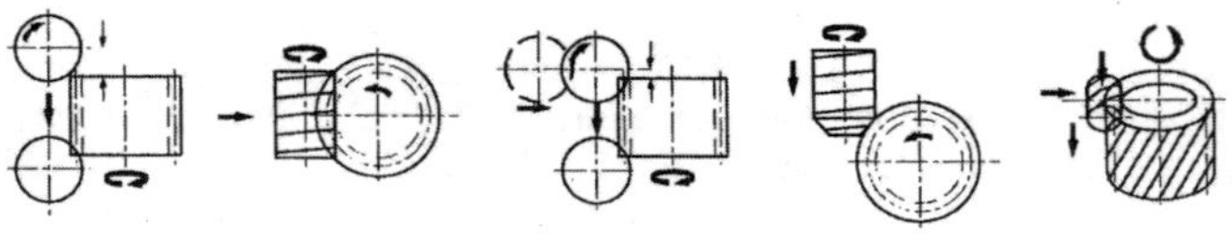

Bild 53.14: Zustellverfahren beim Wälzfräsen [8]

Axialwälzfräsen: Der Wälzfräser bewegt sich während des Zerspanvorgangs nur in Achsrichtung des Werkstücks. Dadurch entsteht ein großer Einlaufweg in axialer Richtung.

Radialwälzfräsen: Der Wälzfräser bewegt sich während der Zerspanung nur in radialer Richtung des Werkstücks. Mit diesem Verfahren werden nur Schneckenräder mit eingängigem Fräser hergestellt.

Radial-Axialwälzfräsen: Der Wälzfräser taucht zuerst mit Radialvorschub bis zur Zustelltiefe in das Werkstück ein, dann wird mit Axialvorschub weitergefräst. Bei diesem Verfahren tritt gegenüber dem reinen Axialwälzfräsen ein verringerter Einlaufweg auf.

Tangentialwälzfräsen: Die Bewegung des Wälzfräsers erfolgt ausschließlich tangential zur Werkradachse. Diese Methode wird nur bei der Schneckenradfertigung mit ein- oder mehrgängigem Fräser angewandt.

Diagonalwälzfräsen (Kombination von Radial-, Axial- und Tangentialwälzfräsen): Der Wälzfräser wird zusätzlich zum Axialvorschub tangential zum Werkrad verschoben, was eine bestimmte Mindestlänge des Fräsers voraussetzt. Dadurch erreicht man eine bessere Fräserausnutzung und eine Verlängerung der Fräserstandzeit. Das Diagonalwälzfräsen ist ein schnelles, aber nicht sehr genaues Verfahren.

Durch den Trend zur **Trockenbearbeitung** sind in jüngster Zeit neue Maschinenkonzepte mit geänderten Achsanordnungen entstanden. Diese neuen Konzeptionen verfolgen gemeinsam das Ziel, einen freien Spänefall zu ermöglichen. Deshalb wurden die Werkstückspindeln entweder horizontal oder vertikal hängend angeordnet. Ein Beispiel für eine solche Maschine zeigt Bild 53.15.

Bild 53.15: Wälzfräsmaschine mit horizontaler Werkstückspindel (Gleason-Pfauter, Biel)

Den Vorteilen dieser Konstruktionen steht der Nachteil gegenüber, dass sich diese Achslagen nicht für universelle Plattformkonstruktionen eignen, bei denen auf derselben Basis verschiedene Werkstückarten oder sogar verschiedene Technologien wie zum Beispiel Wälzfräsen und Wälzstoßen realisiert werden sollen. Insofern sind diese Produkte als Einzweckmaschinen anzusehen, deren Einsatz für unterschiedlichste Aufgaben eingeschränkt ist.

53.3.1.2 Wälzstoßmaschinen

Neben dem Wälzfräsen ist das Wälzstoßverfahren in der Weichvorbearbeitung von Zahnrädern das zweitwichtigste Verzahnverfahren. Wälzstoßen wird vorwiegend eingesetzt an Innenverzahnungen und an Werkstücken, bei denen der axiale Freiraum, den das Wälzfräsen erfordert, nicht vorhanden ist. Ein verfahrensbedingter Nachteil des Wälzstoßens besteht darin, dass beim Rückhub des Werkzeugs keine Spanabnahme stattfindet und dass während dieser Rückhubbewegung das Werkzeug vom Werkstück um einen geringen Betrag abgehoben werden muss, um ein Streifen am Werkstück zu vermeiden. Diese **Abhebung** erfolgt synchronisiert mit der Hubbewegung und wird in der Regel mit Hilfe eines so genannten Abhebenockens realisiert. Die Synchronisation der Abhebe- mit der Hubbewegung erfolgt mechanisch oder elektronisch. Zur Reduzierung der Verlustzeit während der Rückhubbewegung wurden mehrfach Konzeptionen realisiert, die den Rückhub beschleunigt ausführen und so die Zeit für einen Doppelhub verkürzen.

Die prinzipielle Kinematik des Wälzstoßprozesses ist im Bild 53.16 für die Herstellung einer Gerad- und einer Schrägverzahnung dargestellt. Das Werkrad wird von einem zahnradförmigen Schneidrad im Hüllschnittverfahren erzeugt.

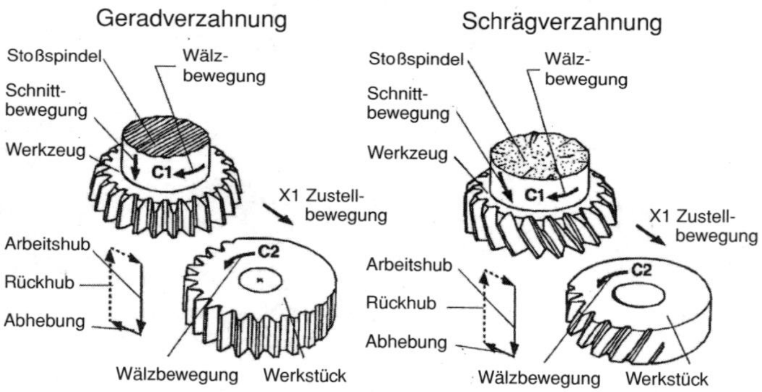

Bild 53.16: Prinzip des Wälzstoßens [10]

Die Anordnung von Werkrad und Schneidrad während des Zerspanprozesses entspricht der Radpaarung eines Stirnradgetriebes. Die kontinuierliche Wälzbewegung von Werkzeug und Werkrad erfolgte früher bei konventionellen Maschinen durch einen von einem gemeinsamen Antrieb getriebenen mechanischen Getriebezug, heute bei modernen CNC-Wälzstoßmaschinen durch die elektronische **Achskopplung** zweier getrennter Antriebe. Die Hublänge wird relativ zur Verzahnbreite mit einem Übermaß von 10...15 % eingestellt. Neben der Hubbewegung mit zwischengeschalteter Abhebebewegung und den beiden Wälzbewegungen benötigt der Prozess auch eine radiale Zustellbewegung, um das Werkstück bis auf Zahntiefe auszuschneiden. Soll eine Schrägverzahnung herstellt werden, muss während der Hubbewegung entsprechend dem Schrägungswinkel eine periodische Zusatzdrehung zur Wälzbewegung überlagert werden. Dies geschieht durch eine mechanische Zwangsführung, die sogenannte Schraubenführung. Zudem müssen die Zähne des Schneidrades einen entsprechenden Schrägungswinkel aufweisen.

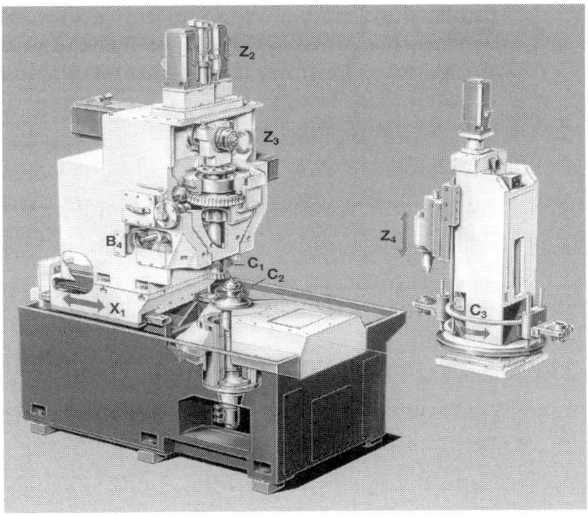

Bild 53.17: CNC-Wälzstoßmaschine (Liebherr-Verzahntechnik, Ettlingen)

Das Prinzip einer CNC-gesteuerten Wälzstoßmaschine zeigt Bild 53.17. Der Tischantrieb ist als vorgespannter Stirnradantrieb spielfrei ausgeführt. Wie bereits erwähnt, erfordert auch eine Wälzstoßmaschine die Kopplung der Wälzbewegungen von Werkzeug und Werkstück. Anders als beim Wälzfräsen ist jedoch die eigentliche Schnittbewegung kein Teil dieser Kopplung. Beim Wälzstoßen wird die Hub- oder Arbeitsbewegung entweder über einen mechanischen Kurbeltrieb, dessen Exzentrizität für die Herstellung verschieden breiter Zahnräder verstellbar sein muss, oder über einen hydraulischen Antrieb realisiert. Die Hubzahl ist ein produktivitätsbestimmender Parameter, ist jedoch bei Kurbeltrieben durch die eingestellte Exzentrizität begrenzt. Für kleinere Hublängen bis 16 mm werden heute Maschinen bis max. 3000 Doppelhüben pro Minute angeboten [12].

Massenproduktionsmaschinen, die nicht umgerüstet werden müssen, benötigen vier numerisch gesteuerte Achsen. Folgende Bewegungen müssen realisiert werden:

- Wälzbewegung des Tisches bzw. des Werkstücks
- Wälzbewegung der Spindel bzw. des Werkzeuges
- Hubantrieb (Schnittbewegung)
- Radialbewegung

Verschiedentlich wird auch der Antrieb des Abhebenockens CNC-gesteuert ausgeführt, ohne dass die Zwangsführung der Abhebebewegung durch den Nocken selbst dadurch beeinflusst wird. Auch bei Einzweck-Wälzstoßmaschinen gibt es über die erwähnten CNC-Funktionen hinaus weitere manuell betätigte Rüst- oder Einstellfunktionen.

Hier sind insbesondere zu nennen:

- Verstellung der Hublage zum Ausgleich des Schneidradabschliffs
- Verstellung der Hublänge zur Einstellung unterschiedlicher Verzahnbreiten
- Ständerseitverschiebung zur Veränderung des Abhebewinkels
- Spindelneigungsverstellung zur Gewährleistung der Parallelität von Tisch- und Spindelachse
- Ständer- oder Tischschwenkung zur Herstellung konischer Verzahnungen

Bei Maschinen, die wegen häufigerer Umrüstung flexibler ausgestattet werden sollen, können die oben genannten Einstellfunktionen auch optional CNC-gesteuert ausgeführt werden. Der numerisch gesteuerten

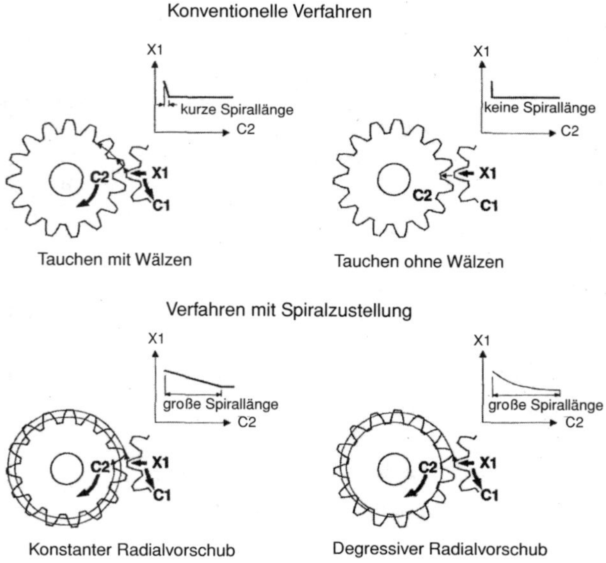

Bild 53.18: Zustellverfahren beim Wälzstoßen [13]

Hublagenverstellung kommt dabei für die Flexibilität der Wälzstoßmaschine eine besondere Bedeutung zu. Um die gegenseitige Abhängigkeit von Hublage- und Hublängenverstellung zu vermeiden, wird die Hublagenverstellung meist als Stoßkopfschlitten realisiert. Unter dieser Voraussetzung lassen sich auf Stoßmaschinen Werkstücke mit mehreren Verzahnungen in einer Aufspannung leicht herstellen. Auch die Kombination wälzbarer und nicht wälzbarer Profile ist dann ohne weiteres realisierbar. Der Vorrichtungsaufwand für die Werkstückaufspannung wird geringer, die Fertigungsqualität steigt, da nicht umgespannt werden muss. Eine Wälzstoßmaschine ist für sehr unterschiedliche Anwendungsfälle geeignet. Sie kann gleichermaßen Außen- und Innenverzahnungen bearbeiten, hierzu muss allerdings bei größeren Maschinen die Abheberichtung umgestellt werden. Bei kleineren Maschinen werden Innenverzahnungen normalerweise mit „negativem Achsabstand" gestoßen, so dass eine Umkehr der Abheberichtung entfällt.

Auch beim Wälzstoßen haben sich für verschiedene Anwendungsfälle **Zustellverfahren** etabliert, die sich auf die Standzeit der Werkzeuge bzw. die Produktivität des Verfahrens unterschiedlich auswirken. Die wesentlichen Wälzverfahren sind im Bild 53.18 gegenübergestellt. Bei den konventionellen Verfahren „Tauchen mit Wälzen" und „Tauchen ohne Wälzen" wird die radiale Endlage des Werkzeugs über einen kurzen Wälzwinkel oder völlig ohne Wälzen des Werkstücks erreicht. Nach Erreichen dieser Endlage werden die Zahnlücken über einen Rundgang von 360° ausgewälzt. Im Gegensatz zu diesen konventionellen Verfahren arbeiten die Verfahren mit Spiralzustellung mit geringeren Radialvorschüben und mit erheblich höheren Wälzvorschüben. Dies führt dazu, dass in der Regel das Erreichen der radialen Endstellung des Werkzeugs über mehrere Werkstückumdrehungen erfolgt. Das anschließend ebenso notwendige Auswälzen über 360° benötigt wegen des höheren Wälzvorschubs nur relativ geringe Zeit.

Die Verfahren mit Spiralzustellung führen zu einem geänderten Werkzeugverschleiß. Während bei konventionellen Verfahren der Freiflächenverschleiß überwiegt – was zu weniger konstanter Werkstückqualität führt – tritt bei den Spiralverfahren vorwiegend Kolkverschleiß auf.

Neben der geringeren Produktivität von Wälzstoßmaschinen gegenüber Wälzfräsmaschinen besteht ein weiterer Nachteil in der Flexibilität hinsichtlich der Möglichkeit, den Schrägungswinkel zu variieren. Zur Herstellung eines schrägverzahnten Zahnrades erfolgt die Auslegung des Werkzeugs zusammen mit der Auslegung der **Schraubenführung**, die über die Hubbewegung der Hubspindel eine Zusatzdrehung verleiht, die die Wälzbewegung überlagert. Um verschiedene Schrägungswinkel herstellen zu können, kann das Schneidrad in der Zähnezahl verändert oder mit bestimmten Korrekturen versehen werden. Bei stärkeren Veränderungen des Schrägungswinkels ist jedoch ein Austausch der Schraubenführung in der Maschine unumgänglich.

Automatisch verstellbare Schraubenführungen wurden vielfach entwickelt und eingesetzt. In allen Fällen sind dabei erhebliche Einschränkungen in der Produktivität und der Qualität der erzeugten Verzahnungen unvermeidbar, so dass die Leistungswerte von Produktionsmaschinen nicht erreicht werden können.

Trotz der dargestellten Mängel an Flexibilität und Produktivität gilt die Wälzstoßmaschine als die Maschine für Sonderfälle der spanenden Weichbearbeitungsverfahren, da sie auch unter eingeschränkten Platzverhältnissen eingesetzt werden kann. So sind Bearbeitungsbeispiele bekannt, wo mit Hilfe von Mehrfachwerkzeugen zum Beispiel Wälzverfahren mit Profilverfahren kombiniert werden oder wo bei stillstehender Stoßspindel zusätzliche Drehoperationen durchgeführt werden. Mit Zusatzeinrichtungen können auch Zahnstangen oder Planverzahnungen gestoßen werden. Eine weitere Möglichkeit, Wälzstoßmaschinen zu nutzen, ist die Herstellung unrunder Zahnräder, wie sie für ungleichförmige Bewegungen zur Anwendung kommen. Hierfür wird das Übersetzungsverhältnis von Wälzbewegung des Werkzeuges zu Wälzbewegung des Werkstücks nicht konstant gehalten, sondern über dem Wälzwinkel permanent verändert, das Übersetzungsverhältnis des elektronischen Getriebes also ständig variiert [14].

53.3.1.3 Kombinierte Wälzfräs-/Wälzstoßmaschinen

Bei Gangrädern in Handschaltgetrieben sind oft eine schräge Laufverzahnung und die gerade Kuppelverzahnung in einem Werkstück kombiniert. Dabei muss die Kuppelverzahnung in der Regel gestoßen werden. Um ein Umspannen und den Transport dieser Massenteile zu vermeiden, sind Verzahnmaschinen verfügbar, die Wälzfräsen und Wälzstoßen in einer Maschine gleichzeitig durchführen können. Bild 53.19 zeigt den Arbeitsraum einer solchen Maschine.

Technologisch muss eine Abstimmung der Zerspanprozesse erfolgen, da für beide Verfahren nur eine gemeinsame Tischdrehzahl zur Verfügung steht. Da die Kombinationsmaschine aber möglicherweise die Beschaffung einer zusätzlichen Maschine erspart, stellt sie in vielen Fällen einen optimalen Kompromiss dar. Steuerungs- und antriebstechnisch sind Maschinen dieser Art sehr anspruchsvoll, da die elektronischen Getriebe der Fräs- und der Stoßeinheit untereinander synchronisiert werden müssen.

Bild 53.19: Kombinierte Wälzfräs-/Wälzstoßmaschine (Liebherr, Kempten)

53.3.1.4 Wälzhobelmaschinen

Das Wälzhobeln kann man sich als Abrollen eines Stirnrades auf einer Zahnstange vorstellen. Die Verwandtschaft zum Wälzstoßen zeigt sich darin, dass das Hobelwerkzeug auch als Stoßrad mit Durchmesser ∞ interpretiert werden kann.

Die Zähne des Werkrades werden durch den in Zahnrichtung auf- und ab bewegten Hobelkamm erzeugt. Während der Eingriffszeit des Werkzeuges findet im Gegensatz zum Wälzstoßen keine Drehbewegung des Werkstücks statt. Im Leerhubbereich oberhalb des Werkrades findet die Wälzbewegung statt. Es handelt sich also beim Wälzhobeln um ein nicht kontinuierliches Wälzverfahren.

Die Evolventenform der Zahnflanken entsteht durch Hüllschnitte der oszillierenden geradflankigen Werkzeugschneide. Der Hobelkamm besitzt in der Regel weniger Zähne als das Werkrad, so dass zur Herstellung eines Werkstücks mehrmals über die aktive Länge des Hobelkamms gewälzt werden muss. Dazu wird das Werkrad außer Eingriff gebracht, in die ursprüngliche Position zurückgeführt, weitergeteilt und zum Herstellen der nächsten Zahngruppe zugestellt.

Bild 53.20 zeigt die prinzipielle Anordnung von Werkstück und Werkzeug für die Herstellung von Gerad- und Schrägstirnrädern mit Hilfe des Wälzhobelns. Man erkennt, dass außer den geradverzahnten auch schrägverzahnte Hobelkämme zum Einsatz kommen. Der Werkzeugaustausch an Hobelmaschinen ist verhältnismäßig einfach, so dass bei großem Verschleiß ein Hobelkamm auch innerhalb der Bearbeitung eines

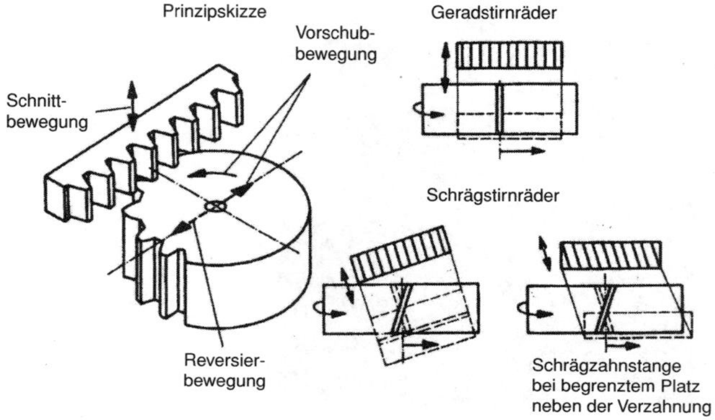

Bild 53.20: Prinzip des Wälzhobelns [1]

Werkstücks ohne Qualitätseinbußen ausgewechselt werden kann. Aus diesem Grund werden Hobelmaschinen vorzugsweise bei der Produktion großer Räder mit großen Radbreiten eingesetzt, weil dort die Standzeit von Schneidrädern oft nicht für die Bearbeitung eines Werkstücks ausreicht.

Schrägstirnräder mit schmaler Auslaufnut oder zu kurzem Auslaufweg für einen normalen Hobelkamm werden entweder mit einem Einzahnwerkzeug oder mit einem Schräghobelkamm verzahnt. Hierdurch verkürzt sich beim Hobeln von Rädern mit großem Schrägungswinkel der Werkzeughub und damit die Hobelzeit. Um den Schräghobelkamm stets horizontal im Stößel einspannen zu können, wird eine so genannte Drehklappe eingesetzt.

Für das Wälzhobeln spricht eine Reihe von Vorteilen. Es kommt ein einfaches geradflankiges Werkzeug zum Einsatz, mit dem sowohl Gerad- als auch Schrägverzahnungen hergestellt werden können. Zur Herstellung von Schrägverzahnungen genügt es, wenn die Hobeleinheit – und damit die Hobelrichtung – um den Schrägungswinkel geneigt wird. Die Wälzbewegung und die Schnittbewegung sind getrennt, das Verfahren eignet sich für große Räder und Module bei nahezu beliebig großer Hublänge. Die erzielbare Genauigkeit in Zahnrichtung ist sehr hoch. Nachteile des Verfahrens bestehen darin, dass keine Innenverzahnungen hergestellt werden können und dass es für die Massenproduktion kleiner Werkstücke zu langsam ist.

Bild 53.21 zeigt ein Beispiel für eine Hobelmaschine, wie sie heute in Fertigungsbetrieben anzutreffen ist.

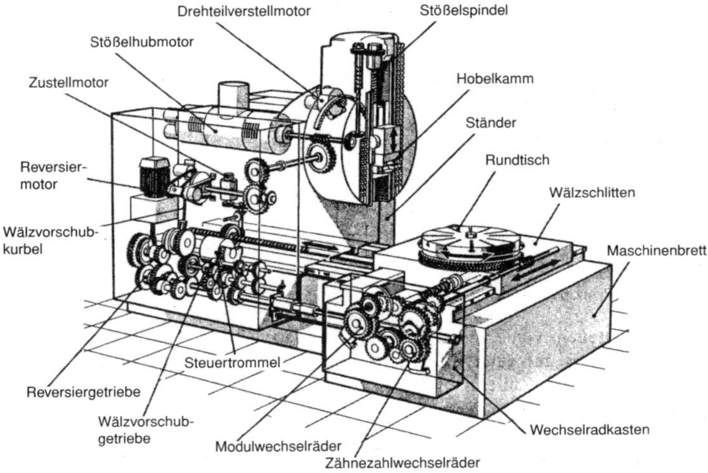

Bild 53.21: Konventionelle Wälzhobelmaschine [16]

Trotz unbestreitbarer Vorzüge werden Wälzhobelmaschinen nicht mehr produziert. Die noch auf dem Markt befindlichen Wälzhobelmaschinen sind alle konventioneller Bauart, realisieren also die Wälzkopplung zwischen Tischdrehung und Tischverschiebung mit Hilfe von mechanischen Getriebezügen. Zur Verstellung von Übersetzungsverhältnissen oder Realisierung anderer Relativbewegungen werden steckbare Wechselräder getauscht. Numerisch gesteuerte Wälzhobelmaschinen ohne Wechselräder wurden nie gebaut.

WHZ

53.3.1.5 Wälzschälmaschinen

Vergleicht man die Kinematik des Wälzfräsverfahrens mit der eines Schneckentriebs und die Kinematik des Wälzstoßens mit einem Stirntrieb, so kann man analog hierzu die Kinematik des Wälzschälverfahrens mit der eines Schraubradgetriebes mit gekreuzten Achsen vergleichen.

Mit dem Wälzschälverfahren sind Zylinderräder mit Außen- oder Innenverzahnung und Schnecken herstellbar. Praktisch eingesetzt wird das Wälzschälen zur Zeit nur für die Schneckenherstellung und in der Hartbearbeitung als Hartschälverfahren.

Die Kinematik des Wälzschälens kann, ausgehend von der Kinematik des Wälzstoßens, folgendermaßen beschrieben werden. Wird der Kreuzungswinkel zwischen Schneidrad und Werkrad, der beim Wälzstoßen 0° beträgt, vergrößert, dann wird die Wälzbewegung zur Schraubwälzbewegung. Mit einer weiteren Vergrößerung des **Achskreuzwinkels** nimmt der Schraubungsanteil zu und der Wälzanteil ab. Der Schraubungsanteil bewirkt eine Bewegungskomponente der Schneidradschneiden in Richtung der Zahnflanken des Werkstücks. Bei genügend großem Achskreuzwinkel reicht die Schnittgeschwindigkeit zur Spanabnahme aus, ohne dass das Werkzeug wie bei der Wälzstoßmaschine eine Hubbewegung durchführt.

Das Wälzschälen ist also ein kontinuierliches Herstellungsverfahren.

Zur Bearbeitung der ganzen Zahnradbreite wird der Schälraddrehung ein Axialvorschub in Richtung der Werkstückachse überlagert.

Die Wälzschälmaschine – wie sie Bild 53.22 zeigt – ist im Prinzip ähnlich aufgebaut wie eine Wälzfräsmaschine, lediglich der Fräskopf wird durch einen Schälkopf ersetzt. Versteht man das Wälzschälverfahren kinematisch als Verfahren zwischen Wälzfräsen und Wälzstoßen, so kann man das Schälwerkzeug auch als Wälzfräser interpretieren, dessen Gangzahl der Zähnezahl des Schälrades entspricht und das pro Gang nur einen Zahn besitzt. Die Zähnezahl des Schälrades ist naturgemäß größer als die Gangzahl eines Wälzfräsers. Die Schälmaschine braucht daher eine viel

Bild 53.22: Wälzschälmaschine mit Innenschälkopf (Pfauter, Ludwigsburg)

kleinere Übersetzung zwischen Werkzeugspindel und Werkstücktisch. Dies führt dazu, dass an den Wälzgetriebezug der Schälmaschine erheblich höhere Genauigkeitsanforderungen gestellt werden müssen als bei einer Wälzfräsmaschine. Die Drehzahl des Werkstücktisches muss deutlich höher liegen als bei Wälzfräs- und bei Wälzstoßmaschinen. Da ein Schälrad zur Bearbeitung von Innenverzahnungen am Spindelkopf fliegend gelagert ist, kommt der Maschinensteifigkeit in diesem Bereich große Bedeutung zu.

Das Wälzschälen hat sich in der Weichbearbeitung wegen der hohen Genauigkeits- und Steifigkeitsanforderungen an Maschine und Werkzeug in der industriellen Praxis nicht durchgesetzt. Die prinzipielle Leistungsfähigkeit ist jedoch dem Wälzstoßen überlegen und dem Wälzfräsen mindestens gleichwertig. Weitere Vorteile sind, dass sowohl Außen- wie Innenverzahnungen und beliebige Schrägungswinkel herstellbar sind.

53.3.2 Formmaschinen für Zylinderräder

53.3.2.1 Räummaschinen

Im Gegensatz zu den oben beschriebenen Verfahren Wälzfräsen, Wälzstoßen, Wälzhobeln und Wälzschälen ist Räumen kein Verfahren, das ausschließlich zur Herstellung von Zahnrädern praktiziert wird. Es findet vielmehr auch außerhalb der Verzahntechnik breite Anwendung und kann in bestimmten Bereichen der Zahnradherstellung vorteilhaft angewendet werden.

Räumen ist ein Zerspanvorgang mit mehrzähnigen Werkzeugen. Die Schneidzähne liegen hintereinander jeweils um eine Spanungsdicke gestaffelt. Dadurch wird die bei anderen Verfahren notwendige radiale Vorschubbewegung ersetzt. Die Schnittbewegung erfolgt in der Regel translatorisch in Werkzeugachsrichtung.

WHZ

Die Vorteile des Räumens liegen in der hohen Zerspanleistung. Das Spanvolumen je Werkzeugzahn ist trotz der geringen Spanungsdicke wegen der großen Spanungsbreite groß. In der Regel befinden sich mehrere Zähne gleichzeitig im Eingriff.

Geräumte Werkstücke erreichen hohe Qualitätsgüten und Genauigkeiten. Wegen der hohen Kosten für die Werkzeugherstellung und -aufbereitung bietet sich ein wirtschaftlicher Einsatz des Räumverfahrens jedoch nur in der Serienfertigung an, da bei jeder Änderung der Werkstückform ein neues Werkzeug notwendig ist.

Räummaschinen und Räumwerkzeuge unterscheiden sich erheblich, abhängig davon, ob innen oder außen geräumt werden soll. Im Falle des Innenräumens von Zahnrädern wird das Räumwerkzeug durch die Bohrung gezogen oder gedrückt, im Falle des Außenräumens muss es während des Räumprozesses das Werkstück vollständig umschließen. Außenräumen erfordert deshalb in der Regel aufwendigere Werkzeuge und Maschinen als Innenräumen. Ein Werkstück wird beim Räumen meistens in einem einzigen Hub fertigbearbeitet.

Beim Zahnradräumen von evolventenverzahnten Hohlrädern erfolgt die Bearbeitung aller Zahnlücken am Umfang gleichzeitig oder in zwei Arbeitsgängen. Wird die Bearbeitung in zwei Arbeitsgänge aufgeteilt, wird im ersten Arbeitsgang nur jede zweite Lücke geräumt, vor dem zweiten Arbeitsgang wird das Werkstück mit Hilfe einer Teilvorrichtung um eine Umfangsteilung weitergedreht. Durch diese Aufteilung des Prozesses in zwei Arbeitsgänge wird eine Senkung der Werkzeugkosten und eine Halbierung der Zerspankräfte erreicht.

Bild 53.23 zeigt eine hydraulische Senkrechträummaschine in Duplexausführung zum Räumen der Innenverzahnung von Schiebemuffen. Es werden immer zwei Werkstücke gleichzeitig vor- und fertiggeräumt.

Bild 53.23: Innenräummaschine für Schiebemuffen (Hoffmann, Pforzheim)

Hierbei werden kombinierte Schrupp- und Schlichtwerkzeuge eingesetzt. Im Trägerkörper befinden sich genau geschliffene Nuten, in denen auswechselbare Werkzeugsegmente aus hochwertigem Schneidstoff befestigt sind. Die Werkstücke werden mit dem unteren Werkzeugteil zuerst mit Untermaß vorgeräumt und unmittelbar darauf mit dem oberen Werkzeugteil endbearbeitet. In diesem Teil des Räumwerkzeugs befinden sich einzelne Werkzeugscheiben, die im Prinzip wie Schneidräder ausgebildet sind. Durch Nachschleifen der Spanflächen kann daher ein verschlissenes Werkzeug wieder aufbereitet werden. Ist die letzte Kalibrierungsscheibe nicht mehr maßhaltig, wird am Ende eine neue Scheibe hinzugefügt und eine vordere Scheibe entfernt. Daraus ergibt sich für das Verfahren eine sehr gute Wirtschaftlichkeit.

Verhältnismäßig selten werden Außenverzahnungen durch Räumen hergestellt. Dies liegt in erster Linie an der aufwendigen Werkzeugausführung, die in einem solchen Fall immer geteilt ausgeführt werden muss.

Ein Sonderfall der Räumverfahren ist das so genannte „Shear-Speed-Verfahren". Die Funktionsweise des Verfahrens beruht darauf, dass in einem Messerkopf zustellbare Formstähle sternförmig angeordnet sind, mit denen alle Zahnlücken gleichzeitig geschnitten werden. Es wird heute praktisch nicht mehr eingesetzt.

53.3.3 Abwälzmaschinen für Kegelräder

Zu den **Teilwälzverfahren** der Kegelradherstellung gehören die nur noch selten vertretenen Hobelverfahren, die als Einmeißelwälzhobeln – auch als Bilgram-Verfahren bekannt – bzw. als Zweimeißelwälzhobeln ausgeführt sein können.

Mit beiden Verfahren sind lediglich Gerad- und Schrägzahnkegelräder, nicht jedoch bogenverzahnte Kegelräder herstellbar. Beim Einmeißelwälzhobeln ist das Werkzeug ein geradflankiger Hobelstahl, dessen Breite kleiner ist als die schmalste Zahnlücke des Werkstücks. Der Hobelstahl wird wie in einer Waagrecht-Stoßmaschine linear hin- und herbewegt. Die Wälzbewegung wird vom Werkstück ausgeführt. Zu diesem Zweck rollt ein Kegel, dessen Achse mit dem Werkstück verbunden ist, auf der Wälzebene ab. Der Antrieb der Rollbewegung erfolgt durch einen Rollbogen mit Hilfe von Wälzbändern.

Beim Zweihobelstahl-Verfahren bearbeiten zwei trapezförmige Hobelstähle wechselweise und gegenläufig beide Flanken eines Zahnes. Die Stoßbewegung wird mit einem Kurbel- und Zahnstangentrieb erzeugt.

Zur Realisierung der Wälzbewegung läuft eine Wälztrommel um, die das Werkzeug trägt und mit dem Kegelradrohling abwälzt.

Ein weiteres Verfahren ist das Teilwälzfräsen, wie es ebenfalls nur noch vereinzelt auf Kegelrad-Wälzfräsmaschinen für gerad- oder schrägverzahnte Kegelräder ausgeführt wird. Als Werkzeuge kommen zwei große, kammartig ineinander greifende Radial-Messerköpfe (Scheibenfräser) mit leicht auswechselbaren Messern zum Einsatz. Die Schneidkanten der Messer verkörpern dabei einen Zahn des gedachten Planrades. Bei kleinen Moduln stechen die Scheibenfräser im Tauchfräsverfahren zunächst in das stillstehende Werkstück eine Lücke ein, danach wird die Zahnlücke ausgewälzt. Im Bereich großer Moduln wird zunächst durch Tauchfräsen geschruppt und in einem weiteren Umlauf im Teilwälzverfahren geschlichtet. Ein Vorschub in Zahnlängsrichtung ist wegen der meist großen Messerkopfdurchmesser normalerweise nicht erforderlich. Die Messer der Fräswerkzeuge sind universell verwendbar. Innerhalb bestimmter Modulbereiche kommen die gleichen Messersätze zum Einsatz.

Bei den **Wälzverfahren** bilden Werkzeug und Werkstück ein abwälzendes Getriebepaar. Dabei bearbeitet das Werkzeug die Flanken eines gedachten **Planrad**es, das mit dem herzustellenden Werkstück abwälzt.

In der Fertigung wird meistens nur ein Zahn bzw. eine Lücke des Planrades durch das Schneidwerkzeug dargestellt. Man kann sich die Entstehung einer Kegelradflanke beim kontinuierlichen Wälzverfahren so vorstellen, dass das formgebende Rad – das Erzeugungsrad – mit einem plastisch verformbaren Werkstück abwälzt. Mit Wälzverfahren sind Kegelräder mit geraden, schrägen und gekrümmten Zahnflanken herstellbar.

53.3.3.1 Wälzfräsmaschinen (Palloid-Verfahren)

Beim Palloid-Verfahren handelt es sich um kontinuierliches Verfahren, bei dem ein kegelschneckenförmiges Fräswerkzeug eingesetzt wird.

Dieses Werkzeug wird mit seiner Achse tangential an einen wählbaren Grundkreis eingeschwenkt und dreht sich beim Fräsen um die gedachte Planradachse. Die Bearbeitung beginnt am Außendurchmesser und erzeugt eine evolventische Flankenlinie sowie eine nahezu parallele Zahnhöhe entlang der Zahnbreite. Jeder Fräser kann nur für einen bestimmten Modul und Eingriffswinkel verwendet werden. Wegen der geringen

Anzahl von Fräserstollen am kleinen Werkzeugdurchmesser sind die erreichbaren Zerspanleistungen begrenzt. Bei älteren mechanischen Maschinen bedeutete auch der aufwendige und komplexe Getriebestrang eine Einschränkung der Leistungsfähigkeit.

Auf Bild 53.24 ist eine Bearbeitungssituation dargestellt, wo ein Tellerrad mit einem Kegelschnecken-(Palloid-)Fräser bearbeitet wird. Verzahnungen, die mit diesem Verfahren hergestellt werden, zeichnen sich durch besondere Verlagerungsunempfindlichkeit, Laufruhe und Lebensdauer aus. Deshalb werden sie vorwiegend in Sportwagen und Motorrädern eingebaut.

Seit Palloid-Maschinen auch CNC-gesteuert gebaut werden, erreichen sie im Hauptanwendungsgebiet bis Modul 5 mm trotz eingängigen Werkzeugs wegen der großen Schneidenanzahl durchaus die Zerspanleistung von Messerkopfmaschinen.

Bild 53.24: Bearbeitung eines Tellerrades mit Kegelschneckenfräser (Klingelnberg, Hückeswagen)

53.3.3.2 Wälzfräsmaschinen (Messerkopf-Verfahren)

Messerkopf-Verfahren werden standardmäßig zur Weichverzahnung von Kegelrädern mit bogenförmigen Zähnen eingesetzt.

Der im Zwanglauf mit dem zu verzahnenden Werkstück rotierende Messerkopf verkörpert mit den Schneidkanten seiner Messer ein sich im Eingriff mit diesem Werkstück permanent drehendes, ideelles Erzeugungsplanrad.

Der Wälzvorschub wird kinematisch durch eine zusätzliche Drehung des Erzeugungsplanrades realisiert und mit der Werkstückdrehung ausgeglichen.

Die speziellen kinematischen Verhältnisse an Kegelradfräsmaschinen verschiedener Hersteller haben dazu geführt, dass man den erzeugten Verzahnungen häufig auch den Namen des Herstellers beifügt. So spricht man von Gleason-, Klingelnberg- oder von Oerlikon-Verzahnungen. Wichtige Unterschiede zwischen dem Gleason-Verfahren einerseits sowie dem Oerlikon- bzw. Klingelnberg-Verfahren andererseits bestehen bei der Ausbildung von Flankenlinien und Zahnform.

Das Bauprinzip einer Kegelradfräsmaschinen für das kontinuierliche Wälzverfahren ist in Bild 53.25 dargestellt. An der Herstellung der Flanken sind drei wesentliche Elemente durch einander zugeordnete Bewegungen beteiligt, die Wälztrommel, der Messerkopf und das Werkrad.

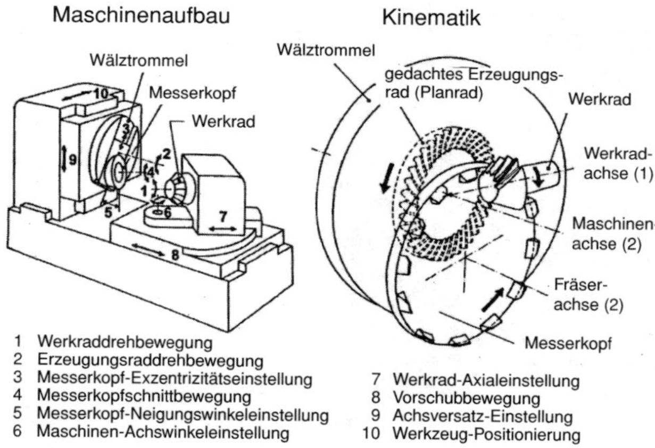

Bild 53.25: Kontinuierliches Wälzfräsen von Kegelrädern [1]

Die kinematische Grundlage für den Herstellungsprozess von Kegelrädern ist das Abwälzen von Erzeugungs- oder **Planrad** mit dem Werkstück. Durch die Drehung der Wälztrommel, deren Achse identisch mit der des Erzeugungsrades ist, wird die Drehbewegung des gedachten Erzeugungs- oder Planrades realisiert.

Der Messerkopf führt die eigentliche Schnittbewegung aus. Die Bahn der Messer im Eingriffsbereich zwischen Werkstück und Messerkopf beschreibt einen Zahn des Erzeugungsrades, während die Drehachse des Messerkopfs meist exzentrisch und nicht parallel zur Drehachse der

Wälztrommel liegt. Während des Zerspanprozesses wird sowohl die Fräserachse als auch die Erzeugungsachse gedreht. Die Werkraddrehung setzt sich zusammen aus dem Übersetzungsverhältnis Werkrad-Erzeugungsrad und einer Relativbewegung, die die Wälztrommeldrehung berücksichtigt. Die komplexe Kinematik wird – wie Bild 53.25 zeigt – mit zehn Arbeits- und Einstellachsen gelöst.

Seit Mitte der 90er-Jahre gibt es Maschinenkonzepte, die im mechanischen Aufbau einfacher gestaltet und in ihrer Anwendung flexibler sind. Diese Maschinen haben keine Wälztrommel mehr, arbeiten aber ebenso mit Messerköpfen als Werkzeug. Die komplexen Relativbewegungen zwischen Werkzeug und Werkstück werden ausschließlich mit Hilfe anspruchsvoller Steuerungs- und Antriebstechnik, also mit mehreren elektronischen **Achskopplung**en, realisiert. Insgesamt ist die Zahl der Achsen dabei auf drei Rotations- und drei Linearachsen reduziert.

Eine Maschine dieser Bauart zeigt Bild 53.26. Sie erlaubt die Herstellung von Tellerrädern und Ritzeln und ist durch den mechanischen Aufbau und die Anordnung der CNC-Achsen wegen des freien Spänefalls auch für Trockenbearbeitung einsetzbar. Auf solchen CNC-Maschinen sind alle einschlägig bekannten Verfahren (Teilverfahren, kontinuierliche Verfahren) und Zahnformen (Kreisbogen, Zykloide, Evolvente) realisierbar, sofern die geeigneten Werkzeuge verwendet werden.

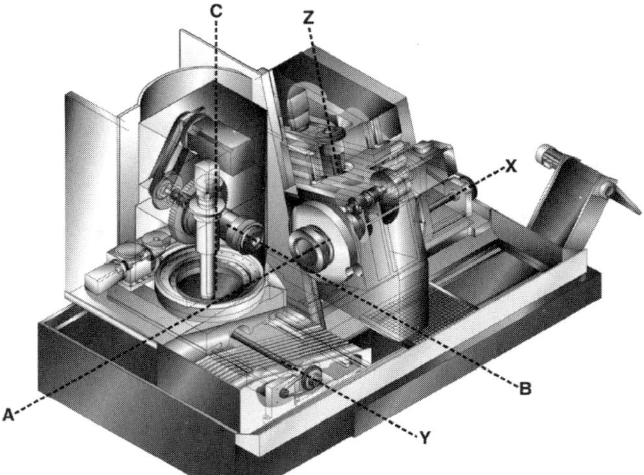

Bild 53.26: Universelle Kegelradfräsmaschine für Trockenbearbeitung (Klingelnberg, Hückeswagen)

WHZ

53.3.4 Formmaschinen für Kegelräder

Bei der Anwendung von Formverfahren wird definitionsgemäß das Profil eines Werkzeuges auf ein Werkstück übertragen, es findet dabei keine Wälzbewegung statt.

In der Kegelradfertigung werden mit Formverfahren fast ausschließlich geradverzahnte Räder hergestellt.

Das **Revacycle-Verfahren** gehört zu den Einzelteilverfahren.

Es kommt in der Massenfertigung von Geradzahnkegelrädern zum Einsatz. Das Prinzip des Verfahrens ist auf Bild 53.27 dargestellt. Das Werkstück ist fest eingespannt. Das Werkzeug besteht aus einer Scheibe, auf der am Umfang hintereinander immer größer werdende Zähne angeordnet sind. Durch die Drehung der Scheibe während der Bearbeitung kommen diese Zähne nacheinander in Eingriff, so dass der Prozess in seiner Kinematik mit dem Räumen vergleichbar ist. Bei jeder Umdrehung der Räumscheibe wird eine Zahnlücke aus dem Vollen fertigverzahnt. Die Räumscheibe besitzt am Umfang Schrupp- und Schlichtmesser, die nacheinander zum Einsatz kommen.

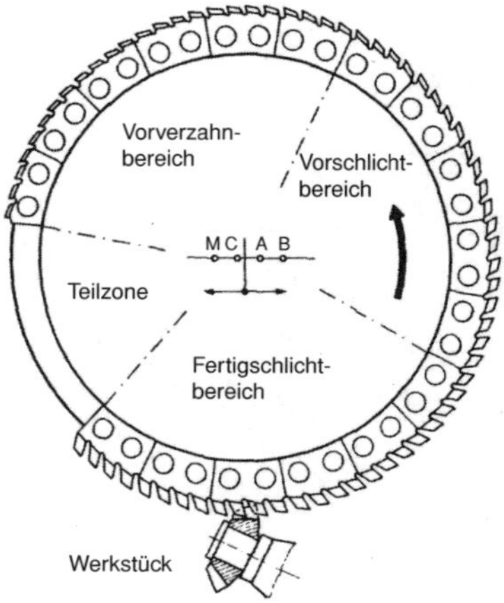

Bild 53.27: Revacycle-Verfahren [21]

Um Zahnlücken in der ganzen Breite auszuschneiden, führt die sich drehende Räumscheibe eine Vorschubbewegung in Zahnrichtung des

Werkstücks aus. Nach dem Schruppvorgang werden die Flanken durch einen Schlagzahn entgratet, dann wird die Vorschubrichtung der Räumscheibe umgekehrt und geschlichtet. Zwischen dem letzten Schlichtmesser und dem ersten Schruppmesser befindet sich am Umfang der Räumscheibe ein zahnfreies Segment. Während dieses Segment das Werkstück überstreicht, wird das Werkrad um eine Zahnlücke weitergeteilt.

53.4 Maschinen zur Weichfeinbearbeitung

53.4.1 Zahnradschabmaschinen für Zylinderräder

Das Schaben von weichen Zahnrädern ist ein Feinbearbeitungsverfahren mit definierter Schneidengeometrie, das vor einer nachfolgenden Wärmebehandlung angewendet wird.

Die primäre Aufgabe ist es, vorhandene Abweichungen von der Evolventenform zu beseitigen und zusätzliche definierte Korrekturen in die Zahnform einzuarbeiten. Das Schaben ist ein kontinuierliches spanabhebendes Feinbearbeitungsverfahren, dessen Kinematik der des Wälzschälens ähnlich ist. Da Schabrad und Werkrad unterschiedliche Achsrichtungen aufweisen, bilden sie ein Schraubwälzgetriebe mit einem bestimmten **Achskreuzwinkel**. Bild 53.28 zeigt den Blick in den Arbeitsraum einer Weichschabmaschine. Das Werkstück wird bei der Bearbeitung durch das angetriebene Werkzeug mitgenommen und zwangs-

Bild 53.28: Weichschabmaschine für Zylinderräder (Pfauter, Ludwigsburg)

W
H
Z

geführt. Üblicherweise wird keine CNC-gesteuerte Wälzkopplung verwendet. Kinematische Bewegungskopplungen werden nur in Ausnahmefällen zur Erzeugung von Korrekturen am Zahnprofil erforderlich.

Theoretisch besteht zwischen der Schabrad- und Werkradflanke nur eine Punktberührung. Durch die radiale Anpresskraft wird diese zu einer Berührzone erweitert. Um ein Werkrad auf der gesamten Breite zu bearbeiten, muss bei einigen Verfahren ein entsprechender Vorschub erfolgen, der in der Regel durch Bewegungen des Werkstücks unter dem Schabrad realisiert wird. Je nach Richtung dieses Vorschubs unterscheidet man verschiedene Schab-**Zustellverfahren**.

Beim **Parallelschaben** wird das Werkrad in Richtung seiner Achse verschoben; beim **Diagonalschaben** geschieht diese Verschiebung unter dem Diagonalwinkel α. Dies führt beim Diagonalschaben zu einem kürzeren Schabweg und zu einer kürzeren Schabzeit. Erhöht man den Diagonalwinkel auf 90°, spricht man vom **Querschaben**. Die kürzeste Schabzeit erhält man beim **Tauchschaben**, bei dem das Werkstück keine Vorschubbewegung durchführt, sondern nur der Achsabstand verkleinert wird. Voraussetzung für die Anwendung des Tauchschabens ist ein genügend breites Schabrad.

In der Automobilgetriebefertigung wird wegen der dort üblichen kleinen Zahnbreiten vorwiegend das Tauchschaben eingesetzt.

Beim Schabvorgang wird der Kämmbewegung in Zahnhöhenrichtung aufgrund des Verzahnungsgesetzes eine durch die Achskreuzung verursachte Gleitbewegung in axialer Richtung überlagert, die zur Spanabnahme führt. Die Gleitbewegung ergibt Schneidspuren von jedem Stollen eines jeden Zahns. Den zur Spanabnahme nötigen Anpressdruck zwischen den Zahnflanken bringt eine Schabmaschine durch radiales Annähern beider Räder auf. Durch einen Drehrichtungswechsel werden nacheinander beide Zahnflanken des Werkstücks bearbeitet.

Ein völlig neues Konzept einer Weichschabmaschine wurde 1999 gezeigt [23]. Es handelt sich um eine reine Tauchschabmaschine für die Massenproduktion, die aber durch einige konstruktive und kinematische Neuerungen einen maßgeblichen Wirtschaftlichkeitsgewinn verspricht:

- Elektronische **Achskopplung** der Wälzachsen für Werkstück und Werkzeug.
- Für die Bearbeitung rechter und linker Flanken kein Drehrichtungswechsel, sondern lediglich Drehmomentveränderung.
- Vertikale Einspannung des Werkstücks für einfachere Beschickung.

- Vororientierung des zu beladenden Werkstücks im Werkstückwechsler.
- Integrierte Schleuderfunktion zum Abschleudern von Kühlschmiermittel.

53.5 Maschinen zur Hartfeinbearbeitung

Weich- und Hartbearbeitung eines Zahnrades müssen aufeinander abgestimmt werden. In vielen Fällen reicht es aus, die Hartbearbeitung auf die gehärteten Zahnflanken zu beschränken, da nur diese später mit entsprechenden Gegenflanken in Berührung kommen. Reine Zahnflankenbearbeitung vermeidet unter Umständen auch unerwünschten Verschleiß am Hartbearbeitungswerkzeug.

Man erreicht diesen Effekt häufig durch Verwendung eines **Protuberanzwerkzeuges** in der Weichbearbeitung. Ein solches Werkzeug besitzt einen verstärkten Zahnkopf und schneidet beim Abwälzen den Zahnfuß des Werkstücks weiter aus, so dass das Hartbearbeitungswerkzeug später zwangsläufig nur noch die Flanken bearbeitet.

Bei richtiger Bemessung des Flankenaufmaßes entsteht dann im Übergang von Flanke zum Zahnfuß keine Kante, die die Belastbarkeit des Zahnes schwächen könnte.

Hartbearbeitungsverfahren bearbeiten immer Werkstücke, die bereits verzahnt sind. Es muss sichergestellt sein, dass das Hartbearbeitungswerkzeug sehr exakt das restliche Aufmaß auf den Flanken sowie den gesamten Härteverzug beseitigt. Bei den oben erwähnten geringen Aufmaßen erfordert dies schnelle und automatisch arbeitende **Einmittvorrichtung**en.

Eine Einmittvorrichtung findet im automatischen Prozess die Positionen der Zähne und Lücken am Werkstück. Zusätzlich mittelt sie die Härteverzüge über den Werkstückumfang aus und schafft so die Voraussetzung für eine störungsfreie und vollständige Hartfeinbearbeitung.

Je nach Erfordernis werden Einrichtungen mit schaltendem Taster oder mit elektronischem Sensor eingesetzt:

- Einmittvorrichtungen mit schaltendem Taster werden vorwiegend in der Einzel- und Kleinserienfertigung von großmoduligen Werkstücken eingesetzt. In solchen Fällen werden z. B. die Lage dreier

WHZ

Zahnlücken am Umfang in drei Ebenen in Zahnrichtung vermessen. Aus den Messwerten werden automatisch Mittelwerte gebildet und das Werkzeug lagerichtig zur Verzahnung positioniert. Die Härteverzüge des Werkstücks werden dabei ausgemittelt.

- Einmittvorrichtungen mit elektronischem Sensor sind geeignet für die Massenproduktion von Werkstücken bis etwa Modul 8 mm. In diesem Fall wird mit einem berührungslosen Sensor jeder Zahn des vorverzahnten Werkstückes erfasst. Auch hier wird beim Einrichten der Maschine das erste Werkstück manuell eingefädelt. Anschließend wird das Zahnfolgemuster, das der Sensor erkennt, als „Lernvorgang" in der Steuerung abgespeichert. Folgewerkstücke werden mit dem hinterlegten Muster verglichen und automatisch lagerichtig zum Werkzeug positioniert.

53.5.1 Wälzverfahren mit geometrisch bestimmter Schneide

Die wesentlichen Verfahren der Hartbearbeitung von Zahnrädern mit geometrisch bestimmter Schneide sind das Schälwälzfräsen und das Hartschälen. Sie werden nachfolgend im Einzelnen behandelt.

53.5.1.1 Schälwälzfräsmaschinen für Zylinderräder

Schälwälzfräsen ist ein spanendes Verfahren mit geometrisch bestimmter Schneide, das zur Bearbeitung gehärteter Zahnradflanken eingesetzt wird.

Die dafür verwendeten Maschinen sind von der Kinematik her identisch mit Wälzfräsmaschinen für die Weichbearbeitung. Für das Schälwälzfräsen müssen statisch und dynamisch besonders steife Maschinen mit geringen geometrischen und kinematischen Abweichungen realisiert werden. Der Unterschied zwischen Schälwälzfräsen und konventionellem Wälzfräsen liegt im Werkzeug. Beim Schälwälzfräsen kommen durchweg Hartmetallwerkzeuge zum Einsatz. Das besondere Kennzeichen dieser Werkzeuge ist der negative Spanwinkel, der den für das Schälwälzfräsen typischen schälenden Schnitt erzeugt. Er liegt in der Regel zwischen –20° und –30°. Auf Bild 53.29, das einen Schälwälzfräsprozess zeigt, sind die nach hinten gerichteten Spanflächen des Schälwälzfräsers gut zu erkennen.

Während beim Schlichtwälzfräsen bei der Weichbearbeitung auch die Kopfschneiden des Werkzeugs an der Spanbildung beteiligt sein können, ist beim Schälwälzfräsen darauf zu achten, dass nur die Flanken des Schälwälzfräsers schneiden. Dadurch werden L- oder U-förmige Späne, die zu hohem Verschleiß oder zu Ausbrüchen führen, weitgehend vermieden.

Die beim Schälwälzfräsen auftretende Schnittkraft ist wegen der geringen Flankenaufmaße relativ gering. Dagegen steigt die tangentiale Schnittkraftkomponente – in Achsrichtung des Fräsers – stark an. Die Gründe hierfür liegen in der Härte des Werkstückmaterials und in der geringen Spanungsdicke. Die Zahl der im Eingriff befindlichen Fräserzahnflanken ändert sich ständig. Damit schwankt auch die resultierende tangentiale Schnittkraft nach Größe und Richtung. Diese Schnittkräfte müssen hauptsächlich von Tisch- und Fräserantrieb aufgenommen werden. Deshalb sind an Schälwälzfräsmaschinen vorgespannte und damit spielfreie Tisch- und Fräserantriebe unerlässlich.

Bild 53.29: Schälwälzfräsmaschine (Fette, Schwarzenbek)

53.5.1.2 Hartschälmaschinen für Zylinderräder

Das kinematische Prinzip des Hartschälens ist identisch mit dem in Kapitel 53.3.1.5 beschriebenen Wälzschälen.

Hartschälen ist ein kontinuierliches Wälz-Schraubverfahren.

Während jeder Werkstückumdrehung wird ein schmales Band der Werkstückverzahnung bearbeitet. Dieses Band wird über eine Axialschlittenverschiebung und eine Zusatzdrehung des Werkstücks über die Zahnbreite „geschraubt“, und so wird die gesamte Verzahnung bearbeitet.

Hartschälen ist für bestimmte Teilearten in der Massenfertigung ein gut eingeführtes und bewährtes Hartfeinbearbeitungsverfahren mit geometrisch bestimmter Schneide. Es wird allerdings nicht im gesamten möglichen Anwendungsbereich des Weichschälens verwendet, sondern nur dort, wo die Werkzeuggeometrie einfach gehalten werden kann. Wegen des verfahrensbedingten **Achskreuzwinkels** lassen sich geradverzahnte Werkstücke nicht mit einem geradverzahnten Werkzeug bearbeiten. Da geradverzahnte Werkzeuge aber wesentlich einfacher in der Anwendung und viel leichter aufzubereiten sind, werden bisher in der industriellen Anwendung nur geradverzahnte Werkzeuge eingesetzt. Schälwerkzeuge sind werkstückgebunden, für jedes Werkstück ist ein speziell ausgelegtes Werkzeug aus Hartmetall erforderlich.

Bild 53.30 zeigt den Arbeitsraum einer Hartschälmaschine. Im Vordergrund befindet sich das schrägverzahnte Werkstück, im Hintergrund ist das geradverzahnte Werkzeug zu erkennen.

Bild 53.30: Hartschälmaschine (Gleason-Pfauter, Ludwigsburg)

Hartschälen wurde zunächst als Zweiflankenprozess erprobt, brachte aber nicht die erforderlichen Qualitäten. Die in der Praxis angewandte Einflankenbearbeitung benötigt zwar längere Bearbeitungszeiten, bringt aber bessere Qualitäten und lässt eine höhere Flexibilität der Bearbeitung zu, weil die beiden Flanken mit unterschiedlichen Einstellparametern geschält werden können.

Bei einer Wälzschälmaschine ist die Werkstückspindel horizontal fest angeordnet. Das Werkstück führt also nur eine Drehbewegung um die eigene Achse aus. Alle anderen Bewegungen, die Drehung des Werkzeugs, die radiale Zustellung, die axiale Vorschubbewegung und die Schwenkbewegung zur Einstellung des Achskreuzwinkels sind im Werkzeugträger integriert. Die Wälzachsen sind elektronisch gekoppelt, wobei die Wälzgetriebe spielfrei sein müssen. Das Schärfen des Werkzeugs erfolgt im Arbeitsraum der Maschine, ohne dass ein Werkzeugwechsel erforderlich ist.

53.5.1.3 HPG-/HPGS-Verfahren für Kegelräder

Das HPG-Verfahren ist ein Verzahnverfahren für gehärtete Kegelräder mit geometrisch bestimmter Schneide.

Es wird auf denselben Kegelradfräsmaschinen mit Messerkopf-Werkzeugen angewendet, die auch für die Weichbearbeitung eingesetzt werden. Der Unterschied besteht in der Werkzeugtechnik. Beim HPG-Verfahren werden Stabmesser aus Hartmetall eingesetzt.

Das HPGS-Verfahren ist eine Weiterentwicklung des HPG-Verfahrens und hat dieses inzwischen weitgehend abgelöst.

Der Unterschied liegt wiederum nur im Werkzeug. Im Falle des HPGS-Werkzeugs werden auf einen Werkzeugträger aus Hartmetall Schneidleisten aus polykristallinem kubischem Bornitrid (CBN) aufgelötet. Die extrem harte, äußerst verschleißfeste Schneidleiste bildet neben der eigentlichen Schneide auch die Werkzeugfreifläche. Bild 53.31 zeigt ein HPGS-Werkzeug, also ein Stabmesser mit aufgelöteter CBN-Schneide.

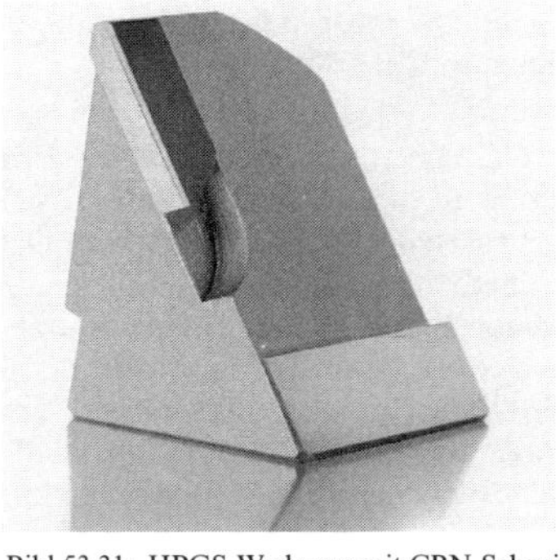

Bild 53.31: HPGS-Werkzeug mit CBN-Schneide (Klingelnberg, Hückeswagen)

W H Z

53.5.2 Wälzverfahren mit geometrisch unbestimmter Schneide

Unter den Verfahren der Hartbearbeitung mit geometrisch unbestimmter Schneide versteht man im Wesentlichen die Gruppe der Schleifverfahren, das Verzahnungshonen sowie das Läppen von Kegelrädern.

Schleifscheiben oder Schleifschnecken sind Werkzeuge, bei denen Schleifkörner aus Hartstoffen mit Hilfe einer so genannten „Bindung" ein- oder mehrlagig auf meist metallische Grundscheiben aufgebracht werden.

In der Zahnradbearbeitung sind Hartstoffe wie Korund, Siliziumkarbid, Diamant und kubisch kristallines Bornitrid (CBN) im Einsatz. Die Körner werden auf den Grundkörpern mit Bindungen aus Kunstharz, Keramik oder Metall gebunden. Daneben gibt es galvanische Bindungen von Körnern auf ihrem Grundkörper, die nur einlagig ausgeführt werden. Es gibt eine Fülle von Kombinationen aus Grundkörper, Bindung und Kornmaterial, auch die Korngröße und die Kornkonzentration werden variiert und beeinflussen den Schleifprozess.

Auch beim Zahnflankenschleifen unterscheidet man – wie bei den Weichbearbeitungsverfahren – zwischen den Wälzverfahren und den Profil- oder Formverfahren. Beim Wälzschleifen wälzt ein zahnstangenförmiges Bezugsprofil mit dem Zahnrad ab. Die Zahnflanke wird nach dem Hüllschnittverfahren eingehüllt. Um Späne abzunehmen, sind neben einer Wälzbewegung auch Schnitt- und Vorschubbewegungen erforderlich. Beim Profilschleifen entspricht das Scheibenprofil dem Werkstückprofil. Im Gegensatz zu den Wälzverfahren ist beim Profilverfahren das Werkzeug werkstückgebunden. Für jedes Werkstück, das sich bezüglich Eingriffswinkel, Modul, Profilverschiebungsfaktor oder Zähnezahl unterscheidet, ist ein eigenes Schleifscheibenprofil erforderlich.

Beide Verfahrensgruppen – die Wälzschleifverfahren und die Profilschleifverfahren – werden nochmals in diskontinuierliche und kontinuierliche Verfahrensvarianten unterteilt. Beim **diskontinuierlichen Wälzschleifen** entspricht die Scheibenkontur einem Teil der Erzeugungszahnstange, beim **kontinuierlichen Wälzschleifen** besitzt die verwendete Schleifschnecke im Normalschnitt das Profil der Erzeugungszahnstange. Beim **diskontinuierlichen Profilschleifen** unterscheidet man zwischen Einflanken- und Zweiflankenschliff. Schließlich ist das **kontinuierliche Profilschleifen** mit einer globoidförmigen Schleifschnecke möglich.

Im Gegensatz zur zylinderförmigen Schleifschnecke hat die globoidförmige Schleifschnecke im Normalschnitt kein Erzeugungszahnstangenprofil. Die Schleifschnecke weist, über den Umfang oder über einen Steigungsgang betrachtet, an jeder Stelle ein anderes Profil auf. Die völlig synchrone Drehbewegung von Zahnrad und Schleifschnecke ist eine Grundbedingung für die erfolgreiche Anwendung dieses Schleifverfahrens. Ein tangentiales Verschieben der Schleifschnecke, d. h. eine Shiftbewegung wie beim Wälzfräsen, ist im Gegensatz zum kontinuierlichen Wälzschleifen nicht möglich.

Sowohl beim kontinuierlichen als auch beim diskontinuierlichen Wälzschleifen wird die Werkstückachse zur Schleifscheibenachse entsprechend der Schneckensteigung schräg gestellt. Bei Axialvorschub des Werkstücks muss wie beim Wälzfräsen ein Ausgleich der Drehbewegungen über das beim Wälzfräsen bereits erwähnte Differential erfolgen.

Schleifwerkzeuge müssen immer wieder abgerichtet oder konditioniert werden. Man versteht darunter unterschiedliche Prozesse:

- Profilieren zur Beseitigung von Geometriefehlern.
- Schärfen zur Sicherstellung der Schneidfähigkeit.
- Reinigen zur Beseitigung von Zusetzungen durch Span-, Korn- und Bindungsreste.

Moderne Schleifmaschinen sind häufig mit eigenständigen Abrichtvorrichtungen ausgestattet, die die Fertigungsqualität einer Maschine über längere Zeit sicherstellen. Diese **Abrichtapparate** sind oft aufwändige, hochpräzise Einrichtungen, die mit zwei oder drei eigenen CNC-Achsen praktisch eine „Maschine in der Maschine" darstellen. Schleifwerkzeuge mit herkömmlichen Kornmaterialien wie Korund und Siliziumkarbid sowie mehrlagig beschichtete CBN-Werkzeuge werden mit Diamantwerkzeugen abgerichtet, während Schleifwerkzeuge mit Diamantkörnern vorzugsweise mit Siliziumkarbidschleifscheiben abgerichtet werden [2].

Nicht alle Kombinationen Grundkörper-Bindung-Schleifkorn lassen sich abrichten. Alle einlagig beschichteten Schleifwerkzeuge, bei denen CBN- oder Diamant-Körner z. B. galvanisch gebunden werden, sind nicht abrichtbar. Das Standzeitende ist in diesem Fall auch das Lebensdauerende des Werkzeugs.

WHZ

53.5.2.1 Wälzschleifmaschinen für Zylinderräder

Die diskontinuierlichen Wälzschleifverfahren nach der 0°-Methode und nach der α°-Methode werden auch MAAG-Verfahren genannt.

Das Zahnflankenprofil entsteht in beiden Fällen durch das Abwälzen eines Zahnrades an zwei Tellerscheiben, die jeweils eine rechte und eine linke Flanke an unterschiedlichen Zähnen des Rades bearbeiten (siehe Bild 53.32).

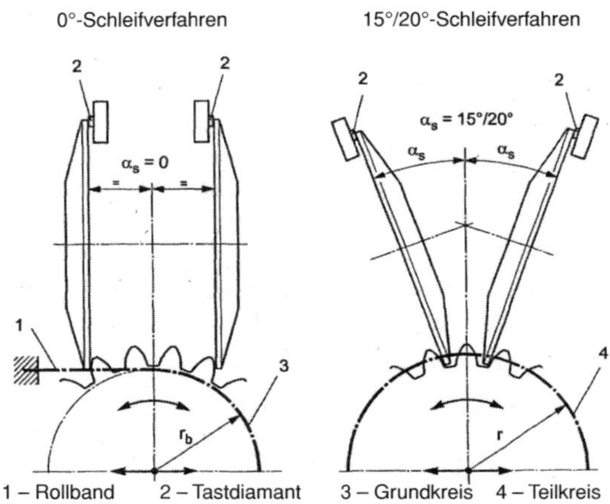

Bild 53.32: Teilwälzschleifen mit Tellerscheiben [16]

Beim 0°-Verfahren stehen die beiden Schleifscheiben vertikal. Der Scheibeneingriffswinkel 0° entspricht dem Eingriffswinkel der Grundkreistangente. Deshalb muss die Wälzbewegung durch Abrollen auf dem Grundkreis erfolgen. Andere Verhältnisse ergeben sich bei den unter dem Winkel α geneigten Tellerscheiben. Die Eingriffsebenen der rotierenden Schleifscheiben sind die Flanken einer gedachten Bezugszahnstange, an der das Zahnrad abwälzt. Die Neigung der Scheiben erfolgt üblicherweise unter dem Eingriffswinkel der Verzahnung, also unter 15° oder 20°. Der Erzeugungswälzkreis, auf dem die gedachte Zahnstange abrollt, ist in diesem Fall der Teilkreis des Zahnrades.

Bild 53.33 zeigt den Aufbau einer Teilwälzschleifmaschine mit zwei Tellerscheiben analog zu Bild 53.32. Der eingesetzte Rollbogen symbolisiert den Grundkreis der zu erzeugenden Evolvente. Man erkennt über den vertikal stehenden parallelen Schleifscheiben je einen **Abrichtapparat**, der von Zeit zu Zeit die verschlissenen Scheiben neu konditioniert.

Beim Wälzschleifen mit Doppelkegelscheiben hat die Schleifscheibe ein trapezförmiges Profil und stellt somit den Zahn einer Zahnstange dar. Der Abwälzvorgang besteht aus einer Dreh- und einer Linearbewegung.

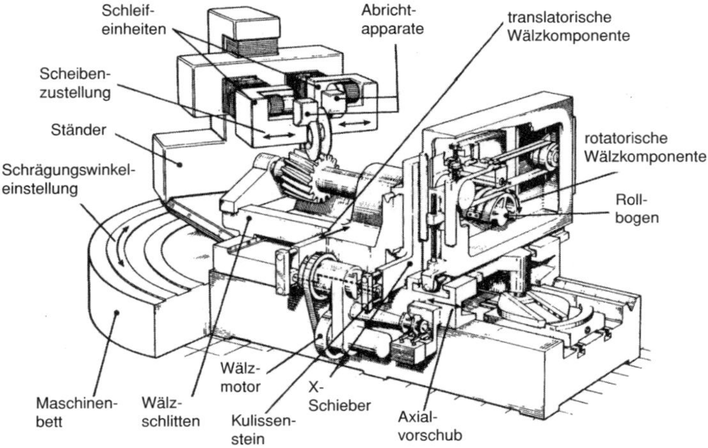

Bild 53.33: Teilwälzschleifmaschine mit Tellerscheiben [16]

Zwischen der Schleifscheibe und dem Werkstück besteht eine punktförmige Berührung, deren geometrischer Ort während des Schleifens vom Zahnfuß zum Zahnkopf wandert. Dadurch entsteht eine gleichmäßigere Abnutzung der Schleifscheiben als bei den Tellerscheiben.

Man unterscheidet beim Wälzschleifen mit Doppelkegelscheiben die Einflanken- und die Zweiflankenbearbeitung.

Beim Einflankenschliff wird jeweils eine Flanke pro Zahnlücke und Wälzrichtung bearbeitet.

In einem zweiten Rundgang erfolgt anschließend die Bearbeitung der anderen Flanken. Das Verfahren erlaubt den Einsatz der gleichen Schleifscheibe zum Schleifen unterschiedlicher Moduln und unterschiedliche Zustellbeträge für linke und rechte Flanken, z. B. abhängig vom Härteverzug.

Beim Zweiflankenschliff werden beide Zahnflanken einer Zahnlücke gleichzeitig bearbeitet.

Die Schleifscheibendicke muss genau auf das Zahnlückenmaß abgerichtet sein, damit beide Flanken im Eingriff sind. Bei wechselnden Moduln werden verschieden starke Schleifscheiben notwendig. Mit dem Einflankenschliff sind bessere Qualitäten erzielbar als mit dem Zweiflankenschliff.

Die Kinematik des kontinuierlichen Wälzschleifens gleicht dem Wälzfräsen, bei dem statt des Wälzfräsers eine Schleifschnecke eingesetzt wird. Einige Hersteller von Wälzfräsmaschinen realisieren ihre Schleifmaschinen auf der Basis der Wälzfräsmaschine. Ein Beispiel hierfür zeigt Bild 53.34. Bei einer solchen Maschine sind dieselben **Achskopplungen** erforderlich wie bei Wälzfräsmaschinen. Moderne Maschinen arbeiten bei den Wälzachsen durchweg mit Direktantrieben. Ein solcher Maschinenaufbau bietet sich dann besonders an, wenn nicht abrichtbare Werkzeuge zum Einsatz kommen. Neben dieser Fräsmaschinenkonzeption gibt es auch speziell für das Schleifen mit zylindrischer Schleifschnecke entwickelte Maschinen, die oft gegenüber der Bearbeitungsstation auch eine Station zum Abrichten der Schleifschnecke haben. In jedem Fall müssen Zahnflankenschleifmaschinen wegen der hohen Schnittgeschwindigkeiten weit höhere Tischdrehzahlen realisieren als Wälzfräsmaschinen.

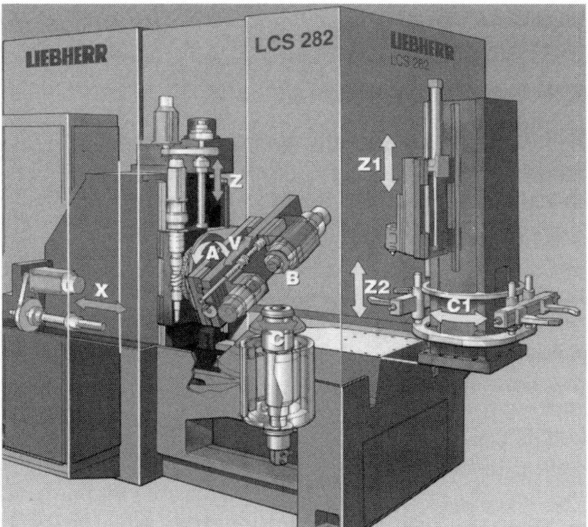

Bild 53.34: Achsanordnung für kontinuierliches Wälzschleifen (Liebherr, Kempten)

53.5.2.2 Hon-/Schabschleifmaschinen für Zylinderräder

Das Honen gehärteter Verzahnungen hat sich in der Massenproduktion sowohl als eigenständiges Verfahren als auch als Ergänzung für andere Hartfeinbearbeitungsverfahren – wie z. B. das kontinuierliche Profilschleifen – gut etabliert. Ziel des Honens ist es in erster Linie, auf den Zahnflanken eine geräuschgünstige Oberflächenstruktur zu erzeugen.

Der Begriff „Honen" hat sich seiner Einfachheit wegen eingeführt, obwohl der Begriff „Schabschleifen" das Verfahren besser charakterisiert. Die Analogie zum Schaben kommt vom **Achskreuzwinkel** und von der Schnittbewegung, während Schleifen die Ähnlichkeit des Werkzeugaufbaus und des Schneidstoffs symbolisiert.

Die kinematischen Zusammenhänge sind auf Bild 53.35 angedeutet. Das Verfahren beruht darauf, dass ein meist innenverzahnter Honstein – beschichtet mit Hartstoffkörnern – zum Honen von außenverzahnten gerad- oder schrägverzahnten Stirnrädern und Wellen eingesetzt wird. Auf der gleichen Maschine ist auch das Honen von innenverzahnten Hohlrädern mit außenverzahnten Honsteinen möglich. Die Verzahnung des Honsteins treibt während der Bearbeitung das Werkstück mit Drehzahlen bis zu 3000 min^{-1} an. Der Honstein wird so ausgelegt und angeordnet, dass seine Achse mit der Achse des Werkstücks einen Achskreuzungswinkel bildet, durch den Relativbewegungen zwischen den Flanken des Honsteins und den Flanken des Werkstückes entstehen. Dadurch entstehen Bearbeitungskomponeten in Richtung der Stirnschnittebenen, durch die eine Spanabnahme erfolgt.

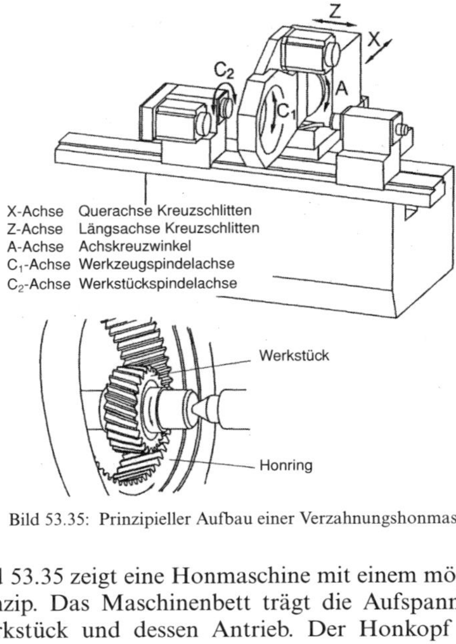

Bild 53.35: Prinzipieller Aufbau einer Verzahnungshonmaschine [28]

Bild 53.35 zeigt eine Honmaschine mit einem möglichen Konstruktionsprinzip. Das Maschinenbett trägt die Aufspannvorrichtungen für das Werkstück und dessen Antrieb. Der Honkopf kann mit Hilfe eines

Kreuzschlittens sowohl axial als auch radial verfahren. Zusätzlich sind in den Honkopf der Honradantrieb und die Honradschwenkachse integriert. Zur Verbesserung der Gleichmäßigkeit der Werkstückoberfläche kann der Kreuzschlitten eine Oszillierbewegung parallel zur Drehachse des Werkstücks durchführen. Der Honkopfträger dient sowohl der Einstellung des Achskreuzwinkels zwischen Werkstück- und Honringachse als auch der radialen Zustellung. Der Honkopf selbst lässt sich zur Einstellung anderer Achskreuzwinkel nach beiden Richtungen CNC-gesteuert schwenken.

Honringe werden bevorzugt aus Edelkorund oder Siliziumkarbid in Kunstharzbindung ausgeführt. Die Ringe werden aus einem pulverförmigen Gemisch aus Schneidstoff, Bindung und Hilfsstoffen gepresst und im Ofen ausgehärtet. In manchen Fällen wird die Verzahnung des Ringes sofort mit eingepresst, in anderen Fällen werden nur hohle Grundkörper gefertigt und die Zahnlücken anschließend mit diamantbelegten Scheiben eingeschliffen. Vor der Bearbeitung des ersten Werkstücks und immer nach Verlust der ursprünglichen Geometrie wird der Honring mit Diamantabrichtwerkzeugen profiliert. Dabei wird zuerst der Kopfkreisdurchmesser des Honringes mit einer Diamantrolle abgerichtet. Danach kommt ein Diamantzahnrad zum Einsatz, das die Flanken des Werkzeugs aufbereitet. Die Abrichtbewegungen entsprechen denen des Honzyklus. Der Abrichtbetrag wird am Querschlittenweg automatisch kompensiert. Alle notwendigen Korrekturen der Zahnflanken wie Kopf- oder Fußrücknahmen, Konizitäten, Balligkeiten oder topologische Korrekturen werden im Abrichtrad mitberücksichtigt.

In erster Linie wird Verzahnungshonen zur Verbesserung der Oberfläche oder zur Beseitigung von Schäden an Zahnrädern verwendet, die bereits einem anderen Hartbearbeitungsverfahren wie Schleifen oder Schälwälzfräsen unterzogen wurden. Die typischen Abtragsraten pro Flanke liegen bei 0,05 … 0,1 mm bei Zustellbeträgen von weniger als 0,01 mm. Bisher ist mit Verzahnungshonen eine Verbesserung von Form- und Lagetoleranzen nur in sehr geringem Maße möglich. Es gibt jedoch Bestrebungen, die Leistung des Verfahrens und die Abtragsrate dahingehend zu steigern, um möglicherweise andere, vorgelagerte Verfahren zu vermeiden.

53.5.2.3 Wälzschleifmaschinen für Kegelräder

Das Schleifen von Kegelrädern kann nicht im kontinuierlichen Verfahren erfolgen. Ist ein Zahn ausgewälzt, wird die Schleifscheibe zurückgezogen, das Werkstück weitergeteilt, die Schleifscheibe wieder vorgeschoben und der Wälzvorgang beginnt erneut.

Die Kinematik einer Wälzschleifmaschine für Kegelräder ist ähnlich komplex wie die einer Kegelrad-Wälzfräsmaschine. Die Bewegung der Schleifscheibe stellt den gleichen Vorgang dar wie das Wälzen mit dem Herstellungsplanrad. Während des Schleifprozesses wälzt die Werkstückspindel gleichzeitig mit einer Wiege, auf der die Schleifspindel sitzt. Die notwendigen Bewegungen und ihre Verknüpfungen laufen nach vorher exakt ermittelten theoretisch berechneten Maschineneinstelldaten ab.

Durch Schwenken des Schleifkopfs lassen sich verschiedene Längsballigkeiten erzeugen. Höhenballigkeiten sind durch Profilierung der Schleifscheibe erreichbar.

Bild 53.36 zeigt den Arbeitsraum einer Wälzschleifmaschine für Kegelräder mit Doppelschleifkopf. Man erkennt links in der Mitte das Tellerrad und darunter das diamantbeschichtete Abrichtrad zur Neukonditionierung der Schleifscheiben. Mit Hilfe des Doppelschleifkopfes können beide Flanken einer Zahnlücke nacheinander in einer Aufspannung geschliffen werden. Durch den kontinuierlichen Eingriff in das Zahnprofil entsteht als Ergebnis des Schleifvorganges eine sehr feine Oberfläche.

Bild 53.36: Wälzschleifmaschine für Kegelräder (Klingelnberg, Ettlingen)

53.5.2.4 Läppmaschinen für Kegelräder

Läppen ist ein Verfahren mit geometrisch unbestimmter Schneide. Es dient dazu, die Oberfläche der Zahnflanke und damit das Geräuschverhalten und das Tragbild an Kegelrädern zu verbessern.

WHZ

Das Läppmittel aus feinen, in Öl aufgeschwemmten Korundkörnern wird in den Zahneingriff der miteinander abwälzenden Kegelräder gegeben. Dabei können drei voneinander unabhängige, sowohl für konkave und konvexe Flanken als auch für den Fuß der Zähne getrennt einstellbare Läppzusatzbewegungen realisiert werden. Die Ritzelspindel wird motorisch angetrieben, während die Radspindel mit einem stufenlos einstellbaren Läppdruckmotor gekoppelt wird. Dieser Motor bzw. Generator erzeugt in beiden Drehrichtungen ein einstellbares beschleunigendes oder bremsendes Läppmoment. So werden bei gleichbleibender Drehrichtung jeweils Zug- oder Schubflanken zur Anlage gebracht.

Bei kreisbogenverzahnten Kegelrädern ist die Erreichung eines gewünschten Flankenspiels problematisch, bei spiralverzahnten Rädern ist definiertes Flankenspiel überhaupt nicht zu verwirklichen. Deshalb ist Kegelradläppen für die Erzeugung definierter Flankenkorrekturen und hoher Oberflächengüten ein wichtiges Feinbearbeitungsverfahren. Bild 53.37 zeigt einen Blick in den Arbeitsraum einer Läppmaschine.

Bild 53.37: Läppmaschine für Kegelräder (Klingenberg-Oerlikon, Zürich)

53.5.3 Formverfahren mit geometrisch unbestimmter Schneide

53.5.3.1 Diskontinuierliche Form-(Profil-) Schleifmaschinen

Beim diskontinuierlichen Formschleifen wird am Werkstück eine Lücke nach der anderen geschliffen. Zwischen den Schleifoperationen wird die Schleifscheibe zurückgezogen und das Werkstück um eine Teilung weitergedreht. Dabei entspricht das Schleifscheibenprofil exakt dem Zahnlückenprofil.

Im Gegensatz zum Wälzschleifen entsteht beim Profilschleifen auf der Zahnflanke keine einhüllende Oberflächenstruktur; denn nur die Genauigkeit des Schleifscheibenprofils beeinflusst die Genauigkeit des Zahnflankenprofils.

Bild 53.38 zeigt einen Blick in den Arbeitsraum einer Profilschleifmaschine. Links unten ist das Werkstück zu erkennen. Im Moment der Aufnahme ist das diamantbeschichtete Abrichtrad im Einsatz.

Bild 53.38: Profilschleifmaschine für Zylinderräder (Oerlikon Geartec, Zürich)

Profilschleifmaschinen müssen im Gegensatz zu Wälzschleifmaschinen erheblich höhere Axialgeschwindigkeiten realisieren. Die Schleifscheibe fährt axial im Einflanken- oder Zweiflankenschliff über die gesamte Radbreite. Bei Schrägverzahnungen erfährt dabei der Tisch, der das Werkstück trägt, eine Zusatzdrehung, die mit der Axialbewegung der Schleifscheibe gekoppelt ist. Zur Synchronisierung der Bewegungen bei den geforderten Genauigkeiten sind spielfreie Antriebe unerlässlich. Bei Maschinen, die zum Schleifen größerer Raddurchmesser vorgesehen sind, werden zusätzlich Messeinrichtungen angeboten, um das Werkstück für die Ermittlung der erreichten Qualität nicht abspannen und in einer Messmaschine neu ausrichten zu müssen. Häufig werden dieselben Messgeräte auch zum Einmitten des Werkstücks vor der Bearbeitung verwendet. Für die Bearbeitung von Innenverzahnungen sind auch Innenschleifköpfe verfügbar.

53.5.3.2 Kontinuierliche Formschleifmaschinen

Kontinuierliches Formschleifen scheint zunächst eine unvereinbare Kombination zu sein, ein Formverfahren kann normalerweise nicht kontinuierlich ablaufen. Bei diesem Verfahren gelingt es durch die Verwendung einer Globoidschnecke, die das zu schleifende Werkstück am Umfang teilweise umhüllt.

Einen Blick in den Arbeitsraum einer solchen Maschine zeigt Bild 53.39.

Bild 53.39: Maschine für kontinuierliches Profilschleifen (Reishauer, Wallisellen)

Im Gegensatz zum Wälzschleifen besitzt die globoidförmige Schleifschnecke für das Profilschleifen kein Zahnstangenprofil als Bezugsprofil, sondern die Kontur einer Zahnflanke. Beim kontinuierlichen Wälzschleifen muss das Werkzeug relativ zum Werkstück in axialer Richtung verschoben werden, um die Zahnflanken über die gesamte Breite zu bearbeiten. Beim kontinuierlichen Profilschleifen wird ein Axialvorschub nur in seltenen Fällen benötigt. Der Grund hierfür liegt darin, dass beim Wälzschleifen immer nur eine Punktberührung zwischen Schleifschnecke und Zahnflanken besteht, beim Profilschleifen dagegen immer eine Linienberührung über die gesamte Zahnbreite. Bei der Bearbeitung erweitern sich diese theoretischen Kontaktpunkte bzw. -linien dann zu analog geformten Eingriffsflächen.

Um das kontinuierliche Profilschleifen zu realisieren, muss eine globoidförmige Schleifschnecke eingesetzt werden, die einen Teil des Werkstückumfangs umschließt. Die exakte Form wird durch Profilieren der

Schleifschnecke mit einem diamantbelegten Zahnrad sichergestellt, das eine ähnliche Geometrie wie das Werkstück aufweist. Um nicht schon beim Zustellen der Schleifschnecke in ein ungeschliffenes Werkstück einen Teil oder die gesamte Schleifzugabe punktuell wegzuschleifen, werden die Lücken der Globoidschnecke um mindestens den Betrag der Schleifzugabe breiter profiliert. Deshalb erfolgt während des Profiliervorgangs ein der Soll-Lage überlagertes Vor- und Zurückdrehen des Diamantrades.

Die Bearbeitung des Werkstücks erfolgt anschließend im so genannten Drehvorschubverfahren, bei dem die Schleifschnecke zuerst auf volle Tiefe zustellt und das Werkstück anschließend eine genau definierte Drehung durchführt.

Dabei werden alle gleichliegenden Flanken geschliffen, danach wird das Werkstück um den doppelten Betrag zurückgedreht, um die anderen gleichliegenden Flanken schleifen zu können. Durch diesen Ablauf ist gewährleistet, dass stets eine optimale Linienberührung zwischen Werkstück und Werkzeug besteht.

Beim kontinuierlichen Profilschleifen ist das Werkzeug werkstückgebunden. Dies bedeutet, dass für jede Bearbeitungsaufgabe ein eigenes Werkzeug eingesetzt werden muss. Auch das diamantbesetzte Abrichtrad unterliegt dieser Bedingung. Damit ist die Flexibilität des Verfahrens sehr stark eingeschränkt. Es wird wegen der hohen Werkzeugkosten ausschließlich in der Großserienfertigung eingesetzt.

53.5.3.3 Harträummaschinen für Zylinderräder

Seit wenigen Jahren sind Harträummaschinen verfügbar, mit denen gehärtete Innenverzahnungen hartfeinbearbeitet werden können. Die Anwendung ist vorläufig auf einfachere Verzahnungen wie Steckverzahnungen beschränkt.

Im Gegensatz zum Räumdorn des Weichräumens ist der Harträumdorn mit Diamant beschichtet. In Längsrichtung besitzt der Dorn eine konische Partie für den Materialabtrag und einen zylindrischen Teil für Kalibrierung und Glättung der Oberfläche. Die Kinematik des Verfahrens unterscheidet sich grundsätzlich vom Weichräumen. Das Harträumwerkzeug fährt von unten in die Werkstückbohrung ein. Durch ständige Aufwärts- und Abwärtsbewegungen drückt und zieht sich das Werkzeug durch das Werkstück. Mit jedem Hub wird die Eindringtiefe größer. Beim jeweiligen Rückzug aus der Verzahnung wird das zerspante Material aus der Verzahnung entfernt [33].

53.5.4 Kombinierte Hartfeinbearbeitungsmaschinen

Der Wunsch aller Getriebehersteller ist seit langem, nach der Wärmebehandlung nur eine Hartfeinbearbeitungsmaschine einsetzen zu müssen, um zu geräuscharmen, einbaufertigen Rädern zu kommen. Da häufig am Ende der Prozesskette zur Oberflächenoptimierung Honmaschinen stehen, wurde die Forderung gestellt, Honmaschinen mit höherer Leistung und Steifigkeit zu entwickeln. Diese sollten in der Lage sein, zusätzlich die nach dem Härten unvermeidlichen Geometrieabweichungen zu beseitigen. Die Erwartungen sind bisher nur unzureichend erfüllt worden.

Dagegen wird von den Maschinenherstellern vermehrt der Weg beschritten, dass mehrere sich ergänzende Verfahren in einer Maschine kombiniert werden. Auf diese Weise wird mindestens die Zeit für Umspannen und Transport von Werkstücken zwischen verschiedenen Maschinen eingespart, zusätzlich ist ein höheres Qualitätsniveau erreichbar, da die Werkstücke für die Prozessfolge in derselben Spannstelle verbleiben.

Häufig wird Wälzschleifen mit Formschleifen kombiniert. Bild 53.40 zeigt beispielhaft den Arbeitsraum einer solchen Maschine. Man erkennt rechts im Vordergrund die Schleifschnecke, dahinter auf demselben Dorn die Profilschleifscheibe. Die Kombination kann sowohl zur Bearbeitung zweier unterschiedlicher Verzahnungen eingesetzt werden als auch an einer Verzahnung zum Schruppen mit der Schnecke und Schlichten mit der Profilscheibe.

Bild 53.40: Kombiniertes Wälz- und Profilschleifen (Liebherr, Kempten)

Ein weiteres Beispiel einer Kombimaschine für mehrere sich ergänzende Verfahren zeigt Bild 53.41. Es handelt sich dabei um die Verfahren kontinuierliches Formschleifen mit anschließendem Honen. Während sich in Bild 53.39 die Schleifschnecke in der Bearbeitungsposition befindet, zeigt Bild 53.41 den Honkopf im Einsatz. Die Maschine besitzt auch einen **Abrichtapparat**, mit dem Diamantabrichträder für beide Werkzeugarten nach Bedarf in die Werkstückspannstelle eingewechselt werden können, um diese nach Bedarf neu zu konditionieren [34].

Bild 53.41: Kombiniertes Profilschleifen und Honen [34]

53.6 Fertigungsfolgen

Die Vielzahl von Verzahnverfahren und -maschinen (siehe auch Bilder 53.2 und 53.3) legt die Frage nahe, wie sinnvollerweise die vollständige Verzahnung eines Werkstücks erfolgt und welche Verfahren und Maschinen daran beteiligt sind. Eine allgemein gültige Antwort auf diese Frage gibt es nicht.

Die auf Bild 53.42 gezeigte Verfahrensfolge ist nur beispielhaft zu verstehen und bezieht sich nur auf die Massenproduktion außen verzahnter Getrieberäder bei europäischen Herstellern. Die von oben nach unten zu lesende Prozesskette entspricht heutigen Gepflogenheiten, wobei nicht alle Einzelschritte wirklich durchgeführt werden müssen. Die auf dem Bild links dargestellten alternativen Einsatzzeitpunkte beweisen nur, dass, abhängig vom Einsatzzweck der Verzahnung, praktisch nach jedem Prozessschritt der Einsatzfall auftreten kann. Der Entscheid, ob eine Verzahnung einsatzfähig ist oder nicht, fällt von Anwender zu Anwender unterschiedlich aus und wird sowohl nach objektiven als auch nach subjektiven Kriterien getroffen.

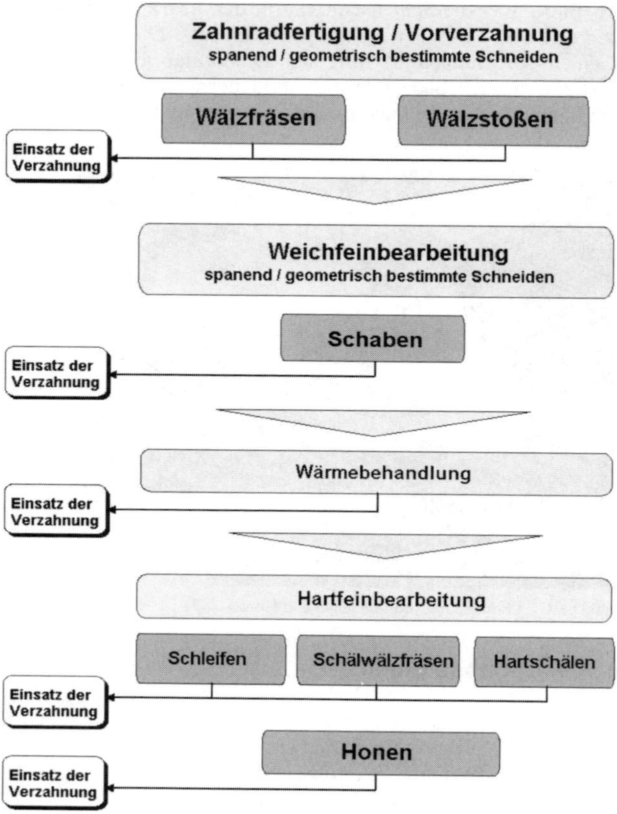

Bild 53.42: Prozessschritte in der Massenproduktion (Europa)

Während die Entscheidung für ein Vorbearbeitungsverfahren noch weitgehend objektiv nach der Werkstückgeometrie getroffen werden kann, ist die Frage nach der Weichfeinbearbeitung einer Verzahnung schon mehr umstritten. Je mehr die Hartfeinbearbeitung an Boden gewinnt, desto weniger wird weichgeschabt. Werden die Zahnflanken eines Zahnrades, zum Beispiel des Planeten eines Automatikgetriebes, nach der Wärmebehandlung jedoch nicht mehr bearbeitet, ist Weichschaben praktisch unumgänglich.

Der Wunsch aller Anwender geht eindeutig dahin, die Zahl notwendiger Prozesse und damit Maschinen auf ein Minimum zu reduzieren.

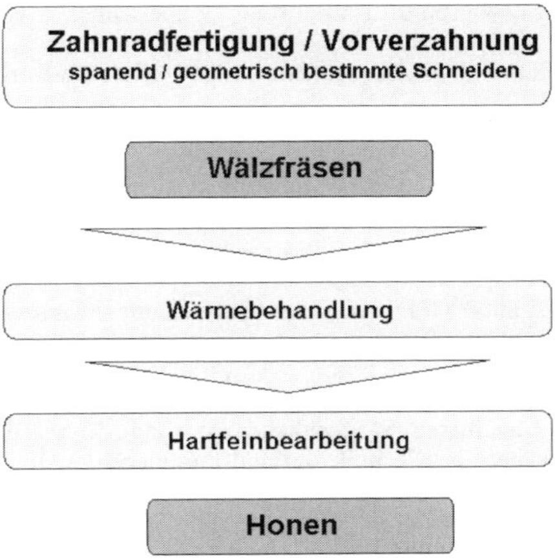

Bild 53.43: Prozessschritte in der Massenproduktion (Idealvorstellung, Außenverzahnung, Europa)

Bild 53.43 zeigt so etwas wie die Idealvorstellung für die Herstellung von Außenverzahnungen im europäischen Getriebebau, wobei statt Wälzfräsen auch ein spanloses Verfahren stehen könnte. Honen zum so genannten „Powerhonen" weiterzuentwickeln und als einziges Hartfeinbearbeitungsverfahren einzusetzen, ist ein bisher nicht erfüllter Wunsch. Honverfahren erzeugen zwar gute Oberflächen, sind aber nicht in der Lage, die durch Wärmebehandlung entstandenen geometrischen Abweichungen wie Teilungsfehler vollständig zu eliminieren. So bleibt jedem Anwender das Problem, aber auch die Freiheit, die für seine Fertigungsaufgabe geeignete Prozessfolge selbst zu finden.

WHZ

Quellen und weiterführende Literatur

[1] *Weck, M.:* Werkzeugmaschinen, Band 1: Maschinenarten, Bauformen und Anwendungsbereiche. Düsseldorf: VDI-Verlag, 1988

[2] *König, W.; Klocke, F.:* Fertigungsverfahren, Band 4: Massivumformung. Düsseldorf: VDI-Verlag, 1996

[3] Fa. Schmid Rapperswil, Schweiz: Taumelpressen. Firmenschrift 1984

[4] *Krapfenbauer, H.:* Kaltwalzen von Außen- und Innenverzahnungen. Umformtechnik 26 (1992)

[5] Fa. Ex-Cell-O Eislingen/Fils: Kaltwalzen von Verzahnungen. Firmenschrift 1998

[6] Fa. Liebherr Kempten: LC 80 – Wälzfräsmaschine mit Direktantrieben. Firmenschrift 2000

[7] Fa. Gleason-Pfauter Ludwigsburg: Tischantrieb Doppelschnecke. Firmenfoto 1996
[8] *Höfler, W.:* Verzahntechnik I. Vorlesungsmanuskript Universität Karlsruhe, 1990
[9] Fa. Gleason-Pfauter Biel, Schweiz: P 60, CNC-Wälzfräsmaschine. Firmenschrift 1998
[10] *Felten, K.:* Effective Gear Shaping Principles. American Pfauter Gear Process Dynamics Clinic, Oak Brook, IL, 1987
[11] Fa. Liebherr Ettlingen: LS 82 – CNC-Wälzstoßmaschine. Firmenschrift 2000
[12] *Felten, K.:* Wälzstoßen mit 3000 DH/min. Sonderdruck dima. Ludwigsburg: AGT-Verlag Thum GmbH, (1995)
[13] Fa. Lorenz Ettlingen: Workshop Wälzstoßen. Unveröffentlichtes Schulungsmanuskript 1996
[14] *Hasse, T.:* Über die vielfältigen Möglichkeiten, unrunde Zahnräder für typische Getriebeaufgaben der Technik optimal auszulegen. VDI-Bericht 1567. (2000) S. 319–339
[15] Fa. Liebherr Kempten: CombiCut, Firmenfoto 1999
[16] MAAG-Taschenbuch: Berechnung und Herstellung von Verzahnungen in Theorie und Praxis. Zürich: 1985
[17] Fa. Pfauter Ludwigsburg: Bauprogramm. Firmenschrift 1982
[18] Fa. Hoffmann Pforzheim: Innenräumen von Schiebemuffen. Firmenschrift 1997
[19] Fa. Klingelnberg Hückeswagen: C 28 P, die Renaissance eines Herstellungsverfahrens. Firmenschrift 1997
[20] Fa. Klingelnberg Hückeswagen: C 28. Firmenbild 2001
[21] *Townsend, D. P.:* Dudley's Gear Handbook. McGraw-Hill, Inc., 1992
[22] Fa. Pfauter Ludwigsburg: CNC-Schabemaschinen. Firmenschrift 1996
[23] Fa. Gleason-Hurth München: ZS 130 T – Power Shaving Maschine. Firmenschrift 1999
[24] Fa. Fette Schwarzenbek: Schälwälzfräser im Einsatz. Werkzeugkatalog 1998
[25] Fa. Gleason-Pfauter Ludwigsburg: Hartschälmaschine. Firmenfoto 1996
[26] Fa. Klingelnberg Hückeswagen: KNC 40 Universal-Spiralkegelrad-Wälzfräsmaschinen. Firmenschrift 1999
[27] Fa. Liebherr Kempten: LCS 282 – Wälzschleifmaschine. Firmenschrift 1999
[28] *König, W.; Klocke, F.:* Fertigungsverfahren, Band 2: Schleifen, Honen, Läppen. Düsseldorf: VDI-Verlag, 1996
[29] Fa. Klingelnberg Ettlingen: G 20 Spiralkegelrad-Schleifmaschine. Firmenschrift 1999
[30] Fa. Klingelnberg-Oerlikon Zürich: Läppmaschine für Kegelräder. Firmenfoto 1995
[31] Fa. Oerlikon Geartec Zürich: Zahnrad-Formschleifmaschinen Oerlikon OPAL 50. Firmenschrift 1997
[32] Fa. Reishauer Wallisellen, Schweiz: RZF-Kontinuierliches Formschleifen. Firmenfoto.
[33] Fa. Fässler Dübendorf, Schweiz: HS-100 Harträumen. Firmenschrift 1999
[34] *Schäcke, P.; Graf, W.:* Schleif- und Honmaschine in einem. Schweizer Präzisions-Fertigungstechnik. (6/2000)

Felten, K.: Verzahntechnik. Das aktuelle Grundwissen über Herstellung und Prüfung von Zahnrädern. Renningen-Malmsheim: expert-verlag, 1999
Lorenz: Verzahnwerkzeuge. Ein Handbuch für Konstruktion und Betrieb. 3. Auflage. G.Braun GmbH, 1977
Bausch, T.: Moderne Zahnradfertigung. Verfahren und Maschinen zur kostengünstigen Herstellung von Stirn- und Kegelrädern. 2. Auflage. Renningen-Malmsheim: expert-verlag, 1994.
DIN 868: Allgemeine Begriffe und Bestimmungsgrößen für Zahnräder, Zahnradpaare und Zahnradgetriebe. Deutsches Institut für Normung
DIN 3960: Begriffe und Bestimmungsgrößen für Stirnräder und Stirnradpaare mit Evolventenverzahnung. Deutsches Institut für Normung
DIN 3998: Benennung an Zahnrädern und Zahnradpaarungen. Deutsches Institut für Normung

W
H
Z

WERKZEUGMASCHINEN – TRENDS UND VERFAHREN

W
T
V

54 Laserabtragmaschinen
55 Rapid-Prototyping-Anlagen
56 Werkzeugmaschinen mit parallelkinematischen Strukturen

54 Laserabtragmaschinen

Dipl.-Ing. Friedemann Lell

54.1 Einleitung

Die Entwicklung eines Verfahrens zum Erzeugen dreidimensionaler Strukturen mittels Laser wurde bereits in den 80er-Jahren bei der Firma Maho in Pfronten begonnen. Zunächst wurden CO_2-Laser in den Grundaufbau von Fräszentren integriert. Seit 1999 wird von der LASERTEC GmbH, einer Tochtergesellschaft der Deckel Maho Pfronten GmbH, eine Maschine auf Basis eines Nd:YAG-Lasers angeboten. Damit ist der Durchbruch für die industrielle Anwendbarkeit des Laserabtragens gelungen.

Die Einsatzbereiche sind äußerst vielseitig und gehen vom Formenbau für filigrane Kunststoffformen über die Halbleiterindustrie bis hin zur Herstellung von Prototypen und Kleinserien für Hartmetall Wendeschneidplatten.

Die besonderen Vorteile des Verfahrens sind:

- Herstellung der fertigen Kontur direkt aus 3D-CAD-Daten, ohne Zwischenschritte
- Bearbeitung unterschiedlichster Materialien wie zum Beispiel Stahl, NE-Metalle, Keramiken, Graphit, Hartmetall, Industriediamant
- Kein Werkzeugverschleiß und damit äußerst geringe Werkzeugkosten und sehr hohe Prozesssicherheit

54.2 3D-Laserabtragen mit dem Nd:YAG-Laser

Das Laserabtragen mit den Nd:YAG-Laser stellt einen kombinierten Schmelz- und Sublimationsabtrag dar. Es wird ein gütegeschalteter Laser verwendet, durch dessen hohe Pulsleistungen bis zu 50 % des abgetragenen Materials direkt verdampft werden. Durch den bei der Sublimation entstehenden hohen Dampfdruck wird die entstehende Schmelze zusammen mit dem verdampften Material herausgeschleudert. Das Verfahren findet unter Umgebungsbedingungen statt.

Die einzelnen Pulse werden aneinander gereiht, und somit wird Schicht für Schicht das Material abgetragen, bis die gewünschte dreidimensionale Kontur entsteht. Je nach gewählter Modenblende im Laser liegt der

Durchmesser eines Pulses im Fokus zwischen 0,04 und 0,1 mm. Die typische Schichtstärke beträgt 2 ... 5 μm.

Die für die Sublimation benötigte Verdampfungsenthalpie gewährleistet, dass die zugeführte Energie zum größten Teil mit dem abgetragenen Material wieder abgeführt wird und nicht in das Werkstück geht. Damit ergeben sich nur sehr geringe Randzonenbeeinflussungen im Material.

Die wichtigsten **Prozessparameter** sind der Lampenstrom, über den die Laserleistung gesteuert wird, die Vorschubgeschwindigkeit des Laserstrahls über dem Werkstück und die Pulsfrequenz. Über diese Parameter werden werkstoffspezifisch die gewünschte Schichtdicke eingestellt und die Oberflächengüte optimiert.

54.3 Laserabtragmaschinen

54.3.1 Aufbau

Die Maschinen nach Bild 54.1 wurden speziell für die Anforderungen des Laserabtragens entwickelt. Ein Bett aus Polymerbeton sorgt für die nötige thermische Stabilität. Durch den in Konsolbauweise angebrachten

Bild 54.1: Laserabtragmaschine DML 40SI (LASERTEC, Pfronten)

Kreuztisch, liegen alle 3 Linearachsen im Werkstück. Der Laser ist ortsfest auf dem Grundgestell montiert.

Die Achsen sind mit Linearführungen aufgebaut. Der Antrieb erfolgt über digitale Servomotoren mit integriertem Absolutwegmesssystem.

54.3.2 Steuerung

Die Steuerung LASERSOFT 3D ist eine PC-basierte Eigenentwicklung, die speziell für die Belange des Laserabtragens entwickelt wurde. Durch die Windows-Umgebung, wie in Bild 54.2 gezeigt, lässt sich ein hoher Bedienkomfort erreichen.

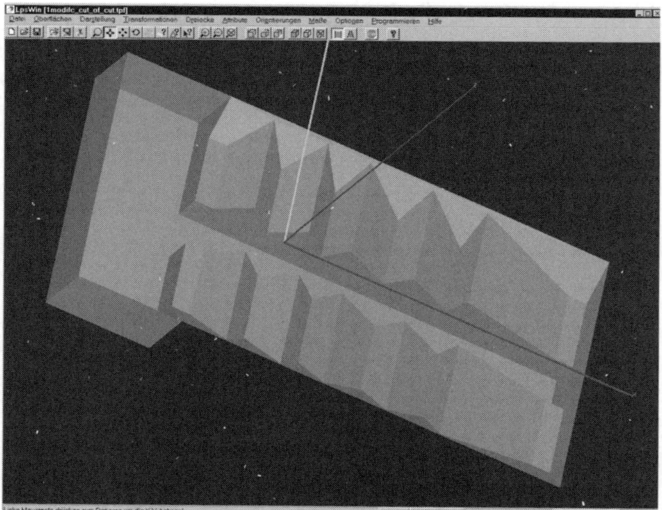

Bild 54.2: LASERSOFT 3D berechnet aus 3D-CAD-Daten das Maschinenprogramm (LASERTEC, Pfronten)

Neben der Steuerung der Maschine, steht ein zweites Softwarepaket zur Verfügung, mit dem aus 3D-CAD-Daten automatisch das entsprechende Maschinenprogramm berechnet wird. Das heißt, dass die eigentliche Programmierung entfällt, es müssen jedoch 3D-CAD-Daten des abzutragenden Materials zur Verfügung gestellt werden.

54.3.3 Varianten in der Ausführung

54.3.3.1 Maschine zum Tiefgravieren

Die DML 40 hat einen Aufbau, wie er auch bei Beschriftungslasern eingesetzt wird. Dem Laser nachgeschaltet ist ein Scanner mit zwei über Galvanometer angetriebenen Spiegeln. Während der Bearbeitung ruht das Werkstück, der Scanner lenkt den Laserstrahl ab und führt ihn über die Bereiche, in denen Material abgetragen werden soll.

Eine dem Scanner folgende Planfeldlinse sorgt für die Fokussierung im Bearbeitungsbereich von 70 mm × 70 mm. Die Vertikalachse regelt die Höhe nach, so dass der Strahl immer im Fokus arbeitet (Bild 54.3).

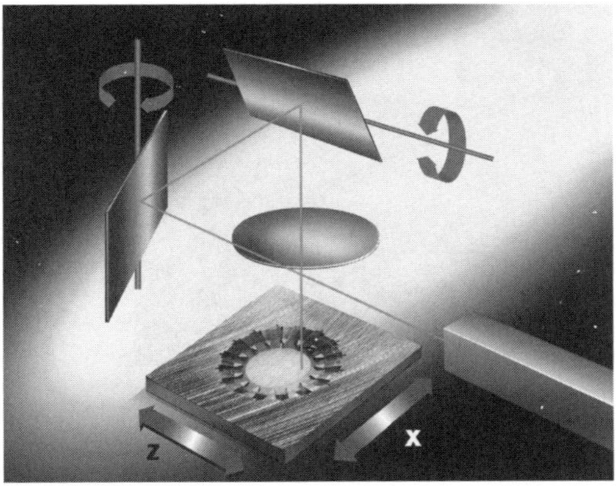

Bild 54.3: Anordnung DML 40 (LASERTEC, Pfronten)

Der Aufbau der DML 40 eignet sich sehr gut zum Erzeugen dreidimensionaler Konturen mittels Laser, mit der Einschränkung, dass sich im Randbereich immer eine Schräge von etwa 10 ... 15° ausbildet.

WTV

54.3.3.2 Maschine für den Formenbau

Vor allem aus dem Formenbau kommt die Forderung, kleine Wandwinkel (Entformungsschrägen) oder vertikale Wände herstellen zu können. Dazu muss der Laserstrahl angestellt an der Wand arbeiten. Für diese Aufgabe wurde ein neuer optischer Aufbau entwickelt, bei dem die Planfeldlinse wegfällt und durch eine axial verschiebliche Linse direkt hinter dem Strahlaustritt aus dem Laser ersetzt wird.

54.3.3.3 Maschine mit Inprozessregelung der Tiefe

Bei beiden oben beschriebenen Typen wird die Bearbeitungstiefe während des Prozesses regelmäßig mit einem Messtaster geprüft und über die Laserleistung nachgeregelt. Eine weitere Verbesserung der Genauigkeit lässt sich erzielen, indem nicht nur an einem Punkt, sondern über den gesamten Bearbeitungsbereich die Tiefe gemessen wird. Dies ermöglicht eine optische Inprozessmessung und -regelung. Über einen optischen Sensor wird die Tiefe kontinuierlich gemessen und Unebenheiten im Werkstück können automatisch ausgeglichen werden, siehe Bild 54.4.

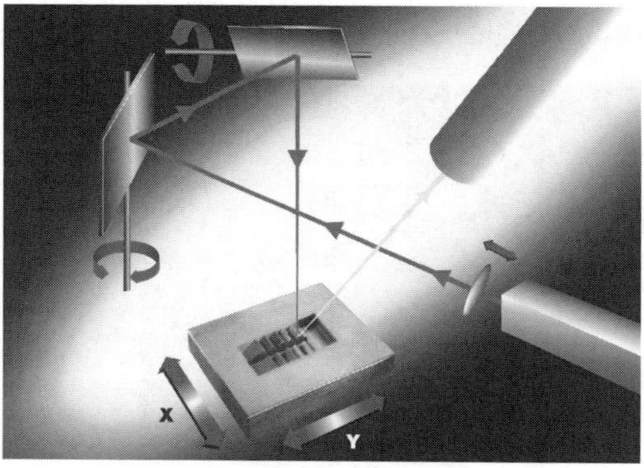

Bild 54.4: Anordnung DML 40SI (LASERTEC, Pfronten)

54.3.4 Optionen

54.3.4.1 Messtaster

Der Messtaster ist ein hochpräziser mechanischer Taster, der rein in vertikaler Richtung misst. Er wird verwendet, um schnell die Starthöhe zu finden. Bei der DML 40 und DML 40S wird mittels dieses Tasters zusätzlich während der Bearbeitung die Tiefe gemessen.

54.3.4.2 Justagekamera

Eine CCD-Kamera mit Mikroskopobjektiv dient zum präzisen Positionieren des Werkstückes vor der Bearbeitung. Das Kamerabild wird direkt auf dem Monitor der Steuerung angezeigt. Über ein Fadenkreuz kann positioniert oder gemessen werden.

54.3.5 Technische Daten

Tabelle 54.1: Technische Daten DML-40-Baureihe (LASERTEC, Pfronten)

Maschine		**DML 40**	**DML 40S/DML 40 SI**
Arbeitsbereich			
Verfahrweg Vertikalachse	mm	500	500
Verfahrwege der Tischachsen	mm	400/300	400/300
Tischgröße	mm^2	300 × 400	300 × 400
Max. Tischlast	kg	50	50
Laser			
Lasertyp		Q-Switch-YAG	Q-Switch-YAG
Laserleistung	W	100	100
Durchmesser Laserspot	mm	0,04 … 0,1	0,04 … 0,1
Technologie			
Bearbeitungsfeld des Lasers	mm^2	70 × 70	60 × 60
Automatisches Verfahren bei größeren Werkstücken		nein	ja
Minimaler Wandwinkel		10° … 15°	0°
Tiefenmessung		taktil am Messpunkt	DML 40 S: taktil
			DML 40SI: optisch

54.4 Anwendungsbeispiele

54.4.1 Modelleisenbahndrehgestell

Die Spritzgussform für ein Drehgestell einer Modelleisenbahn wird konventionell durch Senkerodieren hergestellt. Für das in Bild 54.5 dargestellte Teil werden über 30 verschiedene Elektroden benötigt. Die Elektrodenherstellung nimmt etwa 120 h in Anspruch, für das anschließende Erodieren kommen noch einmal 60 h hinzu. Von der Gesamtzeit von 180 h sind mindestens 140 h mit Personalbindung.

Mit Laserabtragen liegt die Gesamtzeit inklusive Datenaufbereitung und Technologieversuchen zur Ermittlung der richtigen Laserparameter bei 30 h. Davon sind etwa 10 h mit Personalbindung. Die Kavität hat eine Größe von ca. 44 mm × 8 mm und eine Tiefe von 1,5 mm.

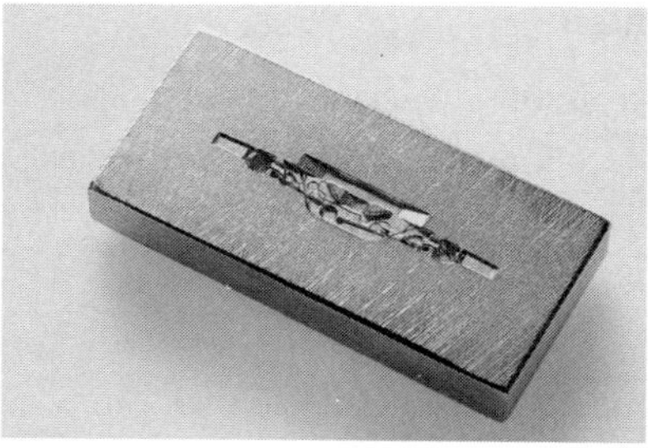

Bild 54.5: Spritzgussform für Modelleisenbahnteil (LASERTEC, Pfronten)

54.4.2 Sperrbolzenschieber

Hier handelt es sich um ein Teil aus dem Bereich Automobilzulieferer. Der Sperrbolzenschieber ist ein Bauteil aus einem Türschloss. Der Formeinsatz für das Druckguss-Werkzeug kann komplett mit der Lasermaschine erzeugt werden. Die Bearbeitungszeit auf der Maschine liegt bei etwa 30 h. Das Teil in Bild 54.6 hat Abmessungen von ca. 40 mm × 30 mm × 4 mm. Größere Bauteile können auch durch eine Kombination aus Laserabtragen und Fräsen hergestellt werden.

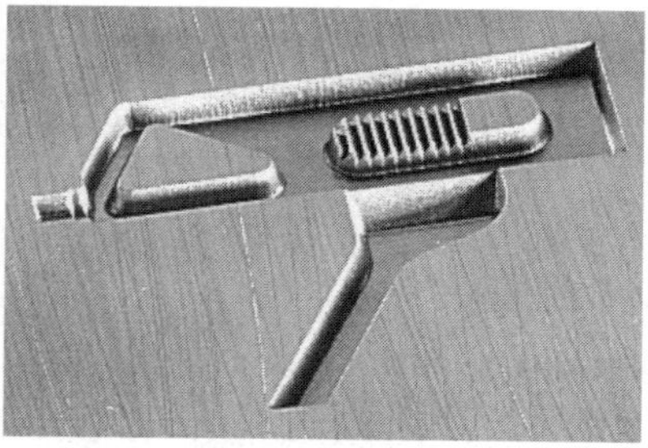

Bild 54.6: Druckgussform für Sperrbolzenschieber (LASERTEC, Pfronten)

Quellen und weiterführende Literatur

Herziger, G.; Loosen, P. (Hrsg.): Werkstoffbearbeitung mit Laserstrahlung. München Wien: Carl Hanser Verlag, 1993

Förster, D.; Müller, W.: Laser in der Metallbearbeitung. München Wien: Carl Hanser Verlag, 2001

Friedrich, W.: Lasern statt Senkerodieren. mav (12/2000) S. 42–43

55 Rapid-Prototyping-Anlagen

Prof. Dr.-Ing. habil. Gerd Witt
unter Mitarbeit von Dipl.-Ing. Andreas Sauer

55.1 Allgemeines

Rapid Prototyping (RP) ist ein generatives Fertigungsverfahren, bei dem durch schichtweisen Aufbau Werkstücke mit sehr komplexen Innen- und Außenkonturen in einem Prozess direkt aus den 3D-CAD-Daten herstellbar sind.

Rapid-Prototyping-Anlagen dienen der Erzeugung von physischen Modellen in kurzer Zeit – verglichen mit der Fertigung mittels konventioneller Werkzeugmaschinen. Das Modell wird schichtweise auf der Basis von 3D-CAD-Daten generiert. Die Wahl der technologischen Daten, die Schichtaufbringung, das Verbinden des Werkstoffes und der Schichten miteinander erfolgt in dieser Anlage.

Einfache Geometrien werden heute überwiegend noch mit konventionellen Verfahren gefertigt. Mit steigender Teilekomplexität gewinnen die RP-Verfahren eine immer größere Bedeutung.

Da die Fertigung schichtweise erfolgt, hängen die Bauzeit und somit die Kosten primär von der Bauhöhe und dem insgesamt zu generierenden Volumen ab. RP erfordert keine aufwändige Erstellung von Arbeitsplänen, es sind keine Werkzeuge auszuwählen und bereitzustellen und es gibt neben der regelmäßigen Wartung der Anlage kaum Nebenzeiten.

RP beschleunigt das **Reverse Engineering**, d. h. z. B., zeigt ein Modell Konstruktionsfehler oder andere Eigenschaften auf, die Änderungen nötig machen, sind diese umgehend auf Basis der modifizierten 3D-CAD-Daten in einem neuen Modell umsetzbar.

Mittels RP gefertigte Modelle haben vielfältige Einsatzbereiche, je nach Werkstoff und Verfahren. Die erste Stufe in der Entwicklung bilden die **Proportionsmodelle**, die einen ersten optischen, dreidimensionalen Eindruck liefern. Ergonomiemodelle lassen sich zusätzlich ohne Funktion Handhaben und Bedienen. **Designmodelle** geben die exakte Form und die gewünschten Oberflächenqualitäten wieder, während im Vergleich dazu mit **Funktionsmodellen** die Kinematik oder Montage überprüfbar ist.

Prototypen haben Serieneigenschaften, jedoch sind Vereinfachungen und abweichende Materialien möglich. Ein **Muster** ist nahezu mit dem Serienteil identisch und weicht vornehmlich durch das Fertigungsverfahren vom Serienteil ab.

RP kann auf direktem Weg nicht alle diese Modellarten liefern. Vielmehr sind mit steigendem Anspruch an das Modell indirekte Verfahren erforderlich. Hier findet der Übergang zum **Rapid Tooling** statt, welches der schnellen Erzeugung von Serienwerkzeugen z. B. für das Spritzgießen dient. RP-Modelle eignen sich ebenso als Positive für Gießprozesse. So konnten erste Werkzeuge mit Standzeiten von mehreren tausend Teilen – unter Einsatz spezieller Metallwerkstoffe – direkt erzeugt werden.

Grundvoraussetzung für die Herstellung eines Modells mittels RP-Verfahren ist die 3D-CAD-Volumenmodellierung. Das Volumenmodell wird in Schichten bestimmter Dicke (meist 0,1 mm) zerlegt. Diese Schichten werden nacheinander in der X-Y-Ebene generiert und untereinander in Z-Richtung verbunden. Bild 55.1 zeigt den **Schichtaufbau** am Beispiel eines Pumpenrades.

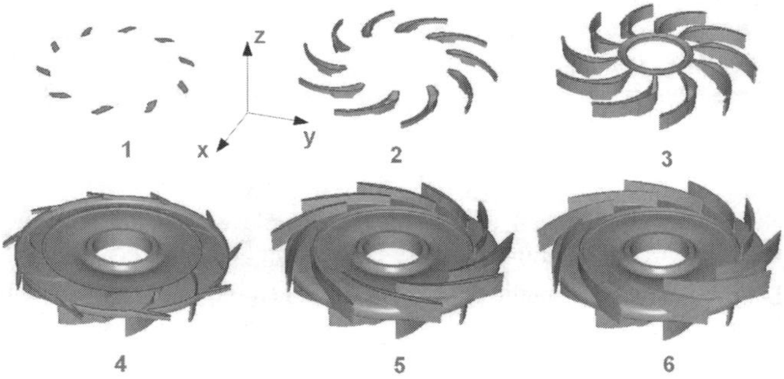

Bild 55.1: Schichtweiser Aufbau eines Pumpenrades

Die Fertigung einer Schicht beginnt mit dem Auftragen des Werkstoffes mit anschließender Verfestigung bzw. Konturierung der gewünschten Schichtgeometrie mittels eines RP-Werkzeuges (siehe 55.2.2). Der direkte Werkstoffauftrag durch das Werkzeug ist ebenfalls möglich. Ist eine Schicht erzeugt, senkt sich der Bauraum um die vorgegebene Schichtdicke. Dieser Ablauf wiederholt sich, bis alle Schichten aufeinander gebaut sind.

55.2 Werkstoff- und werkzeugseitige Anforderungen

55.2.1 RP-Werkstoffe

Der einfachste Weg, eine Geometrieschicht zu erzeugen, ist das Ausschneiden aus einer Folie mittels Laser. Beim **Laminated Object Manufacturing** (LOM) kommt kunststoffbeschichtetes Papier zum Einsatz.

Eine beheizte Rolle walzt die neue Werkstoffschicht auf die bereits fertigen Schichten.

Das **Fused Deposition Modeling** (FDM) verwendet ebenfalls einen festen Werkstoff. Durch eine beheizte Düse (Extruder) wird ein Thermoplast in Stangenform zugeführt und in geschmolzenem Zustand auf das Werkstück aufgebracht. Der Werkstoff sollte einerseits gut schmelzbar sein, andererseits keine allzu große Wärmeleitung besitzen, da sonst bereits erzeugte Partien beim Auftragen wieder aufschmelzen. Aus diesem Grund finden beim FDM in der Hauptsache Thermoplaste Verwendung.

Ein ähnliches Verfahren, das **Multi-Jet Modeling** (MJM) verwendet Düsen zum tropfenweisen Auftrag von verflüssigten Thermoplasten, vergleichbar mit der Tintenstrahltechnologie.

Die **Stereolithografie** (SL) verwendet flüssigen Werkstoff, der sich durch Bestrahlung mit UV-Licht verfestigt. Dadurch beschränkt sich die Auswahl auf Photopolymere, die zunächst als ungesättigte Monomere vorliegen und sich durch Wärmezufuhr zu hartem Kunststoff verbinden.

Das Prinzip des gezielten Aufschmelzens einer Pulverschicht mit anschließender Verfestigung zu einer zusammenhaltenden Kontur findet beim **Selektiven Lasersintern** (SLS) und **Lasersintern** (LS) Anwendung.

Ein Laser schmilzt das kurz unterhalb der Schmelztemperatur befindliche Pulver entsprechend der geforderten Schichtgeometrie auf. Die eingebrachte Wärmeenergie des Lasers reicht aus, um die aktuelle und die darunter liegende Schicht anzuschmelzen und beide miteinander zu verbinden. Nach der Abkühlung ist eine feste Schicht entstanden.

Als Werkstoffe kommen schmelzbare, möglichst gering leitende Materialien in Betracht, um einen gezielten „selektiven" Wärmeeintrag zu gewährleisten. Es gibt Werkstoffkombinationen aus einer niedrigschmelzenden und einer hochschmelzenden Metallkomponente. Die niedrigschmelzende Komponente (Thermoplaste oder Metall) verfestigt sich im Sinterprozess und schafft somit den Zusammenhalt für die hochschmelzende Komponente. Nach dem Ausschmelzen der Binder-Komponente mit anschließender Metall-Infiltration erhält man ein Bauteil mit metallähnlichen Eigenschaften.

Beim **3D-Drucken** erfolgt die Verfestigung eines pulverförmigen Werkstoffs durch Zugabe von Bindemitteln oder Aktivatoren. Bisher eingesetzte Werkstoffe sind Stärke, Mineralstoffe (Gips) oder Kunststoffpulver.

55.2.2 RP-Werkzeuge

In RP-Anlagen eingesetzte Werkzeuge sind Laser, Lampen, Messer, Extruder und Tintenstrahlpatronen.

Der **Laser** hat die Aufgabe, Werkstoff aufzuschmelzen, eine photochemische Reaktion in Gang zu bringen oder Folienwerkstoff zu trennen.

Der Strahldurchmesser begrenzt die Fertigung spitzer Kanten und dünner Wände. Er sollte möglichst gering sein und liegt bei heute üblichen Lasern im Bereich von 0,3 mm. Das Absorptionsvermögen der Laserenergie durch den Werkstoff ist direkt abhängig von der Wellenlänge der Strahlung. Ideal für Kunststoffe ist daher der CO_2-Laser mit einer Wellenlänge von 10,6 µm, wodurch diese Bauart beim Lasersintern und dem LOM-Verfahren zum Einsatz kommt. Die Stereolithografie nutzt dagegen meist He-Cd-, Argon-Ionen- und Nd:YAG-Laser.

Ein spezielles Stereolithographie-Verfahren, das **Solid Ground Curing** (SGC), belichtet die Kontur mit Hilfe einer 4-kW-Lampe durch eine Maske. Die Maske gibt die zu generierende Kontur vor, wodurch sich die Anforderungen an die Lampe auf eine gleichmäßige Strahlung beschränkt.

Die 3D-Druckverfahren verwenden teilweise Tintenstrahl-Druckköpfe mit Binder-Flüssigkeit, die baugleich oder identisch mit solchen aus handelsüblichen 2D-Druckern sind.

55.3 Stereolithografie

55.3.1 Verfahren

Die Stereolithografie (SL) nutzt die Verfestigung flüssiger Photopolymere mittels UV-Lichtes. Ein UV-Laser bildet hierzu die Kontur einer Schicht auf der Flüssigkeit ab und verfestigt den Werkstoff (Bild 55.2). Alternativ dazu kann die Belichtung mittels Masken erfolgen, die ähnlich der Kopiertechnik für jede Schicht erzeugt werden. Eine UV-Lampe belichtet die Kontur in einem Schritt – im Gegensatz zur zeilenweisen Belichtung mittels Laser. Nach der Vernetzung senkt sich die Bauplattform um eine Schichtstärke ab und wird wiederum mit flüssigem Harz bedeckt. Nun erfolgt die Konturierung der nächsten Schicht.

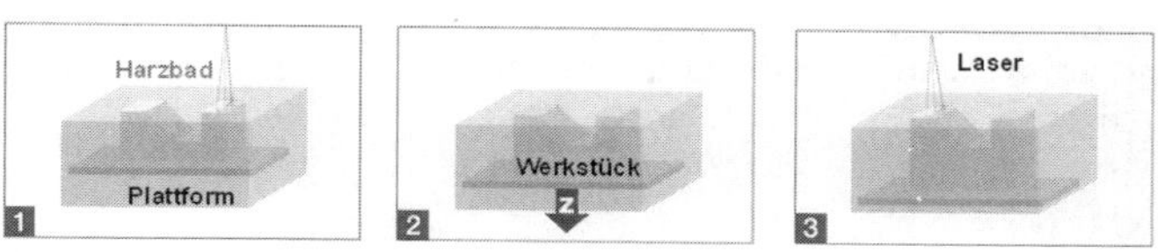

Bild 55.2: Stereolithografie (3D-Systems GmbH, Darmstadt)

55.3.2 Vor- und Nachteile

Vorteile:

- sehr genaues RP-Verfahren,
- Bauteile können sehr komplex sein,
- Hohlräume herstellbar.

Nachteile:

- nur fotoempfindliches Material verwendbar,
- Stützen müssen mitgebaut und nachher entfernt werden,
- Nachvernetzung und mechanische Nacharbeit notwendig,
- Prototypen nicht belastbar.

55.3.3 Aufbau der Anlagen

Das Grundkonzept einer SL-Anlage besteht aus einer Strahlquelle, dem Bauraum mit der Plattform, einem Liftsystem zur Erzeugung des vertikalen Vorschubs und der Werkstoffzufuhr. Die Strahlquelle liefert die Energie zum Start der Polymerisationsreaktion. In den meisten Anlagen erfolgt die Belichtung zeilenweise per Laser.

55.3.4 Belichtung und Scanstrategie

Den aus dem Laser austretenden Strahl führt ein Spiegelsystem über das Harzbad. Die Steuerbefehle für die Spiegeldrehungen ergeben sich aus der zu belichtenden Geometrie. Zunächst belichtet der Laser die Außenränder, erst danach werden die Flächen gefüllt. Die Eindringtiefe des Laserstrahls ist größer als eine Schichtdicke, um eine Schicht mit der darunter liegenden zu verbinden.

In den Bauvorgang ist eine **Stützengenerierung** eingeschlossen. Die Stützen wirken dem Verzug entgegen und ermöglichen die Fertigung von Überhängen. Aufgrund der geringen Festigkeit folgt nach dem Bau ein Ofenprozess zur Einstellung der Endfestigkeit.

Eine Alternative zur Laserbelichtung kommt beim SGC zur Anwendung. Ähnlich wie in der Fotokopiertechnik wird die zu erzeugende Schichtgeometrie auf einer Maske abgebildet. Mittels einer 4-kW-Lampe erfolgt dann die Belichtung durch diese Maske hindurch. Ein Fräser glättet nach Abkühlen des Wachses die Bauteilfläche und die nächste Schicht wird gebaut. Vorteil dieses Verfahrens ist, dass keine Stützengenerierung erforderlich ist und Teile ineinander geschachtelt werden können.

55.3.5 Werkstoffe und Modelleigenschaften

Als Ausgangsstoffe kommen Monomere, meist aus Kohlenwasserstoff-Verbindungen, in Frage. Nach Aufspalten von Doppelbindungen durch Energiezufuhr entstehen in einer Kettenreaktion feste Kunststoffe (Polymere).

SL-Modelle eignen sich als Urformen für das Gießen und den Werkzeugbau für Vorserien, mittlere und kleine Serien, als Entscheidungshilfen für Angebote, Passformtests, visuelle Strömungsanalyse, Windkanaltests sowie optische Belastungstests. Im Vergleich zu den anderen Verfahren bildet die Stereolithografie glatte Oberflächen und hohe Detailgenauigkeit, jedoch nur eine vergleichsweise geringe Teilestabilität (Bild 55.3).

Bild 55.3: Bauplattform mit Stereolithografie-Modell (F&S GmbH, Paderborn)

55.3.6 Werkstoffauftrag (Recoating)

Je nach Hersteller gibt es Variationen/Unterschiede beim Werkstoffauftrag.

55.3.6.1 Verfahren 1

Bei den Anlagen der 3D-Systems GmbH befindet sich das gesamte benötigte Harz im Bauraum. Ein Lift senkt die Teiloberfläche unter die Badoberfläche ab. Ist das flüssige Harz darüber geströmt, hebt der Lift die Oberfläche über das Niveau der nächsten zu bauenden Schicht. Die

Viskosität des Harzes bedingt die Ausbildung eines überstehenden Harzspiegels, den ein Wischer abschließend glatt streicht.

55.3.6.2 Verfahren 2

In den SL-Anlagen der EOS GmbH erfolgt der Werkstoffauftrag durch den Einsatz einer Harzpumpe, die gezielt die berechnete Harzmenge liefert. Das gesamte Harzbad senkt sich ab und entsprechend der verfestigten Fläche wird Harz nachgefüllt.

55.3.6.3 Verfahren 3

Das Solid Ground Curing der Cubital GmbH unterscheidet sich von der herkömmlichen Stereolithografie dadurch, dass flüssiges Harz nach dem Belichten durch Wachs ersetzt wird. Zunächst saugt eine Pumpe das überschüssige Harz ab. Die freigelegten Bereiche werden mit Wachs geflutet und bis unter den Gefrierpunkt gekühlt. Ein Fräser sorgt anschließend für eine glatte Oberfläche. Durch die Einbettung der Teile in festes Wachs sind Stützen überflüssig.

55.3.6.4 Verfahren 4

Das Beschichtungssystem der Fockele & Schwarze-Anlage wird ebenfalls als aktives System bezeichnet. Die Bauplattform ragt nicht von oben in das Harzbad, sondern eine unter der Plattform angeordnete Spindel sorgt für den Z-Vorschub. Beim Absenken des Harzspiegels im Bauraum hebt sich dieser um den entsprechenden Wert in einen Vorratsbehälter, so dass mit Hilfe eines Wischers die richtige Harzmenge nachgeschoben werden kann.

55.4 Lasersintern und selektives Lasersintern

Je nach Anlagenhersteller wird zwischen dem Lasersintern (LS) und dem Selektiven Lasersintern (SLS) unterschieden. Aus fertigungstechnischer Sicht ist es in beiden Fällen ein Lasersinterprozess.

55.4.1 Verfahren

Pulverförmige Werkstoffe lassen sich aufschmelzen und durch Abkühlung zu einem festen Werkstoff verfestigen. Dieses Prinzip nutzt das RP-Verfahren Lasersintern. Ein Laser belichtet die gewünschte Kontur in einem bis kurz unterhalb der Schmelztemperatur erhitzten Pulverbett.

Anschließend kühlt der belichtete Werkstoff ab und bildet eine feste Werkstoffschicht. Nach Absenken der Bauplattform erfolgt der Pulverauftrag für die nächste Schicht.

55.4.2 Vor- und Nachteile

Vorteile:

- hohe Belastbarkeit der Modelle,
- geringe Nacharbeit,
- Modelle sofort einsatzbereit,
- nicht versintertes Pulver wieder verwendbar.

Nachteile:

- Größe der Pulverpartikel begrenzt Teilegenauigkeit,
- Oberfläche relativ rau,
- Aufheiz- und Abkühlvorgang zeitintensiv.

55.4.3 Aufbau der Anlagen

Den typischen Aufbau einer SLS-Anlage zeigt Bild 55.4. Im oberen Bereich befindet sich der Laser. Das Scanner-Spiegelsystem führt den Strahl über das Pulverbett. Im mittleren Bereich der Anlage befinden sich das eigentliche Pulverbett und eine Vorrichtung für den Werkstoffauftrag. Die Pulverbehälter, aus denen wechselweise Werkstoff zugeführt wird, befinden sich links und rechts des Bauraumes.

55.4.4 Lasersteuerung und Scanstrategie

Der von den Firmen EOS und 3D-Systems eingesetzte CO_2-Laser erzeugt einen Strahl mit einer Wellenlänge von 10,6 µm, welcher von Kunststoffen bzw. allgemein Nichtleitern ideal absorbiert wird. In dem Scanner befinden sich zwei Spiegel, je einer zur Ablenkung in X- und Y-Richtung (Bild 55.5). In die Spiegelsteuerung fließen zwei Korrekturfaktoren ein. Zum einen sind dies Skalierungsfaktoren, welche die Schrumpfung bei diesem thermischen Prozess ausgleichen, die im Regelfall bei 2 bis 4 % liegt. Zum anderen sorgt der Versatz der Bahn um eine halbe Strahlbreite ins Bauteilinnere für die Strahldurchmesserkompensation.

Bild 55.4: Schema einer SLS-Anlage (3D-Systems GmbH, Darmstadt)

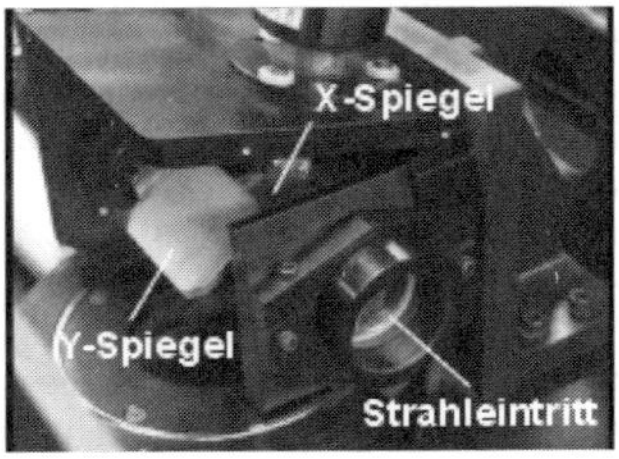

Bild 55.5: Scannersystem
(3D-Systems GmbH, Darmstadt)

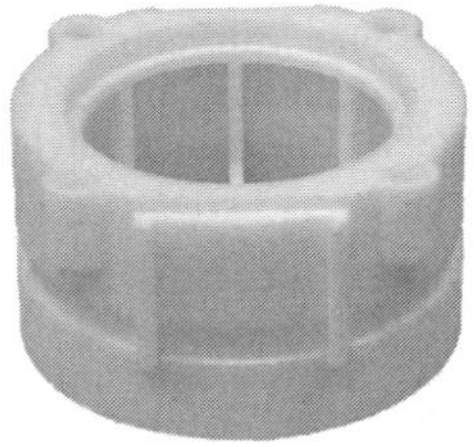

Bild 55.6: Sintermodell
(3D-Systems GmbH, Darmstadt)

Die Belichtung einer Schicht erfolgt zeilenweise. Daher verfügen die Linien über verschiedene Abkühlungskurven und es können diverse Belichtungsstrategien realisiert werden, um einen gleichmäßigen Temperaturverlauf zu gewährleisten. Die einfachste ist ein Wechsel des Startpunktes entlang einer Achse, d. h., der Strahl wird in einer Schicht in die positive Koordinatenrichtung geführt, in der nächsten Schicht in die entgegengesetzte Richtung. Eine weitere Möglichkeit ist der Wechsel zwischen X- und Y-Belichtung von Schicht zu Schicht. Daraus ergibt sich eine dritte, kombinierte Strategie, die eine zweifache Belichtung einer Schicht jeweils in X- und Y-Richtung bedeutet.

Der schichtweise Aufbau mit zeilenweiser Belichtung birgt zwei optische Probleme in sich. Einerseits sind die Übergänge zwischen zwei Schichten als feine Linien am Bauteil sichtbar, zum anderen sind die Ränder einer gesinterten Schicht durch die Zeilenwechsel wellig.

Zur Reduzierung dieser Effekte fährt der Laser nach dem Sintern der Fläche noch einmal die Umrisse der Kontur nach und glättet so die Übergänge (**Outline-Lasern**).

55.4.5 Werkstoffe und Modelleigenschaften

Grundsätzlich sind alle Werkstoffe geeignet, die sich nach dem Aufschmelzen verfestigen, wie z. B. Metalle und Thermoplaste. In der Praxis haben sich Thermoplaste durchgesetzt, da ein gezielter Wärmeeintrag durch die geringe Wärmeleitung erleichtert wird, allerdings sind auch Kombinationen niedrig- und hochschmelzender Metalle erfolgreich im Einsatz.

Eine weite Verbreitung hat das Polyamid (Bild 55.6) gefunden, da die Teile sich für Belastungstests eignen und für diesen Zweck gegebenenfalls lediglich infiltriert werden müssen.

Polystyrol eignet sich für die Erstellung von Urmodellen für Feingussprozesse. Kombinationen aus Polyamid und Metallen bzw. aus verschiedenen Metallpulvern liefern nahezu einsatzbereite Spritzgusswerkzeuge mit Standzeiten von mehreren zehntausend Schüssen. Nach dem Sinterprozess werden aus solchen Teilen die Bindewerkstoffe ausgetrieben und durch Metall-Infiltrate ersetzt.

55.4.6 Werkstoffauftrag

Im Bereich des Werkstoffauftrages haben sich aufgrund der Patentsituation verschiedene Lösungsmöglichkeiten entwickelt. In der Anlagenreihe Sinterstation des Herstellers 3D-Systems (Bild 55.4) übernimmt eine Walze den Pulvertransport und die Glättung des Pulverbettes. Zwischen der Walze und dem Bauraum hebt sich der Boden des Vorratsbehälters an, so dass dort der Pulverspiegel über dem Pulverbett steht. Die Walze bewegt sich zur gegenüberliegenden Bettseite und schiebt das frische Pulver in den abgesenkten Bereich über dem Bauraum. Eine zur Bewegungsrichtung entgegengesetzte Rotation der Walze sorgt zusammen mit den Riefen auf der Walzenoberfläche für einen gleichmäßigen Transport und ein glattes Pulverbett.

Bei den Anlagen der Reihe EOSint befindet sich der Pulvervorrat seitlich über dem Pulverbett (Bild 55.7). Ein rinnenförmiger Beschichter fährt unter einen Vorratsbehälter und wird dort befüllt. Der unten offene Beschichter fährt über das Pulverbett und verteilt so das Pulver über dem abgesenkten Bauraum. Um die Modelle gegen ein Verschieben zu sichern, werden sie direkt mit der Plattform verbunden.

Der Pulverauftrag beim FS-Realizer erfordert ebenfalls eine Verbindung der Modelle mit der Plattform, da auch hier das Pulver mit Hilfe einer Schiebevorrichtung bewegt wird. Zur Beschichtung fährt ein Schieber, vor dem sich ein Pulverhaufen befindet, über das Bett und streicht frisches Pulver über den Bauraum (Bild 55.8).

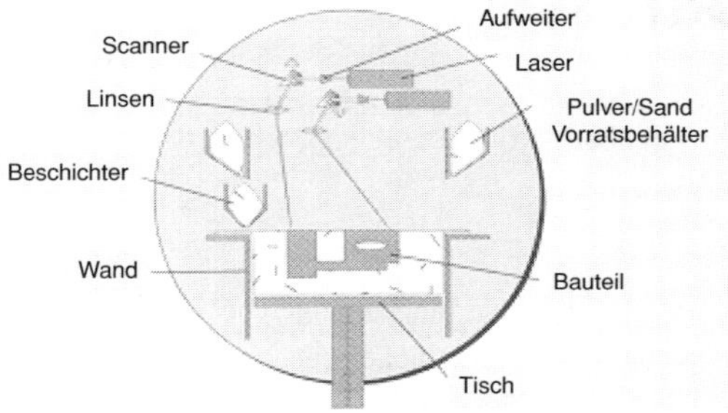

Bild 55.7: Schema einer EOS-Sinteranlage (EOS GmbH, Planegg/München)

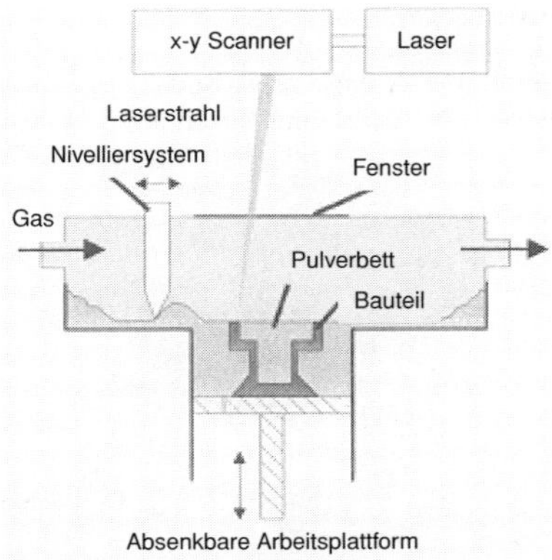

Bild 55.8: FS-Realizer (F&S GmbH, Paderborn)

55.5 LOM – Laminated Object Manufacturing

55.5.1 Verfahren

Bei diesem Verfahren wird aus einer Folie mittels Messer oder Laser die gewünschte aktuelle Randkontur ausgeschnitten. Es ist somit nicht nötig, die gesamte Geometriefläche zu erzeugen. Nach der Konturierung wird der Bauraum abgesenkt und neue Folie aufgetragen.

Für das Verfahren hat sich mittlerweile die Bezeichnung LOM durchgesetzt, nachdem es ursprünglich mit Laminate Layer Manufacturing bezeichnet wurde.

55.5.2 Vor- und Nachteile

Vorteile:

- große Teile herstellbar,
- keine Stützkonturen nötig.

Nachteile:

- Hohlräume und Hinterschneidungen eingeschränkt möglich,
- Heterogene mechanische Werkstückeigenschaften,
- Genauigkeit von Foliendicke abhängig.

55.5.3 Aufbau der Anlagen

Den prinzipiellen Aufbau einer LOM-Anlage zeigt Bild 55.9. Über dem Bauraum ist der Laser installiert. Der Strahl wird durch ein X-Y-Spiegel-

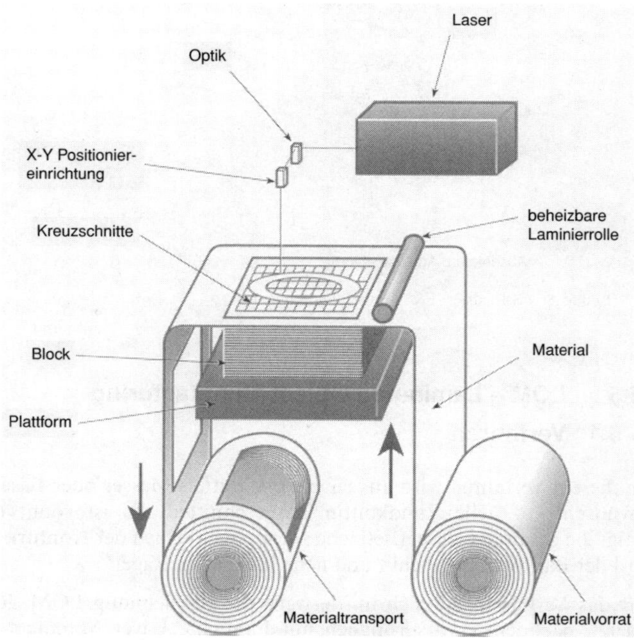

Bild 55.9: LOM-Anlage (Invenio GmbH, Rüsselsheim)

system auf die Baufläche umgelenkt. Im Bauraum befindet sich die absenkbare Bauplattform, seitlich davon eine Rolle mit dem Materialvorrat, eine zweite für den Transport und die Aufnahme der Folie. Ein weiteres charakteristisches Bauteil ist die beheizbare Laminierrolle zum Aufpressen der mit Klebstoff beschichteten Folie auf die Geometrie.

55.5.4 Lasersteuerung

Der Umstand, dass es sich bei der Folie bereits um festen Werkstoff handelt, macht eine Verfestigung des Werkstoffes überflüssig. Beim LOM-Verfahren wird daher nur die Randkontur einer Schicht ausgeschnitten. Ein Füllen der Fläche entfällt.

Der feste Werkstoff macht jedoch einen anderen Schritt notwendig, der in jeder Schicht durchzuführen ist. Die nicht zum Modell gehörende Fläche muss in Raster geschnitten werden, die zum Schluss als kleine Würfel das Modell umgeben bzw. füllen (Bild 55.10). Als weitere Anforderung an die Lasersteuerung, ist die Kompensation des Laserstrahldurchmessers zu nennen. Dies geschieht durch Versatz der Bahn um den Strahlradius ins Innere des Bauteils.

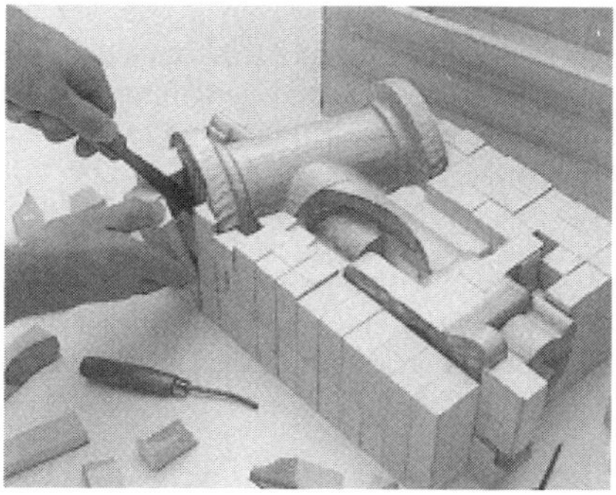

Bild 55.10: Auspacken eines LOM-Modells (Invenio GmbH, Rüsselsheim)

55.5.5 Werkstoffe und Modelleigenschaften

Als Folienwerkstoffe kommen Polyester und polyethylenbeschichtetes Papier zum Einsatz. Bedingt durch die Klebebindung der Schichten weisen die Modelle anisotrope mechanisch-technologische Eigenschaften auf. Die Belastungsfähigkeit in Z-Richtung ist geringer als in Schichtrichtung. Dagegen sind sie druckfest und eignen sich insbesondere für Tiefziehprozesse, aber auch für Um- und Abformtechniken. LOM-Modelle eignen sich als Positiv-Modelle für den Feinguss, Vakuumguss und Sandguss. Bild 55.11 zeigt ein LOM-Modell.

Bild 55.11: LOM-Modell (Invenio GmbH, Rüsselsheim)

55.5.6 Werkstoffauftrag

Zum Aufziehen einer neuen Folienschicht senkt sich zunächst die Bauplattform ab. Die Transportrolle wickelt den ausgeschnittenen Folienabschnitt auf und zieht gleichzeitig neue Folie über die Plattform. Diese hebt sich dann wieder und drückt gegen die neue Folie. Die beheizte Laminierrolle walzt die Folie auf und schmilzt dabei die auf der Unterseite aufgetragene Klebeschicht an, so dass es zu einer Verbindung kommt. Neben der Modellkontur schneidet nun der Laser das erforderliche Raster in die Schicht und erzeugt einen Schnitt entlang der Baufläche, damit diese sich wieder absenken kann.

55.6 Fused Deposition Modeling

55.6.1 Verfahren

Beim Fused Deposition Modeling (FDM) wird ein drahtförmiges Baumaterial durch eine beheizte Düse aufgetragen. Das in der Düse aufgeschmolzene Material wird entsprechend der vorgegebenen Kontur schichtweise auf der Bauplattform abgelegt. Anschließend senkt sich der Bauraum um eine Schichtdicke ab, die nächste Schicht wird konturiert und verbindet sich mit der darunter liegenden. Der Werkstoff wird nur dort aufgetragen, wo es das Modell erfordert.

55.6.2 Vor- und Nachteile FDM

Vorteile:

- einfache Verfahrenstechnik,
- kein Laser notwendig,
- kein Materialverlust.

Nachteile:

- feine Schlitze, Rippen, Dorne nicht darstellbar,
- Extrusionsbreite beschränkt die darzustellenden Geometrien,
- geringer Baufortschritt durch geringe Düsengeschwindigkeit,
- Verfahren momentan nur für kleine Teile geeignet.

55.6.3 Aufbau der Anlagen

Den Grundaufbau einer FDM-Anlage zeigt Bild 55.12. Das Modell entsteht auf der absenkbaren Bauplattform und ist auf dieser mittels Support befestigt. Neben dem FDM-Kopf (Extruder), der den Modellwerkstoff liefert, dient eine zweite Düse für die Zufuhr des Stützenmaterials. Die Verwendung unterschiedlicher Materialien ermöglicht eine einfache Abtrennung der Stützen vom Modell. Der Materialtransport erfolgt mit Hilfe angetriebener Rollen, die das Drahtmaterial von einer Spule ziehen. Im Düsenkopf sorgt eine Heizung für die Verflüssigung des Materials und es kann aufgetragen werden.

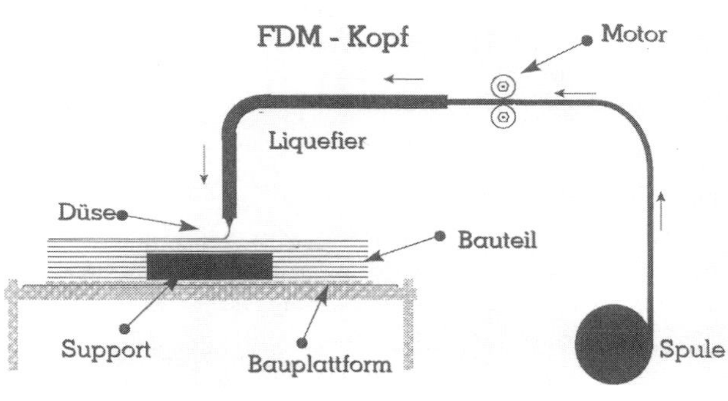

Bild 55.12: Schema-FDM-Anlage (Alphacam GmbH, Schorndorf)

W
T
V

Die *X*-*Y*-Führung des Werkzeugkopfes erfolgt mittels Plotter, neuere Systeme verwenden einen elektromagnetischen Antrieb, der den Kopf auf einem Luftkissen führt (**Magna-Drive-System**).

Dieser neuartige Antrieb verspricht höhere Geschwindigkeiten und gesteigerte Teilegenauigkeit und kommt erstmals in der Anlage FDM-Quantum der Firma Stratasys zum Einsatz.

Die meisten FDM-Anlagen verfügen weiterhin über eine Maschinenraumheizung, damit alle verfügbaren Materialien verarbeitet werden können.

55.6.4 Extrudersteuerung

Ähnlich wie bei den laserbasierten RP-Systemen erfolgt auch beim FDM eine Verschiebung der Bahn um ca. die halbe Strangbreite ins Bauteilinnere. Ecken sind maximal mit einem Radius entsprechend des Drahtdurchmessers darstellbar, Innenkanten lassen sich demgegenüber sehr scharf abbilden.

Den Extrusionspfad berechnet eine Software auf Basis der gesliceten Schichten. Die erreichbaren Genauigkeiten liegen im Bereich von ± 0,127 mm, das Magna-Drive-System ermöglicht Genauigkeiten von 0,1 % der Einzelmaße, mindestens jedoch ± 0,1 mm. Die Hauptverfahrrichtung des Kopfes variiert von Schicht zu Schicht um 90°, Stützen werden unter einem Winkel von 22,5° erzeugt.

55.6.5 Werkstoffe und Modelleigenschaften

Jedes Material verlangt den Einsatz eines speziellen Düsenkopfes, der vor dem Einsatz durch Bau eines Probeteils eingerichtet werden muss. Das Feingusswachs genügt den Ansprüchen des Feingießens durch einen geringen Aschegehalt und den „shell-cracking“ vermeidenden geringen Wärmeausdehnungskoeffizienten.

Das Standardmaterial ist mittlerweile ABS, das ähnliche Eigenschaften besitzt wie das früher häufiger eingesetzte Polyamid (Nylon). Dieses Material wird bei 270 °C verarbeitet, der Maschinenraum wird auf 70 °C vorgewärmt. Im Vergleich zu den Nylon-Modellen haben ABS-Teile optisch glattere Oberflächen. Bei zu geringen Verarbeitungstemperaturen kommt es jedoch leichter zu Schichtablösungen.

Polyamid wird bei 180 °C verarbeitet. Der Zusammenhalt zwischen einzelnen Layern ist gegenüber ABS deutlich besser, jedoch sind die Startpunkte des Lasers deutlich sichtbar. Bild 55.13 zeigt ein FDM-Modell.

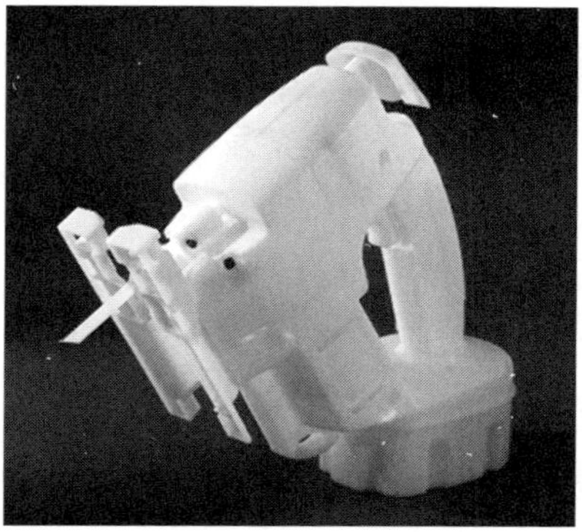

Bild 55.13: FDM-Modell (Stratasys Inc., Eden Prairie, MN, USA)

55.6.6 Werkstoffauftrag

Da beim FDM der Werkstoffauftrag und die Schichtgenerierung in einem Arbeitsschritt erfolgen, sind beide Schritte in einer Baugruppe zusammengefasst. Auf einer Spule befindet sich das Drahtmaterial, ein Motor treibt zwei Transportrollen zum Materialvorschub an. Der beheizte Düsenkopf **(Liquefier)** hat einen Durchmesser von ca. 0,1 mm, das Breiten-Höhen-Verhältnis des geschmolzenen Werkstoffstrangs von 3,5 ... 6 ermöglicht jedoch Schichtdicken ab 0,05 mm.

55.7 Andere Anlagen

Es sind weitere RP-Anlagen auf dem Markt, die sich nicht in die klassischen Verfahren einordnen lassen. Die Modelle haben geringere Festigkeit, jedoch sind die Anlagen meist bürotauglich.

55.7.1 Model Maker II

Dieses Gerät verfügt über zwei Düsen für den Werkstoffauftrag, eine enthält den thermoplastischen Modellwerkstoff, die andere das wachsartige Stützmaterial. Die Aufbringung des Materials erfolgt tropfenförmig, wobei sich die heiße Flüssigkeit anschließend zu einer Spur von 0,1 mm Breite und 0,06 mm Höhe verfestigt. Nach Erstellung einer Schicht glättet eine Fräsvorrichtung die Oberfläche und stellt die erforderliche Schichtdicke sicher (Bild 55.14 und 55.15).

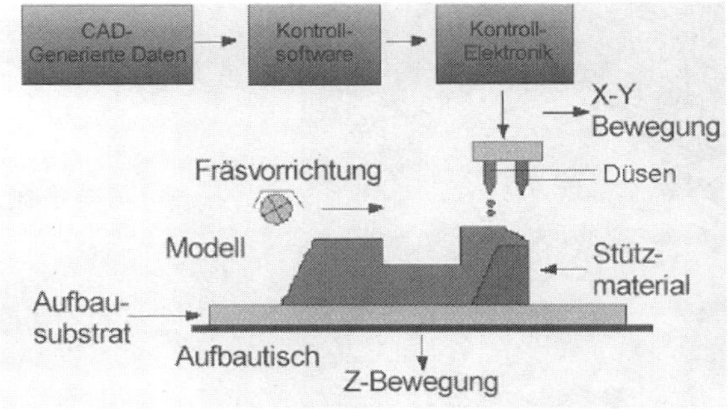

Bild 55.14: Prinzip Model Maker II (BMT GmbH, Mülheim-Kärlich)

Bild 55.15: Düsen (BMT GmbH, Mülheim-Kärlich)

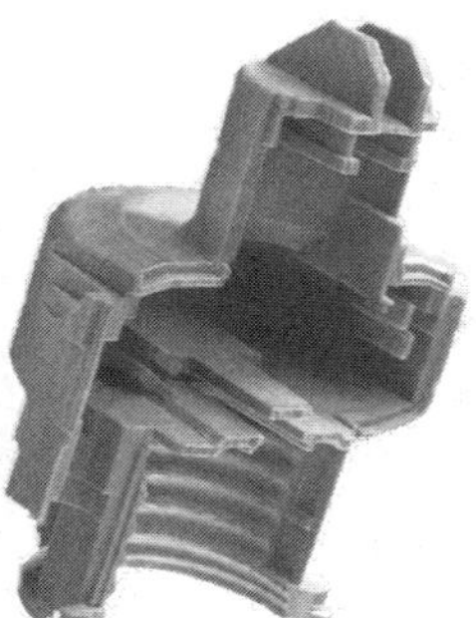

Bild 55.16: Beispiel Model Maker (BMT GmbH, Mülheim-Kärlich)

Die mit dem Model Maker hergestellten Modelle eignen sich als Abformmodelle für Gießprozesse, da sie eine hohe Genauigkeit haben und der Werkstoff im Autoklaven vollständig verdampft. Die Betriebskosten der Anlage sind im Vergleich zu anderen RP-Verfahren gering, die Festigkeit der Modelle ist jedoch vergleichsweise niedrig.

55.7.2 Thermojet

Der Thermojet arbeitet nach der **Multi-Jet-Modeling-Technologie**. Aus einem Druckkopf mit zahlreichen Düsen wird flüssiges Thermoplast auf eine absenkbare Plattform geschleudert. Der Ablauf des Prozesses ähnelt dem des FDM. Der Werkstoff wird hierbei ebenfalls durch das konturierende Werkzeug aufgetragen. Die Auflösung beträgt 300 DPI in X-Richtung, 400 DPI in Y-Richtung.

Mit dem Thermojet können Kommunikationsmodelle erzeugt werden. Die Modelle sind ebenfalls geeignet zur Überprüfung von Proportionen und als Urformen für den Feinguss und für Silikonformen. Nachteilig ist die geringe Festigkeit der Teile.

55.7.3 Desk Modeler

Der Desk Modeler erstellt die einzelnen Modell-Schichten durch Aufbringen eines Binders auf ein Pulverbett. Der Binder befindet sich in einer herkömmlichen Tintenstrahl-Druckpatrone und wird durch die Düsen tropfenweise auf das Kunststoffpulver geschleudert. Eine zweite Druckpatrone, die einer herkömmlichen Farb-Patrone entspricht, ermöglicht eine farbige Gestaltung der Modelle. Ist eine Schicht erstellt, erfolgt die Absenkung der Plattform und anschließend die Beschichtung mit neuem Pulver. Der Desk Modeler hat geringe Betriebskosten. Die Modelle eignen sich wegen der sehr geringen Festigkeit und Genauigkeit als Proportions- oder Designmodelle.

55.7.4 Z402 3D-Printer

Dieser Typ erzeugt die einzelnen Modellschichten ebenfalls durch Bedrucken eines Pulverwerkstoffes mittels Binder. Als Werkstoff stehen Gips oder Stärke zur Auswahl. Die Modelle können farblich gestaltet werden, wobei dies nicht durch eine separate Farbpatrone geschieht, sondern durch den Einsatz mehrerer Druckköpfe, die mit verschiedenfarbigem Binder gefüllt sind. Die Genauigkeit ist gering und die Modelle haben eine begrenzte Festigkeit, die der von Gips entspricht, jedoch können durch Infiltration sogar flexible Modelle hergestellt werden.

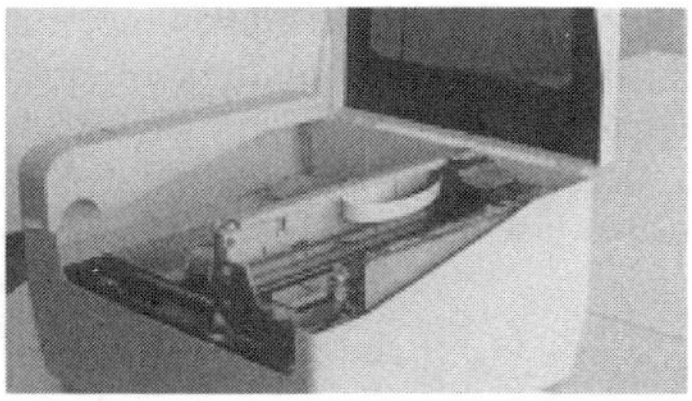

Bild 55.17: Desk Modeler (BMT GmbH, Mülheim-Kärlich)

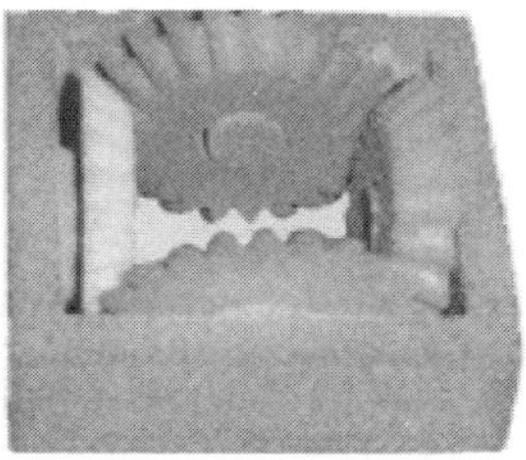

Bild 55.18: Beispiel (BMT GmbH, Mülheim-Kärlich)

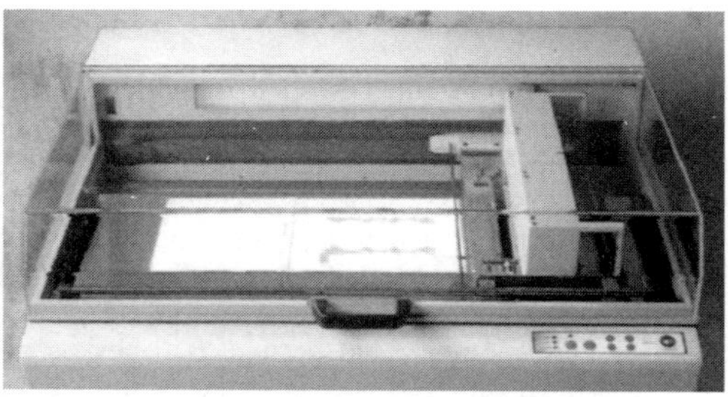

Bild 55.19: Z402 3D-Printer (4D-Concepts GmbH, Gross-Gerau)

Bild 55.20: Beispiel (4D-Concepts GmbH, Gross-Gerau)

55.8 Anhang

Tabelle 55.1: Auswahl etablierter RP-Systeme

Verfahren	Hersteller	Typenreihe	Werkstoff
SLS & LS	3D-Systems	Sinterstation	Metall, Kunststoff, Sand
	EOS	EOSint	Metall, Kunststoff, Sand
	F&S	FS-Realizer	Metall, Kunststoff
SL	3D-Systems	SLA	Polymer
	EOS	Stereos	Polymer
	F&S	FS-Realizer	Polymer
	Cubital	SGC	Polymer
FDM	Stratasys	FDM	ABS, Wachs, Elastomer
LOM	Helisys	LOM	Papier, Kunststoff
Andere Verfahren	3D-Systems	Thermojet	Thermopolymer
	BMT	Desk Modeler	Kunststoffpulver
	Sanders	Model Maker	Thermoplast
	4D-Concepts	Z402	Gips, Stärke
Verfahren	**Hersteller**	**Werkzeug**	**Bauteilgröße XYZ**
SLS & LS	3D-Systems	CO_2-Laser	$380 \times 330 \times 460$ mm³
	EOS	CO_2-Laser	$700 \times 380 \times 580$ mm³
	F&S	Festkörperlaser	$250 \times 250 \times 230$ mm³
SL	3D-Systems	Laser: Nd:YVO_4, HeCd, Ar^+	$508 \times 508 \times 600$ mm³
	EOS	Laser: Nd:YAG, He-Cd, Ar^+	$600 \times 600 \times 400$ mm³
	F&S	Festkörperlaser	$400 \times 400 \times 300$ mm³
	Cubital	Lampe	$500 \times 350 \times 500$ mm³
FDM	Stratasys	Extruder	$600 \times 500 \times 600$ mm³
LOM	Helisys	Laser	$559 \times 813 \times 508$ mm³
Andere Verfahren	3D-Systems	Druckkopf	$250 \times 190 \times 200$ mm³
	BMT	Druckpatrone	$200 \times 150 \times 100$ mm³
	Sanders	Druckkopf	$405 \times 300 \times 300$ mm³
	4D-Concepts	Druckkopf	$200 \times 250 \times 200$ mm³

Quellen und weiterführende Literatur

Gebhardt, A.: Rapid Prototyping. Werkzeug für schnelle Produktentwicklung. München Wien: Carl Hanser Verlag, 2000

Wohlers, T. T.: Rapid Prototyping & Tooling. Weltweite Branchenübersicht. Wohlers Associates, Inc., Fort Collins Colorado, USA, 1999

Fa. DTM GmbH Hilden: Tagungsband. 4. Europäisches Users Group Meeting. 2000

56 Werkzeugmaschinen mit parallelkinematischen Strukturen

Univ.-Prof. Dipl.-Ing. Dr. techn. Friedrich Bleicher

Die heute üblicherweise eingesetzten konventionellen Werkzeugmaschinenarchitekturen zeichnen sich durch kinematische Strukturen mit seriell aneinander gereihten Bewegungsachsen aus. Diese bilden mit dem Werkstück eine geschlossene kinematische Kette und spannen die kartesischen Koordinaten des Arbeitsraumes auf (Bild 56.1a). Eine einfache geradlinige Werkstückgeometrie kann somit im günstigsten Fall durch eine Bewegung einer Einzelachse realisiert werden. Bedingt durch diesen Aufbau muss jedoch die vorgelagerte Achse jeweils die nachgelagerten mitbewegen. Die daraus resultierenden hohen kumulierten Massen wirken sich für die Entwicklung von hochdynamischen Bearbeitungsmaschinen hinderlich aus.

Im Rahmen der IMTS 1994 (International Manufacturing Technology Show) in Chicago stellten zwei amerikanische Hersteller, die Firmen Giddings & Lewis und Ingersoll, erstmals **parallelkinematische Werkzeugmaschinenlösungen** als alternatives Kinematikkonzept für die Realisierung von Bohr- und Fräsbearbeitungsmaschinen mit gesteigerter Dynamik vor. Das Grundkonzept dieser Maschinenkinematiken ist es, die Bewegung einer Werkzeugträgerplattform mittels Gelenken und auf das Grundgestell zurückgeführten und somit parallel geschalteten Antriebsachsen zu erzeugen (Bild 56.1c). Jede Bahnbewegung im Arbeitsraum wird dabei durch einen simultanen Positionierbetrieb von bis zu sechs Achsen erreicht. Für die Steuerungstechnik bringt dies entsprechend gesteigerte Anforderungen mit sich. Aus der „parallelen" kinematischen und mechanischen Wirkung der kinematischen Ketten auf die Endeffektor-Plattform leitet sich letztlich auch die Bezeichnung ab.

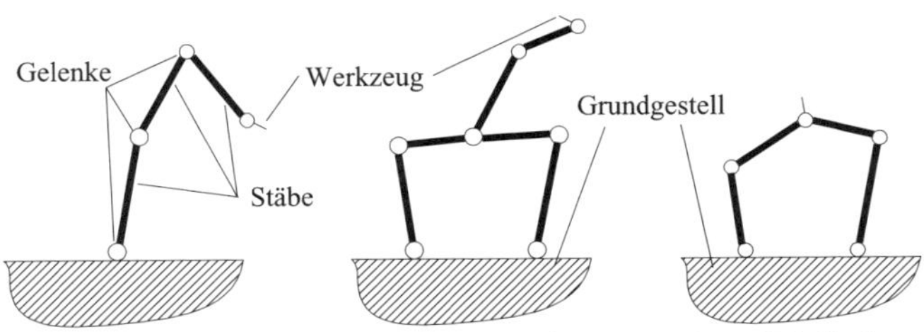

a) serielle Struktur b) hybride Struktur c) parallele Struktur

Bild 56.1: Unterschiedliche kinematische Strukturen

Bei den ersten realisierten Maschinen bestanden die Antriebsachsen vorwiegend aus längenveränderlichen Streben. Diese werden mit den Gestellteilen über Kugel- oder Kardangelenke verbunden. Die Strebenlänge wird durch integrierte Kugelgewindetriebe und Servomotore verändert, wodurch die Plattform in sechs Freiheitsgraden bewegt und positioniert werden kann. Für derart aufgebaute Bearbeitungsmaschinen hat sich rasch der Überbegriff **Hexapode** [Hexa-poda (griech.): sechsbeiniges Lebewesen, Insekt] etabliert. Seit der Erstvorstellung 1994 beschäftigen sich weltweit Forschungseinrichtungen mit der Frage der Gestaltung neuer Werkzeugmaschinen auf Basis paralleler Strukturen, die der konventionellen seriellen Struktur überlegen sind. Ziel dieser Arbeiten ist es, eine Werkzeugmaschinenlösung mit verbesserter Steifigkeit und gesteigerter Dynamik für eine Mehrseitenbearbeitung zu entwickeln. Der hohe Grad an Wiederholteilen verspricht eine wirtschaftliche Umsetzung.

Mittlerweile sind rund 80 unterschiedliche parallelkinematische Strukturen bekannt, wovon etwa 20 das Potenzial für einen Einsatz im Werkzeugmaschinenwesen aufweisen. Die Vielfalt an Konzepten resultiert aus den unterschiedlichen Möglichkeiten zur Umsetzung von

- *Streben*: längenveränderliche Streben, Streben mit konstanter Länge und beweglichen Strebenfußpunkten
- *Antrieben*: Kugelgewindetriebe, Direktantriebe
- *Aufbau der kinematischen Ketten*: Art und Anordnung der Antriebe, Anzahl und Anordnung der Gelenkfreiheitsgrade
- *Anordnung der kinematischen Ketten*
- *Kombinationen von parallelen und seriellen Substrukturen*: beispielsweise werden für Anwendungen in der Mehrseitenbearbeitung serielle Dreh- und Schwenkachsen an dreiachsige parallelkinematische Bewegungseinheiten bzw. umgekehrt, für die Gewährleistung von großen Arbeitsräumen, dreiachsige parallelkinematische Bearbeitungsköpfe an zwei serielle Grundachsen angebaut; diese werden allgemein als **hybride Strukturen** bezeichnet (Bild 56.1b)
- *Freiheitsgrade der Strukturen*: vorwiegend sechsachsige Parallelkinematiken (Hexapode), fünfachsige (Pentapode) oder dreiachsige Strukturen (Tripode)

Anhand der gelisteten Merkmale kann auch eine Einteilung der parallelkinematischen Strukturen erfolgen. Die Einsatzeignung umfasst Anwendungen beispielsweise in der Laserbearbeitung bei geringen Prozesskräften und hoher geforderter Dynamik bis hin zur Hochgeschwindigkeitszerspanung. Im Gegensatz zu den seriellen Maschinen ist bei den parallelkinematischen Strukturen das Koordinatensystem der Antriebe in der Regel nicht nach dem Koordinatensystem des Arbeitsraumes ausgerichtet. Es wird daher auch von der Heterogenität der Koordinatensysteme gesprochen. In allen Fällen ist der Antrieb möglichst ruhend angebracht, wodurch die bewegte Masse deutlich verringert werden kann. Diese Eigenschaften sowie der Umstand, dass Belastungen an der Plattform sich auf mehrere mechanische Systeme aufteilen und somit höhere Struktursteifigkeiten zu erwarten sind, lassen parallelkinematische Strukturen besonders für die Realisierung von leichten, hochdynamischen Maschinen als geeignet erscheinen.

Im Bild 56.2 ist eine sechsachsige parallelkinematische Bearbeitungsmaschine dargestellt, die in Zusammenarbeit der Fa. Mikromat mit dem Fraunhofer-Institut für Werkzeugmaschinen Chemnitz entwickelt

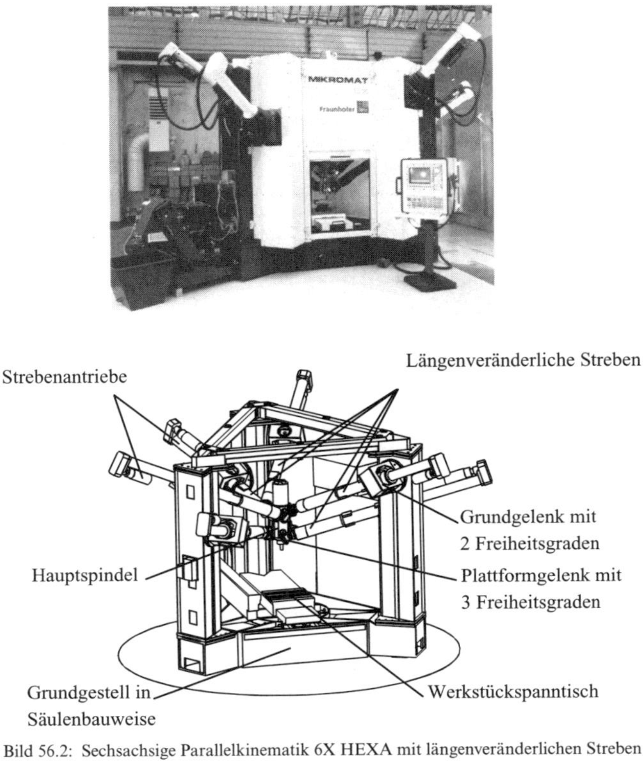

Bild 56.2: Sechsachsige Parallelkinematik 6X HEXA mit längenveränderlichen Streben

wurde. Auf dem Maschinengrundgestell mit Werkstückspanntisch sind entsprechend einer 120°-Teilung drei Säulen aufgesetzt. Jede dieser Säulen trägt zwei ortsfeste Gelenkfußpunkte der längenveränderlichen Streben. Die Hauptspindel ist in dieser parallelkinematischen Struktur vertikal ausgerichtet. Der Arbeitsraum bemisst sich mit $630 \times 630 \times 630\ mm^3$, der maximale Schwenkwinkel an der beweglichen Plattform beträgt ± 30°.

Neben den Kinematiken mit längenveränderlichen Streben sind vor allem die Maschinenkonzepte mit Streben konstanter Länge von Bedeutung. Die Strebenfußpunkte sind an Vorschubschlitten von konventionell aufgebauten Positionierachsen angebracht. Der Einsatz von Standardlinear- und Antriebstechnik wird dadurch ermöglicht. In der folgenden Abbildung ist eine Hexapod-Struktur mit längenunveränderlichen Streben abgebildet, die am ZFS Stuttgart entwickelt wurde.

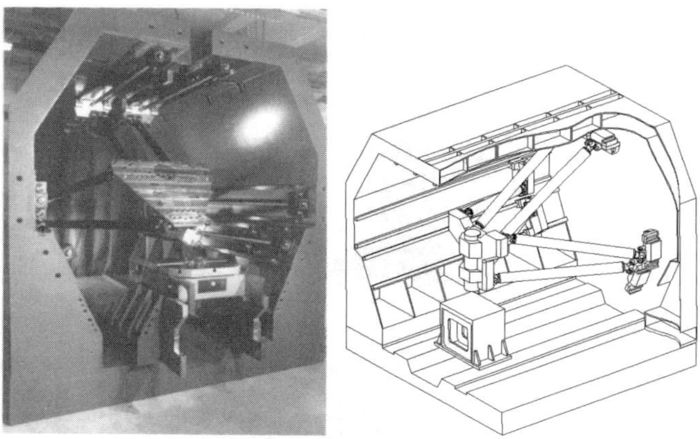

Bild 56.3: Sechsachsige Parallelkinematik PARALIX mit Streben konstanter Länge

Das Maschinengestell ist in Rahmenbauweise ausgeführt. Sechs horizontal ausgerichtete Positionierachsen sind paarweise an den Innenflächen des Gestellrahmens montiert. Als Antriebslösung kommen sowohl Kugelgewindetriebe als auch Lineardirektantriebe zum Einsatz. Im Rahmen der Strukturauslegung wurde darauf geachtet, möglichst große Schwenkwinkel an der Plattform zu realisieren. Durch die vertikale Anordnung der Spindel parallel zur Plattform werden bei einem Arbeitsraum von $500 \times 400 \times 400\ mm^3$ Schwenkwinkel in der ersten Achse von ± 45° sowie von ± 20° in der zweiten Achse erzielt. Für eine vollständige Mehrseitenbearbeitung ist der Winkelvorrat von mehrachsigen Parallelkinematiken in der Regel nicht ausreichend, wodurch auf der Werkstückseite zumeist zusätzliche Dreh- bzw. Dreh-Schwenkachsen erforderlich werden.

Für den flexiblen Einsatz als Bewegungseinheit in Einzelmaschinen sowie in starr verketteten Sondermaschinen wurde die dreiachsige Parallelkinematik *Quick*step®, der Fa. Krause & Mauser in Zusammenarbeit mit dem Institut für Fertigungstechnik der TU Wien entwickelt.

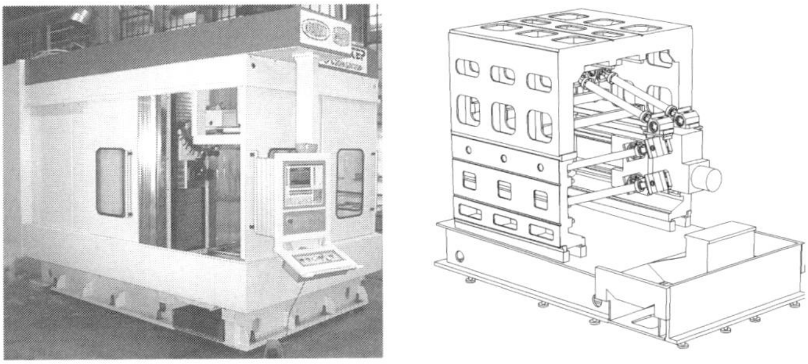

Bild 56.4: Parallelkinematik *Quick*step mit drei Bewegungsfreiheitsgraden

Diese Kinematik baut auf drei horizontal ausgerichteten Vorschubachsen auf. An den Schlitten ist jeweils ein Stabpaar in Parallelogrammanordnung angebracht. Dadurch wird eine Reduktion der Freiheitsgrade in den kinematischen Ketten bewirkt und der Strukturfreiheitsgrad auf drei eingeschränkt. Die bewegliche Plattform kann ausschließlich entlang der kartesischen Arbeitsraumkoordinaten von $630 \times 630 \times 630\ \text{mm}^3$ bewegt werden. Speziell in Form dieser Maschinenlösung wird zusätzlich eine effiziente Umsetzung der Anzahl von Antriebsachsen in eine entsprechende Anzahl von Bewegungsfreiheiten innerhalb des Arbeitsraumes ermöglicht.

Quellen und weiterführende Literatur

Neugebauer, R. et al.: Parallelkinematiken im Werkzeugmaschinenbau. 2. Chemnitzer Parallelkinematik-Seminar. 2000

Heisel, U. et al.: Verfahren der Positionsmessung und Kalibrierung bei PKM. Fertigungstechnisches Kolloquium Stuttgart, 2000

Bleicher, F.: Entwicklung einer parallelkinematischen Bohr- und Fräseinheit für den flexiblen Einsatz in automatisierten Anlagen. WUV Universitätsverlag, 2002

Sachwortverzeichnis

G

H

I

Q

R

T

U

V

Z

Herausgeber und Verlag danken besonders den folgenden Unternehmen, die durch eigene Beiträge oder durch Mitarbeit und Unterstützung des Herausgebers zum Gelingen dieses Taschenbuches beigetragen haben:

ALZMETALL Werkzeugmaschinenfabrik und Gießerei Friedrich GmbH & Co.KG, Harald-Friedrich-Straße 2–8
D-83352 Altenmarkt/Alz; Internet: www.alzmetall.de

BLOHM Maschinenbau GmbH, Kurt-A.-Körber-Chaussee 63–71
D-21033 Hamburg; Internet: www.blohmgmbh.com

DECKEL MAHO Geretsried GmbH, Lausitzer Str. 7
D-82538 Geretsried; Internet: www.gildemeister.com

DECKEL MAHO Pfronten GmbH, Tiroler Straße 85
D-87459 Pfronten; Internet: www.gildemeister.de

Maschinenfabrik Berthold Hermle AG, Industriestraße 8–12
D-78559 Gosheim; Internet: www.hermle.de

Kurt Hoffmann GmbH & Co.KG, Räumwerkzeug- und Maschinenfabrik, Gymnasiumstraße 150
D-75175 Pforzheim; Internet: www.kurt-hoffmann.com

INDEX-Werke GmbH & Co.KG Hahn & Tessky, Plochinger Straße 92
D-73730 Esslingen; Internet: www.index-werke.de

KASTO Maschinenbau GmbH & Co.KG, Industriestr. 14
D-77855 Achern-Gamshurst; Internet: www.kasto.de

LASERTEC GmbH, Maybachstr. 6
D-87437 Kempten; Internet: www.gildemeister.com

Liebherr Verzahntechnik GmbH, Kaufbeurer Straße 141
D-87437 Kempten; Internet: www.liebherr.com

A. Monforts GmbH & Co. Maschinenfabrik, Schwalmstr. 301
D-41238 Mönchengladbach; Internet: www.a.monforts.de

NAGEL Maschinen- und Werkzeugfabrik GmbH, Postfach 1709
D-72607 Nürtingen; Internet: www.nagel.com

TBT Tiefbohrtechnik GmbH + Co, Siemensstraße 1
D-72581 Dettingen/Erms; Internet: www.tbt.de

Maschinenfabrik Viebahn GmbH, Hammerwiese 4
D-51647 Gummersbach; Internet: www.viebahn-pressen.de

Werkzeugmaschinen GmbH, Postfach 13 20
D-57293 Burbach; Internet: www.Waldrich.de

Wohlenberg Werkzeugmaschinen GmbH, Wohlenbergstraße 6
D-30179 Hannover; www.wohlenberg-werkzeugmaschinen.de